BIOLOGIE HUMAINE

Anatomie, physiologie, santé

BRUNO ANSELME
agrégé de l'Université
Lycée A. Schweitzer
Le Raincy

ERIC PÉRILLEUX
agrégé de l'Université
Lycée Henri IV
Paris

DANIEL RICHARD
agrégé de l'Université
Université Paul Sabatier
Toulouse

2e édition refondue et complétée

NATHAN

Sommaire

I Connaissance du corps humain

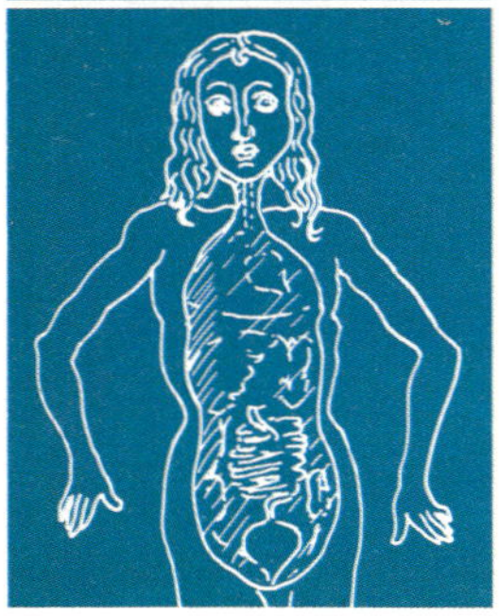

II Communication dans l'organisme

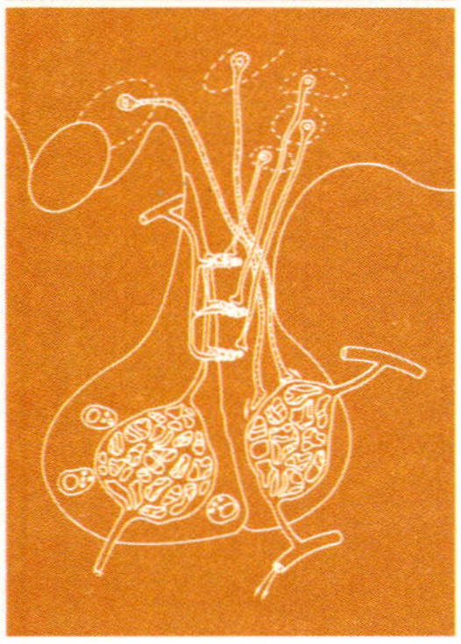

III Fonctions de relation

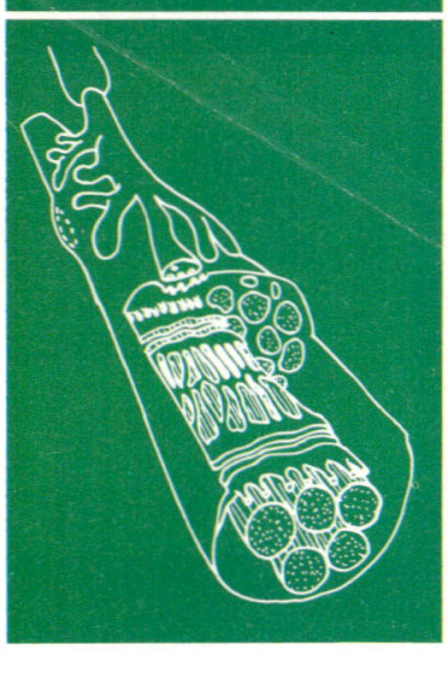

© Nathan 1995 - ISBN 209 176564-2 - Tous droits de reproduction et d'adaptation réservés pour tous pays

IV Fonctions de nutrition

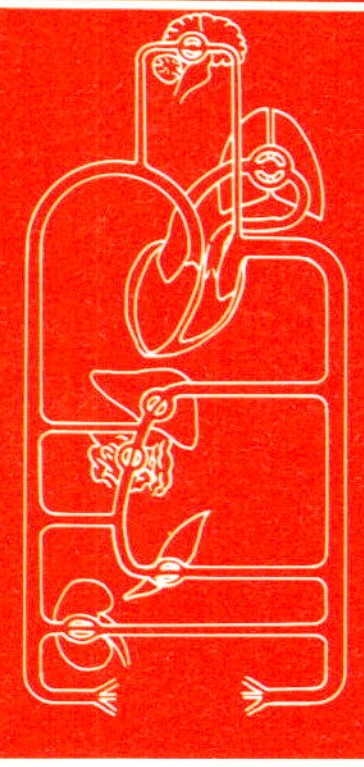

V Homéostasie

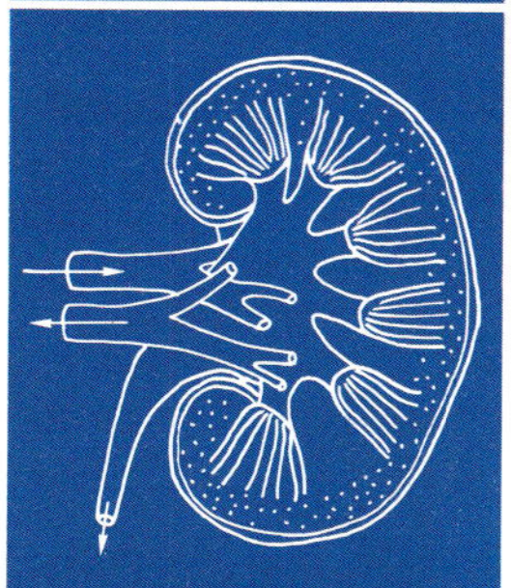

VI Reproduction et développement

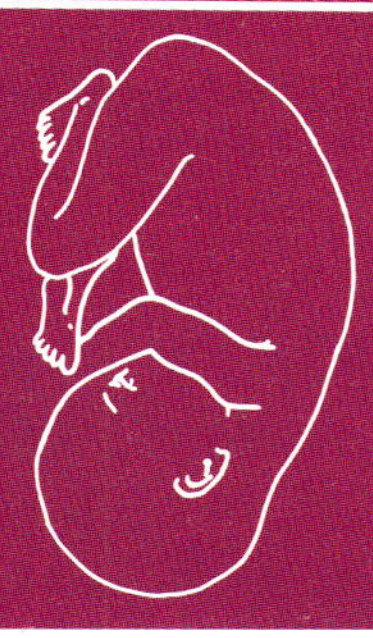

Annexes

Les dessins, non suivis d'une source, sont des créations originales d'Eric PERILLEUX et de son équipe

Avant-propos

« Il ne faut pas prêter aux faits plus d'importance qu'ils n'en méritent. Beaucoup trop de faits encombrent trop nos mémoires, sans nous faire progresser dans l'établissement des principes... »

Cette citation de John Hunter, chirurgien anglais du XVIIIe siècle, reflète assez bien l'esprit dans lequel nous avons pensé puis rédigé et complété cet ouvrage lors de sa deuxième édition. Il est, certes, indispensable d'exposer des faits scientifiques pour aborder les mécanismes fondamentaux de la physiologie humaine. Cependant, nous n'avons voulu les utiliser que pour proposer une explication cohérente du fonctionnement du corps humain, en évitant toute description anecdotique et tout encyclopédisme.
Nous avons souhaité offrir à tous ceux qui recherchent une référence en Biologie humaine un ouvrage qui va à l'essentiel, qui prévilégie le synthétique sans minimiser pour autant l'explicatif.

Pour faciliter la lecture et la compréhension des mécanismes, pour aider à la mémorisation des faits nouveaux, ce livre s'appuie sur un fonctionnement très simple et un visuel très fort.
Chaque chapitre est construit sur le même plan :

- une courte introduction situe la fonction abordée, lui associe les organes ou les appareils impliqués, et dégage les grandes orientations dans un sommaire détaillé ;
- par une mise en page originale, l'essentiel des notions est rassemblé sur des doubles pages qui réunissent un texte explicatif très structuré, un glossaire des mots scientifiques abordés, et les éléments visuels correspondants. Dans ces doubles pages, l'approche est résolument fonctionnelle, dissociant le « physiologique » du « pathologique » ;
- la rubrique FAIRE LE POINT résume chaque grande idée apparue lors de l'étude précédente. Une liste des mots clés utilisés est rappelée et une courte auto-évaluation, à entrées multiples, permet au lecteur de vérifier s'il maîtrise les notions essentielles et le guide ainsi dans les apprentissages fondamentaux ;
- les INFORMATIONS SANTÉ regroupent un mini-glossaire bilingue des termes médicaux usuels et quelques pratiques médicales ou applications cliniques.

En fin d'ouvrage, le lecteur trouvera diverses informations complémentaires : unités et mesures fréquemment utilisées en physiologie, glossaire des préfixes et racines, aide à la lecture d'analyse de sang et d'urine, ainsi qu'un index.
Cette seconde édition, qui a conservé l'organisation du premier ouvrage, est le résultat d'une réactualisation qui a touché tous les chapitres. Elle a été, en outre, complétée par un chapitre distinct consacré à la génétique humaine, thème pour lequel les connaissances ont fortement progressé depuis cinq ans.

Bruno Anselme
Éric Périlleux
Daniel Richard

EXPLORATION FONCTIONNELLE DU CORPS HUMAIN

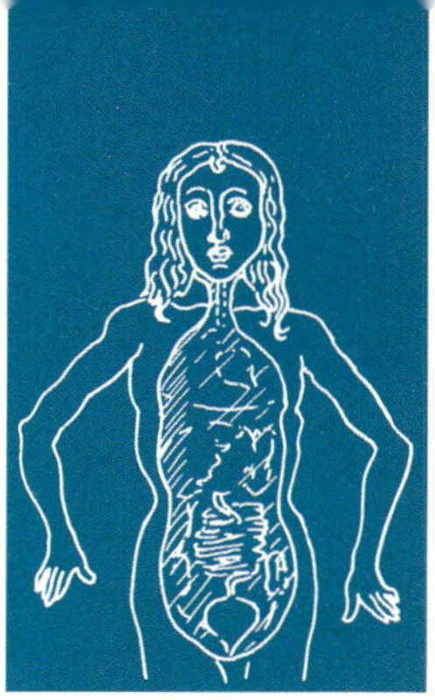

La connaissance du corps humain fut longtemps morphologique. On en précisait alors l'aspect extérieur : sa forme, sa taille, sa couleur...
Son *anatomie,* c'est-à-dire la description et la disposition des organes qui le constituent, n'est réellement appréhendée qu'à partir de 1530, époque où les dissections de cadavres sont pratiquées pour elles-mêmes et donc pour mieux connaître l'Homme et sa constitution. Le souci d'expliquer le fonctionnement des organes, d'aborder ainsi la physiologie, apparaît vers 1600 avec le médecin anglais Harvey. Couplant dissections, observations et expériences, il met en évidence la circulation sanguine et le rôle du cœur. La découverte des rayons X par Rœntgen en 1895 permet d'apprécier les contours de nombreux organes dont les parties dures absorbent les rayons. Il est alors possible de voir le corps de l'intérieur, sans effraction ! L'emploi d'appareils électroniques, couplés à des ordinateurs, révolutionne aujourd'hui l'investigation médicale. Ces nouvelles techniques d'*imagerie biomédicale* permettent au praticien : de voir les organes, en direct, sur un écran ; de situer d'éventuelles lésions ou anomalies ; d'apprécier l'évolution des métabolismes ; de juger l'effet d'une thérapeutique.
S'il n'utilise pas toutes ces potentialités, le physiologiste peut et doit savoir user de l'imagerie biomédicale. Sans oublier pour cela les moyens classiques d'investigation (dissection, expérimentations...), ces nouvelles techniques et principalement leurs résultats lui permettent une approche détaillée, non seulement anatomique mais aussi fonctionnelle de l'organisme.

Sommaire

1. L'EXPLORATION ANATOMIQUE

L'exploration anatomique consiste à repérer, délimiter, décrire l'organisation « interne » du corps humain. Étape indispensable à la connaissance du corps humain, l'anatomie n'explique cependant pas le réel fonctionnement de l'organisme, ni même encore celui des organes qui le constituent.

Voir les organes « de l'extérieur » : la radiographie et l'échographie

• *La radiographie*

La radiographie est une technique d'exploration qui utilise les rayons X, rayons de très courte longueur d'onde et donc invisibles à l'œil mais capables d'une très grande pénétration dans la matière vivante. En traversant le corps humain, une partie du rayonnement est absorbée par les organes, et cela d'autant plus que la densité de ces derniers est importante. À la sortie du corps, les rayons X se projettent sur un film photographique et y dessinent une image dont le contraste résulte de la diversité d'absorption des zones traversées par le rayonnement. Les radiographies définissent les contours des organes « durs » et permettent d'appréhender principalement l'organisation du squelette.
L'ingestion ou l'injection de produits denses opaques aux rayons X, comme les sels de baryum ou d'iode, dans les cavités de l'organisme (tube digestif, veines ou artères...) les rend visibles sur les radiographies. Les trajets suivis, les calibres des cavités sont alors précisés.

• *L'échographie*

L'échographie, méthode indolore et inoffensive, a connu un grand essor vers la fin des années 70 grâce à l'absence de contre-indication lors des surveillances de grossesse. Bien d'autres domaines de la médecine bénéficient de l'échographie, particulièrement dans l'exploration des tissus mous (foie, vésicule biliaire, reins...). Une onde ultrasonore qui traverse un tissu vivant a une vitesse de propagation propre à ce tissu. À l'interface de deux organes de « duretés » différentes, elle est en partie réfléchie. Un dispositif d'enregistrement perçoit les échos, dont l'analyse par ordinateur conduit à une visualisation des différents organes de la zone explorée.

Voir les organes « de l'intérieur » : l'endoscopie

L'utilisation de fibres optiques, introduites au niveau d'orifices naturels ou par une boutonnière cutanée, permet d'examiner dans les moindres recoins l'intérieur des cavités (tube digestif, arbre bronchique, voies urinaires ou génitales...) ou d'observer un embryon à travers la membrane amniotique. Les fibres optiques, très souples et très fines, transmettent un rayon lumineux jusqu'à l'organe et ramènent la lumière réfléchie à l'oeil de l'expérimentateur...

L'organe dans ses moindres détails : le scanner

La radiographie correspond à une projection d'images sur un plan, dans lequel les différentes structures rencontrées par le rayonnement à l'intérieur de l'organisme se superposent, noyant ainsi les détails. La tomodensitométrie, ou encore « scanner » (de l'anglais *to scan :* balayer), permet d'examiner le corps par minces couches successives et d'en révéler d'infimes détails. Cette technique associe radiographie et informatique. Un tube d'émission de rayons X et des détecteurs placés dans un même plan tournent autour du patient. Les détecteurs, l'un placé entre le tube et le corps, l'autre placé derrière le corps, analysent la fraction de rayonnement absorbée par les tissus. Plusieurs centaines de milliers de données sont ainsi enregistrées par l'ordinateur lors du balayage péricorporel. À partir de ces données, l'ordinateur restitue les mesures à l'écran, chaque point de l'image correspondant à une valeur de densité rencontrée par le rayonnement. Les tissus durs apparaissent alors très clairs et les tissus mous sont discernables, en contraste, sur la coupe.

Anatomie / anatomy : n.f., étude des structures internes du corps permettant d'appréhender la forme et la disposition des organes.

Exploration anatomique / anatomical examination : exp., ensemble des examens anatomiques permettant d'apprécier la forme et la disposition des organes.

Morphologie / morphology : n.f., étude de l'aspect extérieur (taille, forme, couleur...) d'un être vivant.

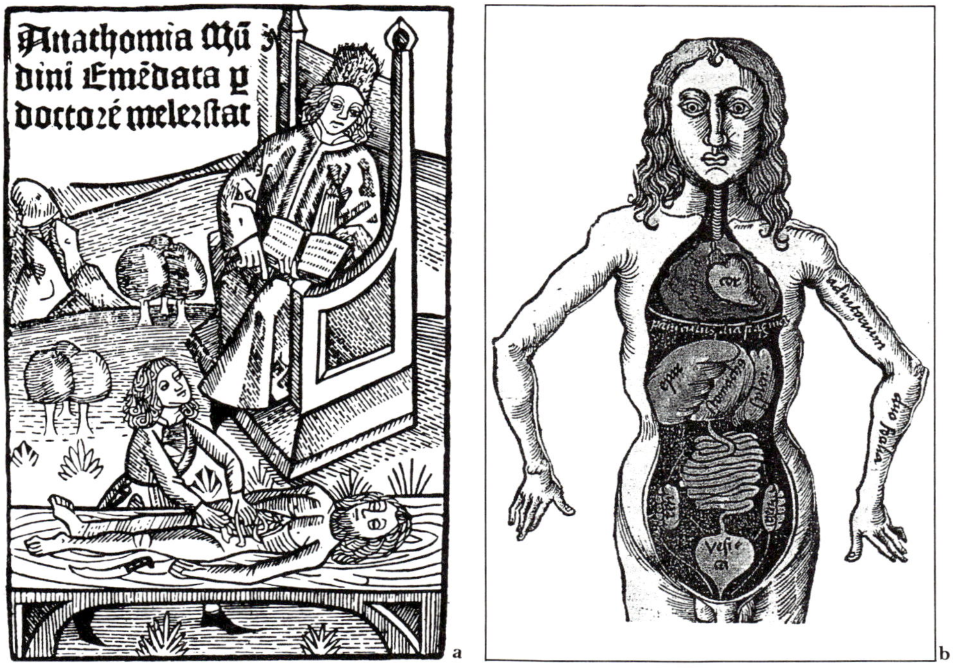

Leçon d'anatomie : sur les conseils du professeur, l'assistant exécute (a). Premiers résultats (b). D'après « Sur l'anatomie » de R.M.Colombo (1559) et « Les perles de la sagesse » de Reisch (1508).

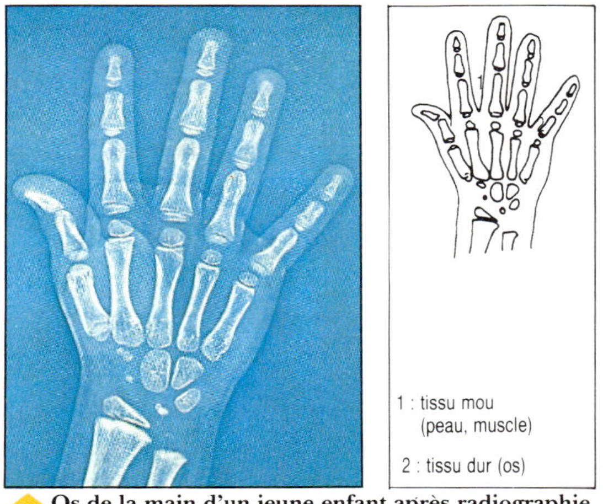

Os de la main d'un jeune enfant après radiographie. Cette technique se révèle particulièrement efficace pour définir les contours des parties « dures » du corps.

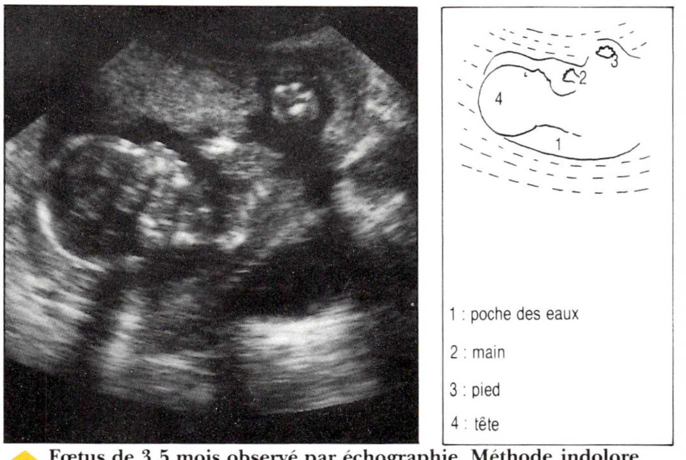

Fœtus de 3,5 mois observé par échographie. Méthode indolore et inoffensive, cette technique a vu son essor grâce à l'absence de contre-indication lors des surveillances de grossesse.

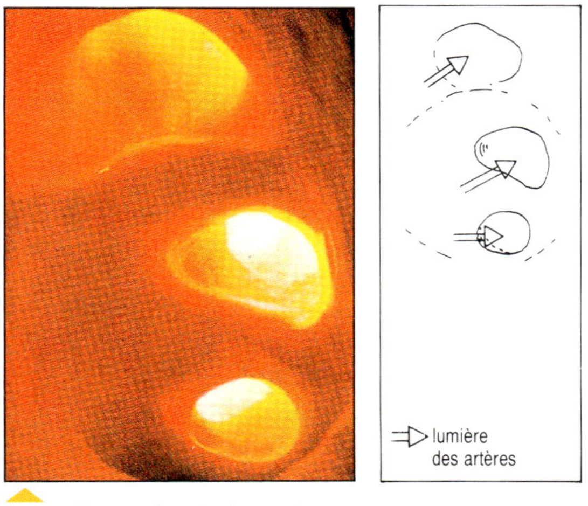

Artère d'un enfant de 1 an, observée par endoscopie. L'apparition des fibres optiques a permis d'explorer de « l'intérieur » de nombreux organes du corps.

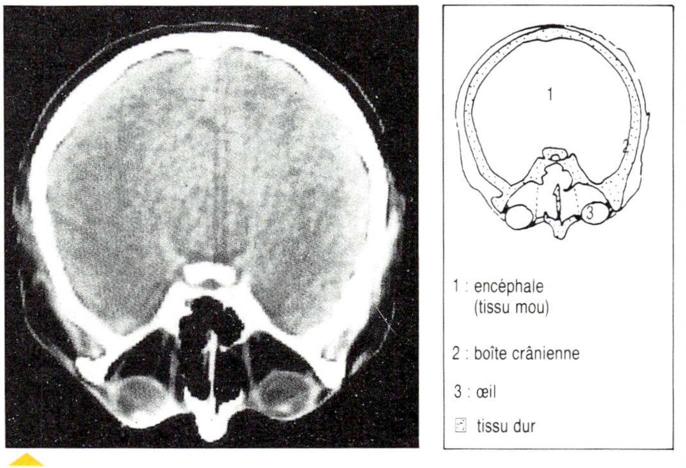

Coupes horizontales du cerveau obtenues par scanner. Cette technique permet de radiographier « en tranches » l'organisme et d'en appréhender l'organisation dans les trois dimensions.

2. L'EXPLORATION FONCTIONNELLE

Radiographie, échographie, scanner… ne renseignent pas directement sur le métabolisme, et donc le fonctionnement des organes. D'autres méthodes, associées ou non aux précédentes, rendent compte de l'état fonctionnel de l'organisme. Elles permettent aussi de détecter d'éventuelles anomalies métaboliques et prennent aujourd'hui une part active dans l'établissement de nombreux diagnostics. Ces méthodes sont principalement : la thermographie, la scintigraphie, l'imagerie par résonance magnétique.

Une image de la circulation sous-cutanée : la thermographie

Le corps dégage de la chaleur, et émet ainsi des rayons infrarouges. Filmé par une caméra sensible à l'infrarouge, le corps est reconstitué sur écran, en totalité ou en partie, sous la forme d'une image thermique de sa vascularisation sous-cutanée, principal vecteur de la chaleur dans les parties superficielles du corps. Selon sa température, le rayonnement infrarouge est visualisé par une gamme de couleurs, précise à un demi-degré près ! Par exemple, les zones fortement vascularisées, donc « chaudes » et métaboliquement actives, apparaissent en blanc. Les zones froides, moins vascularisées et plus au repos, sont bleues.

L'activité des organes au coup par coup : la scintigraphie

La scintigraphie correspond en quelque sorte à une radiographie « de l'intérieur ». Des isotopes faiblement radioactifs, ni nocifs ni toxiques, sont injectés en faible quantité à un patient. Spécifiques de certains organes et de leur activité (iode 123 ou 131 pour la thyroïde, phosphate marqué au technetium pour l'os, xénon 33 pour le volume gazeux pulmonaire, thallium 201 pour le myocarde…), ces isotopes s'y fixent électivement et émettent de cet endroit des radiations gamma, détectées par une caméra appropriée. Après calcul, un ordinateur visualise à l'écran les informations transmises (scintillations lumineuses dont la couleur traduit l'intensité du rayonnement). Tous les organes sont ainsi accessibles par scintigraphie ; leurs contours, leur activité sont alors précisés. D'éventuelles anomalies de fonctionnement sont détectées…

Depuis quelques années, une nouvelle technique, combinant les méthodes de la scintigraphie à celles du scanner, permet de localiser avec grande précision les radio-isotopes dans l'organisme. Cette Tomographie par Émission de Positons (TEP), version plus performante de la scintigraphie, complète l'aide au diagnostic et au traitement qu'offre la médecine nucléaire aux médecins et biologistes.

L'Imagerie par Résonance Magnétique (IRM)

Placés dans un champ magnétique intense, certains atomes du corps comme l'hydrogène de l'eau, s'orientent et, sous l'influence d'une onde électromagnétique, émettent des signaux caractéristiques enregistrables. Un ordinateur, couplé au système d'enregistrement, reconstruit à partir de ces signaux une image fidèle de l'organe ou de la région du corps étudiés. Selon un dispositif d'enregistrement voisin de celui employé pour les scanners, on obtient ainsi des « coupes » très précises et très différenciées, en particulier des organes mous (riches en eau… donc riches en atomes d'hydrogène) et actifs, ce qui n'est pas possible avec les techniques utilisant des rayons X.

Ainsi, en quelques années, l'évolution spectaculaire des techniques apporte une connaissance nouvelle de l'organisation mais surtout du fonctionnement du corps humain. Ces nouvelles « images », prises à toutes les échelles, captées, manipulées, analysées, traitées et reconstituées avec la complicité de l'ordinateur, constituent l'imagerie biomédicale dont le biologiste, le physiologiste et le médecin ne peuvent désormais se passer.

Exploration fonctionnelle / functional examination : exp., ensemble d'examens biologiques ou cliniques permettant d'apprécier l'état de fonctionnement d'un organe.

Fonction / function : n.f., action exercée par l'organisme ou un organe donné. Par extension, se dit aussi de son étude physiologique.

Métabolisme / metabolism : n.m., ensemble des réactions chimiques dont l'organisme est le siège.

Physiologie / physiology : n.f., science qui étudie à toutes échelles les fonctions et les propriétés de l'organisme ou des entités qui le constituent (appareils, organes, tissus et cellules).

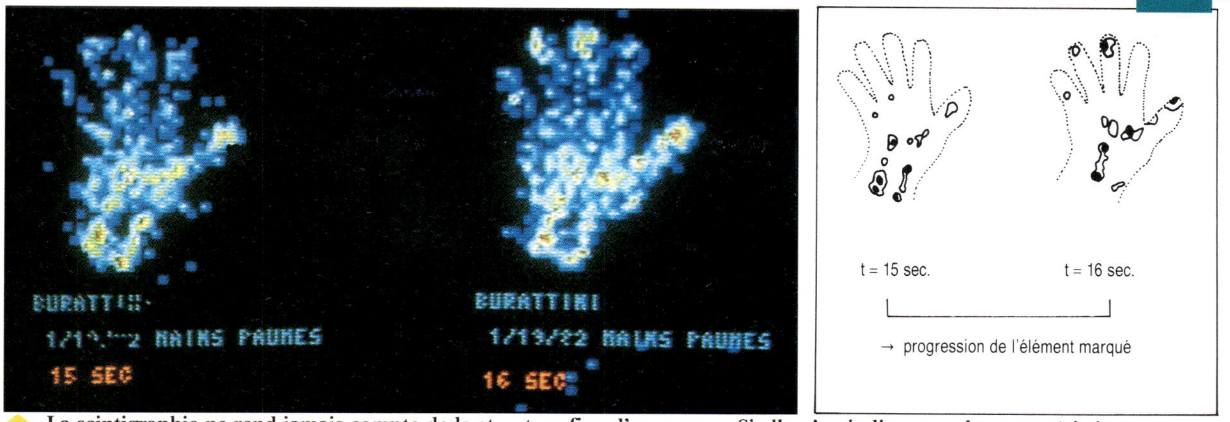

La scintigraphie ne rend jamais compte de la structure fine d'un organe. Si elle n'en indique que les caractéristiques morphologiques générales, elle en précise au contraire, l'état fonctionnel : ici, visualisation au cours du temps de la progression d'un élément marqué dans la circulation d'une main.

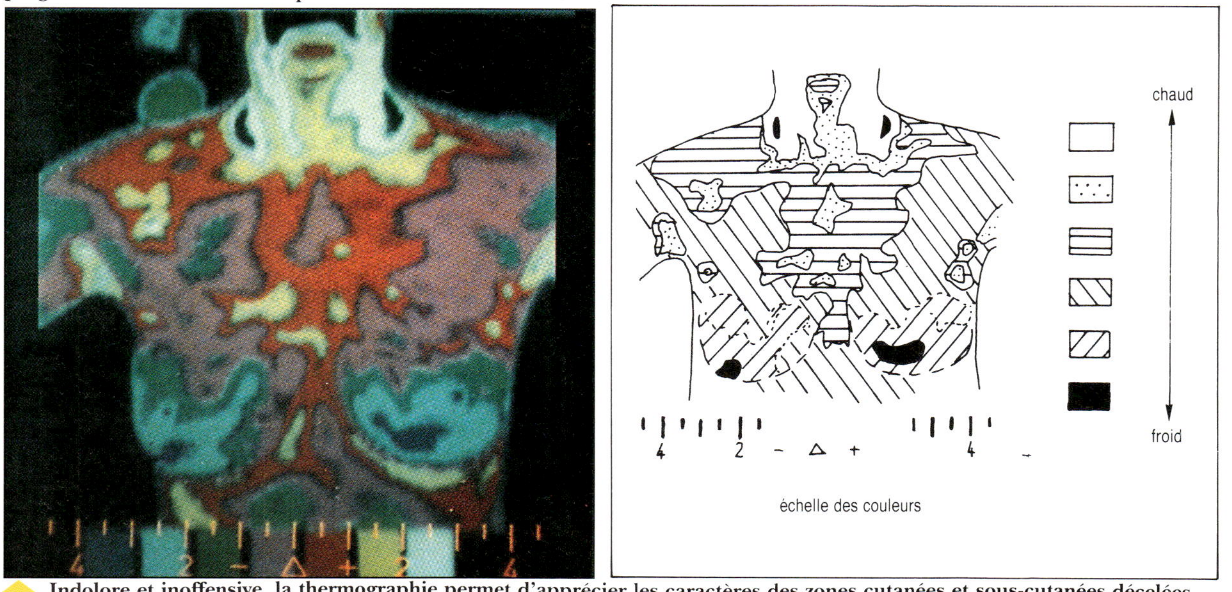

Indolore et inoffensive, la thermographie permet d'apprécier les caractères des zones cutanées et sous-cutanées décelées par la chaleur qu'elles dégagent. Ici, surveillance mammaire chez la femme.

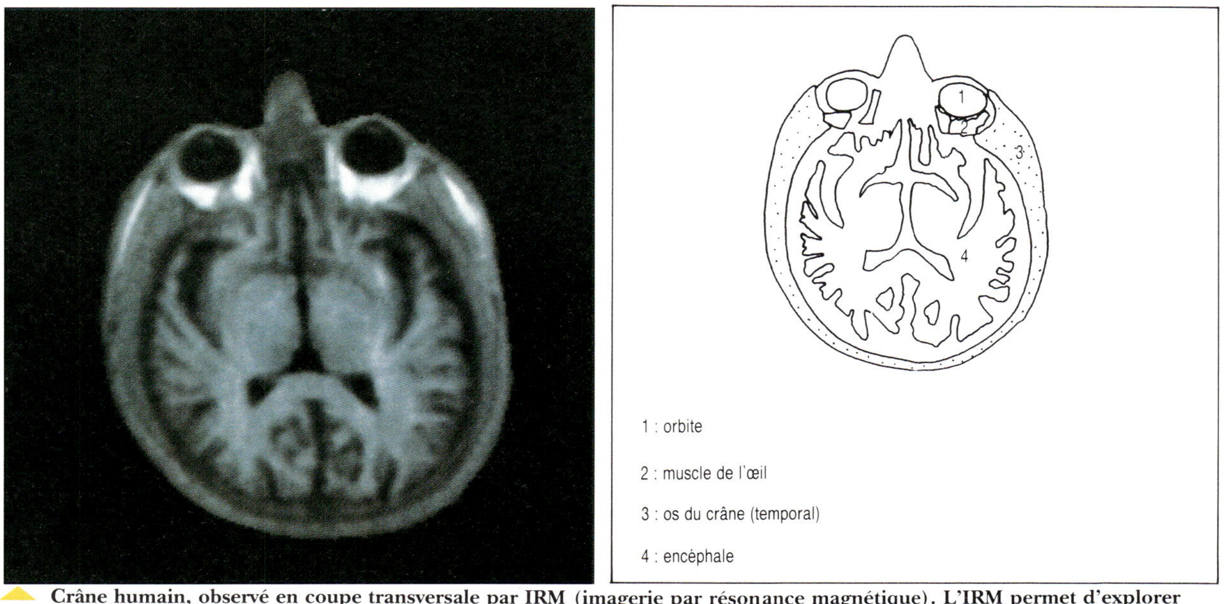

Crâne humain, observé en coupe transversale par IRM (imagerie par résonance magnétique). L'IRM permet d'explorer des organes en activité, en détectant la distribution d'eau dans les tissus.

FAIRE LE POINT

L'ESSENTIEL

1 La connaissance du corps humain s'appuie sur de nombreuses observations directes qui permettent d'en décrire les caractéristiques générales : taille, forme. Ces informations descriptives de la configuration et de la structure externe du corps humain définissent sa morphologie.

2 L'anatomie et la physiologie permettent de comprendre le corps humain et son fonctionnement. L'anatomie précise les structures internes et les liens qui existent entre ces structures. La physiologie explique comment chacune de ces structures fonctionne, comment chacun de ces fonctionnements est intégré au reste de l'organisme. Toutes les parties du corps fonctionnent en rapport les unes avec les autres, adaptant sans cesse l'organisme à son environnement.

3 Le fonctionnement harmonieux des organes et de l'organisme dans son environnement correspond à un état de bonne santé. La connaissance du corps humain permet de définir anomalies et dysfonctionnements éventuels.

4 L'évolution des techniques a, depuis quelques décennies, révolutionné l'exploration interne du corps humain. Outil de connaissance du corps humain, l'imagerie médicale contribue de façon indispensable à l'établissement du diagnostic médical.

LES MOTS CLÉS

A
anatomie

D
diagnostic

E
échographie
endoscopie
exploration anatomique
exploration fonctionnelle

F
fonction

I
imagerie médicale
imagerie par résonance magnétique

M
médecine nucléaire
métabolisme
morphologie

P
physiologie

R
radiographie
radioscopie

S
scanner
scintigraphie

T
thermographie
tomodensitométrie
tomographie
tomographie par émission de positons

AUTO-ÉVALUATION

Les activités proposées dans cette rubrique permettent de vérifier les connaissances acquises au cours de ce chapitre.
Elles peuvent concerner : la terminologie scientifique, les ordres de grandeur, les mécanismes fonctionnels.

AUTOTEST

Testez vos connaissances en répondant aux 5 questions suivantes (réponses en fin d'ouvrage). Chaque réponse doit être justifiée.

QUESTION	RÉPONSE
1. L'anatomie est l'étude : a) des formes et caractéristiques de la surface du corps; b) de la disposition et des formes des structures internes du corps; c) du fonctionnement des structures corporelles.	a b c
2. La radiographie est une méthode d'exploration fonctionnelle de l'organisme.	oui non
3. L'IRM utilise, dans son principe, l'enregistrement des rayons émis par des radio-isotopes introduits dans l'organisme.	oui non
4. L'exploration fonctionnelle de l'organisme conduit à une meilleure connaissance de la morphologie de celui-ci.	oui non
5. Les dissections sur le corps humain sont pratiquées : a) depuis l'Antiquité; b) depuis le Moyen Âge; c) depuis la fin du XIXe siècle.	a b c

ORIENTATIONS DE TRAVAIL

À la fin de ce chapitre, vous devez être capable de :

1. Rappeler les principales techniques d'imagerie médicale, d'en préciser les avantages, les inconvénients et les limites, d'en montrer la complémentarité.

2. Comparer les principes de base de la radiographie « conventionnelle » et ceux de la tomographie axiale assistée par ordinateur (scanner).

3. Maîtriser les définitions des mots suivants : morphologie, anatomie, physiologie.

MINI-GLOSSAIRE MÉDICAL

Artériographie / arteriography : n.f., radiographie d'un territoire artériel dans lequel ont été injectés des atomes « lourds » qui stoppent les rayons X et définissent ainsi les contours du réseau artériel.

Autopsie / autopsy : n.f., examen d'un cadavre. Une autopsie comporte généralement trois phases. On pratique dans un premier temps un examen externe du corps, visant à rechercher des traces de lésions, cicatrices... Puis vient la dissection et l'examen macroscopique des organes. Enfin des prélèvements de divers tissus conduisent à des observations microscopiques, à la recherche d'éventuels microbes ou de substances étrangères au corps.

Diagnostic / diagnostic : n.m., identification d'une maladie par ses symptômes.

Échographie / echography : n.f., méthode d'exploration anatomique utilisant la réflexion des ultrasons sur les organes, dont l'image est visualisée sur un écran.

Endoscopie / endoscopy : n. f., exploration visuelle de conduits ou de cavités naturelles de l'organisme à l'aide de fibres optiques conduisant la lumière.

Imagerie médicale / medical imaging : n.f., ensemble des techniques permettant d'obtenir des images du corps humain à partir de différents types de rayonnement (spectre visible, infrarouge, rayons X, radioactif...) ou d'ultrasons.

Maladie / disease : exp., altération dans le fonctionnement « normal » de l'organisme.

Médecine nucléaire / nuclear medicine : exp., branche de la médecine qui étudie l'utilisation des radio-isotopes dans le diagnostic et le traitement des maladies.

Radiographie / radiography, X-ray : n.f., obtention de l'image photographique d'un objet intercalé entre une source de rayons X et un film photographique.

Radioscopie / radioscopy : n.f., examen de l'image formée sur un écran fluorescent par un objet intercalé entre une source de rayons X et cet écran.

Santé / health : n.f., état fonctionnel de l'organisme, bon ou mauvais.

Scanner : n.m., de l'anglais *to scan,* balayer. Appareil de diagnostic radiographique dont la source de rayons X et l'enregistreur couplé pivotent autour de l'axe du corps. Les différences d'absorption de ces rayons par les tissus sont traduites sur un écran, par un ordinateur, en points d'intensité proportionnelle. Cette technique est appelée tomodensitométrie.

Symptôme / symptom : n.m., ensemble des indices, généralement subjectifs, qui révèle un trouble fonctionnel.

Thermographie / thermography : n.f., obtention de l'image thermique des régions périphériques de tout ou partie du corps humain.

Tomographie / tomography : n.f., radiographie permettant l'analyse d'un organe suivant différents plans de coupes.

Urographie / urography : n.f., radiographie des voies urinaires dans lesquelles ont été injectés des atomes « lourds » qui stoppent les rayons X et en définissent ainsi les contours.

Pour en savoir plus

DIXON (B.), *Le Corps humain*, France Loisirs – Paris 1990
INSERM, *L'imagerie médicale*, dossier documentaire – Paris 1992
LUCIANO (D.S.), VANDER (A.J.), Sherman (J.H.), *Physiologie humaine*, 2e édition, McGraw-Hill – Paris 1989
PÉRÉ (J.P.), *La microscopie*, collection 128, Nathan Université – Paris 1994
TAUGOURDEAU (P.), *L'Homme transparent*, CNRI/Le François/Magnard – Paris 1981
TORTORA (G.J.), *Principes d'anatomie et de physiologie*, Frison Roche – Paris 1988
WOODBURNE (C.T.), *Essentials of Human Anatomy*, Oxford University Press – New York 1983

LE CORPS HUMAIN : UNE SOCIÉTÉ DE CELLULES

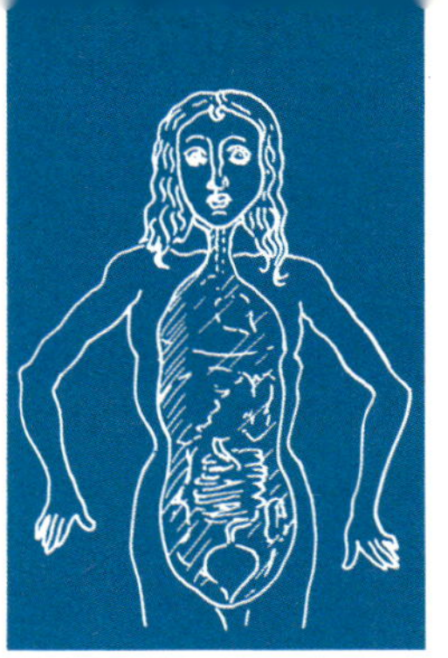

Le corps humain est composé de plus de 75 billions de cellules, plus petites unités structurales et fonctionnelles qui le constituent. Si toutes ces cellules peuvent produire, stocker, utiliser de l'énergie, si toutes possèdent une organisation générale semblable, toutes ont une spécialisation : une cellule nerveuse ne ressemble aucunement à une cellule hépatique, ni même à une cellule sanguine ; les cellules du corps humain sont *différenciées*. On en distingue jusqu'à 200 types différents. Ces cellules ne fonctionnent pas isolément. Elles sont associées au sein de l'organisme, en une véritable hiérarchie de structures ou niveaux d'organisation, parmi lesquels on définit les *tissus*, les *organes*, les *appareils*, les *systèmes*. Le corps humain apparaît ainsi, comme une société de cellules dans laquelle chacun des 75 billions d'individus tient une place précise et un rôle déterminé au service de la communauté, c'est-à-dire de l'organisme lui-même.

Sommaire

1. La cellule, unité fondamentale de l'organisme

Chaque cellule est un véritable système vivant, qui se nourrit et produit des déchets, qui échange des informations avec l'extérieur et dissipe de l'énergie : la cellule est le siège fondamental du métabolisme.

Les échelles d'observation de la cellule

D'un diamètre moyen compris entre 10 et 20 µm, les cellules du corps ne sont pas visibles à l'œil « nu », dont le pouvoir séparateur est au plus de 0,2 mm. Le microscope optique, qui grossit les objets jusqu'à 2000 fois, définit la cellule comme un petit sac limité par une membrane : la membrane plasmique, qui entoure un cytoplasme et contient un noyau dont l'aspect change au cours du temps. Le microscope électronique, dont le pouvoir de grossissement atteint le million de fois, permet une description détaillée de la cellule. Le cytoplasme est en fait un liquide, le cytosol, empli d'organites, structures granuleuses ou filamenteuses et compartiments limités par une ou deux membranes. Chacun de ces organites a une composition chimique, une structure, une fonction spécifiques.

La membrane plasmique : une interface active

Toute cellule est limitée par une bicouche lipidique stabilisée par du cholestérol et dans laquelle sont enchâssées des protéines. Ce dispositif présente une perméabilité sélective, la bicouche lipidique bloquant le passage des molécules hydrophiles, et certaines protéines membranaires pouvant faciliter la diffusion de molécules particulières ou même en pomper dans la cellule. Les faces externe et interne de la membrane sont dissemblables : des protéines de la face interne, associées à un cytosquelette, déterminent la forme de la cellule. Des chaînes glucidiques, liées à des protéines ou à des lipides de la face externe, interviennent dans les contacts entre les cellules.

Le noyau contient l'information génétique

Le noyau est, très généralement, limité par une enveloppe. Cette enveloppe nucléaire est constituée par deux membranes séparées par un petit espace, et perforée de pores qui assurent la communication avec le cytosol. Le noyau contient de fins filaments de complexes ADN/protéines, sièges de l'information génétique, et un ou plusieurs nucléoles, site de l'élaboration des futurs ribosomes cytoplasmiques.

Le cytosol, parcouru par un cytosquelette, contient les organites

Cytosol, cytosquelette et organites constituent le cytoplasme. Le cytoplasme correspond à l'atelier de la machinerie cellulaire. Organisée et compartimentée, cette structure est déterminée par le cytosquelette, réseau de filaments protéiques qui participe au maintien et aux changements de forme de la cellule. Parmi les organites, les ribosomes, petits grains de 200 nm de diamètre, traduisent en protéines l'information génétique issue du noyau. Les ribosomes peuvent être « libres » dans le cytosol ou fixés à la face externe des membranes du réticulum endoplasmique. Les protéines synthétisées par les ribosomes fixés à ce réticulum « granaire » passent dans les cavités du réticulum dès qu'elles sont synthétisées. Elles sont alors transférées à l'appareil de Golgi qui les modifie, les trie et organise leur sécrétion hors de la cellule par l'intermédiaire de vésicules. Certaines d'entre elles forment les lysosomes, véritable appareil digestif intracellulaire. Les mitochondries, petits bâtonnets entourés par une double membrane, participent aux processus qui permettent de fournir l'énergie nécessaire aux réactions chimiques que la cellule doit réaliser à tout instant. Pour cela, elles consomment de l'oxygène et libèrent du dioxyde de carbone.

Cellule / cell : n.f., unité structurale et fonctionnelle fondamentale du monde vivant.

Cytologie / cytology : n.f., étude des cellules.

Cytoplasme / cytoplasm : n. m., partie de la cellule comprise entre la membrane plasmique et le noyau.

Membrane plasmique / cell membrane : n. f., enveloppe de la cellule ; elle en forme la surface extérieure et sépare son contenu du milieu extracellulaire.

Noyau / nucleus : n.m., structure non permanente de la cellule (il est réorganisé lors de la division cellulaire); le noyau contient l'essentiel de l'information génétique.

Organite / organelle : n.m., entité structurale et fonctionnelle du cytoplasme, dont le rôle spécifique contribue à l'activité cellulaire.

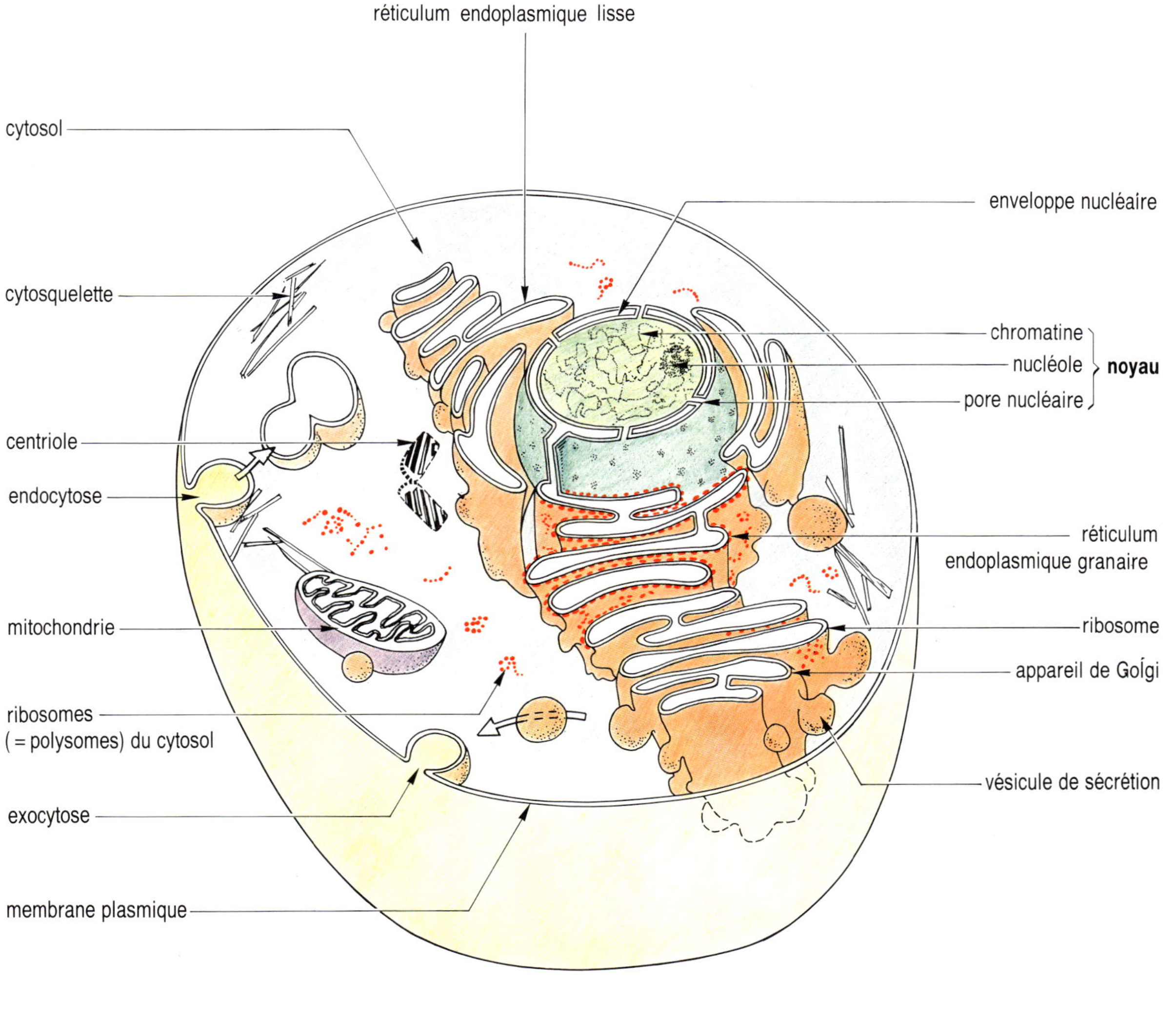

Plan d'organisation générale d'une cellule de l'organisme.

(*d'après* Une visite guidée dans la cellule, *C. De Duve, op. cité*)

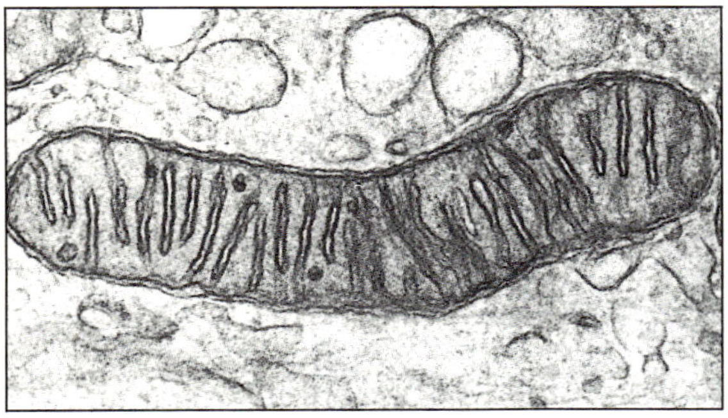

Mitochondrie (MET, × 25 000).

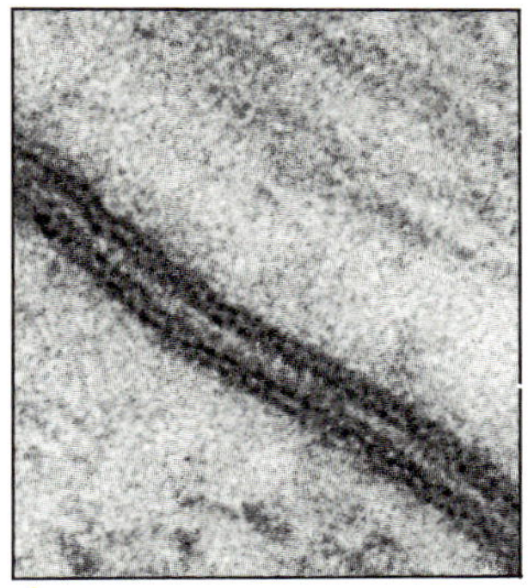

Membrane plasmique (MET, × 200 000).

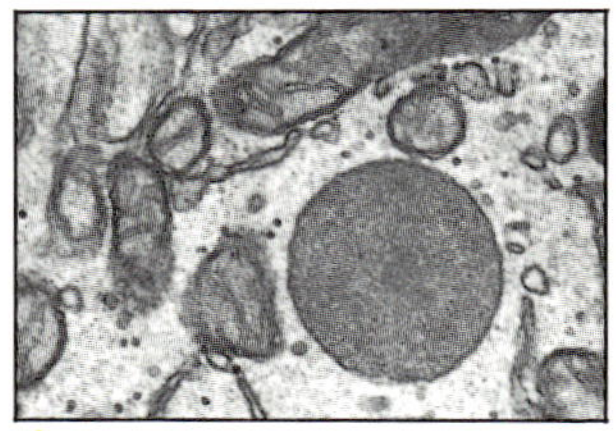

Vésicule (MET, × 20 000).

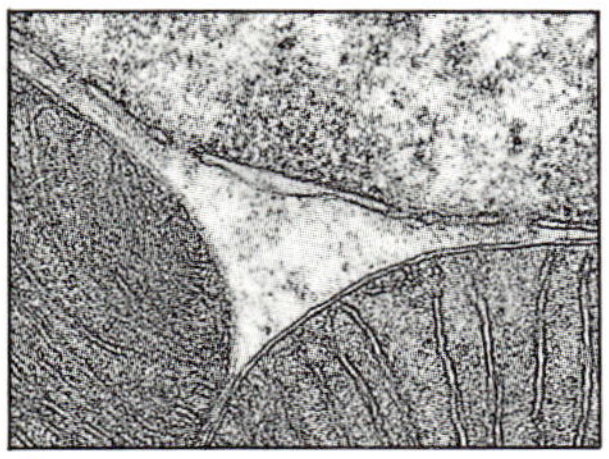

Enveloppe nucléaire (MET, × 25 000).

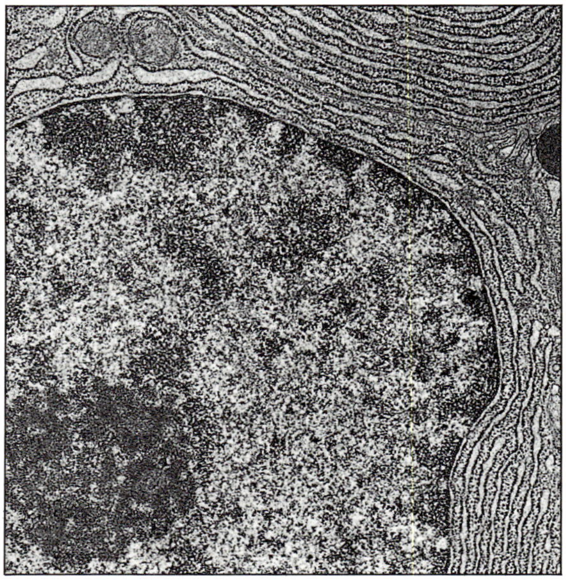

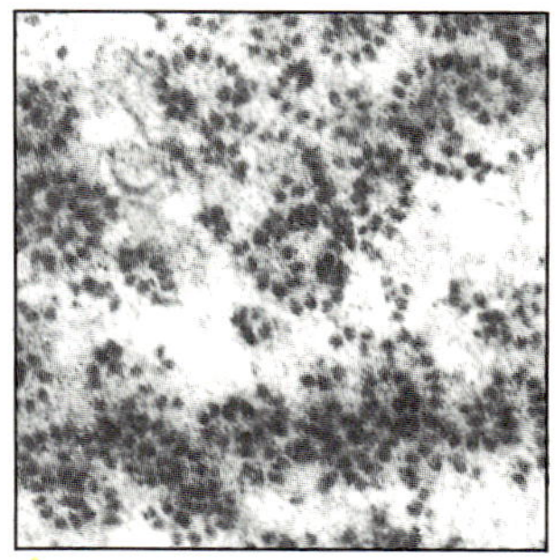

Polysomes (MET, × 60 000).

Matériel nucléaire (MET, × 18 000).

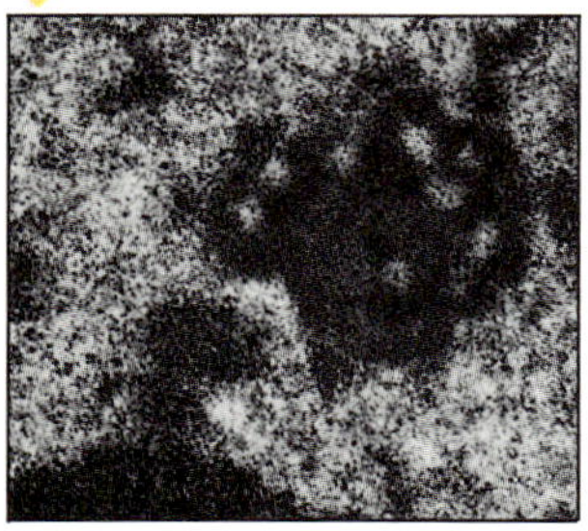

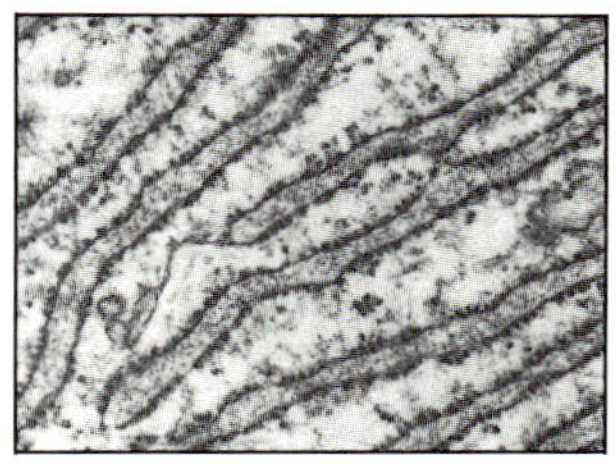

Réticulum granaire (MET, × 12 000).

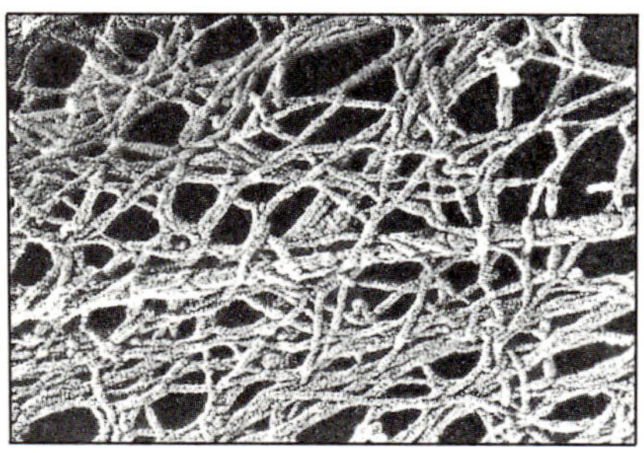

Cytosquelette (MET, × 280 000).

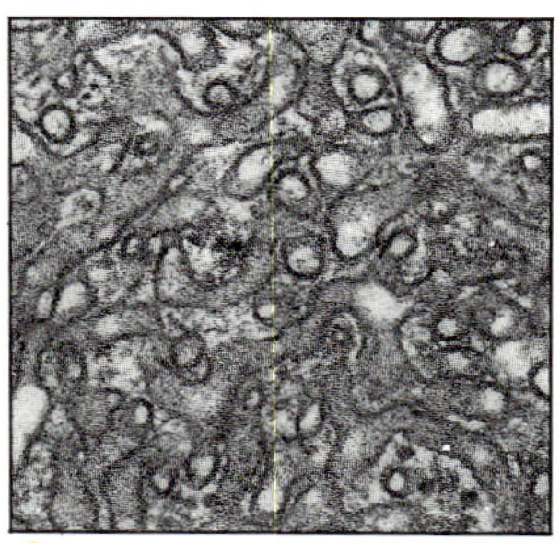

Réticulum lisse (MET, × 35 000).

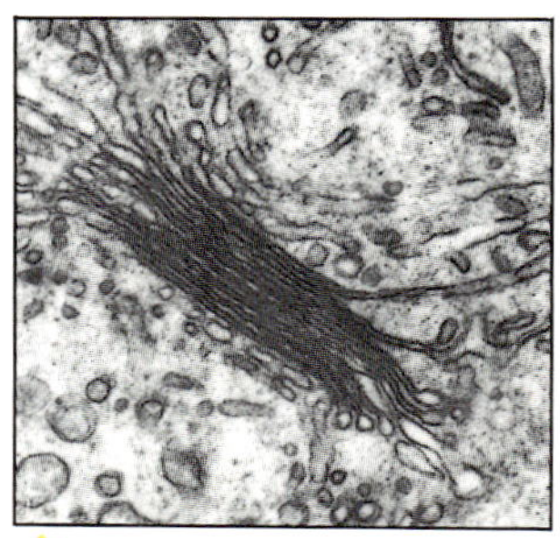

Appareil de Golgi (MET, × 8000).

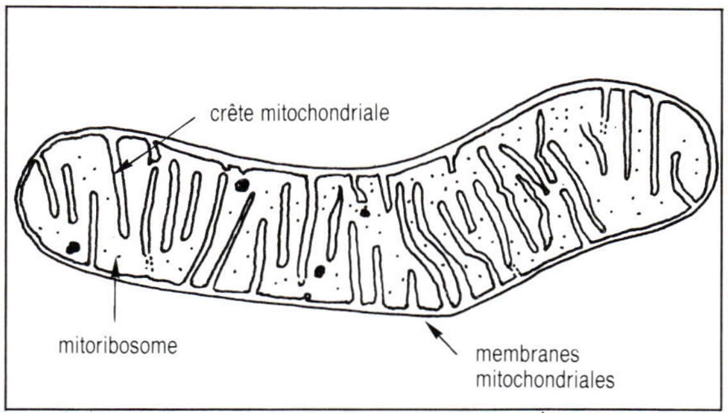

Mitochondrie (MET, × 25 000).

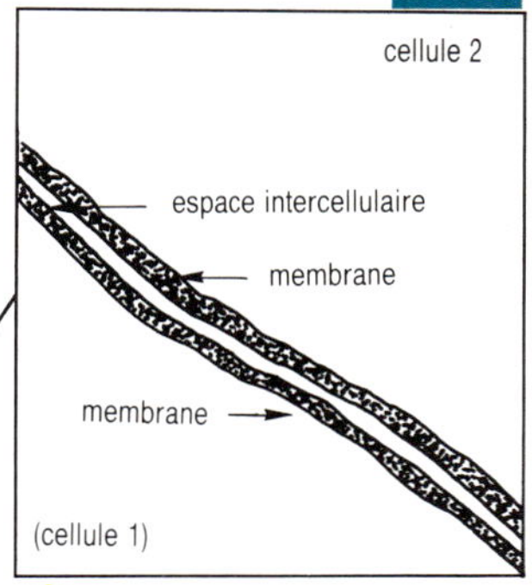

Membrane plasmique (MET, × 200 000).

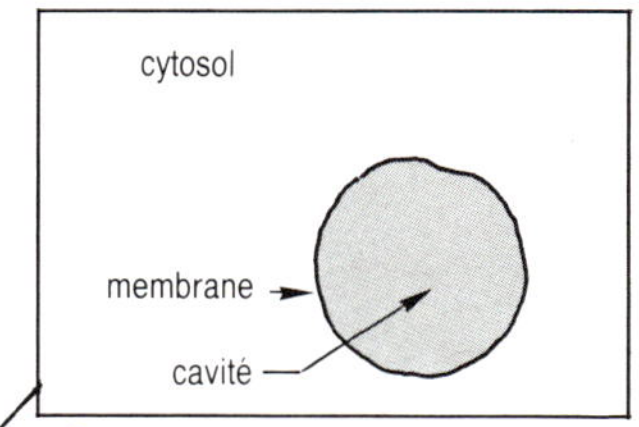

Vésicule (MET, × 20 000).

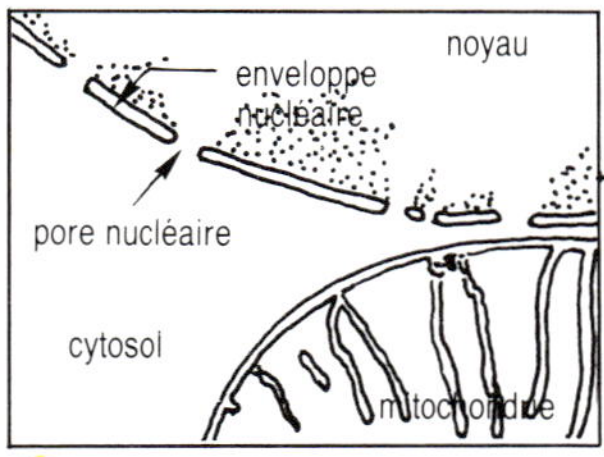

Enveloppe nucléaire (MET, × 25 000).

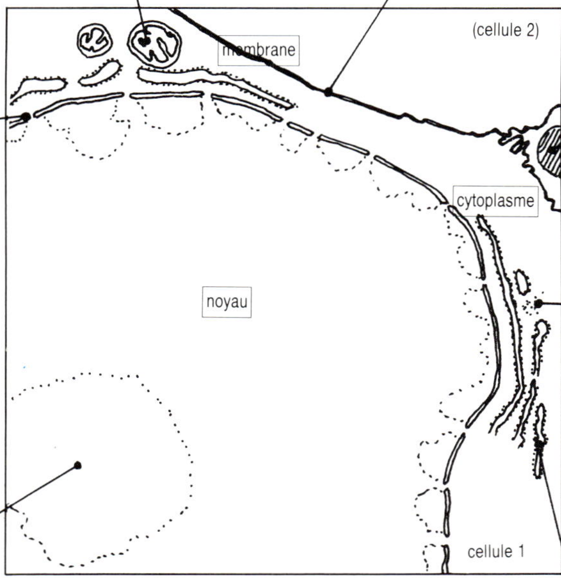

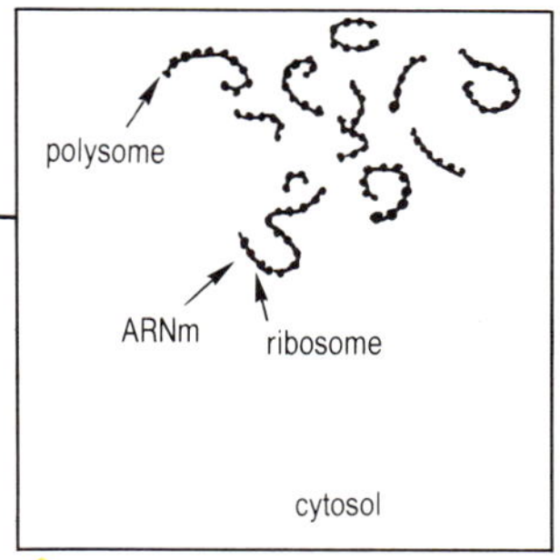

Polysomes (MET, × 60 000).

Matériel nucléaire (MET, × 18 000).

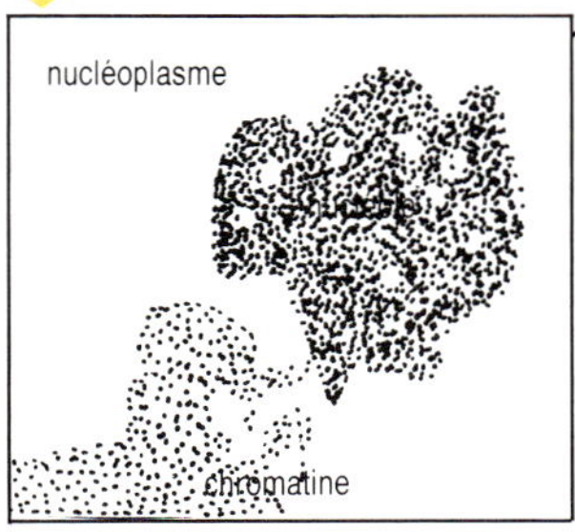

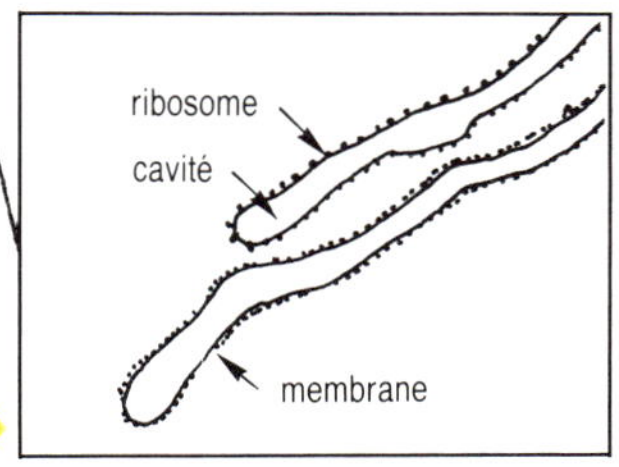

Réticulum granaire (MET, × 12 000).

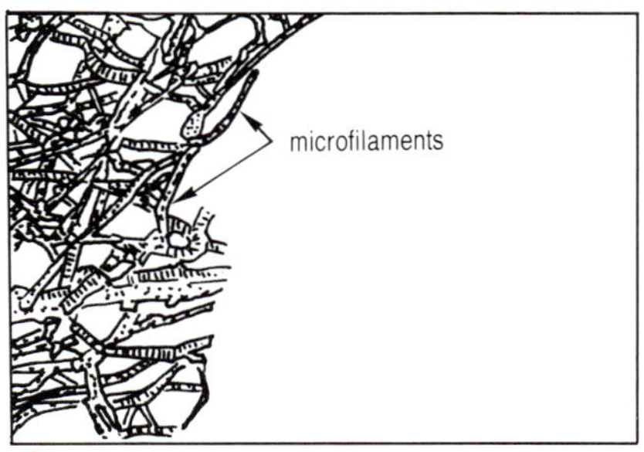

Cytosquelette (MET, × 280 000).

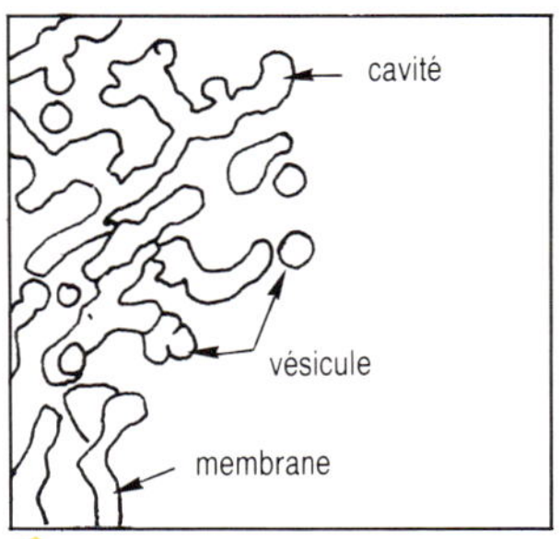

Réticulum lisse (MET, × 35 000).

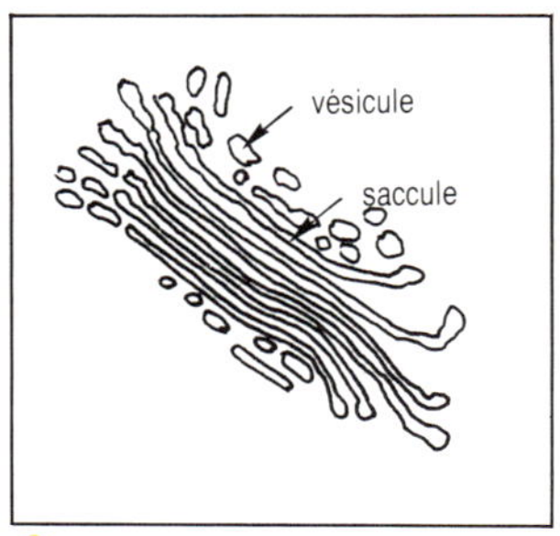

Appareil de Golgi (MET, × 8000).

2. LES TISSUS, DES ASSEMBLAGES DE CELLULES DIFFÉRENCIÉES

Unités hautement organisées, les cellules ne fonctionnent pas isolément. Elles sont associées en tissus, groupes de cellules différenciées dotées de propriétés semblables. On distingue, classiquement, quatre grands types de tissus dans le corps humain : le tissu épithélial, le tissu conjonctif, le tissu musculaire et le tissu nerveux.

Le tissu épithélial recouvre la surface du corps

Le tissu épithélial est constitué de cellules jointives, dont la cohésion est renforcée par des dispositifs membranaires, et parfois extracellulaires, spécialisés : les jonctions cellulaires. Il existe trois types de jonctions cellulaires :
– les desmosomes sont constitués par les membranes de deux cellules au contact, qui restent distantes de 200 nm. Les desmosomes sont associés au cytosquelette de chaque cellule. Leur fonction est de maintenir le contact entre les cellules épithéliales, soumises à un étirement constant ;
– les jonctions serrées caractérisent aussi les cellules épithéliales. Elles consistent en une fusion de la face externe de deux membranes plasmiques adjacentes. Leur fonction est de maintenir en contact les cellules, et de rendre étanches les espaces intercellulaires aux grosses et aux petites molécules ;
– les jonctions à trous, ou jonctions lacunaires, ne sont pas présentes dans les tissus épithéliaux. Ces jonctions sont caractérisées par de petits canaux d'environ 1,5 nm de diamètre, qui relient directement les cytoplasmes de deux cellules adjacentes et permettent le passage direct de très petites molécules.
Les tissus épithéliaux de revêtement recouvrent la surface du corps, en contact direct avec le milieu extérieur, ou invaginée pour constituer les muqueuses (muqueuses du tube digestif, des voies respiratoires ou urogénitales...). Lorsqu'ils tapissent des cavités corporelles comme les cavités du cœur ou des vaisseaux, on les appelle endothélium. Certains tissus épithéliaux possèdent une activité sécrétrice : ce sont les tissus épithéliaux glandulaires exocrines (glandes sudoripares, sébacées, mammaires, digestives...) ou endocrines (glandes sécrétrices des hormones). Les tissus épithéliaux protègent les tissus sous-jacents des invasions microbiennes, de la déshydratation. Ils sont situés au contact du tissu conjonctif et y adhèrent plus ou moins fortement.

Conjonctif / connective : adj., se dit d'un tissu ou de cellules qui jouent un rôle de remplissage ou de soutien.

Épithélial / epithelial : adj., se dit d'un tissu ou de cellules qui recouvrent le corps ou certains organes et tapissent les cavités corporelles.

Jonction cellulaire / cell junction : exp., contact spécialisé entre cellules adjacentes.

Histologie / histology : n.f., étude des tissus.

Musculaire / muscular : adj., se dit d'un tissu ou des cellules capables de contraction.

Nerveux / nervous : adj., se dit d'un tissu ou des cellules qui assurent la perception d'informations intérieures ou extérieures au corps et la coordination entre organes.

Tissu / tissue : n.m., assemblage de cellules différenciées de même type, et liées par la réalisation d'une fonction déterminée.

Le tissu conjonctif lie les différentes structures de l'organisme

Le tissu conjonctif est le tissu le plus abondant de l'organisme. Ses cellules sont disjointes, éparpillées dans une substance extracellulaire abondante qu'elles ont sécrétée ; cette substance « fondamentale », riche en matériel protéique et glucidique possède une consistance très variable. Semi-liquide dans le conjonctif lâche, elle est ferme dans le cartilage et très rigide dans l'os. Dans tous les cas, le tissu conjonctif lie et maintient les structures internes de l'organisme.

Le tissu musculaire permet le mouvement

Le tissu musculaire est constitué de cellules généralement allongées, les fibres, capables de contractions temporaires. Les cellules musculaires squelettiques s'insèrent sur les os et induisent les mouvements des membres ou du tronc. Les cellules musculaires cardiaques délimitent les cavités creuses des chambres cardiaques, et leur contraction chasse le sang dans les divers territoires de l'organisme. Les cellules musculaires lisses garnissent la paroi des formations tubulaires creuses (vaisseaux sanguins, tube digestif...). Leur contraction modifie alors le diamètre de ces tubes.

Le tissu nerveux coordonne les activités corporelles

Très complexe dans son organisation et son fonctionnement, le tissu nerveux est constitué par des neurones qui assurent production et transmission de signaux, et des cellules gliales qui entourent et soutiennent les neurones.

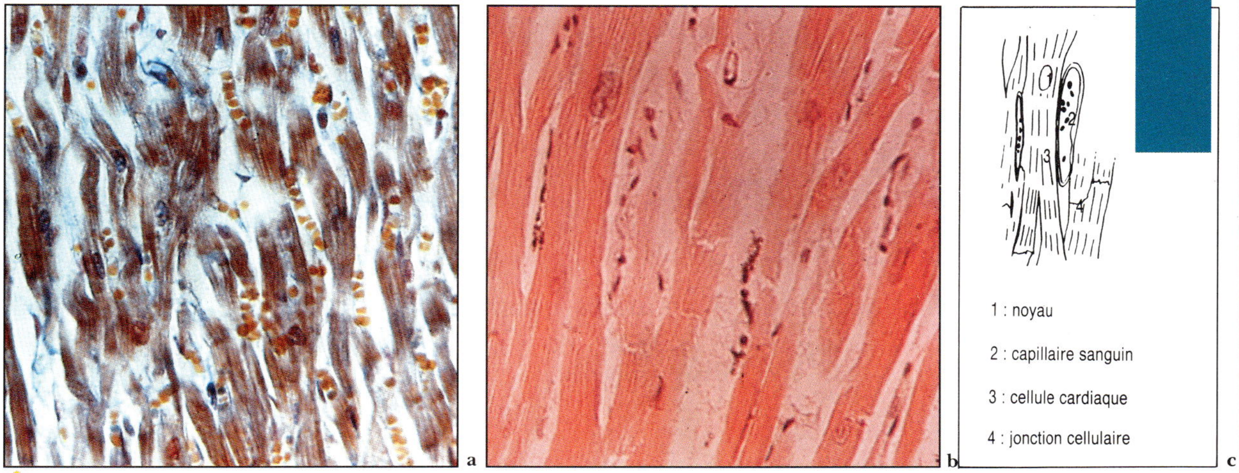

Le tissu musculaire regroupe de très nombreuses cellules allongées et de grande taille (fibres), dont la contraction induit des variations de longueur, à l'origine des mouvements de membres des expressions du visage, de l'écoulement des liquides à l'intérieur de l'organisme... (a) tissu musculaire cardiaque observé au Microscope Optique (× 240) ; (b) cellules musculaires cardiaques (× 400) ; dessin d'interprétation.

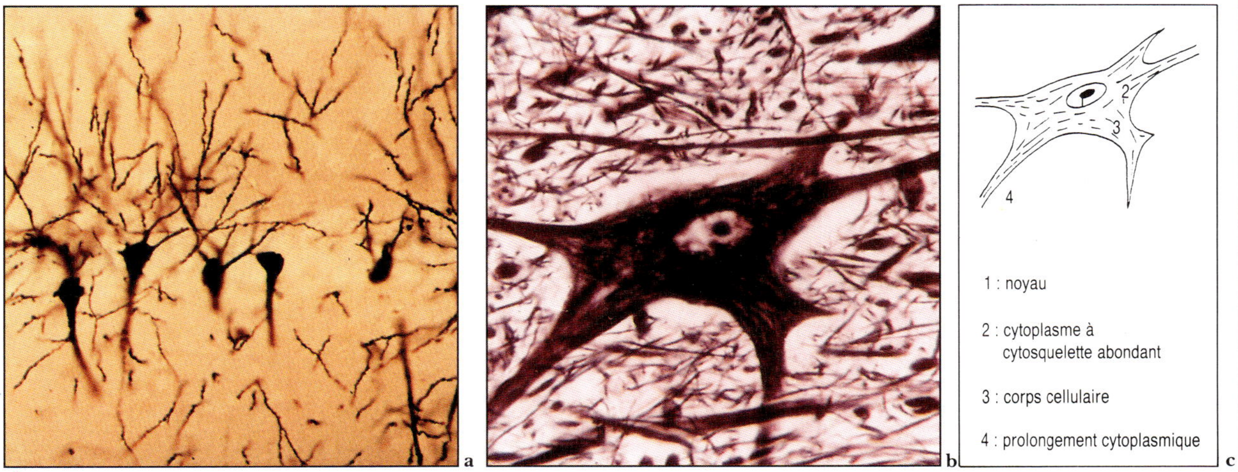

De nombreuses cellules aux prolongements plus ou moins ramifiés caractérisent le tissu nerveux. (a) tissu nerveux (MO, × 280) ; (b) cellule nerveuse (MO, × 640) ; dessin d'interprétation.

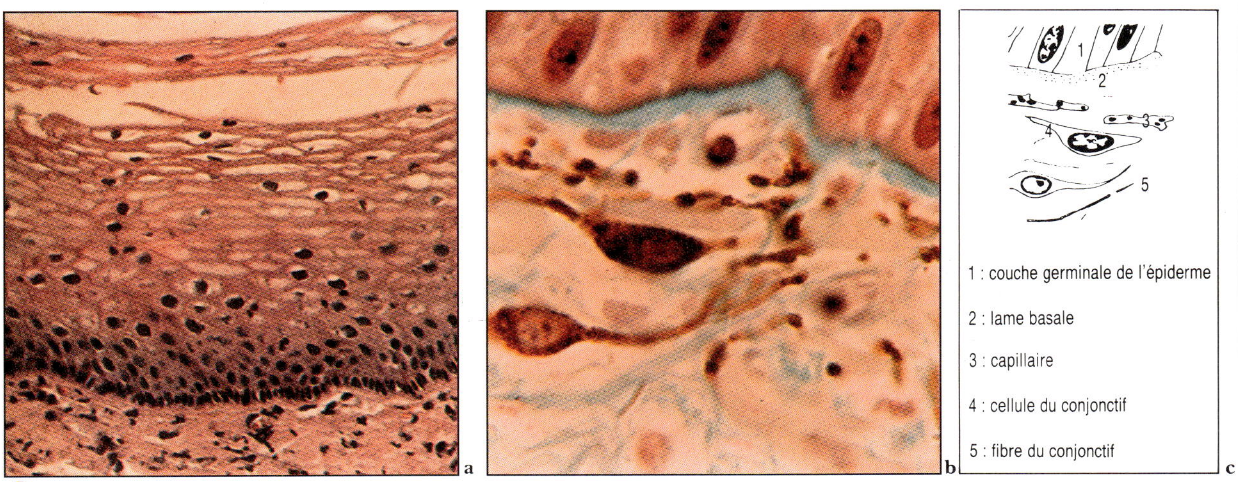

L'interface entre l'organisme et le milieu extérieur est définie par le tissu épithélial, véritable revêtement externe mais parfois interne de la surface du corps. Entre les cellules épithéliales et le tissu des différents organes, les cellules du tissu conjonctif forment un ensemble lâche. (a) coupe de peau (MO, × 240) ; (b) détail des cellules épidermiques et conjonctives (MO, × 650) ; dessin d'interprétation.

3. DES ORGANES AUX SYSTÈMES : LES NIVEAUX D'ORGANISATION DU CORPS HUMAIN

Le corps humain comprend plusieurs niveaux d'organisation structurale. Au-delà des niveaux chimique, cellulaire et tissulaire, qui en sont les éléments de base, cellules et tissus s'associent en de nombreux territoires de l'organisme pour former des niveaux d'organisation encore plus complexes.

Les organes : des entités anatomiques identifiables

L'estomac est, par exemple, un organe constitué fondamentalement :
– de tissu épithélial, qui tapisse l'estomac et y déverse acides et enzymes ;
– de tissu musculaire lisse dont les contractions permettent le brassage des aliments contenus dans l'estomac ;
– de tissu conjonctif qui enveloppe et protège les autres tissus.
Certains organes présentent un niveau structural intermédiaire : de petites unités fonctionnelles semblables participent toutes à la fonction de l'organe. Ainsi, dans le rein, plus d'un million de néphrons sont les véritables réalisateurs de la fonction rénale.

Appareils et systèmes concourent à une même fonction

L'estomac appartient, par exemple, à l'appareil digestif. Avec les autres éléments du tube digestif et les organes qui lui sont associés comme les glandes salivaires, le foie ou le pancréas, il participe à la dégradation des aliments ingérés pour permettre leur entrée dans l'organisme, après absorption.
Les systèmes nerveux, endocrinien, musculaire... concourent aussi à une même fonction. Leurs éléments constitutifs sont cependant tous semblables. Appareils et systèmes forment l'organisme, niveau d'organisation le plus élevé. Les systèmes nerveux, endocrinien, l'appareil cardio-vasculaire y assurent une fonction très particulière : ils relient les organes entre eux et coordonnent leurs activités, qu'ils intègrent ainsi au reste de l'organisme. Ils font de ce dernier un tout, structural et fonctionnel.

Appareil ou système	Organes et tissus principaux	Principales fonctions
Cutané	Peau, productions et glandes épidermiques (poils, ongles, glandes sudoripares...)	Protection, perception de stimulus, régulation thermique, synthèse de vitamine D
Digestif	Cavité buccale, pharynx, œsophage, estomac, intestins, glandes salivaires, foie, pancréas, vésicule biliaire	Dégradation des aliments ingérés et absorption des nutriments, élimination de certains déchets
Respiratoire	Nez, pharynx, larynx, trachée, bronches et bronchioles, poumons	Échanges de gaz respiratoires (O_2 et CO_2) avec l'extérieur, régulation du pH
Urinaire	Reins, uretères, vessie, urètre	Excrétion et osmorégulation
Reproducteur	Gonades (testicules ou ovaires), voies génitales, glandes diverses	Production, émission, rapprochement de gamètes, gestation
Cardio-vasculaire	Cœur, vaisseaux sanguins, sang...	Distribution du sang, régulation thermique, maintien de l'intégrité de l'organisme
Nerveux	Encéphale, moelle épinière, nerfs, ganglions périphériques, organes des sens	Perception de stimulus, coordination entre organes, état de veille ou de sommeil
Endocrinien	Toutes les glandes qui sécrètent des hormones (thyroïde, pancréas, hypophyse, gonades...)	Coordination entre organes
Musculaire	Muscles squelettiques, viscéraux et cardiaque	Mouvement du corps, posture, production de chaleur
Osseux	Os, cartilage, articulations	Soutien et protection de l'organisme, production de cellules sanguines

Appareil / apparatus : n.m., ensemble d'organes concourant à la réalisation d'une même fonction.

Organe / organ : n.m., structure anatomique du corps humain, constituée de plusieurs tissus et exerçant une fonction déterminée.

Système / system : n.m., ensemble d'éléments similaires de l'organisme et participant à une même fonction.

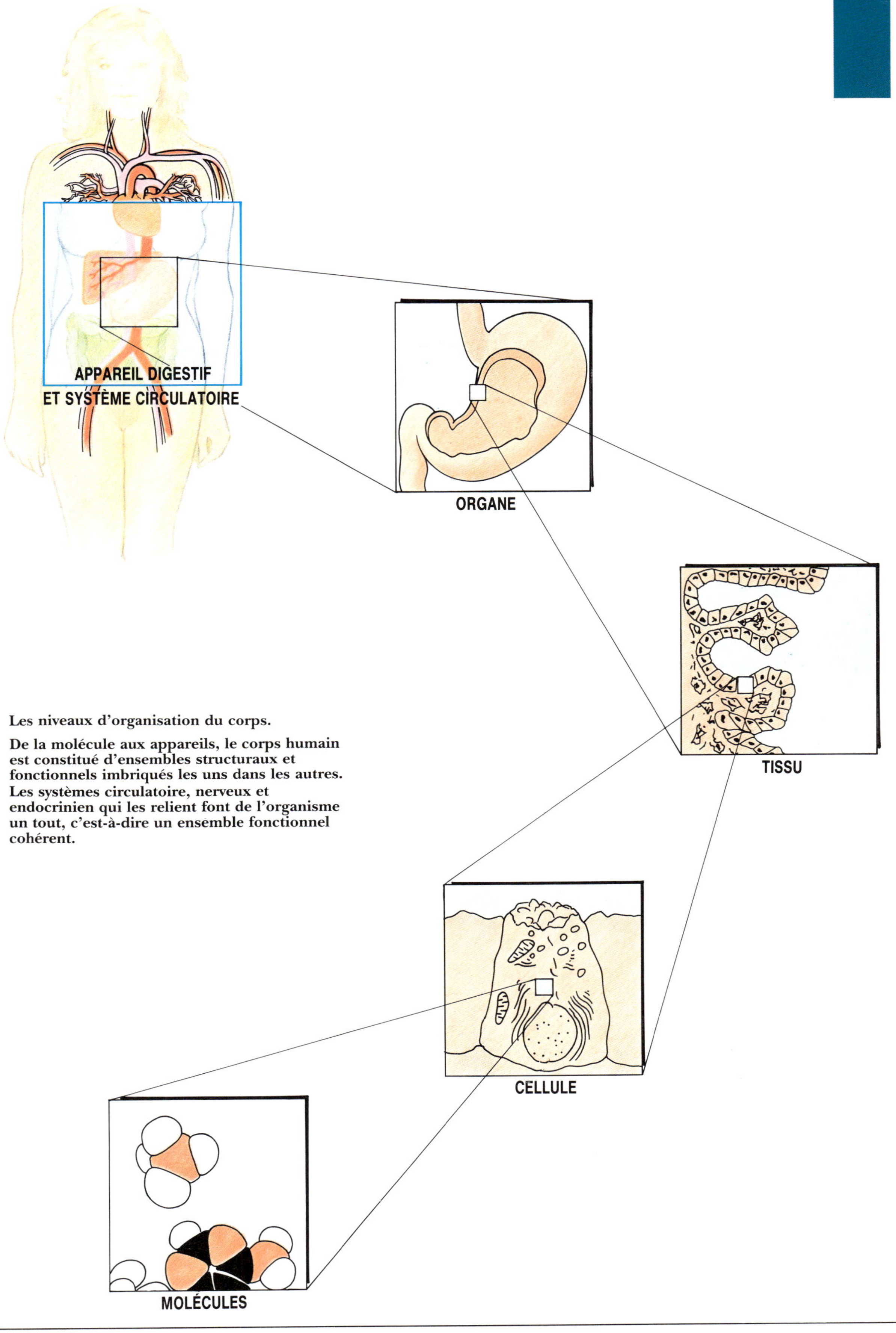

Les niveaux d'organisation du corps.

De la molécule aux appareils, le corps humain est constitué d'ensembles structuraux et fonctionnels imbriqués les uns dans les autres. Les systèmes circulatoire, nerveux et endocrinien qui les relient font de l'organisme un tout, c'est-à-dire un ensemble fonctionnel cohérent.

FAIRE LE POINT

L'ESSENTIEL

1 La cellule est l'unité de base, structurale et fonctionnelle, du corps humain qui en contient plus de 75 billions.

2 La membrane plasmique, le cytosol, son cytosquelette et ses organites, le noyau caractérisent la structure cellulaire. L'activité cellulaire est le résultat d'une division du travail entre ces divers éléments.

3 Deux cents types cellulaires différents constituent le corps humain. Ces cellules sont assemblées en tissus. On distingue quatre types tissulaires fondamentaux : les tissus épithéliaux, conjonctifs, musculaires et nerveux.

4 Les organes sont constitués de plusieurs tissus. Ils réalisent une fonction définie et sont caractérisés par leur forme et leur position dans l'organisme.

5 L'organisme rassemble appareils et systèmes, groupements d'organes qui concourent à la réalisation d'une même fonction. Parmi ces niveaux structuraux « élevés », les systèmes nerveux et endocrinien, l'appareil cardio-vasculaire assurent la coordination entre les organes et font de l'organisme un ensemble fonctionnel cohérent.

LES MOTS CLÉS

A
appareil
appareil de Golgi

C
cellule
conjonctif
cytologie
cytoplasme
cytosol
cytosquelette

E
endocrine
épithélial
exocrine

H
histologie

J
jonction cellulaire

L
lysosome

M
membrane plasmique
mitochondrie

N
nerveux
noyau
nucléole

O
organe
organite

R
réticulum
ribosome

S
système

T
tissu

AUTO-ÉVALUATION

Les activités proposées dans cette rubrique permettent de vérifier les connaissances acquises au cours de ce chapitre.
Elles peuvent concerner : la terminologie scientifique, les ordres de grandeur, les mécanismes fonctionnels.

AUTOTEST

Testez vos connaissances en répondant aux 5 questions suivantes (réponses en fin d'ouvrage). Chaque réponse doit être justifiée.

QUESTION	RÉPONSE
1. Le corps humain contient : a) 10^6; b) 10^9; c) 10^{12}; d) 10^{14} cellules.	a b c d
2. Un tissu conjonctif est caractérisé par une substance fondamentale abondante.	oui non
3. Les jonctions à trous sont fréquentes entre les cellules d'un épithélium.	oui non
4. Les cellules gliales sont : a) des cellules caractéristiques de la peau; b) des cellules abondantes dans le tissu conjonctif; c) des cellules de soutien des neurones; d) des cellules du système endocrinien;	a b c d
5. La cytologie est la science qui étudie les cellules.	oui non

ORIENTATIONS DE TRAVAIL

À la fin de ce chapitre, vous devez être capable de :

1. Reproduire le schéma légendé de l'organisation structurale d'une cellule du corps humain.

2. Énumérer les différentes fonctions possibles de la membrane plasmique.

3. Comparer les quatre grands types tissulaires de l'organisme humain. Votre réponse peut être proposée sous forme d'un tableau que vous compléterez par des schémas légendés.

4. Citer les principaux appareils du corps humain. Vous rappellerez pour chacun d'eux : les organes qui les constituent, les fonctions essentielles auxquelles ils contribuent.

À RETENIR

La maîtrise de l'organisation du corps humain, à toutes les échelles, passe :

– par la connaissance de quelques schémas fondamentaux : structure générale de la cellule, structure des principaux organites cellulaires (mitochondries, réticulum endoplasmique, appareil de Golgi...);

– par les capacités de reconnaître, sur une électronographie, les principales structures cellulaires.

L'étude d'une électronographie, comme de toute autre observation microscopique, impose une parfaite connaissance de l'échelle d'observation.

MINI-GLOSSAIRE MÉDICAL

Biopsie / biopsy : n.f., prélèvement d'un fragment d'organe ou de tissu sur l'organisme vivant, en vue d'un examen microscopique et de l'établissement d'un diagnostic.
Faire une biopsie, c'est prélever dans un but diagnostique un fragment d'organe ou de tissu : estomac, œsophage, côlon, bronche, foie, peau, rein, vessie, moelle osseuse... Le prélèvement peut être effectué sur une anomalie détectée ou « à l'aveugle ». Un examen histologique du fragment biopsique est alors réalisé, après coupes fines et coloration. Les biopsies sont particulièrement pratiquées dans le dépistage et le traitement des cancers.

Dysplasie / dysplasia : n.f., modification des caractéristiques structurales d'une cellule.

Hyperplasie / hyperplasia : n.f.,augmentation anormale du nombre des cellules d'un tissu ou d'un organe.

Métaplasie / metaplasia : n.f., transformation d'un type cellulaire en un autre type cellulaire.

Néoplasie / neoplasia : n.f., formation ou croissance anormale de certaines cellules.

Pour en savoir plus

ALBERTS (B.), *Biologie moléculaire de la cellule,* Flammarion Médecine-Sciences – Paris 1990
MAILLET (M.), *Abrégé de biologie cellulaire,* Masson – Paris 1985
ROLAND (J.C.), SZÖLLÖSI (A. et D.), *Atlas de biologie cellulaire,* Masson – Paris 1994
BLOOM (W.), FAWCETT (D.W.), *A. Textbook of Histology,* 10e édition, Saunders – Philadelphie 1975
FAWCETT (D.W.), *The Cell,* 2e édition, Saunders – Philadelphie 1981
TORTORA (G.J.), *Principes d'anatomie et de physiologie,* Frison Roche – Paris 1988

ORGANISATION CHIMIQUE DU CORPS HUMAIN

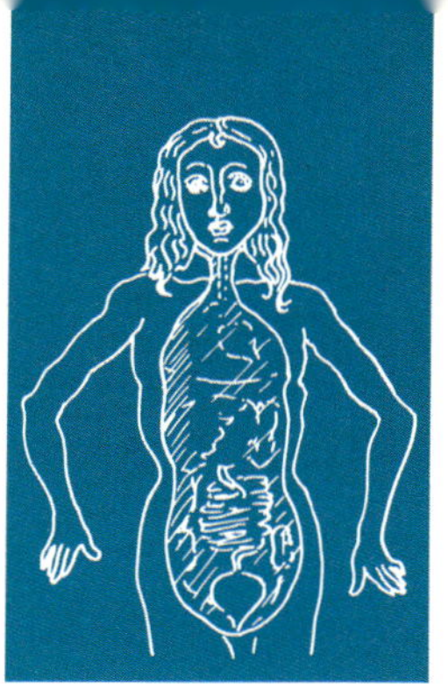

L'étude physico-chimique des êtres vivants révèle deux originalités : leur composition chimique et leur organisation. Les organismes vivants sont constitués d'eau et de matière organique, c'est-à-dire de molécules contenant des atomes de carbone, d'hydrogène, d'oxygène et d'azote. Ces molécules sont rares dans le monde non vivant, car elles sont facilement oxydables et dégradables. Cependant, la composition chimique n'explique pas la vie : un cadavre a la même composition qu'un être vivant.

C'est l'organisation très complexe de la matière organique qui caractérise les êtres vivants. Cette organisation trouve son expression dans la structure de la cellule. La logique de cette organisation repose sur trois particularités : les cellules utilisent la dégradabilité de leur matière pour en tirer de l'énergie, elles maintiennent leur complexité au prix d'une grande dépense énergétique et elles conservent l'information qui gouverne leur fonctionnement. Les sucres sont les principales molécules pourvoyeuses d'énergie; les protéines sont les acteurs de la vie qui orientent spécifiquement les réactions du métabolisme; et l'acide désoxyribonucléique ou ADN, enfin, est la forme de stockage de l'information génétique.

D'un strict point de vue chimique, l'Homme n'est pas différent des autres Mammifères. C'est dans la nature de l'information génétique contenue dans l'ADN qu'il faudra voir l'originalité de l'espèce humaine.

Sommaire

1. Les cellules utilisent des petites molécules carbonées

Les petites molécules organiques : des squelettes carbonés

Outre l'eau qui constitue 70 % du poids des cellules, l'essentiel des molécules constitutives d'une cellule sont des molécules carbonées. Les principaux éléments chimiques rencontrés chez un être vivant sont le carbone (C), l'hydrogène (H), l'oxygène (O), l'azote (N) et, pour une moindre part, le phosphore (P) et le soufre (S).
L'atome de carbone peut former quatre liaisons covalentes avec d'autres atomes, et permet ainsi l'édification d'une multitude de molécules construites autour de squelettes carbonés en chaînes ou en cycles. Ces molécules, généralement de petite taille (de 2 à 20 atomes de C), sont appelées « petites molécules ». Le fonctionnement de la cellule repose sur l'assemblage et/ou la dégradation de cette matière.

Glucide / carbohydrate : n.m., molécule portant une fonction aldéhyde ou cétone, tous les autres C formant une fonction alcool.
Les glucides simples sont les oses ; les osides sont formés par l'assemblage d'oses.

Liaison chimique / chemical bond : n.f., interactions entre les éléments constitutifs d'un atome, d'une molécule ou d'un complexe plurimoléculaires et qui tendent à en renforcer la cohésion. Exemples : liaison covalente, liaison hydrogène, liaison ionique... Une liaison covalente est une liaison dans laquelle deux atomes partagent un de leurs électrons de valence.

Lipide / lipid : n.m., graisse de l'organisme. Les lipides sont souvent constitués d'acides gras liés par estérification à une molécule de glycérol. Les stéroïdes, dérivés du stérol comme le cholestérol, sont des lipides à chaînes carbonées cycliques.

Nutriment / nutriment : n.m., substance chimique utilisable par l'organisme, sans digestion préalable.

Protide / protid : n.m., espèce chimique correspondant aux acides aminés et aux molécules qui en sont constituées, comme les peptides, les protéines.

Les glucides simples, ou oses, sont des molécules alimentaires

Les oses sont parmi les molécules les plus simples de l'organisme. Ils contiennent un nombre d'atomes de carbone compris entre 3 et 7. Ces carbones portent des atomes d'hydrogène et d'oxygène uniquement. Les plus courants sont :
– les trioses (à 3 atomes de carbone) : dihydroxyacétone et glycéraldéhyde. Ils constituent des carrefours essentiels du métabolisme cellulaire et sont ainsi à l'origine de nombreuses voies de ce métabolisme ;
– les pentoses (à 5 atomes de carbone), comme le ribose, sont en particulier nécessaires à l'édification de l'ADN et de l'ARN ;
– les hexoses (à 6 atomes de carbone), comme le glucose, le fructose ou le galactose sont des molécules alimentaires essentielles pour la cellule.
Les glucides simples sont très solubles (donc très mobiles dans la cellule). Leur dégradation libère une énergie appréciable ainsi que du CO_2 pour déchet. Ils constituent les nutriments énergétiques de la cellule.

Les acides gras sont insolubles

Les acides gras possèdent un groupement acide (– COOH) à l'extrémité d'une longue chaîne uniquement constituée de carbone et d'hydrogène, insoluble dans l'eau alors que l'extrémité acide est soluble. C'est leur insolubilité et leur viscosité qui leur vaut le qualificatif de gras.
Leur extrémité acide est souvent liée à d'autres molécules. Ainsi se constituent les graisses de l'organisme, ou lipides, dont une part importante forme l'élément essentiel des membranes cellulaires à qui elles confèrent leurs propriétés de perméabilité.

Les acides aminés contiennent un atome d'azote

Les acides aminés doivent leur nom à la possession d'un groupe acide (– COOH) et d'un groupe amine (– NH_2) portés par un atome de carbone d'une molécule. Il y a, en théorie, une infinité d'acides aminés, mais 20 seulement sont utilisés par les êtres vivants.
Leur intervention dans la vie de la cellule est surtout liée au fait qu'ils sont les sous-unités de molécules beaucoup plus grosses : les protéines.

Les nucléotides sont les sous-unités de l'ADN et de l'ARN

Plus complexes que les précédentes, ces molécules sont constituées de trois sous-unités : une molécule de ribose ou de désoxyribose, une molécule d'acide phosphorique et une molécule de base azotée (dont il existe deux grands types). Les nucléotides entrent dans la composition de nombreuses molécules à rôle de transfert d'énergie : les coenzymes. Cependant, leur importance réside surtout dans le fait qu'ils sont les sous-unités des acides nucléiques ADN et ARN, support et vecteur de l'information génétique de la cellule.

LES PRINCIPAUX ATOMES

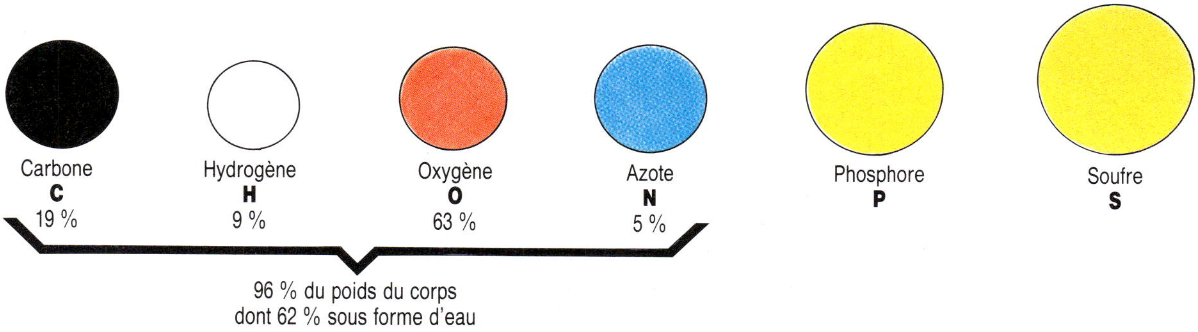

LES MOLÉCULES SIMPLES A LA BASE DU FONCTIONNEMENT DES CELLULES

Le glycéraldéhyde : un ose

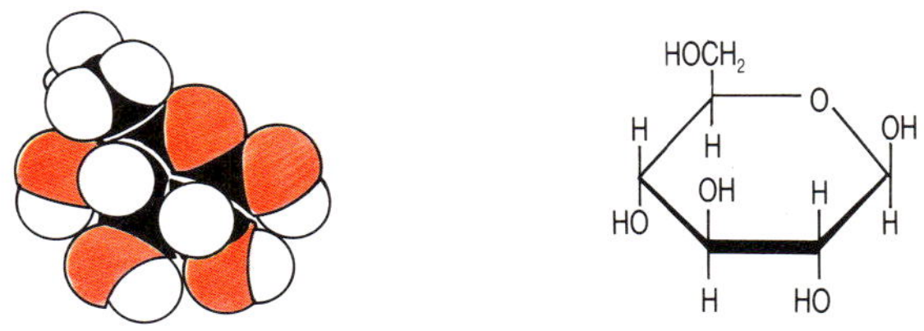

Le glucose : un ose

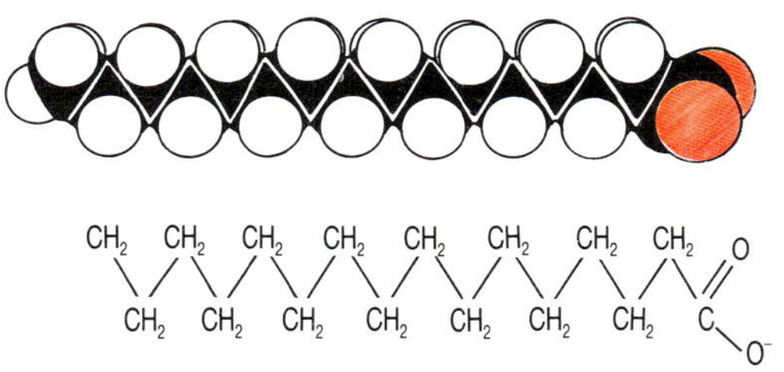

L'acide palmitique : un acide gras sous sa forme ionisée ($-C{\lessgtr}^{O}_{O^-}$)

L'alanine : un acide aminé

La cystéine : un acide aminé

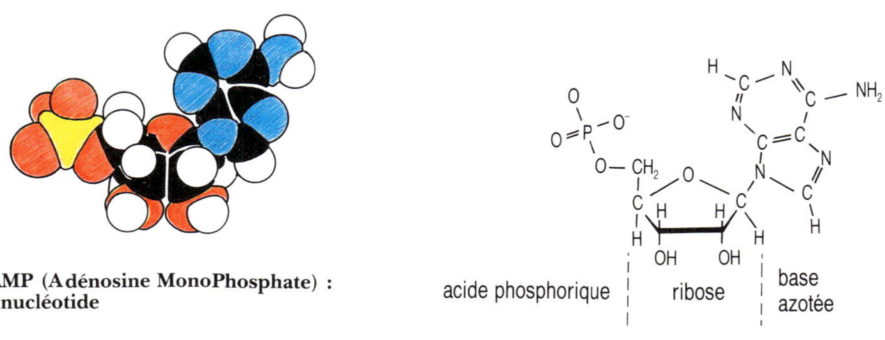

L'AMP (Adénosine MonoPhosphate) : un nucléotide

2. Le métabolisme met en jeu matière et énergie

Plus une réaction chimique est spontanée, plus on dit qu'elle libère de l'énergie (à l'image d'une explosion) ; en revanche, une réaction non spontanée exigera, pour sa réalisation, un apport d'énergie fourni par une réaction spontanée. La dégradation des molécules organiques est assez spontanée et constitue donc un moyen de libération d'énergie ; la synthèse de molécules complexes est, en revanche, consommatrice d'énergie.
On distinguera ainsi le catabolisme, ensemble des voies chimiques pourvoyeuses en énergie, et l'anabolisme, ensemble des voies consommatrices d'énergie (synthèse et travail biologique).

L'énergie cellulaire provient des aliments

Les aliments contiennent de grosses molécules carbonées. Ces molécules sont dégradées en de petites molécules lors de la digestion. Les cellules tirent leur énergie de l'oxydation de ces petites molécules. Leur oxydation est associée à la production d'une molécule très instable : l'ATP. Cette oxydation étant spontanée, elle libère l'énergie nécessaire à la synthèse d'ATP ; le bilan de l'opération se solde par un gain d'ATP.
L'instabilité de l'ATP provient de sa très forte tendance à perdre une molécule d'acide phosphorique. Une molécule d'ATP peut, à tout moment, libérer son énergie (en se dégradant spontanément) et rendre ainsi possible une réaction de l'anabolisme. L'ATP est un vecteur d'énergie : très instable, sa formation est thermodynamiquement défavorisée. Le catabolisme rend possible sa formation ; sa dégradation, spontanée, rend l'anabolisme possible.

Les coenzymes transfèrent l'énergie

L'ATP libère facilement un acide phosphorique : il favorisera donc les réactions qui utilisent de l'acide phosphorique. L'ATP est un coenzyme transporteur d'acide phosphorique ; il existe des coenzymes transporteurs d'électrons, comme le NAD^+ (Nicotinamide Adénine Dinucléotide) ou transporteur d'acides organiques comme le coenzyme A. Toutes ces molécules sont des vecteurs d'énergie : elles sont chargées lors des réactions spontanées du catabolisme et se déchargent spontanément, fournissant « avec énergie » aux réactions de l'anabolisme, l'élément qu'ils transportent.

Les cellules produisent leur matière

La plupart des molécules alimentaires servent à la libération d'énergie. Le reste fournit à la cellule les squelettes carbonés qui permettent sa construction. Les molécules alimentaires nécessitent des transformations pour constituer la matière cellulaire. En réalité, de nombreux intermédiaires du catabolisme constituent des précurseurs de nombreuses voies anaboliques. Ainsi, catabolisme et anabolisme sont sans cesse reliés entre eux.

L'énergie cellulaire peut être stockée

L'ATP est un très bon vecteur d'énergie, grâce à son instabilité. Il forme donc, par définition, une très mauvaise forme de réserve d'énergie.
L'essentiel des réserves énergétiques d'une cellule musculaire, par exemple, est en fait constitué par de grosses molécules produites par assemblage (polymérisation) de milliers de molécules de glucose : le glycogène. Le glycogène constitue d'énormes édifices moléculaires à encombrement réduit et chimiquement peu réactifs. La cellule peut, à tout moment hydrolyser du glycogène pour récupérer du glycose.
La synthèse du glycogène à partir du glucose nécessite une activation des molécules de glucose et consomme donc de l'énergie. Cependant, ce coût énergétique n'est rien en regard du potentiel que recèle chaque molécule ainsi stockée.

Anabolisme /anabolism : n.m., dans la cellule : ensemble des réactions chimiques consommatrices d'énergie.

ATP / Adénosine Tri-Phosphate : n.f., c'est un nucléotide pourvu de trois acides phosphoriques.

Catabolisme / catabolism : n.m., dans la cellule : ensemble des réactions chimiques pourvoyeuses d'énergie.

Coenzyme / coenzyme : n.m., molécule organique qui se comporte comme un cofacteur, c'est-à-dire se lie à une région spécifique de l'enzyme, maintient la forme de son site actif ou participe directement à la réaction sans être consommée. Elle sert généralement de molécule de transport qui transfère des atomes d'une molécule à une autre.

Polyholoside / polyholosid : n.m., polymère glucidique, composé uniquement d'osides. Le glycogène est un polyholoside.

La digestion fournit aux cellules des molécules simples.
La dégradation de ces molécules constitue la respiration et permet la production de molécules d'ATP et d'énergie d'oxydo-réduction (pouvoir réducteur) qui permet à son tour une production d'ATP.
Ces formes d'énergie autorisent l'activité de la cellule.

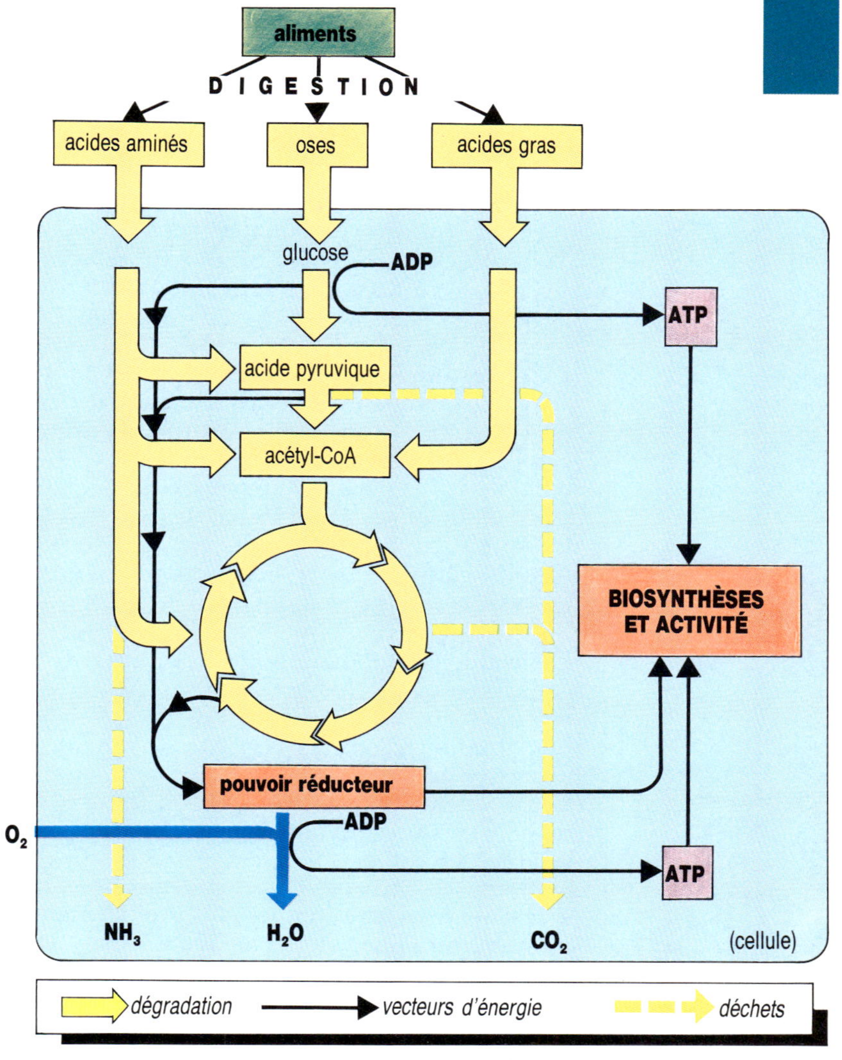

L'Adénosine TriPhosphate (ATP) est un nucléotide doté de trois acides phosphoriques. Il perd très spontanément (énergétiquement) un ion phosphate pour devenir de l'ADP (Adénosine DiPhosphate).
La production d'ATP à partir d'ADP est donc une réaction consommatrice d'énergie qui est réalisée lors du catabolisme par récupération de l'énergie des molécules organiques.

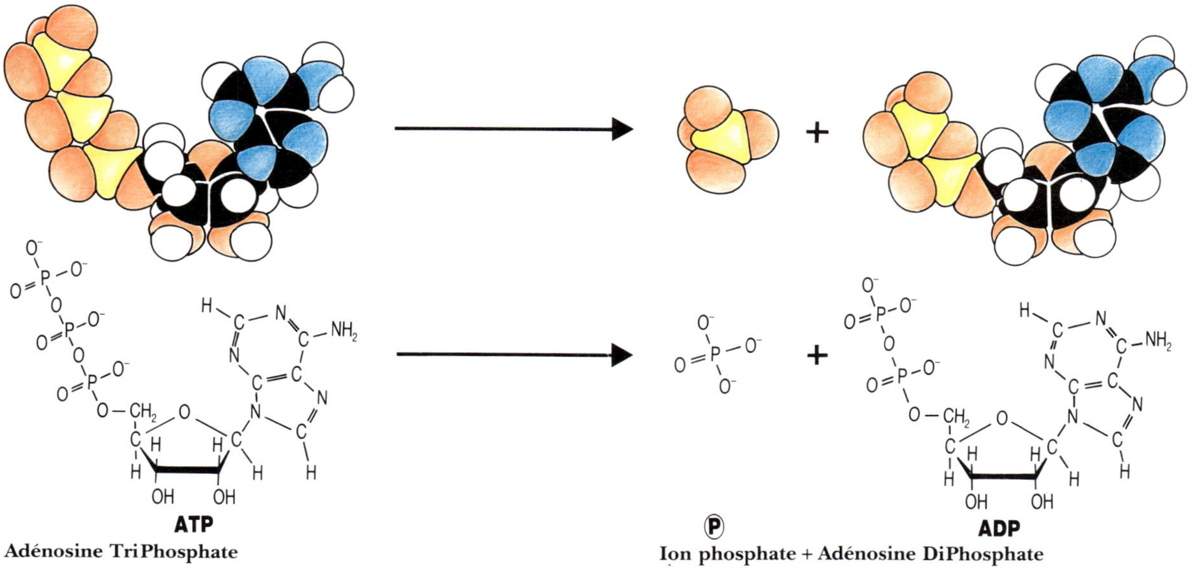

Adénosine TriPhosphate

Ion phosphate + Adénosine DiPhosphate

1. DES MACROMOLÉCULES STRUCTURALES

Le cytosquelette structure la cellule

Le cytoplasme des cellules est parcouru par un réseau très dense de filaments protéiques : le cytosquelette. Cette organisation permet de soutenir la forme de la cellule et contribue à orienter son activité. De nombreuses cellules ont ainsi une forme et une activité polarisées. Certaines spécialisations extrêmes du cytosquelette sont à l'origine de cellules différenciées. Ainsi les filaments des cellules musculaires sont une forme très organisée du cytosquelette et le flagelle des spermatozoïdes est constitué de microtubules.

• La kératine est une protéine essentielle des cellules de l'épiderme ; elle est aussi le constituant principal des poils, des cheveux et des ongles. Comme toutes les protéines, elle est constituée par de longues chaînes d'acides aminés. Ces chaînes s'organisent en hélices, dites hélices alpha. Chaque filament élémentaire est formé par un superenroulement de trois hélices. Ces filaments peuvent, de plus, être reliés par des liaisons chimiques covalentes.
L'accumulation de kératine dans l'épiderme lui confère son élasticité et protège l'organisme contre la pénétration d'éléments étrangers, la déshydratation et les variations thermiques.

• L'actine forme, dans toutes les cellules, des filaments qui, liés à la membrane, contribuent à lui donner sa forme. Associée à la myosine, elle peut engendrer des mouvements et donc des déformations de la cellule. Cette protéine n'est pas fibreuse comme la kératine : c'est une protéine globulaire, à forme très ramassée.
Les filaments d'actine sont faits d'un double collier spiralé, chaque « perle » du collier étant une molécule d'actine. La cellule peut, à volonté, allonger ou réduire ces colliers, adaptant ainsi sa structure à ses besoins.

• Les microtubules sont les plus gros éléments du cytosquelette. Ils sont constitués de tubuline, petits éléments globulaires protéiques. On trouve des microtubules dans toutes les cellules. Le système tubulaire semble être l'organisateur de tout le cytosquelette. Les fuseaux achromatiques, visibles lors de la division cellulaire, sont constitués de microtubules.

La matrice extracellulaire structure les tissus

Dans tous les tissus, les cellules élaborent des molécules structurales qui, à l'extérieur des cellules, constituent la matrice extracellulaire. Sa structure est particulièrement complexe dans les tissus conjonctifs tels ceux de l'os, des tendons, des cartilages. On y trouve en majorité des molécules de collagène, protéine la plus abondante de l'organisme.

• Le collagène, grosse protéine insoluble, constitue des enchevêtrements complexes plus ou moins serrés. Cette même molécule, organisée différemment, donne leurs propriétés mécaniques au cuir ou à la gélatine. Elle contient une forte proportion de glycine, acide aminé dont la très petite taille autorise la formation de cordons très serrés. Ces cordons sont associés en fibres de collagène, stabilisées par des liaisons chimiques fortes.

• L'élastine, comme son nom l'indique, contribue à l'élasticité des tissus. C'est la souplesse de son organisation tridimensionnelle qui lui confère ses propriétés.

• Les protéoglycanes sont des molécules de très grande taille, constituées à 5 % de protéines et à 95 % de glucides complexes. Très avides d'eau, elles constituent des gels parfois très denses. Elles déterminent ainsi la viscosité et l'élasticité de la substance fondamentale des conjonctifs et des cartilages.

Fibre, fibrille / fiber, fibrilla : n.f., généralement, le terme de fibrille est réservé à un arrangement déjà complexe de filaments ou de protofibrilles. Une fibre (hormis pour le collagène) est par contre une cellule (fibre nerveuse = cellule nerveuse ; fibre musculaire = cellule musculaire).

Polypeptide, protéine / polypeptid, protein : n.m., n.f., lorsque 2 ou 3 acides aminés sont assemblés, ils forment un di ou un tripeptide. Une ou deux dizaines d'acides aminés forment un polypeptide. On parle de protéine lorsqu'une structure complexe intervient à partir d'une centaine d'acides aminés.

LES MOLÉCULES DU CYTOSQUELETTE

LA KÉRATINE : cette protéine est constituée d'un enchaînement d'acides aminés enroulés en hélice α ; deux hélices forment alors un « super » enroulement.

Un double enroulement d'actine globulaire.

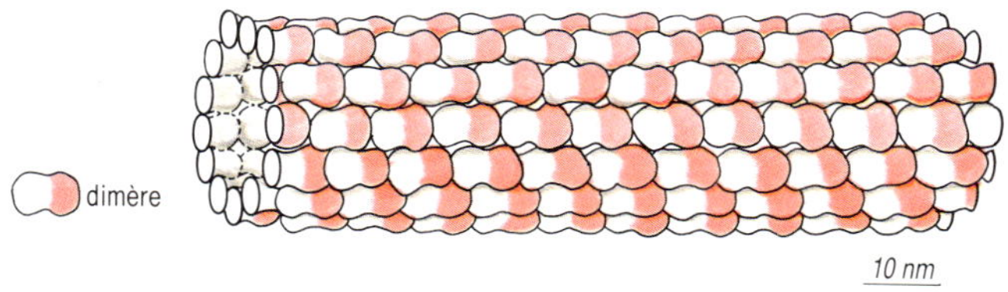

L'ACTINE : c'est une protéine globulaire qui constitue les filaments fins du cytosquelette.

LES MICROTUBULES : sont constitués de molécules de tubuline, protéine globulaire. Deux molécules de tubuline forment un dimère. Les dimères sont associés en filaments eux-mêmes groupés en tubule.

LES MOLÉCULES DE LA MATRICE EXTRACELLULAIRE

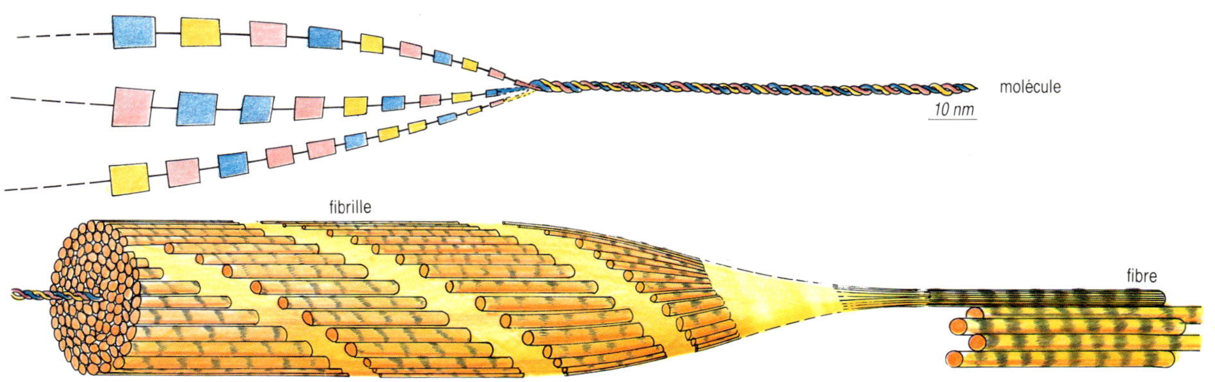

LE COLLAGÈNE : trois chaînes d'acides aminés forment une triple hélice de collagène. De nombreuses triples hélices sont associées en fibrilles dont plusieurs constituent une fibre de collagène.

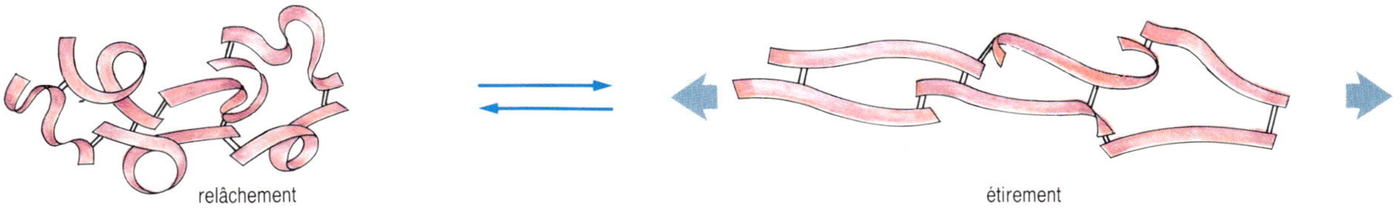

L'ÉLASTINE : constitue une protéine enroulée. Une fibre d'élastine est constituée de nombreuses molécules d'élastine enchevêtrées et liées. La possibilité de déroulement de chaque molécule donne ses propriétés à la fibre.

2. Des macromolécules à fonction spécifique

Les enzymes organisent le métabolisme

Toutes les réactions chimiques ayant lieu dans l'organisme font intervenir des enzymes. Les enzymes accélèrent les réactions chimiques de la vie : ce sont des catalyseurs biologiques. Toutes les enzymes sont des protéines, et leur importance réside dans leur spécificité : chaque enzyme ne catalyse qu'une réaction ou qu'un seul type de réaction.
La réaction $CO_2 + H_2O \rightleftarrows H_2CO_3$ est catalysée dans l'organisme par une enzyme nommée l'anhydrase carbonique. Cette réaction est alors 10 millions de fois plus rapide que lorsqu'on la réalise en laboratoire sans enzyme : il faut 4 mois pour faire au laboratoire ce que fait l'organisme en une seconde !

La spécificité enzyme-substrat

Les molécules se déplacent et s'entrechoquent au hasard. Les réactions entre molécules se produisent au cours de ces chocs. Les enzymes ont la capacité de se lier aux substrats qu'elles catalysent. Cette liaison transitoire est très spécifique, car la forme de l'enzyme et celle des molécules s'adaptent précisément, de telle manière qu'un grand nombre de liaisons chimiques faibles se forment entre les molécules. Les liaisons enzyme-substrat sont ainsi favorisées dans le ballet hasardeux des molécules. L'étroitesse de la liaison enzyme-substrat entraîne une modification de l'environnement chimique immédiat du substrat et peut rendre une liaison chimique plus fragile ou plus réactive, accélérant ainsi la réaction. Les enzymes n'affectent que la vitesse des réactions et jamais leur équilibre. Une réaction défavorisée reste défavorisée en présence d'une enzyme. Les équilibres sont seulement atteints plus rapidement. Pour déplacer l'équilibre d'une réaction, il faut de l'énergie fournie par un vecteur d'énergie comme l'ATP.
Chaque enzyme possède une structure tridimensionnelle unique qui est entièrement déterminée par la succession des acides aminés qui la constituent.
D'autres protéines fonctionnelles interviennent dans la biologie de l'organisme. Leur rôle est grandement déterminé par leur spécificité vis-à-vis de certaines molécules. Ce sont, par exemple, l'hémoglobine qui transporte le dioxygène dans le sang, ou encore des protéines qui assurent le transfert de molécules à travers les membranes cellulaires.

Catalyseur / catalyst : n.m., le catalyseur d'une réaction est une substance qui, sans y prendre part, accélère cette réaction.

Enzyme / enzym : n.f., biocatalyseur protéique. Une enzyme accélère une réaction chimique spécifique, aussi bien dans un sens que dans l'autre. C'est pour cela qu'elle n'affecte pas son équilibre.

Macromolécule / macromolecule : n.f., molécule de poids moléculaire élevé, formée par l'enchaînement et la répétition d'un grand nombre de motifs élémentaires.

Substrat / substrate : n.m., substance sur laquelle réagit une enzyme.

ADN et ARN gouvernent la synthèse des protéines

ADN et ARN sont de très longues molécules constituées par la succession de nucléotides. Ces nucléotides contiennent du désoxyribose, pour l'ADN (Acide DésoxyriboNucléique) et du ribose, pour l'ARN (Acide RiboNucléique).

- L'ADN est constitué d'une double hélice dont chaque brin est un polymère de nucléotides. Ces nucléotides sont constitués de 4 bases azotées différentes, notées A, T, C et G. Les « phrases » formées par ces successions de nucléotides (écrites donc avec un alphabet de 4 lettres) déterminent l'information génétique.

- L'ARN est formé d'un seul brin de nucléotides, et il contient les bases azotées, notées U, C, A et G. Il correspond à un intermédiaire permettant l'expression, sous forme de protéines, de l'information génétique.

- ADN et protéines.

Les messages linéaires contenus dans l'ADN permettent à la cellule de confectionner la succession linéaire des acides aminés caractéristiques de chaque protéine. Cette succession d'acides aminés est suffisante pour déterminer la structure tridimensionnelle de la protéine.

STRUCTURE D'UNE ENZYME

L'enchevêtrement complexe et précis des chaînes protéiques donne aux enzymes une configuration spécifique. Chaque enzyme a une forme particulière qui lui permet de se lier spécifiquement à une molécule précise et de catalyser une réaction sur cette molécule. Ici, un modèle de ribonucléase, enzyme qui catalyse l'hydrolyse de l'ARN grâce à certains sites représentés en couleur (d'après, *La biochimie*, L. Stryer, op. cité).

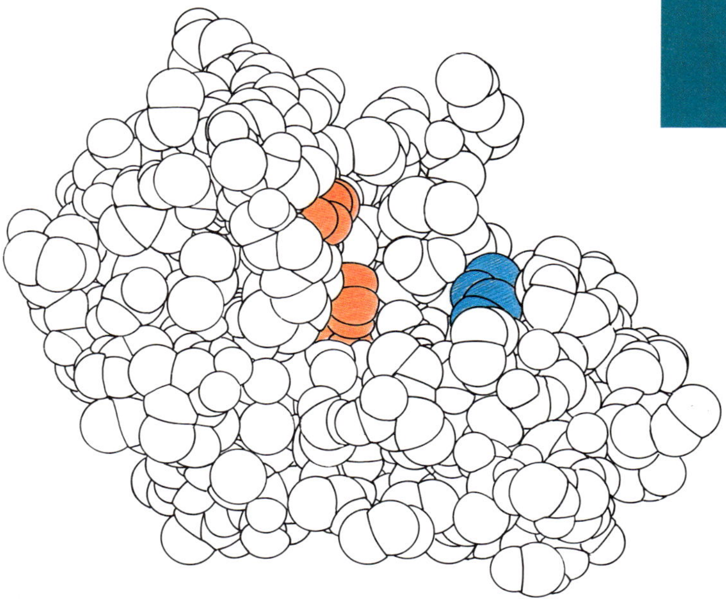

Principe de la catalyse par « reconnaissance » de forme. L'efficacité de la catalyse enzymatique dépend de la liaison entre l'enzyme et le substrat. Cette liaison est elle-même d'autant plus efficace que la forme de l'enzyme s'adapte bien à celle du substrat.

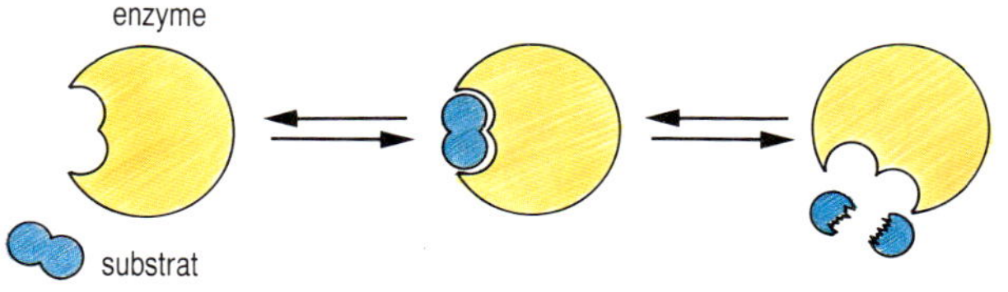

STRUCTURE DE L'ADN

Les nucléotides sont associés en longs brins. La molécule d'ADN est formée par l'enroulement de deux brins en double hélice, de telle sorte que les bases azotées se complètent selon la règle:

A ↔ T
C ↔ G

L'appariement des bases azotées est assuré par des liaisons faibles : les liaisons hydrogènes.

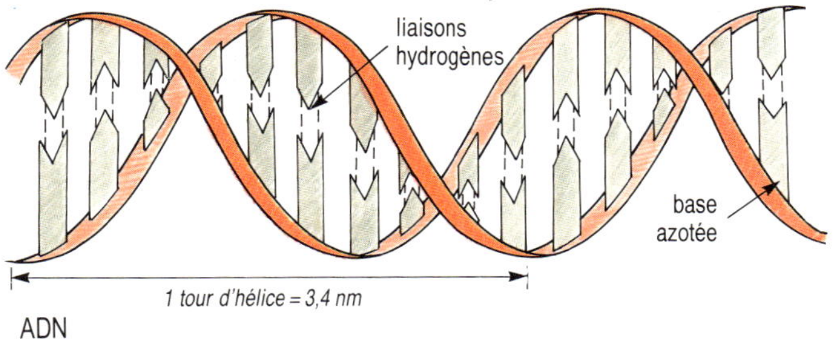

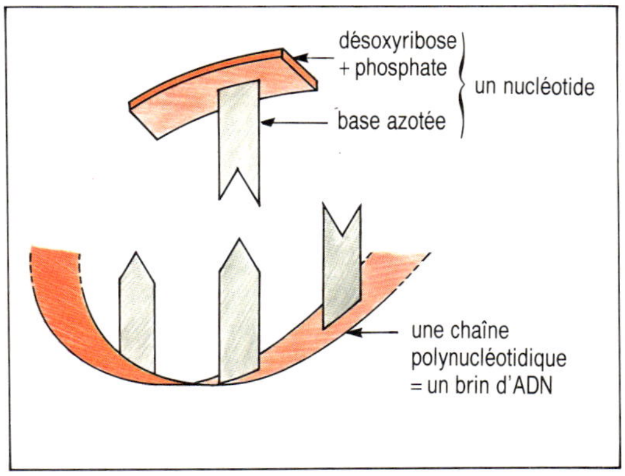

ADN

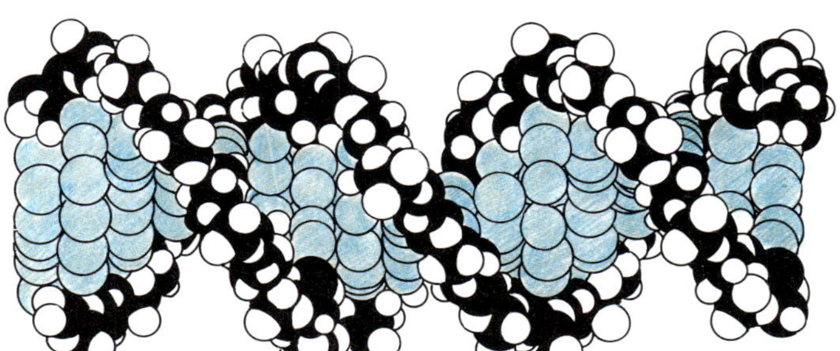

les 4 bases azotées de l'ADN

A : Adénine
T : Thymine
C : Cytosine
G : Guanine

les 4 bases azotées de l'ARN

A : Adénine
U : Uracile
C : Cytosine
G : Guanine

FAIRE LE POINT

L'ESSENTIEL

1 Le corps humain comprend 62 % d'eau en poids. Chaque cellule en contient en moyenne 70 %. Les réactions du métabolisme se font en solution aqueuse.

2 Les glucides constituent la principale source d'énergie des cellules. Les macromolécules comme le glycogène sont des formes de réserve énergétique.

3 Les coenzymes sont des vecteurs d'énergie. Ce sont des transporteurs qui libèrent très spontanément des groupes chimiques (ATP, coenzyme A) ou des électrons (NAD) au niveau des réactions qui en ont besoin. Les réactions du catabolisme sont suffisamment spontanées pour charger les coenzymes. L'ATP est le coenzyme le plus utilisé dans les cellules.

4 Les lipides, s'ils forment une certaine réserve énergétique, sont les principaux constituants des membranes cellulaires.

5 Au niveau cellulaire, les protéines de structure constituent à l'intérieur (cytosquelette) comme à l'extérieur (matrice extracellulaire) des réseaux de filaments solides dont l'organisation détermine la forme, la solidité, l'élasticité des cellules et des tissus.

6 Les enzymes, les transporteurs membranaires sont des peptides ou des protéines capables de reconnaître et de se lier spécifiquement à une molécule donnée. Ces propriétés sont dues à leur structure tridimensionnelle.

7 La structure et les propriétés des protéines sont définies par une information linéaire : leur séquence d'acides aminés.

8 Les molécules d'ADN contiennent l'information linéaire qui permet de produire des protéines actives : c'est l'information génétique constituée d'une succession de nucléotides.

LES MOTS CLÉS

A
acide aminé
acide gras
ADN
ADP
anabolisme
ARN
ATP

C
carbone
catabolisme
coenzyme
cytosquelette

E
énergie
enzyme

F
fibre
fibrille

G
glucide
glucose
glycogène

I
information génétique

K
kératine

L
liaison covalente
liaison hydrogène
lipide

M
macromolécule
matrice extracellulaire
métabolisme

N
nucléotide

O
oxydation

P
protéine

S
spécificité

AUTO-ÉVALUATION

Les activités proposées dans cette rubrique permettent de vérifier les connaissances acquises au cours du chapitre. Elles peuvent concerner : la terminologie scientifique, les ordres de grandeur, les mécanismes fonctionnels.

AUTOTEST

Testez vos connaissances en répondant aux 9 questions suivantes (réponses en fin d'ouvrage). Chaque réponse doit être justifiée.

QUESTION	RÉPONSE
1. La chimie du vivant est aussi la chimie du carbone.	oui / non
2. Indiquez, parmi ces molécules, celles qui sont des glucides : a) fructose ; b) kératine ; c) glycogène ; d) glycérol ; d) collagène ; e) ribose.	a / b / c / d / e
3. Les pentoses sont des molécules constituées par : a) trois atomes de carbone ; b) 4C ; c) 5C ; d) 6C.	a / b / c / d
4. Parmi les mots suivants, quels sont ceux qui évoquent l'information génétique : a) hormone ; b) protéine ; c) ADN ; d) cellule.	a / b / c / d
5. L'anabolisme est l'ensemble des réactions chimiques : a) consommatrices d'énergie ; b) pourvoyeuses en énergie.	a / b
6. Le glycogène est, à l'échelle d'une cellule, une forme de réserve de matière et d'énergie.	oui / non
7. Les constituants du cytosquelette sont des : a) glucides ; b) protéines.	a / b
8. Les enzymes sont des protéines.	oui / non
9. Catalyseur biologique, une enzyme peut : a) accélérer la vitesse d'une réaction chimique ; b) permettre la réalisation de toute réaction ; c) agir sur n'importe quel substrat.	a / b / c

ORIENTATIONS DE TRAVAIL

À la fin de ce chapitre, vous devez être capable de :

1. Définir, identifier et indiquer la diversité structurale et fonctionnelle des macromolécules.

2. Rappeler le(s) grand(s) type(s) de protéines.

3. Expliquer et justifier le fait que l'ATP soit, à l'échelle de la cellule, un vecteur d'énergie.

4. Comparer la structure d'une protéine à celle d'un glucide.

5. Expliquer comment l'ADN peut être le support de l'information génétique. Un schéma de la structure de cette macromolécule pourra accompagner utilement votre réponse.

6. Commenter cette affirmation : « Les enzymes sont des biocatalyseurs ».

MINI-GLOSSAIRE MÉDICAL

Acide aminé essentiel / vital aminoacid : n.m., les acides aminés comportent, par définition, une fonction amine $-NH_2$. Les cellules ont la possibilité de transférer ces fonctions amines d'un acide aminé sur une autre molécule carbonée. Ainsi, l'organisme peut fabriquer certains acides aminés à partir d'autres. Cependant, l'organisme ne peut produire n'importe quel acide aminé à partir de n'importe quel autre. Il doit absolument trouver certains acides aminés dans son alimentation, faute de pouvoir les synthétiser. Ce sont les acides aminés essentiels, au nombre de 8 : valine, leucine, isoleucine, thréonine, méthionine, lysine, phénylalanine et tryptophane.

Cholestérol / cholesterol : n.m., molécule du groupe des lipides, constituée de chaînes carbonées cycliques, et comprenant un groupe $-OH$. Ses rôles sont multiples dans l'organisme. Il est l'un des constituants des membranes cellulaires. C'est aussi le point de départ de la formation de nombreuses molécules de la bile, de nombreuses hormones. Molécule essentielle de l'organisme, sa présence en excès est un facteur de risque.

Coenzyme / coenzym : n.f., une coenzyme sert de navette, dans les cellules, entre les réactions du catabolisme et celles de l'anabolisme. Cette molécule est essentielle au métabolisme, bien que peu abondante : chaque molécule de coenzyme est utilisée de très nombreuses fois. Certaines coenzymes sont construites à partir de molécules que l'organisme ne sait pas synthétiser et qu'il doit trouver dans son alimentation. Ces molécules sont des vitamines, aliments nécessaires en très petites quantités. De nombreuses vitamines sont des précurseurs de coenzymes, comme les vitamines PP et B2 qui interviennent dans la formation du NAD^+, du $NADP^+$ et du FAD, trois coenzymes essentiels de la respiration cellulaire qui assurent le transport d'électrons et d'hydrogène, et donc d'énergie d'oxydoréduction.

Oligoéléments / oligo-elements : n.m., éléments minéraux présents dans l'organisme à des taux très faibles, comme le bore ou le bismuth. On les oppose aux macroéléments comme le calcium qui, au contraire, sont très abondants.

Triglycérides / triglycerids : n.m, lipides constitués par l'assemblage de trois molécules d'acides gras et d'une molécule de glycérol. C'est la forme la plus fréquente de stockage des acides gras. Seul un excès de triglycérides dans le sang est pathologique.

Pour en savoir plus

ARNAUD (P.), *Cours de chimie organique*, Dunod – Paris 1990

CORDOLIANI (H.), *Les acides nucléiques*, collection 128, Nathan Université – Paris 1994

KRUH (J.), *Biochimie métabolique*, tomes 1 et 2, Hermann – Paris 1987

LEHNINGER (A.), *Principes de biochimie*, Flammarion Médecine-Sciences – Paris 1986

LEROUX (J.P.) et al., *Le métabolisme énergétique chez l'homme*, dossier documentaire, Nathan/Inserm – Paris 1995

STRYER (L.), *Biochimie*, Flammarion Médecine-Sciences – Paris 1986

WEIL (J.H.), *Biochimie générale*, Masson – Paris 1989

Pour La Science, « Les molécules de la vie », n° spécial

Dans la collection « Abrégés », Masson – Paris :

– PERCHERON (F.), PERLIES (R.), FOGLIETTI (M.J.), *Biochimie générale* – 1993

– ALAIS (C.), LINCHEN (G.), *Biochimie alimentaire* – 1994

– MIOCQUE (M.), COMBET-FARNOUX (C.), MOSKOWITZ (H.), *Chimie organique* – 1984

PRINCIPES DE LA COMMUNICATION ENTRE CELLULES

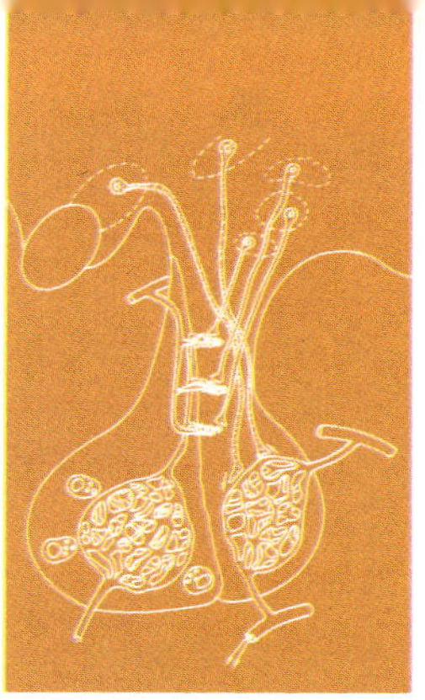

La communication entre organes garantit le bon fonctionnement d'un organisme en permettant, par exemple, d'adapter le niveau d'activité d'un tissu aux besoins de cet organisme. La transmission d'information est assurée par les cellules elles-mêmes. La communication entre cellules présente deux aspects :
– l'émission par une cellule « émettrice » d'un message compréhensible par une ou plusieurs cellules réceptrices appelées cellules « cibles »;
– la transmission de ce message à distance.
L'émission d'un message suppose un support à ce message : il s'agit, dans l'organisme, de signaux chimiques. Des molécules dites informatives sont déversées dans le milieu intérieur et seront éventuellement détectées par leurs cibles. La transmission à distance est globalement résolue de deux manières :
– les messagers nerveux sont transmis à la cellule réceptrice par la cellule émettrice elle-même; le trajet du messager est quasi nul; la grande dimension des cellules nerveuses qui vont au contact de leurs cibles respectives, seules cellules à recevoir le messager, permet la communication à distance;
– les messagers hormonaux sont transportés par le sang; ils parviennent ainsi à toutes les cellules de l'organisme dont seul un petit nombre détecte et comprend le message.
Notons enfin que dans le système immunitaire interviennent des messagers locaux dont le fonctionnement est proche de celui des hormones.

Sommaire

1. Les cellules communiquent par jonction ou par messager chimique

1. Les cellules communiquent par jonction ou par messager chimique

Les jonctions à trous couplent les cellules

Les jonctions à trous (ou lacunaires) assurent une communication entre les cytoplasmes de deux cellules. Elles permettent la diffusion, d'une cellule à l'autre, des électrolytes (Na^+, Ca^{2+}, K^+...) et parfois des molécules organiques de petite taille.
De cette manière les deux cellules sont coordonnées, et plus particulièrement l'état d'excitation électrique de leur membrane.

Les neurotransmetteurs articulent les cellules nerveuses

Les cellules nerveuses stimulent leurs cibles au moyen de messagers chimiques, grâce à des jonctions spécialisées : les synapses chimiques. Au niveau d'une synapse, la cellule excitatrice sécrète de petites quantités d'une molécule nommée neurotransmetteur, qui agit immédiatement sur la cible, et uniquement sur cette cible. La détection du neurotransmetteur par la cible est assurée par une liaison spécifique et transitoire qui s'établit entre le messager et une protéine réceptrice logée dans la membrane de la cellule cible. La transmission de l'information se fait à sens unique.
Les neurotransmetteurs ne constituent que des signaux et leurs effets ne dépendent que de l'interprétation qu'en fait leur cible. Une synapse donnée, fonctionnant avec un neurotransmetteur, aura toujours le même effet, plus ou moins modulé. En revanche, le même neurotransmetteur utilisé dans différentes synapses peut être à l'origine de différents effets.

Les hormones sont transportées à travers l'organisme

Les cellules endocrines stimulent leurs cibles en sécrétant dans le sang des messagers chimiques : les hormones. La dispersion des hormones par le système circulatoire permet une action à distance sur des cibles dispersées. La reconnaissance du messager par une cellule cible est extrêmement rigoureuse, grâce à une très forte affinité chimique entre l'hormone et les récepteurs de la cible. Ici encore, la nature de la réponse élaborée par la cible ne dépend que de la cible; cependant, comme une hormone est dispersée dans l'organisme, de nombreuses cibles différentes sont atteintes. Chaque cellule cible est programmée pour un type de réponse à une hormone.

Les médiateurs locaux ont un faible rayon d'action

Certaines cellules peuvent stimuler d'autres cellules de leur environnement immédiat en sécrétant de petites quantités d'une substance qui diffuse dans le liquide interstitiel. C'est le cas de l'histamine sécrétée par les mastocytes qui déclenche les phénomènes d'inflammation. Les prostaglandines sont d'autres médiateurs locaux. Ces dérivés d'acides gras sont élaborés, en réponse à une stimulation donnée, dans l'épaisseur de la membrane plasmique puis libérés dans le milieu extracellulaire. Leur action, locale, consiste généralement à moduler la réponse de la cellule cible à la stimulation originelle. Les médiateurs locaux n'agissent qu'à faible distance, car ils sont très rapidement détruits. Leurs effets sont donc également fugaces.

Les messagers chimiques sont généralement produits par exocytose

À l'exception des prostaglandines, la sécrétion des médiateurs chimiques concentrés dans des vésicules de sécrétion se fait par exocytose, c'est-à-dire par fusion des membranes des vésicules avec la membrane de la cellule. L'exocytose permet ainsi de provoquer des émissions de médiateur, ponctuelles et quantifiées. Elle est fréquemment provoquée par l'intermédiaire d'une augmentation du taux cytosolique d'ion calcium (Ca^{2+}).

Jonction lacunaire / gap junction : n.f., contact spécialisé entre deux cellules, encore appelé jonction à trous, et permettant une communication intercellulaire directe de très petites molécules.

Hormone / hormone : n.f., substance chimique sécrétée par une cellule endocrine et qui, véhiculée par le sang, exerce à distance une action spécifique sur d'autres cellules.

Neurotransmetteur / neurotransmitter : n.m., substance chimique sécrétée par une cellule nerveuse et active sur d'autres neurones ou sur des cellules effectrices spécifiques (musculaires, glandulaires...).

Synapse / synapse : n.f., jonction spécialisée entre deux cellules, où l'activité électrique de l'une influence l'activité de l'autre.

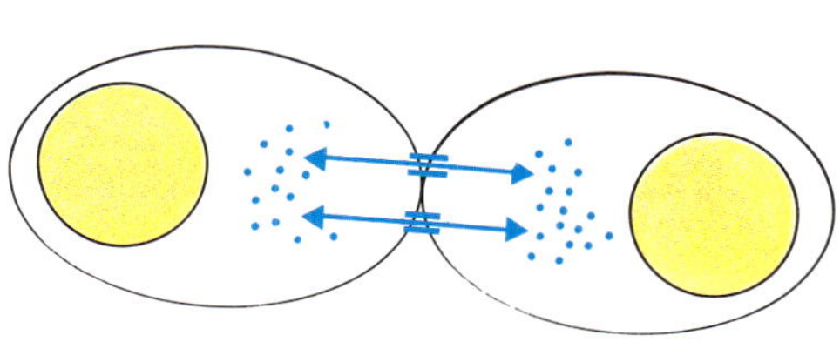

Les jonctions lacunaires assurent un couplage chimique et/ou électrique entre cellules.

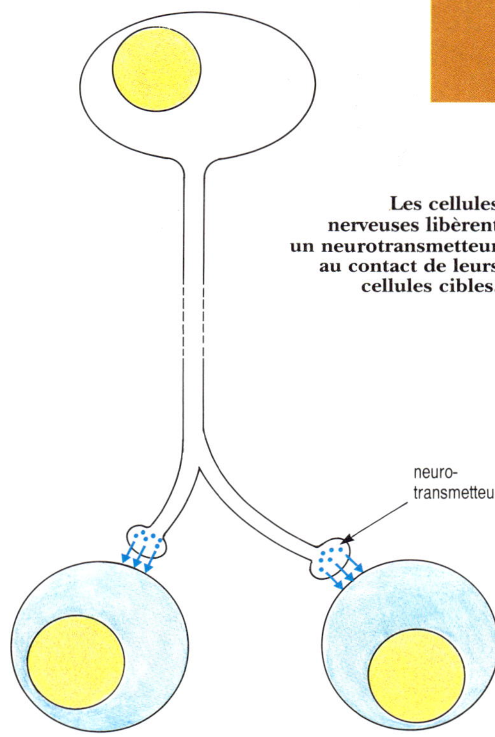

Les cellules nerveuses libèrent un neurotransmetteur au contact de leurs cellules cibles.

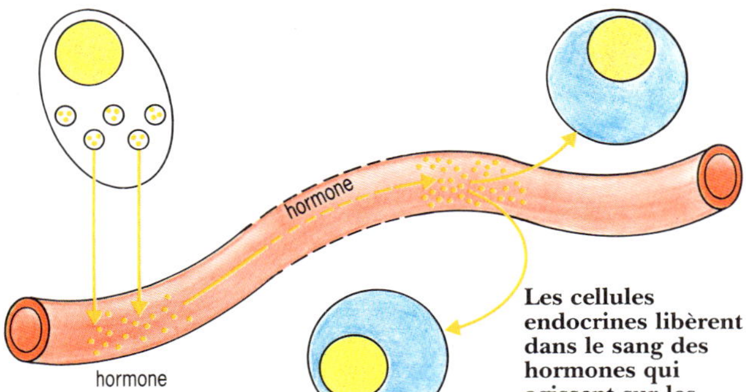

Les cellules endocrines libèrent dans le sang des hormones qui agissent sur les cellules cibles.

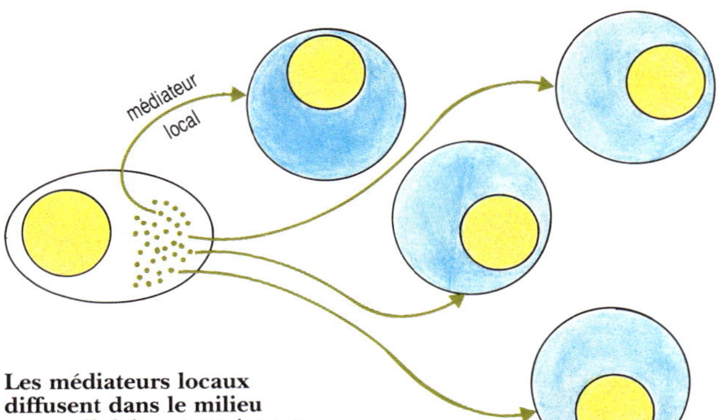

Les médiateurs locaux diffusent dans le milieu extracellulaire et atteignent leurs cibles à faible distance.

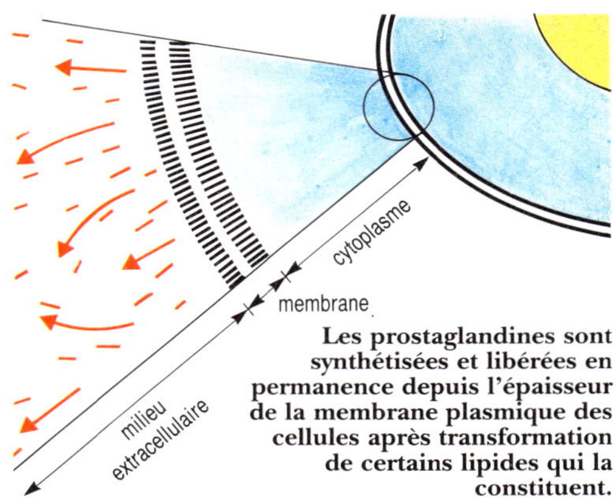

Les prostaglandines sont synthétisées et libérées en permanence depuis l'épaisseur de la membrane plasmique des cellules après transformation de certains lipides qui la constituent.

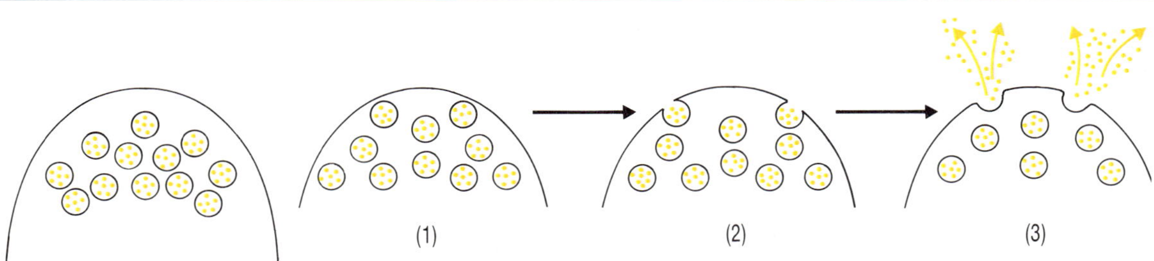

Le médiateur chimique est stocké dans des vésicules. L'exocytose se déroule en trois étapes : adhérence de la vésicule et de la membrane plasmique (1), fusion des membranes (2), et réorganisation de la membrane (3). L'« excès » de membrane plasmique, résultant de l'exocytose, est compensé en permanence par des endocytoses (mécanisme inverse).

2. Complémentarité entre le système nerveux et le système endocrine

Le signal nerveux est rapide et modulable

Les influx nerveux, propagés le long des fibres nerveuses, ont une vitesse comprise entre 1 et 120 mètres par seconde. La rapidité de cette transmission est associée à une possibilité de modulation fine de l'information. Cette modulation s'exerce sur la fréquence des influx nerveux le long des fibres ou est assurée par les synapses. Chaque cellule nerveuse interprète l'ensemble des influx qui lui parviennent par voie synaptique : c'est l'intégration nerveuse.
Ainsi, le système nerveux contrôle rapidement et finement une cible précise. Il implique principalement les muscles squelettiques et la sensibilité extérieure (système nerveux périphérique), mais aussi la circulation, les muscles viscéraux et les fonctions sexuelles (système nerveux végétatif).

Les effets des hormones sont lents et durables

Certaines hormones ont une action rapide et à court terme, dont la durée est déterminée par leur temps de présence dans le sang. Cependant, l'ensemble du système endocrine assure plutôt une transmission durable de signaux dont la grande diffusion permet de grandes régulations. En première approximation, nous pourrions dire que, si les nerfs contrôlent les organes assurant les grandes fonctions, les hormones contrôlent les grandes fonctions elles-mêmes, en coordonnant les organes. Le système endocrine assure ainsi régulation et coordination de la nutrition, du métabolisme, de la croissance et du développement, de la reproduction : il permet l'équilibre du milieu intérieur.

Les fonctions végétatives sont contrôlées par l'hypothalamus

Les fonctions végétatives recouvrent l'ensemble des fonctions de l'organisme qui ne sont pas en relation directe avec le milieu extérieur. Elle sont assurées par les organes internes (cœur, intestin, foie par exemple...), placés sous le contrôle des systèmes nerveux et endocrine. S'il échappe à la volonté, le fonctionnement de ces organes n'échappe pas au contrôle de l'organisme.
L'hypothalamus est un centre nerveux situé à la base du cerveau. Son intervention dans la régulation des fonctions végétatives est essentielle. En tant que centre nerveux, l'hypothalamus est l'intégrateur de nombreux réflexes affectant les fonctions végétatives (régulation de la température ou contrôle de la faim, par exemple). Par ailleurs, certaines cellules nerveuses hypothalamiques ont un rôle endocrine : elles sécrètent dans le sang des hormones (ou « neurohormones ») qui, pour beaucoup, ont pour cibles les cellules de l'hypophyse, petite glande située à proximité de l'hypothalamus. L'hypophyse contrôle, par ses hormones, de nombreuses fonctions végétatives.

Le fonctionnement mixte des cellules de l'hypothalamus

Les cellules sécrétrices de l'hypothalamus sont des cellules nerveuses excitables, sensibles à des stimulations nerveuses. Cependant, leurs extrémités ne forment pas de synapses mais déversent des hormones dans le sang : ce sont des cellules neuro-endocrines. Ce type de fonctionnement révèle la similitude qui existe entre la communication nerveuse et la communication humorale : une cellule sensible à des stimulations diverses émet par exocytose un médiateur chimique. Les différences tiennent surtout au trajet du médiateur.

Les rétrocontrôles permettent des régulations fines

Un rétrocontrôle est un mécanisme par lequel une conséquence influence sa cause. C'est le principe des thermostats par lesquels la température produite par une source de chaleur détermine le fonctionnement de cette même source. De cette manière, l'organisme peut moduler son activité malgré la variabilité de son environnement. Les rétrocontrôles s'exercent souvent sur l'hypothalamus. Ils peuvent être strictement nerveux, hormonaux, ou mixtes.

Communication humorale / humoral message : exp., communication entre cellules ou organes par messagers chimiques diffusant dans les milieux liquidiens extracellulaires.

Communication nerveuse / nervous message : exp., communication entre cellules ou organes par transmission de messages « électriques » le long des fibres nerveuses.

Régulation / regulation : n.f., maintien d'un paramètre physique, chimique ou biologique dans une limite de valeurs prédéterminées.

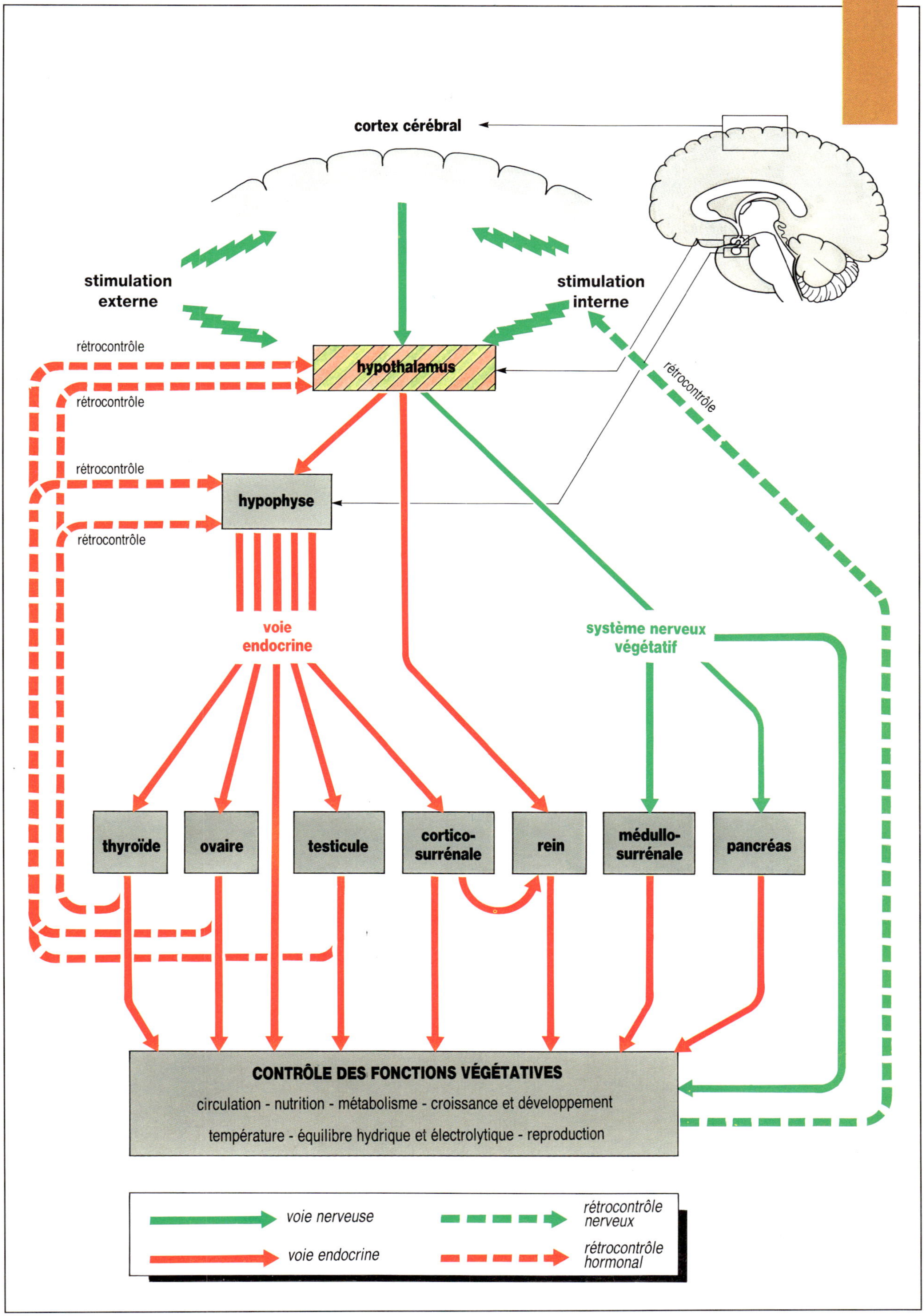

cortex cérébral
stimulation externe
stimulation interne
rétrocontrôle
hypothalamus
rétrocontrôle
rétrocontrôle
hypophyse
rétrocontrôle
rétrocontrôle
voie endocrine
système nerveux végétatif
thyroïde
ovaire
testicule
cortico-surrénale
rein
médullo-surrénale
pancréas
CONTRÔLE DES FONCTIONS VÉGÉTATIVES
circulation - nutrition - métabolisme - croissance et développement
température - équilibre hydrique et électrolytique - reproduction
voie nerveuse
voie endocrine
rétrocontrôle nerveux
rétrocontrôle hormonal

FAIRE LE POINT

L'ESSENTIEL

1 La communication entre les cellules est assurée par des messagers chimiques : ces molécules, sécrétées par exocytose par une cellule émettrice, sont reconnues par une ou plusieurs cellules cibles qui agissent en réponse à la détection du messager.

2 La communication à distance à travers l'organisme est réalisée par le système nerveux et le système endocrine.

3 La communication nerveuse est assurée par des cellules nerveuses parfois de très grande taille, qui stimulent leurs cellules cibles en déposant sur leur membrane le messager chimique. Cette transmission est assurée par des synapses, le messager est appelé neurotransmetteur.

4 La communication endocrine repose sur le déversement dans le sang d'un messager qui sera reconnu, au niveau de l'organisme, par les seules cellules capables de le détecter. Ce messager, véhiculé par le sang, prend alors le nom d'hormone.

5 Le système nerveux permet la transmission rapide et localisée d'un message finement modulable ; le système endocrine assure des actions plus vastes et plus durables.

6 Les activités végétatives de l'organisme sont réglées conjointement par les systèmes endocrine et nerveux. Ces régulations reposent sur des rétrocontrôles négatifs qui font souvent intervenir l'hypothalamus, centre organisateur de la plupart des fonctions végétatives. L'hypothalamus est à la fois un centre nerveux et une glande endocrine.

LES MOTS CLÉS

C
calcium
cellule cible
cellule émettrice
cellule neuro-endocrinienne
circulation

E
exocytose

G
glande endocrine

H
hormone
hypothalamus

I
influx nerveux
intégration

J
jonction à trous

M
médiateur chimique
membrane plasmique
modulation

N
neurohormone
neuromédiateur
neurotransmetteur

R
récepteur
reconnaissance spécifique
rétrocontrôle

S
sécrétion
synapse
système nerveux périphérique
système nerveux végétatif

AUTO-ÉVALUATION

Les activités proposées dans cette rubrique permettent de vérifier les connaissances acquises au cours de ce chapitre.
Elles peuvent concerner : la terminologie scientifique, les ordres de grandeur, les mécanismes fonctionnels.

AUTOTEST

Testez vos connaissances en répondant aux 5 questions suivantes (réponses en fin d'ouvrage). Chaque réponse doit être justifiée.

QUESTION	RÉPONSE
1. Une jonction lacunaire est un contact entre deux cellules qui permet : a) de renforcer leur adhérence ; b) de synchroniser leur activité ; c) de propager une information.	a b c
2. Zone de contact entre certaines cellules, les synapses transmettent une information à sens unique.	oui non
3. Les neurotransmetteurs sont les messagers chimiques des synapses.	oui non
4. Une hormone est une substance chimique, distribuée par le sang, et active sur toutes les cellules de l'organisme.	oui non
5. Les cellules spécialisées dans la communication sécrètent par exocytose : a) les neurotransmetteurs ; b) les hormones ; c) les prostaglandines.	a b c

ORIENTATIONS DE TRAVAIL

À la fin de ce chapitre, vous devez être capable de :

1. Comparer les modalités d'action des systèmes nerveux et endocrine. La réponse peut être proposée sous forme d'un tableau représentant les caractères communs et différents de ces modes d'action.

2. Rappeler les principaux types de communication entre cellules dans le corps humain.

À RETENIR

La maîtrise des principaux concepts relatifs à la communication entre cellules, au sein de l'organisme, nécessite une parfaite connaissance de quelques schémas fonctionnels :

- communication par contact direct (par jonctions lacunaires) ;
- communication à distance par substances humorales libérées dans le sang ;
- communication à distance, en utilisant un support cytologique (fibre nerveuse) puis la libération de substances chimiques à proximité de la cible.

INFORMATIONS SANTÉ

QUELQUES MOLÉCULES INFORMATIVES

Médiateurs locaux	Structure	Effets
* Facteur de croissance nerveux	– protéine	survie, croissance et certains neurones
* Histamine	– dérivé d'acide aminé	dilatation des vaisseaux sanguins (inflammation)
* Prostaglandines E2	– dérivé d'acide gras	contraction des muscles lisses
Neurotransmetteurs		
* Glycine	– acide aminé	synapses inhibitrices du système nerveux central
* Noradrénaline	– dérivé d'acide aminé	nombreuses synapses
* GABA (acide aminobutyrique)		synapses inhibitrices du système nerveux central
* Acétylcholine		synapses neuromusculaires; nombreuses synapses
* Enképhalines	– peptides de 5 acides aminés	inhibition des voies de la douleur
Hormones		
* Insuline	– protéine	baisse de la glycémie
* GH, hormone de croissance	– protéine	croissance des os
* LH – FSH – ACTH – TSH	– protéine	hormones de l'hypophyse antérieure stimulant d'autres glandes endocrines
* TSH – RH, Gn-RH, GH-RH, GH-IH	– petits peptides	hormones de l'hypothalamus stimulant l'hypophyse antérieure
* ADH	– petit peptide	hormone de l'hypophyse postérieure; augmentation de la réabsorption d'eau dans les reins
* Adrénaline	– dérivé d'acide aminé	hormone de la médullosurrénale; action sur la circulation et le métabolisme
* Hormone thyroïdienne	– dérivé d'acide aminé	hormone de la thyroïde; augmentation du métabolisme des cellules
* Cortisol	– dérivé du cholestérol (stéroïde)	hormone de la corticosurrénale; action sur la métabolisme; suppression des réactions inflammatoires
* Œstradiol	– dérivé du cholestérol (stéroïde)	hormone ovarienne; caractères sexuels femelles et cycles sexuels
* Testostérone	– dérivé du cholestérol (stéroïde)	hormone testiculaire; caractères sexuels mâles; spermatogenèse
* Progestérone	– dérivé du cholestérol (stéroïde)	hormone ovarienne et placentaire; préparation de l'utérus à la grossesse et maintien de la grossesse

Pour en savoir plus

ALBERT (S.) et al., *Biologie moléculaire de la cellule*, Flammarion Médecine-Sciences – Paris 1990

COMBARNOUX (P.), *Biochimie des communications intercellulaires*, Tec et Doc-Lavoisier – Paris 1995

PAVANS DE CECCATTY (M.), *Communications et interactions cellulaires*, PUF – Paris 1983

RICHARD (D.), ORSAL (D.), *Neurophysiologie*, tome 1, collection Fac-Sciences, Nathan Université – Paris 1994

NERFS ET SYSTÈME NERVEUX

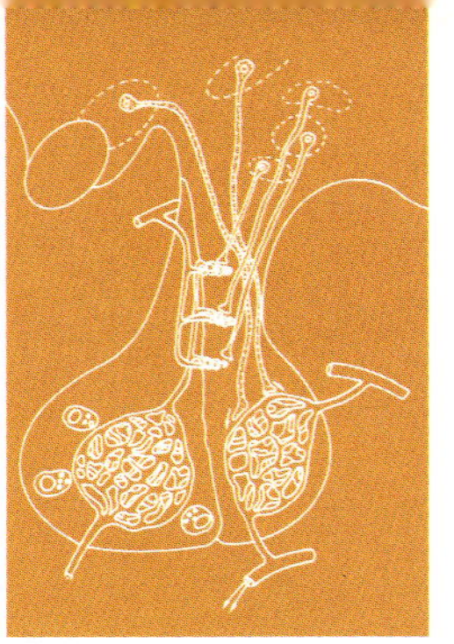

La communication nerveuse à travers l'organisme est assurée par des nerfs qui véhiculent l'information depuis les systèmes sensoriels (comme les organes des sens) vers les centres nerveux (cerveau, moelle épinière), et de ces centres vers les organes effecteurs (muscles par exemple). L'information circule le long de chaque fibre nerveuse (cellule), unité fonctionnelle des nerfs.
La nature de l'influx nerveux est électrochimique; les cellules nerveuses propagent le long de leur axone un état d'excitation de leur membrane. La transmission d'une information nerveuve d'une fibre à une autre est assurée par des synapses.

Sommaire

1. NATURE ET PROPAGATION DE L'INFLUX NERVEUX

1. LES NERFS SONT LE SUPPORT D'UN SIGNAL ÉLECTROCHIMIQUE

Les nerfs sont constitués d'axones

L'observation d'une coupe de nerf révèle que celui-ci est constitué de plusieurs faisceaux de fibres reliés par un tissu conjonctif vascularisé. Chaque faisceau est constitué d'un grand nombre d'axones de cellules nerveuses.
Dans le nerf, les axones sont associés à des cellules annexes dont certaines, les cellules de Schwann, peuvent former des gaines autour des axones. Ces gaines, constituées de myéline, assurent l'isolement électrique des axones.

Les neurones sont connectés

L'organisation d'un neurone est généralement assez simple : un corps cellulaire contient le noyau cellulaire et les organites cytoplasmiques essentiels; il est prolongé par un axone et des dendrites plus ou moins ramifiés.
La ramification des extrémités axoniques ou dendritiques permet de connecter entre eux les neurones. Les connexions peuvent être extrêmement nombreuses; chaque cellule peut stimuler des milliers de cellules et être stimulée par des milliers d'autres.

Les nerfs sont excitables et propagent un signal électrochimique

Il est possible de prélever sur une grenouille le muscle de la cuisse et le nerf sciatique qui l'innerve. Lorsqu'on stimule électriquement le nerf, on observe une contraction du muscle : la stimulation électrique a permis d'induire la propagation d'une information vers le muscle.
Sur la même préparation, on peut enregistrer l'activité du nerf à l'aide de deux électrodes rapprochées posées à la surface du nerf. Lorsque le nerf est stimulé, la propagation d'un signal électrique est clairement enregistrée.
Plusieurs caractéristiques sont à noter :
– il faut, pour obtenir une réponse, porter une stimulation suffisante, supérieure à une limite nommée seuil d'excitation;
– l'amplitude de la réponse est, dans un premier temps, d'autant plus grande que la stimulation est plus forte. Cependant, cette amplitude atteint un maximum indépassable à partir d'une certaine stimulation;
– un nerf ou la région d'un nerf, qui viennent de présenter un signal électrique, ne sont plus excitables pendant un laps de temps nommé période réfractaire.

Chaque fibre nerveuse est excitable

Les mêmes enregistrements peuvent être effectués, non plus sur le nerf mais sur des axones isolés. Les résultats montrent que les fibres nerveuses sont elles aussi excitables, qu'elles présentent un signal électrique, le potentiel d'action, propageable. La réponse de l'axone obéit à la loi du tout ou rien : une stimulation suffisante provoque l'apparition d'un potentiel d'action dont l'amplitude reste constante. Au total, le seuil d'excitation du nerf est la stimulation nécessaire pour exciter une de ses fibres. La réponse du nerf est d'autant plus ample que le nombre de fibres excitées est grand, et l'amplitude maximale du potentiel d'action du nerf correspond au recrutement de toutes les fibres.
Le potentiel d'action des fibres nerveuses est un phénomène biologique que l'on n'observe que sur des tissus frais. Le potentiel d'action d'une fibre est la manifestation électrique d'un influx nerveux élémentaire; sa vitesse de propagation varie entre 1 et 120 mètres par seconde selon la nature de la fibre considérée (présence ou non d'une gaine de myéline, diamètre de la fibre...).

Axone / axon : n.m., prolongement cytoplasmique du corps cellulaire d'un neurone.

Myéline / myelin : n.f., substance de nature lipidique, enveloppant en de nombreuses couches concentriques l'axone de certains neurones. Cette gaine est formée par l'enroulement discontinu des membranes plasmiques des cellules de Schwann autour de l'axone.

Neurone / neuron : n.m., cellule nerveuse; cellule très différenciée pouvant conduire et transmettre des influx nerveux.

Potentiel d'action / action potential : n.m., modification passagère des propriétés électriques de la membrane d'une cellule excitable.

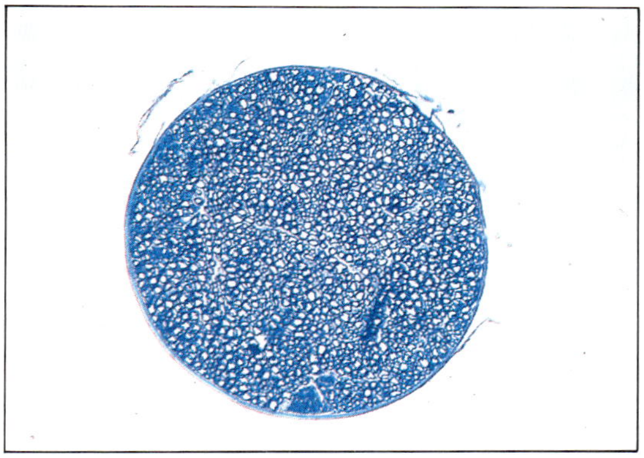

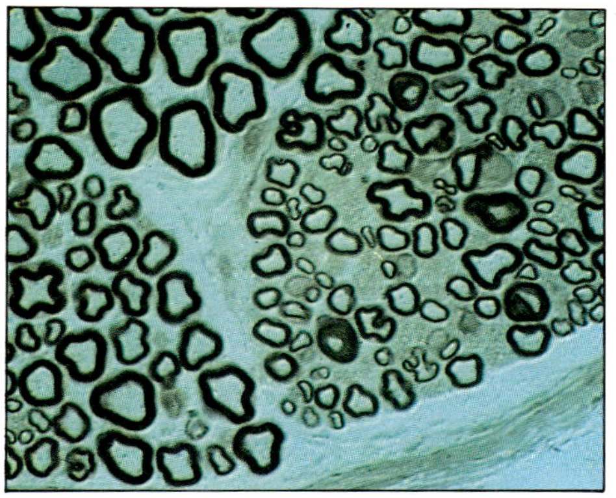

a b

Organisation du nerf (coupe transversale) : (a) vue d'ensemble (MO, × 200), (b) observation de détail (MO, × 480).

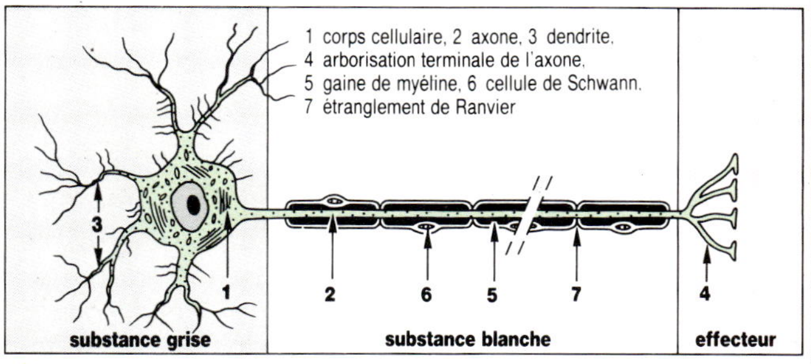

Organisation d'un motoneurone.
Un motoneurone est un neurone responsable de l'excitation d'une unité motrice, c'est-à-dire d'un groupe de fibres musculaires striées auxquelles il est relié.

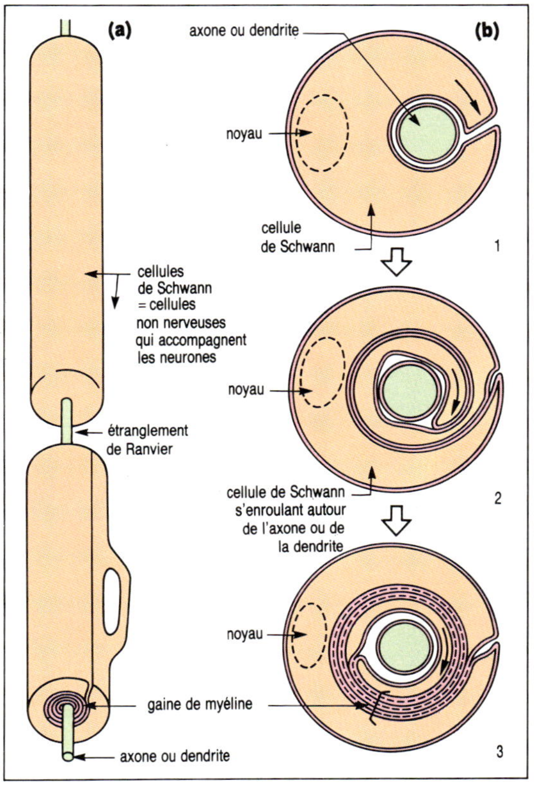

Organisation de la gaine de myéline.

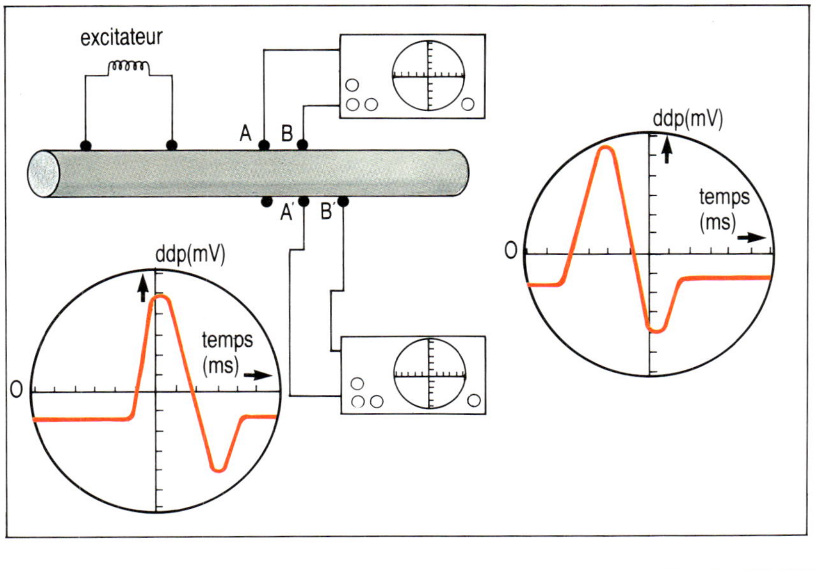

Les manifestations électriques de l'influx nerveux.
L'enregistrement de l'activité nerveuse, à l'aide de deux électrodes placées sur le nerf, montre une variation de potentiel durant quelques millisecondes.
L'aspect biphasique de l'onde observée est dû à ce que les deux électrodes sont placées en surface.
En modifiant la position des électrodes réceptrices on peut apprécier la vitesse de propagation de l'influx.

2. LA MEMBRANE DU NEURONE EST LE SIÈGE DE DÉPOLARISATIONS PROPAGEABLES

Le potentiel de membrane des cellules au repos

Toutes les cellules de l'organisme présentent une asymétrie de la répartition intra et extramembranaire des ions K^+, Cl^- et Na^+. En particulier, la concentration du Na^+ est plus élevée dans le liquide extracellulaire, alors que c'est l'inverse pour celle du K^+.
Lorsqu'une espèce chimique est inégalement répartie de part et d'autre d'une membrane qui lui est perméable mais qui est imperméable aux autres ions, ses molécules diffusent à travers cette membrane, jusqu'à obtention de l'équilibre. Lorsqu'il s'agit d'ions, ceux-ci subissent, outre le gradient de concentration, l'influence de forces électriques s'il existe une différence de potentiel électrique entre les deux faces de la membrane. Le déséquilibre chimique finit par être compensé par le déséquilibre électrique : on obtient une situation d'équilibre « dynamique » où les espèces chimiques ne sont pas uniformément réparties. La membrane plasmique est très faiblement perméable aux ions Na^+, K^+, et Cl^-, mais cette perméabilité et suffisante pour rendre compte d'une situation analogue.
Pour chacun des ions Na^+, K^+ et Cl^-, il est possible de calculer la valeur de la différence de potentiel transmembranaire qui compenserait exactement leur inégale répartition.
Pour un axone, ce potentiel d'équilibre E_{eq} vaut – 96 mV pour K^+, 56 mV pour Na^+, et – 68 mV pour Cl^-. Or, la différence de potentiel mesurée pour une membrane plasmique d'axone est de – 70 mV environ. Il en résulte que ni Na^+, ni K^+ ne sont à l'équilibre. Il existe nécessairement un léger flux de Na^+ entrant dans la cellule et un flux de K^+ sortant. Cependant, le potentiel de – 70 mV reste stable. C'est une pompe à Na^+ et K^+ qui entretient le déséquilibre électrochimique de la membrane; cette pompe consomme de l'énergie en hydrolysant de l'ATP afin de contrer les flux naturels de ces ions. Le potentiel de membrane résulte d'un équilibre dynamique.

Le potentiel d'action est une variation brutale du potentiel de membrane

On peut, à l'aide de microélectrodes, enregistrer le potentiel de membrane d'une fibre lors d'une excitation. On constate alors que le potentiel d'action est une rapide inversion de la polarité électrique de la membrane suivie d'un rapide retour à la normale. Cette rapide fluctuation résulte de flux d'ions Na^+ et K^+. Les quantités impliquées sont très faibles et ne modifient pas les concentrations. L'apparition de ces flux est imputable à un jeu d'ouverture et fermeture de canaux membranaires, spécifiques au Na^+ et au K^+. La cellule tire ici parti du déséquilibre ionique de la membrane. La tendance des Na^+ à pénétrer dans la cellule est, au repos, équilibrée par l'activité de la pompe Na^+/K^+. L'ouverture de canaux spécifiques au Na^+ détruit cet équilibre en augmentant la perméabilité membranaire; il en est de même pour K^+.
La phase de montée du potentiel d'action est due à l'ouverture de canaux Na^+ ; des ions entrent dans la cellule et le potentiel s'inverse. Ces canaux sont rapidement et spontanément inactivés : le flux entrant de Na^+ est diminué. Parallèlement, les canaux K^+ s'ouvrent, ce qui entraîne un flux sortant de K^+ d'où découle la seconde phase : le retour du potentiel transmembranaire à sa valeur de repos et la fermeture des canaux K^+. L'ouverture de ces canaux est provoquée par des variations locales du potentiel membranaire. Ainsi, la proximité d'un potentiel d'action provoque l'ouverture de canaux Na^+ et donc une dépolarisation, phase initiale du potentiel d'action. De tels canaux sensibles au potentiel membranaire sont qualifiés de canaux sensibles à la tension.

Canal sensible à la tension / voltage dependent ion channel : exp., complexe protéique transmembranaire pouvant laisser diffuser une espèce ionique suivant son gradient de concentration et dont l'ouverture et la fermeture dépendent de la différence de potentiel transmembranaire.

Pompe Na^+/K^+ / Na^+/K^+ pump : n.f., complexe protéique transmembranaire transportant, contre leur gradient de concentration, des ions Na^+ (sortie) et K^+ (entrée) en dissipant l'énergie d'une molécule d'ATP.

Lorsqu'une membrane lui est perméable, un ion peut diffuser à travers cette membrane sous l'effet de deux forces : le gradient chimique (la différence de concentration de l'ion de part et d'autre de la membrane), et une force électrique lorsque la charge n'est pas la même de part et d'autre de la membrane. Lorsque ces deux forces sont de signe opposé, elles évoluent vers un état d'équilibre.

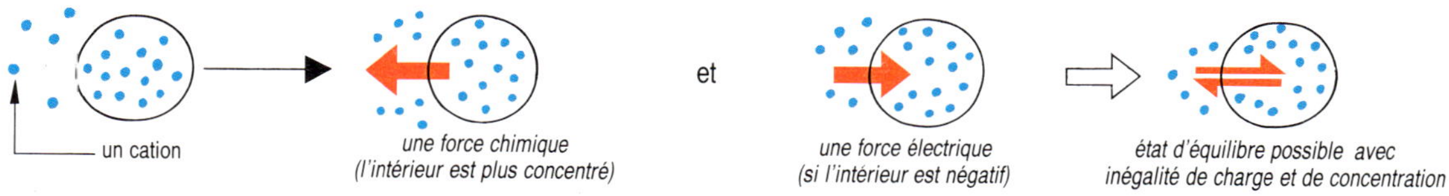

Dans les cellules de l'organisme, on observe :

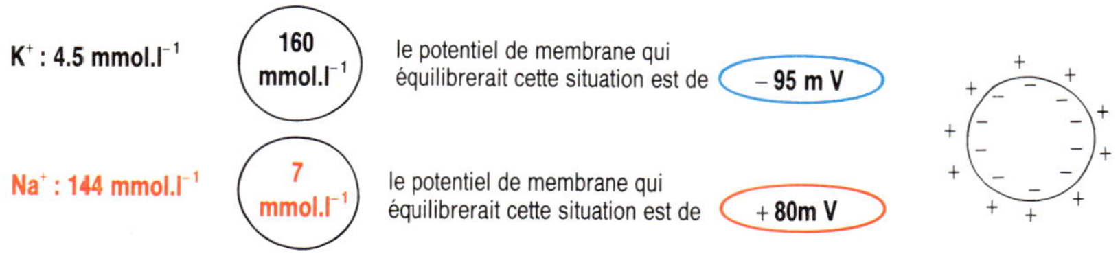

Le potentiel de membrane des cellules de l'organisme est d'environ –70 m V. Ni le Na^+, ni le K^+ ne sont donc en situation d'équilibre. Leur déséquilibre est entretenu par la pompe Na^+/K^+.

Potentiel de membrane. La pompe Na^+/K^+.

au total : perméabilité membranaire + répartition ionique + potentiel de membrane + pompe active = équilibre dynamique (potentiel stable)

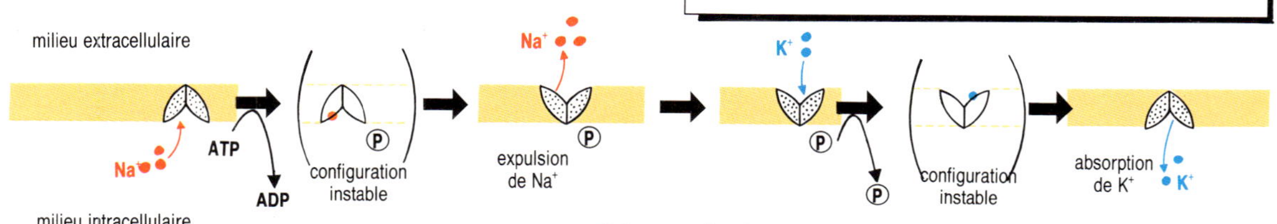

Cette pompe fonctionne grâce à une hydrolyse d'ATP : elle assure un transport actif.

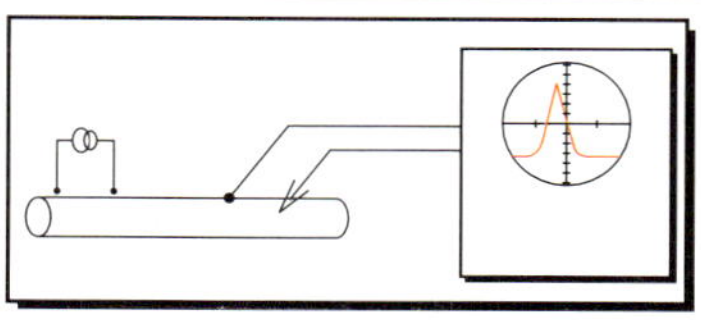

Les différentes phases du potentiel d'action s'expliquent par un jeu d'ouverture et de fermeture de canaux ioniques sensibles à la tension. Ce jeu fait varier la perméabilité membranaire et modifie donc l'équilibre dynamique de la membrane, ce qui se traduit par des variations des valeurs de la différence de potentiel transmembranaire.

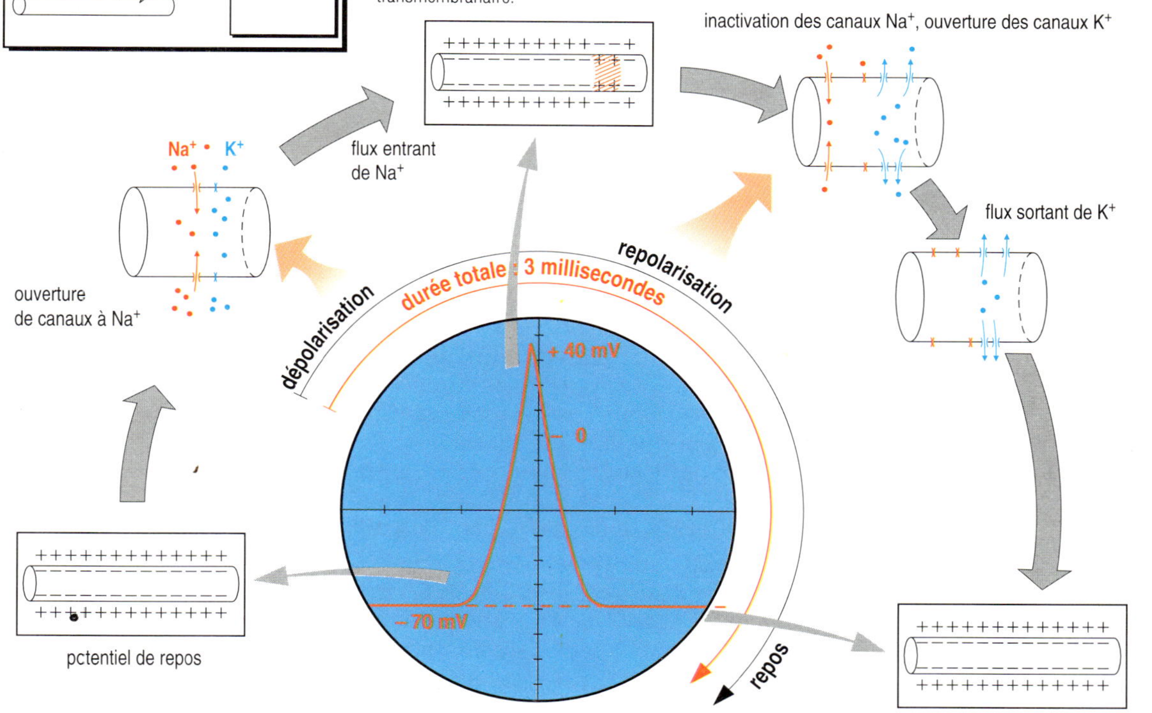

Le potentiel d'action.

3. LA PROPAGATION DU POTENTIEL D'ACTION RÉSULTE DE PHÉNOMÈNES ÉLECTRIQUES

Des protéines sensibles au voltage

Placés dans un champ électrique, les radicaux chargés d'une protéine subissent des forces propres à modifier sa forme. C'est le cas des canaux sensibles à la tension. Le potentiel de repos crée, à travers la membrane, un champ électrique proche de 100 000 volts par cm que subissent les protéines membranaires. Une variation de potentiel fait varier ce champ. Les forces électriques qui sont appliquées changent, et une nouvelle forme d'équilibre est obtenue. Les canaux protéiques peuvent ainsi être sensibles à la tension.

Un potentiel d'action induit une perturbation à distance

À l'endroit où les Na^+ entrent dans la cellule lors d'un potentiel d'action, des charges sont repoussées, ce qui transmet la perturbation à la zone adjacente. De proche en proche, ce mécanisme purement physique pourrait propager la perturbation très loin s'il n'y avait une légère fuite de courant à travers la membrane.

Au total, les courants électriques longitudinaux transmettent la perturbation, et les courants transversaux (de fuite) estompent cette transmission.

Il en résulte qu'un potentiel d'action en un point x_0 d'une fibre entraîne jusqu'à une certaine distance Δx une variation du potentiel suffisante pour ouvrir les canaux Na^+. En conséquence, le potentiel d'action en x_0 provoque l'apparition d'un potentiel d'action en $x_0 + \Delta x$, par ouverture des canaux Na^+.

Le potentiel d'action est unidirectionnel

À priori, la perturbation engendrée par un potentiel d'action en x_0 devrait faire naître symétriquement un potentiel d'action en $x_0 + \Delta x$ et en $x_0 - \Delta x$. Cependant, l'ouverture des canaux Na^+ est immédiatement suivie de leur inactivation. Cette inactivation les rend momentanément inaptes à une réouverture. Les régions qui viennent de réaliser un potentiel d'action sont temporairement inexcitables. Le potentiel d'action n'est propagé qu'en un seul sens. La période réfractaire de la fibre révèle ce phénomène.

Le sens de propagation des influx nerveux le long d'un neurone est imposé d'une part par la localisation du point de départ du potentiel d'action et d'autre part par les synapses, dont le fonctionnement est asymétrique.

La structure des fibres détermine la vitesse des influx

L'importance des courants longitudinaux est proportionnelle à la section de la fibre (donc au carré du diamètre). L'importance des courants de fuite est proportionnelle à la surface membranaire (donc au diamètre de la fibre). Un fort diamètre favorise plus les courants longitudinaux que les courants de fuite. La vitesse de l'influx nerveux est, par conséquent, plus grande dans les fibres à grand diamètre. Dans les fibres myélinisées, la gaine de myéline constitue un bon isolant qui annule les courants de fuite. Les perturbations électriques se propagent plus loin. Les potentiels d'action ne se produisent qu'à hauteur des régions où la membrane de la fibre est nue, au niveau des étranglements de Ranvier. La conduction est saltatoire : les potentiels d'action « sautent » d'étranglement en étranglement, ce qui augmente la vitesse.

Conduction saltatoire / saltatory conduction : exp., mécanisme par lequel les potentiels d'action sont propagés par « sauts » sur les fibres myélinisées.

Codage en fréquence / frequency coding : exp., codage d'une information sous forme de potentiels d'action. L'information est d'autant plus « intense » que les potentiels d'action sont rapprochés dans le temps.

L'influx nerveux est codé en fréquence le long des fibres

Dans l'organisme, une fibre transmet des trains de potentiels. L'intensité de l'excitation d'une fibre peut être mesurée par la fréquence des potentiels d'action qu'elle présente. Alors que la disposition anatomique d'une fibre détermine nécessairement la nature de l'information qu'elle transmet (visuelle, auditive, motrice, etc.), l'intensité du message transmis peut être modulée sous forme de fréquence de potentiels. La fréquence maximale d'une fibre est déterminée par sa période réfractaire.

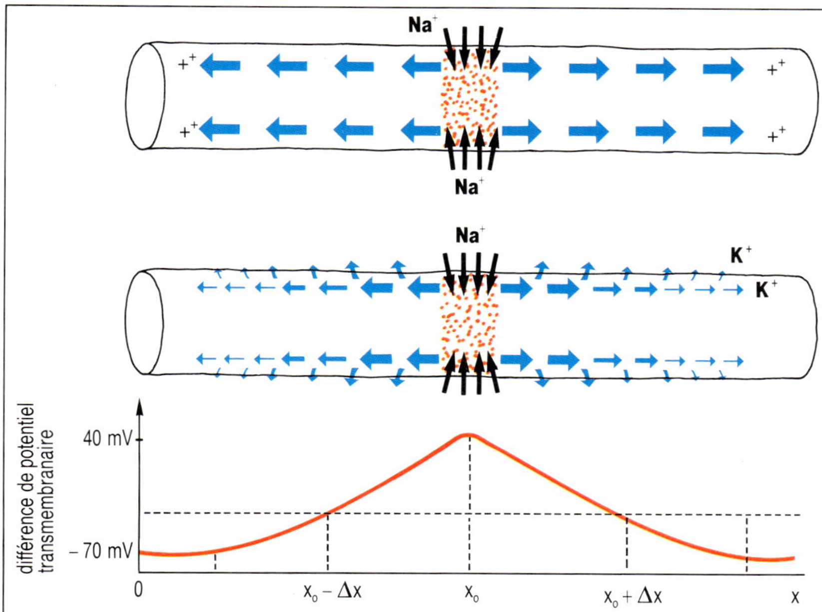

PROPAGATION D'UNE PERTURBATION ÉLECTRIQUE

L'entrée du Na^+ dans la zone excitée repousse des charges et crée un courant longitudinal.

La faible résistance électrique de la membrane permet des courants de fuite qui estompent la perturbation.

Au total, une d.d.p. de 110 mV par rapport au repos en x_o (excitation) s'accompagne, de part et d'autre, de l'installation de potentiels intermédiaires jusqu'au repos. Ainsi, en deçà d'une certaine distance Δx, le potentiel est supérieur au seuil d'ouverture des canaux Na^+.

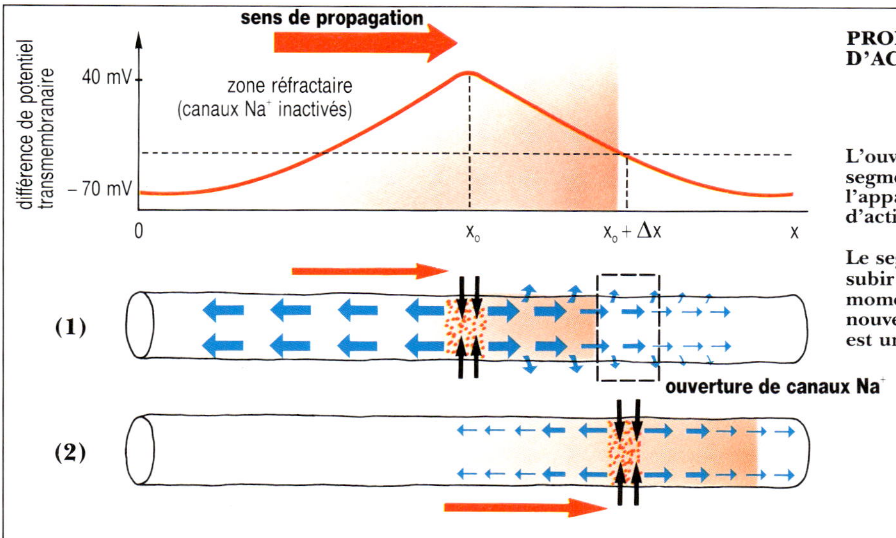

PROPAGATION DU POTENTIEL D'ACTION

L'ouverture de canaux Na^+ dans le segment $[x_o, x_o + \Delta x]$ (1) permet l'apparition de nouveaux potentiels d'action jusqu'en $x_o + \Delta x$ (2).

Le segment $[x_o - \Delta x, x_o]$ qui vient de subir une excitation est momentanément réfractaire à toute nouvelle excitation : la propagation est unidirectionnelle.

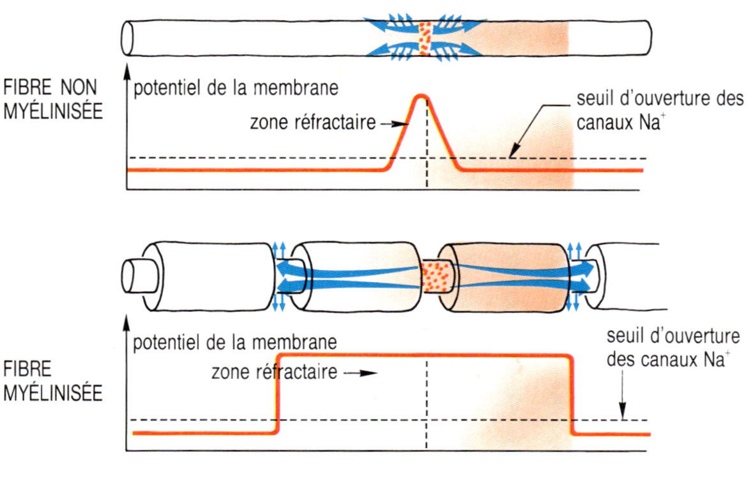

VITESSE DE PROPAGATION

La vitesse est d'autant plus grande que la perturbation produite par un potentiel d'action « porte » plus loin. Les fibres de gros diamètre offrent moins de résistance aux courants de propagation et ont donc une vitesse de propagation plus grande.

Les courants de fuite sont rendus impossibles par la gaine de myéline. Les potentiels d'action ne se produisent qu'aux étranglements de Ranvier, et les perturbations « portent » plus loin, car elles sont moins estompées.

1. LES SYNAPSES CONNECTENT DES CELLULES EXCITABLES

Diffusion d'un neurotransmetteur et transmission d'information

Lors d'une transmission synaptique, la cellule dite présynaptique émet un message (le neurotransmetteur) reconnu et interprété par la cellule dite postsynaptique. Émission (par exocytose) et réception membranaires reposent sur des structures radicalement différentes : la synapse est donc une voie à sens unique. Cette unidirectionnalité des synapses détermine le sens de propagation de l'information.
La transmission synaptique d'information nerveuse peut être réalisée d'un neurone vers un neurone (jonction neuro-neuronique), d'un neurone vers une cellule effectrice (jonction neuromusculaire par exemple), ou d'une cellule sensorielle vers un neurone.

Libération du neurotransmetteur

L'arrivée des potentiels d'action dans l'élément présynaptique entraîne l'ouverture de canaux à Ca^{2+} sensibles à la tension dans la membrane présynaptique. Cette ouverture provoque un afflux de Ca^{2+} dans l'élément présynaptique. L'entrée de Ca^{2+} induit la fusion de vésicules chargées de neurotransmetteur avec la membrane de la cellule. Il se produit ainsi l'exocytose d'une centaine de vésicules à la suite d'un potentiel d'action.

Reconnaissance du neurotransmetteur par la cellule postsynaptique

La très faible épaisseur de la fente synaptique permet une diffusion rapide du neurotransmetteur vers la cellule postsynaptique. Là, il se lie très spécifiquement à des protéines intégrées à la membrane. Ces protéines, récepteurs du neurotransmetteur, sont associées à des canaux ioniques dont l'ouverture dépend de la fixation du neurotransmetteur : ce sont donc des canaux chimiodépendants. L'ouverture de ces canaux ioniques induit une perturbation du potentiel de membrane postsynaptique. Cette perturbation contribue alors à déterminer l'état global d'excitation de la cellule postsynaptique.

Modulation de la transmission

Qu'il soit ou non fixé à un récepteur, le neurotransmetteur est rapidement éliminé de la fente synaptique. Cette élimination peut consister en une destruction et/ou une réabsorption par la cellule présynaptique. L'acétylcholine, par exemple, est hydrolysée en choline et acide acétique grâce à l'enzyme choline estérase. Les mécanismes d'élimination permettent de compenser le caractère irréversible de l'exocytose : une fois le neurotransmetteur libéré, celui-ci stimule la cellule postsynaptique tant qu'il est présent. Une exocytose aura ainsi un effet extrêmement fugace, et la cellule postsynaptique sera stimulée tant que des potentiels d'action parviendront à l'extrémité présynaptique. De la même manière, une sonnette de porte d'entrée ne fonctionne que tant qu'une pression est maintenue sur le bouton. La fréquence des potentiels présynaptiques, expression de la modulation des influx, détermine l'importance de la transmission, elle-même modulée.

Réponse de la membrane postsynaptique

Les récepteurs canaux, lorsqu'ils sont stimulés, provoquent des flux transmembranaires d'ions. Il s'ensuit, dans l'environnement immédiat de ces récepteurs, une modification de potentiel transmembranaire. L'amplitude de cette perturbation est assez faible et est propagée électriquement à faible distance. Elle s'estompe rapidement.
Ainsi, une synapse ne constitue pas une simple jonction. C'est un véritable analyseur qui transforme une information nerveuse, codée en fréquence, en une autre information, codée en amplitude.

Codage en amplitude / amplitude coding : exp., codage d'une information sous forme d'amplitude de variation de potentiel. L'information est d'autant plus « intense » que le potentiel s'éloigne de sa valeur de repos.

Neurotransmetteur / neurotransmitter : n.m., molécule à valeur informative, assurant la transmission d'information d'une cellule nerveuse à une autre.

Présynaptique / presynaptic : adj., en amont d'une synapse.

Postsynaptique / postsynaptic : adj., en aval d'une synapse.

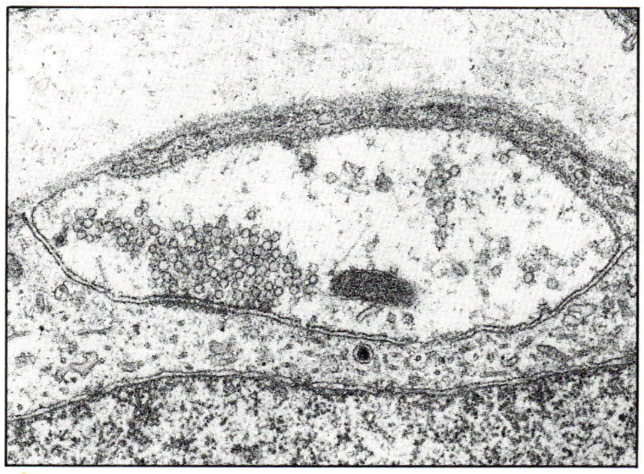

Organisation d'une synapse neuroneuronique : Electronographie (coupe transversale MET, × 30 000).

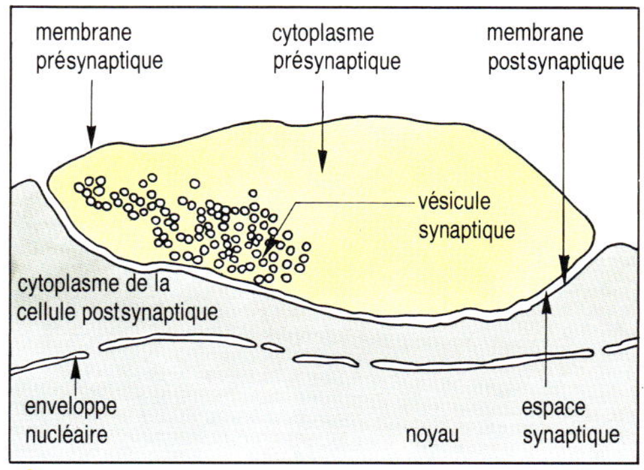

Dessin d'interprétation.

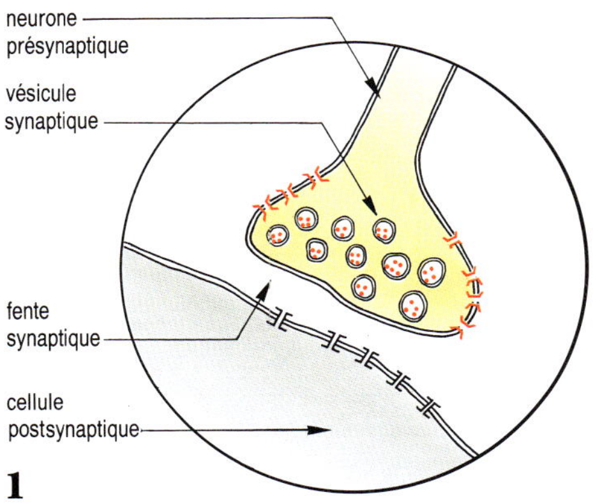

1

Synapse au repos.

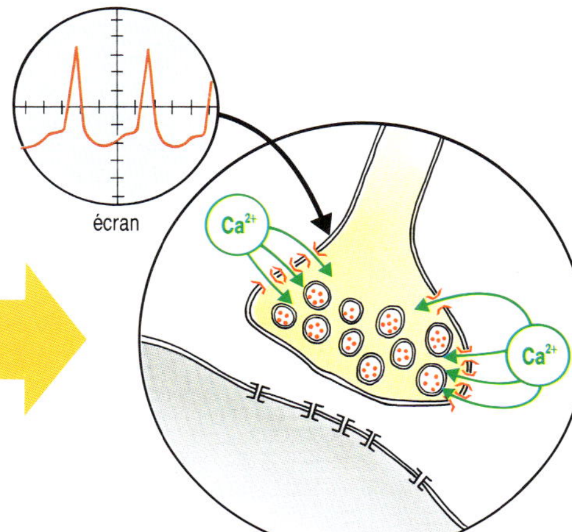

2

L'arrivée d'un potentiel d'action dans la terminaison présynaptique provoque l'ouverture de canaux Ca^{2+}, sensibles au voltage. Des ions Ca^{2+} pénètrent dans la cellule présynaptique.

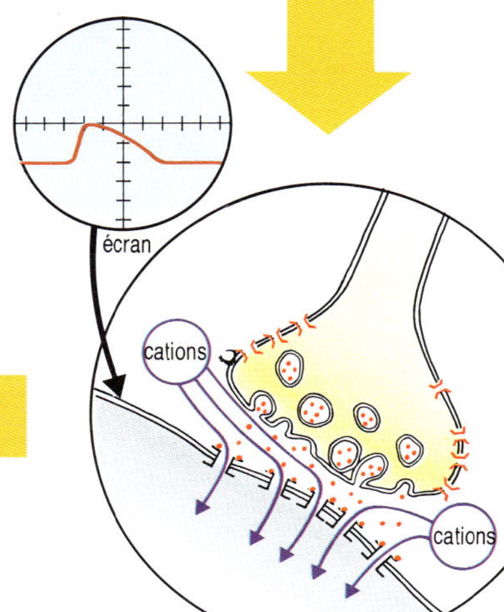

3

La libération du neurotransmetteur par exocytose est provoquée par l'augmentation du taux cytoplasmique de Ca^{2+}. Le neurotransmetteur se fixe à des récepteurs canaux qui s'ouvrent alors, provoquant une modification du potentiel de la membrane postsynaptique. Dans le cas de l'acétylcholine, l'ensemble des cations (Na^+, K^+) est impliqué dans la formation de ces courants postsynaptiques.

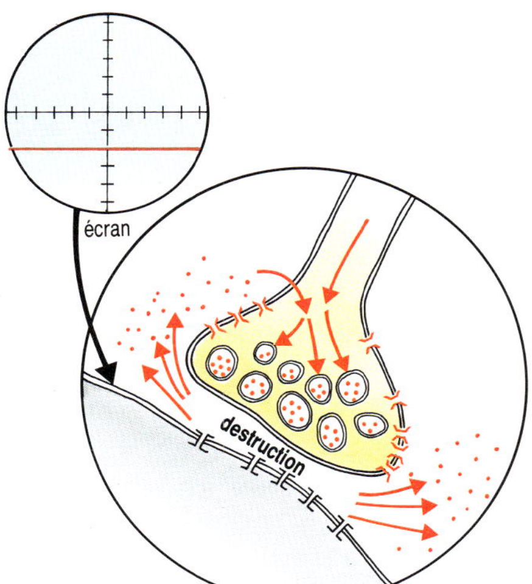

4

La destruction du neurotransmetteur, assurée dans la fente synaptique, est quasi immédiate et permet le retour au repos de la cellule postsynaptique. Les produits de cette destruction peuvent être recyclés par la cellule présynaptique qui réalise la synthèse du neurotransmetteur.

2. La cellule postsynaptique intègre les informations qui lui parviennent

Certaines synapses sont excitatrices, d'autres sont inhibitrices

Selon la nature du récepteur canal impliqué, le fonctionnement des synapses varie. Certains récepteurs canaux induisent des courants qui dépolarisent la membrane. On dit alors qu'il s'est formé un potentiel postsynaptique excitateur (P.P.S.E.).
En revanche, d'autres récepteurs aboutissent, lorsqu'ils fixent le neurotransmetteur, à une hyperpolarisation de la membrane. Il se forme un potentiel postsynaptique inhibiteur (P.P.S.I.).

Les potentiels postsynaptiques sont propagés passivement

Le fonctionnement d'une synapse entraîne une modification du potentiel de membrane (P.P.S.E. ou P.P.S.I.) très localisée. Cette perturbation se propage électriquement et passivement aux régions adjacentes. Cette propagation est limitée par des courants de fuite transmembranaires. Le signal perd peu à peu de l'amplitude jusqu'à s'annuler.

Réponse de la cellule postsynaptique

Les potentiels postsynaptiques naissant à la surface d'un neurone sont propagés jusqu'au segment initial de l'axone. C'est là que pourront naître des potentiels d'action, si le potentiel de membrane permet l'ouverture de canaux Na^+. La sommation des P.P.S. détermine la valeur de ce potentiel. En effet, les amplitudes des différentes perturbations d'origine synaptique se combinent et contribuent à une nouvelle valeur du potentiel de membrane. Cette sommation des potentiels synaptiques peut être spatiale ou temporelle.
La sommation spatiale correspond à la combinaison de potentiels synaptiques d'origines différentes. La sommation temporelle correspond à la combinaison de deux potentiels successifs issus d'une même synapse. Ainsi, sur la membrane du corps cellulaire et du segment initial, l'intégration de l'information nerveuse (nombre de synapses en fonctionnement et fréquence de celles-ci) est codée en amplitude.

La réponse d'un neurone postsynaptique est codée en fréquence

Si la dépolarisation du segment initial est insuffisante, aucun potentiel d'action n'est produit. En revanche, dès que la perturbation atteint le seuil d'ouverture des canaux Na^+, des potentiels d'action naissent à une fréquence déterminée par l'amplitude de la perturbation. Une synapse excitatrice, qui contribue à élever cette amplitude, induit une augmentation de la fréquence de décharge du neurone postsynaptique. Inversement, une synapse inhibitrice induit une baisse de fréquence.

Intégration nerveuse / nervous integration : exp., ensemble des mécanismes par lesquels une cellule nerveuse élabore une réponse aux stimulations diverses dont elle est l'objet.

Sommation spatiale / spatial summation : exp., formation d'un nouveau potentiel résultant de deux P.P.S. différents, issus de deux régions distinctes d'un corps cellulaire.

Sommation temporelle / temporal summation : exp., formation d'un nouveau potentiel résultant de deux P.P.S. différents suffisamment rapprochés dans le temps.

Les multiples rôles des neurones

Les cellules nerveuses jouent à la fois les rôles d'analyseur, de conducteur et d'émetteur d'informations. L'excitabilité des membranes permet la genèse et la propagation d'informations sous forme de trains de potentiels d'action : l'information est ici codée sous forme de fréquence. Au niveau d'une synapse, l'information est codée sous forme de quantité de neurotransmetteur par unité de temps.
Le fonctionnement des synapses permet l'analyse et la traduction de cette information sous la forme d'une perturbation de potentiel de membrane, codée cette fois-ci en amplitude. Le segment initial du neurone est alors le lieu d'une nouvelle intégration par sommation des P.P.S. Enfin, la genèse d'un train de potentiels d'action dans le segment initial des neurones reflète la traduction de l'information codée en amplitude en une information à nouveau codée en fréquence.

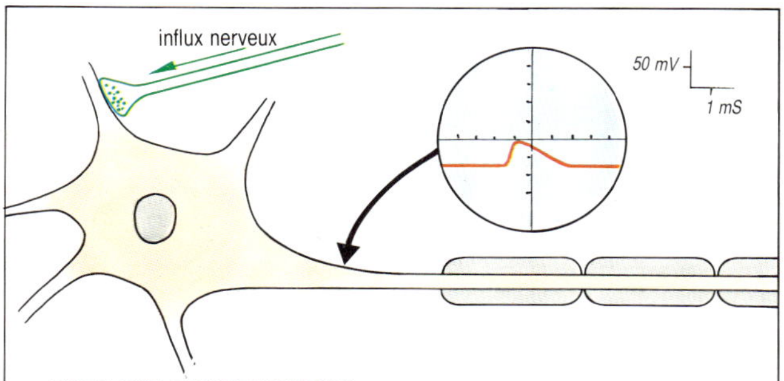

SYNAPSE EXCITATRICE
Une telle synapse, lorsqu'elle fonctionne, entraîne une dépolarisation de la membrane postsynaptique.

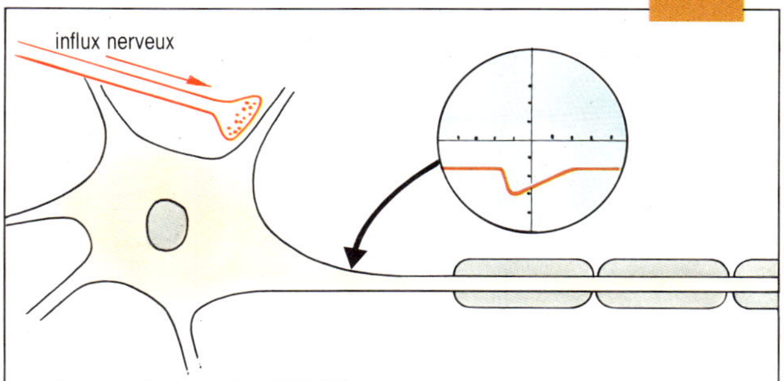

SYNAPSE INHIBITRICE
Une telle synapse, lorsqu'elle fonctionne, entraîne une hyperpolarisation de la membrane postsynaptique.

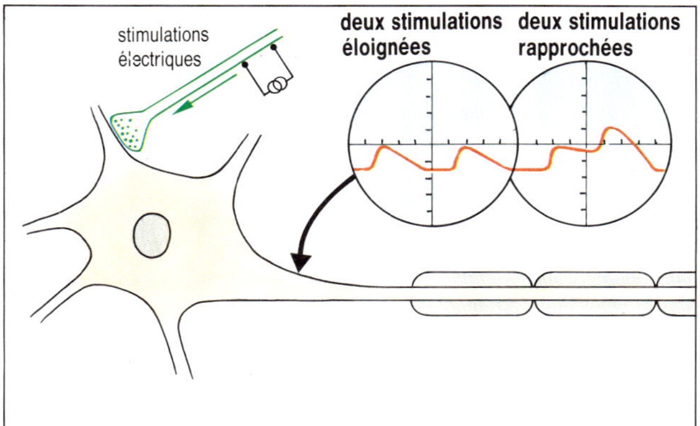

SOMMATION TEMPORELLE
Deux stimulations présynaptiques suffisamment rapprochées produisent des effets qui peuvent se combiner et conduire à une perturbation plus ample.

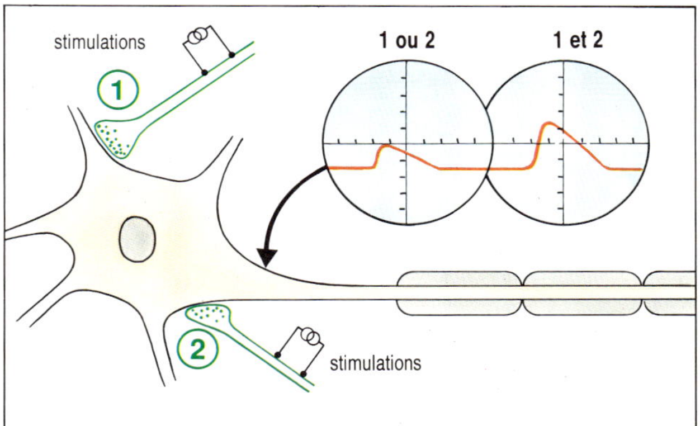

SOMMATION SPATIALE
Deux stimulations de deux synapses différentes, peuvent également produire des effets qui, en se combinant, conduisent à une perturbation plus ample.

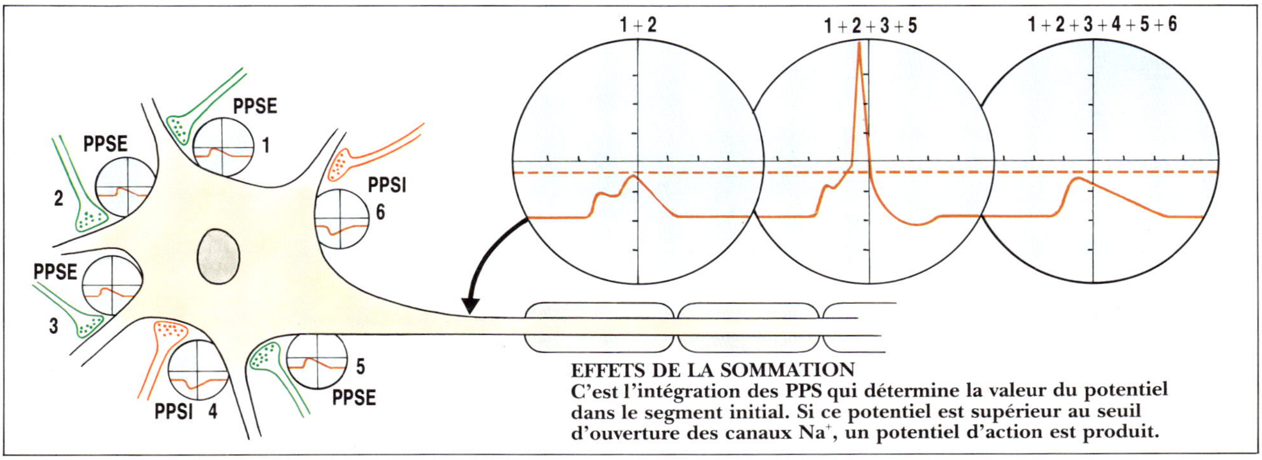

EFFETS DE LA SOMMATION
C'est l'intégration des PPS qui détermine la valeur du potentiel dans le segment initial. Si ce potentiel est supérieur au seuil d'ouverture des canaux Na^+, un potentiel d'action est produit.

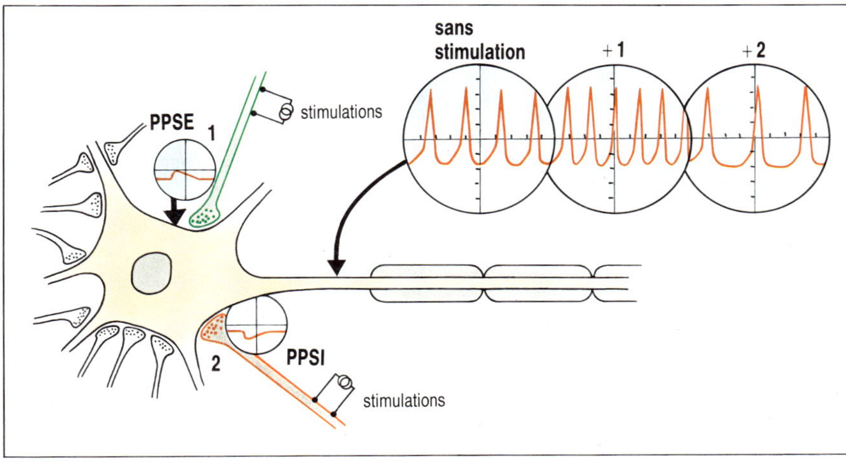

EFFETS DES SYNAPSES SUR LA FRÉQUENCE DE DÉCHARGE
Le fonctionnement d'une synapse excitatrice entraîne une augmentation de fréquence des potentiels d'action postsynaptiques. Inversement, le fonctionnement d'une synapse inhibitrice mène à une baisse de fréquence. Ainsi, les synapses traduisent une information présynaptique codée en fréquence, en une information codée en amplitude. L'intégration des PPS permet de traduire cette nouvelle information à nouveau en termes de fréquence.

1. LE SYSTÈME NERVEUX SOMATIQUE CONTRÔLE LA VIE DE RELATION

Une liaison entre centres nerveux, muscles et organes des sens

Le système nerveux central (cerveau et moelle épinière) réalise l'intégration nerveuse des informations provenant des récepteurs sensoriels. Toutes ces informations constituent pour l'organisme une fenêtre ouverte sur son environnement, mais aussi sur l'état et l'activité de son système locomoteur (grâce aux récepteurs sensoriels des articulations et des muscles). Ces informations sont transmises sous forme d'influx nerveux que l'on nomme sensitifs, véhiculés par des fibres dites sensitives ou fibres afférentes.
L'intégration de ces informations par les centres nerveux aboutit à la commande et au contrôle par ceux-ci du système locomoteur. Cette commande et ce contrôle se font par l'intermédiaire d'influx nerveux qualifiés de moteurs, véhiculés par des neurones moteurs ou motoneurones ou encore neurones efférents. Les centres nerveux réalisent ainsi des activations ou des inhibitions de ces motoneurones qui, eux, gouvernent la contraction des muscles squelettiques.
Bien qu'à priori une fibre nerveuse puisse propager un influx dans un sens aussi bien que dans l'autre (c'est le cas d'une fibre isolée), la situation dans l'organisme est différente. Du fait de l'asymétrie des synapses, les influx moteurs naissent et ne peuvent naître que dans un centre nerveux, et les influx sensitifs naissent et ne peuvent naître que dans un récepteur sensoriel. Les fibres afférentes et les fibres efférentes sont donc distinctes.

Le contenu des nerfs crâniens et rachidiens

Les nerfs crâniens et rachidiens contiennent des fibres efférentes et des fibres afférentes. Le cerveau est relié à la périphérie de l'organisme par l'intermédiaire de la moelle épinière, mais aussi directement par douze paires de nerfs crâniens (notés de I à XII) que l'on peut observer à la base de l'encéphale. Ces nerfs crâniens innervent les organes des sens de la tête (rétine, fosses nasales, oreille interne, langue) ainsi que les muscles de la tête (muscles de la face, des yeux, de la bouche, du pharynx) .
À la moelle épinière sont reliées 31 paires de nerfs rachidiens qui innervent la peau, les muscles squelettiques et les articulations du tronc et des membres.
Les nerfs crâniens I et II ne sont pas réellement des nerfs périphériques; ils participent du système nerveux central dont ils constituent des expansions; de plus, ces nerfs I et II ne contiennent que des fibres afférentes véhiculant les influx olfactifs et visuels.
Tous les autres nerfs du système somatique contiennent des fibres afférentes et efférentes; ils ont donc aussi bien des fonctions de motricité que de sensibilité.

Le lien fibres périphériques-système nerveux central

Les fibres des nerfs crâniens et rachidiens sont toutes articulées à des centres nerveux; il n'y a aucune synapse sur le trajet des nerfs somatiques. Les fibres efférentes des nerfs crâniens ont leurs corps cellulaires dans des noyaux moteurs de l'encéphale. Les corps cellulaires des neurones sensitifs crâniens se trouvent dans des ganglions de ces nerfs, et leurs terminaisons établissent des synapses avec des neurones encéphaliques. Les nerfs rachidiens sont reliés à la moelle épinière par deux racines, l'une dorsale et sensitive, l'autre ventrale et motrice. La racine dorsale présente un ganglion qui contient les corps cellulaires des fibres sensitives. Les corps cellulaires des motoneurones se trouvent dans la corne ventrale de la substance grise de la moelle épinière. Les extrémités des fibres sensitives rejoignent la corne dorsale de cette substance grise.
Toutes les fibres motrices excitent les muscles par des synapses neuromusculaires fonctionnant avec de l'acétylcholine. Toutes ces synapses sont excitatrices, et la modulation de l'activité musculaire est faite au niveau des centres nerveux.

Fibre afférente / afferent fibre : exp., fibre dans laquelle les influx se font en direction d'un centre nerveux.
Fibre efférente / efferent fibre : exp., fibre dans laquelle les influx se font en direction de la périphérie.
Ganglion / ganglion : n. m., amas nerveux sur le trajet d'un nerf, contenant des corps cellulaires et des fibres.

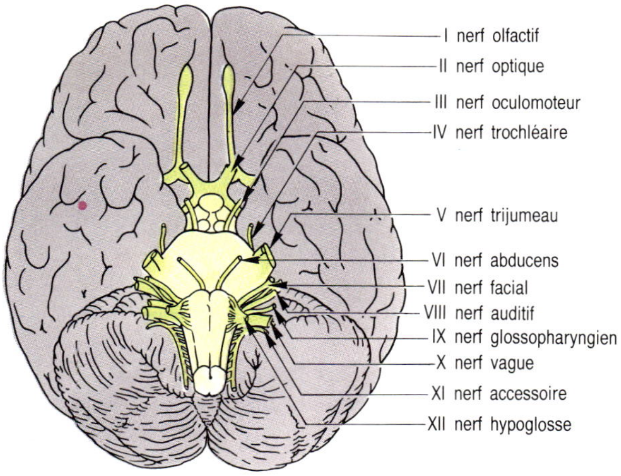

Base du cerveau et nerfs crâniens.

Émergence du nerf IX (n. glossopharyngien) du bulbe rachidien.

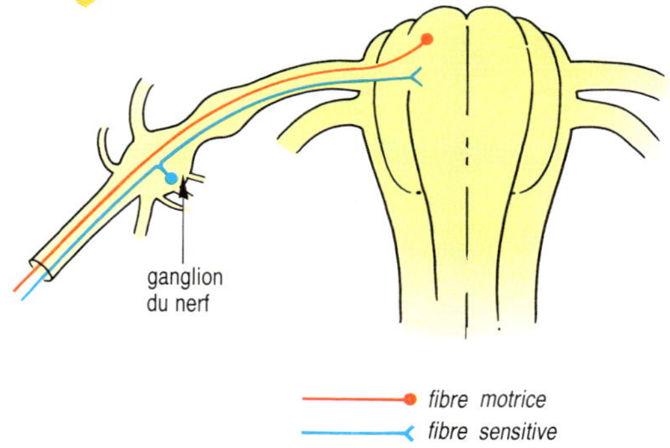

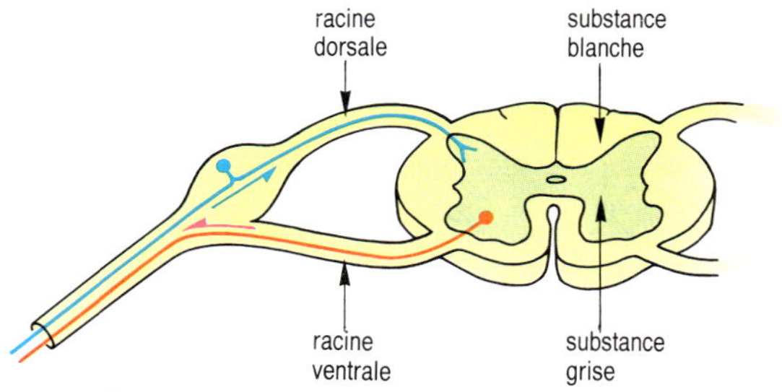

Émergence d'un nerf rachidien de la moelle épinière.

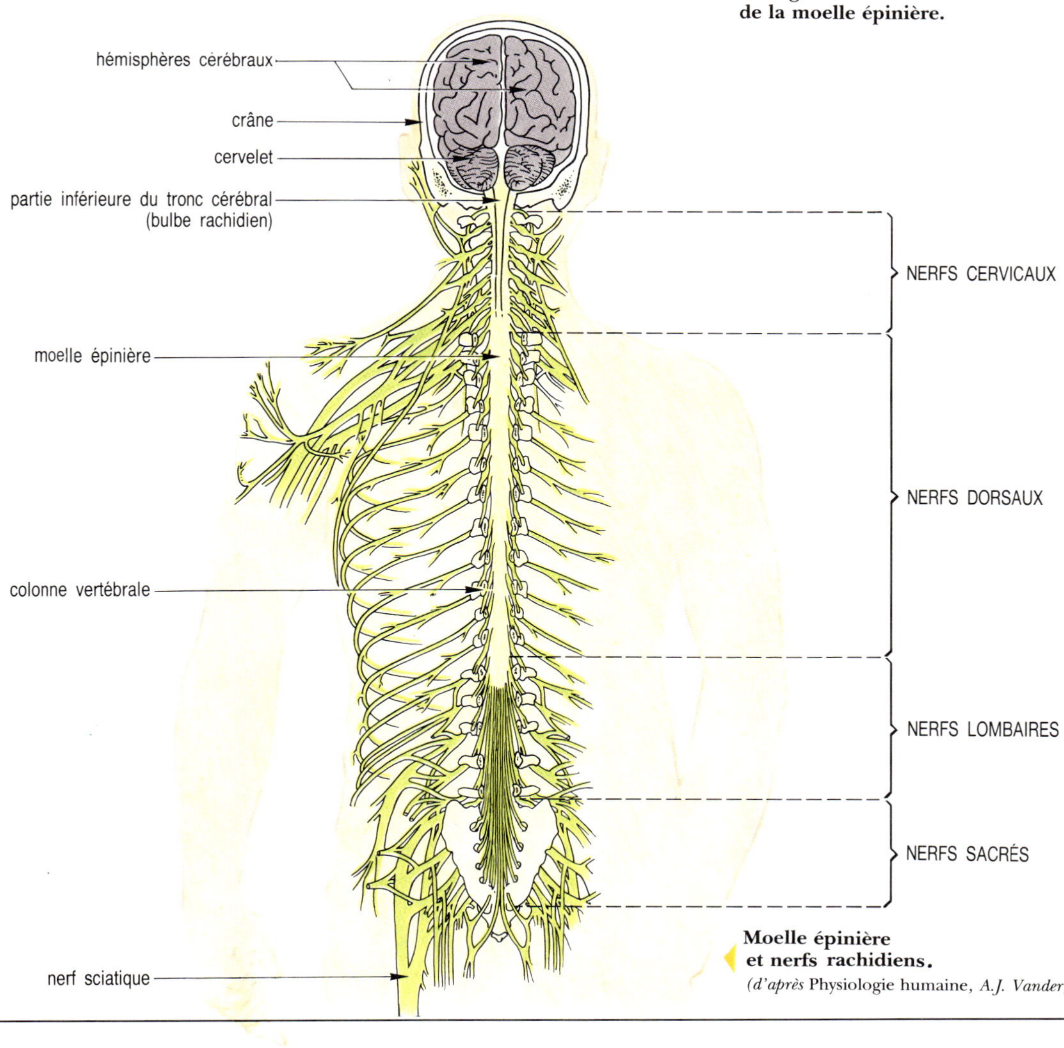

Moelle épinière et nerfs rachidiens.

(d'après Physiologie humaine, *A.J. Vander, op. cité)*

2. LE SYSTÈME NERVEUX VÉGÉTATIF CONTRÔLE LES FONCTIONS ORGANIQUES INTERNES

Les voies nerveuses végétatives et leurs synapses

Le système nerveux végétatif (ou système nerveux autonome) est constitué des fibres nerveuses viscéromotrices (qui contrôlent la contraction des muscles lisses viscéraux), viscérosécrétoires (qui contrôlent l'activité des glandes sécrétrices) et viscérosensibles (qui véhiculent les influx sensitifs en provenance des organes internes ou de leurs enveloppes).
Une voie efférente végétative est constituée de deux neurones connectés par une synapse. Ces synapses sont logées dans des ganglions ou dans les enveloppes des organes innervés. On distingue ainsi des fibres préganglionnaires, dont les corps cellulaires sont logés dans les ganglions végétatifs ou dans l'enveloppe de l'organe innervé.

Voies orthosympathique et parasympathique

La voie efférente du système orthosympathique (ou sympathique) présente des ganglions intermédiaires dont les principaux sont les ganglions de la chaîne ganglionnaire latérovertébrale qui court le long de la colonne vertébrale.
Le système orthosympathique innerve également, mais sans relais synaptique, la glande médullosurrénale qui sécrète de l'adrénaline et de la noradrénaline.
Le système parasympathique ne présente pas de ganglions spécialisés. Les fibres postganglionnaires sont généralement courtes, et leur corps cellulaire est logé dans l'organe innervé ou à proximité.

Caractéristiques de l'orthosympathique et du parasympathique

Le système sympathique est relié uniquement à la moelle épinière au niveau des vertèbres thoraciques et lombaires; les corps cellulaires des fibres préganglionnaires se trouvent dans la région intermédiaire de la substance grise de la moelle épinière. Les neurotransmetteurs du système orthosympathique sont généralement l'acétylcholine (entre neurones pré et postganglionnaires) et la noradrénaline (à l'extrémité des neurones postganglionnaires).
Le système parasympathique est relié à l'encéphale (via les nerfs III, VII, IX et X), et à la région sacrée de la moelle épinière. Le nerf X constitue l'une des principales voies parasympathiques. Les synapses intermédiaires et terminales du système parasympathique fonctionnent avec de l'acétylcholine.

Orthosympathique et parasympathique sont souvent antagonistes

Certains organes ne sont innervés que par un seul des deux systèmes; ce sont les artérioles, les veinules, le foie (orthosympatique seul) et les glandes lacrymales (parasympathique seul). D'autres organes présentent une double innervation, ortho et parasympathique, mais les deux systèmes ont le même effet sur l'organe ; c'est le cas des glandes salivaires et sudoripares. Pour tous ces organes, la régulation est simple et se fait par modulation directe des influx efférents, à l'image d'accélérateurs plus ou moins actionnés.
En revanche, la plupart des organes internes sont l'objet d'une double innervation avec antagonisme des deux systèmes. Dans ces circonstances, il y a généralement action « concertée » des deux systèmes : lorsque l'un fonctionne, l'autre est au repos. De plus, cette situation permet d'effectuer une régulation plus fine et plus précise du fonctionnement de l'organe : on conçoit aisément l'intérêt qu'il peut y avoir à disposer d'un accélérateur et d'un frein. Un tel système se remarque en particulier sur le cœur et le contrôle de la fréquence de sa contraction : l'orthosympathique est cardio-accélérateur (la noradrénaline augmente la fréquence cardiaque) tandis que le parasympathique (par le nerf X) est cardiomodérateur (l'acétylcholine diminue la fréquence cardiaque).

Parasympathique / parasympathic : adj., composante du système nerveux végétatif dont les voies efférentes présentent des synapses à acétylcholine.

Sympathique ou orthosympathique / sympathetic : adj., composante du système nerveux végétatif dont les voies efférentes présentent des synapses à acétylcholine et des synapses à noradrénaline.

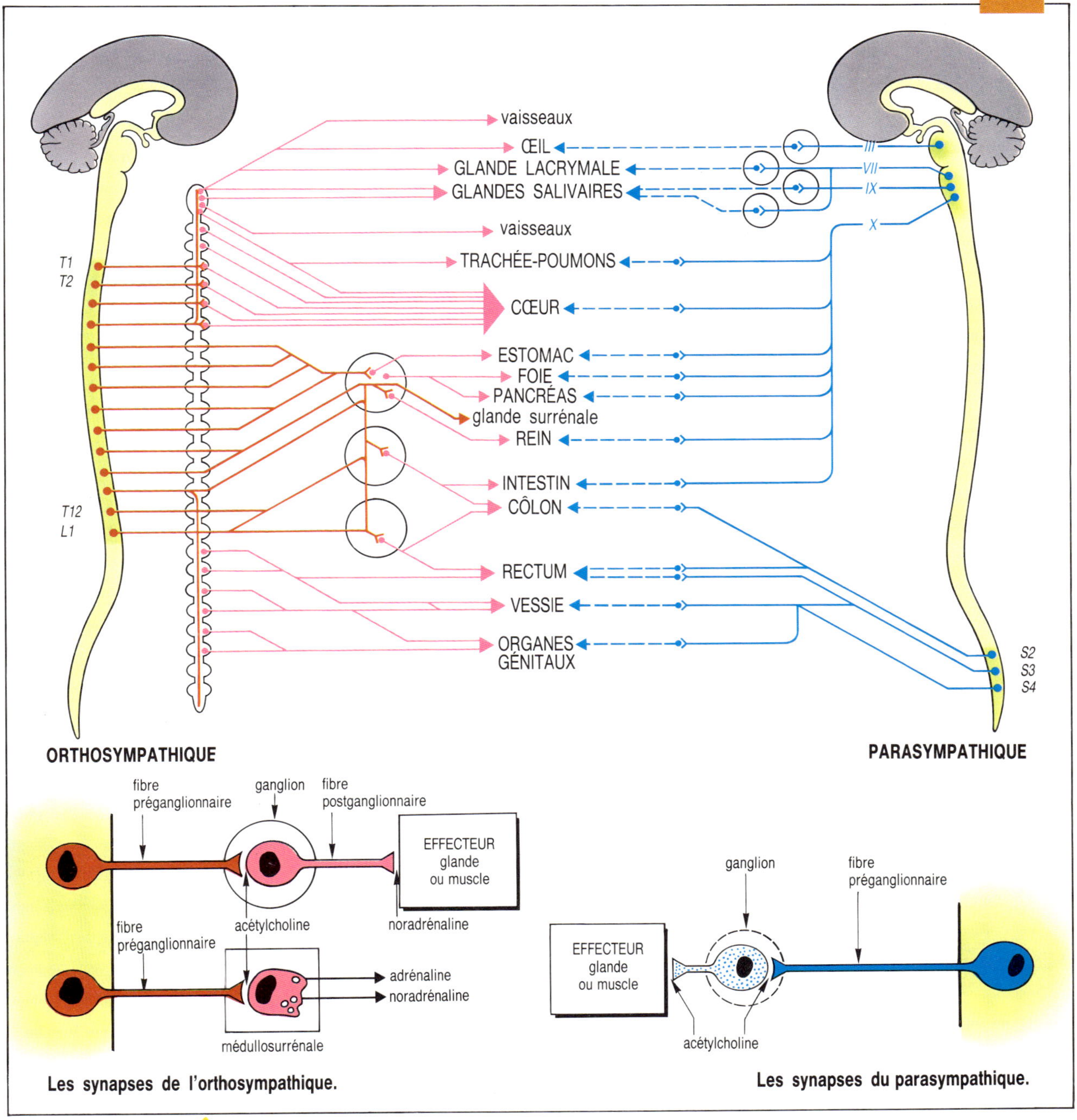

Organisation des systèmes orthosympathique et parasympathique.

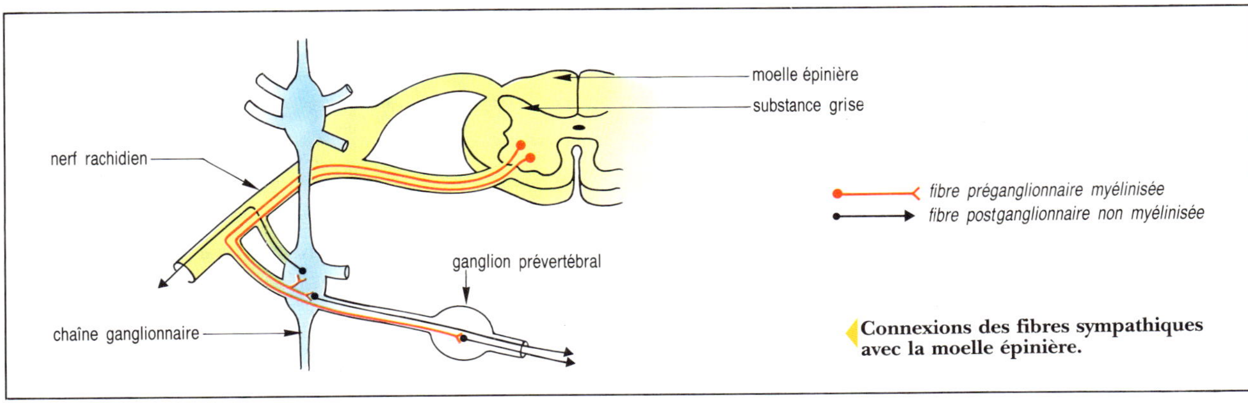

Connexions des fibres sympathiques avec la moelle épinière.

FAIRE LE POINT

L'ESSENTIEL

1 Toutes les cellules de l'organisme entretiennent une différence de potentiel transmembranaire (ou potentiel de membrane) d'environ – 70 mV, la face interne de la membrane étant négative par rapport à l'extérieur.

2 Les cellules nerveuses sont des cellules excitables. Par une modification de leur perméabilité à différents ions, elles provoquent des variations rapides de leur potentiel de membrane : des potentiels d'action. Ces dépolarisations membranaires transitoires se propagent le long des axones des cellules nerveuses.

3 La naissance et la propagation d'un potentiel d'action sont dues à l'existence de canaux Na^+ voltage dépendants. L'inactivation des canaux Na^+ et l'intervention des canaux K^+ permettent un retour rapide au potentiel de repos.

4 Un potentiel d'action constitue un signal nerveux élémentaire. Un message nerveux consiste en un train de potentiels d'action dont la fréquence est variable.

5 Chaque extrémité de cellule nerveuse est en mesure d'émettre un message sous forme de neurotransmetteur : c'est la transmission synaptique. La cellule postsynaptique analyse la présence du neurotransmetteur et traduit l'information en perturbation du potentiel de membrane.

6 Les cellules postsynaptiques réalisent une intégration des informations qui leur parviennent et traduisent l'ensemble en fréquence de potentiels d'action à nouveau propageables.

7 Le système nerveux est constitué d'un système nerveux central (cerveau, moelle épinière). Le système périphérique est constitué de nerfs, ensembles de fibres nerveuses qui relient les centres nerveux à des systèmes sensoriels ou à des effecteurs (muscles ou glandes). Le système nerveux somatique assure les fonctions de relation, et le système nerveux végétatif contrôle les viscères et les fonctions biologiques.

8 Le système nerveux somatique est représenté par les nerfs crâniens et les nerfs rachidiens. Les motoneurones somatiques ne stimulent que des muscles squelettiques. Les synapses neuromusculaires de ce système sont toutes excitatrices et fonctionnent à l'acétylcholine.

9 Le système végétatif comprend le système orthosympathique (ou sympathique) et le système parasympathique. Dans les deux systèmes, la voie efférente est constituée de deux cellules nerveuses articulées par une synapse. Les fibres efférentes du système nerveux végétatif contrôlent des muscles viscéraux (muscles lisses ou muscle cardiaque) ou des glandes sécrétrices.

LES MOTS CLÉS

Axone

Canal sensible à la tension
cellule de Schwann
cellules excitables

Exocytose

Fibre nerveuse
Gaine de myéline
ganglion
Intégration nerveuse
Nerfs
nerf crânien
nerf rachidien

neurone
neurotransmetteur

Orthosympathique

Parasympathique
pompe Na^+/K^+
potentiel d'action

potentiel de repos
potentiel synaptique

Sommation
synapse
système nerveux central
système nerveux somatique
système nerveux végétatif

AUTO-ÉVALUATION

Les activités proposées dans cette rubrique permettent de vérifier les connaissances acquises au cours de ce chapitre.
Elles peuvent concerner : la terminologie scientifique, les ordres de grandeur, les mécanismes fonctionnels.

AUTOTEST

Testez vos connaissances en répondant aux 5 questions suivantes (réponses en fin d'ouvrage). Chaque réponse doit être justifiée.

QUESTION	RÉPONSE
1. Un potentiel d'action résulte de flux d'ions à travers la membrane plasmique.	oui / non
2. Le long d'un axone, l'information nerveuse est codée sous forme : a) d'un nombre de potentiels d'action; b) d'une fréquence de potentiels d'action; c) d'une vitesse de potentiel d'action; d) d'une amplitude de potentiel d'action.	a / b / c / d
3. Le fonctionnnement d'une synapse excitatrice entraîne : a) une dépolarisation de la membrane postsynaptique; b) une hyperpolarisation de la membrane postsynaptique; c) un potentiel d'action postsynaptique; d) une fermeture de tous les canaux ioniques postsynaptiques.	a / b / c / d
4. Les motoneurones qui contrôlent les muscles squelettiques ont leurs corps cellulaires dans des centres nerveux.	oui / non
5. Le système nerveux végétatif contrôle : a) des glandes; b) des muscles lisses; c) des muscles squelettiques; d) des glandes et des muscles lisses; e) des glandes et des muscles squelettiques.	a / b / c / d / e

ORIENTATIONS DE TRAVAIL

À la fin de ce chapitre, vous devez être capable de :

1. Rappeler les caractères structuraux et fonctionnels communs aux cellules excitables.

2. Indiquer les caractéristiques du message nerveux.

3. Préciser les modalités de la transmission du message nerveux de cellule à cellule. Ne pas oublier les possibles contrôles présents à ce niveau.

4. Comparer l'organisation et le fonctionnement des systèmes nerveux somatique et végétatif.

Mini-glossaire médical

Neuropathie périphérique / peripheral neuropathy : n.f., désigne de façon générale une affection du système nerveux périphérique.

Neurotrope / neurotropic : adj, se dit d'une substance ayant une affinité et donc une action sur le système nerveux, comme des neurostimulants ou des neuroleptiques.

Névralgie / neuralgia : n.f., douleur siégeant dans tout ou partie du territoire d'innervation d'un nerf sensitif ou sur le trajet de ce nerf. Correspond à une affection de ce nerf.

Névrite / neuritis : n.f., affection inflammatoire d'un ou plusieurs nerfs périphériques. On distingue les mononévrites affectant unilatéralement un nerf périphérique, les multinévrites affectant asymétriquement plusieurs nerfs, et les polynévrites affectant bilatéralement et symétriquement plusieurs nerfs.

Névrose / neurosis : n.f., affection mentale caractérisée par des troubles dont le patient est conscient. Malgré l'étymologie du terme, les névroses ne semblent pas reposer sur des troubles organiques du système nerveux.

Pratiques médicales

Sciatique / sciatic neuritis

Ce terme désigne une neuropathie touchant le nerf sciatique ou une de ses branches. Ces affections peuvent avoir des manifestations sensitives et/ou motrices. Dans le premier cas, ce sont des douleurs qui caractérisent le trouble ; le siège de ces douleurs indique la nature des branches atteintes. Dans le second cas, les troubles moteurs se traduisent parfois par des paralysies. Les sciatiques les plus fréquentes sont dues à des atteintes d'une des racines du nerf sciatique (sciatique radiculaire) dont la cause est le plus souvent mécanique : compression d'une des racines du nerf sciatique par une hernie discale (un disque est un anneau cartilagineux compris entre deux vertèbres). La compression d'une racine peut parfois être suffisamment importante pour entraîner une paralysie d'une partie du membre inférieur et justifier une intervention chirurgicale destinée à libérer la racine comprimée.
Généralement, une sciatique est unilatérale.

Sclérose latérale amyotrophique = maladie de Charcot, abr. S.L.A

La maladie de Charcot est une maladie grave affectant le système nerveux. Son origine est inconnue et son évolution rapidement mortelle.
Cette maladie touche essentiellement le système moteur ; il s'agit principalement d'une dégénérescence des corps cellulaires des neurones moteurs dans la moelle épinière (cornes antérieures) ou dans l'encéphale (noyaux moteurs des nerfs crâniens), ainsi que d'une dégénérescence des voies verticales de la moelle épinière.
La dégénérescence des neurones moteurs entraîne une diminution du volume des muscles normalement innervés (amyotrophie).
Les premiers troubles sont l'apparition d'une paralysie accompagnée d'amyotrophie et aussi de fasciculations (contractions musculaires involontaires ne provoquant pas de mouvement) atteignant d'abord les membres antérieurs le plus souvent.
L'évolution de la maladie conduit à l'atteinte de centres bulbaires (bulbe rachidien du cerveau) qui provoque une paralysie respiratoire et/ou de la déglutition.
Le malade devient rapidement grabataire et perd la possibilité de s'alimenter (troubles de la déglutition) et même de respirer. La mort survient par syncope cardiaque ou asphyxie.

Sclérose en plaques

Maladie affectant le système nerveux central par dégénérescence de la gaine de myéline des fibres de la substance blanche des centres nerveux. Cette dégénérescence forme des « plaques » de sclérose dans cette substance blanche. La destruction de la myéline (démyélinisation) entraîne une perte de conductivité des neurones ; en effet, les canaux Na^+ voltage dépendants, essentiels à la propagation des potentiels d'action, ne sont localisés qu'à hauteur des nœuds de Ranvier ; c'est la myéline qui permet, grâce à son rôle d'isolant, de transmettre l'état excité de la membrane d'un nœud au suivant.
En l'absence de myéline, les courants de fuite sont si importants qu'une telle conduction n'est plus possible : les potentiels d'action ne sont plus propagés.
Les plaques sont disséminées dans la substance blanche, et leur formation se fait par poussées plus ou moins régressives, et à rythmicité irrégulière.
Les troubles qui en résultent peuvent être aussi bien sensitifs que moteurs et sont très variés, spécialement ressentis lors des poussées (quelques jours à quelques semaines). Il est fréquent de voir des atteintes du nerf optique et des troubles de la vision (le nerf optique appartient au système nerveux central).
La maladie, que l'on ne sait pas soigner, pourrait être due à des causes immunitaires (maladie auto-immune) associées à l'action de virus.
Dans les formes à évolution rapide, la maladie aboutit à un état grabataire puis à la mort.

Synapses, drogues et poisons

Comme le fonctionnement d'une synapse repose sur la reconnaissance d'une molécule (le neurotransmetteur) par une autre (le récepteur), il existe des molécules qui, en « trompant » le récepteur, peuvent induire des effets neurologiques plus ou moins graves. On trouve parmi ces molécules des drogues plus ou moins licites (alcool, tabac, haschish, cocaïne, héroïne...) à l'origine de toxicomanies, des poisons comme le curare ou encore des médicaments.
Le curare est un poison d'origine végétale qui agit sur les synapses neuromusculaires cholinergiques (fonctionnant à l'acétylcholine) ; le curare se lie aux récepteurs à l'acétylcholine mais n'induit pas de réponse postsynaptique. Ainsi le curare empêche le fonctionnement de la synapse : il a une fonction paralysante. De nombreux médicaments ont été produits à partir de poisons. C'est le cas des curarisants, molécules qui ont la même action que le curare : bloquer les synapses cholinergiques. À forte dose, certains curarisants bloquent les synapses des ganglions de la chaîne ganglionnaire sympathique. Il peuvent être utilisés en cas d'hypertension aiguë.
De nombreuses drogues agissent en renforçant ou en bloquant les transmissions synaptiques. L'alcool renforce, dans le système nerveux central, l'action de synapses inhibitrices : ces synapses, lorsqu'elles fonctionnent, inhibent d'autres neurones ; l'alcool accentue cette inhibition.
D'autres drogues, comme la morphine, agissent en empêchant le fonctionnement d'une synapse (la morphine bloque les influx douloureux) alors que la cocaïne prolonge certaines transmissions synaptiques en s'opposant au recaptage du neurotransmetteur par la cellule présynaptique.
Les caractères de la toxicomanie (tolérance, dépendance) résultent de ces actions. Lorsqu'une cellule est bloquée, elle finit par contourner ce blocage, par le compenser grâce à un surfonctionnement. Lorsqu'une drogue bloquante est éliminée de l'organisme, la cellule continue à surfonctionner, et il faut, pour la bloquer, des doses de drogue plus importantes : c'est la tolérance ou accoutumance. De plus, ce surfonctionnement peut être « désagréable » (cas des fibres de la douleur pour les morphinomanes) et engendrer un besoin plus ou moins impérieux de bloquer la cellule : c'est la dépendance.
Dans certains cas, l'augmentation de la dose active (tolérance) s'accompagne d'une augmentation de la dose létale (qui provoque la mort) ; mais dans le cas des opiacés (opium, morphine, héroïne...) si la dose nécessaire augmente, la dose létale varie peu : la consommation peut atteindre la dose létale, c'est l'*overdose*. En d'autres termes, l'organisme s'accoutume aux effets à court terme de la drogue mais ne s'accoutume pas toujours à sa toxicité.

INFORMATIONS SANTÉ

Les lésions de la moelle épinière

La disposition des nerfs rachidiens le long de la moelle épinière révèle une très nette segmentation. Les émergences de ces nerfs sont régulièrement placées le long de la colonne vertébrale. Les territoires innervés par ces nerfs sont eux aussi assez clairement délimités. En particulier, il est possible de reconnaître une segmentation des territoires sensitifs de la peau. L'ensemble du tronc apparaît ainsi partagé en bandes horizontales correspondant chacune au territoire d'un nerf rachidien. Ces territoires se nomment dermatomes. Au niveau des membres, les dermatomes sont allongés. La perte de sensibilité au niveau d'un dermatome rend possible le diagnostic du niveau d'une lésion de la moelle épinière.

La moelle épinière assurant la conduction verticale d'influx vers l'encéphale, toute lésion de cette moelle se traduira par des déficits moteurs et sensitifs en certaines régions du corps. Globalement, une section totale de la moelle épinière entraînera une paralysie totale et une perte totale de sensibilité de toutes les zones situées en dessous de la lésion. Ainsi, si la lésion se situe au-dessus de la région sacrée, la miction et la défécation volontaires sont totalement abolies. Située au-dessus de la région lombaire, une section totale entraîne la paralysie et l'anesthésie des deux membres inférieurs (paraplégie). La tétraplégie est provoquée par la même lésion au niveau cervical.

Une hémisection médullaire (section de la moitié gauche ou droite de la moelle) entraîne des troubles caractéristiques (syndrome de Brown-Séquard). Une hémisection gauche entraîne une paralysie gauche des territoires situés sous la lésion. La sensibilité est affectée de façon plus complexe, du fait de l'existence de voies afférentes qui se croisent dans la moelle. Ainsi, à une hémisection correspond une perte de sensibilité profonde (position des membres) et une hyperesthésie du côté de la lésion. L'hyperesthésie se manifeste par une exacerbation des sensations douloureuses ; l'effleurement de la peau devient douloureux. De plus, on observe du côté opposé à la section un déficit sensitif dissocié : la sensibilité tactile est conservée, mais les sensibilités à la douleur et à la chaleur sont supprimées.

De même, une lésion centrale de la moelle (laissant intacte la périphérie de la moelle) sectionne les voies sensitives qui se croisent au centre et entraîne un déficit sensitif dissocié. La sensibilité tactile est globalement conservée des deux côtés, alors que les sensibilités à la douleur et à la chaleur disparaissent des deux côtés.

Pour en savoir plus

ALBERT (S.) et al., *Biologie moléculaire de la cellule*, Flammarion Médecine-Sciences – Paris 1990

HAMMOND (D.) et TRITSCH (C.), *Neurobiologie cellulaire*, Doin – Paris 1990

KHALE (W.), LEONHARDT (H.) et PLATZER (W.), *Anatomie*, tome 3, *Système nerveux*, Flammarion Médecine-Sciences – Paris 1983

RICHARD (D.), ORSAL (D.), *Neurophysiologie*, tomes 1 et 2, collection Fac-Sciences, Nathan Université – Paris 1994

RIEUTORT (M.), *Physiologie animale, 1. Les cellules dans l'organisme*, Masson – Paris 1986

SIBERNAGL (S.) et DESPOPOULOS (A.), *Atlas de poche de physiologie*, Flammarion Médecine-Sciences – Paris 1992

TASSIN (J.P.) et al., *Drogues et toxicomanies*, Dossier documentaire, Inserm/Nathan – Paris 1993

VALET (P.), RICHARD (D.), *Le calcium dans l'organisme animal*, Collection 128, Nathan Université – Paris 1994

VANDER (A.J.), SHERMAN (J.H.), LUCIANO (D.S.), *Physiologie humaine*, McGraw-Hill – New York 1989

HORMONES ET SYSTÈME ENDOCRINE

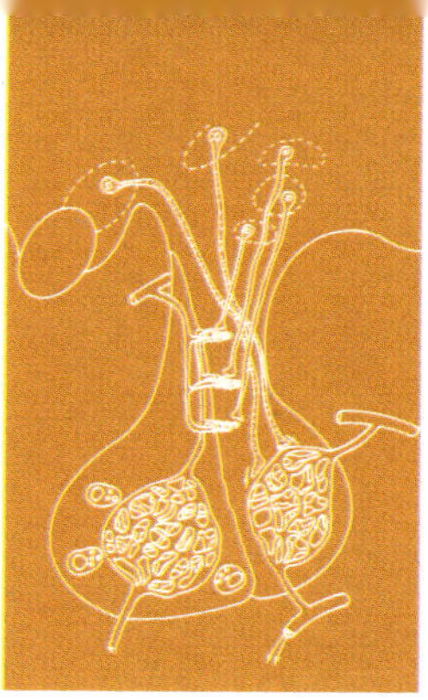

La communication hormonale est assurée par des médiateurs chimiques (hormones) libérés et transportés dans le sang. Ces médiateurs induisent des actions sur des organes cibles. Le fonctionnement d'une telle communication suppose donc la reconnaissance du messager par la cible, puisque le messager est accessible à tous les tissus de l'organisme. La possibilité de reconnaître une hormone et de répondre à sa présence dans le sang constitue un aspect de la différenciation des cellules. Par ailleurs, l'efficacité du système repose sur une grande spécificité de cette reconnaissance.
L'originalité du système endocrine est de pouvoir, par la sécrétion d'un messager par une glande, stimuler plusieurs organes éventuellement très distants et, par là, de permettre la coordination de fonctions complexes. De plus, la hiérarchisation de ce système autorise les grandes régulations des fonctions organiques internes.

Sommaire

1. Les hormones sont sécrétées dans le sang

Les cellules endocrines sécrètent les hormones

Lorsque, à la suite d'un repas, la glycémie a tendance à augmenter, certaines cellules du pancréas (les cellules β des îlots de Langerhans) libèrent dans le sang de l'insuline. Cette substance agit alors sur un certain nombre de cibles, dont le foie, de telle sorte que la glycémie est ramenée à sa valeur normale (environ 1 g par litre). Une telle substance, véhiculée par le sang et ayant valeur de messager, est une hormone. Les glandes et les cellules qui sécrètent des hormones dans le sang sont qualifiées de glandes et cellules endocrines.

Les glandes endocrines sont des structures très richement vascularisées. Les parois des capillaires y sont très fines ; les hormones les traversent par micropinocytose (formation de très petites vésicules). Les hormones elles-mêmes sont libérées, au niveau des cellules endocrines, par exocytose.

L'activité sécrétoire des glandes endocrines n'est pas continue ; les hormones n'ont précisément valeur de message que parce qu'elles ne sont pas sécrétées en permanence. Les cellules endocrines disposent d'un stock d'hormones prêt à être libéré par exocytose. Cependant, ce stock n'excède pas les besoins de l'organisme pour quelques heures seulement. Les cellules endocrines élaborent en permanence l'hormone qu'elles sécrètent épisodiquement.

Les hormones sont dispersées dans la circulation générale

Le comportement des hormones dans le sang dépend de leur nature chimique. On distingue classiquement les hormones stéroïdes (dérivées d'un noyau stérol), les hormones peptidiques (petits peptides ou protéines) et les hormones aminées (dérivées d'un acide aminé, la tyrosine). Les hormones stéroïdes sont insolubles ou peu solubles dans l'eau, tandis que les hormones peptidiques sont naturellement solubles dans l'eau. Parmi les hormones aminées, l'hormone thyroïdienne est peu soluble, alors que l'adrénaline et la noradrénaline le sont. Dans le plasma, les hormones stéroïdes et l'hormone thyroïdienne circulent liées à des protéines plasmatiques. Ce mécanisme facilite l'accession de l'hormone à toutes les cibles possibles, mais diminue en contrepartie la quantité d'hormone libre dans le plasma, seule forme susceptible d'agir sur les cibles. Les hormones peptidiques et l'adrénaline, solubles, diffusent facilement dans le plasma et accèdent sans problème à leurs cibles.

Le taux sanguin de l'hormone peut être modifié par plusieurs facteurs. Le premier d'entre eux est, bien sûr, le taux de production par les cellules endocrines. Ce taux peut également être diminué par deux mécanismes : le métabolisme de l'hormone et son excrétion. La destruction métabolique de l'hormone est assurée par des enzymes plasmatiques ou par les cellules cibles elles-mêmes ; les hormones stéroïdes et l'hormone thyroïdienne, liées à des protéines, sont moins sensibles à ces processus. Par ailleurs, le foie et les reins contribuent à éliminer l'hormone du sang, les reins assurant l'élimination urinaire. Métabolisme et excrétion de l'hormone font partie intégrante de l'action des hormones, puisqu'ils permettent de faire du message hormonal un message transitoire, susceptible d'être renouvelé et donc modulé.

Les cellules cibles disposent de récepteurs spécifiques

L'utilisation d'hormones marquées par des atomes radioactifs permet de suivre leur évolution dans l'organisme. On a mis en évidence une rétention de l'hormone sur les tissus cibles. Cette rétention s'explique par la fixation de l'hormone sur un récepteur. La cinétique de cette fixation révèle un phénomène de saturation, qui exprime que les récepteurs sont en nombre fini sur les cibles. L'affinité du récepteur pour l'hormone nous est donnée par K_D, constante de dissociation du complexe hormone-récepteur. Ce K_D a généralement une valeur extrêmement faible, ce qui signifie que l'affinité est très forte.

Cellule cible / target cell : n.f., cellule spécifiquement sensible à une hormone, élaborant une réponse à la présence de cette hormone dans le sang.

Glycémie / blood glucose : n.f., taux sanguin de glucose.

Hormone / hormone : n.f., messager chimique sécrété par une cellule endocrine et modulant l'activité de cellules cibles spécifiques.

Sécrétion endocrine / endocrine secretion : n.f., libération d'une substance dans le sang, sans intervention d'un canal sécréteur.

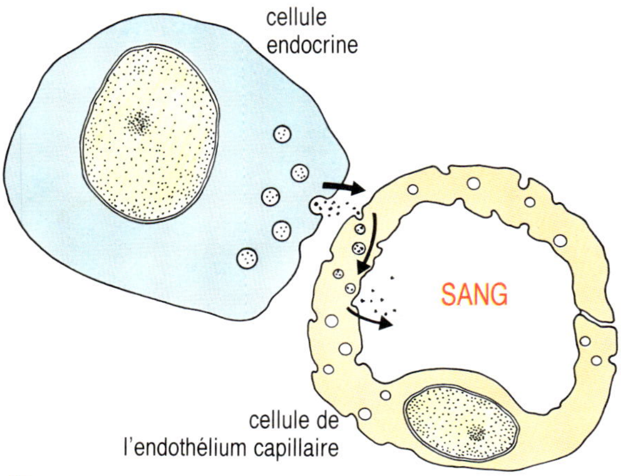

**La sécrétion endocrine :
mode de déversement de l'hormone dans le sang.**

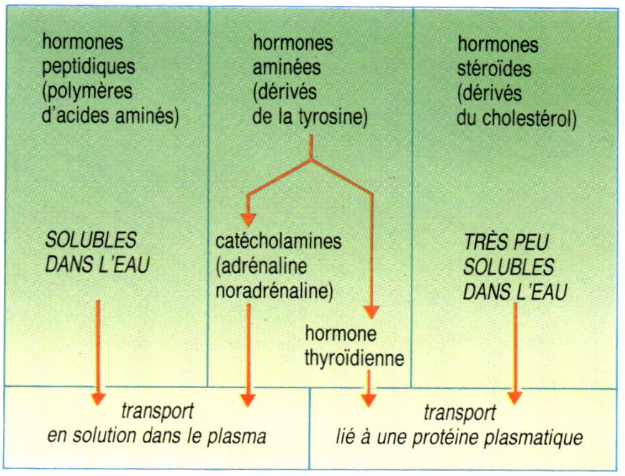

**Classification chimique des hormones
et mode de transport plasmatique.**

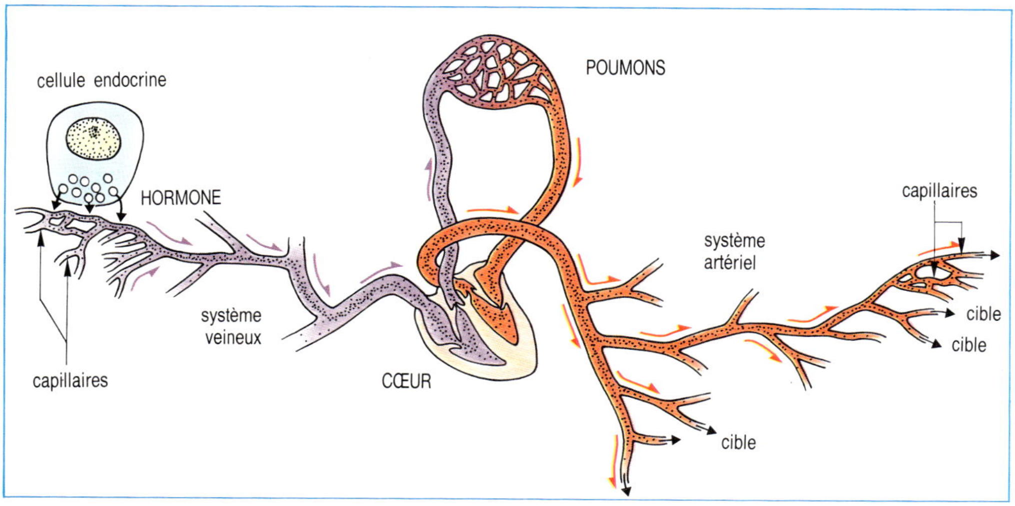

Trajet et dispersion d'une hormone dans le système circulatoire.

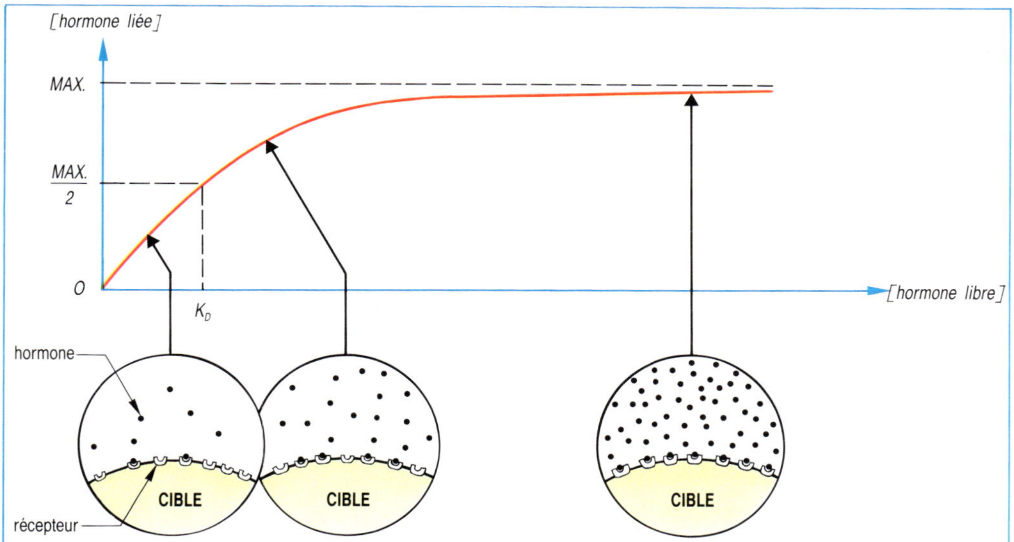

**Lorsque la quantité d'hormone augmente,
le nombre de récepteurs liés augmente également.**

**Lorsque tous les récepteurs sont saturés,
une augmentation du taux d'hormone est sans effet.**

$K_D = \frac{(\text{hormone libre})\ (\text{récepteur})}{(\text{hormone liée})}$; K_D représente la concentration en hormone libre pour laquelle la moitié des récepteurs sont liés. Plus le récepteur a d'affinité pour l'hormone, plus K_D est faible.

Cinétique de la liaison hormone-récepteur.

2. Le système endocrine est hiérarchisé

Les cellules endocrines subissent plusieurs contrôles

L'activité sécrétoire des cellules endocrines n'est pas continue parce que ces cellules fonctionnent selon divers stimulus qu'elles peuvent recevoir. Cette sensibilité à des stimulus détermine la valeur adaptative du système endocrine : un message hormonal est émis dans certaines conditions seulement. On distingue globalement trois types de stimulus susceptibles d'affecter directement l'activité d'une cellule endocrine : la concentration extracellulaire d'un ion ou d'un métabolite, les stimulations nerveuses (influx viscérosécrétoires), les stimulations hormonales.

Les rétrocontrôles régulent le système endocrine

Quel que soit le mode de contrôle envisagé, l'efficacité du système endocrine est assurée par des boucles de rétrocontrôle.
La glande thyroïde produit l'hormone thyroïdienne, en particulier sous l'effet d'une stimulation par la TSH (Thyroïd Stimulating Hormone), hormone sécrétée par le lobe antérieur de l'hypophyse. La production de TSH est elle-même contrôlée par une hormone sécrétée par l'hypothalamus, la TRH (Thyrotropin Releasing Hormone). Par ailleurs, les effets de l'hormone thyroïdienne peuvent stimuler le système nerveux qui, en retour, stimule ou inhibe l'hypothalamus. Enfin, l'hormone thyroïdienne elle-même exerce un rétrocontrôle inhibiteur sur l'hypophyse.
L'hypophyse produit également l'hormone de croissance GH (Growth Hormone), ou hormone somatotrope, qui stimule l'ensemble des mécanismes de croissance, comme l'allongement des os par exemple. La GH stimule également la sécrétion de somatomédine par le foie. Les somatomédines stimulent également la croissance. En retour, la GH elle-même et les somatomédines agissent sur l'hypothalamus qui produit une hormone qui inhibe l'hypophyse.
De nombreux mécanismes comparables font du système endocrine un complexe hiérarchisé. Cette complexité autorise la mise en place de régulations fines et précises de nombreux paramètres physiques, chimiques et biologiques de l'organisme. On trouve ainsi des régulations hormonales dans l'ensemble des fonctions végétatives.

Le complexe hypothalamo-hypophysaire contrôle de nombreuses fonctions

L'hypophyse est une glande endocrine aux rôles multiples. Logée dans une cavité osseuse à la base du cerveau, sous l'hypothalamus, elle est constituée de deux lobes : le lobe antérieur, ou antéhypophyse (ou encore adénohypophyse), sécrète de nombreuses hormones ; le lobe postérieur, ou posthypophyse (ou neurohypophyse), n'est en fait qu'une excroissance de l'hypothalamus.
La neurohypophyse produit deux hormones, l'ocytocine et la vasopressine.
L'adénohypophyse produit des hormones dont une seule a un effet direct simple : la prolactine, qui stimule la production de lait dans les seins. Les autres hormones hypophysaires sont essentiellement glandulotropes, c'est-à-dire qu'elles stimulent d'autres glandes endocrines.
La production des hormones neurohypophysaires est contrôlée par voie nerveuse. La neurohypophyse ne contient en effet que les prolongements axoniques de neurones hypothalamiques. Ce sont ces neurones eux-mêmes qui produisent et sécrètent l'ocytocine et la vasopressine.
La production des hormones antéhypophysaires, outre les rétrocontrôles, est régulée par des hormones hypothalamiques. Ainsi l'hypothalamus contrôle, via l'un ou l'autre des lobes de l'hypophyse, la grande majorité des fonctions végétatives de l'organisme. Ce rôle primordial est bien sûr renforcé par sa situation intermédiaire entre les systèmes nerveux et endocrine.

Hypophyse / hypophysis, pituitary gland : n.f., glande endocrine située sous le cerveau, contrôlant de nombreuses fonctions végétatives de l'organisme.

Hypothalamus / hypothalamus : n.m., glande neuro-endocrine et centre nerveux, situé à la base du cerveau, contrôlant de nombreux systèmes végétatifs par voie nerveuse et/ou endocrine.

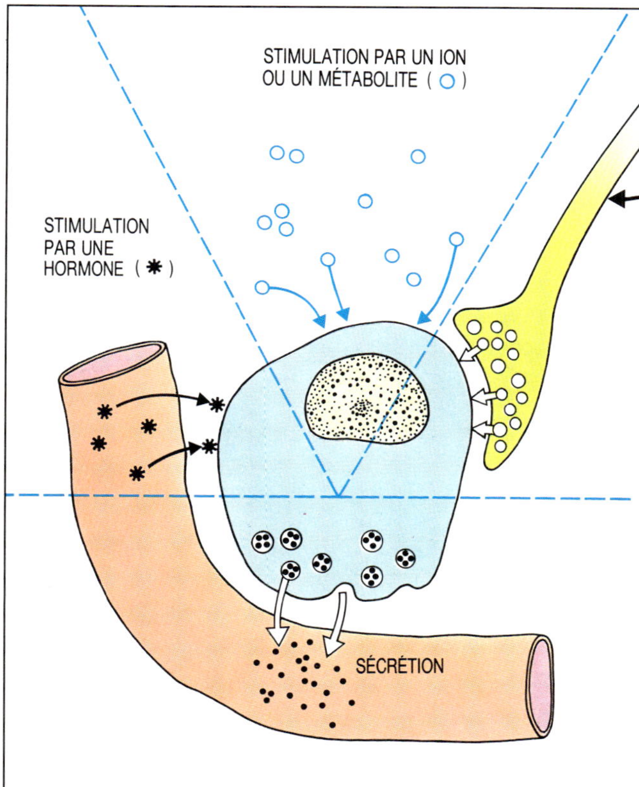

Les trois modes de stimulation directe d'une cellule endocrine.

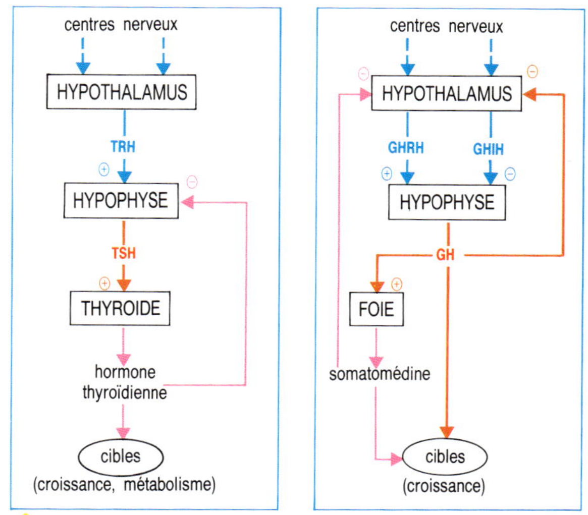

Exemples de rétrocontrôles.

Situation et organisation du système hypothalamo-hypophysaire.

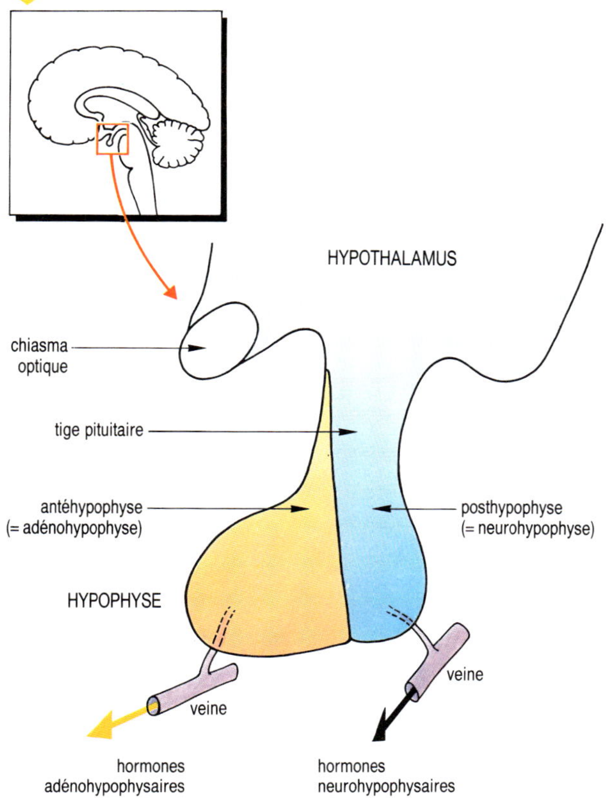

Les systèmes contrôlés par l'hypothalamus.

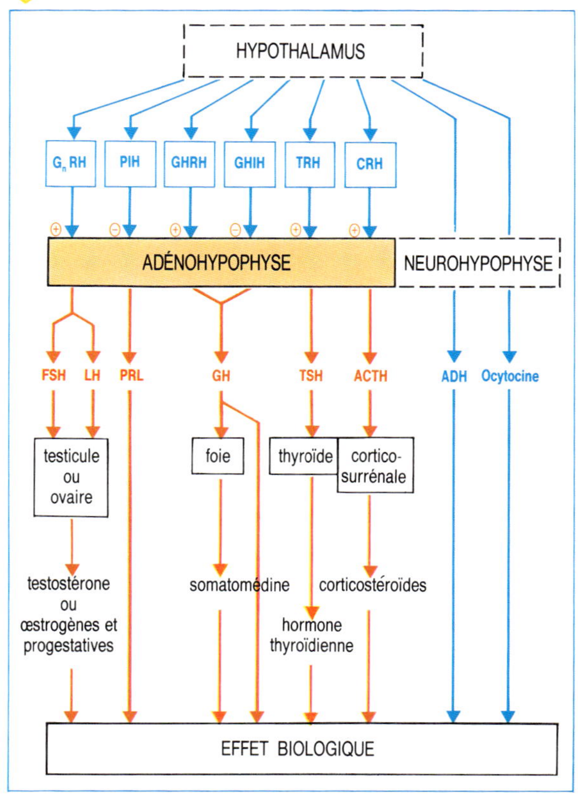

3. L'HYPOTHALAMUS PRODUIT DES NEUROHORMONES

La neurohypophyse sécrète des hormones hypothalamiques

L'étude embryologique de l'hypophyse révèle clairement que la neurohypophyse est constituée de tissus nerveux résultant d'une excroissance de l'hypothalamus. La jonction avec l'hypothalamus contient des axones de neurones dont les corps cellulaires sont logés dans l'hypothalamus. Dans la neurohypohyse, les extrémités de ces axones sont à très faible distance du réseau capillaire. Ces extrémités axoniques libèrent, par exocytose, les hormones de la neurohypophyse.

Chaque type de neurone ne sécrète qu'un seul type d'hormone, peptidique. L'hormone est élaborée dans le corps cellulaire du neurone, donc dans l'hypothalamus. Elle est emballée dans des vésicules, puis transportée jusqu'à l'extrémité axonique, dans la neurohypohyse. Là se forment des vésicules d'exocytose. C'est un potentiel d'action propagé le long de l'axone et né dans l'hypothalamus qui déclenche l'exocytose de l'hormone. Ce mécanisme présente de nombreuses similitudes avec le fonctionnement d'une synapse. Ces hormones, sécrétées par des cellules nerveuses selon un mécanisme nerveux, sont nommées neurohormones.

Des neurohormones hypothalamiques contrôlent l'adénohypophyse

Toutes les sécrétions hormonales de l'adénohypophyse sont sous la dépendance de facteurs hypothalamiques. Ces facteurs sont également des neurohormones. Chaque type de neurone sécrète un type de neurohormone. Cette fois, la sécrétion a lieu dans l'axe qui relie l'hypophyse à l'hypothalamus : la tige pituitaire. Les mécanismes de sécrétion sont identiques à ceux de la neurohypophyse.

Les neurones hypothalamiques de chaque type sont groupés de telle sorte que leurs corps cellulaires constituent des noyaux hypothalamiques. Chaque noyau assure ainsi une intégration nerveuse, influençant la libération des neurohormones. Ces hormones sont des facteurs de libération (qui stimulent une sécrétion hypophysaire) ou des facteurs inhibiteurs (qui bloquent une sécrétion hypophysaire), nommé également Releasing Factors (RF) et Inhibiting Factor (IF) ou encore « libérines ». Une même sécrétion hypophysaire peut être sous le double contrôle de facteurs activateurs ou inhibiteurs de l'hypothalamus. C'est par exemple le cas de la GH (hormone de croissance), dont la production est stimulée par la GHRH ou inhibée par la somatostatine.

Dans certains cas, les noyaux hypothalamiques ont une activité cyclique, résultant de la connexion nerveuse de l'hypothalamus avec le reste de l'encéphale. Il en résulte une rythmicité horaire ou journalière de certaines activités endocrines, comme la production d'hormone de croissance, par exemple.

Importance du système porte-hypophysaire

La connexion vasculaire entre hypothalamus et hypophyse échappe à la règle classique de circulation des hormones. En effet, les facteurs hypothalamiques déversés dans les capillaires de la tige pituitaire accèdent directement à l'adénohypophyse par un système porte. Dans un tel système, le système veineux devient localement divergent. Par conséquent, des échanges au niveau capillaire sont possibles dans la tige pituitaire et l'adénohypophyse. Comme les neurohormones accèdent directement à l'adénohypophyse avant le retour au cœur et la distribution à tous les organes, la quantité suffisante pour produire un effet sur les cellules de l'hypophyse est très faible.

Neurohormone/neurohormone : n.f., hormone sécrétée par une cellule nerveuse.

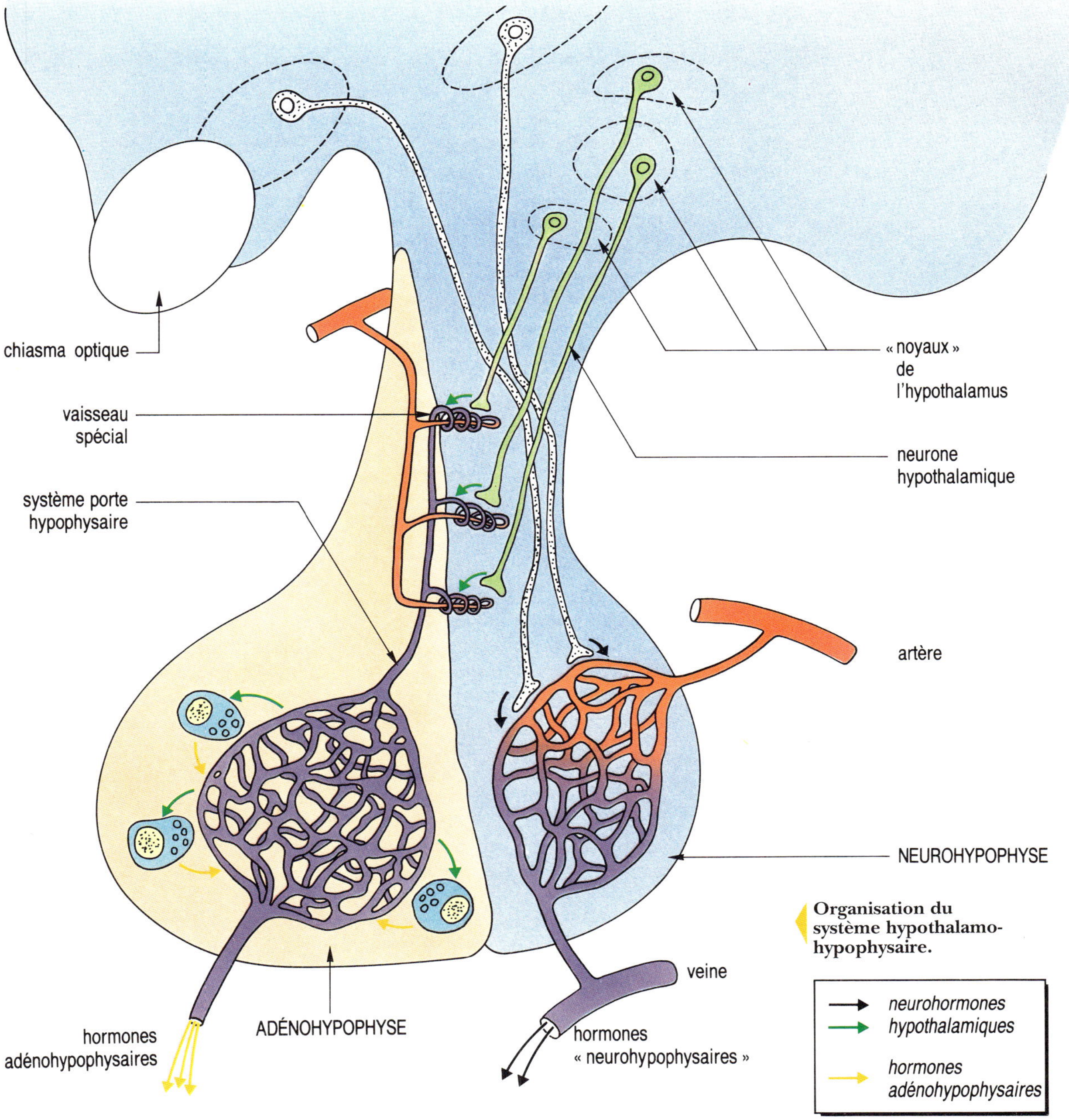

Organisation du système hypothalamo-hypophysaire.

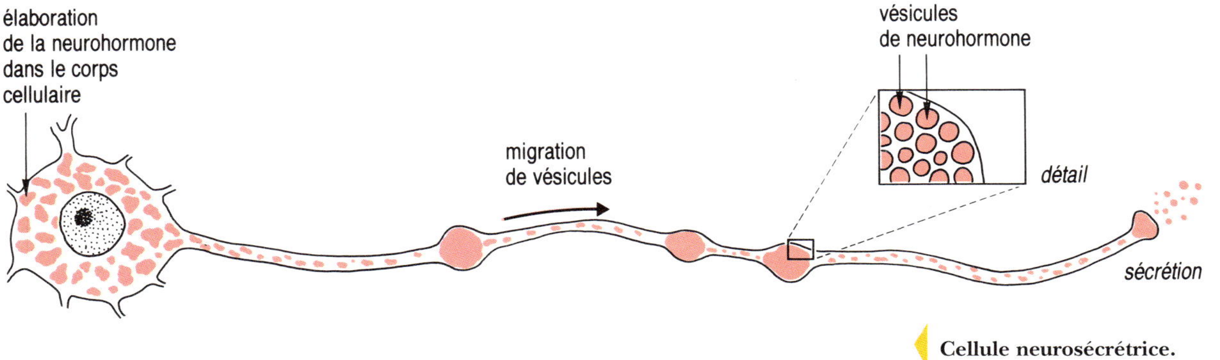

Cellule neurosécrétrice.

1. Les hormones stéroïdes activent le génome

Les récepteurs cytoplasmiques des hormones stéroïdes

Il est possible de suivre une hormone radioactive dans les tissus d'un mammifère. L'administration d'œstradiol (hormone ovarienne stéroïde) radioactif à une femelle de rat permet de montrer que cette hormone est retenue dans l'utérus et le vagin, alors que sa présence n'est que transitoire dans le foie ou le sang. Ceci montre qu'il existe, dans le vagin et dans l'utérus, des récepteurs à l'œstradiol responsables de sa fixation. De plus, le repérage par autoradiographie (impression d'une émulsion photographique par les substances radioactives) permet d'affirmer que l'œstradiol est retenu dans le cytoplasme et le noyau des cellules du vagin et de l'utérus. Les récepteurs de l'hormone sont donc intracellulaires. On estime que la situation est la même pour l'ensemble des stéroïdes et aussi pour l'hormone thyroïdienne.
L'entrée de ces hormones dans les cellules est autorisée par leur nature chimique : les stéroïdes sont lipophiles (solubles dans l'huile) ; ils n'ont donc aucune difficulté à traverser la bicouche lipidique de la membrane plasmique.

Une action intracellulaire qui aboutit à l'expression des gènes

Les récepteurs des hormones stéroïdes sont des protéines cytosoliques. Il est possible qu'une cellule possède plusieurs récepteurs pour la même hormone, ou encore plusieurs récepteurs correspondant à des hormones différentes. Le récepteur seul ou l'hormone seule n'ont aucun effet biologique sur la cellule. Il est nécessaire qu'un complexe hormone-récepteur (HR) se forme dans le cytoplasme près du noyau des cellules cibles ou directement dans celui-ci.
Le complexe HR active alors l'expression d'un gène structural gouvernant la synthèse d'une protéine. Cette activation se réalise au niveau de la transcription de l'ADN en ARN. Au total, le complexe HR permet la production d'un ARN copie de l'ADN du gène activé. Cet ARN peut alors subir dans le noyau l'ensemble des maturations qui aboutissent à la formation d'un ARN messager ou ARNm.
L'ARNm obtenu est alors exporté vers le cytoplasme où il sera traduit en protéine par des ribosomes. Cette protéine, qui peut également être l'objet d'une maturation cytoplasmique, est à l'origine d'une activité biologique nouvelle. Cette activité biologique constitue la réponse de la cible à l'hormone.

L'amplification de la réponse de la cible

L'une des originalités du mode d'action des hormones est l'élaboration d'une réponse amplifiée par rapport au signal. En effet, le signal hormonal se mesure en pico, nano ou microgrammes, alors que la réponse des cibles peut être macroscopique (comme, par exemple, les manifestations du cycle sexuel de la femme). Dans le cas de l'action des hormones stéroïdes, l'amplification est assurée par les processus d'amplification propres au matériel génétique. En activant directement un gène, l'hormone enclenche une cascade amplificatrice : l'ARN polymérase, qui assure la transcription, produit de très nombreuses molécules d'ARN par copie d'une seule molécule d'ADN. De plus, le complexe HR peut favoriser plusieurs fois plusieurs ARN polymérases.
De plus, chaque ARNm permet la synthèse de nombreux exemplaires de la protéine. De la sorte, une seule molécule de messager hormonal entraîne la production de milliers de molécules actives.

Récepteur cytoplasmique / cytosolic receptor : exp., protéine cytoplasmique spécifique d'une hormone, formant un complexe avec celle-ci lorsqu'elle pénètre dans la cellule ; constitue la forme de « reconnaissance » de l'hormone.

L'extinction du signal

Le signal hormonal finit par s'éteindre parce que l'hormone est métabolisée dans la cellule cible. C'est la condition du renouvellement éventuel de la stimulation et de la modulation du message par la cellule endocrine émettrice.

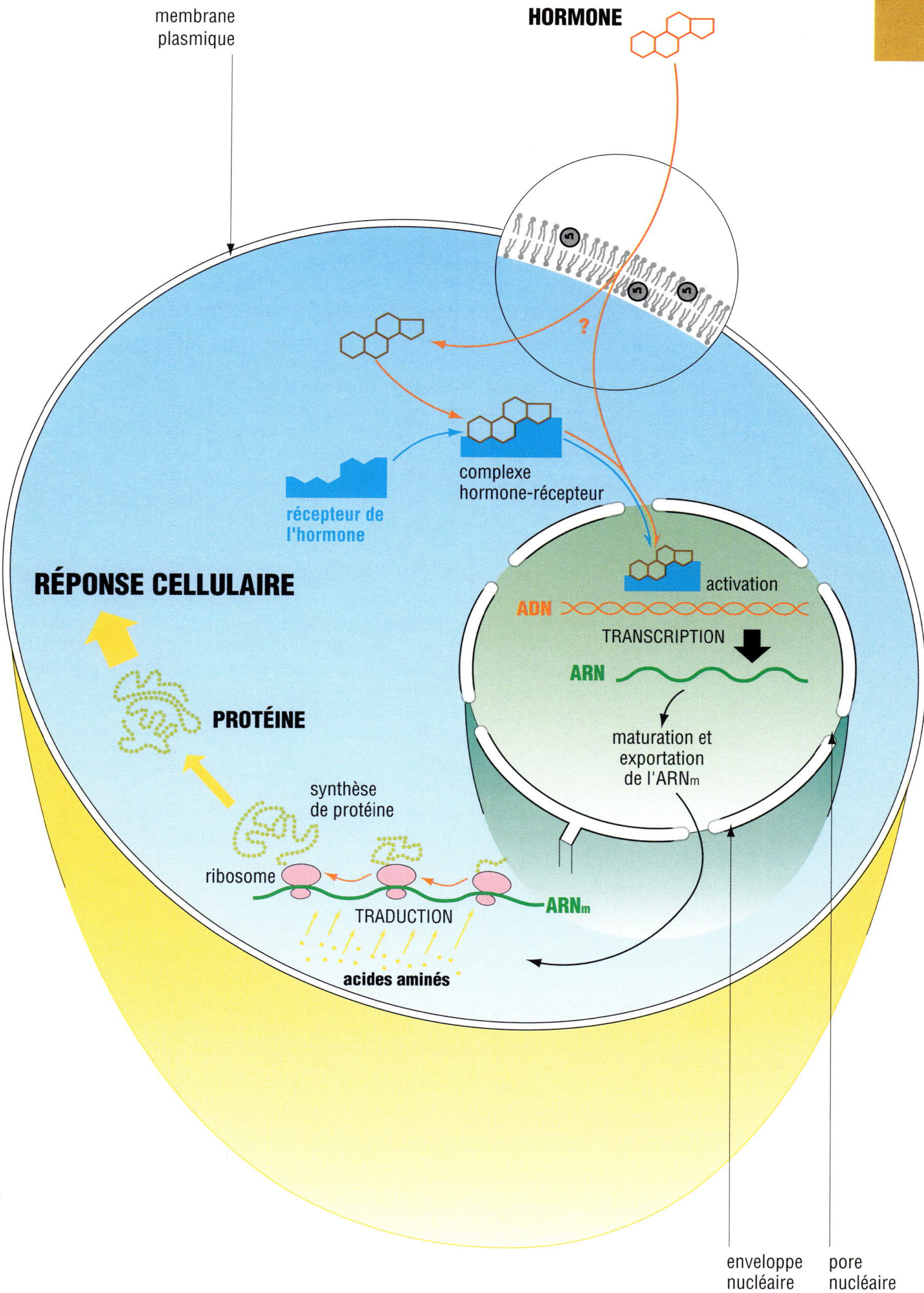

Mode d'action d'une hormone stéroïde.

2. Les hormones peptidiques agissent via des seconds messagers

Les récepteurs membranaires des hormones peptidiques

De nombreuses expériences montent clairement que l'hormone est reconnue par des protéines de la membrane plasmique, tournées vers l'extérieur de la cellule. Il faut alors envisager un couplage de cette reconnaissance extracellulaire avec la réponse intracellulaire de la cible. Un des éléments de ce couplage concerne la fluidité membranaire. En effet, les récepteurs aux hormones se déplacent relativement librement dans la surface membranaire, ce qui leur permet de nombreuses « rencontres » avec d'autres protéines membranaires, éventuellement tournée vers la face intracellulaire.

L'activation de certains récepteurs provoque la formation d'AMPc

L'action de l'adrénaline sur les récepteurs β, par exemple, nécessite une autre protéine membranaire tournée, elle, vers le cytoplasme : l'adénylcyclase, qui assure la formation d'Adénosine MonoPhosphate cyclique (AMP cyclique ou AMPc) à partir d'ATP. L'hormone, en activant l'adénylcyclase membranaire, entraîne une production d'AMPc dans la cellule, et l'AMPc induit la réponse de la cible : l'AMPc prend donc en charge la totalité du message hormonal. L'AMPc est un second messager cytoplasmique. L'action de l'AMPc consiste le plus souvent en l'activation d'une protéine kinase (enzyme permettant la phosphorylation d'une protéine), qui permet l'activation d'autres enzymes.

D'autres récepteurs agissent via l'inositol tri-phosphate (IP_3)

L'action de l'adrénaline sur les récepteurs α_1, par exemple, active une protéine G membranaire différente de celle activée par les récepteurs β, qui active à son tour une phospholipase C (PLC). L'activation de cette enzyme provoque la formation, à partir d'un phospholipide membranaire, de phosphoinositol tri-phosphate (IP_3) et de diacyl glycérol (DAG). La première molécule provoque généralement la libération de calcium à partir des stocks intracellulaires, tandis que la seconde active une phosphokinase.

L'insuline active une tyrosine-protéine kinase

L'action cellulaire de l'insuline est particulière. Elle se fixe sur un récepteur membranaire qui est une tyrosine-protéine kinase (TYR-PK) dont l'activation induit à la fois la phosphorylation de certaines protéines et le recrutement de transporteurs de glucose qui viennent s'incorporer à la membrane.

L'amplification de la réponse de la cible

Une molécule d'hormone fixée sur le récepteur membranaire permet la production de plusieurs molécules de second messager qui peut activer plusieurs molécules de protéine kinase, dont chacune activera plusieurs molécules d'enzyme… Ce système permet à une molécule de glucagon, par exemple, d'induire la production de 10^6 à 10^8 molécules de glucose. On assiste donc à une amplification de la réponse de la cellule cible.

L'extinction du signal

Outre l'inactivation de l'hormone dans le plasma, l'extinction du signal hormonal est réalisée à plusieurs niveaux de la cellule cible. L'internalisation de l'hormone dans des vésicules d'endocytose permet tout d'abord d'extraire l'hormone du milieu extracellulaire. L'action des hormones peptidiques nécessite l'intervention d'une protéine intermédiaire dont l'activité est transitoire (fixation d'un métabolite rapidement hydrolysé : le GTP – Guanosine TriPhosphate –) ; l'hydrolyse du GTP annule cette activité. Les seconds messagers constituent eux aussi un signal ; ce signal est spontanément annulé grâce à des enzymes de dégradation. En l'absence de second messager, la cascade d'activation est interrompue.

AMPc / cAMP : sigle, Adénosine MonoPhosphate cyclique ; nucléotide jouant le rôle de second messager dans de nombreuses cibles d'hormones peptidiques.

Récepteur membranaire / surface receptor : exp., protéine membranaire pouvant former spécifiquement un complexe avec une hormone circulante ; constitue la forme de « reconnaissance » de l'hormone.

Second messager / second messenger : exp., molécule intracellulaire prenant à son compte l'information initialement véhiculée par une hormone reconnue à la surface externe de la cellule.

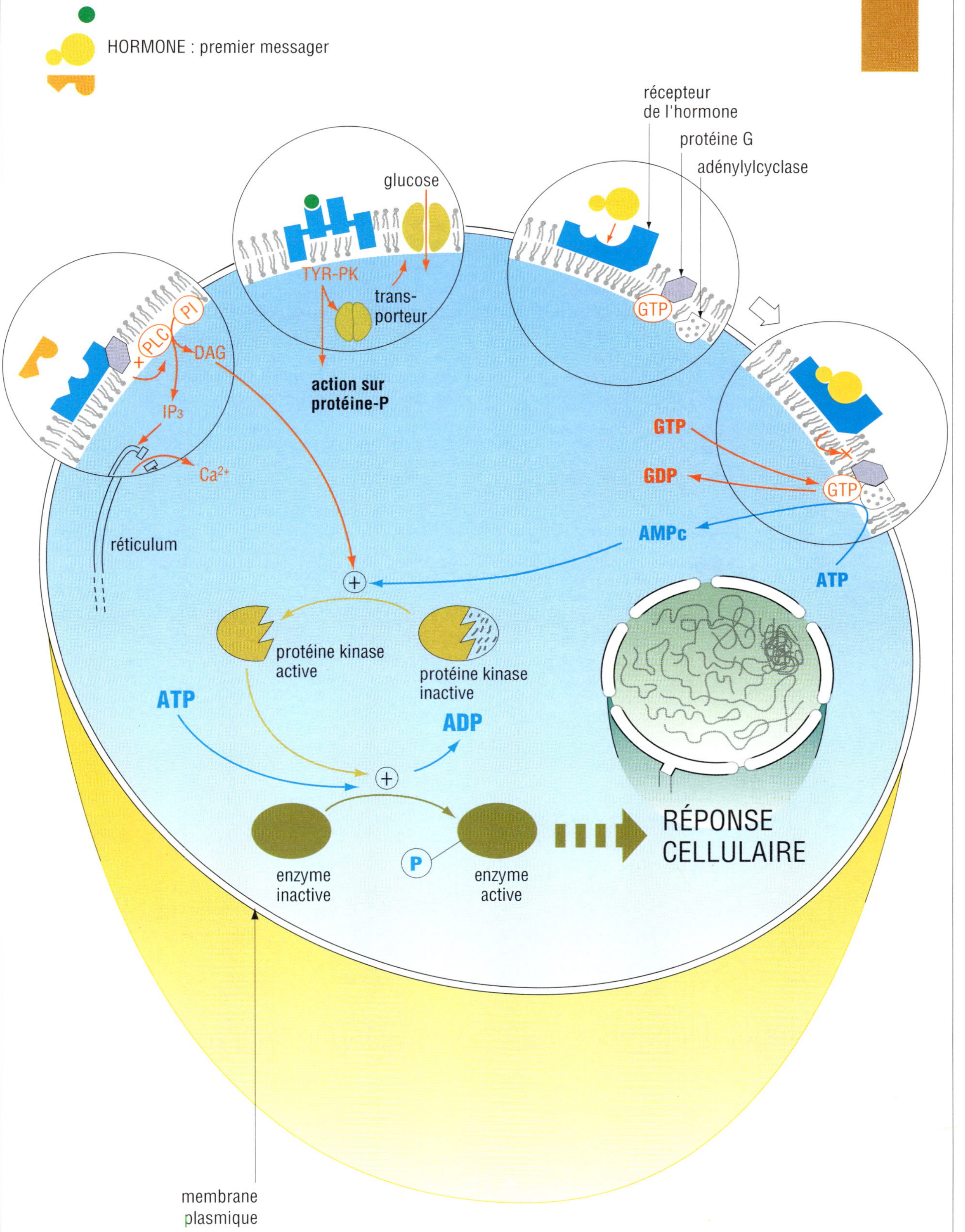

Mode d'action d'une hormone peptidique.

FAIRE LE POINT

L'ESSENTIEL

1 Les hormones sont des messagers chimiques émis dans le sang par des glandes endocrines, et induisant une action sur des cellules cibles. Une hormone est active même à très faible concentration plasmatique.

2 Les hormones sont libérées par exocytose par les cellules endocrines. L'activité sécrétrice des cellules endocrines n'est pas continue, mais résulte de stimulations provenant de l'organisme lui-même. Ainsi, certaines cellules endocrines sont stimulées par des hormones, ce qui permet d'aboutir à une hiérarchie d'hormones.

3 Le complexe hypothalamo-hypophysaire contrôle une grande part des fonctions végétatives. L'hypothalamus est un centre nerveux dont certains neurones neurosécréteurs produisent des hormones (neurohormones), qui initient de nombreuses boucles de contrôle.
Des rétrocontrôles négatifs s'exerçant sur l'hypothalamus ou sur l'hypophyse permettent de réguler précisément des paramètres physiologiques.

4 Les hormones stéroïdes circulent dans le plasma, liées à des protéines. Leur action sur leurs cellules cibles se fait par activation du génome ; un récepteur intracellulaire à l'hormone assure le lien entre l'hormone et le noyau cellulaire. La nature chimique des hormones stéroïdes leur permet de diffuser librement à travers la membrane des cellules.

5 Les hormones peptidiques circulent librement dans le sang et se fixent sur des récepteurs liés à la membrane des cellules cibles. Le message est alors pris en charge par un second messager intracellulaire, qui induit la réponse cellulaire en activant des enzymes cytoplasmiques initialement inactives.

LES MOTS CLÉS

A
adénohypophyse
AMP cyclique
amplification

B
barrière hémato-encéphalique

C
capillaires
cellule cible
contrôle

D
diffusion

E
exocytose

G
glande

H
hypophyse
hypothalamus

M
messager

N
neurohormone
neurohypophyse
neurosécrétion

P
protéine kinase

R
récepteur
rétrocontrôle

S
second messager
spécificité
système porte

AUTO-ÉVALUATION

Les activités proposées dans cette rubrique permettent de vérifier les connaissances acquises au cours de ce chapitre.

Elles peuvent concerner : la terminologie scientifique, les ordres de grandeur, les mécanismes fonctionnels.

AUTOTEST

Testez vos connaissances en répondant aux 6 questions suivantes (réponses en fin d'ouvrage). Chaque réponse doit être justifiée.

QUESTION	RÉPONSE
1. Les hormones sont libérées dans tout l'organisme mais n'agissent que sur certains tissus.	oui / non
2. Les cellules endocrines sécrètent des hormones : a) en permanence; b) de temps en temps; c) rythmiquement; d) sous l'effet de stimulations.	a / b / c / d
3. L'hypothalamus contrôle directement l'activité de l'hypohyse.	oui / non
4. Une neurohormone est : a) une hormone produite par un neurone; b) une hormone agissant sur le système nerveux; c) un potentiel d'action particulier; d) une cellule de l'hypothalamus.	a / b / c / d
5. Une hormone stéroïde agit sur sa cible : a) en provoquant une dépolarisation membranaire; b) en déclenchant une exocytose; c) en activant l'expression d'un gène; d) en détruisant une enzyme inhibitrice.	a / b / c / d
6. Les hormones peptidiques agissent sur leur cible : a) en pénétrant dans le cytoplasme; b) en bloquant des canaux ioniques; c) en activant une adénylcyclase membranaire; d) en activant l'expression d'un gène.	a / b / c / d

ORIENTATIONS DE TRAVAIL

À la fin de ce chapitre, vous devez être capable de :

1. Discuter la notion d'hormone, puis de communication hormonale.

2. Comparer le mécanisme d'action d'une hormone stéroïde et d'une hormone peptidique. N'oubliez pas qu'une comparaison doit dégager les caractères communs comme les caractères différents. Pensez à vous appuyer sur un exemple et à proposer des schémas explicatifs.

3. Comparer les communications nerveuse, neurohormonale et hormonale. Votre réponse peut être proposée sous la forme d'un tableau rappelant dans chacun des cas : le support anatomique ou cytologique de la transmission, le temps de latence de la réponse, la nature du message, le type de distribution du message, les modalités de contrôle du message.

PRATIQUES MÉDICALES

Nanisme et gigantisme

Les causes de nanisme ne sont pas toujours endocriniennes, mais deux causes endocriniennes sont à retenir : le nanisme hypophysaire et le nanisme thyroïdien, selon que le défaut de croissance est dû à une déficience de l'hypophyse ou de la thyroïde.
L'hormone thyroïdienne stimule la croissance des os longs, alors que l'hypophyse régule toute la croissance par l'hormone de croissance et par le contrôle de la thyroïde. Ainsi, une insuffisance hypophysaire pourra engendrer un nanisme sans disproportions, alors qu'un nain thyroïdien aura des membres très courts pour un tronc de taille plus normale. Par ailleurs, les rôles de l'hormone thyroïdienne sont multiples ; par conséquent, une insuffisance thyroïdienne pourra avoir d'autres conséquences fâcheuses (surtout chez l'enfant, avec une diminution du développement intellectuel).
Les cas de gigantisme sont, eux, parfois dus à un hyperfonctionnement hypophysaire. L'accroissement de taille peut occasionner des problèmes biologiques, en particulier cardio-vasculaires et métaboliques. Dans le cas d'une surproduction d'hormone de croissance due à une tumeur hypophysaire, l'ablation de la tumeur peut enrayer la croissance. Si c'est seulement une hyperactivité de l'hypophyse qui est en cause, on peut ralentir la croissance avec des injections d'une hormone hypothalamique (la somatostatine ou GHIF) qui inhibe la libération d'hormone de croissance. On sait maintenant produire la somatostatine par génie génétique.

Maladie de Basedow (ou de Graves-Basedow)

C'est une maladie caractérisée par un goitre (correspondant à une hypertrophie de la thyroïde), une exophtalmie (globes oculaires volumineux et proéminents), une tachycardie, un tremblement des extrémités et un fort amaigrissement. L'ensemble de ces symptômes est dû à un hyperfonctionnement thyroïdien indépendant de l'hypohyse. En effet, la thyroïde fonctionne à un taux très élevé, alors que le taux de TSH (qui stimule normalement la thyroïde) est quasi nul.
On considère que cette maladie est auto-immune : des anticorps produits par l'organisme agissent sur la thyroïde, essentiellement sur les récepteurs à TSH. Ces anticorps ne lèsent pas la thyroïde, mais au contraire la stimulent (en se liant aux récepteurs à TSH).

Pour en savoir plus

ALBERT (S.) et al., *Biologie moléculaire de la cellule*, Flammarion Médecine-Sciences – Paris 1990

BAULIEU (E.E.) et KELLY (P.), *Hormones from molecules to disease* – Paris 1990

DUPOUY (J.P.) et al., *Hormones et grandes fonctions*, Ellipses – Paris 1993

IDELMAN (S.), *Endocrinologie, fondements physiologiques*, Presses Universitaires de Grenoble – Grenoble 1990

LEROUX (J.P.) et al., *Le métabolisme énergétique chez l'homme*, Dossier Inserm/Nathan – Paris 1995

SIBERNAGL (S.) et DESPOPOULOS (A.), *Atlas de poche de physiologie*, 2e édition, Flammarion Médecine-Sciences – Paris 1992

VANDER (A.J.), SHERMAN (J.H.), LUCIANO (D.S.), *Physiologie humaine*, McGraw-Hill – New York 1989

Le milieu intérieur

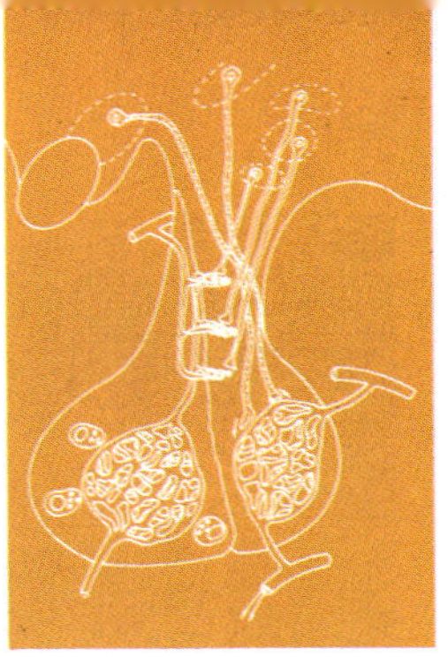

Dans la composition chimique de l'organisme, l'eau entre pour près de 65 % de la masse corporelle. Cette eau peut être « libre », c'est-à-dire à l'état liquide, qu'elle soit circulante ou non ; elle peut être « liée », c'est-à-dire incorporée à des ensembles moléculaires plus ou moins complexes et, par là, peu ou pas dissociable de ces édifices. L'eau libre, qui représente 60 % de la masse corporelle, soit un volume de 42 litres pour un homme de 70 kg, est répartie dans différents compartiments liquidiens. Chacun de ces compartiments est limité par une interface spécifique qui règle les échanges avec les compartiments au contact. Le contenu de chaque compartiment lui est donc spécifique, et est en relation étroite avec son activité métabolique.

En omettant quelques particularités anatomiques, comme les humeurs vitrée ou aqueuse de l'œil, le liquide synovial ou encore le liquide céphalo-rachidien qui entoure le cerveau, on peut considérer que le corps humain comprend deux compartiments liquidiens essentiels :

– celui du liquide intracellulaire ;

– celui du liquide extracellulaire dans lequel baignent toutes les cellules. C'est dans ce liquide que les cellules puisent les éléments dont elles ont besoin et rejettent les déchets qu'elles produisent. C'est par ce liquide qu'elles échangent des informations, par molécules interposées. Ce liquide constitue, dans l'organisme, un véritable milieu intérieur, dont la composition et les caractéristiques physico-chimiques sont en relation étroite avec la survie de chaque cellule.

Sommaire

Sang, liquide interstitiel et lymphe canalisée constituent le milieu intérieur

La très grande majorité des cellules de l'organisme n'est pas en contact direct avec le milieu extérieur, source de nutriments et de dioxygène, récupérateur de déchets métaboliques. Les véritables zones d'échanges avec le milieu extérieur sont des surfaces spécialisées telles que :

– les poumons (apport de dioxygène, élimination de dioxyde de carbone...);
– l'intestin (entrée des nutriments, de l'eau et des ions minéaux...);
– les reins (élimination d'eau, d'ions minéraux et de déchets organiques...) .

Entre ces surfaces et chaque cellule, des liquides extracellulaires assurent la diffusion des molécules. Ces liquides, qui représentent un volume de 14 litres, constituent, au sein de l'organisme, un véritable milieu intérieur.

L'eau est le liquide du milieu intérieur

L'eau liquide représente plus de 90 % du volume du milieu intérieur. Solvant de très nombreuses molécules organiques et minérales, elle est aussi le milieu de suspension de divers types cellulaires. Elle communique aux liquides internes ses propriétés thermique (forte conductibilité, évacuation de chaleur par vaporisation...), ionisante (en particulier pour de nombreux éléments minéraux et les protéines) et réactionnelle (elle favorise les contacts entre molécules...).

Le milieu intérieur est un milieu stable et compatible avec la vie

En contact direct avec les cellules, le milieu intérieur répond aux exigences de la vie cellulaire. Sa composition doit permettre à chaque cellule de prélever les éléments qui lui sont nécessaires pour maintenir son activité et tient compte des produits de cette activité (déchets ou sécrétions).

Sa composition doit aussi maintenir un pH voisin de la neutralité et une pression osmotique compatible avec la vie cellulaire. Si le milieu intérieur subit en permanence des changements de composition dus à l'activité des cellules et des tissus, mais aussi aux variations de l'environnement, l'amplitude de ces changements est maintenue dans des limites étroites. À cette relative stabilité du milieu intérieur appelée homéostasie, concourent de nombreux organes et processus coordonnés.

Trois compartiments liquidiens constituent le milieu intérieur

Les liquides extracellulaires ne constituent pas un seul et même liquide intercellulaire. Les cellules de l'organisme baignent dans un milieu non endigué, c'est-à-dire non limité par une paroi propre : le milieu interstitiel. Celui-ci est en relation directe par filtration et/ou réabsorption avec le sang et la lymphe, liquides endigués dans des vaisseaux « sanguins » ou « lymphatiques ». Sa composition dépend donc de la nature des échanges réalisés avec ces autres compartiments liquidiens.

Le sang est la véritable phase circulante du milieu intérieur. Il assure le renouvellement du liquide interstitiel et de la lymphe, et détermine pour l'essentiel le réglage de l'homéostasie.

Liquide interstitiel, lymphe et sang diffèrent par leur phase liquidienne et leur contenu cellulaire. Le sang est une suspension de cellules ou de fragments cellulaires (hématies, leucocytes et plaquettes) baignant dans une solution saline riche en protéines : le plasma. Le liquide interstitiel et la lymphe ont une composition chimique voisine de celle du plasma, sauf pour les « grosses » molécules organiques, dont la présence et la concentration varient suivant les emplacements étudiés. Le liquide interstitiel et la lymphe sont dépourvus d'hématies et de plaquettes, qui ne filtrent pas du milieu sanguin. Les leucocytes y sont présents, mais en nombre variable, car ils peuvent franchir la paroi des capillaires sanguins en se déformant (diapédèse).

Liquide interstitiel / interstitial fluid : exp., liquide extracellulaire, non circulant, baignant directement les cellules; synonyme : lymphe interstitielle.

Lymphe / lymph : n.f., liquide blanchâtre contenant des protéines et des leucocytes, circulant dans les canaux lymphatiques (lymphe canalisée) ou baignant les cellules (lymphe interstitielle). Souvent employé pour désigner la seule lymphe canalisée.

Milieu intérieur / internal environment : exp., ensemble des liquides extracellulaires de l'organisme (sang, lymphe, liquide interstitiel...) constituant le milieu de vie des cellules.

Sang / blood : n.m., fluide organique circulant dans les vaisseaux en circuit fermé, comportant une phase liquide (le plasma) et une phase cellulaire (les éléments figurés : hématies, leucocytes, plaquettes).

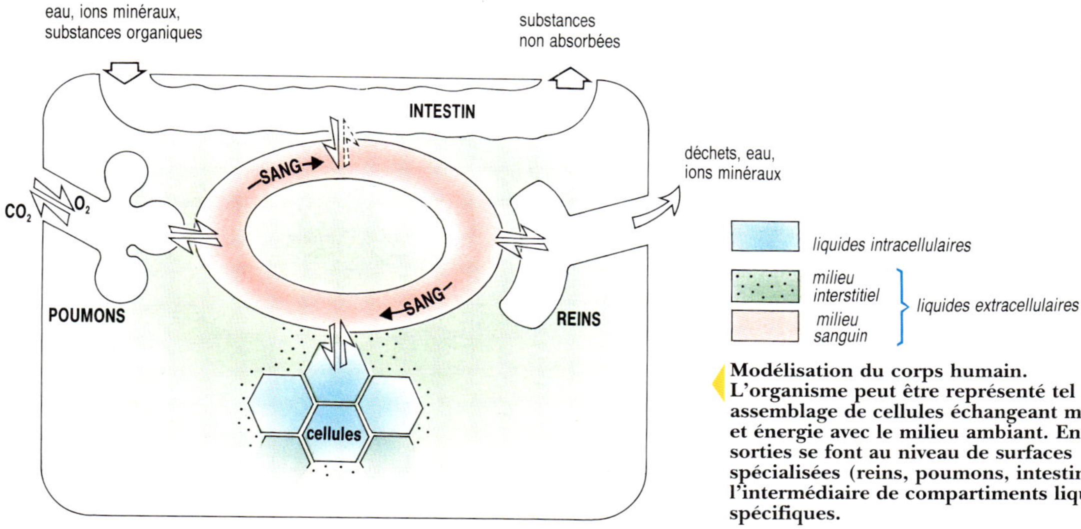

Modélisation du corps humain.
L'organisme peut être représenté tel un assemblage de cellules échangeant matière et énergie avec le milieu ambiant. Entrées et sorties se font au niveau de surfaces spécialisées (reins, poumons, intestin), par l'intermédiaire de compartiments liquidiens spécifiques.

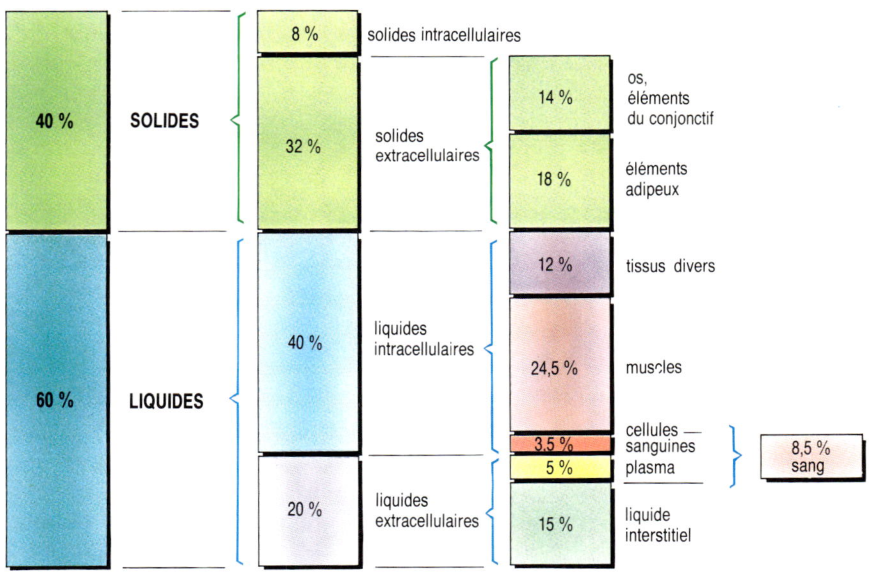

Répartition des liquides et des solides dans le corps humain.
Les chiffres correspondent à des pourcentages de la masse corporelle (individu standard de 70 kg).

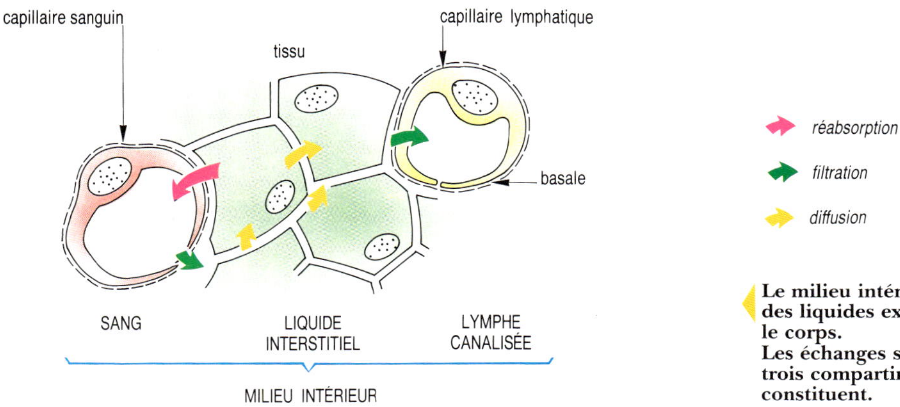

Le milieu intérieur correspond à l'ensemble des liquides extracellulaires circulant dans le corps.
Les échanges sont permanents entre les trois compartiments liquidiens qui le constituent.

Le plasma est la phase liquidienne du sang

Le sang est un milieu fluide, circulant, plus dense que l'eau (d = 1,05), visqueux, de saveur salée, de pH voisin de la neutralité (pH : 7,35 à 7,45) et de couleur rouge due à l'abondance des hématies qu'il contient. Il prend en masse ou « coagule » en dehors de l'organisme.

Les phases solides (éléments figurés) et liquide (plasma) qui constituent ce milieu hétérogène se séparent par densité, si on empêche la coagulation. On peut alors déterminer l'hématocrite, rapport du volume des hématies sur le volume sanguin total. L'hématocrite « normal » est de 0,47 chez l'homme (hématies et plasma correspondent respectivement à 47 % et 53 % du volume sanguin).

Hématocrite / hematocrit : n.m., valeur physiologique exprimant le pourcentage du volume sanguin exprimé par les hématies. Il est habituellement mesuré par centrifugation d'un échantillon de sang dans un tube gradué, puis par la lecture du volume occupé par les hématies et celui du sang totral.

Plasma / blood plasma : n.m., phase liquidienne du sang caractérisée par la diversité de ses composants, les rôles de ces derniers, et la stabilité de sa composition.

Protéines plasmatiques / plasmaproteins : exp., protéines spécifiques du plasma sanguin. Ces éléments organiques, les plus importants du point de vue pondéral, participent à de nombreuses fonctions vitales.

Sérum / blood serum : n.m., fraction plasmatique obtenue après élimination du fibrinogène et d'autres facteurs protéiques participant à la coagulation.

Diversité des composants chimiques

Le plasma est composé de substances organiques et minérales très diverses, dissoutes dans un important volume d'eau (91 % du plasma). Parmi ces solutés, les protéines constituent, en masse, les éléments les plus abondants. On distingue les protéines plasmatiques (albumines, globulines, fibrinogène) dont la présence est permanente et la concentration relativement constante, et d'autres protéines ou peptides à fonctions diverses qui transitent par le plasma sans y jouer de rôle spécifique (cas des hormones peptidiques par exemple).

Les protéines plasmatiques, tout comme les éléments minéraux, sont ionisées dans ce milieu aqueux qui comporte, en charges, autant d'anions (Cl^-, HCO_3^-, $H_2PO_4^{2-}$, SO_4^{2-} et protéinates...) que de cations (Na^+, K^+, Ca^{2+}, Mg^{2+}...). À la différence des autres composants organiques, les protéines plasmatiques ne sont ni des métabolites utilisables par les cellules, ni des déchets résultant du métabolisme de ces cellules. Elles « appartiennent » au plasma et y tiennent une fonction précise. C'est le cas notamment de nombreuses albumines qui participent au transport de certaines hormones, du fibrinogène et des facteurs de coagulation qui contrôlent l'état de bonne fluidité du sang, des immunoglobulines ou des facteurs du complément qui participent aux réponses immunitaires, ou encore des cytokines qui, libérées par des cellules « blanches », interviennent dans la communication entre cellules sanguines et/ou endothéliales.

Propriétés physico-chimiques et biologiques du plasma

Par leur présence, leur nature et leur concentration, les composants du plasma expliquent les principales caractéristiques de ce dernier : sa couleur, sa nature colloïdale (due aux protéines) et saline (déterminée pour l'essentiel par les électrolytes minéraux) et surtout la stabilité de son pH et de sa pression osmotique.

Dans tous les cas, ce sont les protéines plasmatiques et les électrolytes minéraux qui, par leur masse moléculaire et leur ionisation, par leur aptitude à échanger des ions H^+, expliquent la plupart des propriétés du plasma. Ces éléments concourent ainsi à l'homéostasie du milieu intérieur. Les organes (poumons, reins, foie...) qui contrôlent leur production, leur élimination, voire leur régénération seront donc les effecteurs essentiels de l'homéostasie.

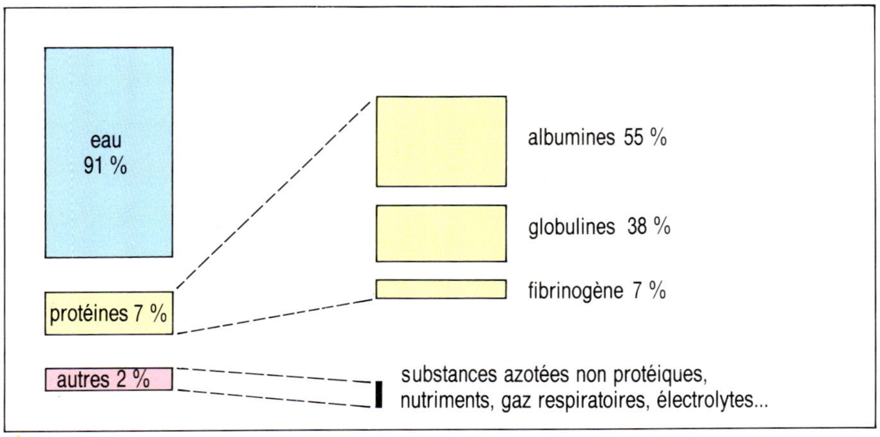

Constituants du plasma.
Les chiffres indiquent les pourcentages de la masse plasmatique.

COMPOSANT		QUANTITÉ OU CONCENTRATION	PRINCIPALE(S) FONCTION(S)
SOLVANT	**Eau**	91 % (en masse du plasma)	solvant et ionisant ; milieu de diffusion, de suspension et de transport des autres composants ; rôle thermique
SOLUTÉS	**Gaz respiratoires** – CO_2 – O_2	2 ml.100 mL^{-1} 0,2 ml.100 mL^{-1}	déchet métabolique substrat respiratoire
	Électrolytes minéraux – cations Na^+ K^+ Ca^{2+} Mg^{2+} – anions Cl^- HCO_3^- HPO_4^{2-} SO_4^{2-}	142 mEq.L^{-1} 5 mEq.L^{-1} 5 mEq.L^{-1} 3 mEq.L^{-1} 103 mEq.L^{-1} 27 mEq.L^{-1} 2-3 mEq.L^{-1} $\simeq$ 6 mEq.L^{-1}	maintien de la pression osmotique, du volume sanguin, du pH... établissement des potentiels de membrane et de leurs possibles variations... rôles spécifiques (coagulation, etc.)
	Protéines – albumines – globulines – fibrinogène	4,5 g.100 mL^{-1} 2,5 g.100 mL^{-1} 0,25 g.100 mL^{-1}	viscosité du sang, maintien du pH, de la pression osmotique, du volume sanguin... transporteurs plasmatiques, anticorps, facteurs de coagulation... précurseurs enzymatiques...
	Substances azotées non protéiques – urée – acide urique – créatinine	30 mg.100 mL^{-1} 5 mg.100 mL^{-1} 1 mg.100 mL^{-1}	déchets du métabolisme
	Substances « régulatrices » – hormones protéiques – hormones stéroïdes – peptides	< 0,2 mg.100 mL^{-1}	régulation et intégration des grandes fonctions
	Nutriments – glucose – acides aminés – lipides totaux – cholestérol	85 mg.100 mL^{-1} 40 mg.100 mL^{-1} 500 mg.100 mL^{-1} 200 mg.100 mL^{-1}	substrats métaboliques
	Vitamines	< 2,5 mg.100 mL^{-1}	bon fonctionnement des organes et de l'organisme

Diversité et constance des constituants plasmatiques. Les chiffres indiqués sont des moyennes des quantités ou des concentrations de ces constituants, chez un individu standard et sain de 70 kg.

Hématies, leucocytes et plaquettes

Les éléments figurés du sang se répartissent en trois populations, distinctes par leur structure et leur fonction. Toutes sont des cellules – ou fragments de cellules – libres, en suspension dans le plasma, et distribuées en tous points de l'organisme par la circulation sanguine. Si les hématies et les plaquettes restent confinées à l'appareil cardio-vasculaire, les leucocytes peuvent franchir, par diapédèse, la paroi capillaire qui sépare le sang du milieu interstitiel. Ils pénètrent alors dans les tissus et y remplissent certaines de leurs fonctions.

Les hématies : de petits sacs à hémoglobine, en survie

Le sang humain contient près de 25 billions de petits disques biconcaves de 7 μm de diamètre : les hématies. Ces éléments figurés sont des cellules originales par leur forme, leur composition chimique, la présence de glycoprotéines à leur surface et surtout la simplicité de leur organisation :

– dépourvues de noyau, elles ne peuvent, par manque d'information génétique, renouveler leurs protéines et maintenir plus de 120 jours leur structure et leurs fonctions;

– leurs glycoprotéines de surface sont spécifiques de l'individu auquel elles appartiennent. Elles définissent le groupe sanguin de l'individu;

– les enzymes et surtout l'hémoglobine qu'elles contiennent (70 % de leur masse, près de 280 millions de molécules d'hémoglobine par hématie) déterminent l'aptitude de ces cellules à transporter les gaz respiratoires O_2 et CO_2 dans l'organisme. L'hémoglobine est une protéine contenant du fer, et susceptible de fixer ou de libérer le dioxygène et le dioxyde de carbone selon les gradients de pression partielle de ces éléments chimiques. L'anhydrase carbonique est une enzyme qui accélère la combinaison du dioxyde de carbone avec l'eau pour former des ions hydrogénocarbonates (HCO_3^-) ;

– leur forme (grande surface pour faible volume) favorise les échanges avec le plasma et accélère la diffusion à l'intérieur de la cellule. Déterminée par les protéines du cytosquelette, cette forme peut être modifiée, permettant ainsi le passage des hématies dans les plus fins capillaires (quelques micromètres de diamètre).

Hématie / red blood cell : n.f, élément figuré présent dans le sang circulant et participant au transport des gaz respiratoires dans le sang.

Leucocyte / leukocyte, white cell : n.m, type d'éléments figurés présents dans le sang circulant, le milieu interstitiel ou la lymphe et participant au maintien de l'intégrité de l'organisme (défense du soi).

Plaquette / blood platelet : n.f, élément figuré présent dans le sang circulant et participant à la coagulation, au maintien de la masse sanguine (hémostase et coagulation).

Les leucocytes : 3 types de cellules pour défendre l'organisme

Le sang contient environ 7000 « globules blancs » par mm^3. Ces cellules nucléées diffèrent les unes des autres par l'aspect de leur noyau et leur affinité à fixer les colorants. On distingue ainsi les granulocytes, les lymphocytes et les monocytes qui interviennent à divers titres dans la réponse d'un organisme à une infection microbienne, et plus généralement au maintien de l'intégrité de cet organisme (les immunologistes parlent du maintien du « soi »). Leur participation aux réponses immunitaires sera abordée ultérieurement.

Les plaquettes : des fractions cellulaires

Il y a environ 300 000 plaquettes par mm^3 de sang. Les plaquettes sont des fragments de cellule, sans noyau, mais contenant divers éléments cytoplasmiques (mitochondries, vésicules... et des acides nucléiques dispersés). Ces petits disques biconvexes de très petite taille protègent l'organisme d'une perte de sang trop importante lors d'une lésion vasculaire. Ils participent activement à la coagulation du sang (la prise en masse de ce dernier limite l'écoulement liquidien) et, inversement, au maintien du bon état de fluidité du sang. Pour cela, ils sont appelés « thrombocytes » (cellules à thrombus, c'est-à-dire à caillot).

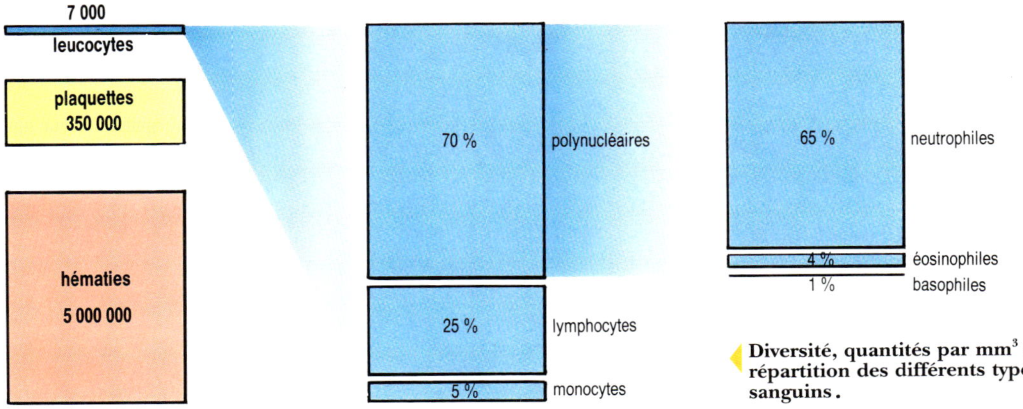

Diversité, quantités par mm³ de sang et répartition des différents types cellulaires sanguins.

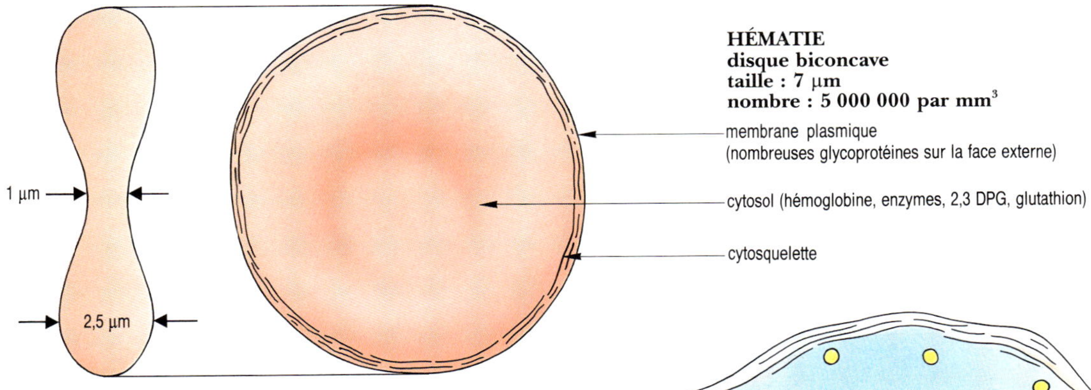

HÉMATIE
disque biconcave
taille : 7 µm
nombre : 5 000 000 par mm³

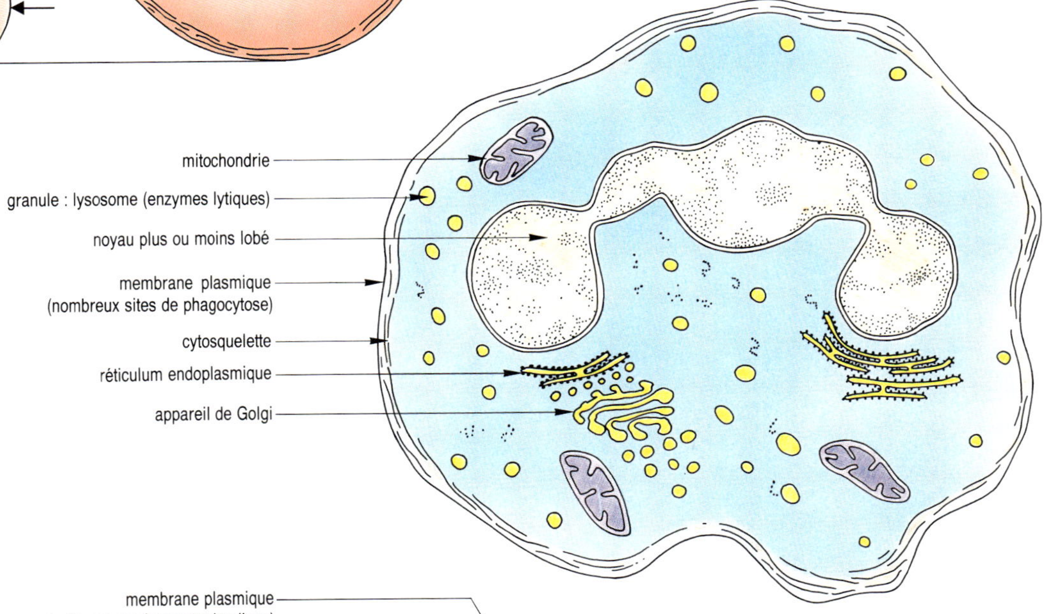

GRANULOCYTE
contour déformable
taille : 10 à 15 µm
nombre : 7 000 par mm³

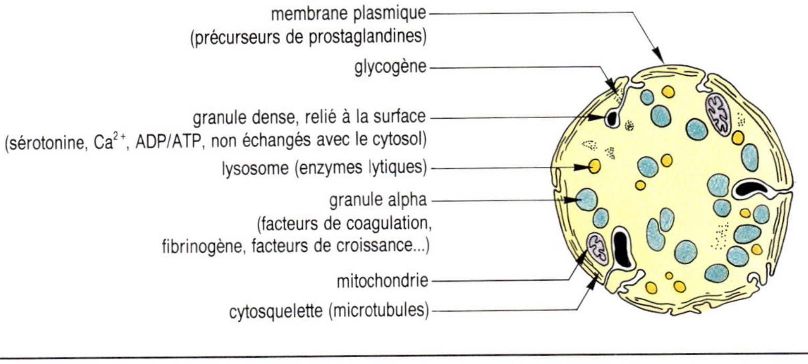

PLAQUETTE
disque biconvexe
taille : 2 à 4 µm
nombre : 250 000 à 400 000 par mm³

Les cellules du sang ont une même origine

Pour mieux connaître l'origine des cellules sanguines, on a irradié un animal et donc détruit sa moelle osseuse. Si on le laisse ainsi, il meurt rapidement, incapable de réagir aux infections microbiennes ou d'assurer l'approvisionnement en dioxygène de ses cellules. Par contre, si on lui greffe quelques cellules de moelle osseuse provenant de son jumeau homozygote (vrai jumeau), les troubles disparaissent, et aucune anomalie n'apparaît dans le renouvellement des cellules sanguines. La moelle osseuse est, chez l'adulte, le siège de l'hématopoïèse, c'est-à-dire de la production des cellules sanguines. Chez l'enfant, la moelle de la plupart des os peut produire des éléments figurés. Chez l'adulte, seuls les os « courts », comme ceux du thorax, de la base du crâne ou des membres supérieurs maintiennent leur activité hématopoïétique. La moelle osseuse hématopoïétique ne correspond pas à la moelle de la cavité des « os à moelle » tant prisée par les amateurs de pot-au-feu. La moelle hématopoïétique est localisée dans les petites cavités de l'os spongieux, situé à la base de l'épiphyse des os longs, par exemple.

Une même cellule à l'origine de toutes les cellules sanguines

Des études précises ont montré que toutes les cellules du sang dérivaient d'un seul et même type cellulaire. Cette « cellule souche » est à l'origine, après division, de cellules que l'on peut distinguer par leur aptitude à réagir à certains peptides circulants : la cellule ERC, par exemple, est sensible à l'érythropoïétine sécrétée par le rein (ERC pour Cellule Réagissant à l'Érythropoïétine). De telles cellules « précurseurs » se divisent activement, puis se différencient en un type cellulaire précis. Elles sont à l'origine des différentes lignées sanguines, et suivent toutes les mêmes modalités d'évolution : une phase d'amplification (nombreuses mitoses), suivie d'une phase de maturation au cours de laquelle les caractères du type cellulaire considéré sont acquis. Par exemple, la lignée « rouge » est caractérisée par la synthèse d'hémoglobine (érythroblaste), l'acquisition de la forme caractéristique (érythrocyte) et la perte du noyau (hématie).

Une hématopoïèse adaptée aux besoins

L'activité hématopoïétique de la moelle osseuse est énorme : plus de deux millions d'hématies sont produites par seconde, 10 % des plaquettes sont renouvelées quotidiennement ainsi que 100 % des polynucléaires !

Cette production est contrôlée par l'organisme. La production érythrocytaire peut être augmentée jusqu'à 10 fois par l'érythropoïétine, polypeptide plasmatique activé par une enzyme (l'érythrogénine) secrétée par les cellules rénales quand elles sont placées en état d'hypoxie. L'organisme « en manque » de dioxygène augmente le nombre de capteurs (les hématies avec leur hémoglobine...) susceptibles de fixer cet élément.

Une différenciation à plusieurs vitesses

La moelle osseuse produit des hématies, des granulocytes et des plaquettes en continu, dès l'activation des cellules « précurseurs ». La lymphoïèse (production de lymphocytes) est plus complexe. Elle ne se réalise pas dans la seule moelle osseuse : les précurseurs des lymphocytes T migrent vers le thymus où ces cellules acquièrent progressivement leur « immunocompétence » ; enfin, la différenciation complète des lymphocytes T ou B ne s'effectue que si ces cellules sont mises en contact avec un élément étranger à l'organisme. Quelle que soit la cellule sanguine considérée, sa différenciation est déterminée par de multiples signaux moléculaires qui diffusent à partir des autres cellules sanguines : ces cytokines et facteurs de croissance contrôlent l'enchaînement des processus de transformation.

Cytokine / Cytokine : n.f., polypeptide sécrété par les cellules sanguines et ayant pour cible les cellules baignées par le plasma (autres cellules sanguines, cellules endothéliales...).

Érythropoïétine / erythropoïetin : n.f., polypeptide plasmatique, sécrété par les reins, et activant l'érythropoïèse, c'est-à-dire la production des cellules rouges par la moelle.

Hématopoïèse / hematopoïesis : n.f., formation des cellules sanguines.

Moelle osseuse / bone marrow : n.f., cavité de l'os, emplie d'un tissu spongieux. La moelle rouge des os produit des cellules sanguines.

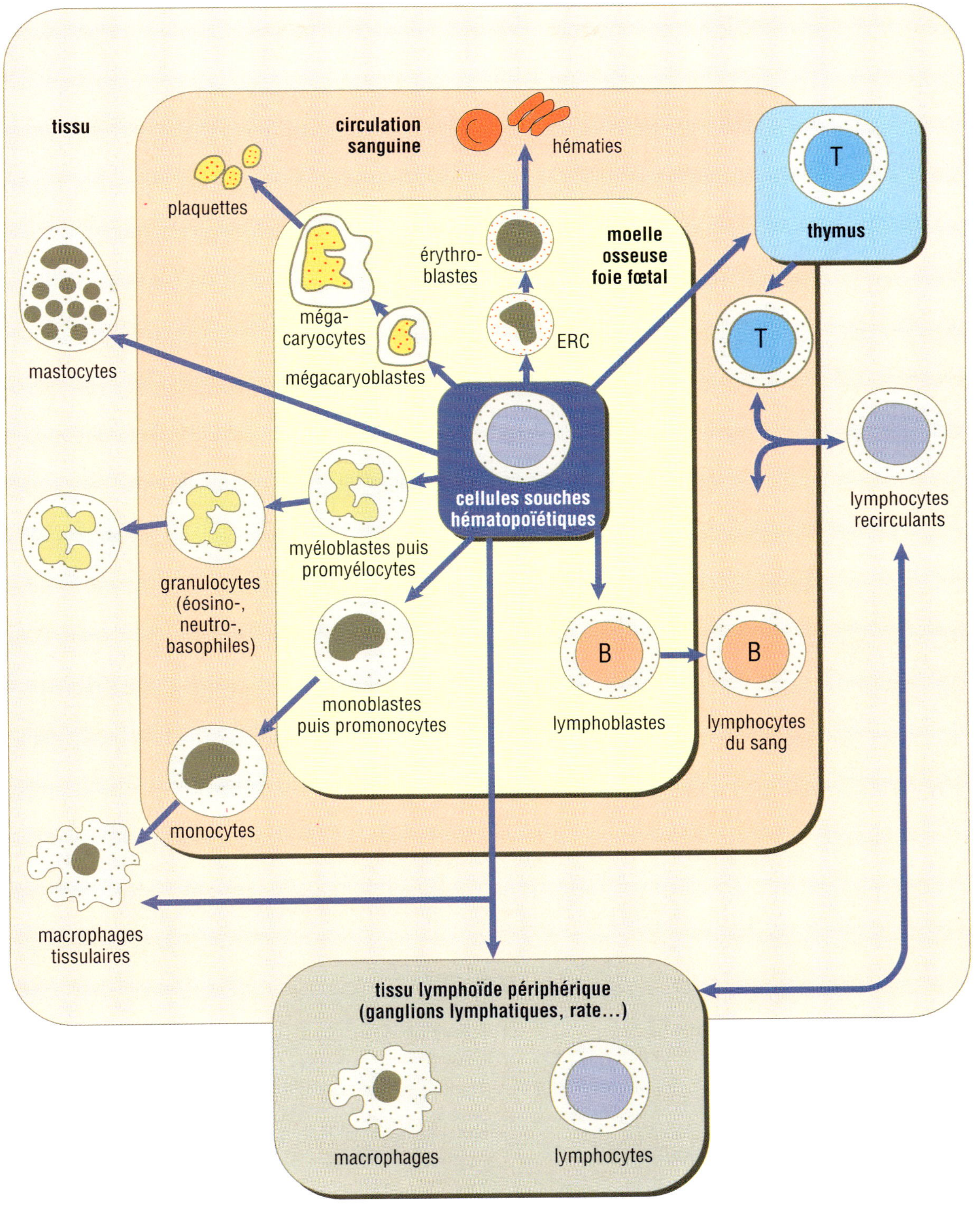

Origine des cellules sanguines. Toutes proviennent de cellules souches de la moelle osseuse qui se différencient en 5 grandes lignées aboutissant rapidement – en quelques jours – aux cellules circulantes et fonctionnelles que l'on observe dans le sang. L'évolution de chaque lignée est marquée par une succession de phases de multiplication et de différenciation structurale et biochimique.

FAIRE LE POINT

L'ESSENTIEL

1 Le milieu interstitiel est le compartiment liquidien dans lequel baignent les cellules de l'organisme. Il constitue, avec le sang et la lymphe, compartiments liquidiens canalisés, le milieu intérieur.

2 Au contact des cellules de l'organisme, le milieu intérieur est stable et compatible avec la vie cellulaire. On appelle homéostasie cette relative stabilité du milieu intérieur.

3 Dans tout compartiment liquidien, l'eau est le solvant de très nombreuses substances organiques et minérales, dont la présence et la concentration sont propres à ce compartiment et à son activité métabolique.

4 Le sang est une suspension de cellules ou éléments figurés, dans une solution saline riche en protéines : le plasma.

5 On distingue trois grandes populations de cellules sanguines : les hématies intervenant principalement dans le transport des gaz respiratoires, les leucocytes participant à la défense de l'organisme, et les plaquettes intervenant dans le processus d'hémostase et de contrôle de la fluidité sanguine.
Toutes les cellules sanguines sont issues d'un seul et même type cellulaire, présent dans la moelle osseuse rouge.

LES MOTS CLÉS

C
compartiment liquidien

E
eau
érythropoïétine

G
granulocyte

H
hématie
hématocrite
hémoglobine
homéostasie

L
leucocyte
liquide interstitiel
lymphe
lymphocyte

M
milieu intérieur
moelle osseuse
monocyte

P
plaquette
plasma
protéines plasmatiques

S
sang
sérum

T
thrombocyte

AUTO-ÉVALUATION

FAIRE LE POINT

Les activités proposées dans cette rubrique permettent de vérifier les connaissances acquises au cours de ce chapitre.
Elles peuvent concerner : la terminologie scientifique, les ordres de grandeur, les mécanismes fonctionnels.

AUTOTEST

Testez vos connaissances en répondant aux 5 questions suivantes (réponses en fin d'ouvrage). Chaque réponse doit être justifiée.

QUESTION	RÉPONSE
1. Le volume des liquides extracellulaires de l'organisme humain adulte est de : a) 5 litres; b) 8,6 litres; c) 14 litres; d) 42 litres.	a b c d
2. Le milieu intérieur correspond : a) à l'ensemble des éléments internes de l'organisme; b) aux liquides internes constituant le sang, la lymphe et le milieu interstitiel.	a b
3. On appelle homéostasie l'état de relative stabilité du milieu intérieur.	oui non
4. On dénombre, dans l'organisme, près de 25 billions d'hématies.	oui non
5. Chaque seconde, la moelle osseuse produit : a) 2 000; b) 20 000; c) 200 000; d) 2 000 000 hématies.	a b c d

ORIENTATIONS DE TRAVAIL

À la fin de ce chapitre, vous devez être capable de :

1. Faire un schéma illustrant les étapes et le mécanisme de mise en place d'une cellule sanguine de votre choix.

2. Justifier le qualificatif de « cellule hyperdifférenciée » attribué à l'hématie. Penser à associer dans la réponse des éléments relatifs à la structure, la fonction et la mise en place de cette cellule.

3. Indiquer quelques arguments appuyant la notion d'homéostasie.

4. Comparer la composition chimique des trois compartiments liquidiens constituant le milieu intérieur.

MINI-GLOSSAIRE MÉDICAL

Anémie / anemia : n.f., taux anormalement bas d'hématies ou d'hémoglobine. Cette anomalie existe sous de nombreuses formes d'origines très diverses : anémie alimentaire (manque de fer ou de vitamine B_{12}), anémie pernicieuse (carence en vitamine B_{12}...), anémie hémorragique, anémie hémolytique (lyse des hématies pour incompatibilité sanguine entre une mère et son fœtus, ou encore par désordre d'origine génétique...).

Aphérèse / apheresis : n.f., processus par lequel une certaine quantité de sang est prélevée afin de rechercher et éliminer un composant précis avant de réinjecter le sang dans l'organisme.

Leucopénie / leukopenia : n.f., taux anormalement bas de leucocytes, souvent associé à une incapacité de l'organisme à réagir contre une infection microbienne.

Mononucléose infectieuse / mononucleosis : n.f., maladie virale contagieuse, caractérisée par une augmentation du nombre de monocytes et de lymphocytes.

Myélome multiple / multiple myeloma : n.m., maladie cancéreuse affectant certains lymphocytes de la moelle osseuse.

Numération globulaire / differential blood count : n.f., établissement du nombre d'hématies, de leucocytes et de plaquettes contenus dans 1 mm³ de sang. Cette épreuve hématologique très fréquente est souvent accompagnée de la détermination de l'hématocrite et d'analyses biochimiques (voir annexes en fin d'ouvrage).

Polyglobulie / polycythemia : n.f., augmentation du nombre des hématies.

Thrombopénie / thrombopenia : n.f., taux anormalement bas de plaquettes, souvent associé à une tendance aux hémorragies.

Pour en savoir plus

CHARPENTIER (A.), *Sang et cellules sanguines*, collection 128, Nathan Université – Paris 1995

CLOS (J.), MULLER (Y.), *Homéostasie et milieu intérieur*, Les cahiers de la 128, Nathan Université – Paris 1995

GENETET (B.), *Hématologie*, Diffusion Lavoisier – Paris 1988

GIRAUDET (P.), *Biochimie tissulaire humaine : érythrocyte, moelle érythropoïétique*, Maloine – Paris 1977

ZITOUN (R.), SAMANA (M.), MARIE (J.P.), *Manuel d'hématologie*, 4e édition, Doin – Paris 1994

PRINCIPAUX SYSTÈMES SENSORIELS

Le rôle principal du système nerveux est de permettre à l'individu d'avoir un comportement adapté aux diverses situations auxquelles il peut être confronté. Pour cela, il doit pouvoir renseigner sur différents paramètres physiques et chimiques du milieu, intégrer les informations recueillies et les comparer à l'expérience passée, et enfin programmer un ensemble de mouvements qui permettront une réaction adaptée.
Les *systèmes sensoriels* qui analysent les informations provenant du monde extérieur ou intérieur constituent le préalable à toute activité, consciente ou inconsciente, de l'organisme.

Sommaire

TOUS LES SYSTÈMES SENSORIELS FONCTIONNENT SELON LE MÊME PRINCIPE

Une somme d'impressions sensorielles différentes (jaune, sucré, rond, lisse...) entraîne une sensation qui, après interprétation en référence à ce que nous avons pu apprendre, constitue la perception. Les phénomènes perceptifs sont donc totalement subjectifs, et chacun de nous interprète une sensation particulière comme un événement personnel. On peut néanmoins mettre en évidence des propriétés générales, communes à l'ensemble des systèmes sensoriels.

Cinq sens principaux pour appréhender le milieu extérieur

Les cinq sens principaux sont la vue, l'ouïe, le toucher, le goût et l'odorat, mais il existe bien d'autres sens qui nous renseignent, en particulier sur l'état de notre milieu intérieur (pression osmotique, distension de l'estomac, pression partielle en CO_2...). Un organe sensoriel est à l'origine d'une sensibilité particulière, ou modalité sensorielle. Dans une modalité sensorielle, il est possible de distinguer différentes qualités, évoquées chacune par un stimulus sensoriel spécifique.

L'information sensorielle prend naissance au niveau des récepteurs sensoriels qui assurent le codage d'une stimulation en un message interprétable par les niveaux supérieurs du système nerveux. Ce message est transmis le long des voies sensorielles avant d'être interprété au niveau du système nerveux central. Le récepteur réalise un codage de la stimulation, sous forme d'une variation d'amplitude de la différence de potentiel transmembranaire qui constitue le potentiel de récepteur. Cette première étape de codage est dénommée transduction. Le potentiel de récepteur formé entraîne ensuite la formation d'un potentiel générateur sur lequel se greffent des potentiels d'action. À partir de ce niveau, le message émis est constitué par une succession de potentiels d'action, et est codé en fréquence.

Le système nerveux central décode ensuite l'activité provenant des fibres sensorielles et lui affecte une valeur subjective selon la nature de la voie sensorielle stimulée. Par exemple, un coup de poing sur l'œil entraîne une sensation visuelle alors qu'il s'agit en réalité d'une stimulation mécanique (« en voir 36 chandelles »). Ce phénomène est qualifié de loi des énergies spécifiques.

Inhibition latérale / lateral inhibition : exp., mécanisme nerveux permettant à une voie sensorielle de diminuer l'activité d'une voie sensorielle voisine. Permet de renforcer les contrastes entre deux stimulations proches.

Perception / perception : n.f., interprétation subjective d'un ensemble de sensations.

Potentiel générateur / generator potential : exp., variation de la différence de potentiel transmembranaire due au potentiel de récepteur et permettant la formation de potentiels d'action.

Potentiel de récepteur / receptor potential : exp., variation de la différence de potentiel transmembranaire d'un récepteur sensoriel sous l'effet d'une stimulation.

Sensation / sensation : n.f., résultat conscient de la mise en jeu d'organes sensoriels.

Transduction / transduction : n.f., mécanisme de codage d'un système informatif en un autre. Dans le cas de l'information sensorielle, il s'agit des mécanismes élémentaires permettant le codage de la stimulation en un message nerveux.

Le déclenchement d'une sensation

Il existe un seuil minimum en dessous duquel la stimulation ne provoque aucun effet. Au-delà de ce seuil, la sensation est une fonction soit logarithmique, soit de puissance de l'intensité de la stimulation. Selon le système sensoriel considéré, ce phénomène est exprimé par les lois de Weber-Fechner ($S = \log I + k$) et de Stevens ($S = k.I^n + k'$), avec : S = sensibilité, I = intensité, k et k' = coefficients spécifiques.

Importance de la densité des récepteurs

La discrimination spatiale correspond à la distance minimale entre deux stimulus, et dépend donc de la densité locale en récepteurs. De plus, il faut que deux récepteurs stimulés soient séparés par un récepteur non stimulé pour que le système nerveux central puisse interpréter les deux stimulations comme séparées spatialement. Des mécanismes physiologiques d'inhibition latérale permettent de renforcer les contrastes entre deux stimulations proches.

L'efficacité d'une stimulation dépend de sa durée

Un stimulus doit avoir une durée minimale pour pouvoir être perçu. Cette durée minimale est d'autant plus faible que l'intensité du stimulus est élevée. À l'opposé, si une stimulation est maintenue en permanence, il y a généralement disparition de la sensation (sauf pour la douleur et certaines fibres musculaires). C'est le phénomène d'adaptation.

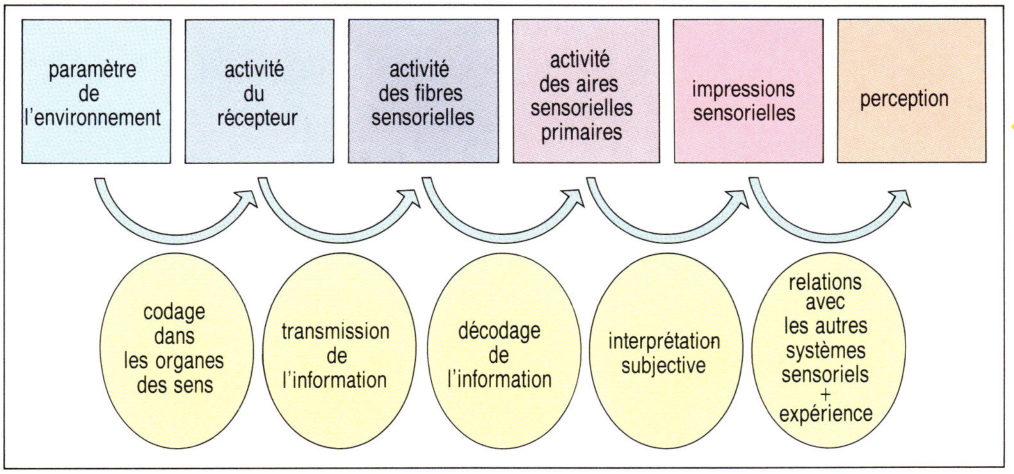

Traitement de l'information sensorielle. Les principales étapes qui caractérisent le traitement de l'information sensorielle sont : le codage, la transmission, puis le décodage. L'interprétation du message donne naissance à une sensation, puis à une perception de la stimulation.

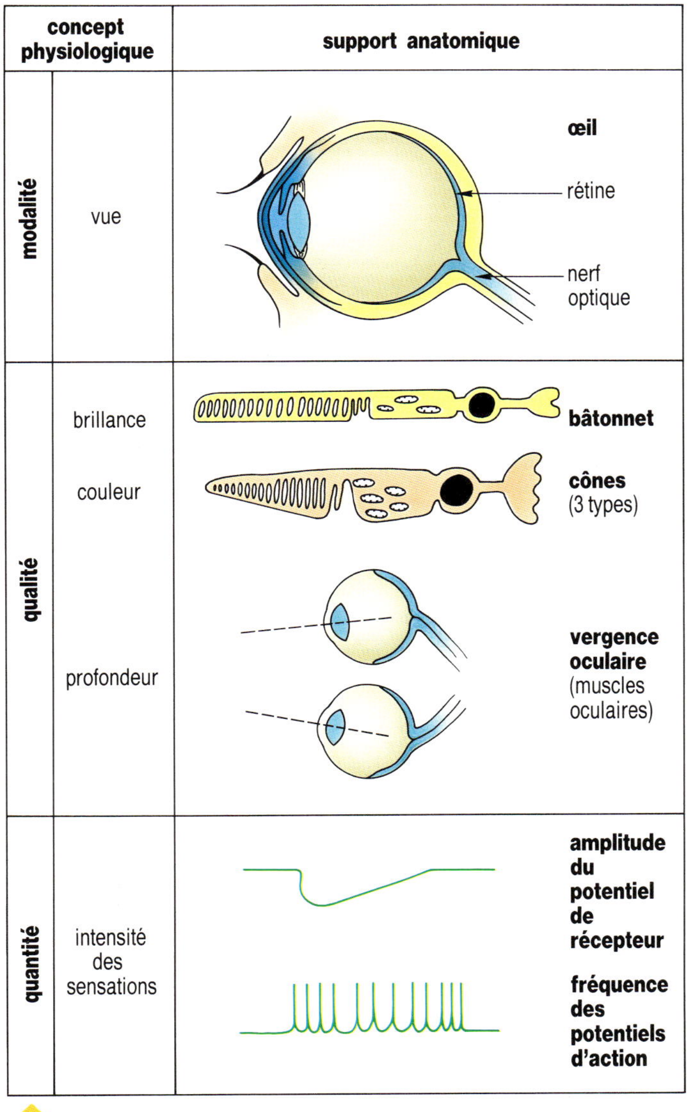

Caractéristiques d'une modalité sensorielle. Une modalité sensorielle est liée à l'activité d'un organe sensoriel spécifique. On peut généralement distinguer diverses qualités au sein d'une même modalité. La valeur quantitative de la stimulation est codée en amplitude au niveau du récepteur, puis en fréquence au niveau des fibres afférentes.

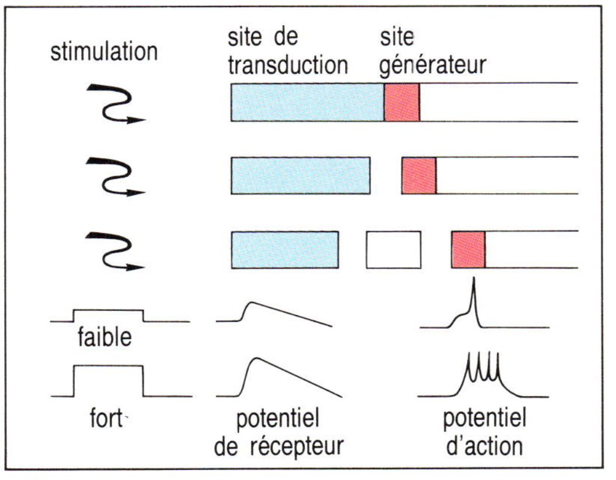

Codage de l'information. Le codage en amplitude est réalisé au niveau du site de transduction, et donne naissance à un potentiel de récepteur. Il y a ensuite transfert en un codage en fréquence au niveau du site générateur. Selon les systèmes sensoriels, la localisation de ce site peut être différente : proche du site récepteur (corpuscule de Pacini, dans la peau), sur la cellule qui innerve le récepteur (cellules ciliées de l'oreille interne), sur une cellule plus éloignée cellules ganglionnaires de la rétine).

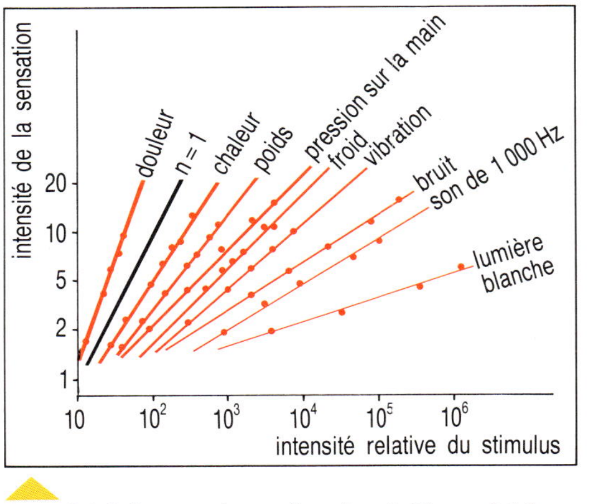

Intensité de la sensation en fonction de l'intensité de la stimulation. L'intensité de la sensation est généralement proportionnelle à l'intensité de la stimulation. La valeur de la pente de cette relation dépend du système sensoriel considéré. Noter que seule la douleur a une pente supérieure à 1.

1. Un système de détection de la lumière et des couleurs : la vision

Dans le cas de la vision, les principales qualités de stimulation sont la brillance et la couleur, mais également l'impression de profondeur.

Les stimulus efficaces du système visuel

Les stimulus efficaces, susceptibles d'entraîner des sensations visuelles naturelles, sont des ondes électromagnétiques dont les longueurs d'ondes sont comprises entre 400 et 700 nm. Dans la limite de ces valeurs, la sensibilité varie en fonction de la longueur d'onde de stimulation ainsi que des conditions d'éclairement.

Seuil de sensibilité visuelle et adaptation à l'obscurité

Le seuil de sensibilité visuelle correspond à la puissance énergétique de seulement quelques photons. Une fois dépassé ce seuil, et dans les conditions normales d'éclairement, nous pouvons distinguer 30 à 40 pas différents de gris, depuis le noir jusqu'au blanc éclatant.
Lorsque l'on plonge un sujet dans le noir, alors qu'il était en pleine lumière, il lui faut un certain temps d'adaptation pour qu'il puisse voir à nouveau. Le temps d'adaptation maximal à de très faibles conditions d'éclairement n'est obtenue qu'après 45 à 60 minutes !

Notre champ visuel est relativement limité

Le champ visuel total, c'est-à-dire l'étendue de l'espace perceptible par les deux yeux, est d'environ 180° dans le plan horizontal, et de 120° dans le plan vertical. Il existe, dans notre champ visuel, un espace sensoriel auquel nous ne sommes pas sensibles. Cette zone a été qualifiée de point aveugle.

La résolution spatiale est seulement d'une minute d'angle

La valeur de l'angle limite discernable constitue le seuil de discrimination spatiale ou pouvoir séparateur. Sa valeur moyenne est de 1 minute d'angle au niveau de l'axe optique. L'acuité visuelle est l'inverse du pouvoir séparateur, exprimé en dixièmes. Un pouvoir séparateur de 1 minute correspond à une acuité visuelle de 10 dixièmes.

La résolution temporelle du système visuel n'est pas très bonne

La présentation successive d'images blanches et noires rapprochées dans le temps entraîne une sensation de gris uniforme. La fréquence critique de fusionnement des images est de l'ordre de 22 images par seconde dans les conditions de vision photopique. Le principe du cinéma est fondé sur ce phénomène.

La vision des couleurs, une qualité très subjective

Nous sommes capables de décrire une grande diversité de couleurs, l'ensemble constituant la série chromatique. Les couleurs correspondent en général aux différentes longueurs d'ondes du spectre visible. Cependant, les indigos, situés entre le rouge et le bleu, ne correspondent pas à des longueurs d'ondes pures du spectre et ont été qualifiées de fausses couleurs.
Une surface de couleur peut être caractérisée par trois qualités différentes : la teinte, la saturation et la brillance. La teinte constitue la composante chromatique. La saturation dépend du rapport entre la composante chromatique (couleur) et achromatique (gris). La brillance indique la valeur relative de la composante achromatique dans une échelle de gris.

L'impression de profondeur est liée à la vision binoculaire

Chacun des deux yeux nous donne séparément une image reconnaissable d'un objet. Cependant, l'unification des deux images monoculaires, appelée fusion binoculaire, permet de renforcer l'impression de profondeur.

Acuité visuelle / visual acuity : exp., inverse du pouvoir séparateur.

Champ visuel / visuel field : exp., étendue de l'espace perceptible par les yeux, sans bouger la tête.

Point aveugle / blind spot : exp., étendue du champ visuel dans laquelle aucune stimulation n'est percue.

Pouvoir séparateur / angular discrimination : exp., angle minimum de séparation que doivent avoir deux stimulus ponctuels pour être perçus comme séparés.

Vision photopique / photopic vision : exp., vision dans des conditions d'éclairement correspondant à la lumière du jour.

Vision scotopique / scotopic vision : exp., vision dans des conditions d'éclairement correspondant à la lumière du crépuscule.

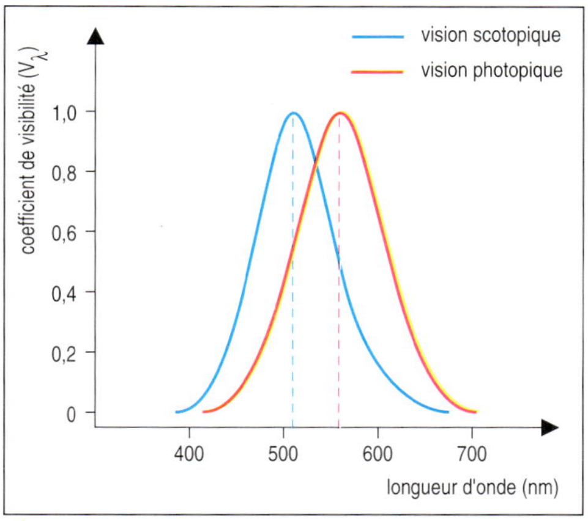

Coefficient de visibilité en fonction de la longueur d'onde.
En fort éclairement (vision photopique), le coefficient de visibilité optimum est situé à 560 nm, alors qu'en faible éclairement (vision scotopique) il est situé à 510 nm.

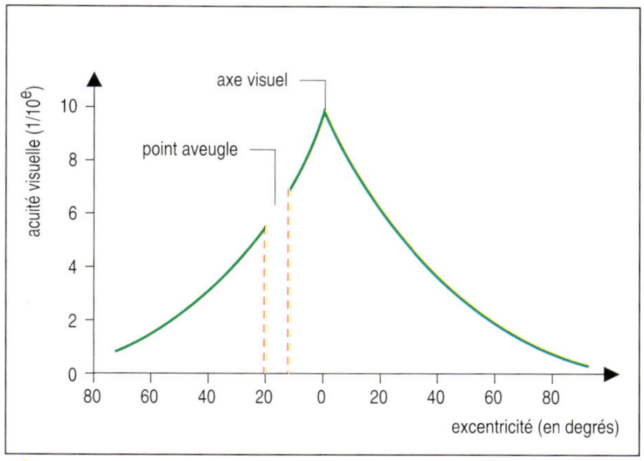

Adaptation à l'obscurité.
La courbe d'adaptation à l'obscurité (en rouge sur la figure) présente une rupture de pente. Elle correspond en fait à la somme de deux courbes (–.– et ----) impliquant deux systèmes sensoriels différents.

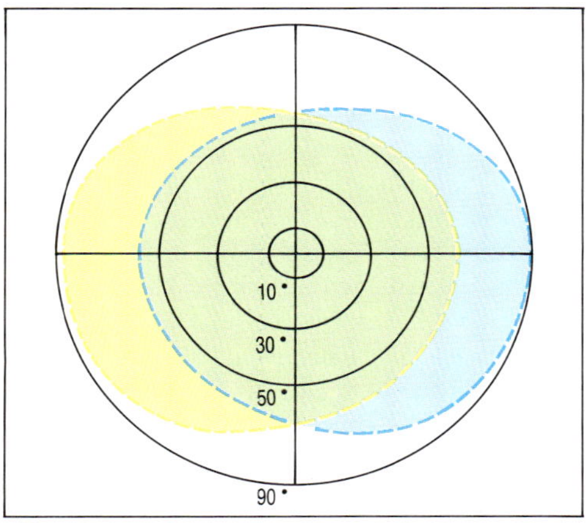

Étendue du champ visuel.
Le recouvrement des deux champs visuels monoculaires (représentés ici en jaune et bleu) correspond au champ visuel binoculaire (en vert sur la figure).

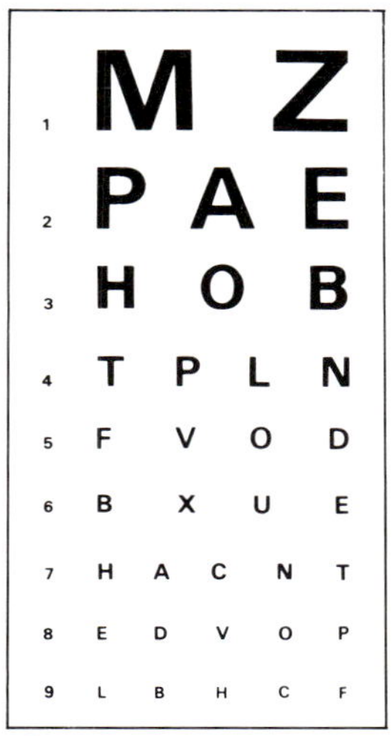

Tableau de mesure de l'acuité visuelle.
Ce type de tableau permet à l'ophtalmologiste de mesurer rapidement l'acuité visuelle d'un sujet.

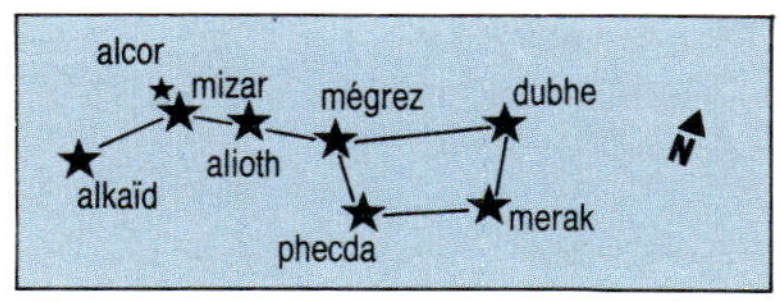

Le grand chariot.
Pour voir le cocher du deuxième cheval (alcor), il faut fixer du regard ce dernier. Le seuil de sensibilité au niveau de l'axe optique est en effet plus élevé que dans les régions proches.

principe : on fixe la croix de la figure ci-dessous avec l'œil droit, le gauche étant fermé ; on rapproche la figure de l'œil. Pour une certaine distance, le point cesse d'être vu.

Expérience de Mariotte.
Cette expérience permet de prendre conscience de la présence du point aveugle dans le champ visuel.

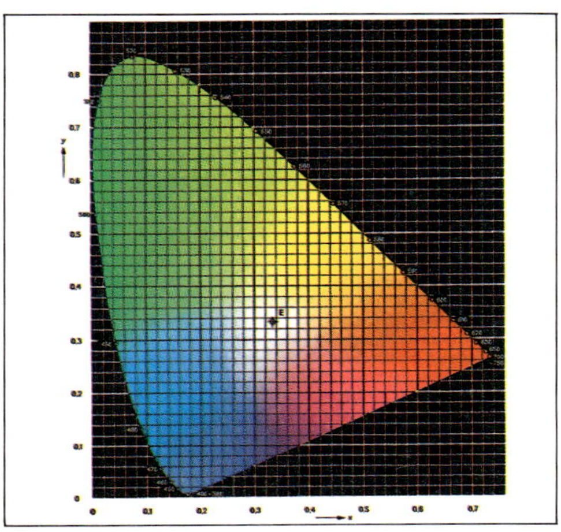

Graphe des couleurs selon la norme din 5033.
Ce type de graphe superpose la représentation des couleurs (vraies et fausses), et du niveau de brillance.

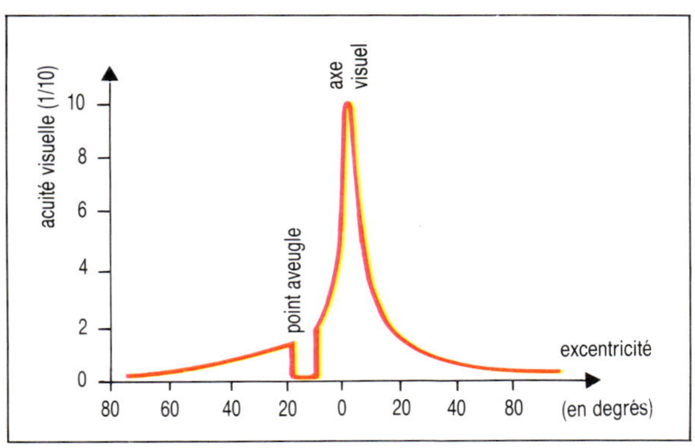

Variation de l'acuité visuelle en fonction de l'excentricité par rapport à l'axe visuel.

2. L'ŒIL EST L'ÉQUIVALENT FONCTIONNEL D'UN APPAREIL PHOTOGRAPHIQUE

Les images du milieu se forment sur la rétine

L'œil est un organe quasi sphérique qui assure une focalisation des rayons lumineux sur la couche sensible de la rétine. Il est constitué d'une succession de milieux transparents qui jouent le rôle d'une lentille convergente.
Le principal dioptre est constitué par la cornée. Cette structure, située à l'interface entre l'air et l'humeur aqueuse et possédant une courbure importante, a un pouvoir de convergence important. Le cristallin assure une convergence supplémentaire des rayons lumineux, ce qui permet d'arriver à une convergence équivalente à une lentille de focale 17 mm (58,8 dioptries).

Accommoder pour voir de loin ou de près

L'œil fonctionne comme une lentille convergente qui focalise les rayons lumineux sur la surface rétinienne. Ceci signifie que l'image d'un objet situé à l'infini se formera dans le plan focal de la lentille convergente équivalente, tandis que l'image d'un objet proche se formera derrière ce plan. Afin de voir net aussi bien des objets proches que des objets situés à l'infini, il convient donc de pouvoir faire varier soit la convergence de la lentille, soit la distance entre cette dernière et la rétine. Chez l'homme, contrairement à l'appareil photographique, c'est la première solution qui se trouve réalisée, et la modification de convergence est assurée par une variation de la convergence du cristallin. Ce dernier est attaché à l'enveloppe externe de l'œil, la sclérotique, par l'intermédiaire des ligaments suspenseurs qui sont en tension permanente, ce qui soumet le cristallin à un étirement et lui confère une forme aplatie peu convergente. Les objets situés à l'infini forment ainsi une image nette sur la rétine. Les procès ciliaires sont des fibres musculaires lisses qui relient les ligaments suspenseurs à la région antérieure de la sclérotique. Lorsqu'ils se contractent, la tension exercée par les ligaments suspenseurs sur le cristallin diminue, celui-ci prend alors une forme plus bombée, et donc plus convergente. Lorsque nous regardons des objets proches, l'augmentation de convergence du cristallin permet de maintenir la formation d'une image nette dans le plan de la rétine. Ce phénomène est qualifié d'accommodation.

Ajuster la quantité de lumière qui pénètre dans l'œil

Un dispositif de diaphragmation, l'iris, permet de contrôler en partie la quantité de lumière qui atteint la rétine. Cette structure est essentiellement constituée par des fibres musculaires lisses laissant un trou central : la pupille. Ces fibres musculaires sont organisées, pour les unes de façon radiaire, pour les autres de façon circulaire. Une contraction des fibres radiaires provoque une ouverture de la pupille ou mydriase, tandis qu'une contraction des fibres circulaires entraîne une fermeture de la pupille ou myosis. La quantité de lumière venant frapper la rétine peut ainsi être en partie modulée.

La rétine n'est pas homogène

La rétine est inversée. Les rayons lumineux doivent tout d'abord traverser les couches contenant les neurones d'intégration avant de venir frapper les photorécepteurs. Au niveau de l'axe optique, on observe une dépression dans l'épaisseur de la rétine : la fovéa. Au niveau de cette région, les cellules d'intégration sont rejetées sur les côtés, et la lumière vient directement frapper les récepteurs. Il n'y a donc pas, à ce niveau, de pertes par diffraction.

Les messages visuels sont véhiculés par le nerf optique

Les fibres nerveuses qui partent de la rétine se réunissent en un point pour former le nerf optique. À ce niveau, il n'existe aucun récepteur visuel, ce qui explique, au plan fonctionnel, la présence d'un point aveugle dans notre champ visuel.

Accommodation / accommodation : n.f., mécanisme de variation de la convergence oculaire permettant de toujours focaliser les rayons lumineux sur la rétine.

Cristallin / lens : n.m., tissu interne de l'œil dont la convergence peut varier sous l'effet de la tension exercée sur sa périphérie.

Diaphragmation / diaphragmation : n.f., mécanisme permettant de modifier la quantité de lumière pénétrant dans l'œil.

Dioptre / diopter : n.m., surface optique convergente ou divergente.

Fovéa / fovea : n.f., région particulière de la rétine située dans l'axe optique.

Mydriase / mydriasis : n.f., dilatation de la pupille.

Myosis / myosis : n.f., fermeture de la pupille.

Rétine/retina : n.f., tissu tapissant le fond de l'œil et contenant l'ensemble des récepteurs visuels ainsi que des neurones d'intégration.

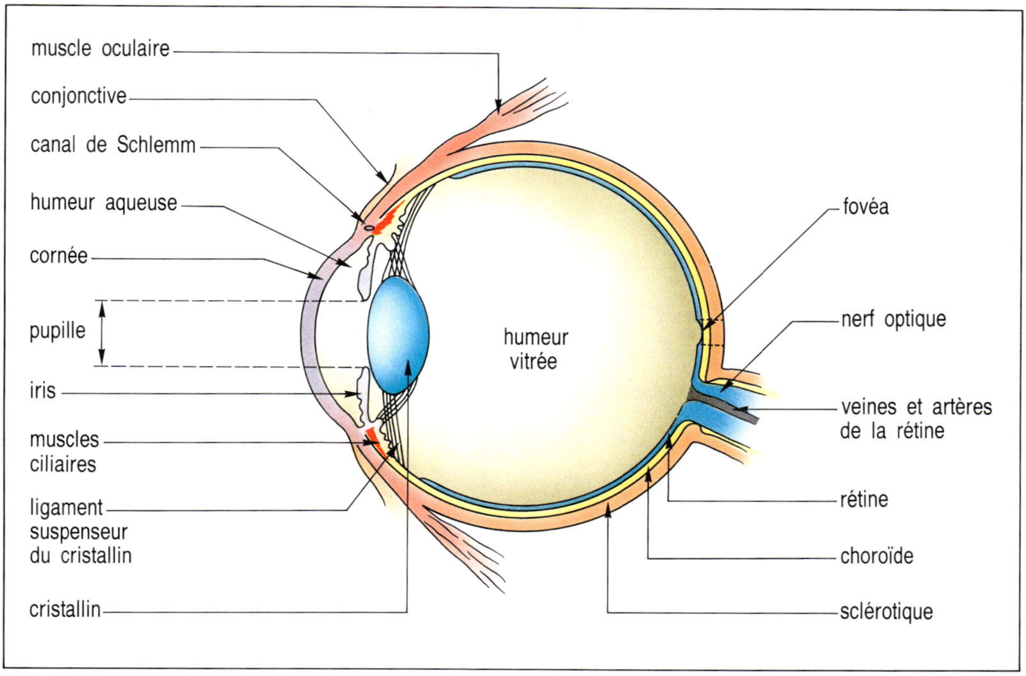

Schéma d'organisation générale de l'œil (coupe sagittale).

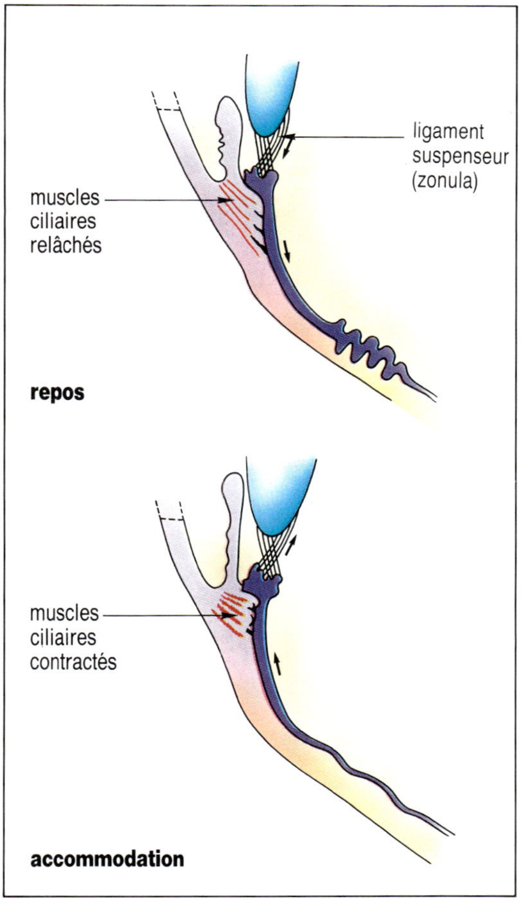

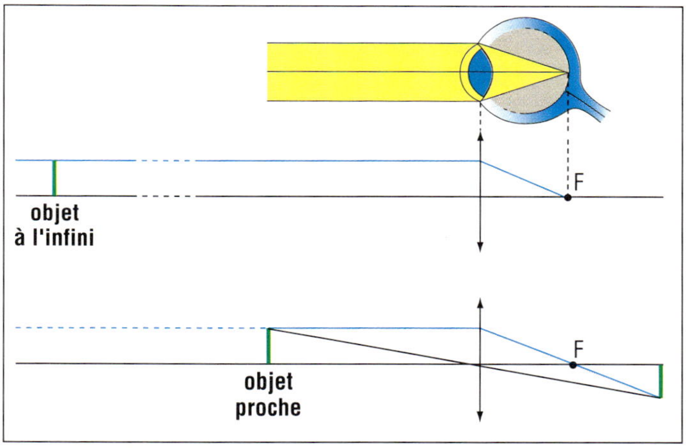

Comparaison du trajet des rayons lumineux dans l'œil et au travers d'une lentille convergente. Lorsque l'objet est à l'infini, les images se forment dans le plan focal. Lorsqu'il est proche, l'image se forme en arrière du plan focal.

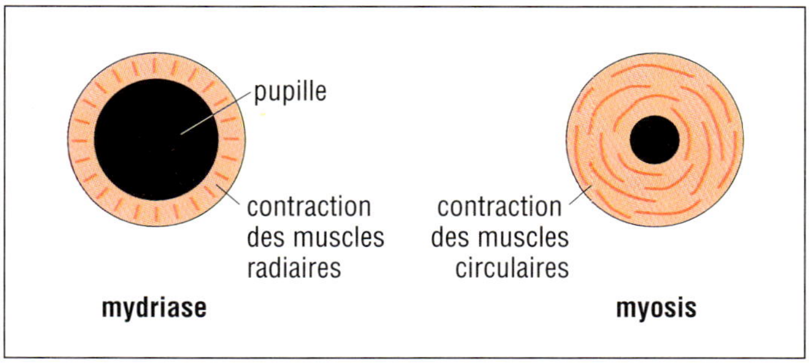

Schéma fonctionnel de l'accommodation. Au repos, les muscles ciliaires sont relâchés, les ligaments de la zonula tirent sur le cristallin qui est alors aplati et peu convergent. Lorsque les muscles ciliaires se contractent, la zonula se détend, et le cristallin prend une forme plus bombée et donc plus convergente.

La diaphragmation est contrôlée par le système neurovégétatif. Le système orthosympathique stimule les muscles radiaires et provoque une ouverture de la pupille (mydriase) tandis que le système parasympathique stimule les muscles circulaires et induit une diminition du diamètre pupillaire (myosis).

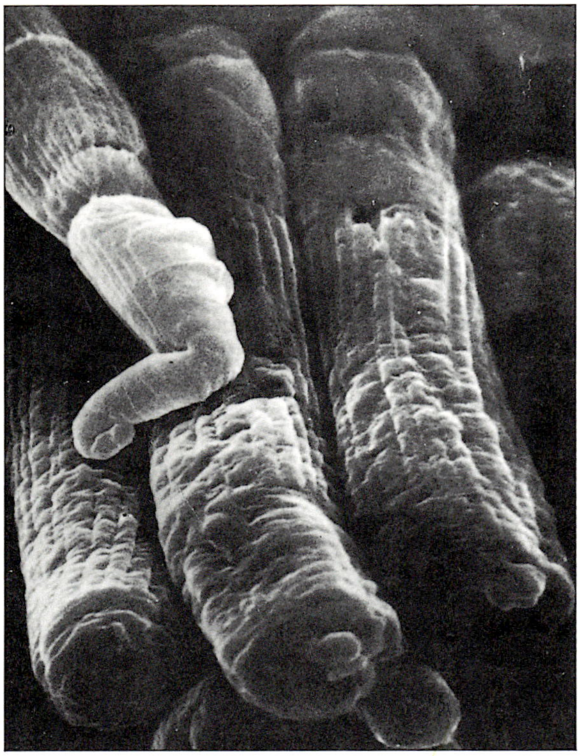

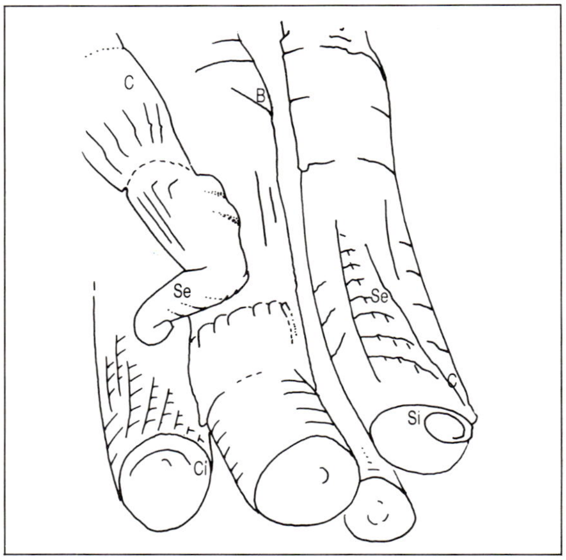

Apex de bâtonnets et d'un cône observés au MEB (× 3 200).

B : bâtonnet
C : cône
Se : segment externe
Ci : connectif ciliaire
Si : segment interne

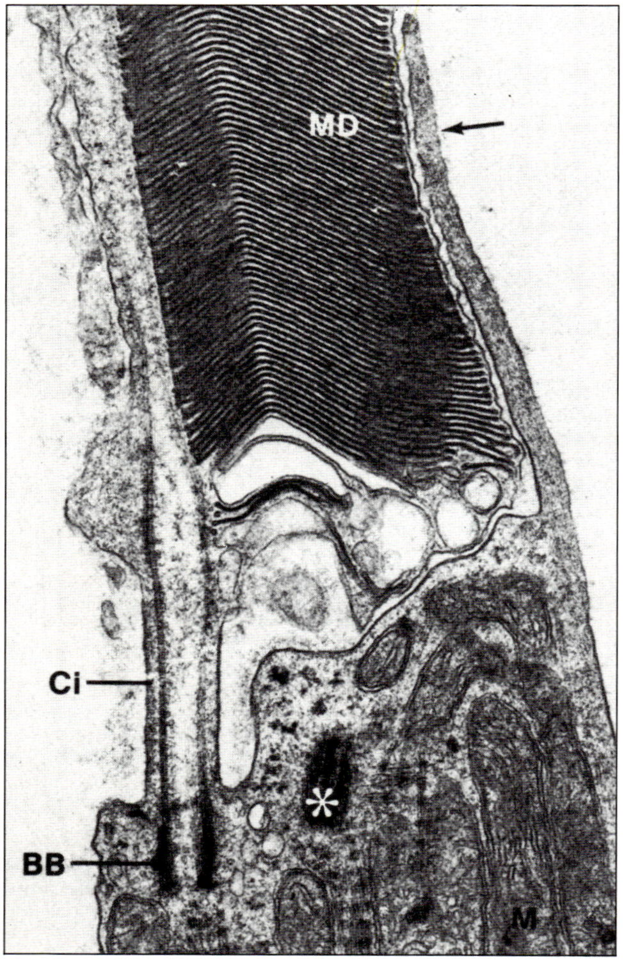

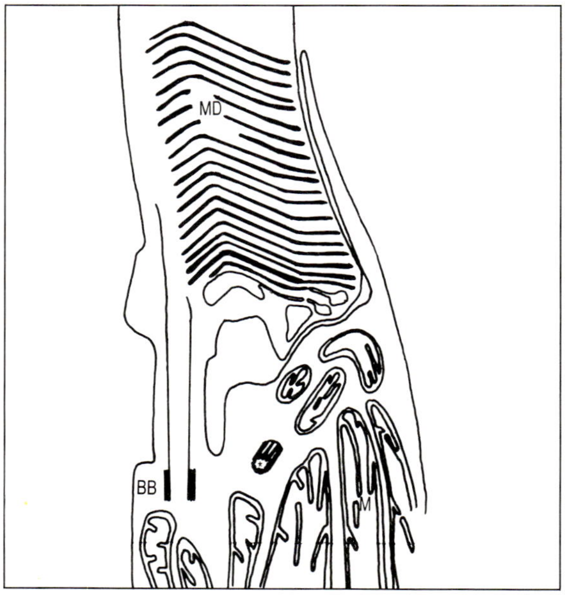

Détail de l'apex d'un bâtonnet observé en coupe, au MET (× 30 000).

MD : disques membraneux du segment externe
Ci : connectif ciliaire, avec contrôle basal (BB).
Le second centriole est indiqué par une étoile
M : mitochondrie
La flèche indique un prolongement du segment interne, recouvrant partiellement le segment externe. Les disques membraneux aplatis du segment externe contiennent la rhodopsine.

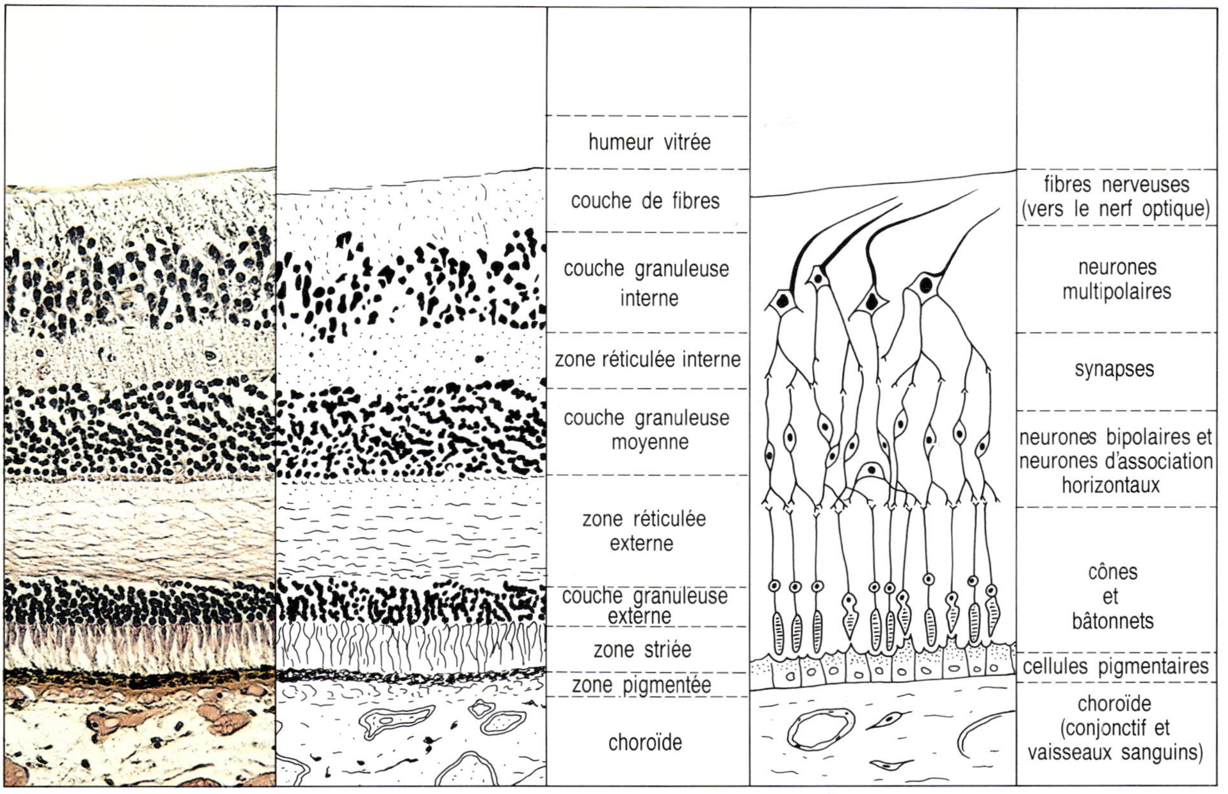

Coupe de rétine observée au microscope optique (× 160), et dessins d'observation et d'interprétation.

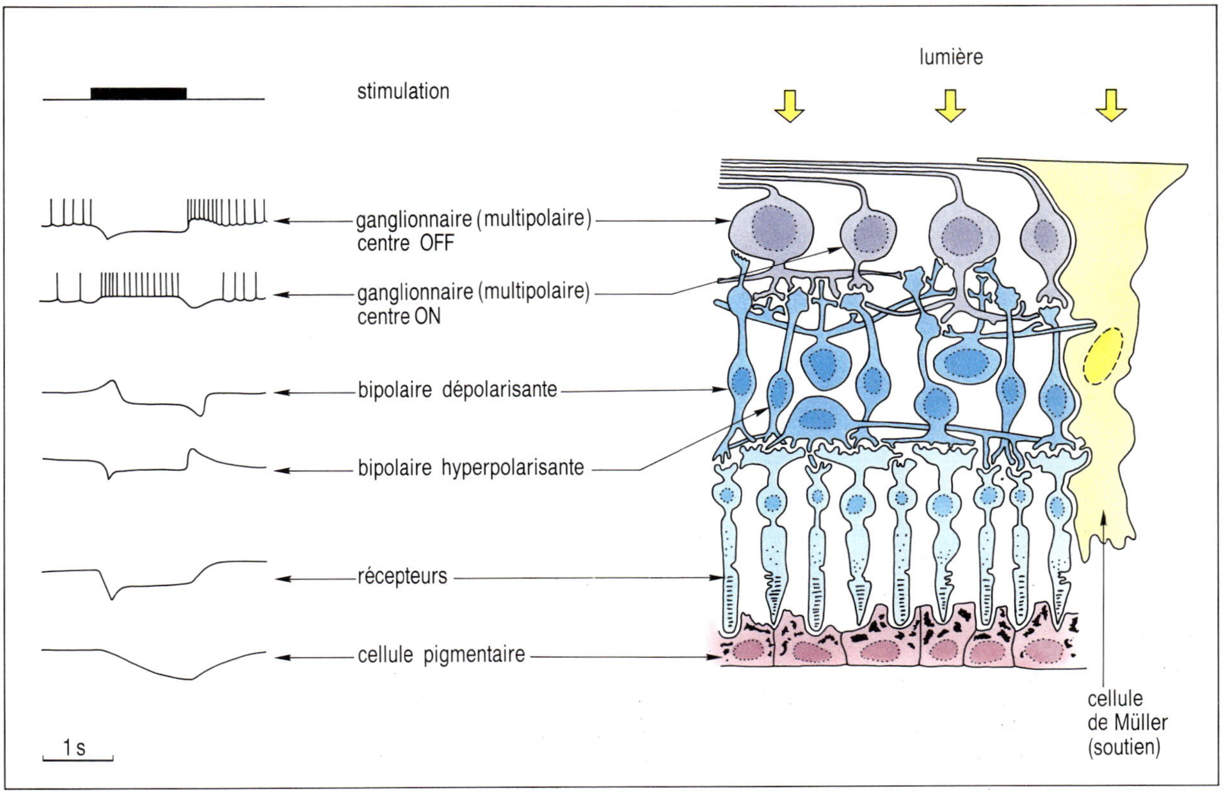

Enregistrements électrophysiologiques observés lors d'une stimulation lumineuse, au niveau de différentes cellules. Le codage en amplitude est réalisé au niveau des récepteurs. L'information est intégrée sous cette forme par les cellules bipolaires. Le codage en fréquence est réalisé par les cellules ganglionnaires (adapté de Boycott et Dowling).

3. Codage, traitement et décodage des informations sensorielles

La transduction

La transduction se produit dans le segment externe du bâtonnet (ou du cône). Les photons y provoquent une transformation du pigment photosensible : la rhodopsine. Cette modification de la rhodopsine en métarhodopsine entraîne, via une cascade d'activités enzymatiques, la fermeture de canaux Na^+ de la membrane plasmique, ce qui provoque une hyperpolarisation de la cellule. L'amplitude de cette hyperpolarisation, qui correspond au potentiel de récepteur, est proportionnelle à l'intensité de la stimulation lumineuse.

Un premier niveau de traitement au niveau de la rétine

Cette information est transmise par synapse à la cellule bipolaire sous-jacente, qui la transmet à son tour aux cellules ganglionnaires (ou multipolaires) de la rétine. Au niveau de ces cellules ganglionnaires apparaît un potentiel générateur sur lequel se greffent des potentiels d'action.

Le champ récepteur des cellules ganglionnaires, c'est-à-dire l'étendue de l'espace sensoriel dans lequel ces cellules peuvent être mises en jeu, est circulaire et constitué de deux zones concentriques à réponses antagonistes :

– une zone dans laquelle la réponse est caractérisée par une augmentation des activités à l'allumage et par un arrêt des décharges à l'extinction : réponse de type « ON »;

– une zone dans laquelle la réponse se manifeste par un arrêt des décharges à l'allumage, suivi d'une augmentation des activités à l'extinction du spot : réponse de type « OFF ».

Si le stimulus lumineux chevauche les deux zones antagonistes, la cellule cesse de répondre. Cette organisation antagoniste est le résultat des phénomènes d'inhibition latérale, et elle permet de renforcer les contrastes en accentuant les effets de stimulations ponctuelles par rapport aux stimulations diffuses.

Traitement sous une forme séquentielle...

Au niveau du cortex visuel primaire les champs récepteurs des cellules sont constitués par la juxtaposition de zones antagonistes dont l'organisation spatiale est telle que le stimulus le plus efficace pour mettre en jeu ces neurones est une fente lumineuse orientée selon une certaine direction. Ces cellules, qualifiées par Hubel et Wiesel (prix Nobel 1981) de cellules simples, sont donc sensibles à un stimulus orienté. L'acquisition de cette nouvelle propriété peut s'expliquer par l'intégration, au niveau de ces neurones, des informations provenant de plusieurs milliers de cellules ganglionnaires de la rétine.

... et parallèle, par le système nerveux central

Par ailleurs,les neurones du cortex sont agencés en colonnes fonctionnelles, dans lesquelles tous les neurones ont au moins une propriété commune. Dans le cortex visuel, il existe un système de colonnes d'orientation, et un système de colonnes de dominance oculaire. Ainsi, le long d'une colonne d'orientation, toutes les cellules simples sont sensibles à la même orientation du stimulus. Le long d'une colonne de dominance oculaire, toutes les cellules sont mises en jeu par un œil (droit ou gauche). Un ensemble de colonnes regroupant toutes les combinaisons possibles, c'est-à-dire à la fois les diverses colonnes d'orientation et les diverses colonnes de dominance, constitue une hypercolonne. La surface d'une hypercolonne est d'environ 1 mm^2, soit environ 50 000 neurones.

Lors de la présentation d'un stimulus, ce sont les cellules de plusieurs colonnes semblables appartenant à des hypercolonnes différentes qui seront mises en jeu. Ainsi, plusieurs milliers de neurones traiteront la même information de façon parallèle. Ce traitement parallèle de l'information est certainement primordial dans l'émergence de la sensation visuelle, mais les mécanismes neurobiologiques qui le sous-tendent sont encore très mal connus.

Bâtonnet / rod : n.m., cellule réceptrice visuelle dont le segment externe a une forme allongée.

Cône / cone : n.m., cellule réceptrice visuelle dont le segment externe a une forme conique.

Cellule ganglionnaire/ ganglion cell : exp., cellule de la rétine à partir de laquelle se forment les messages transmis au système nerveux central.

Champ récepteur / receptive field : exp., étendue de l'espace sensoriel dans laquelle une stimulation adéquate provoque une variation de l'activité d'une cellule nerveuse.

Cortex visuel / visual cortex : exp., région de la surface cérébrale intégrant les informations visuelles.

GMP / GMP : sigle, Guanosine MonoPhosphate. Nucléotide.

GMPc / GMPc : sigle, forme cyclique du GMP, jouant comme l'AMPc un rôle de messager.

Rhodopsine / rhodopsin : n.f., pigment photosensible localisé dans les segments externes des récepteurs visuels.

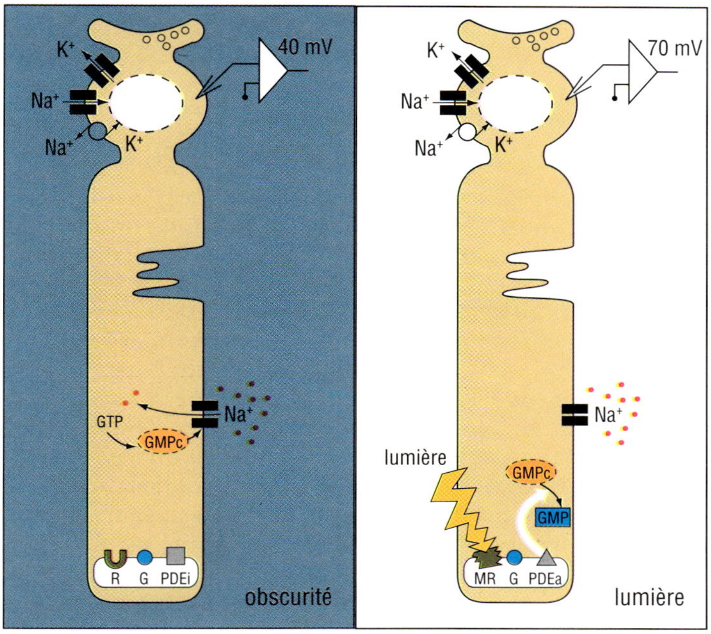

Transduction de la stimulation lumineuse au niveau du bâtonnet. A l'obscurité, le GMP$_c$ présent dans le segment externe permet de phosphoryler un canal Na$^+$ qui est alors ouvert. A la lumière, la rhodopsine (R) est transformée en métarhodopsine (MR). Celle-ci active une protéine (G) qui active à son tour une phosphodiestérase (PDE). Cette dernière dégrade le GMP$_c$ en GMP, ce qui déphosphoryle le canal Na$^+$ qui se ferme. PDEi : PDE inactivée, PDEa : PDE activée

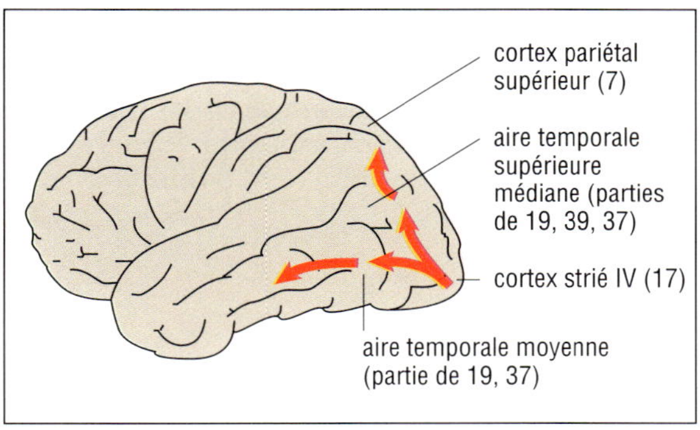

À la suite du cortex visuel primaire, le traitement de l'information visuelle est réalisé en parallèle par différentes régions du cortex.

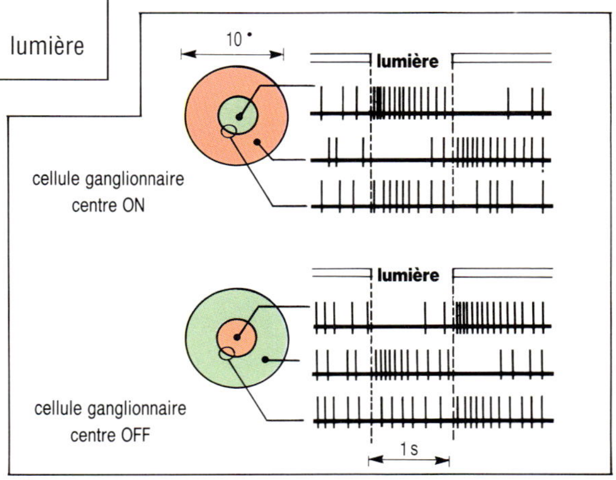

Champs récepteurs des cellules ganglionnaires. Ces cellules ont des champs récepteurs circulaires antagonistes. Soit centre « ON », périphérie « OFF » ; soit centre « OFF », périphérie « ON ».

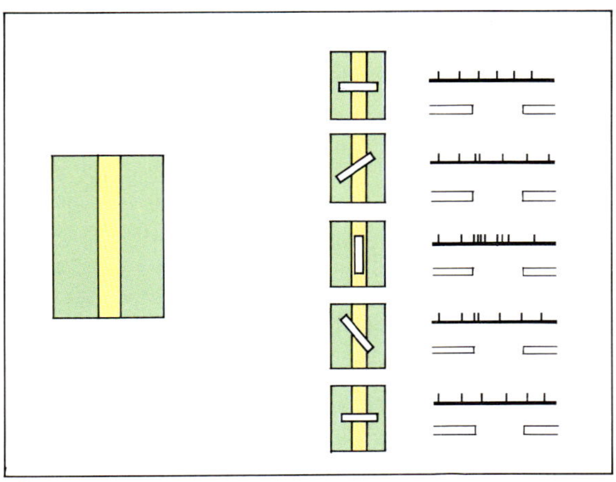

Champs récepteurs des cellules simples du cortex. Ces cellules ont un champ récepteur allongé selon une direction de l'espace. Le stimulus le plus efficace est donc une fente lumineuse orientée selon cette direction.

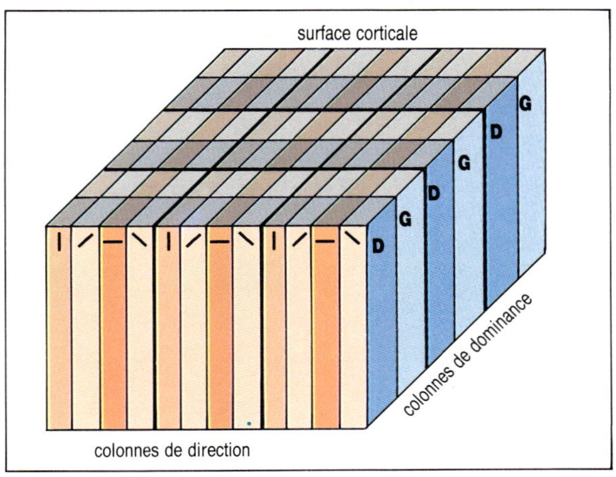

Schéma d'organisation en colonnes fonctionnelles du cortex visuel. Une hypercolonne correspond à l'ensemble des colonnes de direction et de dominance oculaire possibles.

1. L'AUDITION PERMET LA COMMUNICATION ENTRE INDIVIDUS

Le son est lié à une variation de pression du milieu

Le son correspond à la mise en oscillation d'un milieu. Dans le cas de l'homme, il s'agit généralement de l'air, mais l'émission et la conduction sonores peuvent se faire également en milieu liquide ou solide. L'énergie est ensuite transmise, de molécule à molécule, à une vitesse de 340 $m.s^{-1}$ (dans l'air). Les ondes sonores correspondent à l'alternance de zones de pression élevée et de zones de pression faible. L'amplitude des variations de pression est qualifiée de pression sonore. Elle peut être mesurée à l'aide d'un microphone, qui traduit la variation de pression en une variation de tension électrique.
Compte tenu de l'importance de la gamme des niveaux sonores, l'échelle utilisée pour quantifier les pressions sonores est logarithmique. Le niveau de pression de référence P_0 a été placé légèrement en dessous du seuil de stimulation moyen de l'oreille. Pour une fréquence de 1 000 Hz; il est égal à 2.10^{-5} $N.m^{-2}$. Ainsi, le niveau de pression sonore S d'un son donné est égal à : $S = 20 \log (P/P_0)$
L'unité de S est appelée le décibel (dB). À 1 000 Hz, un décibel équivaut à un phone.
Un second paramètre du son est sa fréquence. Celle-ci est exprimée en cycles par secondes ou herz (Hz). Un son constitué d'une seule fréquence est qualifié de son pur. Cependant, un son est généralement constitué d'un mélange de plusieurs fréquences : une fréquence minimale ou fondamentale et des fréquences multiples de cette fondamentale ou harmoniques. Un son dans lequel toutes les fréquences sont représentées de façon quasi identique, est qualifié de bruit blanc.

Notre sensibilité varie avec la fréquence du son

L'homme est sensible à des vibrations sonores comprises entre 20 Hz et 20 000 Hz (ou 20 kHz). Le seuil d'audition varie en fonction de la fréquence d'un son pur stimulant. Il est minimal pour une fréquence de 1 kHz, et de l'ordre de 4 dB ou 4 phones. Au-delà de ce seuil, la sensibilité varie également en fonction de la fréquence du son stimulant. Ce phénomène peut être représenté sous forme de courbes isophones. À partir d'une valeur d'environ 130 phones, une sensation douloureuse remplace la sensation auditive. De tels sons peuvent endommager l'appareil auditif. Les ondes sonores émises au cours du langage parlé correspondent aux zones de meilleure sensibilité auditive.

Courbe isophone / isophon : exp., courbes reliant, sur un audiogramme, les valeurs de pressions sonores entraînant des sensations d'intensité identique.

Décibel (dB) / decibel : n.m., unité de pression sonore relative. 1 dB = 20 log. ($P/2.10^{-5}$), où P est la pression sonore exprimée en $newton.m^{-2}$.

Phone / phon : n.m., unité sans dimension permettant de graduer l'échelle de sensibilité auditive en fonction de la fréquence des sons. La référence se situe à 1 kHz où 1 phone = 1 dB.

Des sons graves et des sons aigus

La fréquence sonore est généralement décrite sous forme de « hauteur » d'un son. Un son grave est un son de basse fréquence, et un son aigu un son de haute fréquence. Dans la musique occidentale, la fréquence sonore est organisée en octaves. Un accroissement de la valeur tonale d'un octave s'obtient en doublant la fréquence d'un son.

Deux oreilles pour faciliter l'orientation auditive dans l'espace

Une écoute à l'aide des deux oreilles permet à un sujet de situer la source sonore dans l'espace. Le son étant conduit à vitesse finie, il ne parvient en même temps au niveau des deux oreilles que si l'émission sonore a lieu dans l'axe de la tête. Dans les autres cas, l'onde sonore atteint les deux oreilles avec un décalage temporel qui permet au sujet de détecter la position de l'émetteur sonore.

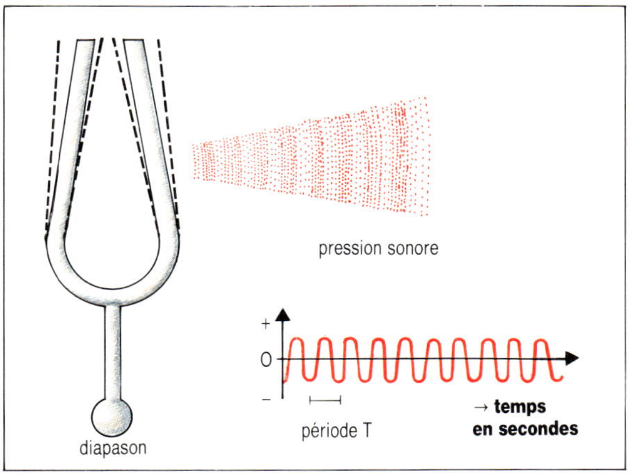

La pression sonore.
Le son est une variation de pression transmise de proche en proche, de molécule à molécule. Cette variation apparaît de façon périodique, et peut donc être caractérisée par sa période T (exprimée en secondes), ou sa fréquence (inverse de la période, exprimée en hertz).

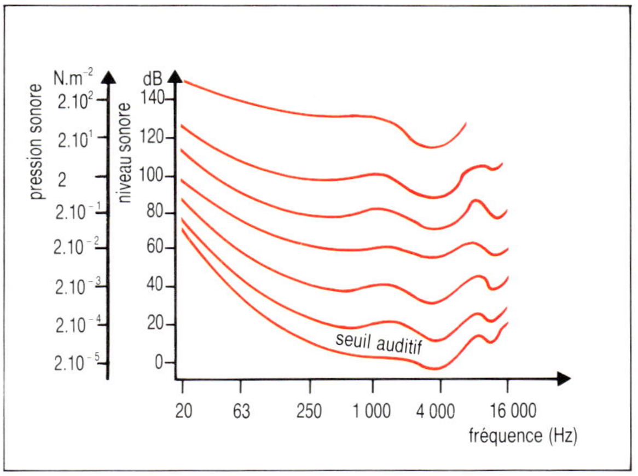

Audiogramme d'un sujet sain.
Le seuil auditif varie avec la fréquence sonore, le minimum étant situé vers 1 000 Hz. Les courbes de sensibilité équivalente en fonction de la fréquence sonore constituent des courbes isophones.

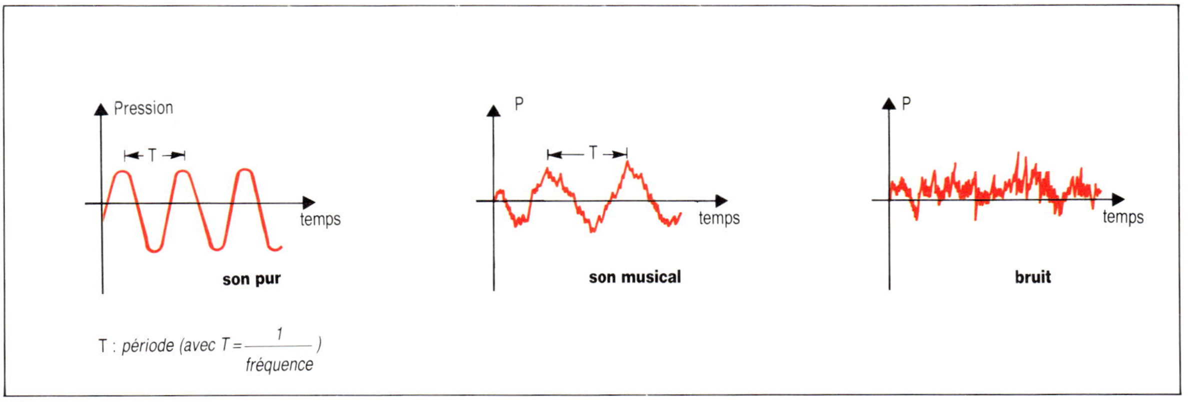

Différents types de sons.
Un son pur est caractérisé par une seule fréquence. Un son musical comprend plusieurs fréquences sonores, la plus basse constituant la fréquence fondamentale. Le bruit est un signal dans lequel toutes les fréquences sont représentées.

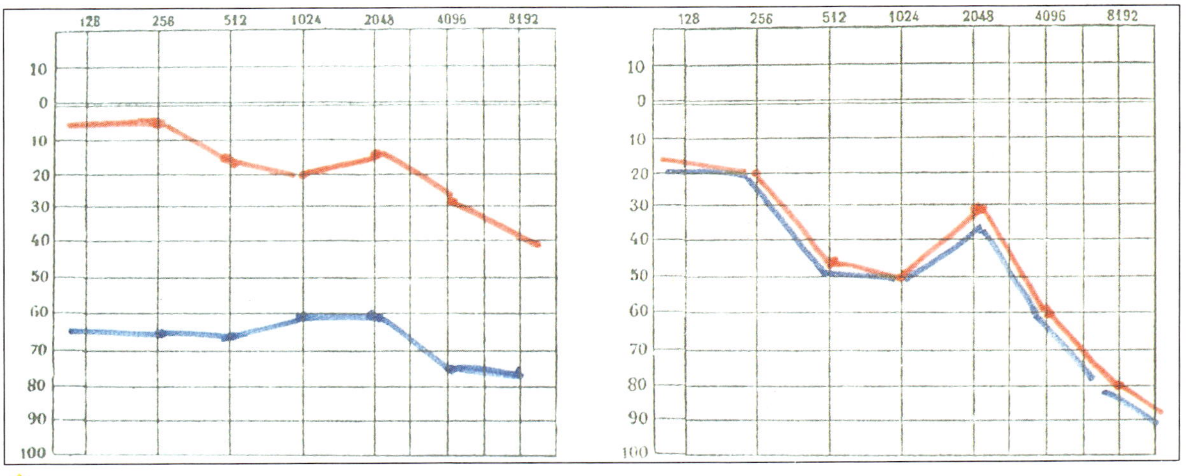

Audiogrammes de sujets atteints de déficits auditifs. À gauche : déficit de l'oreille gauche. À droite : déficit aux hautes fréquences.

Courbes rouges : oreille droite; courbes bleues : oreille gauche.
Abscisses : fréquences; ordonnées : % de réponses (0 à 100 %).

2. L'OREILLE INTERNE PERMET DE CODER LES FRÉQUENCES SONORES

Les sons sont canalisés avant de frapper l'oreille interne

L'oreille représente l'organe de l'audition. Elle est constituée de trois éléments : les oreilles externe, moyenne et interne. Le conduit entre l'oreille externe et l'oreille moyenne est séparé par une fine membrane : le tympan. Dans la cavité de l'oreille moyenne, une chaîne de trois osselets, le marteau, l'enclume et l'étrier, permet de transmettre les vibrations du tympan vers une structure qui sépare oreille moyenne et oreille interne : la fenêtre ovale.
Les récepteurs auditifs sont situés dans une partie de l'oreille interne : la cochlée ou limaçon, constituée par l'enroulement hélicoïdal de trois canaux ou rampes. La rampe vestibulaire et la rampe tympanique contiennent de la périlymphe riche en Na^+, et encadrent le canal cochléaire qui, lui, contient de l'endolymphe riche en K^+. La rampe tympanique et le canal cochléaire sont séparés par la membrane basilaire qui porte l'organe sensoriel proprement dit, ou organe de Corti. Ce dernier contient des cellules réceptrices ciliées, organisées en trois rangées externes et une rangée interne. L'ensemble est recouvert d'une membrane tectoriale attachée au côté interne de la cochlée.

La membrane basilaire vibre en fonction de la fréquence sonore

Les vibrations, qui atteignent la fenêtre ovale par l'intermédiaire de la chaîne des osselets, sont transmises au travers des différentes rampes, jusqu'au niveau de la fenêtre ronde. La mise en mouvement du canal cochléaire, et plus particulièrement de la membrane basilaire, provoque un fléchissement rythmique des cils des cellules sensorielles. La partie basale de la membrane basilaire, peu large et épaisse, vibre préférentiellement pour des fréquences sonores élevées. À l'opposé, la région terminale (côté hélicotrème) vibre à des fréquences sonores faibles. Le codage de la fréquence sonore est donc directement dépendant de la position des cellules ciliées le long de la cochlée.

Les cellules ciliées assurent le codage de l'information

La différence de potentiel transmembranaire des cellules ciliées varie de façon synchrone avec le mouvement des cils. Au cours du mouvement des cils vers l'emplacement équivalent du kinocil, la membrane de leur extrémité se déforme, et permet l'ouverture de canaux K^+. Les cils baignant dans une endolymphe riche en K^+, un courant entrant d'ions positifs (K^+) s'établit, provoquant une dépolarisation de la membrane. Cette dépolarisation provoque l'entrée d'ions Ca^{2+} qui permettent à la fois le mouvement des filaments contractiles de la plaque cuticulaire (ce qui accentue le mouvement des cils) et l'ouverture de canaux K^+ situés sur la membrane du corps cellulaire. Ces derniers étant ouverts vers la périlymphe, le courant K^+ qui s'établit est un courant sortant, repolarisant la membrane. Le potentiel générateur et les potentiels d'action apparaissent au niveau postsynaptique, dans la fibre sensorielle.

Le cerveau traite les signaux

Chaque fibre sensorielle est préférentiellement mise en jeu pour une fréquence particulière, mais peut également être mise en jeu par des fréquences différentes. La courbe du seuil de ces fibres en fonction de la fréquence sonore constitue leur courbe d'accord. Au niveau du cortex auditif les cellules sont organisées en colonnes fonctionnelles. Les neurones appartenant à une même colonne ont tous des courbes d'accord semblables. Les informations auditives liées au langage sont ensuite traitées dans des régions corticales particulières. Les aires principales impliquées dans ce traitement sont localisées normalement à l'hémisphère gauche. Ce sont l'aire temporale du langage, encore appelée aire de Wernicke, et l'aire frontale du langage, ou aire de Broca. La première est impliquée dans les processus sensoriels de reconnaissance de la parole, tandis que la seconde est plus directement liée à l'expression orale.

Cochlée / cochlea : n.f., partie de l'oreille interne formée de l'enroulement de trois canaux et dans laquelle sont situées les cellules réceptrices sensibles aux vibrations sonores.

Hélicotrème / helicotrema : n.m., extrémité apicale de la cochlée.

Organe de Corti / organ of Corti : exp., partie de la cochlée regroupant les cellules sensorielles.

Tympan / tympanum : n.m., membrane séparant l'oreille externe de l'oreille moyenne.

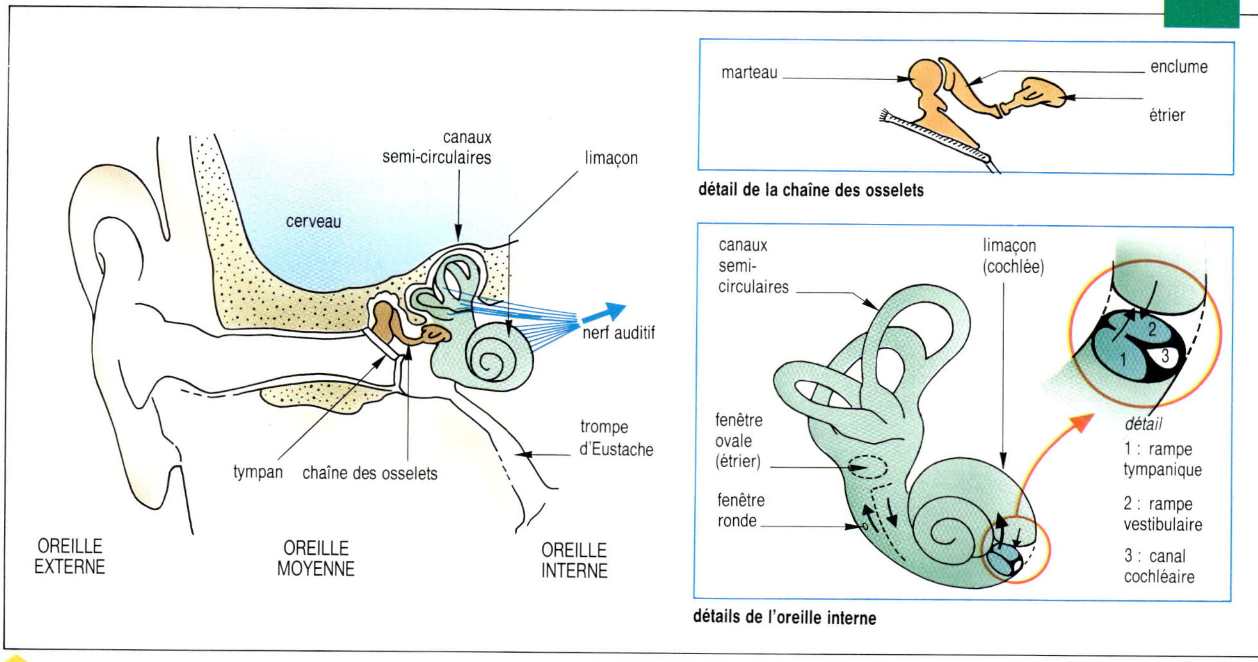

Schéma anatomique de l'oreille. Les deux encadrés représentent respectivement la chaîne des osselets de l'oreille moyenne, et l'organisation anatomique des systèmes de canaux de l'oreille interne.

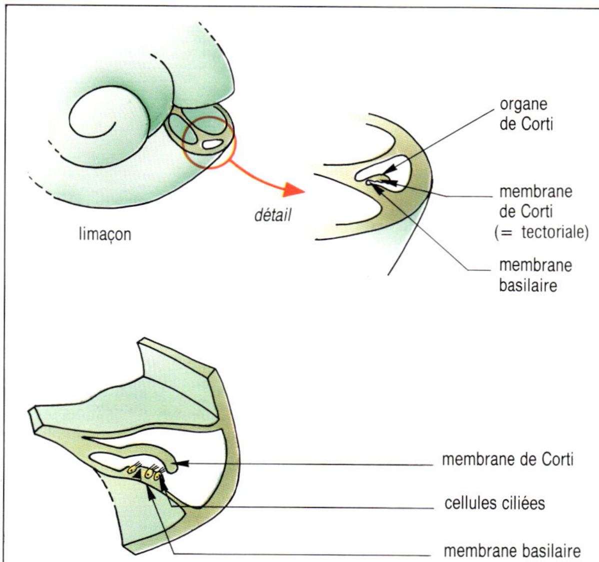

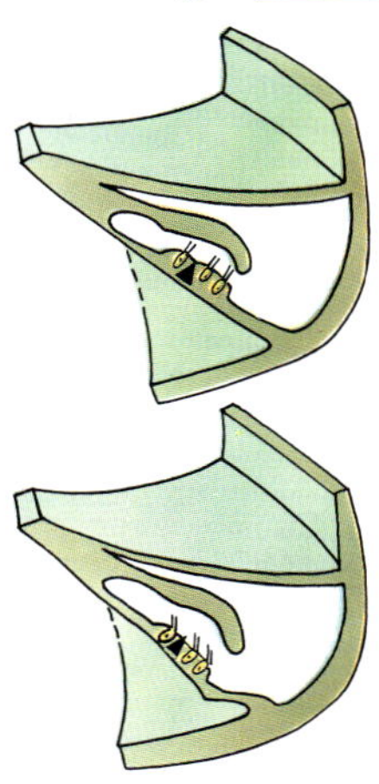

Déformation du canal cochléaire lors d'une stimulation sonore. Cette déformation provoque un mouvement relatif de la membrane basilaire et de la membrane de Corti, ce qui induit un mouvement des cils des cellules réceptrices.

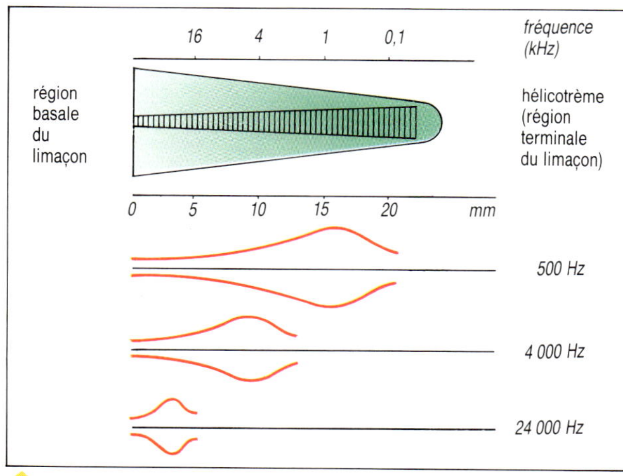

Déformations de la membrane basilaire en fonction de la fréquence sonore. Les régions basales vibrent aux hautes fréquences, tandis que les régions terminales vibrent pour les basses fréquences.

Courbes d'accord de fibres auditives. Les fibres du nerf auditif ont un seuil minimum pour une fréquence particulière. Elles peuvent néanmoins réagir à d'autres fréquences, à condition d'augmenter la valeur de la stimulation. Une destruction partielle de la cochlée entraîne une perte de la sensibilité normale (courbes en rouge).

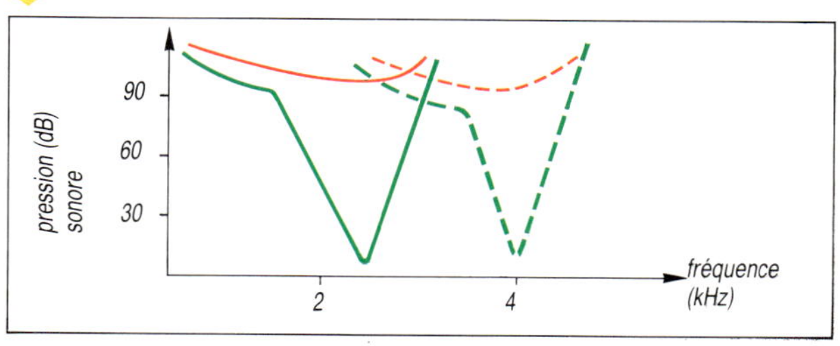

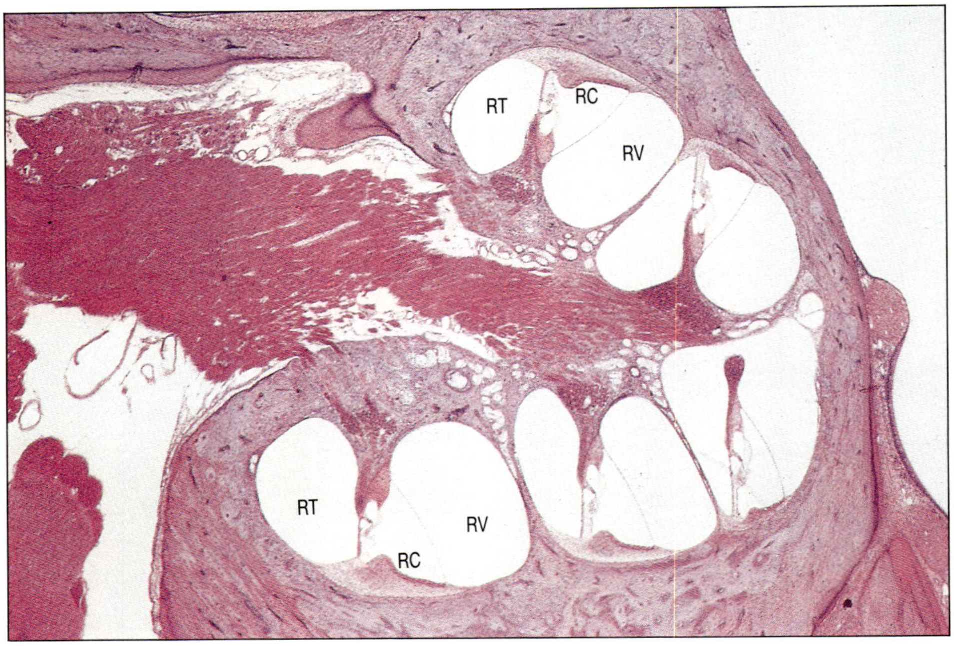

Coupe de l'oreille interne observée au microscope optique (× 12).
La cochlée est située dans l'oreille interne et contient les récepteurs de l'audition. Elle est coupée ici dans un plan de section qui contient son axe osseux, la columelle. Le canal cochléaire fait deux tours et demi de spire autour de cet axe (5 sections transversales).

RV : rampe vestibulaire; RT : rampe tympanique; RC : rampe cochléaire.

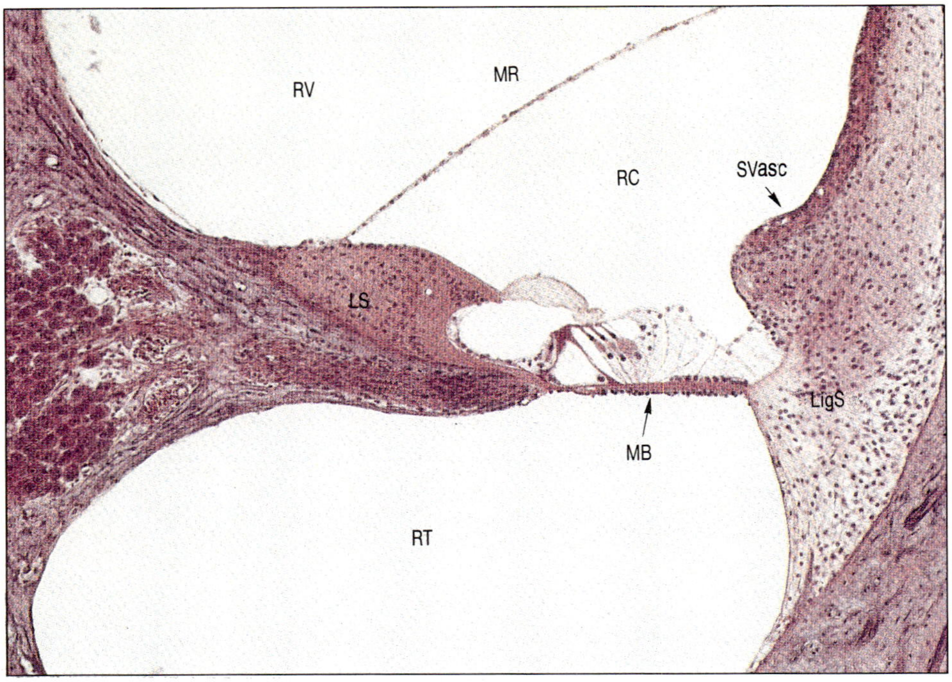

Détail du cliché précédent (MO, × 95). Chaque tour de spire du canal cochléaire peut être divisé en 3 compartiments : la rampe cochléaire (RC), la rampe vestibulaire (RV) et la rampe tympanique (RT). La membrane basale (MB) sépare la rampe cochléaire de la rampe tympanique. Cette membrane supporte l'organe de Corti qui contient les récepteurs de l'audition (TO : tissu osseux).

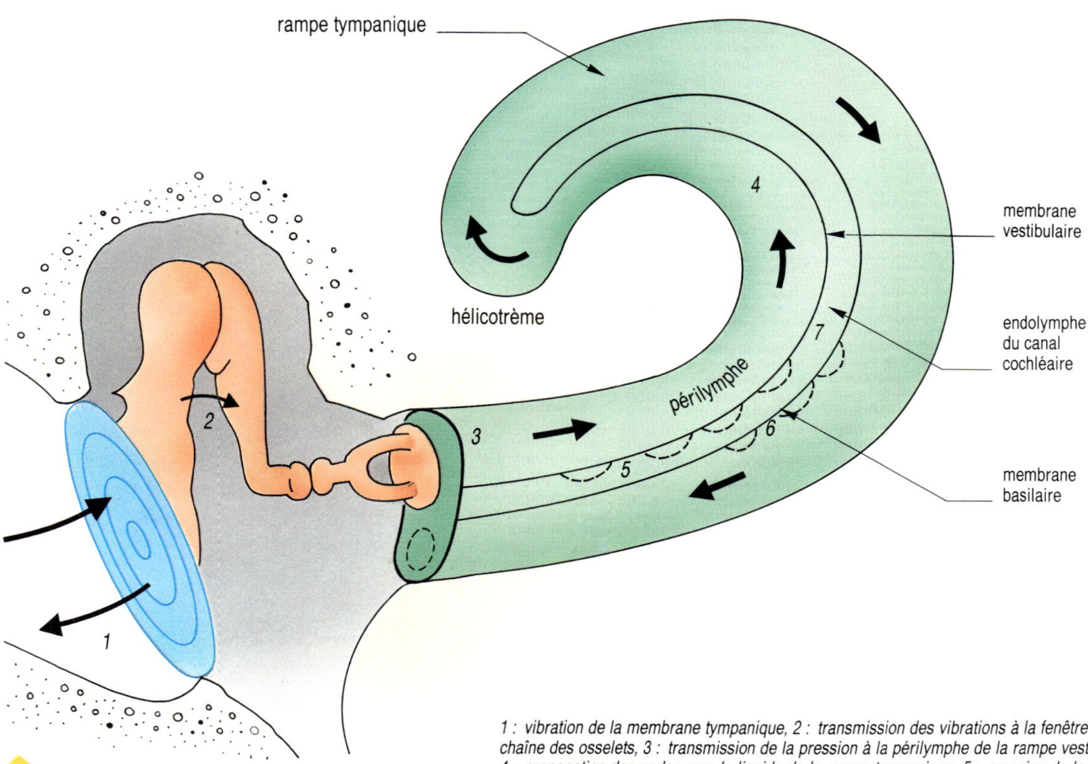

Les étapes de l'audition

(adapté de E.R. Kandel et J.H. Schwarz et de G.J. Tortora et N.P. Anagnostakos, op. cités)

1 : vibration de la membrane tympanique, 2 : transmission des vibrations à la fenêtre ovale par la chaîne des osselets, 3 : transmission de la pression à la périlymphe de la rampe vestibulaire, 4 : propagation des ondes vers le liquide de la rampe tympanique, 5 : pression de la périlymphe sur la membrane vestibulaire ; ↗ pression de l'endolymphe, 6 : déplacement de la membrane basilaire vers la rampe tympanique, 7 : mouvement des cellules ciliées induit par le déplacement de la membrane basilaire. Déclenchement des potentiels de récepteur.

Mécanismes de la transduction dans les cellules ciliées. Les mouvements des cils entraînent l'ouverture de canaux K^+. Le courant entrant de ces ions provoque une dépolarisation qui se propage électriquement jusqu'au niveau de la membrane cellulaire. Cette dépolarisation provoque alors l'ouverture de canaux Ca^{2+}. Le Ca^{2+} entré dans la cellule provoque un mouvement des filaments d'actine, et l'ouverture de canaux K^+ permettant la sortie de ces ions. Le signal est codé en fréquence au niveau des terminaisons nerveuses afférentes.

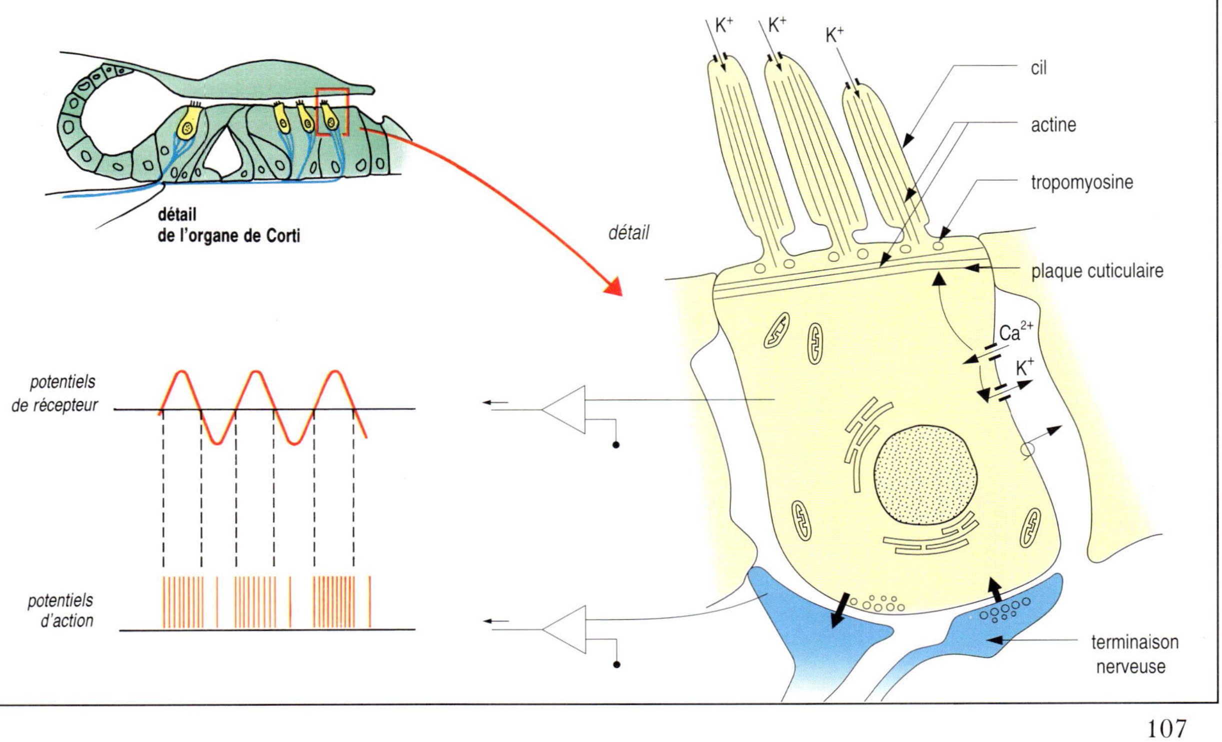

1. Un aspect de la somesthésie : la sensibilité à la pression

Différentes modalités sensorielles

Il existe, dans la quasi-totalité des tissus, des récepteurs susceptibles d'être mis en jeu par une stimulation mécanique du tissu considéré. L'ensemble des informations provenant de ces récepteurs constitue la sensibilité somato-viscérale. Cette dernière peut être subdivisée en un système sensoriel innervant la peau, les articulations, les ligaments, les muscles et les tendons, et constituant la sensibilité somatique ou somesthésie; et un système innervant les viscères, ou système de la sensibilité viscérale.
Dans la somesthésie, il est courant de dissocier la sensibilité superficielle dont les récepteurs sont localisés dans la peau, de la sensibilité profonde dont les récepteurs sont localisés dans les muscles et les articulations. La somesthésie comprend essentiellement deux modalités bien distinctes : la sensibilité mécanique (toucher, vibration...), et la sensibilité thermique. Il faut ajouter à ces deux modalités la douleur qui sera développée ultérieurement.

Seuil et discrimination spatiale diffèrent

Le seuil minimal de sensibilité, mesuré en appliquant un objet sur la peau, correspond à un enfoncement de la peau d'environ 6 micromètres à l'extrémité des doigts. La discrimination spatiale, mesurée par deux stimulations simultanées à l'aide d'un compas à pointe sèche, varie de 1 à 3 mm au niveau du bout des doigts ou de la langue, de 50 à 100 mm dans le dos. Cette propriété est directement liée à la densité en récepteurs des différents territoires cutanés, qui peut atteindre 140 au cm^2 à l'extrémité des doigts.

La sensibilité au toucher correspond à trois qualités

Il est possible de dissocier la sensibilité cutanée en trois qualités différentes :
- la pression, qui correspond à un appui important sur la peau;
- le toucher, sensibilité de contact des régions glabres ou velues;
- la vibration, dont la sensibilité optimale se situe entre 150 et 300 Hz.

On peut distinguer, dans l'épaisseur de la peau, divers types de récepteurs sensoriels. Les disques de Merkel et les disques tactiles, à adaptation lente, permettent de coder l'intensité et la durée d'une pression exercée sur la peau. Les corpuscules de Ruffini, également à adaptation lente, sont sensibles à des forces d'étirement de la peau selon un axe privilégié. Les récepteurs du toucher sont des récepteurs à adaptation moyenne. Ce sont en particulier les récepteurs des follicules pileux ou les corpuscules de Meissner dans les zones glabres. Les récepteurs à adaptation rapide sont responsables de la sensibilité aux vibrations. Ces récepteurs sont les corpuscules de Pacini. Ils sont localisés dans le tissu adipeux des couches sous-cutanées, mais aussi dans les tendons, les régions articulaires, les muscles de la face ou le périoste des os.

L'intervention du système nerveux central

Les différents territoires cutanés sont innervés par des étages différents de la moelle : cervicale, thoracique, lombaire et sacrée. La face, quant à elle, est innervée par le nerf trijumeau émergeant du cerveau. Au niveau médullaire, les fibres afférentes se divisent pour former d'une part des voies qui se terminent au même niveau sur des interneurones impliqués dans les réflexes, et d'autre part des voies qui vont rejoindre le système nerveux central. Au niveau du cortex somesthésique, la représentation d'une région cutanée est proportionnelle à son importance fonctionnelle. Il est possible de représenter les différents territoires cutanés à la surface du cortex. La représentation obtenue est un homme difforme ou homonculus.

Homonculus / homunculus : n.m., représentation, sur la surface du cortex somesthésique primaire, de l'étendue des différents territoires cutanés.

Sensibilité profonde ou proprioception / proprioception : exp., partie de la somesthésie correspondant à l'innervation des articulations, des ligaments, des muscles et des tendons.

Sensibilité somato-viscérale / somatovisceral sensibility : exp., ensemble des sensibilités de l'organisme à des stimulations mécaniques.

Sensibilité superficielle / peripheral sensibility : exp., partie de la somesthésie regroupant l'ensemble des sensibilités cutanées.

Somesthésie ou sensibilité somatique / somatosensory sensibility : exp., sensibilité correspondant à l'innervation de la peau, des articulations, des ligaments, des muscles et des tendons.

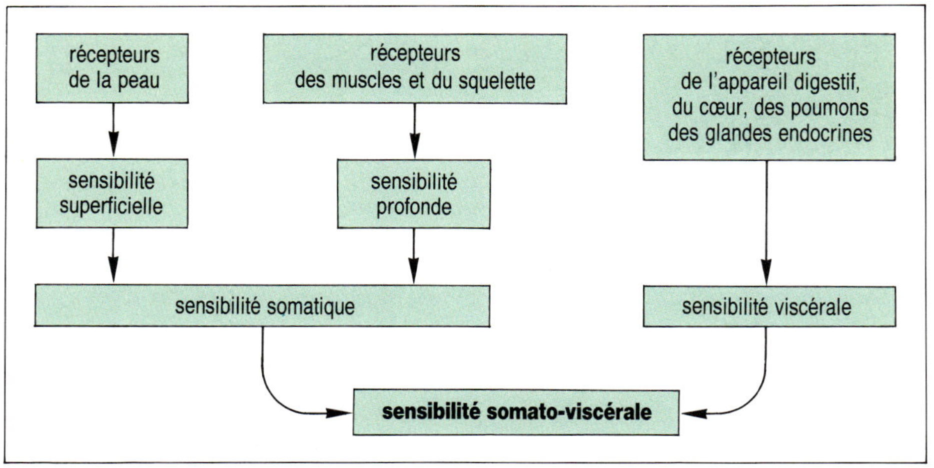

Principales subdivisions de la sensibilité somato-viscérale.

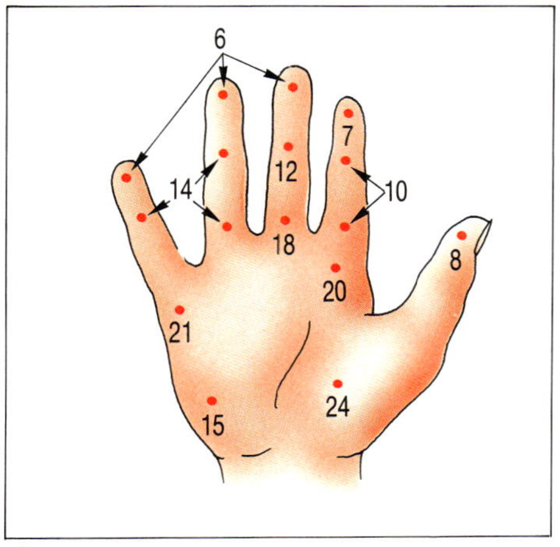

Seuil de sensibilité tactile au niveau de la peau de la paume de la main. Le seuil de sensibilité tactile est mesuré par la profondeur de la déflection minimum imposée à la peau pour que le sujet ressente la stimulation.

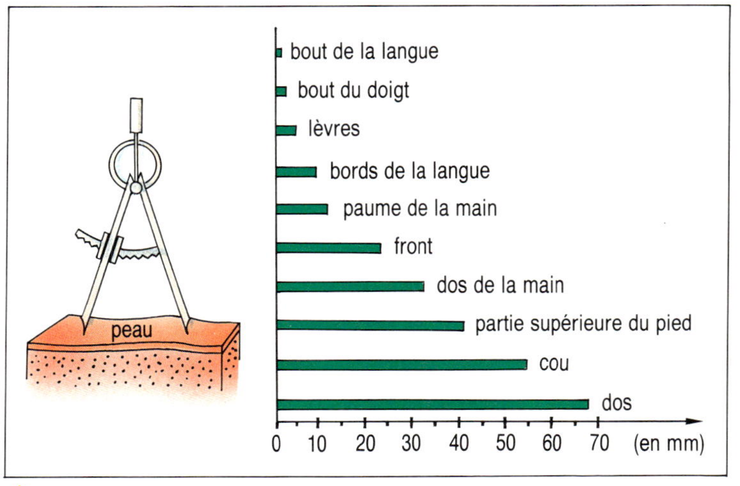

Seuil de discrimination spatiale de différentes régions du corps. La mesure exprimée correspond à la distance minimale à partir de laquelle le sujet ressent les deux stimulations ponctuelles.

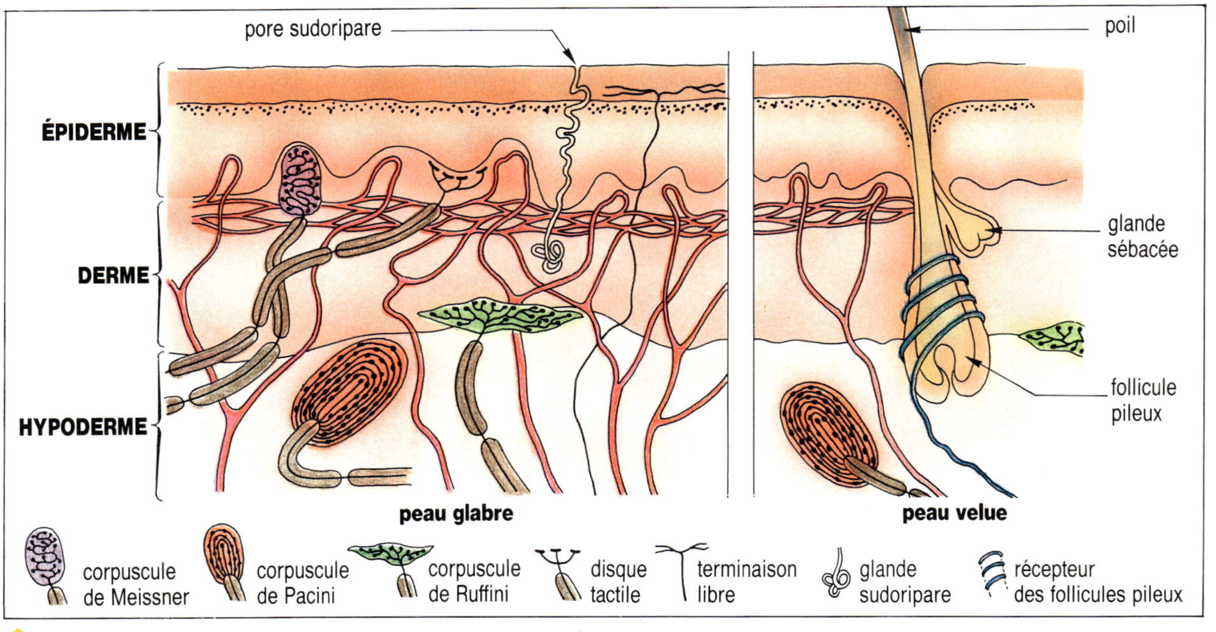

Distribution des principaux types de récepteurs tactiles au niveau de la peau glabre et velue.

2. SENSIBILITÉ THERMIQUE ET POSITION DU CORPS DANS L'ESPACE

Une sensibilité à la température et à ses variations

Le fait de plonger dans de l'eau à 30 ou 36 °C entraîne une sensation thermique de froid ou de chaud selon la température d'ambiance, mais cette sensation s'estompe généralement très vite. Dans cette gamme de températures, il y a adaptation complète des récepteurs. C'est la zone de neutralité thermique. En dehors de cette zone, le maintien de la température à une valeur fixe, même durant de longs moments, entraîne une sensation de chaud ou de froid. Au delà de 43-44 °C, comme en dessous de 17 °C, la sensation devient douloureuse. Les sensations qui apparaissent lors d'un changement de température dépendent à la fois de la température initiale de la peau, de la vitesse du changement et de la surface cutanée affectée par le changement. Si les changements de température sont très lents, un sujet peut être totalement inconscient d'une diminution de sa température cutanée. Ainsi, par exemple, le refroidissement de la peau à partir de 35 °C, à une « vitesse » de 0,4 °C par minute, n'entraîne de sensation de froid qu'à partir du moment où la température cutanée est descendue à 4,4 °C.

Des points sensibles au chaud et au froid

Les points de la sensibilité thermique sont moins nombreux que les points de la sensibilité au toucher. De plus, le nombre de points au froid est plus important que le nombre de points au chaud. Les zones les plus sensibles sont situées au niveau de la face qui possède 16 à 19 points au froid par cm^2. Les thermorécepteurs sont constitués par les terminaisons libres de fibres de fin diamètre, localisées juste au-dessous de l'épiderme (récepteurs au froid), ou dans les régions supérieure et moyenne du derme (récepteurs au chaud).

La proprioception

Les trois qualités liées à la sensibilité profonde ou proprioception, sont la sensibilité à la position, au mouvement et à la force exercée par les muscles. La sensibilité à la position relative de nos membres présente peu ou pas d'adaptation. La précision de cette information est très mauvaise, mais il est possible de l'améliorer considérablement par apprentissage.

La localisation des propriocepteurs

Au niveau des muscles, les récepteurs sont constitués à la fois des fuseaux neuromusculaires et des organes tendineux de Golgi. Les récepteurs articulaires sont localisés, pour l'essentiel, dans la capsule articulaire et constitués de corpuscules de Golgi, de Ruffini et de Pacini ainsi que de terminaisons libres de fibres fines.

Les fuseaux neuromusculaires sont constitués d'environ une dizaine de fibres musculaires différenciées, possédant une région centrale sensorielle. Ces fuseaux sont sensibles à un étirement du muscle et sont innervés essentiellement par deux types de fibres nerveuses, de gros diamètre (fibres Ia), ou de diamètre plus faible (fibres II). Les organes tendineux de Golgi sont également sensibles à un étirement musculaire. Les récepteurs articulaires répondent à des variations d'étirement de la capsule articulaire. Leur rôle est donc lié à la sensibilité au mouvement.

Les informations provenant de tous ces récepteurs sont intégrées par le système nerveux central avec des informations provenant de la peau, de l'œil ou de l'oreille interne; elles permettent de rendre compte de la position ou du mouvement du corps dans l'espace.

Fuseau neuromusculaire / muscle spindle : exp., groupement d'une dizaine de fibres musculaires dont la partie centrale est différenciée en une région sensorielle sensible à l'étirement.

Thermorécepteur / thermoreceptor : n.m., terminaison sensorielle sensible à la température.

Zone de neutralité thermique / neutral zone : exp., gamme de température n'évoquant aucune sensation permanente, ni de chaud, ni de froid.

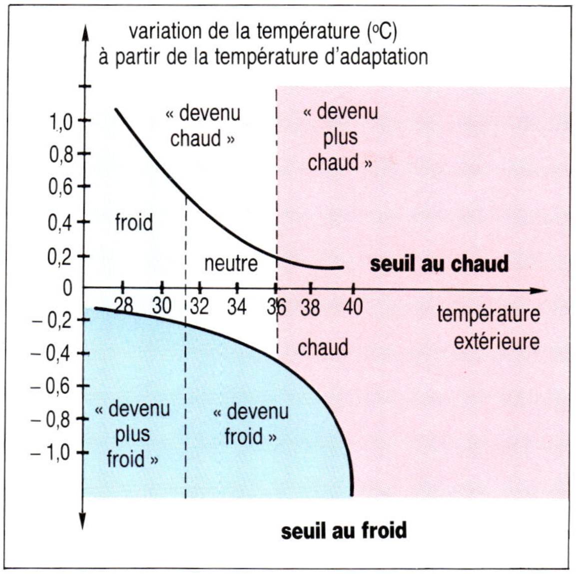

Évolution de la sensation thermique en fonction de la température de départ. Pour des températures de départ élevées, le sujet ressent une sensation de chaleur continue, et il faut refroidir beaucoup plus la peau pour que le sujet perçoive le refroidissement. La situation est inverse pour des températures inférieures à la zone de neutralité thermique (d'après Kenshalo).

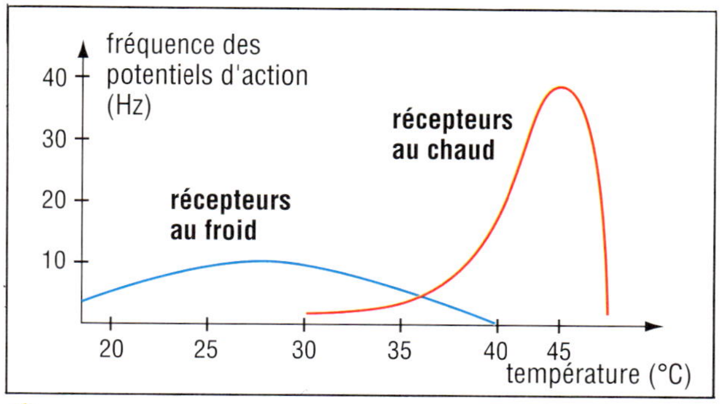

Activité des deux types de thermorécepteurs.

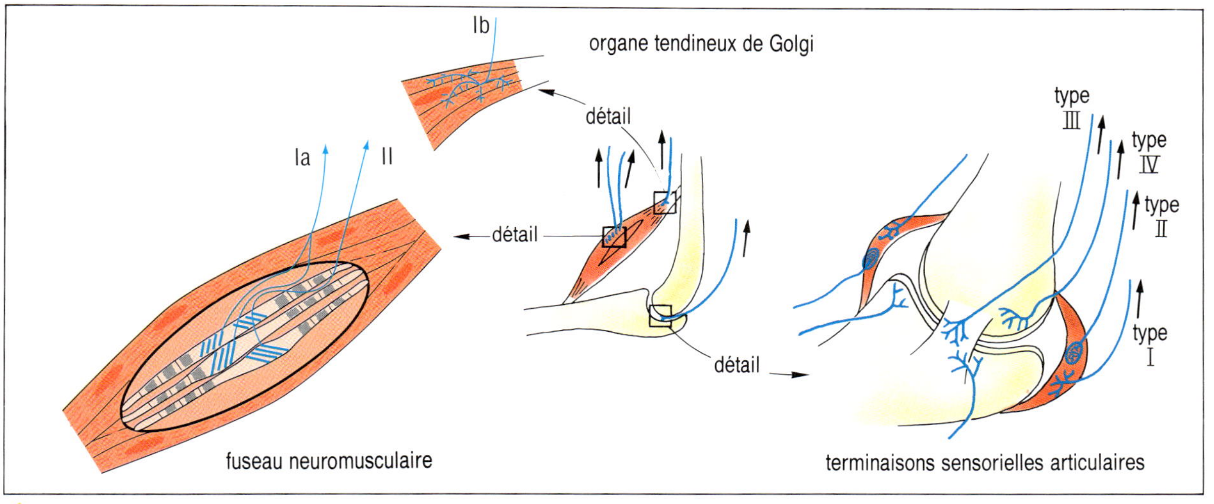

Organisation anatomique des propriocepteurs musculaires et terminaisons sensorielles au niveau d'une articulation.

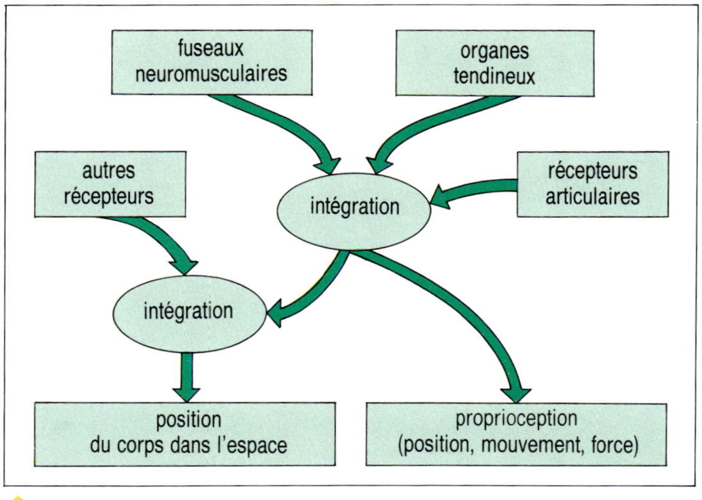

Différents systèmes sensoriels impliqués dans la sensibilité à la position du corps dans l'espace.

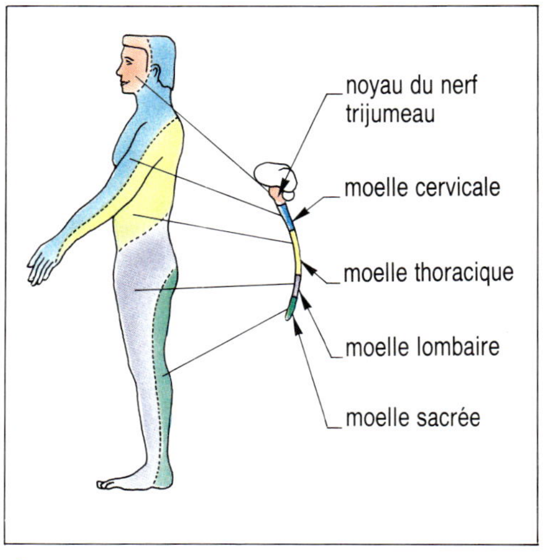

Principaux territoires sensoriels cutanés.

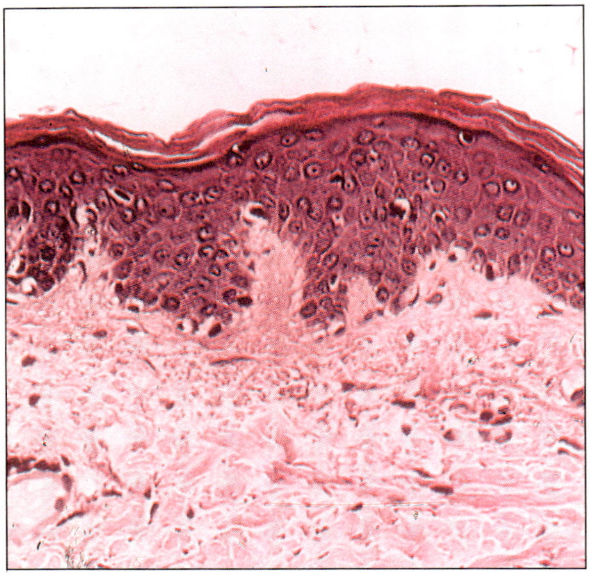

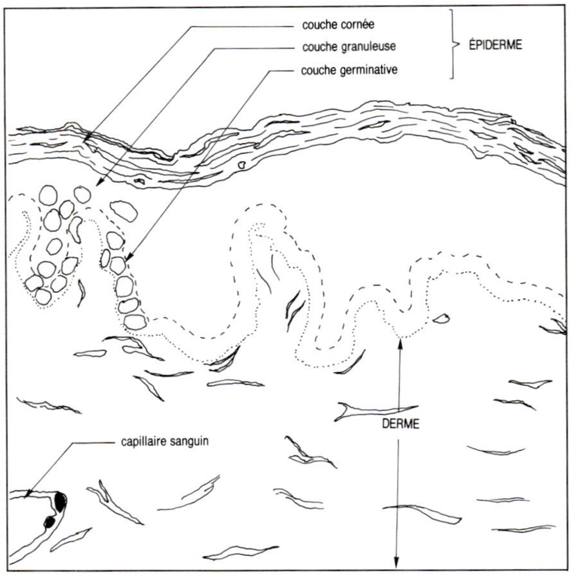

Coupe de peau humaine : observation microscopique (MO, × 270) et dessin d'interprétation.

Organisation anatomique des voies de la somesthésie (sensibilité).
A : La voie des colonnes dorsales. Les fibres afférentes montent jusqu'au bulbe rachidien sans relais spinal. Là, l'axone d'un neurone de second ordre croise le plan sagittal et monte jusqu'au thalamus controlatéral (noyau ventral postérolatéral ou VPL) en empruntant le lemnisque médian.
Les neurones du VPL se projettent ensuite sur le cortex somesthésique primaire (SI).
B : Les voies antérolatérales regroupent plusieurs voies. Dans tous les cas, le neurone afférent pénètre dans la substance grise spinale où il est relayé par un neurone de second ordre. Ce deuxième neurone émet un axone qui croise le plan sagittal au niveau spinal. La destination de ces axones est variée. PC = pédoncules cérébraux. NP = noyau postérieur du thalamus.

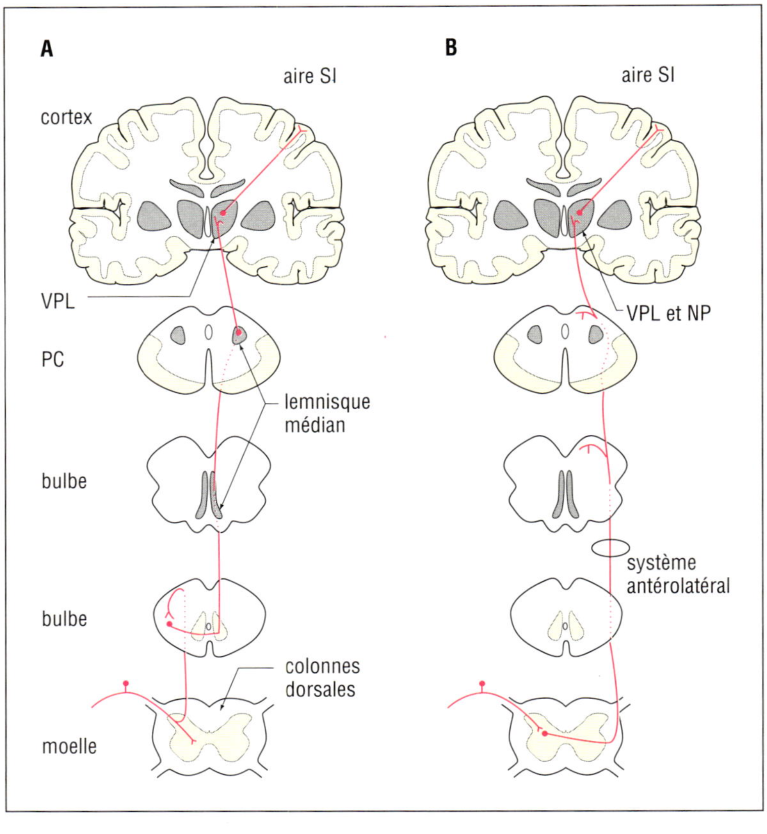

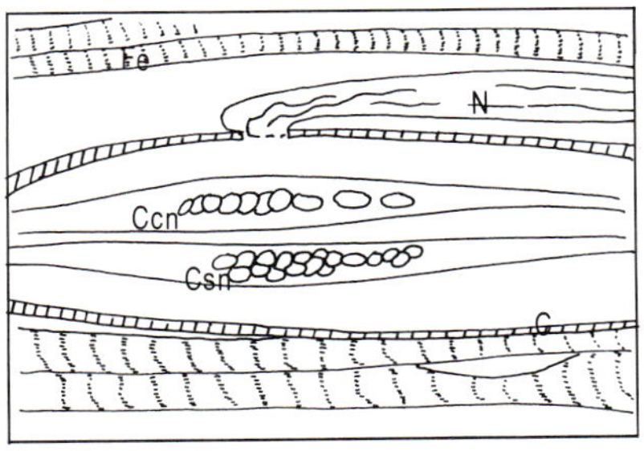

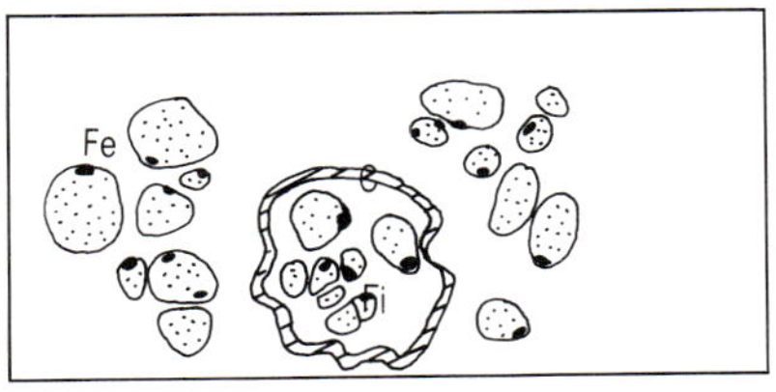

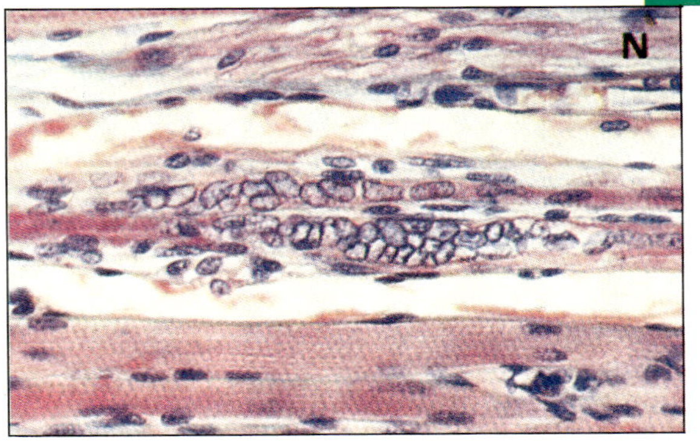

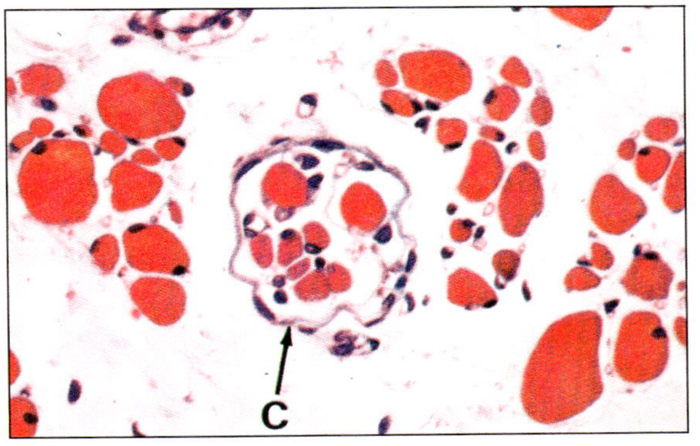

Fuseau neuromusculaire observé au microscope optique (× 300). Sur une préparation histologique, tous les caractères structuraux d'un fuseau ne sont pas observables. On peut néanmoins reconnaître ici : *haut*, en coupe longitudinale : les fibres extrafusales (Fe), un faisceau de fibres nerveuses (N), la capsule du fuseau (C), les fibres intrafusales de deux types = cellules à chaîne nucléaire (Ccn) et cellule à sac nucléaire (Csn). *bas*, en coupe transversale : la capsule du fuseau (C), les fibres du fuseau intrafusales (Fi) plus petites que les fibres extrafusales (Fe).

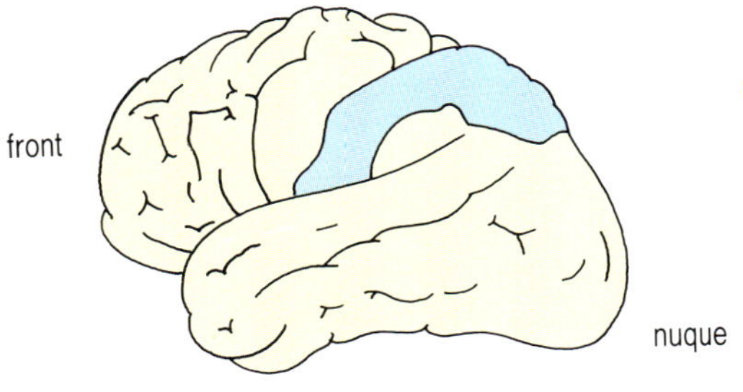

Vue latérale de l'hémisphère cérébral. L'aire somesthésique primaire est représentée en bleu.

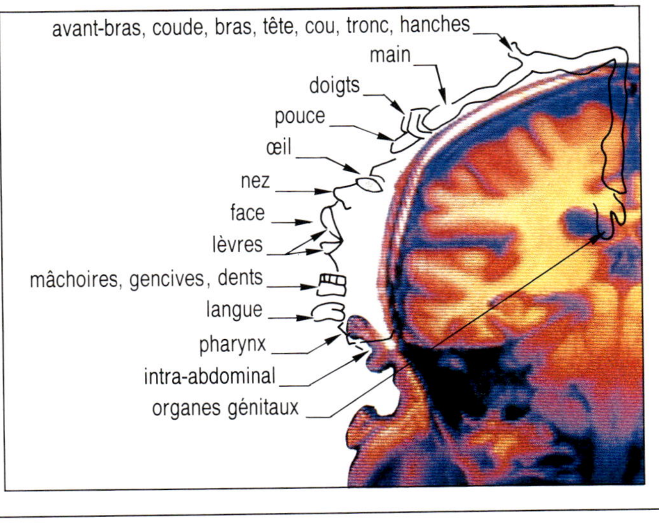

Coupe de l'encéphale avec organisation de l'aire somesthésique primaire. Les régions du corps les mieux représentées sont celles dont le rôle sensoriel est le plus important : main et face. L'ensemble de cette représentation du corps est appelé « l'homonculus » sensoriel.

3. Le fonctionnement du système vestibulaire

Des récepteurs appartenant à l'oreille interne

L'organe vestibulaire est situé dans l'os temporal, à côté de la cochlée. Il est constitué de deux « sacs » importants : le saccule et l'utricule, et de trois canaux refermés sur eux-mêmes : les canaux semi-circulaires. Les récepteurs sensoriels sont regroupés en ensembles constituant les différentes macula. Ces cellules réceptrices sont comparables aux cellules ciliées de la cochlée, à la différence près qu'au niveau de ces récepteurs, il existe un kinocil parfaitement développé alors que les cellules ciliées de la cochlée en sont dépourvues.

Au niveau du saccule et de l'utricule, les cils des cellules réceptrices sont pris dans une substance gélatineuse contenant de petites concrétions de densité élevée : les otolithes. Selon la position des cellules réceptrices par rapport à la force de gravité, le poids des otolithes entraîne une inflexion des cils dans un sens ou dans l'autre.

Ainsi, selon la position des macula dans laquelle ils sont situés, ces organes sensoriels informent le système nerveux central sur la position par rapport à la verticale et sur les accélérations linéaires de la tête.

Les cils des récepteurs des canaux semi-circulaires sont englobés dans une substance gélatineuse de même densité que l'endolymphe du canal. Un mouvement de rotation de la tête entraîne, par inertie, une rotation en sens inverse de l'endolymphe, et donc une inclinaison des cils des cellules de la cupule. En réalité, si les récepteurs, à l'échelle de la cellule, sont sensibles à l'accélération angulaire de l'endolymphe, les propriétés mécaniques de l'endolymphe et des canaux semi-circulaires font qu'ils sont sensibles, à l'échelle de l'organisme, à la vitesse angulaire de la tête.

Ces récepteurs, comme ceux du saccule et de l'utricule, ont une activité spontanée au repos. L'inclinaison de leurs cils dans un sens provoque une augmentation de l'activité des fibres sensorielles, alors qu'une inclinaison dans le sens opposé entraîne une diminution de l'activité de repos. La position anatomique des canaux semi-circulaires permet une détection de la vitesse des mouvements dans les trois plans de l'espace.

Contrôle de la posture et sensation d'équilibre

Les fibres sensorielles provenant de ces différentes structures réceptrices effectuent un relais dans les noyaux vestibulaires situés au niveau du bulbe. Les fibres issues de ces noyaux innervent ensuite différentes structures :

– des connexions directes partant, en particulier, du plus important des noyaux vestibulaires, le noyau de Deiter, vont activer les motoneurones des extenseurs. Ces informations jouent un rôle essentiel dans le contrôle de la posture ;

– des fibres se dirigent vers le cervelet ou vers la formation réticulée, informant ces structures de la position de la tête ou de ses mouvements ;

– des fibres rejoignent le cortex somesthésique primaire, et participent à la sensibilité consciente de la position du corps ;

– des connexions avec l'hypothalamus sont responsables de réactions végétatives liées à certaines stimulations labyrinthiques. Ce sont, par exemple, les sensations de « mal de mer », les nausées ou les vertiges ;

– enfin, des connexions avec les centres oculomoteurs jouent un rôle important dans les mouvements oculaires tels que le nystagmus. C'est le nystagmus vestibulaire.

Le nystagmus vestibulaire est caractérisé par une rotation des yeux dans la direction opposée à une rotation du corps. Son rôle premier est de conserver la direction du regard lors d'un mouvement de rotation de la tête. Il se caractérise par un mouvement lent de compensation suivi d'un retour rapide des yeux à leur position de repos. Par définition, la direction du nystagmus est définie par le sens de sa phase rapide.

Canaux semi-circulaires / semicircular canals : exp., organe appartenant à l'oreille interne, et contenant des récepteurs sensibles aux mouvements de rotation de la tête.

Cupule / cupula : n.f., structure regroupant les récepteurs sensoriels des canaux semi-circulaires.

Macula / macula : n.f., structure regroupant les récepteurs sensoriels du saccule ou de l'utricule.

Nystagmus vestibulaire / vestibular nystagmus : exp., mouvements oculaires rythmiques, rapides dans un sens et plus lents dans l'autre, provoqués par des mouvements horizontaux de la tête.

Otolithes / otoliths : n.f., concrétions minérales situées dans la substance gélatineuse qui recouvre les macula.

Saccule / saccule : n.m., organe appartenant à l'oreille interne, et contenant des récepteurs sensibles à la position de la tête.

Utricule / utricle : n.m., organe appartenant à l'oreille interne, et contenant des récepteurs sensibles à la position de la tête.

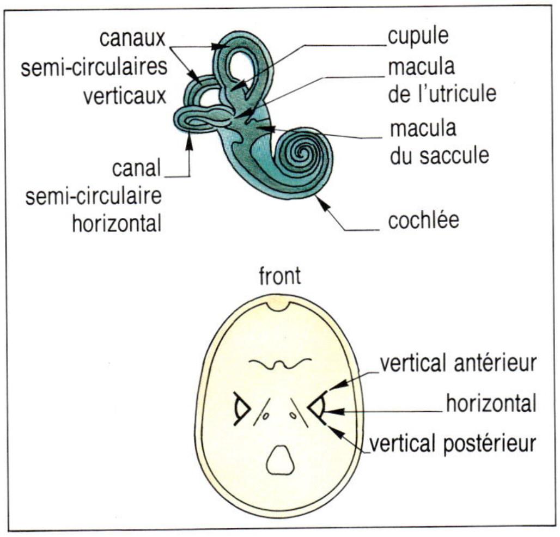

Les récepteurs sont regroupés au niveau des cupules des canaux semi-circulaires, et des macula du saccule et de l'utricule.

Le déplacement de la masse gélatineuse contenant des otolithes induit le mouvement des cils des cellules réceptrices du saccule et de l'utricule.

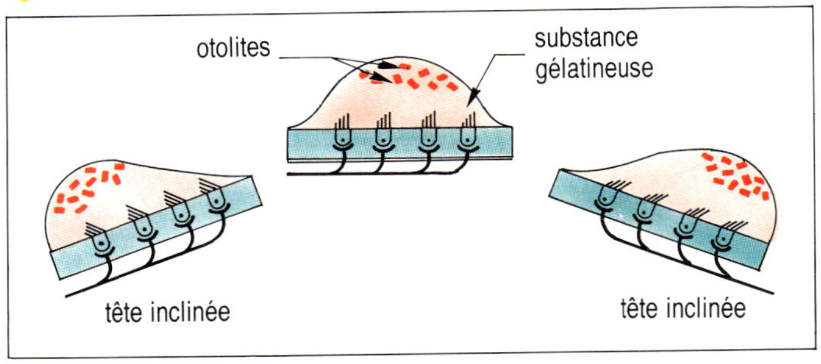

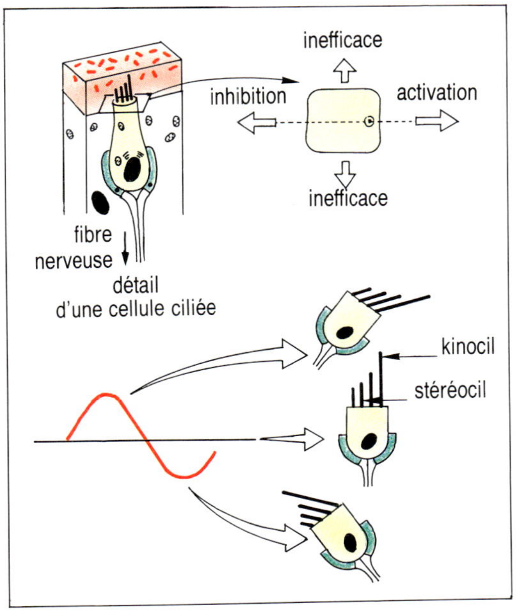

Les mécanismes de la transduction des cellules ciliées sont comparables à ceux des cellules de la cochlée (inclinaison des cils vers le kinocil : dépolarisation, mouvement en sens inverse : hyperpolarisation).

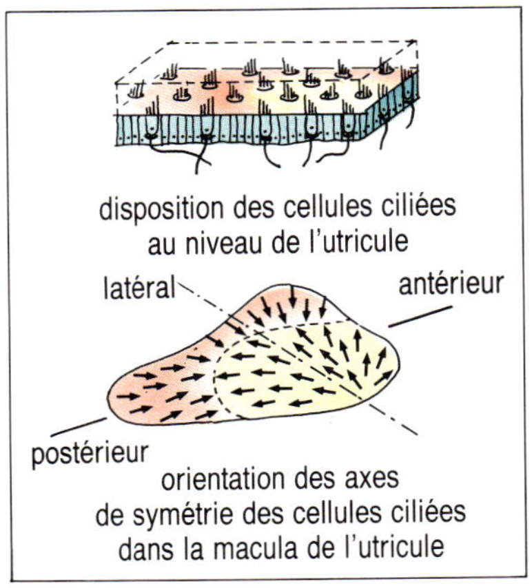

Disposition des cellules réceptrices au niveau de l'utricule.

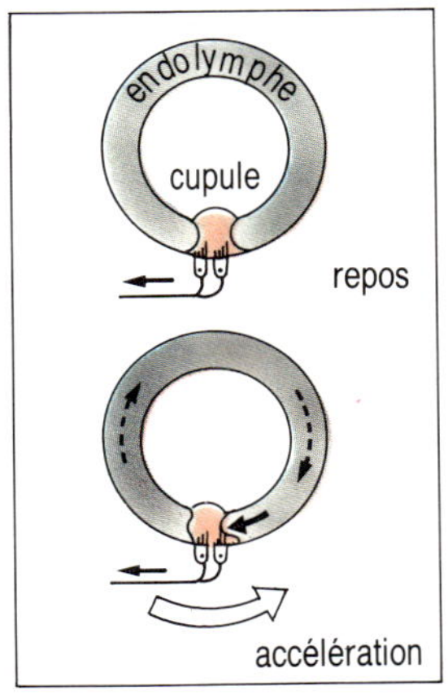

Mise en jeu des récepteurs des canaux semi-circulaires.

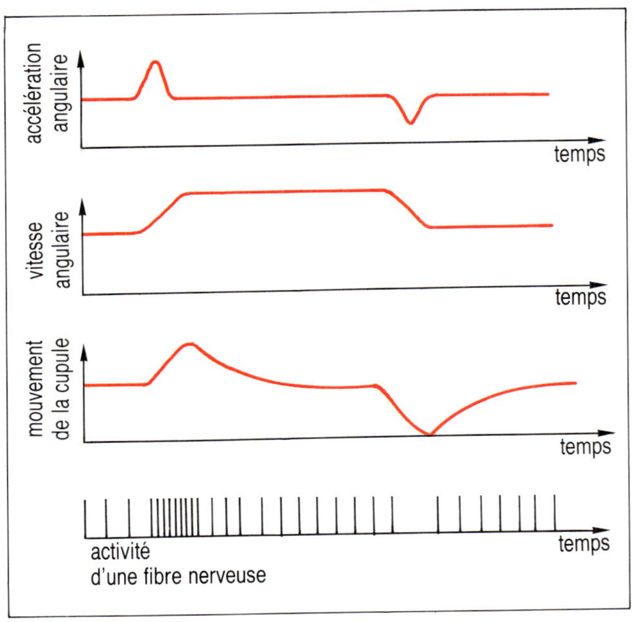

Au cours d'un mouvement de rotation, l'activité dans les fibres sensorielles des canaux semi-circulaires est due aux propriétés physiques du canal semi-circulaire.

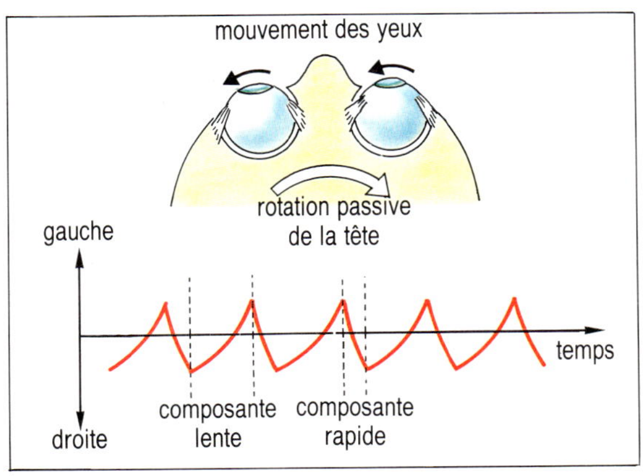

Nystagmus vestibulaire : un mouvement de rotation de la tête entraîne un mouvement compensatoire lent des yeux en sens inverse, suivi d'un mouvement de retour rapide.

4. Olfaction, gustation et détection des substances chimiques

Bien que nous soyons capables de discriminer des centaines d'odeurs différentes, il serait très artificiel de regrouper celles-ci en qualités odorantes bien définies.

Des seuils de détection et de reconnaissance différents

Pour de faibles concentrations d'une substance, les sujets percoivent généralement la présence d'une odeur, sans pouvoir la caractériser. Ce n'est qu'à des concentrations supérieures que la substance devient reconnaissable. Il convient donc de dissocier un seuil de détection d'un seuil de reconnaissance. Les seuils de détection minimaux sont de l'ordre de 10^{12} molécules par litre d'air, ce qui correspond approximativement à 8 molécules par cellule réceptrice lors de chaque inspiration.

Les récepteurs sont localisés dans la muqueuse olfactive

Les récepteurs olfactifs sont localisés dans une région de la muqueuse nasale qualifiée pour cette raison de muqueuse olfactive. Ils possèdent de longs cils qui sont inclus dans la couche de mucus et sur lesquels sont localisées les zones sensibles. Les axones des cellules sensorielles vont ensuite rejoindre le bulbe olfactif en traversant la lame osseuse criblée de l'ethnoïde.

Le codage de l'odeur est réalisé à partir d'un « pattern » de stimulation de la muqueuse

Chaque cellule réceptrice est sensible à différents types de molécules. Mais toutes les cellules ne sont pas sensibles aux mêmes molécules. Ainsi, la répartition dans la muqueuse des cellules sensibles à une odeur particulière définit une carte d'activité des neurones liée à l'odeur correspondante. Chaque odeur possède donc son propre pattern d'activation au niveau de la muqueuse olfactive. Ce type de pattern d'activation se retrouve au niveau du bulbe olfactif, et c'est la mise en jeu synchrone des neurones correspondants qui induit la sensation à l'odeur considérée. Les informations sont ensuite intégrées par des régions phylogénétiquement anciennes du cerveau.

Les quatre qualités du goût : le sucré, le salé, l'acide et l'amer

La sensibilité gustative est une modalité sensorielle pauvre en qualités. Les quatre qualités de base sont le sucré, le salé, l'acide et l'amer. La pointe de la langue est plus sensible aux stimulations sucrées, la partie médiane externe aux stimulations acides, les bords aux stimulus salés, et la base de la langue aux stimulations amères.

Les seuils de détection varient en fonction de la substance. La quinine, ressentie comme amère, est détectée à 8 $mM.L^{-1}$, alors que la saccharine est détectée à la concentration de 23 $mM.L^{-1}$.

Les récepteurs gustatifs sont regroupés en bourgeons du goût

Les cellules réceptrices sont regroupées par 40 à 60, constituant des bourgeons du goût, eux-mêmes localisés au niveau des papilles. Les récepteurs sont renouvelés par les cellules basales des bourgeons du goût environ tous les 10 jours.

L'information est transmise au niveau du cortex somesthésique

Chaque récepteur est plus particulièrement sensible à un type de substance, mais répond également, bien que moins fortement, à d'autres types de substances. Les informations sont transmises par les nerfs facial (VII) et glossopharyngien (IX) au niveau de la région latérale de l'aire somesthésique. La sensibilité gustative à un produit particulier est liée, comme pour l'olfaction, à un pattern d'activité de l'ensemble des récepteurs mis en jeu.

Bourgeon du goût / taste bud : exp., structure correspondant au groupement de quelques dizaines de récepteurs gustatifs.

Muqueuse / mucosa : n.f., tissu épithélial recouvert du mucus sécrété par certaines des cellules qui le constituent.

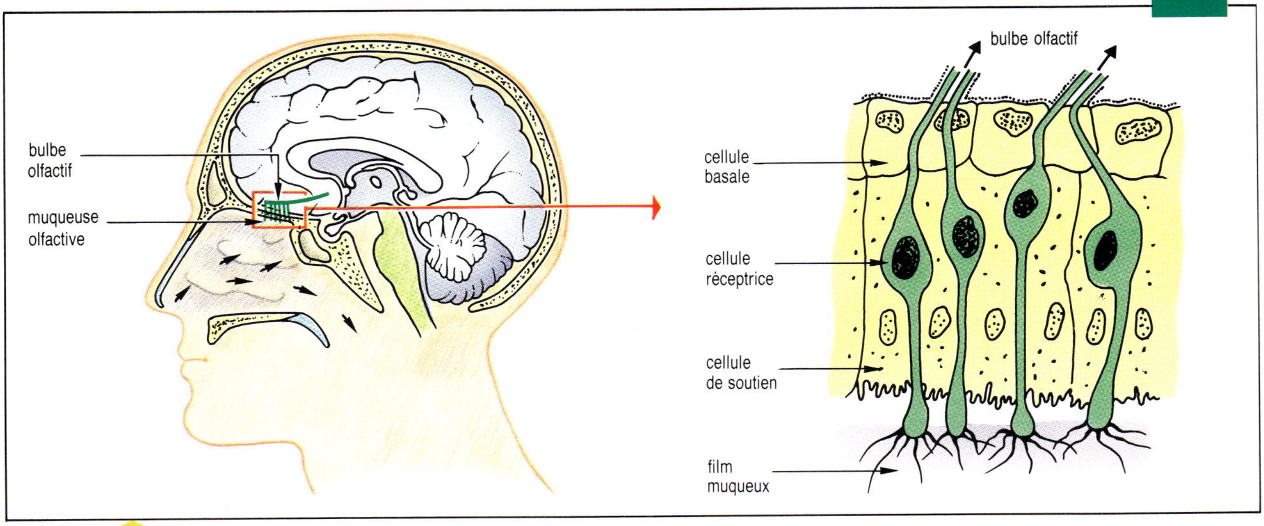

MUQUEUSE OLFACTIVE. La muqueuse olfactive est constituée d'une partie de la muqueuse nasale localisée dans les cornets supérieurs. La muqueuse olfactive est constituée de cellules ciliées sensorielles maintenues par des cellules de soutien (modifié, d'après Ottoson).

LOCALISATION DES RÉCEPTEURS DU GOÛT. Les quatre qualités de la sensibilité gustative sont localisées dans des régions différentes de la langue. Les récepteurs gustatifs sont regroupés en « bourgeons du goût », eux-mêmes organisés sous forme de trois types de structures différentes. Ce sont les papilles invaginées, foliées et fongiformes (adapté de Murray et Shepherd).

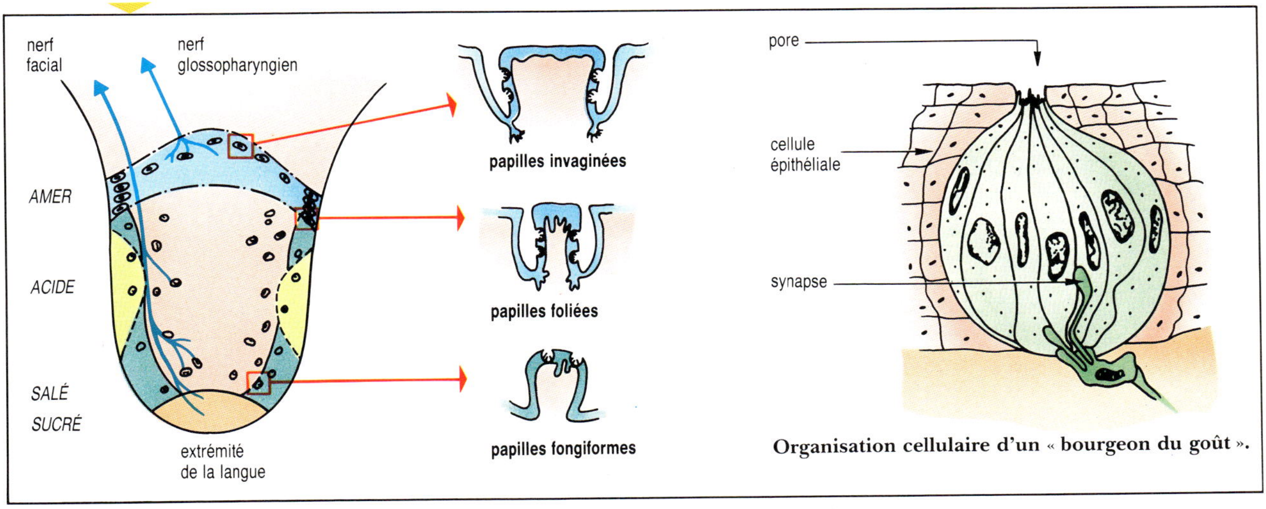

Organisation cellulaire d'un « bourgeon du goût ».

RÉPONSES DE FIBRES SENSORIELLES À DES STIMULATIONS. L'activité de quatre fibres sensorielles différentes (a à d), est enregistrée lors de stimulations sucrée, acide, salée et amère. On peut constater que chaque fibre répond préférentiellement à un type de stimulus, mais également légèrement aux autres (adapté de Erickson).

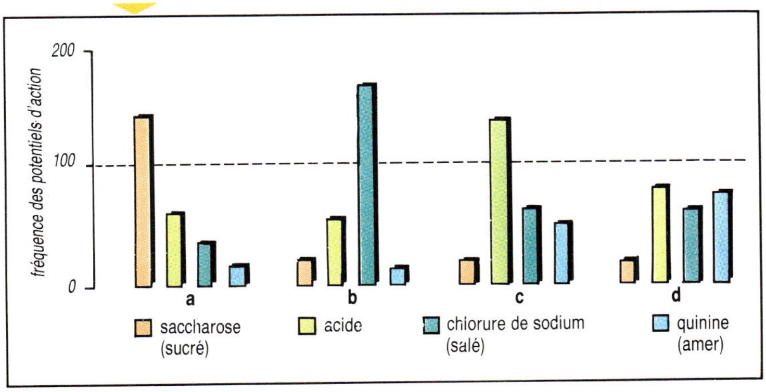

Régions du bulbe olfactif activées par un composé chimique pur (zones rouges)

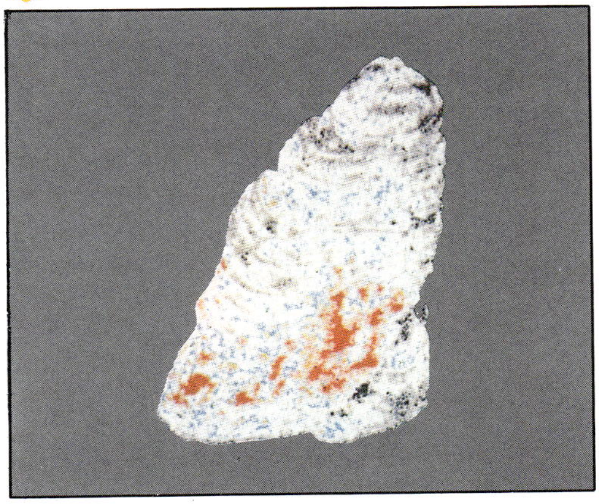

5. Un système non spécifique à haut seuil : la douleur

Différentes qualités et diverses composantes

La douleur comprend plusieurs qualités que l'on peut tout d'abord séparer, selon le lieu d'origine, en somatique et viscérale. La douleur somatique peut être classée en douleur superficielle et douleur profonde. Lors d'une piqûre de la peau à l'aide d'une aiguille, le sujet ressent tout d'abord une douleur nette qui disparaît rapidement (douleur immédiate), puis après une seconde environ, une sensation douloureuse plus diffuse (douleur retardée). Par ailleurs, des stimulations intenses d'autres systèmes sensoriels peuvent entraîner des sensations douloureuses.

Une sensation douloureuse est constituée de différentes composantes :
– une composante sensorielle qui correspond à l'aspect sensoriel proprement dit, au même titre que pour les autres systèmes sensoriels;
– une composante affective ou émotionnelle qui correspond à la valeur subjective que chacun attribue à une stimulation douloureuse;
– une composante végétative qui est le reflet d'une réaction du système nerveux végétatif liée à la stimulation;
– une composante motrice qui se caractérise généralement par un réflexe de retrait ou de fuite.

Douleur projetée et douleur rapportée

Dans le cas de compression du nerf sciatique lors d'affaissement des disques intervertébraux, par exemple, il se produit une sensation douloureuse dans l'ensemble de la région innervée par le nerf touché. On parle dans de tels cas de douleur projetée.

Une stimulation nociceptive viscérale est souvent ressentie à la fois au niveau des structures internes atteintes et à un niveau superficiel. On parle alors de douleur rapportée. Ainsi, les douleurs cardiaques donnent l'impression au sujet de venir de la poitrine et d'une bande interne du bras.

Les nocicepteurs sont des récepteurs spécifiques à haut seuil

Les récepteurs spécifiques de la douleur, ou nocicepteurs, se caractérisent par un seuil plus élevé que les autres récepteurs cutanés. La densité de ces récepteurs à la surface de la peau est beaucoup plus élevée que celle des récepteurs du toucher. Ils correspondent aux terminaisons libres de certaines fibres fines que l'on retrouve dans la majeure partie des tissus.

La douleur emprunte des voies nerveuses spécifiques

Les afférences nociceptives se terminent sur des neurones de la corne antérieure de la moelle épinière qui émettent ensuite des axones vers les centres supérieurs, jusqu'au niveau des aires corticales. Ces projections sont plus diffuses que celles des afférences provenant du système somesthésique.

De plus, les centres nerveux contrôlent en retour le transfert des informations au niveau médullaire. Ainsi, les synapses entre les neurones afférents et les premiers neurones médullaires sont contrôlées par des interneurones inhibiteurs, eux-mêmes commandés par des neurones provenant des centres supérieurs. Ces diverses synapses utilisent des neuromédiateurs particuliers :
– les neurones sensoriels afférents sont des neurones utilisant le glutamate;
– les neurones provenant des centres supérieurs, et activant les interneurones inhibiteurs, sont sérotoninergiques;
– les interneurones inhibiteurs libèrent des enképhalines.

Les enképhalines sont des molécules naturelles dont la structure est proche des substances opiacées telles que la morphine. L'injection de cette substance à un sujet souffrant de douleurs importantes permet, en inhibant la transmission au niveau médullaire, de calmer sa souffrance.

Douleur projetée / projected pain : exp., douleur ressentie dans un territoire particulier, mais due à la stimulation du nerf qui innerve ce territoire.

Douleur rapportée / referred pain : exp., douleur ressentie comme cutanée alors que son origine est végétative.

Enképhalines / enkephalins : n.f., neuromédiateurs chimiques dont la structure moléculaire est proche des substances opiacées.

Nocicepteurs / nociceptors : n.m., récepteurs de la douleur.

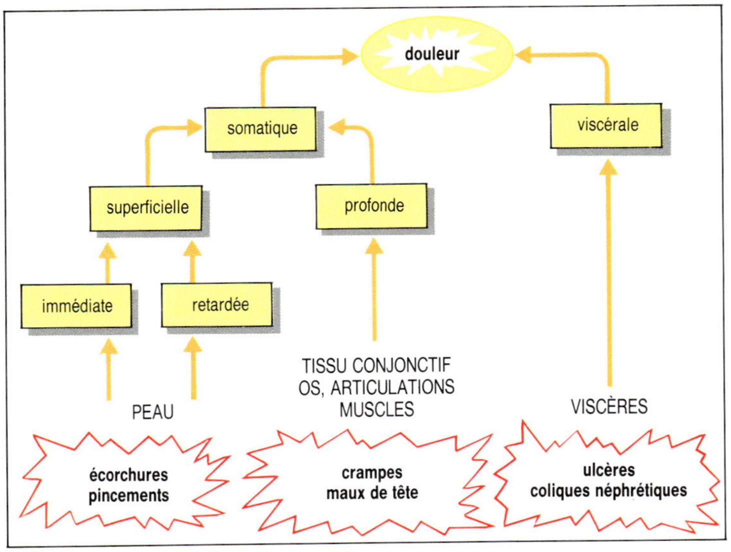

Origine et classification des divers types de douleurs.

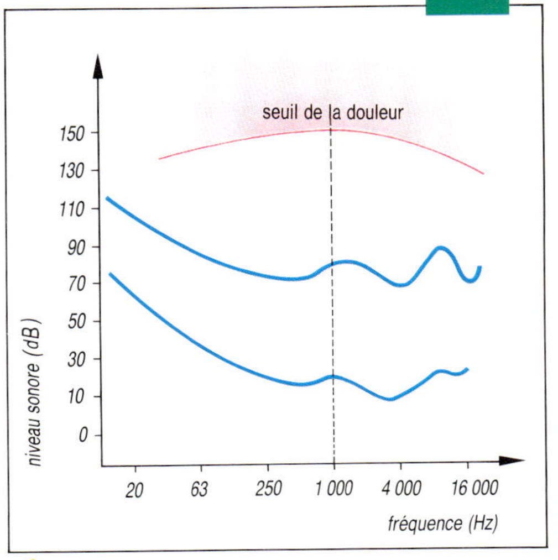

Douleur auditive. À partir d'une puissance sonore d'environ 150 dB, la sensation auditive devient douloureuse.

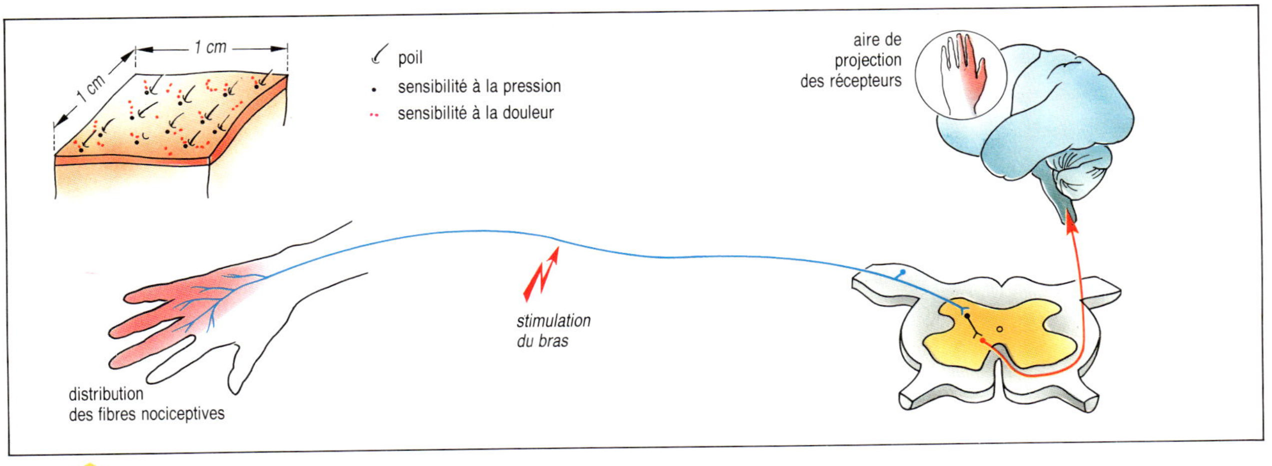

Douleur projetée. La compression du nerf entraîne une sensation douloureuse correspondant au territoire cutané innervé par les fibres comprimées, alors que le stimulus nociceptif est appliqué en un endroit différent. La densité des points à la douleur est beaucoup plus importante à la surface de la peau que celles des points à la pression.

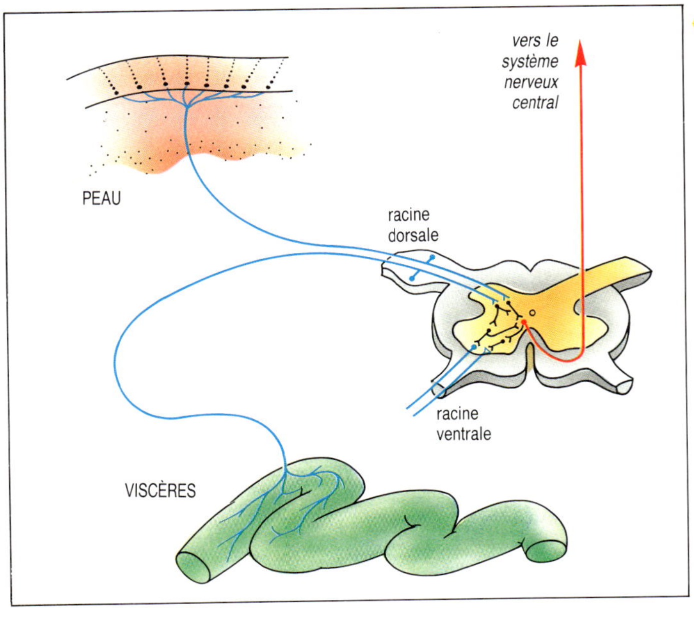

Douleur rapportée. Si les fibres d'intégration correspondant à un territoire cutané possèdent des interneurones communs avec des fibres sensorielles végétatives, il peut y avoir interaction entre les deux systèmes.

Neuromédiateurs impliqués dans les voies de la douleur. Les fibres afférentes fines se terminent sur des interneurones spécifiques. Les neuromédiateurs libérés à ce niveau sont le glutamate et la substance P (SP). Le fonctionnement présynaptique de cette synapse est contrôlé par des fibres provenant des centres supérieurs, et utilisant la sérotonine et des enképhalines comme neuromédiateur.

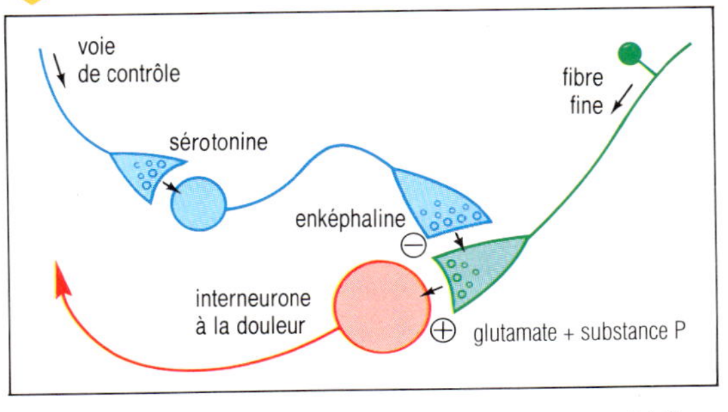

L'ESSENTIEL

1 L'information sensorielle renseigne l'organisme sur différents paramètres physiques et chimiques du milieu. Elle prend naissance au niveau de récepteurs sensoriels qui assurent le codage d'une stimulation, ou transduction. Elle est émise, sous forme d'une succession de potentiels d'action, vers le système nerveux central qui lui affecte alors une valeur subjective.

2 La vision est une sensibilité aux ondes électromagnétiques de longueur d'onde comprise entre 400 et 700 nm. L'œil focalise les rayons lumineux sur la rétine. La rétine comprend les cellules en bâtonnets et les cellules à cônes, assure la transduction et une première intégration, achevée ensuite par le cerveau.

3 L'oreille est l'organe de l'audition, sensibilité aux vibrations du milieu comprises entre 20 et 20 000 Hz. Dans la cochlée de l'oreille interne, des cellules ciliées asssurent la transduction. Le cortex cérébral auditif traite les informations.

4 La somesthésie comprend la sensibilité cutanée superficielle et la sensibilité profonde qui renseigne sur la position du corps ou sur son mouvement. La sensibilité thermique cutanée est liée à des récepteurs au chaud et à des récepteurs au froid.

5 L'organe vestibulaire, à côté de la cochlée, intervient dans le contrôle de la posture et la sensation d'équilibre.

6 Les récepteurs olfactifs sont localisés dans la muqueuse nasale, les récepteurs du goût sur la langue. Le goût comprend quatre qualités : le sucré, le salé, l'amer et l'acide.

7 Les récepteurs spécifiques de la douleur, ou nocicepteurs, ont un seuil plus élevé que les autres récepteurs cutanés. Leur densité est plus élevée que les récepteurs du toucher.

LES MOTS CLÉS

A
accommodation
acuité visuelle

B
bâtonnet
bourgeon du goût

C
canaux semi-circulaires
cellules ganglionnaires
champ récepteur
champ visuel
cochlée
cône
cortex visuel
cristallin

D
diaphragmation
douleur projetée
douleur rapportée

E
enképhaline

F
fovéa
fuseaux neuromusculaires

H
hélicotrème
homonculus

I
inhibition latérale

N
nocicepteur
nystagmus vestibulaire

O
organe de Corti
otolithe

P
perception
point aveugle
potentiel de récepteur
potentiel générateur
pouvoir séparateur
proprioception

R
rétine
rhodopsine

S
saccule
sensibilité profonde
sensibilité somatique
sensibilité somato-viscérale
sensibilité superficielle
somesthésie

T
thermorécepteur
transduction
tympan

U
utricule

AUTO-ÉVALUATION

Les activités proposées dans cette rubrique permettent de vérifier les connaissances acquises au cours de ce chapitre.
Elles peuvent concerner : la terminologie scientifique, les ordres de grandeur, les mécanismes fonctionnels.

AUTOTEST

Testez vos connaissances en répondant aux 6 questions suivantes (réponses en fin d'ouvrage). Chaque réponse doit être justifiée.

QUESTION	RÉPONSE
1. Le potentiel de récepteur est : a) une réponse tout ou rien du récepteur, au-delà d'un seuil ; b) une variation de la différence de potentiel transmembranaire du récepteur sous l'effet d'une stimulation ; c) une manifestation de l'augmentation de la perméabilité au Na^+ ; d) une dépolarisation qui augmente progressivement durant la stimulation.	a b c d
2. L'œil est l'équivalent d'un dioptre de : a) 5 dioptries ; b) 24 dioptries ; c) 58 dioptries ; d) 63 dioptries.	a b c d
3. Le potentiel de récepteur des cellules à bâtonnets est une hyperpolarisation de la membrane.	oui non
4. Un audiogramme est : a) la courbe de sensibilité de l'oreille en fonction de la fréquence ; b) un appareil de mesure de la sensibilité auditive ; c) la courbe de sensibilité d'une cellule ciliée de l'oreille ; d) la courbe de sensibilité d'une cellule du cortex auditif.	a b c d
5. Parmi les récepteurs cités, lesquels sont des récepteurs d'intensité : a) corpuscules de Pacini ; b) corpuscules de Meissner ; c) disques de Merkel ; d) récepteurs des follicules pileux.	a b c d
6. Les canaux semi-circulaires sont : a) des structures de l'oreille moyenne ; b) des organes sensibles à la vitesse angulaire de la tête ; c) des organes sensibles à la position de la tête ; d) des organes sensibles à l'accélération de la tête.	a b c d

ORIENTATIONS DE TRAVAIL

À la fin de ce chapitre, vous devez être capable de :

1. Savoir retrouver les grandes étapes du fonctionnement d'un système sensoriel, et en particulier pouvoir définir ce qu'est la transduction, un traitement séquentiel et un traitement parallèle de l'information.

2. Faire un schéma anatomique de l'œil, et replacer sur ce schéma les structures intervenant dans la convergence des rayons lumineux, le codage de l'information, la diaphragmation et l'accommodation.

3. Décrire les étapes de la transduction dans la cellule à bâtonnet.

4. Décrire les composantes de la somesthésie en détaillant les propriétés des différents récepteurs cutanés.

5. Décrire le mode particulier de codage de l'information dans le système olfactif, et spécifier les raisons de cette particularité.

MINI-GLOSSAIRE MÉDICAL

Agnosie / agnosia : n.f., incapacité à reconnaître un objet dans laquelle le processus affecté ne concerne pas directement le système sensoriel correspondant, mais plutôt la mémoire sémantique.

Anesthésie / anesthesia : n.f., suppression de la sensibilité. Elle est généralement provoquée à des fins thérapeutiques pour éviter la douleur, mais peut également apparaître de façon pathologique dans certaines affections neurologiques.

Astigmatisme / astigmatism : n.m., défaut de convergence visuelle dû à une différence de la convergence de l'œil selon différents méridiens.

Cataracte / cataract : n.f., opacification du cristallin. Elle apparaît généralement chez les sujets âgés, mais peut également être congénitale ou due à un traumatisme, au diabète ou à une hyperthyroïdie.

Hypermétropie / hypermetropia : n.f., anomalie de la vision dans laquelle l'image d'un objet se forme en arrière de la rétine. Elle est due, soit à une convergence insuffisante du globe oculaire, soit au fait que le diamètre de l'œil est trop faible. Elle se corrige par le port de verres convergents.

Myopie / myopia : n.f., anomalie de la vision dans laquelle l'image d'un objet se forme en avant de la rétine. Elle est due, soit à une convergence trop importante du globe oculaire, soit au fait que le diamètre de l'œil est trop grand. Elle se corrige par le port de verres divergents.

Névralgie / neuralgia : n.f., douleur localisée au territoire innervé par un nerf.

Névrite / neuritis : n.f., inflammation d'un nerf dont la cause peut être infectieuse, liée à un traumatisme ou aux effets de substances toxiques.

Presbytie / presbyopia : n.f., diminution, liée à l'âge, de la souplesse du cristallin, et donc difficulté d'accommodation.

PRATIQUES MÉDICALES

Anomalies de la vision des couleurs

La vision colorée est une vision trichromatique : il existe trois types de cônes, permettant chacun la sensibilité à une couleur fondamentale : rouge, vert ou bleu.
Un faible pourcentage de la population, bien que possédant les trois types de cônes, présente une anomalie de la vision colorée. Ces sujets sont qualifiés de trichromates anormaux. 1 % environ de la population, décrit les couleurs comme étant la combinaison de seulement deux couleurs fondamentales, et sont qualifiés de dichromates. La forme la plus commune de cette anomalie est une déficience dans les rouge/vert, et est souvent qualifiée de daltonisme.
Enfin 0,01 % de la population est constitué de personnes ne voyant pas les couleurs, et ne percevant que des gammes de gris. Les bâtonnets et les cônes de ces sujets monochromates contiennent la même rhodopsine.

Pour en savoir plus

BUSER (P.), IMBERT (M.), *Audition*, Hermann – Paris 1987

BUSER (P.), IMBERT (M.), *Psychophysiologie sensorielle*, Hermann – Paris 1985

BUSER (P.), IMBERT (M.), *Vision*, Hermann – Paris 1987

ECKERT (R.), RANDALL (D.), AUGUSTINE (G.), *Animal Physiology*, Freeman – New York 1988

KANDEL (E.R.), SCHWARTZ (J.H.), *Principles of Neural Sciences*, 4e édition, Elsevier – Amsterdam 1991

RICHARD (D.), ORSAL (D.), *Neurophysiologie*, tome 1, collection Fac Sciences, Nathan Université – Paris 1994

SCHMIDT (F.), *Fundamentals of Sensory Physiology*, Springer-Verlag – Berlin 1981

SCHMIDT (F.), *Grundiss der Sinnesphysiologie*, Springer-Verlag – Berlin 1985

SHEPHERD (G.M.), *Neurobiology*, Oxford Press – Londres 1988

POSTURE ET MOUVEMENT

Toutes les cellules de l'organisme produisent des mouvements, exploitant ainsi les aptitudes de *motilité* que leur offre leur cytosquelette. À l'échelle de l'organisme, le mouvement est déterminé par la contractilité de cellules spécialisées : *les cellules musculaires,* dispersées dans différents organes ou tissus, ou regroupées en organes spécifiques : les muscles.

Les forces produites par les muscles ou par des cellules musculaires isolées interviennent à tout niveau, à tout instant, dans la réalisation des grandes fonctions de l'organisme. La contraction des muscles squelettiques permet le maintien de la posture ou, par le mouvement, des réponses de l'organisme aux sollicitations du milieu extérieur. La contraction du muscle cardiaque assure la circulation sanguine. La contraction des muscles lisses participe à des fonctions aussi différentes que la circulation ou la digestion. Tous ces mouvements sont coordonnés, intégrés à l'organisme. L'exécution de tels mouvements constitue un processus complexe, mettant en œuvre un flux considérable d'informations transmises par voie nerveuse.

Sommaire

1. Garder une posture ou effectuer des mouvements

Il existe différentes catégories de muscles

Les muscles constituent 40 à 50 % du poids total du corps humain. Parmi l'ensemble de la musculature, il faut distinguer les muscles des viscères, le muscle cardiaque, et les muscles rattachés au squelette ou muscles squelettiques. Tous ces muscles ont pour propriété commune de pouvoir se contracter, et donc d'exercer un travail qui pourra se manifester, soit sous forme d'un raccourcissement du muscle, soit sous forme de développement d'une force sans variation de la longueur. Nous nous intéresserons, dans ce chapitre, uniquement au fonctionnement des muscles squelettiques.

Muscle, squelette et articulation forment un système de levier

Les muscles s'insèrent sur les os par l'intermédiaire des tendons. La force qu'ils développent lors d'une contraction tend à faire tourner autour d'une articulation les os sur lesquels ils s'insèrent. Ce fonctionnement d'ensemble peut être comparé à un système physique de leviers. Comme pour les systèmes de leviers, la force ou le mouvement développé par un muscle, en fonction de son propre raccourcissement, dépend de la position de ses points d'insertion sur les os par rapport aux points d'articulation.

Deux types de fonctionnement : posture et mouvement

Chaque ensemble muscle, squelette, articulation est adapté soit à l'exécution d'un mouvement ample, soit à la réalisation d'une force importante sans mouvement.

Le maintien d'une posture particulière consiste à lutter contre l'affaissement du corps sous l'effet de la pesanteur. Ceci correspond essentiellement à une activité soutenue dans les muscles antigravitaires. Cette activité de base est qualifiée de tonus postural.

Les mouvements d'un segment du corps par rapport à un autre sont généralement contrôlés par deux ou plusieurs muscles antagonistes. Un mouvement de flexion est non seulement dû à une contraction du muscle fléchisseur, mais également à un relâchement du muscle extenseur.

Utiliser la force élastique

Les muscles sont des tissus non seulement contractiles, mais également élastiques. Si l'on étire un muscle, celui-ci tend à revenir à sa longueur initiale par simple effet élastique, sans utilisation d'énergie. Ainsi lors de la course, au moment de l'appui du membre sur le sol, il se produit un étirement des extenseurs, ce qui facilite le démarrage de la phase d'extension du membre.

L'activité musculaire est contrôlée par le système nerveux

Chaque muscle somatique est constitué d'un ensemble de cellules musculaires ou fibres musculaires. Ces fibres musculaires sont innervées par des motoneurones α. Chaque motoneurone innerve plusieurs fibres musculaires qu'il active de façon synchrone. Un ensemble fonctionnel, constitué du motoneurone et des fibres musculaires qu'il innerve, constitue une unité motrice. Selon le nombre de fibres musculaires de chaque unité motrice, le contrôle de la contraction d'un muscle sera plus ou moins gradué. Cela va de 3 à 6 fibres pour les muscles oculomoteurs à plusieurs milliers pour les muscles des membres. Au cours d'une contraction de force croissante, d'une part la fréquence d'activité sur les fibres motrices issues des motoneurones α augmente progressivement, d'autre part, le nombre d'unités motrices recrutées augmente également.

Muscles antagonistes / antagonist muscles : exp., couple de muscles squelettiques dont les effets sur le mouvement d'un segment du corps sont inverses (flexion - extension).

Muscle squelettique / skeletal muscle : exp., muscle dont les extrémités sont insérées sur le squelette.

Posture / posture : n.f., position particulière du corps.

Tonus postural / postural tonus : exp., activité musculaire soutenue permettant de maintenir une posture particulière.

Unité motrice / motor unit : exp., ensemble comprenant un motoneurone α et les fibres musculaires qu'il innerve.

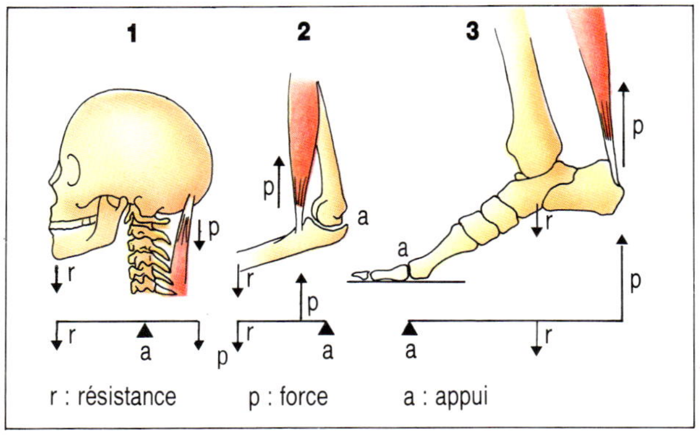

Trois types de leviers. Les mouvements des segments du corps les uns par rapport aux autres correspondent à trois types de leviers. -1- résistance et force sont de part et d'autre du point d'appui; -2- la force est appliquée plus près du point d'appui que la résistance; -3- la force est plus éloignée du point d'appui que la résistance.

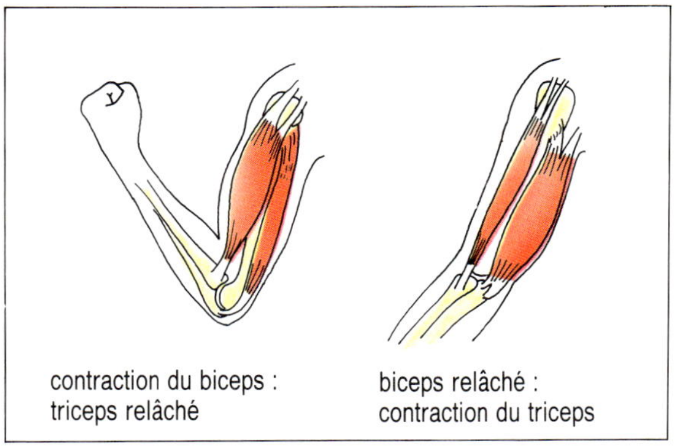

Mouvement et contraction musculaire. Les muscles sont généralement organisés en couples antagonistes permettant des mouvements inverses.

La prise d'un objet nécessite une succession de mouvements parfaitement organisés.

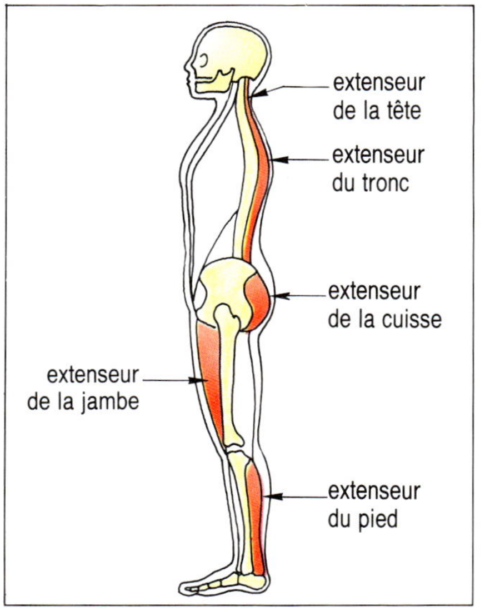

Muscles posturaux. Les muscles impliqués dans la posture « debout », sont des muscles antigravitaires, et donc extenseurs.

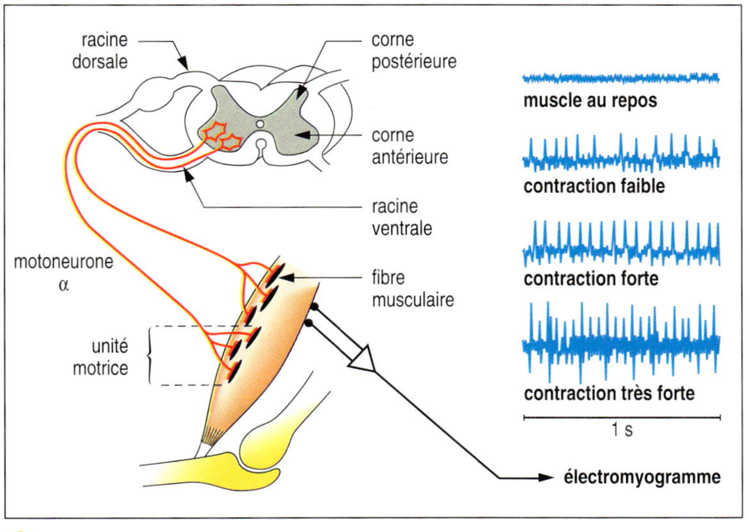

Innervation des fibres musculaires. Un même motoneurone innerve plusieurs fibres musculaires. L'ensemble constitue une unité motrice. Au cours d'une contraction de force croissante, il y a augmentation de la fréquence des potentiels d'action et recrutement de nouvelles voies motrices.

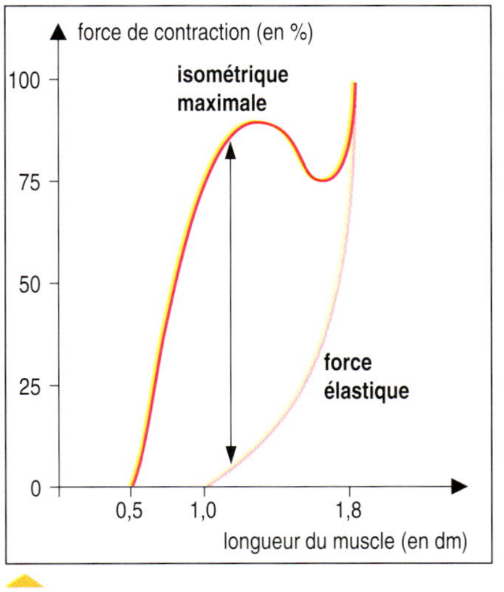

Force musculaire en fonction de la longueur initiale. La force développée est maximale lorsque la longueur de départ équivaut à la longueur normale au repos.

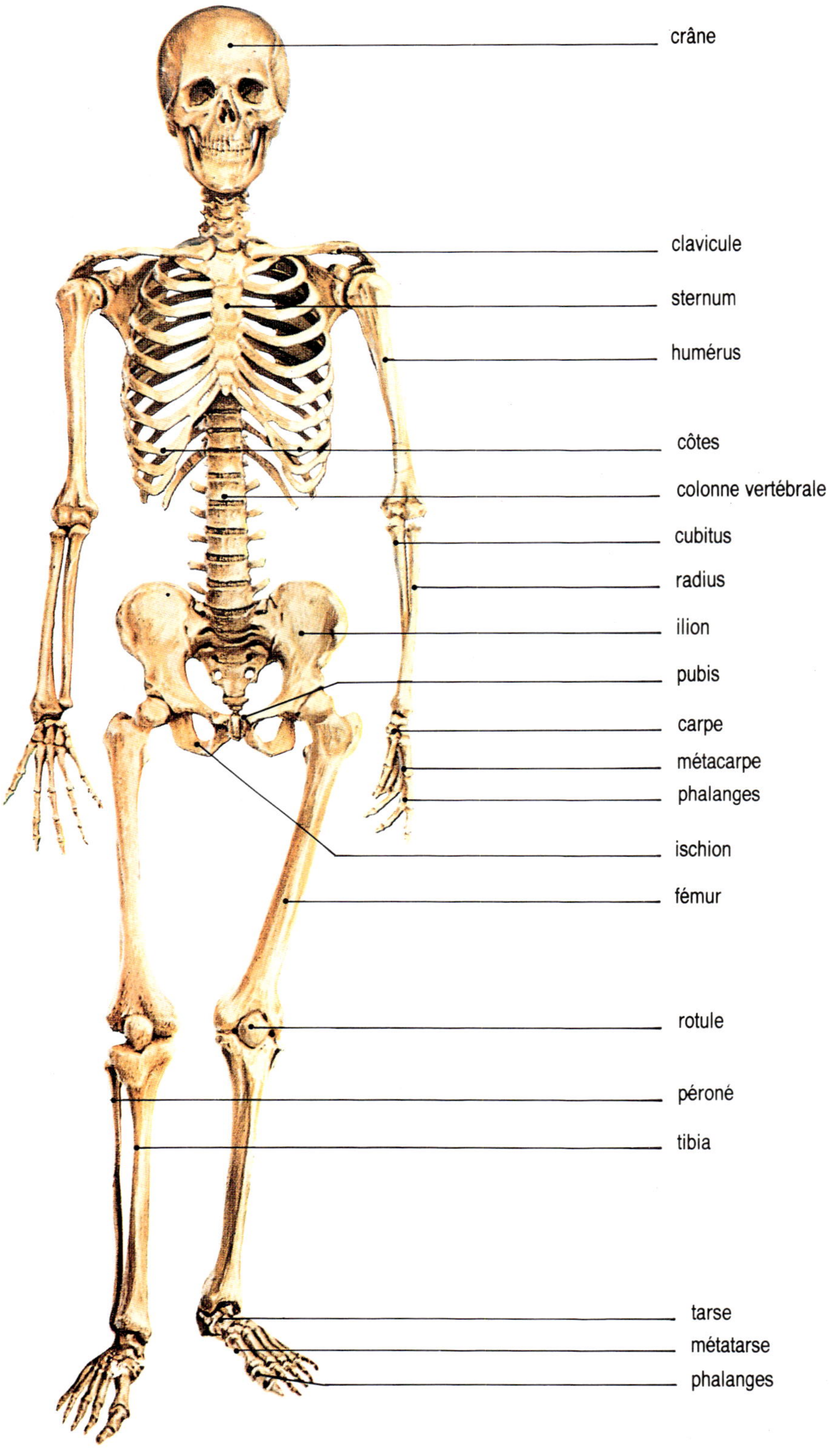

Le squelette, principaux os.

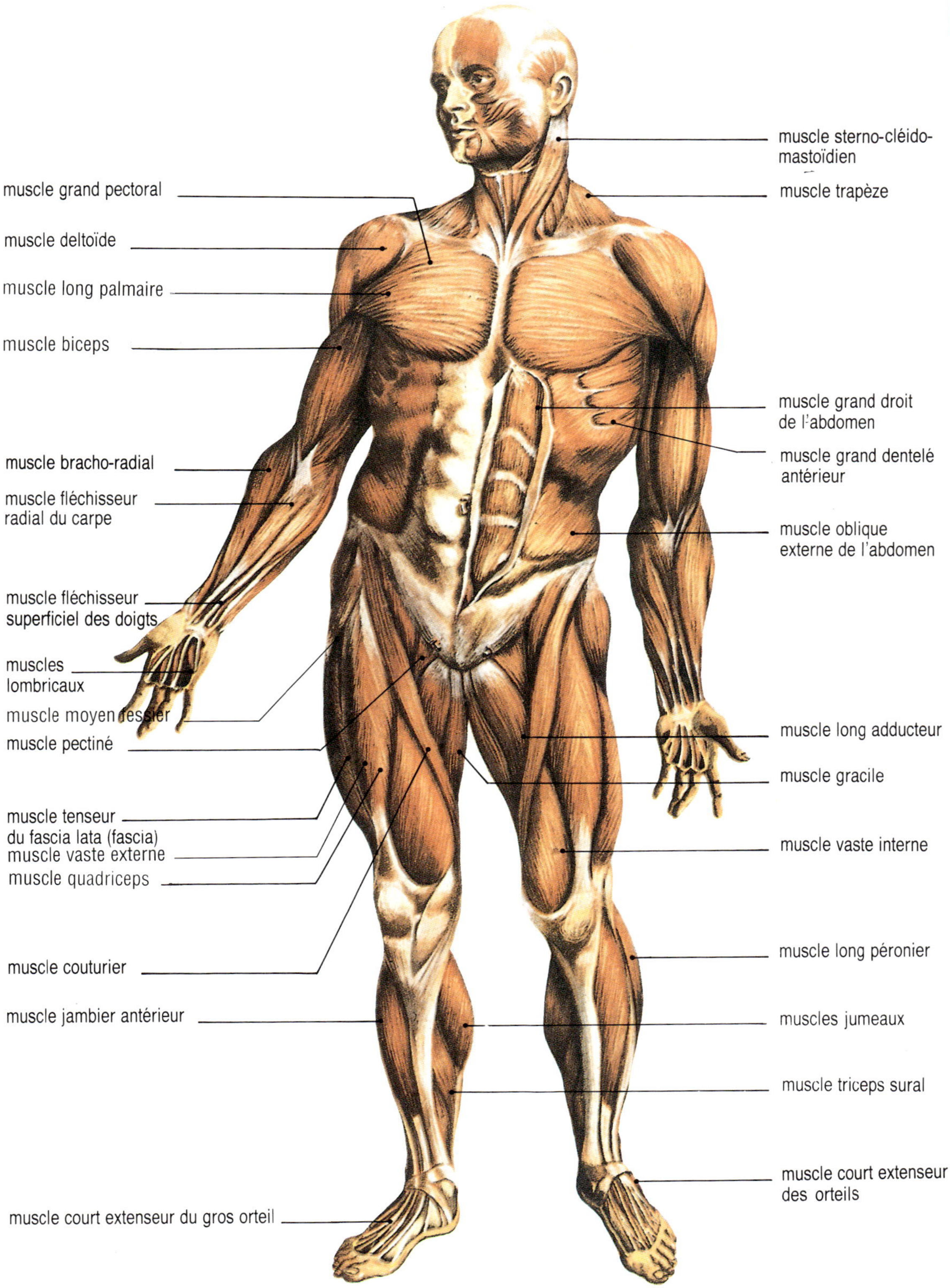

Les principaux muscles squelettiques.

Observée à un faible grossissement (× 50), la structure fibreuse du muscle est caractéristique.

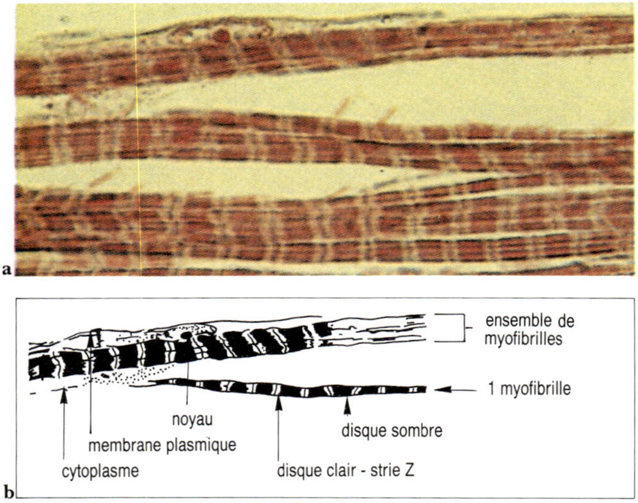

Les cellules qui constituent le muscle squelettique sont des fibres striées (M.O × 180).
(a) Observation au microscope optique.
(b) Dessin d'interprétation.

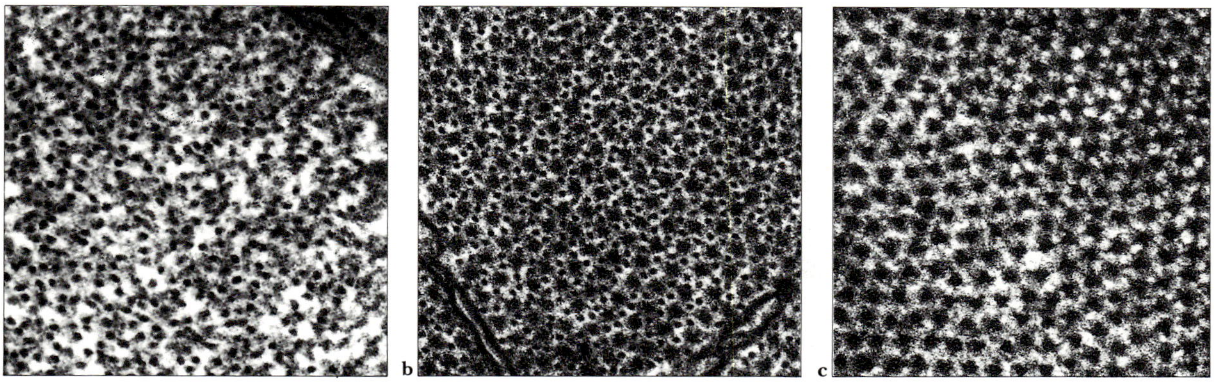

Coupes transversales de myofibrille observées au MET (× 100 000). (a) Coupe réalisée au niveau d'un « disque clair ». (b) Coupe réalisée au niveau d'un « disque sombre ». (c) Coupe réalisée au niveau médian d'un « disque sombre ».

Coupe longitudinale de fibre musculaire observée au MET (×27 000).

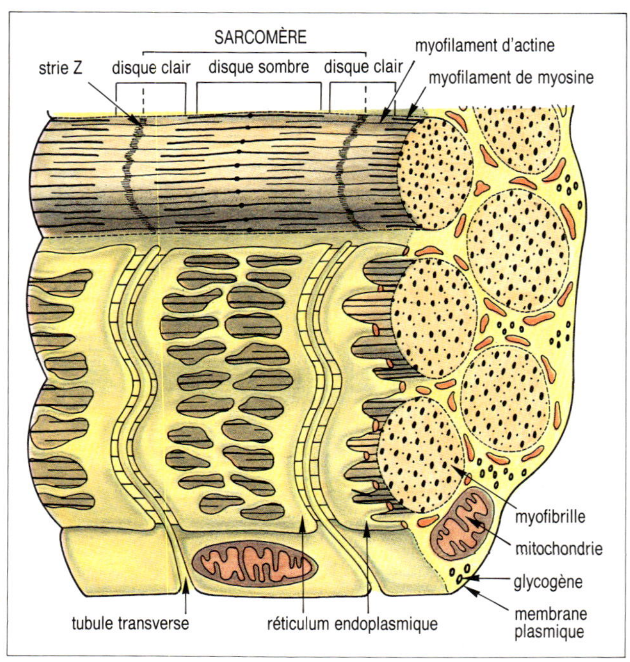

Reconstitution tridimensionnelle de l'organisation de la fibre musculaire.

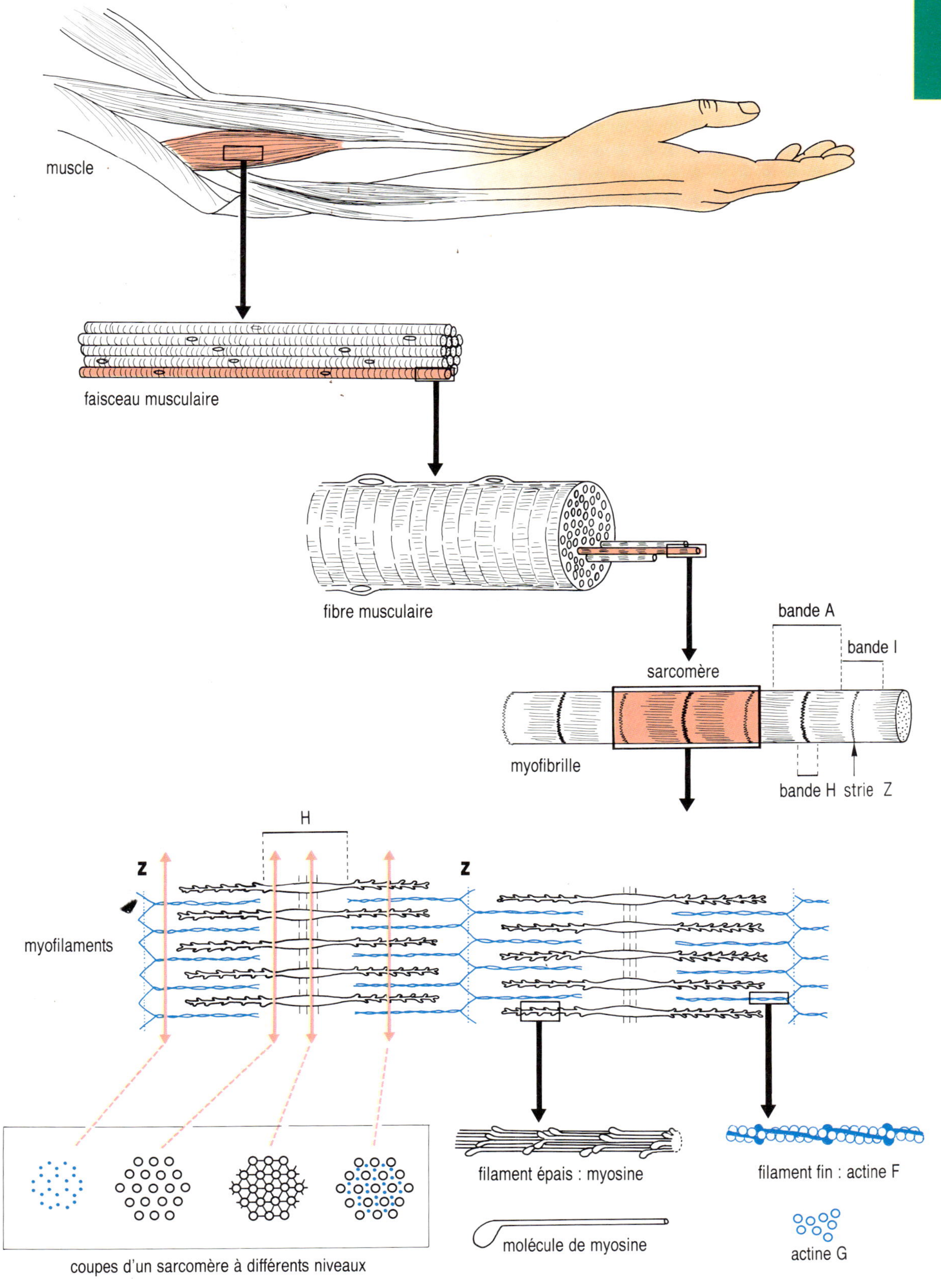

Le muscle squelettique, de l'organe à la molécule. (D'après Bloom et Fawcett, 1975)

2. Les forces sont exercées par la contraction des muscles

La fibre musculaire : une cellule différenciée

Une fibre musculaire squelettique est constituée d'un ensemble de cellules dont les cytoplasmes sont confondus, ou syncytium. Le cytoplasme, ou sarcoplasme, contient de nombreux filaments protéiques de natures différentes, organisés de façon répétitive, ce qui se traduit à l'échelle du microscope optique sous forme d'une striation transversale. L'unité de constitution de cette structure répétitive forme un sarcomère, limité par deux stries Z.
Les filaments protéiques sont regroupés en paquets entourés de réticulum allant d'une strie Z à la suivante. Au niveau des stries Z circule un réseau de tubules transverses provenant de l'invagination de la membrane. L'ensemble tubule transverse et réticulum constitue le système T.

Transmission du message nerveux à la fibre musculaire

L'information est véhiculée le long des fibres motrices α sous forme d'une succession de potentiels d'action. Au niveau présynaptique, il y a libération d'acétylcholine qui vient se fixer sur des récepteurs postsynaptiques. La combinaison médiateur-récepteur entraîne une dépolarisation locale ou Potentiel de Plaque Motrice (PPM) qui a toujours une amplitude suffisante pour provoquer la formation d'un potentiel d'action.
Cette synapse particulière réalise donc un codage 1 pour 1 (un potentiel d'action sur la fibre motrice pour un potentiel d'action sur la fibre musculaire qu'il innerve). Ainsi le codage réalisé au niveau du système nerveux central est directement répercuté, sans modification, au niveau du système d'exécution.

Le potentiel d'action musculaire libère du Ca^{2+}

Le potentiel d'action musculaire, propagé de façon régénérative le long de la membrane de la fibre, est conduit de façon électrique le long des tubules transverses. Ces courants électriques activent un récepteur localisé sur la membrane du tubule T qui, à son tour, active un récepteur situé sur la membrane du réticulum. Ce dernier récepteur, activable artificiellement par la ryanodine, laisse alors diffuser le Ca^{2+} depuis le réticulum vers le sarcoplasme.
Le Ca^{2+} se fixe sur la troponine qui se dégage des filaments d'actine, et entraîne avec elle les filaments de tropomyosine. Ceci libère l'ensemble des sites de fixation de la myosine sur les molécules d'actine. Les têtes de myosine se fixent alors sur les molécules d'actine en face desquelles elles se trouvent.

L'hydrolyse de l'ATP permet le mouvement relatif des filaments

La combinaison d'une tête de myosine avec une molécule d'actine constitue un site ATPasique capable de récupérer l'énergie d'hydrolyse de l'ATP pour permettre un mouvement de la tête de myosine. Ce mouvement élémentaire provoque un glissement des filaments les uns par rapport aux autres ou, si la résistance au mouvement est trop importante, le développement d'une force. Lorsque la membrane n'est plus excitée, une pompe à Ca^{2+}, située dans la membrane du réticulum, réincorpore cet ion dans la cavité du réticulum.

L'ATP : plaque tournante du métabolisme énergétique

Bien que la contraction musculaire consomme de l'énergie sous forme d'hydrolyse de l'ATP, la concentration en cette molécule ne varie pas au cours d'une contraction. L'ATP est en effet automatiquement régénéré après sa consommation, à partir d'une molécule plus « riche en énergie » : la phosphocréatine. Dès le début d'un exercice musculaire, mais aussi après celui-ci, divers processus métaboliques reconstituent le stock de phosphocréatine à partir de métabolites intermédiaires ou des réserves musculaires en glycogène.

Potentiel de plaque motrice (PPM) / end-plate potential (EPP) : exp., variation localisée de la différence de potentiel transmembranaire de la fibre musculaire, provoquée par la combinaison de l'acétylcholine avec son récepteur postsynaptique.

Sarcomère / sarcomere : n.m., élément structural et fonctionnel de la fibre musculaire.

Sarcoplasme / sarcoplasm : n.m., terme particulier pour désigner le cytoplasme des fibres musculaires.

Syncytium / syncytium : n.m., ensemble de cellules fusionnées entre elles, seuls les noyaux restant dissociés.

Système T / transverse tubule : exp., ensemble constitué par les tubules transverses provenant d'une invagination de la membrane, et les citernes du réticulum sarcoplasmique.

Tropomyosine / tropomyosin : n.f., protéine filamenteuse disposée le long des molécules d'actine F, et en masquant, en absence de calcium, les sites de combinaison avec la myosine.

Troponine / troponin : n.f., molécule protéique attachée à la tropomyosine, et capable de fixer le calcium.

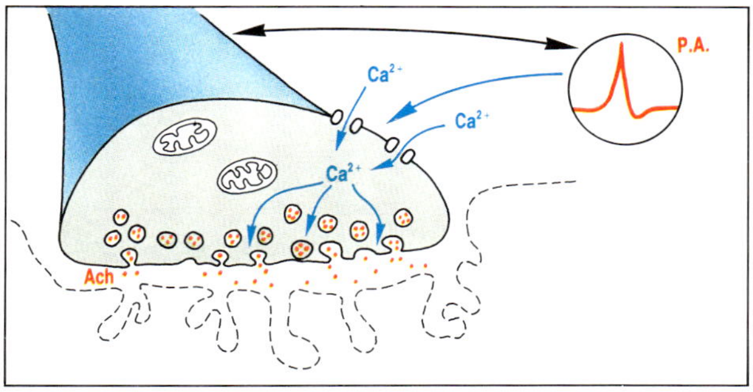

1 – Le potentiel d'action, sur la fibre motrice, provoque l'ouverture d'un canal. Ce dernier provoque à son tour la libération de l'acétylcholine au niveau de la transmission synaptique.

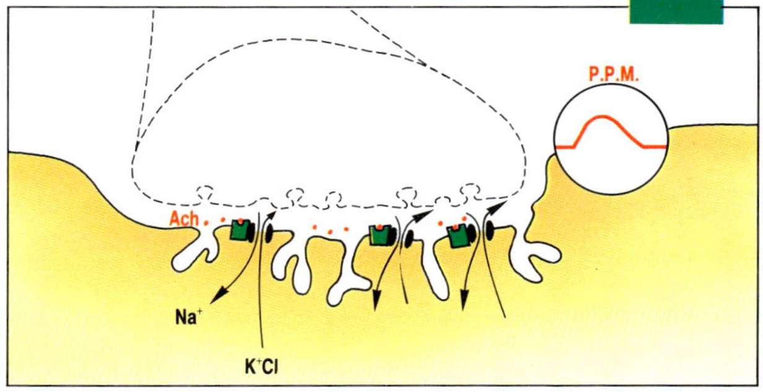

2 – L'acétylcholine se fixe sur un récepteur postsynaptique, ce qui entraîne l'ouverture de canaux non spécifiques. Les courants qui apparaissent dépolarisent la membrane. C'est le potentiel de plaque motrice sur lequel se greffe un potentiel d'action.

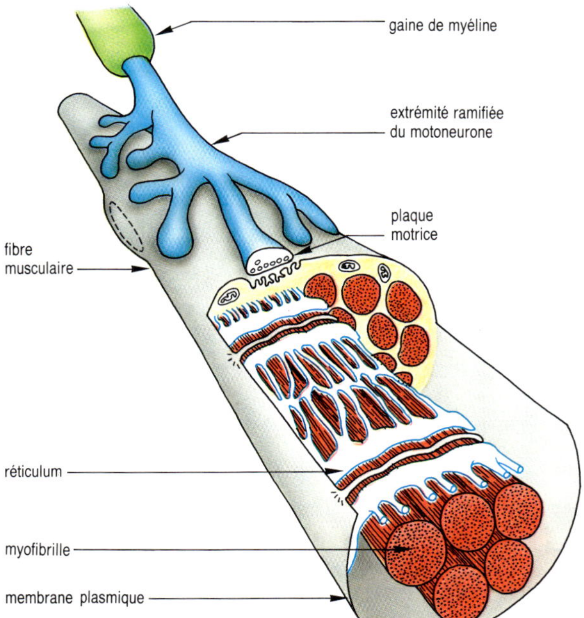

PHASES SUCCESSIVES DE L'ACTIVATION DE LA FIBRE MUSCULAIRE.

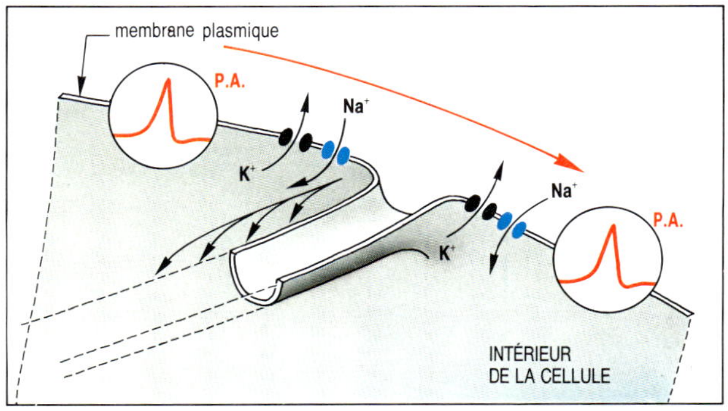

3 – Le potentiel d'action est propagé de façon régénérative le long de la membrane, puis de façon électrique au niveau des tubules transverses.

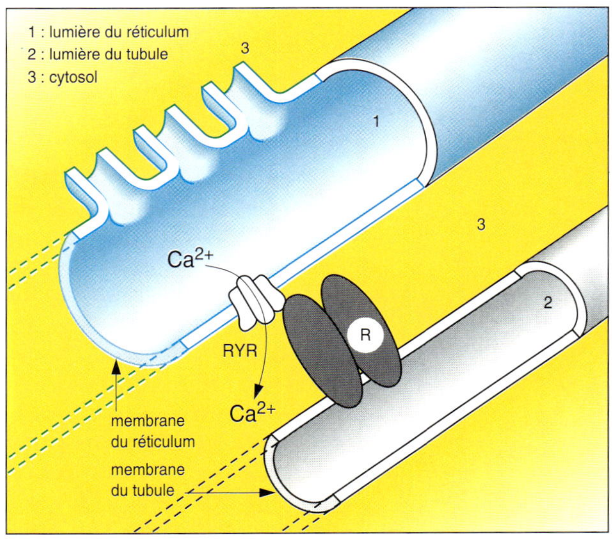

4 - À ce niveau, les courants provoquent l'activation d'une phospholipase C (PLC) qui convertit le phospho-inositol (PI) en diacylglycérol (DAG) et en inositol-triphosphate (IP3), lequel provoque l'ouverture d'un canal Ca^{2+}, et le passage de cet ion du réticulum dans le hyaloplasme.

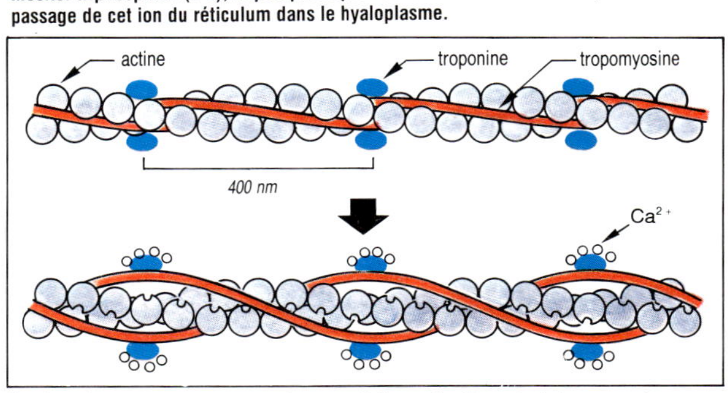

5 – Le calcium se fixe sur la troponine, ce qui dégage les filaments de tropomyosine des sites de fixation de l'actine.

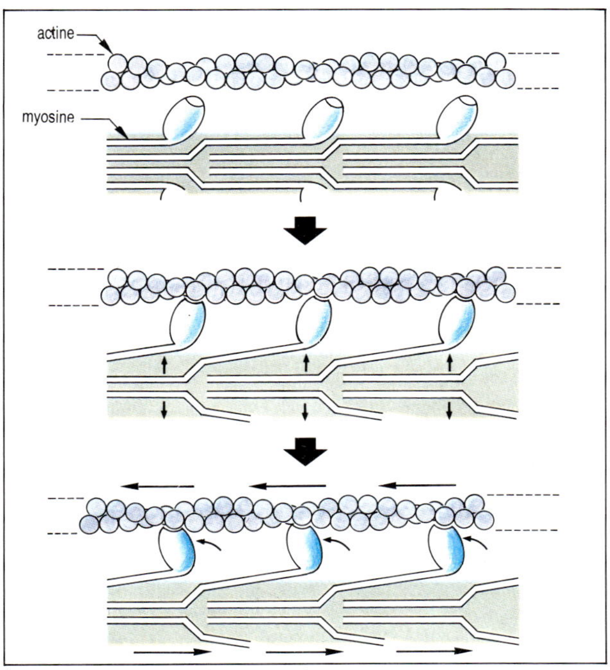

6 – Les têtes de myosine se fixent alors sur l'actine, et permettent le glissement des filaments les uns par rapport aux autres. L'énergie nécessaire à ce déplacement provient de l'hydrolyse de l'ATP.

1. Le réflexe myotatique est à la base de l'activité posturale

Le réflexe myotatique est aisé à mettre en évidence

Lors d'une visite chez le médecin, celui-ci peut chercher à détecter un dysfonctionnement du système nerveux sensoriel ou moteur. Pour cela, l'une des activités les plus faciles à tester est le réflexe myotatique. Au cours de ce test, le praticien tape légèrement à l'aide d'un marteau sur le tendon d'un muscle, et contrôle le mouvement obtenu. Le fait de frapper sur un tendon provoque un étirement du muscle auquel il est rattaché, et l'on observe alors, en réponse, une contraction de ce même muscle.

Une réaction motrice involontaire à une stimulation sensorielle est qualifiée de réflexe, et l'organe impliqué ici étant limité au muscle, ce réflexe est qualifié de réflexe myotatique.

Caractéristiques fonctionnelles du réflexe myotatique

Dès le début du siècle Sherrington a mis en évidence les caractéristiques de ce réflexe. Sur un animal, il isole un muscle de l'organisme, tout en conservant intactes son innervation (liens nerveux avec la moelle épinière). Le muscle est ensuite attaché par l'une de ses extrémités à un capteur permettant de mesurer la tension sans permettre de déformation. L'autre extrémité est attachée à un système permettant d'étirer le muscle dans le sens de sa longueur. Lors d'un étirement rapide, le muscle développe une tension qui se maintient tant que dure l'étirement.

La contraction musculaire réflexe apparaît après un temps de latence très bref, et présente une phase de montée rapide. La réponse proprement dite est caractérisée par une phase dynamique importante suivie d'une phase statique d'amplitude plus faible. Lorsque l'étirement cesse, le relâchement musculaire est également très rapide.

Mise en jeu des motoneurones par les fuseaux neuromusculaires

Un réflexe est lié à l'activité d'un ensemble de structures. Les stimulations doivent être détectées par un capteur au niveau duquel naît un message sensoriel, qui est transmis à un centre nerveux. Celui-ci émet alors un message moteur par l'intermédiaire de fibres efférentes jusqu'au niveau d'un effecteur.

Dans le cas du réflexe myotatique, les récepteurs mis en jeu sont les fuseaux neuromusculaires. Ces structures sont innervées par des fibres sensorielles Ia de gros diamètre, et des fibres II de diamètre plus faible. Un étirement musculaire provoque une activation de ces deux types de fibres, mais il a été montré que le réflexe myotatique est essentiellement dû à l'activité sur les fibres Ia.

L'activation des fibres Ia est suivie par une activation similaire des fibres motrices α qui provoquent à leur tour une activation des fibres musculaires, et donc une contraction musculaire.

Les voies afférentes et efférentes de ce réflexe correspondent à la mise en jeu d'une « boucle » nerveuse Ia-α.

Le réflexe myotatique et le contrôle de la posture

Les connexions entre les fibres sensorielles Ia et les motoneurones α, mettent en jeu une seule synapse. On parle alors en ce cas de réflexe monosynaptique. L'intervention de fibres de gros diamètre, et donc rapides, ainsi que la présence d'une seule synapse au niveau central justifient le faible temps de latence observé lors de l'étirement. Ceci explique également que ce réflexe soit peu fatigable, et que la contraction cesse dès l'arrêt de l'étirement.

D'un point de vue général, on peut imaginer aisément que ce réflexe intervient dans le maintien de la posture. En effet, un étirement des muscles extenseurs, par exemple sous l'effet du poids du corps, provoque immédiatement, de façon réflexe une contraction de ces muscles et donc une extension des membres impliqués.

Boucle nerveuse Ia-α / Ia-α loop : exp., elle représente l'enchaînement fonctionnel entre les afférences Ia provenant des fuseaux neuromusculaires et les motoneurones α innervant le muscle.

Réflexe myotatique / stretch reflex : exp., réflexe de contraction d'un muscle lié à son propre étirement.

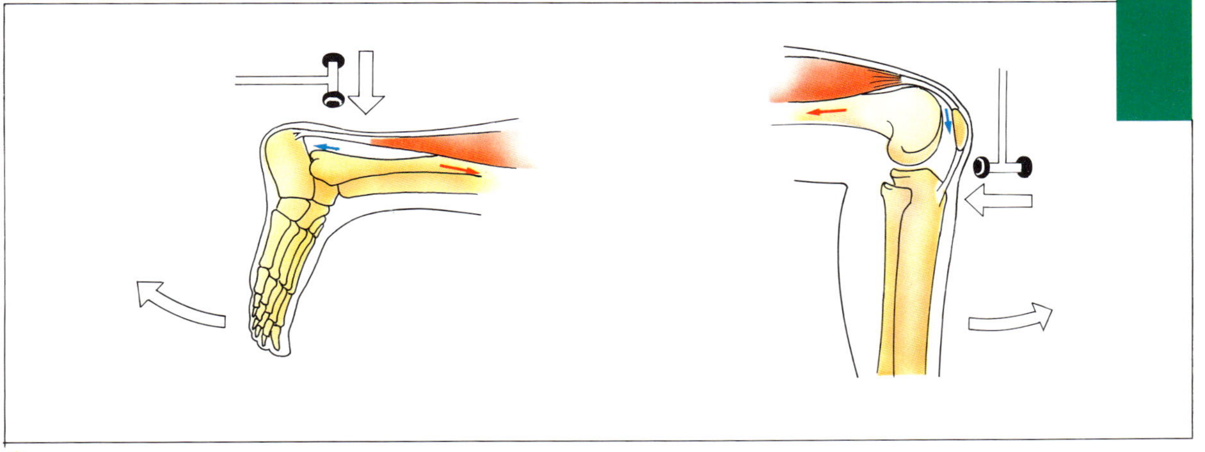

Réflexe myotatique. Le réflexe myotatique correspond à la contraction d'un muscle en réponse à son propre étirement. Il est couramment testé en frappant sur le tendon d'achille ou sur le tendon rotulien, ce qui étire respectivement le muscle postérieur du tibia et le muscle antérieur de la cuisse, et provoque un relèvement du pied ou une extension de la jambe.

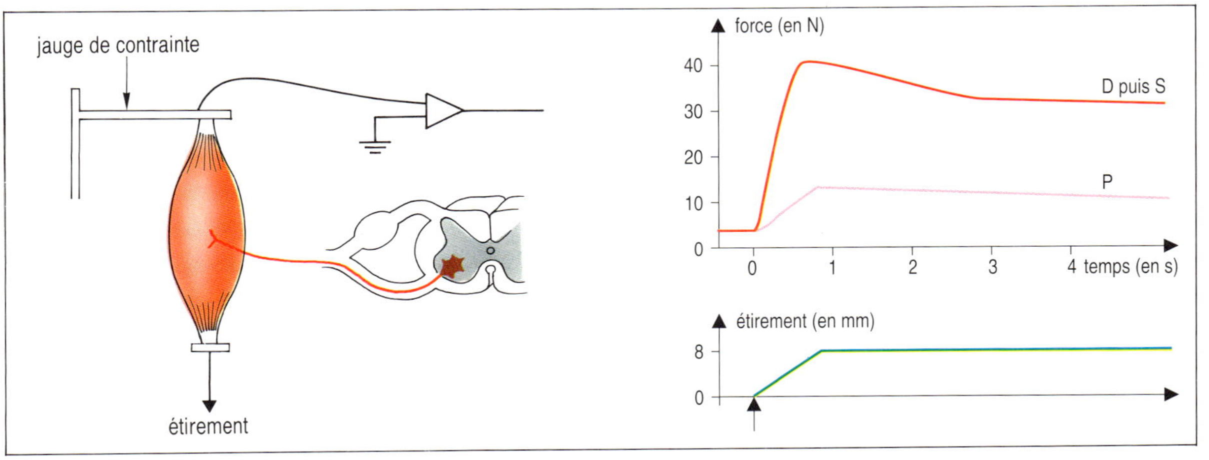

Expérience de Sherrington. Pour étudier les caractéristiques du réflexe myotatique, un muscle est isolé avec son innervation. Il est attaché à une extrémité à une jauge de contrainte qui en mesure la tension, tandis que l'extrémité libre permet de l'étirer. Un étirement provoque une contraction réflexe du muscle caractérisée par une phase dynamique (D) suivie d'une phase statique (S) plus faible. L'étirement d'un muscle dénervé n'entraîne plus cette réponse (P).

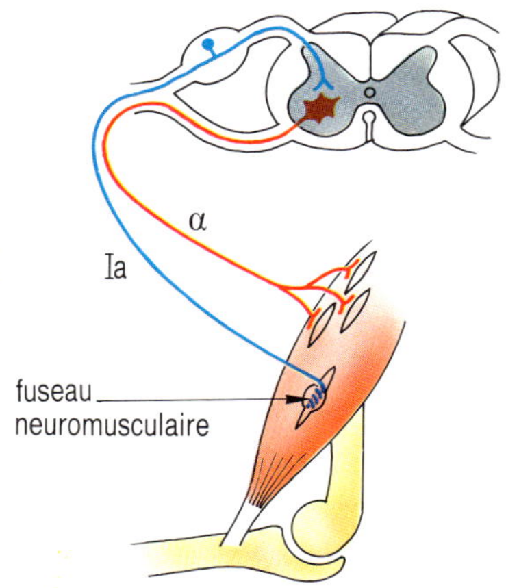

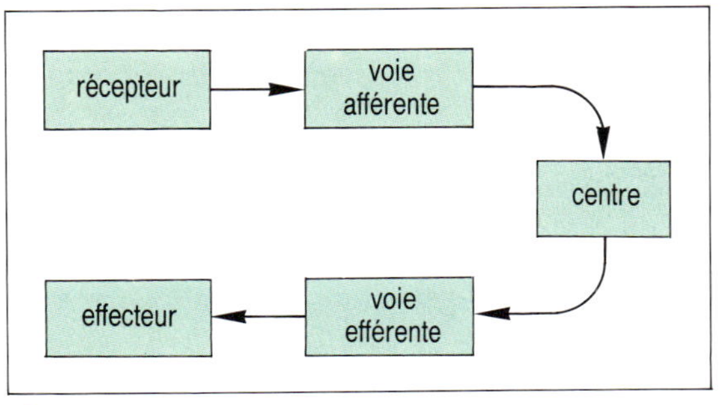

Schéma général d'un réflexe.
L'information codée par un récepteur est transmise le long d'une voie afférente puis intégrée au niveau d'un centre qui, par des voies efférentes, agit sur un effecteur.

Le réflexe myotatique est un réflexe monosynaptique. Les fibres sensorielles Ia provenant des fuseaux neuromusculaires, font un contact monosynaptique direct avec les motoneurones α innervant les fibres musculaires du même muscle.

2. Le réflexe myotatique correspond à une boucle de régulation contrôlée

La notion de boucle de régulation

Une boucle de régulation est un système qui maintient de façon dynamique une variable autour d'un niveau stable. C'est le cas, par exemple du fonctionnement d'un chauffage domestique réglé par thermostat. Une fois la température ambiante fixée par la personne qui contrôle le chauffage, cette température est maintenue constante quelle que soit la température extérieure. La température constitue la variable réglée dont la valeur est définie par son point de consigne (température consignée). Lorsque la valeur de la variable est modifiée sous l'action d'une perturbation extérieure, un capteur (thermomètre) détecte cette variation et transmet l'information à un point de sommation (thermostat) qui compare cette nouvelle valeur à la valeur du point de consigne. Si la valeur enregistrée est différente du point de consigne, le point de sommation émet un signal d'erreur dont le rôle est d'inverser l'effet enregistré. Cet effet d'inversion est souvent schématiquement représenté par un point d'inversion. Enfin, le signal d'erreur est transmis à un effecteur qui corrige la variation. La variable réglée est donc ainsi maintenue en permanence autour de la valeur définie par le point de consigne.

Boucle de régulation / negative feedback regulation : exp., système fonctionnel permettant de maintenir de façon dynamique une variable autour d'une valeur de référence.

Point de consigne / set point : exp., valeur assignée à la variable d'un boucle de régulation.

Point de sommation / controller : exp., élément d'une boucle de régulation susceptible de comparer la valeur mesurée d'une variable au point de consigne de cette même variable.

Point d'inversion / subtracting point : exp., élément d'une boucle de régulation permettant l'inversion entre le sens de la perturbation, et celui de la correction.

Signal d'erreur / error signal : exp., signal de correction émis par le point de sommation d'une boucle de régulation.

Variable réglée / controlled variable : exp., élément maintenu constant par une boucle de régulation.

Le réflexe myotatique est une boucle de régulation de la longueur musculaire

L'étirement du muscle provoque de façon réflexe sa propre contraction, c'est-à-dire son propre raccourcissement.

Dans cet exemple, la variable réglée est la longueur du muscle. Les capteurs de la variation de longueur du muscle sont les fuseaux neuromusculaires. Le point de sommation est constitué par les motoneurones α qui comparent les afférences provenant des fibres sensorielles Ia à la valeur définie par le système nerveux central. Lorsque la longueur n'est pas convenable, ces motoneurones émettent un signal d'erreur sur les fibres α, qui entraînent une contraction du muscle, et donc son raccourcissement. Le processus d'inversion est ici dû à la propriété du muscle de se raccourcir lorsqu'il est stimulé.

Cette boucle de régulation est contrôlée par les fibres γ

Les parties terminales des fibres musculaires qui constituent les fuseaux neuromusculaires sont contractiles, tout comme les fibres musculaires banales. Les axones des motoneurones qui innervent ces parties terminales sont des fibres γ. Une stimulation de ces fibres γ provoque une contraction des parties terminales des fuseaux neuromusculaires innervés, mais le nombre de ces fibres est insuffisant pour provoquer directement un raccourcissement de l'ensemble du muscle. Cependant, si l'on stimule les fibres γ d'un muscle ayant gardé toute son innervation, la contraction des parties terminales des fuseaux neuromusculaires provoque l'étirement de la région sensorielle centrale de ces mêmes fuseaux. Cet étirement provoque une activation des fibres Ia qui viennent à leur tour stimuler les motoneurones α, entraînant une contraction musculaire. Ainsi les motoneurones γ peuvent déclencher, par l'intermédiaire de la boucle Ia-α, une contraction musculaire. On peut montrer que fonctionnellement, cela revient à modifier le point de consigne de la boucle de régulation constituée par le réflexe myotatique.

Le système nerveux central peut donc provoquer une contraction musculaire, soit directement en agissant sur les motoneurones α, soit en agissant sur les motoneurones γ qui modifieront le point de consigne du réflexe myotatique, et donc la longueur musculaire.

Dans le cas de l'activité posturale, le contrôle central s'opère essentiellement par l'intermédiaire du système γ, tandis que lors de l'exécution d'un mouvement, le contrôle est à la fois α et γ.

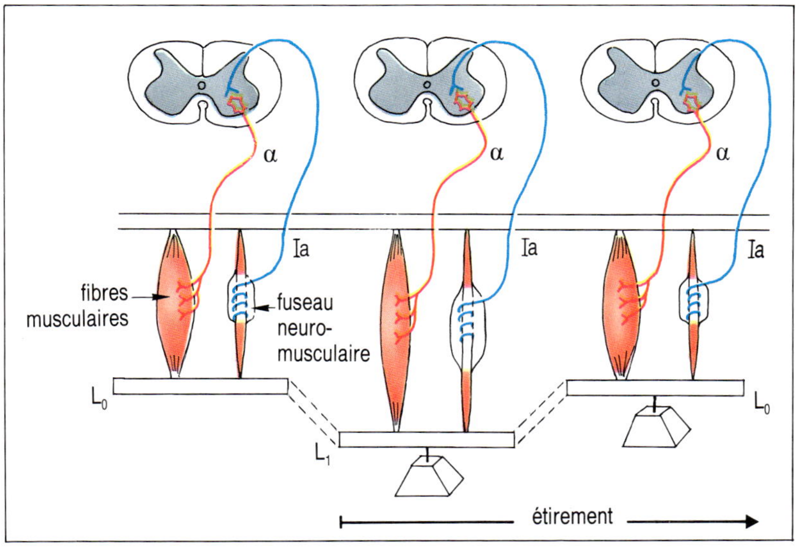

Schéma fonctionnel du réflexe myotatique. Le muscle est au départ à sa longueur de repos L_0. L'étirement provoque un allongement à la longueur L_1. Cet allongement stimule les fibres sensorielles Ia qui stimulent à leur tour les motoneurones. L'activation de ces derniers provoque une contraction, et donc un raccourcissement du muscle à sa longueur de départ L_0.

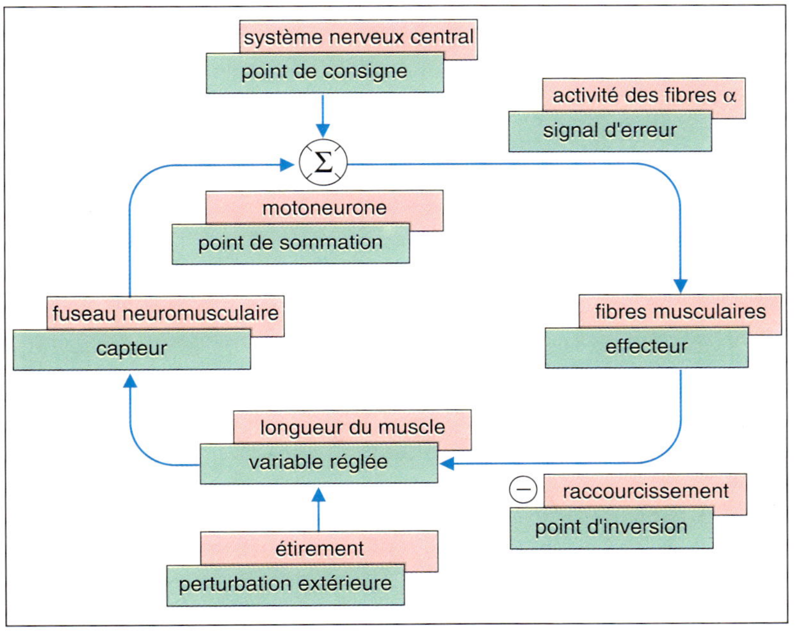

Le réflexe myotatique est un exemple de boucle de régulation. Dans ce système, le point de consigne est assigné par le système nerveux central. Un étirement correspond à une perturbation de la variable réglée, à savoir la longueur musculaire. Les fuseaux neuromusculaires assurent le rôle de capteurs. Les motoneurones α réalisent l'intégration des informations, et correspondent donc au point de sommation. Le signal d'erreur, lorsqu'il existe, est transmis par les fibres motrices qui ramènent la longueur musculaire à sa valeur initiale. L'inversion dans ce système est liée au fait que lorsque le muscle est stimulé, il se raccourcit.

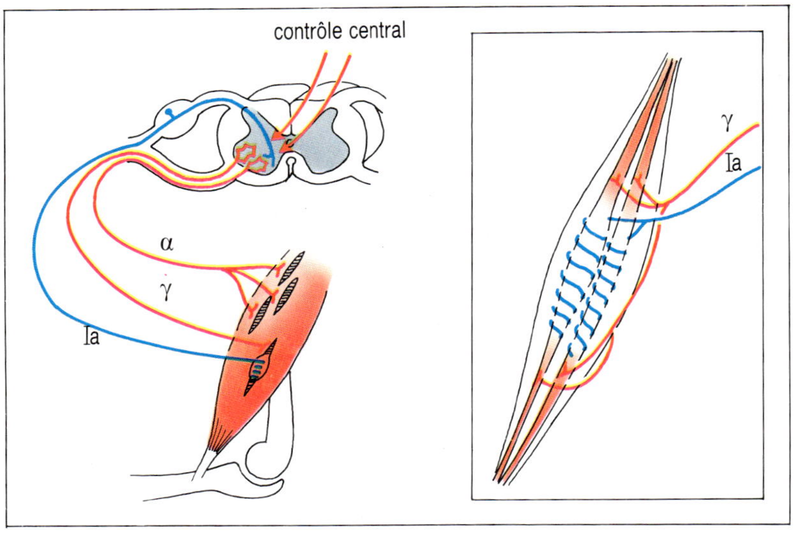

Rôle de l'innervation γ. Les motoneurones γ innervent les parties terminales des fibres du fuseau neuromusculaire. Une stimulation de ces motoneurones n'entraîne donc pas directement de contraction musculaire. Cependant, leur mise en jeu provoque un étirement de la partie sensorielle du fuseau, ce qui a pour effet de stimuler les fibres sensorielles Ia. Ces dernières excitent à leur tour les motoneurones α, ce qui provoque alors une contraction du muscle (c'est le réflexe myotatique). Le système nerveux central peut donc contrôler l'activité musculaire, soit en agissant directement sur les motoneurones α, soit par l'intermédaire des motoneurones γ et du réflexe myotatique.

3. La moelle épinière est le siège de réflexes et d'activités rythmiques

Le réflexe d'inhibition autogénique contrôle les variations de tension musculaire

Par mise en jeu du réflexe myotatique, l'étirement d'un muscle provoque de façon réflexe sa propre contraction. Cependant, si, sur un muscle déjà étiré, on augmente encore la force d'étirement, on constate un arrêt immédiat de la contraction réflexe. Ce réflexe avait été qualifié pour cette raison de réflexe myotatique inverse. En réalité il est mis en jeu, physiologiquement, par la contraction des fibres musculaires et permet d'amortir les variations brusques de tension musculaire. Il est désormais qualifié de réflexe d'inhibition autogénique. Les fibres Ib qui proviennent des organes tendineux font contact, au niveau de la moelle épinière avec des interneurones inhibiteurs des motoneurones α. Dans le cas de ce réflexe, un seul interneurone intervient entre les fibres Ib et les motoneurones.

Fibres Ia et Ib interviennent dans un système de contrôle

Néanmoins, l'activité des fibres Ib apparaît bien avant les valeurs d'étirement qui provoquent une inhibition totale du réflexe myotatique. Pour ces niveaux d'activité, ces fibres interviennent dans une boucle de régulation de la tension musculaire comparable à la boucle Ia-α qui régule la longueur musculaire, mais dont la variable réglée est ici la tension musculaire.

Ces deux réflexes ne sont donc pas opposés mais complémentaires : ils contrôlent en permanence l'état d'activité musculaire en régulant la longueur et la tension du muscle.

Un microcircuit : la cellule de Renshaw

L'axone de chaque motoneurone se ramifie très rapidement après son point d'émergence pour former une branche collatérale qui vient innerver un interneurone particulier : la cellule de Renshaw. Cet interneurone est inhibiteur du motoneurone dont il reçoit les informations. Ainsi, une activité dans un motoneurone induit une inhibition en retour sur lui-même. Ce microcircuit limite donc les possibilités d'activation des motoneurones.

Une stimulation des nocicepteurs entraîne un réflexe de retrait

Si l'on applique une stimulation douloureuse au niveau de la main, on observe immédiatement un retrait du bras. Globalement, ce réflexe correspond à une flexion de l'avant-bras sur le bras, et a été qualifié de réflexe de flexion. Il se caractérise par un temps de latence important, ainsi que par la mise en jeu de plusieurs muscles, conduisant à la réalisation d'un véritable mouvement. La complexité de la réponse implique une intégration coordonnée au niveau médullaire. Ainsi, ce réflexe met en jeu un nombre important d'interneurones, et donc de synapses; c'est un réflexe polysynaptique. L'organisation globale est telle que la mise en jeu des fibres sensorielles provoque une activation des muscles fléchisseurs, et une inhibition des muscles extenseurs, permettant ainsi un mouvement de flexion du membre.

Ce type de réflexe est un système de protection dans la mesure où il entraîne un retrait du membre, par rapport à une stimulation douloureuse qui risque de provoquer une destruction des tissus.

Cellule de Renshaw / Renshaw cell : exp., interneurone médullaire impliqué dans un rétrocontrôle de l'activité des motoneurones.

Réflexe de flexion / flexor reflex : exp., réflexe de retrait d'un membre lors d'une stimulation douloureuse.

Des générateurs centraux commandent la locomotion

Certains neurones de la moelle épinière sont organisés en réseaux dont l'activité est rythmique. Ils sont qualifiés de « générateurs de programmes centraux » et commandent une activité coordonnée des membres qui se manifeste par des mouvements locomoteurs. Il existe, au niveau lombaire, deux centres symétriques par rapport au plan sagittal fonctionnant de façon coordonnée. L'activité de ces générateurs de la moelle peut être déclenchée et contrôlée par les centres supérieurs.

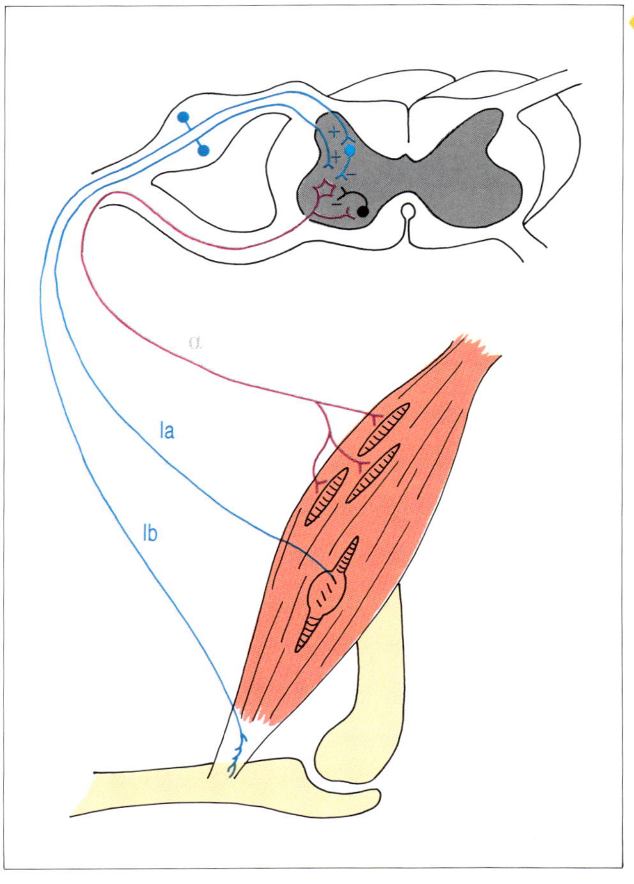

Réflexe myotatique et réflexe d'inhibition autogénique. Les fibres sensorielles provenant des fuseaux neuromusculaires et des organes tendineux se terminent sur les mêmes motoneurones. Les premières sont excitatrices, les secondes inhibitrices par l'intermédiaire d'un interneurone inhibiteur. La cellule de Renshaw, inhibitrice, limite l'activité du motoneurone.

Représentation chronocinématographique du mouvement de la jambe droite au cours de la marche. L'évolution des trois points d'articulation (hanche, genou, cheville) est représentée en rouge (d'après Napier, 1967).

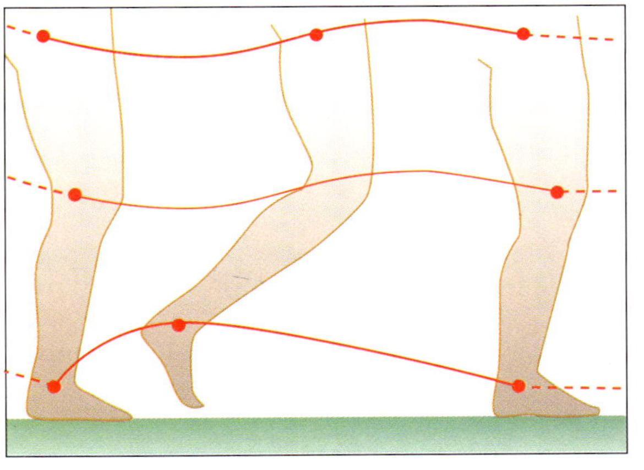

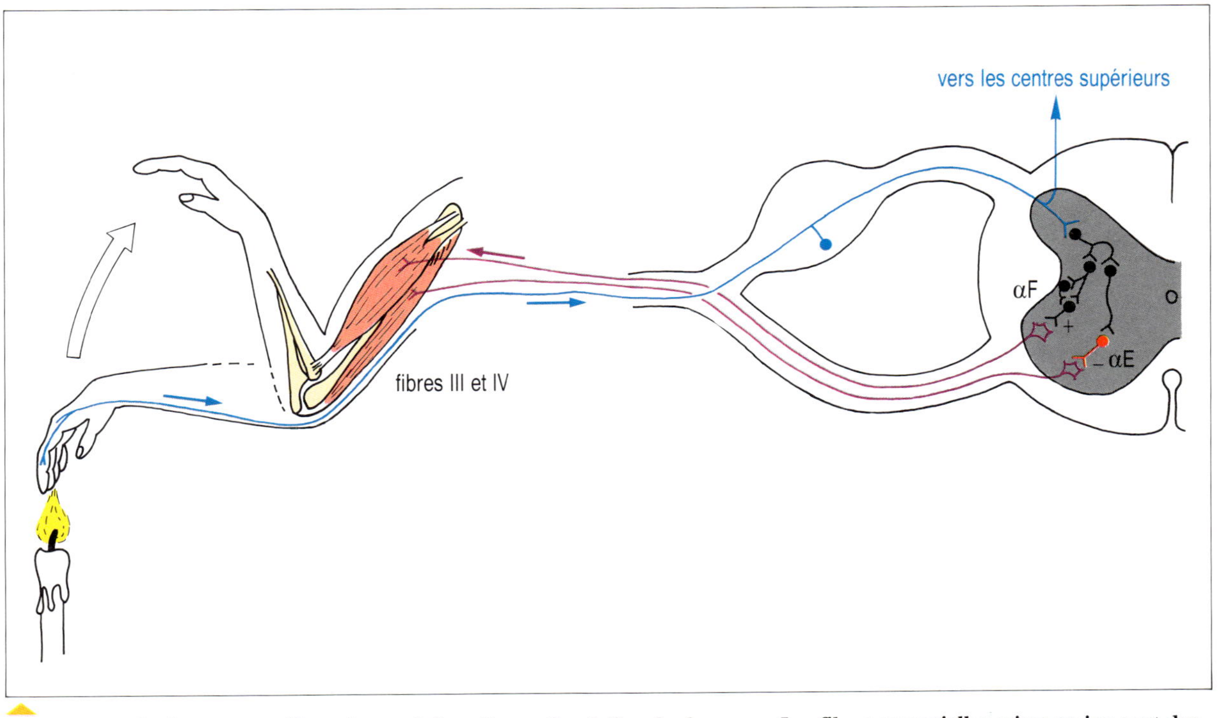

Le réflexe de flexion est un réflexe de retrait lors d'une stimulation douloureuse. Les fibres sensorielles mises en jeu sont des fibres fines. Les interneurones médullaires mis en jeu sont nombreux. Au cours de ce réflexe, il y a excitation des muscles fléchisseurs et inhibition des extenseurs.

4. LA POSTURE EST CONTRÔLÉE PAR DES STRUCTURES ENCÉPHALIQUES

Comme nous l'avons déjà dit, l'activité motrice somatique correspond essentiellement à deux types de mouvements : l'activité posturale et les mouvements volontaires. Les structures cérébrales qui contrôlent ces deux types d'activité sont parfois communes, mais l'organisation fonctionnelle des activités est fondamentalement différente dans les deux systèmes.

L'activité posturale : une lutte contre la force de gravité

Nous pouvons adopter différentes postures; debout, assis, fléchi sur les jambes, etc. Chacune de ces postures correspond à une position relative des segments du corps les uns par rapport aux autres. Quelle que soit la posture adoptée, elle ne peut être maintenue que par le développement d'une activité soutenue, ou tonique, dans certains muscles. Cette activité musculaire tonique, ou tonus musculaire, a pour rôle essentiel d'éviter un affaissement du corps sous l'effet de la pesanteur. Dans la station debout en particulier, le tonus postural s'exerce donc dans l'ensemble des muscles antigravitaires qui, au niveau des systèmes squelettiques élémentaires, sont des muscles extenseurs.

Les informations sensorielles nécessaires au contrôle de la posture proviennent de nombreux organes sensoriels :

– l'ensemble des propriocepteurs renseignent sur l'étirement des différents muscles ou sur la position des articulations;

– les propriocepteurs du cou, en particulier, renseignent sur la position de la tête par rapport au corps;

– le système vestibulaire renseigne sur la position ou sur les mouvements de la tête;

– le système visuel renseigne sur la position de la tête par rapport au monde extérieur.

Les centres moteurs sont localisés au niveau du bulbe

Chez un animal décérébré, c'est-à-dire ayant subi une section transversale du système nerveux juste au-dessus du bulbe, on observe une augmentation très nette de l'activité dans l'ensemble des muscles extenseurs. Les quatres membres sont tendus, et la tête et la queue sont relevées; il y a exagération du tonus des muscles extenseurs. Cette posture particulière a été qualifiée de rigidité de décérébration. À l'inverse, un animal spinal, c'est-à-dire dont le système nerveux a été sectionné entre le bulbe et la moelle épinière, ne possède plus aucun tonus musculaire. L'ensemble de ces expériences montre à la fois que les structures du bulbe et du pont sont essentielles dans le contrôle de l'activité posturale, et que les centres supérieurs jouent plutôt un rôle modérateur sur cette activité.

La formation réticulée bulbaire et le tectum (colliculus supérieur), sont à l'origine des faisceaux réticulo-spinal et tecto-spinal qui contrôlent le tonus musculaire. Ces deux faisceaux agissent essentiellement, au niveau médullaire, sur les motoneurones γ des muscles extenseurs. Nous avons donc ici un exemple de contrôle central indirect de l'activité musculaire. Les informations motrices provenant des centres supérieurs modifient le point de consigne de la boucle de régulation constituée par le réflexe myotatique des muscles concernés. La longueur alors régulée dépend de la posture adoptée.

Les noyaux vestibulaires reçoivent des informations à la fois des labyrinthes, et du cervelet. Ces structures, et en particulier le noyau de Deiter, sont à l'origine d'un faisceau vestibulo-spinal qui contrôle l'activité posturale par une action directe sur les motoneurones.

Animal décérébré / decerebrate animal : exp., animal ayant subi une section transversale de l'encéphale juste au-dessus du bulbe.

Animal spinal / spinal animal : exp., animal ayant subi une section transversale de l'encéphale en arrière du bulbe.

Labyrinthes / labyrinths : n.m., ensemble des récepteurs de l'oreille interne autres que la cochlée.

Rigidité de décérébration / decerebrate rigidity : n.f., hypertonie des muscles extenseurs due à la décérébration.

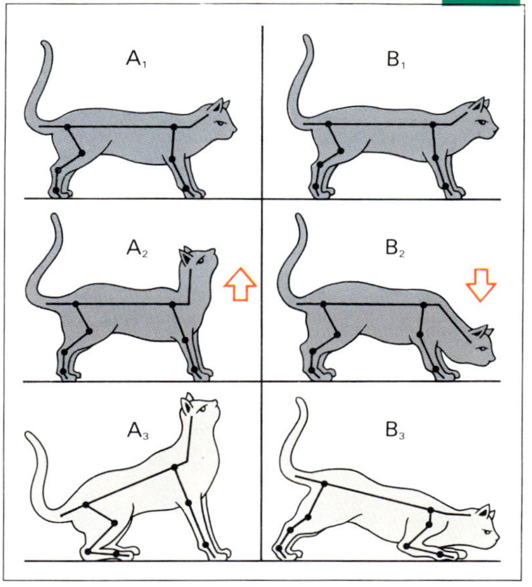

Une lésion interrompant les communications nerveuses entre le cerveau et la moelle épinière provoque une contraction des muscles extenseurs de l'ensemble du corps : la « rigidité de décérébration » (A_1). Si l'on soulève la tête du chat présentant une telle rigidité (A_2), on observe un fléchissement des pattes postérieures et un accroissement de l'extension des pattes antérieures (A_3). Si l'on abaisse la tête du même chat, on constate l'effet inverse (B).

Le maintien de l'équilibre sur des plans d'inclinaisons différentes s'accompagne de modification des angles de certains segments des membres, de la position relative du tronc et de la tête.

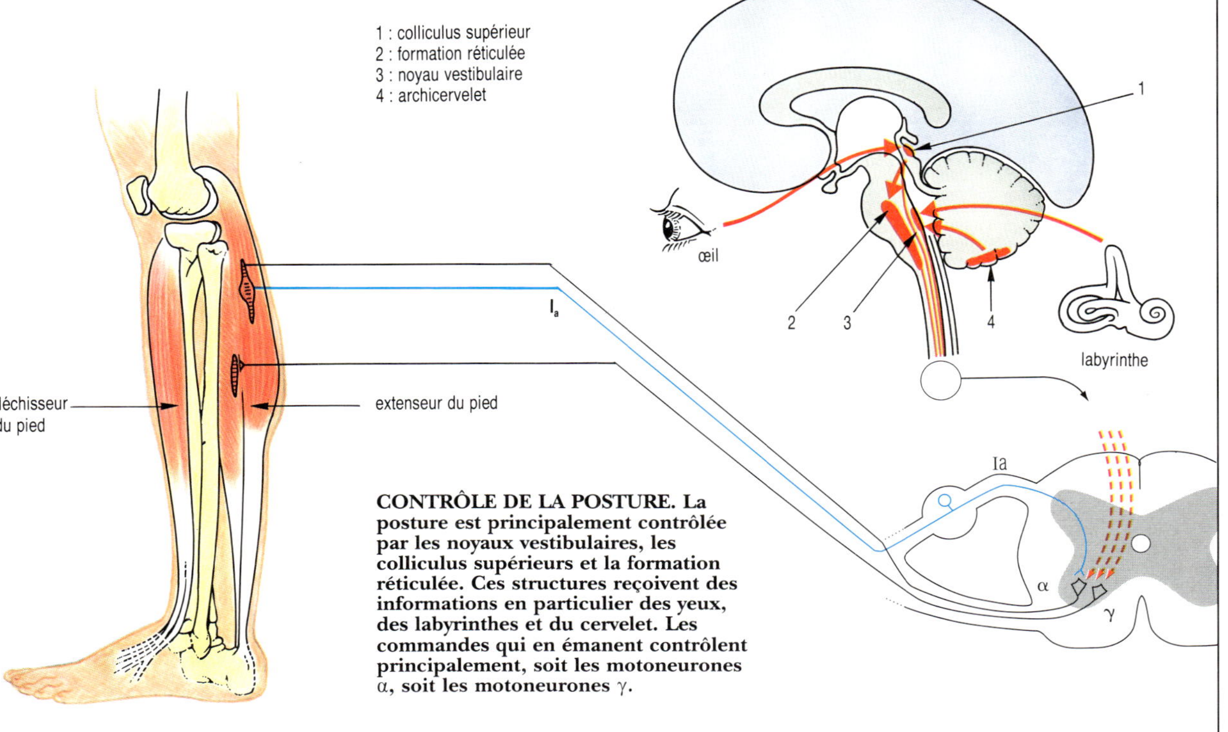

CONTRÔLE DE LA POSTURE. La posture est principalement contrôlée par les noyaux vestibulaires, les colliculus supérieurs et la formation réticulée. Ces structures reçoivent des informations en particulier des yeux, des labyrinthes et du cervelet. Les commandes qui en émanent contrôlent principalement, soit les motoneurones α, soit les motoneurones γ.

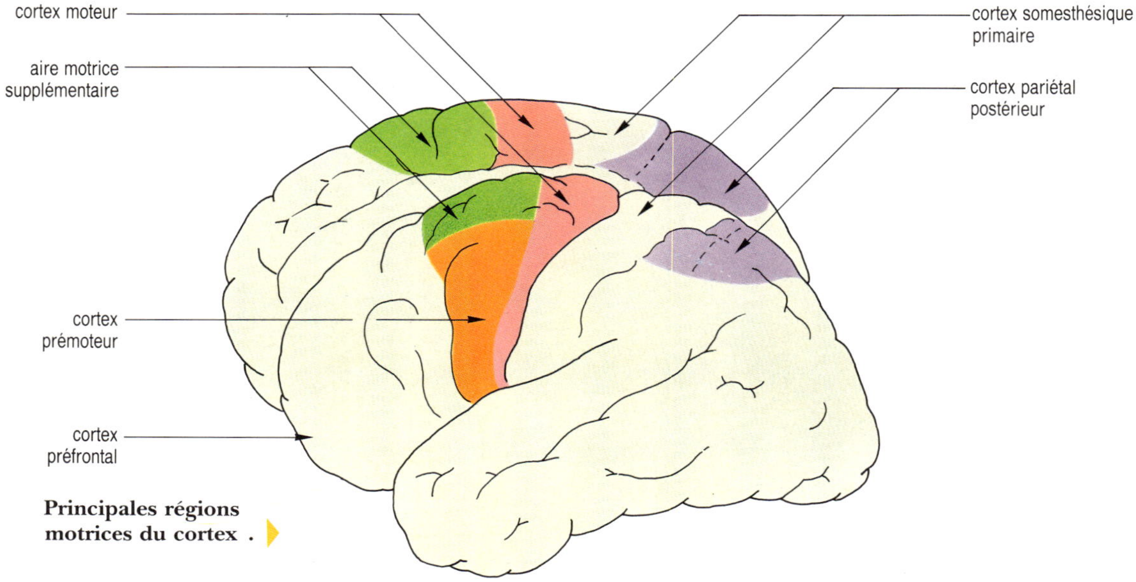

Principales régions motrices du cortex.

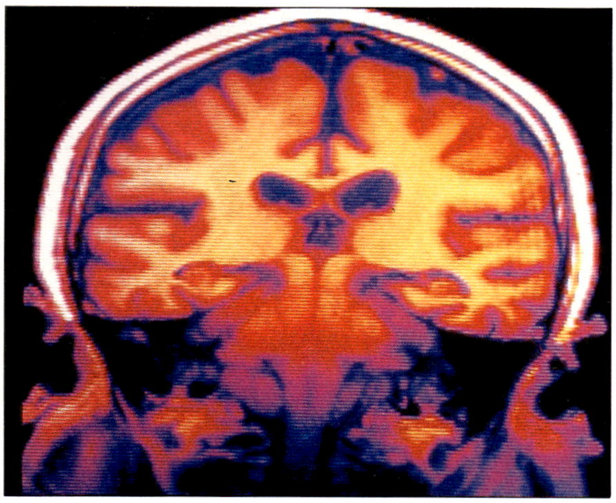

Représentation de l'aire motrice primaire.

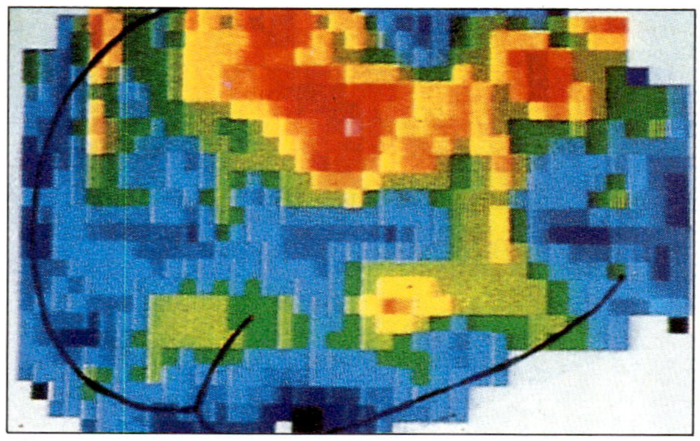

Cette scintigraphie du cerveau d'un enfant qui bouge la main révèle l'emplacement d'une zone cérébrale associée au mouvement de la main, appelée « aire motrice ».

Zones d'activité corticale élevée (circulation sanguine) au cours de différents mouvements. L'aire motrice supplémentaire est mise en jeu lors de l'exécution d'une séquence ordonnée de mouvements, ainsi que de leur répétition mentale, ce qui implique son intervention dans la préparation du mouvement.

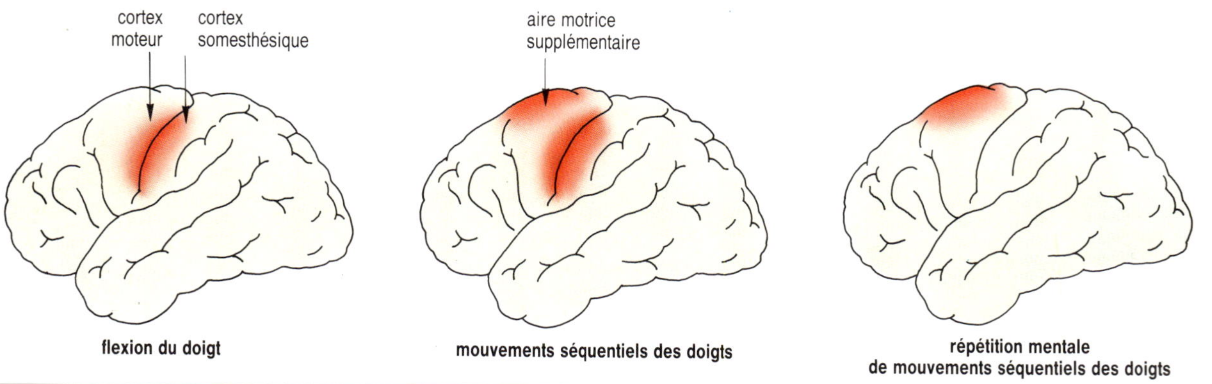

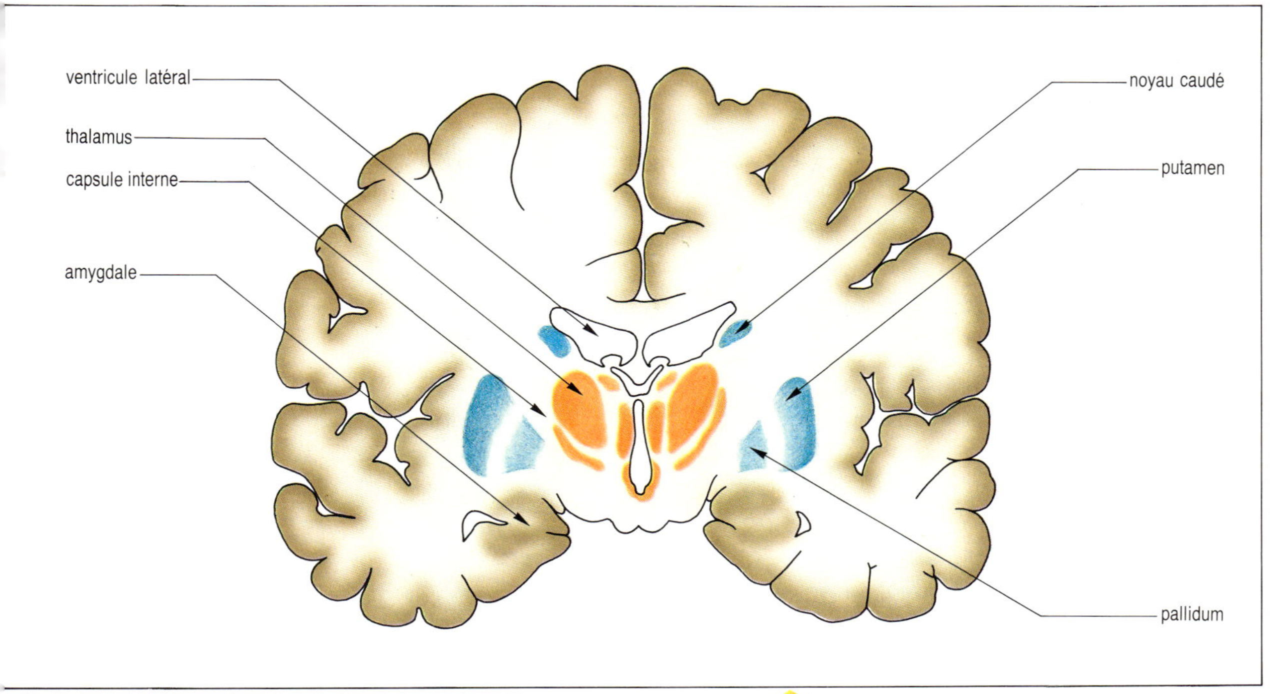

Coupe transversale de l'encéphale, passant par les ganglions de la base.

Organisation anatomique du cortex cérébelleux.

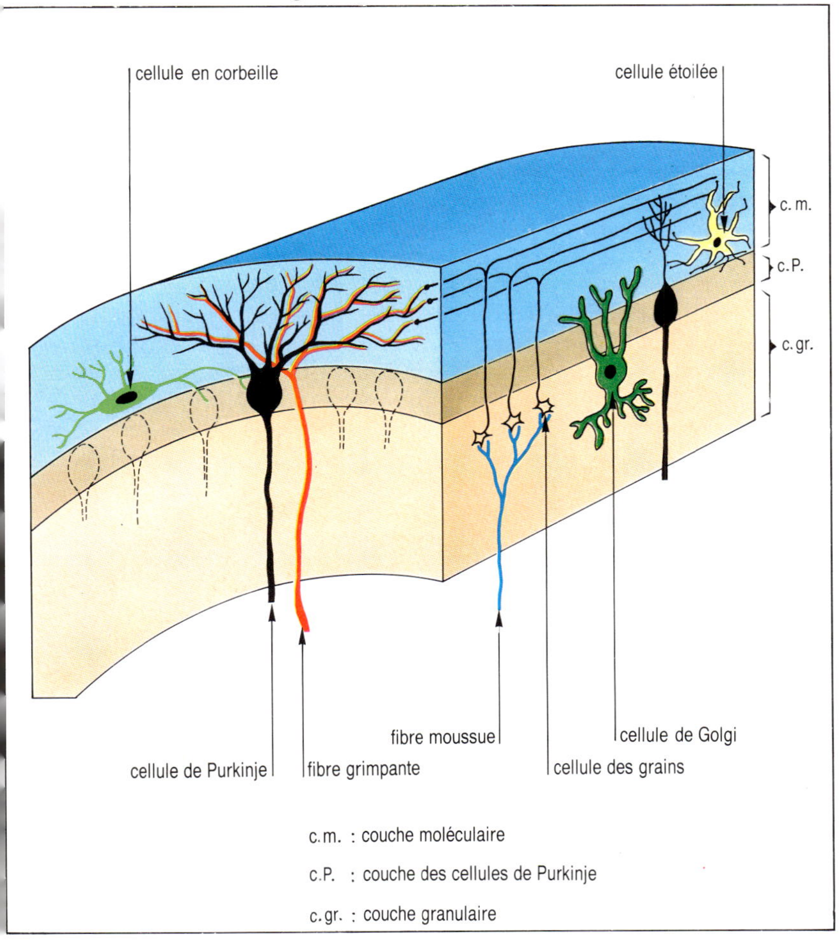

Interactions entre cellules dans le cortex cérébelleux.

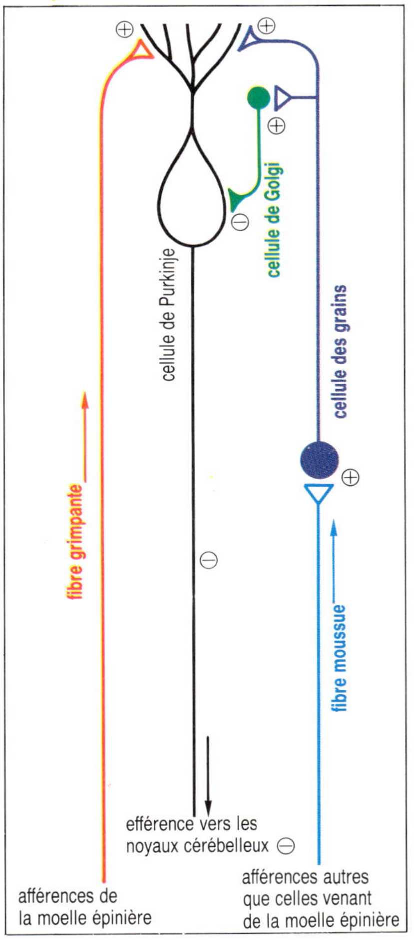

5. Un mouvement volontaire nécessite un enchaînement de processus

Lorsqu'un individu réalise un mouvement de façon volontaire, il est possible de caractériser différentes étapes entre la prise des informations et l'exécution proprement dite du mouvement : une phase préparatoire de localisation de l'objet dans l'espace, une phase de programmation, et enfin une phase d'exécution du mouvement. Prenons pour exemple un sujet saisissant un objet à l'aide de la main.

Tout d'abord, localiser l'objet

La première des choses que le sujet doit effectuer est de reconnaître l'objet et de le localiser dans son espace sensoriel. Cette première phase, la phase d'initiation, met en jeu l'ensemble des aires corticales correspondant aux systèmes sensoriels impliqués, ainsi que les structures cérébrales intervenant dans les processus de mémorisation et permettant au sujet de reconnaître l'objet.

Ensuite, préparer le geste à effectuer

Dans un second temps, le sujet va programmer le mouvement à exécuter. Il va ainsi choisir : le bras avec lequel il prendra l'objet, l'orientation générale qu'il devra donner au mouvement et la distance approximative à laquelle il étendra le bras. Pour cela, il doit faire appel à son expérience vécue, et donc à des informations mémorisées, en allant jusqu'à imaginer les conséquences de ses actes. Cette phase de programmation met en jeu diverses structures corticales et centre-encéphaliques telles que le cortex pariétal postérieur, le cortex prémoteur, l'aire motrice supplémentaire, les ganglions de la base et le cervelet. L'aire motrice supplémentaire joue en particulier un rôle important dans la « répétition à vide » du mouvement avant son exécution.

Enfin, en lancer l'exécution

C'est seulement une fois le geste programmé que le sujet peut en démarrer l'exécution. Cette étape passe par la prise de décision dont on ne connaît actuellement rien quant aux supports neurophysiologiques. L'exécution du mouvement, qui débute alors, peut être subdivisée en trois phases successives :

– les paramètres généraux du mouvement ayant préalablement été programmés, la première approche de l'objet peut être réalisée rapidement. Un ordre est alors envoyé au niveau médullaire, sans qu'il soit besoin que des réafférences sensorielles viennent le corriger au cours de son exécution. Ce mouvement est qualifié de mouvement balistique, et correspond au plan fonctionnel à une simple commande ou « feed-forward ». Ce mouvement est essentiellement commandé par le cervelet, en relation avec les ganglions de la base. Une fois déclenché, un tel mouvement est réalisé jusqu'au bout, tel qu'il avait été programmé ;

– dans un second temps, et bien que ceci ne soit évidemment pas visible dans la vie courante, le mouvement balistique fait place à un mouvement d'ajustement plus lent du bras. À partir de ce moment, le mouvement est contrôlé en permanence par les afférences sensorielles, et peut donc être corrigé au fur et à mesure de son exécution. Les structures à l'origine de cette partie du mouvement sont le cervelet et les ganglions de la base ;

– enfin, la prise de l'objet s'accompagne de mouvements des extrémités, et en particulier des doigts. C'est à ce moment que se font les derniers ajustements qui permettront de prendre correctement l'objet et de le soulever. Ces mouvements fins sont pour l'essentiel sous le contrôle de l'aire motrice primaire.

Un mouvement volontaire est donc un enchaînement complexe d'activités mettant en jeu de nombreuses structures cérébrales. De plus, un mouvement provoque généralement une modification de la position du centre de gravité du corps, et a donc tendance à déséquilibrer le sujet. Tout mouvement volontaire est donc en réalité précédé et accompagné d'un ajustement de la posture qui permet au sujet de rester en équilibre.

Mouvement balistique / projection movement : exp., mouvement exécuté à la suite d'une commande (feed-forward), sans réafférences sensorielles.

Programmation / plan of action : n.f., phase durant laquelle le système nerveux central prépare le mouvement à exécuter, en particulier par une « répétition à vide ».

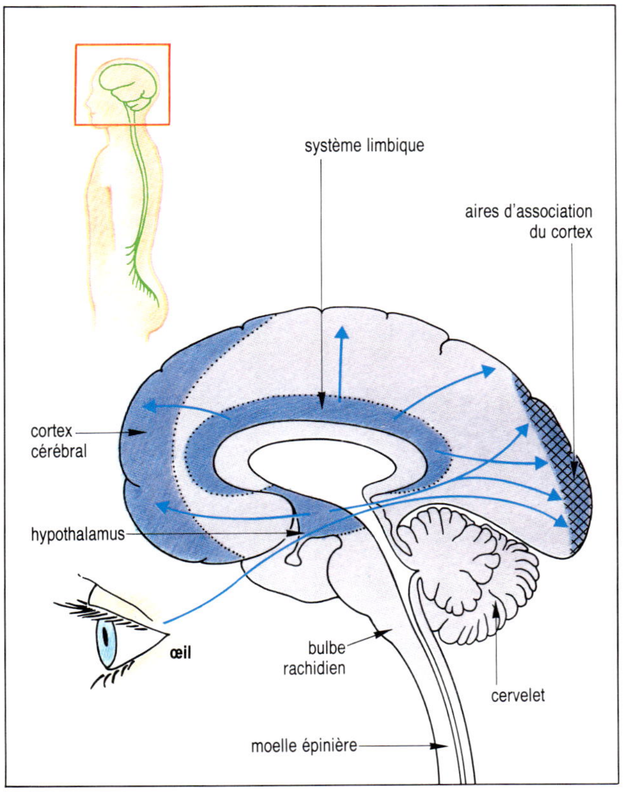

Des centres nerveux à l'origine d'un mouvement dirigé aux aires d'association : INITIATION.

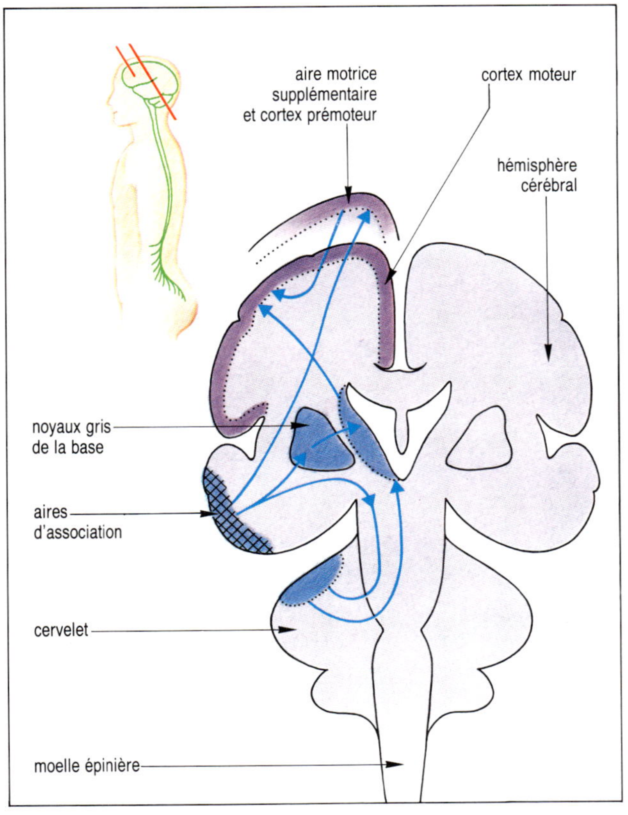

Trajet des informations dans l'encéphale ; des aires d'association aux aires motrices : PROGRAMMATION.

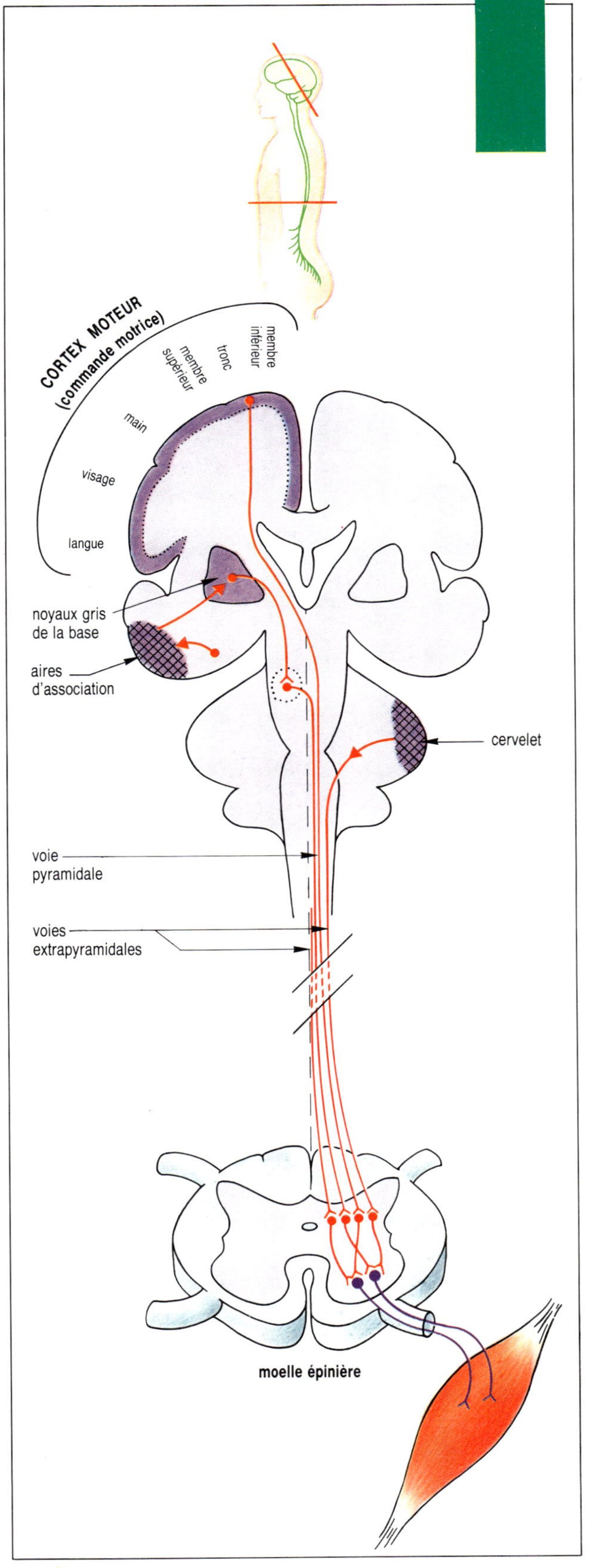

Des structures motrices à l'effecteur : EXÉCUTION.

Faire le point

L'essentiel

1 Muscles, squelette et articulations forment des systèmes de levier et permettent de garder une posture ou d'effectuer des mouvements. Les muscles sont innervés par des motoneurones dont les corps cellulaires sont localisés dans la corne antérieure de la moelle épinière. Chaque motoneurone innerve plusieurs fibres musculaires, ensemble fonctionnel constituant une unité motrice.

2 La fibre musculaire est une cellule différenciée excitable et capable de se contracter. Le couplage entre l'excitation et la contraction se fait par un enchaînement de processus. Le potentiel d'action musculaire induit la libération du Ca^{2+} du réticulum. Cet ion vient alors se fixer sur la troponine, et libère les sites de fixation de la myosine sur l'actine. Le complexe actine-myosine hydrolyse de l'ATP, ce qui permet le mouvement relatif des filaments fins par rapport aux filaments épais. L'ATP est immédiatement régénéré à partir de la réserve énergétique constituée par la phosphocréatine.

3 Le réflexe myotatique est à la base de l'activité posturale. C'est un réflexe monosynaptique correspondant à une contraction du muscle sous l'effet de son propre étirement. Les récepteurs de ce réflexe sont les fuseaux neuromusculaires, les voies afférentes sont les fibres Ia, et les voies efférentes des fibres α. L'activité posturale est contrôlée par des structures du pont et du bulbe.

4 Une boucle de régulation est un système qui permet de maintenir une variable autour d'un niveau stable. Le réflexe myotatique est une boucle de régulation de la longueur musculaire. La valeur assignée à la longueur du muscle, ou point de consigne, peut être modifié par les fibres γ.

5 Le réflexe de flexion est provoqué par une stimulation douloureuse. Ce type de réflexe est une protection de l'organisme contre les agressions.

6 La réalisation d'un mouvement volontaire nécessite un enchaînement de processus. La première phase, qualifiée de phase d'initiation, permet de localiser la cible du mouvement. Dans un second temps, le sujet programme le mouvement à exécuter. Puis, après avoir pris la décision nécessaire, il lance l'exécution proprement dite du mouvement. Cette dernière peut être subdivisée en trois phases : un mouvement rapide du membre, suivi d'un mouvement lent, et enfin de mouvements précis des extrémités, des doigts en particulier.

Les mots clés

Actine
animal décérébré
animal spinal

Boucle de régulation
boucle nerveuse
Ia-α

Cellule de Renshaw

Labyrinthes

Muscle squelettique
muscles antagonistes
myosine

Point d'inversion
point de consigne
point de sommation
posture
potentiel de plaque motrice (PPM)

Réflexe d'inhibition autogénique
réflexe de flexion
réflexe myotatique
rigidité de décérébration

Sarcomère
sarcoplasme
signal d'erreur
syncytium
système T

Tonus postural
tropomyosine
troponine
tubule transverse

Unité motrice

Variable régulée

Z (strie)

AUTO-ÉVALUATION

Les activités proposées dans cette rubrique permettent de vérifier les connaissances acquises au cours de ce chapitre.
Elles peuvent concerner : la terminologie scientifique, les ordres de grandeur, les mécanismes fonctionnels.

AUTOTEST

Testez vos connaissances en répondant aux 5 questions suivantes (réponses en fin d'ouvrage). Chaque réponse doit être justifiée.

QUESTION	RÉPONSE
1. Une unité motrice est : a) un ensemble de fibres musculaires ; b) une fibre nerveuse motrice ; c) un muscle ; d) l'ensemble fibre nerveuse motrice et fibres musculaires innervées par celle-ci.	a b c d
2. Le Ca^{2+} permet la contraction musculaire en : a) se fixant sur l'ATP ; b) faisant le lien entre actine et myosine ; c) se fixant sur la troponine.	a b c
3. La contraction musculaire est due à un : a) raccourcissement des filaments de myosine ; b) raccourcissement des filaments d'actine ; c) glissement des filaments d'actine par rapport aux filaments de myosine.	a b c
4. Les fibres γ sont : a) des fibres sensorielles ; b) des fibres motrices innervant les tendons ; c) des fibres motrices innervant les fuseaux neuromusculaires ; d) des fibres intramédullaires.	a b c d
5. La programmation du mouvement est réalisée par : a) la moelle épinière ; b) le bulbe ; c) les ganglions de la base, les aires motrices et le cervelet ; d) le cervelet uniquement.	a b c d

ORIENTATIONS DE TRAVAIL

À la fin de ce chapitre, vous devez être capable de :

1. Décrire le fonctionnement global des muscles squelettiques à l'échelle de l'organisme.

2. Savoir définir certains termes : tonus postural, unité motrice, posture, muscles antagonistes.

3. Faire un schéma légendé d'une fibre musculaire, et décrire les différentes étapes qui, lors d'une stimulation, conduisent à sa contraction.

4. Décrire les caractéristiques fonctionnelles du réflexe myotatique, et faire un schéma replaçant les structures anatomiques intervenant dans ce réflexe.

5. Analyser le réflexe myotatique en termes de boucle de régulation et définir la variable régulée, le point de consigne, le point de sommation, le signal d'erreur, le point d'inversion.

6. Replacer, sur un schéma du système nerveux central, les principales structures intervenant dans le contrôle de la posture.

MINI-GLOSSAIRE MÉDICAL

Akinésie / akinesia : n.f., incapacité ou difficulté d'origine nerveuse à effectuer des mouvements.

Amyotrophie / muscular atrophy : n.f., atrophie des muscles striés. Elle peut être liée à un simple arrêt d'utilisation des muscles lors de la pose d'un plâtre par exemple, mais aussi à des myopathies d'origine diverse.

Apraxie / apraxia : n.f., déficit de la motricité correspondant à une perte des capacités à réaliser un geste appris. Ces atteintes touchent les processus de la mémoire procédurale.

Ataxie / ataxy : n.f., troubles de la motricité volontaire dus à une atteinte du système nerveux central.

Atonie / atony : n.f., perte importante du tonus musculaire. Ce terme s'emploie aussi bien pour des muscles squelettiques que pour des muscles viscéraux.

Babinski : n.p. ; le signe de Babinski est une inversion du réflexe cutané plantaire qui d'une flexion des orteils devient une extension. Cette inversion est due à une atteinte du faisceau moteur pyramidal.

Paralysie / paralysis : n.f., déficit total de l'activité motrice. Elle peut être localisée à un muscle ou, à l'inverse, atteindre plusieurs membres. Une hémiplégie est une paralysie d'une moitié du corps, une paraplégie est une atteinte des membres inférieurs.

Poliomyélite / poliomyelitis : n.f., maladie d'origine virale, atteignant les cornes antérieures de la moelle épinière. La maladie évolue sous forme de paralysies importantes et douloureuses, sans déficit sensoriel. Le seul traitement possible est préventif, sous forme de vaccins.

PRATIQUES MÉDICALES

Les myopathies

Les plus fréquentes de ces affections sont les dystrophies musculaires progressives. Elles se caractérisent par une dégénérescence lente et inéluctable des fibres musculaires apparaissant chez l'enfant. Les muscles, en particulier des ceintures scapulaire et pelvienne, présentent des phénomènes d'atrophie, et sont souvent infiltrés de tissus conjonctif ou adipeux. Parmi les réflexes, seul le réflexe myotatique est touché.

Dans le cas de la myopathie de Duchenne, la transmission de la maladie est héréditaire, et atteint les enfants de sexe masculin dès les premières années.

La myopathie facio-scapulo-humérale est également héréditaire, mais peut atteindre les deux sexes. Elle débute à un âge plus avancé et a une évolution plus lente que la myopathie de Duchenne.

Pour en savoir plus

BUSER (P.), IMBERT (M.), *Centres nerveux, motricité et régulations végétatives autonomes*, Hermann – Paris 1985

CHEVALET (P.), RICHARD (D.), *La notion de régulation en physiologie*, collection 128, Nathan Université – Paris 1994

ECKERT (R.), RANDALL (D.), AUGUSTINE (G.), *Animal Physiology*, Freeman – New York 1988

KANDEL (E.R.), SCHWARTZ (J.H.), *Principles of Neural Science*, 4e édition, Elsevier – New York 1991

LACOSTE (C.), ORSAL (D.), RICHARD (D.), *Muscles et motricité*, collection 128, Nathan Université – Paris 1995

RICHARD (D.), ORSAL (D.), *Neurophysiologie tome 2*, collection Fac Sciences, Nathan Université – Paris 1994

SCHMIDT (F.), DUDEL (J.), JÄNIG (W.), ZIMMERMANN (M.), *Neurophysiologie*, Le François – Paris 1984

SHEPHERD (G.M.), *Neurobiology*, Oxford University Press – Oxford 1988

VALET (P.), RICHARD (D.), *Le calcium dans l'organisme*, collection 128, Nathan Université – Paris 1994

ACTIVITÉ CÉRÉBRALE

Le cerveau humain est constitué d'un réseau de plusieurs dizaines de billions de neurones reliés entre eux par des synapses. Il est totalement impossible de se faire une idée exacte du fonctionnement de l'ensemble d'un tel système. Néanmoins, les chercheurs tentent de comprendre, par différents moyens, comment le cerveau peut traiter les messages qu'il reçoit, comment il les intègre, et comment il émet un ordre qui entraînera une réponse appropriée de l'organisme.
Pour cela, le fonctionnement cérébral est abordé de différentes manières. Certains auteurs réalisent une approche globale du fonctionnement, le système nerveux central étant considéré comme une « boîte noire ». D'autres préfèrent étudier le fonctionnement à l'échelle cellulaire, ou encore de façon pharmacologique en utilisant des drogues susceptibles de modifier le fonctionnement de certaines synapses. D'autres encore abordent les aspects génétiques ou développementaux du fonctionnement cérébral. Chacune de ces méthodes apporte des connaissances nouvelles qui permettent progressivement de mieux comprendre le fonctionnement cérébral. Il reste néanmoins encore beaucoup de travail avant de comprendre réellement certains des mécanismes de ce fonctionnement.

Sommaire

DES MÉTHODES DIFFÉRENTES MAIS COMPLÉMENTAIRES

La connaissance du fonctionnement cérébral a émergé à la fin du XIXe siècle, de la fusion de plusieurs disciplines : l'anatomie, la physiologie, la pharmacologie et la psychologie. Néanmoins, les techniques non traumatiques ne sont apparues que plus récemment avec le développement d'appareillages souvent complexes. Certaines des techniques actuellement disponibles sont strictement anatomiques, d'autres sont plus physiologiques et permettent de suivre une activité localisée du système nerveux central.

Le scanner est une application de la radiographie par rayons X

Le scanner, ou tomodensitométrie, permet d'examiner le système nerveux, comme tout autre organe, sous forme de plans successifs.
Les rayons X sont émis à partir d'une source, et forment une image sur des capteurs placés à l'opposé de la tête. La luminosité en différents points de cette image dépend de l'absorption des rayons X par les tissus traversés. Dans le cas précis du scanner, l'émetteur effectue un balayage linéaire du tissu à observer et l'image obtenue sur les capteurs est enregistrée sur ordinateur. Puis l'ensemble émetteur-capteurs est placé selon une succession d'axes différents, permettant d'obtenir un ensemble d'images correspondant à un même plan. La densité en un point de ce plan est calculée à partir de la somme des transmissions enregistrées passant par ce point. La précision de cette méthode est de l'ordre du millimètre, et permet de reconnaître les principales structures cérébrales.

La résonance magnétique nucléaire permet une analyse plus fine

Certains noyaux atomiques placés dans un champ magnétique variable, se mettent en résonance pour une certaine fréquence et émettent des ondes radio. La fréquence de résonance dépend de la nature de l'atome considéré, de ses liaisons avec les autres éléments, et de la force du champ magnétique.
En utilisant l'hydrogène ou le sodium par exemple, il devient possible de reconstituer, à l'aide d'ordinateurs, des images anatomiques beaucoup plus précises que celles obtenues à l'aide du scanner.

Une méthode classique pour suivre l'activité cérébrale

L'électro-encéphalographie, utilisée depuis longtemps, est basée sur le fait qu'un neurone en activité présente des potentiels d'action. Elle permet d'obtenir un Électro-EncéphaloGramme, ou EEG, en différents points du cortex cérébral. L'enregistrement réalisé en chaque point est le reflet de l'activité de plusieurs milliers de neurones. Ainsi, lorsque de nombreux neurones sont actifs de façon synchrone, l'onde électrique enregistrée est ample, et la fréquence observée sur l'EEG correspond au rythme d'activité des neurones. À l'inverse, si les cellules sont désynchronisées les unes par rapport aux autres, le signal enregistré est réduit et aucune fréquence particulière n'apparaît sur l'EEG.

Suivre l'activité cérébrale de façon plus précise

La tomographie à émission de positons utilise des isotopes d'éléments légers tels que l'oxygène, le carbone, l'azote ou le fluor, et capables d'émettre des positons. Lorsqu'un positon émis rencontre un électron, il y a annihilation du positon et émission de deux rayons gamma orientés à 180° l'un de l'autre. En liant des isotopes capables d'émettre des positons à des composés d'intérêt biologique comme l'eau, le glucose ou des neuromédiateurs, il devient possible de faire une carte de la distribution de ces différents composés dans le cerveau et donc de suivre l'activité cérébrale au cours du temps.

Électroencéphalographie / electroencephalography : n.f., méthode d'étude de l'activité électrique cérébrale par enregistrement de surface.

Résonance magnétique nucléaire / magnetic resonance imaging : exp., méthode d'analyse anatomique sur le vivant, basée sur les capacités de résonance de certains atomes placés dans des champs électromagnétiques.

Scanner, ou tomodensitométrie / scanning or computerized tomography : n.m., méthode d'analyse anatomique sur le vivant, basée sur l'analyse de l'absorption des rayons X par les tissus.

Tomographie à émission de positons / positon emission tomography : exp., méthode d'étude de l'activité cérébrale basée sur la détection de rayonnements suivant l'émission de positons par des produits « dopés » injectés dans la circulation cérébrale.

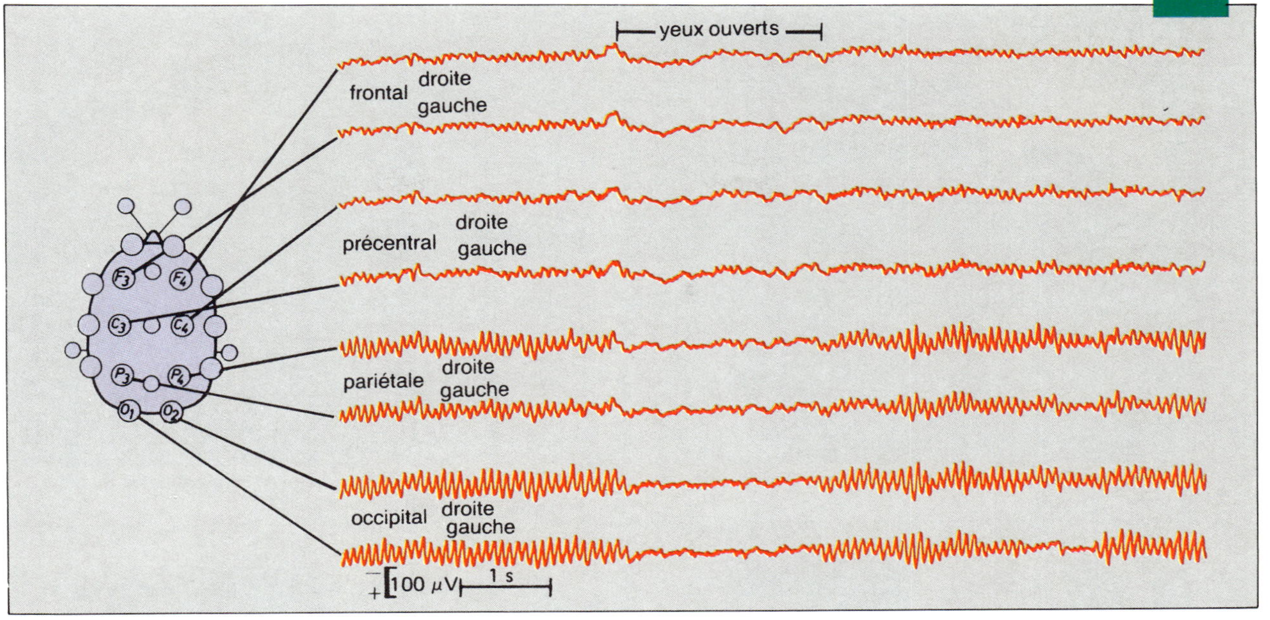

Les résultats de l'enregistrement : tracés des électroencéphalogrammes (EEG) d'un homme éveillé au repos.

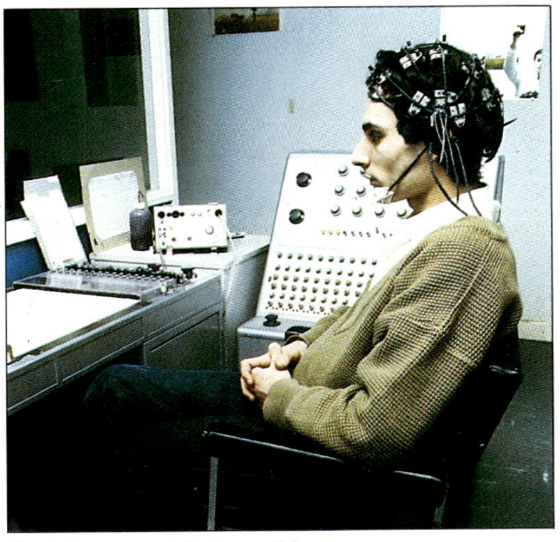

L'électroencéphalographie : technique d'enregistrement.

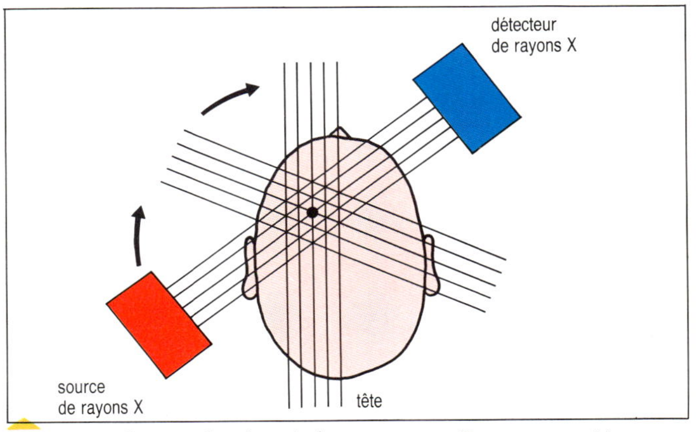

Principe de la tomodensitométrie ou scanner. Pour une position de la source et du capteur, la transmission d'un faisceau de rayons X au travers des tissus est lue et mémorisée sur ordinateur. L'opération est renouvelée plusieurs fois après rotation de l'ensemble de l'appareillage. L'image est ensuite reconstituée en fonction du niveau d'absorption de chacun des points d'intersection du faisceau.

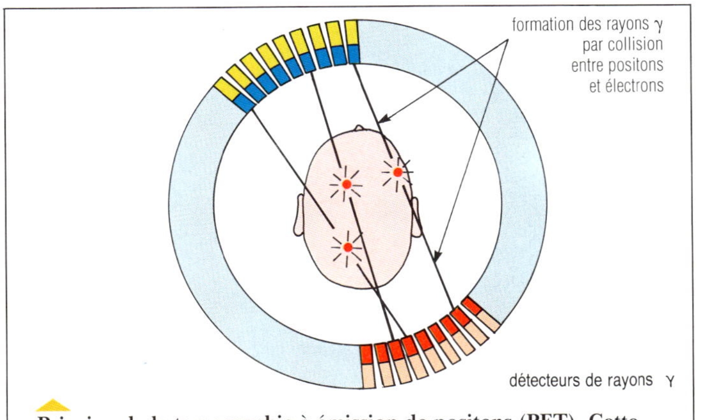

Principe de la tomographie à émission de positons (PET). Cette méthode est basée sur la formation de deux rayons gamma en sens opposé à partir de la collision d'un électron avec un positon émis par un isotope émetteur de positons. Les rayons gamma sont captés par des détecteurs entourant la tête du sujet. L'information n'est traitée que lorsque deux capteurs sont frappés de façon synchrone, ce qui permet de localiser le point d'émission des rayons.

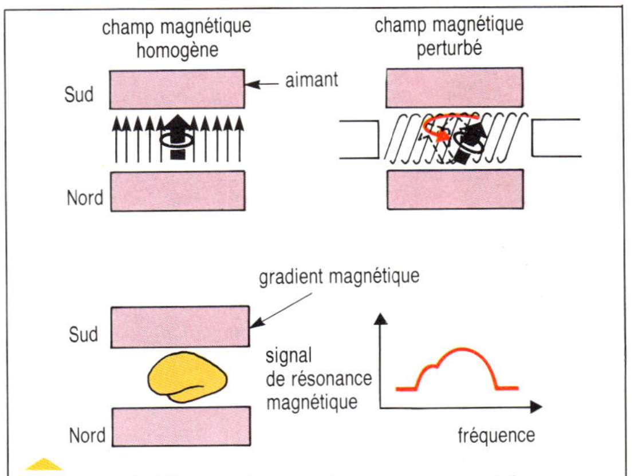

Principe de l'imagerie par résonance magnétique (MRI). Certains noyaux atomiques, placés dans un champ magnétique perturbé, résonnent pour une fréquence particulière. Combinée à l'utilisation d'un gradient magnétique, cette technique permet d'obtenir un signal de résonance magnétique, et de reconstituer ainsi des images de l'activité cérébrale.

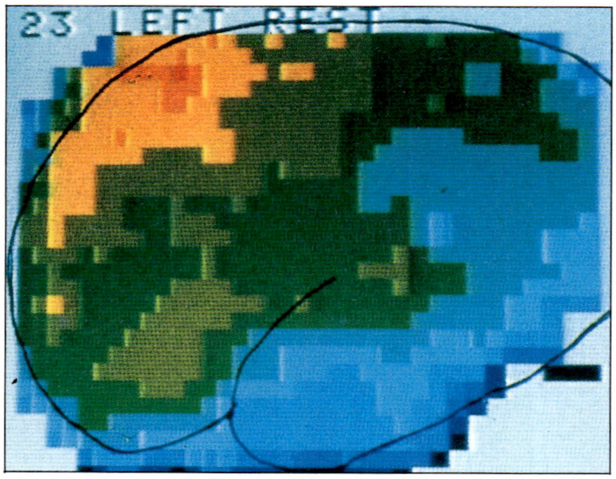

Idéogramme de l'hémisphère cérébral gauche (activité corticale au repos).

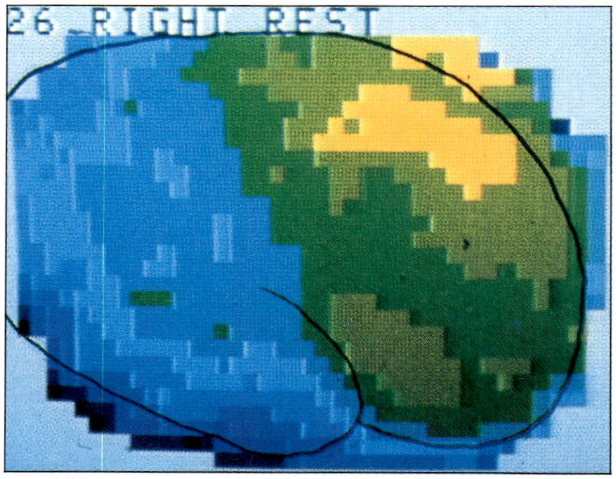

Idéogramme de l'hémisphère cérébral droit (activité corticale au repos).

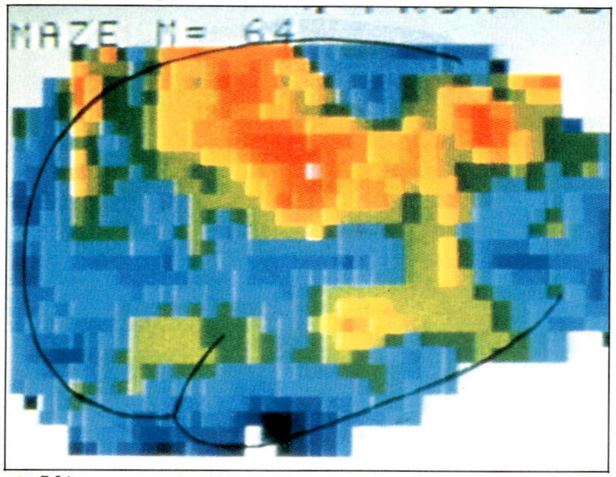

Idéogramme de l'hémisphère gauche. Le patient parle, les yeux fermés.

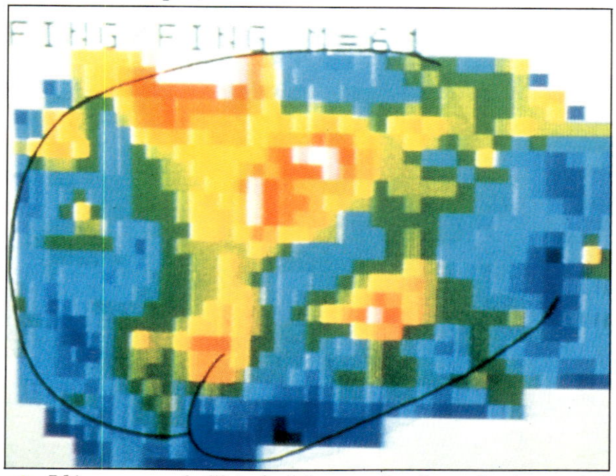

Idéogramme de l'hémisphère gauche. Le patient compte à voix haute.

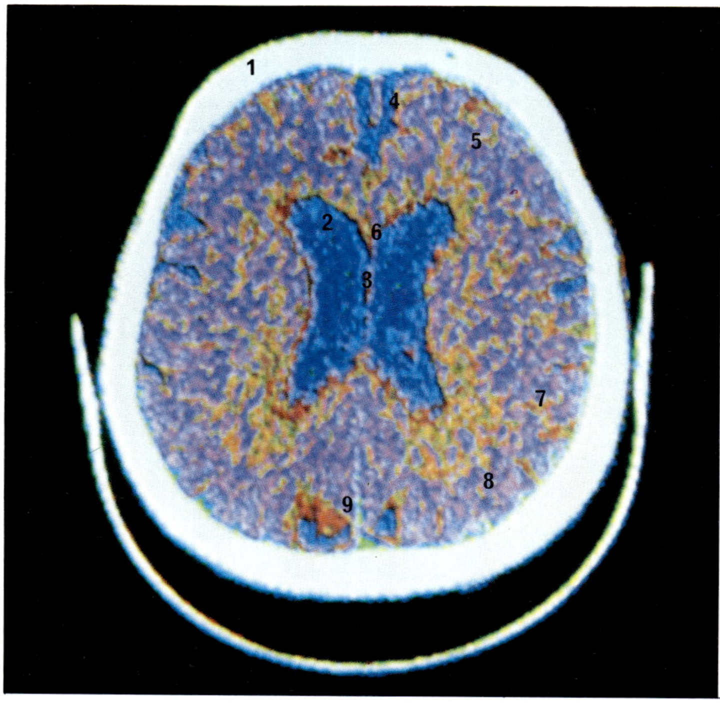

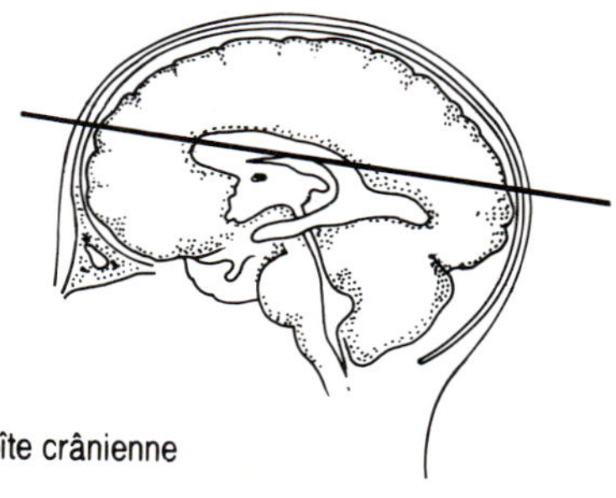

1 boîte crânienne
2 ventricule latéral
3 septum pellucidum
4 fissure longitudinale
5 lobe frontal
6 corps calleux
7 lobe temporal
8 lobe occipital
9 fissure longitudinale

Coupe transversale du crâne obtenue au scanner.

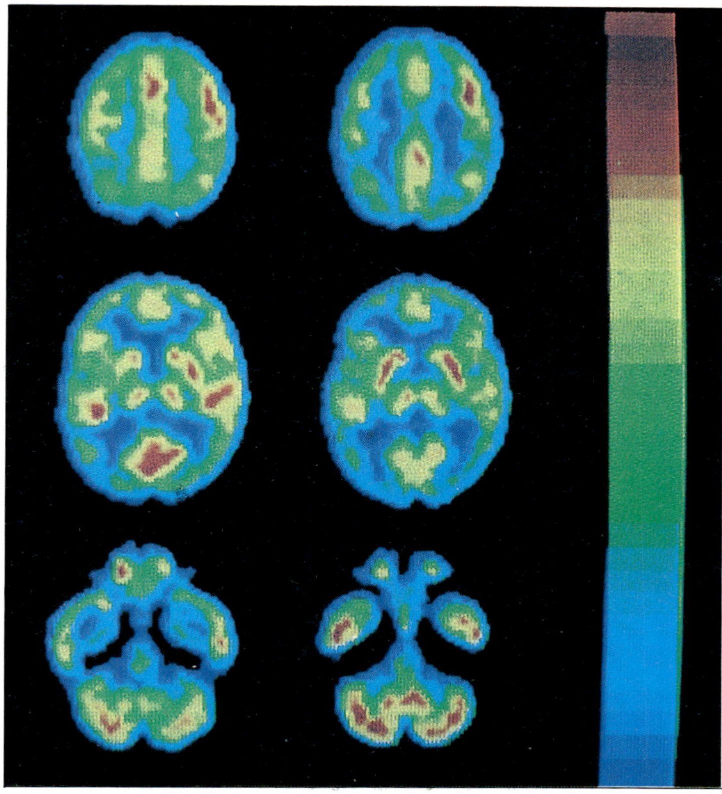

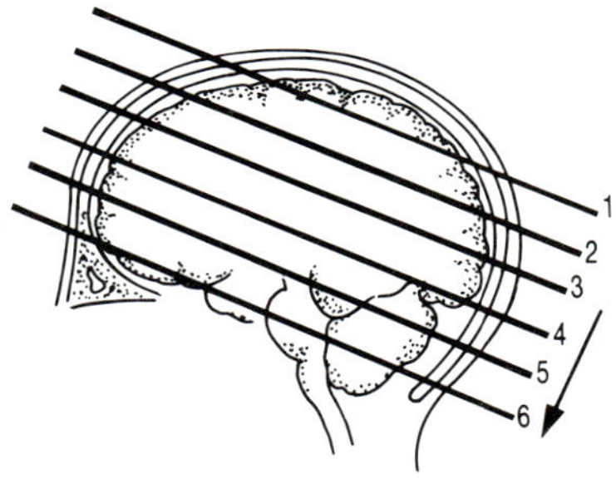

Utilisation locale du glucose par un cerveau normal, au repos, observée au scanner, après injection de ^{18}F-déoxyglucose. Les niveaux de « coupes » ont été réalisés du haut vers le bas de l'encéphale. Dans l'échelle des fausses couleurs, le rouge indique les zones à métabolisme élevé. La matière grise, qui contient les corps cellulaires et les dendrites, ainsi que les régions riches en synapses, sont métaboliquement plus actives que la matière blanche qui contient les axones myélinisés. Les régions de matière grise les plus actives sont dans le cortex, le cervelet, les noyaux de la base, le thalamus.

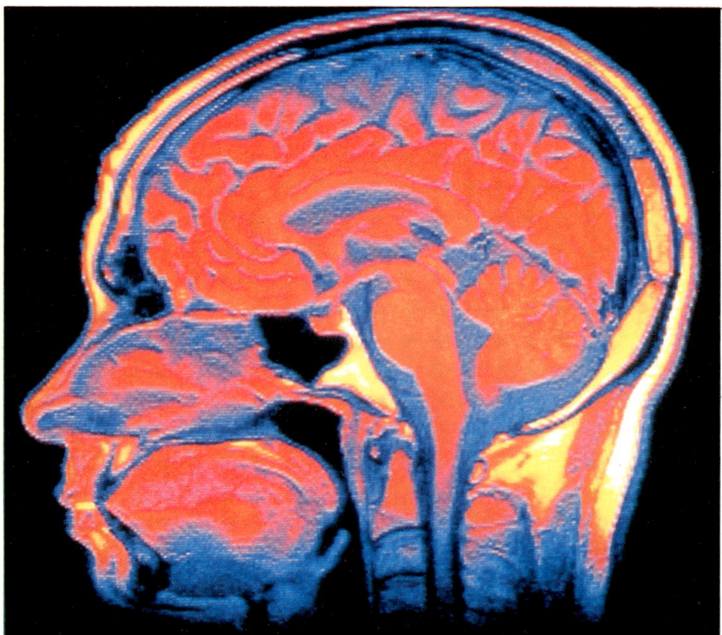

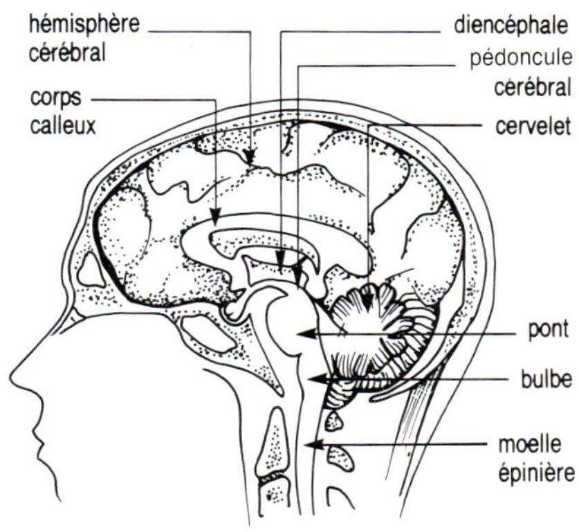

Observation *in vivo* par RMN de l'encéphale d'un individu. Le traitement en fausses couleurs donne une représentation en « coupe sagittale » de l'encéphale. À droite, schéma d'interprétation.

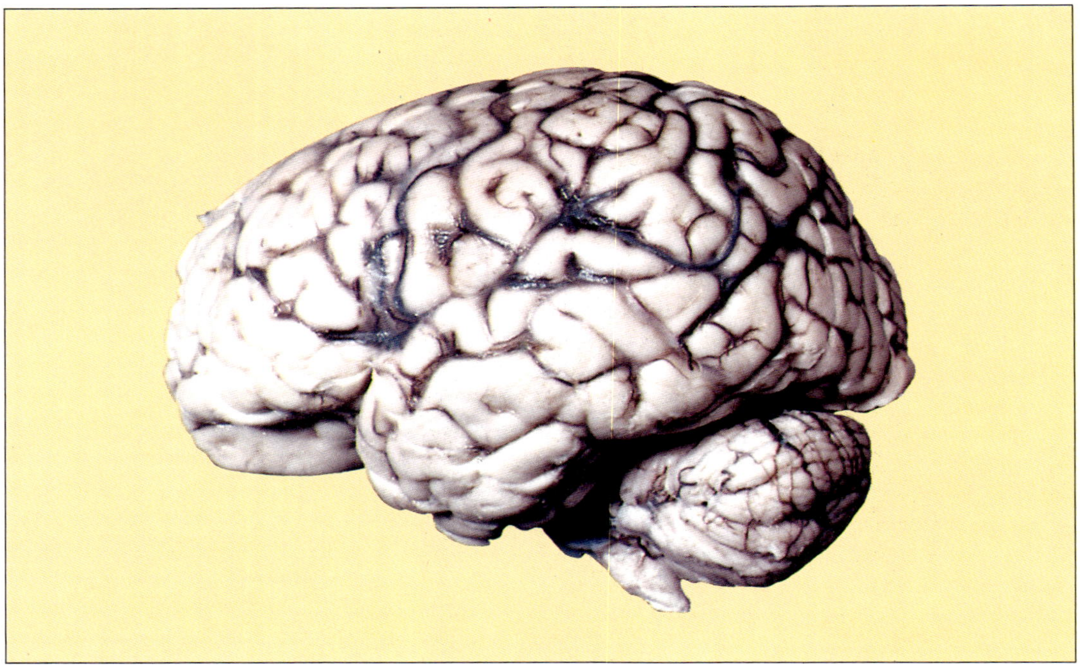

Encéphale humain.

Organisation générale de l'encéphale humain. Principales localisations corticales.

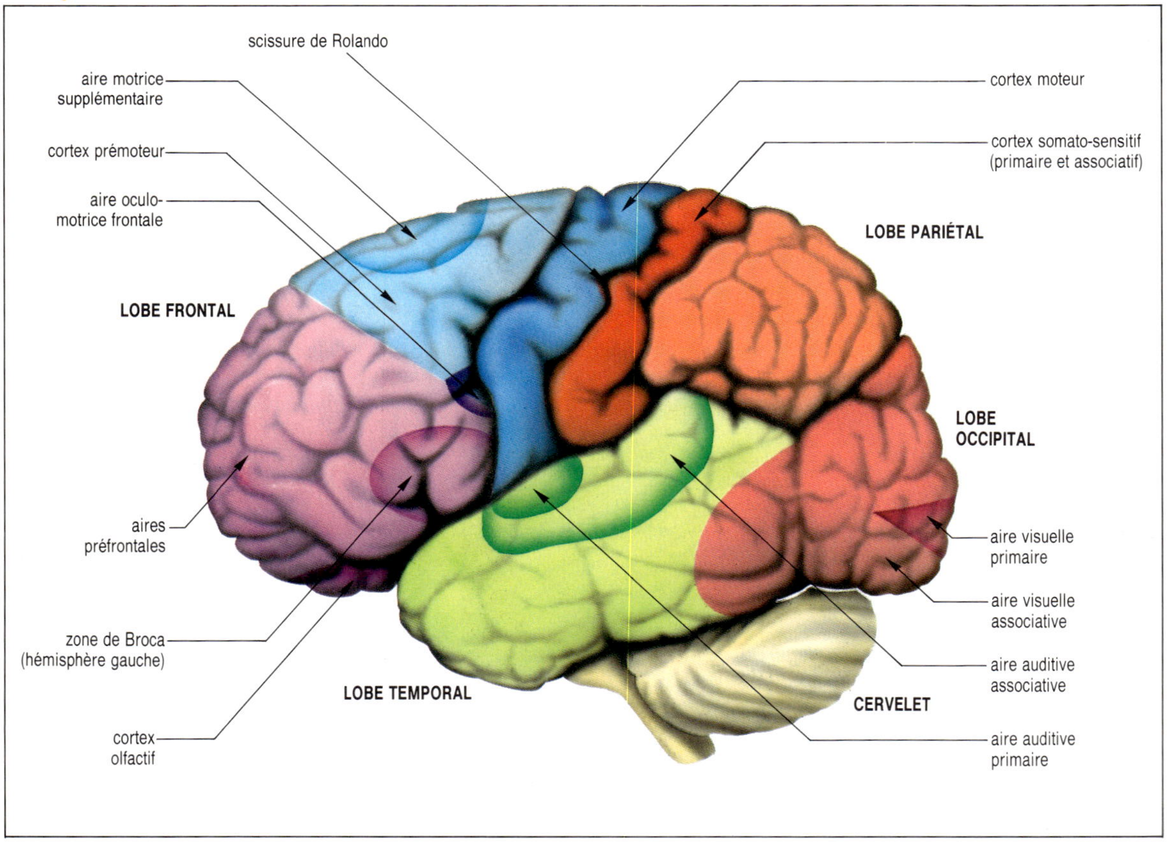

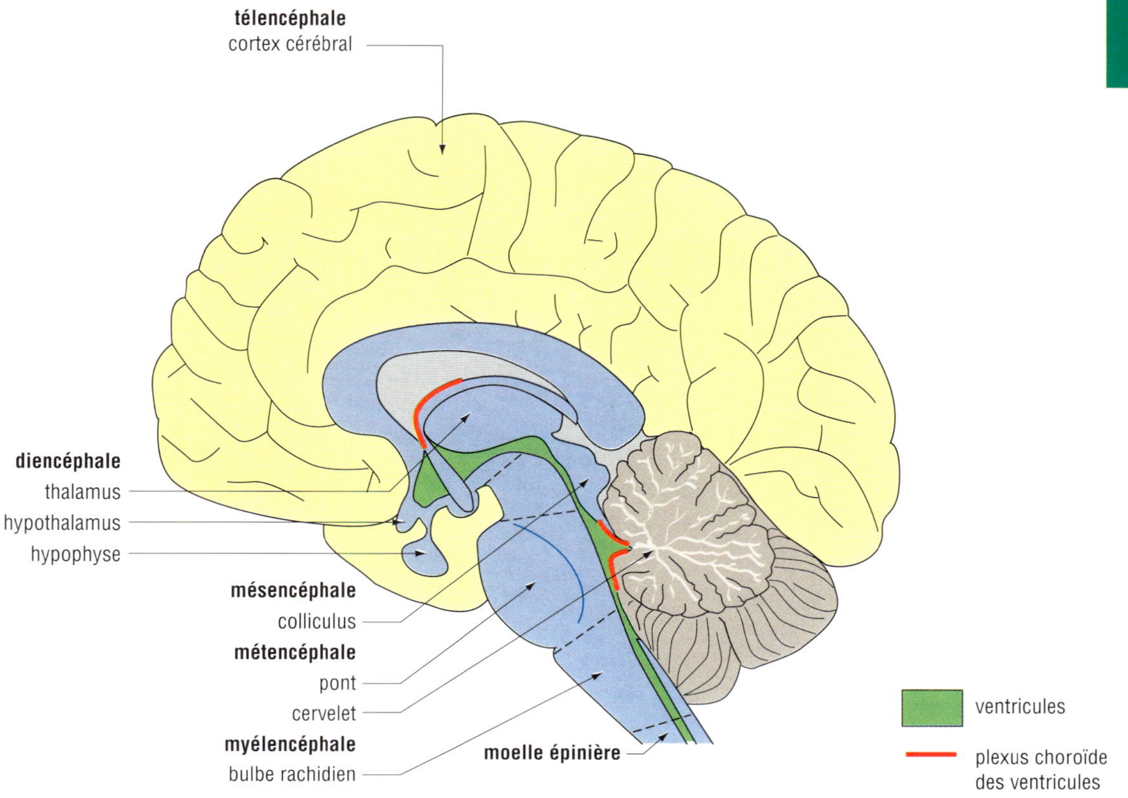

Coupe sagittale de l'encéphale humain.

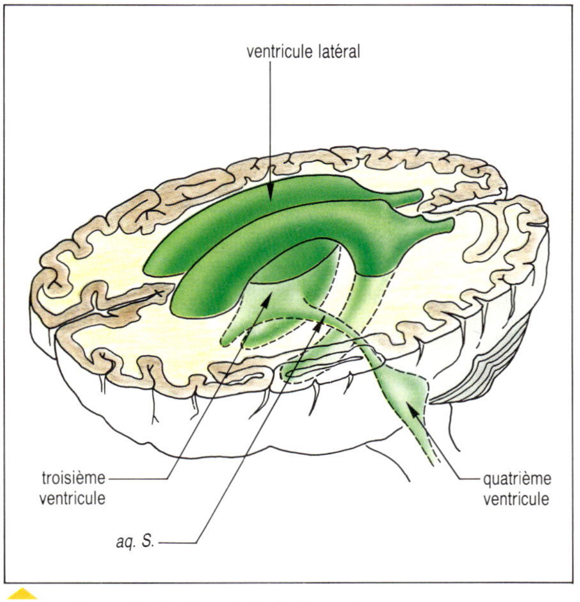

Coupe frontale de l'encéphale humain, avec localisation des cavités cérébrales (ventricules).
(aq. S. = acqueduc de Sylvius)

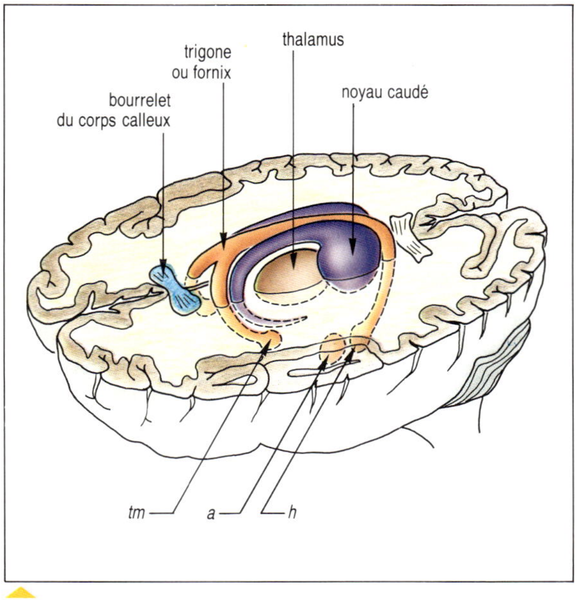

Coupe frontale avec localisation des principales structures internes.
(tm : tubercule mamillaire, a : amygdale, h : hippocampe)

2. Le cycle veille-sommeil

L'activité cérébrale suit un cycle veille-sommeil obligatoire

Parmi les rythmes biologiques, le plus apparent est certainement le rythme veille-sommeil. Ce cycle de 24 heures est constitué de l'alternance de deux états principaux d'activité profondément différents : la veille et le sommeil. En fait, la phase de sommeil se compose de la succession de 4 à 5 cycles d'une heure trente à deux heures. Chacun de ces cycles ultradiens est constitué de la succession de deux états différents : le sommeil lent, suivi du sommeil paradoxal.

L'état de veille, une activation non spécifique

L'état de veille est caractérisé par un EEG de faible amplitude, sans rythmicité particulière, ce qui laisse supposer que l'activité des neurones du cortex est désynchronisée. Cette activité correspond au traitement d'informations diverses, et est liée à l'activité de différentes structures. Il s'agirait en particulier du locus cœruleus, du raphé et de l'hypothalamus postérieur qui innervent de façon diffuse l'ensemble de l'écorce cérébrale. Le neuromédiateur libéré par chacune de ces structures est respectivement la noradrénaline, la sérotonine et l'histamine. Il faut ajouter à cela un noyau bulbaire adrénergique qui, en activant le système orthosympatique, maintient un tonus vasomoteur et un métabolisme élevés.

Le sommeil commence par une phase de sommeil lent…

Le passage de l'état de veille à un état de sommeil se réalise en plusieurs étapes au cours desquelles le seuil de stimulation nécessaire pour provoquer un réveil du sujet augmente. La phase d'endormissement se caractérise sur l'EEG par la présence d'ondes amples d'une fréquence située entre 8 et 12 Hz ou ondes alpha. Puis, plus le sommeil devient profond, plus la fréquence des ondes diminue tandis que leur amplitude augmente. Dans cet état de sommeil, le sujet est calme, les yeux immobiles, le rythme respiratoire régulier.

… puis suit une phase de sommeil paradoxal

Après une heure trente à deux heures de sommeil lent, le sujet entre en sommeil paradoxal. Ce terme est dû au fait que, bien que le sujet soit endormi, et très difficile à réveiller, son activité EEG est très proche d'une activité de veille intense. Cette activité EEG s'accompagne en particulier de mouvements oculaires rapides, d'où son autre nom de sommeil REM pour « Rapid Eyes Movements ». Il est accompagné d'une chute totale du tonus musculaire, et d'une érection du pénis. Cette phase du sommeil est moins calme, avec en particulier des variations des rythmes cardiaque et respiratoire. Il semble que cette phase du sommeil paradoxal corresponde à la période de rêve. Après environ 20 à 30 minutes, le sujet passe à nouveau en état de sommeil lent.

Rythme circadien / circadian rythm : exp., rythme dont la période est proche de 24 h.

Rythme ultradien / ultradian rythm : exp., rythme dont la période est inférieure à 24 h.

Sommeil lent / deep sleep : exp., phase de sommeil caractérisée par une activité corticale synchronisée de rythme lent.

Sommeil paradoxal / REM sleep (Rapid Eyes Movements) : exp., phase de sommeil profond, mais durant laquelle l'électro-encéphalogramme a les mêmes caractères que durant la veille.

Le sommeil lent est une inhibition de l'état de veille

L'entrée en sommeil lent est très certainement liée à la sérotonine libérée durant la phase de veille par le raphé. La présence en quantité importante de ce neuromédiateur, provoque l'activation de la région préoptique de l'hypothalamus qui inhibe alors l'ensemble des structures impliquées dans l'état de veille.

Le sommeil paradoxal est une activation généralisée dont la sortie motrice est inhibée

Le sommeil paradoxal apparaît une fois que le raphé et le locus cœruleus ont été inhibés. Des neurones de la formation réticulée bulbaire entrent alors en activité et stimulent en particulier les aires corticales visuelles et motrices. Cependant, la sortie motrice est totalement inhibée par des neurones dont les corps cellulaires sont situés dans le lobe du locus cœruleus. Seuls les motoneurones oculomoteurs et respiratoires échappent à cette action inhibitrice.

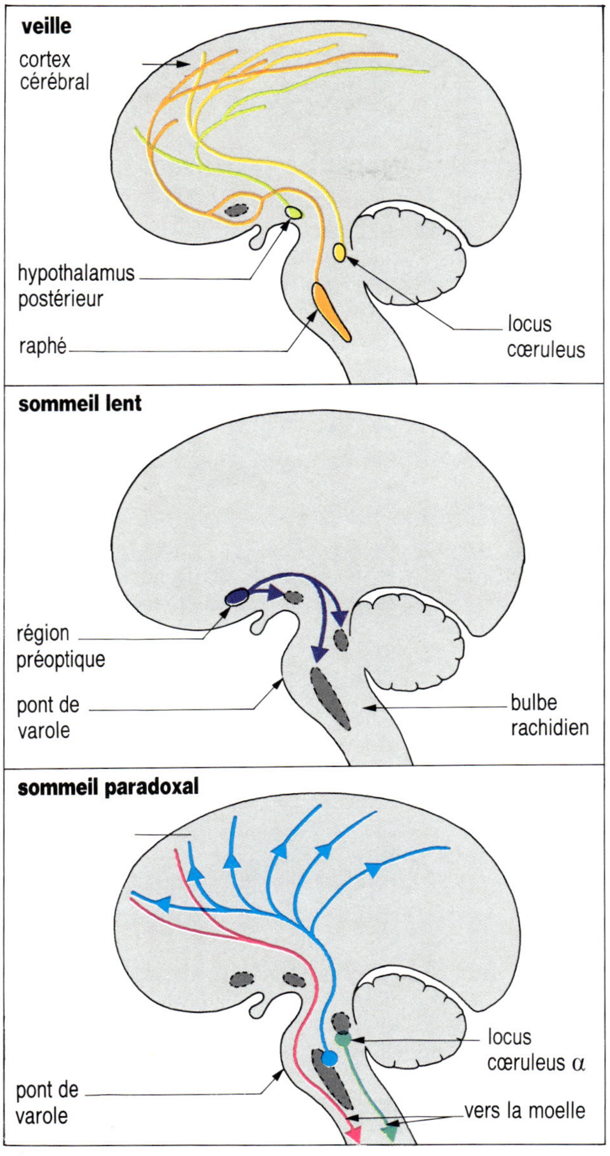

Principales voies mises en jeu au cours de trois états différents de vigilance.

Représentation graphique d'une nuit de sommeil d'un jeune adulte (EMG : électromyogramme des muscles de la nuque).

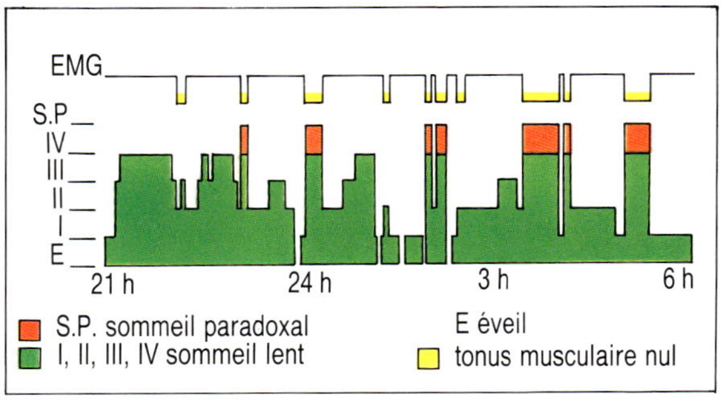

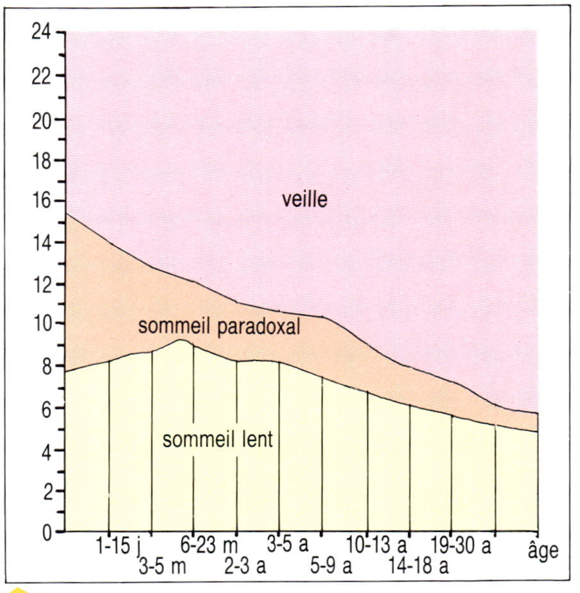

Évolution des temps de sommeil lent et de sommeil paradoxal en fonction de l'âge (en jours, mois, années).

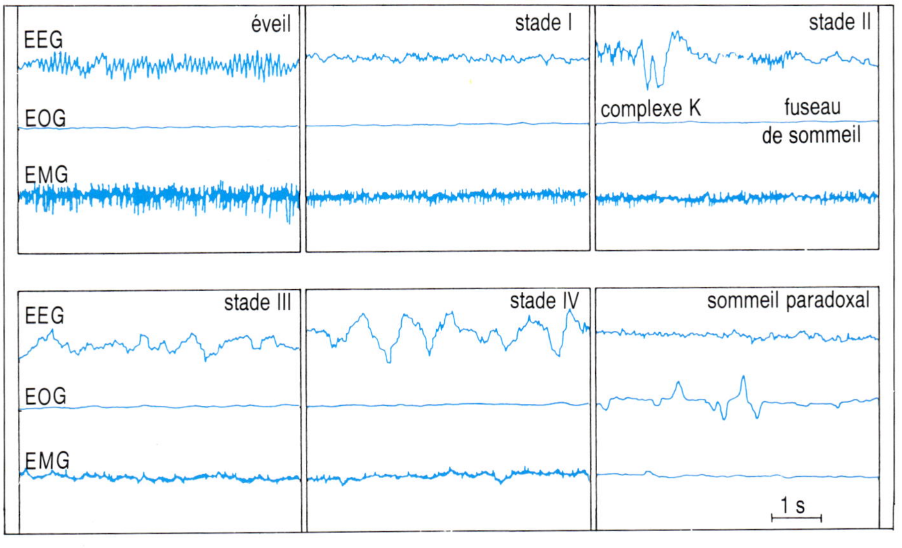

Enregistrements au cours d'une nuit de sommeil.

La mémoire : conserver certaines informations, puis les réutiliser

La mémorisation peut être caractérisée par plusieurs étapes…

Apprentissage et mémoire permettent à l'organisme de conserver des informations qui pourront ensuite être réutilisées. Pour cela, il faut tout d'abord que le système nerveux sélectionne, parmi l'ensemble des informations sensorielles, celles qui sont pertinentes. Ensuite il doit stocker ces informations sous une forme stable et définitive (engramme). Enfin, il doit pouvoir rappeler certaines informations stockées afin de les utiliser dans une nouvelle situation.
On peut distinguer deux formes de mémoire en fonction du temps :
– la mémoire à court terme qui correspond à une phase durant laquelle les informations sont progressivement réorganisées en fonction à la fois de l'arrivée de nouvelles informations, et du résultat de la comparaison avec les informations déjà stockées ;
– la mémoire à long terme qui correspond à une forme de stockage non labile de la trace mnésique.
Le passage d'une mémoire à court terme à un stockage à long terme constitue le processus de consolidation.

Engramme / engram : n.m., information stockée par le système nerveux et susceptible d'être réutilisée.

Mémoire à court terme / short-term memory : exp., stock mnésique ayant une capacité et une durée limitées.

Mémoire à long terme / long term memory : exp., stock mnésique constitué par les informations consolidées.

Mémoire déclarative / declarative memory : exp., concerne des processus directement accessibles au rappel conscient.

Mémoire épisodique / episodic memory : exp., mémoire liée aux événements de la vie du sujet.

Mémoire procédurale / procedural memory : exp., concerne des processus appris, devenus automatiques, et donc inconscients.

Mémoire sémantique / semantic memory : exp., mémoire intemporelle, liée au sens des mots, des images ou des symboles.

Mémoire de travail / working memory : exp., correspond, au cours d'un apprentissage, à une phase de traitement de l'information actuelle en relation avec les informations déjà stockées.

… mais aussi subdivisée à partir de critères fonctionnels différents

Lors de l'exécution d'un geste appris depuis longtemps et devenu automatique, tel que l'écriture, le rappel des informations stockées est devenu inconscient. On parle alors de mémoire procédurale. À l'opposé, les informations accessibles de façon consciente constituent la mémoire déclarative. Cette dernière peut être subdivisée en une mémoire épisodique et une mémoire sémantique. La première correspond aux événements importants, repérés en fonction du temps (une joie, un événement douloureux, un événement politique…). La seconde est plus « intemporelle », et correspond au sens attribué à certaines informations (le sens d'un mot, d'une image, d'un symbole…).
Lors d'une phase d'apprentissage, un sujet confronte les informations provenant de diverses sources, actuelles ou mémorisées ; c'est la mémoire de travail.

Les troubles de la mémoire

Une amnésie peut être liée à l'incapacité, pour un individu, de consolider une information (troubles de la consolidation), mais elle peut également être interprétée comme un déficit de la restitution (troubles du rappel). Les principaux cas d'amnésies, mises à part celles touchant la sphère du langage, se caractérisent par une incapacité à former de nouveaux souvenirs (amnésie antérograde), alors que les souvenirs anciens sont peu ou pas atteints. Ces amnésies affectent en général les processus de consolidation et correspondent à une atteinte de l'hippocampe. À l'opposé, les amnésies rétrogrades correspondent à une perte du rappel des souvenirs récents. Elles sont dues en général à un traumatisme ou à l'alcoolisme, et touchent des régions cérébrales plus diffuses.

Les structures encéphaliques impliquées

L'essentiel des structures impliquées dans la mémorisation constitue le système limbique. Il semble que l'on puisse actuellement y distinguer deux voies permettant le transfert des informations depuis les structures corticales associatives vers le cortex préfrontal. L'une passant par l'amygdale, impliquée dans l'attribution d'une valeur affective à une information quelle que soit sa modalité sensorielle. L'autre, hippocampique, plus impliquée dans la reconnaissance de l'objet intervient en particulier dans la détection de la nouveauté.
Quant aux processus d'évocation, ils seraient principalement liés au fonctionnement de structures du diencéphale (corps mammilaires et thalamus) et du septum.

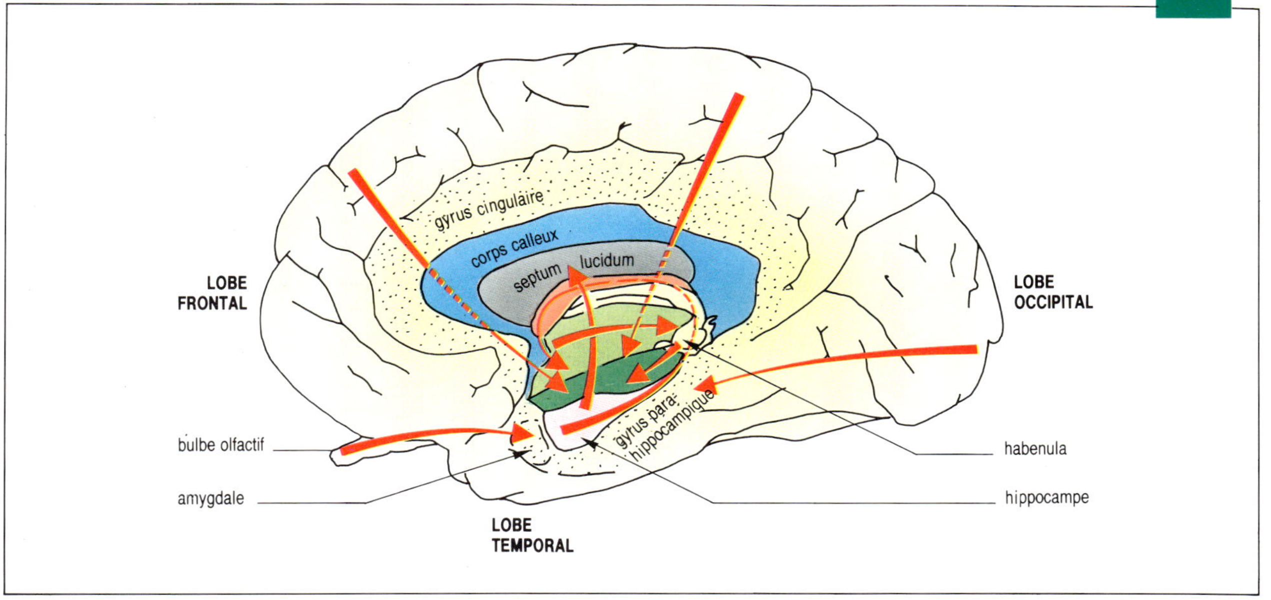

Principales structures cérébrales mises en jeu dans les processus mnésiques.

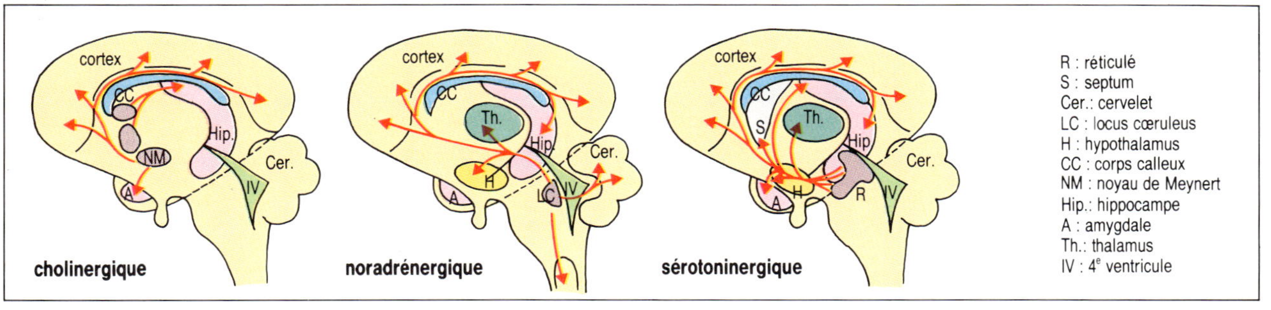

Principales voies cholinergiques, noradrénergiques et sérotoninergiques.

Circuits cortico-diencéphalo-limbiques impliqués dans le processus de mémorisation.

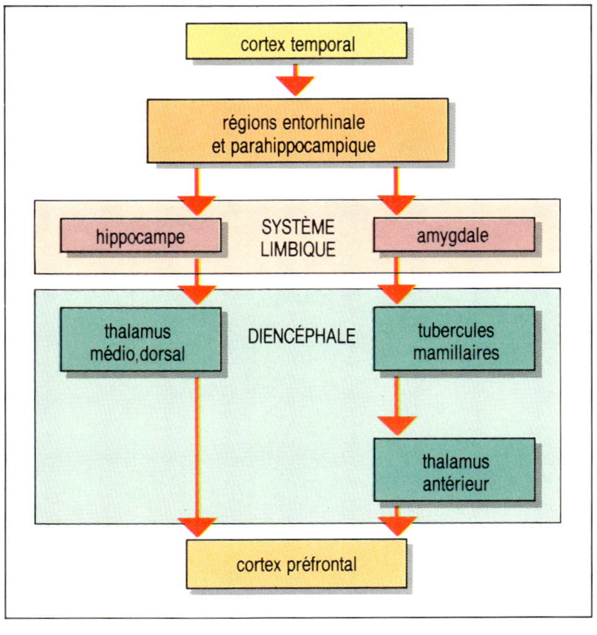

Test de Rey-Osterrieth. Le patient copie tout d'abord le dessin. Puis il doit le reproduire de mémoire, soit tout de suite après, soit 20 minutes plus tard. Un patient ayant des lésions de l'hémisphère gauche privilégie les contours, tandis qu'un patient atteint de lésions de l'hémisphère droit privilégie les détails de la figure.

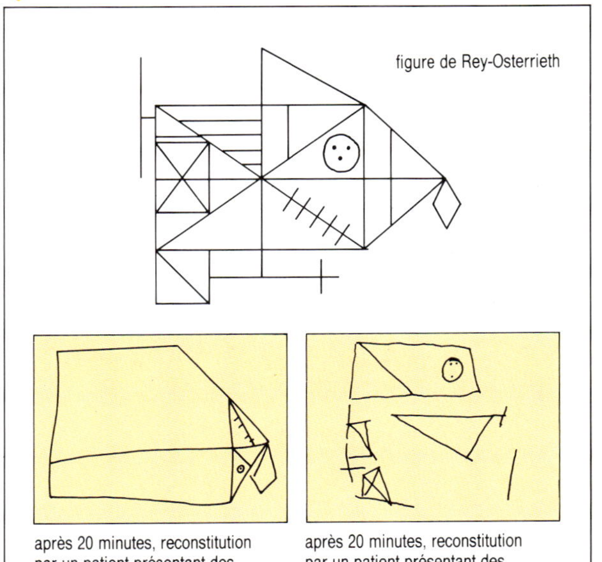

après 20 minutes, reconstitution par un patient présentant des lésions de l'hémisphère gauche.

après 20 minutes, reconstitution par un patient présentant des lésions de l'hémisphère droit.

FAIRE LE POINT

L'ESSENTIEL

1 Différentes techniques, plus ou moins complexes, permettent d'étudier soit l'anatomie, soit le fonctionnement cérébral :
– le scanner est une application de la radiographie par rayons X permettant de réaliser l'équivalent de coupes anatomiques du cerveau;
– la résonance magnétique nucléaire permet le même type d'analyse avec une résolution beaucoup plus fine;
– l'électro-encéphalographie est une méthode classique d'investigation du fonctionnement cérébral;
– la tomographie à émission de positons permet de suivre l'activité cérébrale de façon plus précise mais plus coûteuse.

2 L'activité cérébrale suit un cycle veille-sommeil. L'état de veille est lié à l'activité, en particulier, du locus cœruleus, du raphé et de l'hypothalamus postérieur qui innervent de façon diffuse l'ensemble de l'écorce cérébrale.
Le sommeil est constitué de deux types d'activités différents :
– le sommeil lent qui apparaît à la suite de l'augmentation de la sérotonine libérée durant la phase de veille par le raphé, activant la région préoptique de l'hypothalamus, qui inhibe à son tour l'ensemble des structures impliquées dans l'état de veille;
– le sommeil paradoxal qui apparaît une fois que le raphé et le locus cœruleus ont été inhibés. Des neurones de la formation réticulée bulbaire entrent alors en activité et stimulent en particulier les aires corticales visuelles et motrices.

3 La mémoire permet de conserver certaines informations, puis de les réutiliser. Elle peut être subdivisée en une phase de sélection des informations sensorielles, qui ferait ensuite place à une phase de mémoire à court terme puis à un stockage à long terme. Il est également possible, sur la base d'un type de classement différent, de définir l'organisation hiérarchique de la mémoire selon une mémoire non spécifique, une mémoire spécifique et une mémoire épisodique.
Les structures cérébrales impliquées dans ces processus appartiennent essentiellement aux cortex temporal et préfrontal, au système limbique, à l'amygdale et à l'hippocampe.
Au plan neurochimique, les principaux neuromédiateurs impliqués dans les processus mnésiques sont l'acétylcholine, la noradrénaline, et la sérotonine.

LES MOTS CLÉS

A

amnésie
amygdale

E

électro-encéphalographie
engramme

F

formation réticulée

H

hippocampe
hypothalamus

L

locus cœrulus

M

mémoire à court terme
mémoire à long terme
mémoire de travail
mémoire déclarative
mémoire épisodique
mémoire procédurale
mémoire sémantique

R

raphé
résonance magnétique nucléaire
rythme circadien
rythme ultradien

S

scanner
sérotonine
sommeil lent
sommeil paradoxal

T

tomodensitométrie
tomographie à émission de positrons

V

veille

AUTO-ÉVALUATION

Les activités proposées dans cette rubrique permettent de vérifier les connaissances acquises au cours de ce chapitre.
Elles peuvent concerner : la terminologie scientifique, les ordres de grandeur, les mécanismes fonctionnels.

AUTOTEST

Testez vos connaissances en répondant aux 7 questions suivantes (réponses en fin d'ouvrage). Chaque réponse doit être justifiée.

QUESTION	RÉPONSE
1. L'électro-encéphalographie permet : a) de suivre la consommation en électrons du cerveau ; b) de suivre l'activité électrique du cerveau ; c) de compenser un dysfonctionnement cérébral par un choc électrique ; d) de réaliser des coupes anatomiques du cerveau.	a b c d
2. Au cours du sommeil paradoxal, il y a une agitation intense du sujet.	oui non
3. L'entrée en sommeil lent est due à : a) une fatigue généralisée ; b) la présence de métabolites au niveau des muscles ; c) un taux élevé de sérotonine cérébrale ; d) une inhibition de l'état de veille.	a b c d
4. Le raphé est une structure cérébrale active durant : a) le sommeil lent ; b) la veille ; c) le sommeil paradoxal ; d) le sommeil profond.	a b c d
5. L'engramme est : a) l'information provisoirement stockée en mémoire à court terme ; b) l'information stockée par le système nerveux ; c) le phénomène de répétition des actes moteurs ; d) un ensemble de structures cérébrales.	a b c d
6. La mémoire procédurale concerne les processus : a) conscients ; b) tous les processus mémorisés ; c) devenus automatiques ; d) liés aux événements.	a b c d
7. La mémoire épisodique concerne les processus : a) conscients ; b) mémorisés ; c) devenus automatiques ; d) liés aux événements.	a b c d

ORIENTATIONS DE TRAVAIL

À la fin de ce chapitre, vous devez être capable de :

1. Décrire rapidement les principales techniques d'étude de l'anatomie et du fonctionnement cérébral.
2. Savoir reconnaître un EEG de veille d'un EEG de sommeil.
3. Décrire les principales structures impliquées dans les états de veille, de sommeil lent et de sommeil paradoxal.
4. Énoncer les grands principes de fonctionnement de la mémoire.
5. Savoir définir : mémoire à court terme, mémoire à long terme, mémoire procédurale, mémoire sémantique, mémoire de travail.

MINI-GLOSSAIRE MÉDICAL

Agnosie / agnosia : n.f., incapacité à reconnaître un objet dans laquelle le processus affecté ne concerne pas directement le système sensoriel correspondant, mais plutôt la mémoire sémantique.

Amnésie / amnesia : n.f., déficit de la mémoire pouvant affecter soit les processus de mémorisation, soit ceux de l'évocation du souvenir.

Aphasie / aphasia : n.f., trouble du langage parlé ou écrit indépendant de toute atteinte sensorielle ou motrice. Elle est due à une lésion de l'aire corticale du langage.

Encéphalite / encephalitis : n.f., inflammation d'origine virale de l'encéphale. Elle peut être due à une maladie virale générale telle que la rougeole, la varicelle, etc., ou à un virus touchant spécifiquement le système nerveux tel que celui de la poliomyélite ou de la rage.

Épilepsie / epilepsy : n.f., crise de convulsions paroxystiques due à l'activation synchrone de nombreuses cellules cérébrales. Selon la région cérébrale touchée, les manifestations de la crise peuvent être sensorielles ou motrices.

PRATIQUES MÉDICALES

La maladie de Parkinson

Cette maladie est caractérisée par une difficulté dans l'initiation des mouvements volontaires, une rigidité musculaire et un tremblement au repos. Dans ses débuts, elle peut être totalement abolie par l'administration d'un précurseur de la dopamine : la L-DOPA (Dihydroxydopamine).
Elle est en effet marquée par une perte importante de dopamine au niveau de la substance noire et des structures qu'elle innerve (noyau caudé en particulier).

La maladie d'Alzheimer

Environ 5 % des personnes âgées de plus de 65 ans (10 % après 80 ans) sont atteintes, de façon plus ou moins marquée, par la maladie d'Alzheimer. Les premiers symptômes de cette maladie sont caractérisés par une perte de la mémoire à court terme, avec des difficultés dans la mémorisation de nouvelles informations. Il y a perte progressive des fonctions mentales avec des difficultés d'élocution. Au plan neuro-anatomique, elle se caractérise par l'apparition de plaques séniles de dégénérescence et la formation de fibres conjonctives entre les neurones.

Pour en savoir plus

BUSER (P.), IMBERT (M.), *Centres nerveux, motricité et régulations végétatives autonomes,* Hermann – Paris 1985

DUDAI (Y.), *The Neurobiology of Memory,* Oxford University Press – Oxford 1989

FONTAINE (M.), *Physiologie,* Encyclopédie de la Pléiade – Paris 1969

KANDEL (E.R.), SCHWARTZ (J.H.), *Principles of Neural Science,* 4e édition, Elsevier – New York 1991

KUFFLER (S.W.), NICHOLLS (J.G.), MARTIN (A.R.), *From Neuron to Brain,* Sinauer – New York 1984

RICHARD (D.), ORSAL (D.), *Neurophysiologie tome 2,* collection Fac Sciences, Nathan Université – Paris 1994

SCHMIDT (F.), DUDEL (J.), JÄNIG (W.), ZIMMERMANN (M.), *Neurophysiologie,* Le François – Paris 1984

TASSIN (J.P.) et al., *Drogues et toxicomanies,* collection Suivre la Science, Nathan/Inserm – Paris 1993

ZAVIALOFF (N.), JAFFARD (R.), BRENOT (P.), *La Mémoire,* tome I : *Mémoire et Cerveau,* L'Harmattan – Paris 1989

DIGESTION ET ABSORPTION

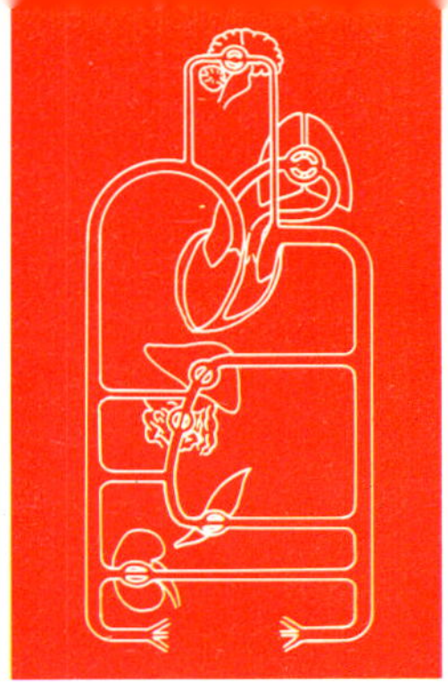

L'alimentation de l'organisme représente une triple nécessité : la libération d'énergie par les cellules, la construction de l'organisme et le renouvellement de ses constituants. L'énergie mise en jeu dans les cellules provient de l'oxydation de molécules organiques, et la construction de molécules et de cellules nécessite des matières organiques. L'alimentation fournit à l'organisme des molécules organiques provenant d'autres organismes (les seuls aliments d'origine minérale sont l'eau et le sel). Les processus digestifs consistent en une transformation de ces molécules complexes et étrangères en petites molécules simples, et en l'absorption de ces petites molécules (les nutriments).
Ces processus sont assez peu sélectifs. Leur fonction est seulement d'assurer l'approvisionnement du milieu intérieur à partir du milieu extérieur. La gestion des entrées, des stocks et des utilisations en fonction des besoins n'est pas assurée par le système digestif, dont la capacité d'assimilation dépasse largement ce que l'organisme ingère. C'est pour cette raison que certains comportements alimentaires peuvent avoir de graves conséquences sur l'individu.

Sommaire

1. L'APPAREIL DIGESTIF MOBILISE, TRANSFORME ET ABSORBE LES ALIMENTS

La lumière du tube digestif est à l'extérieur de l'organisme

Le tube digestif, qui traverse l'organisme de la bouche à l'anus, a une longueur d'environ 4,5 mètres. La lumière de ce tube (c'est-à-dire l'espace que sa paroi délimite) est en continuité avec l'extérieur. Elle est une composante du milieu extérieur à l'organisme. Ceci nous amène également à considérer que les excréments ne constituent pas des déchets de l'organisme, mais seulement des rejets de substances n'y ayant pas pénétré. Les excréments contiennent d'ailleurs de très nombreuses bactéries qui vivent naturellement dans les parties terminales du tube digestif. Ces bactéries inoffensives et même bénéfiques seraient très dangereuses à l'intérieur de l'organisme.

La paroi intestinale constitue une surface d'échange

Le tube digestif comprend la bouche, la cavité buccale, l'œsophage, l'estomac, l'intestin grêle, le gros intestin, le rectum et l'anus. Sa plus longue partie est constituée par les intestins, dont les nombreux replis de la paroi forment une très grande surface d'échange. L'essentiel de l'absorption se fait à travers cette surface intestinale, de la lumière vers le sang. On retrouve ainsi au niveau de l'intestin les caractéristiques d'une surface d'échange : grande dimension (la quantité de molécules absorbées est proportionnelle à la surface traversée), faible épaisseur et importante vascularisation (la distance séparant la lumière du tube et le sang est faible).

La digestion est essentiellement chimique

La transformation chimique des aliments lors de leur transit dans le tube digestif répond à une double exigence. Tout d'abord, les cellules de l'organisme ont besoin de petites molécules; or l'essentiel d'un aliment est constitué de macromolécules. Les processus digestifs supposent donc une simplification des molécules alimentaires en petites molécules. Par ailleurs, l'absorption implique le franchissement de barrières cellulaires (les cellules de l'épithélium intestinal) et est tributaire de la perméabilité de la membrane des cellules. Seules de petites molécules peuvent être l'objet de flux massifs, comme ceux réalisés dans l'intestin. La phase initiale de la digestion consiste en une simplification moléculaire des aliments dans la lumière du tube digestif. Ces processus sont relativement spontanés (ils ne nécessitent pas d'apport énergétique) et sont catalysés par des enzymes dites digestives déversées dans le tube digestif. Ces enzymes ainsi que d'autres molécules facilitant la digestion (sels biliaires, acide chlorhydrique) sont produites par des glandes spécialisées (glandes salivaires, foie, pancréas) et par des cellules sécrétrices de la paroi du tube (cellules gastriques, cellules intestinales).

Le mouvement des aliments facilite la digestion

Le trajet du contenu intestinal est relativement lent (de 30 à 120 heures de la bouche à l'anus). L'activité mécanique qui y est développée remplit plusieurs rôles. La bouche et l'estomac assurent un brassage des aliments et leur homogénéisation avec les enzymes sécrétées. Ces processus ont pour conséquence une augmentation des surfaces de contact aliment-enzyme, et une optimisation (accélération) de la digestion. À la sortie de l'estomac, les aliments sont transformés en une bouillie que l'on nomme le chyme.

Sa progression résulte de l'action des muscles intestinaux qui s'exerce sur une bouillie qui conserve une certaine consistance. Cette consistance est due aux fibres végétales non digérées que l'on retrouve presque en totalité dans les excréments.

Absorption / absorption : n.f., mécanisme de transport d'une substance vers le milieu intérieur de l'organisme.

Simplification moléculaire / molecular breaking : exp., transformation chimique des molécules alimentaires en molécules de petite taille absorbables par la muqueuse intestinale. Consiste le plus souvent en des dépolymérisations.

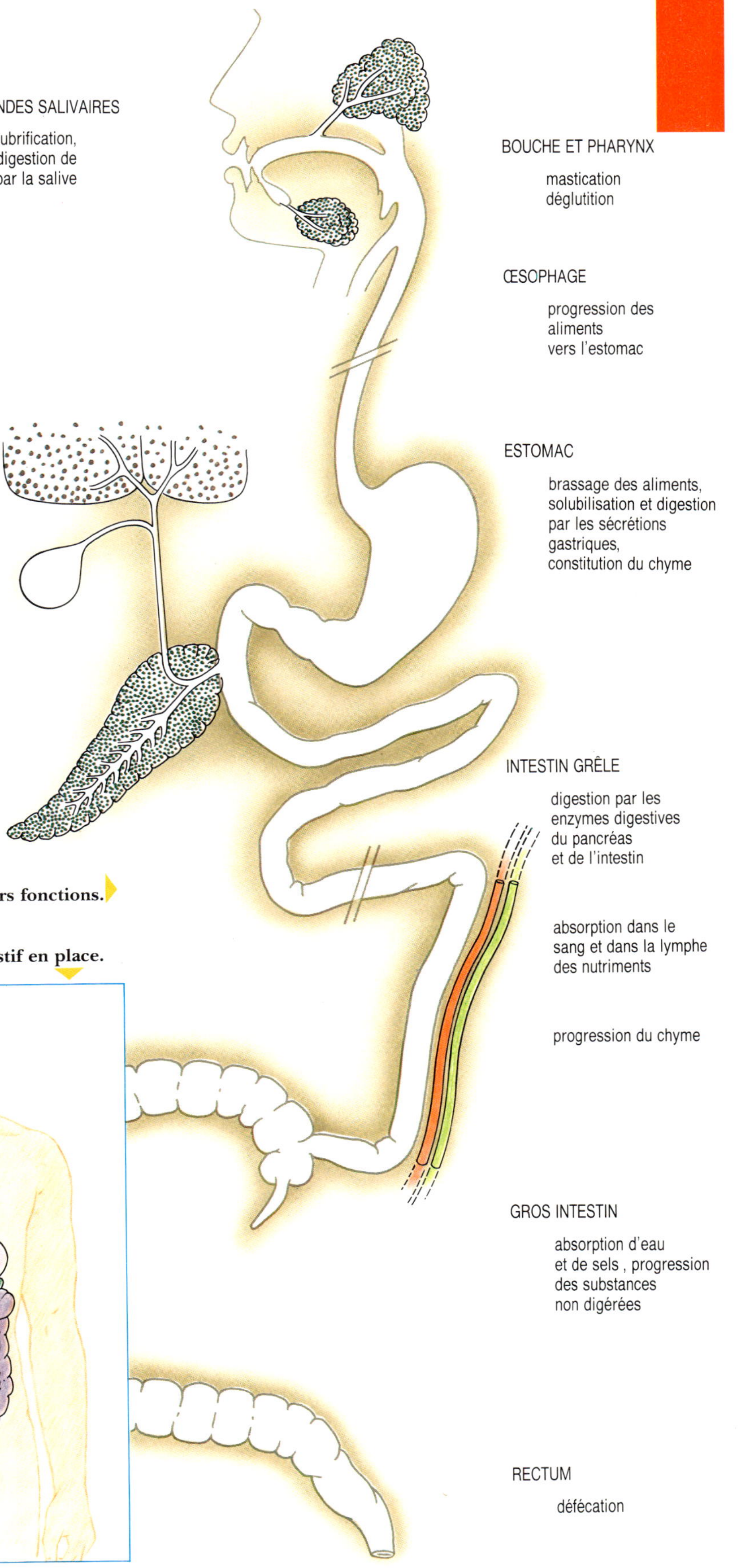

Les organes digestifs et leurs fonctions.

Le système digestif en place.

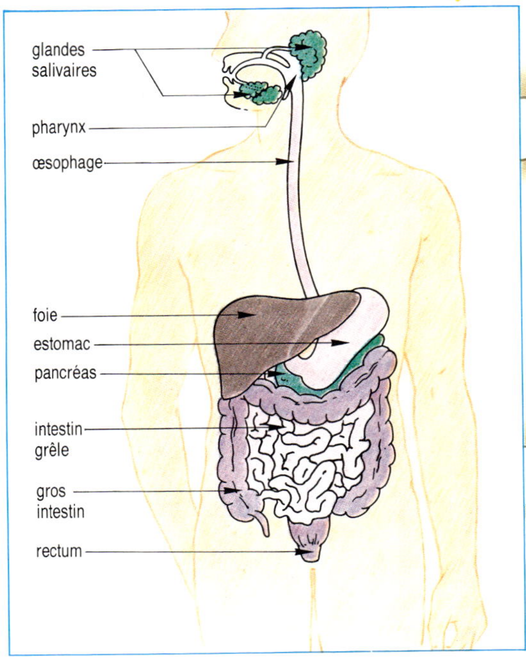

2. LES MACROMOLÉCULES ALIMENTAIRES SONT TRANSFORMÉES EN PETITES MOLÉCULES

Les glucides et les protéines sont rapidement digérés

L'essentiel des glucides ingérés est représenté par l'amidon, molécule de réserve caractéristique des végétaux et composante principale des féculents (pommes de terre, farine, pâtes...). L'amidon est un polymère de glucose. Sa digestion débute dans la cavité buccale : la salive contient une enzyme, l'amylase, qui catalyse une première hydrolyse de l'amidon. Les longues chaînes de glucose polymérisé sont progressivement découpées en maltose (molécule constituée de deux molécules de glucose). Cette première simplification se poursuit dans l'estomac, est vite stoppée par l'acidité gastrique, et se poursuit dans le duodénum (où le pH redevient neutre) grâce à une amylase pancréatique. Le maltose est alors hydrolysé en glucose sous l'action des maltases situées sur la muqueuse intestinale. D'autres glucides sont hydrolysés dans les intestins. Ce sont essentiellement des disaccharides comme le lactose ou le saccharose (molécules constituées de deux oses) qui sont « coupés » en oses. Tous les oses ainsi obtenus sont absorbés par les intestins.

Les protéines, polymères d'acides aminés, sont aussi hydrolysées lors de la digestion, mais ces processus ne débutent que dans l'estomac. Cette hydrolyse est catalysée par des enzymes sécrétées par la muqueuse gastrique : les pepsines. Ces enzymes sont activées en milieu acide ; l'acidité est due ici à une sécrétion d'acide chlorhydrique (HCl) par la muqueuse gastrique.

Parvenus dans le duodénum, les fragments protéiques sont hydrolysés par la trypsine et la chymotrypsine produites par le pancréas. Le résultat est la production de dipeptides (dimères de deux acides aminés) finalement hydrolysés en acides aminés par des dipeptidases situées sur la membrane des cellules intestinales.

La totalité de ces molécules est digérée et absorbée dans les premières parties de l'intestin (premiers 20 %).

L'émulsification des lipides facilite leur digestion

Les lipides subissent également l'action d'enzymes digestives, les lipases. L'action de ces enzymes est cependant entravée par la faible solubilité des lipides dans l'eau. Comme l'huile dans l'eau, les lipides forment des gouttes graisseuses dans le milieu aqueux de la lumière intestinale. Les lipases n'ont donc initialement accès qu'à une très faible portion des lipides alimentaires : la surface des gouttes graisseuses. La première activité digestive consiste ici en une émulsification (formation de fines gouttelettes) provoquée par le brassage gastrique et par l'action des sels biliaires. La multiplication des gouttelettes multiplie la surface offerte aux lipases, et favorise donc la digestion des lipides. Cette première action conduit à la production d'acides gras libres et de monoglycérides (une molécule d'acide gras liée à une molécule de glycérol). Des lipases sont produites dans la salive et dans le suc pancréatique, et la totalité des lipides est scindée dans l'intestin grêle. Parvenues dans l'intestin, ces molécules sont regroupées en très fines micelles grâce à l'action des sels biliaires. Ces sels biliaires sont des dérivés du cholestérol, qui provoquent la formation des micelles en se liant aux molécules lipidiques. Les micelles, d'un diamètre de 3 à 6 nm, sont la forme d'absorption des molécules obtenues.

Micelle / micelle : n.f., particule sphérique constituée de molécules lipidiques, stabilisées en phase aqueuse par des sels biliaires.

Sels biliaires / bile salts : exp., produits de dégradation du cholestérol, et constituants de la bile. Ils interviennent dans la digestion des graisses et permettent l'émulsification des acides gras.

Les acides nucléiques sont dégradés

Dans toutes les cellules vivantes se trouvent des molécules d'ADN et d'ARN. Ces molécules se retrouvent (bien que peu abondantes) dans toute alimentation. Des enzymes pancréatiques hydrolysent ces polymères en leurs monomères constitutifs, les nucléotides. Ces nucléotides sont ensuite dégradés en bases azotées et en oses, qui sont alors absorbés par la paroi intestinale.

Le devenir des principales molécules alimentaires.

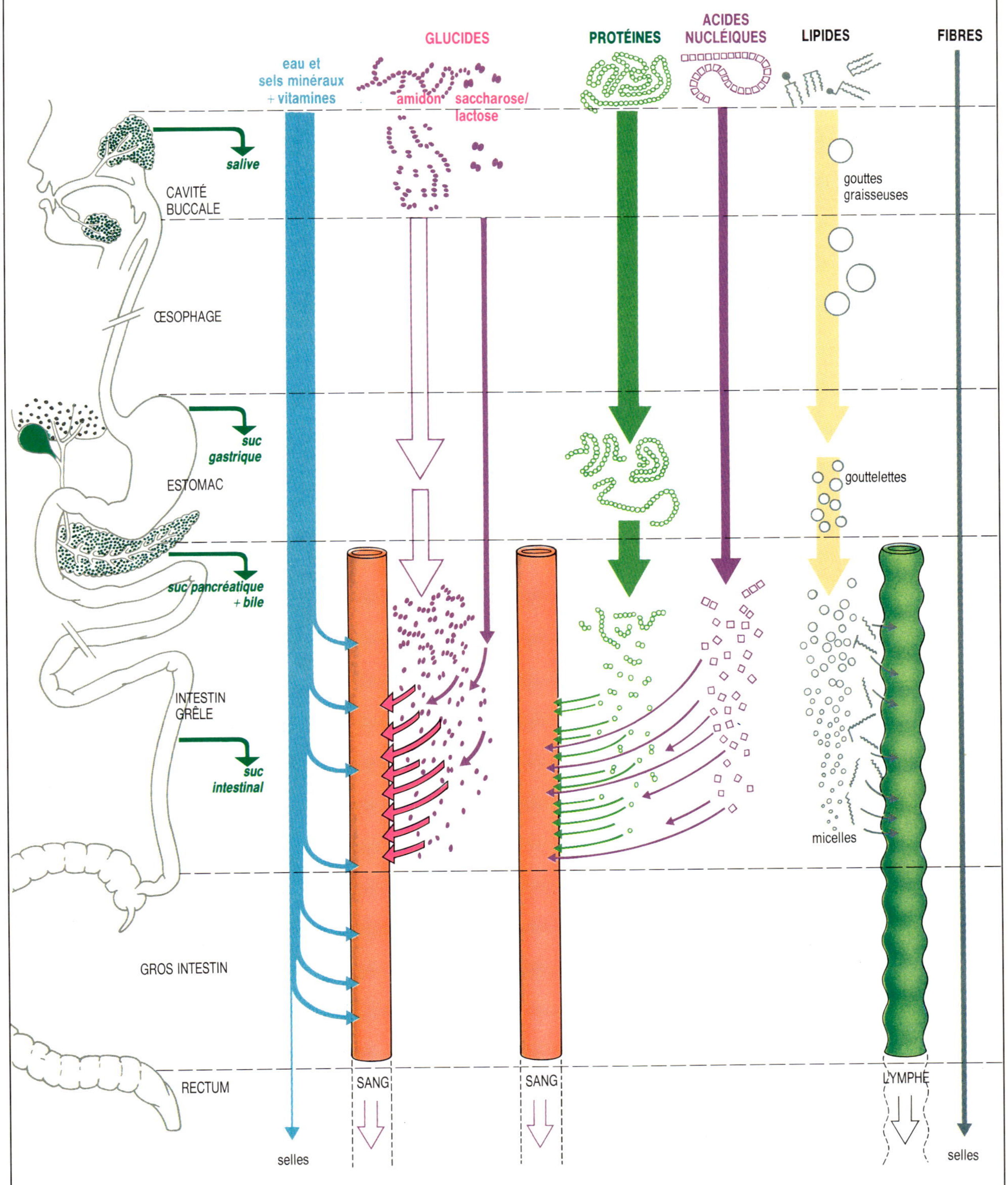

1. Des sécrétions exocrines permettent la digestion des aliments

La salive lubrifie, dissout et hydrolyse

Les glandes sous-maxillaires et les glandes sublinguales produisent l'essentiel de la salive.

Le rôle de la salive est triple. Le premier aspect est mécanique : par son état liquide, la salive lubrifie la masse des aliments contenus dans la bouche. Ceci facilite à la fois la mastication et la déglutition. Par son rôle de solvant, la salive permet d'exciter les récepteurs du goût situés sur la langue ; le sel, par exemple, n'est perceptible par les papilles gustatives qu'à l'état dissous. Enfin, la salive contient des éléments qui initient la digestion chimique ; il s'agit d'une enzyme : l'amylase salivaire, qui permet un début d'hydrolyse de l'amidon. La salive contient en outre de grandes quantités d'ions hydrogénocarbonates (HCO_3^-) qui maintiennent le milieu buccal à un pH compris entre 7 et 8, pH optimisant l'activité de l'amylase.

Le suc gastrique hydrolyse les aliments

Les cellules de la paroi de l'estomac sécrètent un suc abondant (jusqu'à trois litres par jour !) dont les principaux constituants sont des enzymes protéolytiques (qui hydrolysent les protéines), du mucus et de l'acide chlorhydrique (HCl). L'acide chlorhydrique, produit par les cellules bordantes, a plusieurs effets ; l'acidité du chyme qui en résulte (pH de 1,5 à 4) permet d'activer les enzymes gastriques, de dénaturer les protéines alimentaires et joue un rôle bactéricide. Le mucus gastrique, produit par les cellules mucipares, protège la muqueuse de l'activité du suc. Les enzymes du suc gastrique sont des pepsines, formées par rupture de molécules plus grosses, les pepsinogènes, produites par les cellules principales. Les pepsines simplifient les protéines en molécules de petite taille.

La sécrétion de suc gastrique obéit à plusieurs stimulations. Un réflexe parasympathique déclenche la sécrétion en réponse à des stimulus olfactifs, visuels ou gustatifs. Le contact du chyme avec les parties profondes de l'estomac entraîne la libération d'une hormone, la gastrine, qui, par voie sanguine, stimule la sécrétion du suc par la partie supérieure de l'estomac. Enfin, la stimulation mécanique (contact, distension) du duodénum par les premières fractions du chyme entraîne également un processus hormonal qui stimule la production du suc gastrique.

La bile et le suc pancréatique sont déversés dans le duodénum

Le pancréas sécrète un suc contenant de nombreuses enzymes (2 litres de suc par jour) assurant la digestion des lipides, glucides et protéines. La bile, stockée et concentrée dans la vésicule biliaire, est sécrétée par le foie (0,7 litres par jour) et permet l'émulsification des lipides. De plus, la bile contient quelques déchets hépatiques, produits de la dégradation de l'hémoglobine, comme la bilirubine dont l'oxydation ultérieure donnera leur couleur aux excréments. Le canal pancréatique (issu du pancréas) et le canal cholédoque (issu de la vésicule biliaire) fusionnent peu avant leur débouché dans le duodénum. La sécrétion pancréatique est contrôlée par voie nerveuse (parasympathique) et surtout par voie endocrine. La présence du chyme acide et de lipides dans le duodénum déclenche, par celui-ci, la sécrétion de sécrétine et de cholécystokinine-pancréozymine (CCK-PZ), hormones qui stimulent le pancréas, le foie et la vésicule biliaire.

Les enzymes pancréatiques principales sont le trypsinogène, le chymotrypsinogène, la carboxypeptidase, l'amylase et la lipase pancréatique. Le trypsinogène et le chymotrypsinogène sont activés dans l'intestin en trypsine et chymotrypsine qui hydrolysent, comme la carboxypeptidase, les protéines. L'amylase hydrolyse bien sûr l'amidon, et la lipase les lipides. Des sécrétions intestinales achèvent la digestion.

Déglutition / deglutition : n.f., passage de la bouillie buccale dans l'œsophage.

Exocrine / exocrine : adj. : se dit d'une glande qui rejette ses produits de sécrétion par la peau ou dans les cavités naturelles de l'organisme.

Mastication / mastication : n.f., travail mécanique des mâchoires et des dents permettant de réduire les particules alimentaires en éléments de moindre taille.

Suc digestif / digestive juice : exp., solution aqueuse d'ions et d'enzymes, élaborée par une glande exocrine et facilitant la digestion.

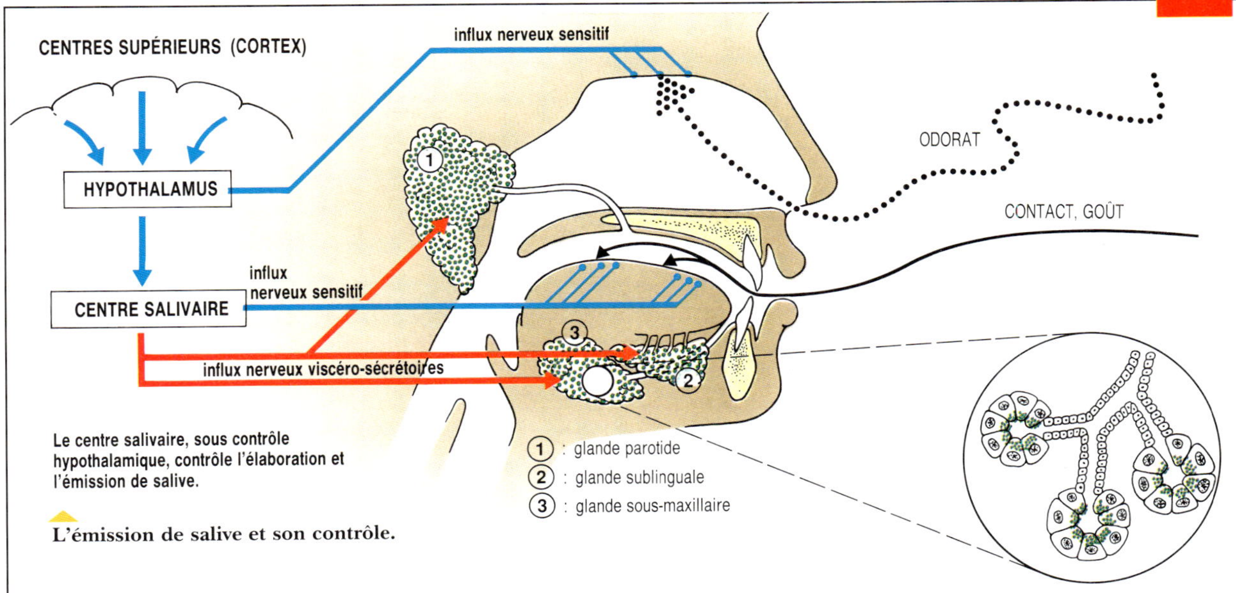

L'émission de salive et son contrôle.

Contrôle hormonal de la production de la bile et du suc pancréatique.

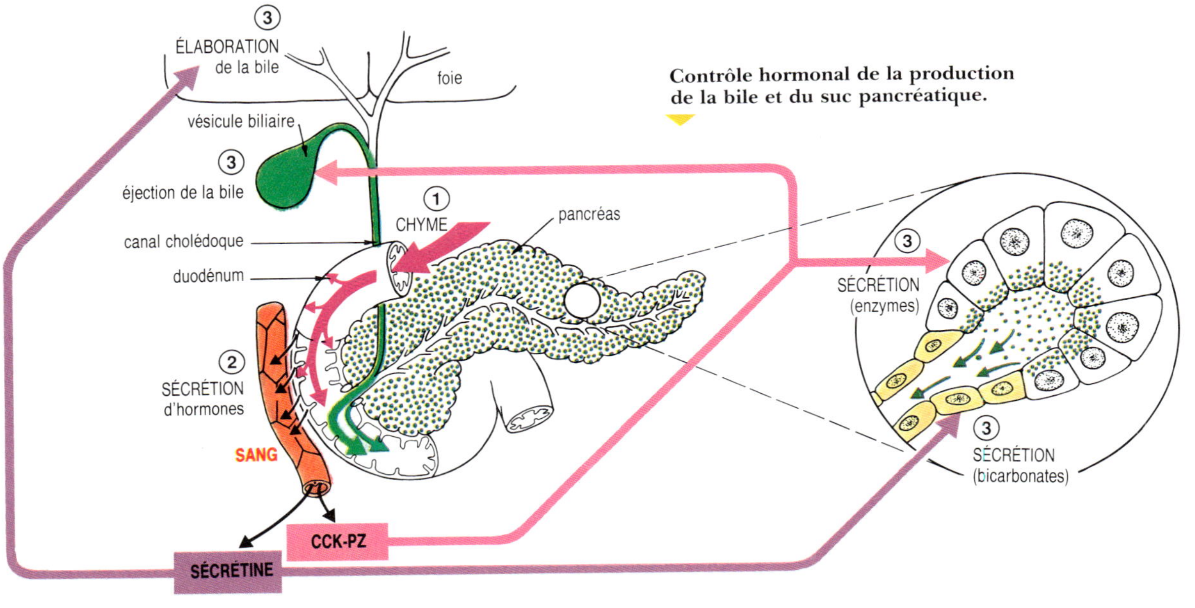

Les principales sécrétions digestives.

SALIVE	• **amylase :** hydrolyse l'amidon (polymère de glucose) en maltose (dimère de glucose) • **bicarbonates :** maintiennent le pH entre 7 et 8
SUC GASTRIQUE	• **HCl :** acidifie le chyme (le pH descend à 2) • **pepsinogène :** est transformé en **pepsine** par HCl ; la pepsine hydrolyse les protéines
SUC PANCRÉATIQUE	• **bicarbonates :** ramènent le pH à une valeur neutre • **trypsine, chymotrypsine, carboxypeptidase :** hydrolysent les protéines • **lipase :** hydrolyse les lipides en acides gras et monoglycérides • **amylase :** poursuit l'hydrolyse de l'amidon en maltose • **ribonucléase, désoxyribonucléase :** hydrolysent les ARN et les ADN (les acides nucléiques)
BILE	• **sels biliaires :** facilitent l'émulsification des lipides et la formation des micelles
SUC INTESTINAL	• **maltase, saccharase, lactase :** hydrolysent le maltose, le saccharose et le lactose en sucres simples (glucose, fructose, galactose) • **dipeptidase :** hydrolysent les dipeptides (dimères d'acides aminés) en acides aminés

2. LA SURFACE INTESTINALE RÉALISE L'ABSORPTION DES NUTRIMENTS

Les cellules intestinales sont très polarisées

Chaque villosité intestinale est très vascularisée : le sang et la lymphe se trouvent donc très proches de la lumière intestinale. La structure très polarisée de la cellule intestinale autorise sa fonction d'absorption (transport polarisé de substances, de la lumière intestinale vers le milieu intérieur).
La surface totale de l'intestin grêle est d'environ 100 m^2, ce qui représente une multiplication par un facteur 300, par rapport à un tube de mêmes dimensions mais aux parois lisses. Les seules microvillosités des cellules absorbantes contribuent pour un facteur 30 à cette multiplication.

L'absorption des oses et des acides aminés est active

La concentration cytoplasmique des cellules intestinales en oses et en acides aminés est plus élevée que la concentration de ces nutriments dans la lumière intestinale. En conséquence, l'absorption d'oses et d'acides aminés n'est pas spontanée et nécessite un apport d'énergie. L'énergie dissipée lors de cette absorption provient d'un gradient d'ions Na^+. Les ions Na^+ entrent spontanément dans les cellules en dissipant de l'énergie. Cette entrée de Na^+ est couplée à une entrée d'oses ou d'acides aminés grâce à une protéine membranaire, et « force » les oses ou les acides aminés à y pénétrer contre leur gradient. Un tel transport n'est possible que tant que le gradient de Na^+ le permet, et que la cellule entretient ce gradient au moyen de pompes membranaires qui consomment de l'ATP.
Les molécules absorbées sont déversées dans le sang par diffusion facilitée : cette diffusion spontanée (selon le gradient) se fait au moyen de protéines membranaires spécifiques.

Les lipides absorbés forment des chylomicrons

Les molécules issues de la digestion des lipides sont regroupées en micelles dans l'intestin. Une diffusion passive les fait passer dans les cellules intestinales. Là, les monoglycérides et les acides gras sont métabolisés en triglycérides. Associés à des vitamines et du cholestérol, ils constituent les chylomicrons qui sont enrobés de protéines (lipoprotéines) puis exportés de la cellule par exocytose. De l'espace intercellulaire, les chylomicrons passent dans la lymphe et ensuite dans le plasma sanguin.

Les vitamines et quelques protéines sont absorbées sans digestion

La présence des vitamines est obligatoire dans l'alimentation, car l'organisme ne sait pas les synthétiser. Il est donc aussi indispensable qu'elles soient absorbées intactes. La vitamine B_{12}, assez volumineuse, est absorbée activement sous forme d'un complexe vitamine-protéine reconnu par des récepteurs membranaires. L'acide folique (vitamine B_9) est activement absorbé. Les autres vitamines sont absorbées grâce à des cotransports avec Na^+.
Quelques protéines peuvent être absorbées par endocytose sans transformation majeure. C'est le cas d'anticorps du lait maternel absorbés tels quels par les nourrissons, qui bénéficient ainsi d'une protection immunologique fournie par leur mère.

L'eau est absorbée passivement

L'homme ingère près de 1,5 litre d'eau par jour, mais l'ensemble des sécrétions digestives représente 6 litres d'eau déversés quotidiennement dans la lumière intestinale. La plus grande partie est absorbée, et on n'en retrouve que 0,1 litre dans les fèces (excréments). L'eau diffuse librement à travers les membranes épithéliales selon le potentiel osmotique.

Chylomicron / chylomicron : n.m., molécule sphérique géante constituée de lipoprotéines, riches en triglycérides.
Microvillosités / microvilli : n.f., très fins replis en doigts de gant de la membrane d'une cellule épithéliale en regard de la lumière intestinale.

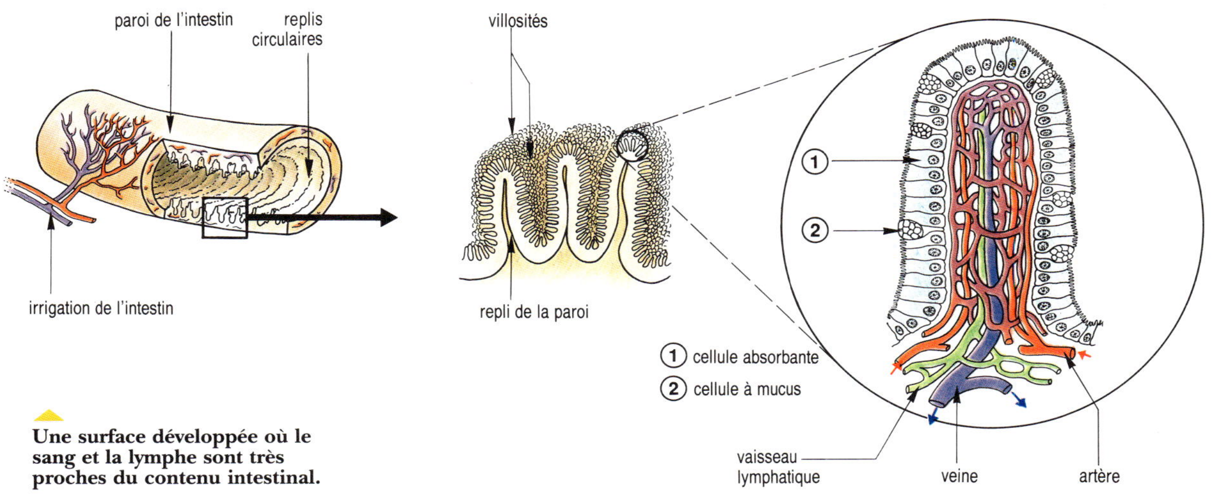

Une surface développée où le sang et la lymphe sont très proches du contenu intestinal.

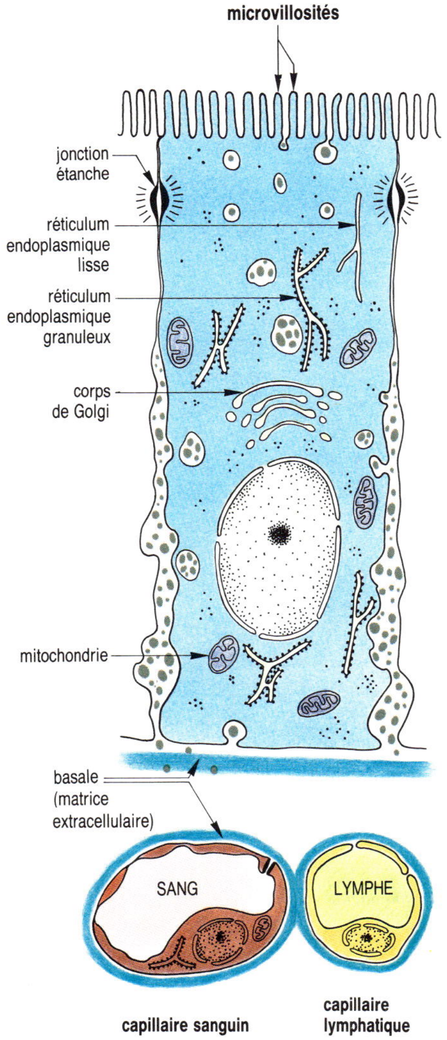

Ultrastructure d'une cellule absorbante intestinale.

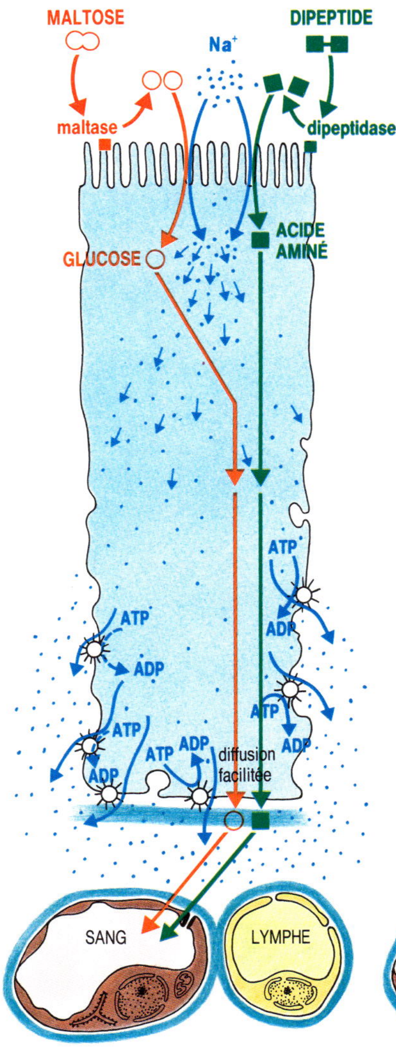

Absorption du glucose et des acides aminés.

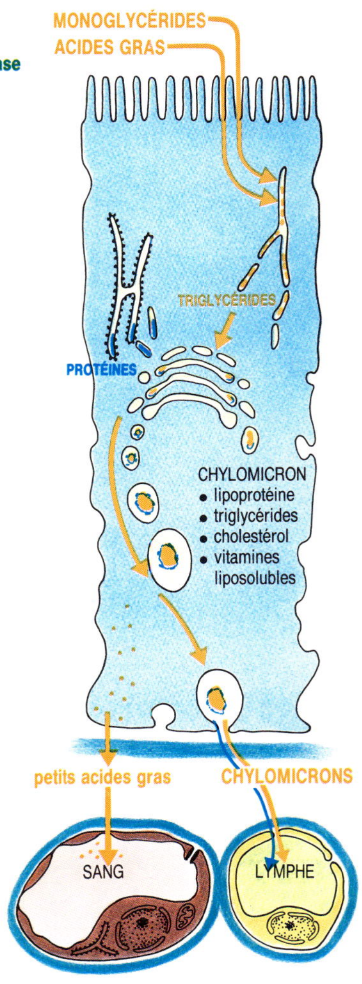

Absorption des lipides.

3. Des muscles assurent la mise en mouvement des aliments

La paroi du tube digestif contient des muscles

De l'œsophage au rectum, le tube digestif est constitué, outre d'un épithélium et d'une muqueuse, d'une couche de muscles circulaires (fibres allongées perpendiculairement à l'axe du tube) entourée d'une dernière couche de muscles longitudinaux (fibres allongées parallèlement à l'axe du tube). Dans le tiers supérieur de l'œsophage, ces muscles sont striés, mais leur innervation est végétative (comme celle des muscles lisses). Sur tout le reste du tube digestif, ces muscles sont des muscles lisses.
Le mécanisme essentiel qui permet la progression du contenu dans la lumière du tube est le péristaltisme, progression longitudinale d'une onde de contraction des fibres circulaires. Le front de cette onde pousse le contenu du tube.

La déglutition oriente les aliments dans l'œsophage

Suite à la mastication, les aliments broyés et lubrifiés par la salive constituent une bouillie nommée bol alimentaire. Cette bouchée est poussée par la langue vers le pharynx. Là, le phénomène de déglutition permet au bol alimentaire de passer dans l'œsophage en évitant toute interférence avec le système respiratoire dont la trachée s'ouvre également dans le pharynx. La pression du bol sur le voile du palais, exercée par la langue, constitue un stimulus qui initie une série de réflexes de déglutition.

L'estomac élabore le chyme

La durée du séjour des aliments dans l'estomac est variable. L'eau y séjourne 10 à 20 minutes, mais les aliments solides subissent un traitement plus long, de 2 à 4 heures selon leur consistance et leur nature chimique. Par un intense brassage, les particules, déjà mâchées dans la bouche, sont réduites en petits éléments de quelques fractions de millimètre de diamètre, largement additionnés de suc gastrique. Par ce brassage, les lipides commencent à être émulsionnés. La bouillie qui en résulte constitue le chyme.
Le travail gastrique débute avec l'ouverture réflexe de sphincters qui laissent passer le bol alimentaire provenant de l'œsophage. Une longue contraction pousse le bol vers la portion inférieure de l'organe (estomac distal). Là, de très fortes contractions péristaltiques poussent la bouillie vers le pylore (extrémité distale de l'estomac). La fermeture du pylore et la contraction de l'estomac distal compriment et refoulent le chyme qui subira plusieurs fois ce traitement. La motilité de l'estomac est contrôlée par des voies nerveuses végétatives et des voies endocrines.Le chyme progresse lentement dans l'intestin.
La musculeuse des intestins exerce sur le chyme plusieurs contraintes qui contribuent à le brasser (mouvements pendulaires des muscles longitudinaux), le segmenter (mouvements rythmiques des muscles circulaires) et le pousser (péristaltisme). Il s'ensuit une progression lente du chyme jusqu'au rectum. Lorsque ce dernier s'emplit, l'individu ressent le besoin de déféquer. La défécation est réalisée par l'ouverture des sphincters de l'anus et la contraction des fibres circulaires du rectum.
Un chyme trop liquide n'est pas correctement poussé par le péristaltisme. C'est pourquoi un bon transit intestinal dépend de la présence dans l'alimentation de fibres alimentaires indigestibles (fibres végétales essentiellement, constituées de cellulose). Les fèces sont essentiellement constituées de ces fibres et des bactéries du côlon.

Bol alimentaire / alimentary bolus : exp., boulette d'aliments mâchés et imprégnés de salive, formée par la langue avant déglutition.
Sphincter / sphincter : n.m., système circulaire opérant l'ouverture et l'occlusion d'un orifice.

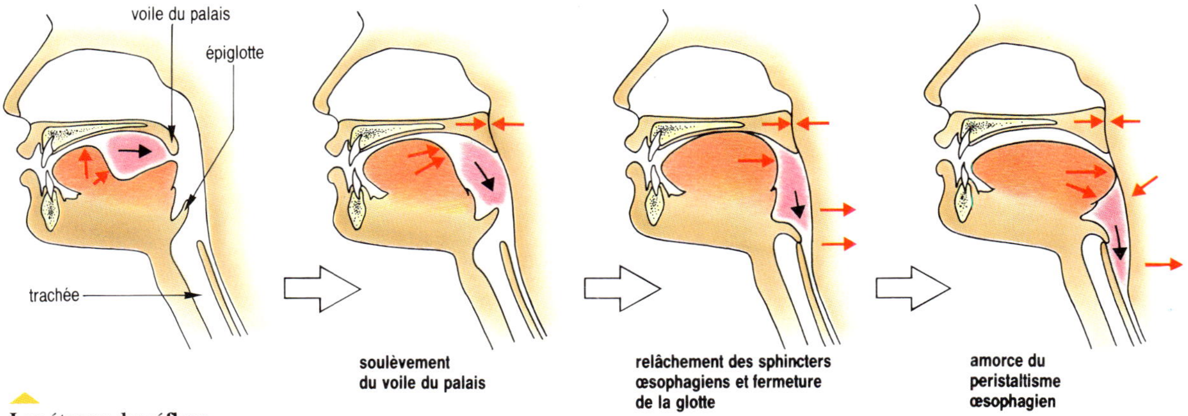

Les étapes du réflexe de déglutition.

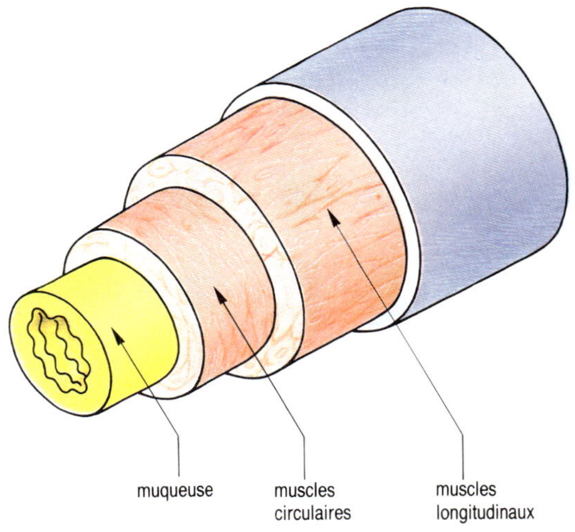

Organisation de la musculature lisse du tube digestif.

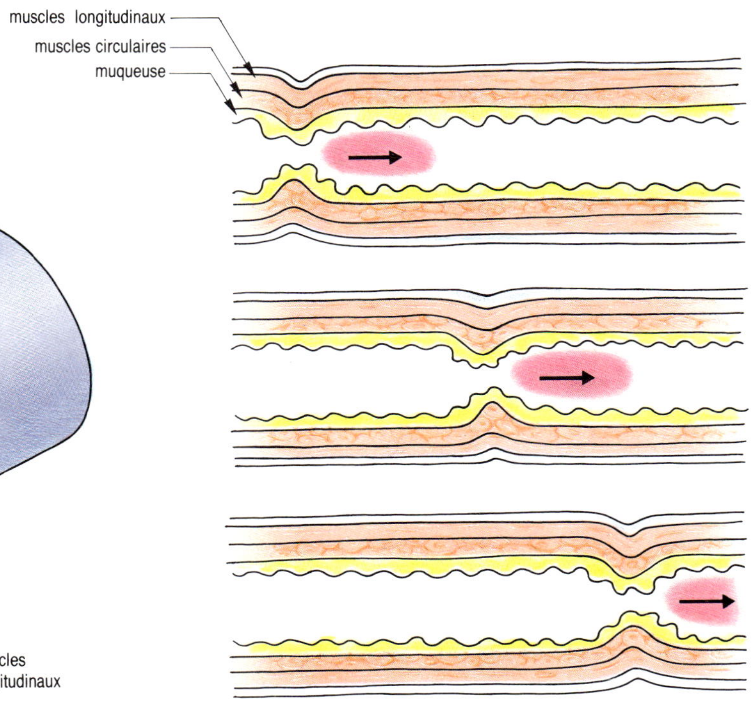

Contractions péristaltiques et progression du chyme.

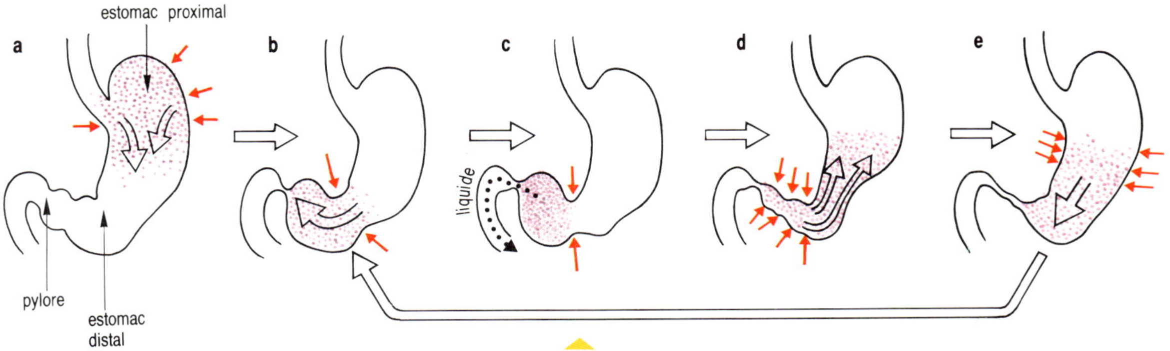

Déroulement du brassage gastrique.

FAIRE LE POINT

L'ESSENTIEL

1 La lumière du tube digestif est extérieure à l'organisme. Les aliments qui y transitent sont digérés, puis absorbés vers le milieu intérieur. Les aliments non digestibles ainsi que quelques bactéries du côlon sont éliminés dans les excréments.

2 Dans la bouche, grâce aux mouvements des mâchoires, les dents broient les aliments. La salive dissout certaines molécules, mais surtout lubrifie les aliments et facilite la mastication. L'amylase salivaire, enzyme digestive, catalyse l'hydrolyse de l'amidon.
La déglutition oriente le bol alimentaire vers l'œsophage en obturant les voies respiratoires.

3 Dans l'estomac, les enzymes gastriques hydrolysent les protéines alimentaires, et l'acide chlorhydrique contribue à dégrader les aliments. Il se forme un chyme qui est poussé vers le duodénum par les contractions de l'estomac.

4 La bile permet l'émulsification des lipides en fines gouttelettes. Les nombreuses enzymes pancréatiques assurent la simplification moléculaire des glucides, lipides, protéines et acides nucléiques.

5 Les enzymes de l'épithélium intestinal achèvent la digestion des quelques dimères glucidiques ou peptidiques qui résultent des étapes précédentes. Tous les nutriments transitent par le cytoplasme des cellules intestinales dont les jonctions sont très étanches. Les cellules intestinales sécrètent alors dans le sang et la lymphe les nutriments absorbés. Glucides et acides aminés sont déversés dans le sang ainsi que les acides gras de faible longueur. Les autres lipides sont déversés dans la lymphe sous forme de chylomicrons. L'essentiel de l'absorption se fait dans l'intestin grêle.

6 L'eau et les sels minéraux sont absorbés sur tout le trajet des intestins. Les ions sont généralement absorbés activement, ce qui dilue (relativement) le contenu intestinal et crée un appel osmotique d'eau vers les cellules épithéliales. L'eau est donc absorbée passivement.

7 Les sécrétions exocrines sont contrôlées par voie nerveuse réflexe et/ou par voie hormonale. Il en est de même des activités mécaniques du tube digestif. Sur toute la longueur du tube, la muqueuse est doublée de deux couches musculaires, l'une interne et circulaire, la seconde externe et longitudinale. C'est principalement par péristaltisme que les aliments sont poussés de la bouche jusqu'à l'anus.

LES MOTS CLÉS

Absorption

Bile

Chylomicrons
chyme
côlon

Déglutition
diffusion
duodénum

Émulsification
enzymes digestives
estomac

Glotte
gros intestin

Intestin grêle

Lymphe

Macromolécules
micelles
microvillosités

Nutriment

Œsophage

Pancréas
péristaltisme

Rectum

Sang
sécrétion exocrine
sels biliaires
simplification moléculaire
suc digestif
surface d'échange

Transit

Vésicule biliaire
villosités
vitamines

AUTO-ÉVALUATION

Les activités proposées dans cette rubrique permettent de vérifier les connaissances acquises au cours de ce chapitre.
Elles peuvent concerner : la terminologie scientifique, les ordres de grandeur, les mécanismes fonctionnels.

AUTOTEST

Testez vos connaissances en répondant aux 7 questions suivantes (réponses en fin d'ouvrage). Chaque réponse doit être justifiée.

QUESTION	RÉPONSE
1. La lumière du tube digestif est à l'extérieur de l'organisme.	oui / non
2. Le chyme est : a) une molécule alimentaire; b) une masse de bouillie intestinale; c) une enzyme; d) de la matière fécale.	a b c d
3. Le rôle de la bile est de : a) lubrifier les aliments; b) émulsifier les lipides; c) hydrolyser les protéines; d) hydrolyser les lipides.	a b c d
4. Les acides aminés sont : a) dégradés dans le tube digestif; b) absorbés par l'intestin; c) rejetés dans les fèces; d) absorbés par l'estomac.	a b c d
5. Grâce à ses replis, villosités, microvillosités, la paroi de l'intestin voit sa surface interne multipliée par : a) 40; b) 50 000; c) 150; d) 300.	a b c d
6. Le péristaltisme est : a) la progression d'une onde de contraction des muscles circulaires; b) une grave maladie du gros intestin; c) le mécanisme d'absorption des lipides; d) le transport d'une molécule couplée à une diffusion d'ions Na^+.	a b c d
7. Le suc pancréatique est déversé : a) dans l'œsophage; b) dans l'estomac; c) dans le duodénum; d) dans le gros intestin.	a b c d

ORIENTATIONS DE TRAVAIL

À la fin de ce chapitre, vous devez être capable de :

1. Associer à chaque segment du tube digestif ses principales propriétés (brassage, évacuation, sécrétions diverses...) et fonctions. Un schéma peut faciliter la présentation des résultats.

2. Indiquer les variations du pH le long du tube digestif, en rappeler la ou les origines puis en préciser les conséquences physiologiques.

3. Récapituler les rôles du foie dans la digestion et l'absorption.

4. Distinguer tube et appareil digestifs.

5. Schématiser, à l'échelle cellulaire, les modalités d'absorption des principaux nutriments.

MINI-GLOSSAIRE MÉDICAL

Carie / caries : n.f., destruction locale des tissus durs de la dent due à une action microbienne.

Dentition / teething : n.f., ensemble des processus de formation et d'éruption des dents.

Denture / dentition : n.f., ensemble des dents d'un sujet. La denture normale de l'adulte comprend 32 dents, soit 8 dents sur chaque demi-mâchoire.

Gastro-entérite / gastroenteritis : n.f., inflammation des muqueuses gastrique et intestinale, d'origine infectieuse, virale ou bactérienne.

Ulcère gastro-duodénal / peptic ulcer : exp., perte de substances affectant la muqueuse gastrique ou duodénale, entamant la paroi au-delà de la muqueuse.

PRATIQUES MÉDICALES

Diarrhée, constipation

La diarrhée est caractérisée par une augmentation du débit fécal. Les causes en sont multiples, comme certaines agressions microbiennes ou des troubles d'absorption des ions par les intestins. Tous ces troubles aboutissent à une diminution de la digestion et/ou d'absorption qui provoquent la diarrhée. Du fait de cette diminution, le contenu intestinal plus volumineux active la motilité de l'intestin. Il en résulte une accélération du transit. Cette accélération est une conséquence de la diarrhée et non sa cause. C'est principalement l'absorption de liquide qui fait défaut dans la diarrhée (par suite d'une mauvaise absorption d'ions). C'est pourquoi le principal danger encouru par les malades atteints de diarrhée est la déshydratation. En effet, le plus grand volume liquidien du contenu intestinal est constitué par les sécrétions digestives : l'eau de l'intestin est plus issue du milieu intérieur que de l'eau ingérée par boisson ou alimentation. En conséquence, c'est l'eau de l'organisme qui est perdue lors d'une diarrhée.

La constipation représente le phénomène inverse. Par absorption trop importante, le volume du contenu intestinal diminue et la motilité de l'intestin est moins activée. Il s'ensuit une rétention dans le gros intestin, qui entraîne une poursuite de l'absorption de l'eau, ce qui rend les matières fécales dures et sèches et aggrave encore la constipation. Les fibres alimentaires (fibres végétales) constituent un bon stimulant du transit car, non digestibles, elles font volume et contribuent à retenir de l'eau. Un régime pauvre en fibres alimentaires entraîne une constipation.

Hormis la gêne causée dans des constipations graves par le poids des matières fécales accumulées dans le rectum, il n'y a aucune conséquence pathologique sérieuse des constipations, et la rythmicité des défécations est aussi variable d'un individu à l'autre qu'elle est sans importance.

Exploration fonctionnelle du système digestif : radiographie et fibroscopie

La radiographie permet d'observer tout organe ou objet opaque aux rayons X. C'est ainsi que le squelette est facilement étudié en radiographie. Pour le tube digestif, il est possible de suivre la progression d'un produit opaque aux rayons X. Pour cela, on fait ingérer une bouillie barytée ou iodée dont l'opacité permet l'observation. Cette technique ne permet pas de voir le tube digestif, mais de suivre le déroulement du transit intestinal, ce qui permet d'établir des diagnostics de hernies ou d'autres troubles du transit, mais aussi de cancers et d'ulcères. On observe principalement le transit œsophagien et gastroduodénal (ou TOGD, abréviation souvent employée pour désigner cet examen). On peut également observer le transit dans le gros intestin selon le même principe, mais en effectuant un lavement baryté (la baryte est le sulfate de baryum). En revanche, on peut « voir » l'intérieur du tube digestif par fibroscopie. Il s'agit cette fois de l'introduction d'un câble de fibres optiques dans les voies digestives, ce qui permet de véhiculer les rayons lumineux sur un trajet sinueux sans intervention de miroirs. Les fibres optiques servent à la fois à envoyer la lumière dans l'organe (il fait noir dans un estomac !) et à en observer l'intérieur. Le fibroscope contient également des câbles permettant de contrôler sa courbure.

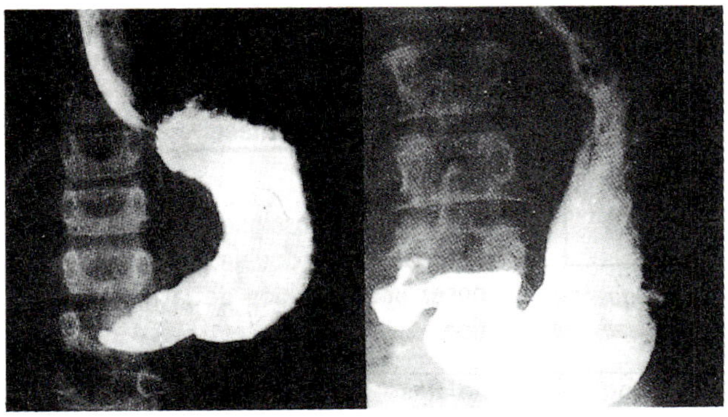

Radiographie : brassage dans l'estomac

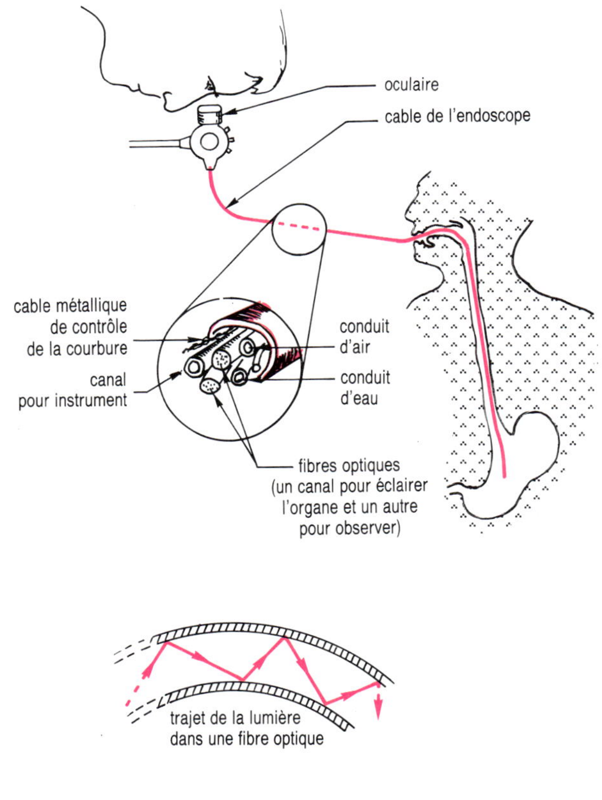

Principe de la fibroscopie

Lithiase biliaire

La lithiase biliaire est une maladie due à la présence de calculs dans la vésicule biliaire. Cette maladie touche surtout les femmes après 40 ans. Les calculs sont très divers ; leur taille en particulier peut varier de l'« œuf de pigeon » à la dimension d'un petit éclat. Ils peuvent être de forme arrondie ou à facettes. Les calculs résultent de la cristallisation de produits biliaires. Ils peuvent être ainsi constitués de cholestérol (les plus gros) ou de pigments biliaires, ou encore des deux.

Une lithiase peut souvent passer inaperçue (c'est toujours le cas des lithiases débutantes), parfois durant toute la vie. Dans d'autres cas, elle se manifeste par des nausées et des vomissements. Les manifestations les plus marquées peuvent être des douleurs parfois extrêmement vives et intolérables survenant après les repas, d'autant plus fortement que le repas a été plus gras.

Le diagnostic par radiographie directe n'est pas souvent possible, car de nombreux calculs ne sont pas opaques aux rayons X. On utilise plutôt l'emploi de substances iodées sélectivement excrétées dans la bile. L'opacité aux rayons X de ces substances fait apparaître les calculs comme des lacunes.

Une lithiase biliaire est toujours dangereuse par les complications qu'elle peut engendrer. L'une des plus graves est la migration des calculs dans le canal cholédoque et son obturation, pouvant entraîner la mort, en l'absence d'ablation chirurgicale. Peuvent également survenir des infections de la vésicule ou même du pancréas (risque mortel également). C'est pourquoi le principal traitement d'une lithiase biliaire consiste en l'ablation de la vésicule elle-même. Cette ablation supprime les possibilités de stockage de la bile mais n'interdit pas la production de bile assurée par le foie.

Vomissement

Il existe de multiples causes de vomissement, comme une trop forte dilatation gastrique, des troubles psychiques, ou des troubles de l'équilibre. Dans tous les cas, ces causes initient un réflexe dont le centre nerveux siège dans le bulbe rachidien. Les premiers symptômes précédant un vomissement sont des nausées, une forte salivation, transpiration et pâleur. Le vomissement proprement dit est une expulsion du contenu de l'estomac. Le diaphragme se contracte et la respiration est bloquée en position d'inspiration ; les muscles abdominaux se contractent également. Il en résulte une forte compression de l'abdomen. Parallèlement le duodénum se contracte ; le contenu gastrique est expulsé dans l'œsophage et force le pharynx. Le chyme repousse le voile du palais et est expulsé par la bouche.

Pour en savoir plus

BERNIER (J.J.), *Gastro-entérologie*, Flammarion Médecine-Sciences – Paris 1986

KHALE (W.), LEONHARDT (H.), PLATZER (W.), *Anatomie, 2 Viscères*, Flammarion Médecine-Sciences – Paris 1985

MEUNIER (J.) et al., *La digestion*, SIMEP – Villeurbanne 1990

SILBERNAGL (S.), DESPOPOULOS (A.), *Atlas de poche de physiologie*, Flammarion Médecine-Sciences – Paris 1991

VANDER (A.J.) et al., *Physiologie humaine*, 2e édition, McGraw-Hill – New York 1989

Respiration

Pour maintenir leur activité, la plupart des cellules de l'organisme tirent leur énergie en oxydant des substrats organiques. Ce processus biochimique, qui se réalise à l'échelle de chaque cellule, consomme du *dioxygène* et rejette du *dioxyde de carbone* et de l'eau. La physiologie de la respiration est, à l'échelle de l'organisme, l'étude des mécanismes qui assurent ces processus d'oxydation et dont les manifestations évidentes sont les mouvements d'inspiration et d'expiration.

Sommaire

1. Les échanges gazeux respiratoires traduisent le métabolisme cellulaire

Chaque cellule de l'organisme convertit en permanence l'énergie « potentielle » de ses nutriments en énergie « directement utilisable » pour le maintien de ses structures et de son activité. Cette conversion correspond à des processus d'oxydation qui produisent de l'ATP, vecteur d'énergie à l'échelle cellulaire. Si elle débute dans le cytosol, c'est au niveau des mitochondries et en présence de dioxygène que la production d'ATP est efficace. Les nutriments (matière organique) sont dégradés en dioxyde de carbone et eau (matière minérale). L'activité cellulaire se traduit ainsi par une consommation de dioxygène et un rejet de dioxyde de carbone.

Le milieu intérieur prend en charge les gaz respiratoires

Le dioxygène et le dioxyde de carbone sont respectivement prélevé et rejeté dans le milieu interstitiel. Cette prise en charge (ou décharge) des gaz respiratoires par le milieu intérieur assure par la voie sanguine une liaison rapide entre les cellules, lieux de consommation et de production, et les poumons, lieux d'échange avec le milieu extérieur.
Les poumons correspondent en effet à une invagination de la paroi œsophagienne, mettant intimement au contact l'air « atmosphérique » et le sang. Du milieu extérieur aux cellules, l'air, chargé en dioxygène, pénètre sous forme gazeuse par les voies respiratoires « aériennes » : conduit du nez, pharynx, larynx, trachée, bronches, bronchioles... jusqu'aux alvéoles pulmonaires. Sur ce trajet, il est réchauffé, hydraté et dépoussiéré. Le dioxygène diffuse alors à travers la paroi alvéolaire vers le milieu intérieur, avant d'être distribué par voie sanguine aux cellules de l'organisme. À ce niveau, il diffuse à nouveau, à travers la membrane plasmique, pour être utilisé au cours des oxydations mitochondriales. Le trajet est inverse pour le dioxyde de carbone.

Poumons / lungs : n.m., organes des échanges de O_2 et CO_2 avec le milieu extérieur.
Pression partielle / partial pressure : exp., pression exercée par les molécules d'un gaz donné, dans un mélange de gaz ; elle mesure la concentration de ce gaz dans le mélange, pour un volume donné et une température donnée. Dans l'air, au niveau de la mer : PO_2 = 760 mm Hg × 20,89 % = 158,8 mm Hg, soit 21,17 kPa.

À chaque interface, un processus de diffusion

S'ils se manifestent à l'extrémité des voies aériennes (nez ou bouche), les échanges respiratoires se réalisent fondamentalement aux niveaux alvéolaire et tissulaire. Dans tous les cas, le passage des « gaz respiratoires » d'un milieu gazeux ou liquide à un milieu liquide (ou inversement) suit une loi de diffusion simple ou loi de Fick. Ainsi, la quantité diffusée par unité de temps est :
- proportionnelle au gradient de pression partielle de la substance de part et d'autre de l'interface ;
- proportionnelle à la surface de l'interface ;
- proportionnelle à un coefficient de diffusion spécifique de l'interface ;
- inversement proportionnelle à l'épaisseur à traverser.

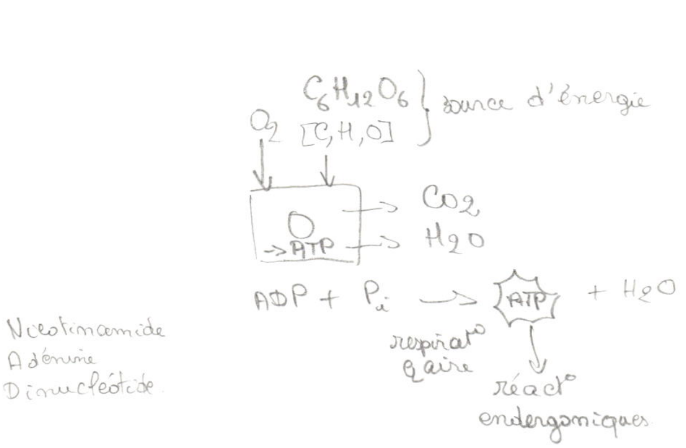

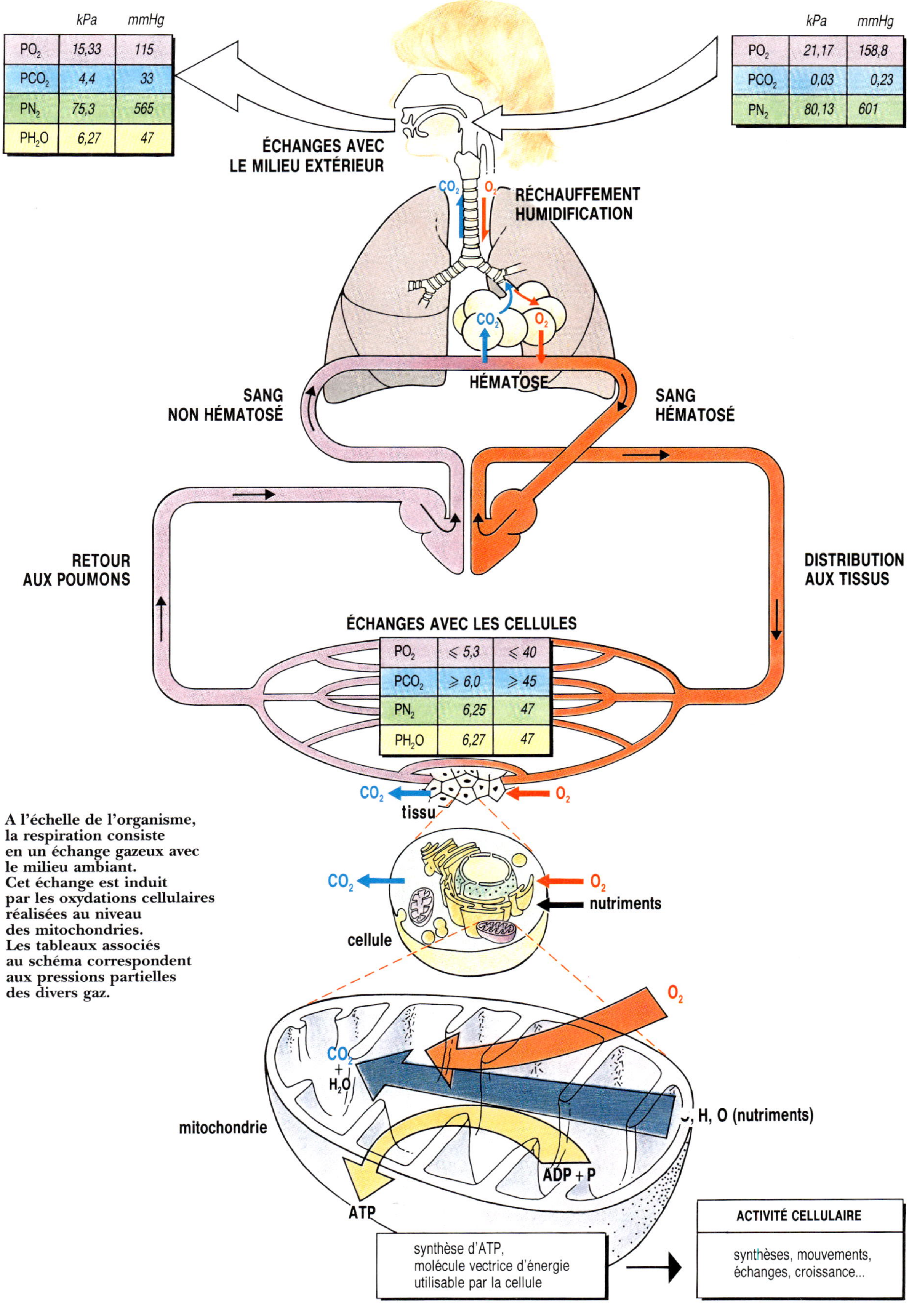

	kPa	mmHg
PO_2	15,33	115
PCO_2	4,4	33
PN_2	75,3	565
PH_2O	6,27	47

	kPa	mmHg
PO_2	21,17	158,8
PCO_2	0,03	0,23
PN_2	80,13	601

PO_2	⩽ 5,3	⩽ 40
PCO_2	⩾ 6,0	⩾ 45
PN_2	6,25	47
PH_2O	6,27	47

A l'échelle de l'organisme, la respiration consiste en un échange gazeux avec le milieu ambiant. Cet échange est induit par les oxydations cellulaires réalisées au niveau des mitochondries. Les tableaux associés au schéma correspondent aux pressions partielles des divers gaz.

2. Les poumons constituent une surface d'échange spécialisée

Les poumons appartiennent à l'appareil respiratoire. Celui-ci est constitué par les voies aériennes qui relient l'air atmosphérique à l'air alvéolaire, et par les poumons proprement dits. Situés dans la cage thoracique et limités ventralement par le diaphragme, les poumons sont enveloppés par les plèvres, paroi repliée sur elle-même et contenant un liquide. Ils forment un ensemble spongieux : l'arbre bronchique (bronches et bronchioles des voies aériennes) s'y termine en petits « sacs à air » hémisphériques, les alvéoles, dont la paroi est fortement vascularisée et réduite à une fine couche de cellules épithéliales.

Du nez aux alvéoles : le travail des voies aériennes

Les voies aériennes ne sont pas un simple conduit contenant 150 mL d'air. Sur le trajet, l'air qui entre dans l'organisme est :
– progressivement réchauffé et hydraté au contact des cellules épithéliales;
– « dépoussiéré » par un ensemble cilio-muqueux qui fixe les particules de l'air (poussières, pollens, éléments infectieux...).
La paroi des bronches présente des cellules sécrétrices de mucus qui piège les particules, ainsi que des cellules ciliées qui rejettent, à l'image d'un tapis roulant, le cordon muqueux vers le pharynx. La fumée des cigarettes réduit l'activité de ce tapis roulant, facilitant l'accès des éléments infectieux aux poumons.
Les voies aériennes possèdent d'autres fonctions : elles contrôlent, par la présence de fibres musculaires lisses dispersées dans la paroi des bronches et des bronchioles, la circulation de l'air. Elles sont à l'origine de la phonation, c'est-à-dire l'émission de sons, l'air faisant vibrer des replis de la paroi pharyngienne : les cordes vocales.

Alvéoles / pulmonary alveoli : n.f., petits « sacs à air » situés à l'extrémité de l'arbre bronchique. Sièges des échanges gazeux entre l'air alvéolaire et le sang.

Arbre bronchique / conducting airways : exp., partie des voies aériennes comprenant la trachée, les bronches et leurs ramifications.

Pneumocyte / pneumocyte : n.m., cellule de l'épithélium pulmonaire. Les pneumocytes I constituent les vraies cellules de revêtement de la paroi alvéolaire. Les pneumocytes II, dispersés dans la paroi, sécrètent le surfactant.

Surfactant / surfactant : n.m., mélange de phospholipides (90 %) et de protéines (10 %) élaboré par les pneumocytes II. Cette substance tensioactive maintient l'ouverture des alvéoles.

L'efficacité de la surface d'échange air alvéolaire-sang

Les échanges gazeux entre l'air alvéolaire et le sang s'effectuent par diffusion à travers la paroi des alvéoles. La très faible épaisseur de cette paroi (0,2 µm en moyenne), sa très grande surface (estimée à 70 m² pour chaque poumon !) en font une très efficace zone d'échange des gaz respiratoires, selon leur gradient de pressions partielles. Certaines cellules de la paroi présentent des propriétés remarquables : des macrophages fonctionnent comme de véritables cellules à poussières, tandis que des pneumocytes II (ainsi appelés pour les différencier des cellules épithéliales ou pneumocytes I, constituant l'essentiel de la paroi) sécrètent du surfactant qui forme un film continu à la surface des alvéoles. Cette substance, riche en phospholipides, est tensioactive : elle réduit les forces de cohésion entre les molécules d'eau, à la surface des alvéoles, empêchant celles-ci de se replier sur elles-mêmes et de freiner la réalisation des échanges. L'activité des pneumocytes II n'est effective qu'à partir de la fin de la vie fœtale, sans doute après stimulation de ces cellules par le cortisol maternel. Certains prématurés, ne disposant pas encore de surfactant, présentent un syndrome de détresse respiratoire.

Les poumons, la trachée et l'arbre bronchique contribuent tous à enrichir le sang en dioxygène et à le débarrasser du dioxyde de carbone.

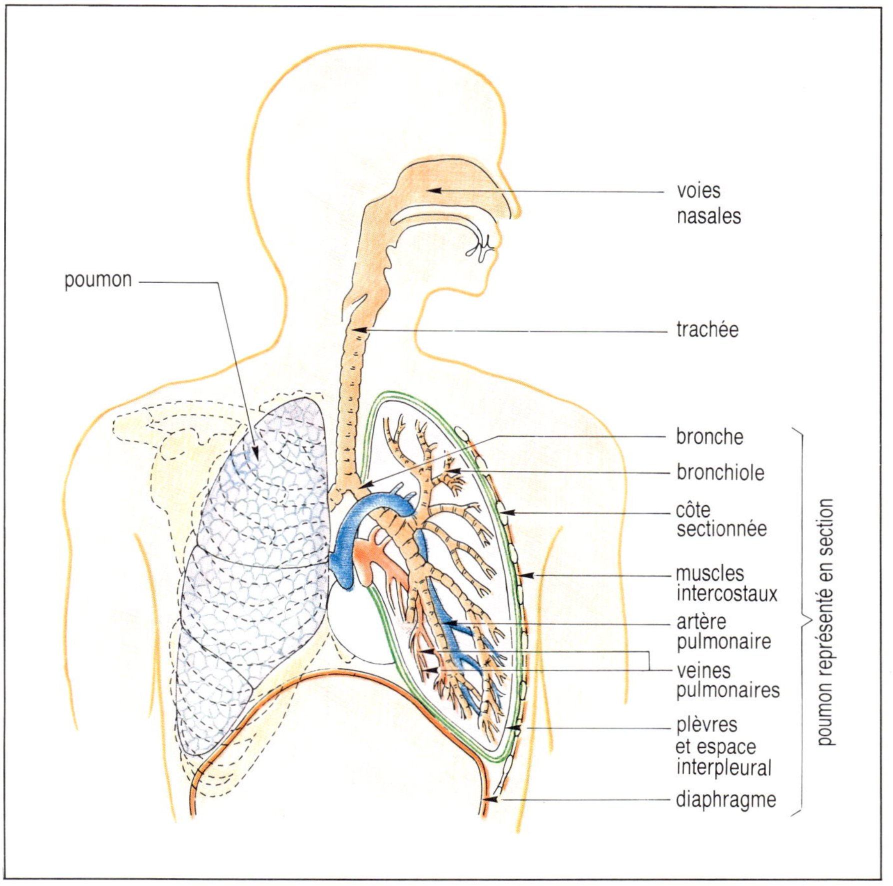

Une surface d'échange très efficace

- nombre d'alvéoles par poumon : 300 000 000
- surface totale estimée : 200 m^2
  volume total ≃ 3 L
- surface de contact air-sang ≃ 70 m^2
- épaisseur de la paroi alvéolaire : 0,1 à 0,4 µm
- volume de sang subissant des échanges gazeux : ≃ 10 000 L/jour
- temps de diffusion : 0,3 à 0,75 s
- volume diffusé : 200 à 250 mL d'O_2 min^{-1}
- jusqu'à 5 500 mL lors d'un effort intense

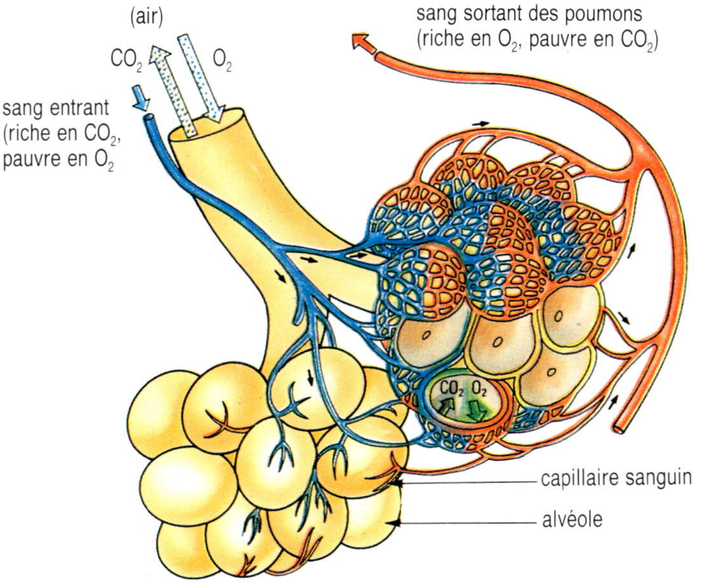

La surface totale de contact air alvéolaire-sang est évaluée à 70 m^2, soit 40 fois la surface du corps ! Cette grande surface et la minceur de la barrière perméable qui sépare l'air alvéolaire du sang permettent des échanges rapides de grandes quantités de dioxygène et de dioxyde de carbone.

À chaque inspiration, l'air entre par le nez (ou la bouche), gagne les poumons par la trachée, puis par un ensemble très ramifié de « canaux à air » constituant l'arbre bronchique.

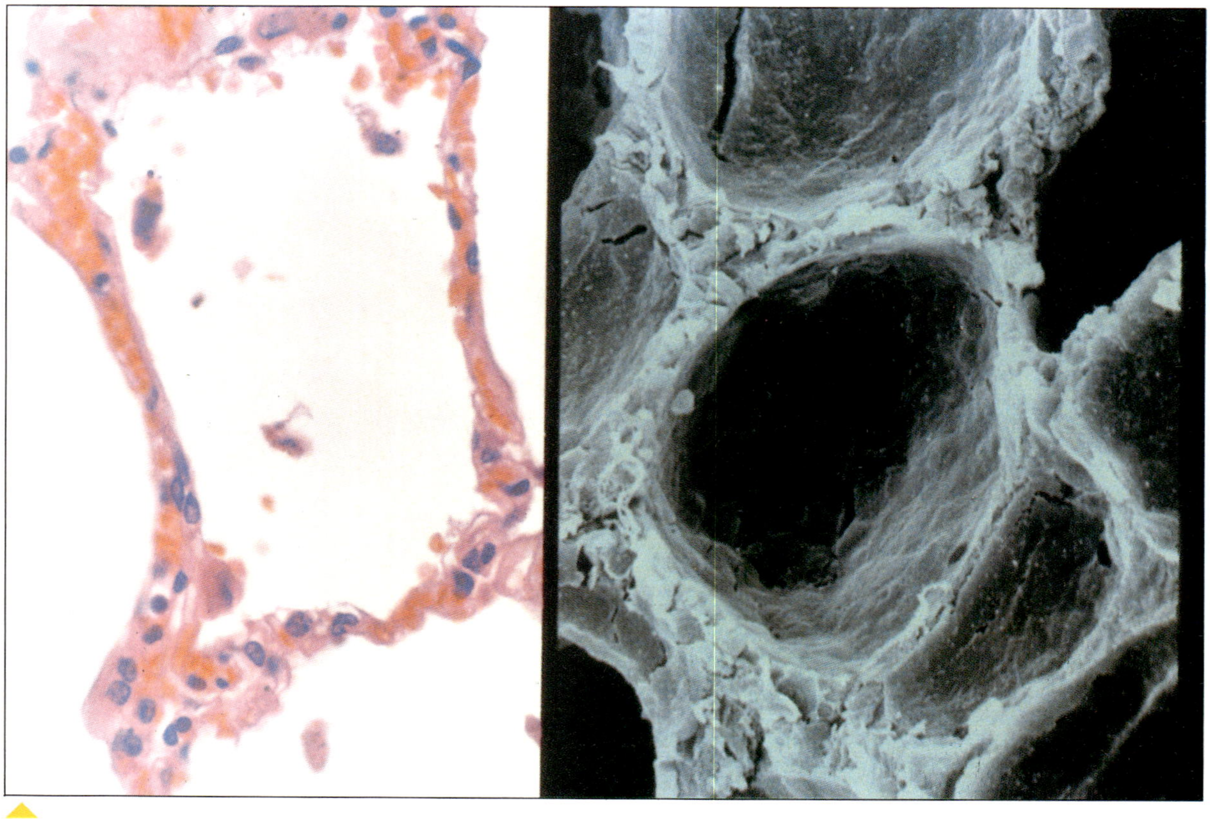

À gauche : coupe d'une alvéole pulmonaire observée au microscope optique. L'air alvéolaire n'est séparé de la lumière des capillaires que de quelques dixièmes de micromètres. Sur le cliché, deux cellules épithéliales entourent un capillaire sanguin contenant des hématies. Les noyaux visibles sont ceux des cellules de l'épithélium pulmonaire ou de l'endothélium capillaire. À droite : coupe d'alvéoles observée au MEB. Les cellules épithéliales sont visibles et leur surface en contact avec l'air forme un pavage.

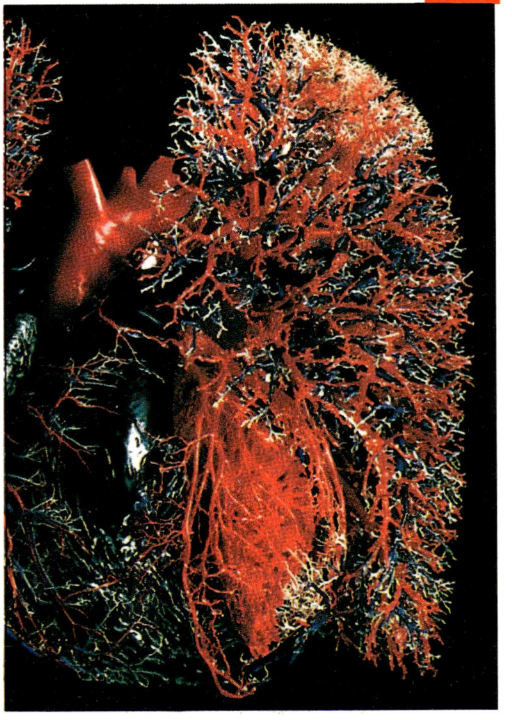

Cœur et irrigation des poumons.
Ce moulage de la vascularisation pulmonaire a été obtenu après injection des vaisseaux sanguins. En rouge, veines pulmonaires transportant le sang hématosé (= oxygéné). En bleu, vaisseaux contenant le sang non hématosé. En blanc, apparaissent les bronches et les bronchioles.

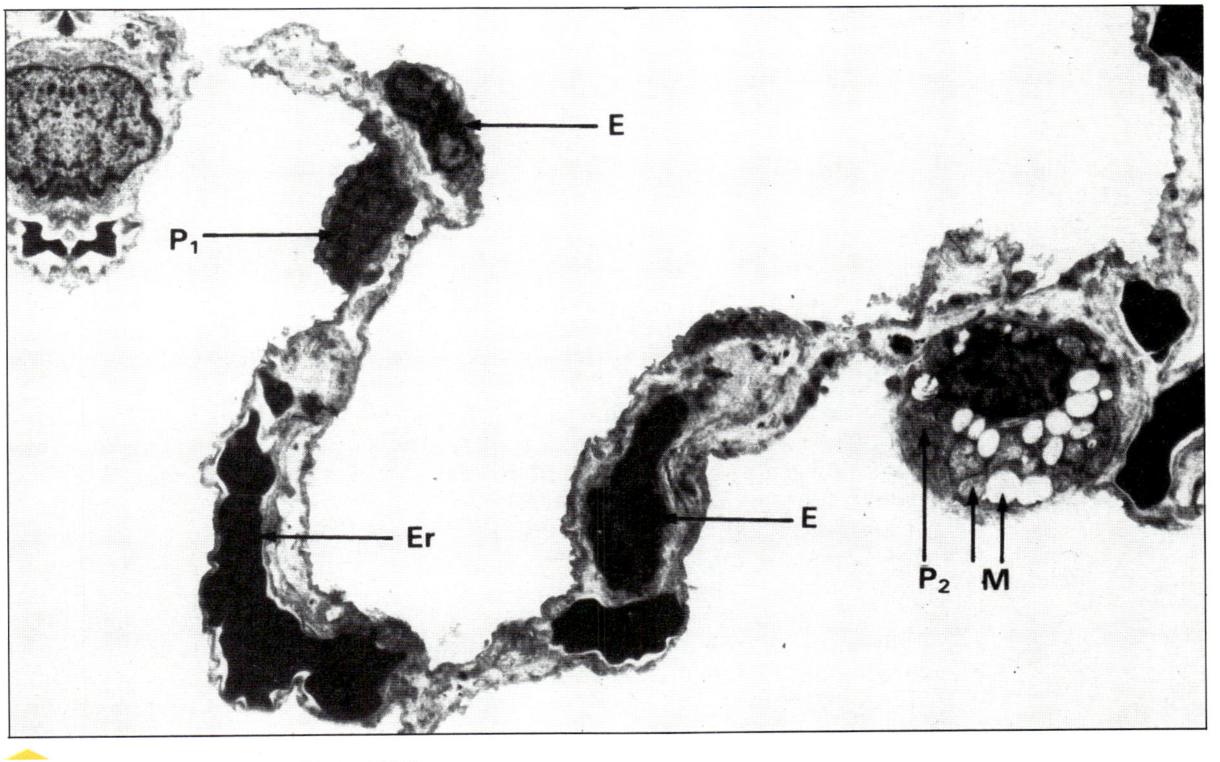

Paroi alvéolaire observée au MET (× 3 000)

E : noyau de cellule endothéliale
P1 : noyau d'un pneumocyte I
Er : hématie déformée, dans un capillaire
P2 : noyau d'un pneumocyte II. Le cytoplasme de ce pneumocyte renferme de nombreuses vésicules contenant du surfactant.

La ventilation pulmonaire assure les échanges gazeux

La diffusion des gaz respiratoires entre le sang qui circule dans les capillaires pulmonaires et l'air alvéolaire ne peut être effective que si les gradients de pression partielle du dioxygène et du dioxyde de carbone sont maintenus de part et d'autre de la surface d'échange. Deux processus participent à ce maintien :
- le renouvellement permanent du sang, assuré par le fonctionnement de la pompe cardiaque ;
- le renouvellement rythmé de l'air alvéolaire, assuré par la ventilation pulmonaire.

Mouvements de la cage thoracique et ventilation pulmonaire

Le renouvellement de l'air alvéolaire est déterminé par les variations du volume des poumons : une augmentation de ce volume crée une différence de pression entre l'air alvéolaire et l'air atmosphérique qui pénètre vers les poumons. C'est l'inspiration. Un air « plus riche » en dioxygène entre dans les alvéoles. Inversement, une diminution du volume pulmonaire permet l'expiration.
Ces variations de volume sont dues à des mouvements de la cage thoracique. La contraction des muscles intercostaux externes qui relève les côtes, et celle du diaphragme, qui s'affaisse, accroissent le volume de la cage thoracique, induisant ainsi l'augmentation du volume pulmonaire et l'entrée d'air. L'inspiration est un phénomène actif.
Le surfactant, qui maintient les alvéoles ouvertes, augmente la compliance, c'est-à-dire la capacité d'extensibilité des poumons. Il favorise l'inspiration et réduit ainsi la dépense énergétique nécessaire pour emplir les poumons. Par ailleurs, la cavité intrapleurale participe, par ses variations de pression décalées par rapport à celles de la paroi alvéolaire, à l'efficacité de l'inspiration.
Le relâchement des muscles intercostaux, combiné à la remontée du diaphragme et à l'élasticité du tissu pulmonaire, réduit le volume de la cage thoracique, celui des poumons, et chasse l'air. L'expiration est un phénomène passif. La succession d'une expiration et d'une inspiration constitue un cycle respiratoire. Le rythme, ou fréquence respiratoire, est pour un adulte au repos de 16 à 18 cycles par minute.

Le renouvellement de l'air alvéolaire est partiel et modulable

À chaque inspiration, ce sont environ 500 mL d'air « frais » (PO_2 = 158,8 mm Hg ou 21,17 kPa) qui entrent dans l'appareil respiratoire. En réalité, seuls 350 mL pénètrent dans les alvéoles : 150 mL sont retenus au niveau des voies aériennes, qui constituent ainsi un espace respiratoire physiologiquement « mort ».
La mise en jeu de certains muscles (scalènes, sterno-cléido-mastoïdiens, intercostaux externes) augmente, ou au contraire réduit davantage le volume de la cage thoracique : elle détermine des inspirations ou expirations forcées. À ces inspirations ou expirations forcées correspondent les volumes de « réserve » inspiratoire (3 000 mL) et expiratoire (1 000 mL). Il reste dans les poumons, même après une expiration forcée, un volume d'air résiduel (1 000 mL) dû à la pression intrapleurale peu élevée.
Un adulte au repos peut ainsi brasser chaque minute 7,5 litres d'air, soit 450 litres par heure, ou 10 800 litres par jour. Les inspirations et les expirations forcées, indispensables lors des phases d'activité pour ajuster les échanges gazeux respiratoires aux besoins des cellules, augmentent singulièrement ces chiffres.

Cycle respiratoire / breathing cycle : exp., succession d'une inspiration et d'une expiration.

Espace mort respiratoire / functional dead space : exp., volume d'air inspiré retenu au niveau des voies aériennes et ne participant pas aux échanges entre air alvéolaire et sang.

Expiration / expiration : n.f., expulsion de l'air alvéolaire vers l'air atmosphérique.

Inspiration / inspiration : n.f., entrée d'air atmosphérique dans les poumons.

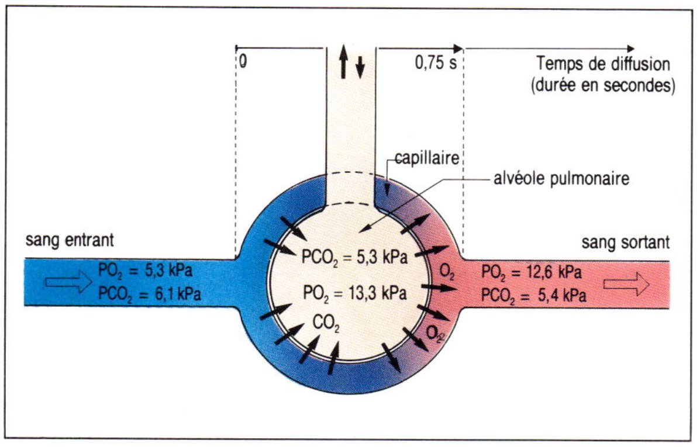

Mécanisme des échanges gazeux entre l'air alvéolaire et le sang. Les molécules de dioxygène de l'air alvéolaire bombardent sans arrêt la paroi de l'alvéole. La poussée qu'elles exercent constitue la pression du dioxygène (PO_2) exprimée en kPa (kilopascals). Le mécanisme est identique pour le dioxyde de carbone. Le gaz diffuse des pressions élevées vers les pressions plus faibles jusqu'à ce que ces deux pressions deviennent égales ou tendent à le devenir.

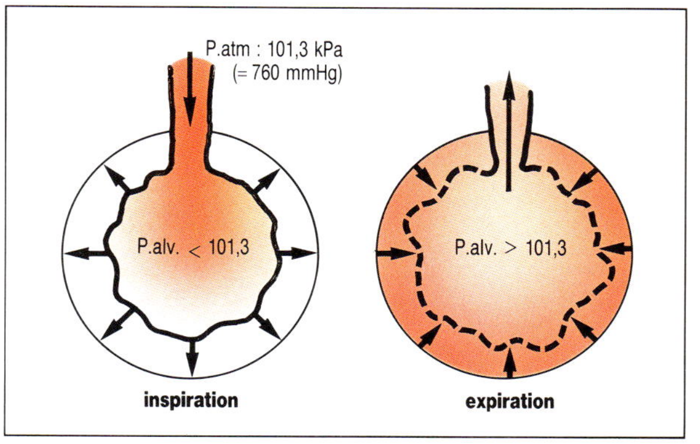

Les changements de dimensions des poumons – ici schématisés en simples sacs – imposent des variations de la pression qui, elles-mêmes, déterminent les entrées ou sorties d'air des poumons.
P. alv. : pression intra-alvéolaire ; P. atm. : pression atmosphérique.

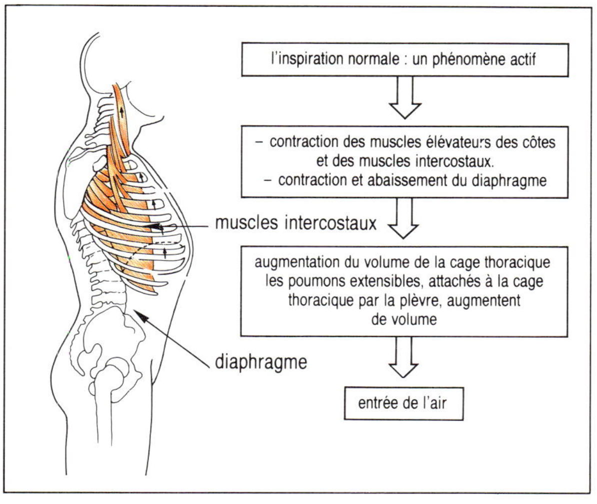

L'inspiration est un phénomène actif : la contraction de certains muscles, combinée à un abaissement du diaphragme et à l'extensibilité des poumons, emplit les poumons d'air.

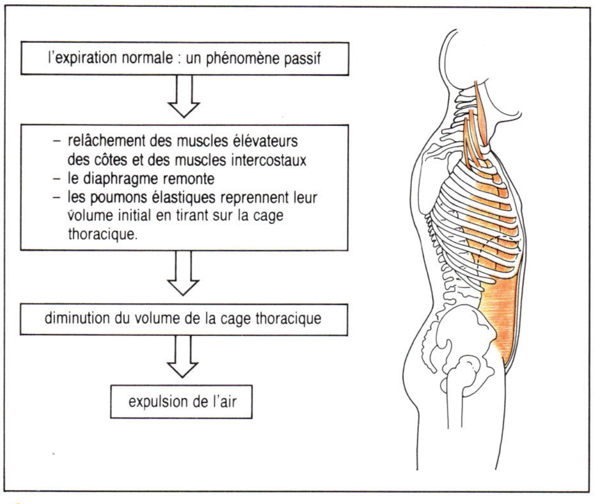

L'expiration normale est un phénomène passif : le relâchement de certains muscles, combiné à une remontée du diaphragme et à l'élasticité des poumons, chasse l'air des poumons.

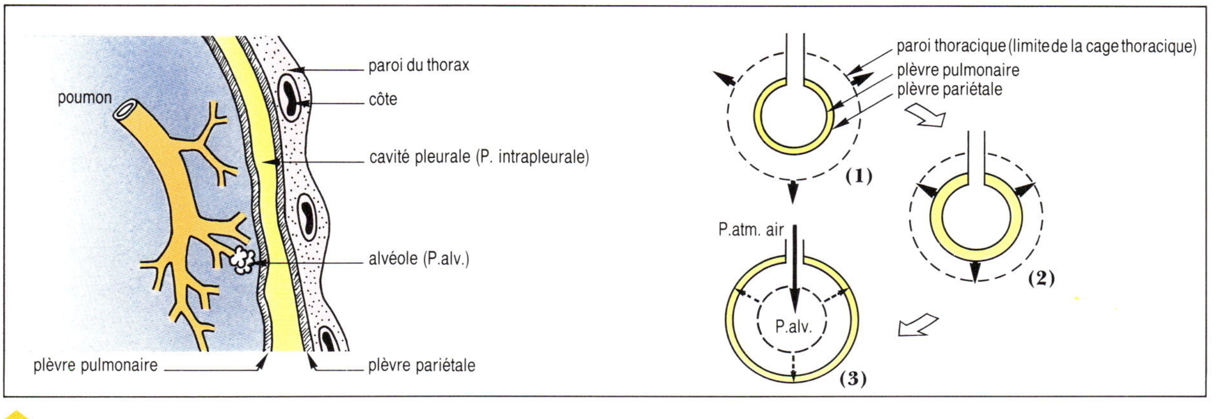

Rôle de la pression intrapleurale dans l'inspiration.
La contraction du diaphragme et des muscles intercostaux augmente le volume de la cage thoracique (1). La paroi du thorax et la plèvre pariétale s'écartent de la plèvre pulmonaire (2). La pression intrapleurale s'abaisse, entraînant une dilatation du poumon et donc des alvéoles : P.alv. devient très inférieure à P.atm. et l'air entre dans le poumon (3).

3. Le transport sanguin de O_2 et CO_2

1. Le sang véhicule le dioxygène et le dioxyde de carbone dans l'organisme

La diffusion du dioxygène et du dioxyde de carbone à travers la paroi alvéolaire impose une dissolution préalable de ces molécules. Cette dissolution dépend de la pression partielle dans la phase gazeuse, de la température, de l'osmolarité du milieu intérieur et d'un coefficient de solubilité spécifique du gaz considéré. Cette simple dissolution ne suffit pas aux besoins du métabolisme : un rapide calcul par extrapolation des mesures indique que le sang doit mettre 20 mL de dioxygène (par 100 mL de sang) à la disposition des cellules pour qu'elles maintiennent leur activité. Or 100 mL de sang ne peuvent dissoudre que 0,3 mL de dioxygène. Un processus complémentaire participe au transport sanguin des gaz respiratoires : la combinaison à d'autres molécules.

Le transport sanguin de O_2

Très peu de dioxygène reste dissous dans le plasma sanguin : moins de 0,3 mL par 100 mL de plasma. Dès sa diffusion dans le sang, le dioxygène est combiné à l'hémoglobine des hématies (près de 20 mL par 100 mL de sang). La combinaison est réversible, c'est-à-dire que cette protéine peut fixer ou restituer le dioxygène selon la pression partielle de ce dernier. L'affinité de l'hémoglobine pour le dioxygène est :
– élevée au niveau alvéolaire (PO_2 = 13,3 kPa, saturation à 100 %) : le dioxygène qui diffuse à travers la paroi alvéolaire est fixé par l'hémoglobine ;
– réduite au niveau tissulaire (PO_2 = 5,33 kPa, saturation à 75 %) : le dioxygène, « moins » retenu par l'hémoglobine, diffuse vers les cellules où la pression partielle du dioxygène est abaissée, par « consommation » mitochondriale.
L'hémoglobine, suivant sa saturation en dioxygène, est appelée oxyhémoglobine ou désoxyhémoglobine.

Le transport sanguin de CO_2

Le dioxyde de carbone est plus soluble que le dioxygène : 10 % du dioxyde de carbone sont transportés sous forme dissoute dans le sang. En milieu aqueux, cette molécule se combine spontanément aux molécules d'eau :

$$CO_2 + H_2O \leftrightarrows H_2CO_3$$

H_2CO_3 est un acide faible qui se dissocie rapidement en HCO_3^- et H^+. Cette réaction réversible est accélérée dans les hématies par une enzyme, l'anhydrase carbonique. Ainsi, le CO_2 qui diffuse à travers la paroi capillaire, au niveau des tissus, est rapidement « transformé » en HCO_3^- (60 % du CO_2 transporté). Échangés avec des ions Cl^- par des protéines de la membrane hémacytaire, ces ions retournent au plasma, constituant la « réserve alcaline ». Le dioxyde de carbone ne se combine pas seulement à l'eau. Il est pris en charge, au niveau des hématies, par l'hémoglobine elle-même, sur des sites de fixation différents de ceux du dioxygène : cette forme d'hémoglobine, correspondant physiologiquement à la désoxyhémoglobine, est appelée carbaminohémoglobine. Cette forme fixe également des ions H^+ libérés par la combinaison du CO_2 avec l'eau. Le pH sanguin ne chute pas dans le sang « non hématosé » grâce à la désoxyhémoglobine.

Anhydrase carbonique / carbonic anhydrase : exp., enzyme présente dans les hématies (et certaines cellules rénales), accélérant la réaction :
$H_2O + CO_2 \leftrightarrows H_2CO_3$.
Carbaminohémoglobine / carbhemoglobin : n.f., forme d'hémoglobine combinée au CO_2.
Hémoglobine / hemoglobin : n.f., protéine dispersée dans le cytosol des hématies, capable de lier réversiblement O_2, CO_2 et H^+.

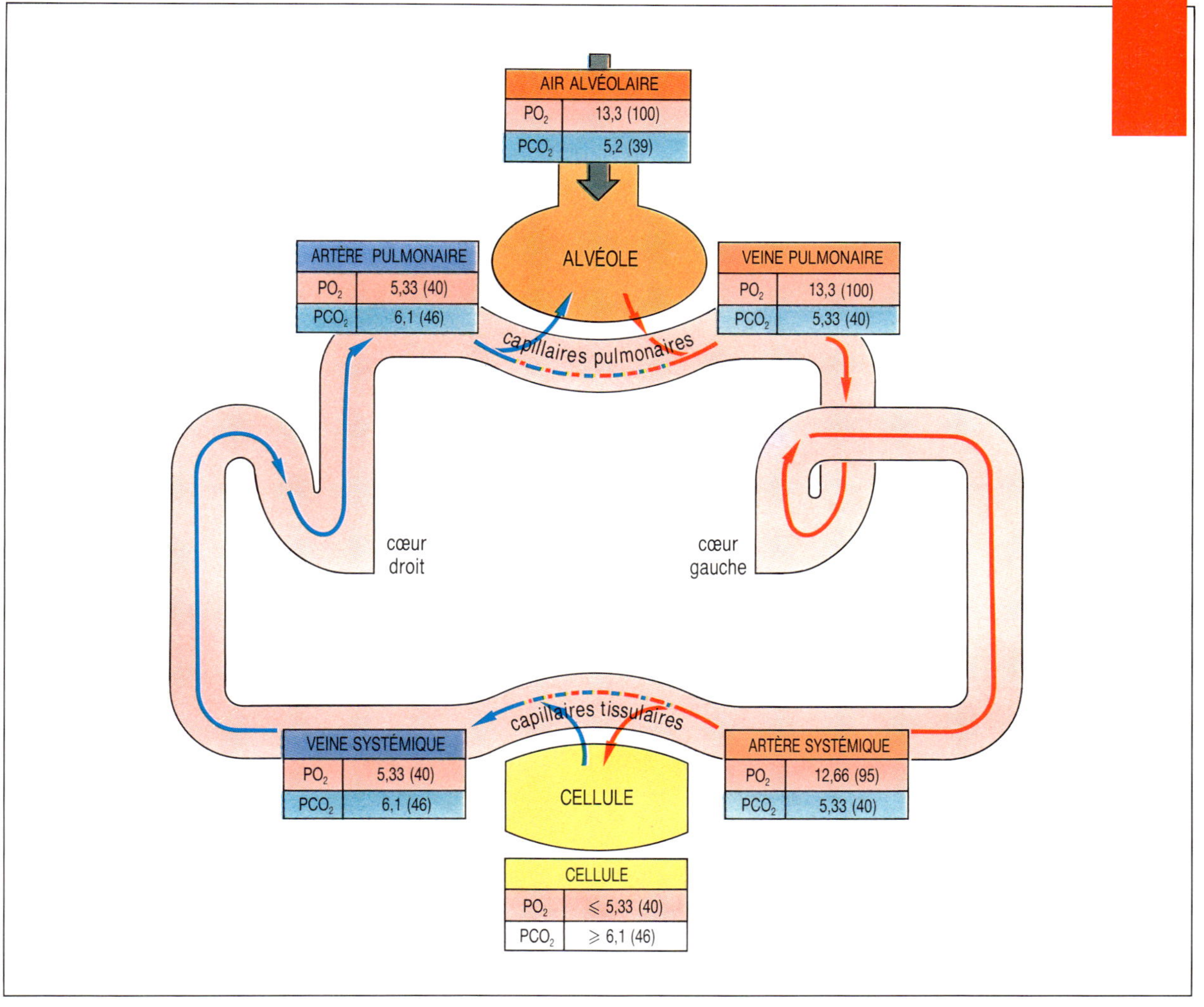

Prise en charge, décharge et transport du CO_2 et de O_2 dans le sang. Les échanges des gaz respiratoires, tant au niveau alvéolaire qu'au niveau tissulaire, se font selon les gradients de pression(s) partielles(s), par diffusion simple à travers les membranes cellulaires.

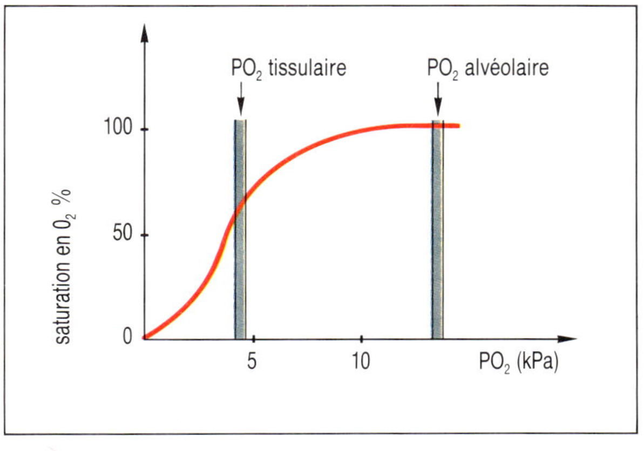

Affinité de l'hémoglobine pour l'oxygène.
Dans les conditions de PO_2 normalement rencontrées dans l'organisme, l'hémoglobine est saturée à près de 100 % au niveau des alvéoles et libère son oxygène dans les zones de PO_2 basse (tissus).

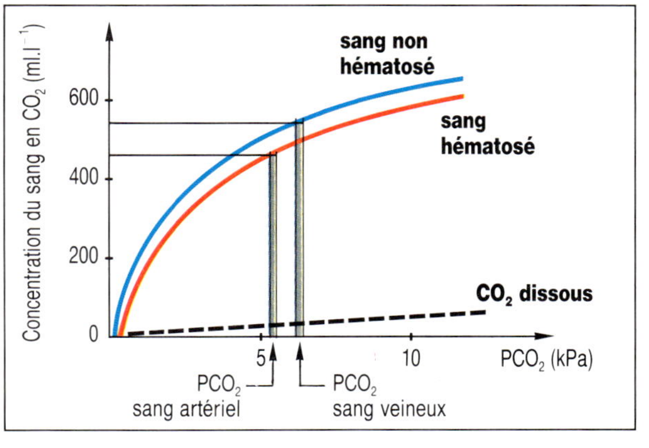

Courbes de saturation du sang en dioxyde de carbone.
Une très grande majorité du CO_2 est transportée dans le sang sous une forme combinée, dépendante du caractère hématosé de ce dernier (liaison avec Hb, sous forme de carbaminohémoglobine).

2. L'HÉMOGLOBINE, MOLÉCULE CLÉ DU TRANSPORT SANGUIN DES GAZ RESPIRATOIRES

Les aptitudes de l'hémoglobine

L'hémoglobine est une protéine constituée par l'assemblage de quatre sous-unités. Chaque sous-unité est formée par une chaîne polypeptidique, ou globine, à laquelle est fixée une molécule organique, l'hème, contenant un ion Fe^{2+}. Hème et globine sont liés par l'ion Fe^{2+}. Cet ion peut également fixer, si la pression partielle est voisine de 100 mm Hg, une molécule de dioxygène. Une molécule d'hémoglobine peut donc fixer, au maximum, quatre molécules de dioxygène. La fixation du dioxygène (ou inversement sa libération) est progressive : une molécule de dioxygène fixée (libérée) favorise la fixation (libération) d'une deuxième molécule, et ainsi de suite.

L'hémoglobine est une protéine allostérique, c'est-à-dire que le substrat lui-même (O_2) contrôle l'aptitude de l'hémoglobine à le fixer (ou le libérer). Cette propriété de l'hémoglobine liée à sa structure polycaténaire, lui confère une finesse de régulation encore plus grande. Certains facteurs, comme la température, le pH, la concentration en ions Cl^-, ou encore un petit glucide, le 2,3 DPG (DiPhosphoGlycérate), modifient l'affinité de la molécule vis-à-vis de son substrat :

– une augmentation de température diminue l'affinité de l'hémoglobine pour O_2 (courbe déplacée vers la droite). Ainsi, l'activité métabolique, source de chaleur, facilite la libération de O_2... et peut être maintenue ;

– une diminution de pH diminue l'affinité de l'hémoglobine pour O_2 ; l'activité métabolique, source de CO_2 et donc de H^+, facilite aussi la libération de O_2 ;

– le 2,3 DPG, présent en permanence dans les hématies, diminue encore l'affinité de l'hémoglobine pour O_2 ; une augmentation de la concentration de 2,3 DPG, lorsque l'organisme est placé en hypoxie, favorise le transfert de O_2 vers les tissus. On notera qu'en l'absence de 2,3 DPG, l'hémoglobine ne pourrait pas libérer de dioxygène. Cette action du 2,3 DPG intervient aussi dans les relations mère-fœtus : l'hémoglobine fœtale, moins sensible au 2,3 DPG, a une affinité plus forte vis-à-vis de O_2 que l'hémoglobine maternelle, pour une même PO_2.

Les autres capacités de l'hémoglobine à fixer (ou libérer) le dioxyde de carbone et les ions H^+ ne font intervenir ni l'ion Fe^{2+}, ni l'hème. Il s'agit de liaisons établies avec les globines, au niveau des groupements amines ($-NH_2$) ou acide (-COOH) de ces chaînes polypeptidiques.

Allostérie / allostery : n.f., propriété de certaines protéines de voir leur action sur un substrat contrôlée par la concentration de ce même substrat.

Effet Bohr / Bohr effect : exp., autorégulation métabolique des tissus visant à augmenter leur approvisionnement en O_2 par action du pH sur l'oxyhémoglobine.

Hypoxie / hypoxia : n.f., chute du taux de dioxygène dans le sang.

Interactions hémoglobine, O_2, CO_2, pH...

La molécule d'hémoglobine adapte son fonctionnement (charge ou décharge des gaz respiratoires) aux circonstances locales.

• Au niveau tissulaire, la libération de CO_2 par les tissus entraîne une diminution du pH ; la baisse du pH, l'entrée d'ions Cl^- dans l'hématie favorisent la dissociation de Hb/O_2 (effet Bohr). La formation de carbaminohémoglobine est facilitée, ainsi que la fixation des ions H^+.

• Au niveau alvéolaire, les phénomènes sont inverses : la fixation de dioxygène favorise la dissociation de Hb/CO_2, ainsi que la libération des ions H^+, qui, combinés aux ions HCO_3^-, forment du CO_2 évacué vers l'air alvéolaire.

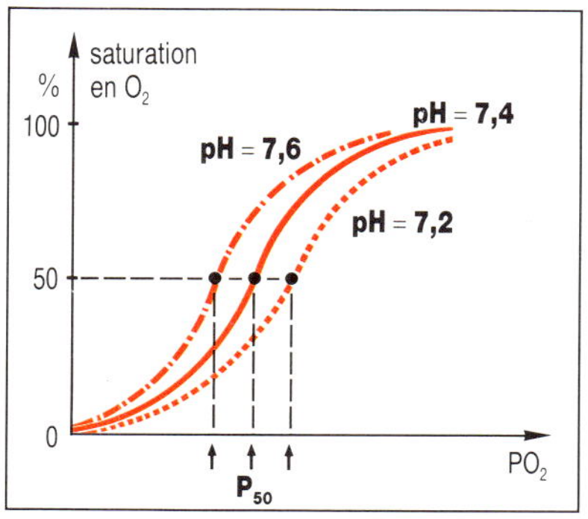

Effet du pH sur l'affinité de l'hémoglobine pour O_2. En particulier, Hb fixe moins O_2 lorsque le pH diminue (augmentation de la P_{50}, pression partielle d'O_2 pour obtenir 50 % de saturation).

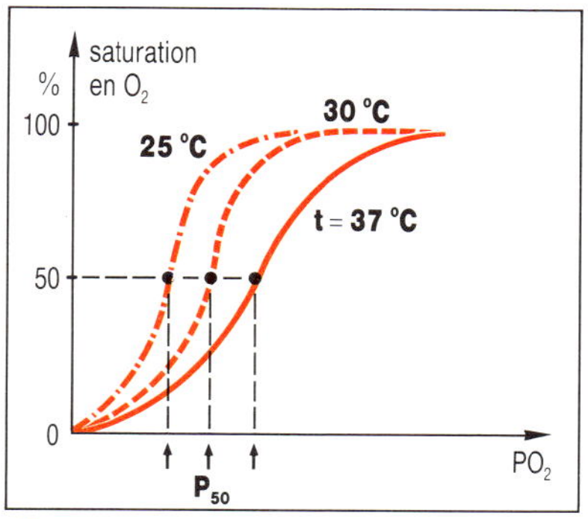

Effet de la température sur l'affinité de l'hémoglobine pour O_2. Les faibles températures augmentent cette affinité (diminution de la P_{50}).

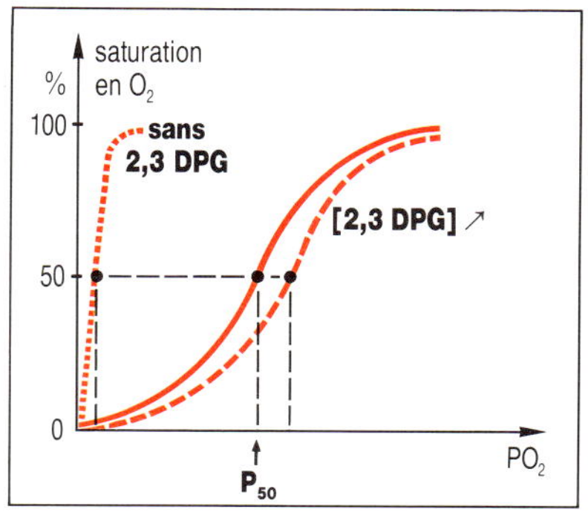

Effet de la concentration des hématies en 2,3 DPG sur l'affinité de l'hémoglobine pour O_2. L'augmentation du 2,3 DPG est sans effet réel aux fortes PO_2. Par contre, la dissociation Hb/O_2 et donc la fourniture d'O_2 est favorisée aux basses PO_2, c'est-à-dire au niveau des tissus.

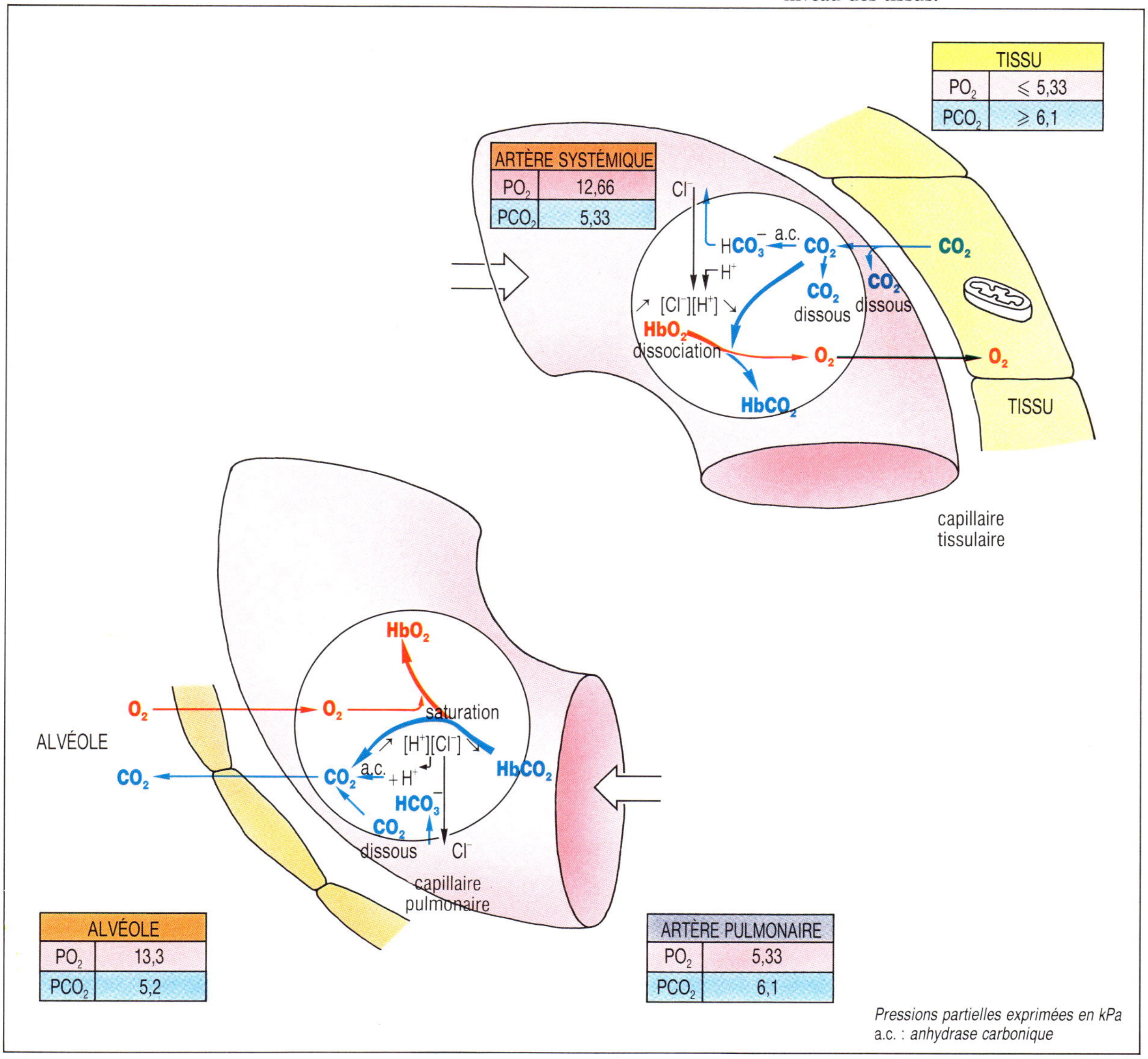

TISSU	
PO_2	⩽ 5,33
PCO_2	⩾ 6,1

ARTÈRE SYSTÉMIQUE	
PO_2	12,66
PCO_2	5,33

ALVÉOLE	
PO_2	13,3
PCO_2	5,2

ARTÈRE PULMONAIRE	
PO_2	5,33
PCO_2	6,1

Prise en charge et décharge d'O_2 et CO_2 aux niveaux tissulaire et alvéolaire.
Les effets de certains facteurs érythrocytaires (Cl^-, H^+, 2-3 DPG non représenté ici) sur l'hémoglobine déterminent les aptitudes de cette molécule à fixer ou libérer les « gaz respiratoires » dans les domaines de basse ou haute PO_2.

La ventilation pulmonaire est intégrée au fonctionnement de l'organisme

La respiration possède son automatisme

L'activité rythmique de la respiration, marquée par une succession d'inspirations et d'expirations « normales », est entretenue par des neurones situés dans le bulbe. Ces centres bulbaires règlent la rythmicité de base de la respiration. Ils contrôlent des motoneurones de la moelle épinière innervant les muscles respiratoires. Ces centres sont organisés en système rythmique provoquant alternativement des mouvements d'inspiration et d'expiration. Ce rythme est modelé en permanence par des afférences sensorielles provenant de récepteurs à l'étirement des poumons et véhiculées par le nerf X.

Des réflexes régulateurs ajustent l'activité du centre respiratoire

Le rythme de base de la respiration peut être modifié, ajustant alors les échanges gazeux respiratoires aux besoins de l'organisme.

- *Influence de stimulus chimiques*

Le rythme et l'amplitude des mouvements ventilatoires sont réglés à tout instant par les variations de paramètres sanguins : pH, PO_2, PCO_2.
Ces paramètres sont perçus par :
– des chémorécepteurs centraux, situés au niveau du bulbe et sensibles aux variations de pH du liquide céphalo-rachidien. Une diminution du pH entraîne l'accélération de la ventilation ;
– des chémorécepteurs périphériques, situés dans les parois aortique et carotidienne (chémorécepteurs des glomus). Une diminution de la PO_2, une augmentation de la PCO_2, entraînent l'accélération de la ventilation.

- *Influence de stimulus mécaniques*

La distension des bronches et des bronchioles, peut-être celle des alvéoles pulmonaires, induisent un ralentissement de la fréquence respiratoire : c'est le réflexe d'Hering-Breuer : « l'inspiration appelant l'expiration ». Ce réflexe interviendrait surtout pour éviter une distension excessive du poumon.

Centre respiratoire / respiration center : exp., groupe de neurones situés dans le bulbe, dont l'activité, rythmique, détermine alternativement les mouvements d'inspiration et d'expiration.

Les centres bulbaires sont sous de multiples influences

L'état d'activité (sommeil, exercice musculaire...), les variations de température, le stress, la déglutition, la douleur... modulent également le rythme respiratoire. Les centres respiratoires sont aussi soumis à l'influence corticale (on peut bloquer temporairement sa respiration).

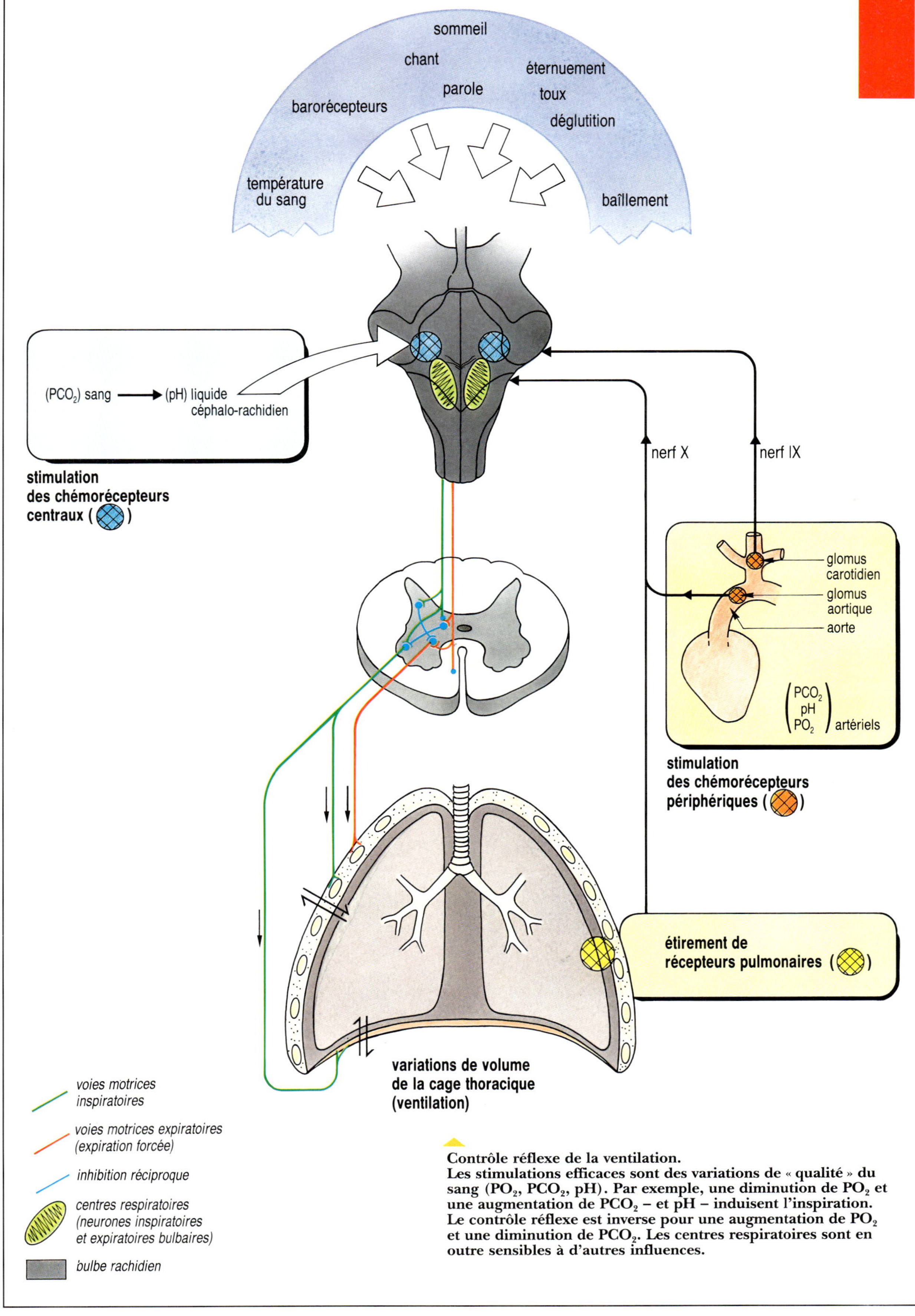

Contrôle réflexe de la ventilation.
Les stimulations efficaces sont des variations de « qualité » du sang (PO_2, PCO_2, pH). Par exemple, une diminution de PO_2 et une augmentation de PCO_2 – et pH – induisent l'inspiration. Le contrôle réflexe est inverse pour une augmentation de PO_2 et une diminution de PCO_2. Les centres respiratoires sont en outre sensibles à d'autres influences.

FAIRE LE POINT

L'ESSENTIEL

1 L'air atmosphérique pénètre dans l'appareil respiratoire par les voies nasales, la trachée et les bronches pour atteindre les poumons. Dans les poumons, les bronches se ramifient en bronchioles sur lesquelles s'ouvrent les alvéoles pulmonaires. Sur ce trajet, l'air se réchauffe, s'hydrate et est débarrassé de nombreuses poussières et impuretés. L'air alvéolaire est expiré par la même voie, en sens inverse.

2 La paroi alvéolaire est le siège d'échanges de dioxygène et de dioxyde de carbone entre l'air alvéolaire et le sang. Ces échanges se font par diffusion, selon les gradients de pression partielle respectifs de ces gaz. Le sang prend en charge le dioxygène et décharge le dioxyde de carbone.

3 Au niveau tissulaire, les échanges se font en sens inverse, selon les mêmes processus physiques.

4 Le sang transporte O_2 et CO_2, qui y sont dissous et surtout combinés sous forme d'oxyhémoglobine, carbaminohémoglobine et ions HCO_3^-. Fixant les ions H^+, l'hémoglobine tamponne les diminutions du pH sanguin.

5 Un automatisme respiratoire, d'influence bulbaire, alterne inspiration et expiration. Ces mouvements rythmés renouvellent l'air alvéolaire et maintiennent les échanges alvéolaires. Des influences sanguines, corticales... modulent l'activité des centres respiratoires, intégrant la respiration au fonctionnement de tout l'organisme.

LES MOTS CLÉS

A

allostérie
alvéole pulmonaire
anhydrase carbonique
arbre bronchique
automatisme respiratoire

B

bronches
bronchioles

C

cage thoracique
carbaminohémoglobine
centre respiratoire
cycle respiratoire

D

diaphragme
diffusion
dioxyde de carbone (CO_2)
dioxygène (O_2)
DPG (2,3)
dissolution

E

échanges respiratoires
effet Bohr
espace mort respiratoire
expiration

H

hémoglobine

I

inspiration

L

larynx

P

pH
pharynx
pneumocyte
poumon
pression partielle

S

surfactant

T

trachée

V

ventilation

AUTO-ÉVALUATION

FAIRE LE POINT

Les activités proposées dans cette rubrique permettent de vérifier les connaissances acquises au cours de ce chapitre.
Elles peuvent concerner : la terminologie scientifique, les ordres de grandeur, les mécanismes fonctionnels.

AUTOTEST

Testez vos connaissances en répondant aux 9 questions suivantes (réponses en fin d'ouvrage). Chaque réponse doit être justifiée.

QUESTION	RÉPONSE
1. La respiration commence au niveau des cellules.	oui / non
2. Chaque jour, vous inspirez : a) 450 L d'air ; b) 10 800 L d'air ; c) 21 500 L d'air.	a / b / c
3. L'inspiration « normale » est un phénomène : a) mobilisant des muscles ; b) sollicitant la cage thoracique ; c) utilisant l'élasticité des poumons.	a / b / c
4. Le fonctionnement des poumons est solidaire des mouvements de la cage thoracique.	oui / non
5. Le volume gazeux pulmonaire est : a) 500 mL ; b) 3 000 mL ; c) 5 500 mL ; d) 7 000 mL.	a / b / c / d
6. Le sang intervient dans la respiration.	oui / non
7. La quantité de dioxygène dissous dans le plasma suffit aux besoins des cellules.	oui / non
8. La surface d'échange entre air alvéolaire et sang atteint, par poumon : a) 1 m^2 ; b) 25 m^2 ; c) 70 m^2 ; d) 300 m^2.	a / b / c / d
9. Le centre pneumotaxique est un groupe de neurones : a) déclenchant l'inspiration ; b) déclenchant l'expiration ; c) coordonnant inspiration et expiration.	a / b / c

ORIENTATIONS DE TRAVAIL

À la fin de ce chapitre, vous devez être capable de :

1. Réaliser un schéma de l'appareil respiratoire en légendant les principaux organes qui y sont associés.

2. Replacer, sur un schéma, le trajet du dioxygène de l'air atmosphérique jusqu'aux cellules qui l'utilisent.

3. Réaliser un schéma fonctionnel des échanges entre air alvéolaire et sang. Penser à indiquer tous les types cellulaires constituant la surface d'échange, ainsi que les pressions partielles de O_2 et CO_2 de part et d'autre de la paroi alvéolaire.

4. Expliquer le processus de diffusion des gaz respiratoires à travers la paroi alvéolaire. Penser à préciser ce qu'on appelle pression partielle.

5. Indiquer les modes d'intervention de l'hémoglobine dans le transport du dioxygène et du dioxyde de carbone.

6. Rappeler comment et où l'hémoglobine participe à l'équilibre acido-basique sanguin.

MINI-GLOSSAIRE MÉDICAL

Asthme / asthma : n.m., spasme des muscles lisses des voies aériennes, entraînant la constriction des bronches et réduisant la circulation d'air entre l'air atmosphérique et les alvéoles. L'expiration devient difficile, et l'accumulation de mucus dans les bronches irritées réduit d'autant le débit ventilatoire. Maladie habituellement d'origine allergique.

Bronchite / bronchitis : n.f., inflammation plus ou moins chronique des bronches (hyperactivité des cellules muqueuses). Elle est souvent induite par la pollution de l'air, les infections des voies respiratoires, et aggravée par l'usage du tabac.

Emphysème / emphysema : n.m., perte d'élasticité des poumons qui restent emplis d'air pendant l'expiration. Les échanges entre l'air alvéolaire et le sang perdent leur efficacité, et les personnes atteintes s'essoufflent rapidement. Cette maladie est souvent une conséquence de bronchites répétées.

Laryngite / laryngitis : n.f., affection respiratoire touchant le larynx. L'irritation de la paroi du larynx entraîne son inflammation et réduit l'activité des cordes vocales.

Pneumonie / pneumonia : n.f., inflammation aiguë des alvéoles, souvent déclenchée par une affection microbienne (pneumocoques, staphylocoques, mycoplasmes...) ou virale (virus de la grippe). Les alvéoles et les bronchioles s'emplissent de sécrétions épaisses, entraînant une détresse respiratoire.

Tuberculose / tuberculosis : n.f., inflammation des parois pulmonaires et des plèvres due à une bactérie : *Mycobacterium tuberculosis.* Ces bactéries envahissent le tissu pulmonaire. Maladie transmissible par inhalation des bacilles expulsés par la toux d'un individu atteint.

PRATIQUES MÉDICALES

L'intoxication à l'oxyde de carbone

L'oxyde de carbone (ou monoxyde de carbone) est un gaz incolore et inodore. Il est présent dans les produits de combustion des chaudières à charbon ou à bois, dans les gaz d'échappement des automobiles, dans la fumée des cigarettes. Ce gaz est un compétiteur du dioxygène. Il se fixe à l'ion Fe^{2+} de l'hémoglobine, prenant la place d'une molécule d'O_2. La dissociation du complexe hémoglobine/CO est très lente, même pour de très faibles pressions partielles de CO. Une intoxication au monoxyde de carbone réduit le transport sanguin du dioxygène, entraînant une hypoxie (apport insuffisant de dioxygène aux cellules). On traite les victimes de ces intoxications par une administration de dioxygène pur.

Pour en savoir plus

RIEUTORT (M.), *Physiologie animale, 2,* Abrégé Masson – Paris 1986

SILBERNAGL (S.), DESPOPOULOS (A.), *Atlas de physiologie,* Flammarion Médecine-Sciences – Paris 1986

SOLOMON (E.P.), DAVIS (P.W.), *Anatomie et physiologie humaine,* McGraw-Hill – Paris 1978

STRYER (L.), *La Biochimie,* Flammarion Médecine-Sciences – Paris 1986

WHEATER (P.R.), BURKITT (H.G.), DANIELS (V.G.), *Histologie fonctionnelle,* MEDSI / McGraw-Hill – Paris 1990

Circulation

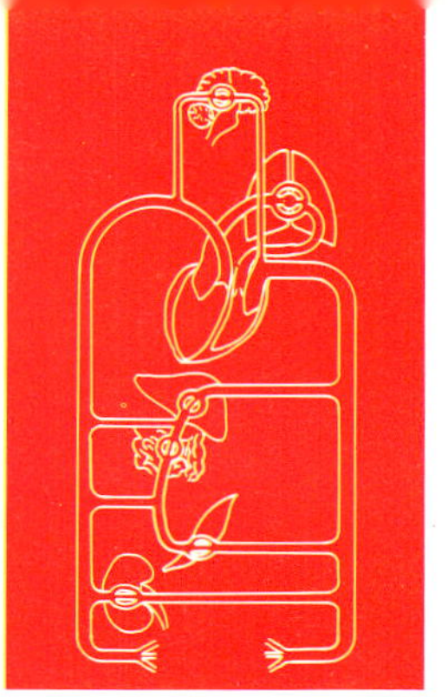

À l'échelle d'un organisme pluricellulaire, la diffusion des molécules au sein d'un milieu interstitiel ne peut assurer efficacement les besoins métaboliques des cellules. La circulation des liquides internes apparaît comme la solution fonctionnelle aux problèmes posés par les échanges entre cellules ou entre cellules et milieu ambiant : la circulation permet un transport rapide des molécules entre les cellules des surfaces d'échanges et celles des différents organes. Phase circulante du milieu intérieur, le sang – et à un moindre degré, la lymphe canalisée – est distribué en tout point de l'organisme par un ensemble de tubes (les vaisseaux), et une pompe (le cœur). Vaisseaux et cœur constituent l'appareil cardio-vasculaire, auquel est associé un système lymphatique.

Sommaire

1. Organisation générale de l'appareil cardio-vasculaire

1. L'APPAREIL CARDIO-VASCULAIRE ASSURE UNE LIAISON ENTRE ORGANES

Le sang, phase circulante du milieu intérieur

Parmi les liquides internes de l'organisme, le sang, et à un moindre degré la lymphe, sont les phases réellement circulantes du milieu intérieur.
Cette circulation correspond à un écoulement de masse, tous les constituants du sang ou de la lymphe se déplaçant ensemble, canalisés dans des tubes aux parois plus ou moins différenciées. Circulations sanguine et lymphatique s'opposent ainsi au drainage lent et diffus du milieu interstitiel. L'énergie dissipée dans cette circulation est l'énergie mécanique d'une pompe, le cœur.

Un système circulatoire clos assure la distribution du sang

La distribution du sang à travers l'organisme est assurée par un réseau extrêmement ramifié de vaisseaux. Ces vaisseaux sont répartis en trois catégories :
- les artères, par lesquelles le sang quitte le cœur;
- les veines, qui ramènent le sang au cœur;
- les capillaires, reliant artères et veines.

Ils constituent un système circulatoire clos, le sang étant endigué sur tout son trajet. Les capillaires, caractéristiques des systèmes circulatoires clos, correspondent aux seules zones d'échanges entre le compartiment sanguin et les tissus. Grâce à l'extrême ramification des capillaires (on en dénombre 5 milliards dans le corps!), chaque cellule de l'organisme se trouve à moins de trois diamètres de cellule, soit 80 à 90 µm, d'un capillaire. Cette distance est suffisamment faible pour que la diffusion à travers la paroi des capillaires, puis au sein du liquide interstitiel, soit efficace.

La circulation lymphatique

Les vaisseaux lymphatiques assurent, par une voie à sens unique, le retour du liquide interstitiel vers le sang. Ils n'appartiennent pas, à proprement parler, au système cardio-vasculaire. Les capillaires lymphatiques, extrémités borgnes du réseau lymphatique, se trouvent dans presque tous les organes du corps. Ils drainent le liquide interstitiel, constituant ainsi la lymphe qu'ils canalisent vers les veines de la partie inférieure du cou après avoir traversé des ganglions lymphatiques. Ce retour au système veineux est assuré par la compression des tissus entourant les vaisseaux lymphatiques, les effets de la respiration sur les pressions de la cage thoracique, les contractions rythmiques des muscles lisses entourant chaque vaisseau lymphatique.

Les fonctions circulatoires

• *Cas de la circulation sanguine*

La circulation sanguine assure le transport des nutriments et du dioxygène vers les tissus, l'évacuation des déchets du métabolisme vers les surfaces d'échanges respiratoires ou rénales...
Elle véhicule de nombreuses informations chimiques sous forme d'hormones ou de neurohormones. Elle transporte, répartit et dissipe la chaleur produite par le métabolisme, participant ainsi au maintien de l'équilibre thermique. Elle est le vecteur des antigènes, des cellules et des molécules de l'immunité.

• *Cas de la circulation lymphatique*

La circulation lymphatique permet le retour, vers l'appareil cardio-vasculaire, de l'excès de liquide filtré et non réabsorbé au niveau des capillaires, et des protéines échappées des capillaires. Elle assure l'acheminement des graisses absorbées au niveau de l'intestin. Elle participe à la réponse immunitaire en favorisant la rencontre des antigènes et des lymphocytes dans les ganglions lymphatiques, ou encore la recirculation des lymphocytes.

Appareil cardio-vasculaire / circulatory system : exp., ensemble constitué par le cœur et les vaisseaux sanguins. Siège de la circulation sanguine.

Artère / artery : n.f., vaisseau sanguin acheminant le sang à partir du cœur, vers les tissus.

Capillaire / capillary : n.m., vaisseau sanguin ou lymphatique assurant les échanges entre sang et liquide interstitiel, entre milieu interstitiel et lymphe.

Cœur / heart : n.m., organe moteur du système cardio-vasculaire.

Système circulatoire / closed circulatory system : exp., système circulatoire dans lequel le sang est totalement endigué et caractérisé par l'existence de capillaires.

Système lymphatique / lymphatic system : exp., ensemble des vaisseaux et ganglions lymphatiques, assurant le retour de la lymphe des organes vers le cœur.

Veine / vein : n.f., vaisseau sanguin acheminant le sang des tissus vers le cœur.

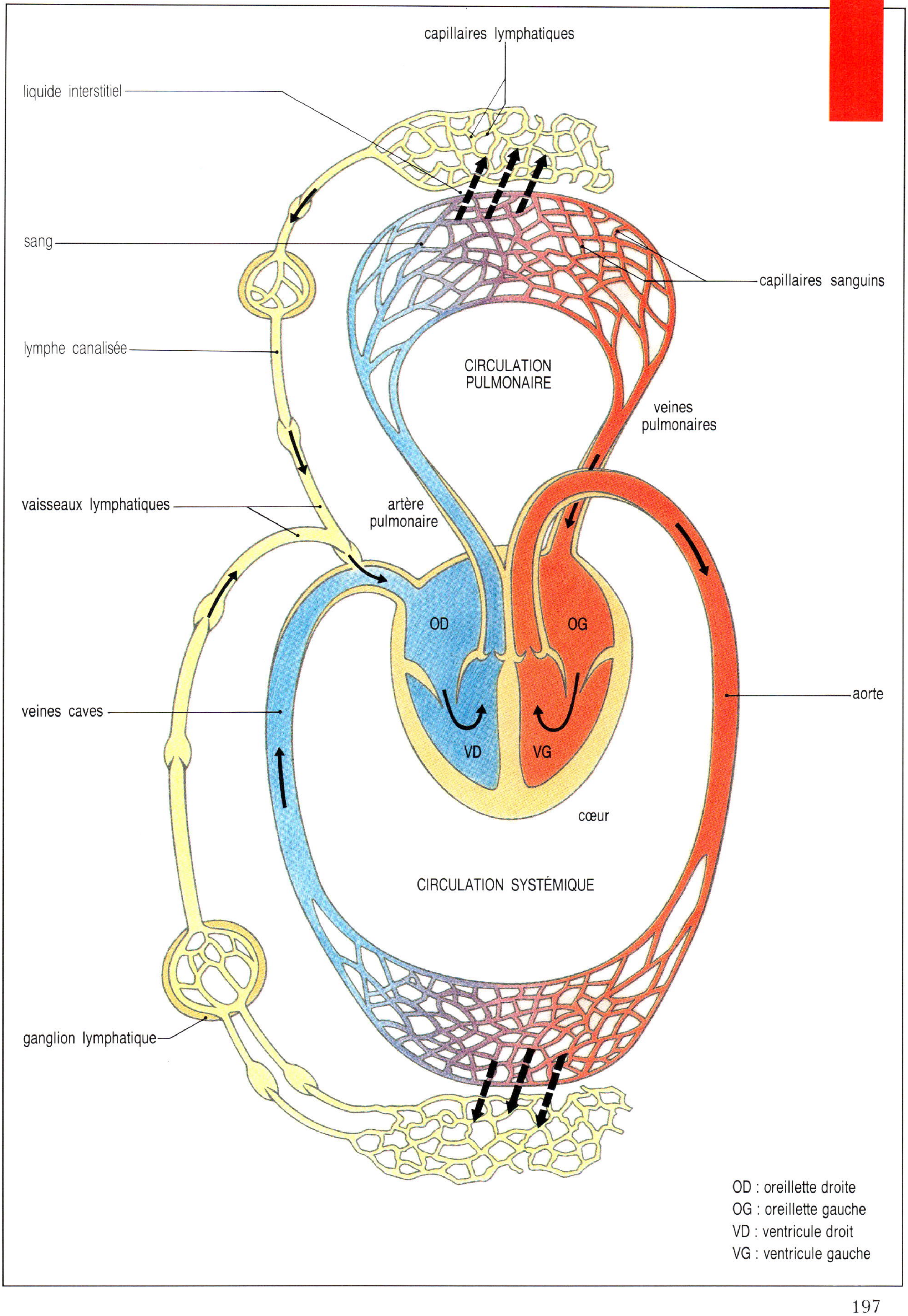

capillaires lymphatiques
liquide interstitiel
sang
capillaires sanguins
lymphe canalisée
CIRCULATION PULMONAIRE
veines pulmonaires
vaisseaux lymphatiques
artère pulmonaire
OD
OG
VD
VG
aorte
veines caves
cœur
CIRCULATION SYSTÉMIQUE
ganglion lymphatique
OD : oreillette droite
OG : oreillette gauche
VD : ventricule droit
VG : ventricule gauche

2. LA DOUBLE CIRCULATION DE LA MASSE SANGUINE

Circulation systémique et circulation pulmonaire : deux circuits en série

Chez les Mammifères, le cloisonnement longitudinal de la pompe cardiaque en deux moitiés fonctionnelles, le cœur droit et le cœur gauche, impose au sang un trajet selon deux circuits placés en série, tous deux commençant et se terminant dans le cœur. En d'autres termes, le cœur droit pompe la même quantité de sang que le cœur gauche, soit environ 5 litres de sang par minute.

• *La circulation pulmonaire*

Le cœur droit pulse le sang vers la circulation pulmonaire, irriguant un seul organe : le poumon, surface d'échanges des gaz respiratoires avec l'air alvéolaire des poumons. Le sang hématosé, c'est-à-dire chargé en dioxygène, est alors ramené au cœur gauche par les veines pulmonaires.

• *La circulation systémique*

Le cœur gauche distribue le sang hématosé aux organes : c'est la circulation générale ou circulation systémique. Si la totalité du sang pompé par le cœur droit circule dans les poumons, une partie seulement du débit ventriculaire gauche circule dans un organe associé à la circulation générale.
La circulation systémique est organisée en segments disposés en parallèle, chacun irriguant un organe ou un groupe d'organes déterminé : cerveau, muscles squelettiques, reins, tractus digestif... Cependant, un organe échappe en grande partie à ce type de vascularisation. Il s'agit du foie, irrigué en plus par le sang veineux du système porte-hépatique, qui draine le sang de l'intestin, de la rate, du pancréas. Cette disposition en parallèle permet d'adapter spécifiquement le débit sanguin de chaque organe à ses besoins. Ainsi, si chaque minute, environ 5 litres de sang circulent dans les poumons d'un sujet normal, chez ce même sujet au repos, le cerveau reçoit 750 mL de sang, les muscles squelettiques en reçoivent 1 200, les reins 1 100, le tissu cardiaque 250... Le sang revient ensuite au cœur droit par le réseau veineux et enfin les veines caves, après avoir perdu une partie de son dioxygène au niveau des capillaires systémiques.

Circulation pulmonaire / pulmonary circulation : exp., encore appelée petite circulation. Circulation à travers les poumons ; élément de l'appareil cardio-vasculaire situé entre le tronc pulmonaire, à la sortie du cœur droit, et les veines pulmonaires, à l'entrée du cœur gauche.

Circulation systémique / systemic circulation : exp., encore appelée grande circulation ou circulation générale. Circulation du sang à travers tous les organes, exceptés les poumons.

Système porte-hépatique / hepatic portal vein : exp., réseau veineux associant les capillaires de l'intestin aux capillaires du foie.

Des circuits à haute ou basse pression

Le travail de la pompe cardiaque assure la propulsion du sang dans l'appareil circulatoire, sous une pression plus ou moins élevée. Le débit du sang dans le système cardio-vasculaire entier se fait toujours d'une région de haute pression vers une région de basse pression.
La mesure de la pression sanguine dans les segments vasculaires conduit à distinguer deux ensembles :
– un système à haute pression comprenant le cœur gauche (ventricule gauche), l'aorte et les artères systémiques. La pression développée (en moyenne 100 mm de mercure) y est déterminée par le travail cardiaque et la résistance à l'écoulement développée par le circuit artériel. Cette pression élevée détermine l'écoulement rapide du sang vers les organes, permet de surmonter les forces hydrostatiques de gravité devenues importantes chez un organisme à posture dressée, et assure un meilleur contrôle des débits locaux ;
– un système à basse pression, dont la pression moyenne est de 15 mm de mercure, et comprenant les capillaires, les veines systémiques, le cœur droit et la circulation pulmonaire tout entière. Cette basse pression détermine, au niveau des organes, des échanges efficaces pour une dépense d'énergie modérée. Environ 80 % du volume sanguin total se répartit dans le système à basse pression qui apparaît alors comme un réservoir de volume du sang, et s'oppose ainsi au circuit artériel, véritable réservoir de pression du sang.

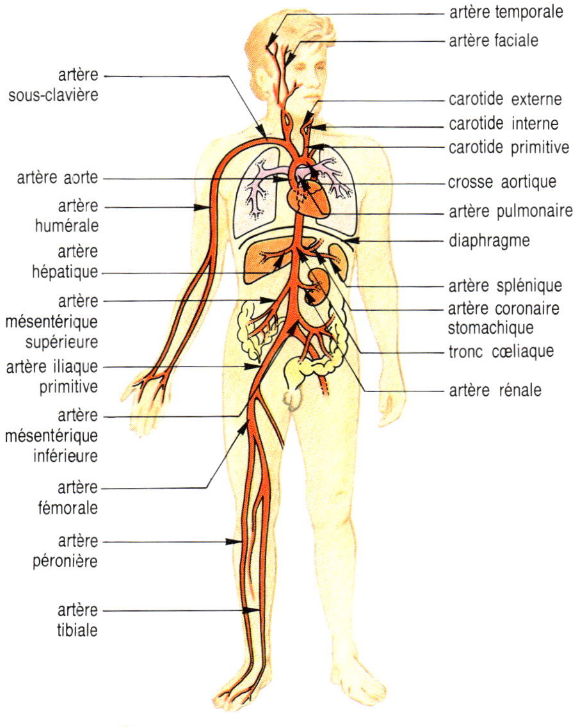

Organisation du système artériel.

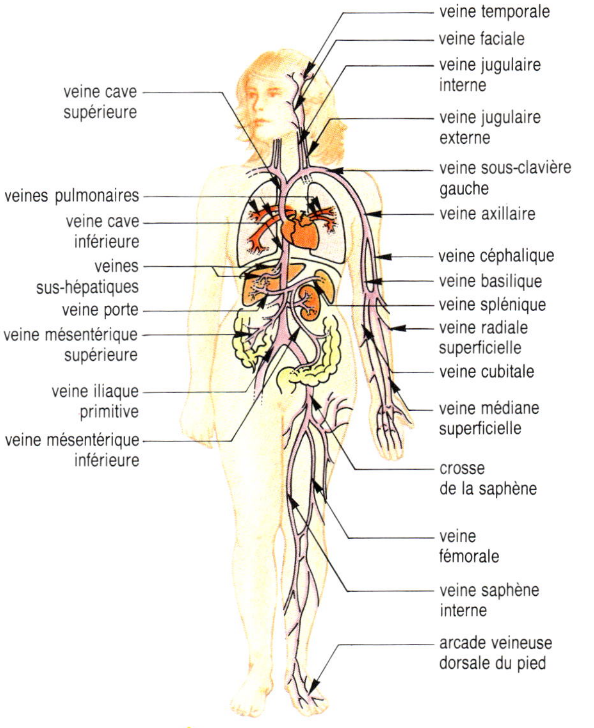

Organisation du système veineux.

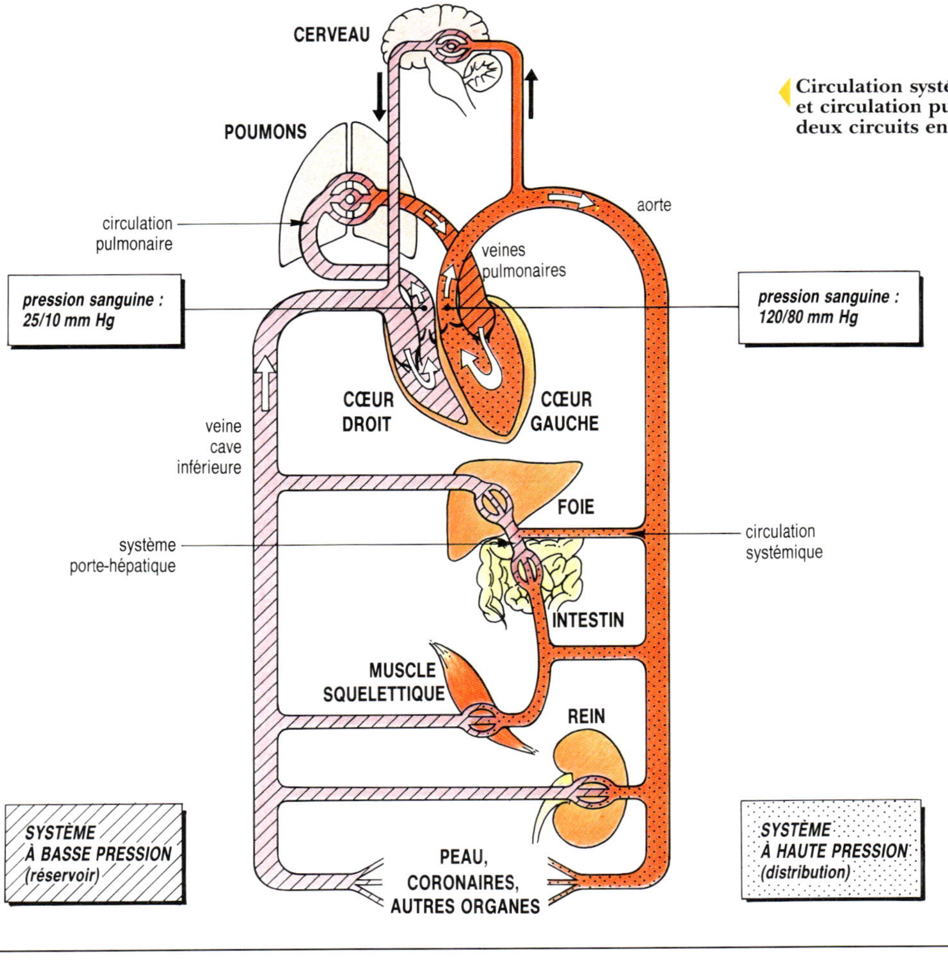

Circulation systémique et circulation pulmonaire : deux circuits en série.

1. LE CŒUR EST LE MOTEUR DE LA CIRCULATION SANGUINE

L'écoulement du sang dans les vaisseaux, organisés selon un système clos, se fait suivant un différentiel de pression sanguine, c'est-à-dire des zones de haute pression vers les zones de basse pression. Ce différentiel est déterminé par le fonctionnement de la pompe cardiaque : le ventricule gauche propulse le sang dans l'aorte sous une pression de 120 mm de mercure (Hg) et induit la circulation systémique (différentiel de 105 mm Hg : 120 mm Hg du ventricule gauche pour 15 mm Hg pour l'oreillette droite). Le ventricule droit propulse le sang dans le tronc pulmonaire sous une pression de 25 mm Hg et détermine pour sa part la circulation pulmonaire (différentiel de 15 mm Hg entre le ventricule droit – 25 mm Hg – et l'oreillette gauche – 10 mm Hg –).

Le cycle cardiaque

L'imagerie médicale (scintigraphie, échographie...) et ses moyens d'exploration fonctionnelle de l'organisme permettent de visualiser l'activité rythmique du cœur, constituée d'une succession de phases de contraction (systole) puis de détente (diastole) ou cycles cardiaques.

Volume systolique éjecté et débit cardiaque

Le cœur apparaît ainsi comme un muscle creux, dont la contraction rythmée permet d'évacuer un liquide, le sang, vers les territoires artériels des circulations systémique ou pulmonaire. Ainsi, le ventricule gauche propulse, à chaque contraction, environ 70 à 85 mL de sang dans l'aorte.
Le débit cardiaque, volume de sang éjecté du cœur par unité de temps, est le produit de la fréquence cardiaque (72 battements par minute) par le volume systolique éjecté (70 mL), soit environ 5 litres par minute pour un sujet normal et au repos.

Cycle cardiaque / cardiac cycle : exp., contraction et relâchement consécutifs du muscle cardiaque.

Débit cardiaque / cardiac output : exp., volume de sang éjecté par chaque ventricule par unité de temps. Chez l'homme au repos, il atteint environ 5 $L.min^{-1}$.

Diastole / diastole : n.f., phase de relâchement des ventricules au cours d'un cycle cardiaque.

Myocarde / myocardium : n.m., muscle cardiaque constituant la quasi-totalité des parois des oreillettes et des ventricules.

Systole / systole : n.f., phase de contraction du muscle cardiaque. On distingue une systole auriculaire et une systole ventriculaire.

Valvule / valves : n.f., ensemble conjonctif réglant le passage du sang entre les chambres cardiaques, et entre les ventricules et les troncs artériels.

Le cœur : quatre chambres pour une double pompe

Le cœur est un muscle enfermé dans un sac fibreux, le péricarde.
Il est, chez l'homme, divisé longitudinalement en deux ensembles indépendants : un cœur droit et un cœur gauche, formés chacun de deux cavités communiquant entre elles : une oreillette et un ventricule.
Cinq types cellulaires constituent cet organe :
– les cellules myocardiques, formant l'essentiel des parois des oreillettes comme des ventricules (ce sont les fibres musculaires striées cardiaques);
- les cellules endothéliales, qui tapissent la surface interne du myocarde et sont en contact avec le sang des cavités cardiaques;
– les cellules conjonctives des valvules et des anneaux fibreux qui les supportent, formant les zones de transition entre les oreillettes et les ventricules d'une part, et entre les ventricules et l'aorte ou les grosses artères d'autre part;
– les cellules nodales, cellules musculaires peu différenciées groupées en deux amas dans la paroi de l'oreillette droite : les nœuds sino-auriculaire (SA) et auriculo-ventriculaire (AV);
– les cellules de conduction, issues du nœud AV, parcourant la paroi interventriculaire et s'étalant dans les parois des ventricules gauche et droit. On regroupe souvent ces cellules de conduction et les cellules nodales sous le terme de tissu nodal.
La pompe cardiaque apparaît comme la juxtaposition de deux muscles creux, le cœur droit et le cœur gauche, branchés sur l'appareil circulatoire, chacun étant constitué de deux chambres séparées l'une de l'autre par le conjonctif des valvules. Ces valvules sont amarrées aux parois internes des ventricules par des cordages fibreux qui limitent leur mouvement et maintiennent leur orientation.

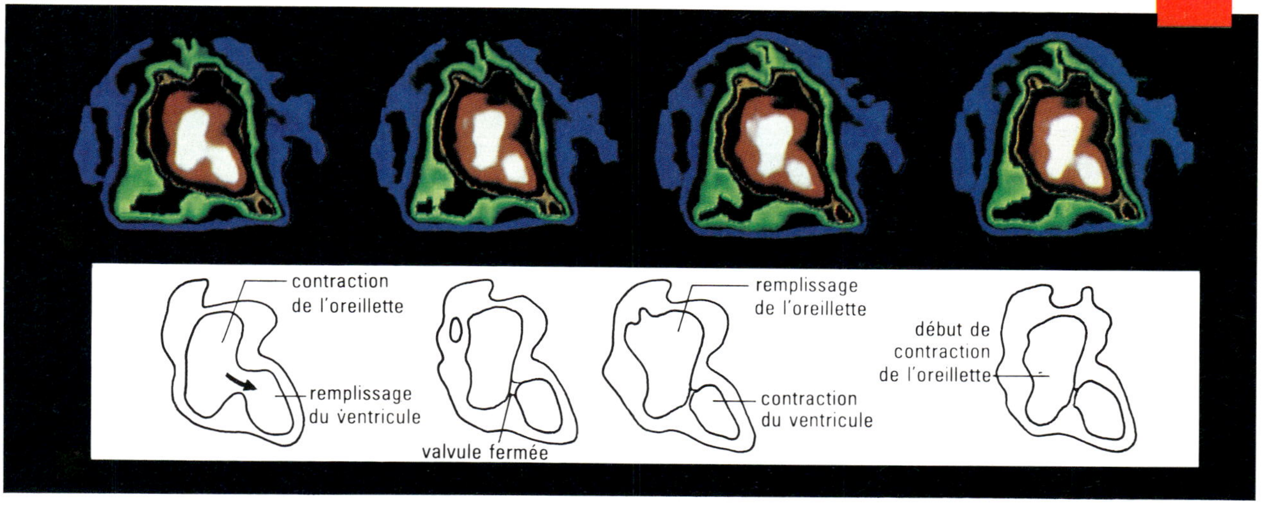

Scintigraphies cardiaques prises au cours d'un cycle cardiaque. L'activité cardiaque se traduit par des variations séquencées du rythme des chambres cardiaques.

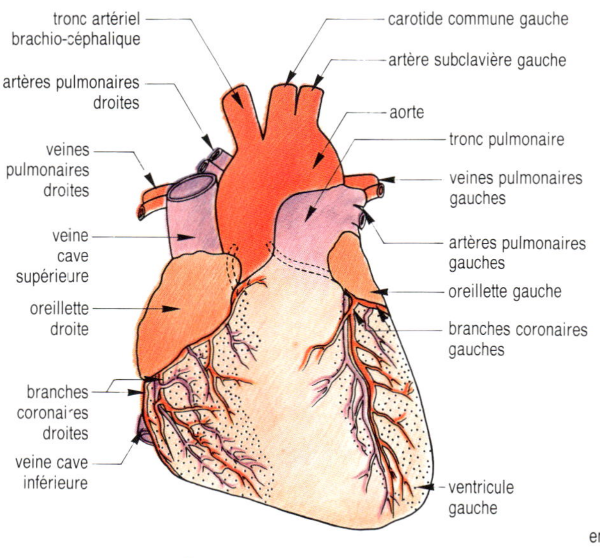

Vue antérieure du cœur.

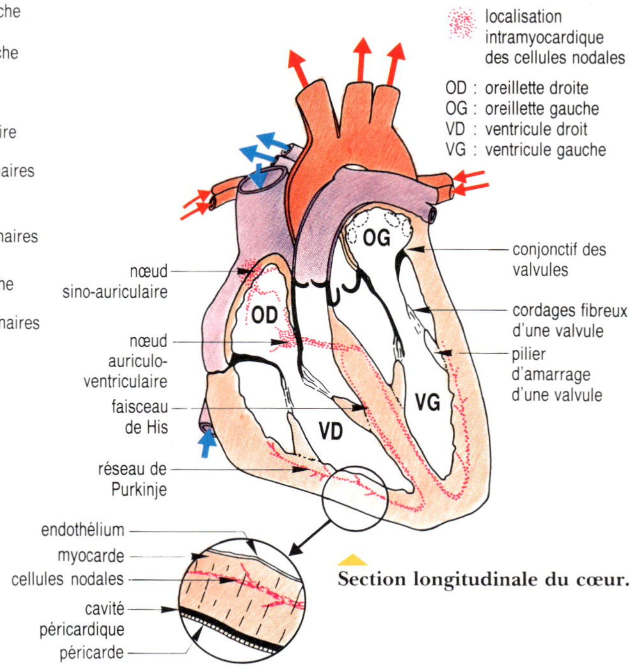

Section longitudinale du cœur.

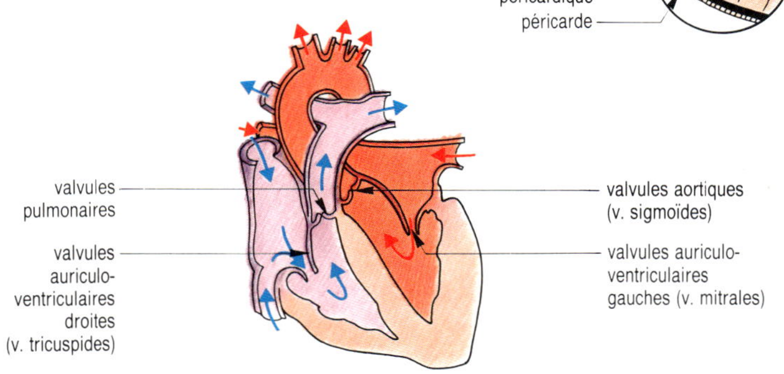

Schéma fonctionnel du cœur. Les flèches indiquent la direction du débit sanguin.

2. SYSTOLE ET DIASTOLE : LES MANIFESTATIONS DE L'ACTIVITÉ CARDIAQUE

L'analyse de l'activité cardiaque peut être réalisée en suivant l'évolution des pressions ou du volume dans les chambres cardiaques et dans le tout début du champ artériel. Pour cela, des sondes sont placées dans l'oreillette gauche, le ventricule gauche et l'aorte. Les phénomènes décrits pour le cœur gauche sont transposables au cœur droit, les variations de pressions et de volumes y étant toutefois moindres.

Les phénomènes mécaniques de l'activité cardiaque

L'activité cardiaque se traduit, à l'échelle de l'organe, par la succession de quatre phases :
– un remplissage progressif du ventricule relâché (diastole ventriculaire) rendu possible par la pression auriculaire très légèrement supérieure à celle du ventricule gauche et par l'ouverture de la valvule auriculo-ventriculaire gauche ou valvule mitrale. Une légère systole auriculaire complète ce remplissage avant la fin de la diastole ventriculaire. Le volume de sang accumulé dans le ventricule (volume télédiastolique) atteint alors 220 mL de sang;
– une phase de mise sous pression du sang dans le ventricule, les valvules mitrales et les valvules aortiques (ou sigmoïdes) étant fermées. Cette mise sous pression est le résultat de la contraction isovolumétrique du myocarde ventriculaire (début de systole ventriculaire);
– une phase d'éjection rapide du sang dans l'aorte, débutant lorsque la pression ventriculaire dépasse la pression aortique (ouverture des sigmoïdes). Durant cette phase (fin de systole ventriculaire), les oreillettes se remplissent sous l'effet prépondérant de l'aspiration réalisée par l'abaissement de la valvule mitrale consécutive à la contraction du ventricule. Sont ainsi éjectés dans l'aorte 85 mL de sang : le ventricule ne s'est pas totalement vidé. La quantité de sang restante est appelée volume télésystolique;
– une phase de relâchement du ventricule (début de diastole). La chute rapide de la pression ventriculaire, inférieure à celle de l'aorte, entraîne la fermeture des sigmoïdes. Tant que cette pression reste supérieure à la pression auriculaire, la valvule mitrale reste fermée et le remplissage du ventricule ne s'effectue pas (relâchement isovolumétrique du ventricule). Le remplissage débute lorsque la valvule mitrale s'ouvre.

Cœur gauche et cœur droit

Bien que la quantité de sang éjectée du ventricule droit soit la même que celle éjectée du ventricule gauche (circulations en série...) la pression systolique est nettement plus basse à la sortie du cœur droit (25 mm Hg). Cette différence est à rapprocher de la différence d'épaisseur (et de force de contraction) de chaque paroi ventriculaire.

Volume télédiastolique / telediastolic volume : exp., volume de sang accumulé dans un ventricule (220 mL en moyenne) en fin de remplissage.
Volume télésystolique / telediastolic volume : exp., volume de sang non éjecté dans la circulation générale en fin de systole et demeurant dans le ventricule (environ 135 mL).

Bruits du cœur et électrocardiogramme révèlent le cycle cardiaque

• Deux bruits cardiaques, perçus par l'intermédiaire d'un stéthoscope placé au niveau thoracique, résultent des vibrations causées par la fermeture des valvules. Ils marquent le début de systole ventriculaire (fermeture des mitrales) : bruit sourd, et la fin de diastole (fermeture des sigmoïdes) : bruit sec.
• L'électrocardiogramme (ECG), qui permet d'évaluer les phénomènes électriques à l'intérieur du cœur, met en évidence des variations de potentiels qui accompagnent le cycle cardiaque. L'onde P représente la dépolarisation auriculaire. Le complexe QRS apparu 0,1 à 0,2 seconde plus tard représente la dépolarisation ventriculaire (début de systole ventriculaire à partir de R). L'onde T représente l'onde de repolarisation du ventricule et marque l'entrée en diastole.

L'analyse de différents paramètres (pressions intracardiaques et aortiques, volume ventriculaire, électrocardiogramme, bruits du cœur) permet de définir quatre phases au cours du cycle cardiaque. 1 : remplissage ventriculaire ; 2 : contraction isovolumétrique ventriculaire ; 3 : éjection ventriculaire ; 4 : relâchement isovolumétrique du ventricule.

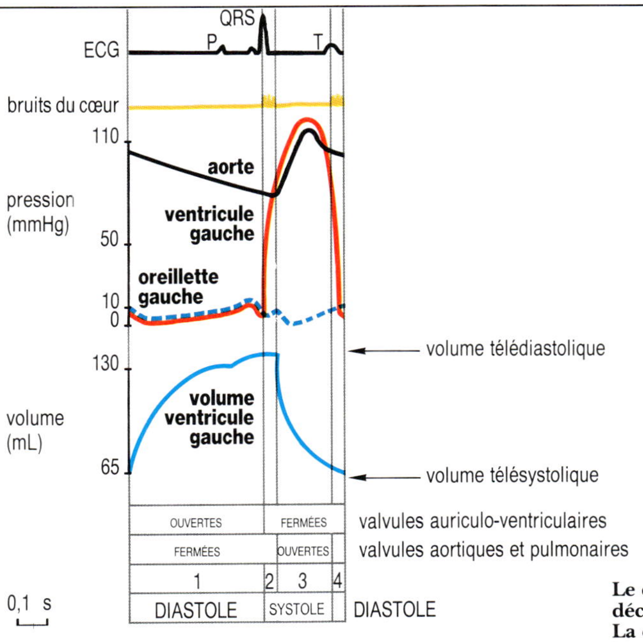

Le cœur est un muscle creux dont le cycle de contraction se décompose en 4 phases.
La contraction des myocardes est signalée par des points noirs.
Les valvules cardiaques assurent, par leur disposition, un écoulement à sens unique du sang dans le cœur.
Leur ouverture (et fermeture) est totalement mécanique. Elle dépend des différences de pression sanguine de part et d'autre de la valvule.

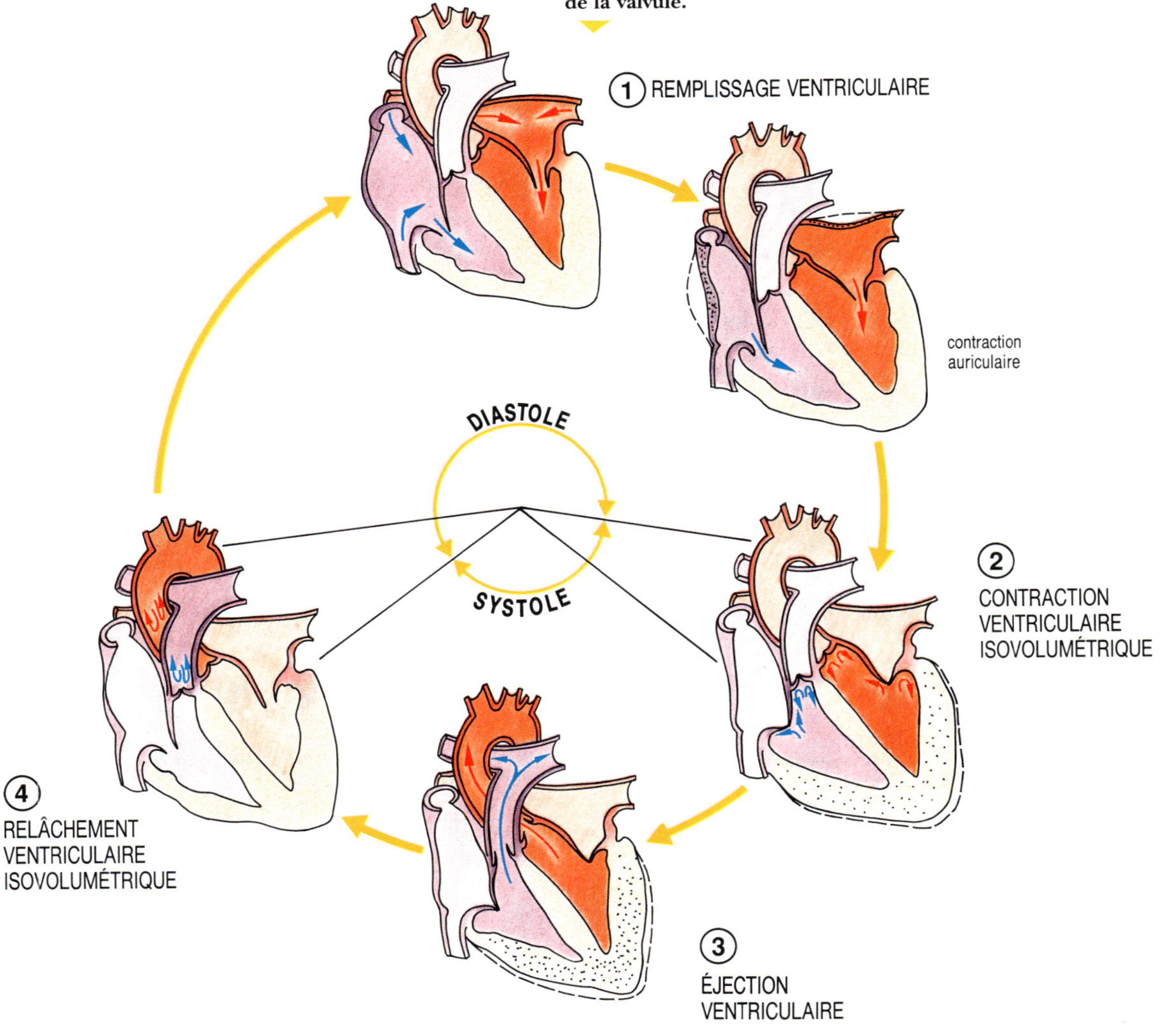

3. PROPRIÉTÉS FONDAMENTALES DU MUSCLE CARDIAQUE

Moteur de la circulation sanguine, le cœur présente quatre propriétés remarquables qui expliquent sa fonction :
– muscle, il possède une capacité de contraction;
– muscle creux, sa contraction détermine une variation de volume et met en mouvement le sang contenu dans les chambres cardiaques;
– muscle intétanisable, la longue période réfractaire de ses membranes cellulaires maintient l'activité de pompage;
– muscle autorythmé, il dispose d'une excitation propre, propagée dans l'ensemble de l'organe.
Ces propriétés sont déterminées par deux types cellulaires essentiels : les cellules myocardiques et les cellules du tissu nodal.

Les cellules myocardiques : des cellules excitables et contractiles originales

Les cellules myocardiques, auriculaires comme ventriculaires, sont des cellules musculaires striées de 30 µm de longueur, dont la fonction reflète les qualités de composition et de structure :
– cellules excitables, leur membrane plasmique possède des canaux ioniques Na^+/K^+ tensio-dépendants. L'entrée d'ions Na^+ crée une dépolarisation propageable, qui induit la contraction de ces cellules;
– le glissement des myofilaments fins d'actine sur les filaments de myosine assure la contraction, c'est-à-dire le raccourcissement de chaque fibre;
– le déclenchement du glissement est déterminé par l'augmentation du calcium cytosolique qui se combine à la troponine des myofilaments fins. Cette augmentation du calcium cytosolique est un processus auto-catalytique. Au cours de la dépolarisation membranaire, du calcium d'origine extracellulaire pénètre dans la fibre. Là, il agit sur des récepteurs à la ryanodine localisés dans la membrane du réticulum et provoque la libération du calcium qui y est stocké. Le calcium libéré agit sur des récepteurs du même type, amplifiant encore la libération de calcium. Le calcium induit donc sa propre libération.
– le potentiel d'action propagé le long de la membrane est caractérisé par une longue dépolarisation (« plateau ») déterminée par l'augmentation de la perméabilité au calcium, elle-même dépendante de la dépolarisation initiale due au sodium;
– la durée de la dépolarisation de la membrane ($>$ 250 ms) définit une période réfractaire presque aussi longue que la phase de contraction. Une nouvelle excitation ne peut être efficace que lorsque la fibre se relâche. Toute sommation est impossible : la fibre cardiaque est intétanisable;
– toutes les cellules myocardiques sont étroitement liées entre elles. Leur contraction, exerçant une pression sur le sang contenu dans la chambre cardiaque, explique l'expulsion de ce dernier vers d'autres territoires. La cohésion cellulaire est assurée, au niveau de disques intercalaires, par des desmosomes.

Les cellules du tissu nodal : des cellules auto-excitables et propagatrices des excitations

Les cellules du tissu nodal (1 % des cellules cardiaques) présentent des dépolarisations membranaires spontanées qui amènent le potentiel de membrane à un seuil qui déclenche l'apparition d'un potentiel d'action propageable. Les cellules du tissu nodal disposent ainsi d'une auto-excitation dont le rythme varie selon le type cellulaire considéré (4 à 100 battements par minute). Elles expliquent l'automatisme du muscle cardiaque, c'est-à-dire sa capacité à se contracter en dehors de toute afférence nerveuse. Une réduction progressive de la perméabilité membranaire au potassium et une augmentation de celle au sodium seraient à l'origine des dépolarisations spontanées.

Automatisme cardiaque / cardiac automatism : exp., capacité d'auto-excitation rythmique du muscle cardiaque.

Cellule myocardique / myocardic cell : exp., cellule musculaire striée, en forme de X ou de Y, à noyau généralement central, et constituant la paroi du cœur.

Disque intercalaire / intercaled disc. : exp., jonction épaissie entre cellules myocardiques.

Tissu nodal / cardiac conduction system : exp., ensemble de cellules musculaires cardiaques qui, par la dépolarisation spontanée de leur membrane, sont responsables de l'automatisme cardiaque.

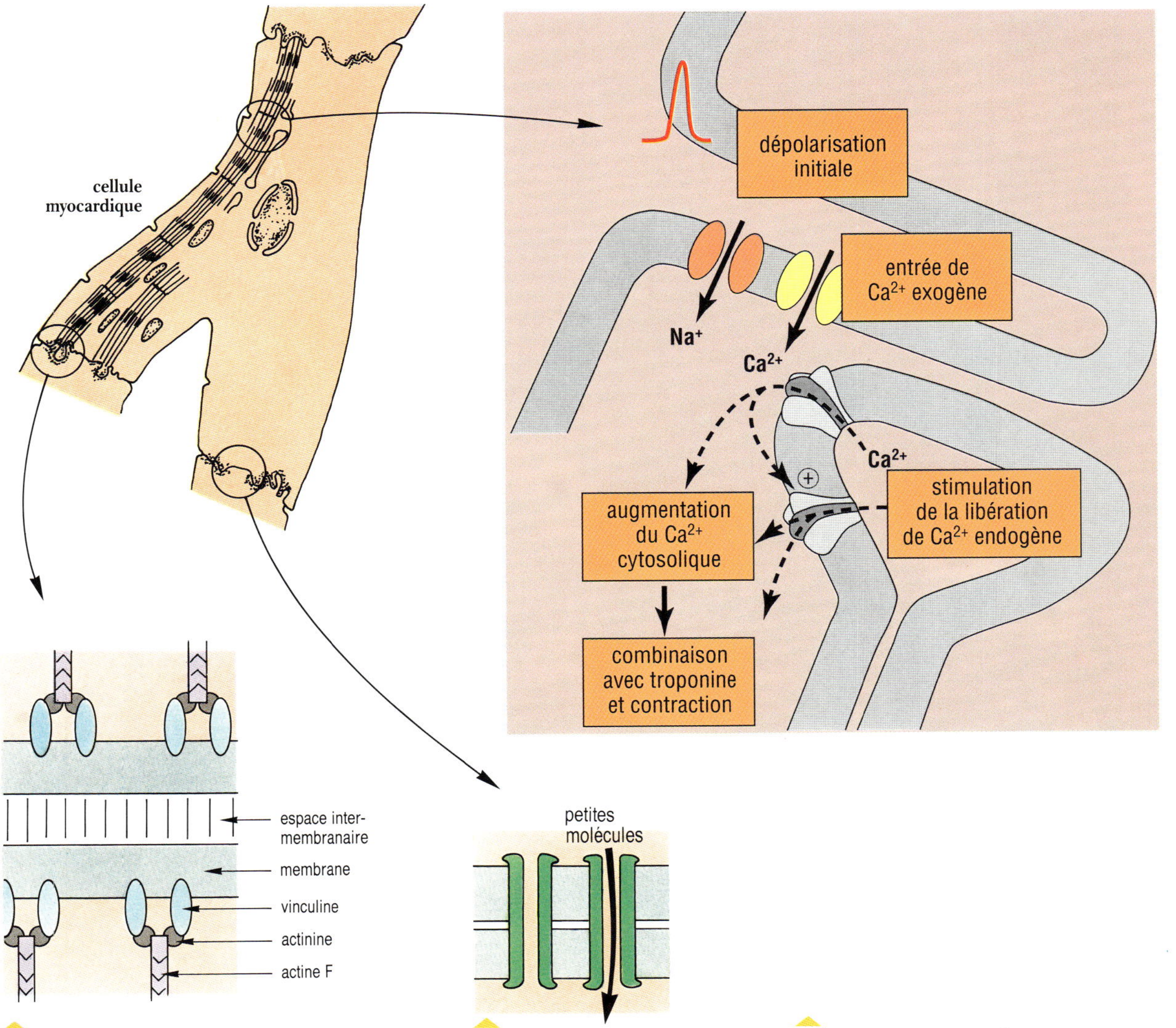

Interactions moléculaires au niveau d'un disque intercalaire. La vinculine, protéine intégrée à la membrane, assurerait la liaison entre les myofilaments fins (actine F) et cette membrane par l'intermédiaire d'α-actinine. Ces protéines interviendraient dans l'organisation géométrique des myofibrilles.

Jonctions lacunaires : elles font du myocarde un véritable syncytium fonctionnel.

Ca^{2+} et cellule myocardique : le Ca^{2+}, dont la double origine caractérise la fibre cardiaque, induit le glissement des myofilaments et la contraction.

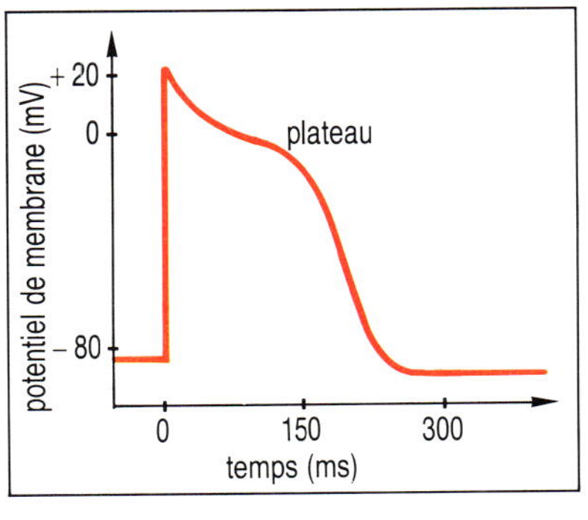

Potentiel d'action dans une cellule myocardique ventriculaire.

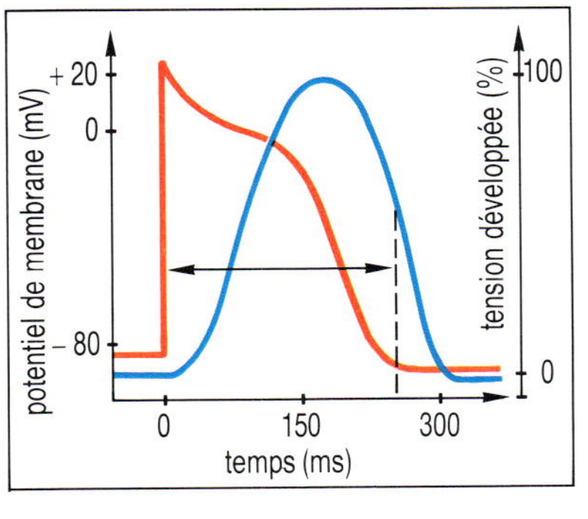

Dans la cellule myocardique, la période réfractaire dure presque autant que la phase de contraction : les sommations sont impossibles.

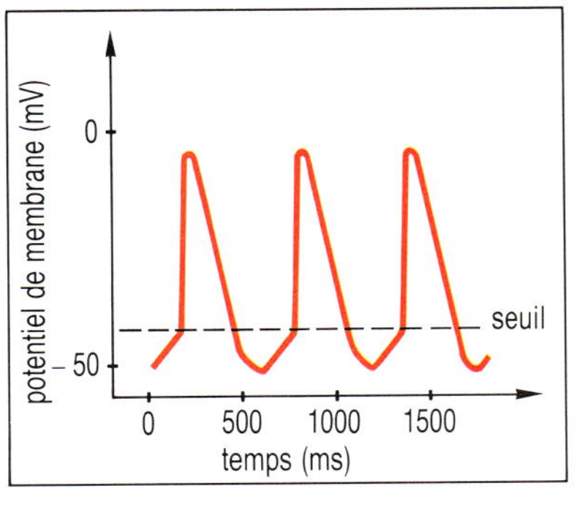

Dépolarisations spontanées et potentiel d'action de la membrane des cellules nodales (nœud sinuso-auriculaire). Ces dépolarisations spontanées sont à l'origine de l'automatisme cardiaque.

Électronographie du myocarde (MET, × 16 000).

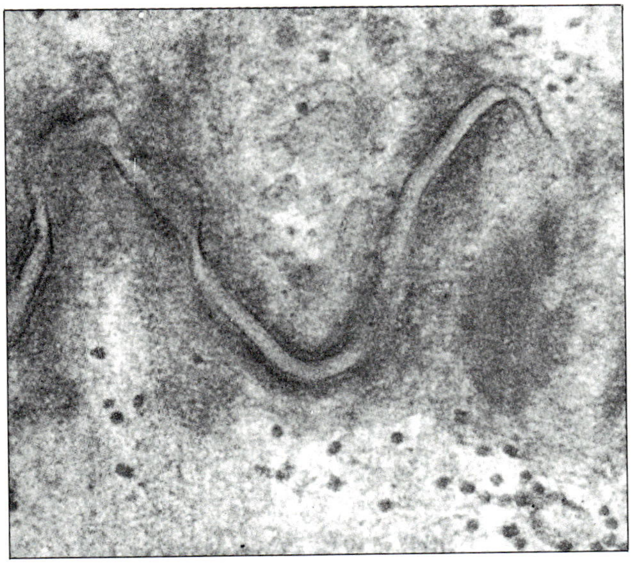

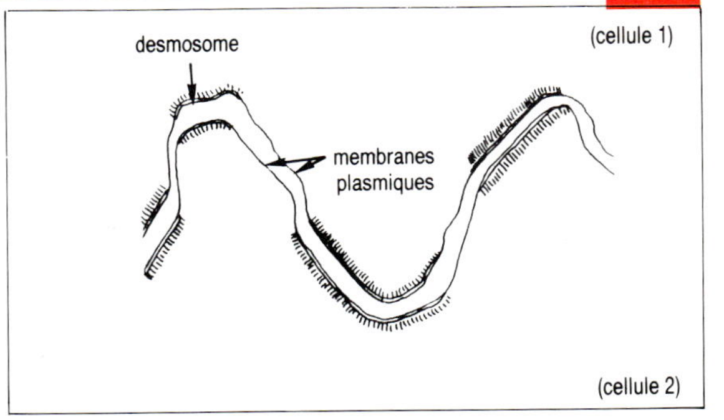

Détail des jonctions cellulaires au niveau d'un disque intercalaire. Les membranes de deux cellules myocardiques adjacentes sont maintenues accolées par des desmosomes ou zones d'adhérence, au niveau desquelles se fixent les myofilaments (MET, × 85 000).

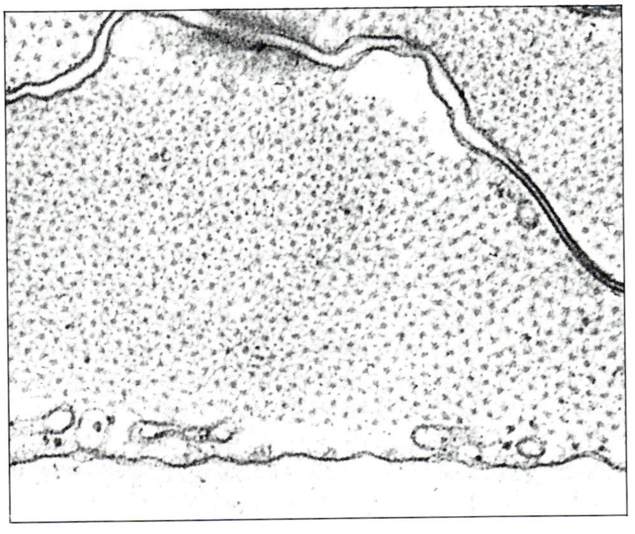

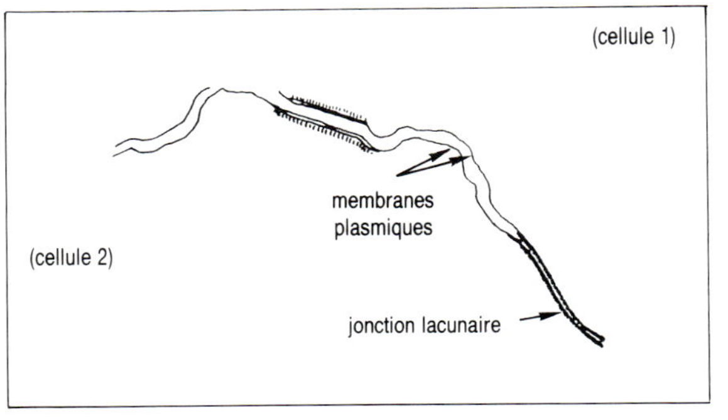

Détail des jonctions cellulaires entre deux cellules myocardiques. Les jonctions à trous ou jonctions lacunaires permettent une communication directe des petites molécules entre ces cellules qui forment alors un syncytium fonctionnel (MET, × 85 000).

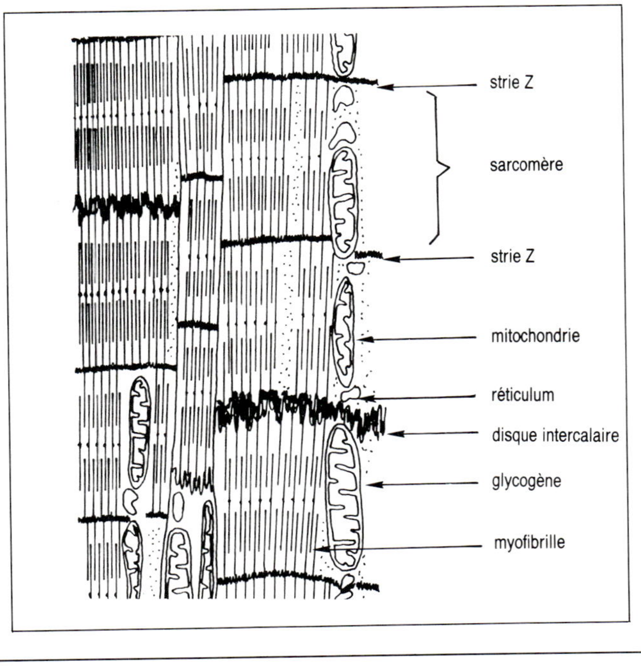

Dessin d'interprétation de l'électronographie ci-contre (MET, cellules myocardiques). Le myocarde est constitué de cellules musculaires striées anastomosées caractérisées par leur forme (cellules allongées, en forme de X ou Y), l'organisation de leur cytosquelette abondant (myofilaments réunis en myofibrilles), le réticulum et les mitochondries périfibrillaires, la diversité des jonctions cellulaires... (MET, × 16 000).

4. LE TRAJET INTRACARDIAQUE DU SANG

Dans le cœur gauche comme dans le cœur droit, le sang circule des oreillettes vers les ventricules et des ventricules aux champs artériels des grande et petite circulations. Le trajet sanguin est à sens unique.

Le moteur de l'écoulement sanguin

Les fibres cardiaques ne peuvent se contracter au hasard. Une absence de coordination, par exemple au niveau des cellules du myocarde ventriculaire, projeterait le sang en tous sens dans ces chambres cardiaques au lieu de l'expulser vers l'aorte ou le tronc pulmonaire. Le trajet intracardiaque du sang est déterminé par le séquençage et la progression des contractions du myocarde : contraction auriculaire, puis contraction ventriculaire; contraction ventriculaire débutant à la pointe des ventricules, pour remonter vers le haut de l'organe et chasser ainsi le sang vers les segments artériels.
Quatre facteurs déterminent cette coordination :
- un lieu de naissance unique pour l'excitation cardiaque;
- un découplage entre myocarde auriculaire et myocarde ventriculaire;
- un système de conduction intracardiaque spécialisé;
- des jonctions originales entre cellules cardiaques, diffusant rapidement l'excitation dans la paroi d'une chambre cardiaque.

Le dispositif antireflux qu'impose le fonctionnement des valvules complète cet enchaînement dirigé des contractions.

L'excitation cardiaque naît au niveau du nœud sino-auriculaire

Si toutes les cellules du tissu nodal possèdent la capacité de s'auto-exciter, le nœud sino-auriculaire (SA) est le point de départ de l'excitation. Cette zone est située dans la paroi de l'oreillette droite à proximité du débouché de la veine cave supérieure : c'est le *pacemaker.* Elle possède le rythme d'excitation le plus rapide et l'impose aux autres cellules douées d'automatisme.

Jonction à trous / gap junction : exp., jonction cellulaire permettant aux petites molécules et aux ions de passer d'une cellule à l'autre par l'intermédiaire de petits canaux.

Pacemaker / pacemaker : n.m., région de l'oreillette droite dont les cellules groupées en amas se dépolarisent spontanément et déterminent la fréquence des battements cardiaques (environ 100 battements par minute).

Syncytium fonctionnel / functional syncytium : exp., terminologie appliquée au muscle cardiaque qui, bien que composé d'éléments cellulaires distincts, est considéré comme en continuité « électrique », grâce aux jonctions à trous associant les cellules cardiaques.

Le trajet intracardiaque du sang

L'onde d'excitation née au niveau du nœud SA se propage rapidement dans le myocarde auriculaire, entraînant une contraction de celui-ci. L'excitation ne peut pas diffuser du myocarde auriculaire au myocarde ventriculaire, ces deux ensembles étant séparés par la barrière non conductrice du conjonctif des valvules. Elle transite par un second amas de cellules nodales situé à la base de l'oreillette droite (nœud auriculo-ventriculaire), puis par les cellules de conduction du faisceau de His. Ces cellules assurent le couplage entre les deux myocardes et ralentissent, au passage, la fréquence des potentiels d'action. L'excitation se propage alors jusqu'à la pointe des ventricules par l'intermédiaire de deux branches distinctes du faisceau de His : la contraction myocardique, décalée de 0,1 s environ de celle des oreillettes, débute à la base de chaque ventricule. Elle gagne ensuite l'ensemble des parois ventriculaires, guidée par la diffusion de l'excitation le long des cellules conductrices du réseau de Purkinje, ramifications intramyocardiques du faisceau de His.
À la systole auriculaire fait ainsi suite la systole ventriculaire qui repousse progressivement le sang vers le haut des ventricules, c'est-à-dire vers les artères.
La propagation de l'excitation à partir du nœud SA vers le myocarde auriculaire, comme celle issue des ramifications du réseau de Purkinje vers le myocarde ventriculaire, sont assurées par la diffusion rapide de l'excitation dans toutes les cellules myocardiques, par l'intermédiaire des jonctions à trous. Les myocardes apparaissent ainsi comme des syncytium fonctionnels se contractant l'un après l'autre, d'une façon quasi unique et coordonnée.

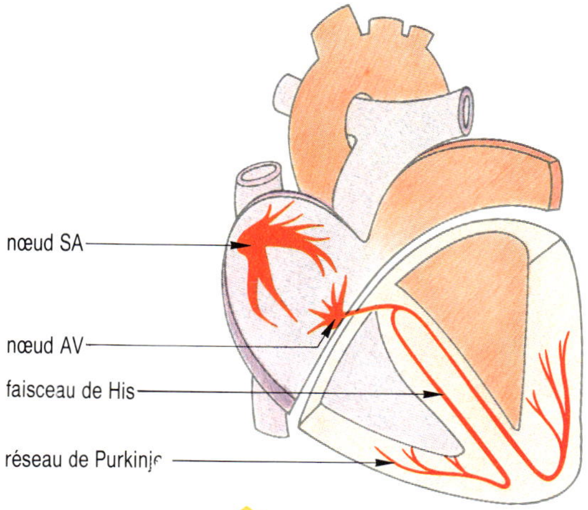

Localisation intracardiaque du tissu nodal.
Le conjonctif des valvules déconnecte les cellules excitables des myocardes auriculaire et ventriculaire : le tissu nodal est le seul lieu d'excitation entre oreillettes et ventricules.

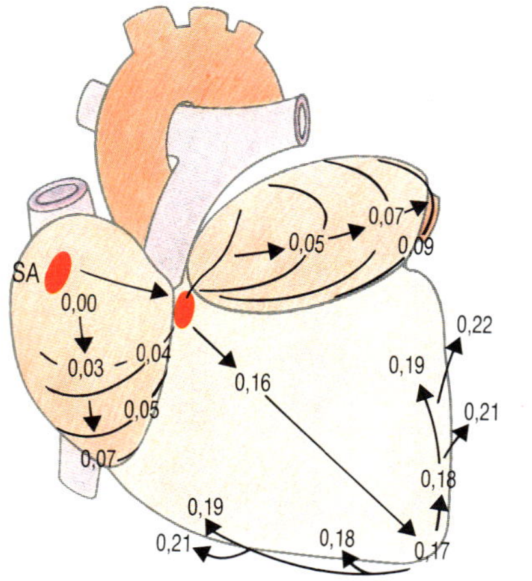

Transmission de l'excitation cardiaque.
Les chiffres indiquent le moment d'apparition (en fractions de seconde) de l'excitation.

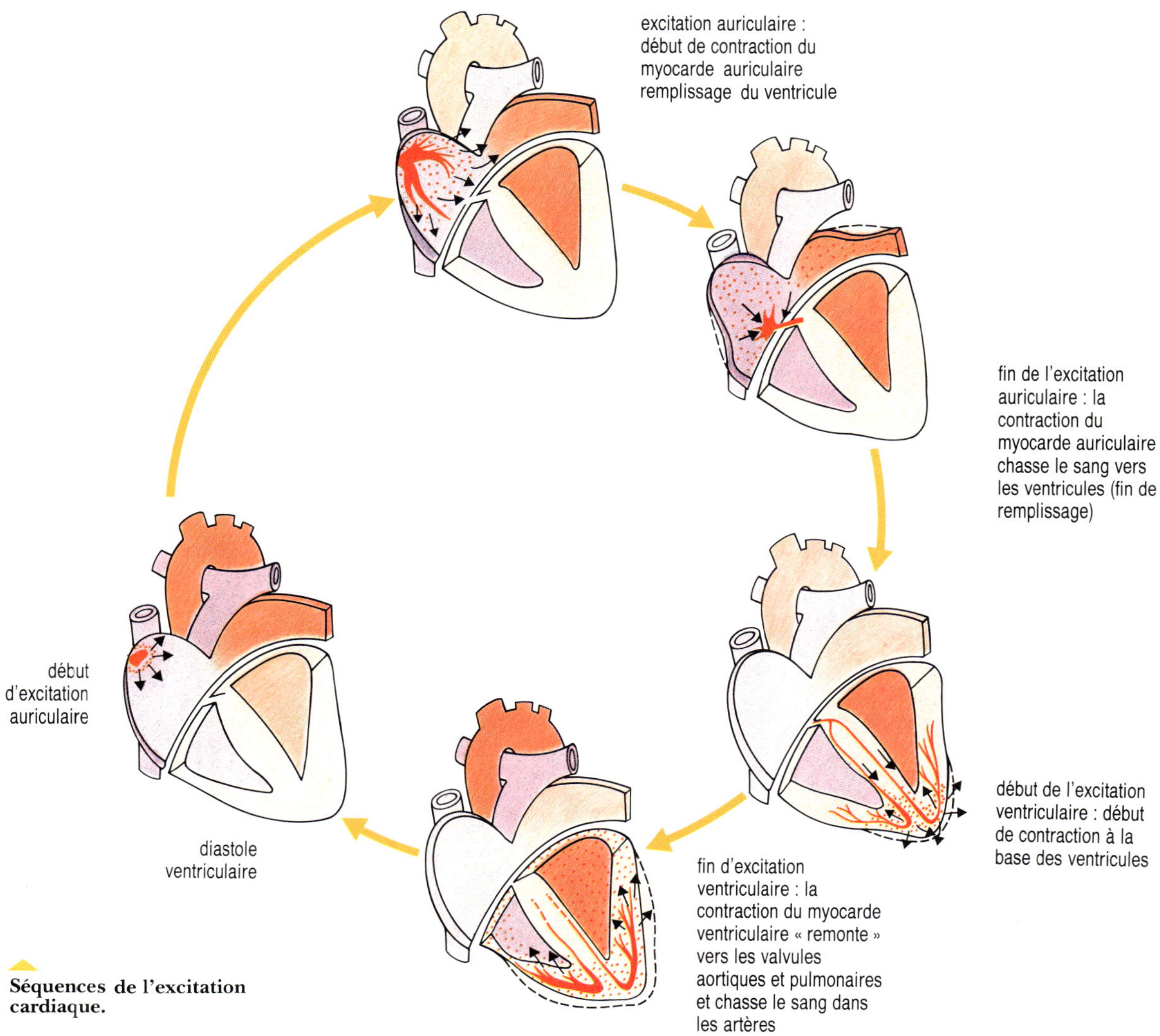

Séquences de l'excitation cardiaque.

5. LE CONTRÔLE DU DÉBIT CARDIAQUE

En l'absence de toute influence nerveuse ou hormonale, un cœur « isolé » de l'organisme bat à une fréquence d'environ 100 battements par minute, imposée par le pacemaker. Cependant, ce rythme présente, *in vivo,* des valeurs différentes et non constantes : le fonctionnement cardiaque est intégré aux besoins de l'organisme. Cette intégration met en jeu des informations nerveuses et circulatoires qui permettent au cœur d'adapter sa force de contraction et sa fréquence de battements aux besoins de l'organisme.

Le débit cardiaque est placé sous un double contrôle

Déterminé par la fréquence cardiaque (Fc) et le volume d'éjection systolique (Vs), le débit cardiaque Dc (L/min) = Fc (batt / min) x Vs (L/min) est contrôlé par un mécanisme intrinsèque dépendant du retour veineux et par un mécanisme extrinsèque, agissant par l'intermédiaire du système nerveux végétatif et de l'adrénaline plasmatique.

• *Le contrôle par le retour veineux*

Plus le retour veineux est important (fort volume télédiastolique), plus le volume éjecté, et donc le travail cardiaque, est élevé. Cette relation est connue sous le nom de loi de Starling ou de contrôle intrinsèque de l'activité cardiaque. Comme tout autre muscle, le muscle cardiaque augmente sa force de contraction lorsqu'il est étiré : la distension du ventricule par un important retour veineux augmente le débit cardiaque.

• *Un contrôle nerveux et hormonal*

La noradrénaline, déchargée par les fibres sympathiques qui innervent le myocarde, et l'adrénaline circulante véhiculée par la circulation coronarienne, augmentent la contractilité des fibres myocardiques en facilitant l'entrée de calcium dans le cytosol au cours de l'excitation... et son action sur la troponine des myofilaments fins.

De nombreux facteurs contrôlent la fréquence cardiaque

Si le myocarde ne reçoit que des terminaisons sympathiques, un grand nombre de fibres sympathiques et parasympathiques se terminent sur le nœud SA et sur les autres cellules du tissu nodal.

• La stimulation parasympathique, dominante lorsque l'organisme est au repos, ralentit la fréquence cardiaque imposée par le pacemaker (70 battements par minute au lieu de 100) ; l'acétylcholine, neurotransmetteur du parasympathique, augmente la perméabilité au K^+ des membranes des cellules nodales (nœuds SA et AV). Ces membranes sont hyperpolarisées et le seuil d'apparition du potentiel d'action est atteint après un délai plus important : la fréquence cardiaque diminue. Le parasympathique a un effet cardiomodérateur.

• La stimulation sympathique et l'adrénaline circulante augmentent au contraire la fréquence cardiaque. L'adrénaline et la noradrénaline, neurotransmetteur sympathique, agissent sur les mêmes récepteurs (récepteurs β adrénergiques) de la membrane des cellules nodales et myocardiques.

Facilitant les courants de dépolarisation spontanée dans les cellules nodales, elles augmentent la pente de cette dépolarisation et donc la fréquence. Les fibres sympathiques et l'adrénaline ont des effets cardioaccélérateurs.

Accélérant le retour du Ca^{2+} cytosolique vers le réticulum sarcoplasmique des fibres myocardiques, ces substances réduisent le temps de relaxation des ventricules et augmentent ainsi la rapidité de contraction de ces cellules.

La fréquence et la puissance des contractions cardiaques sont également sensibles aux concentrations ioniques du plasma (K^+ modérateur de la fréquence, Na^+ réducteur de la puissance de contraction, Ca^{2+} amplificateur de la contraction) et aux changements de température corporelle.

Cardioaccélérateur (effet) : adj., résultat d'une stimulation du travail cardiaque par les nerfs sympathiques et des substances circulantes (adrénaline, K^+ plasmatiques).

Cardiomodérateur (effet) : adj., résultat d'une stimulation des cellules nodales par les fibres parasympathiques.

Loi de Starling / Starling law : propriété intrinsèque du myocarde, selon laquelle une augmentation du volume télédiastolique augmente la force de contraction du muscle cardiaque.

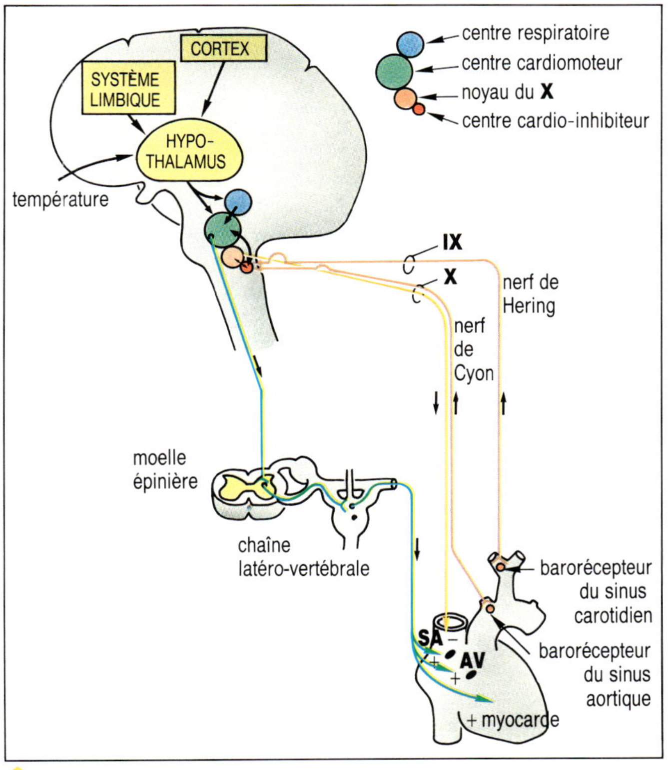

Contrôle nerveux de l'activité cardiaque : principales voies motrices et sensitives.

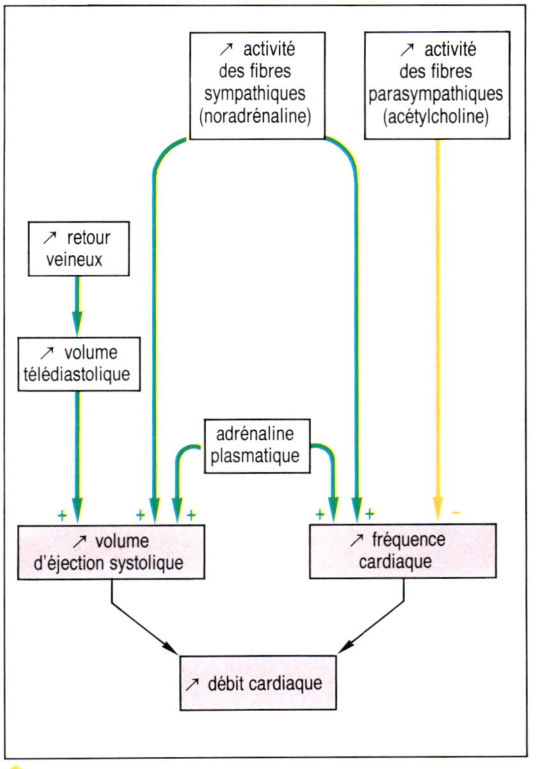

Principaux facteurs déterminant le débit cardiaque.

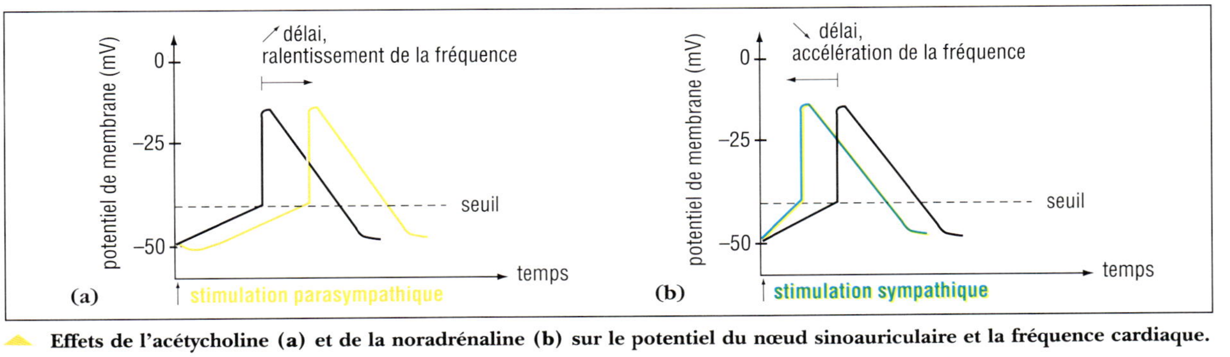

Effets de l'acétycholine (a) et de la noradrénaline (b) sur le potentiel du nœud sinoauriculaire et la fréquence cardiaque.

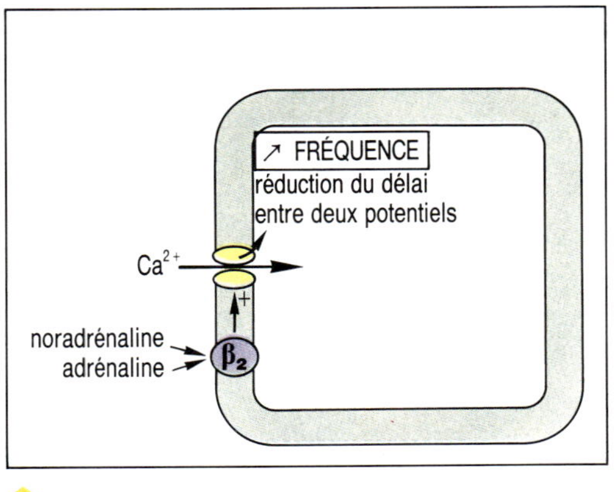

Action de la noradrénaline et de l'adrénaline sur les cellules nodales (nœud SA).

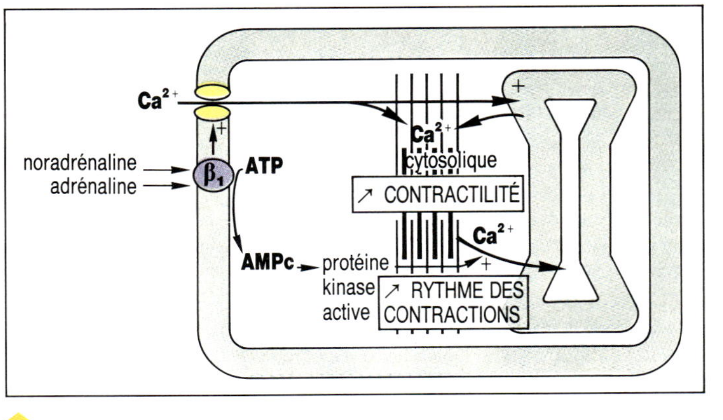

Adrénaline et noradrénaline ont une double action sur les fibres myocardiques : leur fixation sur les récepteurs β_1 facilite l'entrée de Ca^{2+} et augmente la contractilité de la fibre. La fixation d'adrénaline sur ces récepteurs accélère également le retour du Ca^{2+} cytosolique vers le réticulum et augmente la rapidité des contractions. Cette deuxième action, relayée par l'AMPc, est décalée dans le temps par rapport à la première.

1. À chaque vaisseau sa fonction

Quatre grands types de segments vasculaires

• Le diamètre des vaisseaux varie entre quelques micromètres et 3 centimètres. On repère ainsi quatre grands types de segments vasculaires : les artères, les artérioles, les capillaires et les veines. Ce diamètre influence l'écoulement et donc le débit du sang. Les vaisseaux opposent en effet une résistance à l'écoulement inversement proportionnelle à la quatrième puissance du rayon ($Rv = 1/r^4$, avec Rv : résistance vasculaire et r : rayon du vaisseau).

• L'épaisseur et la structure de la paroi varient d'un segment à l'autre :
– la paroi des artères et des artérioles, constituée de trois couches dont une média développée, est la plus épaisse (plus d'un millimètre);
– la paroi des capillaires, très fine (µm), n'est constituée que d'une simple couche de cellules endothéliales;
– la paroi des veines et des veinules, épaisse de quelques dizaines de micromètres, est constituée de trois couches, la média étant peu développée.
La composition de la paroi caractérise chaque segment vasculaire : la relative abondance ou l'absence de fibres élastiques, de fibres musculaires lisses, de collagène... en sont les éléments significatifs.

Aorte, artères et débit sanguin

Aorte et artères systémiques reçoivent à chaque battement cardiaque un volume sanguin défini, sous une pression élevée (la pression systolique).
Le collagène renforce leur paroi, en particulier celle de l'aorte, face à la force d'un flot sanguin saccadé; l'élasticité de la paroi transforme progressivement un débit discontinu (le débit cardiaque) en un débit continu; l'important diamètre de ces vaisseaux explique leur faible résistance à l'écoulement.
Ainsi, le réseau artériel assure le transport rapide du sang vers les organes.

Collagène / collagen : n.m., protéine extracellulaire, abondante dans le conjonctif et dont la structure détermine une qualité de résistance aux étirements importants.

Élastine / elastin : n.m., protéine extracellulaire, abondante dans le conjonctif, et dont la structure détermine une qualité d'élasticité.

Résistance vasculaire / vascular resistance : exp., résistance à l'écoulement sanguin. La viscosité du sang, le diamètre des vaisseaux en sont les principaux responsables.

Vasomotricité / vasomotivity : n.f., variation du diamètre des vaisseaux sanguins, principalement des artérioles, suivant la contraction ou le relâchement des fibres lisses de leur paroi.

Artérioles et distribution du sang aux organes

• Les artérioles, par leur faible diamètre, opposent une forte résistance à l'écoulement du sang. Cette résistance a pour conséquences :
– le maintien, en amont, d'une pression artérielle élevée. Les artères apparaissent ainsi comme un réservoir de pression du système vasculaire;
– l'amortissement total de la pulsation du sang. La circulation capillaire assurera en aval un apport continu de sang aux organes;
– une chute de la vitesse et de la pression sanguine dans le réseau capillaire.

• L'état de contraction des fibres musculaires lisses de leur paroi influence la résistance à l'écoulement (vasodilatation ou vasoconstriction artériolaire). Cette vasomotricité règle non seulement le débit sanguin dans un organe, mais aussi la distribution relative de ce débit dans les différents organes.

Capillaires et échanges entre sang et tissus

Les échanges « capillaires » (filtration, réabsorption) sont possibles grâce à la faible épaisseur de la paroi qui sépare le sang du milieu interstitiel, mais aussi grâce à la faible vitesse du sang dans les capillaires.

Veines, veinules et retour du sang au cœur

La faible pression veineuse est suffisante pour entraîner le sang vers le cœur : le diamètre important des veines n'impose pas de réelle résistance à l'écoulement. Minces et extensibles, les parois veineuses permettent aux veines de recevoir un important volume de sang. Ce volume varie selon la contraction des fibres lisses de leur média, la compression des muscles squelettiques... Ces facteurs, tout comme la présence des valvules « antireflux » de la paroi des veines des membres, facilitent le retour veineux au cœur.

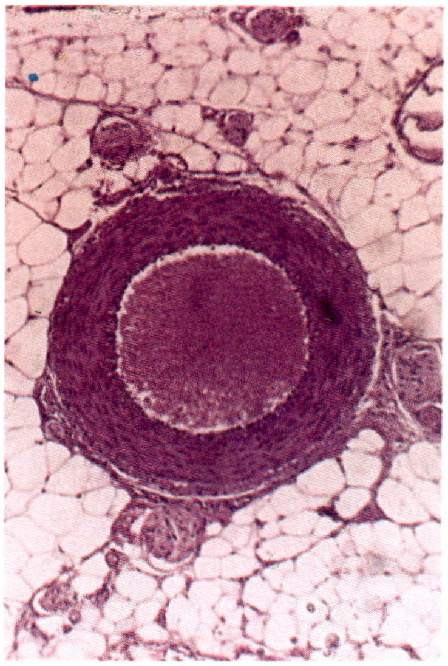

Coupe transversale d'artère observée au microscope photonique (MO, × 40). La paroi épaisse est constituée par trois couches emboîtées : l'adventice externe, la média très développée, l'intime très fine.

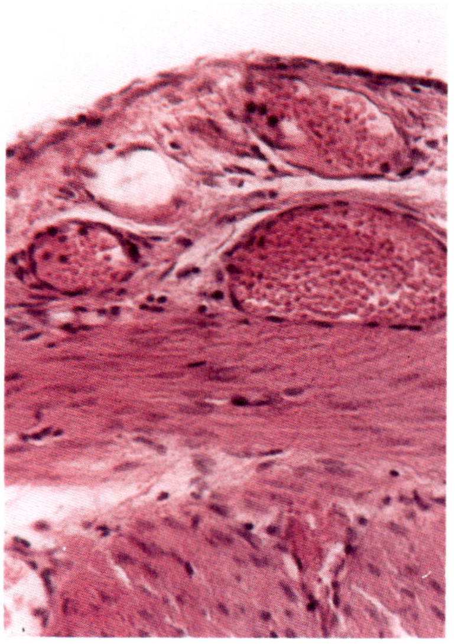

Coupe transversale de capillaire observé au microscope photonique (MO, × 65). La paroi est constituée d'une simple couche de cellules endothéliales.

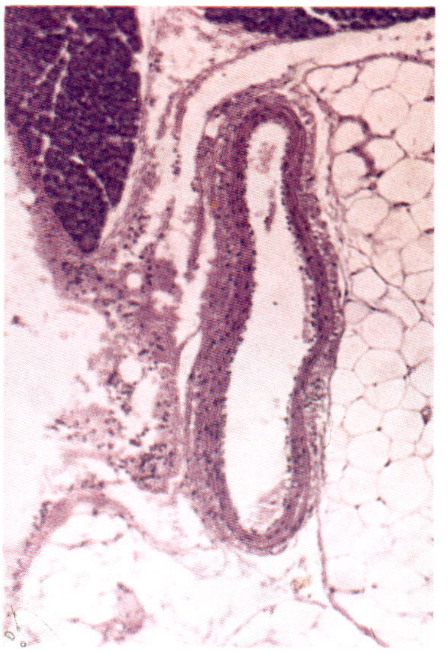

Coupe transversale de veine observée au microscope photonique (MO, × 40). La paroi est caractérisée par une média peu développée.

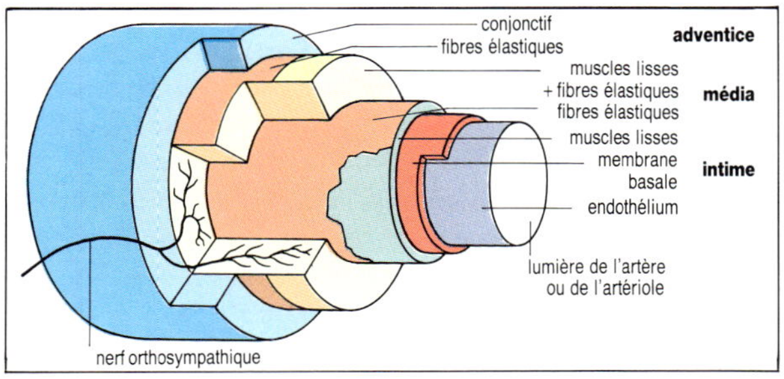

Caractéristiques structurales de la paroi des différents segments vasculaires.

Caractères / Vaisseaux	Endothélium de l'intime	Fibres élastiques	Collagène	Muscles lisses	Épaisseur de la média
Aorte	+	+++	+++	+	↗
Artère	+	++	+	++	↗
Artériole	+	+	+	+++	↗
Capillaire	+	–	–	–	absente
Veinule	+	–	+	–	↘
Veine	+	±	++	++	↘

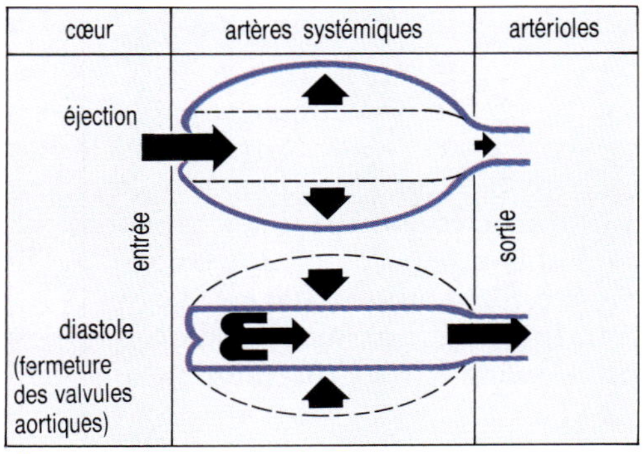

Élasticité de la paroi des artères et débit sanguin.
Au cours de la systole ventriculaire, la quantité de sang qui pénètre dans les artères est supérieure à celle qui en sort, le reste du volume systolique élève la pression artérielle et distend les artères. Au cours de la diastole, les parois élastiques reviennent en position initiale et chassent le sang vers les artérioles, le volume artériel et la pression diminuent lentement, mais la contraction suivante apparaît alors qu'il y a encore du sang dans les artères. La pression artérielle ne chute pas à zéro et le débit sanguin cardiaque, discontinu, est progressivement transformé en un débit vasculaire continu (d'après *Physiologie humaine*, A.J. Vander, op. cité).

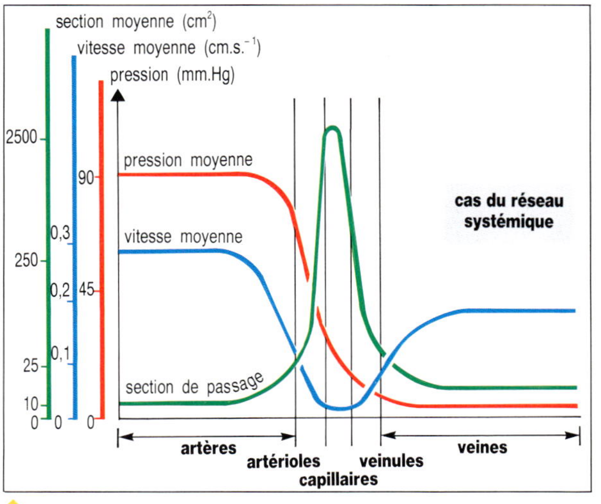

Évolution de la pression sanguine, de la section des vaisseaux, de la vitesse d'écoulement du sang, en fonction des différents segments vasculaires.

2. Les artérioles et la régulation du trafic sanguin

Placées tout juste à l'entrée du réseau capillaire, les artérioles réduisent très sensiblement la pression et la vitesse d'écoulement du sang qui pénètre dans ces capillaires.

Cet effet est déterminé par la structure de ces segments vasculaires, à savoir :
– un diamètre réduit (quelques dizaines de micromètres), facteur de résistance vasculaire ;
– une paroi à média épaisse et riche en fibres lisses, facteur de vasomotricité.

Le double rôle des artérioles

Les artérioles sont responsables du maintien d'une pression sanguine élevée dans le domaine artériel : ce sont des effecteurs de la pression artérielle.

Leur action conditionne également la qualité des échanges entre sang et tissus, puisque non seulement elles facilitent ces échanges en réduisant la vitesse d'écoulement, mais elles déterminent aussi la distribution et le débit sanguin dans les différents lits capillaires.

Un double contrôle règle la vasomotricité

• Un contrôle local peut induire un relâchement ou une contraction des fibres lisses de la paroi des artérioles et donc une dilatation ou une constriction de ces vaisseaux. Ce contrôle, indépendant de toute intervention nerveuse ou hormonale, peut être déclenché :
– par une baisse locale de la pression artérielle ; celle-ci entraîne une diminution du débit dans les capillaires, et donc une réduction des apports en dioxygène. Cette réduction des apports déclenche une constriction réflexe des artérioles et un retour de la pression artérielle vers la normale ;
– par un métabolisme plus actif de l'organe irrigué, qui se traduit par des variations locales des concentrations sanguines (K^+, O_2, CO_2, métabolites divers), et l'apparition de prostaglandines et de bradykinines. Ces variations déterminent une augmentation du débit local (hyperémie active).

Le contrôle local permet une autorégulation du débit sanguin à l'échelle des organes.

• Un contrôle extrinsèque, d'origine nerveuse ou hormonale, ne règle pas les débits locaux mais intègre ces variations locales au reste de l'organisme. Il redistribue le débit dans l'organisme suivant la réalisation d'une fonction. Par exemple, une augmentation du débit dans les muscles squelettiques (dilatation des artérioles musculaires) est temporairement compensée par une baisse de débit au niveau intestinal (constriction des artérioles intestinales).
– L'activité des fibres sympathiques induit très généralement la constriction des artérioles après fixation de la noradrénaline sur les récepteurs α des fibres lisses de leur paroi.
– L'adrénaline circulante a généralement une action sympathico-mimétique. Cependant, à la différence de la noradrénaline, elle peut se combiner autant à des récepteurs α qu'à des récepteurs β, présents à la surface des fibres lisses de la paroi artériolaire. Elle produit une vasoconstriction comme une vasodilatation. La réponse varie avec la concentration de l'hormone (dilatatrice à faible concentration, constrictrice sinon) et le lit vasculaire considéré (plus de récepteurs α au niveau rénal et cutané, plus de β au niveau des muscles squelettiques, autant d'α que de β au niveau du tractus digestif et des vaisseaux cardiaques).
– L'angiotensine circulante, dont la présence dans le plasma dépend de la sécrétion de rénine par le rein, se révèle être également un puissant vasoconstricteur.

Angiotensine / angiotensin : n.f., peptide plasmatique à fonction hormonale. Elle stimule la sécrétion d'aldostérone par les corticosurrénales et la contraction des fibres lisses des parois vasculaires.

Hyperémie / hyperaemia : n.f., augmentation du débit sanguin.

Récepteur α / α-receptor : n.m., récepteur membranaire spécifique à l'adrénaline et à la noradrénaline.

Récepteur β / β-receptor : n.m., autre récepteur membranaire spécifique à l'adrénaline et à la noradrénaline.

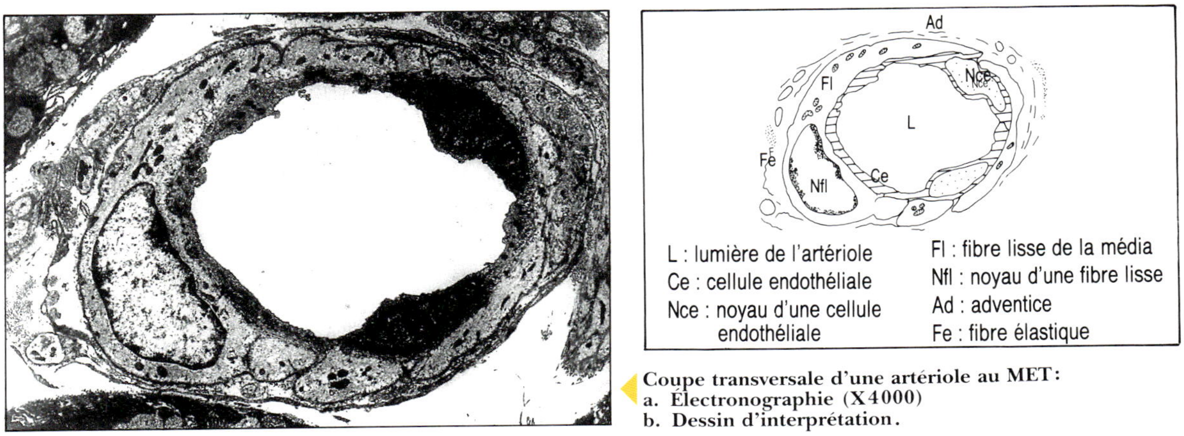

Coupe transversale d'une artériole au MET :
a. Électronographie (X4000)
b. Dessin d'interprétation.

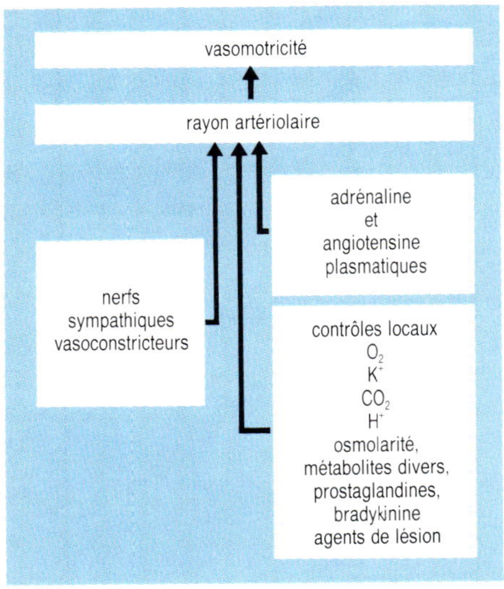

Principaux facteurs affectant le rayon artériolaires. La vasomotricité des artérioles est réglée par le rayon de ces vaisseaux (adapté de A.J. Vander, *Physiologie humaine*, op. cité).

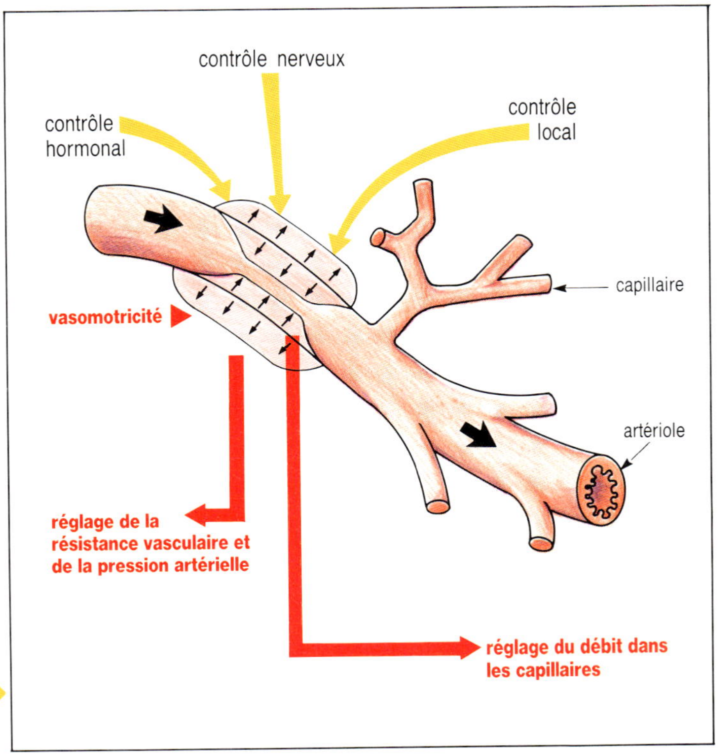

Contrôles local et extrinsèque de la vasomotricité. Les artérioles règlent à la fois la pression artérielle et le débit sanguin dans le réseau capillaire.

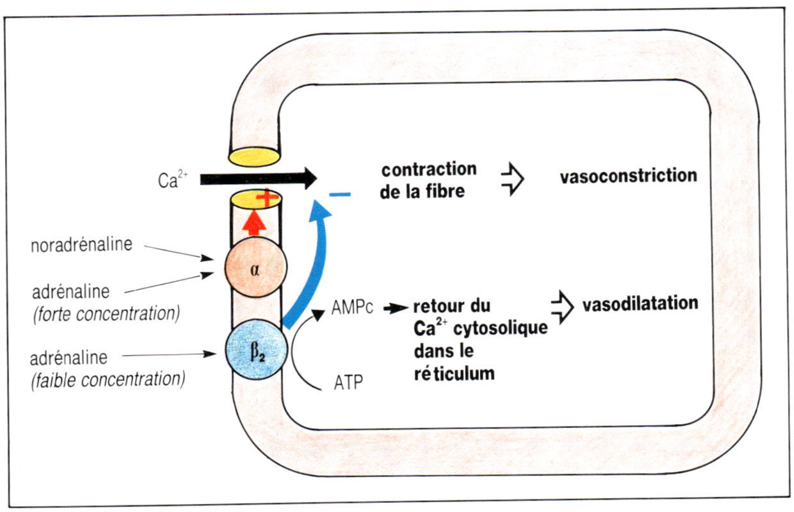

Les fibres lisses de la paroi artériolaire peuvent, suivant le(s) type(s) de récepteur adrénergique, induire une relaxation (vasodilatation) ou une contraction (vasoconstriction) de la paroi.

3. Les capillaires sont le siège des échanges sang-tissus

Les capillaires représentent les segments vasculaires spécialisés dans les échanges entre sang et tissus : leur paroi permet la filtration des nutriments (glucose, acides aminés, acides gras), du dioxygène, des molécules informatives (hormones, neurosécrétions...) du sang vers le liquide interstitiel dans lequel baignent les cellules. Elle permet également la réabsorption des produits du métabolisme cellulaire (dioxyde de carbone, déchets azotés...) ou la prise en charge par le sang des produits de sécrétion de certains tissus.

Cinq facteurs conditionnent l'efficacité des échanges

• La densité du réseau (5. 10^9 capillaires, plus de 50 km) met chaque cellule à moins de 4 épaisseurs de cellule d'un capillaire, soit à peine 100 µm. Cette distance de diffusion explique l'efficacité des échanges capillaires.

• Le réseau capillaire n'est pas fonctionnel en permanence : dans un organe au repos, le sang ne circule que dans 5 % des capillaires à peine. L'existence de sphincters précapillaires, situés à la limite du segment artériolaire et des capillaires et contrôlés par des facteurs métaboliques locaux (pression partielle en O_2 et CO_2, concentration en H^+...), règle le recrutement des capillaires. Ils adaptent les échanges capillaires aux besoins des cellules, en déterminant l'importance de la surface d'échange entre sang et cellules, et en définissant la distance de diffusion dans le tissu interstitiel.

• La paroi capillaire, qui sépare sang et tissus, est toujours, quelle que soit sa structure, très fine : l'unique couche de cellules endothéliales et la membrane basale qui les entoure ne dépassent pas, en moyenne, 0,2 à 0,5 µm d'épaisseur.

• Le différentiel de pression sanguine qui existe entre l'entrée et la sortie du réseau capillaire maintient l'écoulement continu du sang dans l'organe.

• La très faible vitesse d'écoulement du sang dans le réseau capillaire assure un temps suffisant à la réalisation des échanges.

Les moteurs des échanges capillaires

Deux forces déterminent les mouvements liquidiens à travers la paroi capillaire :
– la résultante des pressions hydrostatiques exercées par le sang et le liquide interstitiel sur la paroi ;
– la résultante des pressions osmotiques exercées de part et d'autre de la paroi, par chaque compartiment liquidien.

Dans la première moitié du capillaire, côté artériole, le différentiel entre ces résultantes (pression nette de filtration) est positif : un effet « hydrostatique » favorise la filtration. Dans la seconde moitié, côté veine, ce différentiel est négatif : un effet « osmotique » favorise la réabsorption. Cet écoulement de masse des liquides détermine la distribution des volumes liquidiens entre les compartiments vasculaires et interstitiels. Il ne participe que très faiblement au passage des solutés. L'essentiel de ces derniers passe la paroi capillaire par diffusion. Toutes les petites molécules traversent la membrane basale, qui filtre les molécules d'après leur taille et leur charge électrique.

Les substances liposolubles et les gaz respiratoires (O_2 et CO_2) passent généralement par la couche endothéliale, les ions et les petites molécules non liposolubles empruntent les pores de la paroi capillaire, fréquents dans ou entre les cellules. Les protéines échappent à ces échanges, exceptées celles qui franchissent la paroi par endo- puis exocytose.

Dans tous les cas, la réalisation de ces échanges implique un maintien des gradients de pression et de concentration de part et d'autre de la paroi capillaire. Ce maintien est assuré autant par l'écoulement du sang que par l'activité cellulaire des tissus.

Sphincter précapillaire / precapillar sphincter : exp., fibre lisse entourant un capillaire et réglant le débit sanguin dans ce segment vasculaire.

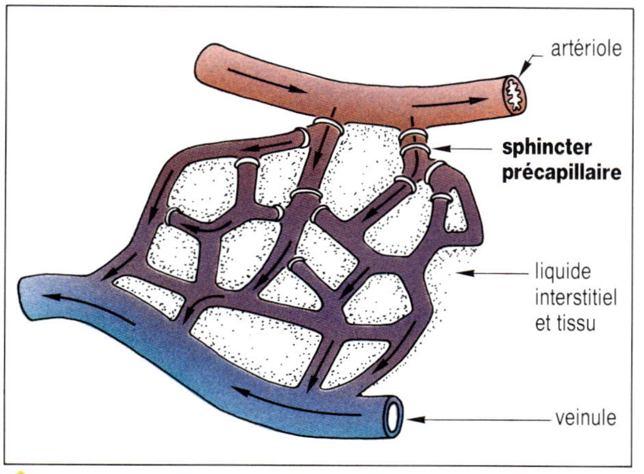

Organisation du réseau capillaire. La distribution sanguine aux cellules est réglée par le fonctionnement de sphincters précapillaires.

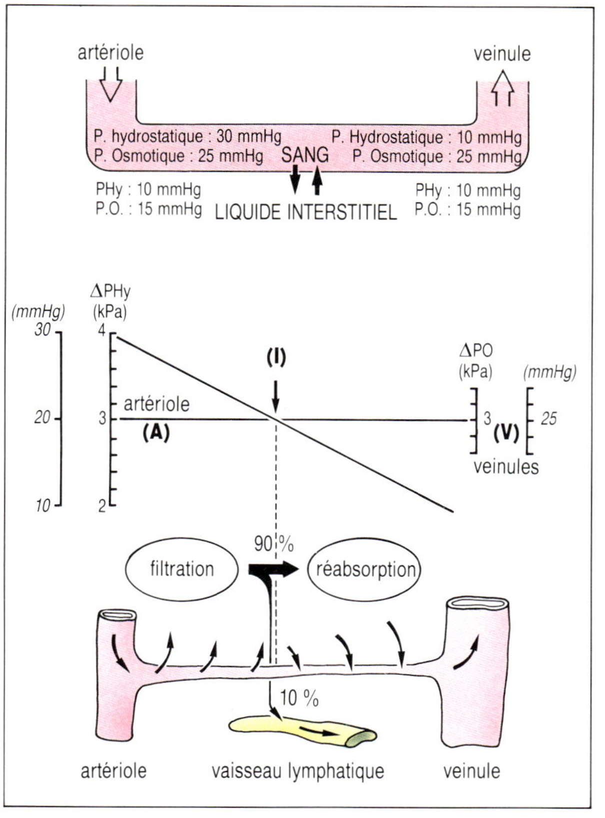

Échanges liquidiens au niveau capillaire. Les mouvements d'eau et de solutés (sauf protéines) sont commandés par les variations des différences de pression hydrostatique (ΔPHy) entre le milieu intracapillaire et le milieu interstitiel. Tant que ΔPHy est supérieure à la différence de pression osmotique (ΔPO) entre les deux milieux, le liquide est filtré (entre A et I). Au-delà du point d'équilibre I, la différence de pression osmotique, due aux protéines contenues dans le plasma, devient supérieure à la pression hydrostatique et entraîne une réabsorption à 90 % du liquide interstitiel (I à V). Au total, la fraction filtrée est égale à la fraction réabsorbée augmentée de la fraction empruntant les capillaires lymphatiques.

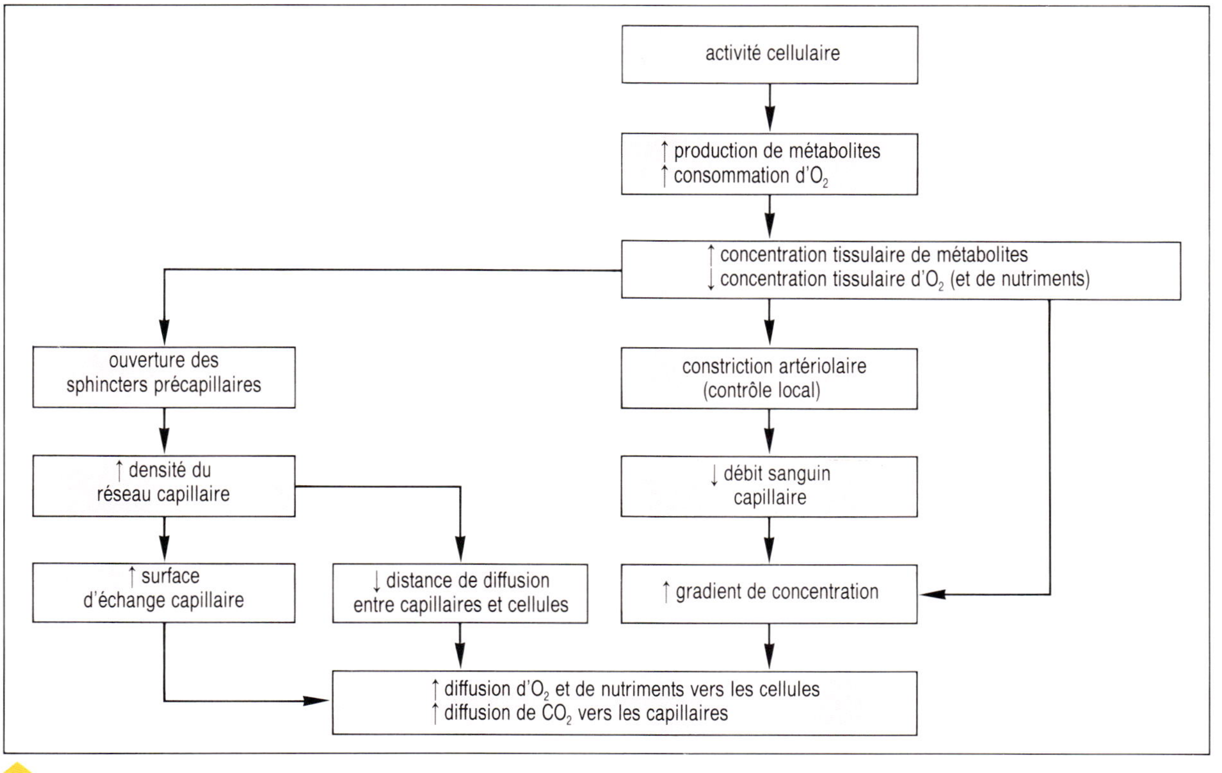

Réglage local des échanges capillaires. L'activité cellulaire adapte son approvisionnement sanguin à ses besoins, (adapté de *Physiologie humaine*, A.J. Vander, op. cité).

1. LA PRESSION ARTÉRIELLE SYSTÉMIQUE EST UNE VARIABLE PHYSIOLOGIQUE RÉGLÉE

Pression systolique et pression diastolique

À chaque systole, la quantité de sang qui pénètre dans les artères est supérieure à celle qui en sort. La pression sanguine s'élève : c'est la pression artérielle systolique. L'excès de volume sanguin distend la paroi artérielle, élastique. Lors de la diastole, la paroi artérielle revient à sa position initiale, la pression sanguine chasse le sang vers les autres segments vasculaires et diminue progressivement : c'est la pression artérielle diastolique.
On exprime généralement la pression artérielle, qui varie ainsi au cours de chaque cycle cardiaque entre ces deux valeurs extrêmes, par le différentiel pression systolique/pression diastolique, soit 125/75 mm Hg. Le pouls artériel traduit en tout point du réseau artériel cette différence. La pression systolique dépend de l'activité cardiaque et de l'élasticité des artères; la pression diastolique dépend surtout de l'écoulement du sang, c'est-à-dire de la résistance périphérique à la masse circulante.

La pression sanguine est élevée et constante dans le domaine artériel

La pression sanguine qui permet l'écoulement du sang dans le système artériel correspond à une valeur moyenne des pressions artérielles systolique et diastolique. Cette valeur est estimée à la valeur de la pression diastolique à laquelle on ajoute un tiers de la différence entre la pression systolique et la pression diastolique. Dans le domaine artériel, sa valeur reste voisine de 90 mm Hg. Cette relative constance est une condition essentielle pour que chaque organe puisse adapter son approvisionnement en sang, par simple dilatation ou simple constriction des artérioles. En effet, si la pression artérielle variait sans cesse, il ne serait pas possible d'ajuster avec précision, au niveau d'un organe, le débit sanguin correspondant aux besoins de cet organe.

La pression artérielle moyenne est déterminée par de nombreux facteurs

La pression artérielle est directement déterminée par le débit cardiaque et la résistance vasculaire à l'écoulement du sang. Ainsi elle dépend de :
- l'activité, c'est-à-dire l'efficacité de la pompe cardiaque;
- la vasomotricité, qui conditionne le volume du contenant (le réseau artériel);
- la volémie, volume du contenu (la masse sanguine).

Tous les facteurs intervenant sur l'établissement de ces paramètres physiologiques agissent sur la pression artérielle. Leur action tend à la modifier et donc à la régler à tout instant.

Variable physiologique, la pression artérielle est une variable réglée

La relative constance de la pression artérielle est le résultat d'un système de contrôle permanent. S'il existe, au niveau de chaque organe, une autorégulation « métabolique » de la pression artérielle (contrôle local : voir 3.2 Les artérioles et la régulation du trafic sanguin, p. 214), ajustant la perfusion à l'activité de ce dernier, cette régulation est insuffisante au niveau de l'organisme. Une régulation générale intègre les besoins locaux aux impératifs de l'organisme. Cette régulation reflète ainsi l'intégration de la fonction cardio-vasculaire à l'ensemble de l'organisme.

Pression artérielle moyenne / arterial tension : exp., pression sanguine moyenne du réseau artériel, au cours d'un cycle cardiaque. Sa valeur est comprise entre la pression systolique et la pression diastolique.

Volémie / blood volume : n.m., volume sanguin, c'est-à-dire répartition de la masse sanguine à l'intérieur de l'appareil cardio-vasculaire.

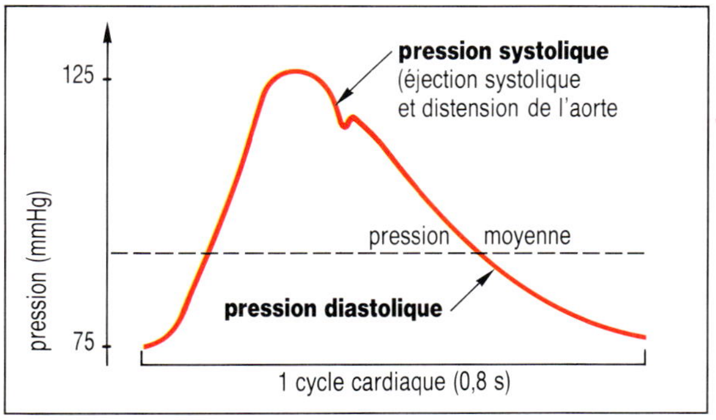

Variations de la pression sanguine dans l'aorte au cours du cycle cardiaque.

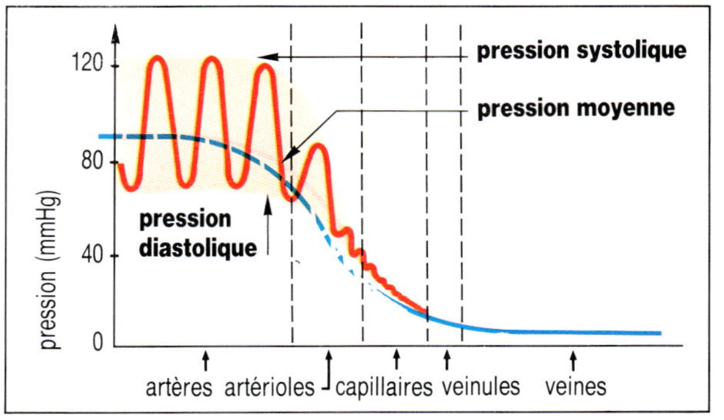

Évolution de la pression moyenne dans la circulation systémique. La pression est quasiconstante dans le domaine artériel.

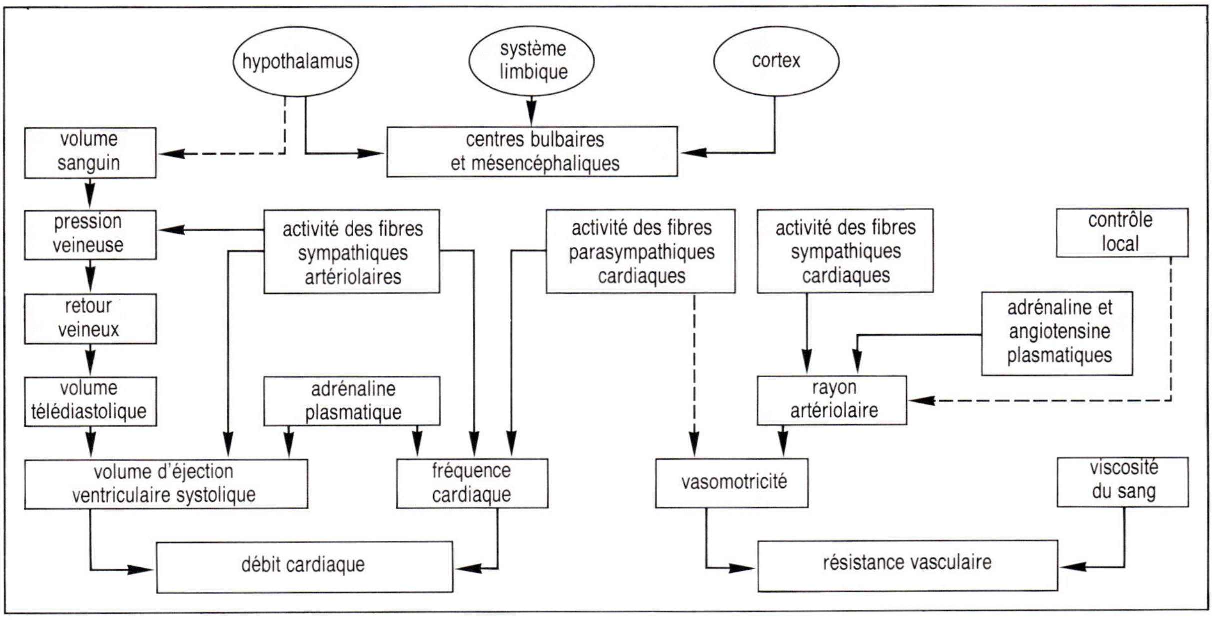

Principaux facteurs déterminant la pression artérielle systémique. La pression artérielle est déterminée par l'activité cardiaque, la qualité du contenant (résistance vasculaire), la qualité et la quantité du contenu (volume et viscosité du sang).

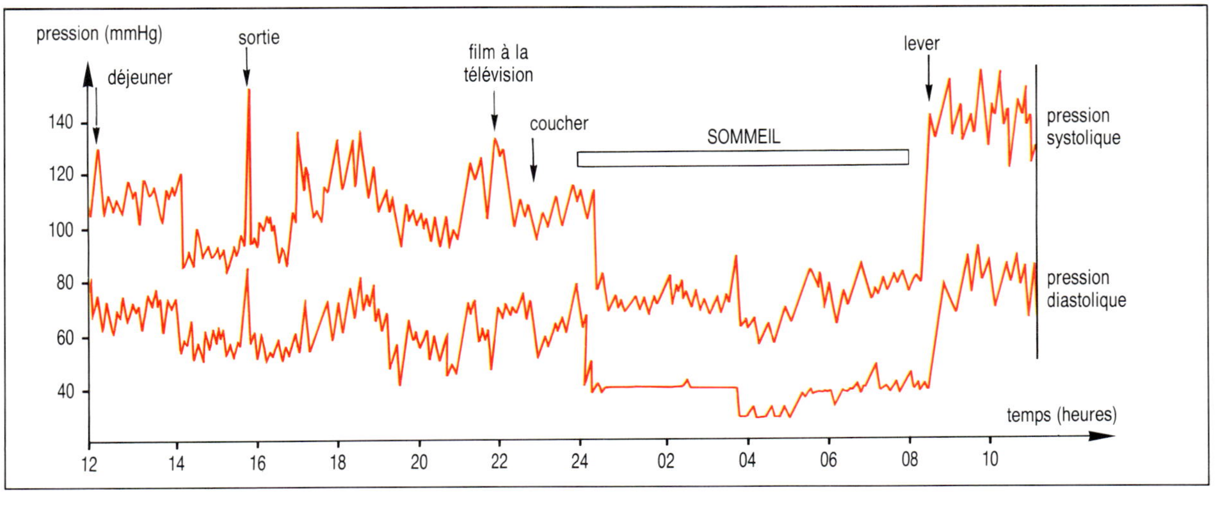

Enregistrement de la pression artérielle d'une personne de 35 ans, au cours d'une journée. Les variations apparues, consécutives à des activités physiques, des émotions, l'alternance du rythme veille-sommeil, oscillent autour d'une valeur moyenne : la pression artérielle est une variable physiologique réglée.

2. Le contrôle de la pression artérielle : une boucle de régulation

La pression artérielle est ajustée en permanence autour d'une valeur moyenne : cette régulation immédiate est encore appelée régulation à « court terme » ou régulation « réflexe ». La valeur moyenne est elle-même soumise à des mécanismes régulateurs dits « à long terme ».

Une régulation « à long terme » rapport contenu (volume sanguin)/contenant (parois cardio-vasculaires)

La valeur moyenne de la pression artérielle est directement dépendante de celle du volume sanguin accumulé pour l'essentiel dans le domaine veineux. Une variation de ce volume jouera sur le retour veineux, la pression de remplissage du ventricule, le volume d'éjection systolique. Tout ajustement de la volémie apparaît donc être une composante de la régulation de la pression artérielle. Cette composante est de nature humorale. Ses principaux effecteurs sont les reins, qui règlent la volémie, et dont l'activité est contrôlée par l'hormone anti-diurétique (ADH) et le facteur atrial natriurétique (ANF), dans une moindre mesure, l'aldostérone.

La sécrétion de l'ADH par la posthypophyse entraîne une rétention d'eau au niveau rénal, une augmentation de la volémie, qui concourt à ajuster la valeur moyenne de la pression artérielle. Cette sécrétion est déclenchée par la stimulation de volorécepteurs et d'osmorécepteurs sensibles aux variations qualitatives du contenu (pression osmotique du sang) et du contenant (étirement de la paroi des vaisseaux) et donc quantitatives du contenu (volume sanguin).

L'ANF est sécrété par le cœur en réponse à une augmentation du volume sanguin.

Une régulation « à court terme » corrige les variations brutales qui affectent la valeur moyenne de la pression artérielle

Cette régulation fonctionne essentiellement de façon réflexe. Elle contrôle le débit cardiaque et la résistance périphérique (vasodilatation et vasoconstriction) par voie nerveuse et humorale. Il s'agit d'un système rétroactif intégré, comportant :

– des informations à la fois tensionnelles (variations de la pression artérielle elle-même) et chimiques (variations de la pression partielle de CO^2 dans le sang) ;

– des récepteurs spécifiques à ces informations, situés dans les parois des artères (baro- et chémorécepteurs aortiques et carotidiens) ;

– des voies nerveuses afférentes, associant ces récepteurs périphériques aux centres encéphaliques (nerfs de Cyon et de Héring) ;

– des centres de contrôle, recevant et intégrant les arrivées afférentes (centres cardiomoteurs et vasomoteurs du bulbe rachidien) ;

– des voies nerveuses efférentes, associant centres de contrôles et organes effecteurs (fibres para- et orthosympathiques) ;

– des organes effecteurs, à l'origine des réponses compensatrices, stimulatrices ou modératrices. La modification d'activité de ces organes effecteurs (cœur et artérioles) ajuste la variable, ainsi contrôlée.

Cette régulation est à la fois nerveuse et humorale. Les mécanismes humoraux :

– intervention du système vasoconstricteur adrénaline-noradrénaline de la médullosurrénale,

– intervention du système vasoconstricteur rénine-angiotensine de l'appareil juxta-glomérulaire,

complètent la correction rapide, par voie nerveuse, des variations de la pression artérielle.

Appareil juxta-glomérulaire / : n.m., ensemble cellulaire rénal assurant l'activation de la rénine.

Barorécepteur / baroreceptor : n.m., récepteur sensible aux variations de la pression artérielle.

Chémorécepteur / chemoreceptor : n.m., récepteur sensible aux variations de l'état chimique du sang.

Rénine / renin : n.f., enzyme protéolytique transformant l'angiotensinogène inactif en angiotensine active.

Volorécepteur / voloreceptor : n.m., récepteur sensible à l'étirement des parois vasculaires.

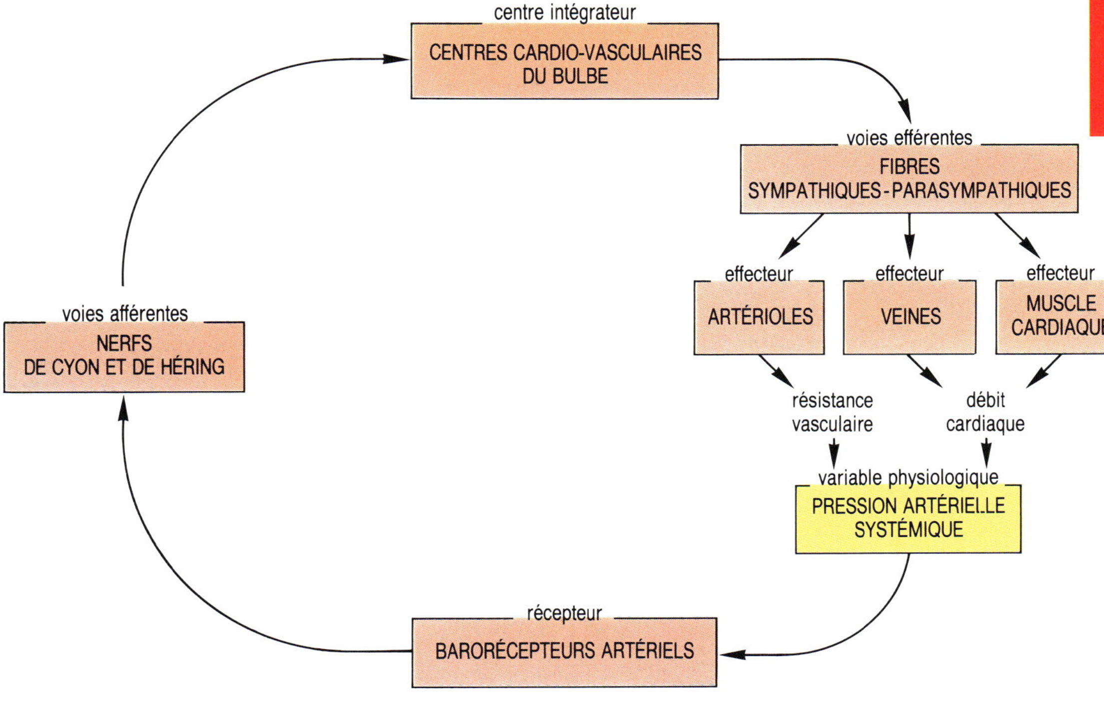

Régulation réflexe de la pression artérielle systémique. Lire la figure en partant de la variable physiologique (sens des aiguilles d'une montre). Une variation de la pression artérielle induit une rétroaction négative sur la variable elle-même, par modification réflexe du débit cardiaque et de la résistance vasculaire.

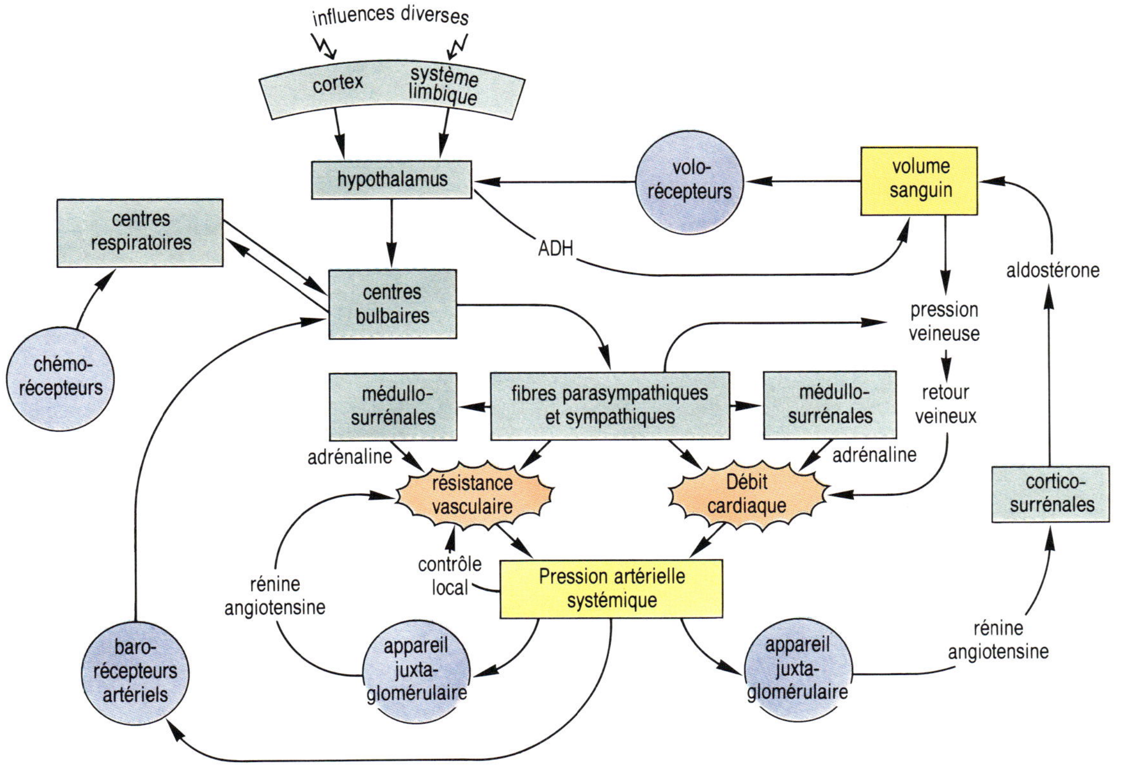

La régulation de la pression couple un mécanisme réflexe à des ajustements à plus long terme, faisant intervenir de nombreux facteurs humoraux.

1. Réponses du système cardio-vasculaire à une hémorragie

Une hémorragie entraîne une diminution du volume sanguin : elle réduit donc le volume du réservoir veineux et, par conséquent, le retour veineux. Dès lors, le débit cardiaque diminue et un état d'hypotension peut apparaître. En réalité, la chute de la pression artérielle n'est que très limitée lors des « petites » hémorragies (hémorragies pour lesquelles la perte de sang n'excède pas 10 % du volume sanguin total). En cas de forte hémorragie, la pression diminue, 20 minutes après le début du saignement. Une chute de tension de 45 % peut se révéler fatale. Dans tous les cas, des mécanismes réflexes de compensation sont mis en jeu pour restaurer la pression artérielle initiale. Ils ne sont réellement efficaces que pour les « petites » hémorragies.

Dès le saignement : des mouvements liquidiens de compensation...

Une chute de la pression artérielle induit, au niveau des tissus, une baisse de la filtration capillaire (ralentissement du moteur de cette filtration). Corrélativement, le taux de réabsorption augmente. Cette redistribution des volumes liquidiens peut se révéler suffisante pour ramener la pression artérielle à sa valeur initiale lors des hémorragies limitées.

De puissants réflexes sympathiques sont immédiatement mis en jeu

La baisse de pression induite par la perte de sang met en jeu des réflexes barorécepteurs qui déclenche la stimulation du système sympathique :
– une vasoconstriction artériolaire apparaît dans la plupart des régions de l'organisme. La résistance périphérique est augmentée ;
– une constriction veineuse contribue à maintenir le retour veineux, malgré la chute du volume sanguin ;
– la fréquence cardiaque s'élève rapidement, pouvant atteindre 160 battements par minute.

Le rein contribue au retour de la pression artérielle vers la valeur initiale

Deux mécanismes stimulent le rein dès l'apparition de l'hypotension. Les réactions mises en jeu, de nature humorale, ne sont efficaces que plus tardivement. Cependant, leur application se maintiendra sur une plus longue période que l'action réflexe sympathique.

• La chute de la pression dans les artérioles efférentes rénales entraîne une sécrétion de rénine par l'appareil juxta-glomérulaire et la formation d'angiotensine dans le plasma. Cette dernière provoque une constriction des artères et des artérioles périphériques... et stimule la sécrétion d'aldostérone par les corticosurrénales. La réabsorption des sels (Na^+), et donc de l'eau par le rein, est favorisée, limitant ainsi la baisse de la volémie.

• La baisse du volume sanguin dans le réservoir veineux stimule les volorécepteurs sus-hépatique et auriculaire, entraînant la sécrétion d'ADH par la posthypophyse. La rétention d'eau induite par l'ADH au niveau du rein concourt elle aussi à réduire la baisse de la volémie et favorise, à plus long terme, le retour de la pression artérielle vers la valeur initiale.

Cœur et cerveau sont protégés lors d'une hémorragie

En effet, le système sympathique n'entraîne pas de constriction significative des vaisseaux coronariens et cérébraux (dominances récepteurs ß sur les récepteurs α à ces niveaux). Les flux sanguins sont maintenus à des valeurs quasi normales dans ces organes, alors qu'ils peuvent s'annuler dans d'autres, lorsque la pression chute sous les 70 mm Hg.

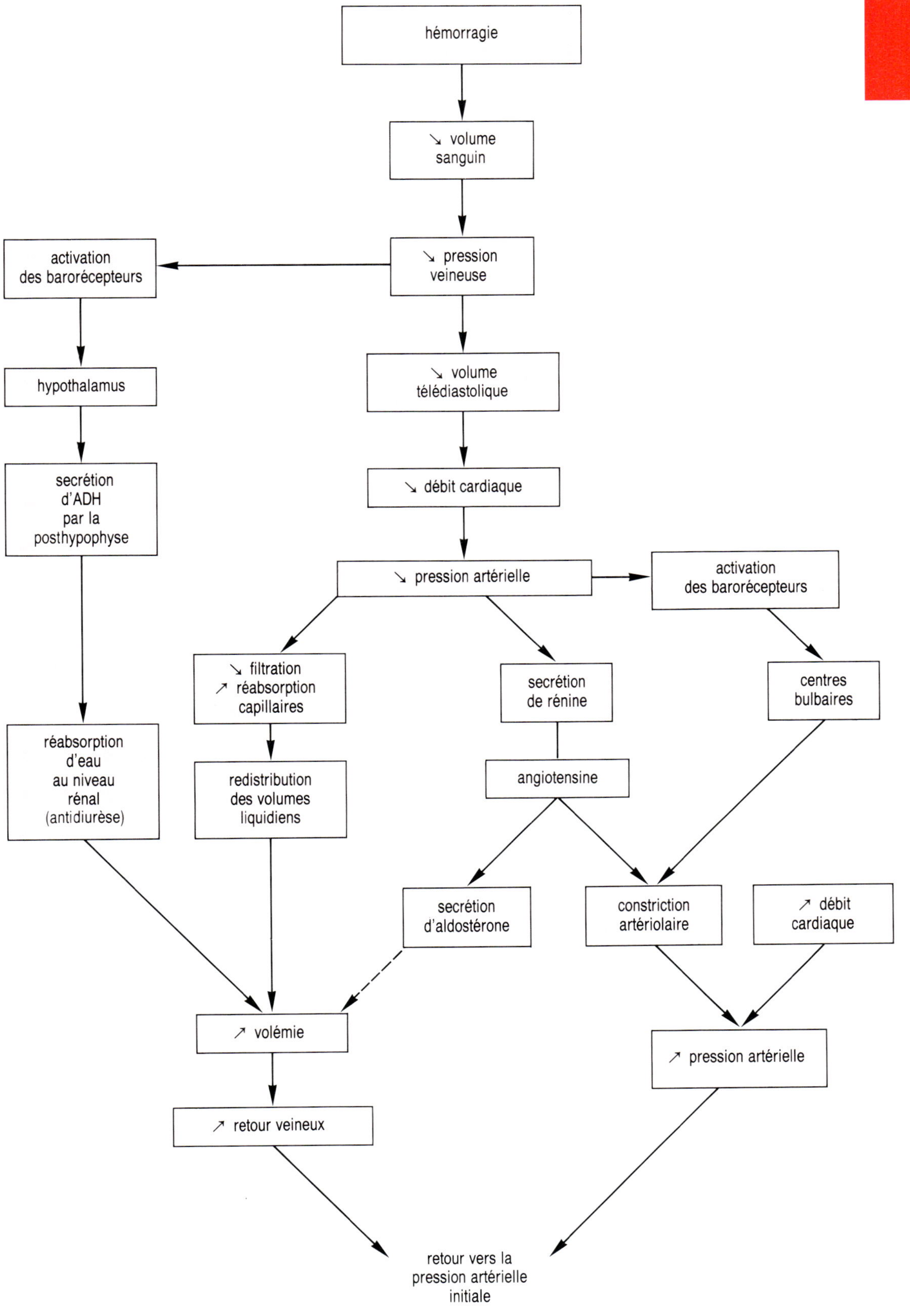

Réaction de l'organisme aux petites hémorragies (l'intervention de l'adrénaline plasmatique n'a plus été mentionnée d'après *Physiologie humaine*, A.J. Vander, op. cité modifié).

2. Système cardio-vasculaire et exercice musculaire

L'irrigation des muscles squelettiques peut, lors d'un effort musculaire, être multipliée par 10. Une augmentation du débit sanguin est également observée vers la peau et le cœur. Cette redistribution du débit sanguin aux divers organes est un ajustement de l'appareil cardio-vasculaire aux besoins des muscles squelettiques en activité :
- besoin de métabolites et de dioxygène du muscle lui-même;
- besoin de métabolites et de dioxygène du muscle cardiaque pour « pomper » le débit cardiaque augmenté;
- sudation pour éliminer la chaleur produite.

Trois mécanismes participent à l'ajustement circulatoire

Les augmentations du débit dans les lits vasculaires des muscles, du cœur et de la peau sont le résultat :
- d'une vasodilatation artériolaire;
- d'une augmentation du débit cardiaque. Celui-ci peut passer d'une valeur de 5 L/minute (valeur de repos) à près de 35 L/minute. L'augmentation est consécutive à celles du volume d'éjection systolique (jusqu'à 50 %) et de la fréquence cardiaque (jusqu'à 200 battements/minute);
- d'une vasoconstriction (dans les viscères, les reins...) compensant partiellement la diminution de la résistance périphérique apparue dans les territoires musculaires et cutanés.

Au niveau de l'organisme, la pression artérielle moyenne augmente rapidement au cours de l'exercice. L'activité musculaire détermine un état d'hypertension.

Commande centrale et réponse locale déclenchent les modifications cardio-vasculaires

• Au tout début de l'exercice – et parfois même avant – une commande centrale déclenche une augmentation des arrivées d'influx sympathiques et une diminution des arrivées d'influx parasympathiques au cœur : le débit cardiaque est augmenté.

• À ces commandes centrales s'ajoute, au niveau des artérioles musculaires, un contrôle de la vasodilatation par des facteurs métaboliques locaux libérés lors de la contraction musculaire (CO_2, H^+, K^+).

• La commande centrale, maintenue durant l'exercice, est rapidement ajustée par les informations issues de chémorécepteurs centraux et périphériques, sensibles aux modifications de la pression partielle du CO_2 sanguin.

• L'augmentation des influx sympathiques entraîne soit la dilatation des vaisseaux cutanés, soit la constriction artériolaire au niveau des reins, des viscères... Elle favorise également l'augmentation du tonus veineux, facteur qui facilite le retour veineux et le travail cardiaque.

L'état d'hypertension créé – et rendu nécessaire – par l'activité musculaire, cesse avec l'exercice physique. Cette régulation est liée à la levée des facteurs déterminant l'hypertension, principalement l'influence sympathique.

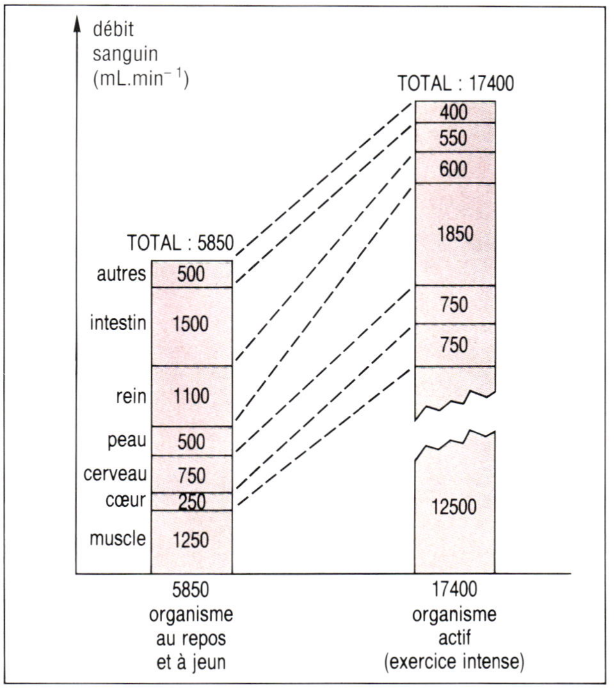

Variations du débit sanguin dans différents organes avec l'exercice physique. L'irrigation sanguine des muscles squelettiques est multipliée par 10.

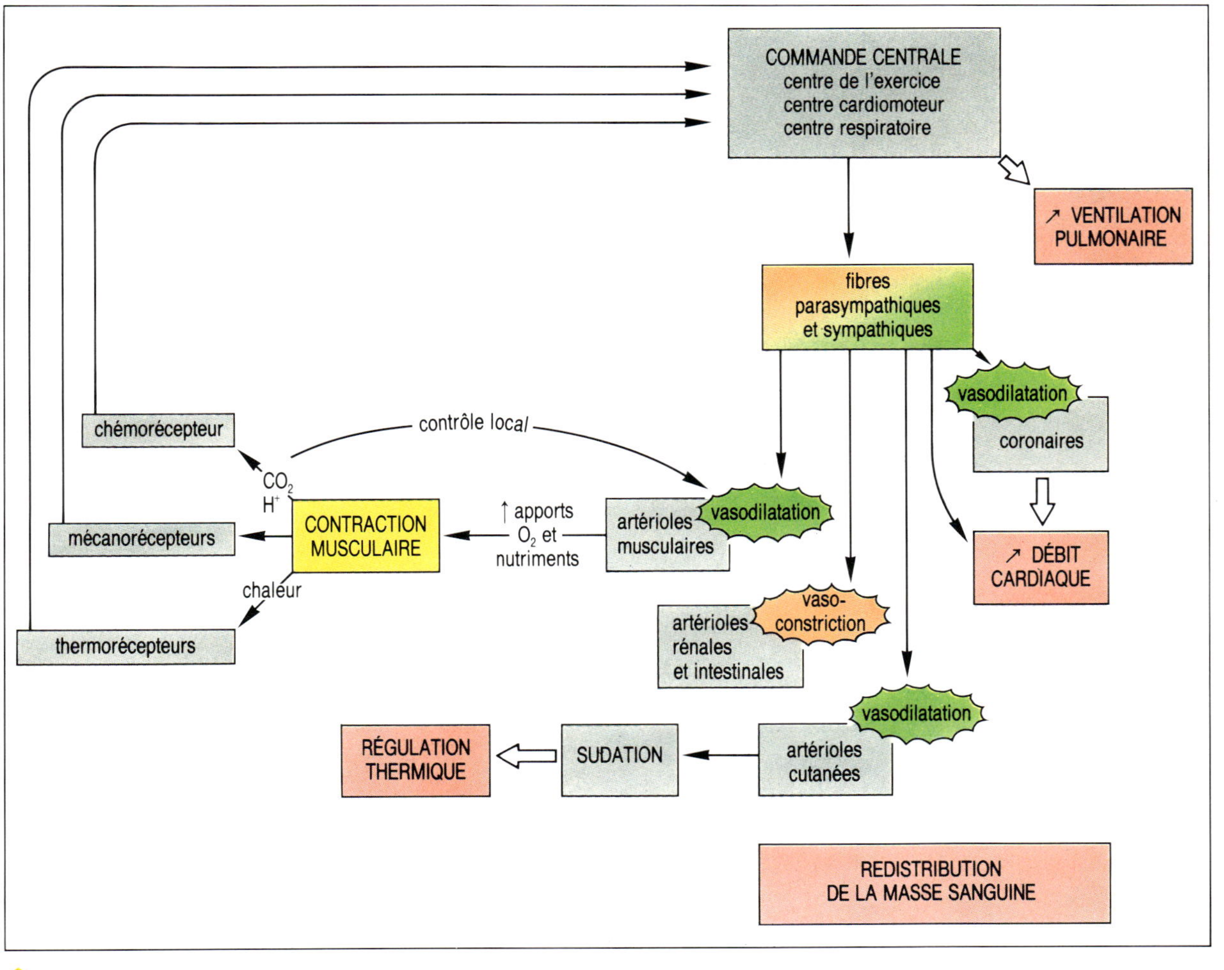

Ajustements circulatoires à l'exercice musculaire. La commande centrale intègre l'activité musculaire au reste de l'organisme, en augmentant l'activité cardiaque et la ventilation pulmonaire, en redistribuant la masse sanguine, en régulant la température interne.

FAIRE LE POINT

L'ESSENTIEL

1 Vaisseaux sanguins et cœur constituent l'appareil cardio-vasculaire. Ils assurent la circulation du sang.

2 L'appareil cardio-vasculaire est organisé en deux grands ensembles disposés en série : un cœur gauche pulsant le sang hématosé vers les organes (circulation systémique), et un cœur droit pulsant le sang déchargé en dioxygène vers les poumons (circulation pulmonaire).

3 Le cœur est un muscle creux constitué de quatre chambres associées deux à deux : oreillette et ventricule gauches, oreillette et ventricule droits. La contraction de la paroi de ce muscle éjecte toutes les 0,8 s 85 mL de sang dans le champ artériel systémique comme dans celui de la circulation pulmonaire.

4 Cette contraction est autorythmée. Elle a pour origine des cellules musculaires intracardiaques, les cellules nodales.

5 L'organisation anatomique du cœur explique le trajet intracardiaque du sang.

6 L'activité cardiaque dépend du retour veineux et d'un équilibre ionique sanguin normal. Les systèmes nerveux sympathique et parasympathique adaptent cette activité aux besoins de l'organisme.

7 L'aorte et les artères transforment le débit cardiaque discontinu en un débit sanguin continu, et assurent une distribution rapide et compatible avec le fonctionnement des organes. Le moteur de cette circulation est la pression développée par le cœur et maintenue par la résistance à l'écoulement dans les artères.

8 La constance de la pression sanguine dans le domaine artériel est une condition essentielle pour que chaque organe puisse adapter le débit sanguin et donc son approvisionnement par simple dilatation ou constriction au niveau des artérioles.

9 Le niveau de la pression artérielle moyenne, environ 100 mm Hg, est sous contrôle nerveux et hormonal permanent.

10 L'efficacité de la circulation sanguine, facteur essentiel de l'état fonctionnel de l'organisme, réside non seulement dans la qualité de son contenu – le sang – mais aussi dans celle de son contenant, l'appareil cardio-vasculaire. Toute altération ou insuffisance de ce dernier se traduit par des troubles généralement immédiats et parfois irrémédiables.

LES MOTS CLÉS

Adrénaline
angiotensine
aorte
artère
artériole
automatisme

Barorécepteur
boucle régulatrice

Calcium
capillaire
cellule myocardique
centre cardiomoteur
centre vasomoteur
chémorécepteur
circulation pulmonaire
circulation systémique
cœur
coronaire
cycle cardiaque

Débit cardiaque
débit sanguin
diastole
disque intercalaire

ECG

Faisceau de His
fibre myocardique

Hémorragie
homéostasie
hormone natriurétique

Lymphatique
lymphe

Membrane plasmique
muscle cardiaque

Nœud AV
nœud SA
noradrénaline

Pacemaker
parasympathique
péricarde
pression artérielle
pression sanguine

Récepteur adrénergique
résistance artériolaire

Sphincter précapillaire
système cardio-vasculaire
systole

Tissu nodal

Vaisseau
valvule
vasodilatation
vasomotricité
veine

AUTO-ÉVALUATION

Les activités proposées dans cette rubrique permettent de vérifier les connaissances acquises au cours de ce chapitre.
Elles peuvent concerner : la terminologie scientifique, les ordres de grandeur, les mécanismes fonctionnels.

AUTOTEST

Testez vos connaissances en répondant aux 6 questions suivantes (réponses en fin d'ouvrage). Chaque réponse doit être justifiée.

QUESTION	RÉPONSE
1. Chaque cellule est située à moins de : a) 10 μm ; b) 100 μm ; c) 1 mm ; d) 1cm, d'un capillaire.	a b c d
2. La composante à « haute pression » du système cardio-vasculaire comprend : a) le cœur gauche ; b) l'aorte ; c) le cœur droit.	a b c
3. Le débit cardiaque est de : a) 0,5 L/min ; b) 1 L/min ; c) 3 L/min ; d) 5 L/min.	a b c d
4. Les ions Na^+ sont : a) amplificateurs de la fréquence cardiaque ; b) réducteurs de la puissance des contractions cardiaques ; c) modérateurs de la fréquence cardiaque.	a b c
5. La résistance vasculaire est déterminée par : a) l'épaisseur de la paroi des vaisseaux ; b) le diamètre des vaisseaux ; c) la viscosité du sang.	a b c
6. Le rein est un organe effecteur de la régulation de la pression artérielle.	oui non

ORIENTATIONS DE TRAVAIL

À la fin de ce chapitre, vous devez être capable de :

1. Comparer le muscle cardiaque au muscle squelettique. Cette comparaison doit être autant structurale que fonctionnelle. Elle pourra être présentée sous forme d'un tableau accompagné de schémas.

2. Expliquer et justifier le fait que le muscle cardiaque soit intétanisable.

3. Expliquer l'origine et les conséquences de l'automatisme cardiaque.

4. Commenter cette affirmation « les capillaires constituent la partie fonctionnelle de l'appareil cardio-vasculaire ».

5. Indiquer les différents acteurs de la régulation de la pression artérielle.

À RETENIR

La maîtrise des grands mécanismes et des supports anatomiques ou cellulaires caractérisant la fonction circulatoire passe par la connaissance de quelques schémas fondamentaux :
- schéma de l'organisation anatomique du cœur ;
- schéma fonctionnel de la cellule myocardique. Ne pas oublier d'indiquer les éléments à l'origine de la contractibilité, de l'excitabilité, de l'intégration de cette cellule au reste de l'organisme ;
- schéma de la régulation de la pression artérielle systémique.

MINI-GLOSSAIRE MÉDICAL

Anévrisme / aneurysm : n.m., distension locale et permanente de la paroi d'une artère. Un anévrisme occasionne un ralentissement de la circulation sanguine, parfois générateur de thrombus. La paroi distendue peut aussi se déchirer (rupture d'anévrisme) entraînant alors une hémorragie.

Angine de poitrine / angor : n.f., une insuffisance d'irrigation coronarienne, se révélant par exemple lors d'un effort physique ou d'une émotion, est à l'origine d'une forte douleur thoracique : l'angine de poitrine.

Artériosclérose / arteriosclerosis : n.f., maladie des artères caractérisée par des modifications progressives que subit la paroi vasculaire avec l'âge. Celles-ci, supprimant l'élasticité de la paroi, peuvent entraîner, à long terme, une occlusion du vaisseau et la nécrose progressive des territoires normalement irrigués par celui-ci.

Athérome / atheroma : n.m., accumulation, dans une paroi vasculaire, de phospholipides et cholestérol. La paroi est rapidement infiltrée par un tissu fibreux puis imprégnée de calcium.

Artérite / arteritis : n.f., lésion dégénérative de la paroi artérielle.

Bradycardie / bradycardia : n.f., ralentissement de la fréquence cardiaque en deçà de 60/min.

Hypertension artérielle / hypertension : exp., l'hypertension est une augmentation chronique de la pression artérielle. Si celle-ci a tendance à augmenter avec l'âge de l'individu (la paroi des artères perd progressivement son élasticité), on réserve le terme d'hypertension à des augmentations plus ou moins rapides ou à des excès chroniques plus ou moins prolongés de la pression artérielle.

Myocardite / myocarditis : n.f., inflammation du myocarde à l'origine d'une insuffisance cardiaque. Cette affection est souvent due au rhumatisme articulaire aigu.

Péricardite / pericarditis : n.f., inflammation du péricarde pouvant entraîner une compression du cœur par accumulation anormale de liquide péricardique entre le péricarde et le cœur lui-même. Le débit cardiaque est alors diminué, la systole et surtout la diastole s'effectuant mal.

Phlébite / phlebitis : n.f., thrombose veineuse. Le danger d'une phlébite est le possible détachement du caillot et sa migration vers des territoires capillaires où il peut entraîner une embolie (embolie pulmonaire, par exemple).

Pouls / pulse : n.m., succession des ondes de dilatation à la surface des artères. La brusque tension provoquée par l'éjection systolique étire les parois élastiques de l'aorte et cette expansion se propage comme une onde jusqu'aux artères périphériques. On utilise généralement l'artère radiale du poignet pour sentir le pouls, témoin de l'activité cardiaque.

Sténose artérielle / arterial stenosis : n.f., rétrécissement occasionnel ou congénital d'une artère.

Tachycardie / tachycardia : n.f., accélération de la fréquence cardiaque au-delà de 100/min.

Thrombose / thrombosis : n.f., formation d'un caillot ou thrombus à l'intérieur d'un vaisseau sanguin.

PRATIQUES MÉDICALES

L'examen cardiologique

L'examen cardiologique consiste en une série d'investigations conduisant à une meilleure appréhension de l'activité cardiaque et de ses possibles dysfonctionnements. On peut ainsi :
– écouter les bruits du cœur, à l'aide d'un stéthoscope, ou les enregistrer avec un phonocardiographe pour déceler d'éventuels souffles ;
– mesurer le volume du cœur et apprécier sa morphologie par une radiographie thoracique ;
– étudier et mesurer avec précision les cavités cardiaques, les qualités de leur paroi... par échographie cardiaque ;
– déterminer le rythme cardiaque et détecter ses possibles troubles (extra-systoles, fibrillation, arythmie, bloc auriculo-ventriculaire...) grâce à l'électrocardiographie. Les enregistrements obtenus fournissent d'importantes indications sur l'état du myocarde.

Un examen cardiologique est toujours accompagné de mesures de la pression artérielle.

L'électrocardiogramme

L'électrocardiogramme (ECG) est un enregistrement, à la surface de la peau, de courants électriques produits par les potentiels d'action des cellules musculaires cardiaques. Ces courants sont recueillis à l'aide d'électrodes placés en des points précis à la surface de la peau : les dérivations. Les principales dérivations sont regroupées dans le tableau ci-contre.

Les différentes parties d'un ECG sont désignées conventionnellement par les lettres P, Q, R, S, T. Au niveau des oreillettes, l'onde de dépolarisation donne le tracé P ; elle donne le tracé QRS au niveau des ventricules. Le tracé T correspond à la repolarisation des ventricules ; l'espace PR (180 ms) mesure le temps de conduction de l'onde excitatrice entre les oreillettes et les ventricules. L'ECG permet la détermination du rythme cardiaque ainsi que de ses éventuels troubles. Il renseigne sur l'état du myocarde : par exemple, une onde de « nécrose » traduit l'existence d'un infarctus.

MÉTHODES D'ENREGISTREMENT (Dérivations)	POSITION DES ÉLECTRODES		DÉNOMINATION
	Électrode exploratrice	Électrode de référence	
BIPOLAIRE (dérivations d'Einthoven)	Bras gauche Jambe gauche Jambe gauche	Bras droit Bras droit Bras gauche	D_1 D_2 D_3
UNIPOLAIRE DES MEMBRES	Bras droit Bras gauche Jambe gauche	potentiel 0 potentiel 0 potentiel 0	V_R V_L V_F
UNIPOLAIRE PRÉCORDIALE	sur le thorax	potentiel 0	V_1 V_2 V_3 V_4 V_5 V_6

Principales dérivations utilisées en électrocardiographie.

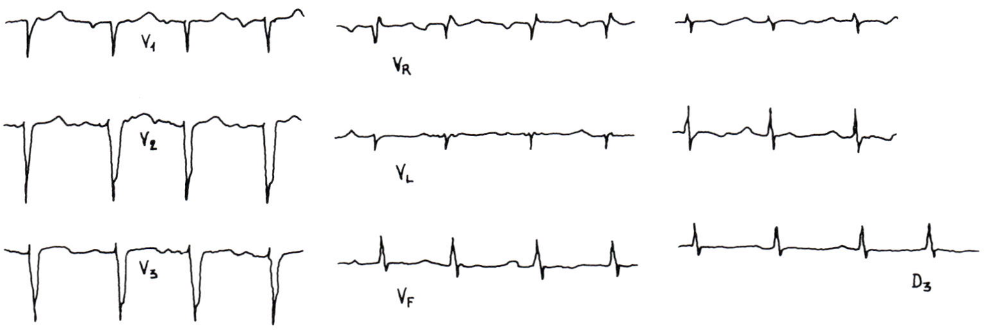

Exemples de quelques ECG pour différentes dérivations.

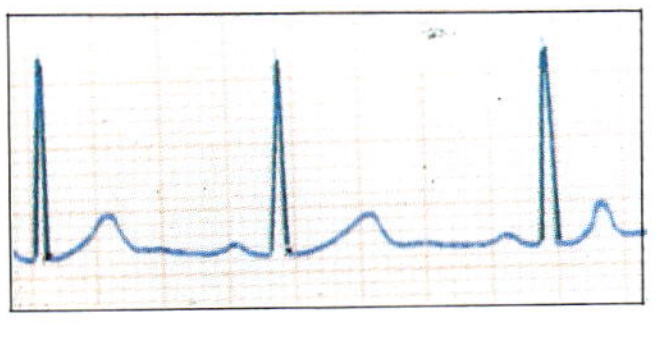

ECG normal.

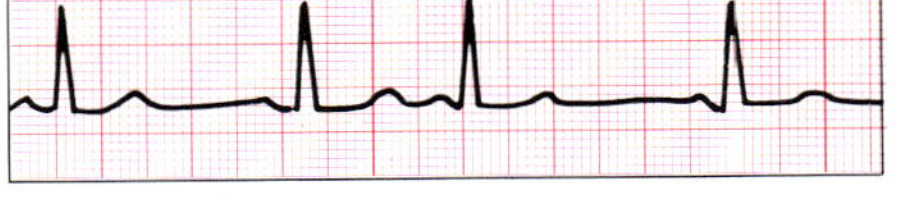

Extra-systoles auriculaires (battement cardiaque apparaissant avant son délai normal dans le cycle cardiaque).

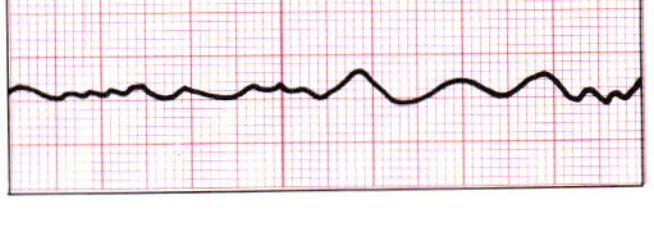

Fibrillation ventriculaire (palpitation désordonnée des ventricules : l'inefficacité de la pompe cardiaque est totale).

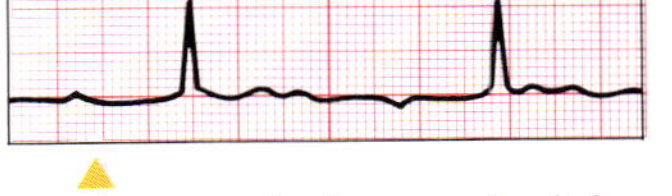

Bloc auriculoventriculaire (mauvaise conduction entre oreillettes et ventricules : les chambres cardiaques battent à leur rythme propre et la puissance de l'activité cardiaque est diminuée).

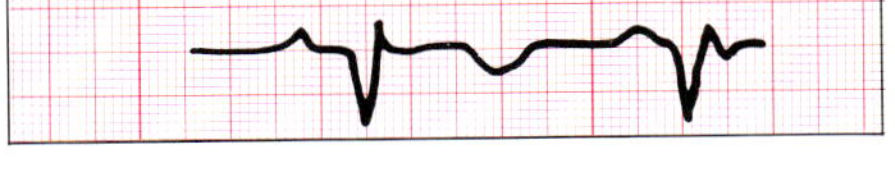

Onde de nécrose post-infarctus.

Le cholestérol et l'appareil cardio-vasculaire

L'excès de cholestérol dans le sang, ou hypercholestérolémie, accélère le développement de l'artériosclérose et l'apparition des athéromes. Cette hypercholestérolémie est favorisée par un apport alimentaire riche en graisses. Elle constitue un facteur de risque majeur pour les maladies cardio-vasculaires, qui représentent aujourd'hui la cause principale de décès dans les pays industrialisés.
Le cholestérol, associé dans le sang à des triglycérides et des protéines, est transporté sous forme de lipoprotéines dont on reconnaît quatre classes : les lipoprotéines de densité élevée (HDL : High Density Lipoproteins), les lipoprotéines de faible densité (LDL : Low Density Lipoproteins), les lipoprotéines de très faible densité (VLDL : Very...) et les chylomicrons. Les VLDL sont fabriquées par le foie à partir des graisses alimentaires. Ces VLDL déposent les triglycérides dans les cellules graisseuses pour les mettre en réserve et se transforment en LDL (protéines + cholestérol). Les LDL sont les formes d'approvisionnement des cellules en cholestérol qui pourra être utilisé comme constituant membranaire, ressource énergétique ou encore point de départ d'hormones stéroïdes. Lorsque les cellules sont saturées en cholestérol, les LDL s'accumulent dans le sang.
Les HDL ont un rôle inverse : elles prennent en charge au niveau des cellules le surplus de cholestérol et l'amènent au foie. Lorsqu'elles sont trop nombreuses, les LDL se déposent sur la paroi artérielle : des plaques athéromateuses peuvent alors apparaître. La mesure du taux de cholestérol sanguin est indispensable pour dépister l'hypercholestérolémie.
Chez l'adulte, des taux inférieurs à 200 mg/dL soit 5,2 mmol/L sont idéaux. Au-delà de 250 mg/dL (6,5 mmol/L), la cholestérolémie entraîne un risque cardio-vasculaire. Les LDL transportent le « mauvais » cholestérol, car elles endommagent les artères lorsqu'elles se trouvent en excès dans le sang. Les HDL, au contraire, sont chargées de « bon » cholestérol : elles permettent d'éliminer dans une certaine mesure le surplus de cholestérol apporté aux cellules par les LDL. La mesure des taux sanguins de HDL doit compléter toute recherche d'hypercholestérolémie.
Trois traitements sont envisageables pour diminuer l'hypercholestérolémie : une meilleure hygiène alimentaire (graisses végétales riches en acides gras insaturés préférables aux graisses animales riches en acides gras saturés...), une pratique sportive (l'exercice physique augmente les taux d'HDL dans le sang), l'administration de médicaments (substances réduisant l'absorption intestinale du cholestérol et des sels biliaires, ou inhibiteurs de la production de VLDL et accélérateurs de leur élimination du sang, ou inhibiteurs de la HMG-coenzyme A réductase bloquant la synthèse hépatique du cholestérol).

L'infarctus du myocarde

Un arrêt de la circulation coronarienne par dépôts d'athéromes entraîne une nécrose partielle du myocarde : on dit qu'il y a infarctus du myocarde. Si la zone de nécrose reste localisée et réduite, une cicatrisation et des processus de revascularisation sont possibles. Si la nécrose est trop étendue, l'infarctus entraîne la mort.

Pour en savoir plus

BURTON (J.), *Physiologie et biophysique de la circulation*, Masson – Paris 1976

CAEN (J.), *Le sang et les vaisseaux*, Hermann – Paris 1984

Encyclopaedie Universalis, « Appareil circulatoire, Cœur, Circulation »

GANONG (J.), *Physiologie médicale*, Masson – Paris 1988

HELLER (L.J.), *Cardiovascular Physiology*, McGraw-Hill – New York 1981

HOUDAS (Y.), *Physiologie cardiovasculaire*, Vigot – Paris 1990

KATZ (A.M.), *Physiology of the Heart*, Raven Press – New York 1984

SIBERNAGL (S.), et DESPOPOULOS (A.), *Atlas de poche de physiologie*, Flammarion Médecine-Sciences – Paris 1991

SWINGHEDAWN (M.) et BEAUFILS (P.), *Le cœur*, fonctionnement et dysfonctionnement, Nathan/Inserm – Paris 1995

VANDER (A.J.), SHERMAN (J.H.), LUCIANO (D.S.), *Physiologie humaine*, McGraw-Hill – New York 1989

WRIGHT (S.), *Physiologie appliquée à la médecine*, Flammarion Médecine-Sciences – Paris 1990

RÉGULATION DU MÉTABOLISME ET DE L'ÉQUILIBRE ÉNERGÉTIQUE

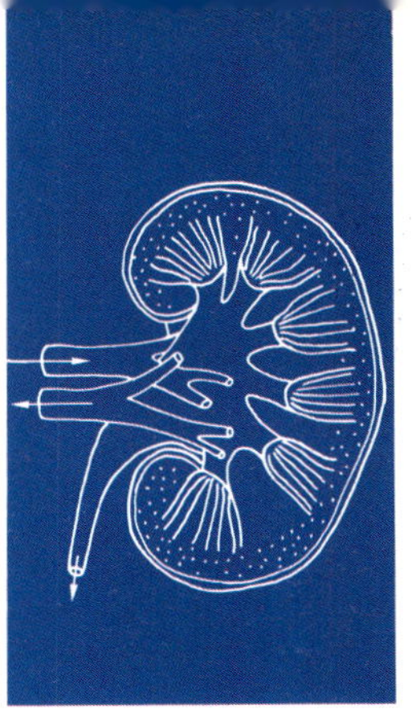

L'organisme humain utilise les substances absorbées pour assurer le fonctionnement, la croissance et l'entretien de sa machinerie cellulaire. Ses besoins *nutritionnels* sont d'ordre structural (construction, renouvellement) et *énergétique* (libération d'énergie utilisable pour les synthèses, les mouvements, et de chaleur pour maintenir sa température constante).

Le *métabolisme* représente l'ensemble des réactions associées à la synthèse, la dégradation de molécules biologiques. Il est à tout moment ajusté suivant les besoins des cellules, les apports alimentaires, les influences de l'environnement. Cet ajustement mobilise des organes comme le foie, les muscles, le tissu adipeux. Il implique des communications au sein de l'organisme, tant hormonales que nerveuses.

Sommaire

1. L'ORGANISME STOCKE DES MOLÉCULES ALIMENTAIRES

Les nutriments fournissent matière première et énergie

Les nutriments n'ont pas tous la même valeur : l'oxydation complète d'un gramme de glucide ou de protide en CO_2 et H_2O libère 17 kJ, tandis que l'oxydation d'un gramme de lipide libère 38 kJ. Les oses et les lipides fournissent essentiellement des petits squelettes carbonés, et sont généralement interconvertibles. Le cas des acides aminés est différent ; un acide aminé peut être converti en glucide ou en lipide par départ de sa fonction amine ; en revanche, l'opération inverse nécessite l'apport d'un radical aminé qui ne peut être fourni que par un acide aminé. De plus, certains acides aminés ne peuvent pas être produits à partir de simples squelettes carbonés et doivent absolument être présents dans l'alimentation : ce sont les 9 acides aminés essentiels. Les vitamines constituent la plupart du temps des coenzymes, que l'organisme ne sait pas produire ; ce sont également des aliments essentiels.

Glucides et lipides sont des substrats énergétiques stockables

Solubles, et donc très mobilisables, les glucides sont la forme d'utilisation d'énergie par les cellules ; insolubles dans l'eau mais très énergétiques (38 kJ. g^{-1}), les lipides constituent surtout une forme de réserve à long ou moyen terme. Les besoins énergétiques de l'organisme sont variables, mais toujours supérieurs à un besoin minimal permanent. Or les apports alimentaires ne sont pas permanents, mais limités aux périodes qui suivent les repas. L'organisme est conduit à constituer des stocks de matière organique. Le foie est le principal lieu de stockage des glucides sous forme de molécules de glycogène, haut polymère du glucose. Le tissu adipeux est le principal lieu de stockage des lipides.
La majeure partie du glucose fourni par la digestion est absorbée par les cellules hépatiques, où il est transformé. Une large part est polymérisée en glycogène, forme de réserve du glucose qui reste dans les cellules hépatiques, et le reste est transformé en lipides (le métabolisme du glucose produit de l'acétyl-CoA, précurseur des acides gras, et des précurseurs du glycérol).
Ces lipides sont des triglycérides qui sont sécrétés dans le sang associés à des protéines, constituant des lipoprotéines. Ces triglycérides sont l'objet d'une nouvelle hydrolyse en acides gras et glycérol à hauteur du tissu adipeux qui les absorbe et les stocke, à nouveau sous forme de triglycérides. Les triglycérides des chylomicrons, absorbés dans l'intestin vers la lymphe, rejoignent le système veineux, puis sont stockés dans le tissu adipeux.
Pendant un jeûne, le tissu adipeux libère des acides gras et le foie du glucose, qui serviront de substrat énergétique aux cellules de l'organisme.

Les molécules azotées ne forment pas de réelles réserves

La digestion des protéines produit des acides aminés qui passent dans le sang et sont utilisés par les cellules (essentiellement les cellules musculaires). Ils permettent de synthétiser des protéines nécessaires aux cellules et ne constituent pas des réserves. Les excédents d'acides aminés sont généralement convertis en glucides et lipides. Lors d'un jeûne poussé, l'organisme peut hydrolyser des protéines à des fins énergétiques.

Le métabolisme des cellules varie avec l'alimentation

À la suite d'un repas (état postprandial), les cellules tirent leur énergie de l'oxydation du glucose qu'elles prélèvent dans le sang. Les excédents font l'objet de stocks (foie ou tissu adipeux). Lors de l' état de jeûne, les cellules nerveuses (principalement le cerveau) continuent à utiliser du glucose ; ce glucose provient de l'hydrolyse, par le foie, de ses réserves. En revanche, la presque totalité des tissus épargne ce glucose et utilise préférentiellement le catabolisme des acides gras. Ainsi, le cerveau est « servi le premier » en glucose.

Tissu adipeux / adipose tissue : exp., tissu de type conjonctif, dont les cellules contiennent une volumineuse gouttelette lipidique.

Triglycéride / triglyceride : n.m., molécule lipidique constituée d'une molécule de glycérol estérifiée par trois acides gras.

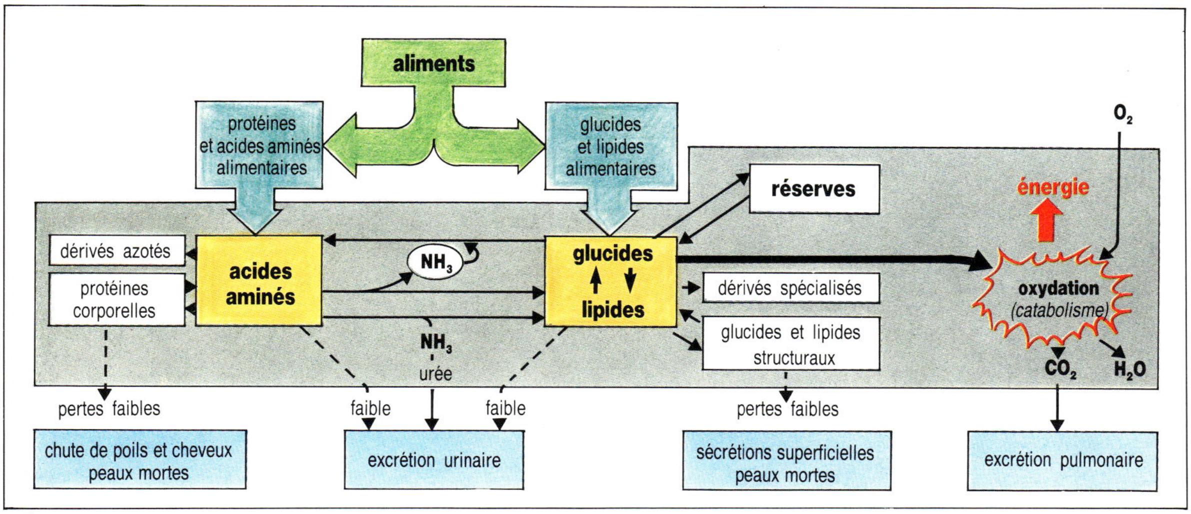

Les grandes voies du métabolisme. Le principal devenir des glucides et lipides est le catabolisme pourvoyeur en énergie ; les acides aminés ne peuvent fournir de l'énergie qu'après une transformation en glucides ou lipides. Les réserves de l'organisme sont glucidiques et lipidiques.

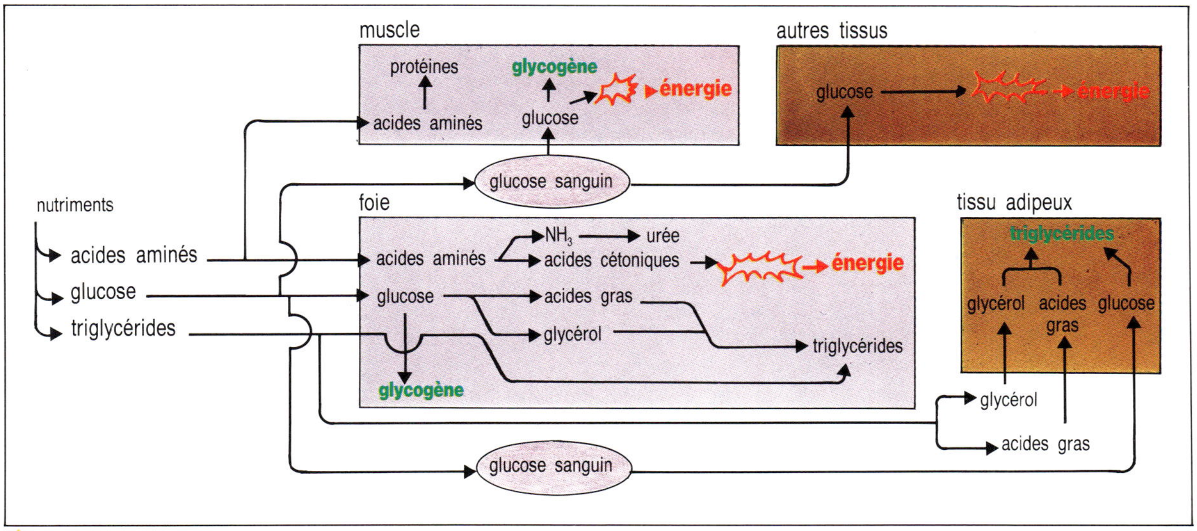

Économie du combustible organique dans l'état postprandial.
Élaboration de réserves et utilisation de glucose à des fins énergétiques.

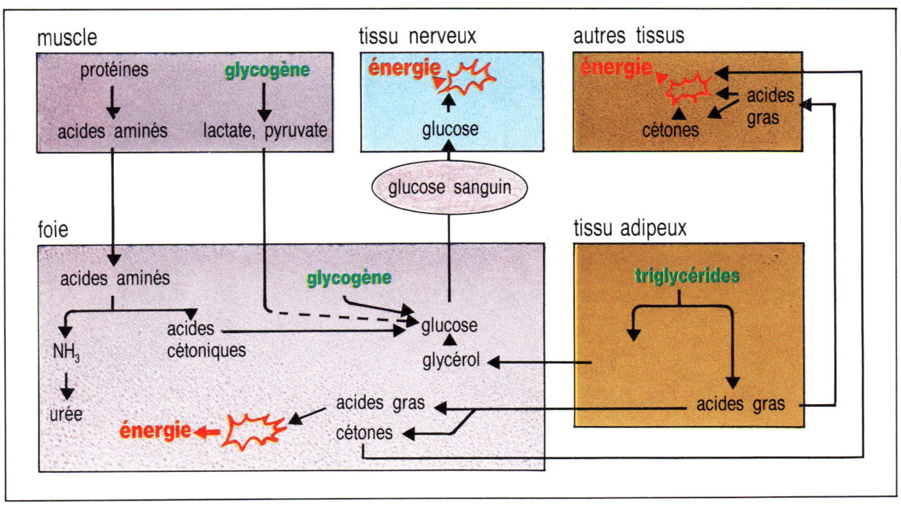

Économie du combustible organique dans l'état de jeûne : mobilisation des réserves. Le tissu nerveux tire son énergie de l'oxydation du glucose, les autres tissus de l'oxydation d'acides gras.

2. L'organisme régule la quantité de combustible circulant

Le glucose est un combustible circulant contrôlé

Le glucose et les acides gras sont les principaux combustibles de l'organisme ; le glucose est, de loin, le plus important. La glycémie (taux sanguin de glucose) est étroitement contrôlée et maintenue autour de 0,9 $g.l^{-1}$ (5 $mmol.l^{-1}$). Après un repas riche en glucides, la glycémie augmente, puis est ramenée rapidement à sa valeur initiale. Lors d'un déficit en glucose, la glycémie est maintenue à sa valeur par mobilisation de réserves. Le contrôle de la glycémie constitue l'essentiel de la régulation du métabolisme lors de l'état de jeûne ou de l'état postprandial. Tout le métabolisme est régulé : le principal paramètre contrôlé est la glycémie.

Les hormones pancréatiques règlent la glycémie

La glycémie est régulée par deux hormones pancréatiques, l'insuline et le glucagon. Ces hormones sont produites par des massifs cellulaires très vascularisés, les îlots de Langerhans du pancréas : les cellules ß sécrètent de l'insuline, les cellules α du glucagon.

Une élévation de la glycémie entraîne directement une sécrétion d'insuline, qui stimule l'absorption du glucose par les cellules, autres qu'hépatiques et cérébrales. Les voies cellulaires utilisant le glucose sont stimulées, ainsi que la synthèse du glycogène et des triglycérides. L'absorption et l'utilisation des acides aminés sont aussi augmentées. L'insuline, qui abaisse la glycémie, est une hormone hypoglycémiante : c'est l'hormone de l'état postprandial.

La sécrétion de glucagon, déclenchée par une chute de la glycémie, a des effets inverses : la dégradation du glycogène et la synthèse de glucose par le foie sont stimulées ; les réserves lipidiques du tissu adipeux sont mobilisées (dégradation des triglycérides et libération d'acides gras). Le glucagon, hormone hyperglycémiante, est l'hormone de l'état de jeûne.

Le jeu antagoniste de ces deux hormones, qui influencent la glycémie et sont contrôlées par elle, permet, grâce à un système de rétrocontrôle direct, de réguler finement (frein ou accélérateur) la glycémie, mais aussi le comportement de l'organisme vis-à-vis des combustibles organiques.

L'hypothalamus contrôle la glycémie

Une faible glycémie stimule des récepteurs au glucose situés dans l'hypothalamus. De là, des voies efférentes sympathiques sont stimulées. La conséquence est double : une stimulation sympathique du foie et du tissu adipeux, et une libération d'adrénaline par la médullosurrénale. Ces deux phénomènes entraînent l'hydrolyse du glycogène, la synthèse du glucose dans le foie et la mobilisation des réserves lipidiques. De plus, l'adrénaline inhibe la sécrétion d'insuline et stimule celle du glucagon. Ce réflexe est adapté à l'état de jeûne.

Glucagon / glucagon : n.m., hormone polypeptidique sécrétée par les cellules α des îlots de Langerhans du pancréas. Son action provoque une augmentation de la glycémie.

Insuline / insulin : n.f., hormone polypeptidique sécrétée par les cellules ß des îlots de Langerhans du pancréas. Son action provoque une diminution de la glycémie.

L'hormone de croissance influence le métabolisme

L'hormone de croissance, hormone hypophysaire, stimule la synthèse des protéines et la croissance des os. Elle agit aussi sur le métabolisme, indépendamment des états postprandial ou de jeûne. C'est une hormone hyperglycémiante, mais ses effets sont minimes en comparaison du système insuline-glucagon, et ne se manifestent fortement que dans certains états pathologiques.

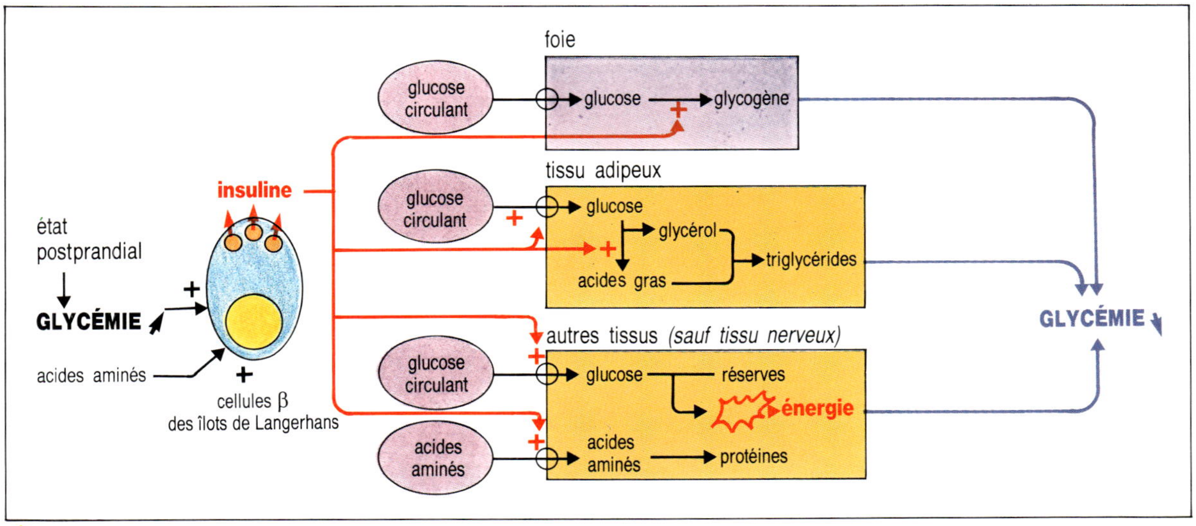

Intervention de l'insuline dans l'état postprandial.
En contrôlant la glycémie, l'insuline régule le métabolisme. La sécrétion d'insuline est également stimulée par des hormones du tube digestif et par le système parasympathique.

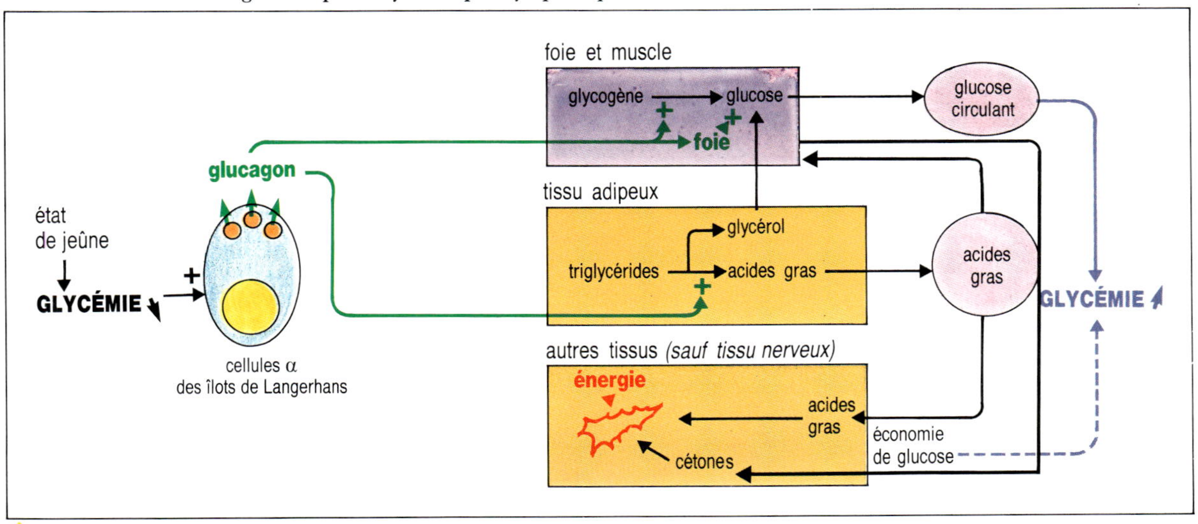

Intervention du glucagon lors de l'état de jeûne.

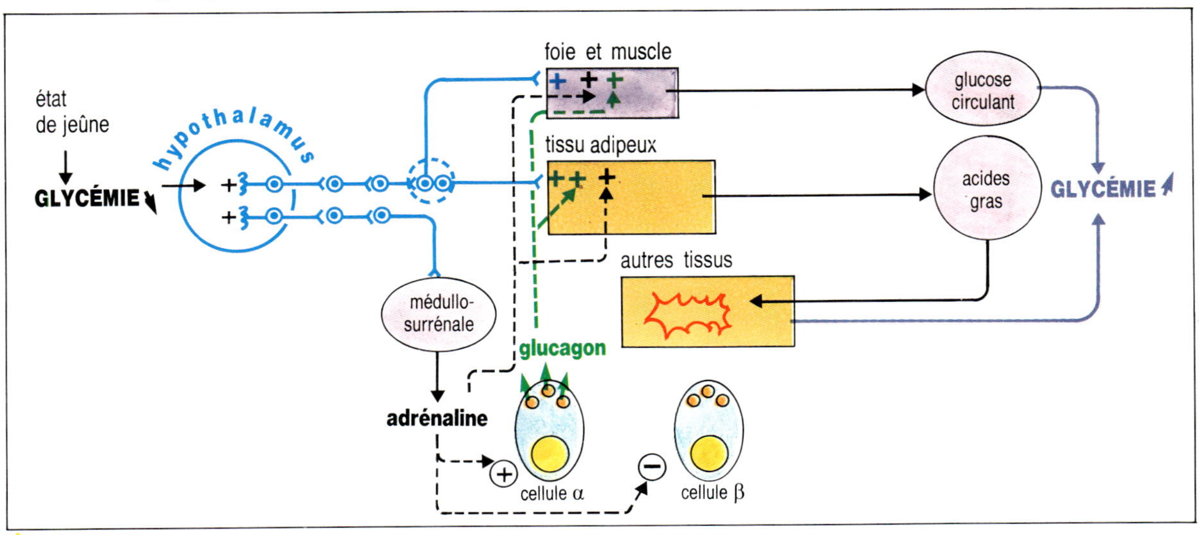

Intervention de l'hypothalamus lors de l'état de jeûne.

1. Les besoins de l'organisme sont variables

L'organisme dégage de la chaleur et produit du travail

Toute l'énergie mise en jeu par l'organisme consiste en la réalisation d'un travail. L'ensemble du travail développé par l'individu est la somme des travaux cellulaires. L'énergie dissipée dans ces travaux provient d'une source unique : l'oxydation catabolique des nutriments. La totalité des travaux internes conduit à une dissipation sous forme de chaleur (frottements dans le système circulatoire, par exemple). L'exécution de travaux externes aboutit à transférer de l'énergie sous deux formes : de la chaleur et du travail fourni à l'extérieur. L'organisme peut aussi stocker des molécules de réserve, qui constituent une énergie chimique potentielle.
Au total, l'équilibre énergétique de l'organisme s'exprime par l'égalité entre les apports (énergie potentielle des aliments) d'une part, les pertes de chaleur, la fourniture de travail et le stockage de réserves d'autre part.

Le poids de l'organisme adulte reflète l'équilibre énergétique

Dans l'organisme en croissance, enfant ou adolescent, une part des apports alimentaires est utilisée à construire l'organisme. Chez l'adulte, l'équilibre énergétique ne dépend que des travaux et stockages de l'organisme. Si l'ensemble des travaux de l'organisme excède les apports alimentaires, les réserves sont hydrolysées, et l'organisme maigrit. En revanche, une activité faible en regard des entrées énergétiques conduit à une augmentation du stockage, et donc à une prise de poids.

De nombreux facteurs influencent le métabolisme

Le métabolisme désigne la dépense d'énergie de l'organisme par unité de temps (exprimée le plus souvent en $kJ.h^{-1}$ ou en kJ par jour). Le métabolisme est donc analogue à une puissance (le watt, unité de puissance, correspond à $1\ J.s^{-1}$). Dans ce métabolisme, il existe une part incompressible qui représente les travaux internes indispensables à l'organisme au repos (activation de molécules, synthèses, entretien des gradients, circulation...). Ce minimum vital est nommé métabolisme basal; il est d'environ 8 000 kJ par jour pour un homme adulte de 70 kg, et de 6 500 kJ par jour pour une femme (une ampoule électrique de 75 watts consomme 6 480 kJ par jour). Les dépenses supplémentaires, principalement musculaires, sont variables (entre 1 700 et 10 000 kJ par jour), selon l'activité physique de l'individu, son état physiologique et les conditions de milieu.
Le sexe, la taille, le poids de l'individu, sa surface corporelle modifient son métabolisme basal. Le métabolisme augmente chez un individu en croissance ou chez une femme enceinte. Le stress, la maladie ou une température corporelle élevée augmentent aussi le métabolisme. La température ambiante enfin influence le métabolisme (la régulation de la température corporelle représente une dépense énergétique).

La prise d'aliments est contrôlée

La régulation de l'équilibre énergétique est limitée, soit à la régulation du métabolisme, soit à la prise d'aliments. Soumis à un régime hypoénergétique ou hyperénergétique, l'individu adapte son métabolisme après quelques jours de traitement. L'essentiel de la régulation repose cependant sur le contrôle de la prise alimentaire. Les structures cérébrales impliquées dans ce contrôle sont localisées dans l'hypothalamus. La région latérale de cette structure intervient plutôt dans des processus de contrôle de la glycémie, tandis que la région ventromédiane est impliquée dans des processus de contrôle du métabolisme lipidique. À cela s'ajoutent des facteurs psychologiques et des réflexes conditionnés.

Énergie / energy; n.f., ce qui permet la réalisation d'un travail. Grandeur susceptible d'être transformée en travail (chimique ou mécanique) ou en chaleur. S'exprime en joules (J) ou en kilojoules (kJ).

repos, allongé, éveillé	322 kJ.h^{-1}	soit	11,2 secondes avec 1 kJ
repos, assis	418 kJ.h^{-1}	soit	8,6 secondes avec 1 kJ
habillage, déshabillage	627 kJ.h^{-1}	soit	5,7 secondes avec 1 kJ
marche (4,2 km.h^{-1}) sur terrain plat	836 kJ.h^{-1}	soit	4,3 secondes (5 mètres) avec 1 kJ
bicyclette (9 km.h^{-1}) sur terrain plat	1 270 kJ.h^{-1}	soit	2,8 secondes (7 mètres) avec 1 kJ
sciage de bois	2 000 kJ.h^{-1}	soit	1,8 secondes avec 1 kJ
jogging (8,5 km.h^{-1})	2 400 kJ.h^{-1}	soit	1,5 secondes (3,5 mètres) avec 1 kJ

Dépenses énergétiques de quelques activités et durées d'activité correspondantes pour 1 kJ, chez un homme de 70 kg.

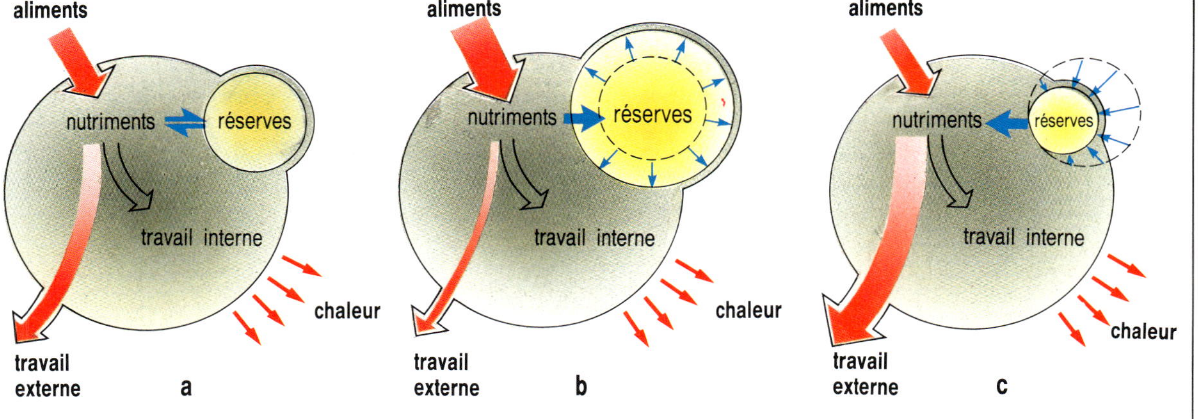

a : énergie des aliments = travail externe + chaleur émise → stabilité pondérale

b : énergie des aliments > travail externe + chaleur émise → prise de poids

c : énergie des aliments < travail externe + chaleur émise → perte de poids

Relations entre équilibre énergétique et prise de poids.

Localisation du centre de satiété.

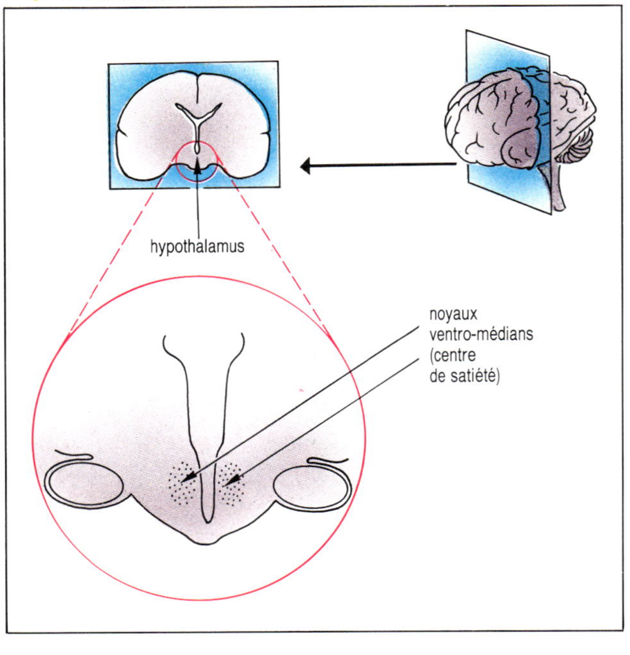

Contrôle de la prise d'aliments.

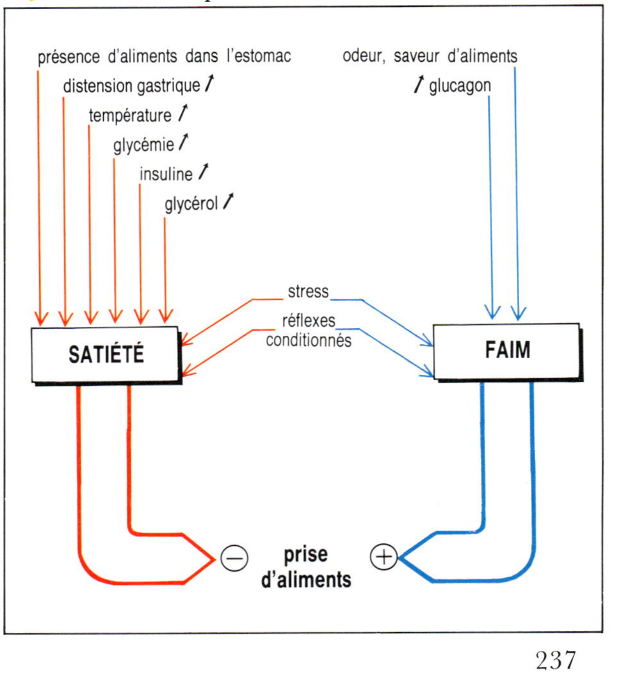

2. LA TEMPÉRATURE DE L'ORGANISME EST STABLE

La température corporelle résulte d'un équilibre

La stabilité de la température corporelle reflète l'équilibre entre la chaleur reçue et la chaleur émise. Elle résulte de l'échauffement causé par le métabolisme général de l'organisme et du refroidissement consécutif aux pertes de chaleur de l'organisme à sa surface. La régulation s'exerce tant sur la production de chaleur (thermogenèse) que sur les pertes. On considère le corps comme constitué d'un noyau central plus chaud, et d'une périphérie à température plus variable et plus faible. C'est la température du noyau qui fait l'objet d'un contrôle, autour de la valeur de 37 °C.

Les variations de thermogenèse sont dues à l'activité musculaire

L'essentiel de la thermogenèse provient de l'activité musculaire. La principale application en est le frisson. En réponse au froid, le tonus musculaire augmente, parfois jusqu'à la production de petites secousses, à la fréquence d'une quinzaine par seconde : le frisson. Cette activité musculaire est, mécaniquement, totalement inefficace, et l'énergie mobilisée par le muscle est intégralement convertie en chaleur. Des comportements volontaires peuvent avoir le même effet : l'exercice réchauffe.

De la chaleur est perdue en surface

Trois mécanismes sont responsables de la perte de chaleur à la périphérie de l'organisme : la radiation, la conduction-convection et l'évaporation d'eau. Comme tout objet, la surface de l'organisme émet des ondes électromagnétiques (infrarouge) en fonction de sa température. De plus, la température de la peau peut réchauffer des molécules de l'environnement par contact (conduction thermique). La convection (déplacement des masses d'air de températures différentes) complète la conduction. Dans les deux cas, il n'y a pertes de chaleur que si la peau est plus chaude que l'environnement. Enfin, l'évaporation de l'eau transpirée (glandes sudoripares) ou diffusée à travers la surface de la peau, consomme de l'énergie thermique prélevée sur l'organisme.

L'organisme règle la température centrale

Deux types de thermorécepteurs permettent de contrôler la température : des thermorécepteurs cutanés sensibles, les uns aux basses, les autres aux fortes températures; et des récepteurs centraux, qui contrôlent la température du noyau, situés dans l'hypothalamus et dans la moelle épinière.

Un contrôle sympathique par l'hypothalamus permet de régler la température cutanée par constriction (limitation des pertes) ou dilatation (élimination de chaleur par radiation et conduction) des artérioles cutanées. Un autre contrôle sympathique permet de régler la transpiration. En cas de très forte température extérieure, seule la transpiration permet les pertes, mais elle est limitée par la saturation de l'atmosphère en vapeur d'eau : l'organisme peut tolérer une température de 100 °C dans un air sec, mais ne peut pas supporter une atmosphère humide à plus de 50 °C.

De plus, l'hypothalamus contrôle, via l'hypophyse, le fonctionnement de la thyroïde, et via le système sympathique, celui de la médullosurrénale : l'adrénaline et l'hormone thyroïdienne stimulent l'activité des cellules.

Des facteurs comportementaux interviennent enfin dans la thermorégulation : se rouler en boule diminue la surface externe, et limite donc les pertes de chaleur; le port de vêtements limite aussi les pertes; taper des mains et des pieds permet de se réchauffer.

Radiation / radiation : n.f., émission d'un rayonnement. L'organisme émet et reçoit des rayonnements. Lorsque le flux net est émissif, l'organisme perd de la chaleur. Inversement, en cas de fort rayonnement (forte température) extérieur, l'organisme peut gagner de la chaleur.

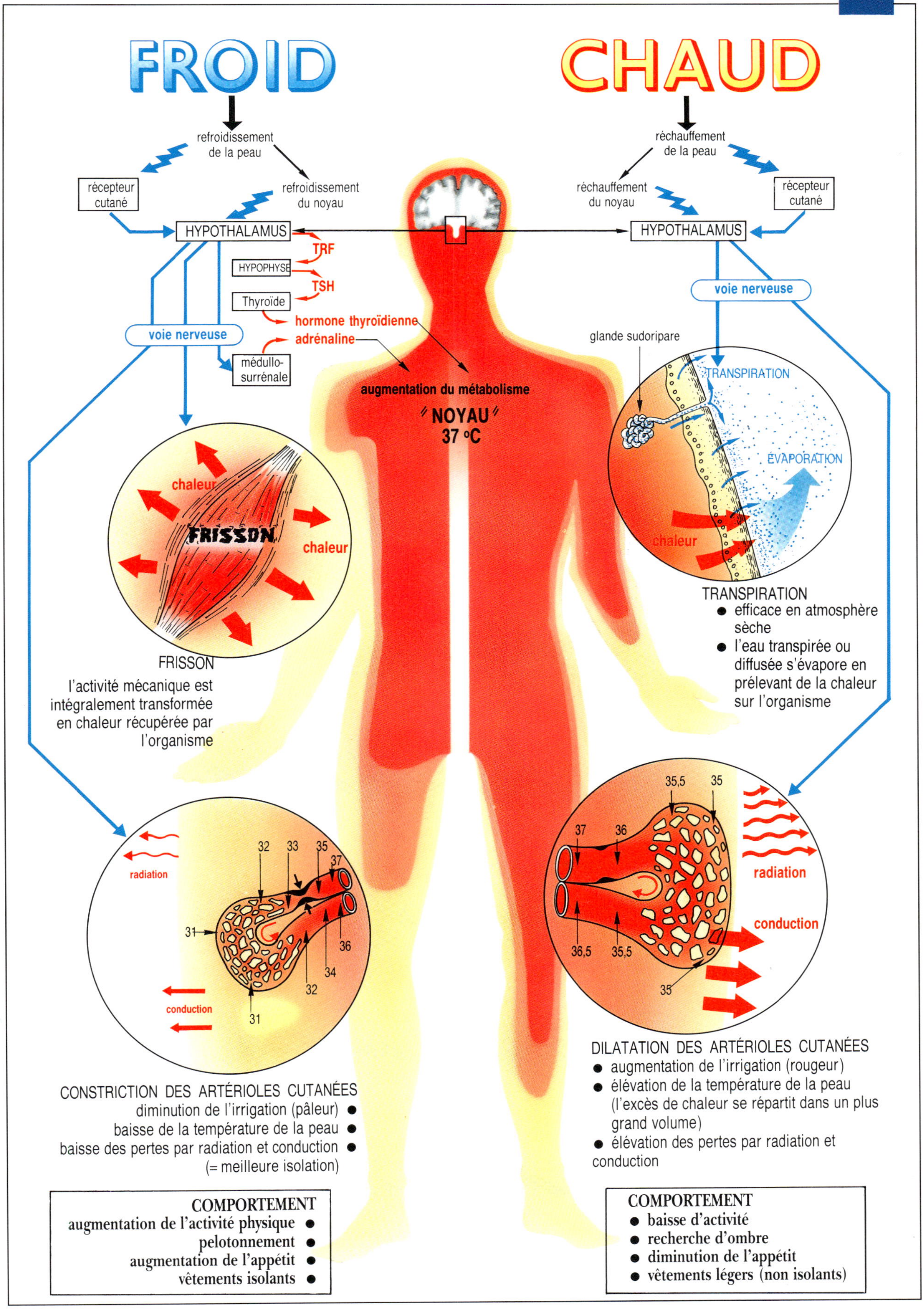
FROID
refroidissement de la peau
récepteur cutané
refroidissement du noyau
HYPOTHALAMUS
TRF
HYPOPHYSE
TSH
Thyroïde
hormone thyroïdienne
adrénaline
voie nerveuse
médullo-surrénale
augmentation du métabolisme
"NOYAU" 37 °C
chaleur
FRISSON
chaleur
FRISSON
l'activité mécanique est intégralement transformée en chaleur récupérée par l'organisme
radiation
32
33
35
37
31
36
34
32
31
conduction
CONSTRICTION DES ARTÉRIOLES CUTANÉES
diminution de l'irrigation (pâleur) ●
baisse de la température de la peau ●
baisse des pertes par radiation et conduction ●
(= meilleure isolation)
COMPORTEMENT
augmentation de l'activité physique ●
pelotonnement ●
augmentation de l'appétit ●
vêtements isolants ●
CHAUD
réchauffement de la peau
réchauffement du noyau
récepteur cutané
HYPOTHALAMUS
voie nerveuse
glande sudoripare
TRANSPIRATION
ÉVAPORATION
chaleur
TRANSPIRATION
● efficace en atmosphère sèche
● l'eau transpirée ou diffusée s'évapore en prélevant de la chaleur sur l'organisme
35,5
35
37
36
radiation
conduction
36,5
35,5
35
DILATATION DES ARTÉRIOLES CUTANÉES
● augmentation de l'irrigation (rougeur)
● élévation de la température de la peau (l'excès de chaleur se répartit dans un plus grand volume)
● élévation des pertes par radiation et conduction
COMPORTEMENT
● baisse d'activité
● recherche d'ombre
● diminution de l'appétit
● vêtements légers (non isolants)

FAIRE LE POINT

L'ESSENTIEL

1 Le métabolisme est organisé autour d'un pool d'acides aminés, source de molécules azotées, et d'un pool de glucides et lipides, source de squelettes carbonés. Les acides aminés ne sont pas stockés, et leur présence dans l'alimentation est essentielle. Lipides et glucides sont interconvertibles et font l'objet d'une mise en réserve. Le glucose est stocké sous forme de glycogène, principalement dans le foie, et les triglycérides le sont dans le tissu adipeux.

2 La régulation du métabolisme est réalisée par un contrôle de la quantité de combustible (principalement le glucose) circulant. La glycémie est essentiellement régulée par deux hormones pancréatiques : l'insuline, hypoglycémiante, et le glucagon, hyperglycémiant. Le système nerveux végétatif intervient aussi dans cette régulation.

3 Une part de l'activité de l'organisme exerce un travail sur l'environnement (déplacement d'objet…) et constitue une « exportation d'énergie ». L'intégralité du reste de l'activité est finalement convertie en chaleur, qui échauffe l'organisme et se dissipe dans l'environnement. Toute cette énergie provient de la conversion de l'énergie des nutriments.

4 Lorsque le métabolisme excède l'apport énergétique alimentaire, l'organisme puise dans ses réserves glucidiques et lipidiques et maigrit. Dans le cas contraire, l'organisme prend du poids. Au total :
énergie des aliments + énergie des réserves – métabolisme = constante.

5 La dépense énergétique de l'organisme est variable, mais toujours supérieure à une valeur incompressible : le métabolisme basal, dont la valeur reflète la réalisation des fonctions vitales. L'essentiel de la dépense énergétique est généralement représentée par l'activité musculaire.

6 La chaleur de l'organisme se dissipe vers l'extérieur, sous forme de rayonnement ou de conduction et par évaporation-transpiration. L'organisme peut jouer sur l'intensité de ces pertes de chaleur en isolant plus ou moins son « noyau », dont la température est maintenue à 37 °C. Le comportement joue un rôle important dans la régulation de la température.

LES MOTS CLÉS

A
acides aminés essentiels
artérioles

C
chaleur
conduction
convection

E
énergie
évaporation

F
foie
frisson

G
glycogène

J
jeûne

M
métabolisme basal

N
noyau
nutriments

O
oxydation

P
postprandial

R
radiation
réserves

T
thermogenèse
tissu adipeux
transpiration
travail
triglycérides

AUTO-ÉVALUATION

Les activités proposées dans cette rubrique permettent de vérifier les connaissances acquises au cours de ce chapitre.
Elles peuvent concerner : la terminologie scientifique, les ordres de grandeur, les mécanismes fonctionnels.

AUTOTEST

Testez vos connaissances en répondant aux 8 questions suivantes (réponses en fin d'ouvrage). Chaque réponse doit être justifiée.

QUESTION	RÉPONSE
1. La totalité de l'énergie mise en jeu par l'organisme est, en dernier ressort, convertie en chaleur et en travail extérieur.	oui / non
2. L'organisme élabore des réserves : a) de glucides exclusivement; b) de lipides et de protides; c) de lipides et de glucides; d) d'amidon et de collagène.	a / b / c / d
3. La glycémie est contrôlée et maintenue autour de : a) 0,9 $g.L^{-1}$; b) 1,8 $g.L^{-1}$; c) 1,8 $\mu g.L^{-1}$; d) 0,9 $\mu g.L^{-1}$.	a / b / c / d
4. L'insuline est une hormone produite par : a) la thyroïde; b) le duodénum; c) le pancréas.	a / b / c
5. Les effets de l'insuline sont : a) une élévation de la glycémie; b) une baisse de la glycémie; c) un maintien de la glycémie.	a / b / c
6. La dilatation des artérioles cutanées entraîne : a) une augmentation des pertes de chaleur; b) une diminution des pertes de chaleur.	a / b
7. L'organisme lutte d'autant mieux contre la chaleur que : a) l'atmosphère est plus humide; b) l'atmosphère est plus sèche.	a / b
8. Le frisson est : a) un trouble de la thermorégulation; b) un dérèglement moteur transitoire; c) une forme de thermogenèse.	a / b / c

ORIENTATIONS DE TRAVAIL

À la fin de ce chapitre, vous devez être capable de :

1. Identifier les multiples formes d'énergie mises en jeu par l'organisme et envisager les modalités de leur dissipation sous forme de chaleur.

2. Faire un schéma des voies métaboliques principales, de façon à pouvoir y replacer les devenirs métaboliques d'une molécule simple.

3. Retracer les grandes lignes des mécanismes hyperglycémiants, hypoglycémiants et de leurs déterminismes.

4. Expliquer les rôles respectifs des voies de pertes de chaleur et des voies de thermogenèse (ne pas oublier les variations liées à l'environnement, forte chaleur ou forte humidité, par exemple, ainsi que les facteurs comportementaux).

MINI-GLOSSAIRE MÉDICAL

Acidocétose / ketoacidosis : n.f., accumulation dans le sang d'acides cétoniques (acide acétylacétique, acétone), résultant d'un fort catabolisme lipidique. On rencontre cet état lors du coma diabétique.

Anorexie / anorexia : n.f., absence d'appétit. L'anorexie mentale reflète une perte d'appétit d'origine psychique caractérisée par un refus de se nourrir.

Anorexigène / anorexiant : n.m., substance diminuant l'appétit.

Boulimie / bulimia : n.f., trouble psychique caractérisé par une faim permanente.

Hyperthermie / hyperthermia : n.f., élévation de la température au-dessus de 37 °C.

Hypoglycémie / hypoglyc(a)emia : n.f., chute de la glycémie au-dessous de 0,5 $g.L^{-1}$ pouvant entraîner des malaises.

Hypoglycémie provoquée (test d') / insuline tolerance test : exp., étude des réactions de l'organisme à un stimulus hypoglycémiant (injection d'insuline). Le test est fait sous surveillance médicale et vise à mesurer les réactions endocrines du patient.

Hypothermie / hypothermia : n.f., baisse de la température au-dessous de 37 °C. Est parfois provoquée dans le but d'abaisser le métabolisme (en anesthésie notamment).

PRATIQUES MÉDICALES

Diabète sucré

Étymologiquement et au sens strict, le terme de diabète désigne l'élimination de grandes quantités d'urine. Le diabète sucré, toujours au sens strict, désigne la présence de sucre dans les urines (glycosurie), associée à une urine très abondante. Cette présence de sucre témoigne d'une trop forte glycémie. On élargit aujourd'hui le terme de diabète sucré à la maladie caractérisée par une insuffisance de sécrétion d'insuline, pouvant provoquer une hyperglycémie qui peut déboucher sur une glycosurie. Utilisé seul, sans autre précision, le terme de diabète désigne généralement le diabète sucré.
Un diabète insulino-dépendant est un diabète lié à une carence très forte ou absolue en insuline. L'utilisation d'insuline, que le patient s'injecte lui-même, est absolument indispensable. Cette maladie semble avoir parfois des causes immunologiques (maladie auto-immune menant à une lésion des cellules ß des îlots de Langerhans). Lorsque la glycémie excède 1,8 $g.L^{-1}$, l'organisme élimine les excédents par voie urinaire. En deçà de 1,8 $g.L^{-1}$, le rein réabsorbe tout le glucose filtré ; au-delà, ses capacités de réabsorption sont débordées. La présence de glucose dans les urines en abaisse le potentiel osmotique, et limite ainsi la réabsorption rénale d'eau. L'abondance des urines est donc ici une conséquence de l'hyperglycémie et de la glycosurie. La carence en insuline de l'organisme favorise le catabolisme lipidique, et peut provoquer une acidocétose pouvant mener à un coma (coma acidocétosique).

Obésité

État caractérisé par un excès de masse adipeuse. Il n'y a pas de correspondance exacte entre l'obésité et le poids (dans lequel interviennent aussi la masse osseuse et la masse hydrique), mais c'est néanmoins le poids qui permet, le plus souvent, de caractériser l'obésité. On considère comme obèse un individu dont le poids excède de plus de 10 % son poids « idéal ». Le poids idéal est une notion artificielle, fonction de la taille de l'individu. Pour une taille T (en cm), on calcule le poids idéal P_i (en kg) à l'aide, le plus souvent, de la formule de Lorenz :

$$P_i = [T - 100] - \frac{[T - 150]}{4}$$

pour un homme ;

$$P_i = [T - 100] - \frac{[T - 150]}{2,5}$$

pour une femme.

Un poids normal se situe dans une fourchette de 8 % au-dessus et au-dessous du poids idéal.
L'obésité entraîne de nombreux troubles, liés à diverses causes. La morphologie de l'individu (la rondeur) a pour conséquence une diminution du rapport surface corporelle / volume corporel, ce qui défavorise les mécanismes de perte de chaleur. L'individu n'a pas assez de surface pour perdre de la chaleur, en regard de son volume. Il s'ensuit que les obèses ont souvent chaud. La surcharge de poids peut, dans certains cas, aboutir à une déformation du squelette. Les mouvements demandent plus d'énergie, la fatigue survient plus rapidement chez un obèse. Enfin, l'abondance des graisses dans l'organisme favorise les maladies cardio-vasculaires.

Fièvre

La fièvre est une forme particulière d'hyperthermie, souvent due à une infection. Il ne s'agit pas d'un dysfonctionnement de la thermorégulation, mais bien d'un fonctionnement différent. En présence d'une infection, il se produit une élévation de la valeur de consigne des systèmes de contrôle ; la référence n'est plus 37 °C, mais une température supérieure. En conséquence, au début de l'infection, la température de l'organisme est toujours de 37 °C, mais la consigne devient plus élevée (39 °C, par exemple). L'individu a donc froid et développe une réponse au froid : frissons, recherche de chaleur, vasoconstriction (pâleur). La température corporelle s'élève jusqu'à sa stabilisation à 39 °C.
La prise d'aspirine entraîne un retour à la normale (37 °C) de la consigne. Le patient fiévreux a alors chaud (sa température est de 39 °C et la consigne de 37 °C) : il rougit (vasodilatation cutanée) et transpire jusqu'à stabilisation de la température à 37 °C.
La modification de la consigne est liée à une action sur les thermorécepteurs, action qui semble faire intervenir des prostaglandines. L'aspirine inhibe précisément la production de prostaglandines. La signification biologique de la fièvre réside dans le fait que l'élévation de la température corporelle stimule l'ensemble des systèmes de défense contre l'infection. La fièvre est donc une réponse biologique appropriée, qu'il n'est pas toujours opportun de faire « baisser » à tout prix. Il n'en reste pas moins qu'une fièvre très élevée peut être néfaste et doit être traitée.

Les vitamines

Ces substances sont indispensables, en très faibles quantités, au fonctionnement de l'organisme. Ce dernier ne pouvant les fabriquer, ces substances doivent être présentes dans l'alimentation. En cas d'avitaminose (carence vitaminique liée à l'alimentation), des compléments peuvent être prescrits.

Rôle biologique des vitamines et besoins quotidiens

Vitamines	Besoins quotidiens	Rôle biologique	Principaux apports
I. Vitamines liposolubles		• Dérive du β carotène (= provitamine A). • Composé photosensible du pourpre rétinien (rhodopsine).	• Foies d'animaux, notamment de poissons, beurre, lait, fromages, œufs. • Sous forme de provitamines dans les caroténoïdes de nombreux légumes : laitue, épinards, carottes.
Groupe A axérophtol ou rétinol	0,75 - 1,2 mg	• Favorise la formation de mucopolysaccharides-sulfates. • Intervient dans la synthèse des stéroïdes sexuels. • Joue un rôle au niveau des membranes cellulaires. • Vitamine de « croissance ». • Sa carence entraîne une perte de la vision crépusculaire ou héméralopie, une hyperkératinisation de la peau.	
Groupe D D_2 ou ergocalciférol D_3 ou cholécalciférol	2,5 µg	• Augmente l'absorption intestinale du calcium et du phosphore et la réabsorption tubulaire du calcium. • Mobilise le calcium osseux aux dépens de l'os ancien pour en favoriser le dépôt sur l'os jeune. Elle a le comportement d'une hormone hypercalcémiante. • Les états de carence (alimentaire et/ou d'ensoleillement) conduisent au rachitisme chez l'enfant, à l'ostéomalacie chez l'adulte. • À forte dose, la vitamine D entraîne des signes graves d'hypervitaminose : hypercalcémie, insuffisance rénale, hypertension artérielle...	• Foie, poissons gras, lait, beurre.
Vitamine E α-tocophérol	5-15 mg (augmentent avec la richesse du régime en lipides).	• Puissant antioxydant qui protège les acides gras essentiels, les vitamines A et C et les membranes cellulaires. • Les états de carence ne semblent pas exister chez l'homme et les effets thérapeutiques dans le traitement de la stérilité sont discutables et sans doute nuls.	• Germes de céréales. • Organes verts des végétaux (salades, choux, épinards...). • Foie, lait, beurre, œufs, lard.
Groupe K	1 mg	• Pas d'hypervitaminose. • Nécessaire à la synthèse des facteurs II, VII, IX et X du complexe prothrombique qui intervient dans la coagulation du sang. Vitamine antihémorragique.	• Foie, viande. • Épinards, choux verts, fraises.

Vitamines	Besoins quotidiens	Rôle biologique	Principaux apports
II. Vitamines hydrosolubles Groupe B	aneurine ou chlorhydrate de thiamine 1,5 mg	• Coenzyme (pyrophosphate de thiamine) de plusieurs décarboxylases. • Intervient dans l'assimilation et le métabolisme des glucides. • Sa carence entraîne le béri-béri, des névrites et polynévrites.	• Levures, graines de céréales, légumineuses, légumes secs, fruits secs et oléagineux, viande, abats, jaune d'œuf.
Vitamine B_2 riboflavine ou lactoflavine	1,5 mg	• Facteur de croissance. • Entre dans la constitution de coenzymes transporteurs d'hydrogène. • Intimement liée au métabolisme protidique. • Sa carence entraîne une sécheresse des muqueuses, une conjonctivite, une part des symptômes du béri-béri.	• Levures, céréales, foie, lait, œufs, viande.
Vitamine B_3 ou vitamine PP amide nicotinique ou niacine	10-20 mg	• Intervient dans les transporteurs d'hydrogène (NAD-NADP). • Peut être suppléée par l'association : vitamine B_2 + vitamine B_6 + tryptophane. • Sa carence donne la pellagre qui associe diarrhée, démence et dermite.	• Levure, blé, amandes, poisson (surtout saumon), foie, viande.
Vitamine B_5 acide pantothénique	10 mg	• Entre dans la constitution du coenzyme A. • Très répandu dans la nature. • Pas de carence connue.	• Levure, foie, œufs, viande, poisson, céréales.
Vitamine B_6 pyridoxine ou pyridoxal	1,5 mg	• Coenzyme de nombreuses enzymes en particulier de transaminases. • Intervient dans l'élaboration des amines biogènes du système nerveux central. • Intervient dans la saturation et la désaturation des acides gras. • Entre dans la synthèse de la vitamine B_3 ou PP. • Sa carence provoque des lésions cutanées, nausées, anémie et troubles nerveux.	• Levures, germes de céréales. • Viande, foie, abats. • Jaune d'œuf. • Poissons. • Lait.
Vitamine B_8 biotine	150-300 μg	• Coenzyme dans des réactions de décarboxylation et de transcarboxylation. • Intervient dans la synthèse des acides gras. • Sa carence entraîne des troubles trophiques cutanés.	• Foie, rognons, jaune d'œuf, chocolat, légumineuses, champignons.
Vitamine B_9 acide folique	200-400 μg	• Permet la synthèse de la sérine, des acides nucléiques, des noyaux purique et pyrimidique. • Intervient dans le métabolisme de la tyrosine, de l'acide ascorbique, des vitamines B_9 et B_{12}.	• Légumes verts. • Foie, rognons. • Viande, œufs.
Vitamine B_{12} cyanocobalamine	2 μg	• Facteur extrinsèque du facteur antipernicieux. • Intervient dans l'utilisation des glucides par le système nerveux central. • Joue le rôle de coenzyme dans une réaction de transformation du coenzyme A. • Sa carence bloque, comme celle des folates, la synthèse d'ADN.	• Levure. • Viande, foie, rognons. • Poissons gras.
Vitamine C acide L-ascorbique	10-75 mg	• Transporteur d'ions H^+ (équilibre acide ascorbique → acide déhydroascorbique). • Indispensable à la synthèse du collagène. • Réduit le fer à l'état ferreux et facilite son absorption. • Intervient dans la biosynthèse des glucocorticoïdes. • Sa carence entraîne le scorbut avec asthénie, gingivorragies.	• Végétaux frais.

Pour en savoir plus

ALAIS (C.), *Abrégé de biochimie alimentaire*, Masson – Paris 1991

BAULIEU (E.E.), KELLY (P.), *Hormones from molécules to diseases*, Hermann – Paris 1991

IDELMAN (S.), *Endocrinologie, fondements physiologiques*, Presses Universitaires de Grenoble – Grenoble 1990

LEROUX (J.P.) et al., *Le métabolisme énergétique chez l'homme*, dossier Inserm/Nathan – Paris 1995

RULLIER (B.), *Hygiène alimentaire*, Repères Pratiques, Nathan – Paris 1995

RÉGULATION DE L'ÉQUILIBRE HYDRIQUE ET ÉLECTROLYTIQUE

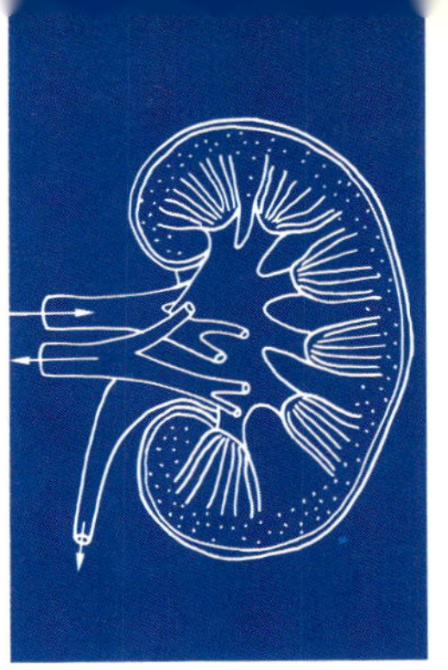

À tout moment, des variations de la composition du *milieu intérieur* se produisent : l'eau et les ions minéraux sont absorbés au niveau de l'intestin, la concentration des ions H + augmente lorsque l'activité musculaire est plus intense, l'organisme rejette une urine plus ou moins diluée... Cependant, ces entrées ou sorties, sans cesse modifiées par le fonctionnement de l'organisme et par l'influence de l'environnement, n'occasionnent que des variations minimes et maintenues dans d'étroites limites. Le milieu intérieur maintient une relative stabilité, indispensable au fonctionnement des cellules et à l'origine d'une relative indépendance de l'organisme face aux fluctuations du milieu extérieur. L'équilibre hydrominéral est un aspect de cet état d'équilibre dynamique ou *homéostasie.* Les reins, qui règlent l'élimination ou la réabsorption d'eau et d'ions minéraux, sont les organes effecteurs de la régulation de l'équilibre hydrominéral.

Sommaire

1. Reins et milieu intérieur

Les reins participent au maintien de l'équilibre hydrominéral

L'équilibre hydrominéral est un aspect de l'homéostasie. Il résulte d'un état d'équilibre entre la charge en eau et la charge en ions minéraux (Na^+, Cl^-...) du milieu intérieur, et plus précisément du plasma sanguin. Cet état d'équilibre définit une valeur moyenne de la pression osmotique du plasma, dont une relative constance (300 mOsm.L^{-1}) est indispensable au maintien des structures et de l'activité des cellules. Réglant les échanges d'eau entre les cellules et le milieu intérieur, la pression osmotique, et donc l'équilibre hydrominéral, régissent la volémie ou volume sanguin.

L'équilibre minéral : un équilibre dynamique

L'eau et les ions minéraux sont présents dans le milieu intérieur. Si ces substances sont maintenues à un niveau stable sur une période donnée, c'est que la somme des quantités ingérées et/ou produites par l'organisme est égale à la somme des quantités excrétées et/ou consommées. Les mesures des échanges quotidiens d'eau et d'ions minéraux, comme le sodium, entre l'organisme adulte et son milieu ambiant, témoignent de cet état d'équilibre.

Les acteurs de l'équilibre hydrominéral

Plusieurs organes participent aux échanges d'eau et d'ions minéraux avec le milieu extérieur.

Les principales entrées résultent de l'absorption intestinale. Ces entrées peuvent être contrôlées par la volonté (comportement de faim ou de soif). Lorsqu'elle respire (oxydations dans les mitochondries), chaque cellule produit également de l'eau. La quantité émise est cependant négligeable par rapport aux quantités ingérées.

Les sites de sorties sont multiples. Ils sont constitués par la peau, les poumons, le tube digestif, les voies urinaires.

La perte d'eau et d'ions par les voies urinaires, et donc par les reins, en constituent les sorties essentielles, contrôlées de façon très fine (variation de la quantité d'urine émise, mais aussi de la qualité : urine concentrée ou urine diluée).

La perte d'eau par les glandes sudoripares et les cellules de la peau ou lors des échanges respiratoires se fait, en permanence, par évaporation. Les quantités rejetées ne sont pas négligeables, même si on ne s'en aperçoit pas. Elles sont contrôlées indirectement par le rythme respiratoire ou encore par la régulation de la température corporelle.

La perte d'ions et d'eau par les fèces a des origines diverses : il s'agit de substances, soit non absorbées par l'organisme (elles n'y sont jamais entrées !), soit sécrétées dans le tube digestif par les différentes glandes digestives (pancréas, foie, glandes salivaires...). Ces pertes sont incontrôlables.

Les reins, mais aussi l'hypothalamus, à l'origine des comportements de soif et de faim, apparaissent comme des acteurs spécifiques de l'équilibre hydrominéral. Les reins participent également à d'autres fonctions, en particulier à :

– l'élimination des déchets métaboliques (provenant du catabolisme des produits azotés : protéines, acides nucléiques...) et de substances chimiques étrangères à l'organisme (médicaments, pesticides...) ;

– la production de substances, directement ou indirectement hormonales (érythropoïétine, rénine, 1,25$(OH)_2D_3$...).

Glandes sudoripares / sweat gland : exp., glandes situées dans la peau (derme ou hypoderme), et qui produisent la sueur.

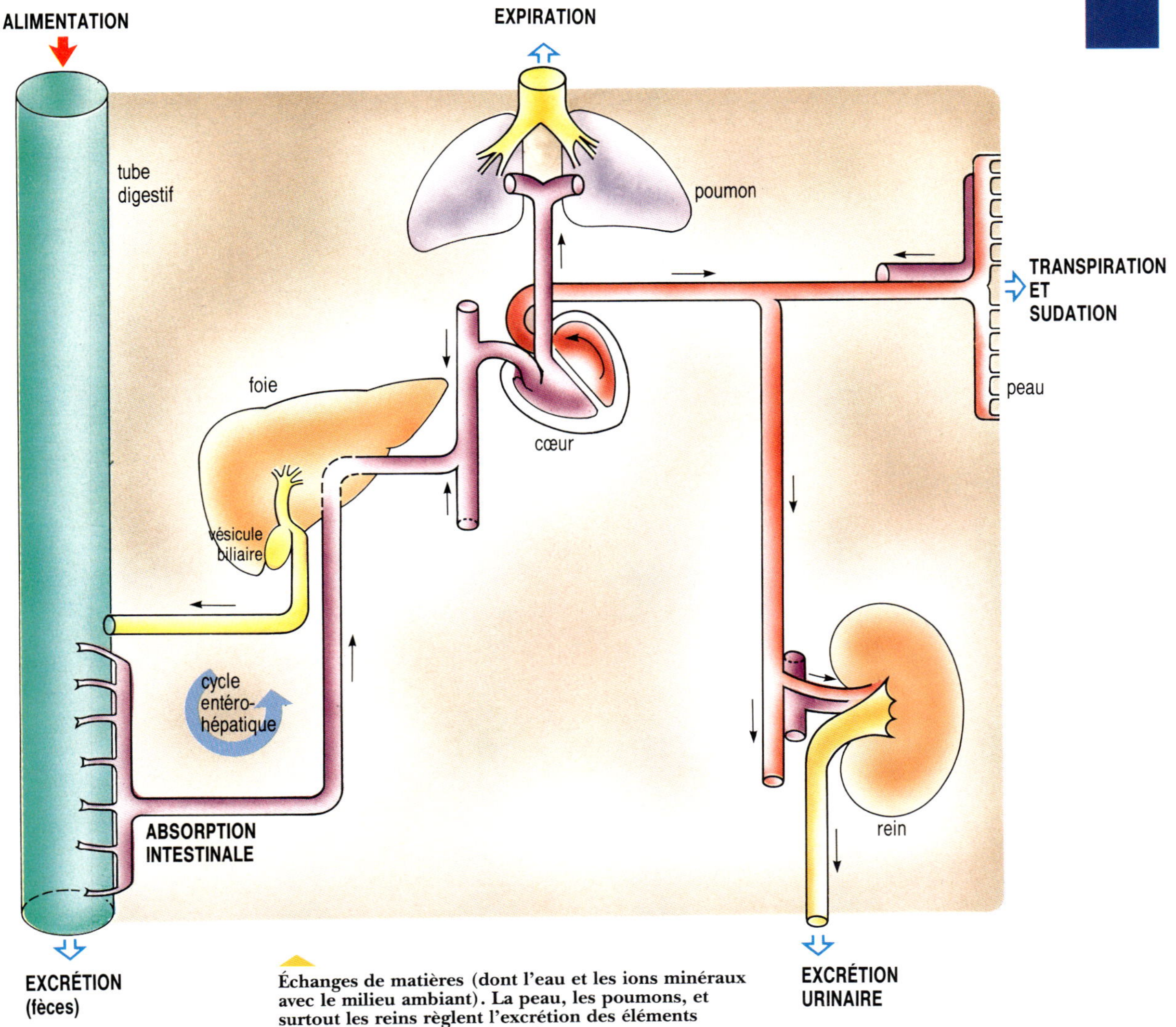

Échanges de matières (dont l'eau et les ions minéraux avec le milieu ambiant). La peau, les poumons, et surtout les reins règlent l'excrétion des éléments absorbés au niveau de l'intestin.

ENTRÉES	boisson	1 300
	aliments	1 000
	eau métabolique (production cellulaire)	300
SORTIES	poumons	500
	peau	400
	fèces	200
	urine	1 500

Échanges d'eau entre l'organisme adulte et le milieu ambiant (volumes moyens exprimés en ml/jour).

ENTRÉES	aliments (± boissons)	10,25
SORTIES	peau (sueur)	0,20
	fèces	0,20
	urine	9,85

Échanges de sodium (exemple d'ion minéral) entre l'organisme adulte et le milieu ambiant (quantité en g/jour).

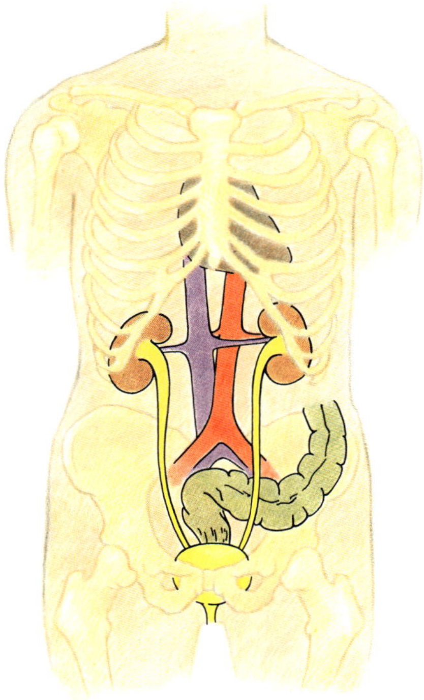

Position anatomique des reins dans la cavité abdominale.

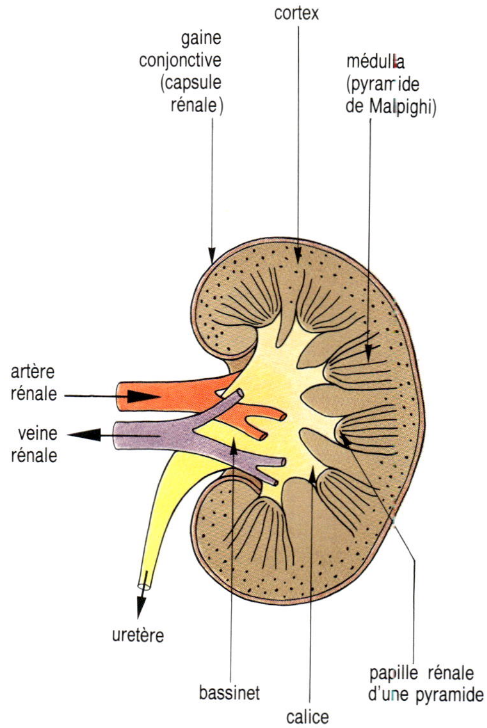

Coupe longitudinale d'un rein. Noter l'aspect granuleux du cortex et l'aspect strié de la médulla.

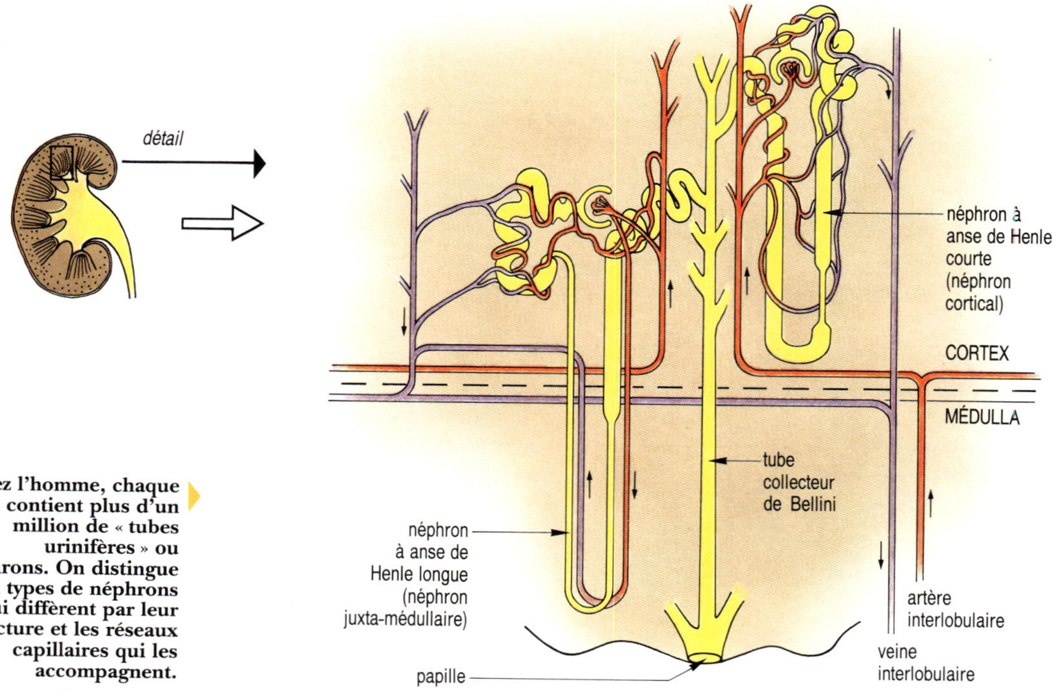

Chez l'homme, chaque rein contient plus d'un million de « tubes urinifères » ou néphrons. On distingue deux types de néphrons qui diffèrent par leur structure et les réseaux capillaires qui les accompagnent.

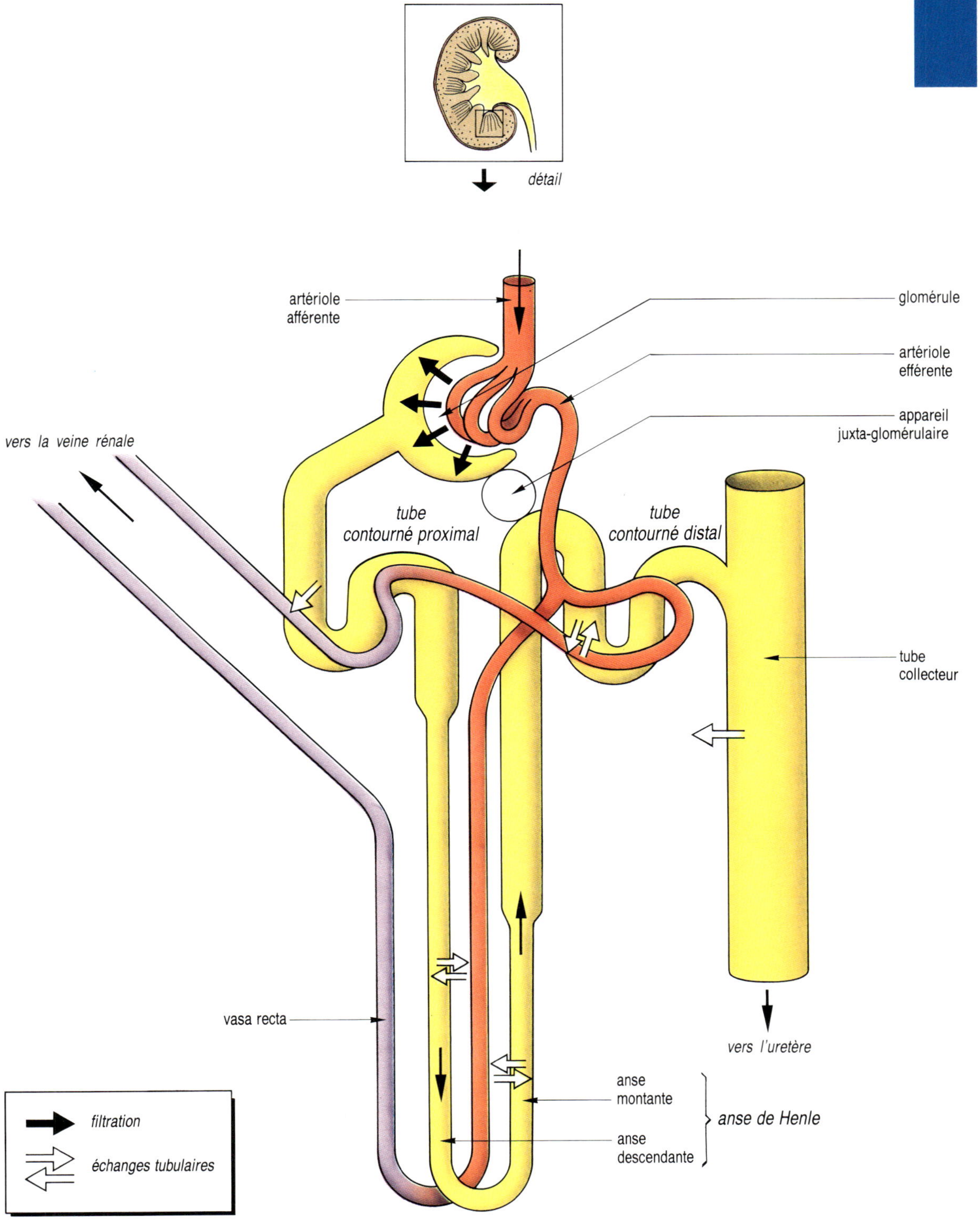

Le néphron représente l'unité structurale et fonctionnelle du rein. Le sang est filtré dans le glomérule, association d'un bouquet de capillaires – le floculus – et de l'extrémité borgne du néphron, la capsule de Bowman. La majorité de ce filtrat est réabsorbée au niveau des tubules (tubes contournés proximal et distal, anse de Henle, tube collecteur). Le reste constitue l'urine, qui rejoint l'uretère. L'aspect granuleux du cortex est dû à la présence de nombreux glomérules. Les anses de Henle et les tubes collecteurs déterminent l'aspect strié de la médulla.

1. Le travail du rein : filtrer, réabsorber, sécréter

Chaque rein est constitué d'environ un million de tubes urinifères ou néphrons, fortement vascularisés. Un néphron comporte un glomérule, unité de filtration, prolongé par un tubule, collecteur du liquide filtré. L'urine, formée dans le tubule, est recueillie dans le bassinet et s'écoule ensuite par les voies urinaires (uretères, vessie, urètre).

Le néphron, surface d'échange efficace

- *Le glomérule filtre le plasma*

La formation de l'urine commence par la filtration du plasma, des capillaires glomérulaires vers l'espace de la capsule de Bowman. Le filtrat glomérulaire, ou « urine primitive », contient toutes les substances du plasma, exceptées les protéines dont la masse moléculaire empêche la filtration (en réalité, la masse moléculaire critique semble être autour de 10 000; de « petites » protéines, comme l'insuline, sont ainsi filtrées).

- *Le tubule transforme le filtrat glomérulaire*

L'urine recueillie dans le bassinet a une composition très différente de celle du filtrat glomérulaire. En effet, de nouveaux échanges s'effectuent le long du tubule entre le filtrat et le sang de l'artériole efférente au glomérule. Les échanges qui se font du tubule vers les capillaires « péritubulaires », constituent une réabsorption; inversement d'autres échanges, du sang vers le liquide intratubulaire, correspondent à une sécrétion.

Filtration glomérulaire / glomerular filtration : exp., mouvement du plasma, sans ses protéines, vers l'espace de la capsule de Bowman. Produit le filtrat glomérulaire, ou urine primitive.

Néphron / nephron : n.m., unité fonctionnelle du rein, comportant un glomérule et un tubule.

Réabsorption tubulaire / tubular reabsorption : exp., mouvement de certaines substances du liquide intratubulaire vers le plasma des capillaires péritubulaires.

Sécrétion tubulaire / tubular secretion : exp., mouvement de certaines substances du plasma des capillaires péritubulaires vers le liquide intratubulaire.

Le néphron « traite » différemment les substances

Chaque substance du plasma est traitée de façon spécifique par le rein. Leur devenir est la résultante d'une combinaison entre la filtration, la réabsorption et la sécrétion. On distingue ainsi :
- des substances filtrées et en partie réabsorbées, comme l'eau ou les ions Na^+ ;
- des substances filtrées et totalement réabsorbées, comme le glucose;
- des substances filtrées, sécrétées mais non réabsorbées, comme les ions H^+ et K^+.

Le travail des reins

Chaque rein reçoit chaque jour 1 600 litres de sang, en filtre 180; l'organisme rejette près de 2 litres d'urine. Le débit sanguin rénal est énorme (près d'un quart du débit cardiaque total!) en comparaison avec la masse de cet organe. Ces chiffres, très élevés en regard de la masse et des besoins métaboliques des reins, sont en rapport avec leur travail : filtrer, réabsorber ou sécréter, pour maintenir l'équilibre hydrominéral et excréter les déchets métaboliques, comme l'urée. En effet, le rein élimine les déchets métaboliques du milieu intérieur, en particulier les produits du catabolisme azoté : ions NH_4^+, acide urique et surtout urée. Le rein ne fabrique pas l'urée. Cette substance, élaborée par les cellules hépatiques à partir de radicaux $-NH_2$, est présente dans le plasma, puis filtrée et excrétée par le rein.

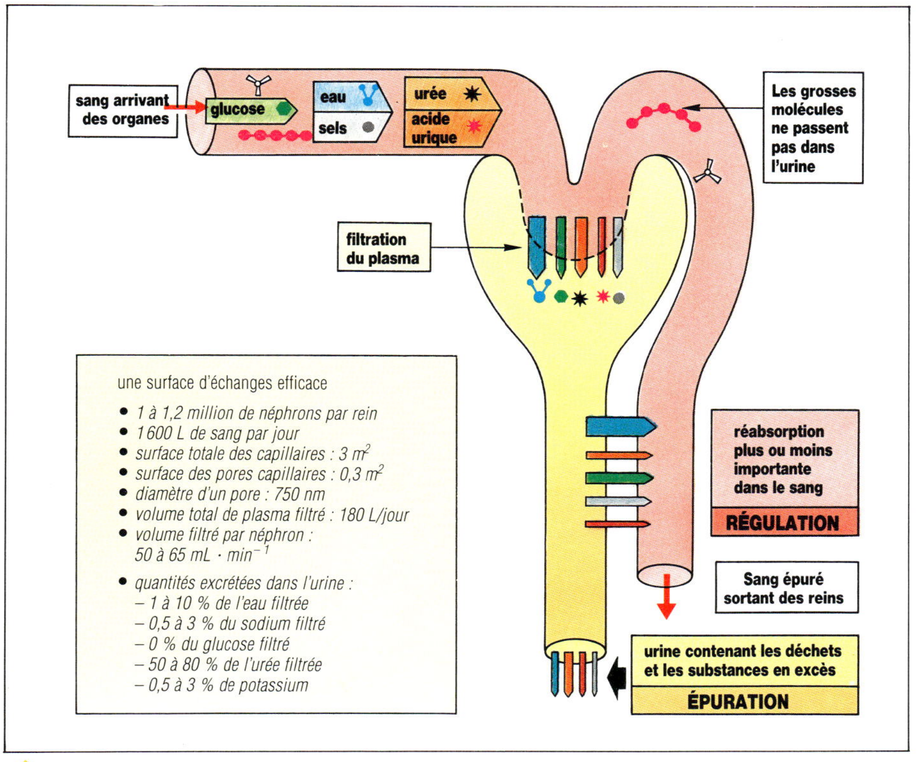

Le néphron est l'effecteur de l'excrétion urinaire.
On peut résumer l'intervention du néphron en une filtration du sang au niveau du glomérule, plus ou moins sélective selon la taille des molécules et des échanges tubulaires soumis à régulation hormonale.

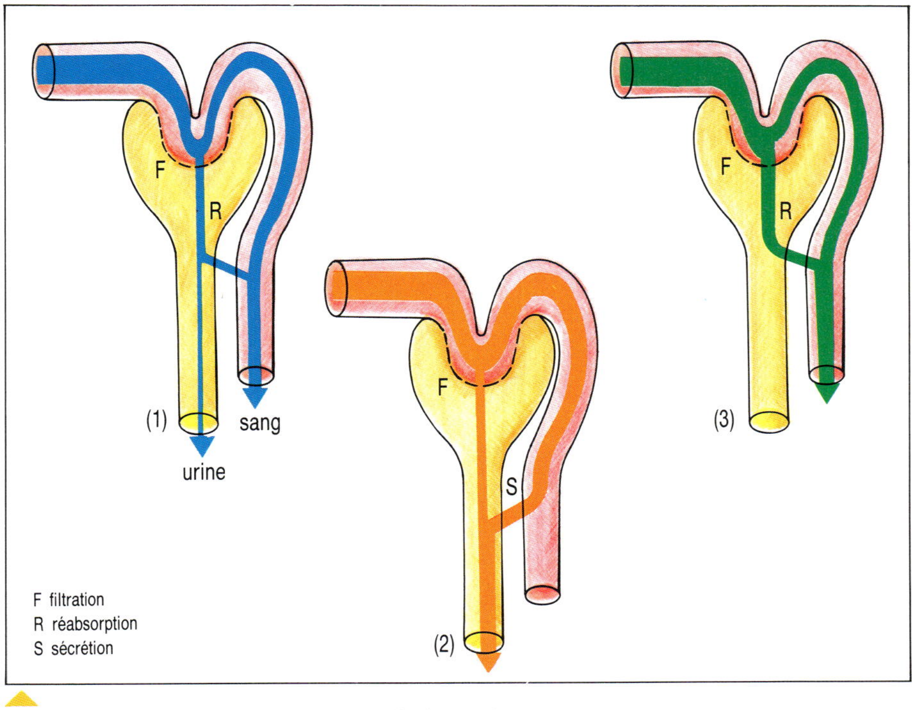

On distingue, au niveau de l'excrétion urinaire, trois types de substances.
Certaines sont filtrées puis partiellement réabsorbées (1). D'autres sont filtrées, sécrétées, mais non réabsorbées (2). Les dernières sont filtrées puis totalement réabsorbées (3). On peut citer comme exemples : l'eau ou les ions Na^+ pour la première catégorie, les ions hydrogène et potassium pour la deuxième, le glucose pour la troisième (adapté de A.J. Vander, *Physiologie humaine*, op. cité).

2. Filtration glomérulaire et fonctions tubulaires

Le glomérule filtre le plasma

La surface d'échange entre le plasma et le filtrat glomérulaire est une mince barrière, constituée par l'endothélium des capillaires sanguins et les cellules épithéliales de la capsule de Bowman, appelées podocytes en raison de leur forme particulière. Cette barrière filtre les substances du plasma selon leur masse moléculaire. Le moteur de la filtration est la pression du sang dans les capillaires, nettement supérieure à la somme des forces s'opposant à la filtration (pression hydrostatique capsulaire + pression osmotique déterminée par les protéines non filtrées et demeurant dans les capillaires).

Appareil juxtaglomérulaire / juxtaglomerular apparatus : exp., ensemble cellulaire, constitué par la juxtaposition d'éléments vasculaires (artériole sortant du glomérule) et d'éléments rénaux (paroi du tube contourné distal). Sécrète la rénine dans le sang.

Glomérule / glomerulus : n.m., site de filtration du sang au niveau du néphron, constitué d'un bouquet de capillaires pelotonnés, ou floculus, et appliqués à l'extrémité borgne et élargie du néphron.

Podocyte / podocyte : n.m., cellule épithéliale formant le revêtement de la capsule de Bowman, et appliquée contre les capillaires du floculus. Sa structure en forme de « pied » laisse des espaces de filtration entre la paroi capillaire et la paroi de la capsule de Bowman.

Tubule / tubule : n.m., ensemble du tube urinifère très vascularisé, siège de réabsorptions ou de sécrétions entre le liquide intratubulaire et le plasma sanguin.

La filtration glomérulaire est contrôlée

Tout facteur contrôlant la pression artérielle, et donc le débit sanguin à l'entrée des reins, contrôle la filtration glomérulaire. Parmi ceux-ci, le système rénine-angiotensine mérite quelques explications.

Certaines cellules spécialisées de l'artériole afférente et du tube contourné distal constituent l'appareil juxtaglomérulaire. Sous certaines influences (activité de fibres orthosympathiques, pression sanguine de l'artériole afférente, taux de Na^+ dans le tube distal), les cellules de l'appareil juxtaglomérulaire sécrètent une enzyme, la rénine, capable de scinder une protéine plasmatique sécrétée par le foie, l'angiotensinogène. Le résultat de cette protéolyse limitée est un polypeptide circulant, l'angiotensine I, transformé dans de nombreux capillaires et particulièrement dans les capillaires pulmonaires en angiotensine II par « l'enzyme de conversion » de l'angiotensine. L'angiotensine II est un vasoconstricteur puissant.

D'autres facteurs contrôlent la filtration glomérulaire. Ainsi, certaines prostaglandines ont une action opposée à celle de l'angiotensine II.

Chaque segment tubulaire a des propriétés spécifiques

Les fonctions tubulaires (sécrétion, réabsorption) sont déterminées par les qualités des membranes des différentes parties du tubule : ces membranes peuvent être perméables ou imperméables à l'eau ou à certains solutés, présenter des modalités très diverses de perméabilité membranaire (transport actif, passif ou couplé...).

Ainsi, le tubule contourné proximal est le site de très nombreuses réabsorptions (glucose, Na^+, eau...); l'anse de Henle établit un gradient osmotique entre cortex et médulla du rein (la pression osmotique du milieu interstitiel peut atteindre 1 400 $mOsm.L^{-1}$ à la base de la médulla !) ; le tube contourné distal réabsorbe (Na^+, eau...) ou secrète (H^+, K^+...).

Les fonctions tubulaires sont contrôlées. Elles sont soumises au contrôle hormonal de l'aldostérone, sécrétée par la corticosurrénale, et de l'ADH, sécrétée par la neurohypophyse.

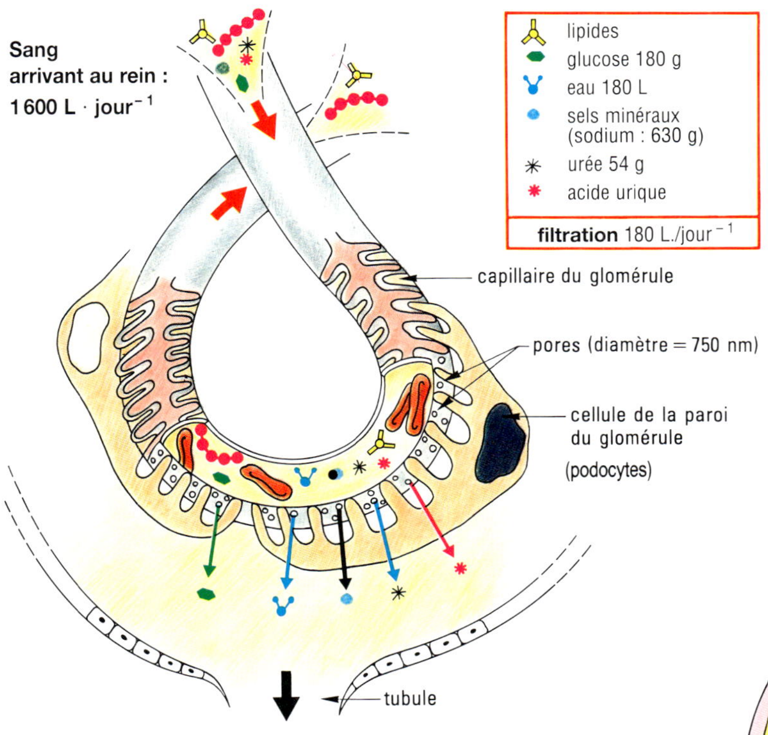

Résultats de la filtration glomérulaire (les chiffres indiqués sont donnés pour un jour).

Bilan des forces mises en jeu lors de la filtration glomérulaire.

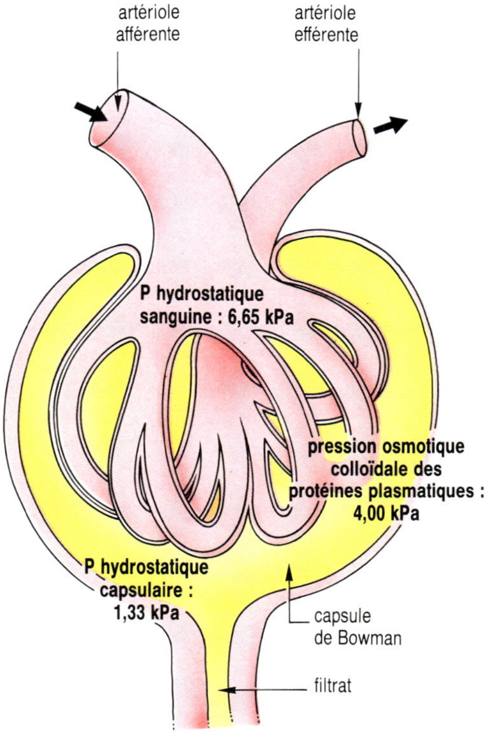

Les fonctions tubulaires (sécrétion, réabsorption...) sont déterminées par les qualités des membranes des différentes parties du néphron : il peut y avoir perméabilité ou imperméabilité, et toutes les modalités de diffusion membranaire sont représentées !

$$\text{P efficace de filtration} = (\text{pression hydrostatique sanguine}) - (\text{pression hydrostatique capsulaire} + \text{pression osmotique colloïdale})$$

$$\text{P eff} = 6{,}65 - (1{,}33 + 4{,}00) = 1{,}32 \text{ kPa}$$

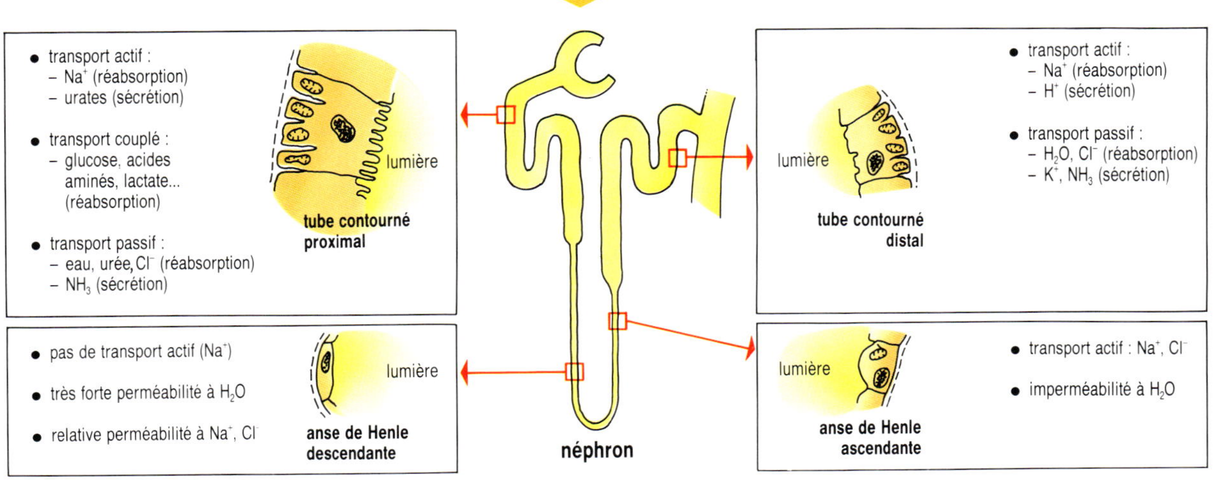

1. Les reins sont soumis à un contrôle hormonal

Les ions Na^+, Cl^- et l'eau filtrent librement au niveau des glomérules, et 99 % environ sont réabsorbés au cours de leur passage dans les tubules. Ces substances ne subissent aucune sécrétion tubulaire. Leur réabsorption peut être l'objet de stimulations hormonales, qui ajustent en permanence l'équilibre hydrominéral du plasma.

L'aldostérone amplifie la réabsorption rénale du sodium

L'aldostérone est une hormone de nature stéroïdienne sécrétée par la corticosurrénale. Des malades souffrant d'une atrophie de cette glande excrètent, par voie urinaire, une grande quantité de sodium. Il existe donc un lien entre la présence de cette hormone dans le plasma et la réabsorption de Na^+.
Les cellules cibles de l'aldostérone se situent, pour l'essentiel, au niveau de la branche ascendante de l'anse de Henle et du tube contourné distal. L'hormone y traverse la bicouche lipidique des membranes cellulaires, et se fixe à un récepteur cytoplasmique spécifique. Le complexe hormone-récepteur migre dans le noyau et stimule la transcription d'un ARN messager, dont la traduction provoque la synthèse d'une protéine induite. Celle-ci active la perméabilité au Na^+, et donc sa réabsorption, en augmentant le métabolisme énergétique. La sécrétion d'aldostérone est déclenchée, au niveau de la corticosurrénale, par l'angiotensine II, en réponse à une baisse de la pression artérielle ou de la volémie. D'autres facteurs agissent sur la réabsorption tubulaire du sodium. Ainsi, l'hormone natriurétique, d'origine cardiaque (oreillette), réduit-elle le taux de réabsorption du Na^+.

L'ADH ajuste la teneur en eau du milieu intérieur

ADH (antidiuretic hormone) : sigle hormone de nature polypeptidique, sécrétée par la neurohypophyse, et contrôlant la réabsorption tubulaire de l'eau.
Aldostérone / aldosteron : n.f., hormone de nature stéroïdienne, sécrétée par la corticosurrénale, et contrôlant la réabsorption tubulaire du sodium.

La réabsorption de l'eau dépend essentiellement de la pression osmotique péritubulaire, et donc de la réabsorption des ions Na^+ et Cl^-. Lorsque l'épithélium tubulaire est perméable à l'eau, celle-ci suit les mouvements des ions minéraux. Au niveau des tubes distaux et collecteurs, l'imperméabilité relative de l'épithélium freine les passages d'eau. Celle-ci est levée en présence d'une hormone de nature polypeptidique, l'ADH (AntiDiuretic Hormone), sécrétée par la neurohypophyse en réponse à une baisse de la volémie ou à une augmentation de la pression osmotique sanguine. L'ADH est donc un facteur prépondérant des possibles dilutions (absence d'ADH, diurèse) ou concentrations (présence d'ADH, réabsorption d'eau) de l'urine. Elle participe à la régulation de la volémie, de la pression osmotique sanguine, et donc, indirectement, de la pression artérielle. Son mode d'action au niveau cellulaire fait intervenir l'AMPc. Ce second messager, en induisant la phosphorylation de protéines membranaires, augmente la perméabilité à l'eau, et donc sa réabsorption.

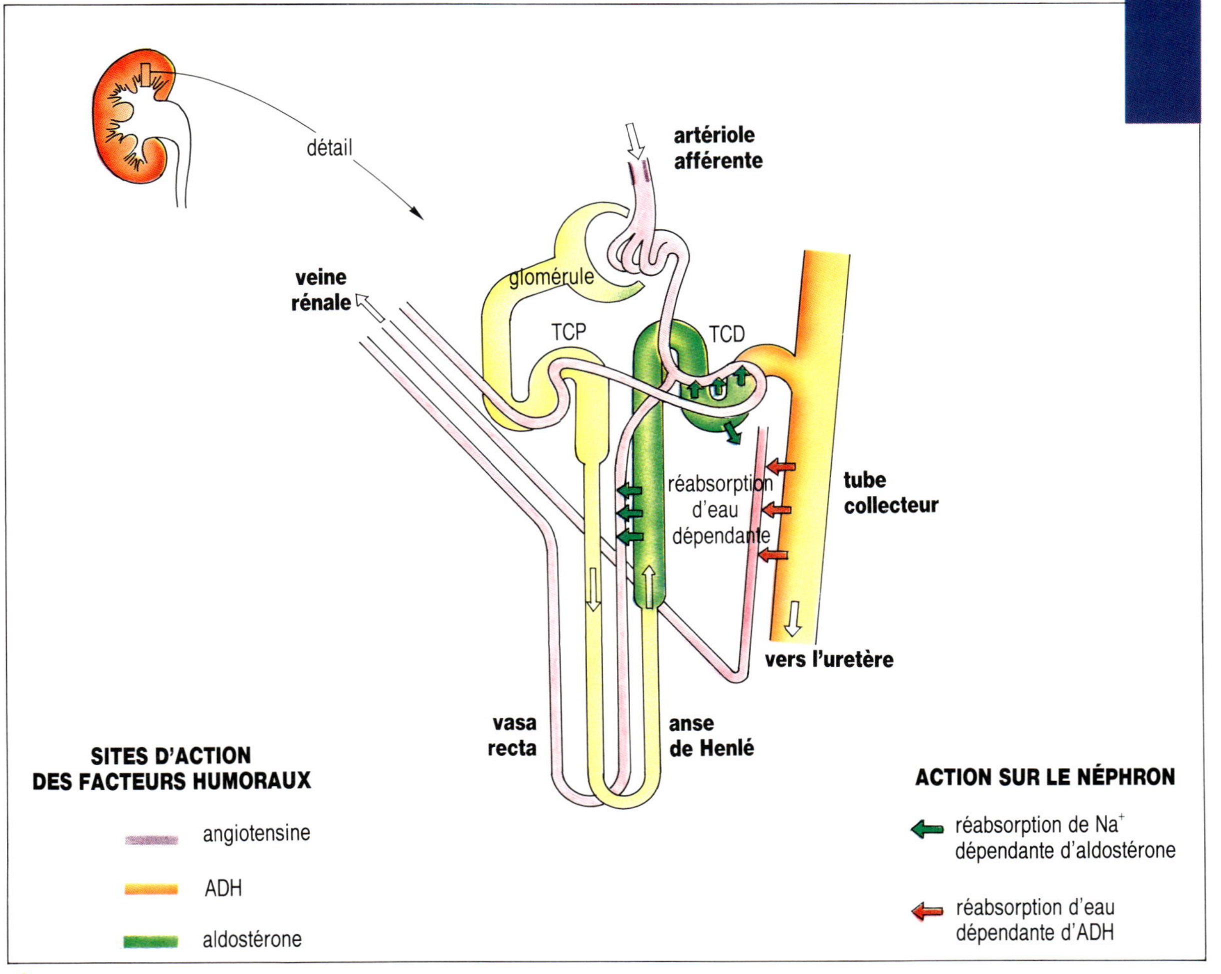

Le néphron, unité fonctionnelle du rein, est la cible de différents facteurs humoraux qui règlent la pression sanguine afférente (angiotensine), la réabsorption de Na^+ (aldostérone) ou d'eau (ADH).

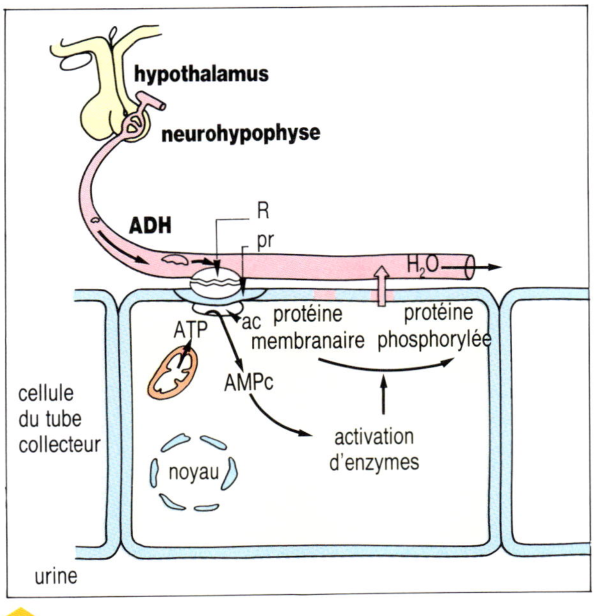

Mode d'action de l'ADH sur les cellules du tube collecteur (R : récepteur membranaire, pr : protéine régulatrice, ac : adényl-cyclase).

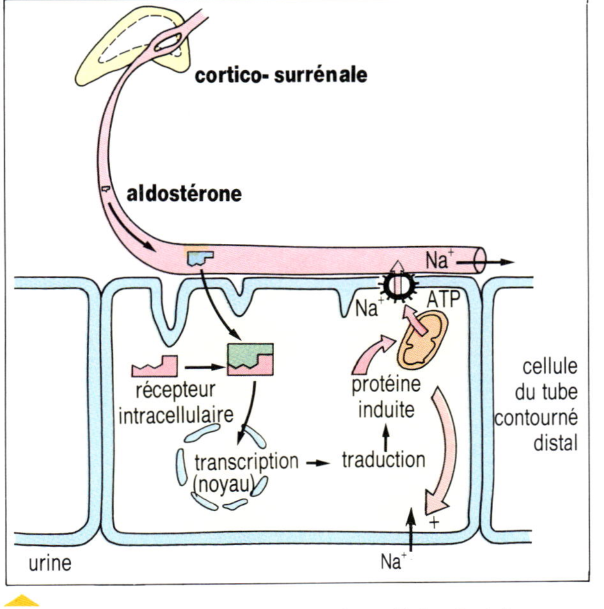

Mode d'action de l'aldostérone sur les cellules du tube contourné distal.

2. Les reins diluent ou concentrent l'urine

La qualité de l'urine, diluée ou concentrée, et donc le rythme auquel l'eau est évacuée, dépendent de la concentration plasmatique de l'ADH.

Les reins produisent une urine diluée

Pour que les reins produisent une urine diluée, il est nécessaire que les tubules rénaux réabsorbent plus de solutés que d'eau. Ce résultat est obtenu en l'absence d'ADH : l'eau est réabsorbée suivant les gradients de pression osmotique au niveau du tube proximal et de la branche descendante de l'anse de Henle. Dans les autres parties du tubule, les membranes des cellules épithéliales, qui lui sont relativement imperméables, laissent au contraire passer les solutés (en particulier le Na^+, dont la réabsorption est stimulée par l'aldostérone). L'urine collectée par le bassinet a été progressivement diluée.

Les reins produisent une urine concentrée

Pour concentrer l'urine, les tubules rénaux doivent rejeter les solutés en excès, tout en facilitant la réabsorption d'eau. Ce résultat est obtenu en combinant deux mécanismes :
– l'un, d'origine anatomique, fonctionne en permanence, que l'urine rejetée soit diluée ou concentrée. Il n'en a pas été fait mention précédemment pour ne pas compliquer l'exposé. Il n'affecte que l'amplitude de la dilution (ou de la concentration), mais prend une réelle importance lorsqu'il s'agit d'économiser l'eau ;
– l'autre est d'origine hormonale : il intervient lorsque l'hypothalamus est sollicité et sécrète, au niveau de la neurohypophyse, l'ADH.

• *Un mécanisme à contre-courant pour créer un gradient osmotique corticomédullaire*

Ce mécanisme est déterminé par la présence, pour certains néphrons, d'une anse de Henle développée dans la médulla, et par les différences des qualités membranaires de ses parois. L'écoulement du liquide et la disposition à contre-courant des deux branches concentrent progressivement l'urine (et le milieu interstitiel adjacent) jusqu'à la base de la médulla. Un gradient osmotique est ainsi créé, du cortex ($300\ mOsm.L^{-1}$) à la base de la médulla ($1\,400\ mOsm.L^{-1}$). La disposition des vasa recta longeant les branches de l'anse de Henle favorise l'établissement puis le maintien de ce gradient.

Gradient osmotique cortico-médullaire / corticomedullar osmotic concentration : exp., gradient de pression osmotique établi du cortex à la médulla rénaux (300 à 1 400 $mOsm.L^{-1}$) par un mécanisme concentrateur à contre-courant.

Mécanisme à contre-courant / countercurrent system : exp., mécanisme d'origine anatomo-cytologique, intervenant dans la capacité des reins à excréter une urine concentrée.

• *L'intervention de l'ADH : exploiter le gradient corticomédullaire*

Sans ADH, l'urine ainsi concentrée se dilue progressivement sur le trajet terminal du néphron (imperméabilité à l'eau, perméabilité aux solutés). Avec l'ADH, l'urine se dilue en remontant la branche ascendante de l'anse de Henle (imperméable à l'eau), mais se concentre à nouveau le long des tubes distaux et collecteurs. L'ADH lève en effet l'imperméabilité membranaire à l'eau, et favorise la réabsorption de cette dernière selon le gradient osmotique. À la fin du tube collecteur, l'urine, concentrée, est à nouveau isotonique avec le milieu interstitiel.

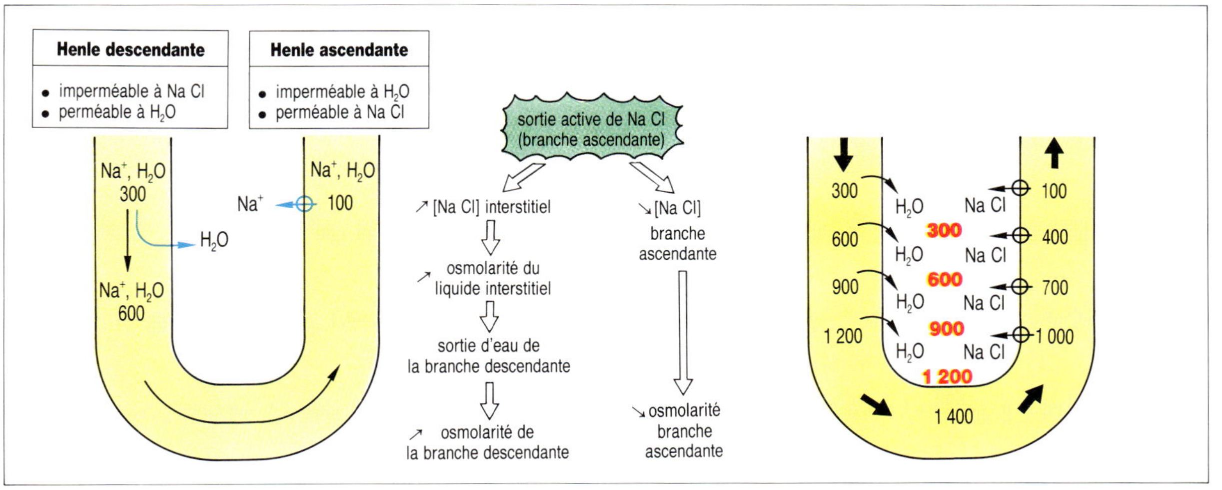

Les qualités membranaires de l'anse de Henle déterminent une concentration du liquide filtré dans la branche descendante et sa dilution dans la branche montante. L'écoulement du liquide et la disposition à contre-courant concentrent – ou diluent – progressivement l'urine le long de l'anse, et créent surtout un gradient de concentration dans le liquide interstitiel (chiffres exprimés en mOsm. L^{-1}).

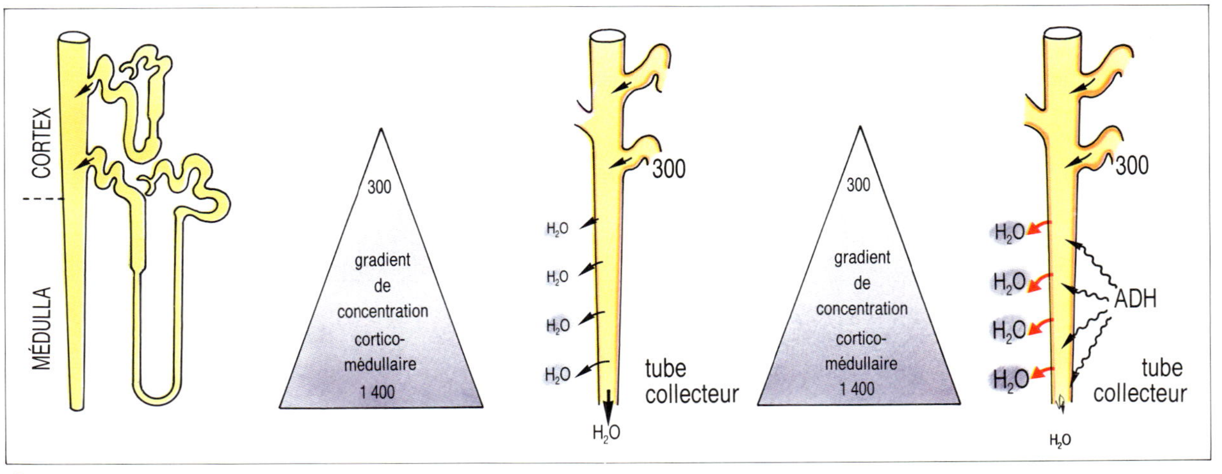

Le gradient de concentration « corticomédullaire » est déterminé par la population de néphrons à anse de Henle développée. Ce gradient permet, par rééquilibrage osmotique, la diffusion de l'eau du tube collecteur vers le liquide interstitiel. Sous l'influence de l'ADH l'urine finale contient relativement moins d'eau que de solutés. Sans ADH, la faible perméabilité du tube collecteur ne permet pas le rééquilibrage osmotique, et un important volume d'urine hypo-osmotique est excrété.

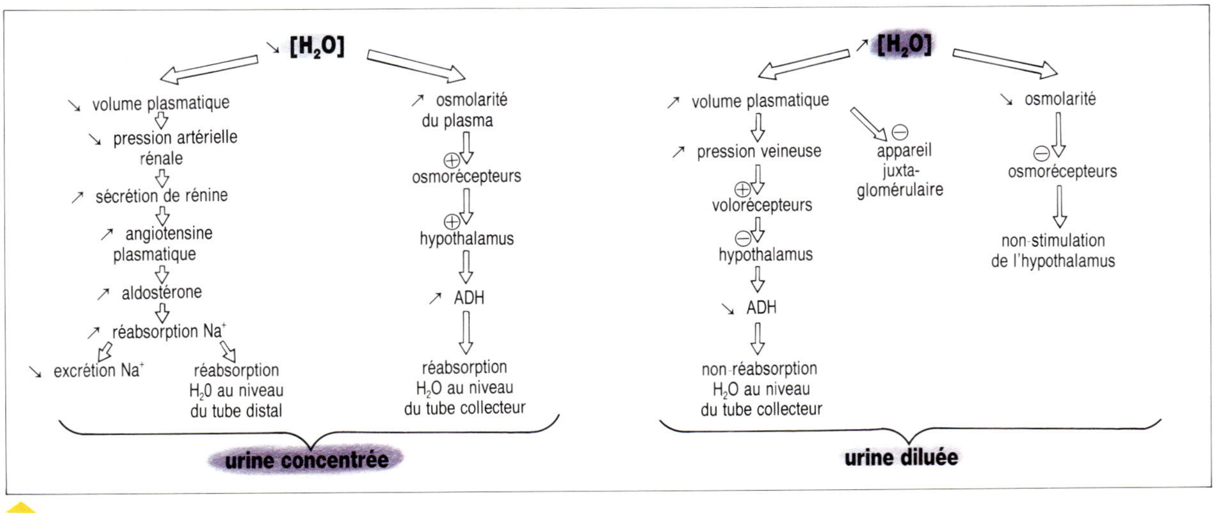

Mécanismes de concentration ou de dilution de l'urine. Ils ne dépendent que de l'intégration de la fonction rénale au reste de l'organisme.

3. Reins, équilibre acido-basique et calcémie

Le rein, acteur de l'équilibre acido-basique du sang

Dans le sang, les variations du pH sont maintenues dans d'étroites limites grâce à l'intervention de systèmes tampons. Ces systèmes sont des substances du plasma, minérales ou organiques, pouvant libérer, ou surtout fixer des ions H^+ (le métabolisme cellulaire abaisse sans cesse le pH du milieu intérieur).

$$\text{tampon} + H^+ \rightleftarrows \text{H-tampon}$$

H-tampon est un acide faible, puisque cette molécule peut se dissocier en tampon et H^+. Ainsi, dans le sang, interviennent les systèmes :
- protéines plasmatiques;
- CO_2/ HCO_3^- ;
- hémoglobine.

Les ajustements rapides de la ventilation pulmonaire (l'élimination du CO_2 déplace l'équilibre $H^+ + HCO_3^- \rightleftarrows H_2CO_3 \rightleftarrows H_2O + CO_2$ vers la droite et augmente le pH) et de l'excrétion rénale (excrétion ou régénération des HCO_3^-), font du système HCO_3^-/CO_2, le système le plus efficace de l'organisme, car son « ouverture » sur le milieu extérieur le rend très modulable. Le rein participe également au maintien du pH sanguin en sécrétant des ions H^+ et NH_4^+, acidifiant par-là même l'urine. La sécrétion de ces ions est l'aboutissement des réactions entre le sang péritubulaire, les cellules épithéliales et la lumière du tube. Outre l'acidification de l'urine, elle correspond à une extraction de CO_2 du sang, et surtout à une conservation des HCO_3^- pouvant tamponner de nouveau des ions H^+.

Parathormone / parathormone : n.f., hormone sécrétée par les glandes parathyroïdes, situées dans la région du cou. Intervient dans la régulation de la calcémie.

Système tampon / buffer system : exp., formes d'une substance résultant de la fixation ou de la libération d'ions H^+. Cette liaison réversible des ions H^+ tend à limiter les variations de pH d'une solution contenant la substance.

Vitamine D / vitamin D : n.f., précurseur du 1,25 $(OH)_2D_3$, cette vitamine est nécessaire à l'absorption et à l'utilisation du calcium (et du phosphore). Un manque de vitamine D entraîne le rachitisme chez l'enfant et l'ostéomalacie chez l'adulte.

Le rein participe à la régulation du taux de calcium plasmatique

L'équilibre calcique résulte, à l'échelle de l'organisme, de mouvements de calcium entre plusieurs compartiments : tube digestif (entrées ou sorties), liquides extracellulaires et intracellulaires (répartition), os (stockage temporaire) et reins (élimination). La régulation calcémique se situe, pour l'essentiel, au niveau des entrées, des sorties et du stockage. Le rein participe à cette régulation, en particulier lors d'un état hypocalcémique. Il est alors la cible de la ParaT-Hormone (PTH), sécrétée par les glandes parathyroïdes.
Cette hormone stimule :
- l'excrétion de PO_4^{2-} (le Ca^{2+} est alors moins fixé au niveau de l'os où il est minéralisé sous forme de phosphate tricalcique);
- la réabsorption tubulaire de Ca^{2+} (rétablissement rapide de la calcémie);
- la sécrétion d'une enzyme catalysant la synthèse de 1,25 $(OH)_2D_3$, forme active de la vitamine D, qui augmente l'absorption intestinale du calcium.

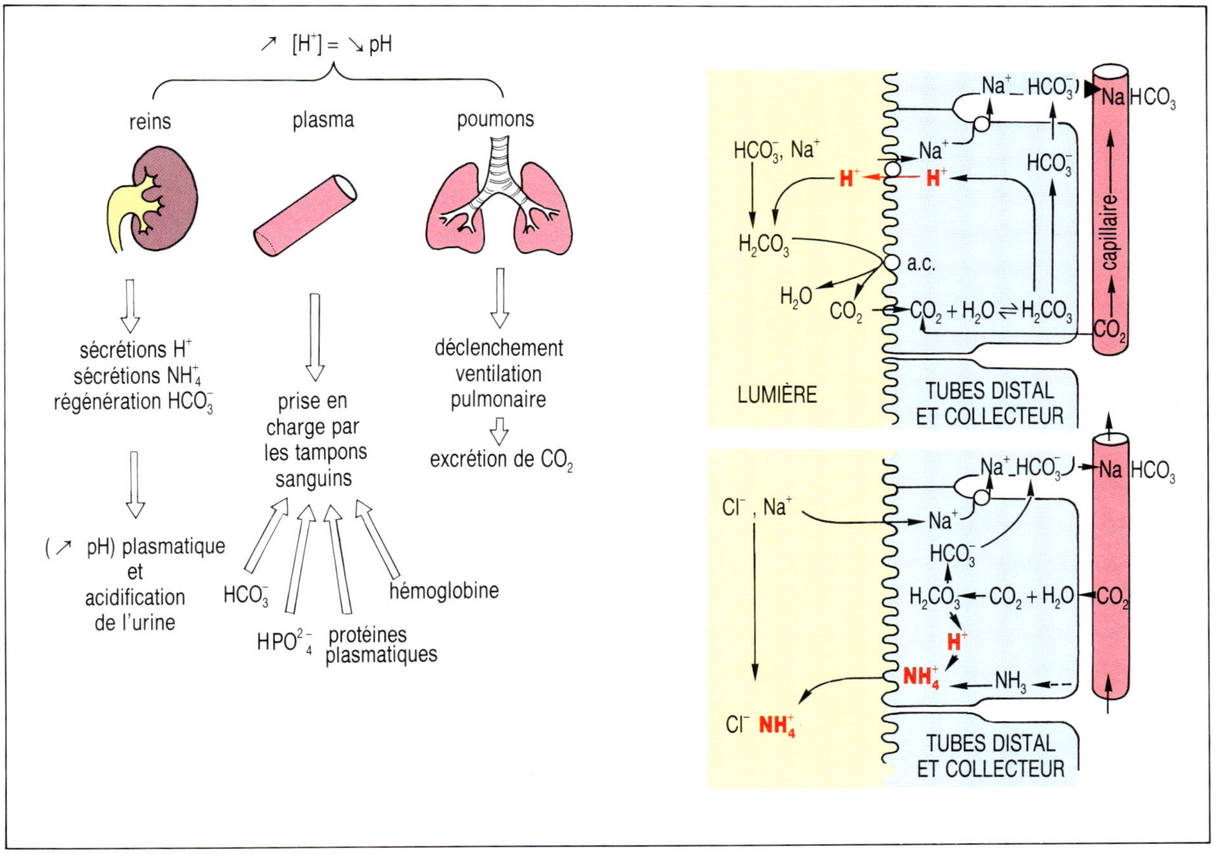

Les tampons plasmatiques (HCO_3^-, protéinates...) ou hémacytaires (désoxyhémoglobine) règlent à court terme les variations du pH plasmatique, a plus long terme, les reins et les poumons participent au maintien de l'équilibre acido-basique.

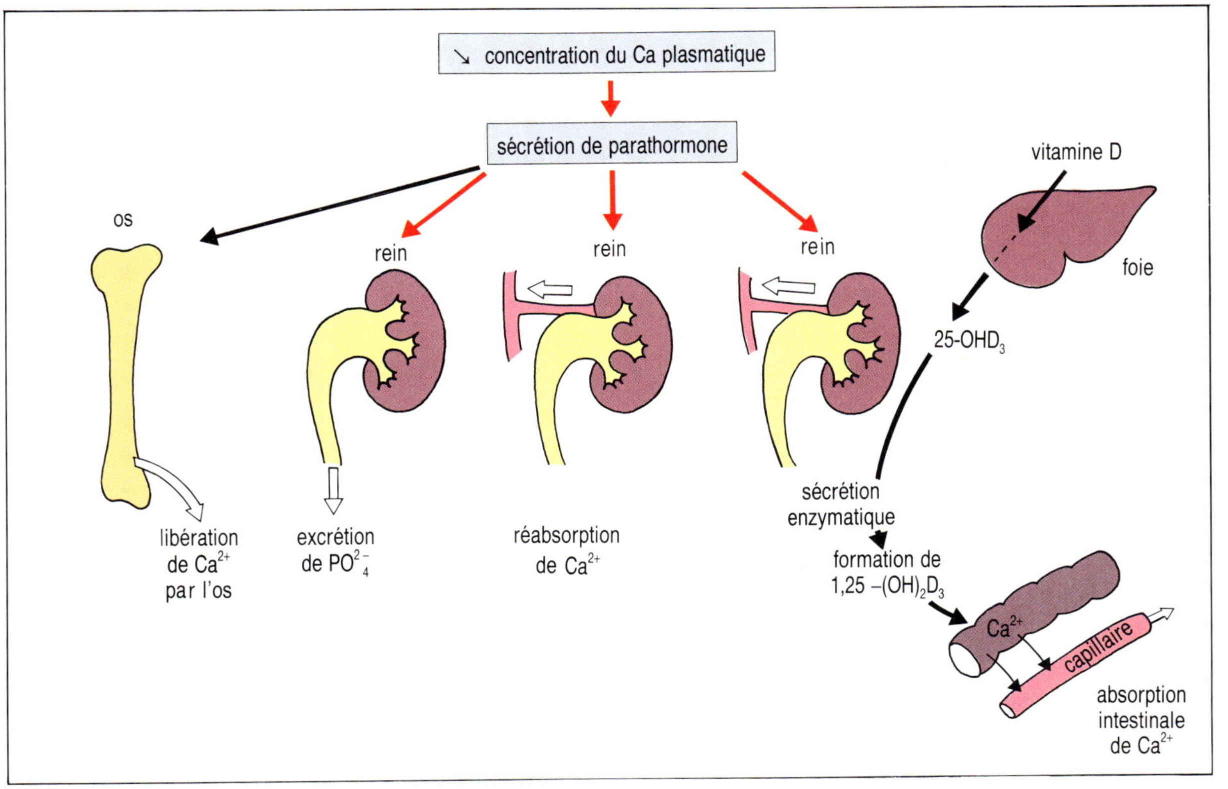

Le rein est, dans le cas d'une hypocalcémie, un effecteur « multi-usage » de la régulation du calcium plasmatique.

La miction : évacuer l'urine

La collecte des urines

L'urine, formée au niveau des néphrons, se déverse dans les calices qui entourent les papilles rénales, pour être collectée par le bassinet. Elle passe ensuite dans les uretères, où elle est « poussée » vers la vessie par des contractions péristaltiques des parois des uretères. Sa progression est facilitée par la pesanteur, mais aussi par la pression hydrostatique du liquide urinaire. Elle s'accumule dans la vessie, sac limité par une paroi musculaire. À la base de la vessie se trouve une petite dépression, le trigone, d'où part l'urètre. La région entourant l'orifice de l'urètre est caractérisée par de nombreuses fibres musculaires lisses, formant le sphincter interne. En aval de ce sphincter, des fibres musculaires striées constituent le sphincter externe.

Voies urinaires ou voies urogénitales

Les voies d'évacuation de l'urine à partir de la vessie sont différentes chez l'homme et chez la femme.

- *Des voies urogénitales chez l'homme*

Chez l'homme, l'urètre reçoit, dès la sortie de la vessie, au niveau de la prostate, les canaux éjaculateurs venant des testicules. Les conduits d'évacuation de l'urine et du sperme ne forment qu'un, et l'orifice externe, situé à l'extrémité du pénis, est urogénital.

- *Des voies urinaires et génitales distinctes chez la femme*

Chez la femme, l'urètre rejoint directement l'extérieur, au niveau du méat urétral, situé entre le clitoris et l'orifice vaginal. Les voies urinaires et génitales sont totalement distinctes.

Miction / micturition : n.f., évacuation de l'urine.

Uretère / ureter : n.m., voie urinaire, située entre le bassinet et la vessie.

Urètre / urethra : n.m., voie d'évacuation de l'urine, entre la vessie et l'orifice urinaire.

Vessie / bladder : n.f., organe musculaire creux, accumulant l'urine formée par les reins.

La miction : évacuation de l'urine

L'évacuation de l'urine hors de l'organisme est placée sous un double contrôle nerveux : l'un, central, correspond à une commande volontaire ; l'autre, végétatif, est réflexe. Le déclenchement de la voie réflexe est déterminé par la distension de la paroi de la vessie qui entraîne, par la voie parasympathique, la contraction de la vessie et le relâchement du sphincter interne.

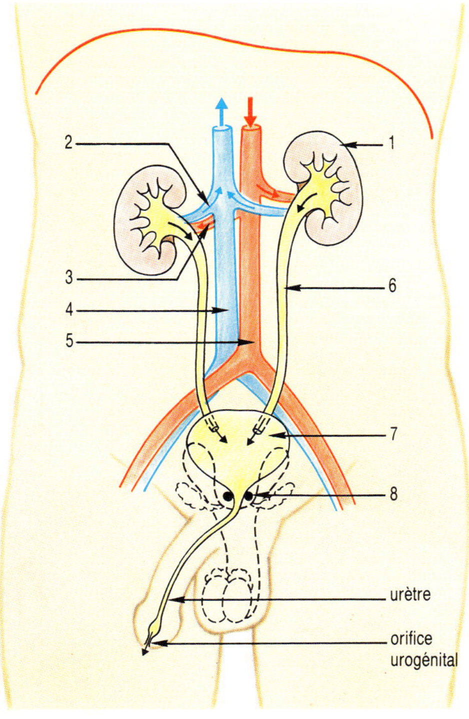

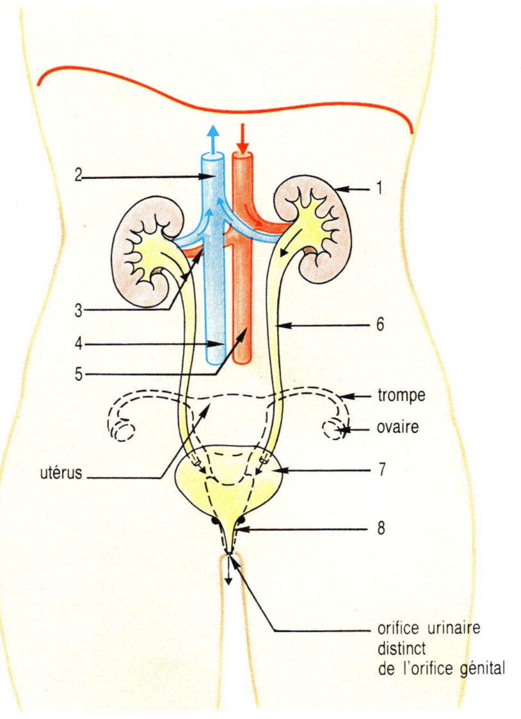

1 : rein gauche, 2 : veine rénale, 3 : artère rénale, 4 : veine cave inférieure, 5 : artère aorte, 6 : uretère gauche, 7 : vessie, 8 : sphincter de la vessie (en pointillés : appareil génital)

Rein et voies urinaires chez l'homme adulte. Les appareils urinaire et génital ont une voie d'évacuation commune (urètre).

Rein et voies urinaires chez la femme adulte. Les appareils urinaire et génital sont distincts sur toute leur longueur.

L'évacuation de l'urine, ou miction, est placée sous un double contrôle nerveux, central et végétatif, volontaire et réflexe.

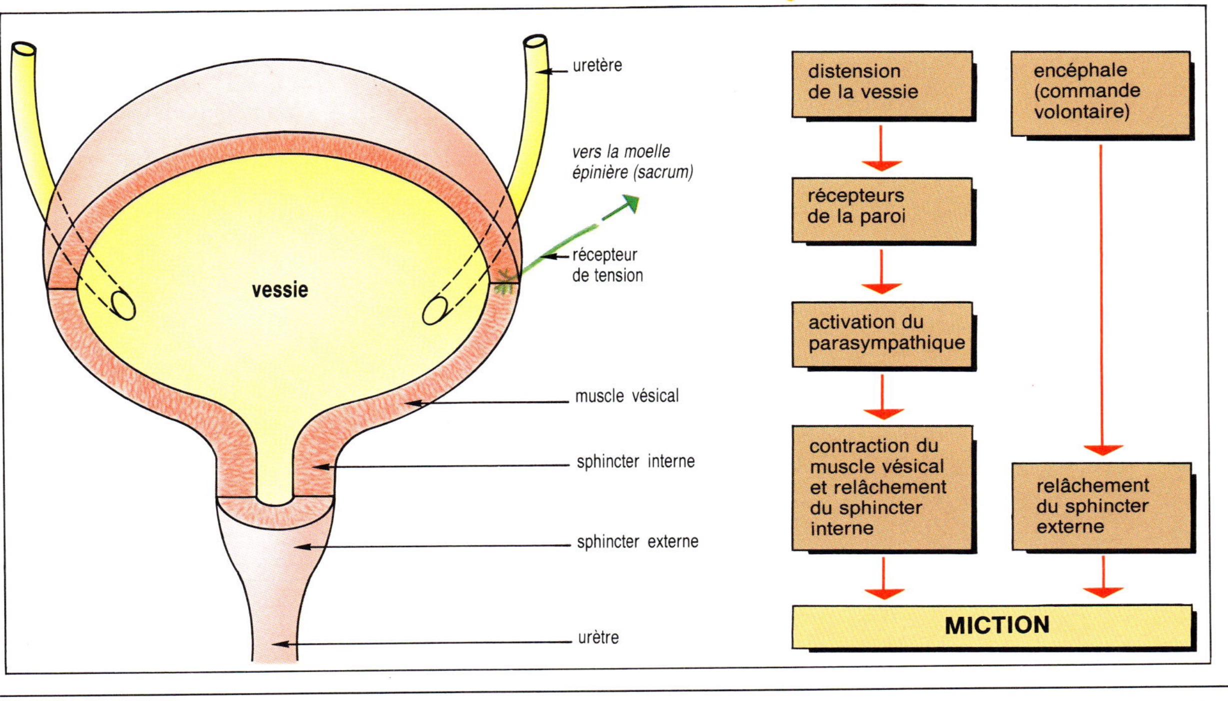

FAIRE LE POINT

L'ESSENTIEL

1 L'équilibre hydrominéral est un aspect fondamental de l'homéostasie : il en résulte un état d'équilibre entre la charge en eau et la charge en ions minéraux du milieu intérieur. Il détermine, pour l'essentiel, la volémie et la pression osmotique sanguine. Il interfère indirectement avec la valeur moyenne de la pression artérielle.

2 Les reins sont les effecteurs essentiels de l'équilibre hydrominéral, par leur aptitude à rejeter une urine diluée ou concentrée. Ils participent ainsi à la régulation de la pression osmotique sanguine, de la volémie et, indirectement, de la pression artérielle.

3 Cette fonction rénale est le résultat d'échanges liquidiens réalisés entre le sang et la lumière des tubules urinifères ou néphrons, véritables unités fonctionnelles du rein.

4 Un néphron est constitué d'un glomérule, lieu de filtration du plasma, et de segments tubulaires, lieux de réabsorption et de sécrétion. Filtration glomérulaire et fonctions tubulaires sont intégrées au reste de l'organisme par des voies nerveuses et surtout hormonales.

5 Le rein intervient de façon spécifique dans les régulations du pH sanguin et de la calcémie. Outre sa participation au maintien de l'équilibre hydrominéral, le rein assure l'excrétion des déchets du métabolisme azoté, comme l'urée.

6 L'urine formée par le rein s'accumule dans la vessie ; son évacuation hors de l'organisme est soumise à un double contrôle, volontaire et réflexe.

LES MOTS CLÉS

A
ADH
aldostérone
angiotensine
anse de Henle
appareil juxtaglomérulaire

B
bassinet

C
calcémie
calice
capsule de Bowman

E
équilibre hydrominéral

F
filtration glomérulaire
floculus

G
glomérule
gradient osmotique corticomédullaire

H
homéostasie

M
mécanisme à contre-courant
miction

N
néphron

P
pH
podocyte
pression osmotique

R
réabsorption tubulaire
rein
rénine

S
sécrétion
système tampon

T
tube collecteur
tube distal
tube proximal
tubule urinifère

U
uretère
urètre
urine

V
vessie
vitamine D
volémie

AUTO-ÉVALUATION

Les activités proposées dans cette rubrique permettent de vérifier les connaissances acquises au cours de ce chapitre.
Elles peuvent concerner : la terminologie scientifique, les ordres de grandeur, les mécanismes fonctionnels.

AUTOTEST

Testez vos connaissances en répondant aux 6 questions suivantes (réponses en fin d'ouvrage). Chaque réponse doit être justifiée.

QUESTION	RÉPONSE
1. Le rein participe à la régulation de la volémie.	oui / non
2. Chaque rein filtre chaque jour : a) 20 litres de sang; b) 75 litres; c) 180 litres; d) 1 600 litres.	a / b / c / d
3. Le glomérule filtre : a) le glucose; b) l'eau; c) l'urée; d) les protéines.	a / b / c / d
4. Les cellules cibles de l'aldostérone sont situées au niveau : a) du glomérule; b) du tube contourné proximal; c) de l'anse de Henle; d) du tube collecteur; e) du tube contourné distal.	a / b / c / d / e
5. Tous les néphrons possèdent une anse de Henle développée.	oui / non
6. La rénine est sécrétée par : a) les cellules du glomérule; b) les cellules du tube contourné distal; c) les cellules de l'endothélium pulmonaire; d) les cellules de l'appareil juxtaglomérulaire.	a / b / c / d

ORIENTATIONS DE TRAVAIL

À la fin de ce chapitre, vous devez être capable de :

1. Rappeler les principales interventions du rein dans le maintien de l'homéostasie.

2. Distinguer filtration, sécrétion, réabsorption, excrétion. Après avoir défini ces termes, penser à indiquer les différents segments du néphron qu'ils caractérisent, et à proposer quelques exemples de substances impliquées.

3. Préciser les principales hormones ou facteurs humoraux ayant pour cible les cellules du rein. Les sites d'action proposés peuvent être replacés sur un schéma général du néphron.

4. Indiquer les principaux mécanismes permettant au rein de produire une urine concentrée ou diluée.

MINI-GLOSSAIRE MÉDICAL

Albuminurie / albuminuria : n.f., présence anormale d'albumine (protéine plasmatique) dans les urines.

analyse d'urine / urin analysis : exp., voir descriptif et guide de lecture en fin d'ouvrage.

Calcul rénal / urolith : exp., cristaux de sels formant des concrétions insolubles, et pouvant être présents en tous points de l'appareil urinaire.

Cystite / cystitis : n.f., inflammation de la vessie, souvent causée par une infection d'origine bactérienne.

Glycosurie / glycosuria : n.f., présence de glucose dans les urines. Cette anomalie peut être due, soit à un taux plasmatique de glucose trop élevé (le néphron évacue le glucose au-delà d'un seuil de réabsorption), soit à un mauvais fonctionnement du tubule (mauvaise réabsorption pour un taux plasmatique normal). La glycosurie est un symptôme du diabète sucré.

PRATIQUES MÉDICALES

Rein artificiel et hémodialyse

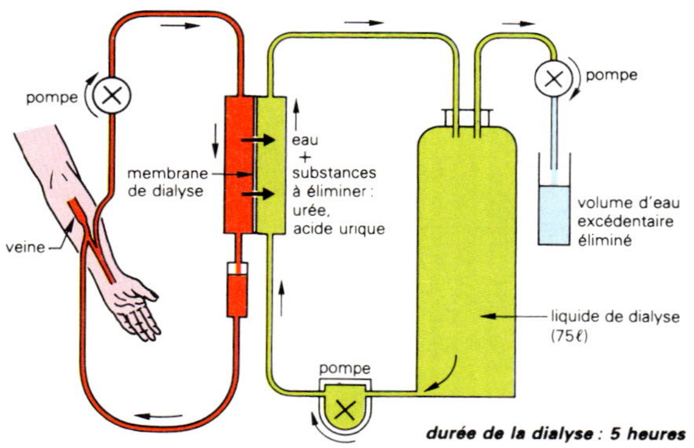

durée de la dialyse : 5 heures

Comme son nom l'indique, le rein artificiel est une machine qui imite les fonctions du rein, et traite le sang au moyen d'une circulation extracorporelle : le sang d'une veine est détourné, mis en circulation par une pompe dans le rein artificiel, et retourne ensuite à l'organisme.

Dans la cartouche de dialyse du rein artificiel (en rouge et jaune sur le schéma), le sang est filtré de sorte qu'il soit débarrassé de ses déchets et de ses sels minéraux excédentaires : ces substances diffusent à travers la membrane et passent donc dans le liquide de dialyse. Ce processus s'appelle l'hémodialyse (hémo = sang; dialyse = échange).

Bilan d'une hémodialyse

Poids du sujet : 69,8 kg
Poids idéal du sujet : 66,5 kg
Poids à perdre : 3,3 kg

La surcharge pondérale exprime globalement la quantité d'eau retenue par le patient du fait de son mauvais fonctionnement rénal. La dialyse devra donc, entre autre, permettre un retour au poids idéal.

	Avant dialyse	Après dialyse
Poids	69,8	67,3
TA debout	12/8	8/4
TA couché	13/8	9,5/5

Composition du sang (en g/L)

	Avant	Après
Sodium	3,3	3,3
Potassium	0,19	0,13
Urée	1,3	0,35
Acide urique	0,068	0,004

La dialyse a ici permis :
– une perte d'eau (perte de poids);
– une baisse de la tension artérielle (TA), due à l'élimination d'eau, qui fait baisser le volume, donc la pression du sang;
– une épuration du sang : les déchets toxiques (urée, acide urique) sont éliminés en grande partie du sang (leur taux sanguin chute) et les minéraux, sodium et potassium, sont éliminés de manière à maintenir leur taux.

Pour en savoir plus

BONVALET (J.P.), *La fonction rénale : acquisition et perspectives,* INSERM – Flammarion – Paris 1980
DAVENPORT (H.W.), *ABC de l'équilibre acido-basique,* 7e édition, Masson – Paris 1980
GIRAUDET (P.), *Biochimie tissulaire humaine : le rein,* Maloine – Paris 1977
GUYON (A.C.), *Traité de physiologie médicale,* Doin – Paris 1983
MARSH (D.T.), *Renal Physiology,* Raven Press – New York 1983
VANDER (A.J.), SHERMAN (J.H.), LUCIANO (D.S.), *Physiologie humaine,* 2e édition, McGraw-Hill – Paris 1989
VANDER (A.J.), *Renal Physiology,* 3e édition, McGraw-Hill – New York 1985

MAINTIEN DE LA MASSE SANGUINE

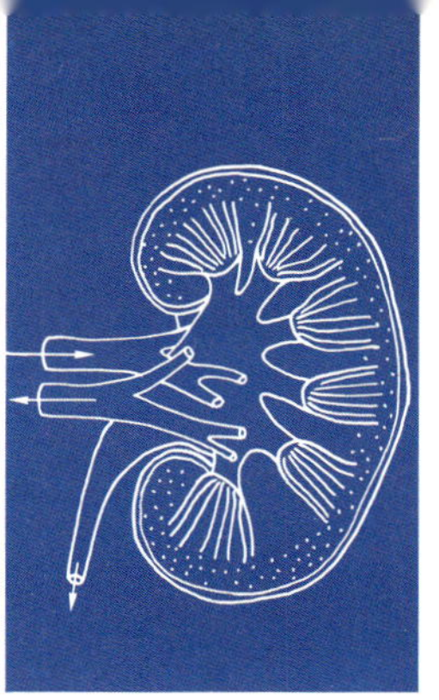

Le sang, qui représente 8 % de la masse corporelle, occupe un volume d'environ 5 litres, réparti dans les cavités de l'appareil cardio-vasculaire. En relation avec l'extérieur par des surfaces d'échange plus ou moins spécialisées (poumons, reins, intestin, peau...), le sang peut perdre rapidement, par une trop forte filtration ou par simple transpiration, une partie de sa phase liquidienne. Des lésions vasculaires peuvent entraîner des *hémorragies,* qui sont des pertes de plasma mais aussi de cellules sanguines. L'organisme dispose, pour répondre à ces fluctuations ou à ces états de crise, de divers moyens anatomiques et physiologiques, qui maintiennent dans d'étroites limites les variations du volume sanguin et de l'hématocrite.

Sommaire

MAINTIEN DU VOLUME PLASMATIQUE ET DE LA MASSE CELLULAIRE CIRCULANTE

Le maintien du volume sanguin à sa valeur moyenne (5 litres) concerne autant l'ajustement permanent du volume plasmatique (55 % du volume sanguin) que celui de la masse cellulaire circulante (45 % de ce même volume sanguin).

La réaction à une baisse du volume plasmatique

Une ingestion d'eau, ou au contraire une déshydratation excessive, sont des causes directes d'une variation du volume sanguin. L'organisme réagit à ces variations en mobilisant deux voies d'ajustement dont l'effecteur est le rein. L'exemple peut être celui d'une diminution du volume plasmatique : les deux voies mobilisées sont de nature hormonale. La chute du volume plasmatique induit une baisse des pressions artérielle et veineuse.

- *Les conséquences d'une baisse de la pression veineuse*

La chute de la pression veineuse active des volorécepteurs situés dans la veine cave inférieure et dans l'oreillette droite. Ceux-ci stimulent l'hypothalamus, qui sécrète de l'ADH. La rétention d'eau qui s'ensuit favorise l'augmentation du volume plasmatique. Par ailleurs, l'inhibition de l'hypothalamus par les barorécepteurs de l'oreillette droite est levée.

- *Les conséquences d'une baisse de la pression artérielle*

La chute de la pression artérielle stimule, au niveau rénal, l'appareil juxta-glomérulaire. Le système rénine-angiotensine active la sécrétion d'aldostérone, la réabsorption du sodium, et, par conséquent, la réabsorption d'eau... et l'augmentation du volume plasmatique.
Les variations du volume plasmatique sont également dépendantes des variations de la pression osmotique du sang. Ainsi, la sécrétion d'ADH par la neurohypophyse est directement contrôlée par les variations de ce paramètre sanguin, détectées au niveau des chémorécepteurs de l'hypothalamus. On se reportera au chapitre précédent pour bien associer les mécanismes mis en jeu dans les deux régulations.

Le maintien de la masse cellulaire sanguine

Érythropoïétine / erythropoietin : n.f., glycoprotéine plasmatique activatrice de l'érythropoïèse. Résulte de la protéolyse d'une protéine plasmatique par l'érythrogénine, enzyme sécrétée par le rein en état d'hypoxie.

Les hématies représentent l'essentiel de la masse cellulaire circulante. Toute diminution du nombre des hématies a des conséquences sur la respiration, la régulation du pH... mais aussi sur la fluidité du sang.
Le rein est le principal effecteur du contrôle de l'érythropoïèse. Un état d'hypoxie, consécutif par exemple à une baisse du nombre des hématies, entraîne la sécrétion par le rein de l'érythrogénine. Cette enzyme active immédiatement un facteur plasmatique : l'érythropoïétine. L'érythropoïétine stimule la production d'hématies par la moelle osseuse. Capable de multiplier par 10 l'érythropoïèse, cette glycoprotéine plasmatique est un facteur important de l'ajustement de la masse cellulaire sanguine.

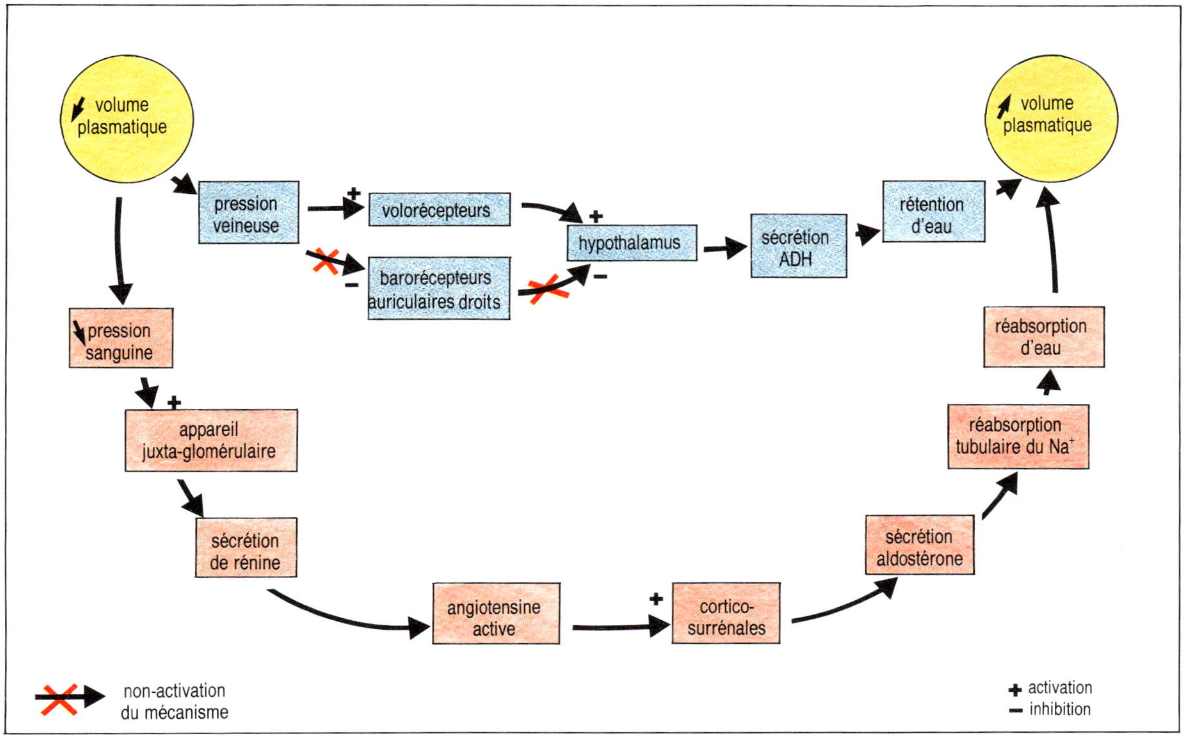

Réactions de l'organisme à une baisse du volume plasmatique.
Le maintien du volume plasmatique mobilise deux voies d'ajustement, dont l'effecteur est le rein.

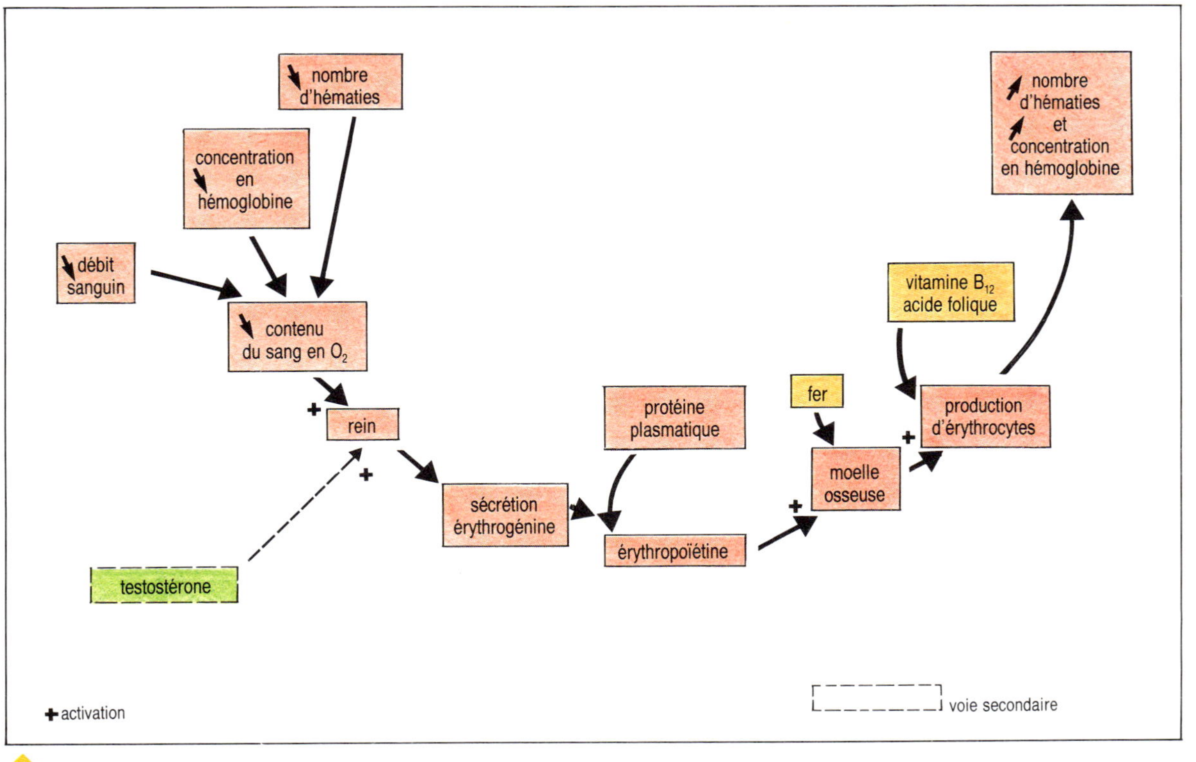

Maintien de la masse cellulaire sanguine représentée, pour l'essentiel, par les hématies. La production d'érythrocytes est fortement amplifiée par l'érythropoïétine dont la présence dans le plasma est déterminée par le rein placé en état d'hypoxie.

1. Maintenir un équilibre entre l'hémorragie et la thrombose

Le maintien du volume sanguin et de sa fluidité à l'intérieur des vaisseaux est indispensable au fonctionnement de l'organisme :
– la diminution de la fluidité peut entraîner une thrombose, c'est-à-dire la formation d'un caillot (le thrombus), qui peut obturer les capillaires ;
– une lésion vasculaire est source d'hémorragie, c'est-à-dire de perte de sang.
Le système de contrôle qui permet au sang de maintenir un équilibre entre l'hémorragie et la thrombose est appelé hémostase. Il correspond étymologiquement à la capacité qu'a l'organisme de stopper une fuite de sang. En réalité, l'ensemble des réactions recrutées vise autant à empêcher l'hémorragie qu'à maintenir la fluidité du sang dans les vaisseaux.

Coagulation sanguine / blood coagulation : exp., formation d'un caillot de sang.

Fibrine / fibrin : n.f., protéine non soluble, dont la présence est déterminante pour la coagulation du sang.

Fibrinogène / fibrinogen : n.m., protéine plasmatique d'origine hépatique, transformée en fibrine sous l'action de la thrombine.

Hémostase / hemostasis : n.f., ensemble des réactions intervenant dans l'arrêt des hémorragies et le maintien de la fluidité du sang.

Thrombolyse / thrombolysis : n.f., dissolution d'un caillot de sang après action fibrinolytique d'une enzyme.

Thrombus / thrombus : n.m., caillot sanguin.

Les étapes de l'hémostase

Les caractéristiques de l'hémostase peuvent être mises en évidence lorsque la paroi d'un vaisseau sanguin est lésée (cas d'une petite hémorragie). La lésion vasculaire expose du collagène dans la lumière du vaisseau. Un agrégat de plaquettes sanguines, attirées par le collagène, occupe rapidement la zone lésée. Le débit sanguin est alors réduit dans l'environnement immédiat de cette zone, et le sang y prend en masse : il coagule. À l'image d'une nasse, des filaments protéiques réunissent plaquettes et hématies en un caillot qui obstrue le vaisseau dont la paroi est activement régénérée. La circulation sanguine est lentement rétablie après la lyse du caillot (thrombolyse). L'hémostase est donc apte à réduire la fuite du sang dans le cas d'une hémorragie. Elle limite cependant la thrombose, dans l'espace et dans le temps.

La coagulation, prise en masse du sang

La coagulation n'est, au sens strict, qu'une étape de l'hémostase. Elle conduit à la formation du caillot, après transformation d'une protéine plasmatique globulaire, le fibrinogène, en filaments insolubles : la fibrine. Cette transformation est déterminée par :
– la présence d'une enzyme, la thrombine, forme active d'une protéine plasmatique, la prothrombine ;
– l'action d'un « facteur » protéique du plasma, le facteur XIII.
La présence de thrombine et du facteur XIII de coagulation, c'est-à-dire des inducteurs de la formation du caillot, est la conséquence d'une cascade de réactions d'activation, dont les intervenants sont les cellules sanguines, des molécules plasmatiques, des éléments de la paroi du vaisseau ou de son environnement immédiat.

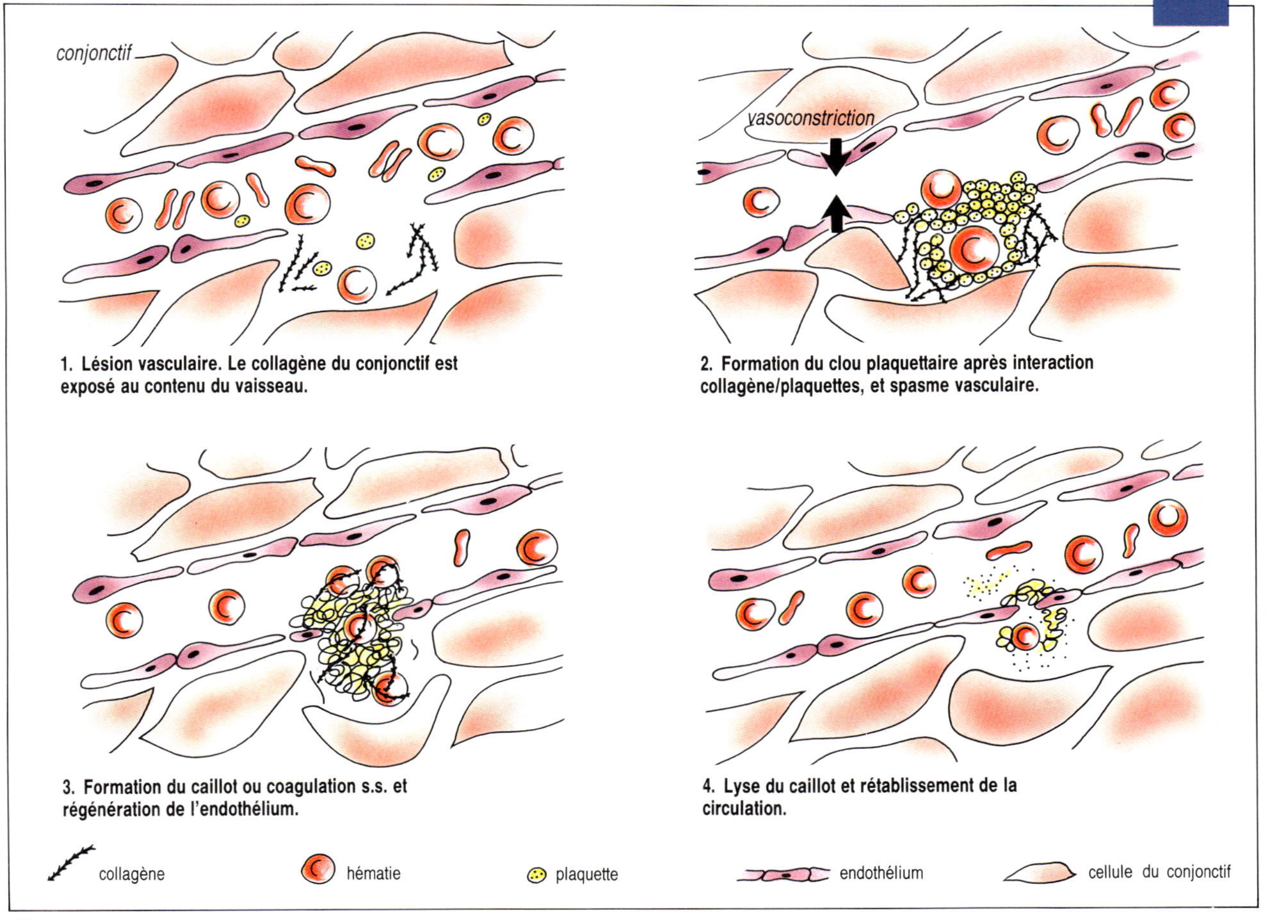

1. Lésion vasculaire. Le collagène du conjonctif est exposé au contenu du vaisseau.

2. Formation du clou plaquettaire après interaction collagène/plaquettes, et spasme vasculaire.

3. Formation du caillot ou coagulation s.s. et régénération de l'endothélium.

4. Lyse du caillot et rétablissement de la circulation.

Les quatre étapes de l'hémostase : arrêter la fuite du sang et réparer la lésion endothéliale.

La coagulation est une étape de l'hémostase. Elle consiste en une « prise en masse » du sang.

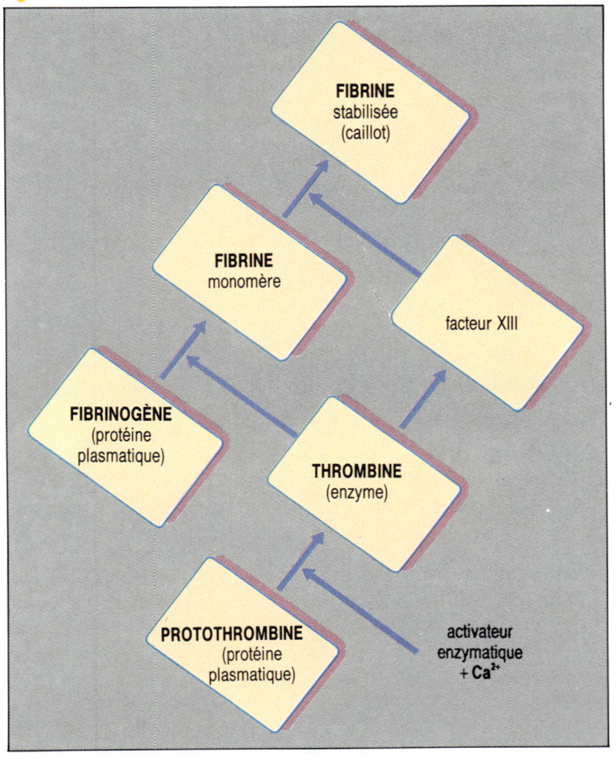

Caillot observé au MEB. Noter les filaments de fibrine enveloppant les globules rouges, (X 4200)

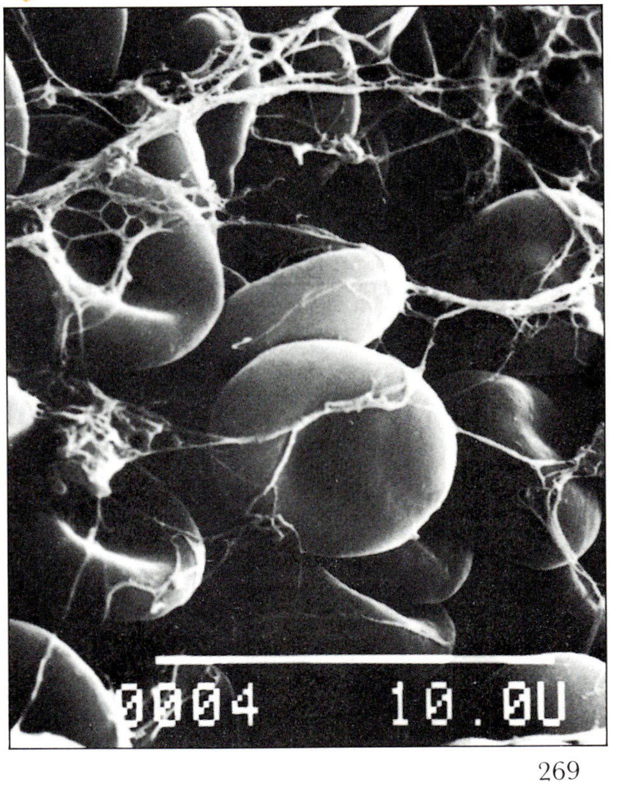

2. LES RÉACTIONS DE L'HÉMOSTASE

Au cours de l'hémostase, le sang coagule puis retrouve sa fluidité. Ce processus, local, est le résultat d'une interaction entre des facteurs plasmatiques, les plaquettes, et des éléments de la paroi endothéliale. Le déclenchement de l'hémostase a pour acteur déterminant la paroi endothéliale :
– son collagène, s'il est exposé au contenu du vaisseau, peut déclencher l'agrégation plaquettaire et initier la coagulation;
– ses cellules peuvent à tout moment, par des sollicitations diverses, libérer dans le sang des facteurs thrombogéniques (à l'origine d'un caillot) ou antithrombogéniques, voire thrombolytiques.

• *Induction des réactions*

Généralement, l'hémostase débute par une lésion vasculaire. La sécrétion du facteur de Willebrand et de thromboplastine par les cellules endothéliales déclenche une cascade d'activations d'enzymes ou de pro-enzymes, les « facteurs plasmatiques » de coagulation, désignés par des numéros. Ceux-ci, en présence de Ca^{2+} et de phospholipides, induisent la formation de la thrombine.

• *Formation du clou plaquettaire et premières interventions de la thrombine*

L'agrégation plaquettaire , provoquée par le collagène « exposé », stimulée par le facteur de Willebrand et la thrombine, déclenche deux dégranulations successives (sécrétions d'ADP et de sérotonine par les granules denses des plaquettes, puis sécrétion de « facteurs » plaquettaires par leurs granules alpha). Les résultats sont multiples :
– vasoconstriction locale due à la sérotonine (le débit sanguin, moindre, facilite l'hémostase);
– régénération accélérée de la paroi endothéliale par un facteur de croissance;
– libération de facteurs de coagulation qui participent à des réactions très diverses de l'hémostase (activation de la thrombine, formation de la fibrine, dégradation de cette dernière...).
Le changement de forme des plaquettes, opéré lors de leur agrégation, provoque l'apparition de sites de fixation de fibrine à leur surface.

• *Formation du caillot*

La thrombine plasmatique, associée à divers facteurs plaquettaires et plasmatiques, fragmente le fibrinogène en fibrine insoluble, rapidement polymérisée. Cette dernière se fixe aux plaquettes (les sites à fibrine sont démasqués), emprisonnant des hématies dans les mailles du filet ainsi constitué. La formation du caillot, sans cesse inhibée par les facteurs antithrombogéniques des cellules endothéliales, reste limitée à la zone lésée.

• *Lyse du caillot*

La lyse du caillot est déterminée par l'action de la plasmine qui solubilise la fibrine. En sécrétant l'activateur tissulaire du plasminogène, les cellules endothéliales déterminent l'apparition de la plasmine à partir du plasminogène, protéine plasmatique. La transformation du plasminogène est également activée par l'urokinase, enzyme libérée par les reins, la prothrombine et le facteur XII, facteur plasmatique à l'origine de l'activation de la prothrombine.

Thrombine / thrombin : n.f., enzyme catalysant la conversion du fibrinogène en fibrine.

Thromboplastine tissulaire / thromboplastin : exp., enzyme sécrétée par les cellules endothéliales et déclenchant la coagulation.

Thromboxane / thromboxan : n.m., substance voisine des prostaglandines; stimulant de l'agrégation et des dégranulations plaquettaires.

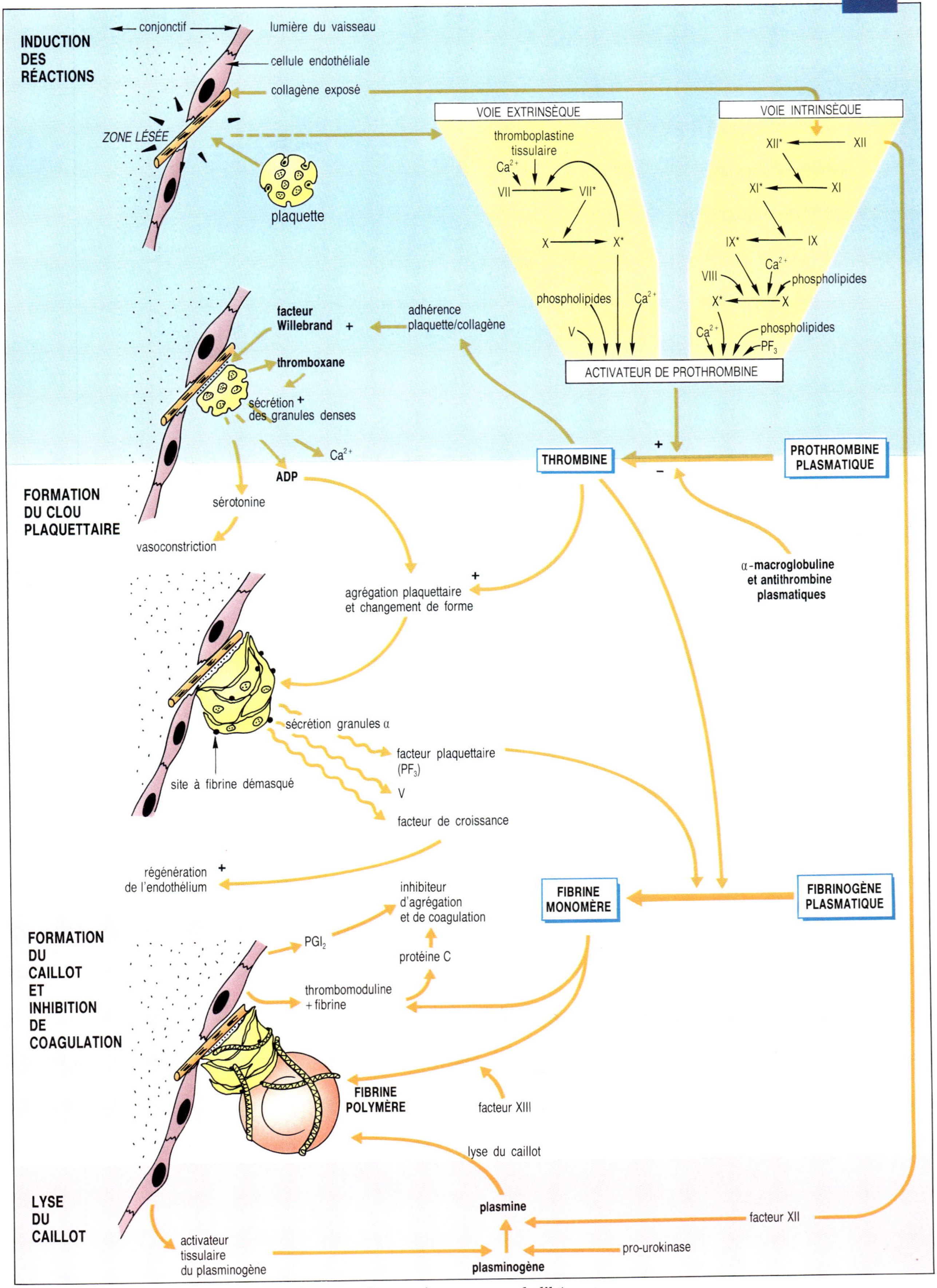

Interactions entre facteurs plasmatiques et plaquettaires au cours de l'hémostase.

L'ESSENTIEL

1 L'organisme maintient son volume plasmatique et sa masse cellulaire circulante. Dans chacun de ces ajustements, le rein est un effecteur essentiel (contrôle de la masse d'eau par l'ADH et, indirectement, par l'aldostérone ; contrôle de l'érythropoïèse par l'érythropoïétine).

2 L'hémostase est un processus complexe limitant les hémorragies et prévenant les variations de fluidité du sang. Elle fait intervenir des cellules et des molécules de l'appareil vasculaire lui-même : cellules endothéliales, plaquettes sanguines, molécules et ions du plasma...

3 L'arrêt d'un saignement est un processus qui peut être décomposé en quatre étapes : le déclenchement des réactions par la lésion vasculaire, la formation d'un clou plaquettaire, la coagulation du sang et le rétablissement de la circulation après la lyse du caillot.

LES MOTS CLÉS

A
ADH
aldostérone

C
caillot sanguin
coagulation
collagène

E
endothélium
érythrogénine
érythropoïétine

F
fibrine
fibrinogène
fibrinolyse

H
hématie
hémostase

P
plaquette
plasmine
plasminogène
prostaglandine
prothrombine

S
sérotonine

T
thrombine
thrombolyse
thromboplastine
thromboxane
thrombus

AUTO-ÉVALUATION

Les activités proposées dans cette rubrique permettent de vérifier les connaissances acquises au cours de ce chapitre.
Elles peuvent concerner : la terminologie scientifique, les ordres de grandeur, les mécanismes fonctionnels.

AUTOTEST

Testez vos connaissances en répondant aux 6 questions suivantes (réponses en fin d'ouvrage). Chaque réponse doit être justifiée.

QUESTION	RÉPONSE
1. Le rein intervient dans la production des globules rouges.	oui / non
2. L'érythropoïétine contrôle : a) l'activation de l'angiotensine; b) la sécrétion de l'aldostérone; c) la production de globules rouges.	a / b / c
3. L'hémostase est un processus qui : a) arrête l'écoulement du sang hors des vaisseaux; b) limite la formation des caillots de sang.	a / b
4. La thrombine est une protéine : a) sécrétée par les plaquettes sanguines; b) activée par des facteurs tissulaires; c) responsable de la coagulation sanguine.	a / b / c
5. La fibrine est une protéine insoluble.	oui / non
6. Le thromboxane est : a) une substance voisine des prostaglandines; b) une substance libérée par les plaquettes; c) un activateur des dégranulations plaquettaires.	a / b / c

ORIENTATIONS DE TRAVAIL

À la fin de ce chapitre, vous devez être capable de :

1. Indiquer les principales étapes de la régulation de la volémie. Vous pourrez, sur cet exemple, rappeler ce qu'on appelle « boucle de régulation », l'appliquer à la régulation de la volémie et traduire vos résultats sous forme d'un schéma.

2. Rappeler les différents intervenants de l'érythropoïèse (cellules souches, activateurs, métabolites ou facteurs nécessaires...).

3. Retracer les principales étapes de l'hémostase. Penser à distinguer l'hémostase de la coagulation proprement dite.

4. Discuter le rôle central des cellules endothéliales et des plaquettes dans l'hémostase.

MINI-GLOSSAIRE MÉDICAL

Anticoagulant / anticoagulant : n.m., substance chimique prévenant la coagulation.
Hémophilie / hemophilia : n.f., affections héréditaires, caractérisées par l'absence ou l'inactivité de certains facteurs de coagulation, induisant donc des troubles de coagulation : une hémorragie peut survenir spontanément ou lors d'un traumatisme bénin, ce qui, en l'absence de coagulation, revêt un caractère de gravité extrême. Les hémophiles nécessitent des transfusion qui leur apportent les facteurs de coagulation nécessaires.
Hémorragie / hemorrhage : n.f., rupture d'un vaisseau sanguin, laissant le sang s'échapper dans le milieu interstitiel (hémorragie interne) ou à l'extérieur de l'organisme.

PRATIQUES MÉDICALES

L'activateur tissulaire du plasminogène

Cette substance médicamenteuse sert à dissoudre les caillots de sang. Elle déclenche la transformation du plasminogène en plasmine, facteur thrombolytique (lyse du caillot). Après avoir agi, l'activateur tissulaire du plasminogène est dégradé dans le foie puis excrété par les reins.

Le temps de coagulation

Cette épreuve hématologique vise à établir le temps mis par le sang à coaguler. Pour cela, on prélève, à l'aide d'une seringue enduite de silicone, 5 ml de sang veineux (le silicone empêche le sang de coaguler hors de l'organisme). Ce volume sanguin est réparti dans quatre tubes de 1 ml, enduits ou non de silicone. Les tubes sont placés dans un bain-marie à 37 °C. Sans cesse, on incline de 45° un tube non enduit de silicone jusqu'à ce que le sang ne coule plus. La même opération est réalisée toutes les trois minutes avec les autres tubes (tube contrôle et tubes témoins). Le temps écoulé entre le début de l'opération et la prise en masse du sang dans un tube est le temps de coagulation. Généralement, il est de 5 à 10 minutes pour les tubes sans silicone, de 25 à 45 minutes pour les autres. Des chiffres différents signalent des anomalies pathologiques.

Pour en savoir plus

CAEN (J.P.), *Le Sang et les Vaisseaux,* Hermann – Paris 1987

CAEN (J.P.), TOBELEM (G.), SORIAC (C.), *Fibrinolyse et Thrombolyse,* Masson – Paris 1986

CASSUTO (J.P.), PESLE (A.), QUARANTA (J.F.), *Hématologie,* Masson – Paris 1986

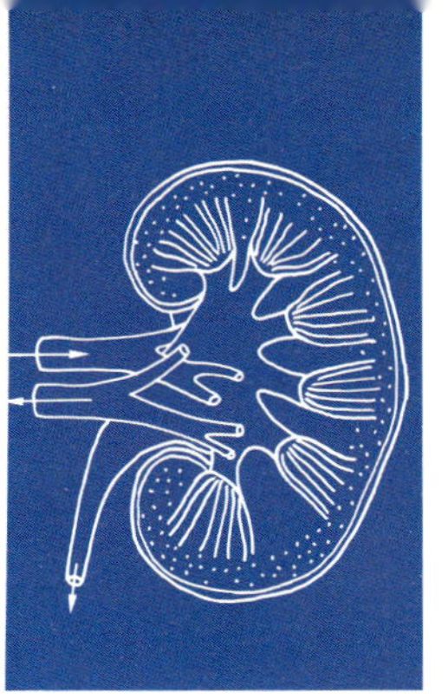

MAINTIEN DE LA SPÉCIFICITÉ : LA RÉPONSE IMMUNITAIRE

L'organisme humain évolue en permanence dans un milieu peuplé d'une multitude d'éléments qui lui sont étrangers. Certains sont pathogènes, c'est-à-dire responsables de maladies. Leur pénétration dans l'organisme, leur distribution dans le milieu intérieur, induisent des réactions complexes, dites immunitaires, tendant à rétablir l'intégrité de l'organisme. Pour cela, ce dernier doit distinguer ses propres constituants – son « soi » – des éléments étrangers ou qui le sont devenus – le « non-soi » –, afin de protéger le soi et pour rejeter le non-soi. Ainsi, l'arrivée de bactéries dans la rate ou dans un ganglion lymphatique mobilise-t-elle divers acteurs cellulaires et moléculaires de la réponse immunitaire.

Sommaire

1. L'ORGANISME DÉFEND SON « SOI »

Toutes les cellules de l'organisme, exceptées les cellules sexuelles ou gamètes, proviennent de la reproduction conforme par mitose d'une seule et même cellule : la cellule-œuf, résultat de la fécondation. Toutes ont potentiellement la même information génétique, et même si elles semblent parfois très différentes par leur structure ou leur fonction, elles possèdent quelques signatures de leur origine commune.
En particulier, elles présentent à leur surface des molécules glycoprotéiques qui leur sont spécifiques. On appelle ces protéines membranaires « marqueurs du soi ». Chaque individu possède ses propres marqueurs, qu'il ne peut partager qu'avec son vrai jumeau, s'il en a un!

Il existe deux classes fondamentales de marqueurs du soi

Chez tout individu, les protéines, expression de son génome, constituent en réalité des marqueurs de son identité. Parmi ces molécules, on distingue des marqueurs « majeurs », qui interviennent comme systèmes de reconnaissance entre cellules dans la défense de l'organisme contre les éléments étrangers, et des marqueurs « mineurs », correspondant à toutes les protéines, nucléaires, cytoplasmiques, membranaires, voire exportées de la cellule...

• *Les marqueurs majeurs sont répartis en deux classes*

– la classe I est un ensemble de glycoprotéines membranaires présentes en surface de la plupart des cellules nucléées;
– la classe II regroupe des protéines présentes plus particulièrement en surface des lymphocytes et des macrophages.

Ces glycoprotéines sont notamment responsables des phénomènes de rejet observés lors de la greffe d'organes ou de tissus entre deux individus. On les appelle pour cela « antigènes majeurs d'histocompatibilité ».

• *Les marqueurs mineurs déterminent par exemple les groupes sanguins, définis par des glycoprotéines présentes en surface des hématies et des cellules endothéliales*

Ces molécules sont communes à plusieurs individus d'une même population. Elles permettent d'y distinguer des « groupes sanguins », dont les plus caractéristiques sont ceux du système ABO et du système rhésus. Le système ABO est caractérisé par la présence ou l'absence de glycoprotéines A et/ou B à la surface des hématies. Dans ce système, on définit ainsi quatre groupes sanguins : les groupes A, B, AB et O. Ces protéines de surface sont souvent appelées agglutinogènes... De même le système rhésus est défini par la présence ou l'absence de glycoprotéine D. On distingue ainsi les groupes D^+ (ou Rh^+) et D^- (ou Rh^-).
Ces antigènes, que de nombreux individus peuvent posséder en commun et non de façon individuelle, sont de ce fait des antigènes mineurs d'histocompatibilité.

Les marqueurs du soi sont l'expression du CMH

Les chaînes polypeptidiques, qui forment les marqueurs du soi (classes I et II), sont l'expression de gènes constituant le Complexe Majeur d'Histocompatibilité (CMH). Ces gènes sont situés sur le chromosome 6. L'organisation génétique du CMH et le polyallélisme qu'il présente permet de multiples combinaisons : il explique l'origine de la variabilité individuelle dans l'espèce humaine, et donc la spécificité des marqueurs du soi. On estime, par exemple, à 8 pour cent mille milliards la probabilité que deux Européens soient identiques!

Allèle / allele : n.m., séquence d'ADN correspondant à différents types d'un même gène.

CMH / MHC : sigle, Complexe Majeur d'Histocompatibilité. Ensemble de gènes codant pour des polypeptides membranaires propres à l'organisme, et définissant le soi, c'est-à-dire la compatibilité entre les tissus de cet organisme.

HLA / HLA : sigle, pour Human Leucocyte Antigen, autre appellation du CMH chez l'homme.

Gène / gene : n.m., fragment d'ADN codant pour un polypeptide donné.

Groupe sanguin / blood type : exp., ensemble d'individus humains présentant, sur leurs hématies, les mêmes glycoprotéines. On distingue, dans le système ABO, quatre groupes sanguins : A, B, AB et O.

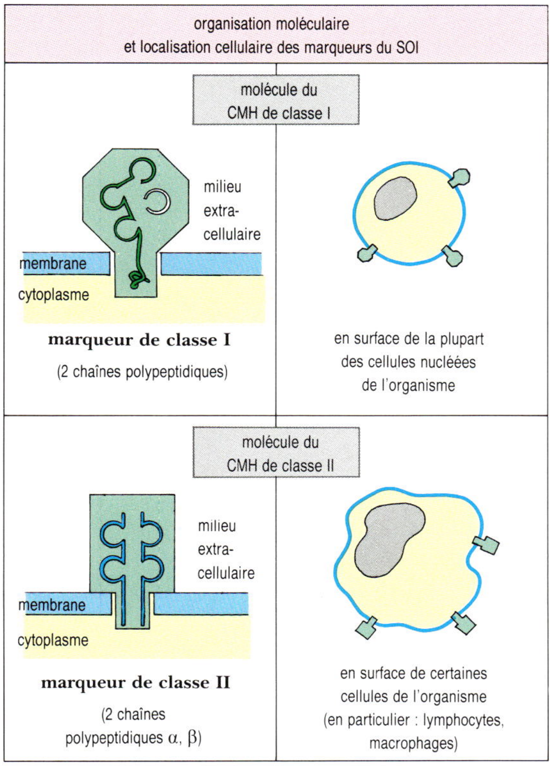

Organisation moléculaire et localisation cellulaire des marqueurs du « soi ». Ces molécules glycoprotéiques, spécifiques de chaque individu, sont présentes à la surface de la plupart des cellules de l'organisme.

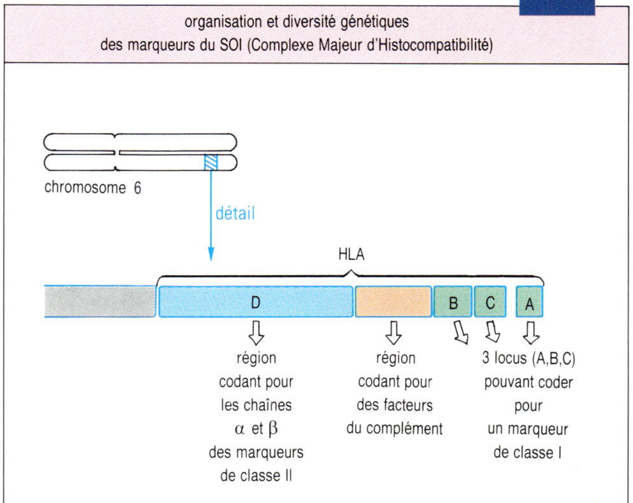

origine de la variabilité du CMH	locus A, B, C	sont connus, au moins : 25 allèles pour A, 50 allèles pour B, 10 allèles pour C
	région D	sont connus, au moins : 45, 10 et 6 allètes pour les 3 locus de cette région

Organisation et diversité génétiques des marqueurs du Complexe Majeur d'Histocompatibilité chez l'Homme. Ce système génétique est appelé HLA (Human Leucocyte Antigen).

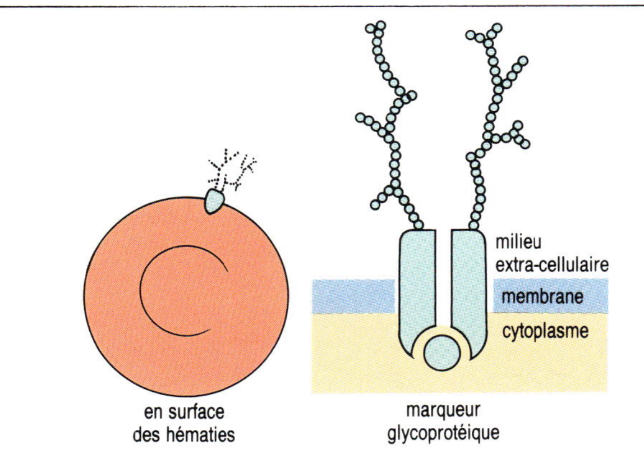

groupe	agglutinogène présent en surface	agglutinine présente dans le plasma	répartition dans la population française
A	A	anti-B	45 %
B	B	anti-A	9 %
AB	A et B	–	3 %
O	–	anti-A et anti-B	43 %

Organisation moléculaire et localisation cellulaire des marqueurs érythrocytaires. Les molécules glycoprotéiques communes à plusieurs individus, permettent de distinguer au sein d'une population des « groupes sanguins ». Le système ABO, caractérisé par la présence ou l'absence des agglutinogènes A et/ou B, constitue le groupe sanguin le plus important.

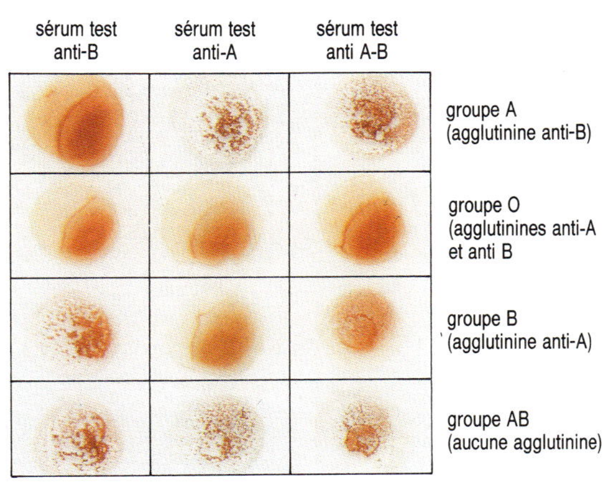

Détermination des groupes sanguins dans l'espèce humaine. Les transfusions sanguines ne sont possibles qu'entre individus de groupes compatibles, sinon une lyse se produit. Les réactions d'incompatibilité sont révélées par des sérums-tests pouvant agglutiner des hématies de groupes différents.

2. L'organisme discrimine le « non-soi » du soi

Les défenses passives de l'organisme

• *Maintenir hors de l'organisme les éléments étrangers*

La peau et les muqueuses sont autant de barrières à la pénétration d'un élément étranger à l'organisme. Elles offrent une résistance mécanique (la couche de kératine des cellules épidermiques) ou chimique (les sécrétions acides, bactéricides, fongicides ou enzymatiques des glandes sudoripares, des larmes ou des cellules muqueuses...), qui suffisent très généralement au maintien de l'intégrité de l'individu.

• *Les premières conséquences d'une lésion cutanée*

Toute lésion cutanée est voie de pénétration des éléments étrangers vivant à la surface ou dans l'environnement proche du corps. Mis immédiatement au contact du milieu intérieur, ils sont détectés par certaines cellules sanguines comme n'appartenant pas à l'organisme. Les granulocytes et les macrophages discriminent le non-soi du soi. Leur aptitude à la phagocytose leur permet, après une phase d'adhérence membranaire, de mettre l'élément étranger « à l'écart » dans des vésicules de phagocytose, voire de le dégrader après intervention de lysosomes. Ce mécanisme de défense passive n'est pas spécifique. Pour simplifier, on peut dire que tout élément étranger est reconnu comme étranger, mais seulement comme étranger. Avec ce processus, l'individu « traite » à l'identique une bactérie ou un champignon. L'élément étranger, ne possédant pas les marqueurs de l'organisme, est reconnu par son caractère d'étranger. Certains facteurs plasmatiques (protéines du complément) interviennent lors de ces premiers événements. Stimulés par la pénétration des éléments étrangers, ils favorisent l'action des cellules phagocytaires et induisent la réaction inflammatoire.

La réponse immunitaire : une réponse spécifique

La plupart des éléments étrangers susceptibles d'être pathogènes ne peuvent pas pénétrer dans l'organisme. Ceux qui, par leur nombre ou par leur taille, ont pu échapper aux barrières, diffusent dans le milieu intérieur. Ils y sont reconnus par des cellules ou des molécules circulantes. Cette reconnaissance discrimine le non-soi du soi (reconnaissance du caractère étranger) mais elle est, en plus, spécifique de l'élément étranger. En quelque sorte, l'organisme reconnaît le caractère propre de ce non-soi, ou encore le « soi du non-soi ».

• *Les antigènes*

On appelle antigène toute substance identifiée par une structure de reconnaissance adaptée et déclenchant une réponse immunitaire visant à l'éliminer. La structure de reconnaissance peut être le site antigénique d'une immunoglobuline, molécule circulante, ou encore le site récepteur à l'antigène d'un lymphocyte. Ces sites réagissent spécifiquement avec un motif ou déterminant antigénique : l'épitope de l'élément étranger.

• *La reconnaissance des antigènes*

Est donc antigène tout ce qui est reconnu par le répertoire anti-épitope de l'organisme. Les molécules circulantes appartenant à ce répertoire sont appelées « anticorps ». Elles correspondent à des protéines plasmatiques, les immunoglobulines. Les sites récepteurs à l'antigène des cellules circulantes sont soit des immunoglobulines fixées à la surface de lymphocytes B (immunoglobulines membranaires ou Igm), soit des protéines membranaires de lymphocytes T (récepteurs membranaires des lymphocytes). La rencontre et la reconnaissance antigène-anticorps ou antigène-récepteur déterminent une réponse spécifique de l'organisme visant à éliminer l'élément étranger. Cette réponse est la réponse immunitaire.

Anticorps / antibody : n.m., molécules protéiques du sérum, spécifiques d'un antigène.

Antigène / antigen : n.m., élément « étranger » reconnu par le répertoire anti-épitope de l'organisme.

Épitope / epitope : n.m., motif moléculaire d'un élément étranger reconnu spécifiquement par l'organisme.

Inflammation / inflammation : n.f., ensemble de processus qui assurent un afflux des acteurs cellulaires et moléculaires de la réponse immunitaire vers les lieux d'infection. Cette réaction se manifeste classiquement par les symptômes de rougeur, chaleur, douleur.

Phagocytose / phagocytosis : n.f., faculté de certaines cellules, les phagocytes, d'ingérer des matières diverses (cellules ou molécules) dans des vésicules cytoplasmiques.

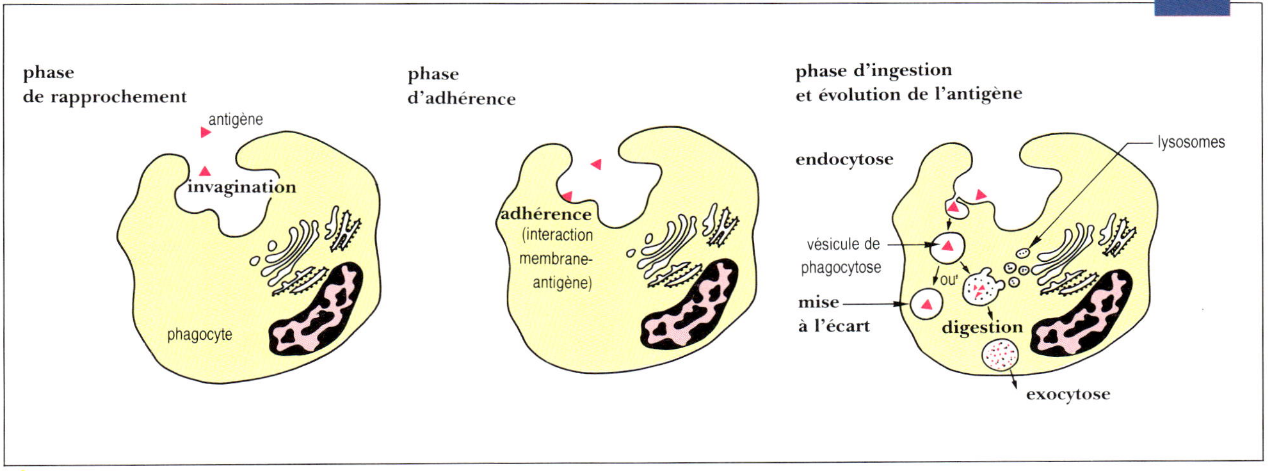

L'organisme répond généralement à la présence d'un élément étranger en mobilisant des globules blancs (granulocytes ou monocytes) qui tendent à le mettre à l'écart ou à le dégrader au cours d'une réaction non spécifique : la phagocytose.

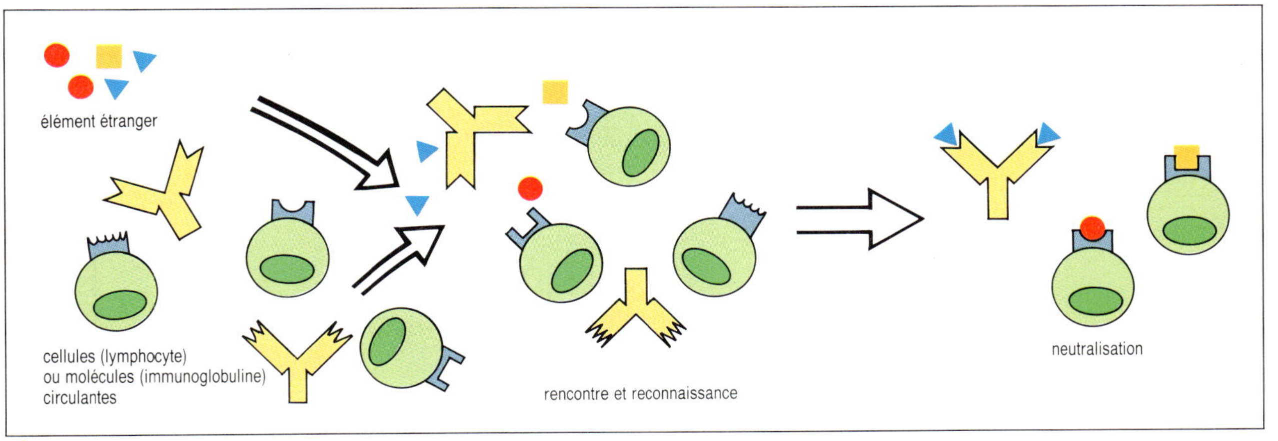

De nombreux éléments étrangers induisent une réponse complexe de l'organisme dont les principaux effecteurs, cellulaire ou moléculaire, réagissent spécifiquement à leur présence.

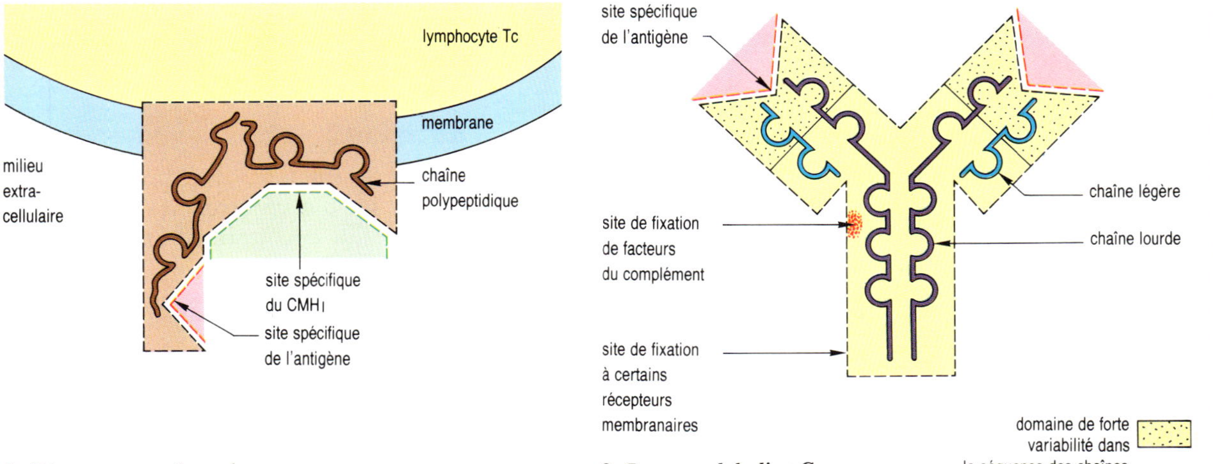

1. Récepteur membranaire du lymphocyte Tc
(réponse à médiation cellulaire)

2. Immunoglobuline G
(IgG)
(réponse à médiation humorale)

Les réponses immunitaires spécifiques sont caractérisées par des molécules protéiques, fixées à la membrane de certains lymphocytes ou circulantes, qui ont la propriété de reconnaître spécifiquement l'élément étranger.

1. La réponse immunitaire mobilise de nombreux acteurs

La réponse immunitaire

L'introduction dans l'organisme de certains éléments (bactéries, molécules étrangères...), l'apparition de cellules infectées (par un virus) ou de cellules anormales (cellules cancéreuses...), entraînent un ensemble de réactions qui tend à éliminer spécifiquement ces éléments du non-soi. Les réactions qui visent à maintenir l'intégrité de l'organisme constituent la réponse immunitaire (immun = exempt de maladie). La réponse immunitaire mobilise de nombreux acteurs, qu'ils soient organes, cellules ou molécules.

Les organes du système lymphoïde favorisent la rencontre entre antigène et anticorps

Situés au carrefour des voies sanguines et lymphatiques, la rate et les ganglions lymphatiques sont peuplés par des cellules originaires de la moelle rouge hématopoïétique. Les unes sont fixées : ce sont les cellules dendritiques; les autres gardent une certaine mobilité : ce sont les macrophages. Toutes ont la capacité de capter et fixer des éléments étrangers, et d'exposer à leur surface les épitopes de l'antigène. Les organes lymphoïdes sont aussi des lieux de concentration des lymphocytes. Ils favorisent donc la rencontre entre lymphocytes, porteurs de récepteurs anti-épitopes, et antigènes, présentés ou non par les macrophages sur les cellules dendritiques.

Les leucocytes interviennent différemment dans la réponse immunitaire

Les macrophages et les monocytes dont ils sont issus, les granulocytes et les lymphocytes, peuvent fixer, phagocyter, voire dégrader les éléments étrangers. Toutes ces cellules, d'origine médullaire, ont en commun la possibilité de « quitter » par diapédèse les vaisseaux sanguins, de diffuser dans le liquide interstitiel, et de gagner les organes et les vaisseaux lymphoïdes.

Seuls les lymphocytes présentent, à leur surface, des protéines de reconnaissance, spécifiques d'épitope. On distingue deux grandes catégories de lymphocytes, selon certains polypeptides qu'ils affichent à leur surface, les molécules CD_4 et CD_8. On parle ainsi de lymphocytes CD_4 ou CD_8.

CD : sigle. Pour *cluster of differentiation* ou marqueur de différenciation. Polypeptide membranaire permettant de différencier diverses populations de lymphocytes.

Complément / complement : n.m., protéines permanentes du sérum, intervenant dans la réponse immunitaire.

Organe lymphoïde / lymphoid organ : exp., organe contenant de nombreux lymphocytes et macrophages, situé au carrefour des voies sanguines et lymphatiques.

Des molécules circulantes peuvent reconnaître ou participer à l'élimination des antigènes

Les immunoglobulines sont des protéines plasmatiques, spécifiques d'un antigène donné. Ces anticorps sont sécrétés par les plasmocytes, terme ultime de la différenciation des lymphocytes B. Capables de reconnaître un antigène, ils le fixent pour former un « complexe antigène-anticorps ».

Les facteurs du complément sont des protéines plasmatiques. Leurs activités enzymatiques ou « phagotactiques » (elles attirent les cellules phagocytaires vers les sites d'infection) n'apparaissent qu'après formation d'un complexe antigène-anticorps.

Le plasma contient d'autres molécules circulantes intervenant dans la réponse immunitaire. Ce sont, principalement, de petits peptides ou polypeptides plasmatiques permettant la communication entre cellules du système immunitaire et appartenant à la famille des cytokines. Ces molécules, sécrétées par les cellules immunitaires, activent la prolifération et/ou la différenciation d'autres cellules, ou même la lyse de cellules infectées.

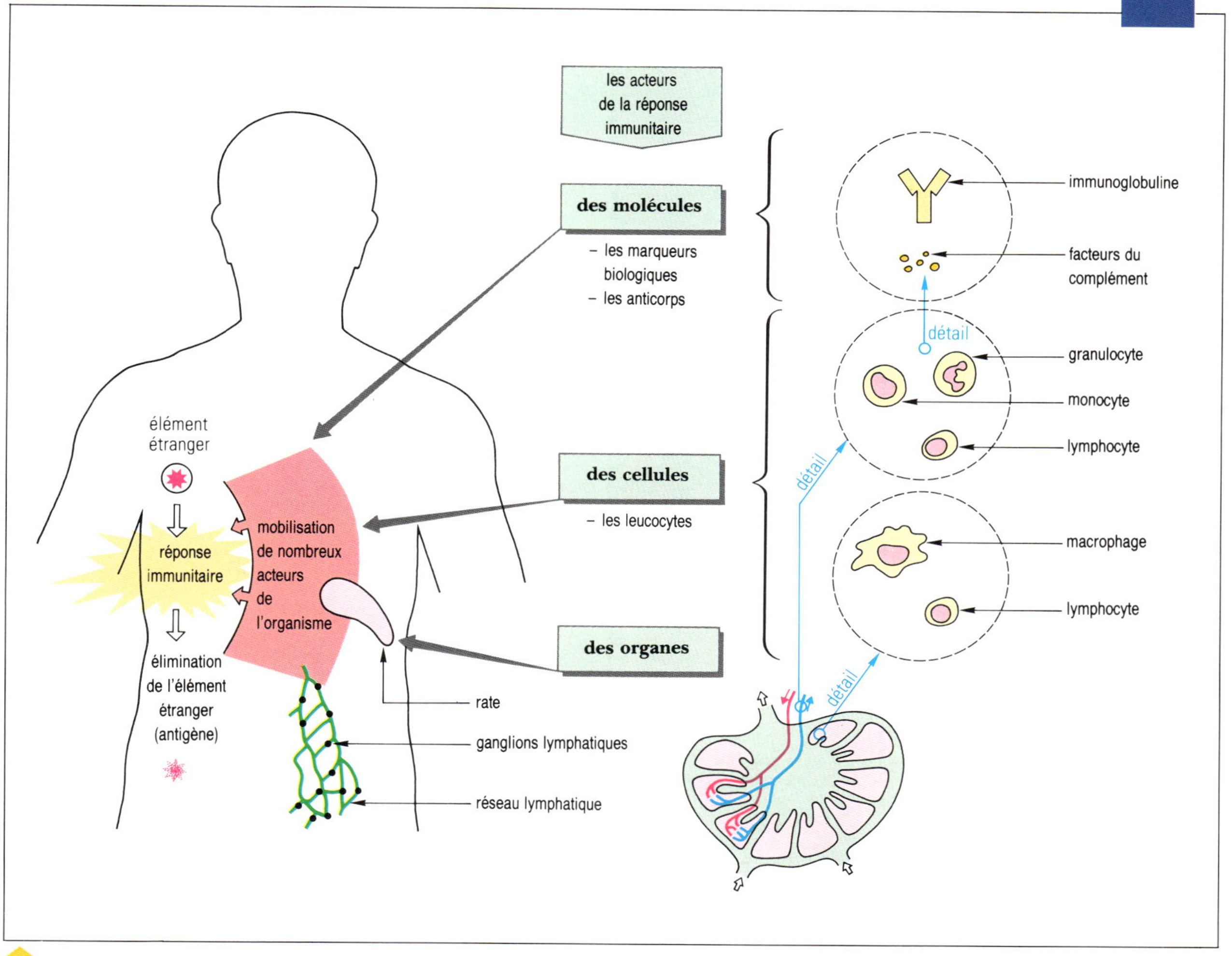

La réponse immunitaire est une réponse de l'organisme à l'introduction d'un élément qu'il ne reconnaît pas comme lui appartenant (antigène). Elle mobilise des molécules, des cellules, des organes constituant le système immunitaire.

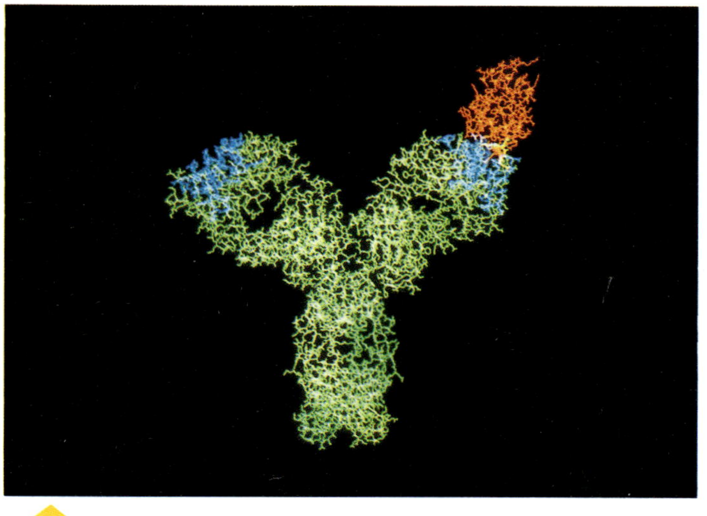

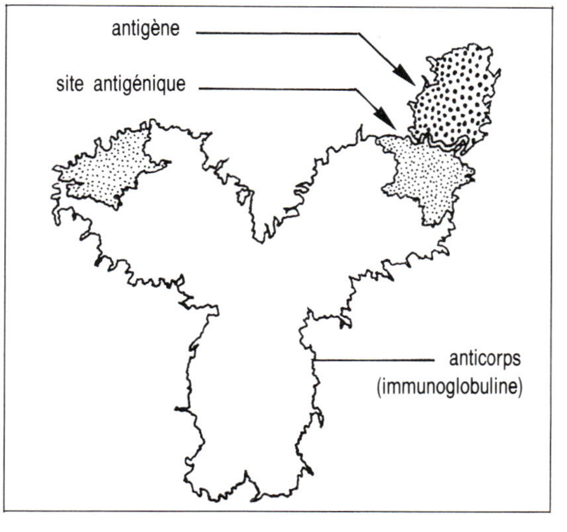

L'efficacité de la réponse immunitaire est déterminée par l'aptitude de protéines circulantes (libres ou fixées à la membrane de certains leucocytes) à reconnaître spécifiquement les antigènes. Ces protéines possèdent un site dont la forme est en partie complémentaire d'un antigène (ici, une immunoglobuline plasmatique ou anticorps).

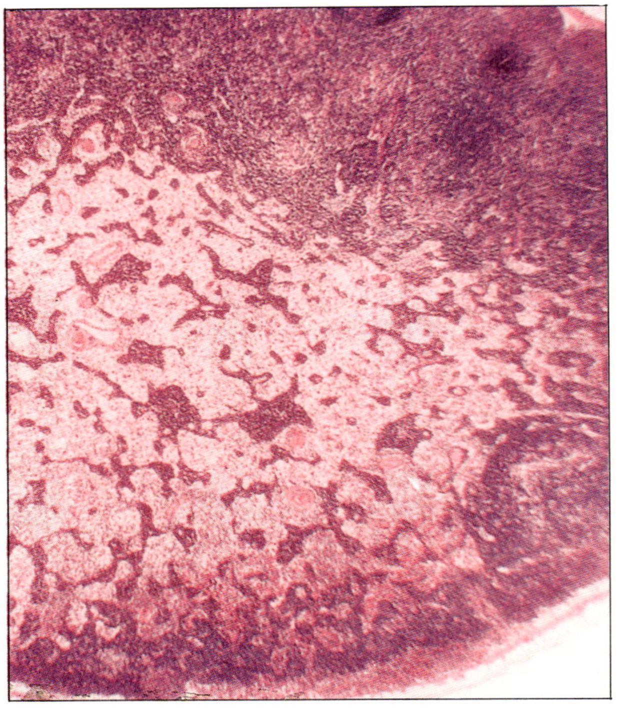

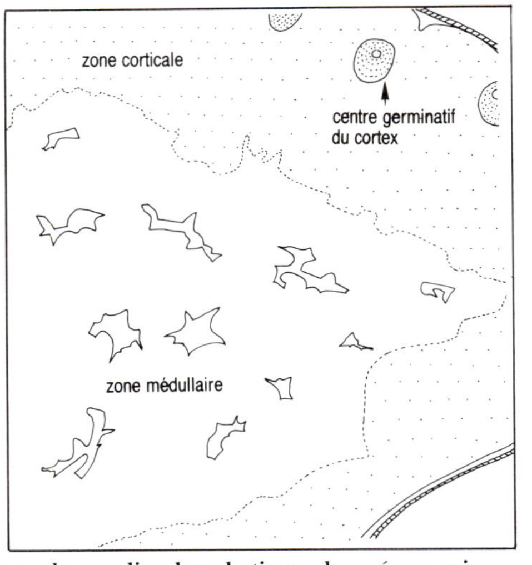

Coupe de ganglion lymphatique observée au microscope optique (× 8) et dessin d'interprétation.

Organisation générale d'un ganglion lymphatique actif (représentation en coupe).

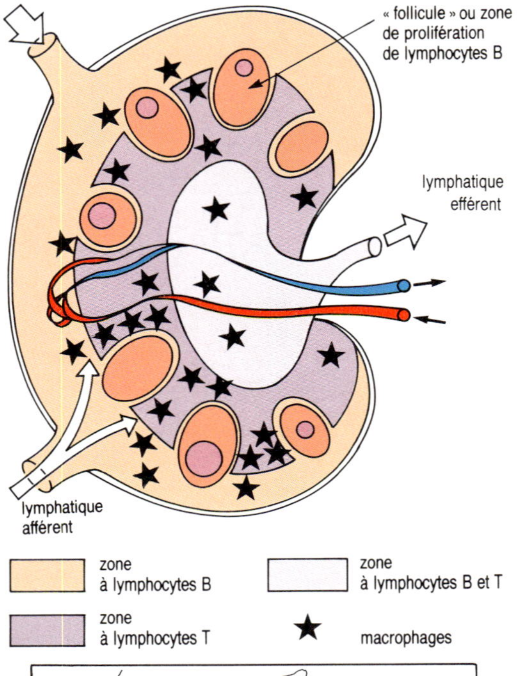

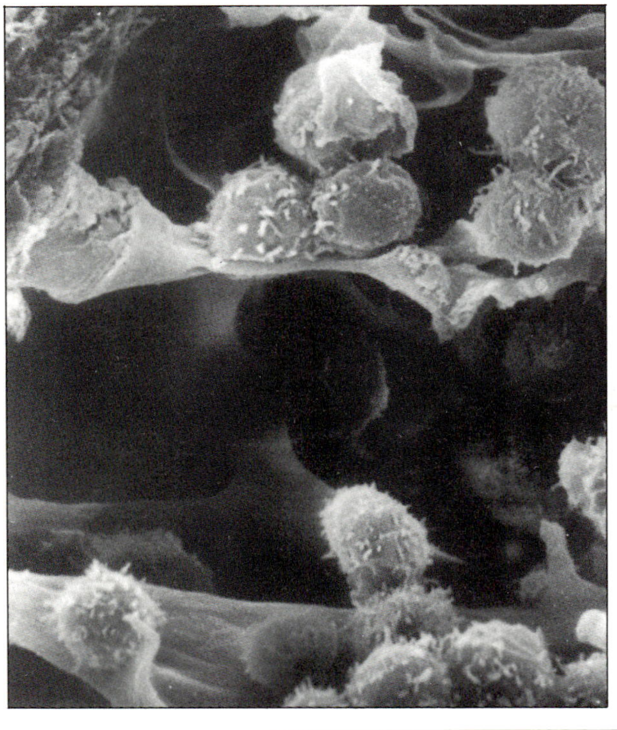

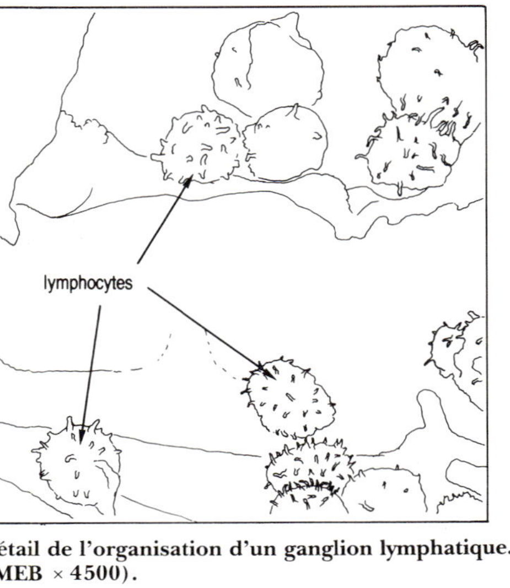

Détail de l'organisation d'un ganglion lymphatique. (MEB × 4500).

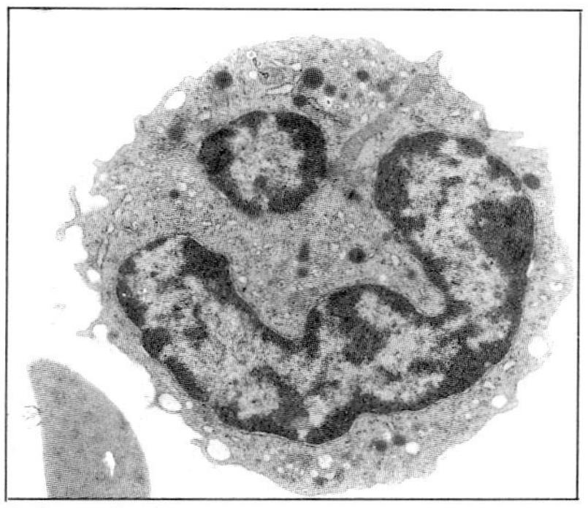

Polynucléaire
ou granulocyte
(MET, × 6100).

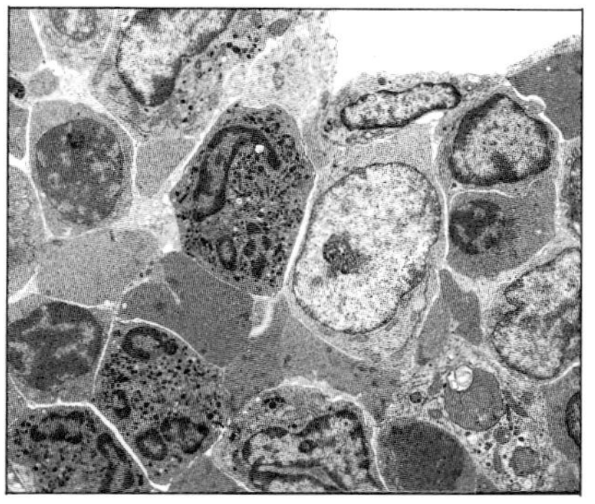

Cellule souche
de la moelle osseuse (MET, × 1500).

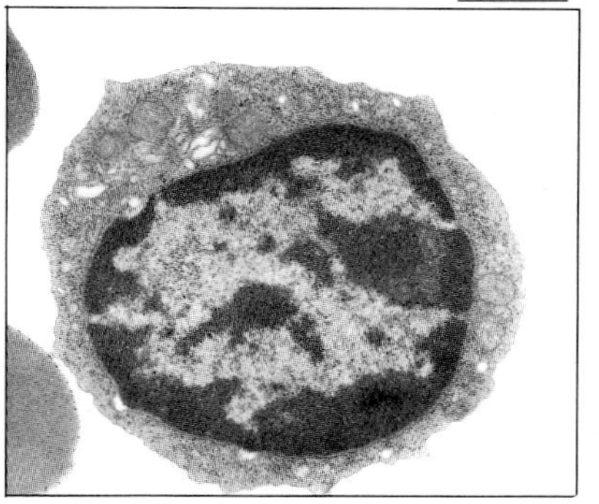

Lymphocyte T (MET, × 7200).

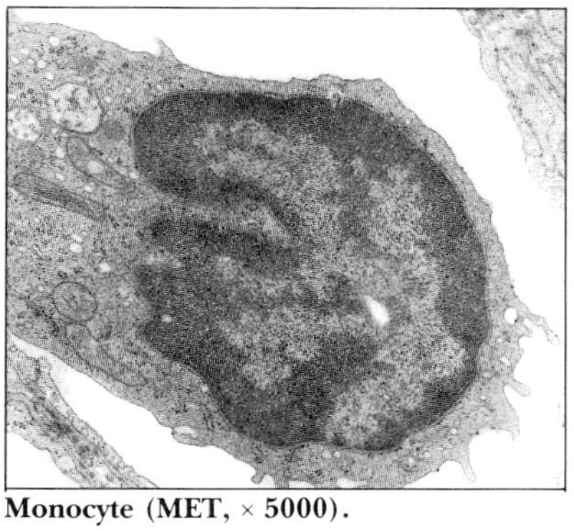

Monocyte (MET, × 5000).

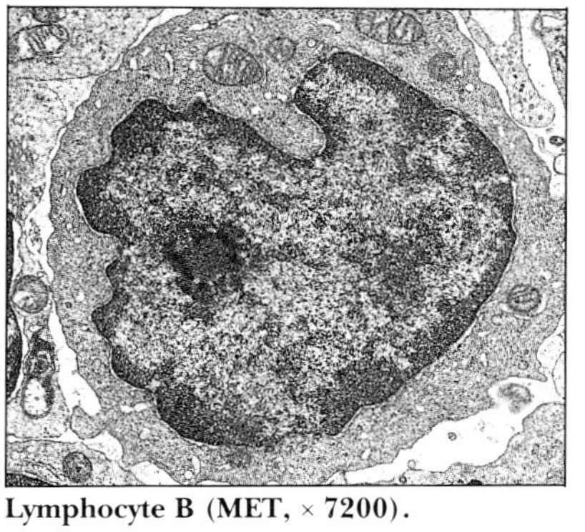

Lymphocyte B (MET, × 7200).

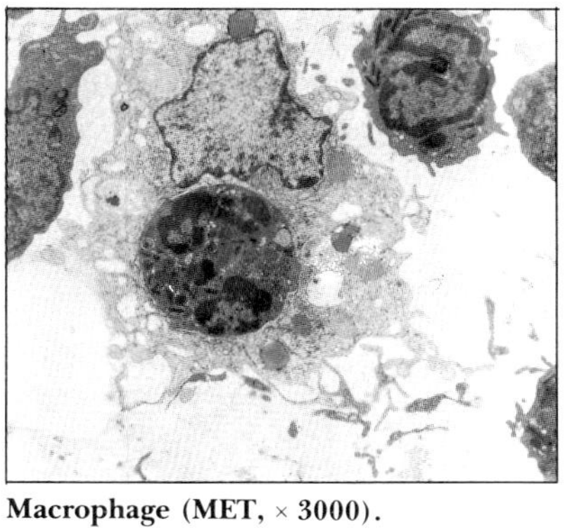

Macrophage (MET, × 3000).

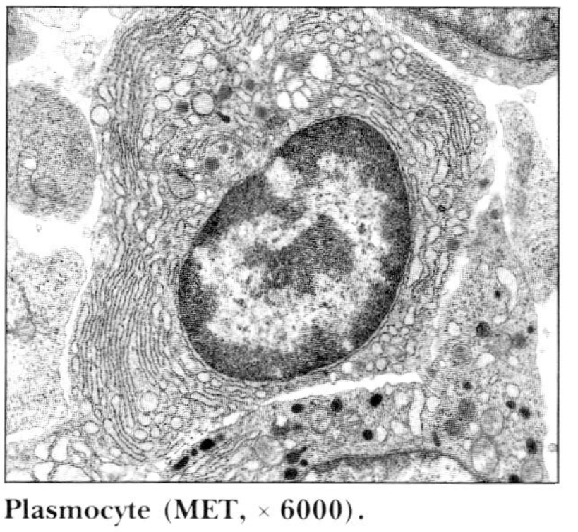

Plasmocyte (MET, × 6000).

Le maintien de l'intégrité de l'organisme face à un élément étranger fait intervenir, en particulier, des types cellulaires issus de la moelle osseuse. Ils ont en commun certains caractères qui expliqueront leur potentialité à intervenir dans la réponse immunitaire. Parmi ceux-ci :
– leur caractère de cellules circulantes (dans le sang, le liquide interstitiel, la lymphe canalisée) ;
– leur aptitude à se déformer et à traverser les parois des capillaires (phénomène de diapédèse) ;
– la présence, à la surface de leur membrane, de glycoprotéines spécifiques.
Ce sont tous des leucocytes (= globules blancs).

2. La reconnaissance d'un non-soi déclenche une cascade de réactions

Ganglions lymphatiques et rate sont des lieux de rencontre

Les voies sanguines et lymphatiques afférentes concentrent dans les organes lymphoïdes :
- des cellules dendritiques et des macrophages ;
- des lymphocytes B, issus de la moelle osseuse (B pour *Bone marrow*, la moelle osseuse en anglais) ;
- des lymphocytes T, également formés dans la moelle osseuse, mais ayant séjourné dans le thymus (T pour thymus) ;
- des antigènes, fixés par les cellules dendritiques ou les macrophages.

Présentation de l'antigène et coopération cellulaire

Lorsqu'ils sont phagocytés par les macrophages, les antigènes sont fragmentés en petits peptides dans les vésicules de phagocytose. Ils s'associent, dans ces vésicules, aux molécules du CMH nouvellement synthétisées et sont affichés en surface de la cellule en même temps que les marqueurs du soi. Ces macrophages sont des cellules présentatrices d'antigène (CPA).
Les lymphocytes TCD_4 reconnaissent, par leur récepteur membranaire spécifique, les peptides (= épitopes) associés aux protéines de classe II du CMH présentés par les CPA.
Cette reconnaissance, associée à la libération d'interleukine 1 par les cellules présentatrices, active les lymphocytes T. Dès lors, une cascade d'activations peut intervenir.

- *L'activation de lymphocytes B*

Les lymphocytes T activés stimulent à leur tour, par l'intermédiare d'interleukines 2 et 4, des lymphocytes B spécifiques du même antigène. Ces lymphocytes T sont qualifiés de lymphocytes auxiliaires (Ta) ou helper (Th, h de l'anglais *helper* = qui aide).

- *L'activation de lymphocytes T*

D'autres lymphocytes (TCD_8) capables de reconnaître spécifiquement l'antigène associé aux protéines de classe I du CMH sur la membrane des macrophages, subissent alors une double activation, de la part des macrophages (libération d'interleukine 1) et des lymphocytes Th, spécifiques de l'antigène et activés préalablement (libération d'interleukine 2). Toutes ces activations mettent en évidence une coopération cellulaire entre CPA et lymphocytes.

Cellule à mémoire / memory cell : exp., population de lymphocytes spécifiques d'un antigène donné, et susceptibles d'être activés lors d'un nouveau contact avec cet antigène.
Interleukine / interleukin : n.f., protéines sécrétées par des globules blancs et intervenant dans les communications inter - « leuco » - cytaires. Les interleukines appartiennent au groupe des cytokines.
Lymphocyte Tc / killer cell : exp., lymphocyte cytolytique.
Lymphocyte Th / Th lymphocyte : exp., lymphocyte auxiliaire, pivot de la coopération cellulaire.
Plasmocyte / plasma cell : n.m., cellule sécrétrice d'anticorps.

Conséquences de la coopération cellulaire

L'activation en chaîne des lymphocytes déclenche leur multiplication : chaque lymphocyte activé, « sélectionné » par un antigène, forme alors un clone de cellules toutes génétiquement identiques.

- *Constitution d'une famille de cellules à mémoire*

Certains lymphocytes persistent sans se différencier. Ils constituent, dans le plasma, une population de « cellules à mémoire », spécifiques d'un antigène donné et aptes à se différencier à tout moment.

- *Différenciation de lymphocytes B et T*

D'autres lymphocytes se différencient : les lymphocytes B activés évoluent en cellules sécrétrices d'anticorps, les plasmocytes. Les lymphocytes TCD_8 activés se transforment en cellules « tueuses ». Ce sont les lymphocytes T cytolytiques (Tc).
D'autres lymphocytes ont un rôle régulateur dans la réponse immunitaire. Ce sont les lymphocytes Ts (s, pour suppresseur) qui limitent les activations en chaîne induites par la coopération entre leucocytes.

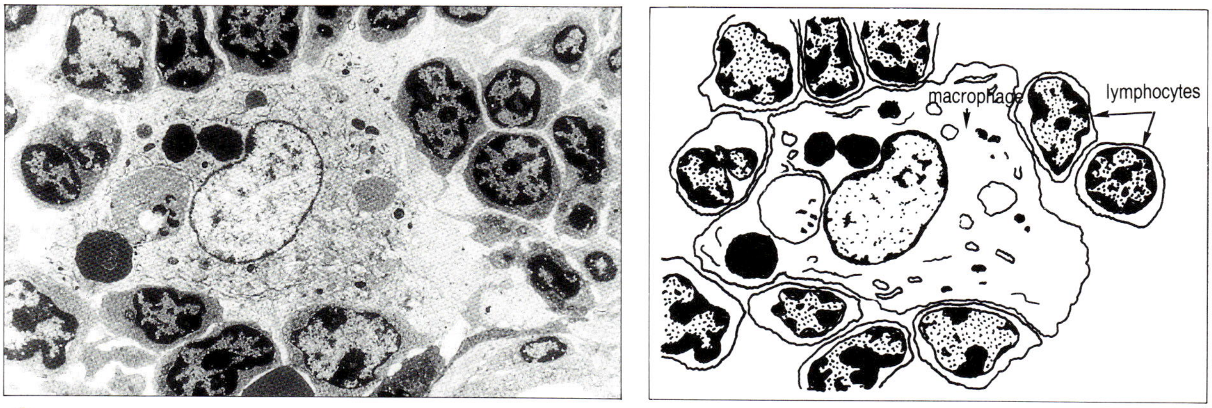

Coupe de ganglion lymphatique observée au MET (× 2 000) et dessin d'interprétation. Les contacts cellulaires entre macrophage et lymphocytes sont nombreux.

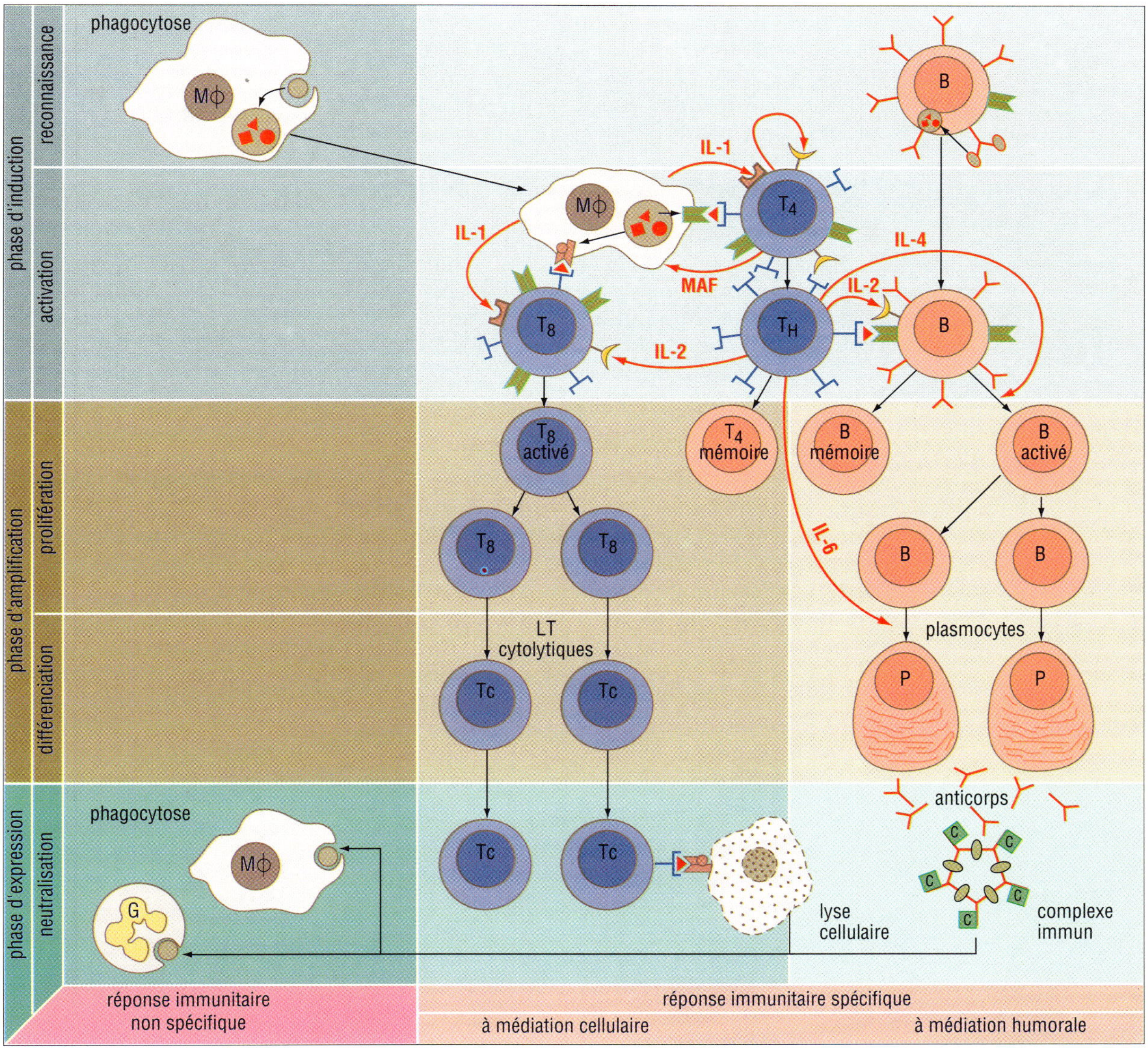

Toute réponse immunitaire spécifique comporte trois phases : une phase d'induction, marquée par la reconnaissance du non-soi ou du soi-modifié, aboutissant à la sélection de clones de lymphocytes immuno-compétents, une phase d'amplification conduisant à la production de cellules effectrices, une phase de neutralisation ou d'élimination de l'antigène.

3. La cytotoxicité : l'intervention des cellules tueuses

L'immunité à médiation cellulaire

Le système immunitaire répond à la présence d'un antigène par deux voies :
– l'une fait intervenir des lymphocytes T cytolytiques (Tc). On parle d'immunité à médiation cellulaire;
– l'autre, à médiation humorale, fait intervenir des molécules circulantes du sérum : les anticorps ou immunoglobulines.

Les lymphocytes Tc reconnaissent les cellules « étrangères »

Les lymphocytes Tc (CD_8) possèdent, sur leur membrane, des récepteurs protéiques spécifiques de l'antigène. Ces récepteurs ne reconnaissent l'épitope que quand ce dernier est associé à des marqueurs de classe I du CMH : les lymphocytes ne peuvent agir que contre des cellules de l'organisme dont les protéines de classe I sont « modifiées ». Cette « modification » du soi peut être liée à une infection virale, ou encore à une altération génétique (mutation ou apparition de cellules déviantes au cours du vieillissement). Les lymphocytes cytolytiques d'un clone donné détruisent donc spécifiquement des cellules cibles qui porte le même soi modifié que celui de la cellule présentant l'antigène qui a provoqué la prolifération de ces lymphocytes. Une double reconnaissance est donc nécessaire pour que la cellule reconnue soit lysée par contact cellulaire avec les lymphocytes Tc.

La cytotoxicité s'effectue par contact

Cytotoxicité / cytotoxicity : n.f., au cours de la réponse immunitaire, capacité de certaines cellules à détruire (cytolyse) d'autres cellules considérées comme étrangères à l'organisme.
Immunité à médiation cellulaire / cellmediated immune response : exp., modalité de la réponse immunitaire faisant intervenir des cellules, les lymphocytes Tc, comme effecteurs.
Perforines / perforins : n.f., ensemble de protéines à action cytolytique, libérées par les cellules cytolytiques de la réponse immunitaire (lymphocytes Tc, cellules K, NK).

• *L'intervention des lymphocytes Tc*

La fixation des lymphocytes Tc sur leurs cellules cibles provoque, par exocytose, la libération de protéines : les perforines. Ces molécules établissent, en présence de calcium extracellulaire, des canaux qui traversent la membrane des cellules cibles. Ces canaux induisent des flux d'ions, extra ou intracellulaires, selon leur gradient de concentration. Ces flux provoquent la lyse des cellules cibles par choc osmotique et dégradation nucléaire.

• *D'autres cellules tueuses interviennent*

D'autres cellules sont capables de cytotoxicité au cours de la réponse immunitaire : ce sont les cellules K (pour *Killer*) et NK (pour *New Killer*). Elles diffèrent des lymphocytes Tc par leur mode de reconnaissance des cibles. Elles sont dépourvues de récepteurs spécifiques de l'antigène qui leur soient propres, et n'exigent pas une reconnaissance des structures de classe I ou II. Leur activité semble exaltée par les interférons, protéines libérées par certains lymphocytes ou par les cellules infectées par un virus. Elles pourraient posséder, sur leur membrane, des récepteurs pour les immunoglobulines (la fixation de ces dernières aux cellules K ou NK se fait par leur fragment Fc, opposé aux extrémités portant les sites antigéniques). Cette fixation permettrait indirectement la reconnaissance spécifique de la cible.

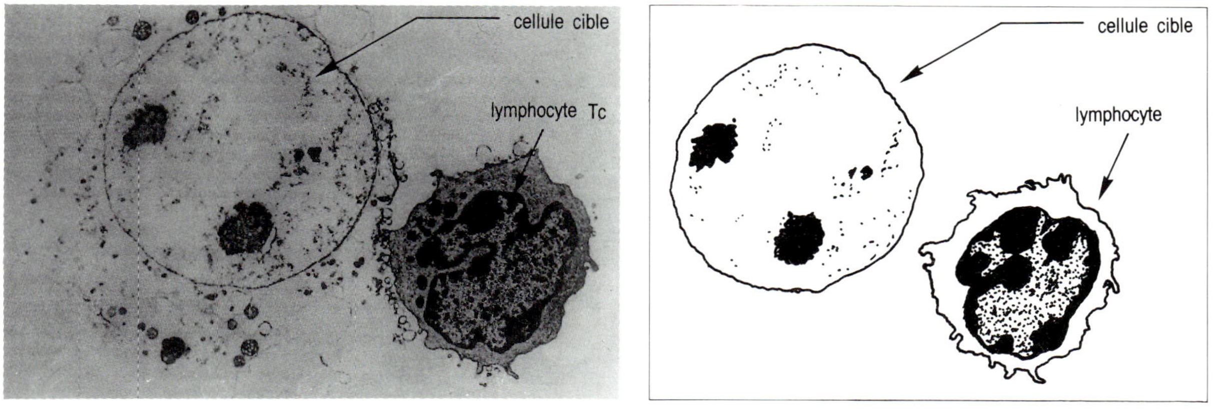

La cytotoxicité des lymphocytes Tc s'effectue au contact de la cellule infectée. Observation de la lyse d'une cellule cible, au MET (× 4 000) et dessin d'interprétation.

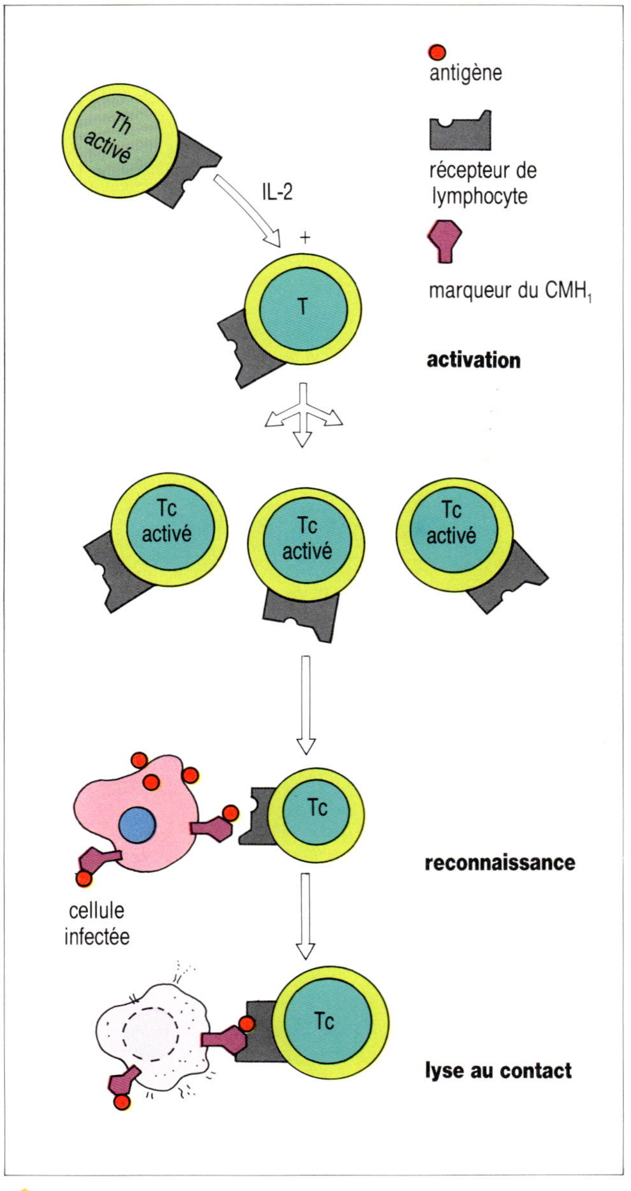

Les étapes de la cytotoxicité. La cellule infectée, reconnue par contact par le lymphocyte Tc, est lysée.

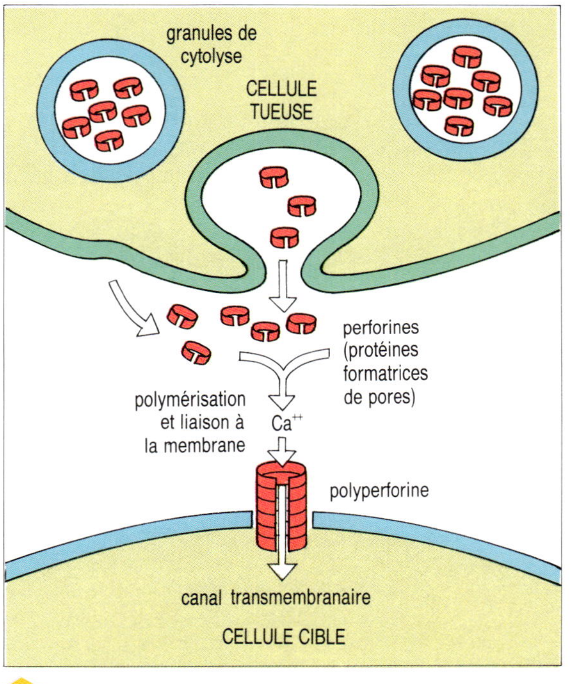

La cytotoxicité est la conséquence de la libération, par le lymphocyte Tc fixé à la cellule infectée de protéines tueuses : les perforines. (D'après David Male, Immunologie, op. cité).

4. La défense humorale : l'intervention des immunoglobulines

L'immunité à médiation humorale

La voie à médiation humorale met en jeu des anticorps, dont chaque molécule possède au moins deux sites spécifiques de l'antigène. Les anticorps sont des immunoglobulines (Ig), glycoprotéines, présentes dans le plasma, la lymphe, les sécrétions.
Cette voie humorale est induite par l'activation de lymphocytes B et leur différenciation en plasmocytes. Les lymphocytes B détectent directement, grâce à leur Igm, tout antigène libre et spécifique de leur immunoglobuline membranaire. Après fixation de l'antigène sur le récepteur, le complexe formé est endocyté et dégradé en petits peptides qui sont exprimés en surface du lymphocyte par les marqueurs du CMH II. Le lymphocyte B se comporte alors, vis-à-vis de certains lymphocytes Th, comme des cellules présentatrices. Ces lymphocytes Th spécifiques des fragments antigéniques, sont responsables de l'activation des lymphocytes B.

Il existe différentes classes d'immunoglobulines

Les immunoglobulines sécrétées par les plasmocytes forment une vaste famille, dans laquelle on distingue, par leur organisation et leurs propriétés biologiques, 5 classes principales : les Ig M, Ig G, Ig A, Ig D et Ig E.
Toutes ont une structure construite sur le même « modèle » ou monomère, dont l'exemple type est la molécule d'Ig G. C'est une protéine polycaténaire, formée de 2 chaînes lourdes et 2 chaînes légères, identiques 2 à 2 et reliées entre elles par des liaisons ou ponts disulfures.

Ig M : forme pentamère, sérique ou fixée à la membrane de lymphocytes B ; ces immunoglobulines sont les premières à être fabriqués par l'organisme au cours d'une réponse immunitaire, comme au cours de la vie (premières synthèses en fin de la vie fœtale). Les Ig M peuvent fixer les facteurs du complément après reconnaissance d'un antigène.
Ig G : forme monomère, sérique ; ces immunoglobulines sont les plus abondantes. Comme les Ig M, ces Ig peuvent fixer le complément.
Ig A : forme monomère ou dimère, sécrétée dans la lumière du tube digestif, dans les bronches ou dans le lait maternel ; rarement sérique.
Ig D : forme monomère, présente essentiellement à la surface des lymphocytes B ; leur rôle est mal connu.
Ig E : forme monomère, présente à l'état de traces dans le sérum peuvent se fixer par leur fragment Fc à la surface des mastocytes, cellules du derme ; intervient dans les phénomènes allergiques.

Les immunoglobulines reconnaissent et fixent l'antigène

Libres dans le sérum ou fixées à la surface de certaines cellules, les immunoglobulines fixent spécifiquement les antigènes. La formation d'un complexe antigène-anticorps ou « complexe immun » entraîne, dans le cas des Ig G et des Ig M, l'activation des facteurs du complément.
L'établissement du complexe induit, par changement de forme de l'immunoglobuline, la fixation d'un facteur du complément en un site précis de la molécule d'immunoglobuline. Cette fixation entraîne une activation en chaîne de ces protéines plasmatiques, à l'image des activations en cascade observées lors de la coagulation du sang. Suivant la nature de l'antigène (antigène appartenant à la surface d'une cellule étrangère ou antigène libre et circulant dans le sang), l'action du complément diffère. Certains de ces facteurs établissent des canaux traversant la membrane des cellules cibles (cas des antigènes membranaires), provoquant leur lyse par choc osmotique ; d'autres attirent les granulocytes ou les monocytes, qui éliminent par phagocytose les débris cellulaires (cas des antigènes membranaires) ou le complexe immun (cas des antigènes circulants).

Immunité à médiation humorale / humoral immune response : exp., modalité de la réponse immunitaire faisant intervenir des molécules circulant dans le milieu intérieur (anticorps) comme effecteurs.

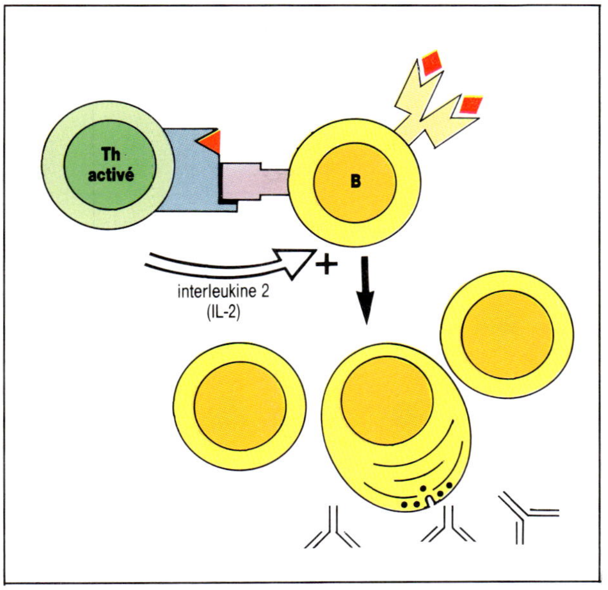

L'activation d'un lymphocyte B spécifique de l'antigène déclenche sa multiplication et sa différenciation en cellule sécrétrice d'anticorps.

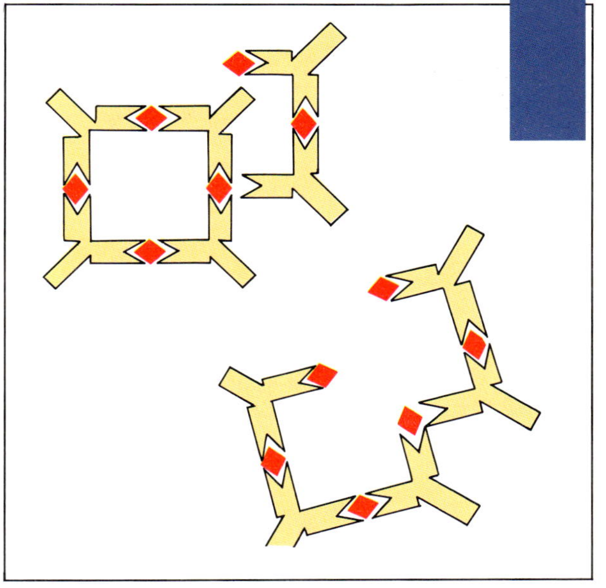

Les anticorps, spécifiques d'un antigène donné, fixent ce dernier et forment un complexe « immun ».

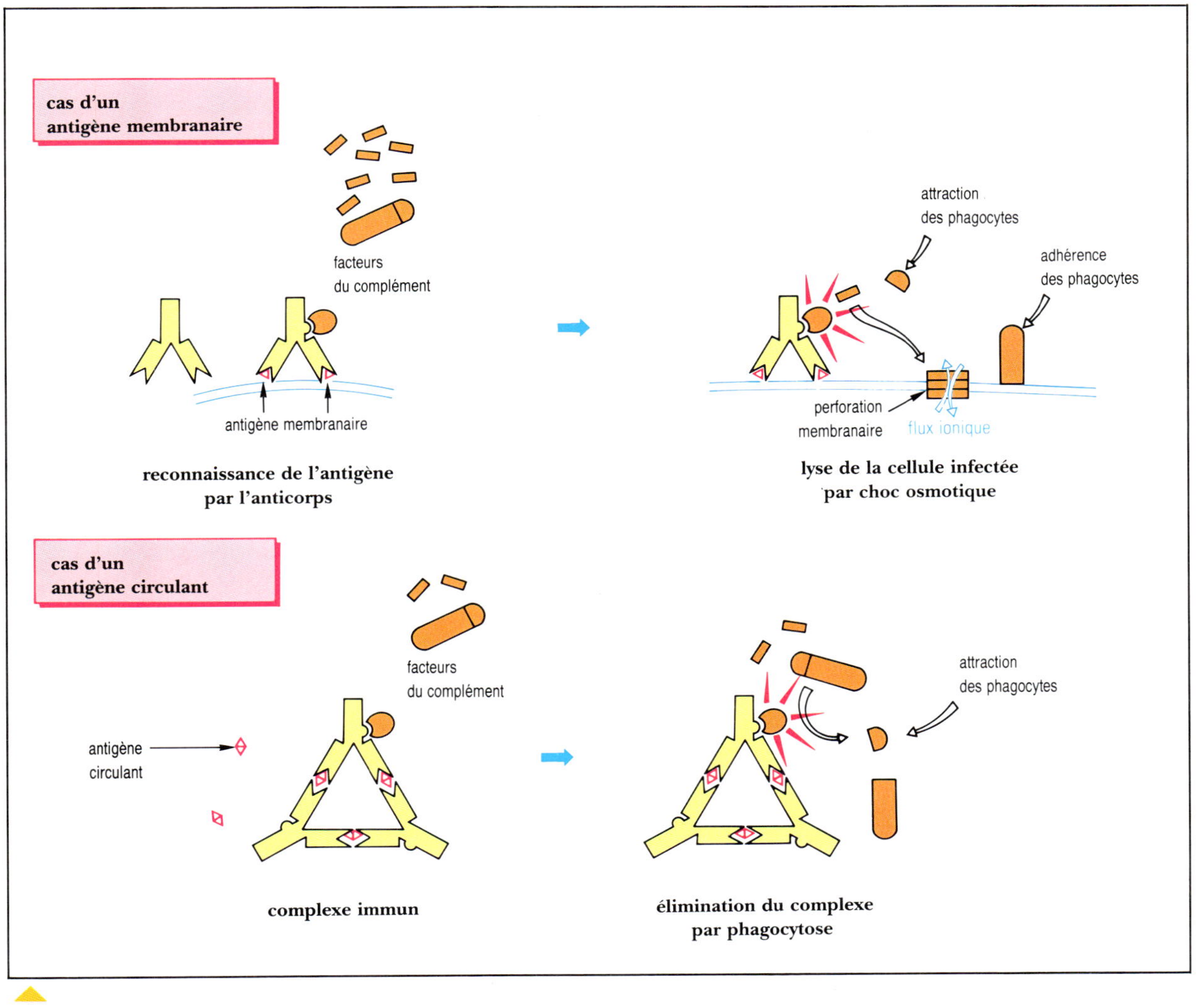

La formation d'un complexe immun déclenche très souvent l'activation d'un complexe protéique plasmatique, le complément. Quel que soit le type d'antigène, l'intervention du complément tend à éliminer l'élément étranger.

5. Origine et diversité des anticorps

Après activation par les lymphocytes Th, les lymphocytes B se différencient en plasmocytes, cellules sécrétrices d'anticorps. Un clone de plasmocytes donné synthétise toujours un seul et même anticorps, spécifique d'un antigène.

Organisation du génome des lymphocytes

Un anticorps résulte de l'assemblage de 4 chaînes polypeptidiques : deux chaînes lourdes et deux chaînes légères, identiques deux à deux. La biosynthèse des immunoglobulines soulève deux problèmes génétiques particulièrement complexes.

- *Expliquer l'assemblage d'une chaîne « polygénétique »*

Le premier est lié à l'existence de plusieurs gènes différents pour une même chaîne polypeptidique; chaque chaîne est l'expression d'un gène morcelé en petits segments; les fragments d'ADN codant les chaînes lourdes ou les chaînes légères sont portés par des chromosomes différents. Chaque chaîne, légère (l) ou lourde (L), est codée par :
– un gène pour sa partie constante (parties C_l ou C_L, ne portant pas le site antigénique);
– un gène pour la partie variable (parties V_l ou V_L, correspondant au site antigénique);
– un gène pour une partie intermédiaire aux deux précédentes (J_l ou J_L).
De plus, les gènes C_l des chaînes légères ne peuvent s'associer qu'avec les gènes V_l et J_l des chaînes légères. Ceux des parties C_L, V_L et J_L des chaînes lourdes se lient ensemble.

- *Expliquer la variabilité du répertoire anti-épitope*

Le deuxième concerne plus particulièrement les gènes codant pour les parties variables (V_l ou V_L) et, à un degré moindre, ceux qui codent les parties C ou J. On a ainsi montré que, contrairement à presque tous les autres gènes de l'organisme, les gènes codant les chaînes lourdes ou légères ne préexistent pas tels dans la cellule-œuf à l'origine de l'organisme. Dans cette cellule, le « gène » d'une chaîne lourde est organisé en 4 ensembles de mini-gènes : plus de 100 sortes de gènes V (= variabilité), 12 gènes D (= diversité), 4 gènes J (= jonction) et quelques gènes C (= constants). Au cours de la mise en place d'un plasmocyte, un membre de chaque série de mini-gènes « saute » de sa position initiale pour former un gène V-D-J-C. Ce réarrangement génétique détermine la formation de 4800 sortes de chaînes lourdes différentes. Le même phénomène se produit lors de l'assemblage des gènes des chaînes légères (400 combinaisons possibles). Au total, 4800 x 400, soit 1 920 000 gènes d'anticorps, chacun pouvant présenter différentes formes alléliques, sont donc susceptibles d'être assemblés. Cette diversité génétique des lymphocytes d'un même organisme expique la diversité des anticorps, en réponse à la diversité des antigènes.

Sécrétion des immunoglobulines

La sécrétion des immunoglobulines est comparable à celle de toute protéine exportée hors de la cellule. Les chaînes légères et les chaînes lourdes sont assemblées dans les cavités du réticulum et glycosylées dans l'appareil de Golgi. Leur exportation (cas des immunoglobulines sécrétées) ou leur exposition à la surface de la cellule (cas des immunoglobulines membranaires) se fait par exocytose.

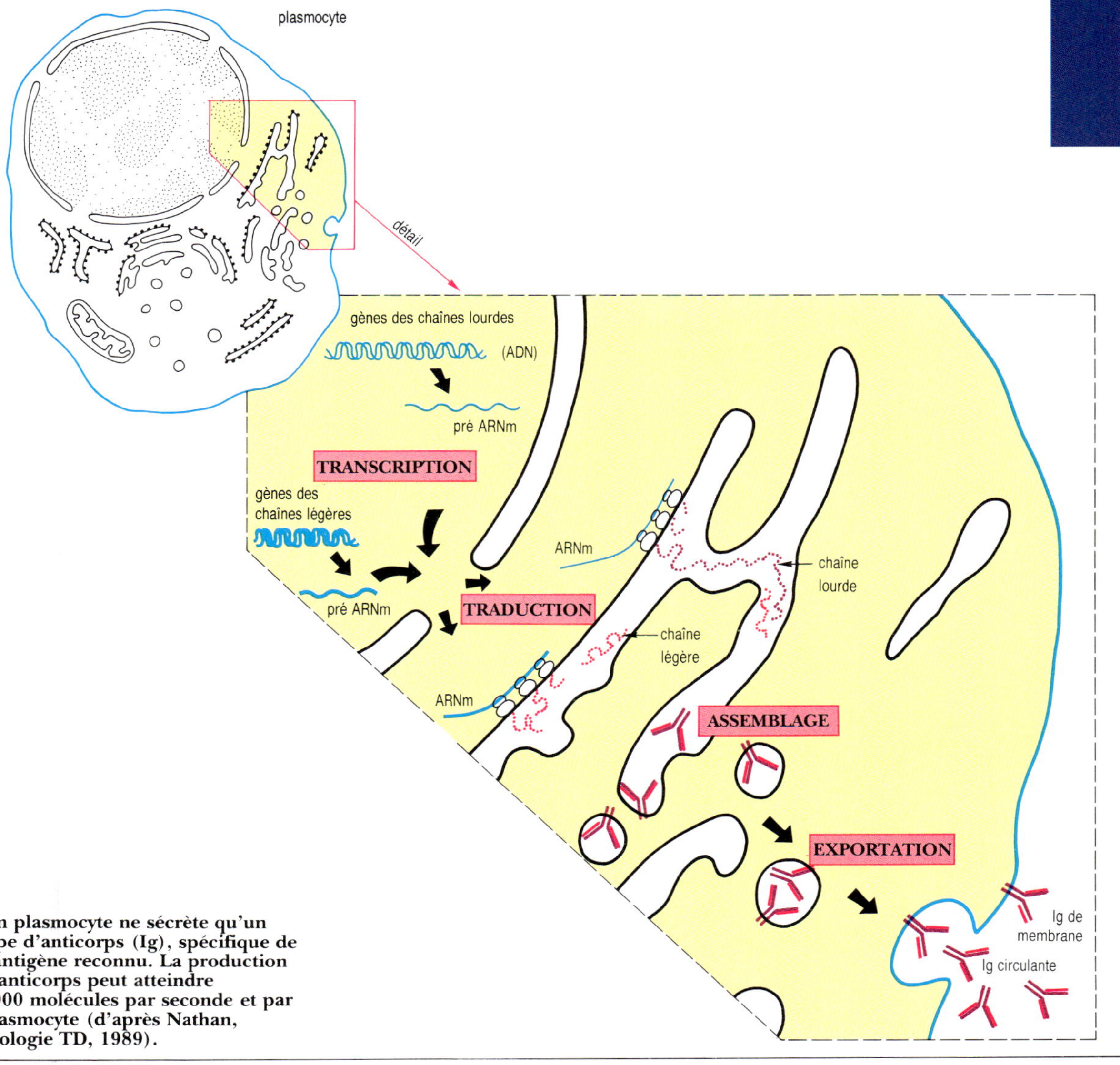

Un plasmocyte ne sécrète qu'un type d'anticorps (Ig), spécifique de l'antigène reconnu. La production d'anticorps peut atteindre 2000 molécules par seconde et par plasmocyte (d'après Nathan, Biologie TD, 1989).

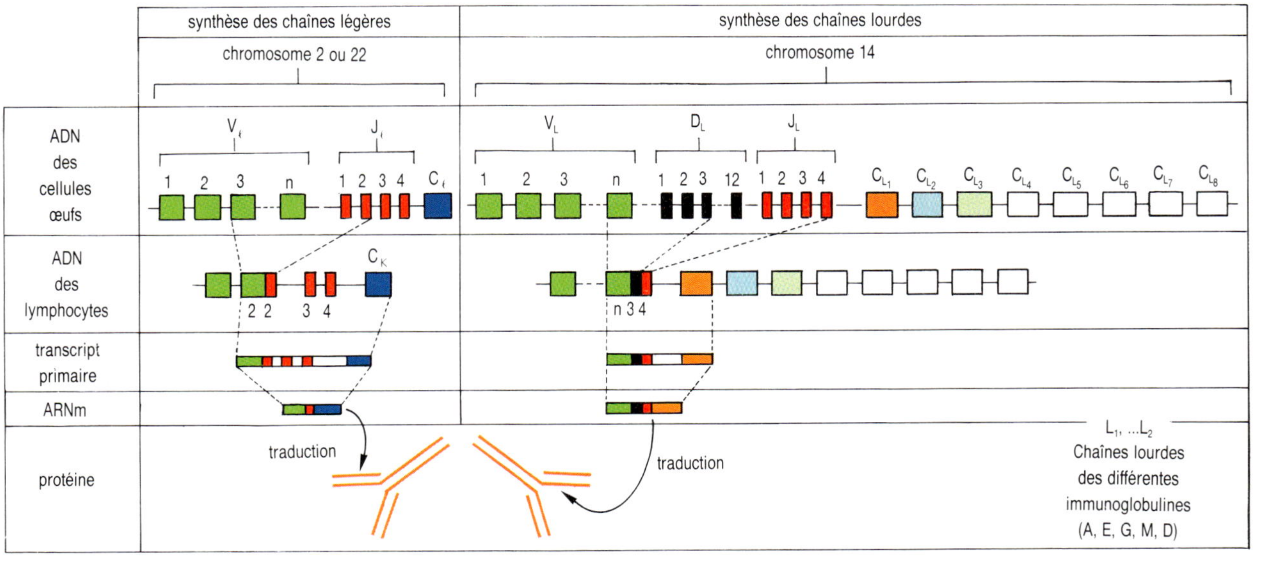

Les gènes codant pour les immunoglobulines sont répartis sur plusieurs chromosomes. Ce système génétique, très complexe, présente une organisation et une évolution qui permettent d'expliquer l'origine de la diversité des anticorps.

6. Les phagocytes et la réponse immunitaire

La phagocytose est la faculté qu'ont certaines cellules d'ingérer divers matériels, cellulaires ou particulaires. Les granulocytes neutrophiles, les macrophages, et à un degré moindre, les hymphocytes, sont capables de phagocytose.
Cette aptitude est déterminée par la présence, en surface de ces cellules, de molécules capables de fixer des antigènes et d'être internalisées avec ceux-ci dans des vésicules d'endocytose.

Phagocytose d'un antigène

Suivant leur nature, les antigènes peuvent :
– être dégradés, après fusion de vésicules d'endocytose avec des lysosomes, autres vésicules cellulaires, riches en enzymes;
– être simplement maintenus à l'écart dans les vésicules d'endocytose;
– se multiplier dans les vésicules d'endocytose, à l'intérieur du phagocyte.
Les phagocytes capables de tels processus sont les granulocytes, les monocytes, les macrophages et les cellules dendritiques des ganglions lymphatiques.

Place de la phagocytose dans la réponse immunitaire

Les phagocytes agissent à des moments différents de la réponse immunitaire et suivant des modalités variées. Ils peuvent être :
– les premières barrières à la pénétration de l'élément étranger. Cette défense est non spécifique. Dans ce cas interviennent des granulocytes et des macrophages;
– à l'origine des réponses immunitaires spécifiques, en présentant l'antigène aux lymphocytes, au cours de la coopération cellulaire. Ce sont alors les macrophages, les cellules dendritiques des ganglions lymphatiques, voire les lymphocytes B qui interviennent;
– « éboueurs » du milieu intérieur, après intervention des effecteurs de la réponse immunitaire spécifique. Ils évacuent du milieu intérieur les débris des cellules lysées (cas d'une réponse de type cellulaire) ou le complexe immun (cas d'une réponse de type humoral). Ces éboueurs sont, pour l'essentiel, des granulocytes, neutrophiles.

Opsonisation / opsonisation : n.f., action de certains anticorps ou de facteurs du complément qui rend les micro-organismes et d'autres substances étrangères à l'organisme plus sensibles à la phagocytose.

L'intervention des phagocytes peut être facilitée

Les phagocytes peuvent être attirés et stimulés par certains facteurs du complément activé (action chimiotactique de ces facteurs). L'adhérence des antigènes sur la membrane des phagocytes peut être facilitée par la fixation, sur les antigènes, de certains facteurs du complément activé ou d'anticorps : les macrophages présentent en effet, à leur surface, des récepteurs aux fragments Fc des molécules d'immunoglobulines. On donne le nom d'opsonisation à ce phénomène.

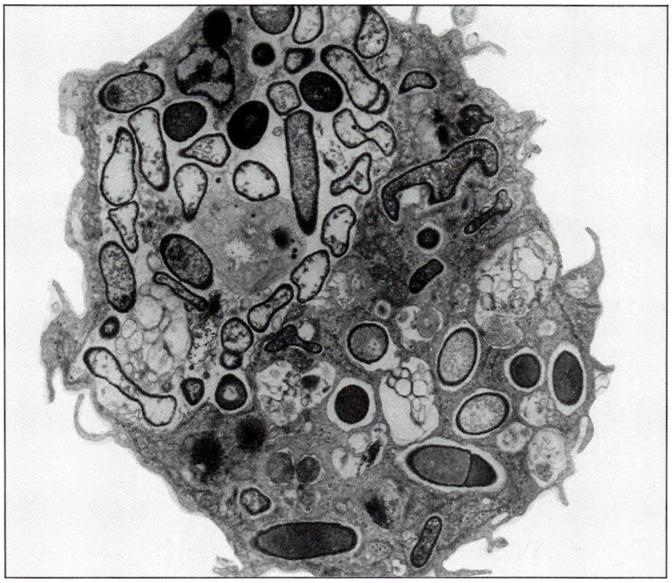

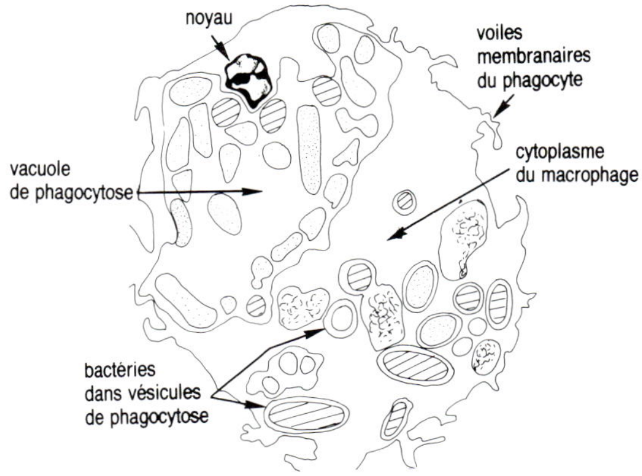

Les phagocytes sont des cellules sanguines (granulocytes, monocytes) ou d'anciens monocytes différenciés en macrophages qui ont la capacité de mettre à l'écart, par endocytose, et souvent lyser des éléments étrangers. Électronographie (MET, × 3000) d'un macrophage ayant phagocyté des bactéries et dessin d'interprétation.

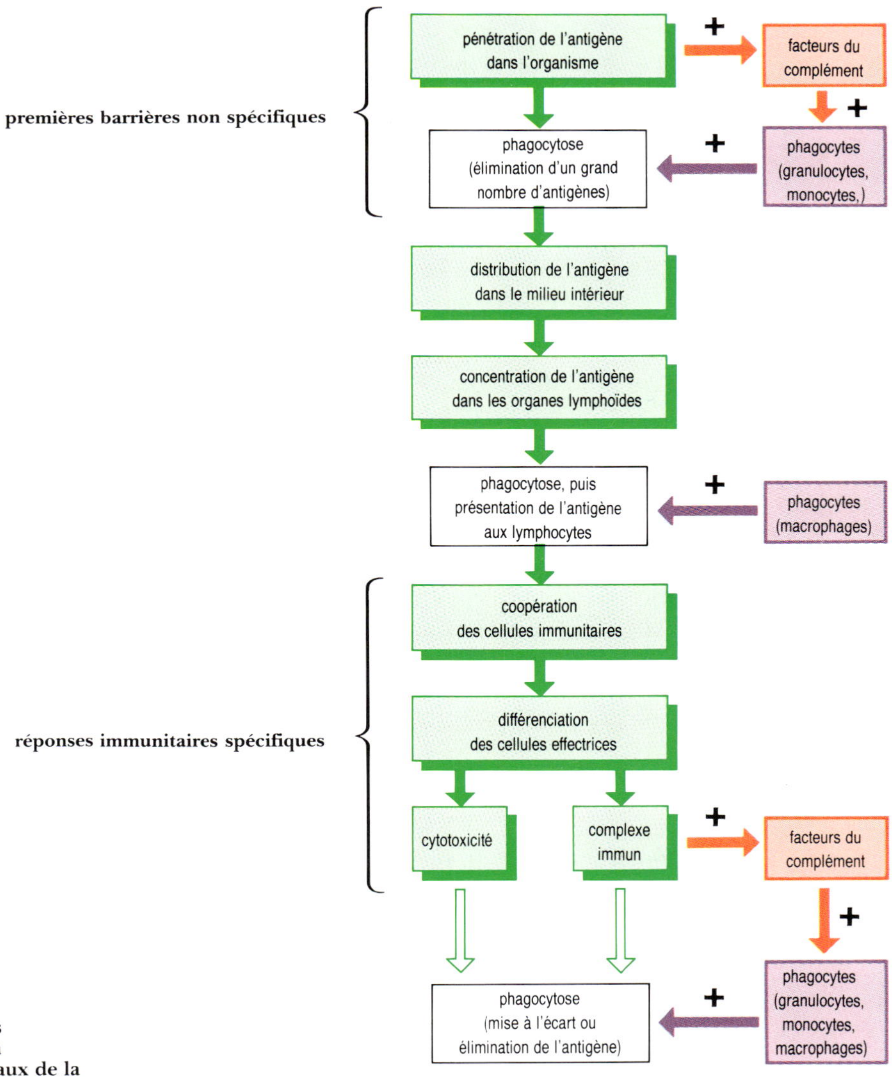

Les phagocytes interviennent à différents niveaux de la réponse immunitaire (d'après Nathan, *Biologie TD*).

Déficiences et dérèglements de la réponse immunitaire

Les réponses immunitaires visent à maintenir l'intégrité de l'individu. Développant de multiples réactions complexes, dans des territoires de l'organisme variés, avec des acteurs multiples, le système immunitaire peut se dérégler ou être victime de déficiences.

L'allergie, dérèglement par excès

Les manifestations allergiques sont des réactions variées de l'organisme. L'urticaire, l'asthme, la trachéite, la conjonctivite... en sont des exemples. Elles apparaissent en réponse à des agents très divers, les allergènes : acariens, pollens, venins d'insectes, produits chimiques...
Beaucoup de ces réactions sont la conséquence d'un processus inflammatoire, caractérisé par une vasodilatation, un oedème et un afflux de phagocytes. L'inflammation est déclenchée par une production locale de substances actives, comme l'histamine. L'histamine est libérée par la dégranulation des mastocytes, stimulés par la fixation de l'allergène sur des immunoglobulines spécifiques (Ig E) dont est garnie leur membrane. Les Ig E ont été sécrétées par des plasmocytes, en réponse à un premier contact avec l'allergène. L'allergie correspond à un état d'hypersensibilité immunitaire. Elle illustre un dysfonctionnement du système immunitaire « par excès ».

Allergie / allergy : n.f., réaction d'hypersensibilité à un antigène.

Auto-immunité / autoimmunity : n.f., état de suppression de la tolérance du système immunitaire vis-à-vis de certaines cellules ou molécules de l'organisme. Ce dernier peut alors induire une réaction auto-immune dirigée contre elles.

Histamine / histamine : n.f., substance vasodilatatrice.

Maladie opportuniste / opportunist disease : exp., maladie infectieuse affectant un individu atteint de déficience immunitaire.

SIDA / AIDS : sigle, Syndrome d'Immuno-Déficience Acquise.

VIH / HIV : sigle, Virus de l'Immunodéficience Humaine.

Les réactions auto-immunes

Un autre exemple de dysfonctionnement du système immunitaire est l'auto-immunité. Dans ce cas, le système immunitaire « se retourne » contre l'organisme lui-même, ne reconnaissant plus certaines cellules comme appartenant au soi. Cette suppression de l'état de tolérance vis-à-vis de ces éléments de l'organisme, entraîne l'intervention de lymphocytes et d'auto-anticorps qui détruisent les cellules non tolérées. Certaines maladies, comme la sclérose en plaques ou encore le diabète insulino-dépendant sont des maladies auto-immunes. Le diabète insulino-dépendant est déterminé par la production d'anticorps dirigés contre les cellules β du pancréas, sécrétrices d'insuline. La sclérose en plaques est due à la production d'anticorps dirigés contre les molécules de la gaine de myéline des fibres nerveuses.

Un exemple d'immunodéficience : le sida

Le virus VIH, responsable du sida, peut infecter certaines cellules de l'organisme : cellules nerveuses, cellules intestinales, cellules du système immunitaire... Ce virus stocke son information génétique dans deux molécules d'ARN identiques : c'est un rétrovirus qui, pour se reproduire, doit transcrire son ARN en ADN. Ce processus, rendu possible par la présence d'une transcriptase inverse virale, permet l'intégration du génome du VIH dans celui de la « cellule-hôte ». L'expression de ce génome viral induit la destruction des cellules infectées (mort des lymphocytes Th par exemple) et permet la propagation virale. La destruction des lymphocytes Th par le virus supprime la coopération cellulaire à l'origine de la réponse immunitaire. L'affaiblissement progressif du système immunitaire permet le développement de diverses infections, qualifiées d'« opportunistes ».

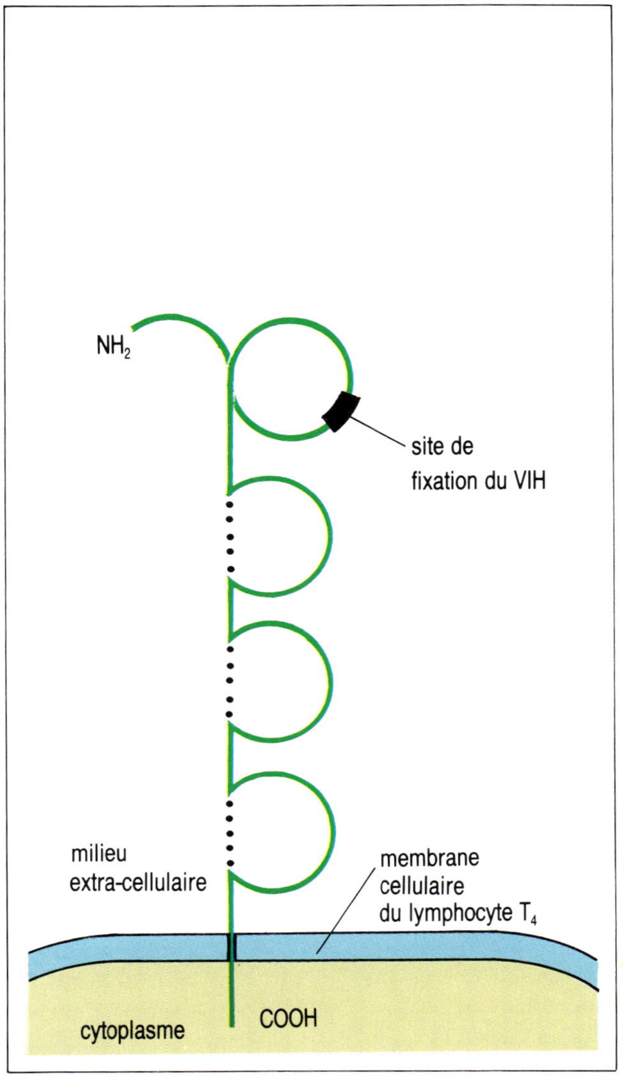

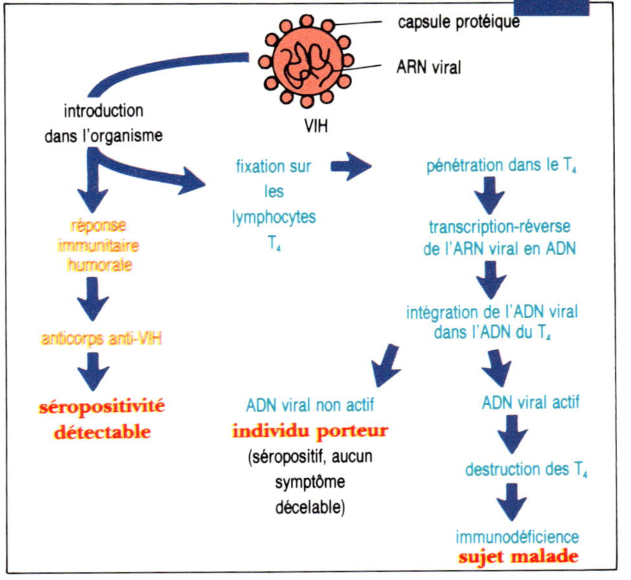

Un sujet est dit « séropositif » quand des tests identifient dans son sérum la présence d'anticorps anti-VIH, preuve de sa contamination.

Plusieurs types cellulaires sont les cibles du virus du Sida. Parmi ceux-ci, certains lymphocytes et les macrophages. Si ces derniers ne sont pas détruits par le virus, les lymphocytes T4 fixent facilement le virus sur certaines protéines de leur surface cellulaire (en particulier la molécule CD4), facilitant ainsi sa pénétration dans le cytoplasme.

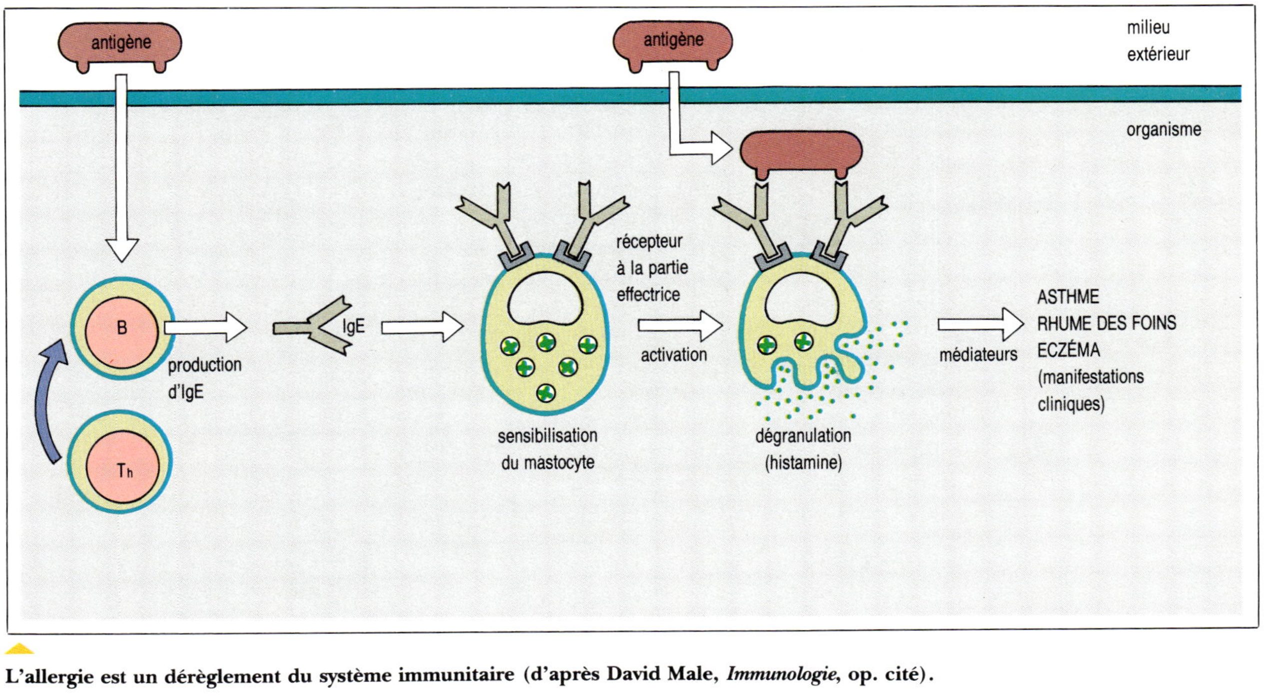

L'allergie est un dérèglement du système immunitaire (d'après David Male, *Immunologie*, op. cité).

FAIRE LE POINT

L'ESSENTIEL

1 La capacité du système immunitaire de discriminer le non-soi du soi permet à l'organisme de développer une réponse spécifique de l'antigène.

2 La discrimination soi/non-soi est due à la présence, à la surface des cellules de l'organisme, de marqueurs caractéristiques de l'identité individuelle. Cette reconnaissance entre cellules d'un même organisme est déterminée génétiquement par le Complexe Majeur d'Histocompatibilité.

3 La réponse immunitaire est déclenchée par l'antigène, dont l'organisme possède un « contretype » dans son répertoire anti-épitope. Ce répertoire est constitué par le site de molécules circulantes (site antigénique des immunoglobulines) ou fixées en surface de cellules (site des récepteurs antigéniques des lymphocytes T ou des Ig membranaires des lymphocytes B).

4 La réponse immunitaire mobilise de nombreux acteurs moléculaires, cellulaires et organiques, dont les modes de communication sont originaux et efficaces. Elle aboutit à la formation de complexe immun (réponse à médiation humorale) ou à la lyse des cellules cibles (réponse à médiation cellulaire).

5 Les phagocytes interviennent à tout moment de la réponse immunitaire. Ils préviennent l'infection, induisent la coopération entre cellules immunitaires, éliminent les résidus consécutifs aux réactions immunitaires.

LES MOTS CLÉS

A
allèle
allergie
anticorps
antigène
auto-immunité

C
cellule à mémoire
cellule dendritique
cellule K, NK
cellule présentatrice d'antigène
cellule tueuse
CMH
complément
complexe immun
coopération cellulaire
cytokines
cytotoxicité

G
ganglion lymphatique
groupe sanguin

H
HLA

I
immunité à médiation cellulaire
immunité à médiation humorale
immunoglobuline
inflammation
interféron
interleukine

L
lymphocytes

M
macrophages
marqueurs
mastocytes
monocytes

N
non-soi

O
opsonisation
organe lymphoïde

P
phagocyte
phagocytose
plasmocyte

R
rate
récepteurs

S
sida
soi
spécificité
système ABO
système rhésus

AUTO-ÉVALUATION

Les activités proposées dans cette rubrique permettent de vérifier les connaissances acquises au cours de ce chapitre.
Elles peuvent concerner : la terminologie scientifique, les ordres de grandeur, les mécanismes fonctionnels.

AUTOTEST

Testez vos connaissances en répondant aux 7 questions suivantes (réponses en fin d'ouvrage). Chaque réponse doit être justifiée.

QUESTION	RÉPONSE
1. Les groupes sanguins sont déterminés par : a) des marqueurs membranaires du CMH ; b) des marqueurs membranaires autres que ceux du CMH.	a b
2. Les lymphocytes B participent à la défense à médiation humorale.	oui non
3. On appelle épitope : a) tout marqueur de surface d'une cellule ; b) tout élément moléculaire susceptible d'être reconnu par le système immunitaire ; c) le site antigénique d'un anticorps.	a b c
4. On appelle antigène : a) tout élément étranger à l'organisme ; b) tout élément susceptible de déclencher une réponse immunitaire ; c) tout élément susceptible d'être reconnu par le répertoire anti-épitope de l'organisme.	a b c
5. Les granulocytes sont des phagocytes.	oui non
6. Les macrophages participent aux réactions immunitaires spécifiques.	oui non
7. La coopération cellulaire est une étape caractéristique d'une réponse immunitaire spécifique.	oui non

ORIENTATIONS DE TRAVAIL

À la fin de ce chapitre, vous devez être capable de :

1. Expliquer pourquoi on qualifie de spécifique la réponse immunitaire.

2. Distinguer les défenses spécifiques et non spécifiques de l'organisme.

3. Rappeler les acteurs cellulaires de l'immunité. Indiquer, pour chacun, leur niveau de participation dans la défense de l'organisme, les relations existant entre leur structure et leur fonction, les facteurs déclenchant leur activité.

4. Décrire les molécules intervenant dans l'immunité, localisation (libres et plasmatiques, membranaires mais circulantes...), leur fonction (molécules de reconnaissance, molécules effectrices, molécules informatives...).

5. Discuter l'organisation et le fonctionnement de quelques systèmes génétiques propres au maintien de l'intégrité de l'organisme.

MINI-GLOSSAIRE MÉDICAL

Lymphadénopathie / lymphadenopathy : n.f., augmentation de volume et parfois inflammation des ganglions lymphatiques.

Lymphangite / lymphangitis : n.f., inflammation des ganglions lymphatiques.

Lymphome / lymphoma : n.m., tumeur formée de tissu lymphoïde.

Maladie de Hodgkin / Hodgkin's disease : exp., affection maligne curable, d'origine inconnue. Caractérisée par le développement des ganglions lymphatiques du cou, l'apparition d'une fièvre persistante, de sueurs nocturnes. Le traitement se fait par radiothérapie et/ou chimiothérapie.

Maladie hémolytique du nouveau-né (érythroblastose fœtale) / erythroblastosis foetalis : exp., incompatibilité fœto-maternelle liée au système rhésus. Si une femme ne possédant pas les antigènes D du système rhésus est fécondée par un homme D+, et que le fœtus est D+, les antigènes du fœtus peuvent, lors de l'accouchement, être mis en contact avec le sang maternel. La mère fabrique alors des anticorps anti-D. Si elle est de nouveau enceinte, et si le fœtus est D+, les anticorps maternels traversent le placenta et entraînent l'érythroblastose fœtale.

PRATIQUES MÉDICALES

Rejet de greffe

Lors d'une greffe ou d'une transplantation, l'organisme reconnaît généralement les protéines du greffon ou de l'organe transplanté comme étrangères. Le rejet est dû, pour l'essentiel, à l'action des lymphocytes T. Les réactions de rejet peuvent être minimisées en faisant correspondre les protéines HLA du donneur à celles du receveur, et en inhibant l'activité des lymphocytes T avec des immunosuppresseurs.

Sérothérapie

Aide au système immunitaire par l'injection d'un sérum contenant des anticorps spécifiques de l'agent infectieux. Ces sérums sont, pour la plupart, obtenus aujourd'hui à partir de sang prélevé chez différents donneurs.

Vaccinothérapie

Le principe de la vaccination repose sur la capacité de mémoire du système immunitaire. Il consiste à injecter à un individu des microbes ou des toxines dont la virulence est atténuée. Ces microbes ou ces toxines n'entraînent pas de maladie, mais le système immunitaire les reconnaît comme étrangers et apprend à les éliminer. Lors d'un éventuel contact ultérieur avec ces microbes ou toxines, la réponse de l'organisme est rapide et efficace, car ce dernier avait gardé la mémoire du premier contact. Cette réaction rapide explique le non-développement de la maladie. La mémoire immunitaire, et la capacité de répondre, s'estompent avec le temps. Il faut stimuler de nouveau le système immunitaire : c'est l'objet des rappels de vaccination.

Pour en savoir plus

ASSIM (collectif), *Immunologie générale*, MEDSI/McGraw-Hill – Paris 1993

BACH (J.F.), *Immunologie*, 4e édition, Flammarion Médecine-Sciences – Paris 1991

DAËRON (M.), FOUGEREAU (M.), FRIDMAN (H.), MOULIN (A.M.), REVILLARD (J.P.), *Immunologie*, Dossier Documentaire Inserm/Nathan – (à paraître) Paris 1996

FRIDMAN (H.), *Le cerveau mobile*, Hermann – Paris 1992

MALE (D.), CHAMPION (B.), COOKE (A.), *Immunologie : le système immunitaire et sa régulation*, MEDSI/McGraw-Hill – Paris 1987

REVILLARD (J.P.), *Immunologie*, De Bœck – Bruxelles 1994

ROITT (I.), BROSTOFF (J.), MALE (D.), *Immunologie fondamentale et appliquée*, MEDSI – Paris 1994

STRESS

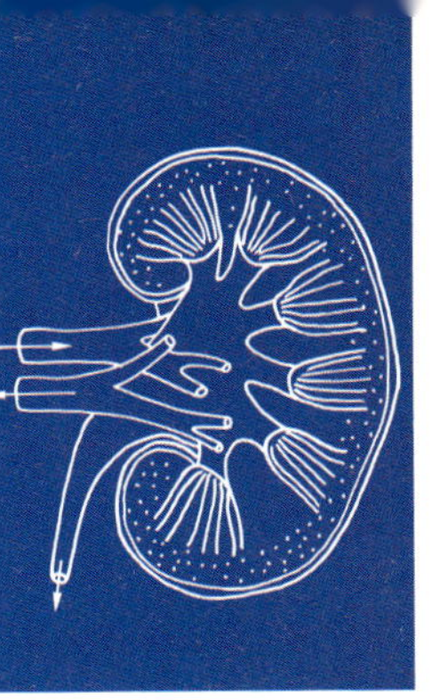

Accidents, examens, compétitions, vie trépidante… autant de situations dites de stress, l'un des mots devenus les plus fréquents de notre vie quotidienne. Ces différentes situations s'accompagnent de réactions physiologiques toujours semblables, que nous connaissons bien : accélération cardiaque, bouche sèche, pâleur…
En réalité, ces manifestations sont celles qui apparaissent au début d'une situation stressante, mais, si cette situation se poursuit, les réactions de l'organisme sont différentes et peuvent entraîner des dysfonctionnements de l'organisme.

Sommaire

1. La réaction d'alerte

Des réactions spécifiques à des stimulations violentes non spécifiques

Un stimulus brutal entraîne une réaction d'alerte

Une stimulation sensorielle, si elle est agressive, ou si elle revêt un caractère émotionnel intense, entraîne généralement un ensemble de réactions végétatives. En termes affectifs, ces réactions regroupent l'anxiété, la peur, l'angoisse, la douleur, la joie ou la panique. Les manifestations végétatives les plus marquantes sont une accélération du rythme cardiaque et du rythme respiratoire. Cette réaction générale, non spécifique dans la mesure où la réponse est toujours identique quelle que soit la nature du stimulus, est souvent dénommée réaction de stress. En réalité, les réponses de l'organisme à ces agressions peuvent être séparées en deux phases successives. Une première phase que nous qualifierons de réaction d'alerte, à laquelle fait suite une réponse à plus long terme qui constitue, à proprement parler, le stress.

Des stimulus variés pour une réponse identique

Différents types de stimulations peuvent entraîner une réaction d'alerte, puis éventuellement de stress. Ce sont en particulier : un traumatisme de l'organisme, une exposition au froid ou au chaud, un effort musculaire violent, une maladie, l'annonce d'un décès ou encore, à un moindre degré, le passage d'un examen.

Les premières réactions de l'organisme peuvent être caractérisées schématiquement de la façon suivante :

- au plan psychologique, les manifestations les plus courantes sont l'attention accrue, la frayeur, des réactions de fuite ou de préparation au combat ;
- au plan somatique, ces réactions se manifestent par des tremblements et des gestes mal contrôlés ;
- au plan physiologique, on observe une augmentation du rythme cardiaque et de la pression artérielle, une augmentation du rythme respiratoire, une mydriase, une piloérection et une vasoconstriction des vaisseaux cutanés.

L'intervention du système limbique

Dans le cas des réactions émotionnelles, les informations provenant des premiers niveaux corticaux de l'intégration sensorielle, sont ensuite intégrées par le cortex frontal, le système limbique et certaines régions hypothalamiques. Le système limbique, qui intervient également dans les processus mnésiques, permet en particulier l'analyse d'une situation nouvelle, ou à l'opposé, la comparaison avec les souvenirs agréables ou désagréables laissés par une expérience antérieure.

L'hypothalamus est le centre de départ des réactions végétatives

Les messages qui partent du système limbique vont provoquer à la fois des réactions somatiques et végétatives. La commande du système neurovégétatif est initiée au niveau de l'hypothalamus, puis les messages sont véhiculés vers les centres orthosympathiques médullaires. À ce niveau, il y a alors mise en jeu à la fois des fibres orthosympathiques classiques libérant au niveau de l'organe innervé de la noradrénaline, et des cellules de la glande médullo-surrénale qui libèrent de l'adrénaline et de la noradrénaline dans le sang. Ces hormones provoquent une activation de la glycogènolyse hépatique, ce qui entraîne une augmentation de la glycémie sanguine à partir des réserves en glycogène.

L'ensemble de ces réactions a donc un effet perturbateur de l'homéostasie, mais il permet une préparation de l'individu soit à la fuite, soit à l'attaque. Chez l'homme, ces réactions sont souvent masquées par des inhibitions liées à la vie en société. Néanmoins, une telle inhibition répétée peut devenir en elle-même un agent stressant !

Agent stressant / stress factor : n.m., stimulus entraînant une réaction de stress de la part de l'organisme.

Réaction d'alerte / alert reaction : exp., phase rapide du stress, se caractérisant essentiellement par une mise en jeu massive du système orthosympathique.

Stress / stress : n.m., réaction spécifique à une stimulation violente, non spécifique. Le stress (sens large) peut être subdivisé en deux phases successives: l'une rapide, la réaction d'alerte; l'autre plus lente, le stress (sens strict).

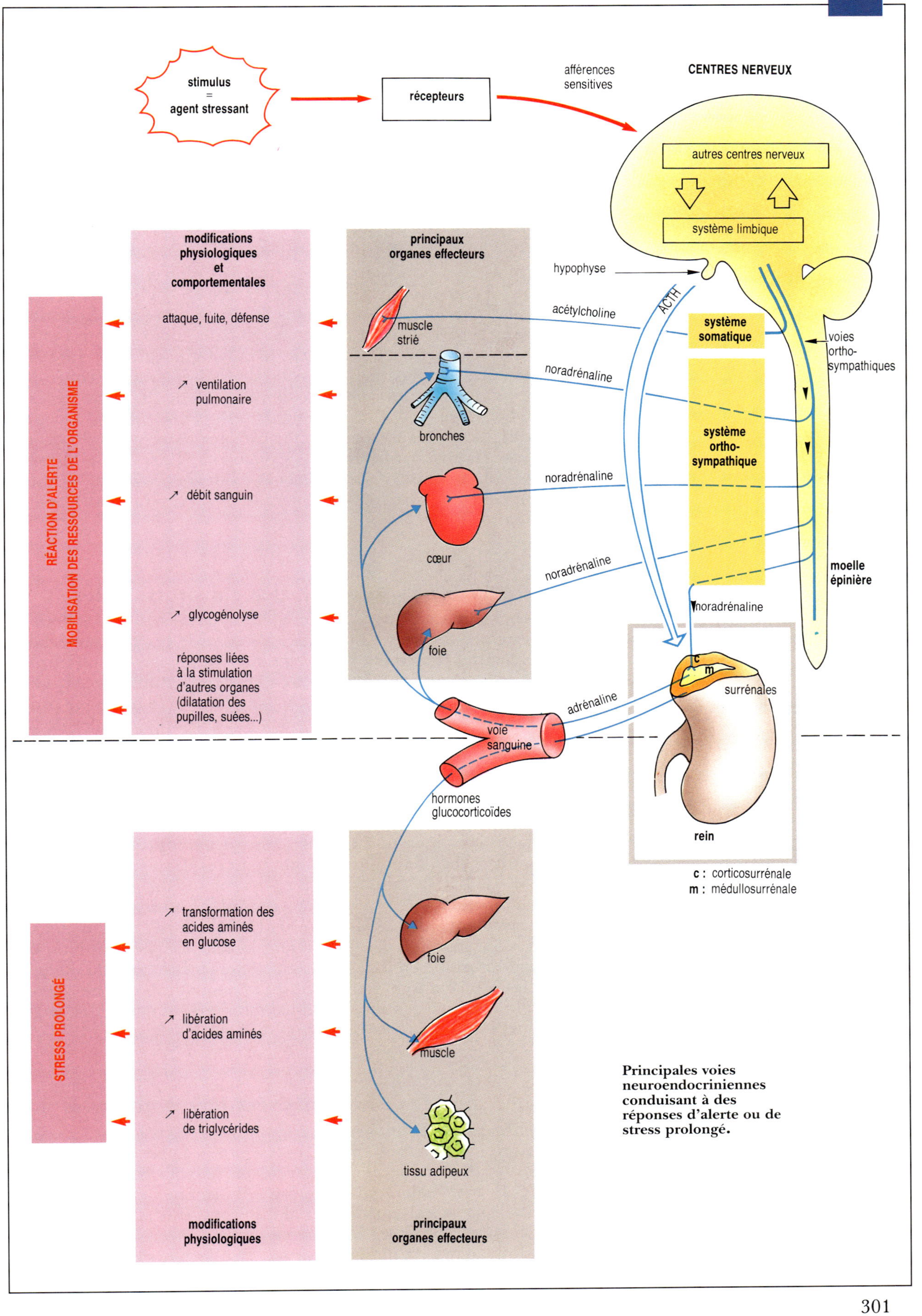

Principales voies neuroendocriniennes conduisant à des réponses d'alerte ou de stress prolongé.

Stimulations stressantes prolongées et libération de glucocorticoïdes

Les hormones libérées ont un rôle comparable

Si la stimulation stressante se poursuit, le taux d'adrénaline libérée dans le sang diminue progressivement pour faire place à une libération d'autres hormones. Parmi ces dernières, la plus abondante est certainement le cortisol. Ce stéroïde est produit par les glandes corticosurrénales et agit principalement au niveau du foie, des muscles et du tissu adipeux. Au niveau des muscles il provoque la dégradation des protéines en acides aminés, tandis qu'au niveau du tissu adipeux, il induit une dégradation des lipides de réserve en triglycérides et en acides gras libres. Ces métabolites, libérés dans la circulation sanguine, sont ensuite repris au niveau hépatique pour former du glucose, toujours sous l'effet des glucocorticoïdes. C'est la voie métabolique de la néoglucogenèse. Le rôle global des glucocorticoïdes est donc, comme celui de l'adrénaline au cours de la phase d'alerte, de maintenir une glycémie élevée et donc l'énergie nécessaire à un métabolisme élevé.
Au plan physiologique, la différence essentielle entre ces deux types d'action hormonale est liée aux réserves utilisées par l'organisme. Lors d'une libération d'adrénaline, ce sont les réserves en glycogène qui sont utilisées, tandis que lors d'une action des glucocorticoïdes, ce sont les réserves lipidiques et les protéines qui sont consommées.

L'hypothalamus contrôle la sécrétion des glucocorticoïdes

Au cours d'un stress, les neurones de l'hypothalamus postérieur, sous l'effet des afférences provenant du système limbique, libèrent de la corticolibérine ou CRH (Cortico Releasing Hormone), qui agit sur l'hypophyse antérieure, provoquant la libération par certaines cellules de corticostimuline ou ACTH (Adreno Cortico Tropin Hormone) dans le sang. Cette dernière hormone provoque à son tour la libération de glucocorticoïdes par certaines cellules de la glande corticosurrénale.

Corticolibérine ou CRH / CRH : n.f., hormone hypothalamique agissant sur l'hypophyse et provoquant la libération d'ACTH.

Corticostimuline ou ACTH / ACTH : n.f., hormone hypophysaire agissant sur les corticosurrénales et provoquant la libération de glucocorticoïdes.

Cortisol / cortisol : n.m., principal glucocorticoïde libéré par la glande corticosurrénale.

Endorphine / endorphin : n.f., neurotransmetteur de composition chimique proche des substances opiacées.

Glucocorticoïdes / glucocorticoïds : n.m., substances hyperglycémiantes qui agissent en activant les voies métaboliques de la néoglucogenèse.

Néoglucogenèse / gluconeogenesis : n.f., voies métaboliques de formation de glucose à partir d'acides aminés et d'acides gras.

En temps normal, ce système est régulé

Dans les conditions physiologiques normales, les corticostéroïdes circulant agissent sur l'hypothalamus et sur l'hypophyse en inhibant respectivement les libérations de CRH et d'ACTH. L'ensemble de ce système constitue donc une boucle de régulation permettant de maintenir à un taux quasi constant la quantité de glucocortocoïdes circulants, de CRH et d'ACTH. En réalité, ces taux plasmatiques d'hormones sont soumis à des fluctuations journalières liées au rythme circadien, le pic de concentration en cortisol se situant vers huit heures du matin.
Au cours du stress, les informations provenant du système limbique bloquent le rétrocontrôle des glucocorticoïdes sur l'hypothalamus, ce qui induit une augmentation importante et durable des taux d'ACTH et de cortisol.

D'autres hormones sont également libérées lors d'un stress

Les hormones déjà citées, si elles sont les plus importantes, ne sont pas les seules à être libérées au cours d'un stress. D'autres hormones hyperglycémiantes telles que le glucagon et l'hormone de croissance, participent à l'augmentation de la glycémie. Il y a également sécrétion d'hormones thyroïdiennes augmentant le métabolisme basal ainsi que d'aldostérone et d'ADH qui permettent respectivement de retenir les sels et l'eau.
De plus il y a libération, par le système nerveux, d'endorphines qui ont des effets analgésiques et facilitent la résistance à la douleur.

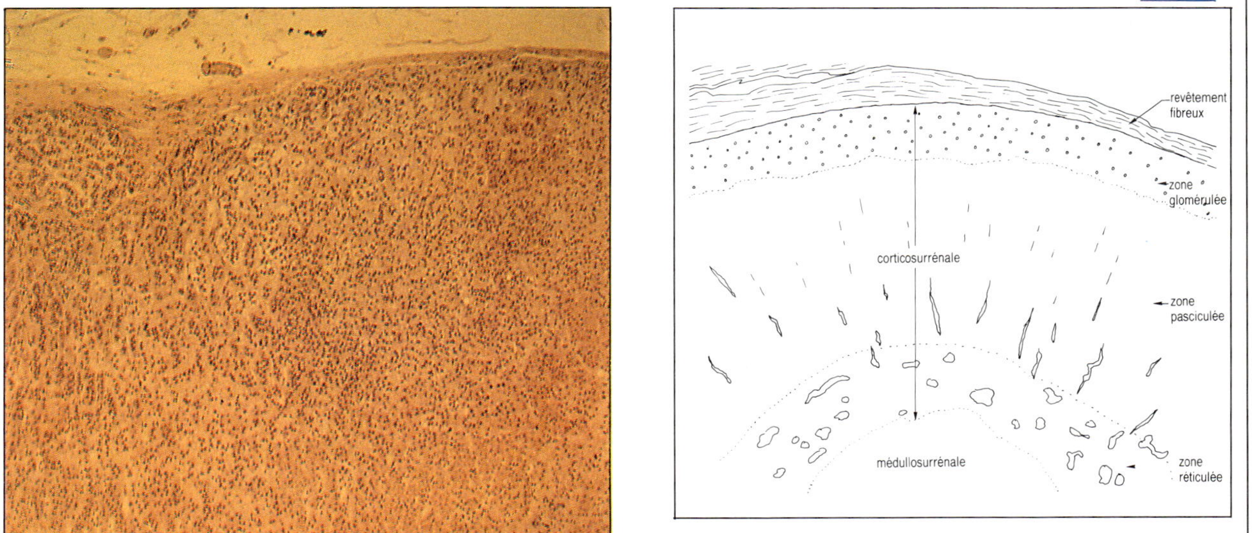

Coupe de surrénale observée au microscope optique et dessin d'interprétation.

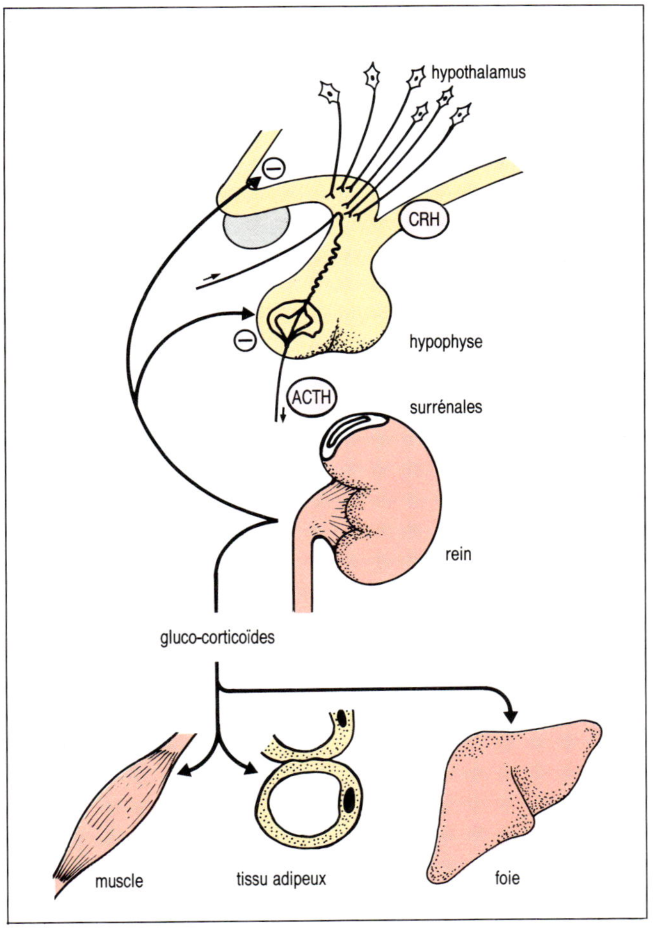

Contrôle de la libération et action des glucocorticoïdes. L'hypothalamus libère une hormone (CRH) activant la libération d'une autre hormone (ACTH) par l'hypophyse antérieure. L'ACTH circulant dans le sang, provoque la libération de glucocorticoïdes par le cortex surrénalien. Ces hormones contrôlent, par rétroaction négative, la libération de CRH et d'ACTH. Les principales cibles de l'action périphérique des glucocorticoïdes sont les muscles, le foie et le tissu adipeux.

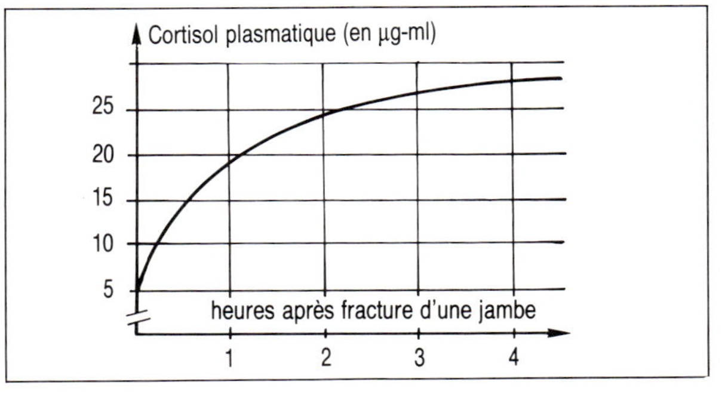

Réponse hormonale après un traumatisme osseux.

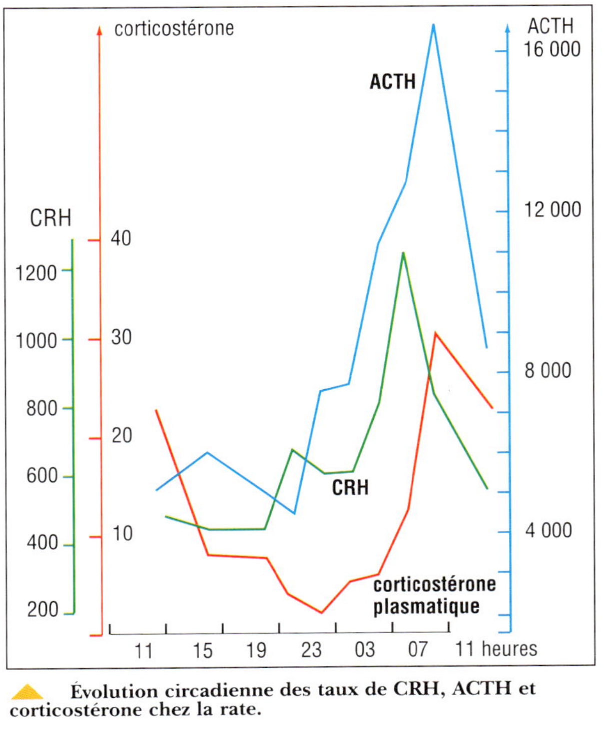

Évolution circadienne des taux de CRH, ACTH et corticostérone chez la rate.

Un stress spécifique : la réaction au froid

L'homme est un homéotherme

Dans les conditions physiologiques normales, la température interne de l'organisme ne varie que très peu. Ici encore, un système de régulation permet de maintenir cette température centrale autour de 37 °C. Les capteurs de cette boucle de régulation sont situés au niveau de la peau où ils détectent les variations de température extérieure, et au niveau de l'hypothalamus où ils sont activés dans le cas d'une variation de la température interne de l'organisme. La fonction de centre intégrateur, ou point de sommation, est assurée par l'hypothalamus. Les systèmes effecteurs sont constitués à la fois du système moteur somatique, du système neurovégétatif, et de certaines glandes endocrines.

Les réponses à une exposition au froid

Dans le cas d'une baisse de la température externe, les effecteurs permettent à la fois de réduire les pertes, et d'augmenter la production de chaleur. Les pertes de chaleur sont essentiellement limitées par une vasoconstriction périphérique diminuant la circulation sanguine cutanée. Cette vasoconstriction est sous le contrôle du système orthosympatique, lui-même dépendant de l'hypothalamus postérieur.

La production de chaleur (thermogenèse) est contrôlée par différents systèmes :

– le système moteur somatique est mis en jeu dans des processus particuliers de frisson thermique. Cette activité musculaire se caractérise par une contraction synchronisée des fibres musculaires, à une fréquence de 10 à 12 Hz. Les contractions sont de faible amplitude, et l'essentiel du travail musculaire est alors converti en chaleur communiquée au sang. Le système moteur peut également être mis en jeu par une commande volontaire pour libérer de la chaleur ;

– le système orthosympatique, en particulier par son action sur la libération d'adrénaline par la médullosurrénale, augmente la glycémie. De plus, il stimule l'activité du tissu adipeux brun, fortement thermogénique. Ce tissu contient, comme le tissu adipeux banal, une réserve importante de lipides. Cependant, et contrairement cette fois au tissu adipeux blanc, il contient également de nombreuses mitochondries (d'où sa couleur brune liée à l'abondance de cytochromes mitochondriaux). Dans ces mitochondries, les oxydations sont découplées de la phosphorylation, ce qui provoque une libération importante de chaleur sans formation d'ATP. Ce tissu est localisé autour du cœur et des gros vaisseaux, et permet donc un réchauffement rapide et efficace de l'ensemble de l'organisme ;

– la glande thyroïde libère dans le sang les hormones thyroïdiennes T3 et T4 (tri-iodo-thyronine et tétra-iodo-thyronine ou thyroxine). Ces hormones agissent en augmentant l'activité métabolique en particulier au niveau des muscles, du cœur, du foie et des reins. Dans les conditions physiologiques normales, l'activité thyroïdienne est contrôlée par la TSH (Thyreo Stimulating Hormone) libérée par l'antéhypophyse, elle-même sous le contrôle de la TRH (Thyreo Releasing Hormone) libérée par l'hypothalamus. Ici encore, le niveau sanguin d'hormones thyroïdiennes est régulé par une action en retour de ces hormones sur l'hypothalamus et sur l'hypophyse.

Homéotherme / homeotherm : n.m., animal capable de maintenir sa température interne constante.

Frisson thermique / shivering thermogenesis : exp., contraction musculaire rythmique permettant le réchauffement.

Thermogenèse / thermogenesis : n.f., ensemble des processus physiologiques permettant d'augmenter la température interne de l'organisme.

Tissu adipeux brun / brown-fat tissue : exp., tissu adipeux particulier, contenant de nombreuses mitochondries, et intervenant dans la thermogenèse.

Le stress provoqué par le froid est différent des autres stress

Les réactions au froid sont des réactions à court ou moyen terme. Dans le cas d'une exposition prolongée au froid, on retrouve les manifestations physiologiques du stress, avec en particulier la libération soutenue de glucocorticoïdes. Néanmoins, dans ce cas précis, la libération d'hormones thyroïdiennes est beaucoup plus importante que dans le cas d'un stress provoqué par d'autres agents stressants. La réaction globale est alors plus orientée vers la production de chaleur, par une augmentation générale du métabolisme.

La lutte contre le froid est un exemple de stress spécifique.

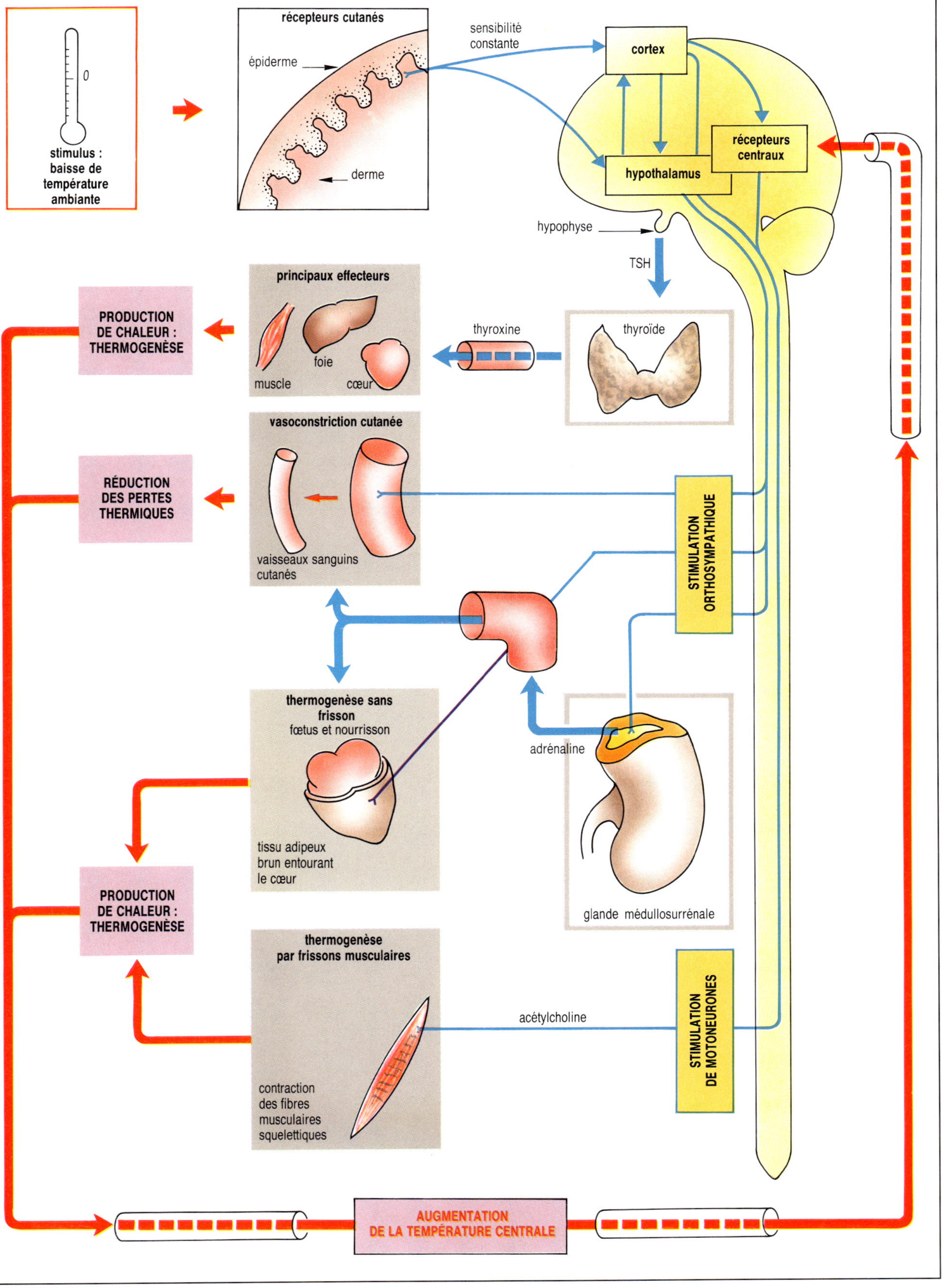

FAIRE LE POINT

L'ESSENTIEL

1 Un stimulus brutal entraîne un ensemble de réactions importantes. C'est la réaction d'alerte qui se manifeste par des réactions de fuite ou de préparation au combat, une augmentation du rythme cardiaque et de la pression artérielle, une augmentation du rythme respiratoire, une mydriase, une piloérection et une vasoconstriction des vaisseaux cutanés. Les structures cérébrales impliquées dans ces réactions appartiennent pour l'essentiel au système limbique. L'hormone principale libérée dans le sang au cours de cette réaction d'alerte est l'adrénaline.

2 Si de telles stimulations stressantes sont prolongées, il y a libération de glucocorticoïdes, et la réaction correspondante de l'organisme constitue le stress. Le rôle global des glucocorticoïdes est comparable à celui de l'adrénaline. Il permet de maintenir une glycémie élevée et donc l'énergie nécessaire à un métabolisme élevé. Dans les conditions physiologiques normales, le taux sanguin de glucocorticoïdes est régulé par une boucle de régulation dans laquelle interviennent la CRH et l'ACTH. Les agents stressants bloquent la rétroaction des glucocorticoïdes sur l'hypothalamus, ce qui provoque une augmentation du taux de glucocorticoïdes circulants.

3 Le froid est un exemple de stress spécifique dans lequel on retrouve les manifestations physiologiques du stress, avec en particulier la libération soutenue de glucocorticoïdes, mais accompagnée en ce cas de la libération importante d'hormones thyroïdiennes.

LES MOTS CLÉS

A
ACTH
agent stressant

C
corticolibérine
corticostimuline
cortisol
CRH

E
endorphine

F
frisson thermique

G
glucocorticoïdes

H
homéostasie
homéotherme

N
néoglucogenèse

R
réaction d'alerte

S
stress

T
thermogenèse
tissu adipeux brun

AUTO-ÉVALUATION

Les activités proposées dans cette rubrique permettent de vérifier les connaissances acquises au cours de ce chapitre.
Elles peuvent concerner : la terminologie scientifique, les ordres de grandeur, les mécanismes fonctionnels.

AUTOTEST

Testez vos connaissances en répondant aux 6 questions suivantes (réponses en fin d'ouvrage). Chaque réponse doit être justifiée.

QUESTION	RÉPONSE
1. La réaction d'alerte se manifeste par : a) une accélération du rythme cardiaque; b) une diminution du rythme respiratoire; c) un arrêt cardiaque momentané; d) un arrêt respiratoire momentané.	a b c d
2. La mise en jeu du système orthosympathique lors de la réaction d'alerte entraîne la libération dans le sang de : a) glucocorticoïdes; b) noradrénaline; c) adrénaline; d) ACTH.	a b c d
3. Dans le cas de stress prolongé, il y a libération dans le sang de : a) ACTH; b) noradrénaline; c) adrénaline; d) glucocorticoïdes.	a b c d
4. La libération d'ACTH est sous contrôle : a) du système limbique; b) de la médullosurrénale; c) des cortex sensoriels; d) de l'hypothalamus.	a b c d
5. L'augmentation du taux d'ACTH au cours du stress est due : a) à une action directe du système nerveux central sur l'hypophyse; b) au blocage, par le système limbique, du rétrocontrôle cortisol-ACTH; c) à un dysfonctionnement hypophysaire; d) à un dysfonctionnement hypothalamique.	a b c d
6. Le stress au froid, comparé aux autres stress, se caractérise par : a) des frissons; b) un taux de glucocorticoïdes élevé; c) un taux d'hormones thyroïdiennes élevé; d) l'absence de libération d'adrénaline.	a b c d

ORIENTATIONS DE TRAVAIL

À la fin de ce chapitre, vous devez être capable de :

1. Citer les principales caractéristiques de la réaction d'alerte.

2. Décrire les différentes structures intervenant dans la réaction d'alerte.

3. Citer les hormones libérées au cours de la réaction d'alerte, et décrire leur action sur le métabolisme général de l'organisme.

4. Localiser les principaux sites d'action des glucocorticoïdes et replacer ces actions dans le cadre du métabolisme glucidique de l'organisme.

5. Décrire les mécanismes de régulation du taux de glucocorticoïdes, et indiquer comment un agent stressant agit sur ces mécanismes.

MINI-GLOSSAIRE MÉDICAL

État de choc / affect : exp., correspond à la réaction d'alerte. Il se caractérise par une activation brutale du système orthosympathique.

Tachycardie / tachycardia : n.f., augmentation du rythme cardiaque. Elle peut être passagère, ce qui reste physiologique, ou permanente dans le cas de certaines maladies (hyperthyroïdie par exemple).

Hypothermie / hypothermia : n.f., abaissement de la température corporelle interne. Elle peut s'observer, dans les cas d'exposition prolongée au froid, par débordement des systèmes de thermogenèse.

Hyperthyroïdie / hyperthyroidism : n.f., hyperactivité de la thyroïde. Elle peut être due, soit à un dysfonctionnement de la thyroïde, soit à un dysfonctionnement du complexe hypothalamo-hypophysaire.

PRATIQUES MÉDICALES

Un stress prolongé est généralement suivi d'effets pathologiques

Le stress n'est pas toujours dû à des stimulations aussi violentes qu'un traumatisme ou une agression, et à l'heure actuelle, les structures sociales sont souvent à l'origine de situations stressantes. Cela inclut des éléments de la vie quotidienne tels que : les bruits de la ville, la crainte du licenciement, l'insécurité, les mauvaises conditions de travail, les problèmes familiaux, ou encore la concurrence.

Les réactions biologiques dont nous avons parlé au cours de ce chapitre, constituent la phase de résistance et permettent à l'organisme de faire face aux agents stressants. Néanmoins, le taux important de glucocorticoïdes circulants peut avoir, à long terme, des effets pathologiques plus ou moins importants. Parmi les plus fréquents, nous pouvons citer :

– des maladies cardio-vasculaires telles que hypertension artérielle chronique, athérosclérose ou infarctus, liées au taux important de triglycérides circulants ;

– la formation d'ulcères gastriques dus à une hypersécrétion de suc gastrique, une diminution de la vitesse de renouvellement des cellules épithéliales et une diminution de la sécrétion de mucus ;

– une diminution de la résistance aux infections par diminution du nombre de lymphocytes circulants et de granulocytes éosinophiles ; régression du thymus et des organes lymphoïdes ; et inhibition de la formation d'anticorps ;

– un retard à la cicatrisation par inhibition de la synthèse de collagène.

Ces différentes maladies ont leur origine dans une stimulation psychique excessive et sont qualifiées pour cette raison de maladies psychosomatiques. Elles peuvent conduire à des états de dépression qui vont de la simple morosité (avoir le « cafard ») à une véritable douleur morale.

Pour en savoir plus

ECKERT (R.), RANDALL (D.), AUGUSTINE (G.), *Animal Physiology,* Freeman – New York 1988

FLÜCKIGER (E.), MÜLLER (E.E.), THORNER (M.O.), *Transmitter Molecules in the Brain,* Springer Sandoz – Berlin 1985

FONTAINE (M.), *Physiologie,* Encyclopédie de la Pléiade – Paris 1969

RIEUTORT (M.), *Physiologie animale,* tome 2 : *les Grandes Fonctions,* Masson – Paris 1986

SEXUALITÉ ET ACTIVITÉ SEXUELLE

Il existe une différence entre la notion de reproduction et celle de sexualité. Chez tous les êtres vivants, la fonction de reproduction permet l'équilibre des populations en compensant les morts par les naissances. L'originalité de la sexualité repose davantage sur la possibilité de faire apparaître, à chaque génération, des individus originaux et uniques. À travers le processus de méiose, les cellules sexuelles héritent en effet de caractéristiques génétiques de l'individu ; mais ces caractéristiques sont brassées ; de nouvelles combinaisons apparaissent, gouvernées par le seul hasard, avec un nombre de possibilités qui dépassent l'imagination. On peut ainsi considérer comme nulle la probabilité que deux individus (même frères ou sœurs, à l'exception des vrais jumeaux) aient les mêmes caractéristiques génétiques. La reproduction sexuée est donc moins une reproduction qu'une véritable production.

L'activité sexuelle de l'homme et de la femme consiste en la production de cellules sexuelles porteuses d'un génome nouveau, spécialisées dans la transmission de ce génome, et en la réalisation de la rencontre de ces cellules par le coït. Les appareils génitaux remplissent cette fonction de la puberté à la mort chez l'homme, de la puberté à la ménopause chez la femme.

Sommaire

1. Les appareils génitaux réalisent la fonction de reproduction

L'appareil génital de l'homme élabore le sperme

La participation de l'homme à la fonction de reproduction consiste en la production et l'émission de gamètes (cellules sexuelles) mâles mobiles : les spermatozoïdes. Cette production, ou spermatogenèse, est assurée par les gonades (glandes sexuelles) mâles : les testicules. Chaque testicule est constitué de nombreux tubes séminifères d'un diamètre de 140 à 300 μm, et d'une longueur de 30 à 60 mm. Dans la paroi de ces tubes, des divisions cellulaires se produisent et émettent vers la lumière du tube des cellules qui se différencient en spermatozoïdes. Les gamètes mâles sont alors immobiles; ils sont acheminés par les tubes séminifères vers le canal de l'épididyme, où ils subiront une maturation qui leur donnera leur motilité. Entre les tubes séminifères, des amas de cellules endocrines forment le tissu interstitiel. Elles sécrètent la testostérone, hormone sexuelle mâle.

Les glandes annexes de l'appareil génital (vésicules séminales, prostate) élaborent le liquide séminal qui constitue, avec les spermatozoïdes, le sperme. Le sperme est canalisé dans l'urètre, par lequel se fait l'éjaculation. Une éjaculation correspond à l'émission de 3 à 4 ml de sperme, contenant en moyenne 100 millions de spermatozoïdes par ml. En volume, 90 % du sperme est représenté par le liquide séminal. Le sperme a un pH de 8,3 et contient du fructose, source d'énergie pour les spermatozoïdes, sécrété par les vésicules séminales.

Les ovaires produisent des ovules

L'appareil génital de la femme a une double fonction : l'émission de gamètes femelles, les ovules, et la réalisation d'une grossesse en cas de fécondation d'un ovule. Les ovules sont produits par les gonades de la femme : les ovaires. Ce sont des glandes de 3 à 5 cm de long, en forme d'amande, dans lesquelles se réalise la maturation des ovules. Les ovaires sont aussi des glandes endocrines, qui sécrètent les hormones sexuelles femelles : œstrogènes et progestérone. Tous les mois, environ 14 jours après le premier jour des règles, un ovule est émis par l'un des ovaires (alternativement, un ovaire puis l'autre le mois suivant), par perforation de la paroi. L'ovule est pris en charge par une trompe de Fallope, où il sera éventuellement fécondé par un spermatozoïde.

Les organes génitaux externes sont destinés à l'accouplement

Lors d'un rapport sexuel, des stimulations mécaniques et psychologiques provoquent, chez l'homme, l'érection du pénis, par afflux de sang dans cet organe. Devenu rigide, le pénis peut être introduit dans le vagin de la femme, lubrifié par des sécrétions glandulaires. Les stimulations mécaniques du pénis pour l'homme, du clitoris et du vagin pour la femme, mènent à l'orgasme, caractérisé par des contractions spasmodiques des voies génitales. Chez l'homme, ces contractions expulsent le sperme dans le vagin.

L'utérus est l'organe de la grossesse

L'utérus est une voie génitale très différenciée, dont l'enveloppe interne est constituée d'une muqueuse susceptible d'accueillir un embryon et de former avec lui un placenta. À chaque cycle sexuel de la femme, la muqueuse utérine (l'endomètre) évolue et « se prépare » à l'implantation d'un embryon. Les règles marquent le début d'un cycle par la destruction de la muqueuse du cycle précédent. Les règles sont donc le signe de l'absence d'implantation d'un embryon. Inversement, un retard important des règles est un indice d'un éventuel début de grossesse. Lors d'une grossesse, l'embryon puis le fœtus se développent dans l'utérus. Extérieurement, la muqueuse utérine est doublée d'un myomètre, paroi musculaire dont les contractions interviennent lors des règles et surtout lors d'un accouchement.

Appareil génital / genital apparatus : exp., un appareil génital est constitué de gonades (testicules ou ovaires), de voies génitales (spermiductes, urètre; trompes, utérus, vagin), de glandes annexes et d'organes externes.

Endomètre / endometrium : n.m., muqueuse de l'utérus.

Gamète / gamete, germ cell : n.m., cellule sexuelle, mâle ou femelle (spermatozoïde ou ovule).

Myomètre / myometrium : n.m., paroi musculaire de l'utérus.

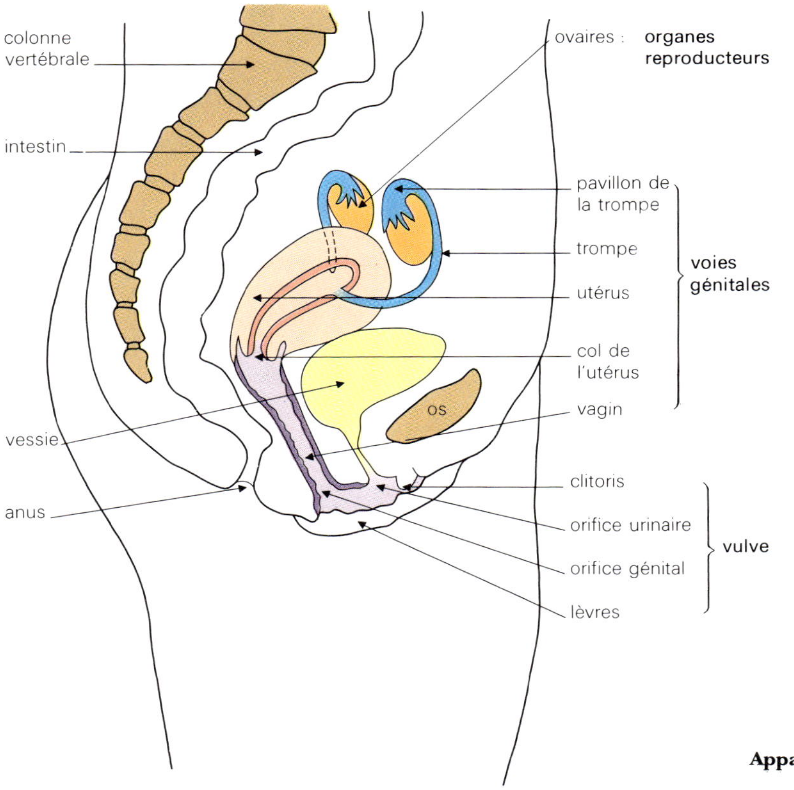

Appareil génital de la femme

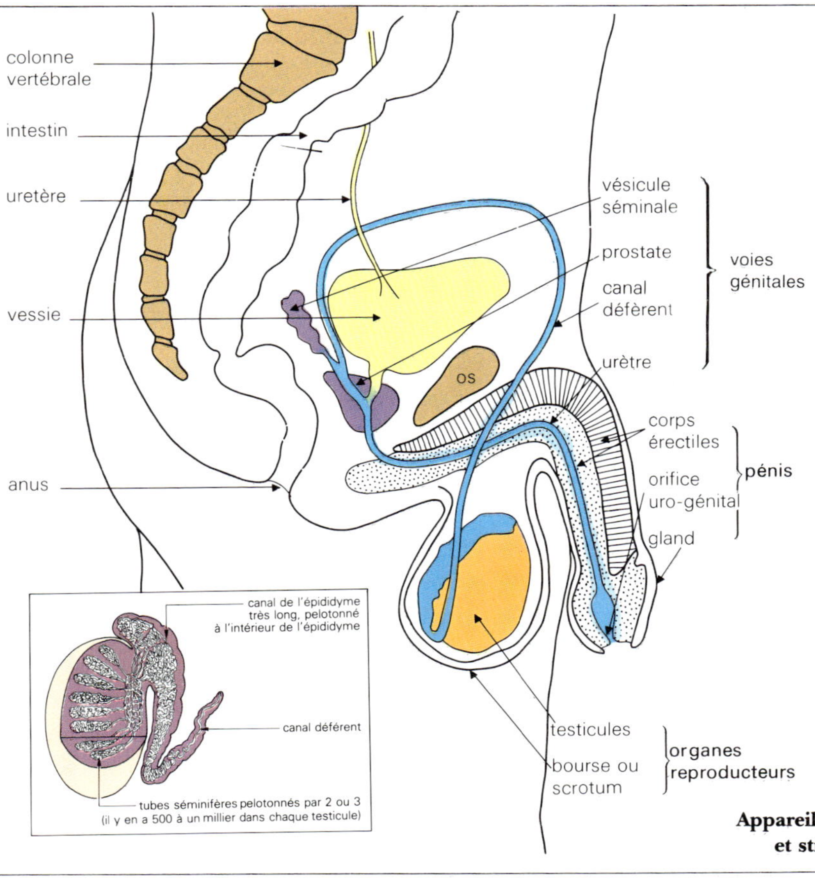

Appareil génital de l'homme
et structure du testicule

2. L'activité sexuelle évolue au cours de la vie des individus

La puberté marque la maturation de l'appareil génital

À la naissance, l'individu n'est pas sexuellement mature, bien que ses organes génitaux soient formés. La maturation sexuelle s'effectue lors de la pré-adolescence et de l'adolescence. L'ensemble des transformations associées à cette évolution constitue la puberté. Chez les garçons, la puberté se manifeste vers l'âge de 12 ans et se poursuit jusqu'à 16 ou 18 ans. Chez les filles, elle débute vers l'âge de 10 ans et se termine plus tôt, en moyenne, que chez les garçons. La puberté est une période de croissance importante où l'individu acquiert pratiquement sa taille adulte. Les principales transformations affectent les caractères sexuels primaires (testicules ou ovaires) et secondaires (poils, musculature, silhouette...).

Chez la fille, la puberté débute par l'amorce du développement des seins qui prendra plusieurs années. Vers l'âge de 11 ans, la pilosité pubienne apparaît, ainsi que celle des aisselles. Les premières règles, qui marquent la maturité de l'appareil génital, surviennent à un âge variable, à partir de 12 ans. La silhouette féminine est acquise par la suite (répartition des muscles, des graisses, élargissement du bassin...).

Chez le garçon, l'augmentation de la taille des testicules et de la verge annoncent la puberté, vers 12 ans. Par la suite, la voix mue et les poils pubiens apparaissent, puis les poils aux aisselles et la barbe, à partir de 15 ans. L'appareil génital devient fonctionnel avec les premières éjaculations vers l'âge de 13 ans. Les muscles et la silhouette d'ensemble se développent par la suite. Dès les premières éjaculations chez les garçons, dès les premières règles chez les filles, l'adolescent peut procréer : tout rapport sexuel peut être fécondant.

Maturation, fonctionnement de l'appareil génital, et hypothalamus

Chez le garçon, puis chez l'homme adulte, l'activation de la spermatogenèse dans les tubes séminifères, le fonctionnement de l'appareil génital et l'entretien des caractères sexuels secondaires sont contrôlés par la testostérone, hormone produite par les cellules interstitielles dispersées entre les tubes séminifères du testicule. La puberté est provoquée par l'augmentation de la sécrétion de testostérone, due à l'activité hypothalamique. Avant la puberté, l'hypothalamus produit de très faibles taux de Gn-RH.

Lors de la puberté le taux de Gn-RH augmente, induisant la sécrétion de LH et FSH par l'hypophyse et la sécrétion de testostérone par le testicule.

Chez la fille, puis chez la femme, les hormones ovariennes, œstradiol et progestérone entretiennent les caractères sexuels et le fonctionnement de l'appareil génital. La sécrétion de ces hormones est également placée sous le contrôle de LH et FSH, et donc de la Gn-RH hypothalamique. La puberté est déterminée, chez la fille aussi, par une élévation de la production de Gn-RH.

La ménopause est causée par le vieillissement de l'ovaire

Dès l'âge de 30 ans, l'activité ovarienne décline progressivement. Le vieillissement de l'ovaire se manifeste par une perte de sensibilité aux hormones hypophysaires. Quand cette sensibilité devient trop faible, les cycles sexuels disparaissent; les taux d'œstradiol et de progestérone chutent. Ces hormones exerçant normalement un rétrocontrôle négatif sur l'hypophyse, il en résulte une augmentation des taux de LH et FSH. Cette perte de fertilité constitue, chez la femme, la ménopause. Elle survient autour de 50 ans. La chute des taux d'œstradiol et de progestérone entraîne une régression des caractères sexuels secondaires (atrophie des seins et des organes génitaux).

Chez l'homme aussi, il existe un déclin progressif de la fonction testiculaire, l'andropause.

FSH / FSH : sigle, Follicle Stimulating Hormone; gonadotrophine hypophysaire.

Gn-RH / Gn-RH : sigle, Gonadotrophin Releasing Hormone; hormone hypothalamique, stimulant la libération de gonadotrophines hypophysaires.

Gonadotrophine / gonadotrophin : n.f., hormone agissant sur les gonades.

LH / LH : sigle, Luteinising Hormone; gonadotrophine hypophysaire.

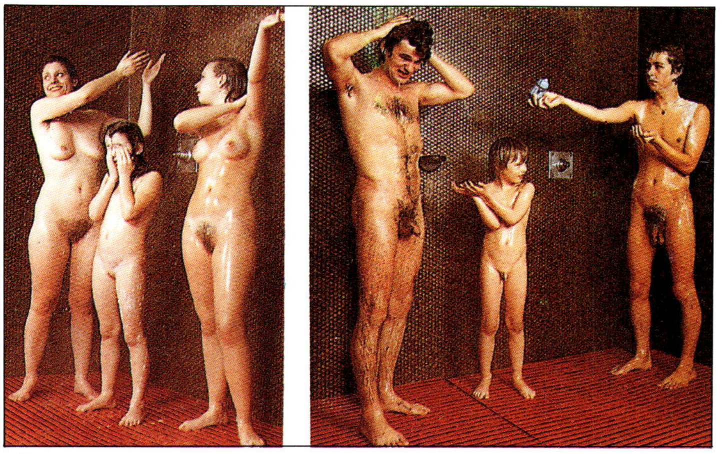

Enfants, adolescents et adultes.

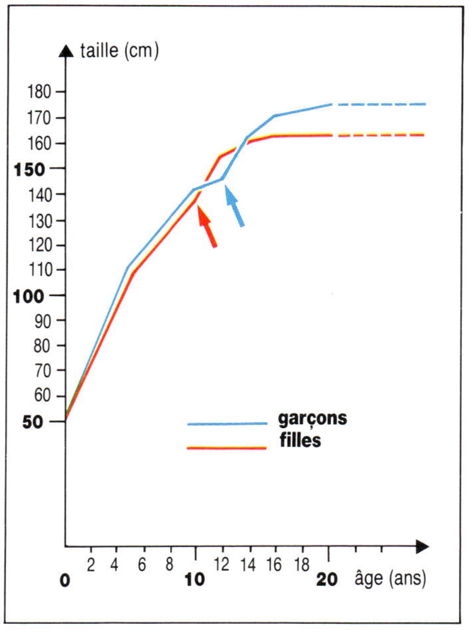

Courbes de croissance montrant une accélération (flèches) au début de la puberté.

Évolution des taux d'œstrogènes et de gonadotrophines au cours de la vie d'une femme.

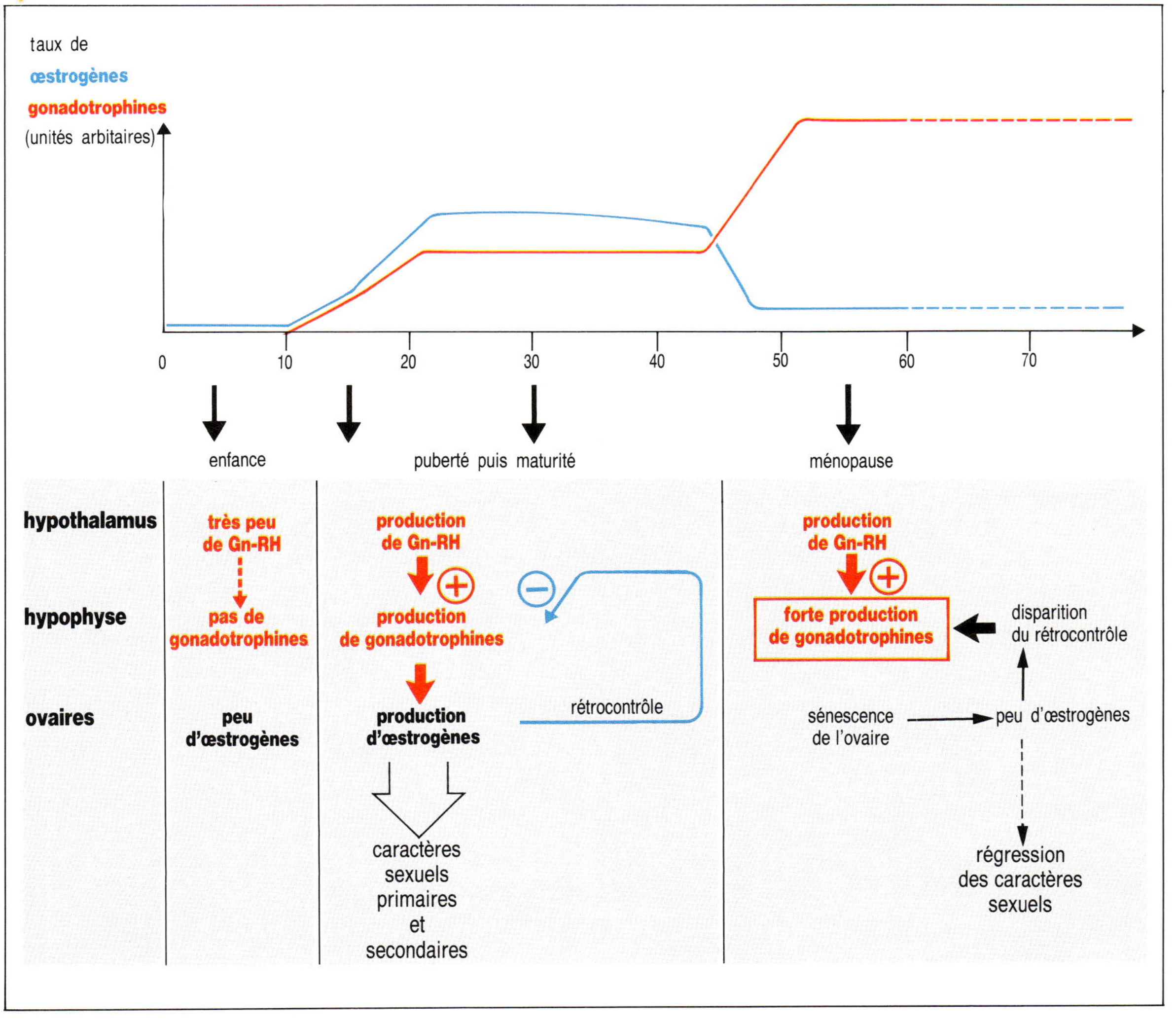

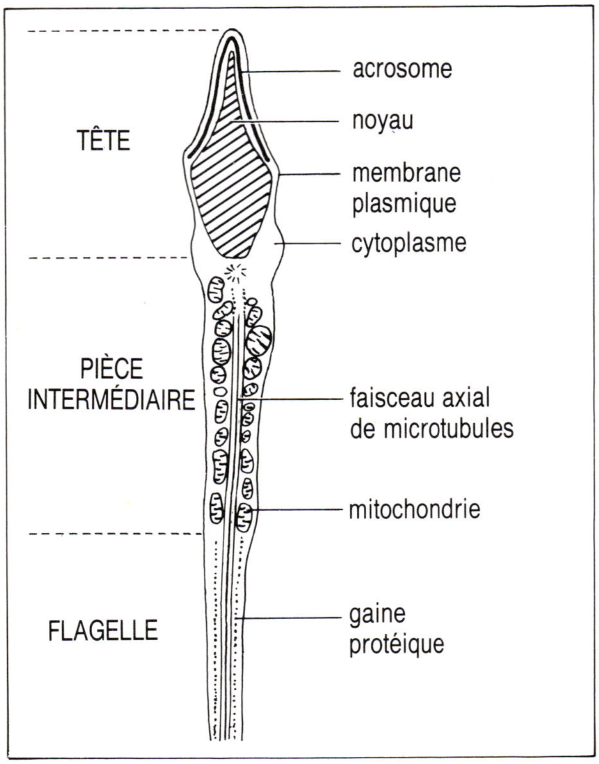

Schéma d'un spermatozoïde, observé au MET

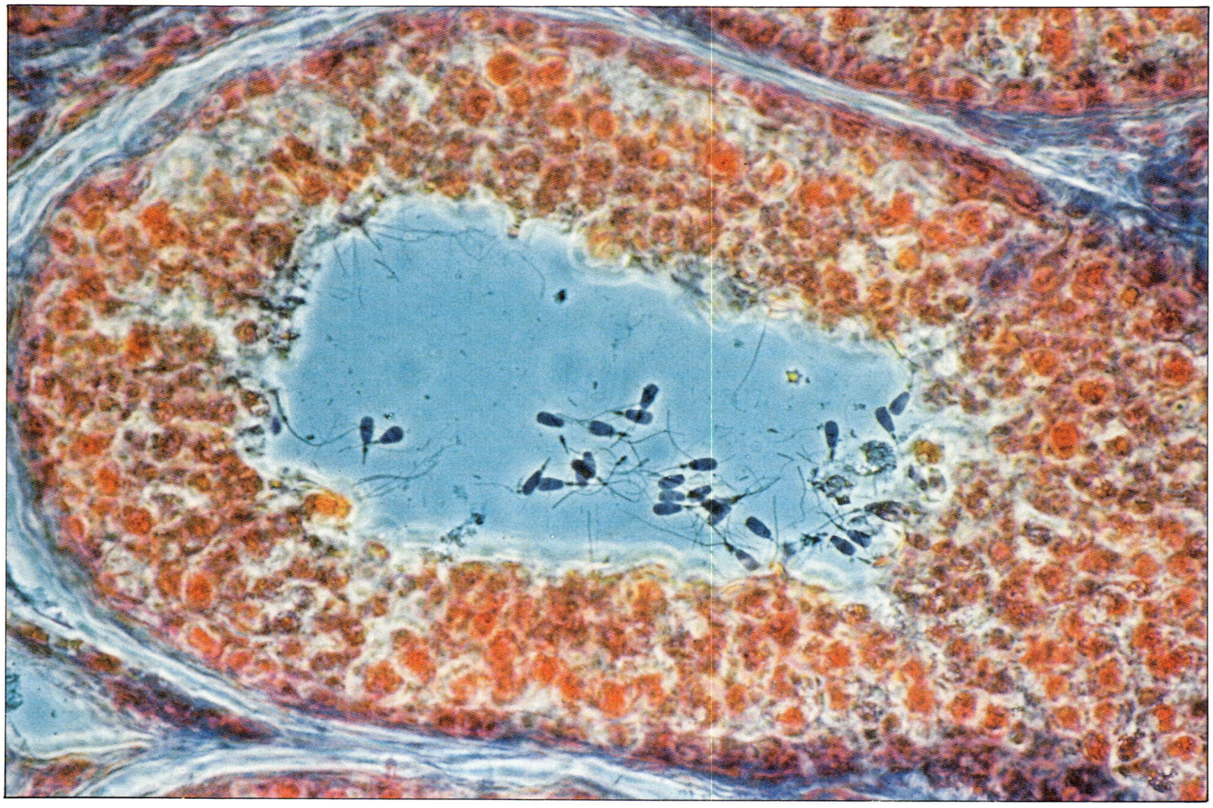

Coupe de tube séminifère au microscope optique ; noter les spermatozoïdes dans la lumière (× 500).

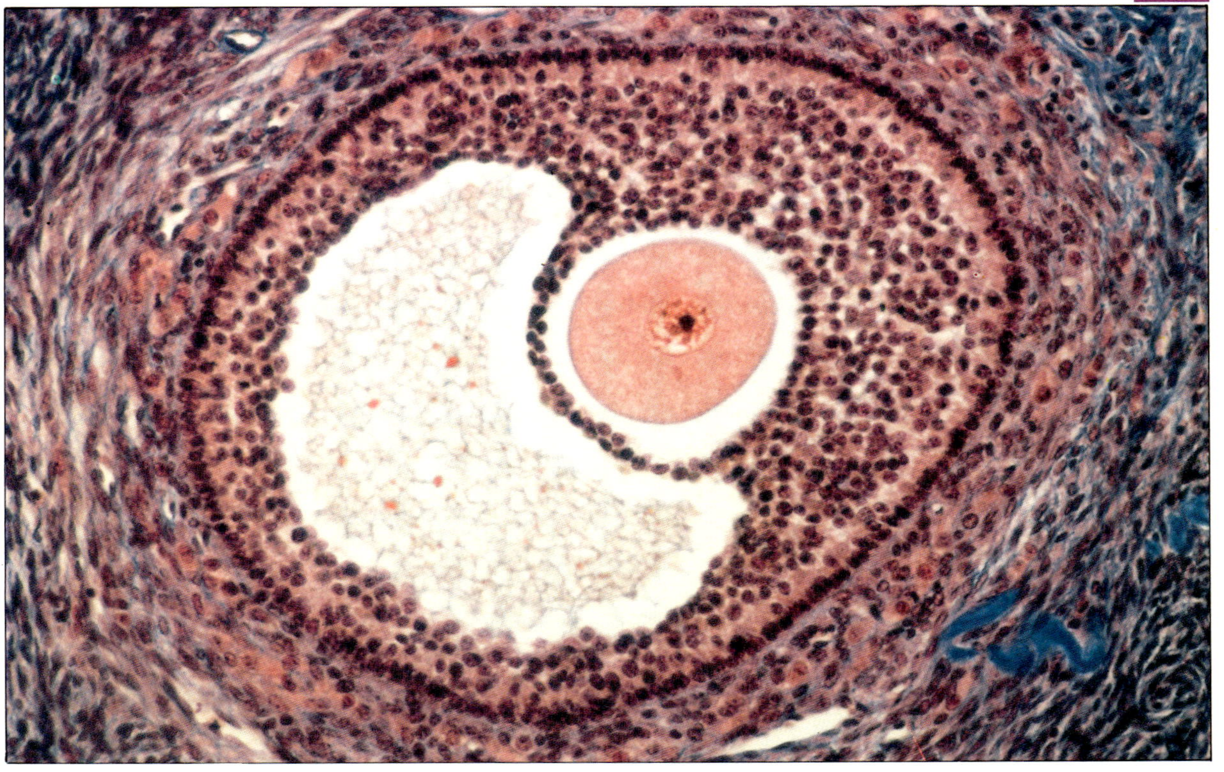

Follicule cavitaire au microscope optique montrant l'ovocyte entouré de cellules folliculaires. Le follicule est entouré de ses deux thèques (× 240).

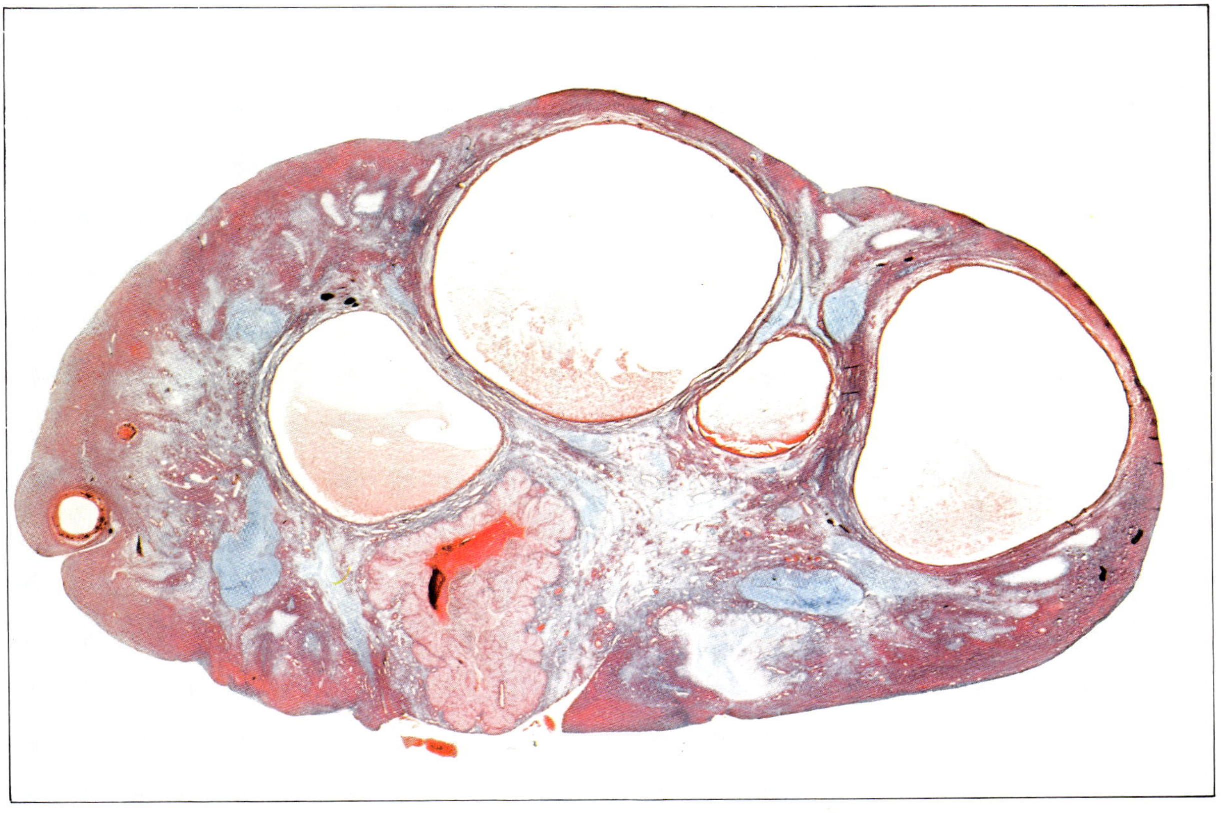

Coupe d'ovaire au microscope optique montrant des follicules à divers stades et un corps jaune (× 6).

1. La gamétogenèse produit des cellules spécialisées

Les tubes séminifères produisent des spermatozoïdes

La spermatogenèse se fait dans la paroi des tubes séminifères. Elle débute à la périphérie du tube et se poursuit radialement, de façon centripète, libérant les spermatozoïdes dans la lumière du tube. L'ensemble du processus comporte trois phases : multiplication, maturation et différenciation. Au cours de la multiplication, de nombreuses divisions cellulaires affectent les cellules de la périphérie du tube : les spermatogonies. La prolifération qui en résulte repousse les cellules en direction de la lumière. Certaines de ces cellules, après une légère croissance, entament la phase de maturation ; ces cellules sont alors des spermatocytes I. La maturation concerne le matériel génétique des cellules et consiste en une méiose, ensemble de deux divisions d'un type particulier qui produisent deux spermatocytes II puis quatre spermatides. Ces cellules ne possèdent plus 23 paires de chromosomes mais 23 chromosomes. Elles sont dites haploïdes. Les cellules à 46 chromosomes (23 paires) sont dites diploïdes.
Lors de la différenciation, les spermatides, parvenues dans la lumière et ancrées dans des cellules nourricières de la paroi du tube (les cellules de Sertoli), se différencient en spermatozoïdes par perte de cytoplasme, constitution d'un flagelle, d'une pièce intermédiaire, et de l'acrosome, nécessaire à la fécondation : c'est la spermiogenèse.

Les spermatozoïdes sont des cellules mobiles

La différenciation très poussée du spermatozoïde est entièrement tournée vers la fonction de fécondation. Le flagelle assure la propulsion de la cellule, qui permettra la rencontre avec un ovule. L'énergie nécessaire à cette propulsion est fournie, sous forme d'ATP, par les nombreuses mitochondries contenues dans la pièce intermédiaire ; elle provient de l'oxydation du fructose contenu dans le sperme. L'acrosome enfin assurera la fusion entre les membranes des gamètes lors de la fécondation. Le noyau fournit les chromosomes. La fonction du spermatozoïde est donc de fournir des gènes du père à l'éventuel embryon.

L'ovaire produit des ovules

L'ovogenèse, discontinue, se déroule en plusieurs temps. Avant la naissance, chez le fœtus de sexe féminin, des ovogonies se multiplient et forment un stock définitif d'ovocytes I qui entament la méiose, mais restent bloqués en première phase de méiose (en prophase I). Ils sont entourés d'un petit nombre de cellules folliculaires, et constituent des follicules primordiaux.
Dès la puberté, des follicules primordiaux évoluent régulièrement en follicules primaires, puis secondaires, puis cavitaires. Les cellules folliculaires s'y multiplient, et le follicule s'entoure de thèques (enveloppes). À chaque cycle (tous les 28 jours environ), quelques follicules poursuivent leur évolution en un follicule de De Graaf, creusé d'une vaste cavité dans laquelle flotte l'ovocyte, entouré de quelques cellules folliculaires. La première division de méiose se termine enfin, mais est très dissymétrique. Elle produit un ovocyte II et un globule polaire, petite cellule qui dégénérera. Au quatorzième jour du cycle, l'ovulation consiste en l'émission d'un ovocyte II bloqué en deuxième phase de seconde division de méiose. Cet ovocyte II est entouré d'une gangue gélatineuse, la zone pellucide, et de cellules folliculaires.

L'ovule prépare le développement de l'œuf

L'ovocyte II, appelé par extension ovule, est une volumineuse cellule de 100 µm de diamètre, entrée en vie ralentie. Outre l'apport de gènes maternels, la fonction de l'ovule est de préparer le développement de l'œuf. L'ovule pourrait pratiquement être considéré comme une cellule-œuf n'attendant qu'une fécondation (signal déclenchant et fourniture de gènes paternels) pour entamer la phase de développement.

Œstrus / estrus : n.m., ovulation.

Sertoli (cellule de) / Sertoli's cell : exp., cellule de la paroi du tube séminifère permettant la spermatogenèse.

Thèque folliculaire / theca folliculi : exp., enveloppe d'un follicule évolué. On distingue une thèque interne vascularisée à rôle sécrétoire, et une thèque externe, fibreuse.

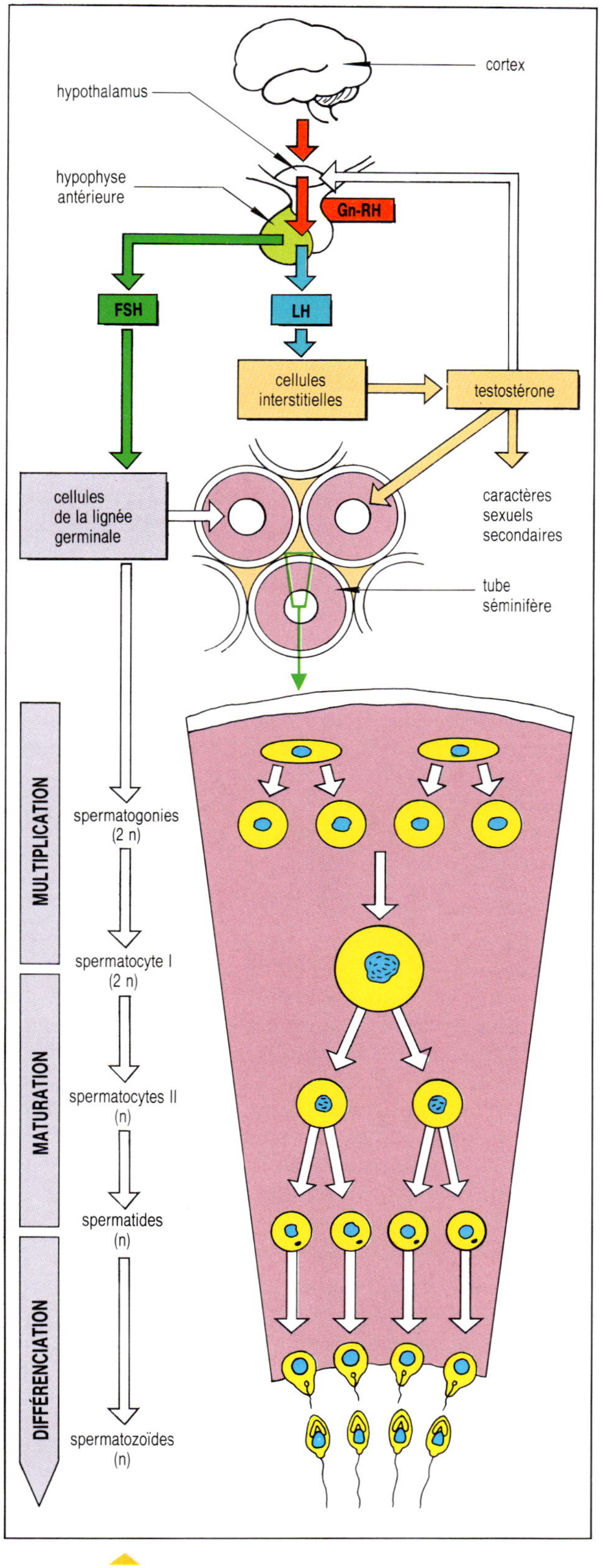

Spermatogenèse.

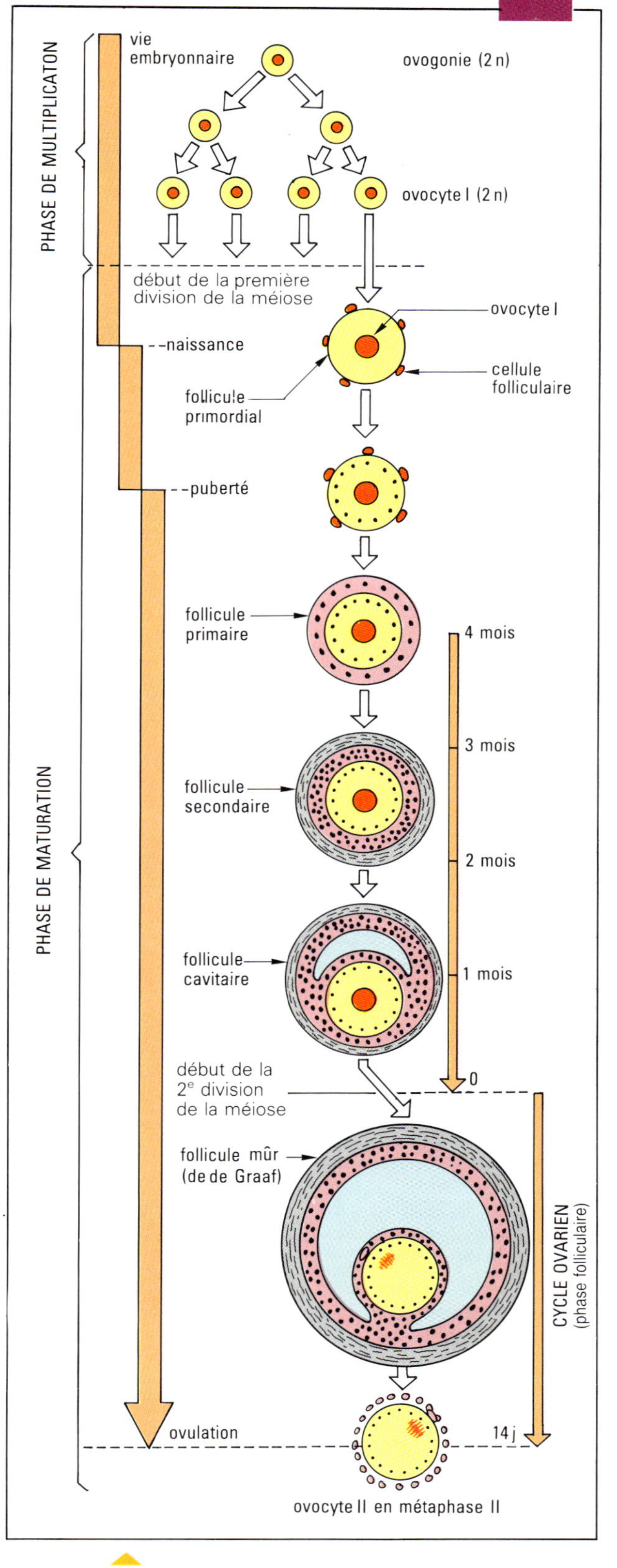

Ovogenèse.

2. LA MÉIOSE RÉDUIT LE NOMBRE DE CHROMOSOMES DES CELLULES

Étape essentielle de la gamétogenèse, la méiose est le processus cellulaire qui caractérise la sexualité. On la retrouve chez tous les êtres vivants qui présentent une reproduction sexuée. Elle consiste en deux divisions cellulaires, et aboutit à la production de quatre cellules qui contiennent chacune deux fois moins de chromosomes qu'une cellule somatique de l'organisme. Juste avant la méiose se produit une réplication de l'ADN du noyau ; chaque chromosome est alors constitué de deux chromatides, copies rigoureusement identiques, reliées en un point : le centromère. Ces figures de division se retrouvent lors du processus de mitose auquel le lecteur pourra se référer.

La prophase I associe les chromosomes homologues

Lors de la prophase I (première phase de la division), de nombreux phénomènes se produisent dans le noyau de la cellule. Cette phase couvre 90 % de la durée totale de la méiose. Les chromosomes dupliqués se condensent progressivement, mais surtout s'unissent deux par deux, en paires d'homologues. Chaque noyau contient en effet 23 paires de chromosomes homologues normalement libres. Des protéines assurent la reconnaissance et l'assemblage des paires, en unissant les homologues sur toute leur longueur. Au cours de cette phase, des fragments peuvent être échangés entre deux homologues par *crossing-over* (enjambement). Ces échanges ne détériorent pas l'information génétique, car ils sont réalisés par des enzymes très rigoureuses, qui n'échangent que des régions strictement homologues.
À la fin de la prophase I, les homologues sont encore unis par des chiasmas, points d'attache qui maintiennent fermement la paire.

La première division de méiose sépare les homologues

En métaphase I, les centromères des chromosomes s'unissent à un complexe protéique, le kinétochore, qui s'associe à des microtubules. L'enveloppe nucléaire est détruite, et les centrosomes dupliqués mettent en place un fuseau de microtubules. Les kinétochores subissent des tractions vers les pôles, et comme les chromosomes sont mis deux à deux, les paires se stabilisent sur le plan équatorial de la cellule. Une rupture synchronisée des chiasmas entraîne l'ascension des chromosomes vers les pôles (chaque élément d'une paire vers l'un des pôles). Les nouveaux ensembles de chromosomes reforment un noyau (télophase I). Les homologues sont disjoints. La première division de la méiose est dite réductionnelle, car elle réduit l'information génétique des cellules.

Centrosome / centrosome : n.m., organite cellulaire proche du noyau autour duquel s'organisent les microtubules du cytosquelette.

Chromosome dupliqué / duplicated chromosome : exp., figure de chromosome constituée de deux éléments identiques, les chromatides, reliés en un point nommé centromère.

Fuseau achromatique / mitotic spindle : exp., fuseau de microtubules s'étendant en travers de la cellule lors d'une division. Le fuseau oriente les mouvements des chromosomes.

Kinétochore / kinetochore : n.m., complexe protéique associé au centromère d'un chromosome lors d'une division et lié à des microtubules, responsable de la traction du chromosome.

Les *crossing-over* créent de nouvelles combinaisons

Du fait des échanges réalisés lors de la première division, les chromosomes obtenus sont totalement nouveaux, et on y trouve associés des gènes initialement séparés. Ces associations nouvelles sont la cause principale de l'originalité génétique des gamètes, et donc de tout nouveau-né.

La seconde division de la méiose est équationnelle

À l'issue de la première division, les chromosomes s'associent à un double kinétochore. Chaque chromosome est par conséquent soumis à deux forces antagonistes (les deux kinétochores sont disposés en directions opposées), et se stabilise sur le plan équatorial de la cellule (métaphase II). Par la suite, chaque centromère se fissure, ce qui libère les kinétochores qui migrent vers les pôles (un de chaque côté), en entraînant chacun une chromatide, qui constitue un chromosome simple. Chaque nouvelle cellule contient toujours 23 chromosomes, mais à une seule chromatide. Comme le nombre de chromosomes ne varie pas au cours de cette division, elle est dite équationnelle. Au total, les quatre cellules issues de la méiose sont génétiquement différentes.

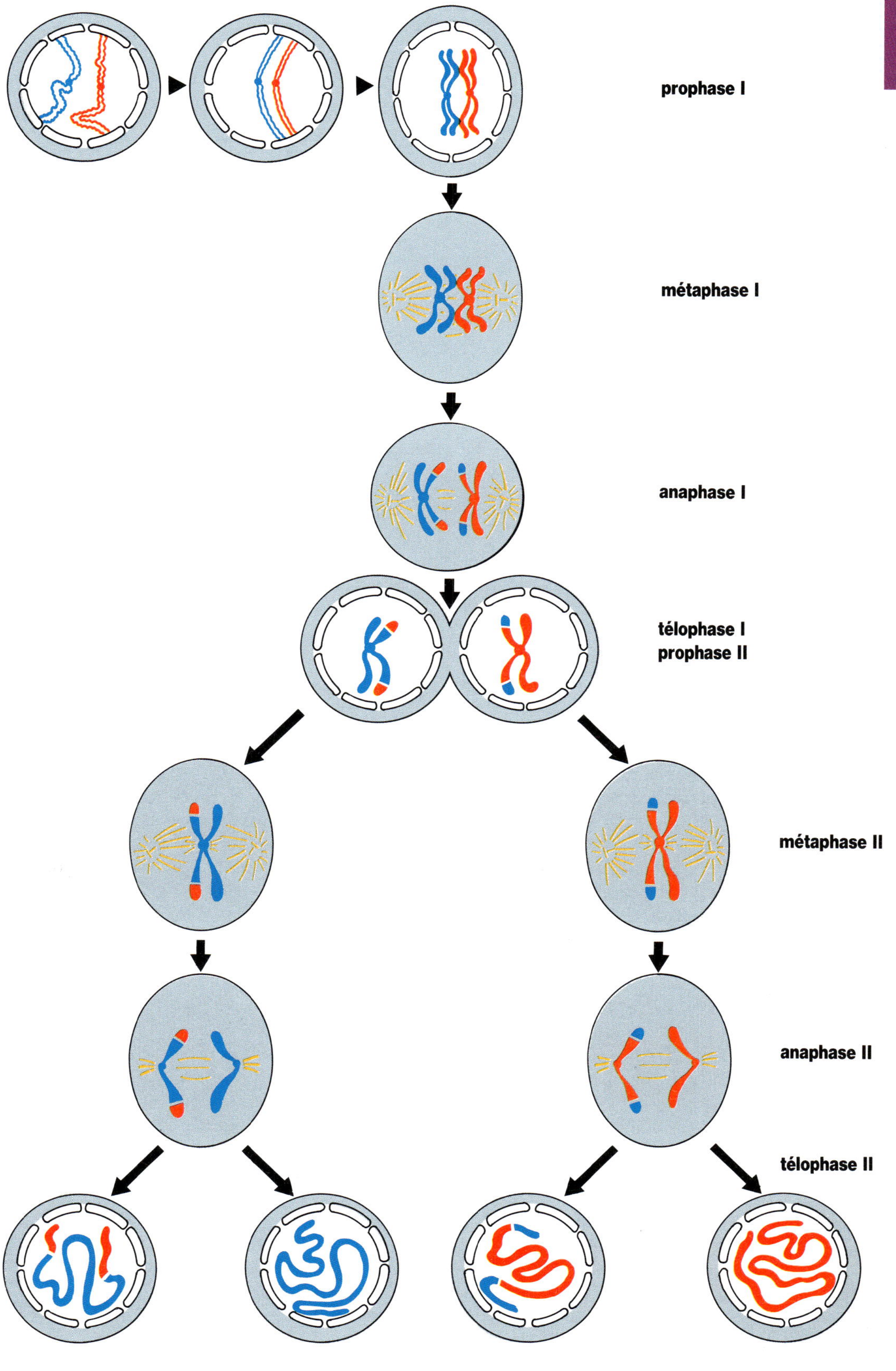

Les étapes de la méiose.

3. LA MÉIOSE RÉALISE UN BRASSAGE DES GÈNES PARENTAUX

La mécanique méiotique assure le brassage interchromosomique

Du fait de la fécondation, chaque individu possède des chromosomes hérités de son père et de sa mère. En fait, chaque paire d'homologues est constituée d'un chromosome paternel et d'un chromosome maternel. Les chromosomes d'une paire donnée contiennent les mêmes gènes, mais dans des versions différentes. La séparation correcte des homologues lors de la première division de méiose résulte de la mécanique méiotique. En effet, cette séparation fonctionne parce que les chromosomes sont tous sur la même « ligne de départ » : le plan équatorial. Cette disposition résulte des forces appliquées aux centromères des chromosomes, entravés deux à deux par les chiasmas.
Dans chaque paire, le chromosome paternel sera indifféremment tourné vers un pôle ou vers l'autre, et ceci indépendamment du comportement des autres paires. Les 23 chromosomes de chaque cellule obtenue en fin de méiose sont donc indifféremment d'origine parternelle ou maternelle. La méiose peut ainsi produire environ 8 millions de cellules différentes, si on ne tient pas compte des *crossing-over.* Ces nouvelles combinaisons entre les chromosomes constituent le brassage interchromosomique.

Les enzymes de recombinaison assurent le brassage intrachromosomique

Avec les *crossing-over,* ce sont les associations de gènes à l'intérieur des chromosomes qui sont affectées. Cette fois encore, des gènes d'origine paternelle vont être associés à des gènes maternels. On nomme cet autre niveau de brassage, brassage intrachromosomique (à l'intérieur du chromosome). Ce brassage est le fait d'enzymes capables de reconnaître spécifiquement des régions précises de l'ADN, de les couper et de les réassembler. Cette activité permet de conserver à chaque chromosome la même quantité d'information génétique, tout en modifiant son information globale. Le nombre de combinaisons possibles dépasse, cette fois, l'imagination : si, sur les 50 000 gènes que possèdent un jeu de 23 chromosomes, il ne se produit pas toujours de cr*ossing-over,* il est raisonnable d'envisager un brassage sur 1 000 gènes ; ce qui aboutit à un nombre de combinaisons de 2^{1000}. Ce nombre est plus que largement supérieur au nombre de particules contenues dans l'univers connu (soit une sphère de 30 milliards d'années-lumière de diamètre).

Le brassage génétique est inévitable et programmé

Les mécanismes qui permettent la séparation des homologues (appariement, puis positionnement en plan équatorial) sont ceux-là même qui assurent le brassage interchromosomique. Le fonctionnement de la méiose impose qu'un jeu complet de 23 chromosomes soit reconstitué dans chaque cellule ; cela est assuré par le positionnement des homologues lors de la métaphase I, selon un mécanisme simple qui, par son caractère aléatoire, engendre le brassage des chromosomes parentaux. Par ailleurs, la constitution des paires d'homologues est d'une importance capitale, puisqu'elle permet de séparer ultérieurement deux chromosomes d'une même paire. La reconnaissance rigoureuse qui s'établit entre homologues permet l'activité et l'efficacité des enzymes de recombinaison. Le brassage intrachromosomique des gènes apparaît, sous cet angle, comme une conséquence quasi-obligatoire du fonctionnement de base de la méiose. La sélection, au cours de l'évolution, d'enzymes de recombinaison très précises révèle que ces dispositifs présentent un avantage évolutif. En effet, on peut considérer que la variabilité qui résulte du brassage génétique donne du « grain à moudre » à la sélection naturelle, et constitue un puissant facteur d'évolution et de survie.

Crossing over / crossing over : exp., mécanisme d'échange, par enjambement, de fragments homologues entre deux chromosomes homologues.

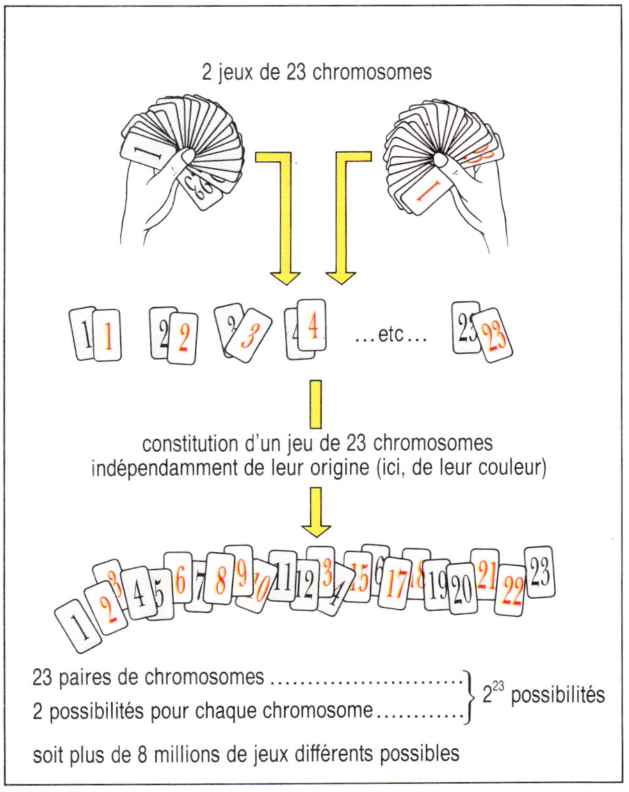

Le brassage interchromosomique.

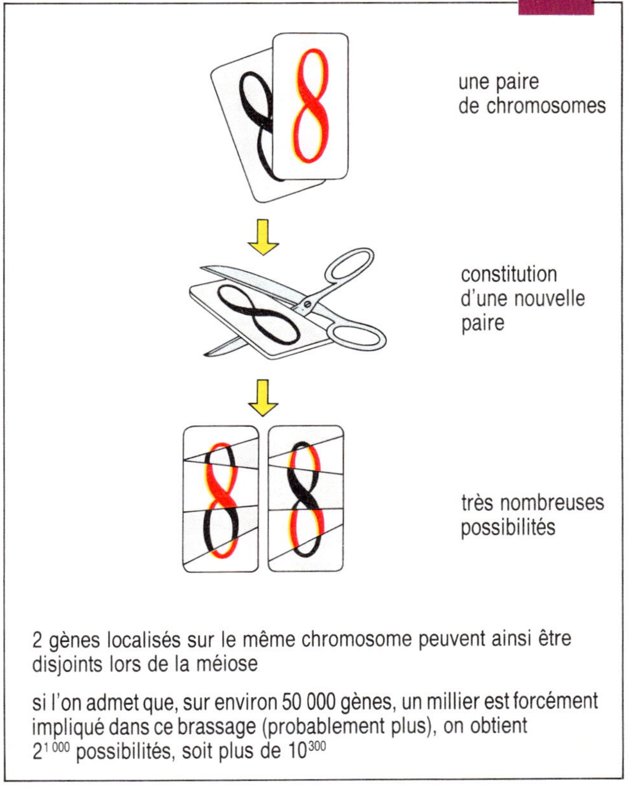

Le brassage intrachromosomique.

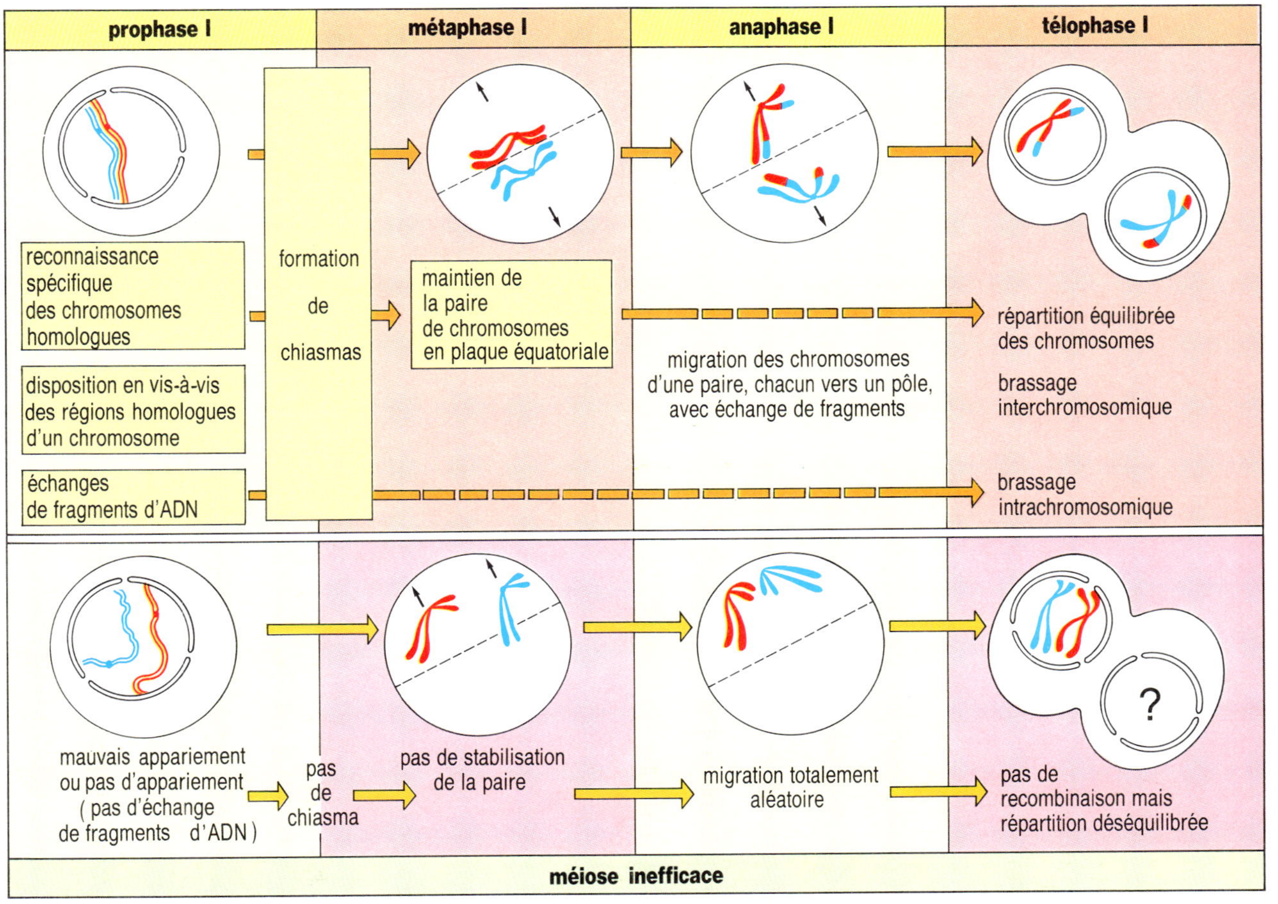

Lien logique entre le déroulement de la méiose et le brassage génétique (seule, la première division est représentée).

4. Les cycles sexuels de la femme sont contrôlés

Le cycle ovarien comporte deux phases

Le cycle ovarien dure 28 jours environ, et un ovule est libéré au 14e jour de chaque cycle. Par définition, le début d'un cycle sexuel coïncide avec le premier jour des règles. Le cycle ovarien présente une première phase, dite folliculaire, au cours de laquelle des follicules évoluent. Cette phase se termine, au 14e jour, par la rupture des enveloppes d'un follicule ovarien et de la paroi de l'ovaire, qui permet la libération d'un ovule. Lors de la seconde phase, l'ancien follicule, qui ne contient plus d'ovocyte, subit des transformations importantes et évolue en un corps jaune, vascularisé, à rôle endocrine. Cette seconde phase est dite lutéinique, et se termine par la régression du corps jaune, immédiatement suivie d'un nouveau cycle.

Les hormones ovariennes contrôlent le cycle utérin

Les cellules folliculaires ovariennes produisent essentiellement deux hormones, l'œstradiol et la progestérone. L'œstradiol, dont la production domine lors de la phase folliculaire, stimule la croissance en épaisseur de la muqueuse utérine, son développement, et les contractions utérines. Il contrôle par ailleurs des caractères sexuels secondaires.

La progestérone, qui domine lors de la phase lutéinique du cycle, agit essentiellement en synergie avec l'œstradiol. Elle stimule la croissance du muscle utérin, et surtout le développement glandulaire de la muqueuse utérine. Lors de la phase lutéinique, cette muqueuse se vascularise fortement et forme de nombreuses glandes sécrétrices. Ainsi, lors d'un cycle, la muqueuse subit toute une série de transformations. Le cycle débute par la régression et la destruction de la muqueuse du cycle précédent, ce qui provoque les pertes sanguines des règles. Puis la muqueuse s'épaissit jusqu'à l'ovulation et évolue ensuite en une muqueuse sécrétoire. Tous ces phénomènes et leur succession résultent de la production cyclique, par l'ovaire, d'œstradiol et de progestérone. La chute rapide du taux de ces hormones en fin de cycle provoque les règles.

Lors de la phase folliculaire, l'augmentation progressive des taux sanguins d'hormones ovariennes résulte de la croissance progressive du follicule, dont les cellules produisent ces hormones. Inversement, c'est la régression du corps jaune, en fin de cycle, qui cause la chute du taux de ces hormones.

L'ovaire et l'hypophyse interagissent

La rythmicité du fonctionnement ovarien résulte de l'action d'hormones hypophysaires et du rétrocontrôle exercé par l'ovaire sur l'hypophyse. L'hypothalamus intervient par une production pulsatile de Gn-RH, qui permet les sécrétions de FSH et LH, les gonadotrophines hypophysaires. La période de l'activité pulsatile de l'hypothalamus est d'environ 1 heure ; elle n'a donc rien à voir avec le cycle menstruel. L'action de la FSH s'exerce essentiellement sur la croissance des follicules et la production d'œstradiol, tandis que la LH favorise la formation du corps jaune et la production de progestérone. En retour, l'œstradiol exerce un rétrocontrôle négatif sur l'hypophyse, qui permet la stabilisation relative des taux lors des premiers jours du cycle.

Lorsque le taux d'œstradiol dépasse 200 $\mu g.l^{-1}$, il exerce un rétrocontrôle positif sur l'hypophyse. Ceci forme une boucle auto-accélératrice, qui provoque le pic brutal de LH et FSH. Ce pic déclenche l'ovulation et la libération de progestérone. En synergie, l'œstradiol et la progestérone exercent un fort rétrocontrôle négatif sur l'hypophyse, ce qui explique la chute de FSH et de LH après l'ovulation. La croissance, puis la régression du corps jaune, surtout producteur de progestérone, expliquent la phase lutéinique et la fin du cycle.

Par ailleurs, l'ovaire produit également de l'inhibine qui inhibe la sécrétion hypophysaire de FSH.

Œstradiol / estradiol : n.m., hormone ovarienne produite par la thèque interne lors de la phase folliculaire et par le corps jaune lors de la phase lutéinique.

Progestérone / progesterone : n.f., hormone ovarienne essentiellement produite par le corps jaune lors de la phase lutéinique.

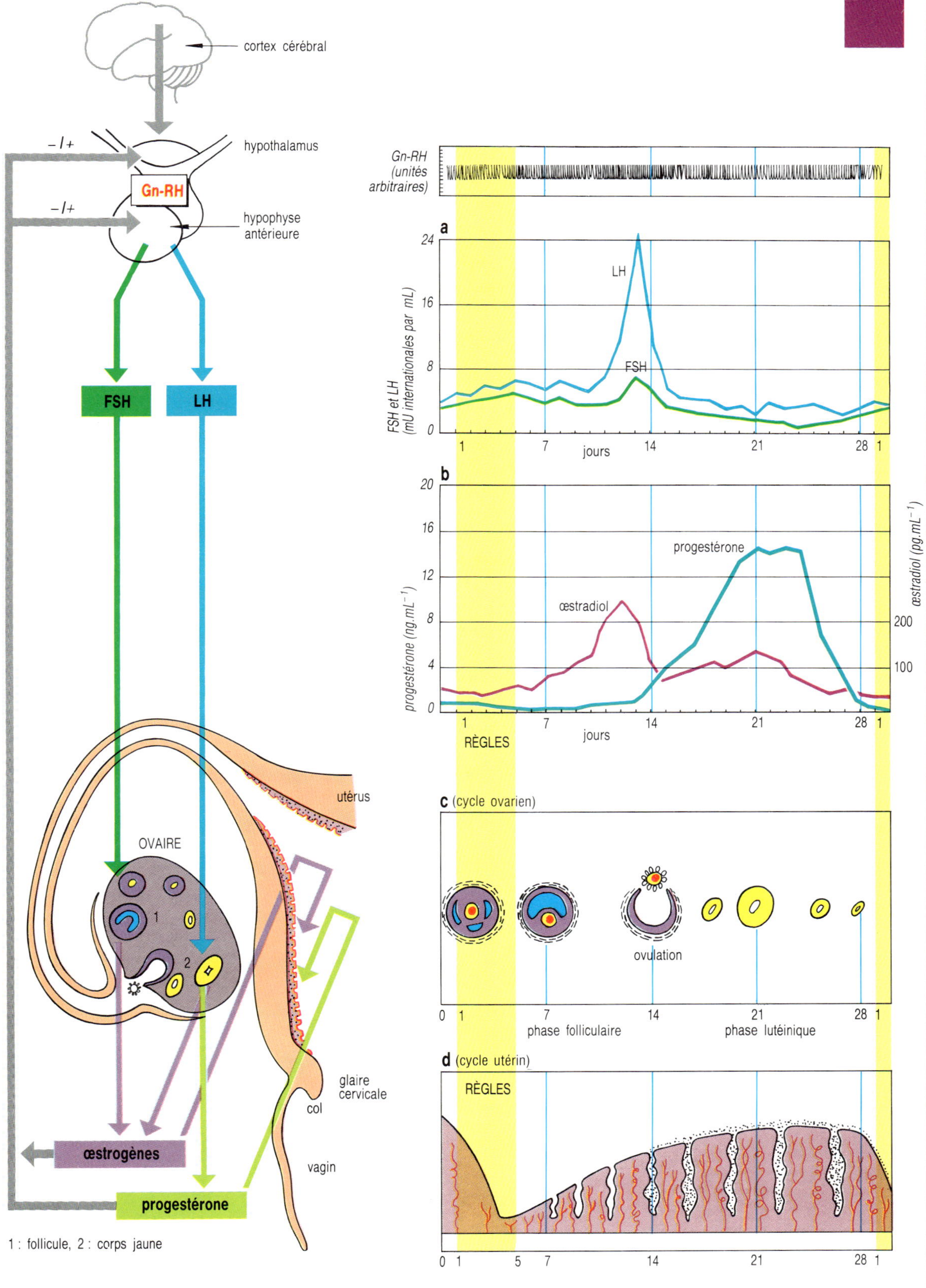

Synchronisme des cycles sexuels chez la femme.

FAIRE LE POINT

L'ESSENTIEL

1 Les appareils génitaux comprennent des gonades, des voies génitales, des glandes annexes et des organes reproducteurs externes. Chez l'homme, ils permettent la production et l'émission du sperme ; chez la femme, ils assurent la production d'ovules et la gestation.

2 Le fonctionnement des appareils génitaux est contrôlé par des hormones. Le testicule produit la testostérone, qui stimule la spermatogenèse et entretient les caractères sexuels. L'ovaire produit l'œstradiol et la progestérone, qui stimulent l'ovogenèse et les caractères sexuels. Ovaires et testicules sont soumis à un contrôle hypothalamo-hypophysaire par l'intermédiaire des gonadotrophines hypophysaires FSH et LH. La puberté débute par une augmentation de la production de Gn-RH par l'hypothalamus.

3 Les spermatozoïdes sont produits de manière continue par les testicules. Les ovules sont produits cycliquement par les ovaires. Un cycle féminin dure environ 28 jours.

4 La maturation des gamètes passe par la méiose, ensemble de deux divisions qui produit des cellules haploïdes. La méiose permet un brassage des gènes et entraîne une diversité telle que deux gamètes sont toujours génétiquement différents. Le brassage est interchromosomique et intrachromosomique.

5 L'activité sexuelle de la femme est cyclique. Cette rythmicité est due aux rétrocontrôles exercés par les hormones ovariennes sur l'hypophyse. Le cycle ovarien, par l'œstradiol et la progestérone, gouverne l'ensemble des cycles sexuels féminins.

LES MOTS CLÉS

B
brassage génétique

C
chromosome
corps jaune
crossing-over

D
division équationnelle
division réductionnelle

E
endomètre
enjambement
épididyme

F
flagelle
follicule
FSH
fuseau achromatique

G
gamète
Gn-RH
gonadotrophine

K
kinétochore

L
LH
liquide séminal

M
myomètre

O
œstradiol
œstrus
ovaire
ovocyte
ovogenèse
ovulation
ovule

P
pénis
progestérone
prostate
puberté

S
spermatocyte
spermatogenèse
spermatozoïde
sperme
spermiducte

T
testicule

U
utérus

V
vagin
voie génitale

AUTO-ÉVALUATION

Les activités proposées dans cette rubrique permettent de vérifier les connaissances acquises au cours de ce chapitre.
Elles peuvent concerner : la terminologie scientifique, les ordres de grandeur, les mécanismes fonctionnels.

AUTOTEST

Testez vos connaissances en répondant aux 7 questions suivantes (réponses en fin d'ouvrage). Chaque réponse doit être justifiée.

QUESTION	RÉPONSE
1. Le rôle des gonades est de produire des cellules sexuelles nommées gamètes.	oui / non
2. La puberté est déclenchée par : a) les premières règles ou les premières éjaculations; b) un changement d'activité de l'hypothalamus.	a / b
3. La ménopause est due à une baisse d'activité : a) de l'hypothalamus; b) de l'hypophyse; c) de l'ovaire; d) de l'utérus.	a / b / c / d
4. La méiose produit-elle des cellules identiques?	oui / non
5. Le brassage interchromosomique permet de réaliser : a) 2^{46} combinaisons; b) 2^{23} combinaisons; c) $2^{1\,000}$ combinaisons.	a / b / c
6. Les *crossing-over* sont : a) les mouvements des chromosomes; b) un accident de la méiose; c) un échange contrôlé de fragments de chromosomes.	a / b / c
7. Les cycles sexuels de la femme sont dus : a) à la rythmicité de l'hypothalamus; b) à l'interaction ovaire-hypophyse; c) à l'influence de la Lune.	a / b / c

ORIENTATIONS DE TRAVAIL

À la fin de ce chapitre, vous devez être capable de :

1. Décrire les appareils génitaux de l'homme et de la femme. En faire un schéma simple montrant les fonctions respectives de chaque organe.

2. Établir les liens de causalité reliant les différentes manifestations de la puberté.

3. Décrire correctement la méiose, et suivre à travers elle les évolutions possibles d'un fragment de chromosome; identifier un *crossing-over*; définir clairement les termes de brassage interchromosomique et intrachromosomique.

4. Retracer du premier au dernier jour les successions de phénomènes permettant d'expliquer le fonctionnement cyclique de l'activité sexuelle de la femme.

MINI-GLOSSAIRE MÉDICAL

Algoménorrhée / algomenorrhea : n.f., troubles de la menstruation, caractérisés par des douleurs importantes lors des règles ou dans la période précédant les règles (syn. : dysménorrhée).

Aménorrhée / amenorrhea : n.f., absence de menstruation. Peut être physiologique (avant la puberté, lors d'une grossesse, ou après la ménopause) ou pathologique. Aménorrhée primaire : absence des premières règles, aménorrhée secondaire : disparition des menstruations après une période de fonctionnement normal.

Castration / castration : n.f., ablation chirurgicale d'une ou deux gonades (castration uni ou bilatérale). Le terme s'emploie aussi bien pour l'ablation des testicules que celle des ovaires.

Cryptorchidie / cryptorchism : n.f., défaut de migration des testicules. Lors du développement, les testicules, initialement logés dans l'abdomen, descendent dans le scrotum. La cryptorchidie est due à l'arrêt de cette descente.

Ectopie testiculaire / ectopic testis : n.f., aberration de migration testiculaire. Lors de leur descente, les testicules suivent un trajet anormal. Ce terme est parfois abusivement utilisé à la place de cryptorchidie, qui ne caractérise qu'un arrêt sur un trajet normal.

Flore vaginale / vaginal flora : exp., populations bactériennes présentes dans le vagin et contribuant à son équilibre physico-chimique.

Menstruation / menstruation : n.f., écoulement sanguin caractérisant les règles.

MST / STD sexually transmitted deseases : abr. pour Maladies Sexuellement Transmissibles. On regroupe sous ce sigle les gonococcies, la syphilis, les infections à mycoplasmes, l'herpès simplex type 2 et certaines verrues. De gravités différentes, leur point commun est d'être transmises lors des rapports sexuels.

Orchite / orchitis : n.f., inflammation d'un testicule.

Prostatite / prostatitis : n.f., inflammation de la prostate.

Salpingite / salpingitis : n.f., inflammation d'une trompe de Fallope.

Stérilité / sterility : n.f., impossibilité de procréer. La stérilité du couple est définie par une absence de grossesse après une année de rapports sexuels normaux. La stérilité masculine peut être sécrétoire (insuffisance ou absence de spermatogenèse) ou excrétoire (défaut de progression des spermatozoïdes vers les spermiductes). La stérilité féminine peut être due à des troubles ovariens (parfois causés par des troubles hypothalamiques ou hypophysaires) ou à des défauts des voies génitales (trompes obstruées, par exemple). La stérilité féminine est dite primaire si la femme n'a jamais eu de grossesse, secondaire dans les autres cas.

Vasectomie / vasectomy : n.f., ablation ou section après ligature du spermiducte (canal déférent), destinée normalement à éviter certaines inflammations. Sa conséquence est une stérilité masculine ; elle est parfois utilisée dans ce seul but contraceptif (contraception définitive).

Pour en savoir plus

ALBERTS (S.) et al., *Biologie moléculaire de la cellule,* Flammarion Médecine-Sciences – Paris 1990

BAULIEU (E.E.) et al., *Hormones,* Hermann – Paris 1976

GIROD (C.), *Introduction à l'étude des glandes endocrines,* SIMEP – Villeurbanne 1980

GIROD (C.), CZYBA (J.C.), *Biologie de la reproduction humaine,* SIMEP – Villeurbanne 1977

IDELMAN (S.), *Endocrinologie, fondements physiologiques,* Presses Universitaires de Grenoble – Grenoble 1990

RIEUTORT (M.), *Physiologie animale,* tome 1. *Les cellules dans l'organisme,* Masson – Paris 1986

SIBERNAGL (S.) et DESPOPOULOS (A.), *Atlas de poche de physiologie,* Flammarion Médecine-Sciences – Paris 1986

TOURNAIRE (M.J.), *Physiologie de la reproduction humaine,* Masson – Paris 1988

REPRODUCTION HUMAINE

En terme de populations, le succès de la fonction de reproduction suppose le remplacement des adultes reproducteurs, et englobe donc les processus de croissance et de développement. Cependant, on réduit généralement la fonction de reproduction à la production d'un nouveau-né : production d'un zygote (ou cellule-œuf) à partir des gamètes et développement d'un embryon puis d'un fœtus dans l'utérus maternel.
Comme chez tous les Mammifères, la fécondation chez l'Homme est interne; elle est rendue possible par le coït. L'essentiel du processus de fécondation est assuré par le spermatozoïde, mobile et capable de fusionner avec l'ovule. L'ovule fournit son appareillage cytoplasmique qui permet les premières phases du développement.
Lors de la grossesse il y a une interaction entre l'embryon et la mère, à la fois trophique (la mère nourrit l'embryon) et hormonale (les hormones placentaires contrôlent la grossesse).

Sommaire

1. LE RAPPROCHEMENT DES GAMÈTES

Les étapes de la fécondation interne

Chez tous les Mammifères, la fécondation est interne : spermatozoïde et ovule se rencontrent au sein des voies génitales de la femme. Cette caractéristique est associée à la réalisation de l'acte sexuel ou coït. L'érection du pénis, qui résulte d'un afflux de sang sous pression, et la lubrification du vagin, conséquence de sécrétions, sont déclenchés lors du rapport sexuel par des stimulations mécaniques et/ou psychologiques.

L'orgasme peut se définir comme une série de contractions importantes des voies génitales et de l'ensemble des muscles de l'organisme. L'orgasme féminin ne semble pas jouer de rôle organique dans la fécondation ; en revanche, les contractions des voies génitales mâles expulsent brutalement le sperme, réalisant l'éjaculation. Parvenus dans le vagin, les spermatozoïdes migrent dans les voies génitales de la femme.

Le flagelle assure la propulsion du spermatozoïde

Le spermatozoïde se déplace grâce aux ondulations de son flagelle. Un flagelle est un élément cytosquelettique très spécialisé. Une coupe révèle, sous la membrane plasmique, un cylindre constitué de microtubules. Neuf doublets de microtubules sont disposés à la périphérie, deux microtubules sont placés au centre. Chaque doublet présente de très nombreux « bras » de dynéine, qui font face au doublet adjacent.

La dynéine est une protéine ATPasique, c'est-à-dire une enzyme capable d'hydrolyser l'ATP. Cette hydrolyse induit une déformation de la dynéine, associée à une fixation au doublet adjacent. De cette manière, deux doublets peuvent coulisser en hydrolysant de l'ATP (l'hydrolyse fournit l'énergie). Cependant, les doublets sont liés par des protéines transverses qui entravent le coulissement, ce qui impose un gauchissement du flagelle. L'ondulation qui en résulte est coordonnée sur toute la longueur du flagelle. Cette ondulation exerce une force sur le milieu aqueux, et la réaction du milieu pousse la cellule vers l'avant. Les grandes quantités d'ATP nécessaires à cette activité sont renouvelées au niveau des mitochondries, qui, disposées en un manchon hélicoïdal, occupent le cytoplasme de la pièce intermédiaire.

Les gamètes se rencontrent dans une trompe de Fallope

Sur leur trajet, le nombre de spermatozoïdes se réduit fortement. Deux à trois cent millions de spermatozoïdes sont émis lors d'une éjaculation. Au passage du col de l'utérus, les spermatozoïdes traversent un mucus : la glaire cervicale. Cette traversée a plusieurs fonctions ; tout d'abord une sélection (1 % seulement des spermatozoïdes survit à cette traversée) : les spermatozoïdes défectueux sont, pour la plupart, éliminés ; de plus, la glaire exerce une action chimique sur la surface du spermatozoïde. Cette action lui donne sa capacité à féconder. Ce processus se nomme capacitation, et consiste en un décapage du spermatozoïde, qui élimine des protéines qui, auparavant, inhibaient des protéines membranaires nécessaires à la fécondation.

Les spermatozoïdes parviennent dans les trompes de Fallope, dont une seule contient l'ovule. Là, seuls cent à deux cents spermatozoïdes atteignent le gamète femelle qui a débuté la descente de la trompe grâce à des courants de mucus entretenus par des cellules ciliées de la paroi de la trompe.

Capacitation / capacitation : n.f., acquisition, par les spermatozoïdes, de leur pouvoir fécondant. Ce processus est déterminé par les interactions spermatozoïde/glaire cervicale.

Glaire cervicale / cervical mucus : exp., sécrétion muqueuse des cellules du col de l'utérus, apparaissant périodiquement au moment de l'ovulation. Elle protège les spermatozoïdes de l'acidité vaginale, les « trie » et permet leur capacitation.

LA RENCONTRE DES GAMÈTES

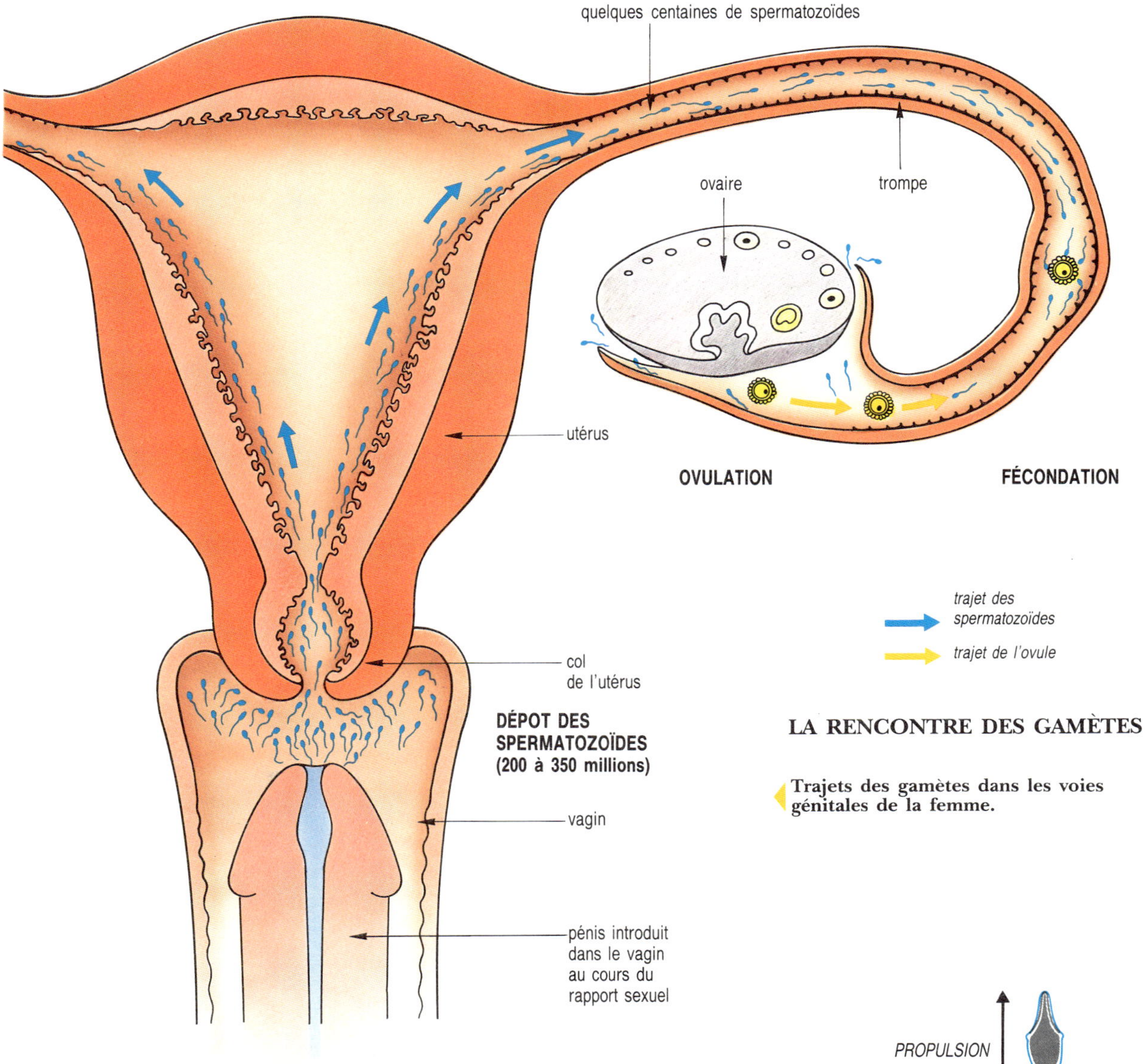

Trajets des gamètes dans les voies génitales de la femme.

LA MOBILITÉ DU SPERMATOZOÏDE

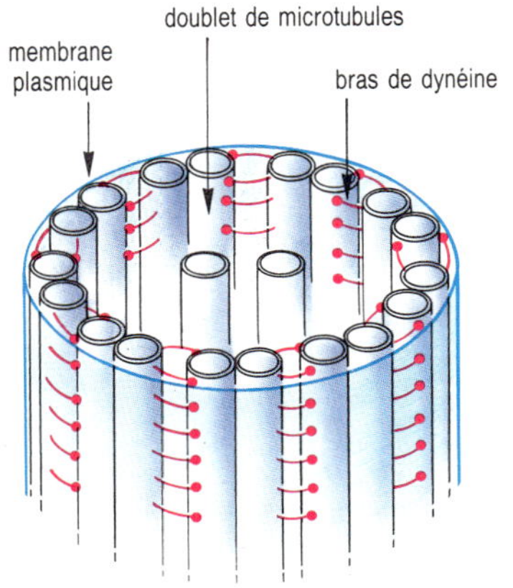

Coupe d'un flagelle.

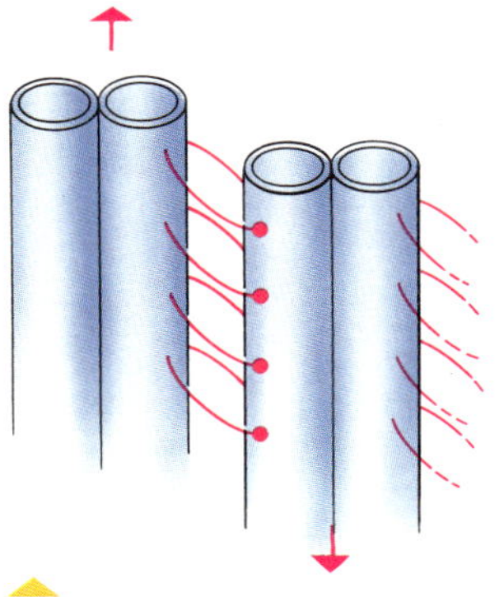

Coulissement de deux doublets de microtubules.

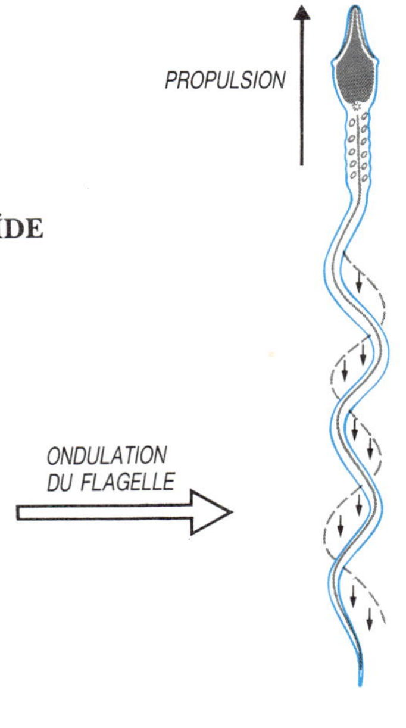

Déplacement d'un spermatozoïde.

2. La fécondation forme un zygote

La réaction acrosomale initie la fécondation

Dans la trompe de Fallope, l'ovule (plus exactement l'ovocyte II) est encore entouré d'une couronne de cellules folliculaires. Ces cellules peuvent capter des spermatozoïdes et faciliter leur progression jusqu'à l'ovocyte. Parvenu sur la gangue protéique de l'ovocyte (la zone pellucide) un spermatozoïde réalise une réaction dite acrosomale. Sa membrane plasmique fusionne avec la membrane de l'acrosome. L'acrosome peut être considéré comme une volumineuse vésicule golgienne. La fusion de sa membrane avec la membrane plasmique libère son contenu à l'extérieur : les enzymes libérées permettent la progression du spermatozoïde à travers la zone pellucide.

La fusion des gamètes introduit le noyau mâle dans l'ovule

Quelques spermatozoïdes parviennent à la surface de l'ovule. L'un se fixe à la membrane plasmique de ce dernier, par reconnaissance spécifique. Les membranes plasmiques des deux gamètes fusionnent : du matériel cytoplasmique « mâle » et, surtout, le noyau du spermatozoïde pénètrent dans le cytoplasme de l'ovocyte.

La fécondation induit la réactivation de l'ovocyte

La piqûre spermatique entraîne la réaction de l'ovocyte. La première conséquence est une augmentation rapide du taux d'ions Ca^{2+} cytosolique. Cette augmentation provoque l'exocytose de nombreux granules corticaux. Ces granules sont des vésicules logées sous la membrane de l'ovocyte, et contenant des enzymes. La libération de ces enzymes modifie la zone pellucide : elle devient imperméable aux spermatozoïdes et interdit une nouvelle reconnaissance par un autre spermatozoïde. De cette façon, la monospermie est assurée (un seul spermatozoïde féconde le gamète femelle). Cette réaction de l'ovocyte se nomme réaction corticale.

La seconde conséquence de la piqûre spermatique est la reprise d'activité de l'ovocyte, physiologiquement inactif jusqu'à ce stade. La première étape consiste en l'achèvement de la seconde division de méiose (l'ovocyte II était bloqué en métaphase II). Un second globule polaire est émis, et l'ovocyte devient un véritable ovule. Par ailleurs, sous l'effet probable de l'augmentation de pH consécutive à la fécondation, le métabolisme de la cellule reprend.

Granules corticaux / cortical granules : exp., vésicules de l'ovocyte libérées par exocytose lors de la fécondation (dégranulation corticale).

Membrane de fécondation / fertilization membrane : exp., nom donné à la zone pellucide après sa modification par la réaction corticale.

La caryogamie achève la fécondation

Dans le cytoplasme se trouvent maintenant deux noyaux haploïdes. Chacun de ces noyaux augmente de volume, conséquence de la duplication de ses chromosomes, et devient un pronucléus. Les deux pronucléus fusionnent : c'est la caryogamie. L'ovule fécondé est devenu à ce moment un zygote ou cellule-œuf diploïde, c'est-à-dire contenant 23 paires de chromosomes, 23 chromosomes paternels et 23 chromosomes maternels. Les chromosomes de la cellule-œuf sont déjà dupliqués (duplication lors de la formation des pronucléus) et son noyau subit immédiatement une première division cellulaire, phase initiale de la segmentation.

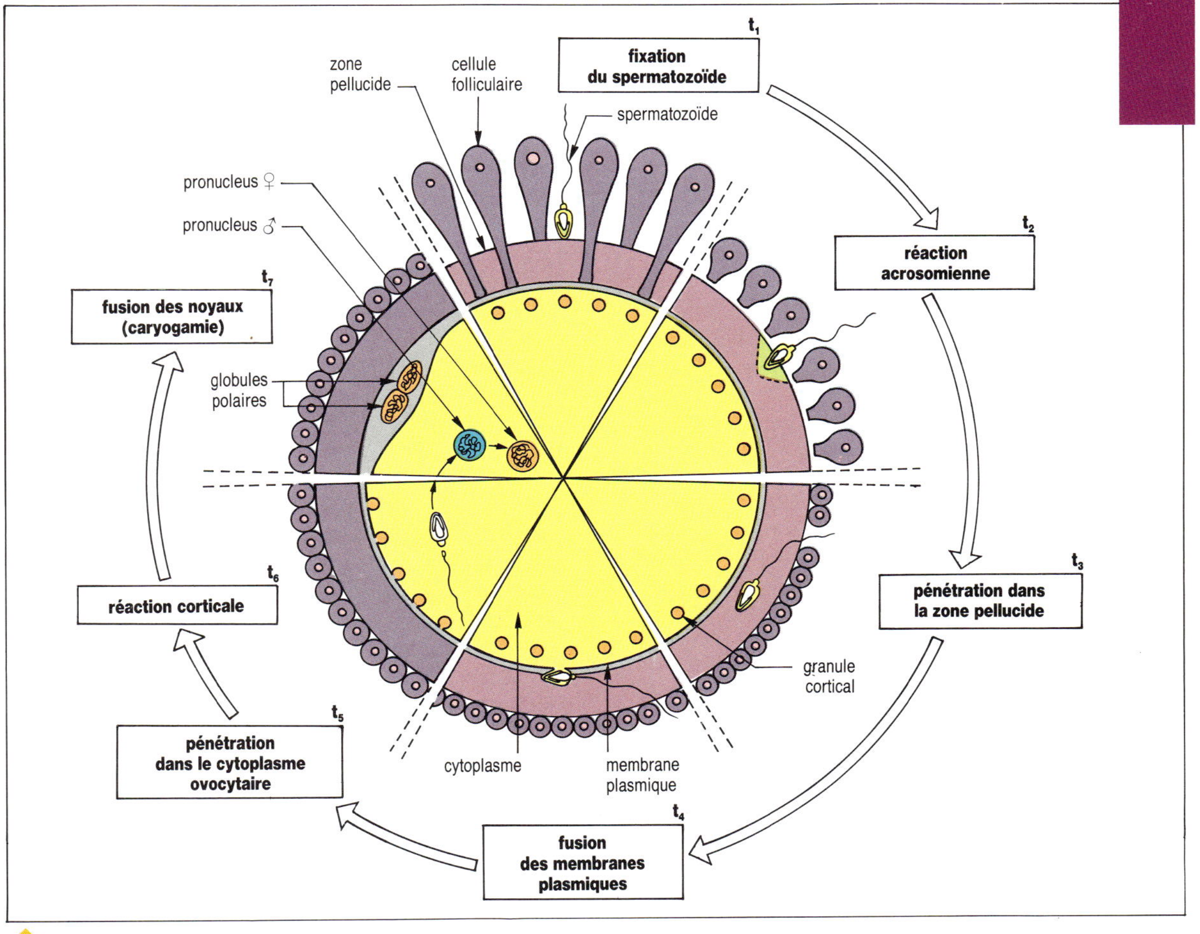

Les étapes de la fécondation .
Attention: les temps t_1 à t_7 correspondent aux différentes phases de la fécondation; bien que présent, le premier globule polaire n'a pas été figuré dans les secteurs 1 à 5.

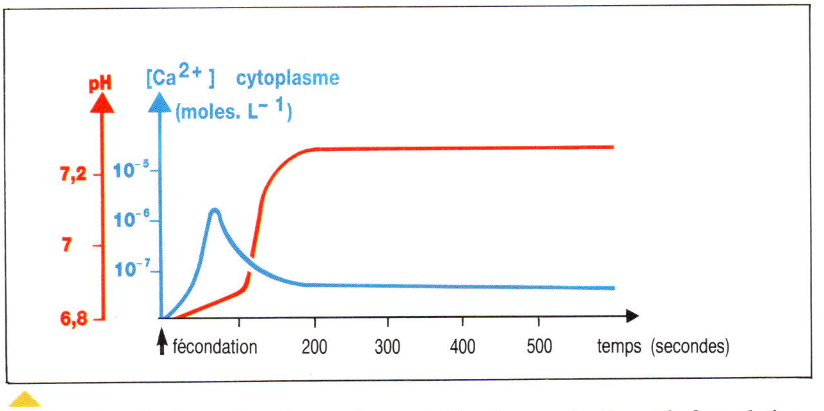

Modifications ioniques, dans le cytoplasme de l'ovule, consécutives à la fécondation (résultats obtenus chez l'oursin mais extrapolables à l'espèce humaine).

3. LA FÉCONDATION RÉUNIT DEUX GÉNOMES DIFFÉRENTS ET ORIGINAUX

Les cellules somatiques ont un génome diploïde

Après la fécondation, l'œuf subit la segmentation, c'est-à-dire une suite de divisions cellulaires mitotiques. La mitose répartit dans deux nouvelles cellules deux génomes rigoureusement identiques entre eux et identiques au génome de la cellule initiale. Ce sont des mitoses qui assurent la production des billions de cellules de l'organisme. En conséquence, toutes les cellules de l'organisme adulte (à l'exception des cellules sexuelles, qui ont subi la méiose) sont diploïdes et disposent d'une information génétique rigoureusement identique à celle de la cellule-œuf.

La première conséquence de la fécondation (plus précisément de la caryogamie) est de constituer une association nouvelle de gènes (d'origine mixte, paternelle et maternelle) qui caractérise le nouvel individu toute sa vie. Les possibilités de variation génétique des gamètes d'un individu étant innombrables, le nombre d'enfants possibles, tous génétiquement différents, pour un seul couple, est tel que l'on peut affirmer que tous les êtres humains (à l'exception des vrais jumeaux) sont génétiquement différents.

Le génome diploïde s'exprime

Plus qu'un double jeu de chromosomes, c'est un double jeu de gènes que possède chaque cellule. Pour un caractère donné, gouverné par un gène, deux versions du gène sont confrontées dans la cellule. On peut considérer qu'un caractère élémentaire est la possibilité de réaliser une action chimique donnée. Un gène est une unité informationnelle, qui code, par exemple, pour la fabrication d'une enzyme catalysant une réaction chimique donnée. Lorsque les deux allèles (les deux versions) confrontés sont identiques, il n'y a pas de problème : l'allèle commun s'exprime. Un problème se pose quand deux allèles sont différents, l'un gouvernant la synthèse d'une enzyme fonctionnelle, l'autre produisant une enzyme défectueuse (gène muté).

Si l'enzyme défectueuse n'intervient sur aucune voie métabolique, elle n'interfère pas avec l'enzyme correcte qui peut assurer l'expression du caractère ; dans ce cas, l'allèle fonctionnel s'exprime, et on dit que cet allèle est dominant. L'allèle défectueux n'entraîne de caractère visible que s'il est présent en double exemplaire dans la cellule (s'il n'est pas confronté à l'allèle normal dominant) ; on dit que cet allèle est récessif.

En revanche, si l'allèle défectueux interfère avec le métabolisme et, par exemple, bloque une voie métabolique, son blocage est effectif même en présence de l'allèle normal, qui ne peut s'exprimer que s'il existe en double exemplaire dans la cellule.

Un individu est dit homozygote pour un caractère élémentaire lorsque ses deux allèles sont identiques, quels qu'ils soient. Il est dit hétérozygote si les deux allèles sont différents.

Allèle / allele : n.m., nom donné à chacun des gènes localisés sur le même point (le même locus) de deux chromosomes homologues. Les allèles d'un même gène dérivent généralement les uns des autres par mutation.

Génotype / genotype : n.m., ensemble du génome porté par un individu. Comprend donc aussi bien les gènes exprimés que les gènes dominés.

Phénotype / phenotype : n.m., ensemble des caractères d'un individu ; correspond donc à la part exprimée du génotype.

Le sexe de l'enfant est déterminé génétiquement

La 23e paire de chromosomes est constituée par les chromosomes sexuels. La femme possède deux chromosomes identiques notés XX, tandis que l'homme possède un chromosome X et un chromosome Y, qui ne possède qu'une région en commun avec un chromosome X. Ainsi, chez une femme, un ovule issu d'une méiose possèdera toujours un chromosome X, tandis que, chez l'homme, un spermatozoïde contiendra, à égalité de probabilité, un chromosome X ou un chromosome Y.

Si le zygote obtenu est « XX », l'enfant sera une fille ; ce sera un garçon si le zygote obtenu est « XY ». Sur une population de spermatozoïdes, il y a autant de X que de Y. En conséquence, la fonction de reproduction produit autant de garçons que de filles.

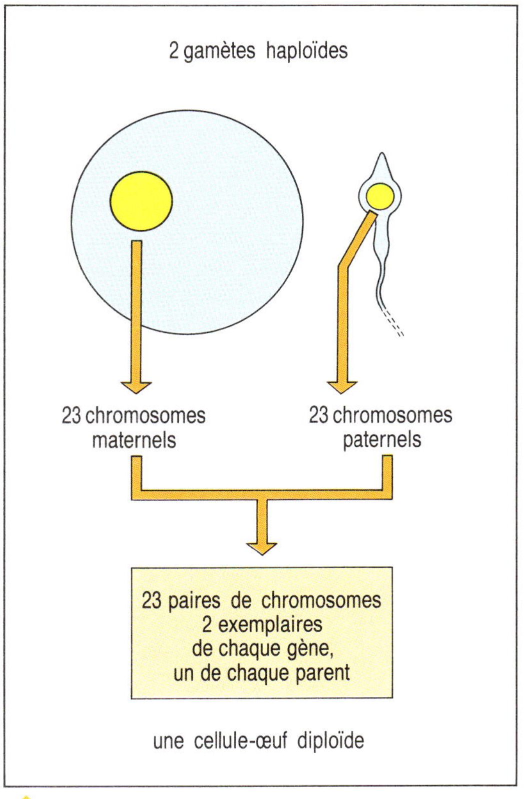

Modification du caryotype au cours de la fécondation.

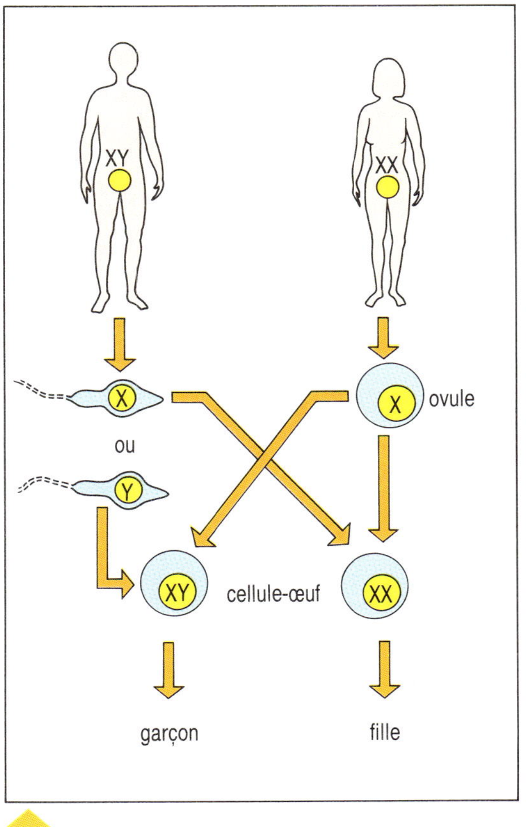

Hérédité du sexe.

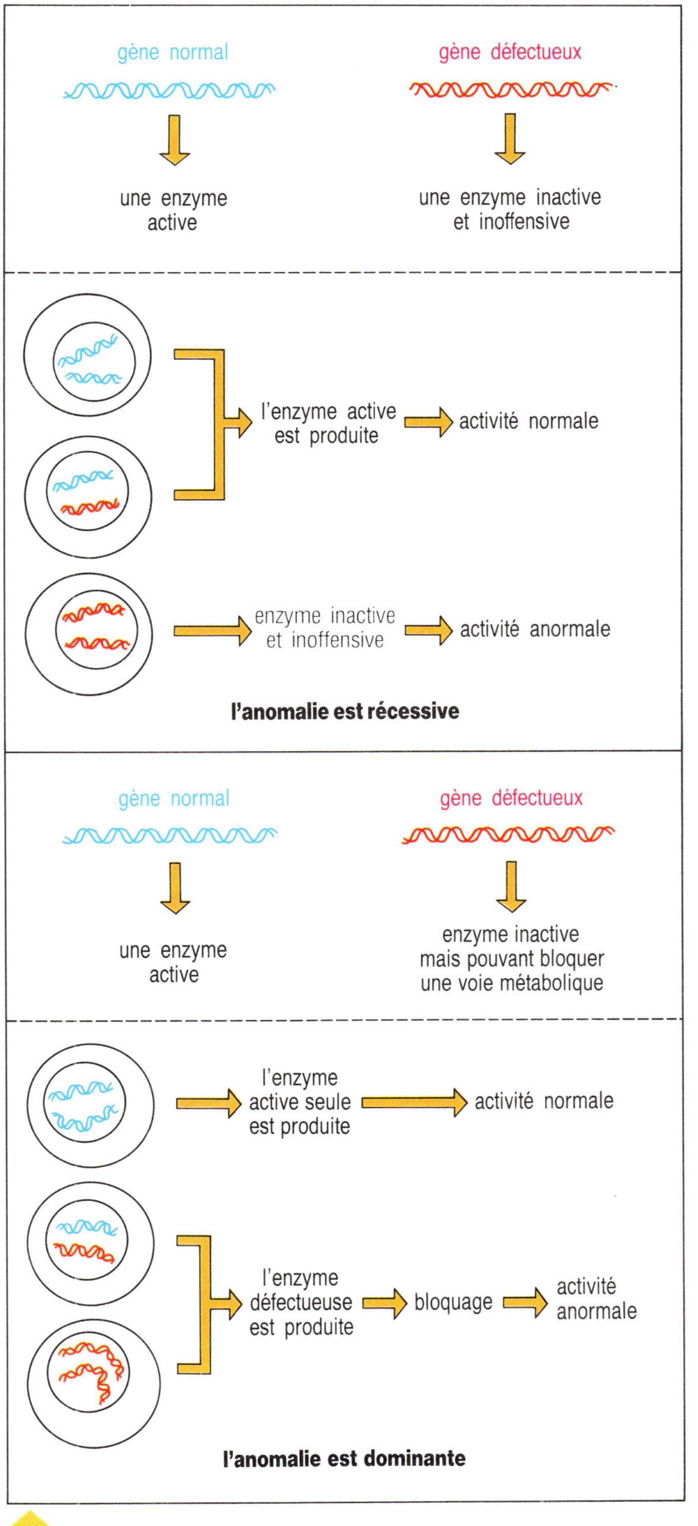

Dominance et récessivité ; mode de transmission d'une anomalie (mutation) selon son expression.

1. L'ŒUF ACTIVÉ SE DIVISE ET MIGRE VERS L'UTÉRUS

La segmentation de l'œuf se fait à volume constant

Après la fécondation, le zygote subit une série de mitoses au rythme d'environ une par jour. On obtient ainsi 2, 4, 8, 16, 32... cellules. La segmentation s'accélère à partir du quatrième jour, et l'œuf prend l'aspect d'une petite mûre, la morula. C'est la morula qui parvient dans l'utérus, où la segmentation se poursuit. Au cours de la segmentation, de nombreuses cellules sont produites, mais le volume de l'œuf ne varie pas. Ainsi, pour une même masse de matière organique, les surfaces membranaires sont considérablement augmentées. Au stade 64 cellules, la surface de membrane plasmique est multipliée par 4 par rapport au zygote. L'intérêt de cette compartimentation est métabolique et informationnel. Les échanges de matière et d'information assurés par les cellules se font à travers les surfaces cellulaires et sont directement proportionnels à ces surfaces. La segmentation à volume constant favorise donc les échanges et les intensifie.

La première différenciation produit un blastocyste

Dans l'utérus, les divisions cellulaires se poursuivent, mais l'œuf subit une légère transformation ; il devient une sphère creuse, le blastocyste, dont une partie de la paroi, renflée, constitue le bouton embryonnaire, futur embryon. L'ensemble du blastocyste est entouré d'une assise de cellules, le trophoblaste. Le blastocyste est libre dans l'utérus pendant 3 à 4 jours, à l'issue desquels (7 jours après la fécondation) il se fixe à la muqueuse utérine.
À ce stade, l'utérus est très réceptif. La mère se trouve en phase lutéinique de son cycle, 7 à 10 jours après l'ovulation, précisément à la période où le développement du corps jaune est maximal (il commence à dégénérer vers le 24e jour). La muqueuse utérine est très développée, très vascularisée, et le muscle utérin est inhibé par la progestérone. Ces conditions sont nécessaires à la bonne fixation de l'embryon. On nomme « nidation » cette fixation.

Annexes embryonnaires / fœtal membranes : exp., ensemble de formations élaborées par l'embryon, éliminées à la naissance. Le placenta est une annexe embryonnaire, tout comme l'enveloppe de la poche des eaux.

Chorion / chorion : n.m., enveloppe externe de l'œuf, dérivant partiellement du trophoblaste. Le chorion est au contact de l'endomètre dans le placenta en formation.

HCG / Human Chorionic Gonadotrophin : sigle. L'HCG est une gonadotrophine, c'est-à-dire hormone agissant sur l'ovaire, élaborée par le chorion dans le placenta.

Nidation / implantation : n.f., fixation, puis pénétration du blastocyste dans la muqueuse utérine, et réalisation de relations avec l'organisme maternel.

Les cellules du trophoblaste et de la muqueuse utérine forment un placenta

Lors de la nidation, le trophoblaste et la muqueuse utérine interagissent. Les cellules du trophoblaste prolifèrent au contact de la muqueuse et forment un syncytiotrophoblaste (formation non segmentée à nombreux noyaux) qui s'enfonce dans la muqueuse en en digérant partiellement les cellules. Le syncytiotrophoblaste forme alors de nombreux replis, les villosités choriales, qui augmentent la surface de contact. Parvenu au niveau des capillaires maternels, le trophoblaste détruit leur paroi, ce qui entraîne la formation de grandes lacunes de sang maternel dans lesquelles baignent les villosités choriales, lieu d'échange entre sangs maternel et fœtal.
Le placenta est ainsi une structure mixte, à la fois fœtale et maternelle. Dès la nidation, le placenta produit une hormone, l'HCG, qui agit sur l'ovaire et s'oppose à la régression du corps jaune. Le maintien du corps jaune enraie l'achèvement normal du cycle sexuel de la femme. La muqueuse utérine est maintenue dans son état développé. La présence de traces d'HCG dans les urines de la femme permet de diagnostiquer la grossesse. Les tests de grossesse sont fondés sur la mise en évidence de cette hormone dans les urines.

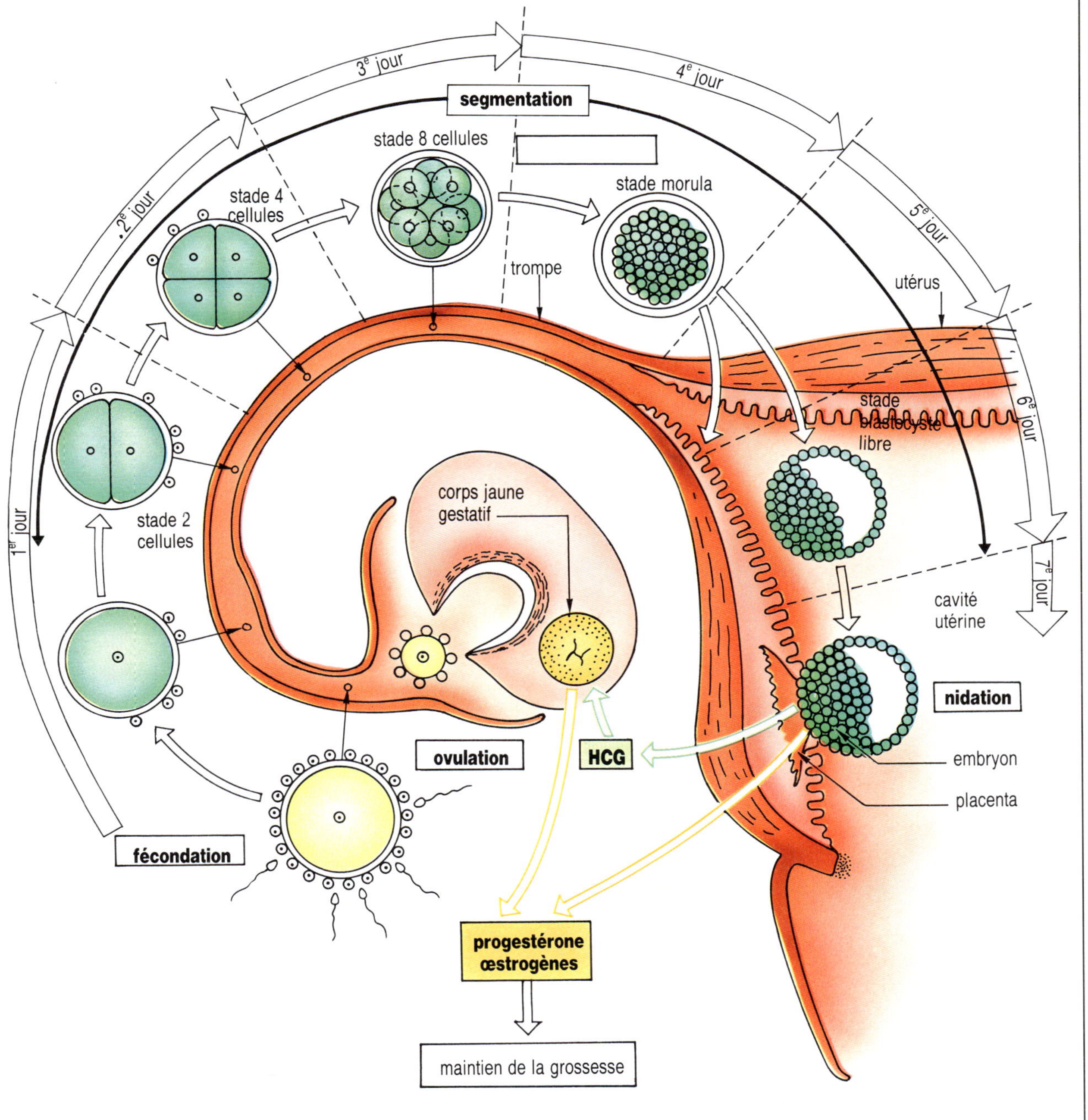

Attention. L'évolution de l'embryon du jour 0 au jour 7 au cours de sa descente dans une trompe, a été représentée agrandie en dehors de celle-ci, pour une meilleure lecture.

De la fécondation à la nidation.

2. Le placenta permet la nutrition de l'embryon

Une surface d'échange sélective

Les structures placentaires constituent une barrière entre les sangs maternel et fœtal. Cette barrière est sélective et permet la diffusion de nombreuses molécules.

Le placenta développé forme un disque d'une vingtaine de centimètres de diamètre. Il est relié à l'embryon par le cordon ombilical qui contient les vaisseaux sanguins du fœtus. La surface choriale est subdivisée en lobules, qui présentent eux-mêmes des villosités plongées dans les lacunes du sang maternel. C'est la surface choriale (cellules de l'embryon) qui constitue la barrière placentaire. Cette barrière s'amincit au cours des premiers mois et atteint une épaisseur de 3µm au 4e mois, épaisseur qu'elle conservera.

L'augmentation de surface (villosités) et la diminution d'épaisseur constituent deux adaptations à la fonction d'échange, spécialement aux échanges par diffusion. De plus, certains transports sont actifs (consommation d'énergie).

De la mère vers l'enfant, les échanges concernent principalement l'alimentation (dioxygène, glucides, lipides, acides aminés, eau, sels minéraux, vitamines), mais aussi des hormones et des anticorps. Certains médicaments peuvent aussi franchir la barrière placentaire, ainsi que des toxines et des virus (c'est ainsi que le virus du sida peut être transmis d'une mère à son enfant).

De l'embryon vers la mère, des déchets comme le dioxyde de carbone et l'urée diffusent, ainsi que des hormones.

L'approvisionnement en dioxygène du fœtus

Le flux de dioxygène de la mère vers le fœtus est imposé par les structures des hémoglobines fœtale et maternelle. L'hémoglobine fœtale ne fixe que très difficilement le 2,3 DPG. Or cette molécule diminue l'affinité de l'hémoglobine pour le dioxygène. Ainsi l'hémoglobine fœtale a une affinité plus forte pour le dioxygène que l'hémoglobine maternelle, qui lie davantage le 2,3 DPG. Pour une même pression partielle, le dioxygène est donc plus prélevé (lié à l'hémoglobine) côté embryon que côté maternel. Il en résulte un gradient d'O_2 dissous qui entraîne un flux d'O_2 vers l'embryon.

On peut visualiser ces affinités sur la courbe de saturation des hémoglobines ; pour une pression partielle d'O_2 donnée, l'hémoglobine fœtale est plus saturée : elle fixe mieux le dioxygène.

Tout le sang du fœtus passe par le placenta

Le cordon ombilical contient trois vaisseaux, deux artères et une veine, connectés à la circulation générale du fœtus sur des vaisseaux majeurs. Le sang du fœtus est donc totalement et fréquemment renouvelé dans le placenta, qui constitue la seule interface du fœtus avec le milieu extérieur (ici, la mère).

Le placenta est également une glande endocrine

La grossesse est maintenue au début par l'activité du corps jaune, qui produit de la progestérone en quantité. La progestérone garde l'utérus dans un état favorable (en particulier, inhibition des contractions du myomètre). La production d'HCG par les cellules placentaires maintient le corps jaune, mais vers la 5e semaine de grossesse, le placenta prend le relais, produisant suffisamment de progestérone pour maintenir la grossesse. Cette production de progestérone augmente régulièrement au cours de la grossesse.

2,3 DPG / 2,3 DPG : sigle, 2,3 DiPhospho-Glycérate.
Gestation / gestation : n.f., grossesse.

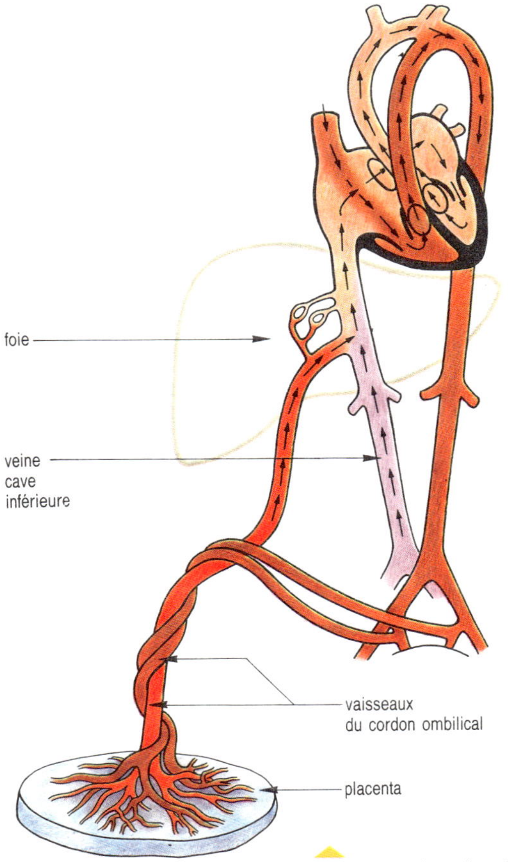

La circulation fœtale.

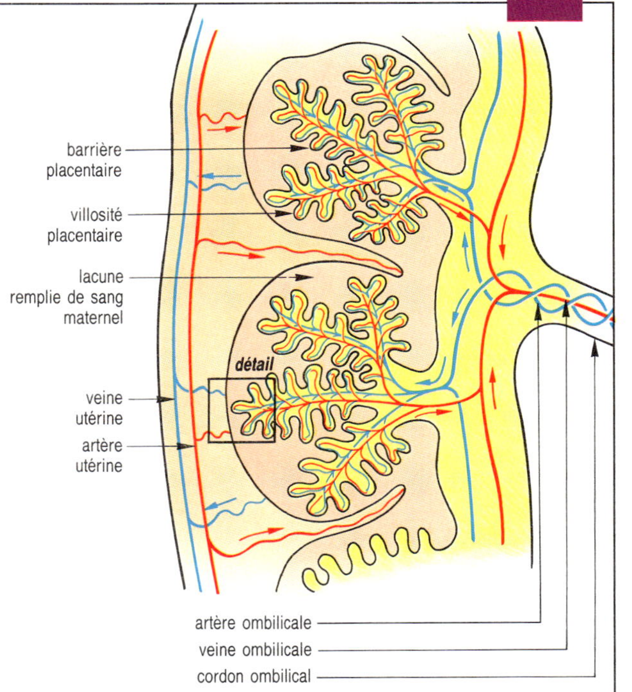

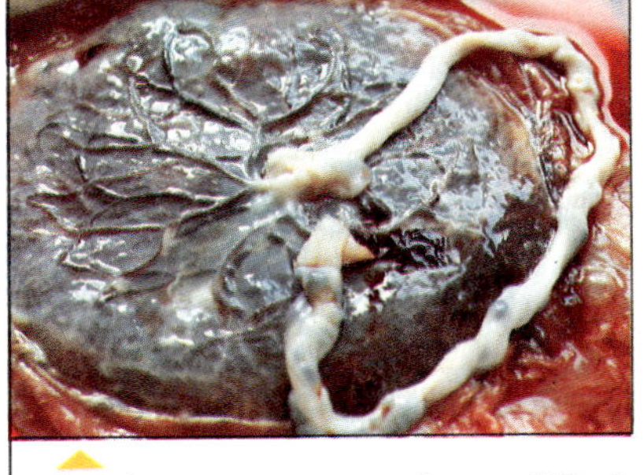

Le placenta et son cordon ombilical.

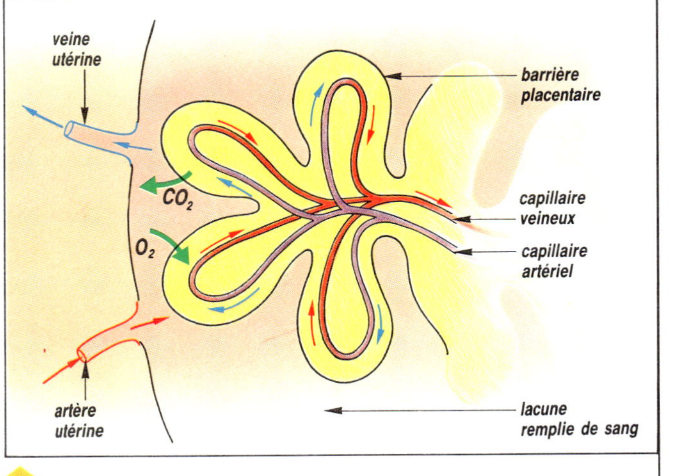

Schéma fonctionnel du placenta.

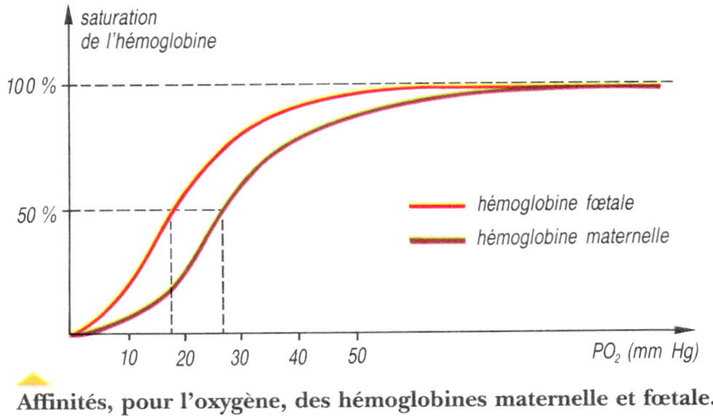

Affinités, pour l'oxygène, des hémoglobines maternelle et fœtale.

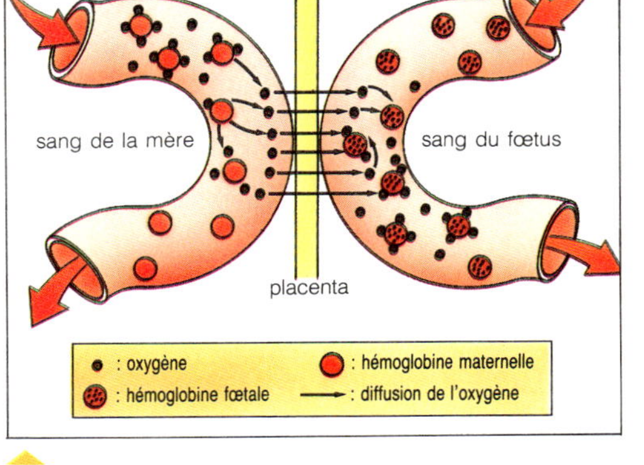

Échange d'oxygène mère-fœtus.

3. Le fœtus se développe et grandit dans l'utérus de la mère

Les processus de croissance et de développement se poursuivent pendant 40 semaines, et se terminent par la naissance d'un enfant viable possédant l'essentiel des appareils et organes nécessaires à sa survie en milieu aérien. Ces processus recouvrent plusieurs phénomènes : des divisions cellulaires, permettant l'augmentation du nombre de cellules ; des différenciations cellulaires (acquisition de différences structurales et biochimiques, marques d'une spécialisation fonctionnelle) aboutissant à une complexification par mise en place de nouveaux tissus, organes et appareils ; et enfin une croissance générale des organes.

Les deux premiers mois : la période embryonnaire

Au cours des deux premiers mois de la grossesse, l'embryon passe d'une taille de 0,1 mm à 3 cm. Lors de cette phase, les principaux systèmes se mettent en place. Le système circulatoire se présente comme un simple réseau de tubes dont une région se spécialise rapidement : le cœur. Ce cœur est tout d'abord un simple tube doué de contractilité. Les premiers battements apparaissent dès le 21e jour de l'embryon. Une tête s'individualise franchement vers la quatrième semaine, puis apparaissent des ébauches de membres. L'axe du système nerveux se forme très tôt (tube nerveux, futur système nerveux central), suivi de la mise en place des yeux, initialement dépourvus de paupières. À la fin de cette période, l'embryon pèse un peu plus d'un gramme, mais il a déjà des membres rudimentaires, et son cœur à quatre cavités est entièrement formé. On le nomme alors fœtus.

Du troisième au neuvième mois : la période fœtale

Cette période, une fois la mise en place générale effectuée, est celle de la complexification de l'organisme. Dès la fin du troisième mois, tous les organes sont en place. Les sexes sont différenciés ; les gonades primitives ont évolué en testicules ou en ovaires, selon le sexe génétique du fœtus. Le sexe est reconnaissable à cet âge. Dès ce moment, les ovaires des filles se développent (multiplication des ovogonies). Le fœtus peut bouger. Il ne mesure qu'une dizaine de centimètres, mais il a acquis une forme humaine.

La totalité des organes est formée à 5 mois, et les mouvements sont de plus en plus nets et précis au fur et à mesure que le cerveau se développe. Peu après, le fœtus peut sucer son pouce et se déplace dans l'utérus. Il mesure 30 centimètres et commence à être à l'étroit dans le ventre de sa mère.

Passé 6 mois, le fœtus est viable. Les yeux s'ouvrent et se ferment ; les mouvements se précisent encore. Une naissance prématurée est possible, mais le nouveau-né nécessiterait des soins particuliers.

La fin de la grossesse est caractérisée par la croissance, peu d'événements essentiels se produisant au cours des six dernières semaines. À terme, les nouveau-nés mesurent en moyenne 50 cm et pèsent 3,3 kg.

Une vie aquatique pendant neuf mois

Parallèlement au développement de l'embryon, le placenta se met en place, ainsi que l'amnios, membrane qui entoure l'embryon et se remplit d'eau dès les premiers jours qui suivent la nidation. L'embryon puis le fœtus sont en permanence baignés dans une cavité amniotique ou poche des eaux. Cette poche ne se rompt qu'au moment de l'accouchement. Elle protège l'embryon d'un point de vue mécanique et thermique. Les organes (respiratoires en particulier) du fœtus ne sont pas adaptés à la vie aquatique, mais l'ensemble de ses besoins est assuré, via le placenta, par sa mère. En fin de grossesse, le fœtus boit et régurgite du liquide amniotique ; il urine également dans cette poche.

Amnios / amnion : n.m., annexe embryonnaire d'origine trophoblastique qui forme l'enveloppe de la cavité amniotique (ou poche des eaux).

Trophoblaste / trophoblaste : n.m., couche superficielle de cellules du blastocyste qui permet l'implantation de l'œuf dans la muqueuse utérine. À l'origine de la formation du placenta.

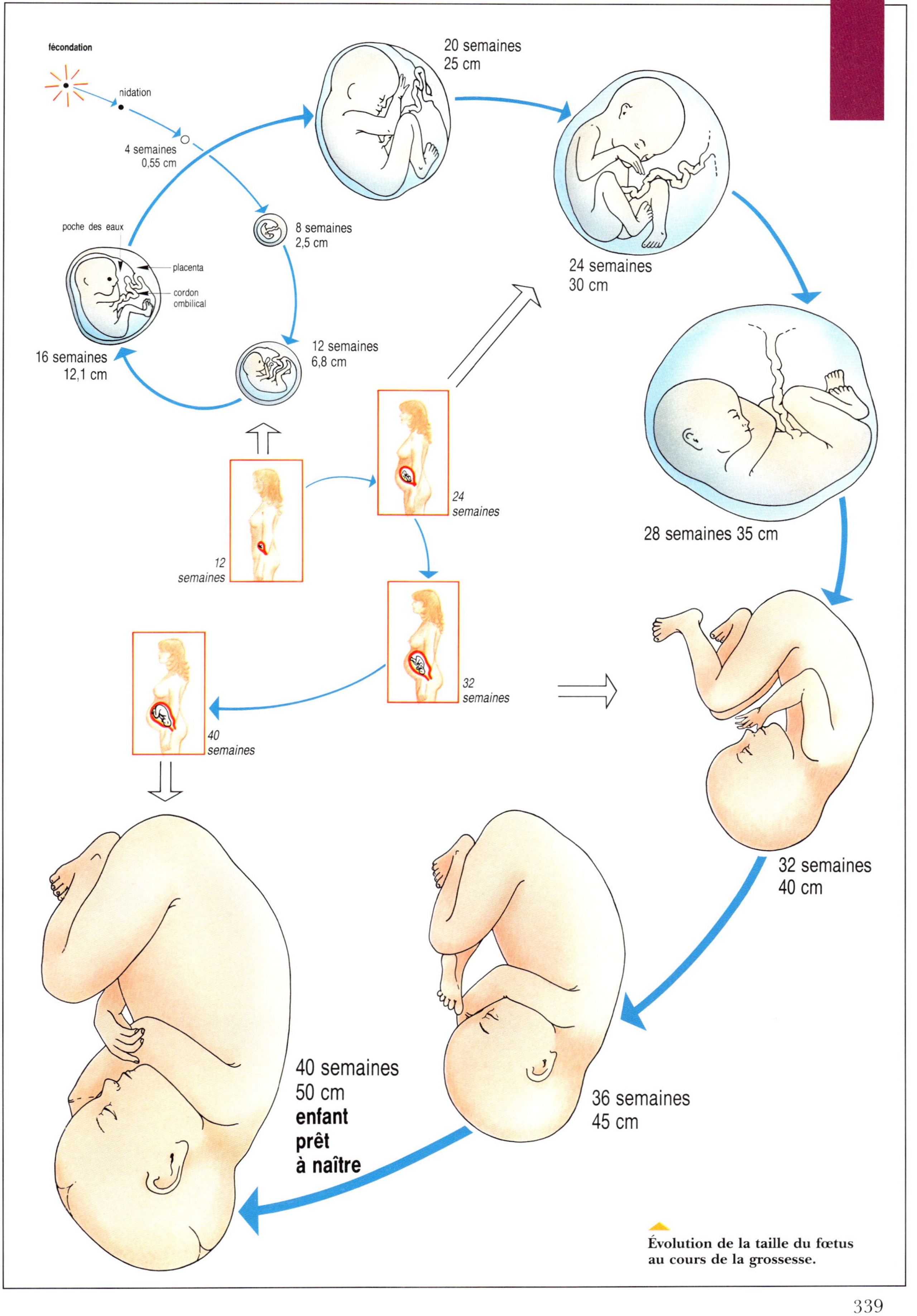

Évolution de la taille du fœtus au cours de la grossesse.

1. À la naissance, l'enfant accède au milieu aérien

L'accouchement est causé par le vieillissement du placenta

Depuis la cinquième semaine de grossesse, le placenta assure la sécrétion d'œstrogènes et surtout de progestérone dans le sang maternel. Ces hormones entretiennent la grossesse, principalement par inhibition des contractions du myomètre. Le vieillissement du placenta entraîne une chute des taux d'œstrogènes et de progestérone, et donc la reprise des contractions. Ces contractions sont d'abord faibles et espacées, mais leur fréquence et leur amplitude augmentent régulièrement jusqu'au moment de l'accouchement. Par ailleurs, les contractions de l'utérus poussent le fœtus sur le col de l'utérus, ce qui initie un réflexe qui agit sur la posthypophyse (neurohypophyse), et induit une sécrétion d'ocytocine qui stimule les contractions utérines. Enfin, l'utérus lui-même est un lieu de production de prostaglandines qui stimulent le muscle utérin. Au fur et à mesure de l'intensification du processus, le col de l'utérus s'efface (s'ouvre), de telle sorte que la sortie du fœtus devient possible.

L'accouchement présente plusieurs phases

Lorsque les contractions sont très rapprochées (toutes les 5 minutes), l'accouchement est imminent. Le col de l'utérus continue à s'effacer, et, sous l'effet des contractions, la poche des eaux se rompt. Le fœtus s'engage alors dans le col dilaté qui s'efface encore. C'est habituellement la tête qui s'engage la première. La mère peut, tout au long de ces phases, aider l'accouchement par des contractions volontaires des muscles abdominaux.

L'expulsion est une phase assez rapide qui suit la sortie de la tête du bébé engagée dans le vagin. Une rotation du bébé permet le passage des épaules et, rapidement, du reste du corps.

La dernière phase, la délivrance, consiste en l'expulsion du placenta. Les contractions de l'utérus provoquent son décollement puis son expulsion avec le reste des annexes embryonnaires.

La naissance : un changement de milieu

Les premiers instants du nouveau-né marquent un changement radical de vie. Si l'enfant n'est pas autonome d'un point de vue comportemental, il l'est d'un point de vue organique. Dès l'expulsion, le bébé prend une inspiration, et ses poumons, auparavant non dépliés, se gonflent d'air et permettent les premiers échanges gazeux entre l'air atmosphérique et le sang fœtal. Le premier cri de l'enfant suit cette première inspiration.

Placé sur le ventre de sa mère, l'enfant cherche rapidement à téter. Des mouvements de la tête semblent montrer qu'il cherche un contact, premier comportement construit. Dès que sa joue est stimulée mécaniquement, il tourne sa tête vers l'objet et le tète selon un réflexe. De cette façon, l'enfant peut s'alimenter au sein de sa mère ou au biberon, et les premiers aliments passent dans son tube digestif. En quelques instants, deux interfaces sont mises en fonction : les poumons et les intestins, qui rendent inutile le placenta dont le fœtus était rigoureusement dépendant.

Le cordon ombilical, ligaturé puis coupé, se dessèche rapidement et tombe. La dernière conséquence du changement de milieu est d'ordre thermique. Le fœtus vivait dans un milieu liquide et chaud (37 °C). Il accède à un air beaucoup plus froid. La thermogenèse normale est complétée, chez le fœtus et le nouveau-né, par le tissu adipeux brun qui réalise des oxydations de matière organique sans récupération d'énergie utilisable (comme l'ATP) ; l'énergie mise en jeu est convertie en chaleur. De plus, on couvre généralement assez vite l'enfant après sa naissance.

Parturition / parturition : n.f., accouchement naturel.

Travail / labour : n.f., phase de l'accouchement marquée par des contractions utérines fortes, régulières et rythmées.

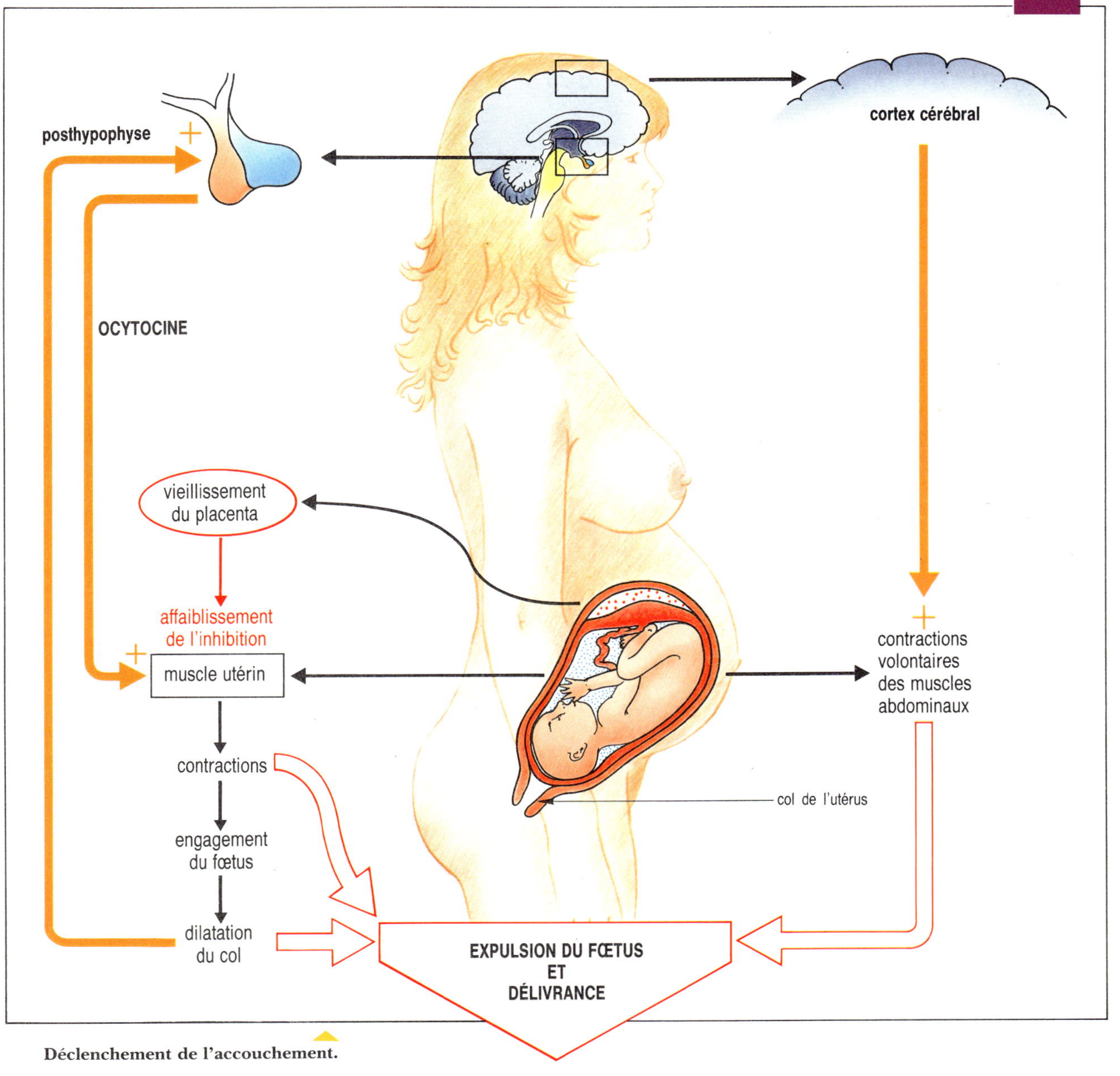

Déclenchement de l'accouchement.

Principales étapes de l'accouchement.

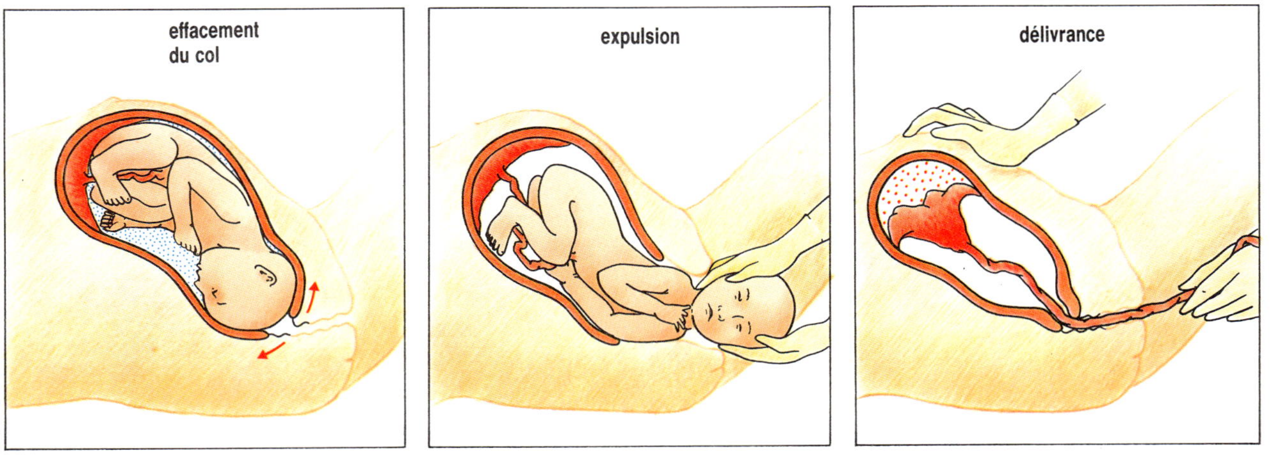

2. La relation mère-enfant se poursuit avec la lactation

Le lait maternel est un aliment complet

La première sécrétion des glandes mammaires, le colostrum, est de composition légèrement différente de celle du lait, dont la sécrétion se met en place plus tard. Le lait maternel est un aliment complet qui suffit généralement au bon développement de l'enfant. Un litre de lait contient 15 g de protides, 34 g de lipides, 67 g de glucides, 2 g de sels minéraux, des vitamines et des anticorps.
Le lait est sécrété par les glandes mammaires au niveau d'acinus, glandes en ampoules débouchant dans des canaux galactophores. Les acinus sont entourés de capillaires sanguins où les cellules acineuses puisent la matière première. Glucides et protides sont sécrétés dans la lumière, et les lipides sont produits sous forme de grosses gouttes entourées d'une membrane. Ces gouttes sont formées par bourgeonnement du pôle apical de la cellule. Les anticorps et les vitamines présents dans le lait seront utilisés par l'enfant après une absorption sans digestion au niveau intestinal.

La sécrétion du lait est déclenchée lors de l'accouchement

Lors de la grossesse, les seins se développent, mais il n'y a pas de sécrétion de lait. Le placenta produit, en plus des œstrogènes et de la progestérone, l'Hormone Placentaire Lactogène (HPL) qui permet le développement des glandes mammaires par multiplication du nombre d'acinus. Les grandes quantités de progestérone produites inhibent la sécrétion du lait.
À la fin de la grossesse, la situation change ; le taux de progestérone chute brutalement, et l'inhibition de la sécrétion est levée. De plus, l'hypophyse produit de la prolactine (faiblement sécrétée pendant la grossesse), qui stimule l'élaboration du lait par les cellules des acinus.
L'éjection du lait est provoquée par la contraction des cellules myoépithéliales qui recouvrent les acinus (et aussi les canaux galactophores). Ces cellules sont des muscles lisses dont la contraction est provoquée par l'ocytocine, neurohormone produite par la neurohypophyse.

La tétée entretient la sécrétion lactée

La succion du mamelon par le bébé stimule des terminaisons nerveuses sensorielles. Un réflexe neurohormonal transitant par l'hypothalamus se met en place : des influx nerveux sensitifs en provenance du mamelon parviennent à l'hypothalamus. Ces stimulations ont deux conséquences : l'activation d'une sécrétion d'ocytocine dans la neurohypophyse (des neurones hypothalamiques sécrètent les neurohormones neurohypophysaires) et l'inhibition de la sécrétion de PIH dans le système porte-hypophysaire. La PIH (Prolactine Inhibiting Hormone) inhibe normalement la sécrétion de prolactine par l'antéhypophyse. L'inhibition de la production de PIH lève l'inhibition de la sécrétion de prolactine.
Au total, la succion exercée par le bébé initie un réflexe humoral qui aboutit à la sécrétion de prolactine (et donc à l'élaboration du lait) et à la sécrétion d'ocytocine (et donc à l'éjection du lait). La lactation peut ainsi être entretenue pendant de nombreuses années (comme c'était le cas des nourrices autrefois).
L'arrêt de l'allaitement supprime cet entretien, et aboutit à un tarissement rapide de la sécrétion, puis à une régression des glandes mammaires.

Acinus / acinus : n.m., glande exocrine formée d'une ampoule appendue à un canal excréteur.

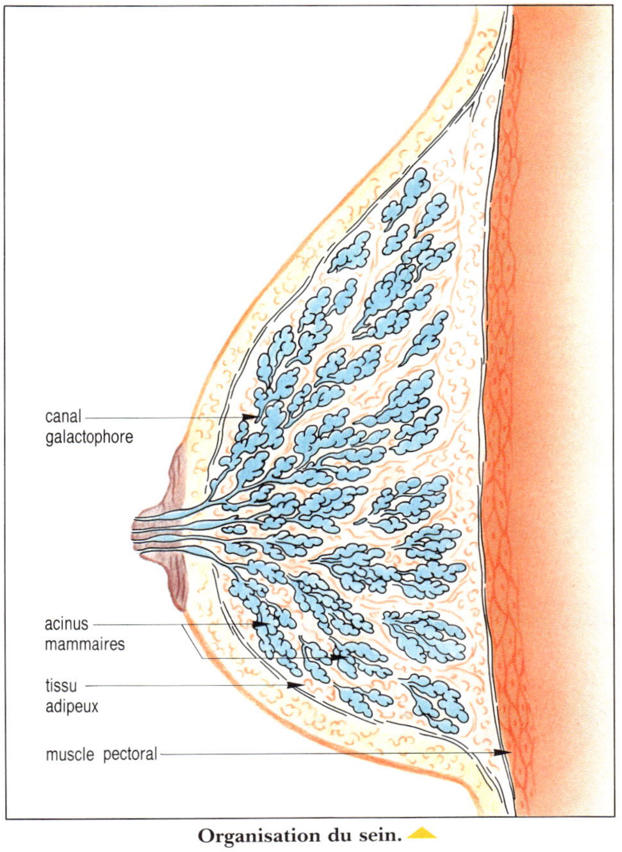

Organisation du sein.

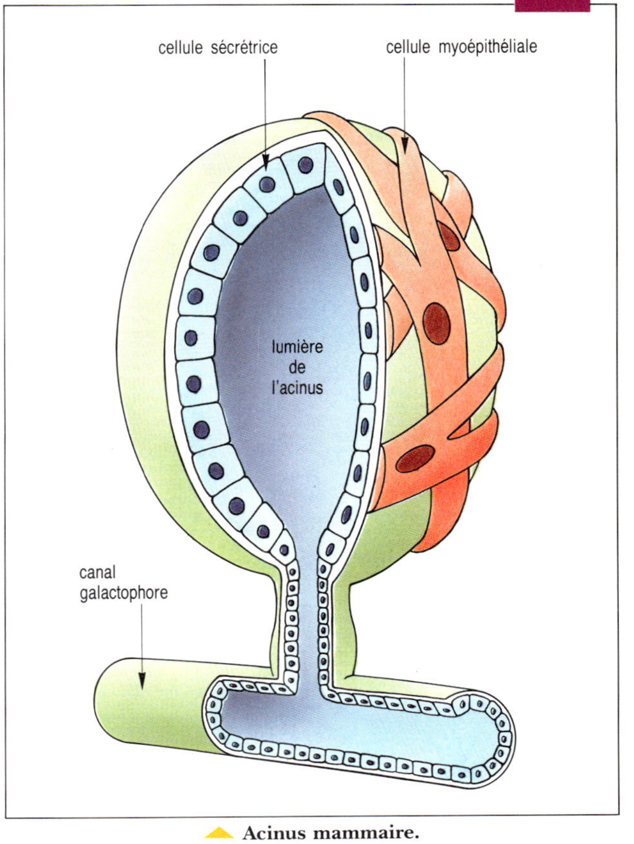

Acinus mammaire.

Stimulation des acinus mammaires à partir de la parturition.

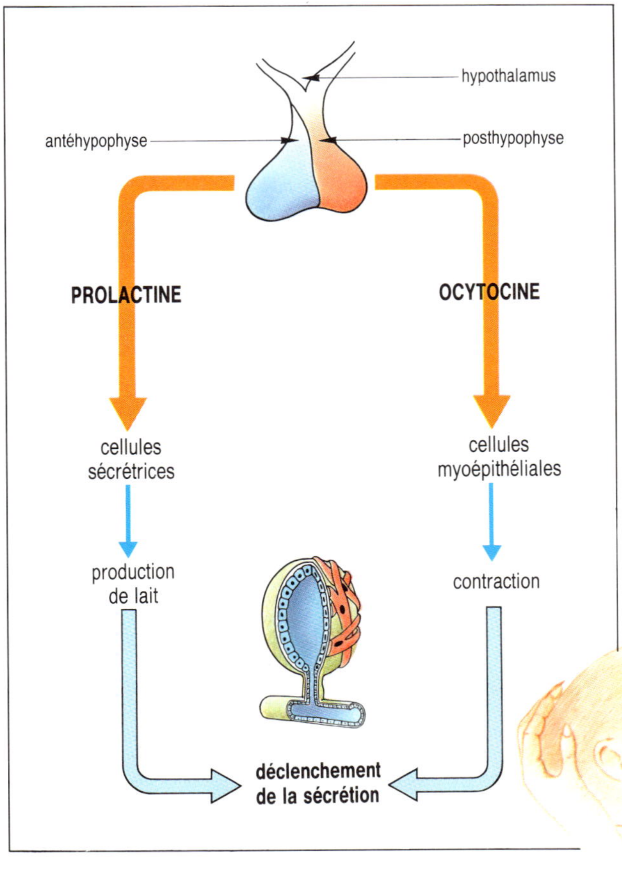

Entretien de la lactation par la tétée.

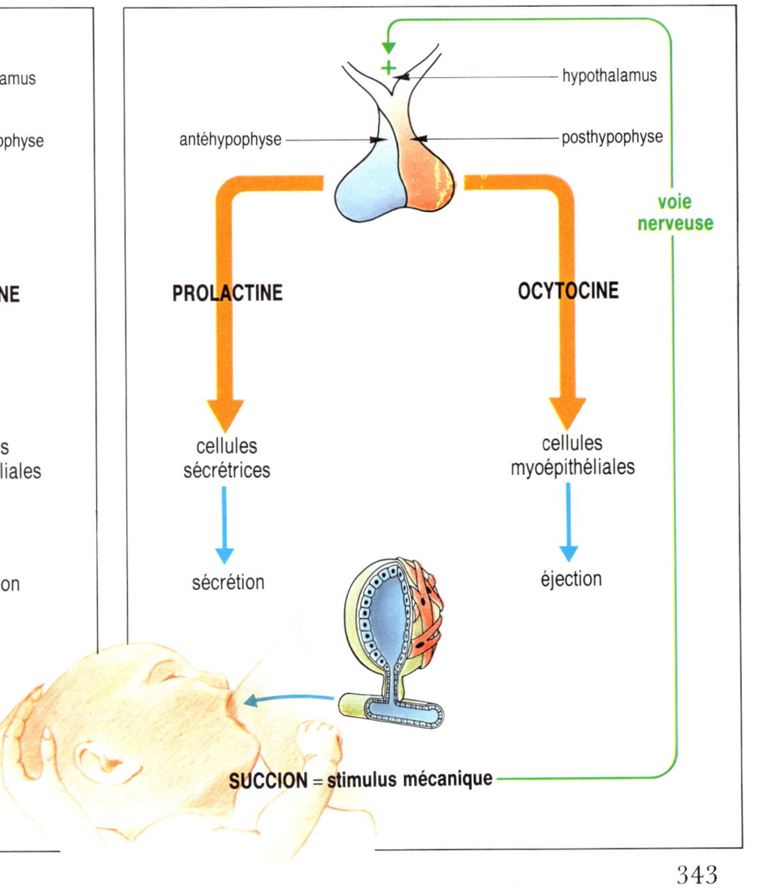

FAIRE LE POINT

L'ESSENTIEL

1 Le spermatozoïde est mobile grâce à son flagelle et peut, à la suite d'un rapport sexuel, remonter les voies génitales de la femme en direction d'un ovule.

2 La rencontre entre l'ovule et une ou deux centaines de spermatozoïdes a lieu dans une trompe de Fallope. Les cellules folliculaires, qui entourent l'ovule, facilitent la progression d'un spermatozoïde vers la zone pellucide, gangue protéique qui entoure l'ovocyte II, toujours bloqué en métaphase II.

3 Parvenu sur la gangue pellucide, le spermatozoïde présente une réaction acrosomale qui permet sa progression jusqu'à la membrane de l'ovocyte. Là, sa membrane fusionne avec celle de l'ovocyte qui reprend alors son activité.

4 La piqûre spermatique a deux conséquences : l'exocytose des granules corticaux, dont le contenu modifie la zone pellucide et évite les risques de polyspermie et la reprise d'activité de la cellule.

5 L'ovocyte II fécondé achève la méiose et expulse un second globule polaire. Les noyaux des deux gamètes fusionnent, créant une cellule-œuf diploïde, qui exprimera désormais un génome complètement original.

6 La segmentation de l'œuf produit une morula, puis un blastocyste qui se loge dans la muqueuse utérine 7 jours après la fécondation. L'embryon élabore un placenta à rôle nutritif et une poche des eaux à rôle protecteur.

7 Menant une vie aquatique pendant 9 mois environ, le futur enfant se développe et croît dans l'utérus de la mère. L'activité endocrine du placenta prolonge l'état de grossesse. Son vieillissement provoque l'accouchement.

8 Dépendant du placenta pendant la grossesse, l'enfant accède à la naissance à un nouveau mode de vie, libre et aérien. Les sytèmes respiratoire et digestif entrent en fonction, et le cordon ombilical dégénère. L'élaboration et l'éjection du lait par les glandes mammaires sont entretenues par l'allaitement.

LES MOTS CLÉS

Accouchement
acinus mammaire
acrosome
activation
allaitement
allèle
amnios

Blastocyste
bouton embryonnaire

Canal galactophore
capacitation
caryogamie
cavité amniotique
chromosomes X et Y
col de l'utérus
contraction

Développement
différenciation
diploïdie
dominance
dynéine

Embryon
érection
exocytose

Fécondation
flagelle
fœtus

Gène
glaire cervicale
globule polaire
granules corticaux
grossesse

HCG
HPL

Lactation
lait
liquide amniotique

Microtubule
mitose
monospermie
morula
muqueuse

Ocytocine
œstrogènes
ovocyte II
ovule

Placenta
poche des eaux
progestérone
prolactine

Réaction acrosomale
récessivité

Segmentation
spermatozoïde

Travail
trompe de Fallope
trophoblaste

Utérus

Zone pellucide
zygote

AUTO-ÉVALUATION

Les activités proposées dans cette rubrique permettent de vérifier les connaissances acquises au cours de ce chapitre.
Elles peuvent concerner : la terminologie scientifique, les ordres de grandeur, les mécanismes fonctionnels.

AUTOTEST

Testez vos connaissances en répondant aux 8 questions suivantes (réponses en fin d'ouvrage). Chaque réponse doit être justifiée.

QUESTION	RÉPONSE
1. Sur 200 à 300 millions de spermatozoïdes émis par éjaculation, un seul fécondera éventuellement un ovule.	oui / non
2. La réaction acrosomale permet : a) d'activer le flagelle ; b) la pénétration du spermatozoïde dans la zone pellucide ; c) d'empêcher la polyspermie.	a / b / c
3. La caryogamie est : a) la fusion des noyaux des gamètes ; b) la fusion des membranes des gamètes ; c) la première division de l'œuf.	a / b / c
4. Le placenta est : a) un organe maternel ; b) un organe mixte ; c) un organe fœtal.	a / b / c
5. La nidation se fait : a) dans l'utérus ; b) sur le col de l'utérus ; c) dans une trompe ; d) sur l'ovaire.	a / b / c / d
6. Lors de la grossesse, le myomètre a) ne se contracte pas ; b) effectue une contraction permanente ; c) produit de la progestérone.	a / b / c
7. La grossesse dure, de la fécondation à l'accouchement : a) 36 semaines ; b) 32 semaines ; c) 40 semaines ; d) 42 semaines.	a / b / c / d
8. L'expulsion du nouveau-né est due : a) à l'extension de ses jambes ; b) à la rupture de la poche des eaux ; c) aux contractions utérines.	a / b / c

ORIENTATIONS DE TRAVAIL

À la fin de ce chapitre, vous devez être capables de :

1. Reproduire sur un schéma les trajets des gamètes et de l'oeuf dans les voies génitales de la femme.
2. Décrire les principales phases de la fécondation.
3. Expliquer les actions et les rétrocontrôles hormonaux intervenant lors de la grossesse et de l'accouchement.
4. Relater les grandes lignes du développement du foetus lors de la grossesse en fonction du temps.
5. Expliquer le déclenchement et l'entretien de la lactation.

MINI-GLOSSAIRE MÉDICAL

avortement / abortion : n.m., expulsion, spontanée ou provoquée, de l'embryon ou du fœtus avant sa date de viabilité.

Césarienne / caesarean : n.f., incision chirurgicale de l'utérus gravide dans le but d'en extraire le fœtus et le placenta.

Grossesse extra-utérine / extra-uterine pregnancy : exp., grossesse se développant hors de l'utérus, suite à une mauvaise implantation de l'œuf (généralement dans la trompe). Peut être à l'origine de détériorations de tissus et d'hémorragie interne.

Péridurale (anesthésie) / epidural block : exp., anesthésie régionale pratiquée par injection d'un anesthésique local au niveau de la moelle épinière. Est utilisée lors des accouchements par traitement au niveau lombaire. Supprime les douleurs de l'accouchement, mais conserve toute sa conscience à la mère.

PRATIQUES MÉDICALES

Surveillance de la grossesse et anomalies du caryotype

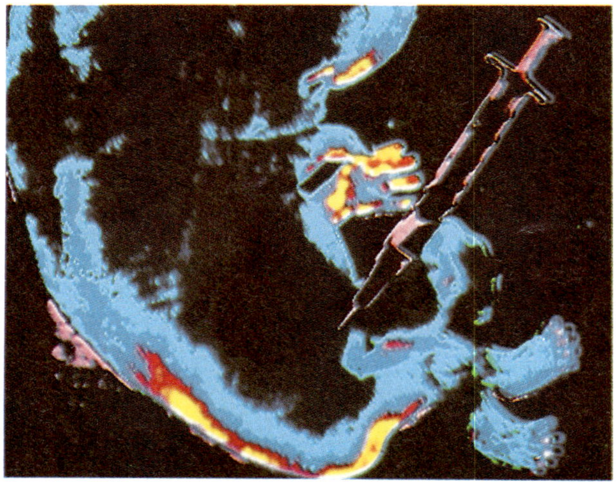

L'échographie permet d'effectuer une surveillance efficace de l'embryon et du fœtus, et de repérer d'éventuelles malformations. Le prélèvement de cellules du liquide amniotique (amniocentèse) ou des villosités choriales permet de faire une étude biochimique et/ou chromosomique des cellules de l'embryon ou du fœtus On peut ainsi diagnostiquer certaines maladies comme des anomalies du caryotype.

Les anomalies du caryotype sont les plus grossières des anomalies génétiques. Elles consistent en une organisation anormale du caryotype. Les cas les plus fréquents concernent l'absence d'un chromosome, ou la présence d'un chromosome surnuméraire. Ces anomalies résultent le plus souvent de méioses anormales menant à la formation de gamètes anormaux. En particulier, l'absence de disjonction des chromosomes d'une paire donnée engendre un gamète possédant les deux homologues de la paire considérée. Si un tel gamète prend part à une fécondation, le zygote qui en résultera possèdera 3 chromosomes de la paire considérée (trisomie).

La plupart des trisomies sont incompatibles avec la vie et ne donnent pas lieu au développement d'un embryon. Dans quelques cas cependant, elles aboutissent à la naissance d'un enfant anormal. Ces anomalies sont directement dues à la présence de gènes surnuméraires.

- La trisomie 16 (trois chromosomes de la 16e paire) est la plus fréquente des trisomies constatées dans les avortements spontanés.

- Les trisomies 13 (syndrome de Patau) et 18 (syndrome d'Edwards) sont causes de malformations graves (essentiellement cranio-faciales et cardiaques). Dans la grande majorité des cas, la mort survient rapidement au cours des premiers mois de la vie.

- La trisomie 21 (syndrome de Down ou mongolisme) est caractérisée par des malformations assez caractéristiques (visage, main) facilement reconnaissables, une altération mentale plus ou moins profonde et de fréquentes malformations viscérales (cardiaques). De constitution fragile, les trisomiques 21 survivent cependant et peuvent atteindre l'âge adulte.

- Le syndrome triplo-X est défini par la présence d'une trisomie X. C'est la plus fréquente des trisomies qui affectent les chromosomes sexuels. Elle est marquée par une stérilité et un certain déficit mental.

• Le syndrome de Turner est, lui, dû à l'absence d'un chromosome sexuel (les individus possèdent un chromosome X isolé). Caractérisé par un nanisme, une stérilité, et des caractères sexuels de type féminin mais très peu développés.
• Le syndrome de Klinefelter est une trisomie des chromosomes sexuels, de type XXY. Les individus atteints sont mâles, mais les testicules sont atrophiés (il y a donc stérilité). Le syndrome est également caractérisé par un déficit mental.
Certaines anomalies du caryotype peuvent également être dues à des trisomies partielles, où seul un fragment de chromosome est surnuméraire, généralement accroché à l'un de ses homologues. Ainsi, certains cas de mongolisme sont dus à une telle trisomie partielle.
Enfin, certaines trisomies surviennent à la suite d'une mitose atypique. Si cette mitose survient lors des premiers stades du développement (segmentation), certaines lignées cellulaires seront atteintes. On parle alors de mosaïque, l'individu étant constitué de populations cellulaires normales et de populations cellulaires trisomiques.

Fécondation in vitro et transfert d'embryon : FIVETE

Cette technique offre une possibilité de procréer à des couples dont la femme présente une stérilité (par obturation des trompes par exemple) qui ne touche pas la fonction ovarienne ni l'utérus.
Une stimulation hormonale (avec HCG) permet de déclencher une ovulation souvent multiple. Par cœlioscopie, les follicules sont prélevés juste avant le moment prévu pour l'ovulation. Les ovocytes prélevés achèvent leur maturation et sont placés en présence de spermatozoïdes préalablement traités (ils ne sont normalement fécondants qu'après avoir migré dans les voies génitales de la femme) : c'est l'insémination.
Après la fécondation in vitro (6 à 24 heures après l'insémination), la cellule-œuf est laissée en culture, où elle entame sa segmentation. Lorsque l'embryon a atteint le stade 8 cellules, 2 à 3 jours après la cœlioscopie, il est déposé dans l'utérus de la mère (la pratique des mères porteuses est interdite), sur la muqueuse hypertrophiée de l'utérus. Si la nidation se produit, une grossesse tout à fait normale se déroule ensuite.

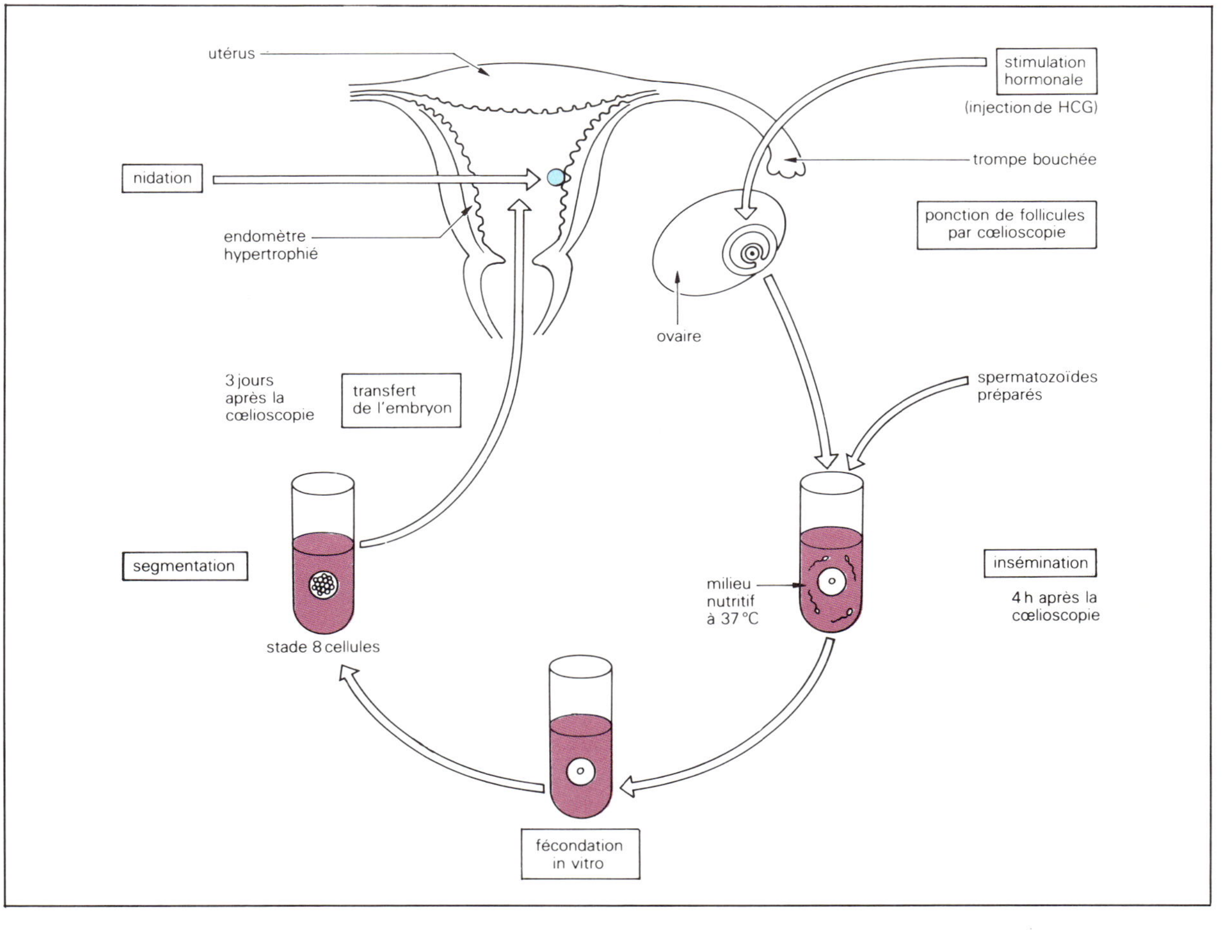

Informations santé

Contraception

La contraception a pour objectif d'empêcher la formation d'un embryon ou d'empêcher sa nidation. Les moyens de contraception sont multiples. On peut effectuer un classement selon les objectifs :
– barrières mécaniques empêchant la rencontre de l'ovule et du spermatozoïde : préservatif masculin ou diaphragme ;
– destruction chimique des spermatozoïdes : substances spermicides (ovules, gelées) placées dans le vagin (souvent utilisées en complément du diaphragme) ;
– empêchement de la nidation par un dispositif intra-utérin (stérilet) dont la présence dans l'utérus rend la muqueuse inapte à la nidation ;
– contraception hormonale (pilules). Les pilules contiennent des hormones (œstrogènes et progestérone) de synthèse qui agissent à plusieurs niveaux :
• inhibition de la production de LH et FSH : pas d'ovulation possible ;
• atrophie de l'endomètre utérin : pas de nidation possible ;
• modification de la glaire cervicale : imperméabilité aux spermatozoïdes.
Les pilules sont prises quotidiennement, le plus régulièrement possible, pendant 21 jours suivis d'un arrêt de 7 jours dans la plupart des cas.

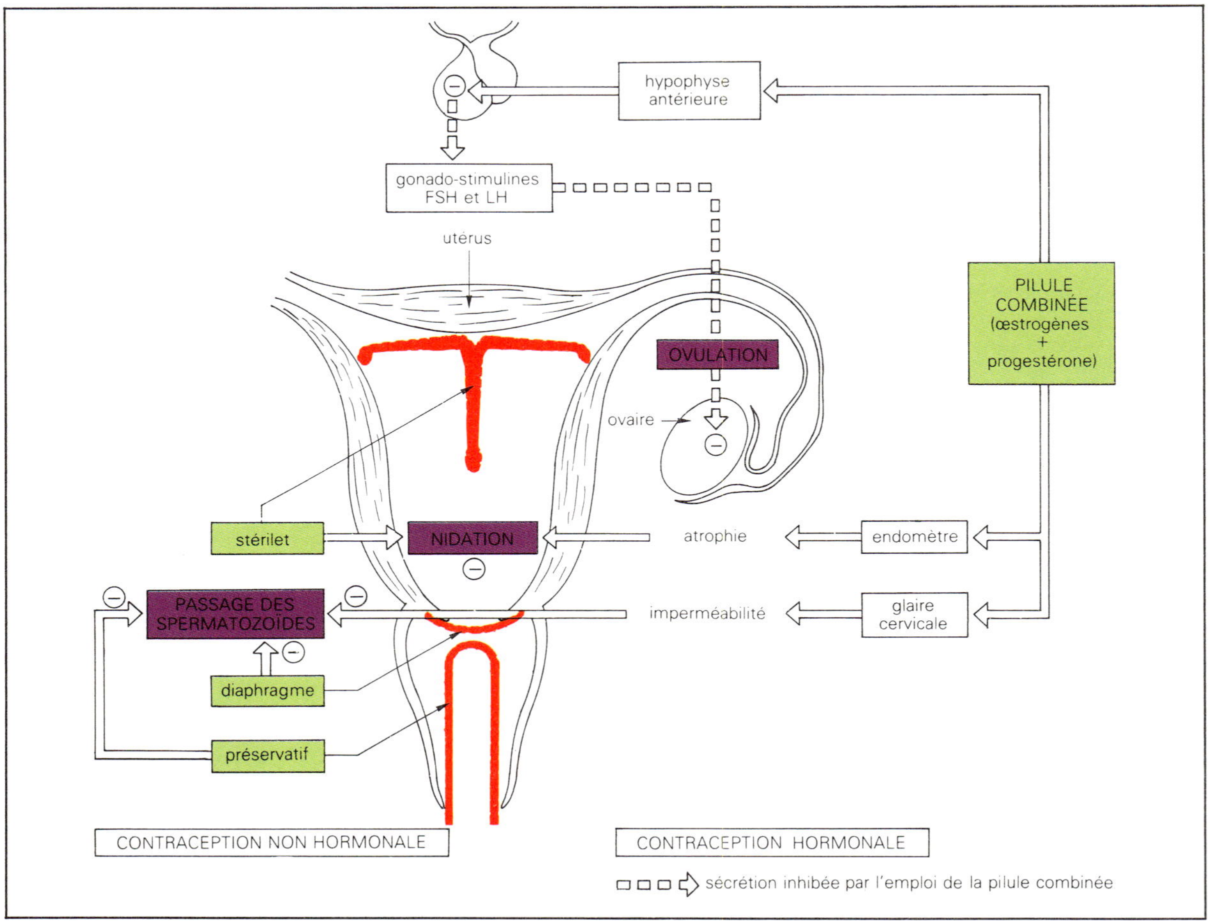

Pour en savoir plus

Alberts (B.) et al., *Biologie moléculaire de la cellule,* Flammarion Médecine-Sciences - Paris 1990
Girod (C.), Czyba (J.-C.), *Biologie de la reproduction humaine,* SIMEP - Villeurbanne 1977
Silbernagl (S.) et Despopoulos (A.), *Atlas de poche de physiologie,* Flammarion Médecine-Sciences - Paris 1986
Tournaire (M.-J.), *Physiologie de la reproduction humaine,* Masson - Paris 1988

DÉVELOPPEMENT DE L'ORGANISME HUMAIN

Du zygote à l'adulte, l'organisme se développe. Les grandes structures se mettent en place, des tissus apparaissent, de plus en plus nombreux et spécialisés, fédérés en organes, appareils et systèmes.

Les processus du développement résultent de l'expression, par les cellules, d'un programme génétique. Ce programme gouverne l'activité de chaque cellule. Les multiplications cellulaires sont à l'origine des phénomènes de croissance, initient la diversification des cellules et assurent le renouvellement des structures mortes, usées ou endommagées. L'efficacité de ces processus repose sur la fidélité rigoureuse de la transmission de l'information génétique à travers les multiplications cellulaires.

Cependant, ces mécanismes finissent eux-mêmes par s'enrayer, et les possibilités de multiplication d'une lignée cellulaire ne sont pas infinies. Peu à peu, au cours du vieillissement, les structures se dégradent inéluctablement et ne sont pas remplacées efficacement. Le vieillissement et la mort sont une composante naturelle de la biologie de l'organisme.

Sommaire

1. LE DÉVELOPPEMENT SUIT UN PROGRAMME

Un zygote humain devient un organisme humain

L'étude du développement, du zygote à l'adulte, révèle un ensemble de processus immuables qui, invariablement, produisent un organisme humain. La comparaison des premières phases du développement humain avec les mêmes chez le poulet montre un certain nombre de points communs, puis une nette divergence. Il existe dans la cellule-œuf de l'homme des informations (un programme) qui déterminent sa future évolution. Ces informations sont transmises à la cellule-œuf par les gamètes parentaux. Cette information héréditaire et spécifiquement humaine fait partie du patrimoine génétique de l'espèce humaine.

De plus, chaque individu exprime, dans son développement, des caractères plus précis qui ne sont pas communs à toute l'espèce humaine (« il ressemble à sa mère... »). Ces caractères, transmis par les gamètes parentaux, sont aussi la traduction d'une information, un programme génétique contenu dans la cellule-œuf.

L'information génétique est portée par l'ADN du noyau

Un caractère, exprimé par un individu, est la résultante de l'activité chimique de ses cellules. Toutes les réactions chimiques des cellules sont catalysées par des enzymes, protéines très spécifiques. La réalisation d'une activité chimique élémentaire par une cellule revient, en dernier ressort, à la production par cette cellule de l'enzyme appropriée. Toutes les caractéristiques d'une enzyme sont totalement déterminées par la séquence précise des acides aminés qui la constituent. En définitive, une information génétique élémentaire est le programme qui permet la fabrication d'une protéine par assemblage correct (dans le bon ordre) d'acides aminés.

Cette information est contenue dans l'ADN. Cette molécule est constituée de successions de nucléotides (A, T, C, ou G) en double hélice de deux brins complémentaires. L'information est représentée par la succession des nucléotides. Un « mot » de trois lettres (une séquence de trois nucléotides) code pour un acide aminé. Ainsi, la succession des acides aminés d'une protéine est mémorisée dans l'ADN, sous forme d'une succession de nucléotides.

Chaque noyau de cellule contient 46 molécules d'ADN, les 46 chromosomes. Chaque chromosome contient des milliers de gènes, séparés par des portions d'ADN sans signification.

Amniocentèse / amniocentesis : n.f., ponction de liquide amniotique lors d'une grossesse permettant entre autre de prélever quelques cellules embryonnaires et d'établir le caryotype du fœtus.

Gène / gene : n.m., portion d'ADN codant pour la fabrication d'une protéine.

Génome / genome : n.m., ensemble du matériel génétique contenu dans une cellule.

Histone / histone : n.f., protéine basique constitutive des nucléosomes.

Nucléosome / nucleosome : n.m., élément de la chromatine constitué de huit protéines histones et entouré d'une molécule d'ADN.

L'ADN est condensé dans le noyau

Les molécules d'ADN sont associées à des protéines dans le noyau. Ces protéines (les histones), groupées par huit, constituent des complexes autour desquels l'ADN s'enroule (nucléosomes), formant un nucléofilament en « collier de perles ». Cet état peut être condensé à un niveau supérieur en une fibre plus épaisse, par rapprochement des nucléosomes. Cette condensation forme la chromatine, plus ou moins dense. Lors des processus de division, la chromatine se condense encore plus, en chromosomes courts et épais, qui deviennent visibles au microscope optique. À ce stade, on peut établir un caryotype, par étalement des chromosomes. Le caryotype est la représentation de la garniture chromosomique d'un individu. Sur un caryotype, on peut déterminer le sexe d'un embryon ou d'un fœtus après amniocentèse : les chromosomes X ou Y sont observables.

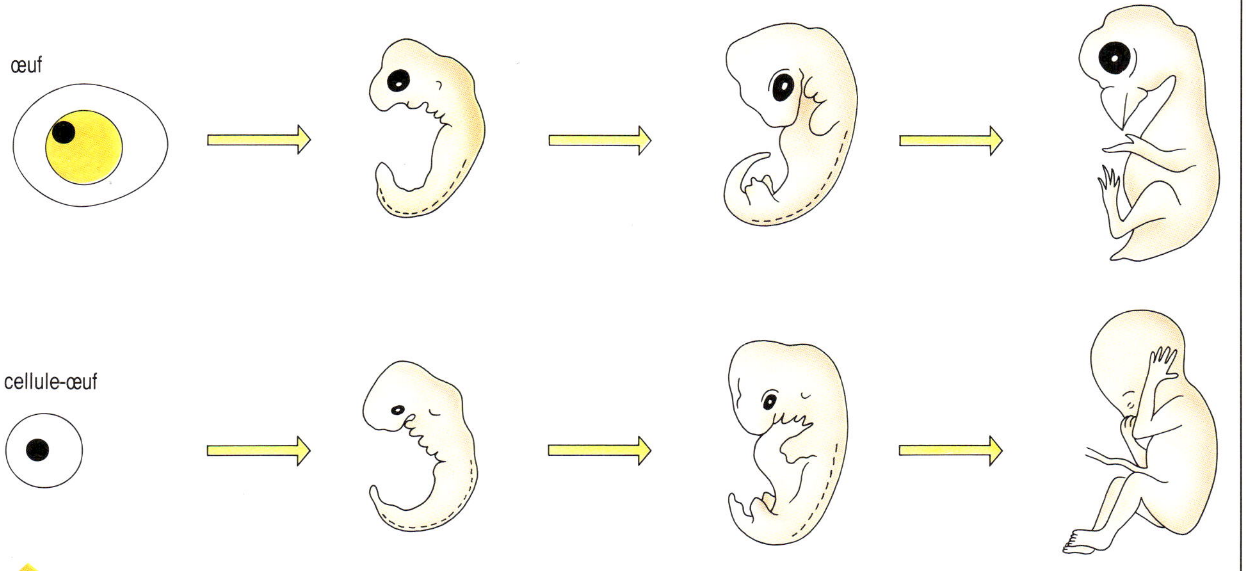

Comparaison des développements de la poule et de l'homme ; les proportions ont été modifiées de façon à faciliter la comparaison.

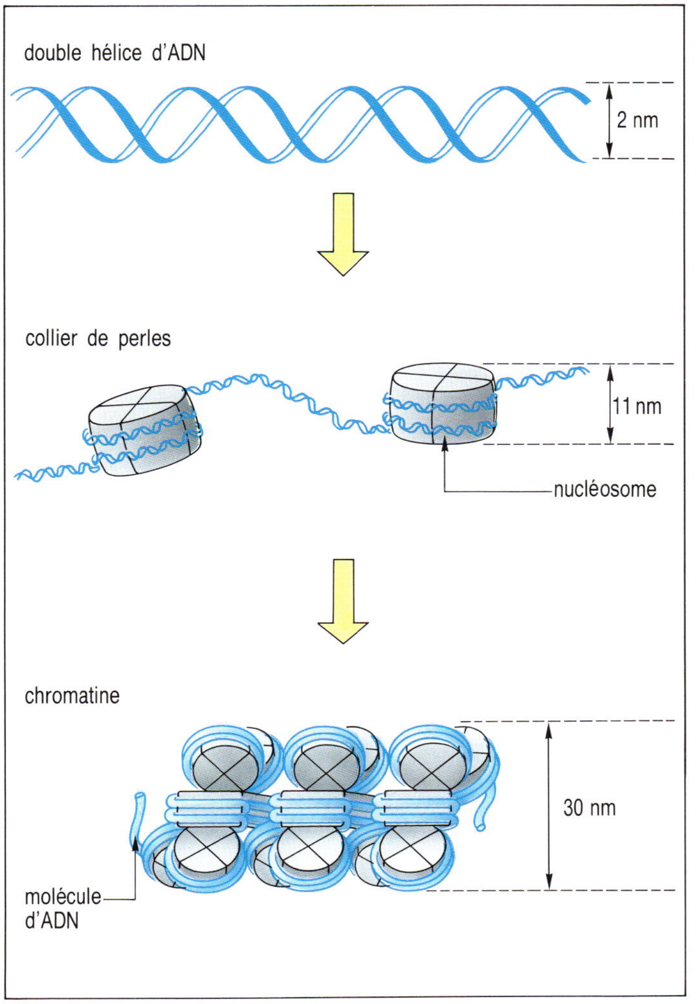

Condensation de l'ADN en chromatine.
(d'après *Biologie moléculaire de la cellule*, Alberts, op. cité)

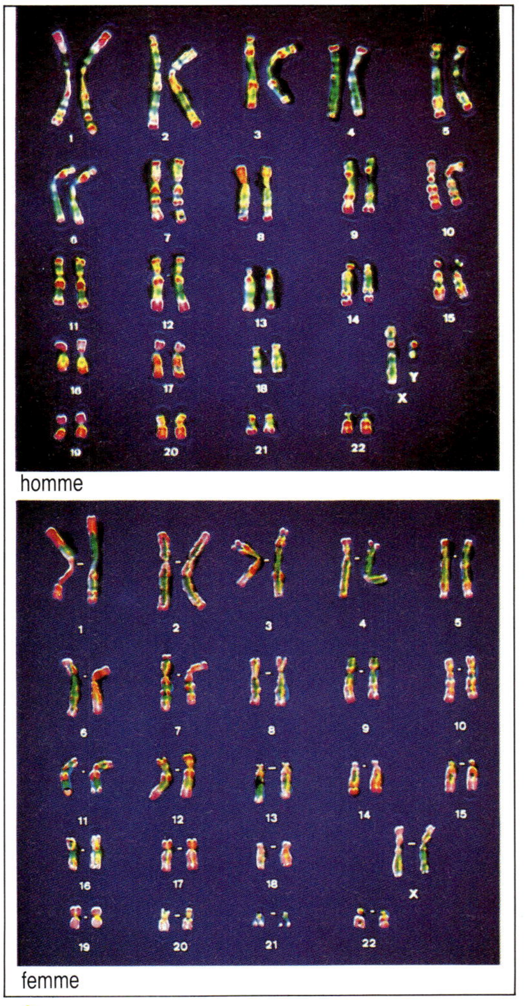

Caryotypes humains.

2. LES CELLULES EXPRIMENT L'INFORMATION GÉNÉTIQUE

L'ADN est transcrit en ARN dans le noyau

La première phase de l'expression d'un gène consiste en une copie du gène sous forme d'ARN. Une enzyme ARN polymérase assure cette fonction. La double hélice d'ADN est localement dissociée, et l'enzyme polymérise peu à peu, en progressant le long de l'ADN, une molécule d'ARN. La « copie » se fait selon les règles d'appariement des nucléotides (A → U, T → A, C → G, G → C), et un seul brin d'ADN est copié.

Les gènes sont morcelés

L'information contenue dans un gène est discontinue ; des séquences ayant une signification (les exons) alternent avec des séquences sans signification (les introns). L'élimination des introns se fait sur l'ARN qui devient alors un ARN messager (ARNm), ne contenant plus que l'information utile. Cet ARNm est exporté du noyau vers le cytoplasme, où il sera traduit en protéines.

Les acides aminés sont activés dans le cytoplasme

La polymérisation d'acides aminés en une protéine requiert de l'énergie. Cette énergie est représentée par une activation de la fonction acide de chaque acide aminé. Cette activation consiste en une liaison avec une petite molécule d'ARN, un ARN de transfert (ARNt). La formation de cette liaison est permise par couplage avec l'hydrolyse d'ATP en AMP (rupture de deux liaisons). Il se forme un aminoacyl-ARNt.
De plus, l'ARNt qui se fixe sur l'acide aminé lui est spécifique ; il porte sur sa molécule l'« anticodon » de trois nucléotides complémentaires du « codon » (de l'ARNm) codant pour l'acide aminé en question. La très rigoureuse reconnaissance entre chaque acide aminé et « son » ARNt est le fait des enzymes aminoacyl-ARNt synthétases.

Les ribosomes guident la traduction

Les ribosomes sont de petits complexes ribonucléoprotéiques (ARN + protéines) constitués de deux sous-unités, qui guident la synthèse d'une protéine à partir d'une molécule d'ARNm. En fonction des règles de reconnaissance des nucléotides (A : U, C : G), les aminoacyl-ARNt se positionnent l'un après l'autre sur le site qui leur est réservé dans le ribosome. Au fur et à mesure, les liaisons entre acides aminés s'établissent, et les ARNt seuls sont libérés. La phase reconnaissance / polymérisation consomme un GTP pour chaque aminoacyl-ARNt, ainsi que la progression codon à codon du ribosome sur l'ARNm. Un codon non-sens (ne codant pas pour un acide aminé) marque la fin de la traduction, et le ribosome se dissocie, libérant une protéine dont le premier acide aminé, qui jouait un rôle initiateur, est ôté.

L'information génétique est modulable

À partir d'un ADN, plusieurs copies sont réalisées. De nombreuses ARN polymérases produisent de nombreux ARNm. Chaque ARNm peut être traduit par plusieurs ribosomes, et gouverne donc la polymérisation de plusieurs molécules. Ainsi se réalise l'amplification, qui caractérise le passage de l'information (ici, une molécule) à l'activité (ici, de très nombreuses molécules). Comme toute information, l'information génétique n'a d'efficacité que si ses signaux peuvent être éteints. Cette extinction de signal est assurée par l'instabilité des ARNm. Les protéines ne sont produites que tant que l'ARNm correspondant, très éphémère, est produit. La régulation et la modulation de l'expression génétique se font principalement sur la transcription de l'ADN en ARN.

Exon / exon : n.m., portion de gène qui est exprimée ; fraction codante.

Intron / intron : n.m., portion de gène qui n'est pas exprimée ; fraction non codante.

Traduction / translation : n.f., synthèse d'une protéine par décodage d'un ARNm matrice.

Transcription / transcription : n.f., synthèse d'un ARN par décodage d'un ADN matrice.

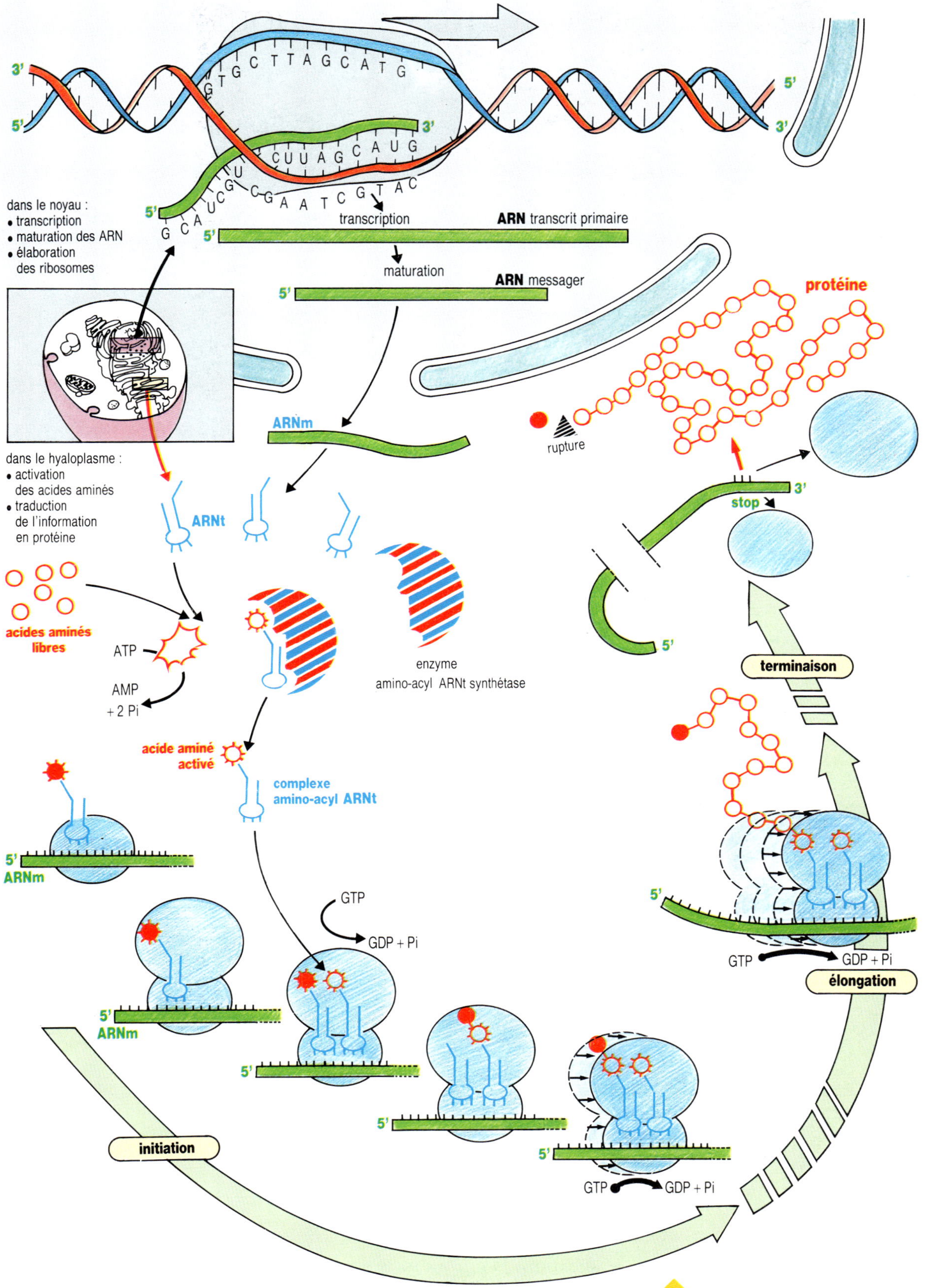

L'expression de l'information génétique : de l'ADN à la protéine.

3. L'INFORMATION GÉNÉTIQUE EST REPRODUCTIBLE

À la suite d'une division cellulaire, les deux nouvelles cellules héritent d'une information génétique rigoureusement identique à celle de la cellule initiale. Ceci est dû à la réplication, avant la division, du matériel génétique de la cellule initiale en deux jeux de 46 molécules d'ADN, chaque jeu étant l'exacte réplique du jeu initial. Grâce à ce processus de réplication de l'ADN, toutes les cellules de l'organisme possèdent la même information que la cellule-œuf.

La réplication de l'ADN est semi-conservative

La molécule d'ADN est constituée de deux brins rigoureusement complémentaires l'un de l'autre, selon la règle d'appariement des nucléotides (A : T, C : G). Lors de la réplication, la molécule d'ADN se dédouble, et chaque brin sert de matrice à la reconstitution d'un autre brin, rigoureusement complémentaire lui aussi, selon la même règle d'appariement. Ainsi, sous réserve de la fidélité des appariements, l'information est totalement répliquée.

Ce sont des enzymes ADN polymérases qui assurent la polymérisation des nouveaux brins. Une ADN polymérase progresse toujours dans le même sens (lecture dans le sens 3' → 5', c'est-à-dire polymérisation dans le sens 5' → 3'), ce qui fait que, lors de la progression de la fourche de réplication, lieu du dédoublement de l'ADN, les deux nouveaux brins sont synthétisés en sens inverse. L'une des chaînes s'allonge dans le même sens que la progression de la fourche, l'autre progresse à rebours, par fragments successifs. Ce modèle, où chaque molécule néoformée conserve un brin issu de la molécule copiée, est nommé modèle semi-conservatif.

Une « correction sur épreuve » assure la fidélité de la réplication

D'un point de vue thermodynamique, si la seule règle d'appariement des nucléotides intervenait, on devrait observer un taux d'erreur de 10^{-4} (une erreur sur 10 000 nucléotides). Or le taux d'erreur n'est que de 10^{-11} (une erreur sur cent milliards). Ceci est dû à des enzymes qui vérifient systématiquement les appariements avant la polymérisation des nucléotides suivants. À chaque étape élémentaire, une correction (hydrolyse de la dernière liaison mise en place) est effectuée si l'appariement est incorrect. Un taux d'erreur de 10^{-11} correspond à une seule lettre mal copiée (une « coquille ») dans une pile de livres de 3 000 mètres de haut !

La réplication est coûteuse en énergie

Les nucléotides, avant la polymérisation, sont sous forme triphosphate, forme activée (ATP, GTP, CTP, TTP) ; l'ADN est un polymère de nucléotides monophosphates (AMP, GMP, CMP, TMP). La polymérisation coûte donc l'énergie de liaison de deux phosphates par nucléotide. Les corrections effectuées sont également coûteuses (chaque correction impose l'intervention d'un nouveau nucléotide triphosphate). Enfin, de très nombreuses enzymes assurent, en hydrolysant l'ATP, le bon déroulement mécanique de la réplication (écartement des brins, progression de la fourche, etc.). Cette dépense importante en énergie est justifiée par l'unicité de l'information génétique dans la cellule : toute erreur est définitivement enregistrée et transmise, puisqu'un seul exemplaire de chaque gène est contenu dans le noyau.

La chromatine est reconstituée après réplication

Lors de la réplication, la chromatine est décondensée en collier de perles. Sur les deux molécules formées, l'une est nue et l'autre incorpore les nucléosomes de la molécule initiale. Des histones nouvellement synthétisées sont incorporées au nouveau brin, formant des nucléosomes. Ainsi le noyau constitue un double stock de chromatine, et pas seulement d'ADN.

Fourche de réplication / replication fork : exp., lieu de dédoublement de la double hélice d'ADN lors de la réplication. La fourche progresse le long de la molécule.

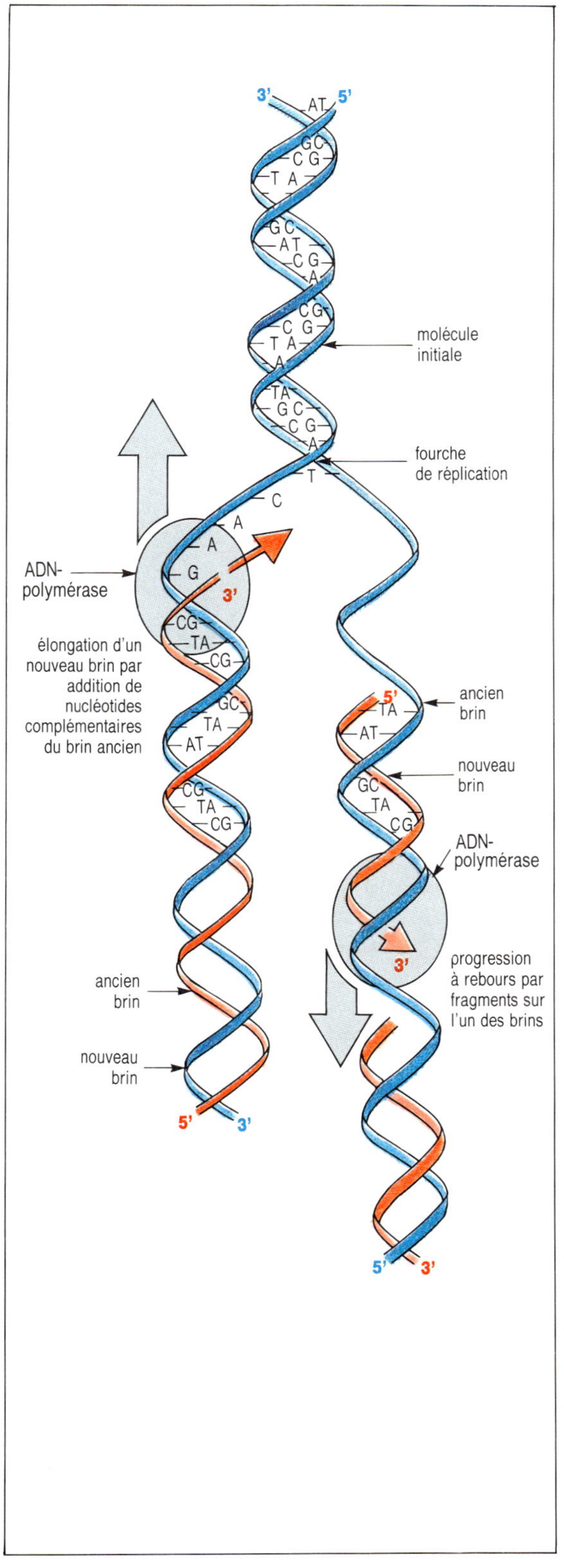

Réplication de l'ADN.

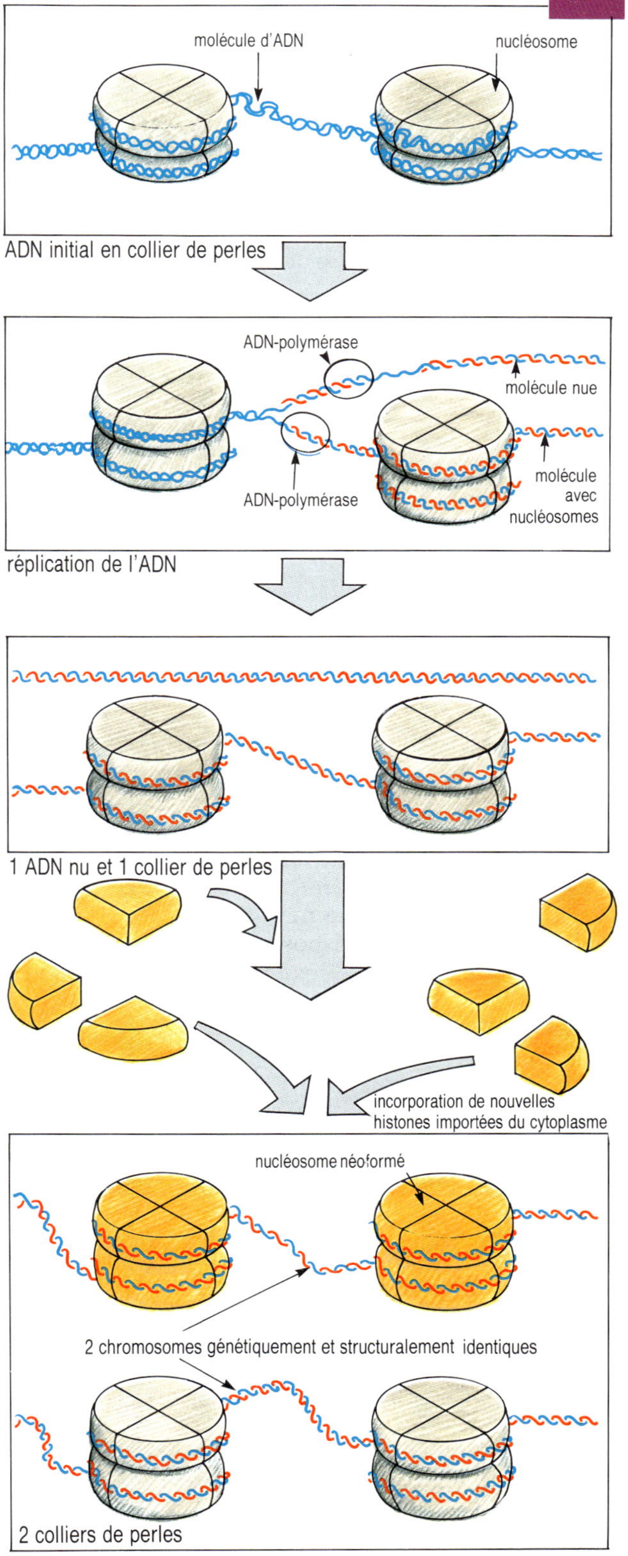

Répartition des histones lors de la réplication.

4. La mitose répartit deux génomes identiques

À l'issue de la réplication, l'information génétique est constituée de deux génomes identiques. Lors de la division cellulaire, ces deux génomes sont répartis dans les deux cellules nouvellement formées. La mitose est le processus par lequel les chromosomes sont disposés puis orientés dans leurs mouvements, de façon à obtenir deux noyaux, et aussi deux cellules, de contenu génétique identique.

Les chromosomes mitotiques sont dupliqués et condensés

À la fin de la réplication d'un chromosome, c'est-à-dire d'une molécule d'ADN, les deux nouvelles molécules ne sont pas disjointes. Elles demeurent unies en un point, le centromère, où la réplication n'est pas terminée. La première phase de la mitose, ou prophase, consiste en une condensation plus importante de la chromatine. De nombreux niveaux de repli des fibres de chromatine transforment les chromosomes en bâtonnets denses, courts et épais : les chromosomes mitotiques. Les deux molécules issues de la réplication, les chromatides, sont alors distinctes, reliées par leur centromère (forme plus ou moins en X du chromosome). La condensation facilitera leur séparation lors des phases terminales de la mitose.

La métaphase est un état d'équilibre transitoire

En fin de prophase, l'enveloppe nucléaire a disparu et la cellule a mis en place un fuseau de microtubules traversant tout son volume. C'est le fuseau achromatique. Les chromosomes fixent alors sur leurs centromères deux kinétochores orientés en direction opposée, un kinétochore pour chaque chromatide. Les kinétochores sont des complexes protéiques qui peuvent fixer des microtubules et interagir avec les microtubules du fuseau. De ces interactions résultent des forces de traction exercées sur les kinétochores, orientées vers les pôles du fuseau. Ces forces sont d'autant plus intenses que le kinétochore est loin du pôle attracteur. Comme les deux chromatides sont fermement liées, le chromosome soumis à deux forces antagonistes se stabilise à mi-chemin des deux pôles. La métaphase est caractérisée par cet équilibre où tous les chromosomes sont disposés en plaque équatoriale, c'est-à-dire dans le plan médian de la cellule, à égale distance des deux pôles.
À ce moment, chaque chromatide est tirée vers un pôle (et sa « sœur » vers l'autre pôle), mais elle demeure immobile, du fait de sa liaison avec le centromère.

L'anaphase disjoint les chromatides sœurs

L'anaphase débute avec la fissuration synchronisée des centromères. L'équilibre dynamique de la métaphase est rompu et les chromatides libérées, soumises à une seule force, migrent vers le pôle dans la direction duquel elles sont tournées. Ainsi, deux chromatides sœurs migrent en direction opposée. Elles constituent alors deux lots de chromosomes identiques deux à deux : à chaque pôle se forme un jeu complet des 46 chromosomes caractéristiques de l'individu.

Télophase et cytodiérèse achèvent la division

En télophase, les chromosomes se décondensent en chromatine, et les enveloppes nucléaires se reforment. Par la suite, sous l'effet d'un anneau contractile, disposé à partir du fuseau, la cellule s'étrangle en deux nouvelles cellules de même contenu génétique. Cette division selon le plan médian de la cellule en division permet aussi l'équirépartition du matériel cytoplasmique.

Cytodiérèse / cytokinesis : n.f., processus d'étranglement d'une cellule, en fin de division. Permet la séparation des éléments du cytoplasme et la constitution de deux cellules distinctes.

Fuseau achromatique / mitotic spindle : exp., fuseau de microtubules mis en place lors de la mitose, à partir des centrioles dédoublés, et orientant les mouvements des chromosomes lors de leur migration polaire.

Plaque équatoriale / equatorial plate : exp., disposition plane des chromosomes à égale distance des deux pôles mitotiques, lors d'une métaphase.

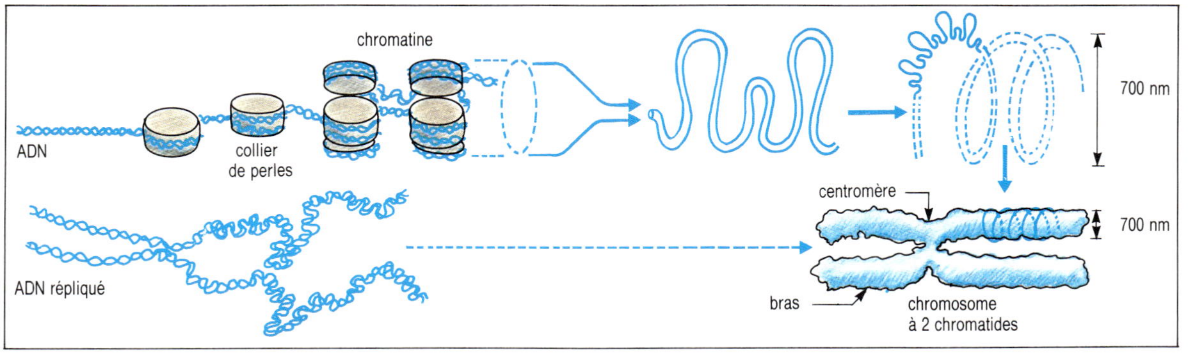

Condensation de la chromatine en chromosome.

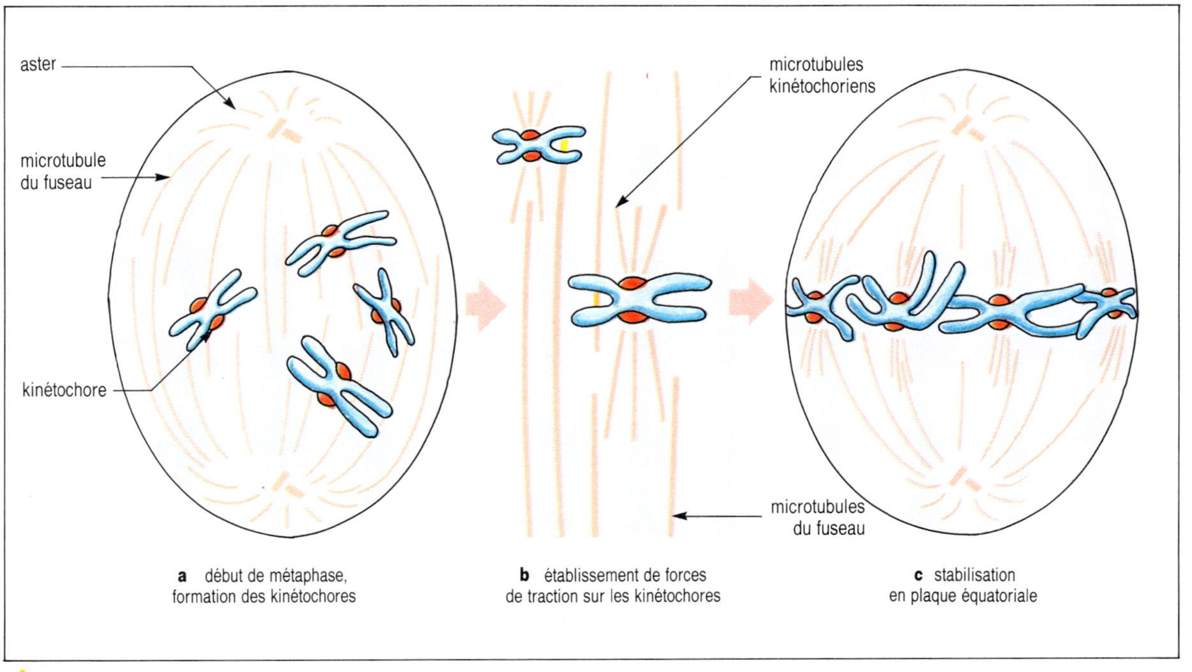

Positionnement des chromosomes lors de la métaphase.

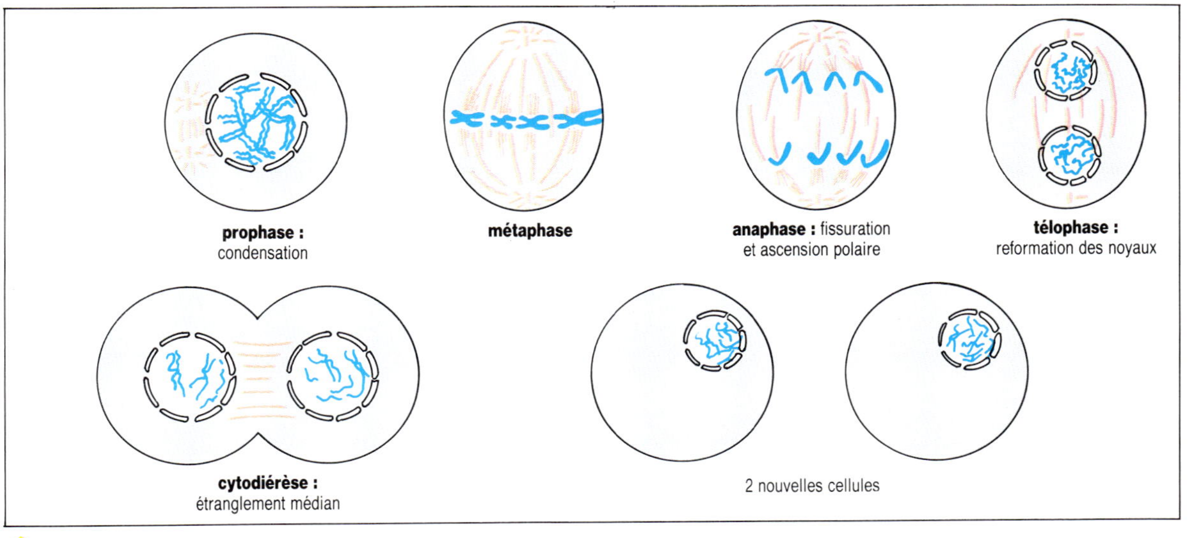

Les étapes de la mitose.

5. Les cellules se différencient

Si toutes les cellules de l'organisme, si différentes soient-elles, possèdent la même information génétique, il est clair qu'elles n'expriment pas la même information. À partir de la cellule-œuf apparaissent des lignées de cellules qui n'ont pas la même activité. Au fur et à mesure du développement, les différences s'amplifient; la complexité de l'organisme croît. Les tissus se spécialisent, car les cellules qui les constituent se différencient.
La différenciation est le passage d'une cellule d'un état donné à un état plus complexe. La différenciation est généralement irréversible (une cellule différenciée ne revient pas à son état initial); par mitose, l'état différencié est conservé (une cellule engendre par division deux cellules dans le même état de différenciation). Certaines cellules différenciées perdent le pouvoir de se diviser (cellules musculaires, cellules nerveuses, globules rouges dépourvus de noyau).

Un contrôle de la transcription des gènes

On a pu comparer les ARNm de deux cellules de lignées différentes (une cellule hépatique et une cellule nerveuse, par exemple). On constate que ces molécules sont très différentes, et qu'il en est de même des ARN premiers transcrits du noyau. Ce ne sont pas les mêmes gènes qui sont transcrits dans les deux cellules : le contrôle est effectué sur la transcription. De nombreuses protéines régulatrices de l'expression génétique interagissent avec l'ADN, et peuvent faciliter ou défavoriser une transcription.

La chromatine inutile est très condensée

On distingue aisément deux types de chromatine dans un noyau : l'euchromatine, peu condensée, et l'hétérochromatine, très condensée. L'état peu condensé de l'euchromatine permet l'accès à l'ADN des ARN polymérases, et donc la transcription. Dans l'hétérochromatine au contraire, le tassement des structures empêche toute transcription. L'euchromatine du noyau regrouperait donc les portions d'ADN qui sont exprimées ou susceptibles de l'être. L'hétérochromatine contiendrait, au contraire, tous les gènes réprimés, ceux qui ne sont pas nécessaires au fonctionnement de la cellule.

La transmission de l'état différencié

Par mitose, une cellule peut transmettre son génome à deux cellules filles. On peut considérer le génome comme le mode d'emploi de la matière et de l'énergie. Comment la cellule transmet-elle l'état différencié, le mode d'emploi du mode d'emploi?
Il a été montré que l'hétérochromatine était riche en ADN méthylé (sur lequel sont liés des radicaux méthyl -CH_3), et que sa déméthylation induisait l'expression de gènes auparavant réprimés. La méthylation de l'ADN semble ainsi jouer un rôle dans la répression des gènes. Une enzyme assure la méthylation de l'ADN selon une règle simple : ne sont méthylés que les brins dont le brin complémentaire est déjà méthylé. La méthylation de l'ADN est donc transmise par réplication : un double brin méthylé donne, par réplication, deux molécules dont un seul brin est méthylé, mais dont le complémentaire sera vite méthylé par l'enzyme citée plus haut. Inversement, une molécule non méthylée ne donnera que des molécules non méthylées. Tout se passe comme si l'ADN à réprimer était marqué (par les méthyls); la transmission de ce marquage expliquerait la conservation (mais non l'apparition) de l'état différencié.

Euchromatine / euchromatin : n.f., matériel génétique condensé dans le noyau, dans un état n'empêchant pas son expression.

Hétérochromatine / heterochromatin : n.f., matériel génétique réprimé et très condensé dans le noyau.

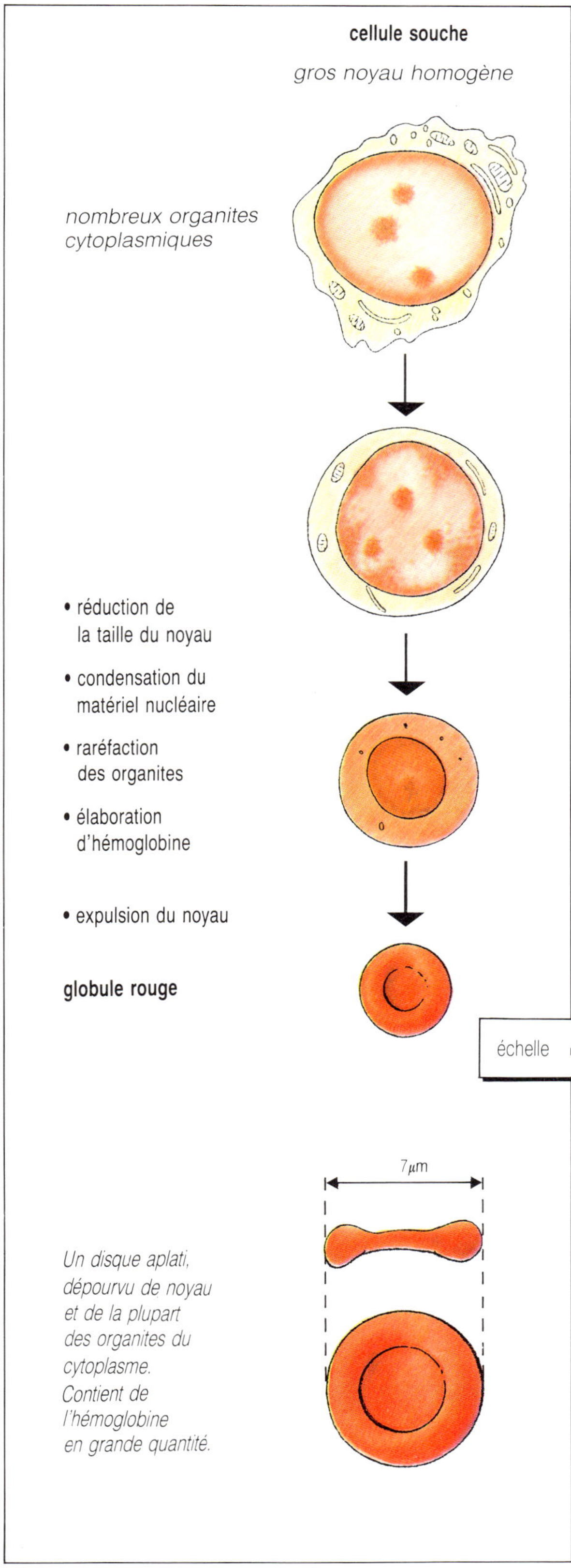

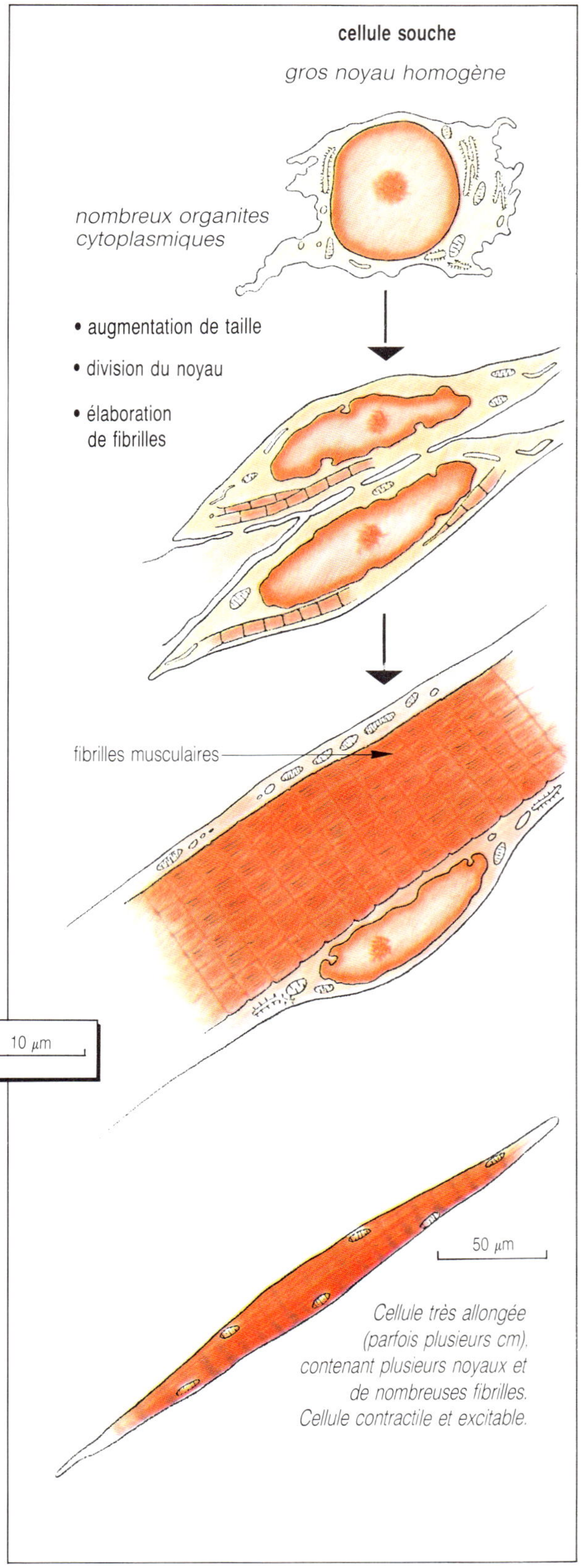

Différenciation d'un globule rouge. **Différenciation d'une cellule musculaire.**

1. Le plan d'organisation se met en place pendant la grossesse

Les interactions entre cellules complexifient la structure

Lors des premières phases de segmentation de l'œuf, toutes les cellules semblent équivalentes, indifférenciées. C'est ainsi que, si à l'issue de la première division les deux cellules se séparent totalement, chacune pourra se comporter comme une cellule-œuf et donner deux vrais jumeaux, génétiquement identiques. Cependant, au fur et à mesure du développement, des différences apparaissent et des territoires s'individualisent. Certains groupes de cellules émettent des signaux chimiques qui stimulent la différenciation d'autres cellules qui, à leur tour, induisent d'autres transformations dans l'organisme. Ce mécanisme de stimulation par messager chimique se nomme induction embryonnaire. Petit à petit, des territoires de plus en plus restreints se forment; l'embryon est morcelé en zones de plus en plus nombreuses, de plus en plus spécialisées et individualisées. Des groupes de tissus spécialisés apparaissent : les organes.

La mise en place est progressive

À l'issue de la segmentation, l'œuf est sphérique. Lors de la formation du blastocyste, il acquiert une symétrie bilatérale, puis un avant et un arrière se différencient. Par la suite, les membres et la tête apparaissent. L'une des principales transformations concerne la formation du tube nerveux lors de la quatrième semaine. La région dorsale de l'embryon se creuse peu à peu en une longue gouttière à partir du 20e jour. Cette gouttière se referme progressivement par le haut, et forme un tube allongé à l'intérieur de l'embryon, en région dorsale. Au 25e jour, ce dernier ne mesure que 5 mm, mais il possède déjà une organisation reconnaissable. Le tube nerveux, renflé en région antérieure, formera plus tard l'encéphale et la moelle épinière. On reconnaît nettement la future tête, et l'ébauche d'une queue qui régressera. La région dorsale, nettement segmentée, préfigure l'organisation répétitive des vertèbres.
À l'âge de trois mois, le fœtus a définitivement acquis une forme humaine; trois mois plus tard il sera pratiquement viable, et trois mois encore seront nécessaires à sa croissance et à son développement complet.

L'embryon met en place quatre grandes lignées cellulaires

À 25 jours, l'embryon est totalement entouré d'un ectoderme, dont les évolutions ultérieures engendreront des tissus de revêtement. Cet ectoderme entoure plusieurs massifs cellulaires : un endoderme, futur tube digestif, en contact avec le milieu extérieur; un mésoderme, déjà individualisé en plusieurs unités, qui donnera les structures locomotrices (muscles et os) et circulatoires (cœur, vaisseaux), et enfin le tube nerveux, futur système nerveux central.

Feuillets embryonnaires / germ layers : exp., lames cellulaires primitives dont dérivent les différentes lignées cellulaires.

Induction / induction : n.f., apparition, lors du développement, d'une capacité morphogénétique d'une population de cellules sous l'influence d'une autre population.

L'encéphale est un tube différencié

À six semaines, la région antérieure du tube nerveux est constituée de cinq formations, dont les évolutions successives donneront un cerveau clairement reconnaissable à 24 semaines. Le myélencéphale devient le bulbe rachidien, le métencéphale forme le cervelet, le mésencéphale, les tubercules quadrijumeaux. Le diencéphale contiendra, entre autres, le thalamus et l'hypothalamus, et le télencéphale, extrêmement développé, évolue en deux hémisphères cérébraux. La lumière du tube nerveux est à l'origine des ventricules du cerveau et aussi du canal de l'épendyme de la moelle.

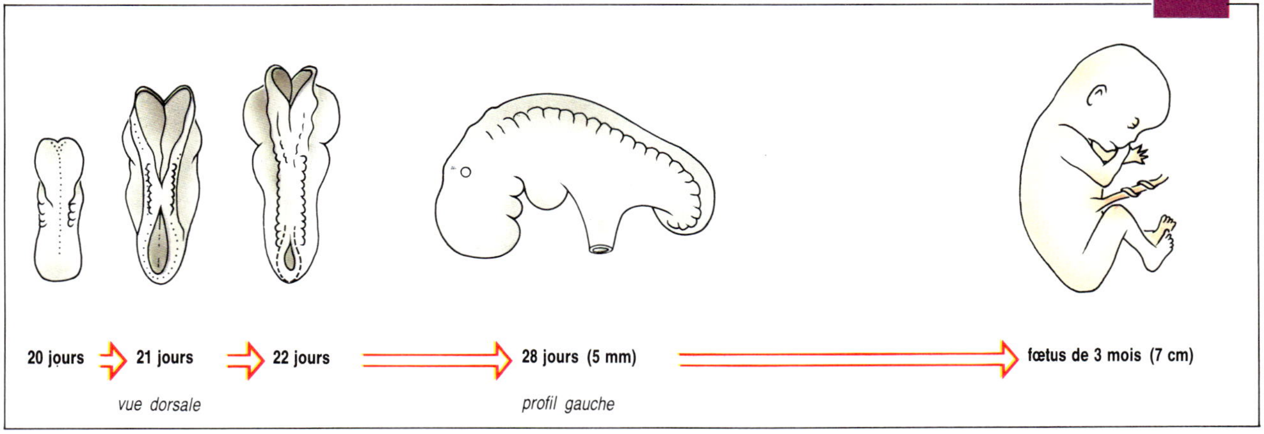

De l'embryon au fœtus, la mise en place des principales structures.

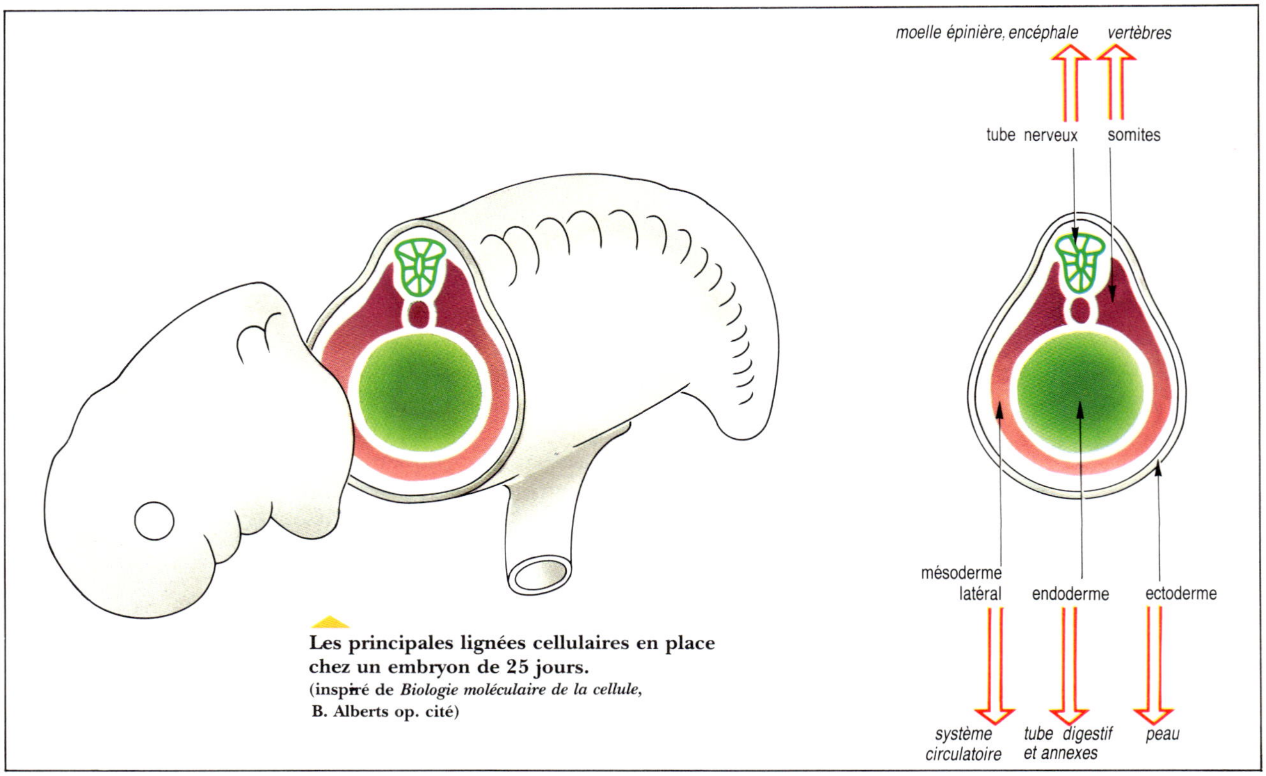

Les principales lignées cellulaires en place chez un embryon de 25 jours.
(inspiré de *Biologie moléculaire de la cellule*, B. Alberts op. cité)

Du tube nerveux à l'encéphale, une organogénèse.
(d'après *Anatomie - 3 - Système nerveux*, W. Kahle op. cité)

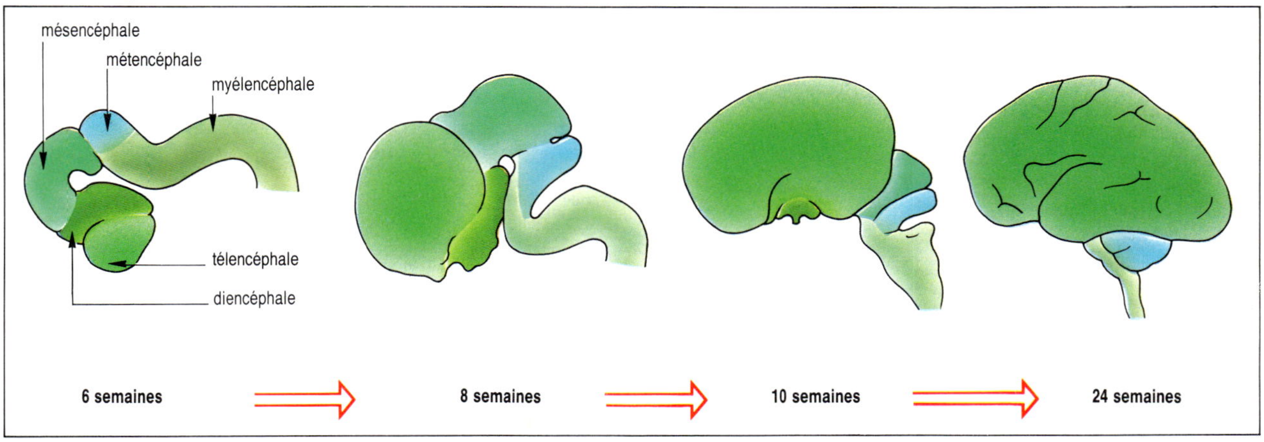

2. Construction et croissance du tissu osseux

L'os est un tissu vivant

Le tissu osseux présente, comme le cartilage, une différenciation de type « tissu conjonctif ». La spécialisation des cellules consiste en la production d'une matrice extracellulaire abondante.
L'observation du tissu osseux compact d'un os long révèle cette organisation. L'os compact, parcouru par de nombreux canaux, est constitué d'une multitude de structures cylindriques : les systèmes de Havers. Chaque système de Havers est constitué de couches concentriques de cellules autour d'un canal central. Ces cellules, très espacées les unes des autres, sont séparées par une matrice très dense, protéique et minéralisée. Les ostéocytes (cellules osseuses) sont cependant maintenues au contact les unes des autres par de fins et nombreux prolongements cytoplasmiques, constituant un réseau à travers tout le système. Ainsi, malgré l'abondance de matériau extracellulaire inerte, l'os reste un tissu vivant. Par rapport à n'importe quel autre tissu, seules les proportions matériel cellulaire/matériel extracellulaire sont différentes.

L'os se met en place à partir de cartilage ou de conjonctif

Les os de la voûte crânienne, de la face et de la clavicule se mettent en place directement à partir d'un conjonctif embryonnaire (ossification directe). Des ostéoblastes colonisent le conjonctif et élaborent peu à peu leur matrice, fibres de collagène et substance fondamentale qui donneront à l'os sa souplesse et sa résistance, ions minéraux qui lui conféreront sa dureté. Un os déminéralisé est souple et déformable. Un os sans matière organique est rigide et très cassant. Les principaux éléments minéraux sont le phosphate de calcium (majoritaire), le carbonate de calcium et le phosphate de magnésium. Après cette synthèse de la matrice osseuse, les ostéoblastes ont évolué en ostéocytes.
Pour les autres os (os longs entre autres), la mise en place de tissu osseux nécessite la présence d'une ébauche cartilagineuse, progressivement remplacée par de l'os (ossification enchondrale). Après la mise en place du cartilage, des chondroclastes détruisent peu à peu ce dernier (destruction de la matrice cartilagineuse), et des ostéoblastes remplacent peu à peu l'ensemble. La formation d'os n'est ici possible que tant qu'il y a du cartilage.

Ossification directe / direct ossification : exp., mise en place de tissu osseux directement à partir d'un conjonctif.

Ossification enchondrale / enchondral ossification : exp., mise en place de tissu osseux après la mise en place préalable d'un cartilage.

Ostéoblaste / osteoblast : n.m., forme de prolifération des cellules osseuses, responsable de la mise en place de la matrice.

Ostéoclaste / osteoclast : n.m., cellule responsable de la résorption du tissu osseux.

Ostéocyte / osteocyte : n.m., cellule osseuse.

L'os est sans cesse remanié

La croissance d'un os long est progressive et passe par la formation d'un cartilage, le cartilage de conjugaison, dont la prolifération assure la phase d'élongation pure. Ce cartilage est ensuite remanié par ossification enchondrale. La croissance de la cavité médullaire est assurée par des ostéoclastes qui détruisent le tissu osseux progressivement. La croissance s'achève définitivement lorsque le cartilage de conjugaison disparaît totalement.
Au cours de la vie de l'organisme, l'os est l'objet d'un constant remaniement ; l'os est en réalité une énorme réserve d'ions calcium et d'ions phosphate pour l'organisme. En cas de carence en calcium, l'os est peu à peu déminéralisé (par les ostéoclastes) ; en cas de surabondance de calcium, il est hyperminéralisé (par les ostéoblastes). En situation normale, ces fluctuations n'ont aucune incidence sur les propriétés mécaniques de l'os.

L'os long est hétérogène

Les extrémités d'un os long sont les épiphyses, dans lesquelles se forme de l'os spongieux contenant de la moelle osseuse. Le corps de l'os, nommé diaphyse, est constitué d'os compact et d'une cavité médullaire contenant de la moelle rouge ou de la moelle jaune. La moelle rouge, siège de l'hématopoïèse, est essentiellement localisée dans le tissu spongieux des épiphyses.

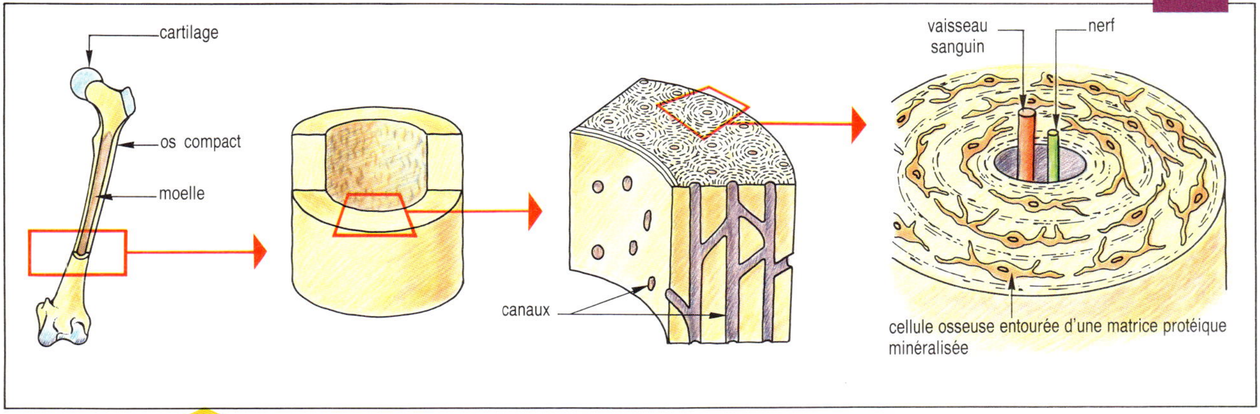

Organisation d'un os long : le tissu osseux compact.

Ossification et croissance d'un os long.

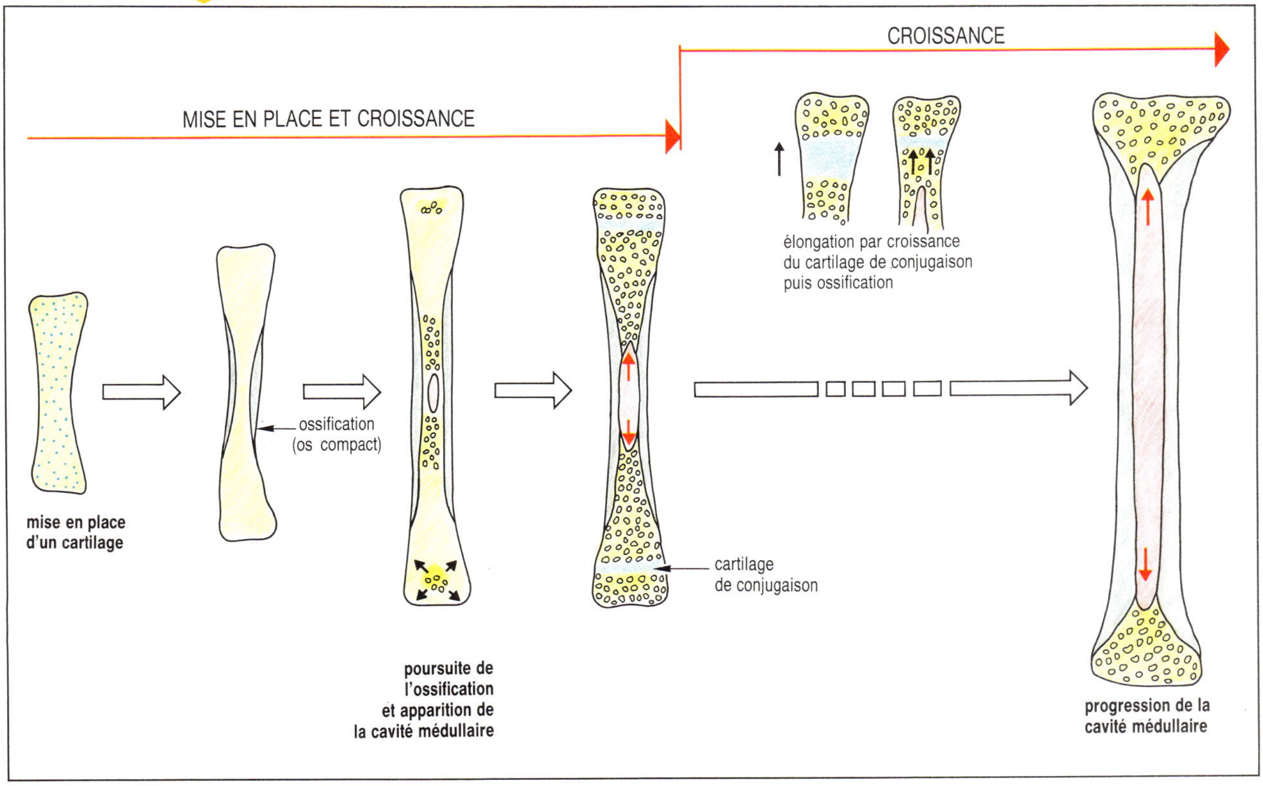

Os long d'un adulte (tibia).

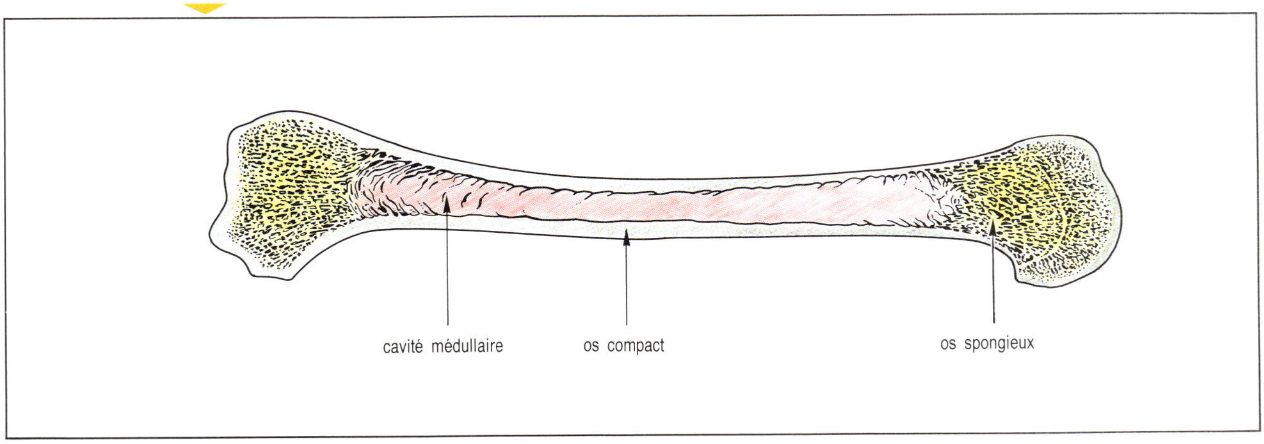

3. Le renouvellement de l'organisme : une nécessité biologique

Des molécules se dégradent

Les molécules organiques ne sont pas d'une stabilité à toute épreuve. Bien au contraire, la vie n'est possible que parce que l'organisme entretient un déséquilibre de sa matière face au monde minéral. Ce déséquilibre est entretenu dynamiquement, mais les molécules finissent toujours par revenir à un état dégradé.
Les protéines structurales, entre autres, cytosquelette et matrice extracellulaire, sont sans cesse soumises à des forces de traction et de compression qui finissent par les détruire. Les enzymes également peuvent perdre leur spécificité à l'occasion de transformations chimiques plus ou moins spontanées. Toutes les molécules à rôle informatif sont destinées à une destruction rapide (nécessité de l'extinction des signaux). À l'intérieur des cellules, les composants élémentaires des molécules sont remaniés et recyclés, mais les acides aminés eux-mêmes finissent par perdre leur fonction amine (-NH_2), qui sera excrétée (sous forme d'urée) par l'organisme. La dégradation des molécules organiques est inéluctable ; leur remplacement est une nécessité.

Des cellules meurent

La dégradation de molécules intracellulaires peut enrayer le métabolisme, et conduire à la mort de cellules. Plus encore, de nombreuses structures de l'organisme utilisent des cellules mortes (épidermes, cheveux, poils) ou des cellules dont les jours sont comptés (épithélium intestinal, globules rouges anucléés...). La destruction de cellules est également une constante de la biologie de l'organisme ; leur remplacement est aussi une nécessité.

Les cellules mutantes sont détruites

L'information génétique elle-même est susceptible d'être dégradée. La fidélité de la réplication de l'ADN est énorme (taux d'erreur égal à 10^{-11}), mais pas infinie (aucune erreur). Sur les 10^{14} cellules de l'organisme, une faible proportion finit toujours par posséder une information erronée. Ces cellules déviantes sont identifiées par le système immunitaire (qui les assimile à des antigènes) puis détruites.

Molécules, cellules et information sont renouvelées

Le remplacement des cellules mortes ou détruites est assuré par les mitoses des cellules vivantes. Dans chaque tissu, le taux de mitoses permet la relève des cellules disparues. Par ces mitoses, l'information génétique est transmise de cellule à cellule. Comme les cellules déviantes sont rapidement détruites, l'information génétique est globalement renouvelée, identique à elle-même.
Les mitoses ne sont possibles que s'il y a apport de nutriments, de matière première, fournis par l'alimentation, la digestion, ou les réserves de l'organisme. Au total, les dégradations de toutes sortes aboutissent à un rejet inéluctable de déchets (perte de masse), systématiquement compensé par un apport alimentaire de matière.

L'organisme répare les organes blessés

Les mécanismes d'hémostase et de cicatrisation permettent la réparation de nombreuses structures endommagées. Au niveau du squelette, la cicatrisation est clairement observable : à la suite d'une fracture osseuse, la prolifération du tissu osseux permet la soudure des deux fragments disjoints et, par là, la réparation d'un os.

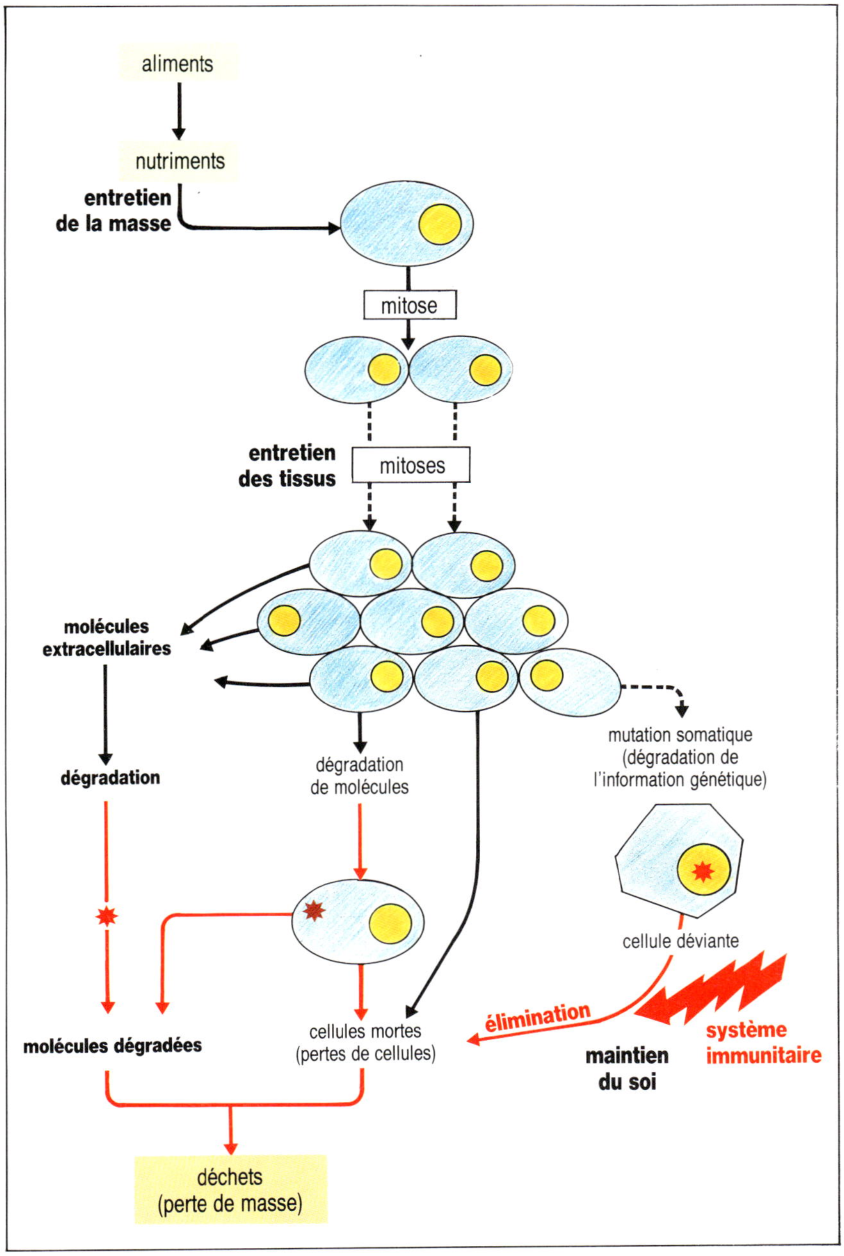

Entretien de l'organisme. Les dégradations dans l'organisme affectent la masse organique, le nombre de cellules et l'intégrité du soi. L'ensemble aboutit finalement à une perte de masse, normalement compensée par la prise d'aliments.

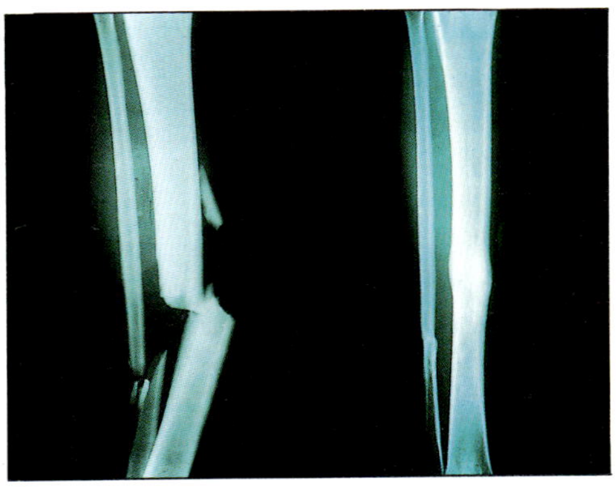

Réparation d'un os.

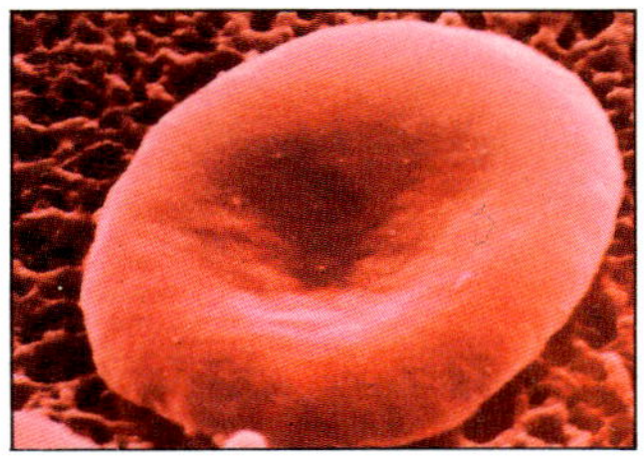

Un globule rouge (× **23 700**)
Durée de vie : 120 jours.
Mortalité : 100 à 150 milliards par jour totalement et continuellement remplacés.

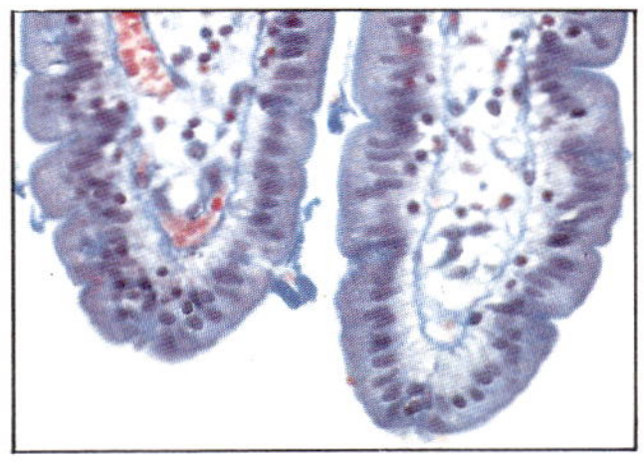

Cellules intestinales (× **160**)
Durée de vie : environ 4 jours.
Mortalité : 1 million par minute.
L'intestin est entièrement renouvelé tous les 4 jours.

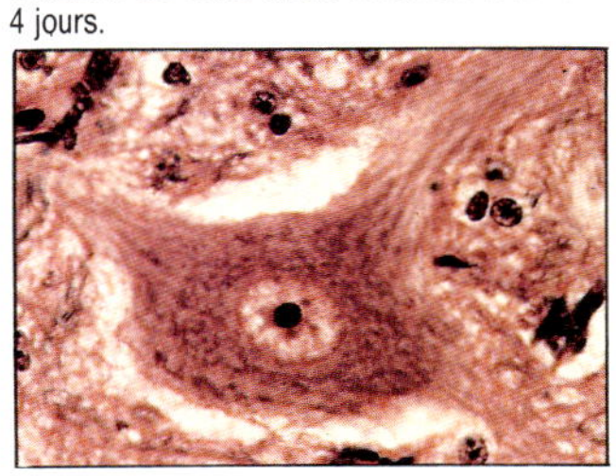

Cellules nerveuses (× **840**)
Durée de vie : très variable.
Mortalité : environ 200 000 par jour chez l'adulte.
Aucun remplacement (vieillissement inéluctable du système nerveux dès 20 ans).

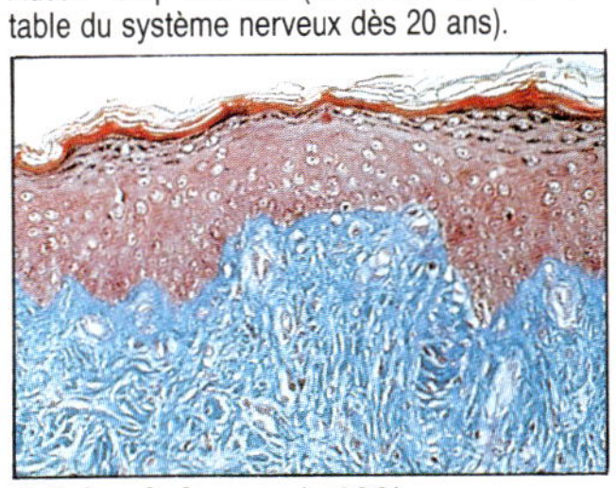

Cellules de la peau (× **190**)
Durée de vie : 3 à 4 semaines.
Les cellules meurent en surface et sont éliminées (peaux mortes) et remplacées par des cellules sous-jacentes.
Les mitoses entretiennent la peau en profondeur.

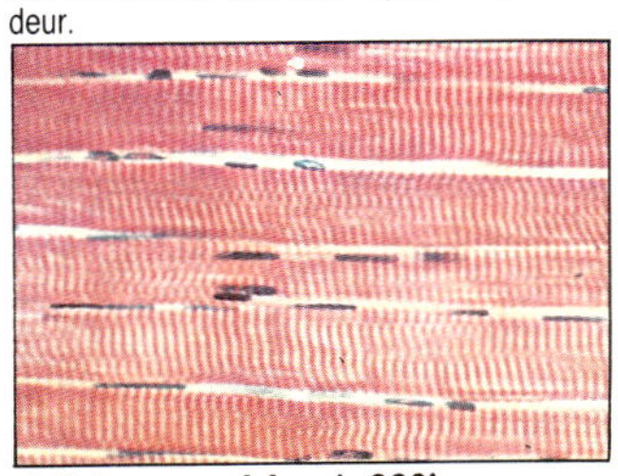

Cellules musculaires (× **260**)
Pas de mitose donc pas de remplacement.

Les mitoses dans l'organisme.

4. Construction et entretien créent des besoins alimentaires

Manger pour vivre, manger pour se construire

Si l'essentiel de l'alimentation de l'homme vise à la libération d'énergie permettant ses activités, une certaine part des aliments revêt un intérêt qualitatif plus certain ; la croissance et le développement d'une part, l'entretien des structures d'autre part, ne sont possibles que grâce à des molécules organiques issues de l'alimentation. De nombreuses molécules de l'organisme sont, via le métabolisme, interconvertibles (glucides et lipides, par exemple) ; cependant, d'autres substances organiques ou minérales ne peuvent provenir que de l'alimentation, l'organisme ne pouvant pas les synthétiser. Ces aliments sont des aliments essentiels, dont la présence dans l'alimentation est indispensable.

Les acides aminés et acides gras essentiels

L'alimentation protidique est nécessaire pour l'organisme, puisque les cellules ne peuvent pas réaliser l'amination d'un acide à partir de NH_3 libre. Seule une telle amination lui permettrait de produire des acides aminés. La présence d'acides aminés dans l'alimentation est donc indispensable. La cellule est, en revanche, capable (essentiellement dans le foie) d'échanger des radicaux $-NH_2$ entre un acide aminé et un acide cétonique ; il est ainsi théoriquement possible de produire des acides aminés absents de l'alimentation grâce à d'autres acides aminés, par des transaminations (catalysées par des transaminases). Cependant, certains acides aminés, les acides aminés essentiels, ne sont pas productibles, même par transamination : leur présence effective dans l'alimentation est indispensable. Ainsi certaines protéines (comme la zéine du maïs, dépourvue de tryptophane) ne peuvent pas, à elles seules, couvrir les besoins protidiques de l'organisme. Les aliments protidiques doivent être d'origine variée, tant animale que végétale.

L'acide linoléique, l'acide linolénique et l'acide arachidonique, acides gras indispensables aux cellules, ne peuvent pas être synthétisés et constituent également des aliments essentiels.

Les vitamines sont nécessaires en faible quantité

La plupart des vitamines sont des coenzymes non synthéthisées par l'organisme. Les coenzymes sont des vecteurs d'énergie nécessaires au déplacement des équilibres lors des réactions. Ils sont très abondamment réutilisés dans les cellules, sans cesse chargés et déchargés, et ne sont donc pas nécessaires en grosses quantités. Les vitamines ne sont pas des aliments constructeurs ni énergétiques (ils ne sont que les vecteurs de transferts énergétiques). C'est pourquoi les besoins en vitamines sont essentiels, mais en quantités infimes.

Les sels minéraux

Outre les minéraux du squelette, de nombreux sels minéraux interviennent dans les activités cellulaires. Leur excrétion continue impose leur renouvellement alimentaire. On distingue les macroéléments, abondants et nécessaires en quantités assez importantes, et les oligoéléments, peu abondants, dont les quantités requises sont faibles.

L'état physiologique peut créer des besoins spécifiques

Les besoins alimentaires de l'individu peuvent varier au cours de l'existence. L'organisme en croissance a des besoins spécifiques, comme le calcium nécessaire à la minéralisation du squelette. Une femme enceinte a besoin de davantage de protéines et de calcium qu'une femme non enceinte ; il en faut encore plus à une femme qui allaite.

Transaminase / transaminase : n.f., enzyme catalysant le transfert d'un groupe amine d'un acide aminé sur un acide cétonique. L'acide cétonique devient alors un acide aminé.

Pour faire un adulte, il faut : 2 500 kg de glucides, 250 kg de protéines, 625 kg de lipides, 2 500 000 litres d'oxygène, 33 000 litres d'eau, des vitamines, des sels minéraux, (et 20 ans d'attente...).

BESOINS JOURNALIERS (GRAMMES)	
Acides gras indispensables	
acide linoléique acide linolénique acide arachidonique	3
Acides aminés indispensables	
Isoleucine	0,7
Leucine	1,1
Lysine	0,8
Méthionine + cystéine	1,1
Phénylalanine + tyrosine	1,1
Thréonine	0,5
Tryptophane	0,25
Valine	0,8

Aliments organiques (matière première) indispensables.

Ions		Rôles
MACRO-ÉLÉMENTS	calcium (0,5 à 1 g/j)	Composition du squelette (1 kg de calcium), coagulation du sang, contraction musculaire, transmission neuro-musculaire.
	sodium (2 g/j)	Principal cation des liquides extracellulaires (plasma-lymphe), contrôle de l'équilibre acidobasique et de la pression osmotique.
	magnésium (0,3 g/j)	Entre dans la constitution des cellules, catalyseur, intervient dans le fonctionnement des muscles.
	phosphore (0,8 g/j)	Composition du squelette, de protéines, permet le stockage de l'énergie dans les cellules (phosphates).
	potassium (2 à 4 g/j)	Principal cation des liquides intracellulaires, règle la teneur en eau des cellules, métabolisme, transmission de l'influx nerveux.
OLIGO-ÉLÉMENTS	fluor (2 mg/j)	Entre dans la constitution de l'émail dentaire, augmente la résistance aux caries, facilite la fixation de Ca dans les os.
	fer (10 à 18 mg/j)	Constituant de l'hémoglobine et la myoglobine (muscles), activateur d'enzymes respiratoires.
	manganèse (7 mg/j)	Régulateur d'enzymes, de neurotransmetteurs, intervient dans la formation du tissu conjonctif.
	iode (0,2 mg/j)	Synthèse d'hormones thyroïdiennes, action sur la croissance, la synthèse des protéines.
	cuivre (0,02 mg/j)	Participe à des réactions enzymatiques, favorise l'absorption intestinale du fer, indispensable pour l'utilisation du fer dans l'hémoglobine et le développement des os.
	zinc (15 mg/j)	Activateur d'enzymes, indispensable à la synthèse des protéines, intervient dans l'élaboration de la peau, des cheveux, du collagène.

Les sels minéraux dans l'organisme.

Vitamines (besoins)		Avitaminoses	Rôles
VITAMINES HYDROSOLUBLES	B_1 thiamine (1,4 mg/j)	Béri-béri : atteinte nerveuse.	Métabolisme des glucides et lipides.
	B_2 riboflavine (1,8 mg/j)	Lésions cutanées, troubles oculaires.	Respiration cellulaire.
	PP niacine (15 à 20 mg/j)	Troubles cutanés, nerveux et digestifs : pellagre.	Métabolisme des glucides, lipides, protides. Respiration cellulaire.
	C acide ascorbique (60 à 100 mg/j)	Scorbut : fatigue, gengivite, hémorragies Mauvaise résistance aux infections.	Métabolisme glucidique, entretien du tissu conjonctif et stimulation des défenses de l'organisme.
VITAMINES LIPOSOLUBLES	A rétinol (1,5 mg, 3 mg pour les adolescents	Retard de croissance, baisse de vision crépusculaire, lésion de la cornée (xérophtalmie), dessèchement de la peau, mauvaise résistance aux infections.	Synthèse des pigments rétiniens, entretien des cellules épithéliales de la peau et des muqueuses, croissance, métabolisme.
	D cholécalciférol (0,01 mg/j)	Rachitisme chez l'enfant. Décalcification chez l'adulte.	Augmente l'absorption digestive du calcium et phosphore, et leur fixation dans les os et dents.
	E tocophérol (5 à 15 mg/j)	Élévation du métabolisme de base, troubles nerveux, musculaires, de la fonction de reproduction.	Antioxydant donc protection de produits essentiels au métabolisme donc au fonctionnement des organes.
	K phylloquinone (1 mg/j)	Hémorragies.	Intervient dans la synthèse de facteurs de coagulation.

Les vitamines.

1. LE CYCLE CELLULAIRE EST CONTRÔLÉ

Les cellules en division suivent un cycle

L'organisme, pour entretenir ses tissus, produit plusieurs millions de cellules par seconde grâce à des divisions cellulaires. Les cellules alternent ainsi entre un état apparemment stable, l'interphase, et une période de division marquée par la mitose. Cette répétition de stades inscrit l'activité de la cellule dans un cycle dit cycle cellulaire.
Le cycle cellulaire présente plusieurs phases. À la phase M (M pour *Mitose*) succède une phase G_1 (pour *Gap,* intervalle) où la cellule a une activité normale et un matériel génétique constitué des 46 molécules d'ADN héritées par mitose. Suit alors une phase S (pour *Synthèse*) de réplication de l'ADN. Tout le matériel génétique est copié une fois, et une seule fois. À l'issue de cette phase, la cellule entre en phase G_2 ; elle possède des chromosomes à deux chromatides (les chromatides résultent de la réplication), et est prête à entamer une division cellulaire, c'est-à-dire une nouvelle phase M.

La durée du cycle est variable

Le cycle cellulaire peut durer, selon l'âge et le tissu, de une heure à une année ou plus. La durée de chaque phase est variable, mais c'est essentiellement la durée de la phase G_1 qui détermine la durée du cycle. Dès qu'une cellule est entrée en phase S, les phases G_2 et M sont inéluctables, et ne tardent jamais beaucoup. C'est donc la sortie de G_1 qui conditionne la poursuite du cycle cellulaire.
Au cours de la phase G_1, la cellule passe par un stade R, appelé point de restriction, où elle « attend » avant de sortir de G_1. La sortie du point R semble être aléatoire, les cellules d'une population donnée ayant une certaine probabilité de quitter R au cours d'un intervalle de temps donné. Cette probabilité (assimilable à la proportion d'une population bloquée en R qui passe « le cap » au bout d'un temps donné) est variable d'une population à l'autre. Ce terme définit la vitesse à laquelle une population prolifère.

Les facteurs de croissance contrôlent la durée du cycle

On a pu mettre en évidence que des messagers chimiques pouvaient induire une accélération de la prolifération des tissus. Ces facteurs de croissance augmentent, en particulier, la probabilité pour une cellule de quitter le point R. Le facteur de croissance PDGF (pour Platelet Derived Growth Factor, facteur de croissance dérivé des plaquettes) émis par les plaquettes sanguines, induit, après une lésion, la prolifération des cellules conjonctives et des muscles lisses, favorisant ainsi la réparation. Différentes populations cellulaires ne sont pas sensibles aux mêmes facteurs de croissance.

Les populations cellulaires se stabilisent

Une culture cellulaire dans une boîte de Pétri est généralement stabilisée à l'état de monocouche (une seule couche de cellules). Si on endommage cette couche, les cellules bordant la lésion reprennent leurs divisions : la brèche est comblée et la population se stabilise de nouveau. Ce phénomène est dû à la compétition des cellules en contact pour le facteur de croissance. Les cellules dont un bord est libre disposent relativement de plus de facteur de croissance et se divisent.

Facteur de croissance / growth factor : exp., molécule stimulant les divisions d'une population cellulaire donnée.

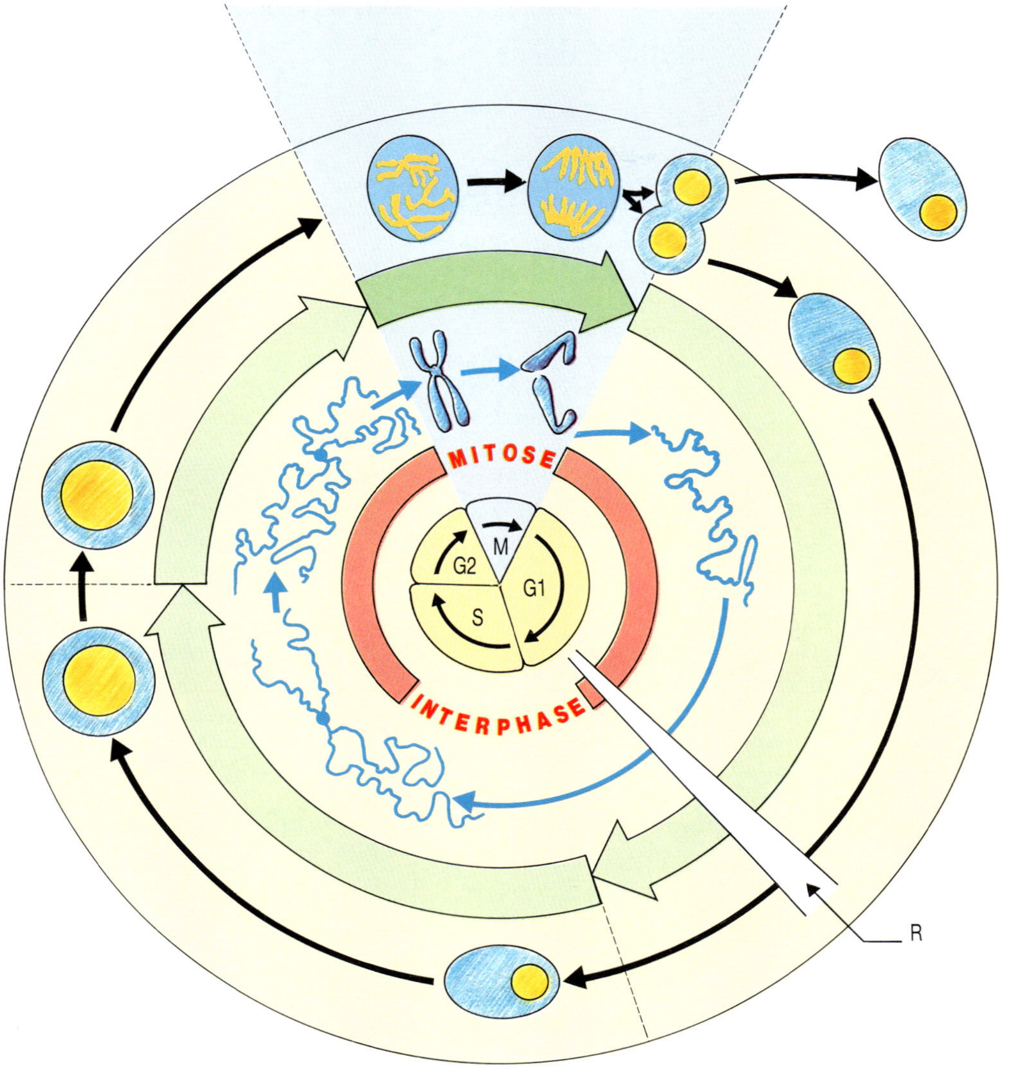

Le cycle cellulaire.

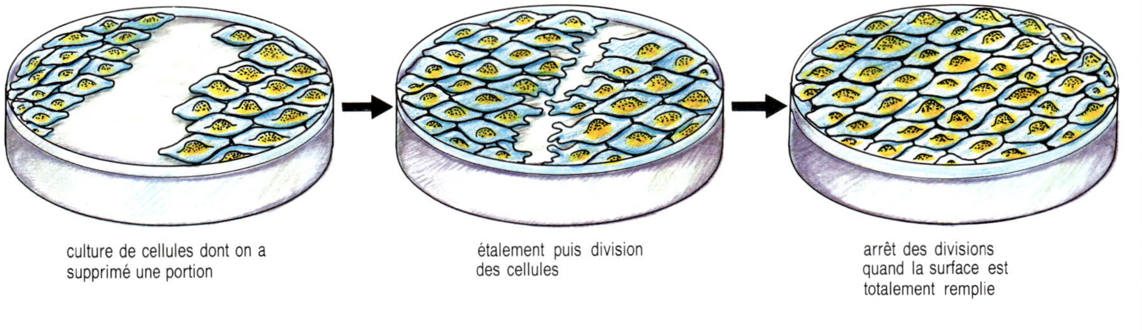

Régulation du cycle cellulaire.

2. La croissance de l'organisme est contrôlée

L'alimentation influence la croissance

Les deux principales phases de croissance d'un individu sont la petite enfance (de 0 à 2 ans) et l'adolescence. Les mensurations des individus sont très variées, et résultent d'une double influence : le déterminisme génétique et l'alimentation. C'est principalement lors de la petite enfance que les effets de l'alimentation sont les plus marqués. Si l'alimentation ne peut pas augmenter le potentiel de croissance d'un individu, une malnutrition peut gravement enrayer la croissance. Les carences en protéines ou en acides aminés essentiels peuvent modifier la croissance de façon irréversible : un retour à une alimentation équilibrée ne compensera pas totalement le retard accumulé.

Le système hypothalamo-hypophysaire contrôle la croissance

L'hypothalamus contrôle la croissance par la voie endocrine et par la voie nerveuse végétative. Les principales actions favorisant la croissance sont l'activation des synthèses protéiques et la stimulation des mitoses. L'insuline, sécrétée par le pancréas sous contrôle nerveux hypothalamique, stimule tout l'anabolisme des cellules. Il en est de même pour de nombreux facteurs de croissance de type insulinique (IGF, Insulin like Growth Factor). En complément de cette action intervient l'hormone de croissance GH (Growth Hormone), dont la sécrétion par l'hypophyse est contrôlée par l'hypothalamus. L'hypothalamus sécrète la GH-RH (GH Releasing Hormone) ou somatolibérine, qui stimule la sécrétion de GH, et la GH-IH (GH Inhibiting Hormone) ou somatostatine, qui inhibe la sécrétion de GH.

La GH stimule fortement la synthèse protéique à différents niveaux (absorption d'acides aminés, synthèse d'ARNm, de ribosomes), et augmente l'activité mitotique des cellules. Par ailleurs, la GH stimule la sécrétion par le foie de somatomédines, facteurs de croissance de type insulinique. Ces facteurs stimulent les mitoses cellulaires, en particulier dans les os et les cartilages. Enfin, la thyroïde, sous contrôle de la TSH hypophysaire, produit la thyroxine, hormone qui stimule aussi l'anabolisme protéique et les mitoses, en renforçant l'action de la GH.

Tous ces effets se font particulièrement sentir sur les os longs. De nombreuses mitoses assurent une prolifération des cartilages de conjugaison, associée à d'importantes synthèses de matrice cartilagineuse. Les mêmes effets favorisent l'ossification des cartilages (ossification enchondrale). Il en résulte une élongation des os longs.

La puberté accélère et achève la croissance

Lors de la puberté, des hormones sexuelles sont produites en grande quantité dans le sang. Testostérone (chez le garçon) et œstradiol (chez la fille) stimulent également la croissance des os longs, ainsi que d'autres androgènes produits par le cortex surrénal dans les deux sexes (les androgènes sont des analogues de la testostérone). Si les filles produisent des androgènes, les quantités sont moindres que chez les garçons, ce qui pourrait expliquer les différences de croissance musculaire et osseuse entre les deux sexes.

Androgènes et œstrogènes ne font pas que stimuler fortement la croissance des os longs, ils induisent aussi le remplacement total du cartilage de conjugaison par de l'os. Ainsi, après leur action, toute croissance des os longs est impossible (l'ossification ne pouvant être qu'enchondrale). Après la puberté, l'organisme cesse de croître en longueur.

Androgènes / androgens : n.m., ensemble des hormones stéroïdes ayant une structure et une action proches de celles de la testostérone. Produits par la corticosurrénale, les androgènes existent dans les deux sexes.

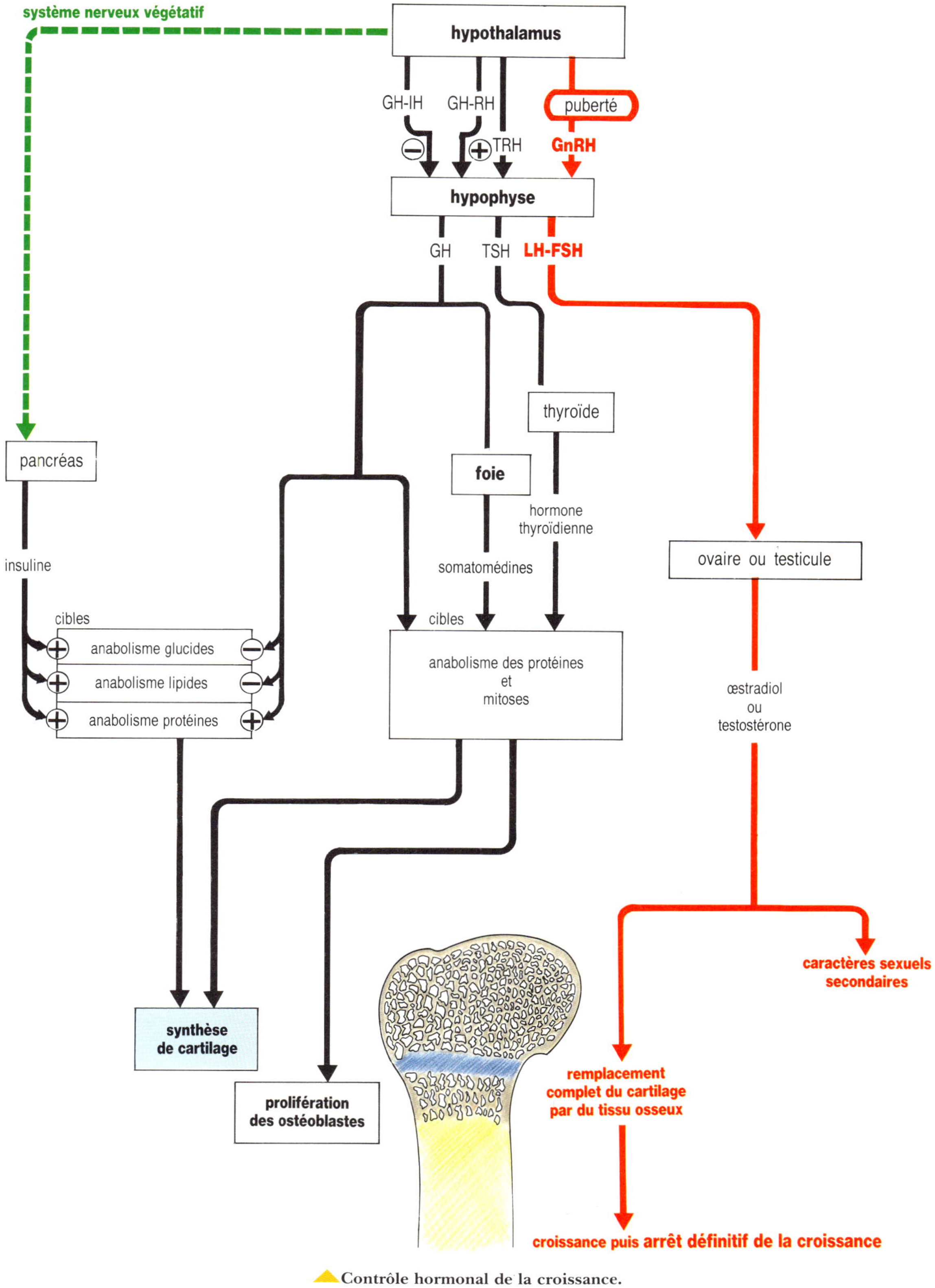

Contrôle hormonal de la croissance.

3. LE VIEILLISSEMENT EST INÉLUCTABLE

Les tissus perdent leur souplesse

Tous les tissus sont structurés par une matrice extracellulaire plus ou moins abondante, dont la principale composante est le collagène. Les triples hélices de collagène sont associées entre elles par un petit nombre de liaisons covalentes. Lors du vieillissement, le nombre de liaisons augmente entre les triples hélices. La conséquence est une perte de liberté de mouvement des molécules, et donc une perte de souplesse des fibres de collagène : les tissus deviennent moins souples avec l'âge. De nombreuses fonctions biologiques en sont affectées comme, en particulier, la locomotion. Les articulations sont moins souples et les os sont plus cassants. De même, la perte d'élasticité des artères favorise les maladies cardio-vasculaires.

Les populations de cellules vieillissent

Certaines cellules de l'organisme peuvent être cultivées *in vitro* dans certaines circonstances. Plusieurs expériences montrent qu'une population donnée de cellules peut réaliser plusieurs cycles cellulaires, mais finit par cesser spontanément toute division, les cellules demeurant en quiescence (en phase G_1 appelée alors G_0), et finissant par mourir. Le nombre de cycles cellulaires que peut réaliser une population donnée semble être programmé. Des cellules conjonctives (des fibroblastes) prélevées sur un adulte de 40 ans réalisent 40 cycles cellulaires. Les mêmes cellules, prélevées sur un homme de 80 ans, ne réaliseront que 30 cycles. Prélevés sur un embryon, des fibroblastes effectueront 50 cycles de divisions. Les mêmes fibroblastes, prélevés sur des animaux dont la durée de vie est inférieure à celle de l'homme, réaliseront de même moins de cycles. La mort cellulaire est programmée.

L'organisme perd des cellules

Peu à peu, les cellules perdant leur capacité mitotique, les cellules mortes sont de moins en moins remplacées, alors que la mort cellulaire reste au même taux : le nombre de cellules de l'organisme diminue. Toutes les fonctions biologiques en sont affectées, et en particulier les systèmes de contrôle et de coordination. L'organisme vieillissant est de moins en moins apte à réagir aux stress. Le système immunitaire perd de sa capacité à maintenir le soi. Une blessure met dix fois plus de temps à cicatriser chez un homme de 60 ans que chez un enfant de 2 ans. Il s'installe ainsi une boucle accélératrice, où la perte de cellules entraîne une diminution des défenses de l'organisme, qui entraîne une perte de cellules plus importante encore.

La vieillesse n'est pas une maladie

La fréquence de nombreuses maladies varie avec l'âge des individus. Cependant, la vieillesse n'est pas la cause de ces maladies, mais celle d'une plus grande faiblesse des réponses aux agressions du milieu. Ainsi, un organisme âgé présentera un terrain plus favorable au développement de maladies, mais pas à leur survenue. Les boucles accélératrices vieillissement-maladie accentuent, de plus, les ravages de la maladie.

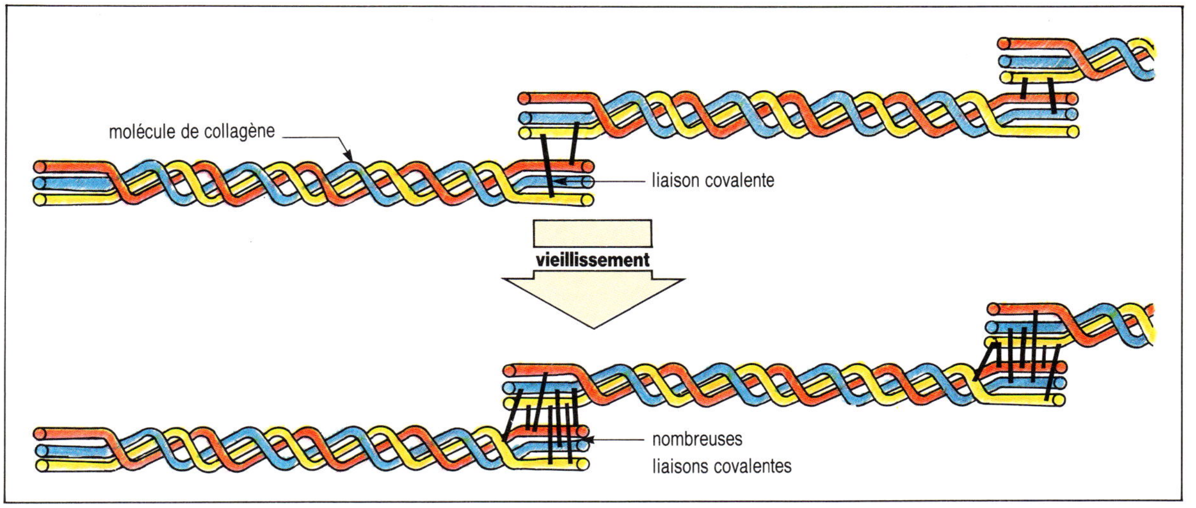

Apparition de liaisons transversales supplémentaires dans le collagène au cours du vieillissement.

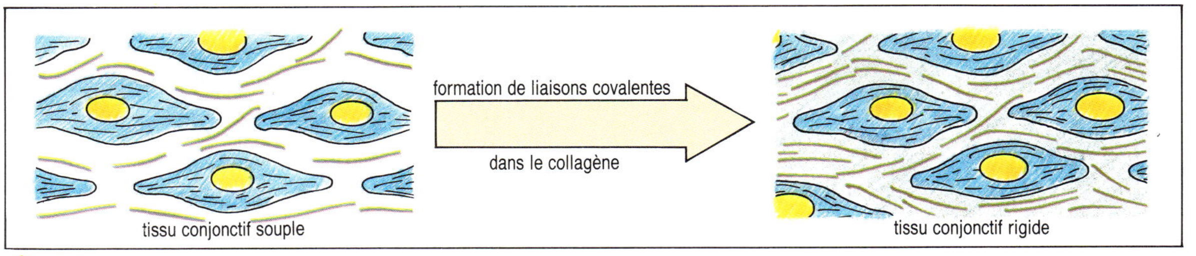

Conséquences des liaisons transversales du collagène au niveau des tissus.

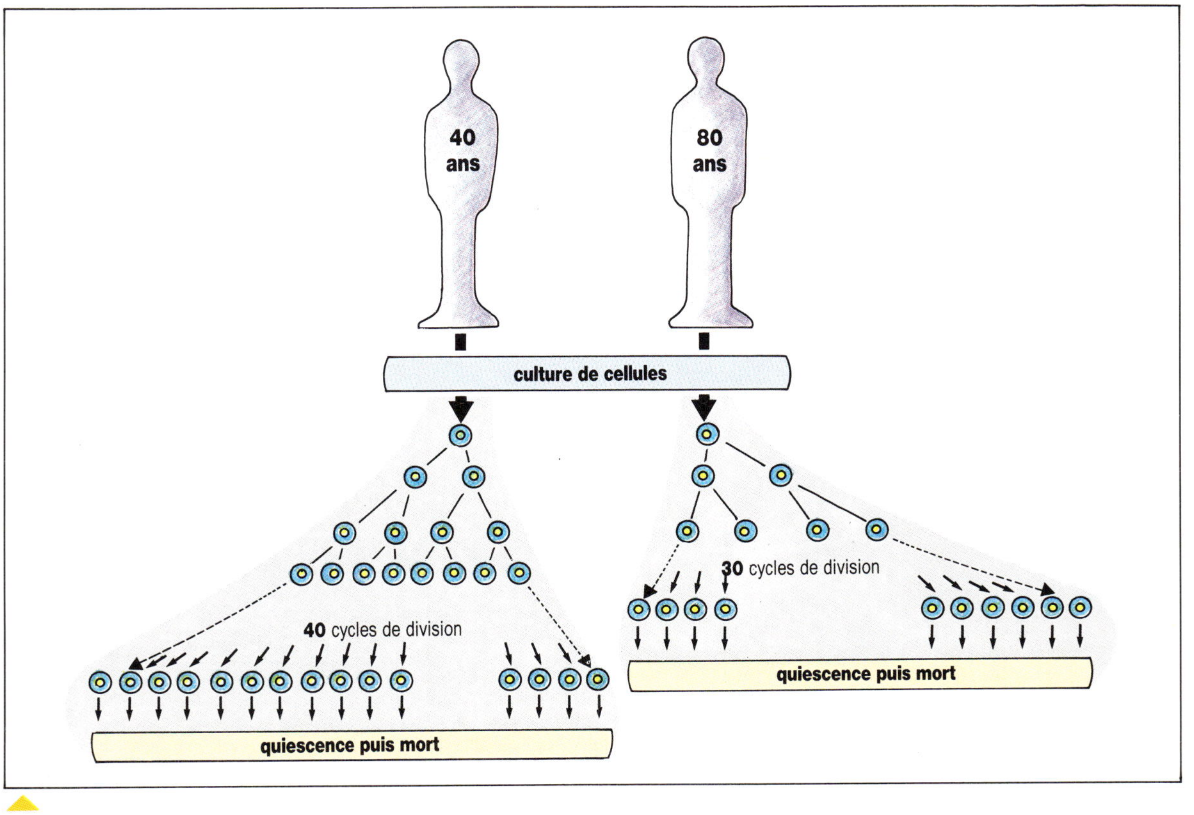

Mise en évidence de la sénescence cellulaire.

FAIRE LE POINT

L'ESSENTIEL

1 De la segmentation de la cellule-œuf à la mort de l'individu, le développement de l'organisme est l'expression d'une information génétique demeurant stable tout au long de la vie.

2 L'information génétique est portée par 46 molécules d'ADN sous forme de séquences de nucléotides. Un triplet de nucléotides code pour un acide aminé. L'information linéaire de l'ADN correspond à la séquence linéaire d'acides aminés d'une protéine.

3 Les protéines sont synthétisées dans le cytoplasme des cellules, au niveau des ribosomes et à partir d'ARNm. Les ARNm sont des copies de gènes, exportables du noyau. Les cellules différenciées n'expriment que certains gènes.

4 La stabilité de l'information génétique de l'organisme est garantie par la réplication de l'ADN et par la mitose, complétées du système immunitaire qui élimine les cellules déviantes.

5 Le développement de l'organisme est progressif et fonctionne par complexification des relations entre tissus, eux-mêmes de plus en plus complexes. La croissance est assurée conjointement par l'anabolisme protéique et les mitoses.

6 Le complexe hypothalamo-hypophysaire contrôle la croissance qui cesse après la puberté, à cause de l'action spécifique des hormones sexuelles sur les os en croissance.

7 La dégradabilité de la matière et de l'information impose un entretien permanent de l'organisme, qui consomme de la matière organique. Cet entretien crée des besoins alimentaires précis et impérieux. Le vieillissement cellulaire diminue les possibilités d'entretien de l'organisme et induit ainsi une faible capacité de réponse aux stress.

LES MOTS CLÉS

Acide aminé
ADN
anaphase
ARN

Cartilage de conjugaison
centromère
chromatide
chromatine
chromosome
collagène
croissance
cycle cellulaire
cytodiérèse

Développement
différenciation
division

Enzyme
exon

Facteur de croissance
feuillet embryonnaire
fuseau achromatique

Génome
GH

Histone

Information génétique
intron

Kinétochore

Métaphase
mitose

Nucléosome

Os
ossification

Prophase
protéine
puberté

Réplication
ribosome

Segmentation
sénescence
somatomédine

Télophase
traduction
transaminase
transcription
tube nerveux

Vieillissement
vitamine

Zygote

AUTO-ÉVALUATION

Les activités proposées dans cette rubrique permettent de vérifier les connaissances acquises au cours de ce chapitre.

Elles peuvent concerner : la terminologie scientifique, les ordres de grandeur, les mécanismes fonctionnels.

AUTOTEST

Testez vos connaissances en répondant aux 8 questions suivantes (réponses en fin d'ouvrage). Chaque réponse doit être justifiée.

QUESTION	RÉPONSE
1. Toutes les cellules de l'organisme contiennent la même information génétique.	oui / non
2. Les cellules différenciées : a) ont perdu des gènes; b) ne transcrivent que certains gènes; c) ne traduisent que certains ARNm.	a b c
3. La réplication a un taux d'erreur de 1 pour : a) 10 000; b) 1 000; c) 100 milliards; d) 3 milliards.	a b c d
4. Les chromatides d'un chromosome mitotique se séparent : a) à l'anaphase; b) à la prophase; c) à la télophase; d) à la métaphase.	a b c d
5. Les os longs croissent : a) par prolifération de cartilage; b) par allongement des diaphyses; c) par étirement.	a b c
6. Les acides aminés essentiels : a) n'existent pas dans l'alimentation; b) sont des vitamines; c) ne sont pas produits par les cellules.	a b c
7. La durée du cycle cellulaire est fonction : a) de la taille des cellules; b) du nombre de chromosomes; c) de la durée de la phase G_1.	a b c
8. La GH, hormone de croissance : a) stimule la thyroïde; b) stimule l'anabolisme glucidique; c) stimule la mitose.	a b c

ORIENTATIONS DE TRAVAIL

À la fin de ce chapitre, vous devez être capable de :

1. Reconstituer les étapes qui mènent de l'ADN à la synthèse d'une protéine. Penser à la maturation des ARN.

2. Décrire la réplication de l'ADN et les principes de sa fiabilité.

3. Reconnaître une phase de la mitose sur une vue microscopique. Replacer dans l'ordre chronologique différentes figures de mitoses.

4. Citer les différents phénomènes qui imposent un renouvellement des structures. Penser à l'information génétique.

5. Décrire et expliciter la notion d'acide aminé essentiel et la notion de vitamine.

6. Décrire le cycle cellulaire.

7. Construire un schéma du contrôle de la croissance et expliquer son arrêt à la puberté.

8. Exposer les principes du vieillissement.

MINI-GLOSSAIRE MÉDICAL

Cal / callus : n. m., structure apparaissant au niveau d'une fracture osseuse. Le cal primaire fibreux constitue la première forme de réparation et est ensuite remplacé par un cal secondaire osseux qui assure la consolidation.

Cancer / cancer : n.m., développement malin d'une tumeur. Une tumeur est dite maligne lorsque certaines de ses cellules peuvent coloniser d'autres tissus. Les cellules cancéreuses échappent au contrôle du cycle cellulaire par suite d'une mutation (substances ou radiations cancérogènes) ou d'une infection (virus oncogènes).

Cancérogène / carcinogenic : adj., se dit de ce qui est capable de provoquer ou de favoriser le développement d'un cancer. Terme préférable à cancérigène. On peut trouver des aliments, des gaz, des radiations cancérogènes.

Congénital / congenital : adj., se dit de ce qui existe dès la naissance. Un caractère héréditaire est donc congénital, mais l'inverse peut être faux (une malformation du nouveau-né résultant de facteurs trophiques est congénitale mais pas héréditaire).

Dénutrition / undernutrition : n. f., état pathologique où l'apport des nutriments est inférieur aux besoins de l'organisme, caractérisé par une atrophie de tous les tissus et donc par une perte de poids.

Drépanocytose / sickle-cell anemia : n. f., maladie génétique de l'hémoglobine (hémoglobinopathie) caractérisée par une déformation des globules rouges en forme de faucille (synonyme : anémie falciforme).

Enzymopathie / enzymopathy : n. f., maladie enzymatique, caractérisée par une déficience complète ou partielle d'une enzyme. Généralement héréditaire, due à une mutation du gène codant pour l'enzyme considérée.

Malnutrition / malnutrition : n. f., état pathologique caractérisé par une déficience ou un excès des apports de nutriments. Cette notion englobe aussi bien la dénutrition que la surnutrition.

Mucoviscidose / mucoviscidosis : n. f., maladie héréditaire rare caractérisée par un dysfonctionnement des glandes exocrines (épaississement excessif des sécrétions muqueuses pouvant obturer les canaux excréteurs).

Néoplasme / neoplasm : n. m. tumeur.

Oncogène / oncogene : n. m., gène responsable dans certaines circonstances de la transformation d'une cellule en cellule cancéreuse. Un virus oncogène est un virus introduisant un tel gène dans une cellule.

Ostéoporose / osteoporosis : n. f., syndrome caractérisé par une diminution du volume osseux et donc une fragilisation des os. Correspond à une régression des travées osseuses de l'os spongieux.

Thalassémie / thalassemia : n. f., maladie héréditaire de l'hémoglobine (hémoglobinopathie) caractérisée par un déficit de synthèse de l'une des chaînes de la molécule d'hémoglobine.

Tumeur / tumor : n. f., prolifératiuon exagérée et anormale de cellules d'un tissu. On oppose les tumeurs bénignes aux tumeurs malignes ou cancers.

Pour en savoir plus

ALBERTS (B.) et al., *Biologie moléculaire de la cellule*, Flammarion Médecine-Sciences – Paris 1990

STRYER (L.), *Biochimie*, Flammarion Médecine-Sciences – Paris 1986

VANDER (A.J.), SHERMAN (J.H.), LUCIANO (D.S.), *Physiologie humaine*, McGraw-Hill – New York 1989

WATSON (J.D.) et al., *Biologie moléculaire du gène*, 4e édition, Interéditions – Paris 1990

GÉNÉTIQUE HUMAINE ET MÉDICALE

Le fonctionnement de chaque cellule et, donc, de tout l'organisme suppose l'existence d'une information génétique stable codant pour la réalisation de l'ensemble des fonctions élémentaires. Cette information est contenue dans le noyau des cellules (et aussi, pour une très faible part, dans les mitochondries) et est constituée par l'agencement particulier des molécules d'ADN. C'est ce matériel génétique qui constitue le matériel héréditaire transmis à travers la fonction de reproduction. Un être vivant (et donc un être humain) peut ainsi être considéré comme un ensemble de gènes (nous dirons une collection d'allèles) s'exprimant grâce à une machinerie cellulaire et tendant à être diffusé dans une population via la reproduction sexuée. D'un point de vue génétique, un individu est un système d'expression et de diffusion d'un génome.

La seconde moitié du vingtième siècle a été marquée sur le plan scientifique par l'essor de la génétique puis de la biologie moléculaire. Toute la science biologique a tiré profit des connaissances et techniques issues de ce domaine. D'un point de vue fondamental, tout d'abord, la nature, l'organisation et le fonctionnement du génome sont maintenant connus, au moins dans les grandes lignes. Par ailleurs, l'étude de dysfonctionnements de ces systèmes complexes a permis de comprendre la nature de certaines maladies ainsi que leur mode de transmission. De là il est possible, sinon de soigner, du moins de détecter, de diagnostiquer ces maladies, voire de les prévenir, et ceci dès la vie embryonnaire.

Sommaire

1. Chaque individu est une collection d'allèles

1. Gène, allèles, génotype, phénotype

Un gène est une fraction du génome responsable d'un caractère élémentaire

Un problème majeur en génétique a été de pouvoir identifier des caractères héréditaires élémentaires suffisamment simples pour être facilement analysés et quantifiés. De tels caractères sont des caractères biochimiques qui, en première approximation, correspondent à des protéines.
Admettant qu'un caractère élémentaire est la production d'une certaine protéine, nous dirons qu'un gène est une séquence d'ADN contenant toutes les informations nécessaires à la production de cette protéine. Ceci représente non seulement la séquence codant pour la protéine mais aussi des séquences associées permettant une utilisation rigoureuse de cette information. La séquence promotteur, entre autres, permet la fixation et le positionnement précis de l'enzyme ARN-polymérase sur le gène, étape initiant la transcription du gène. D'autres séquences sont des points de fixation de protéines de régulation qui contrôlent la transcription et son intensité. La séquence codant pour la protéine est, quant à elle, morcelée, chaque tronçon (nommé exon) étant séparé du suivant par des portions non codantes (nommées introns).

Un gène peut avoir plusieurs formes alléliques

L'ensemble des exons (c'est-à-dire des portions codantes) mis bout à bout constitue une séquence de nucléotides codant de façon rigoureuse pour une séquence d'acides aminés, et par là pour une protéine. Cependant, pour une protéine donnée, il peut exister différentes « versions » du gène, de la même manière qu'il peut exister des versions multiples d'une même histoire. Ces versions différentes sont nommées des allèles. On dit qu'un gène a plusieurs allèles ou plusieurs formes alléliques. Généralement, ces formes alléliques ne diffèrent que faiblement les unes des autres, et les protéines qui y correspondent ont des activités comparables. Cependant, il est aussi possible que deux formes alléliques codent pour deux protéines qui, bien que de séquences très proches, ont des activités très différentes. L'une pourra, par exemple, être une enzyme active (et spécifique) et l'autre une molécule sans aucune activité enzymatique.

Allèle / allele : n.m., forme que peut prendre un gène donné.
Gène/gene : n.m., facteur héréditaire responsable du déterminisme et de la transmission d'un caractère observable.
Génotype / genotype : n.m., combinaison des deux allèles d'un gène dans le génome d'un organisme.
Hétérozygote / heterozygous : adj., se dit d'un génotype présentant deux formes alléliques identiques.
Homozygote / homozygous : adj., se dit d'un génotype donc présentant deux formes alléliques différentes.
Phénotype / phenotype : n.m., caractère observable.

Le génotype détermine le phénotype

À l'exception des cellules reproductrices (ovules et spermatozoïdes), toutes les cellules nucléées de l'organisme possèdent un double jeu de chromosomes, c'est-à-dire 23 paires de chromosomes. Les deux chromosomes d'une paire ont la même organisation et présentent les mêmes gènes. Ainsi, tout gène est présent en double exemplaire dans le noyau. Cependant, ces deux exemplaires peuvent être ou ne pas être identiques, il peut y avoir en présence deux allèles différents ou au contraire deux fois le même allèle. Pour un gène considéré, on nommera génotype la garniture allélique de l'individu (la nature des deux allèles du gène présents dans le génome), et phénotype le caractère élémentaire qui résulte de l'expression de ce génotype. Ainsi, si les deux allèles sont identiques (on dit que l'individu est homozygote pour le gène considéré), le phénotype est directement déterminé ; si, en revanche, les deux allèles sont différents (c'est-à-dire si l'individu est hétérozygote pour ce gène), le phénotype résultera de leur confrontation (l'un peut être dominant et l'autre récessif, ou bien le phénotype peut refléter un caractère intermédiaire).

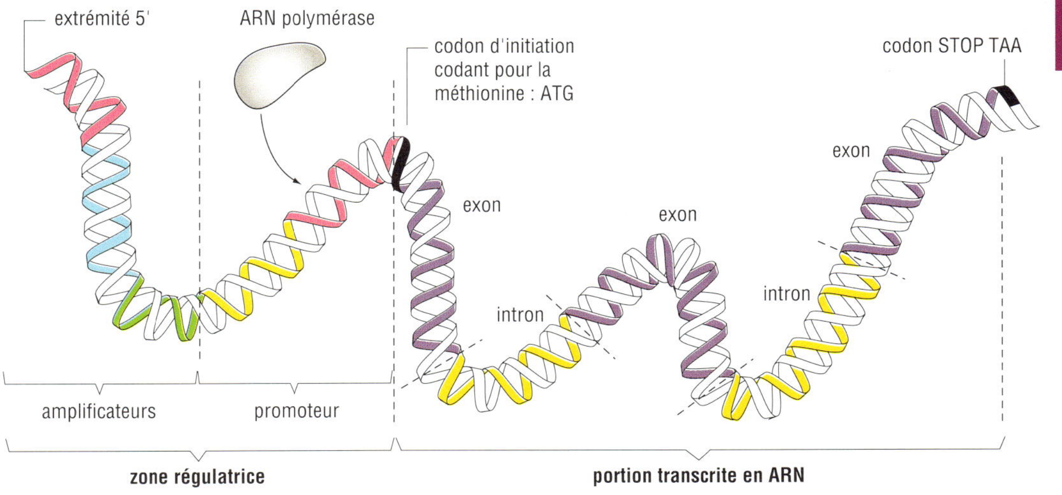

Organisation d'un gène.
Des deux brins de l'ADN, un seul est transcrit (ici, le brin représenté en blanc) en un ARN. Son brin complémentaire (ici en couleur) présente donc une séquence équivalente à celle de l'ARN : c'est le brin codant (brin sens par opposition au brin anti-sens). Le gène présente une zone régulatrice à laquelle peuvent se lier des protéines : protéines de régulation sur la zone des amplificateurs, ARN polymérase sur le promoteur ; cette portion n'est pas transcrite. La portion transcrite comporte des segments non codants (les introns) intercalés entre les segments codants (les exons). L'ARN messager est obtenu en éliminant les introns de l'ARN premier transcrit. Le début du premier exon et la fin du dernier exon ne seront pas traduits dans la protéine finale.

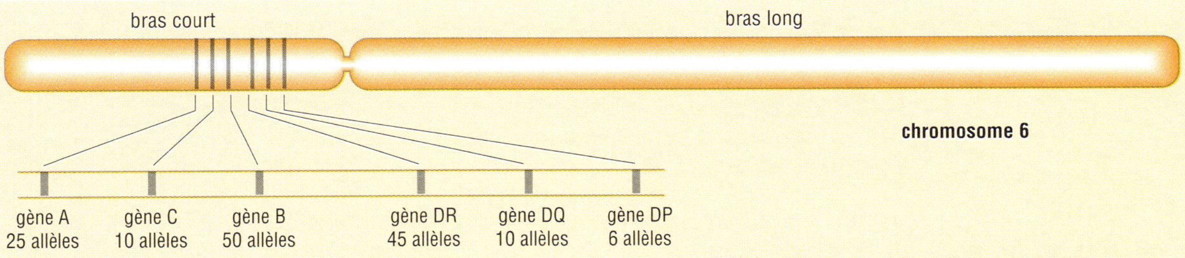

Les gènes du CMH et leurs allèles

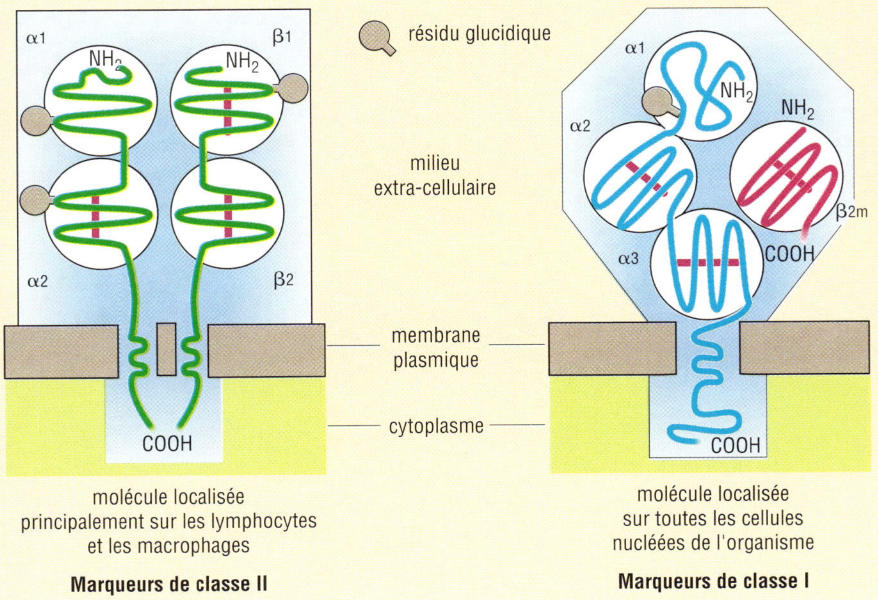

Les marqueurs de classe I comportent une chaîne α codée par le gène A ou le gène B ou le gène C, et une chaîne β_{2m}, codée par un gène porté par le chromosome 15. Les marqueurs de classe II ont une chaîne α et une chaîne β codées par le gène DR ou le gène DQ ou le gène DP. Tous ces gènes localisés sur le chromosome 6 présentent chacun de nombreux allèles.

2. Les mutations créent de nouveaux allèles

Deux allèles d'un même gène diffèrent très peu

Il est parfois possible d'isoler et de purifier un tronçon particulier d'ADN et de déterminer sa séquence, c'est-à-dire de dresser la liste et l'ordre des nucléotides qui le constituent. Lorsque ce travail est réalisé sur deux allèles d'un même gène, on peut alors comparer ces séquences. Une telle comparaison révèle qu'il existe en fait une différence (exprimée par exemple sous forme d'un pourcentage de nucléotides différents) très faible entre les deux séquences. Ceci suggère une étroite parenté entre les différents allèles d'un gène. À titre d'exemple, l'allèle responsable à l'état homozygote de la drépanocytose (maladie très grave due à une anomalie de la molécule d'hémoglobine) ne diffère que par un nucléotide de l'allèle dit « normal », sur une séquence codante de plus de quatre cents nucléotides, ce qui correspond approximativement à une coquille (une lettre substituée) dans cette phrase que vous êtes en train de lire.

Une mutation peut modifier durablement un allèle

L'hypothèse la plus simple pour expliquer l'origine de l'existence de plusieurs allèles pour un même gène est de considérer que tous les allèles d'un gène dérivent les uns des autres par légères modifications. De telles modifications sont nommées des mutations et leur origine réside le plus souvent dans des erreurs affectant le processus de réplication de l'ADN qui précède les mitoses. Les enzymes clés de cette réplication sont les ADN-polymérases dont l'activité présente un taux d'erreur extrêmement faible (de l'ordre de 10^{-10} à 10^{-11}) mais non nul.
Cette situation a deux conséquences : le taux d'erreurs n'étant pas nul, il survient nécessairement des mutations dans toute lignée cellulaire ; par ailleurs, toute mutation réalisée sera conservée par la réplication avec une grande fidélité.

Incidence des mutations sur l'activité des protéines

Mutation / mutation : n.f., modification soudaine et héréditaire d'une information génétique.
Substitution : n.f., mutation par remplacement d'un nucléotide par un autre dans un gène.

La conséquence d'une mutation ponctuelle n'est pas toujours, loin s'en faut, la production d'une protéine non fonctionnelle. Tout d'abord, les mutations se produisant au hasard, leur grande majorité atteint le domaine majoritaire de l'ADN : les portions non codantes. Ensuite, du fait de la souplesse du code génétique, un peu moins du tiers des mutations ponctuelles portant sur un exon ne modifiera en rien la séquence d'acides aminés de la protéine produite. Enfin, il est fréquent que le remplacement d'un acide aminé par un autre dans une protéine ne soit pas générateur de désordres. Malgré cela, une mutation peut parfois modifier de façon importante l'activité d'une protéine (rappelons-nous l'exemple de la drépanocytose), ce qui aura dans ce cas une incidence sur la biologie de l'organisme.

NB : numérotation des codons : le codon « départ » AUG porte ici le n° 0.

Individu 1 : 76 premiers codons de l'ARNm correspondant à l'allèle le plus fréquent (hémoglobine fonctionnelle).

AUG GUG CAC CUG ACU CCU GAG GAG AAG UCU GCC GUU ACU GCC CUG UGG GGC AAG GUG AAC GUG GAU GAA GUU GGU GGU
GAG GCC CUG GGC AGG CUG CUG GUG GUC UAC CCU UGG ACC CAG AGG UUC UUU GAG UCC UUU GGG GAU CUG UCC ACU
CCU GAU GCU GUU AUG GGC AAC CCU AAG GUG AAG GCU CAU GGC AAG AAA GUG CUC GGU GCC UUU AGU GAU GGC CUG...
75

Individu 2 (hémoglobine fonctionnelle) : la mutation de l'ADN porte sur le triplet 2.

AUG GUG CAU CUG ACU CCU GAG GAG AAG UCU GCC GUU ACU GCC CUG UGG GGC AAG GUG AAC GUG GAU GAA GUU GGU GGU
GAG GCC CUG GGC AGG CUG CUG GUG GUC UAC CCU UGG ACC CAG AGG UUC UUU GAG UCC UUU GGG GAU CUG UCC ACU
CCU GAU GCU GUU AUG GGC AAC CCU AAG GUG AAG GCU CAU GGC AAG AAA GUG CUC GGU GCC UUU AGU GAU GGC CUG...
75

Individu 3 atteint de drépanocytose (hémoglobine anormale) : la mutation de l'ADN porte sur le triplet 6.

AUG GUG CAC CUG ACU CCU GUG GAG AAG UCU GCC GUU ACU GCC CUG UGG GGC AAG GUG AAC GUG GAU GAA GUU GGU GGU
GAG GCC CUG GGC AGG CUG CUG GUG GUC UAC CCU UGG ACC CAG AGG UUC UUU GAG UCC UUU GGG GAU CUG UCC ACU
CCU GAU GCU GUU AUG GGC AAC CCU AAG GUG AAG GCU CAU GGC AAG AAA GUG CUC GGU GCC UUU AGU GAU GGC CUG...
75

Individu 4 atteint de thalassémie (absence de chaîne β) : la mutation de l'ADN porte sur le triplet 17.

AUG GUG CAC CUG ACU CCU GAG GAG AAG UCU GCC GUU ACU GCC CUG UGG GGC UAG GUG AAC GUG GAU GAA GUU GGU GGU
GAG GCC CUG GGC AGG CUG CUG GUG GUC UAC CCU UGG ACC CAG AGG UUC UUU GAG UCC UUU GGG GAU CUG UCC ACU
CCU GAU GCU GUU AUG GGC AAC CCU AAG GUG AAG GCU CAU GGC AAG AAA GUG CUC GGU GCC UUU AGU GAU GGC CUG...
75

Individu 5 atteint de thalassémie (absence de chaîne β) : la mutation de l'ADN porte sur le triplet 6.

AUG GUG CAC CUG ACU CCU GGG AGA AGU CUG CCG UUA CUG CCC UGU GGG GCA AGG UGA ACG UGG AUG AAG UUG GUG GUG
AGG CCC UGG GCA GGC UGC UGG UGG UCU ACC CUU GGA CCC AGA GGU UCU UUG AGU CCU UUG GGG AUC UGU CCA CUC
CUG AUG CUG UUA UGG GCA ACC CUA AGG UGA AGG CUC AUG GCA AGA AAG UGC UCG GUG CCU UUA GUG AUG GCC UG...
75

Individu 6 atteint de thalassémie (absence de chaîne β) : la mutation de l'ADN porte sur le triplet 72.

AUG GUG CAC CUG ACU CCU GAG GAG AAG UCU GCC GUU ACU GCC CUG UGG GGC AAG GUG AAC GUG GAU GAA GUU GGU GGU
GAG GCC CUG GGC AGG CUG CUG GUG GUC UAC CCU UGG ACC CAG AGG UUC UUU GAG UCC UUU GGG GAU CUG UCC ACU
CCU GAU GCU GUU AUG GGC AAC CCU AAG GUG AAG GCU CAU GGC AAG AAA GUG CUC GGU GCC UUU UAG UGA UGG CCU G...
75

Il existe au sein de la population humaine de nombreuses anomalies de l'hémoglobine.
En vue de les connaître, on a isolé et séquencé, entre autres, le gène codant pour la chaîne β. Les allèles de ce gène sont très nombreux (plusieurs centaines) et permettent pour la plupart une synthèse de molécules fonctionnelles. Mais on connaît de nombreuses maladies appelées hémoglobinopathies se traduisant par des anémies plus ou moins marquées. Ce document donne le début de la séquence (qui comprend 147 codons au total) de l'ARN messager correspondant au gène β de 6 individus.
Chaque individu est homozygote, porteur de deux allèles identiques de ce gène.

• Certaines mutations sont des *substitutions* : un nucléotide est remplacé par un autre ; c'est le cas des individus 2, 3, 4. Pour l'individu 2, un acide aminé de la chaîne β est modifié, sans conséquence sur l'activité de la protéine. Pour l'individu 3, le sixième acide aminé est modifié, avec pour conséquence cette fois la production d'une protéine anormale. La mutation de l'individu 4 introduit un codon STOP prématuré en position 17.
• La mutation 5 est une *délétion* : un nucléotide est omis (ici U) en début de chaîne. Toute la lecture du gène est décalée et la protéine obtenue n'a rien d'une chaîne β.
• La mutation 6 est une *insertion* : un nucléotide surnuméraire est introduit, qui décale aussi la lecture et qui, de plus, fait apparaître un codon STOP prématuré.

L'ÉTABLISSEMENT DES CARTES D'IDENTITÉ GÉNÉTIQUE

LE PRINCIPE

Certains réactifs chimiques détruisent spécifiquement certains nucléotides. Faisant agir un tel réactif sur un brin d'ADN, on obtient des fragments de taille variable.

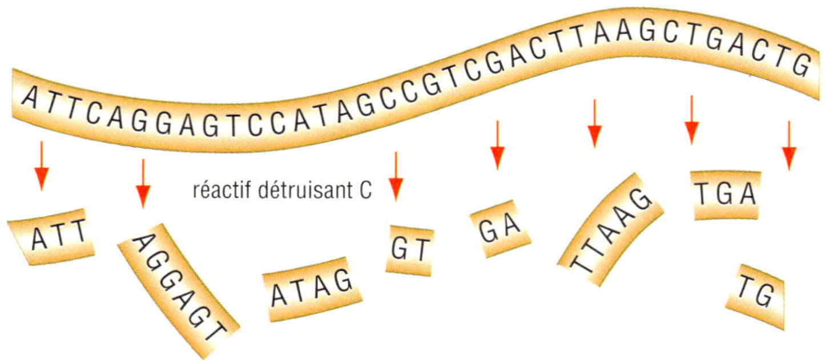

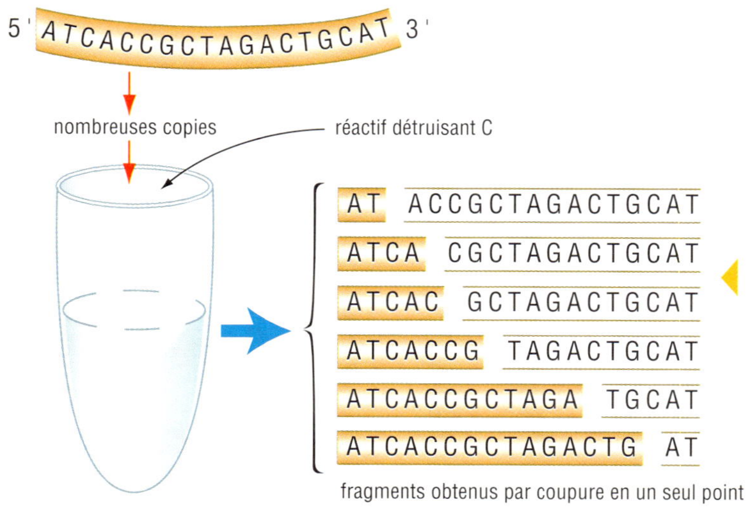

Si l'on dispose de nombreuses copies d'un gène, on peut le mettre en présence d'une quantité de réactif juste suffisante pour que chaque brin ne soit coupé qu'en un seul point. On obtient ainsi différents fragments.

LA MÉTHODE

On commence par marquer radioactivement l'extrémité 5' des brins. On traite ensuite avec un réactif et on sépare les fragments par électrophorèse ; cette technique sépare les fragments selon leur taille, au nucléotide près. On visualise (par autoradiographie) les seuls fragments radioactifs (c'est-à-dire dont l'extrémité 5' est marquée).

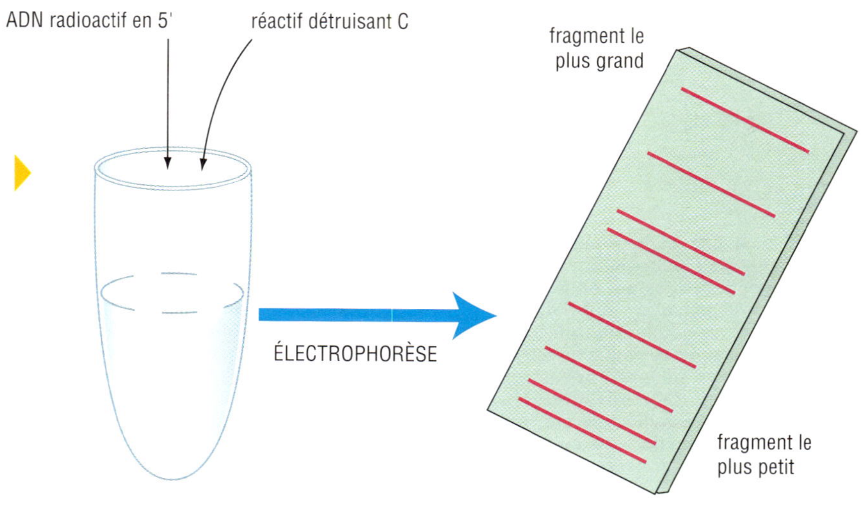

LES RÉSULTATS

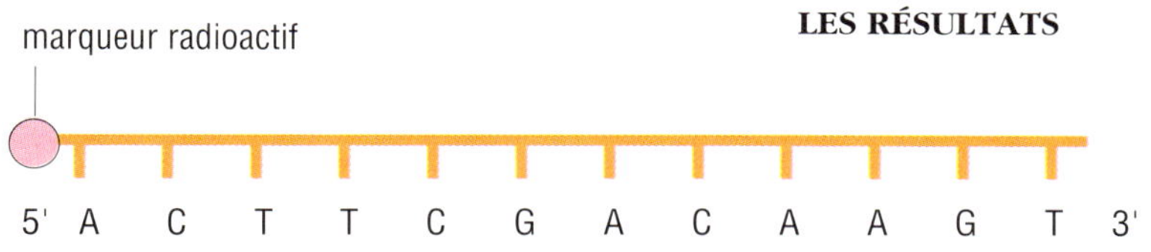

On applique quatre fois la méthode ci-contre en utilisant quatre réactifs :

- **un réactif détruisant G,**
- **un réactif détruisant G et A,**
- **un réactif détruisant C et T,**
- **un réactif détruisant C.**

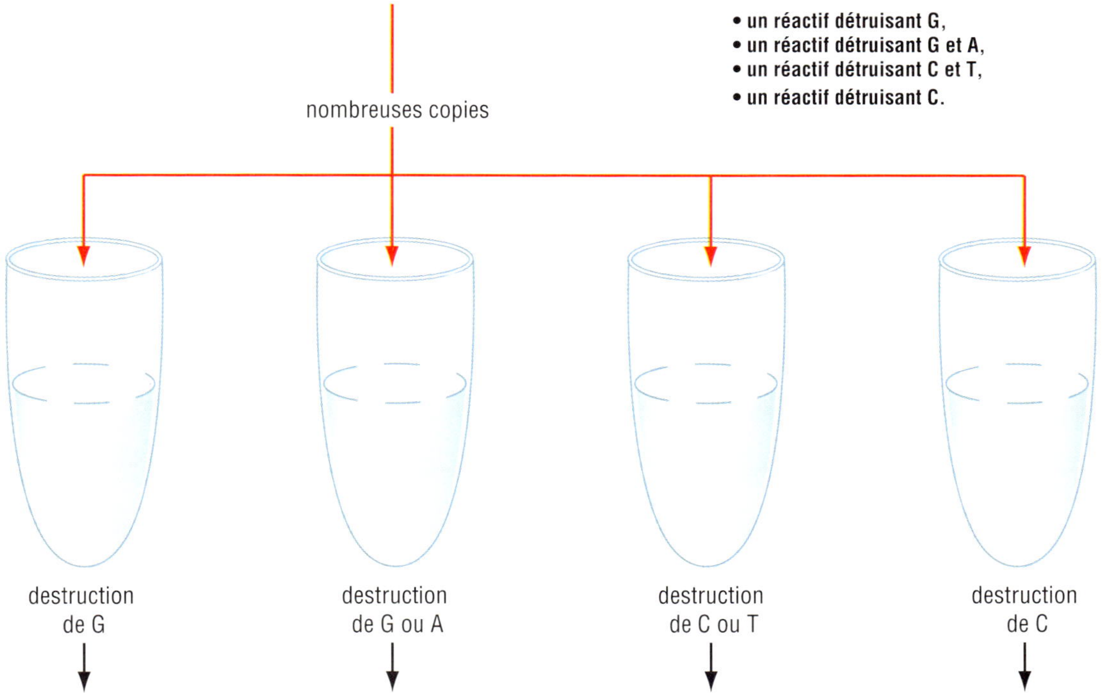

Électrophorèse et détection par autoradiographie

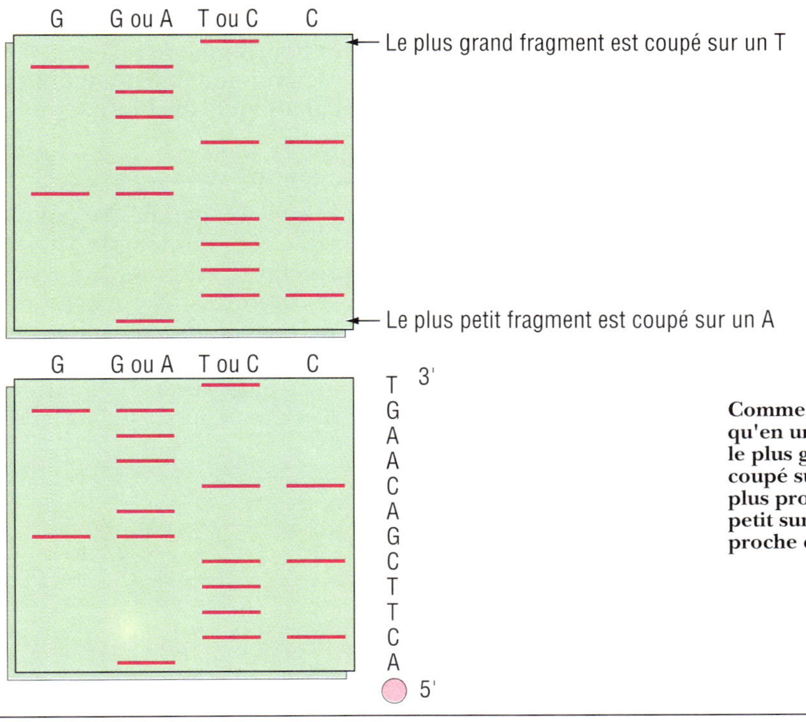

Comme le brin n'est coupé qu'en un point à chaque fois, le plus grand fragment a été coupé sur le nucléotide le plus proche de 3' et le plus petit sur le nucléotide le plus proche du marqueur en 5'.

3. La cartographie du génome

Il est possible, de nos jours de dresser une carte du génome d'un individu. Ce travail a dejà été entièrement réalisé pour des organismes moins complexes que l'homme. Il s'agit d'établir pour chaque chromosome la liste et l'ordre des gènes portés par ce chromosome ainsi que la nature de ces gènes.

Identifier un gène

Partant d'un caractère observable (une maladie, entre autre), la première étape consiste en l'identification d'un gène. Il s'agit de repérer un caractère nettement analysable et dont l'hérédité est monogénique (dont la transmission n'est due qu'à un seul gène). Cette tâche n'est pas toujours aisée et nécessite un traitement statistique. C'est le cas par exemple de la mucoviscidose dont la transmission obéit aux lois de Mendel de l'hérédité monogénique. À ce stade, il convient de recenser un grand nombre de familles ayant des enfants atteints et non atteints par la maladie dont on désire isoler le gène. Est alors possible un travail statistique sur le mode de transmission du gène.

Identifier le chromosome porteur du gène

Pour positionner un gène, on étudie son éventuelle liaison avec des marqueurs connus de position connue. Le principe en est le suivant : on connaît maintenant précisément bon nombre de gènes ou de fragments d'ADN ainsi que leur localisation exacte dans le génome. L'étude de la transmission de ces marqueurs peut être menée conjointement à celle de la maladie étudiée. Il est alors possible de définir numériquement une probabilité de liaison entre le gène et un marqueur. Il y a liaison si le gène et le marqueur sont sur le même chromosome ; dans ce cas, on conçoit qu'ils aient plus de chance d'être transmis conjointement. C'est cette probabilité que l'on cherche à mesurer. De la sorte, on a pu affirmer que le gène responsable de la mucoviscidose se trouvait sur le chromosome n° 7.
Par la suite, on essaye de proche en proche de trouver des marqueurs de plus en plus liés au gène recherché. Comme on a déjà une idée de sa localisation, il n'est plus obligatoire d'avoir recours à des marqueurs à localisation unique. C'est ce qui permet de disposer d'un marqueur satisfaisant. On parvient ainsi à isoler complètement le gène à partir d'une banque de gènes. Une fois ce travail fait, il devient possible d'amplifier ce gène et peut-être d'identifier son mode d'action (l'activité de l'allèle normal et celle de l'allèle muté). C'est ainsi que l'on a pu montrer que le gène de la mucoviscidose codait pour un canal ionique au chlore.

ADNc / cDNA : abr., pour ADN complémentaire. Molécule d'ADN obtenue par transcription inverse d'un ARNm et donc complémentaire de cet ARN.
Sonde / Probe : n.f., séquence d'ADN connue rendue radioactive, utilisée pour ses propriétés de liaison spécifique avec toute séquence complémentaire et permettant donc de détecter de telles séquences.
Trancriptase Inverse / Reverse Transcriptase : n.f., enzyme isolée d'un rétrovirus permettant de produire une molécule d'ADN complémentaire d'un brin matrice d'ARN.

Identifier un gène dont on connaît le produit

Lorsque l'on connaît la protéine produite par le gène recherché (ce qui n'est pas fréquent), on peut adopter une technique classique et moins longue. Connaissant la séquence ou un partie de la séquence de la protéine, il est possible d'en déduire la séquence d'une partie (généralement les extrémités) de l'ARNm du gène recherché et de synthétiser de tels fragments. Ces fragments servent alors de sonde pour trier une banque d'ADNc (ADN obtenu au hasard à partir de l'ensemble des ARNm de la cellule testée, grâce à l'enzyme transcriptase reverse) et ensuite identifier le gène précisément. On peut alors le localiser, mais aussi étudier les diverses mutations dont il est l'objet.

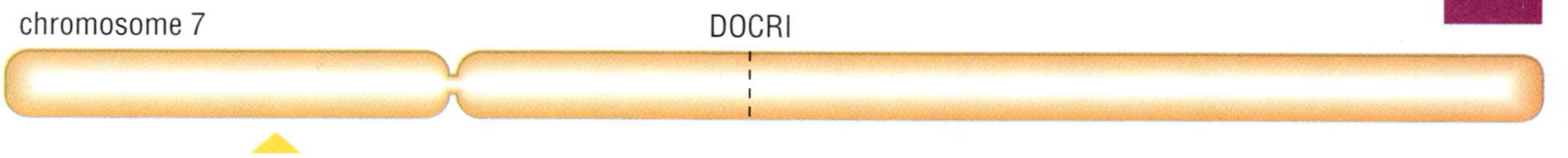

1 L'analyse des familles atteintes de mucoviscidose (gène CF, pour Cystic Fibrosis : mucoviscidose) montre une liaison entre CF et DOCRI, un marqueur connu du chromosome 7.

Donc CF est sur le chromosome 7.

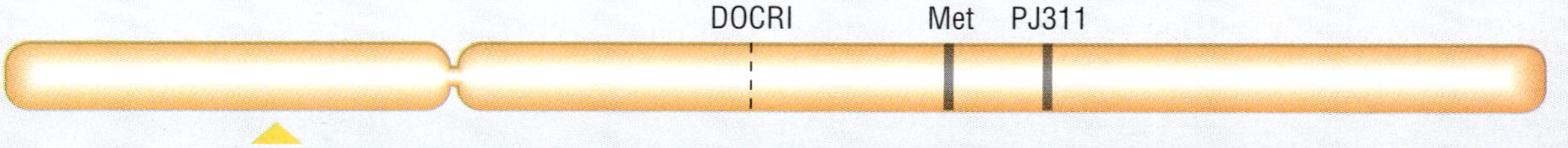

2 Une étude plus précise de liaison montre que CF se trouve dans un segment long de un million de nucléotides, entre le gène Met et le marqueur PJ311, déjà localisés.

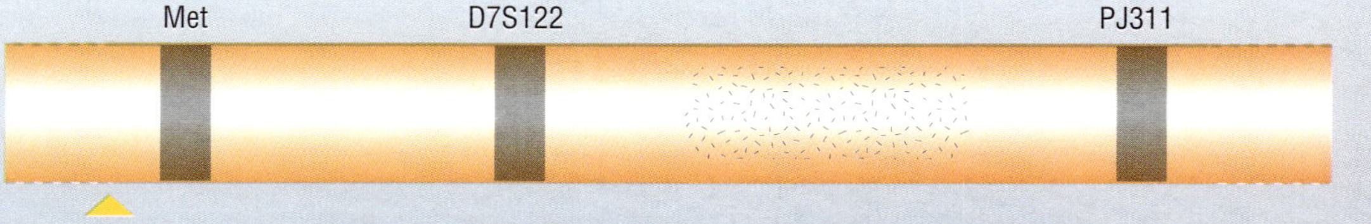

3 Le marqueur D7S122 est le plus proche de CF. On se sert de ce marqueur comme sonde pour trouver dans une banque d'ADN de petits fragments d'ADN qui lui sont adjacents. Ces fragments servent à leur tour de sonde et l'on trouve des fragments qui leur sont contigus. Par sauts de quelques milliers de nucléotides et de proche en proche, on progresse ainsi jusqu'au fragment HI_6, identifié comme étant interne au gène CF.

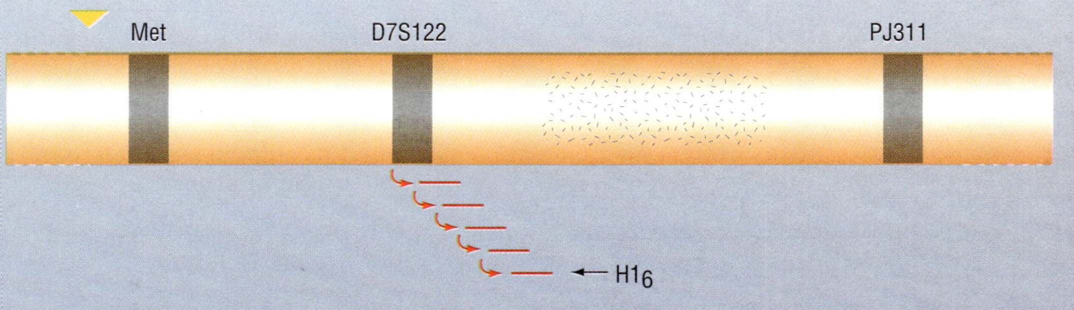

4 Les cellules de glandes sudoripares expriment le gène CF ; on purifie leurs ARNm et on crée à partir d'eux une banque d'ADNc. Le clone HI_6 sert alors de sonde pour « pêcher » l'ADNc de CF et le purifier.

5 L'ARNm de CF est alors obtenu puis sa séquence est déterminée. De là, on déduit la séquence peptidique de la protéine codée par CF, et la nature de la mutation responsable de la mucoviscidose.

4. Les manifestations de la variation génétique à l'échelle des populations

L'ADN est polymorphe

Si les individus sont différents les uns des autres, c'est parce qu'ils n'ont pas le même génome. Tous les êtres humains ont bien sûr un génome organisé de façon identique, mais la séquence nucléotidique de l'ADN de chacun lui est spécifique. Les mutations sont responsables de ces différences au sein d'une même espèce. La majorité de l'ADN étant non-codante, le polymorphisme de l'ADN ne s'exprime donc pas à l'échelle des individus et passe inaperçu la plupart du temps. De même, le polyallèlisme ne signifie pas pour autant maladie génétique. Ce qui est important à retenir, c'est que chaque individu est unique, du seul point de vue de son ADN. C'est cette unicité qui est parfois utilisée en médecine légale pour mener une recherche de paternité, identifier un criminel…

Le polyallèlisme associé au brassage génétique crée la diversité

Du point de vue des phénotypes, il apparaît également que la diversité est grande au sein des populations. Ceci n'est pas étonnant compte tenu du polyallèlisme et du brassage génétique effectué lors de la reproduction. Si l'on admet en première approximation que les mariages se font au hasard au sein d'une population (indépendamment des gènes), on peut imaginer une sorte de « libre distribution des allèles à travers les générations ». Le nombre de collections d'allèles possibles dépasse alors l'imagination. Il est ainsi impossible que deux individus puissent être identiques tant du point de vue de leurs génotypes que de celui de leurs phénotypes.

La notion de race n'est pas fondée scientifiquement

Le concept de race fait référence à la génétique, et la génétique ne peut que rejeter ce concept. Considérant un seul gène, situation évidemment simpliste, il n'est pas possible d'identifier des populations tranchées ; ce que l'on observe, c'est un passage progressif d'une région à l'autre, d'une ethnie à l'autre. Ces graduations sont observables pour tous les gènes, mais ne sont pas superposables : là où tel allèle présente dans son expression à l'échelle d'un continent un gradient d'est en ouest, un autre sera gradué du nord au sud. Dès lors que l'on s'intéresse à une collection d'allèles, il devient impossible de définir des « ensembles » à contour précis.

De plus, si l'on étudie la distance génétique entre individus (le pourcentage de différences sur un échantillon de gènes connus), il n'est pas non plus possible de définir des ensembles dont les éléments seraient plus « proches » les uns des autres que des individus d'autres ensembles. La distance génétique séparant deux hommes d'une même population n'est pas significativement différente de la distance entre deux individus pris au hasard sur la planète.

Ainsi, la pigmentation de la peau est fortement héréditaire, mais il est rigoureusement impossible d'établir une corrélation entre la « couleur » et d'autres caractères, même si l'on ne considère que peu de caractères.

Distance génétique : expr., degré de ressemblance entre les patrimoines génétiques de deux individus. La distance génétique est nulle entre deux vrais jumeaux.
Polymorphisme / polymorphism : n.m., propriété d'une population présentant plusieurs phénotypes pour un caractère donné dont le plus rare a une fréquence supérieure à 1 %.

	A1	A2	A3						An
A1	A1A1	A1A2	A1A3						A1An
A2	A1A2	A2A2	A2A3						A2An
A3	A1A3	A2A3	A3A3						A3An
An	A1An	A2An	A3An						AnAN

Polyallélisme et diversité des génotypes. S'il existe n allèles du gène A (A1, A2,A3, …, An), on peut représenter l'ensemble des couples d'allèles (i.e. des génotypes) possibles par un tableau.

La diagonale du tableau représente les homozygotes (deux mêmes allèles), le reste les hétérozygotes.
Il y a $n \bullet n = n^2$ cases dans le tableau, et la diagonale a n cases. Il y a donc n homozygotes. Il reste $n^2 - n$ cases, dont chacune est en double exemplaire dans le tableau ; il y a donc $n^2 - n$ hétérozygotes.
Au total, le nombre de génotypes possibles est : nombre d'homozygotes + nombre d'hétérozygotes =

$$n + \frac{n^2 - n}{2} = \frac{n^2 + n}{2} = \frac{n \cdot (n+1)}{2}$$

Nombre de génotypes possibles : $\frac{n \cdot (n+1)}{2}$

Considérant les gènes du CMH, si l'on se limite aux gènes A, B, C et DR, on peut calculer le nombre de situations possibles sur le chromosome 6 : nombre d'allèles de A x nombre d'allèles de B x nombre d'allèles de C x nombre d'allèles de DR = 25 x 50 x 10 x 45 = 562 500.

Pour obtenir le nombre de couples de chromosomes 6 possibles, on peut faire « comme si » le chromosome 6 était un gène à 562 500 allèles, et calculer $\frac{n \cdot (n+1)}{2}$ avec n = 562 500.

On obtient ainsi $1{,}6 . 10^{11}$ génotypes tous différents (160 milliards).

Diversité du soi biologique à partir du polyallélisme du CMH.

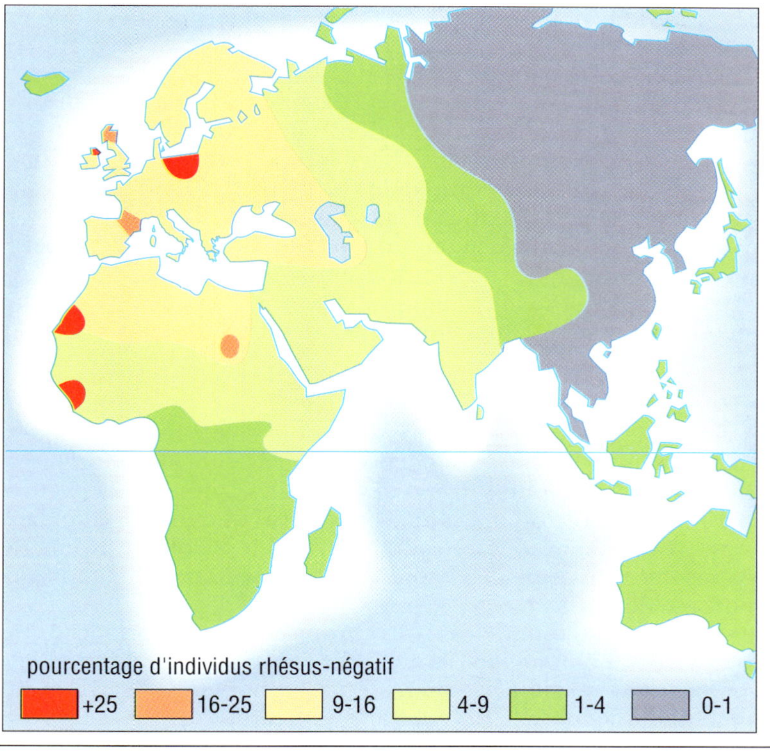

Répartition mondiale du facteur Rhésus.

Le facteur Rhésus (Rh) est un antigène des hématies humaines. Sa présence (Rh^+) ou son absence (Rh^-) dépend d'un groupe de gènes situé sur un même chromosome, et qui se transmettent en un seul bloc. On peut donc, pour simplifier, assimiler ce groupe de gènes à un gène unique. L' « allèle » r est principalement responsable du phénotype « Rhésus négatif ». Sa répartition mondiale a été très étudiée car il est important de pouvoir identifier les femmes Rh^- dont le fœtus est Rh^+. En effet, elles doivent recevoir, immédiatement après le premier accouchement, un traitement immunologique prévenant la formation d'anticorps qui agiraient contre les enfants Rh^+ conçus ultérieurement. La carte ci-contre montre que le facteur Rhésus négatif est plus fréquent dans la population basque et de moins en moins fréquent vers l'est. Cette observation, en cohérence avec beaucoup d'autres, indique que les Basques auraient conservé les caractères d'une population européenne initiale, qui se serait moins mélangée que les autres populations autochtones aux migrants d'origine indo-européenne du Néolithique.

1. Des altérations du génome induisent des maladies génétiques

Les maladies génétiques sont des maladies qui se transmettent à la descendance. Il est d'usage, actuellement, de considérer quatre types de maladies génétiques, selon le type d'altérations observées au niveau du génome :
– les maladies monofactorielles, pour lesquelles un seul gène est impliqué dans l'apparition de la maladie ;
– les maladies polyfactorielles ou polygéniques, dont l'apparition est conditionnée par certaines combinaisons d'allèles de différents gènes ;
– les maladies liées à des anomalies chromosomiques, pour lesquelles le nombre ou la structure des chromosomes peuvent être à l'origine de troubles graves ;
– les maladies mitochondriales, dues à des désordres dans l'ADN mitochondrial.
Toutes ces maladies sont transmissibles d'une génération à l'autre : elles sont donc déterminées par des altérations du génome des cellules sexuelles, mâles ou femelles. Ces altérations peuvent être ponctuelles ou locales, touchant une paire de bases ou de courtes séquences de l'ADN (cas des maladies « géniques » monofactorielles, polygéniques ou mitochondriales en général) ou, au contraire, beaucoup plus vastes lorsqu'elles modifient le nombre ou la structure des chromosomes (cas des maladies par anomalies chromosomiques).

Les maladies géniques

Les mutations à l'origine des maladies géniques ont des conséquences physiologiques diverses. Ainsi, les mutations qui abolissent toute fonction du gène (mutations amorphes, qui se traduisent par l'absence de produit du gène ou par la présence d'un produit inactif) n'ont en général d'effet pathologique que chez des individus dont le génome – diploïde – réunit deux exemplaires mutés du gène et ne touchent donc pas les individus hétérozygotes porteurs d'un exemplaire fonctionnel du gène. Au contraire, les mutations hypermorphes ou hypomorphes, qui se traduisent par une augmentation ou diminution de l'activité biologique gouvernée par un gène, peuvent se manifester chez tout individu.
D'autres mutations modifient la fonction sans l'abolir. Pour ces mutations hétéromorphes, l'effet pathogène peut s'exprimer aussi bien chez les porteurs de deux exemplaires mutés (individus homozygotes) que chez les hétérozygotes qui n'en ont qu'un seul. Chez ces derniers, la maladie peut être moins grave ou d'apparition plus tardive, mais elle existe, sans qu'ils soient porteurs sains.
Depuis 1992, une nouvelle classe de mutations à l'origine de maladies transmissibles a été découverte. Ces mutations correspondent à une amplification d'un triplet (CAG, CGG ou CTG), entraînant une instabilité lors de la réplication : la fonction du gène est alors abolie (cas du syndrome de l'X-fragile) ou modifiée (cas de dégénérescence nerveuse). On les qualifie de mutations dynamiques.
Les maladies liées à l'ADN mitochondrial ont un mode de transmission très particulier. Les caractères mitochondriaux ne sont transmis, en effet, que par la mère. Une mutation présente dans l'ADN mitochondrial des ovocytes peut ainsi induire des maladies génétiques, comme certaines myopathies, des troubles métaboliques…

Les maladies par anomalies chromosomiques

Ces anomalies apparaissent généralement lors des divisions cellulaires, mitotiques, ou plus généralement méiotiques (non-disjonction des paires de chromosomes). Les anomalies de nombre sont le plus souvent des trisomies (présence de 3 chromosomes dans une même paire) ou des monosomies (1 seul chromosome dans une paire). Elles peuvent affecter des autosomes (trisomie 21 ou syndrome de Down) ou des hétérosomes (trisomie de l'X ou syndrome de Klinefelter, monosomie de l'X ou syndrome de Turner).
Les anomalies de structure résultent de cassures chromosomiques portant sur un ou plusieurs chromosomes, homologues ou non. Elles sont dites équilibrées lorsqu'elles ne s'accompagnent pas de perte de matériel héréditaire (inversions ou translocations), déséquilibrées dans le cas contraire (délétions).

Autosome : n.m., chromosome non sexuel (22 paires dans l'espèce humaine, numérotées de 1 à 22).
Hétérosome : n.m., chromosomes sexuels (XX chez la femme, XY chez l'homme).
Hétérozygote : n.m. ou adj., qui possède deux allèles différents d'un même gène.
Homozygote : n.m. ou adj., qui possède deux allèles identiques d'un même gène.

Maladies monofactorielles

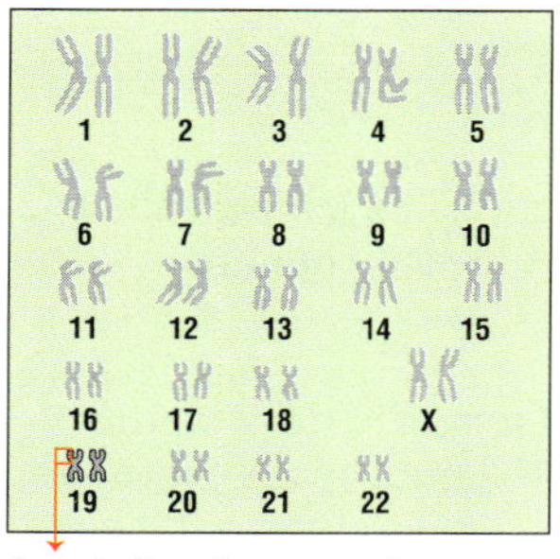

1 seul gène chromosomique impliqué

Maladies polyfactorielles

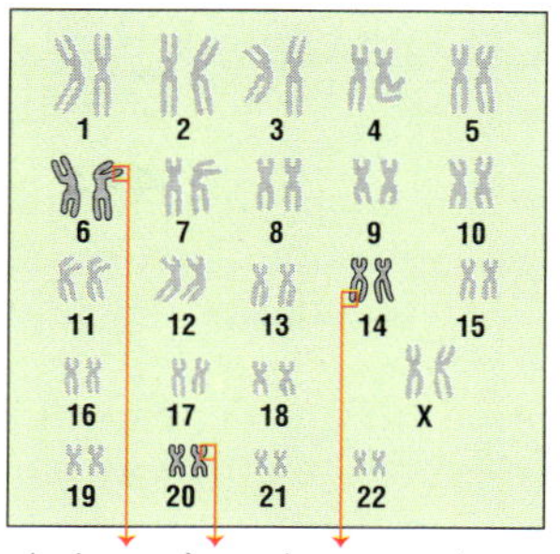

plusieurs gènes chromosomiques impliqués

Maladies par anomalies chromosomiques

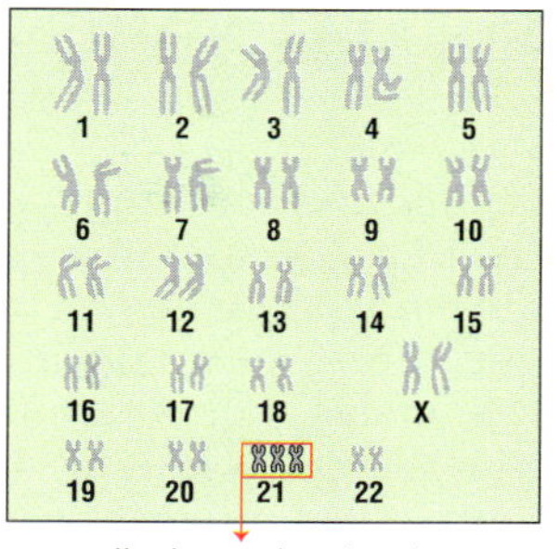

anomalie de nombre (ou de structure) des chromosomes

Maladies mitochondriales

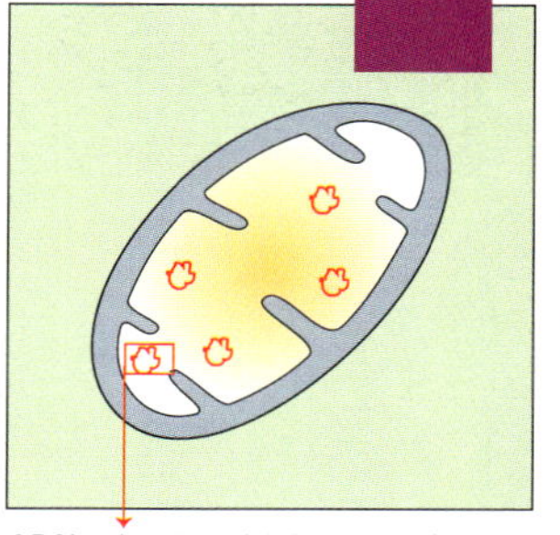

ADN mitochondrial impliqué

On distingue quatre grands types de maladies génétiques, selon le type de génome (nucléaire ou mitochondrial) ou le nombre de gènes impliqués, ou encore les caractéristiques du caryotype.

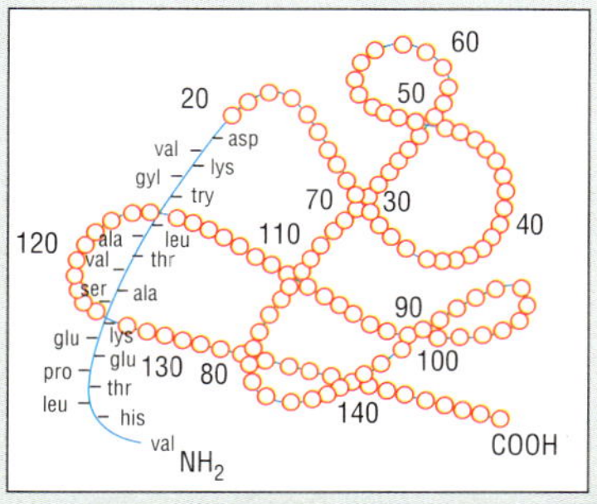

a. Chaîne ß de l'hémoglobine humaine normale (HbA). Les 20 premiers acides aminés ont été détaillés.

0 5 10
AUG GUG CAC CUG ACU CCU GAG GAG AAG UCU GCC GUU ACU GCC CUG
15 20 25
UGG GGC AAG GUG AAC GUG GAU GAA GUU GGU GGU GAG GCC CUG GGC
30 35 40
AGG CUG CUG GUG GUC UAC CCU UGG ACC CAG AGG UUC UUU GAG UCC
45 50 55
UUU GGG GAU CUG UCC ACU CCU GAU GCU GUU AUG GGC AAC CCU AAG
60 65 70
GUG AAG GCU CAU GGC AAG AAA GUG CUC GGU GCC UUU AGU GAU GGC
75 80 85
CUG GCU CAC CUG GAC AAC CUC AAG GGC ACC UUU GCC ACA CUG AGU
90 95 100
GAG CUG CAC UGU GAC AAG CUG CAC GUG GAU CCU GAG AAC UUC AGG
105 110 115
CUC CUG GGC AAC GUG CUG GUC UGU GUG CUG GCC CAU CAC UUU GGC
120 125 130
AAA GAA UUC AAC CCA CCA GUG CAG GCU GCC UAU CAG AAA GUG GUG
135 140 145
GCU GGU GUG GCU AAU GCC CUG GCC CAC AAG UAU CAC UAA

b. ARNm du gène codant pour la chaîne ß de l'HbA

Les hémoglobinopathies, qui constituent des pathologies variées, résultent pour la plupart de mutations qui touchent les gènes codant les chaînes α ou β de l'hémoglobine.
Ainsi, la drépanocytose est à l'origine, chez les individus atteints, d'anémie chronique pouvant entraîner la mort à la suite d'accidents hémolytiques.
Cette maladie est liée à une mutation ponctuelle du gène codant la chaîne β : une base azotée du sixième codon, l'adénine, substituée par une thymine, entraîne le changement GAG (allèle βa) en GTG (allèle βs) et aboutit à la substitution de l'acide aminé acide glutamique en un autre acide aminé (valine).
Cette substitution d'un acide aminé donne à l'hémoglobine anormale (HbS), lorsque la PO_2 est faible, la propriété de polymériser en fibres, modifiant la forme et la plasticité des globules rouges.

	Caractéristique de l'allèle par rapport à l'allèle le plus répandu (brin non transcrit)	Conséquence
Substitution d'un nucléotide	Au triplet 2, CAT, au lieu de CAC	Aucune conséquence - Hémoglobine fonctionnelle
	Au triplet 6, GTC, au lieu de GAG	Drépanocytose - Hémoglobine S (HbS)
	Au triplet 6, AAG, au lieu de GAG	Anémie peu grave - Hémoglobine C (HbC)
	Au triplet 17, TAG, au lieu de AAG	Thalassémie - Pas de chaîne ß
Délétion d'un nucléotide	Au triplet 6, G-G, au lieu de GAG	Thalassémie - Pas de chaîne ß
Insertion d'un nucléotide	Entre triplet 71 et 72 TTT T AGT au lieu de TTT AGT	Thalassémie - Pas de chaîne ß

c. Mutations touchant les gènes des chaînes α ou ß

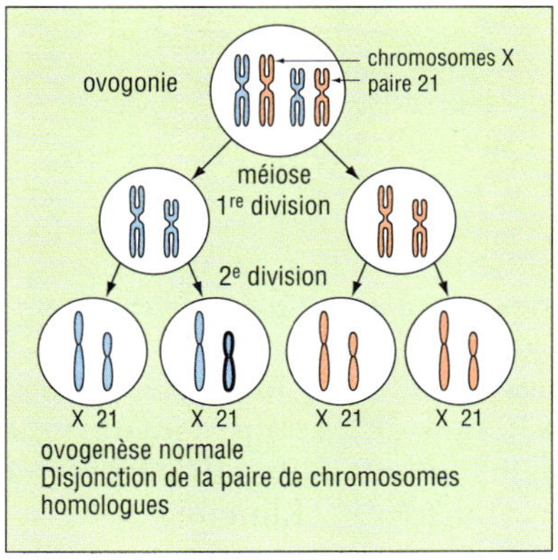

ovogenèse normale
Disjonction de la paire de chromosomes homologues

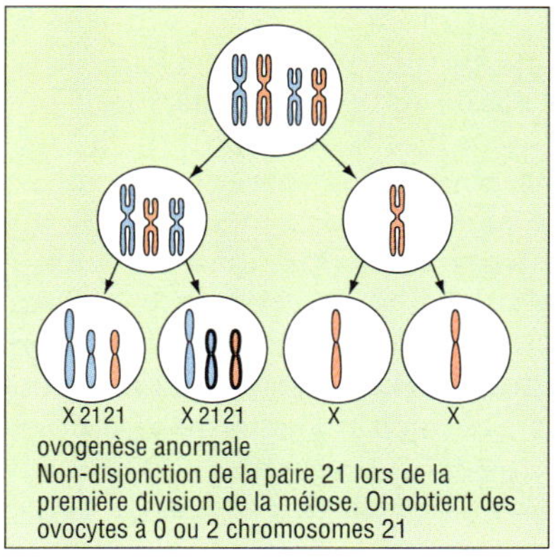

ovogenèse anormale
Non-disjonction de la paire 21 lors de la première division de la méiose. On obtient des ovocytes à 0 ou 2 chromosomes 21

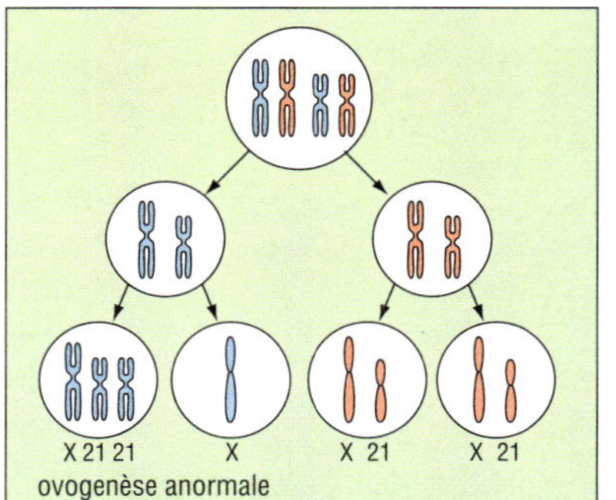

ovogenèse anormale
Non-disjonction des 2 chromatides lors de la deuxième division de la méiose. On obtient des ovocytes à 0, 1 ou 2 chromosomes 21

Le syndrome de Down se traduit par un retard mental et des traits particuliers (petite taille, aspect trapu, tête ronde, face aplatie...) plus ou moins marqués. Cette anomalie, dont la fréquence peut atteindre 1/300 à 1/22 selon l'âge de la mère, a pour origine un dysfonctionnement de la méiose, principalement lors de l'ovogenèse. Une translocation entre les chromosomes 21 et 14 ou une trisomie à la paire 21 sont à l'origine de ce syndrome.

2. Le mode de transmission des maladies autosomiques

Une maladie autosomique est une maladie génétique pour laquelle les allèles du gène impliqué sont situés sur un autosome. La transmission de la maladie est donc indépendante du sexe. Dans la descendance, les sujets des deux sexes sont, statistiquement, touchés de façon égale.
Cette maladie peut être dominante ou récessive. Une maladie dominante s'exprime chez tous les sujets porteurs d'un allèle morbide à l'état hétérozygote et se transmet de porteur à porteur, généralement sans sauter de génération. Une maladie récessive s'exprime chez tous les sujets homozygotes pour un allèle morbide dont les parents, généralement hétérozygotes, n'expriment pas la maladie.

Les maladies dominantes autosomiques

Une maladie monofactorielle dominante autosomique est reconnaissable par l'exploitation d'un arbre généalogique complétée de données statistiques. Elle touche dans des proportions égales les sujets des deux sexes ; elle se retrouve chez l'un (au moins) des parents d'un individu atteint et est transmise à la descendance d'un sujet atteint avec une probabilité de 1/2. L'aniridie (malformation caractérisée par l'absence d'iris), ou encore la chorée de Huntington (dégénérescence de tissus dans le système nerveux central) sont des maladies dominantes autosomiques.
Cependant, les règles de la transmission peuvent se trouver apparemment en défaut et ceci dans deux circonstances principales :
– les mutations récentes, apparues dans un des gamètes parentaux ;
– la pénétrance incomplète. Un sujet, phénotypiquement sain, est cependant porteur d'une mutation morbide « dominante » il y a saut de génération dans l'arbre généalogique.
À cette notion de pénétrance incomplète s'associe celle d'expressivité variable. En effet, dans certaines maladies, le degré d'atteinte des sujets porteurs d'un gène dominant pathologique est variable. Par exemple, un sujet porteur du gène de la polydactylie peut avoir six doigts à chaque main et six orteils à chaque pied, ou n'avoir que trois, deux, un ou aucun membre touché. Ces notions sont à rapprocher de celle d'anticipation (âge d'apparition de plus en plus précoce au cours des générations successives, avec accentuation de la gravité), dont l'origine a été récemment expliquée par l'existence de mutations dynamiques.

Les maladies récessives autosomiques

Une maladie monofactorielle récessive autosomique est statistiquement reconnaissable aux critères suivants : les sujets atteints (indifféremment des deux sexes) naissent généralement de parents non atteints, une proportion théorique de 1/4 de sujets atteints se retrouvant dans les fratries concernées par la maladie. Cependant, pour retrouver cette proportion, il faut tenir compte du biais de recrutement qui existe dans les familles récessives autosomiques. On ne recense que celles qui ont au moins un enfant malade. Celles qui n'en ont aucun, bien que les deux parents soient hétérozygotes, demeurent inconnues. Il en résulte un excès apparent de sujets malades, mais diverses méthodes mathématiques permettent de corriger ce biais. La drépanocytose (hémoglobine anormale), la mucoviscidose (troubles résultant d'un épaississement des sécrétions bronchiques et pancréatiques) sont des maladies récessives autosomiques.
Il faut cependant noter que la maladie peut dépendre de mutations différentes du même gène. Les sujets malades ne sont donc pas homozygotes pour la même mutation. Ils sont dits hétérozygotes composites. Un sujet malade naît dans la très grande majorité des cas de l'union de deux sujets normaux.
Les mariages entre apparentés unissent des individus ayant au moins un ascendant commun. Les époux peuvent partager des allèles identiques, ce qui favorisent l'homozygotie dans la descendance. Ces mariages accroissent le risque d'apparition de la maladie récessive dans cette descendance, si le ou les ascendants communs étaient porteurs sains d'une mutation morbide récessive.

Allèle morbide : exp., allèle pouvant être responsable à l'état homozygote ou hétérozygote, d'une maladie ou d'une anomalie.

Dominant / récessif : adj., termes attachés au phénotype et qu'on associe improprement aux allèles, par simplification. Ainsi, l'« allèle récessif » ne s'exprime au niveau du phénotype que lorsqu'il est seul présent, ou à l'état d'homozygote. Un seul exemplaire de l'« allèle dominant » dans le génotype suffit pour qu'il s'exprime au niveau du phénotype.

La connaissance de la transmission d'un caractère héréditaire passe souvent par l'interprétation d'un arbre généalogique construit à partir de la connaissance des phénotypes des ascendants (générations précédentes) et des collatéraux ou germains, (génération étudiée). L'établissement d'un arbre généalogique impose l'utilisation de symboles conventionnels.

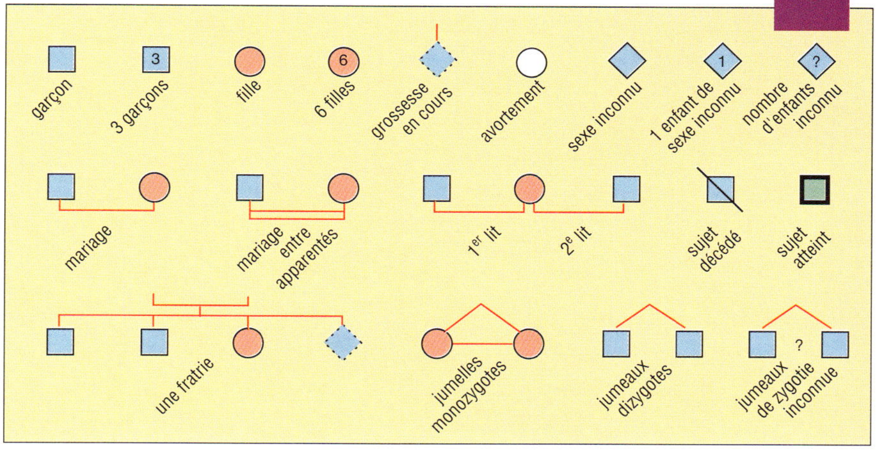

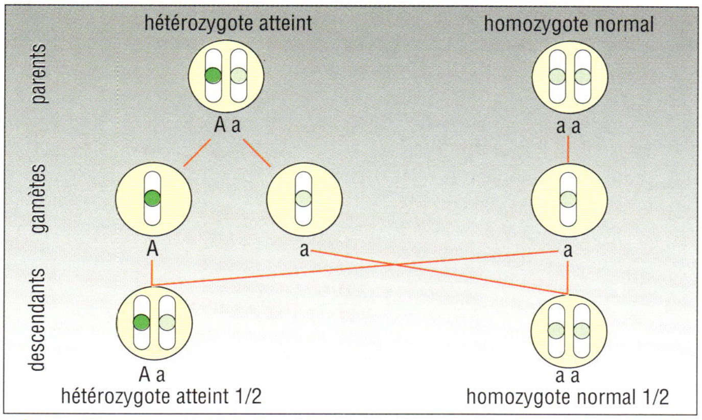

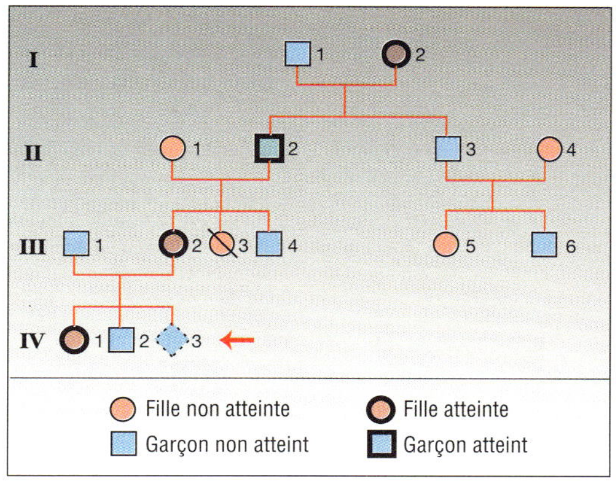

Schéma de l'hérédité dominante autosomique et exemple d'arbre généalogique (cas d'e l'aniridie, malformation rare caractérisée par l'absence de l'iris et qui atteint généralement les deux yeux). La flèche (←) désigne le proposant, personne à l'origine de la recherche, et les générations sont numérotées par des chiffres romains, en commençant par la plus anciennement représentée.

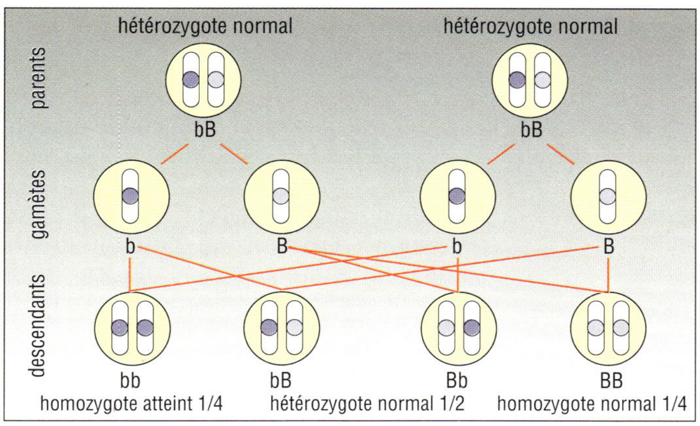

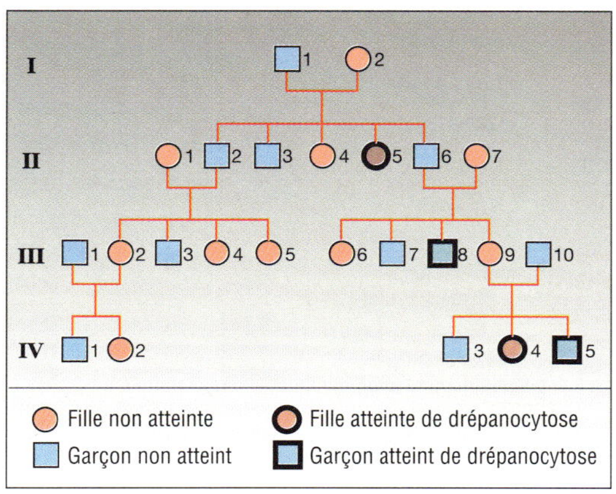

Schéma de l'hérédité récessive autosomique et exemple d'arbre généalogique (cas de la drépanocytose, maladie héréditaire récessive autosomique, fréquente en Afrique équatoriale et dans la zone arabo-indienne).

mariage entre	non apparentés	cousins issus de germains	cousins germains	oncle-nièce ou doubles cousins germains
consanguinité	0	1/64	1/16	1/8
mucoviscidose (q = 1/50)	1/2500	1/2500 + 1/3200	1/2500 + 1/800	1/2500 + 1/400
phénylcétonurie	1/10 000	1/10 000 + 1/6400	1/10 000 + 1/1600	1/10 000 + 1/800

Le risque de naissance d'un enfant atteint d'une maladie récessive autosomique augmente en fonction du lien de parenté entre les parents et de la fréquence q de la mutation morbide dans la génération. L'effet de la consanguinité est d'autant plus sensible, en fréquences relatives, que les pathologies sont rares.

3. Le mode de transmission des maladies liées au sexe

Une maladie liée aux chromosomes sexuels ne survient que dans un seul des sexes de la descendance. Elle atteint cependant le plus souvent les individus masculins. En effet, si le gène responsable de la maladie est situé sur le chromosome Y, seuls les hommes sont atteints et transmettent systématiquement l'anomalie à leurs fils. Si le gène est situé sur la portion spécifique du chromosome X, l'expression de la maladie dépend de sa dominance ou de sa récessivité : une maladie dominante s'exprime systématiquement chez tous les hommes et toutes les femmes porteurs de l'allèle morbide. Une maladie récessive ne s'exprime que chez les hommes porteurs et les femmes homozygotes pour l'allèle morbide. La plupart des maladies liées au chromosome X sont récessives, ce qui explique l'atteinte préférentielle des individus masculins de la descendance et le rôle des femmes « porteuses » qui transmettent la maladie avec la probabilité de 1/2. Il faut noter que la transmission d'un gène porté par la partie commune aux chromosomes X et Y ne se différencie pas d'une maladie autosomique.

Les maladies récessives liées au sexe

La forme récessive d'un gène localisé sur le chromosome X se manifeste toujours chez un sujet de sexe masculin, celui-ci ne possédant qu'un seul chromosome X. Dans le sexe féminin, il se manifeste à l'état homozygote. Si on appelle x le chromosome X porteur de la mutation morbide et X celui porteur de la séquence normale du gène, la maladie ne touche que les hommes qui naissent du mariage d'une femme conductrice (xX), donc hétérozygote, et d'un homme normal (XY). Parmi les enfants nés d'une telle union, une fille sur deux est conductrice comme sa mère et un garçon sur deux est atteint.
D'un mariage entre un homme atteint (xY) et une femme normale (XX), naissent uniquement des filles conductrices et des garçons normaux. Une femme xx ne peut naître que de l'union d'une conductrice xX et d'un homme atteint xY.
Parmi ces maladies, on peut citer la maladie de Hunter, due à un déficit en une enzyme (troubles mentaux), ou encore la maladie métabolique liée au déficit en glucose 6-phosphate déshydrogénase.

Les maladies dominantes liées au sexe

Ces maladies sont rares. Si on appelle X^+ le chromosome X porteur de la mutation morbide dominante et X le chromosome porteur de la séquence normale du gène, le génotype des femmes atteintes est X + X et celui des hommes atteints X + Y. Deux types de mariages sont à considérer dans ce cas :
– lorsqu'une femme atteinte épouse un homme normal, un garçon sur deux et une fille sur deux seront atteints dans la descendance. La proportion d'enfants atteints est donc la même que dans le cas des maladies dominantes autosomiques ;
– lorsqu'une femme normale épouse un homme atteint, tous les garçons sont normaux mais les filles sont toutes atteintes.
On peut rattacher à ce mode de transmission le syndrome de l'X fragile, cause d'un retard mental important chez les individus atteints. Ce retard peut atteindre les garçons mais aussi les femmes porteuses. L'origine de cette maladie est une mutation dynamique, due à l'amplification très importante du triplet CGG dans le gène responsable de la maladie.

Gène d'une maladie : exp., terme biologiquement impropre. Il n'existe pas de gène responsable d'une maladie, mais plutôt des allèles morbides responsables de la pathologie observée.

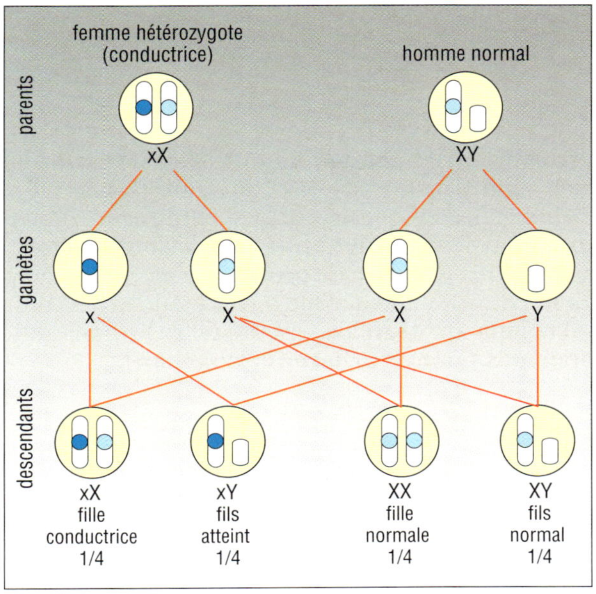

Schéma de l'hérédité récessive liée au sexe (mariage d'une femme conductrice et d'un homme normal).

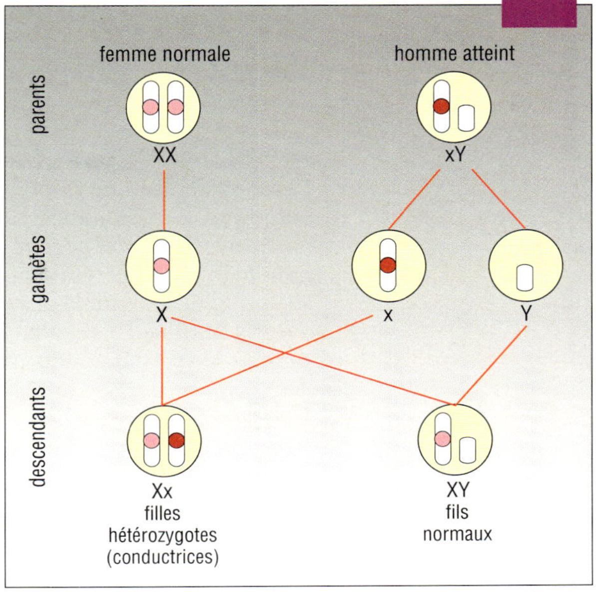

Schéma de l'hérédité récessive liée au sexe (mariage d'un homme malade et d'une femme normale).

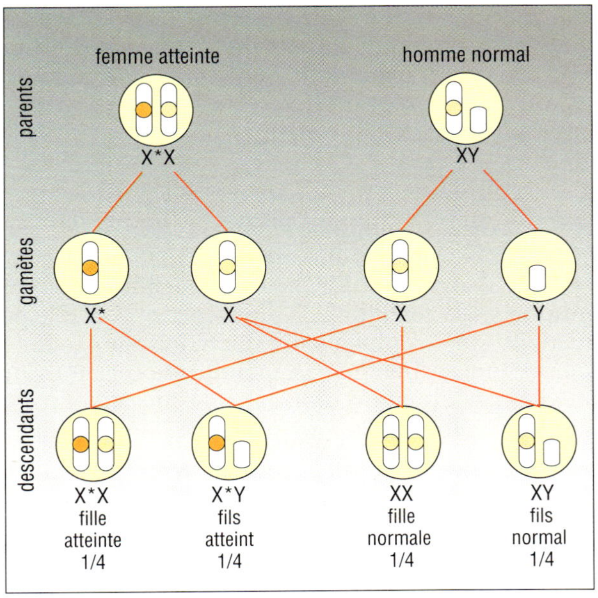

Schéma de l'hérédité dominante liée au sexe (mariage d'une femme malade et d'un homme normal).

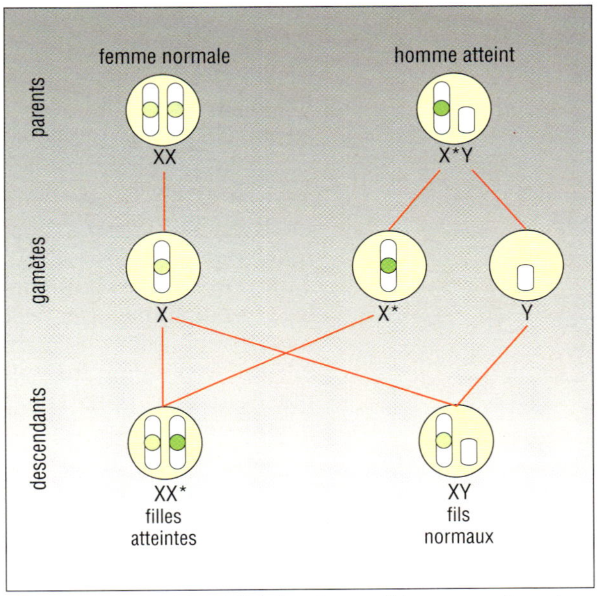

Schéma de l'hérédité dominante liée au sexe (cas du mariage d'un homme malade et d'une femme normale).

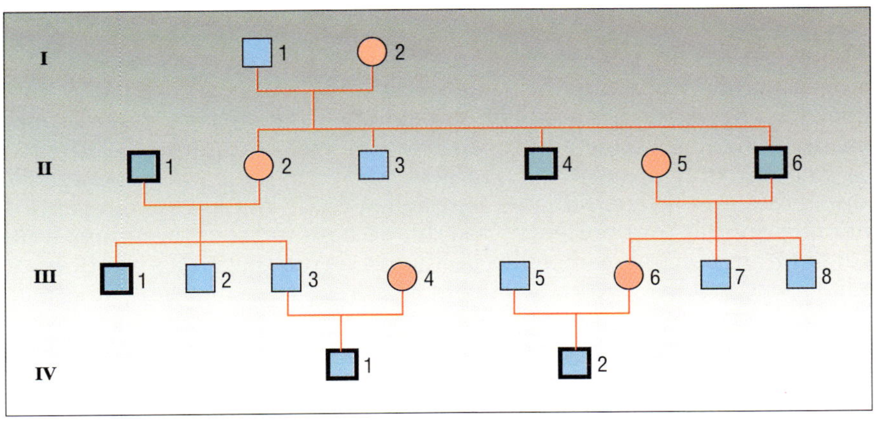

Exemple d'arbre généalogique d'une maladie liée au sexe (cas de la transmission du favisme, dû à un déficit en une enzyme, la glucose-6-phosphate déshydrogénase).

- Fille non atteinte
- Garçon non atteint
- Fille atteinte
- Garçon atteint

4. La prévention des maladies génétiques

La probabilité pour un couple d'avoir un enfant porteur ou atteint d'une maladie héréditaire donnée dépend de la nature de la maladie et du degré de parenté des conjoints. L'exploitation de l'arbre généalogique, construit à partir de phénotypes connus, permet d'accéder au génotype certain ou possible des individus de la famille et d'en déterminer la probabilité. Ce calcul de probabilité prend en compte les lois générales de la transmission d'un couple d'allèles et les événements connus dans la famille. Le résultat tient compte du degré de parenté entre les conjoints. Il permet le conseil génétique et peut conduire au diagnostic anténatal.

Le conseil génétique

Le conseil génétique ne dit pas si un enfant à venir sera atteint ou indemne. Il établit une estimation du risque, exprimé en terme de probabilité. Il s'agit donc plus d'une information qu'on donne à un sujet ou à un couple qu'un conseil. Le risque est estimé en fonction de la maladie, de son mode de transmission et des liens de parenté du couple avec le sujet malade. Ce risque est facile à calculer lorsque la maladie est monofactorielle. Dans les maladies par anomalies chromosomiques, le risque de récurrence pour un couple ayant un enfant atteint est faible, mais augmenté par rapport au risque de la population générale. Dans les maladies héréditaires complexes (hérédité multifactorielle), le risque pour un couple d'avoir un deuxième enfant atteint est estimé par des enquêtes. Cette détermination du risque est, ici encore, empirique. Le but du conseil génétique est d'essayer de réduire la fécondité des couples à « haut risque », en sachant que cette notion est très subjective chez les parents d'enfants malades.

Le diagnostic anténatal

Le diagnostic anténatal fait suite au conseil génétique. Deux grands types de techniques sont utilisés : le premier fait appel à l'imagerie médicale *in utero*, le second à un prélèvement biologique suivi d'analyses cytologiques ou biochimiques. Dans le cadre de l'imagerie, l'échographie est la technique la plus répandue. Si elle permet de rechercher les malformations (anencéphalie ou spina bifida par exemple), elle est de plus en plus utilisée pour une recherche systématique de certaines anomalies du développement fœtal. Les prélèvements biologiques concernent principalement le liquide et les cellules amniotiques, ou encore les villosités choriales.

La majorité des diagnostics anténatals concerne aujourd'hui les anomalies chromosomiques. Ils visent avant tout le groupe des femmes enceintes de plus de 38 ans qui ont un risque de 1 à 2 % d'avoir un enfant trisomique 21. Le diagnostic concerne également les maladies liées à des erreurs de métabolisme, comme les hémoglobinopathies, la mucoviscidose, la myopathie de Duchenne ou encore les hémophilies. Le diagnostic est alors réalisé par l'étude de l'enzyme impliquée (analyse biochimique), ou du gène muté (techniques de biologie moléculaire).

Le cas des maladies héréditaires complexes

Dans ces cas d'hérédité multigénique, le diagnostic anténatal n'a pas de sens. Cependant, un dépistage des gènes de susceptibilité (gènes associés au développement des maladies à l'âge adulte, en relation avec certaines conditions de milieu) peut être utile. Il s'agit alors d'établir une carte d'identité génétique des individus et d'essayer de conditionner leur milieu de vie en fonction des gènes de susceptibilité dont ils sont porteurs. Cela dit, de nombreuses précautions sont à prendre avant de préconiser de telles politiques de dépistage : les gènes de susceptibilité à une maladie peuvent conférer un état de résistance à d'autres maladies ; l'annonce à un individu qu'il possède des gènes de susceptibilité à une maladie grave peut avoir des conséquences psychologiques graves ; le conditionnement de l'environnement, de l'alimentation ou du mode de vie d'un individu représente une perte de liberté pour un avantage parfois hypothétique...

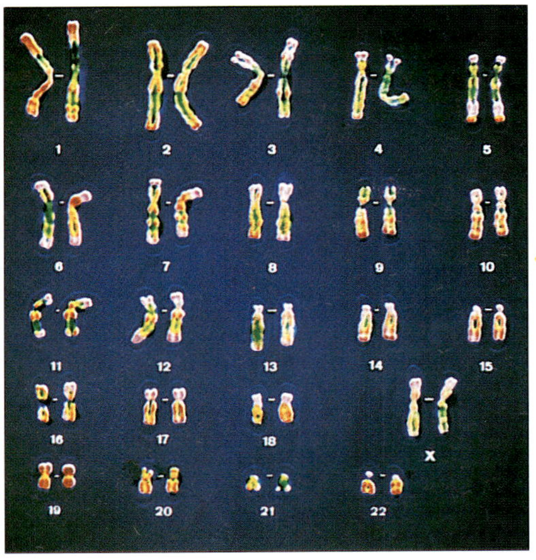

La technique du caryotype.
Tous les individus d'une même espèce présentent un équipement chromosomique identique qui caractérise le caryotype de cette espèce. Ainsi, dans l'espèce humaine, le caryotype comporte 46 chromosomes, regroupés en 22 paires d'autosomes numérotées de 1 à 22, et une paire de chromosomes sexuels, XX chez la femme et XY chez l'homme.

- La réalisation du caryotype repose sur une technique spéciale qui permet, après mise en culture des cellules, de bloquer leur division, par addition de colchicine au moment précis où les chromosomes sont bien individualisés (métaphase), chacun d'entre eux étant alors formé de deux chromatides réunies au niveau du centromère. Les chromosomes sont observés, photographiés, regroupés et classés par paires selon leur longueur, la position de leur centromère.
- L'analyse du caryotype se fait en fonction du nombre, de la taille, de la forme des chromosomes et de la distribution de bandes que l'on fait apparaître sur les chromosomes par une technique appropriée.

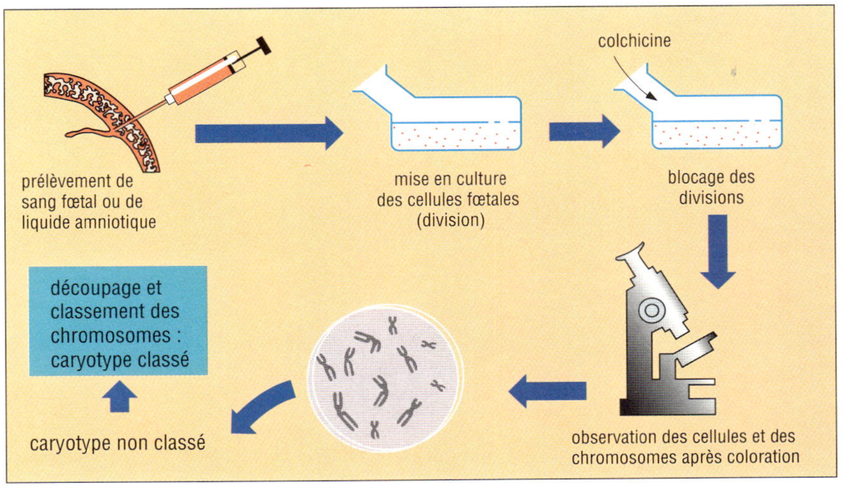

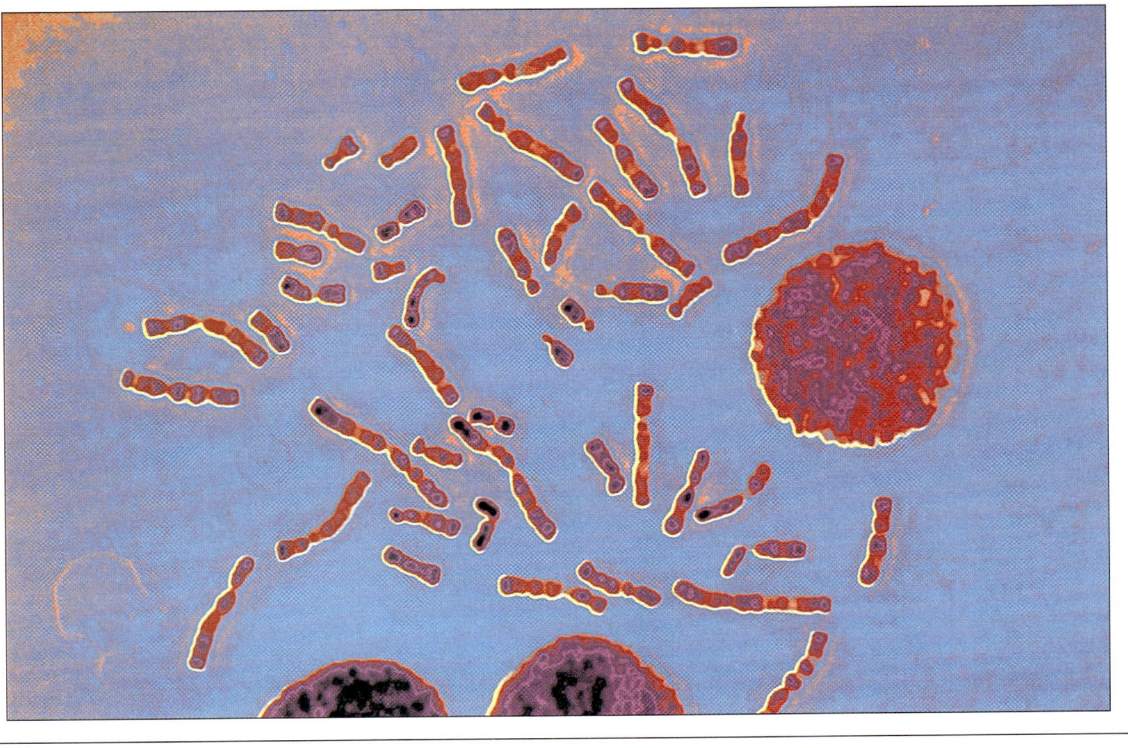

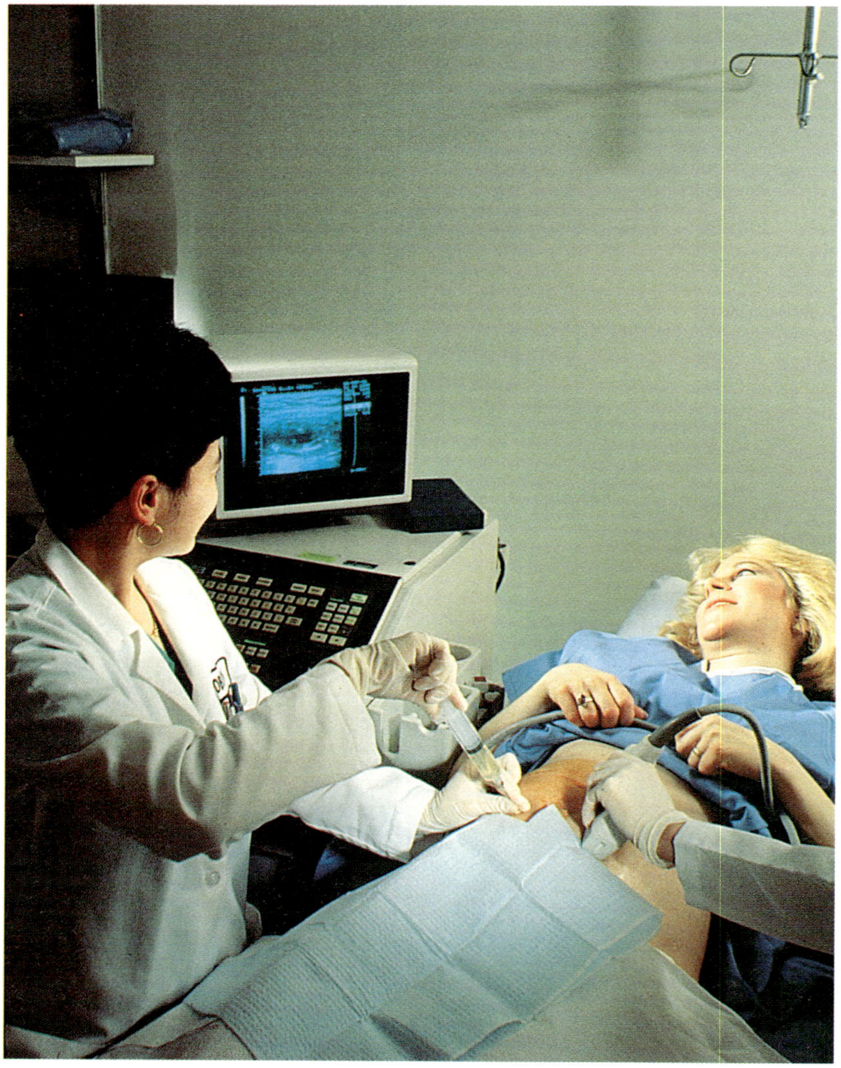

Amniocentèse ou choriocentèse sous contrôle échographique : à des fins d'analyses cytogénétiques et biochimiques, le médecin prélève des cellules fœtales sous contrôle échographique.

Techniques de visualisation de l'embryon et du fœtus, *in utero*

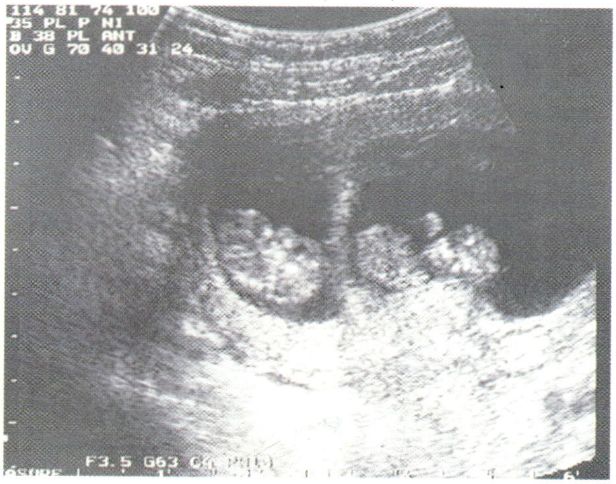

Échographie (fœtus de 10 à 12 semaines). Cet examen, pratiqué en France de façon systématique entre la 10e et la 12e semaine de grossesse, permet notamment de détecter les grossesses multiples.

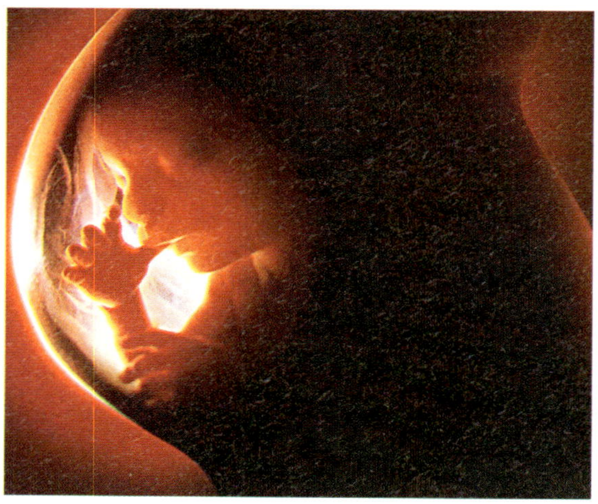

Endoscopie fœtale. Réalisée ici sur un fœtus de quelques mois, elle permet de déceler les malformations de la face et des membres.

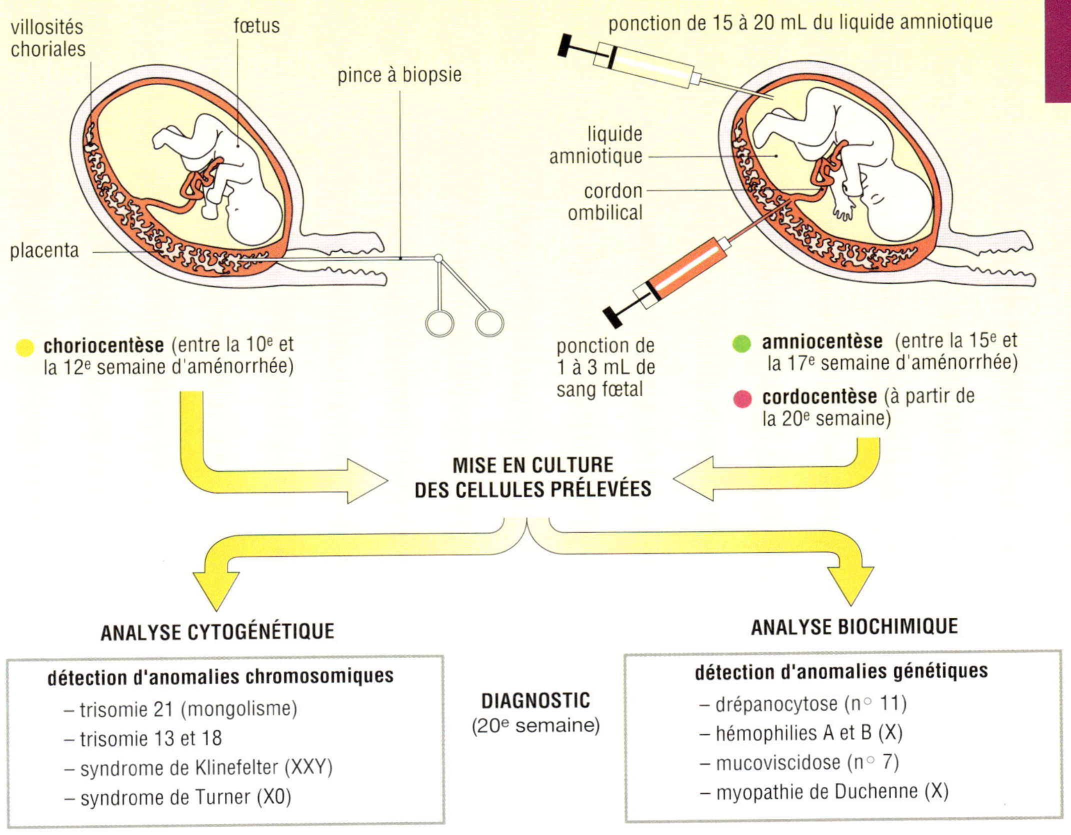

Le diagnostic prénatal a pour objectif de détecter des anomalies chromosomiques, des malformations congénitales et des maladies géniques du fœtus, et d'en établir le diagnostic. Il repose sur des techniques modernes d'imagerie médicale et sur l'analyse de prélèvements de tissus fœtaux.

1. L'échographie s'adresse à toutes les femmes enceintes. Elle permet d'observer la morphologie du fœtus, de le mesurer pour contrôler sa croissance, et d'apprécier certaines de ses fonctions, comme la circulation sanguine. Elle est réalisée successivement après 10 à 12 semaines d'aménorrhée pour le dépistage de grossesses multiples et de quelques malformations importantes comme l'anencéphalie, et à partir de 20 semaines d'aménorrhée pour détecter la grande majorité des malformations congénitales.

2. L'amniocentèse, la choriocentèse, la cordocentèse sont les techniques de prélèvements fœtaux les plus classiques. On peut également effectuer des prélèvements d'urine fœtale pour étudier les fonctions rénales, de peau pour déceler certaines dermatoses congénitales, et de foie pour établir le diagnostic de certaines maladies métaboliques. Les prélèvements fœtaux sont des techniques invasives dont les risques sont faibles si elles sont pratiquées en milieux spécialisés. Ces prélèvements permettent :

- d'établir le caryotype du fœtus à partir de la mise en culture de cellules fœtales recueillies dans le liquide amniotique ou les villosités choriales ;
- de réaliser le dosage des métabolites du liquide amniotique pour établir les déficits enzymatiques ;
- d'effectuer l'amplification de l'ADN de cellules amniotiques pour faire le diagnostic de maladies dues à une lésion génique ;
- d'envisager une approche biochimique par électrophorèse de molécules codées par des allèles morbides.

La choriocentèse est le prélèvement de villosités choriales sur le trophoblaste (futur placenta). Pratiqué vers la 10 ou 11 semaines d'aménorrhée, ce prélèvement permet d'établir un caryotype fœtal en quelques heures par examen de nombreuses cellules en mitose des villosités ou après quelques jours, après mise en culture des cellules recueillies.

L'amniocentèse consiste à prélever, sous guidage échographique, 20 mL de liquide amniotique au moyen d'une aiguille introduite dans la cavité amniotique à travers la paroi abdominale.

La cordocentèse est le prélèvement de sang fœtal pratiqué sous contrôle échographique, par ponction dans les vaisseaux fœtaux à travers l'abdomen de la mère.

5. Les apports de la biologie moléculaire au diagnostic génétique

Enzymes de restriction : endonucléase, le plus souvent d'origine bactérienne, capable de cliver la double chaîne d'ADN au niveau d'une courte séquence d'ADN, spécifique à chaque enzyme, et appelée site de restriction de l'enzyme.
PCR : sigle, pour Polymérase Chain Reaction, ou réaction de polymérisation en chaîne. Dispositif permettant, *in vitro*, d'amplifier une séquence d'ADN connue, à partir d'une microquantité de cet ADN.
PLFR / RFLP : sigle utilisé pour certains sites de restriction, relatifs aux diverses endonucléases, et distribués tout au long du génome. Ces sites, toujours au même endroit quel que soit l'individu ou le génome étudié, sont appelés PLFR parce qu'ils induisent à l'endroit où ils résident, un Polymorphisme de Longueur de Fragments de Restriction (selon la présence ou l'absence d'un tel site, la digestion par l'enzyme correspondante détermine l'apparition d'un ou deux fragments de restriction).
Sonde : fragment d'ADN simple brin (oligonucléotide de synthèse) ou double brin (ADN génomique cloné ou amplifié par PCR). Ce fragment est utilisé comme outil de repérage et d'identification de la séquence nucléotidique correspondante, dans un échantillon ou la totalité d'un matériel génétique.

Il est possible, aujourd'hui, d'effectuer un diagnostic prénatal par étude de l'ADN fœtal pour une trentaine de maladies génétiques monogéniques. Ce diagnostic n'est réalisé que chez les couples à risque (un parent atteint pour les maladies dominantes ou deux porteurs parents sains pour les maladies récessives), et dans le cas des maladies incurables. Trois types de diagnostic sont envisageables.

Diagnostic direct par oligosonde sur une séquence d'ADN amplifiée

Ce diagnostic récent n'est applicable qu'au dépistage des mutations dont la séquence nucléotidique est connue. Cela suppose que le gène ait été cloné et que les séquences des différentes mutations morbides soient identifiées.
L'ADN génomique fœtal, obtenu à partir d'un prélèvement de villosités choriales, est placé dans un tube contenant les quatre nucléotides (GTP, ATP, CTP, TTP) nécessaires à la polymérisation de l'ADN, de l'ADN polymérase et des amorces nucléotidiques de synthèse correspondant aux séquences des deux extrémités de la séquence étudiée.
La séquence est alors amplifiée (technique de PCR) et quelques µL de cette solution sont placés sur une membrane de nylon (dépôt en tache ou *dot blot*). Ce *dot blot* est alors mis en contact (hybridation) avec une oligosonde marquée au ^{32}P dont la séquence est équivalente à la séquence normale du gène. Un deuxième *dot blot* est hybridé avec une autre sonde marquée correspondant à la séquence d'un allèle muté. L'observation des autoradiographies des *dot blot* permet de diagnostiquer si le fœtus est atteint, porteur sain ou homozygote normal.

Diagnostic direct par apparition ou suppression d'un site de restriction au site de mutation

Une mutation ponctuelle peut faire apparaître ou disparaître une séquence constituant un site de restriction pour une endonucléase. Il s'en suit un polymorphisme de longueur de fragment de restriction (PLFR, en anglais RFLP) au site de mutation. L'ADN d'un individu, et par conséquence d'un fœtus, peut donc être étudié en recherchant la présence ou l'absence de certains fragments de restriction, ce qui permet d'en déduire son génotype.

Diagnostic indirect par analyse familiale de la cotransmission de marqueurs moléculaires de l'ADN

Lorsqu'un parent (ou les deux) est porteur d'une mutation non encore identifiée et donc dépistable, bien que le gène soit cloné, ou que le gène n'est pas encore cloné ni séquencé, le diagnostic direct est impossible. On opte alors pour une stratégie indirecte qui impose de disposer dans le voisinage du gène, d'une ou plusieurs sondes moléculaires reconnaissant une séquence repérable de ce gène (marqueur moléculaire).
Ces marqueurs génétiques sont des PLFR qui présentent, bien que ce ne soient pas des gènes, toutes les caractéristiques de gènes (existence d'un locus, existence de deux formes allèliques suivant leur présence ou leur absence, formes alléliques ségrégeant à la méiose).

La technique du Southern blot (du nom de son inventeur) permet de diagnostiquer la drépanocytose. La substitution A/T au niveau du codon 6 du gène ß de l'hémoglobine, qui produit le changement acide glutamique/valine dans la protéine anormale (HbS) altère le site de reconnaissance d'une enzyme de restriction (site CCTGAGG). La perte du clivage enzymatique au niveau de ce codon produit un fragment d'ADN de 1,4 kilobase (unité de longueur de l'ADN) au lieu d'un fragment de 1,2 kb. Les fragments de restriction correspondant à un allèle normal (1,2 kb) ou à un allèle muté (1,4 kb) sont repérés après électrophorèse et coloration appropriée.

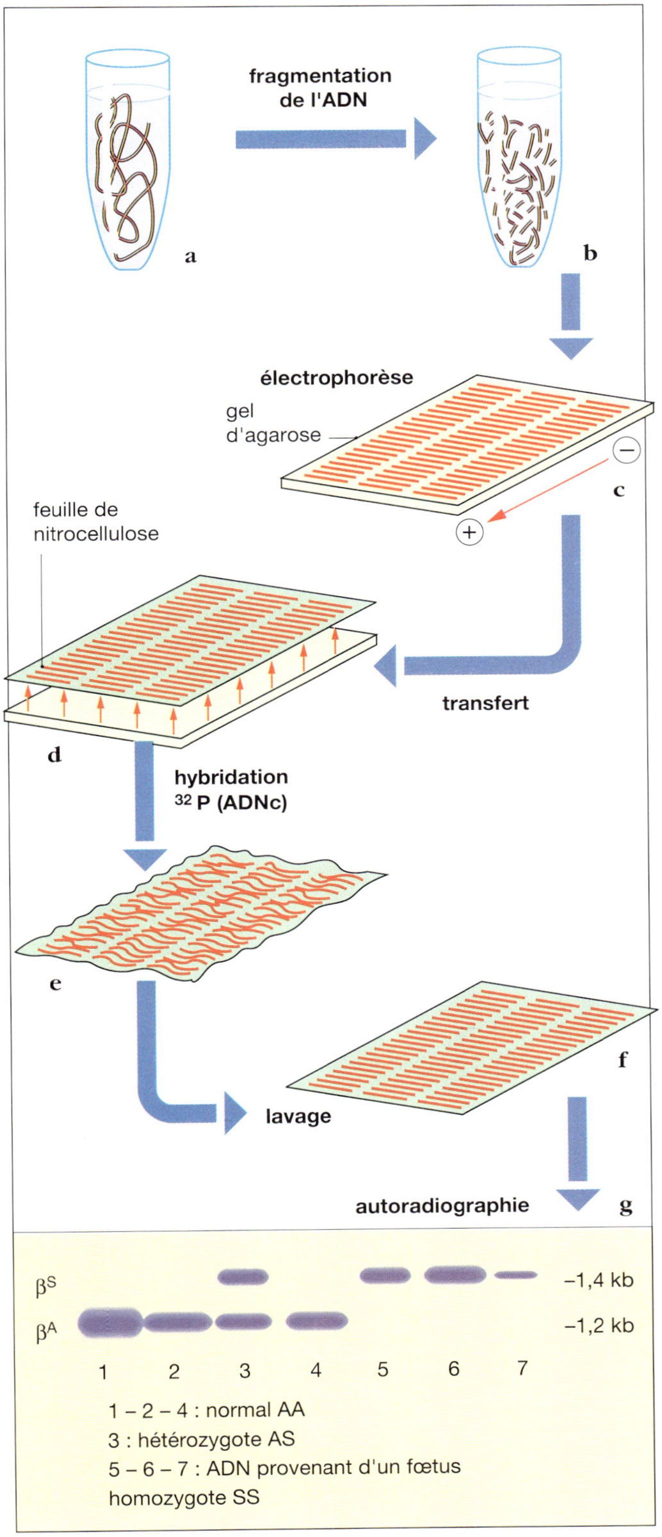

Cette technique mise au point par Southern en 1965 nécessite 5 à 10 jours de travail. Plus rapide si on amplifie la séquence d'ADN contenant la mutation par PCR, elle comporte plusieurs étapes :

a. préparation de l'ADN à partir d'un prélèvement de sang ou de villosités choriales ;

b. découpage de l'ADN par une endonucléase spécifique ;

c. séparation des fragments obtenus par électrophorèse sur gel d'agarose ;

d. dénaturation de l'ADN (séparation des deux brins de la double hélice) par immersion du gel d'électrophorèse dans une solution alcaline) ;

e. transfert de l'ADN (blot) sur une membrane de nylon plus résistante et plus maniable que le gel ;

f. hybridation de l'ADN de la membrane avec une sonde radioactive spécifique du gène recherché ;

g. révélation des sites de fixation de la sonde radioactive sur l'ADN par autoradiographie.

Une technique récente permet une analyse plus rapide en amplifiant *in vitro* la séquence d'ADN contenant la mutation (PCR : Polymerase Chain Reaction), ce qui permet de disposer d'une plus grande quantité d'ADN pour la recherche de l'allèle muté.

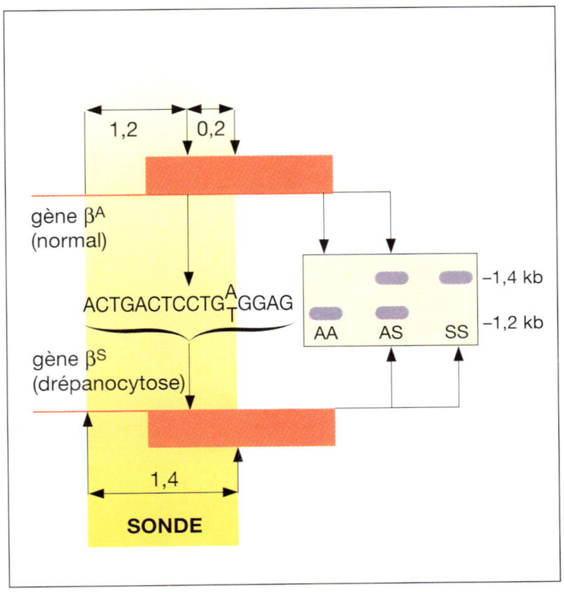

6. Le traitement des maladies génétiques

Les thérapeutiques développées aujourd'hui face aux maladies génétiques sont très variées et dépendent de la maladie considérée. Une thérapeutique est considérée comme totalement efficace lorsqu'elle guérit le sujet et lui permet de mener une vie sociale normale et donc d'avoir une fécondité identique à celle de la population à laquelle il appartient. Ces thérapeutiques correspondent donc à un changement de phénotype, bien que le génotype reste inchangé.

Les traitements actuels

Les traitements employés actuellement utilisent une méthodologie médicale « classique » : régime, chirurgie, vitaminothérapie, hormonothérapie... La phénylcétonurie en est un exemple. Cette maladie héréditaire, due au déficit en phénylalanine hydroxylase et entraînant un excès de phénylalanine dans le sang à l'origine d'une arriération mentale importante, peut être corrigée par un régime pauvre en phénylalanine. Ce type d'action impose un dépistage néonatal (test de Guthrie), systématique en France juste après l'accouchement. Autre maladie génétique, la drépanocytose est dépistée aux Antilles, car la fréquence de l'allèle morbide y est plus élevée qu'en métropole.
Les politiques de dépistage dépendent des pays (notamment selon les fréquences des maladies héréditaires) et certains dépistages, comme celui de la mucoviscidose ou encore de l'hyperplasie congénitale des surrénales (maladie caractérisée par un développement anormal des organes génitaux) sont au stade expérimental.
Ces traitements ont donc pour effet de diminuer, voire de supprimer, les effets de la « sélection naturelle » dans la population soignée puisque le sujet traité transmet ses gènes morbides à la génération suivante. La question se pose alors de savoir si le traitement des malades, et donc l'effet de la médecine, n'est pas excessivement dysgénique (contraire d'eugénique), aboutissant ainsi, au sein de la population, à une accumulation de mutations morbides. Cette augmentation de fréquence de gènes morbides est rapide pour les maladies dominantes, plus lente pour les maladies récessives liées au sexe et très lente pour celles qui sont récessives autosomiques.

Les traitements du futur

Trois voies de traitement sont envisageables à court terme : la thérapie génique, la greffe d'organe, et la chimiothérapie.
Dans le cas de la greffe d'organe, le but est d'introduire chez le malade le tissu ou l'organe capable de restituer l'enzyme absente ou anormale, voire de remplacer l'organe atteint par la maladie. La technicité des interventions, leur coût actuel, limitent le développement de ces traitements.
La thérapie génique ou greffe de gène consiste à apporter aux cellules d'un tissu particulier (par exemple l'épithélium pulmonaire dans le cas de la mucoviscidose) un gène qui lui fait défaut. Un tel traitement n'est envisageable que pour des cellules somatiques (non sexuelles) et lorsque les risques biologiques sont contrôlés et les difficultés techniques résolues. Quelques tentatives de thérapie génique sont en cours chez l'homme.

Le test de Guthrie, pratiqué de façon systématique chez les nouveau-nés, permet de dépister le déficit en une enzyme, la phénylalanine hydroxylase, à l'origine de la phénylcétonurie. La recherche de l'enzyme se fait sur quelques gouttes de sang prélevées au niveau du talon du nouveau-né. On estime, en France, à 1/63 la proportion de sujets porteurs d'un allèle morbide du gène responsable.

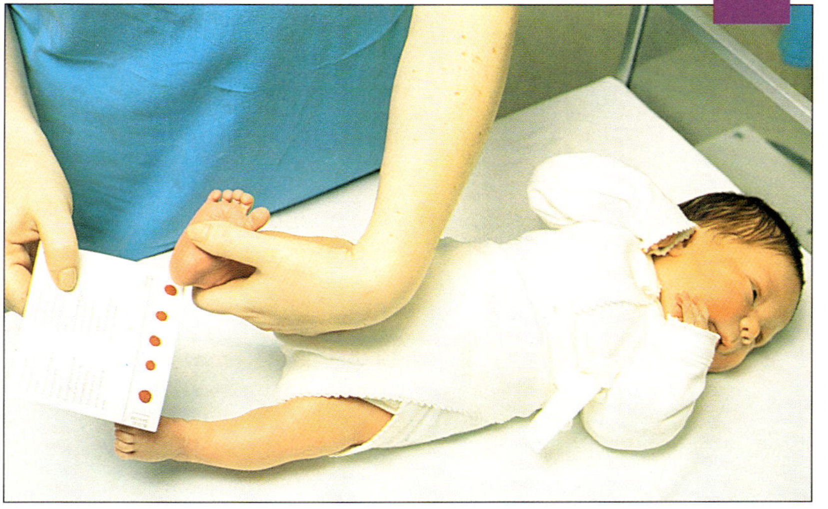

La thérapie génique suscite actuellement de nombreux espoirs. Elle pourrait être utilisée dans quelques années pour traiter une affection musculaire héréditaire encore incurable, la myopathie de Duchenne. Le protocole et les résultats présentés ici ont été suivi et obtenus sur un « modèle » animal, une souris myopathe.

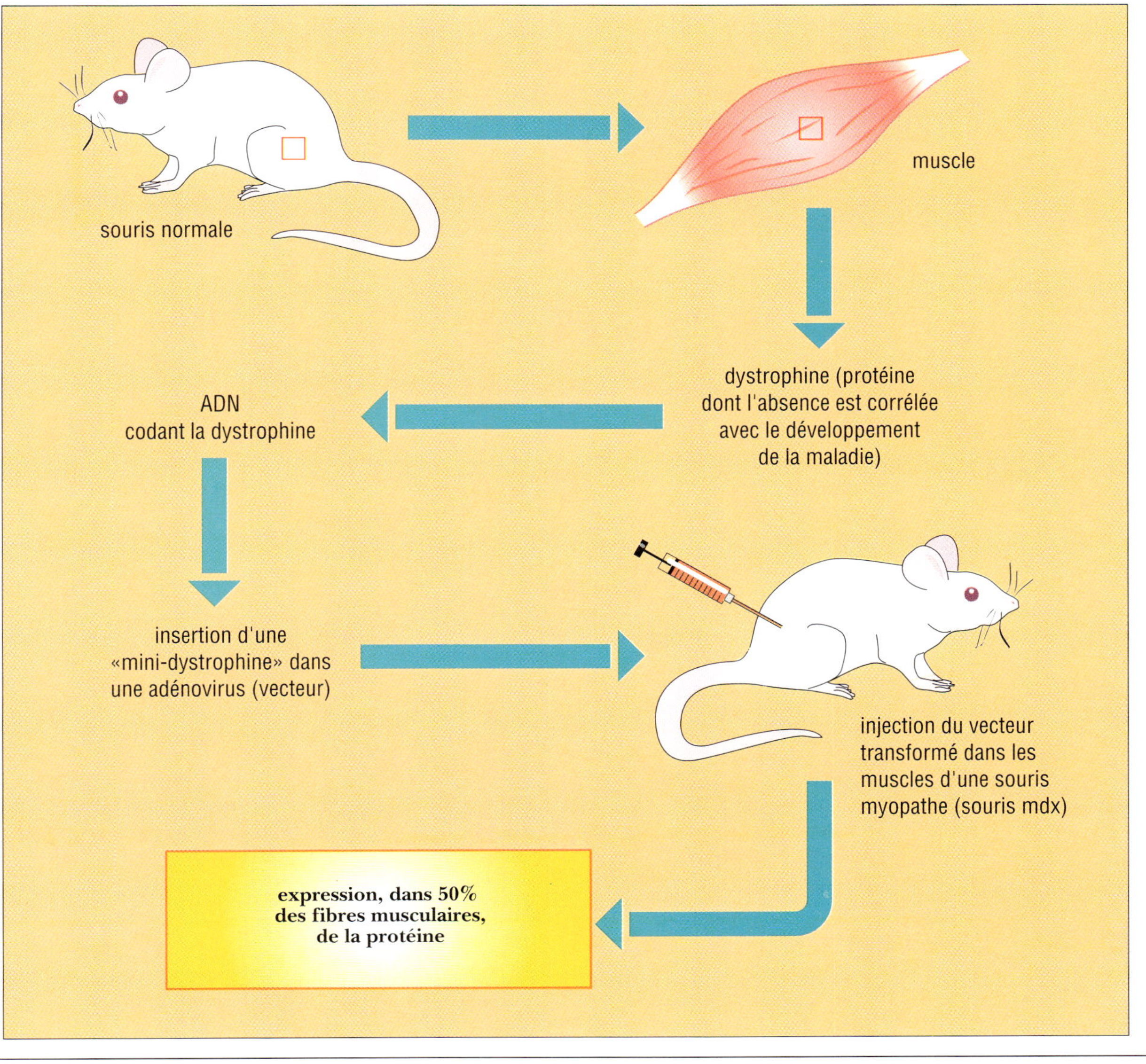

Faire le point

L'ESSENTIEL

1 Un gène est un segment de molécule d'ADN contenant les informations nécessaires à la production d'une protéine fonctionnelle. Il comprend une séquence destinée à être transcrite en ARN qui sera lui-même traduit en protéine, et une séquence sur laquelle peuvent se fixer des protéines de régulation qui modulent son expression.

2 Bien que les systèmes génétiques soient d'une grande précision, les mutations sont inéluctables et créent sans cesse des versions modifiées des gènes, les allèles. Certains allèles ne modifient que très peu les caractères, d'autres sont responsables de maladies graves. Pour tout gène, les cellules de l'organisme possèdent deux allèles qui constituent un génotype et dont la confrontation lors de l'expression détermine un phénotype.

3 Les techniques modernes de traitement du matériel génétique permettent d'identifier des gènes, de les localiser précisement dans le génome (cartographie), de les purifier et les multiplier (clonage), de déterminer leur séquence (séquençage) et d'étudier les protéines dont ils gouvernent la synthèse.

4 Lorsqu'une mutation touche des cellules reproductrices, l'allèle obtenu est transmis à la descendance de l'individu. Si l'expression de cet allèle cause une maladie, on parle de maladie génique héréditaire. Ces maladies, lorsqu'elles sont identifiées peuvent faire l'objet d'une prévention. La connaissance de leur mode de transmission permet d'estimer les risques encourus par un couple désireux de procréer ; c'est là le domaine du conseil génétique. La connaissance des allèles responsables de ces maladies offre la possibilité d'effectuer un diagnostic anténatal par prélèvement puis étude du génome du fœtus.

LES MOTS CLÉS

A

ADN
allèle
amniocentèse
anomalie chromosomique
ARN
autosome

B

banque d'ADN

C

caryotype
choriocentèse
chromosome
clonage
conseil génétique
cordocentèse

D

délétion
diagnostic anténatal
diversité
dominance
drépanocytose

E

enzyme de restriction
expression génétique

G

gène
génotype

H

hérédité
hétérosome
hétérozygote
homozygote

I

insertion

M

mucoviscidose
mutation

P

phénotype
phenylcétonurie
polymorphisme
protéines

R

récessivité

S

séquence
substitution
syndrome de Down
syndrome de Klinefelter
syndrome de Turner

T

thalassémie
thérapie génique

AUTO-ÉVALUATION

Les activités proposées dans cette rubrique permettent de vérifier les connaissances acquises au cours de ce chapitre.

Elles peuvent concerner : la terminologie scientifique, les ordres de grandeur, les mécanismes fonctionnels.

AUTOTEST

Testez vos connaissances en répondant aux 5 questions suivantes (réponses en fin d'ouvrage). Chaque réponse doit être justifiée.

QUESTION	RÉPONSE
1. Pour tout gène il existe deux allèles différents, l'un dominant, l'autre récessif.	oui / non
2. Une mutation est : a) Une maladie grave portée par un allèle récessif. b) Une maladie portée par un allèle dominant. c) Une modification du génome. d) Une protéine anormale.	a / b / c / d
3. L'hérédité liée au sexe est : a) La probabilité d'avoir un garçon ou une fille. b) La transmission d'une maladie au cours d'un rapport sexuel. c) La transmission héréditaire d'un caractère porté par un chromosome sexuel (X ou Y).	a / b / c
4. Les allèles mutés responsables de maladies sont toujours récessifs.	oui / non
5. Une amniocentèse est une technique permettant de modifier le génome d'un fœtus en lui injectant de nouveaux gènes.	oui / non

ORIENTATIONS DE TRAVAIL

À la fin de ce chapitre vous devez être capable de :

1. Définir les termes de gène, allèle, phénotype, génotype, et énoncer clairement les différences entre ces termes.

2. Reconnaître, à l'analyse de séquences de différents allèles d'un gène, la nature des mutations ayant pu faire apparaître ces allèles.

3. Exposer rapidement les principes de l'analyse des gènes (clonage, séquençage etc.) en gardant à l'esprit la faisabilité des choses (le génie génétique n'est pas de la magie).

4. Analyser un arbre généalogique et identifier quand c'est possible le mode de transmission d'une maladie (autosomique ou lié au sexe, récessif ou dominant).

5. Établir une distinction nette entre maladie héréditaire et maladie congénitale, en vous appuyant sur des exemples.

MINI-GLOSSAIRE MÉDICAL

Cardiomyopathie hypertrophique familiale : Maladie souvent responsable de mort subite du nourisson. Cette maladie semble associée à une mutation sur le gène de la chaîne lourde de la molécule de myosine situé sur le chromosome 14, mais on a pu recenser d'autres gènes candidats sur d'autres chromosomes. Le déterminisme de cette maladie est donc très mal connu, et l'on ne parvient même pas à établir de lien entre une anomalie de la myosine et l'hypertrophie cardiaque qui semble en résulter.

Drépanocytose : Il s'agit d'une maladie des régions tropicales humides, transmise selon un mode autosomal récessif. Elle est due à une mutation unique portant sur le sixième acide aminé de la chaîne β de l'hémoglobine. L'hémoglobine mutée précipite lorsqu'elle n'est pas oxygénée, ce qui donne aux globules rouges une forme particulière (une forme de faucille) qui occasionne facilement des thromboses dans de petits vaisseaux.

Mucoviscidose : Dans les populations caucasiennes, cette affection touche un nouveau-né sur 2 500. Elle consiste en un épaississement des sécrétions bronchiques et pancréatiques, avec une nette augmentation de la concentation en chlore de la sueur. Le gène identifié, il est probable que la maladie soit due à un dysfonctionnement d'un canal membranaire au chlore ou d'une protéine contrôlant son activité. On espère, pour cette maladie, aboutir à une thérapie génique dans un avenir proche.

Myopathie de Duchenne : Maladie dégénérative du tissu musculaire de diagnostic très grave puisqu'aboutissant à la mort par dégénérescence des muscles respiratoires. L'analyse génétique de cette maladie a permis de montrer qu'elle était due à une mutation d'un très grand gène codant pour une protéine jusqu'alors inconnue et nommée la dystrophine.

Thalassémie : Anomalie héréditaire de la synthèse de l'hémoglobine due à une insuffisance de synthèse de l'une des chaînes de la molécule associée à un excès de synthèse de l'autre chaîne.

Pour en savoir plus

ALBERTS (B.) et al., *Biologie moléculaire de la cellule*, Flammarion – Paris 1983
KAPLAN (J.C.) et al., *Biologie moléculaire et médecine*, Flammarion – Paris 1993
SERRE (J.L.) et al., *Génétique humaine*, Inserm-Nathan – Paris 1993
SWYNGHEDAUW (B.), *Biologie moléculaire, principes et méthodes*, Collection 128, Nathan Université – Paris 1994
WATSON (J.D.) et al., *Biologie moléculaire du gène*, Interéditions – Paris 1989

UNITÉS ET MESURES

LONGUEUR

m : mètre
mm : millimètre
µm : micromètre (= 10^{-6} m)
nm : nanomètre (= 10^{-9} m)

VOLUME

l : litre
ml = cm^3 : millilitre ou centimètre cube (= 10^{-3} l)
µl = mm^3 : microlitre ou millimètre cube (= 10^{-6} l)

MASSE

kg : kilogramme (= 10^3 g)
g : gramme
mg : milligramme (= 10^{-3} g)
µg : microgramme (= 10^{-6} g)
ng : nanogramme (= 10^{-9} g)

CONCENTRATION/ OSMOLARITÉ

g.l^{-1} : gramme par litre
µg.l^{-1} : microgramme par litre
mEq.l^{-1} : milliéquivalent par litre
mol.l^{-1} : mole par litre
mmol.l^{-1} : millimole par litre
mOsm.l^{-1} : milliosmole par litre

ÉNERGIE

J : joule
kJ : kilojoule (= 10^3 J)

UI : unité internationale

PRÉFIXES ET RACINES

De nombreux termes scientifiques et médicaux sont formés d'une ou plusieurs racines liées à des préfixes.
La connaissance de quelques racines et préfixes facilite généralement la lecture et la compréhension des textes scientifiques et médicaux.

A
a- sans
ab- éloigné de
ad- rapproché de
acou- audition
acro- extrémité
adéno- glande
adipo- graisse
algo- douleur
allo- autre
ambi- des deux côtés
amphi- double
ana- de haut en bas
andro- homme
angio- vaisseau
anté- avant
anthropo- homme
anti- contre
apo- loin de
archéo- ancien
artério- artère
arthro- articulation
auto- de soi-même

B
baro- pression
bio- vie
blast- bourgeon
brachi- bras
brachy- court
brady- lent
bronch- gorge, bronche
bucc- bouche

C
cardi- cœur
caryo- noyau
cata- en arrière
céphal- tête
cérébro- cerveau
cervi- cou, col
chémo- chimique
chimio- chimique
chiro- main
chole- bile
chondr- cartilage
chrom- couleur
chrono- temps
ciné- mouvement
circum- autour de
cœl- cavité
con- avec
contra- opposé à
copro- excrément
cox- hanche
cryo- froid
crypt- caché
cysti- vessie
cyto- cellule

D
dactyl- doigt
dermato- peau
diplo- double
dys- avec difficulté

E
ecto- à l'extérieur
endo- à l'intérieur
entéro- intestin
épi- sur
érythro- rouge
eu- normal
exo- à l'extérieur

G
gastr- estomac
gloss- langue
gluco- glucose
glyco- glucose
gust- goût
gyn- femme

H
haplo- simple
hémato- sang
hémi- à moitié
hémo- sang
hépat- foie
hétéro- différent
hist- tissu
homo- semblable
homéo- stable
hydr- eau
hygro- humide
hyper- au-delà
hypn- sommeil
hypo- au-dessous
hyster- utérus

I
iléo- intestin
infra- au-dessous
inter- entre
intra- à l'intérieur
iso- égal

J
juxta- à côté de

K
kine- mouvement

L
lacry- larme
laryng- gorge
leuco- blanc
lipo- gras
lith- pierre
lyse coupure

M
macro- grand
mamm- mamelle
masto- sein
méga- très grand
mélano- noir
méso- milieu
méta- après
micro- petit
mnémo- mémoire
mono- seul
myélo- moelle
myo- muscle

N
nécro- cadavre
néo- nouveau
néphro- rein
neuro- nerf
nucléo- noyau

O
oculo- œil
odont- dent
oligo- peu
ophtalm- œil
orchi- testicule
ortho- droit
ostéo- os
ot- oreille

P
pachy- épais
para- à côté
patho- maladie
per- à travers
péri- autour
phago- manger
phleb- veine
pleuro- plèvre
pneumo- air
poly- plusieurs
post- après
pré- avant
pro- en avant
proct- anus

R
rétro- derrière
rhin- nez

S
scler- dur
semi- à moitié
soma- corps
spléno- rate
sténo- étroit
super- au-dessus
supra- au-dessus
syn- avec

T
tachy- rapide
télo- fin
therm- chaleur
thrombo- caillot
trans- à travers
tricho- poil

U - V
uro- urine
vaso- vaisseau
vésic- vessie, vésicule

X - Z
xéro- sec
zym- enzyme

ANNEXES

LIRE UNE ANALYSE DE SANG

La prise de sang est effectuée sur un sujet à jeun, le plus souvent par ponction veineuse au pli du coude. Les conditions d'asepsie sont les meilleures possibles, de façon à éviter des modifications de l'état du sang. Il n'y a de ce fait aucun risque d'infection pour un patient dont on prélève le sang.

Lecture des résultats

L'analyse de sang permet de réaliser un hémogramme (constitution du sang en cellules), et un examen biochimique (état biologique du milieu intérieur).

Les cellules du sang : l'hémogramme

• (1) L'hématocrite exprime le volume de cellules sanguines en % du volume total du sang. L'hématocrite « normal » est voisin de 47 %.
Par mm^3 de sang, un adulte a généralement entre 4,2 et 5,4 millions de globules rouges et 5 000 à 8 000 globules blancs. Un nombre bas d'hématies indique une anémie, dont les causes peuvent être nombreuses. Un nombre élevé de leucocytes révèle généralement une infection de l'organisme.

• (2) La formule leucocytaire exprime les proportions relatives des leucocytes et permet de déceler l'origine d'une infection, suivant le type de globules blancs recruté.

• (3) La vitesse de sédimentation indique l'état de fluidité du sang. Élevée, elle indique une infection ou une inflammation.

• (4) Les plaquettes interviennent dans l'hémostase. Leur nombre moyen est de 350 000 par mm^3 de sang.

Les molécules du sang : chimie biologique

Les chiffres mesurés sont accompagnés, à leur droite, des valeurs moyennes attendues.

• (5) Les ions minéraux, sodium et potassium, sont parmi les plus abondants du milieu intérieur. Ils interviennent dans l'établissement et la régulation de la pression osmotique du sang, de la volémie, de la pression artérielle moyenne.

• (6) La créatinine et l'urée sont des déchets de l'organisme, normalement excrétés par les reins. Leur accumulation dans le plasma peut révéler une insuffisance rénale, une anomalie métabolique, un régime alimentaire carné excessif.

• (7) La glycémie donne le taux de glucose sanguin. Une forte valeur de la glycémie peut être un signe de diabète.

LAB^re ANALYSES MÉDICALES

Enregistré N° - Agréé N°
S.S. N°
5, avenue
91300 VINCENNES - Tél. :

EXAMEN DEMANDÉS PAR
DR G

HÉMOGRAMME

(1) **NUMÉRATION GLOBULAIRE**

HÉMATOCRITE	41.4 P. 100
GLOBULES ROUGES	4.87 MILLIONS/MM^3
HÉMOGLOBINE	14.0 G/100 ML
GLOBULES BLANCS	4 800/MM^3

(2) **FORMULE LEUCOCYTAIRE**

POLY. NEUTROPHILES	41	P. 100
EOSINOPHILES	5	P. 100
BASOPHILES	0	P. 100
LYMPHOCYTES	50	P. 100
MONOCYTES	4	P. 100

(3) **VITESSE DE SÉDIMENTATION**

1e HEURE :	19 MM
2e HEURE :	40 MM

(4) **PLAQUETTES** 242 000/MM^3

CHIMIE BIOLOGIQUE

(5)
SODIUM PLASMATIQUE
142 MEQ/L N. : 137 A 144
POTASSIUM PLASMATIQUE
4.3 MEQ/L N. : 3.7 A 4.7

(6)
URÉE PLASMATIQUE
0.41 G/L N. : 0.20 A 0.40
6.85 MMOL/L N. : 3.35 A 6.70
CRÉATININE PLASMATIQUE
10.6 MG/L N. : 7 A 13
93.81 MICM/L N. : 60 A 115

(7)
GLYCÉMIE A JEUN
1.02 G/L N. : 0.70 A 1.05
5.66 MMOL/L N. : 3.90 A 5.83

LIRE UNE ANALYSE D'URINE

L'urine est prélevée dans un flacon stérile et conservée en présence d'un antiseptique, sauf dans le cas d'une recherche de micro-organismes pathogènes.

L'examen chimique

Il permet d'évaluer la fonction rénale ainsi que certaines caractéristiques sanguines.

- (1) La présence d'albumine dans les urines (albuminurie) révèle une insuffisance de la filtration glomérulaire.
- (2) La glycosurie, taux de glucose dans les urines, révèle un diabète sucré.
- (3) La présence de sang dans les urines révèle des inflammations ou des lésions du rein ou des voies urinaires.

L'examen cytologique

- (4) Hématies et leucocytes sont généralement absents de l'urine. Leur faible présence (cellules généralement altérées) peut indiquer un dysfonctionnement de la filtration glomérulaire.
- (5) Les cristaux observés dans les urines renseignent le médecin sur la chimie des urines et donc du sang. Une forte élimination urinaire de phosphate de calcium révèle certains cas d'ostéolyse.

L'examen bactériologique

Prescrit en cas de suspicion d'infection urinaire, le prélèvement doit être stérile. L'examen consiste en une recherche avec détermination des micro-organismes éventuels.

- (6) Le test gram permet de classer les bactéries en deux catégories : gram + et gram –. Toutes les bactéries ne sont pas forcément pathogènes.
- (7) On révèle de nombreux micro-organismes en les cultivant dans des conditions propres à leur multiplication, sur milieu de culture. En cas d'infection, un traitement antibiotique peut s'imposer. On réalise alors, en complément, un antibiogramme qui permet de déterminer l'antibiotique le plus efficace.

LAB[re] ANALYSES MÉDICALES

Enregistré N° - Agréé N°
S.S. N°
5, avenue
91300 VINCENNES - Tél. :

Vincennes le

EXAMEN DES URINES

CARACTÈRES GÉNÉRAUX Ph # 7

CHIMIE :

(1) ALBUMINE	:	≤ 0,30 g/24 h
(2) GLYCOSURIE	:	NÉANT
(3) SANG	:	NÉANT

CYTOLOGIE

(4)
- Quelques cellules épithéliales altérées
- Quelques leucocytes altérés 9.000/ML
- Rares hématies 3.000/ML

(5)
- Nombreux cristaux de phosphate ammoniaco-magnésiens
- Nombreuses granulations et cristaux de phosphate de calcium

BACTÉRIOLOGIE

(6) Gram direc : BACILLES GRAM NÉGATIF
RARES COCCI GRAM POSITIF

(7) Cultures : NOMBREUX PROTEUS N $\leqslant 10^5$ germes/ml
STAPHYLOCOQUES NON PATHOGÈNES RARES

INDEX

INDEX

INDEX

ANNEXES

CORRECTIONS DES AUTOTEST

exploration fonctionnelle (p. 11)
1 : b ; 2 : non ; 3 : non ; 4 : non ; 5 : a.

cellules (p. 23)
1 : d ; 2 : oui ; 3 : non ; 4 : c ; 5 : oui.

organisation chimique (p. 35)
1 : oui ; 2 : a, c, e ; 3 : c : 4 : c ; 5 : a ; 6 : oui ; 7 : b ; 8 : oui ; 9 : a.

communication (p. 43)
1 : b ; 2 : oui ; 3 : oui ; 4 : non ; 5 : a, b.

système nerveux (p. 61)
1 : oui ; 2 : b ; 3 : a ; 4 : oui ; 5 : d.

système endocrine (p. 77)
1 : oui ; 2 : d ; 3 : oui ; 4 : a ; 5 : c ; 6 : c.

milieu intérieur (p. 89)
1 : c ; 2 : b ; 3 : oui ; 4 : oui ; 5 : d.

systèmes sensoriels (p. 121)
1 : a ; 2 : c ; 3 : oui ; 4 : a ; 5 : c ; 6 : b.

mouvements (p. 145)
1 : d ; 2 : c ; 3 : c ; 4 : c ; 5 : c.

cerveau (p. 159)
1 : b ; 2 : non ; 3 : a ; 4 : c, d ; 5 : b ; 6 : c ; 7 : d.

digestion (p. 173)
1 : oui ; 2 : b ; 3 : b ; 4 : b ; 5 : d ; 6 : a ; 7 : c.

respiration (p. 193)
1 : oui ; 2 : b ; 3 : a, b ; 4 : oui ; 5 : c ; 6 : oui ; 7 : non ; 8 : c ; 9 : c.

circulation (p. 227)
1 : b ; 2 : a, b ; 3 : d ; 4 : b ; 5 : b ; 6 : oui.

métabolisme (p. 241)
1 : oui ; 2 : c ; 3 : a ; 4 : c ; 5 : b ; 6 : a ; 7 : b ; 8 : c.

équilibre hydrique (p. 263)
1 : oui ; 2 : c ; 3 : a, b, c, d ; 4 : c, e ; 5 : non ; 6 : d.

masse sanguine (p. 273)
1 : oui ; 2 : c ; 3 : a, b ; 4 : b, c ; 5 : oui ; 6 : a, b, c.

immunité (p. 297)
1 : b ; 2 : oui ; 3 : b ; 4 : b, c ; 5 : oui ; 6 : oui ; 7 : oui.

stress (p. 307)
1 : a ; 2 : c ; 3 : a, d ; 4 : d ; 5 : b ; 6 : c.

sexualité (p. 325)
1 : oui ; 2 : b ; 3 : c ; 4 : non ; 5 : b ; 6 : c ; 7 : a, b.

reproduction (p. 345)
1 : oui ; 2 : b ; 3 : a ; 4 : b ; 5 : a ; 6 : a ; 7 : c ; 8 : c.

développement (p. 375)
1 : oui ; 2 : b ; 3 : c ; 4 : a ; 5 : a ; 6 : c ; 7 : c ; 8 : c.

génétique (p. 403)
1 : non ; 2 : c ; 3 : c ; 4 : non ; 5 : non.

CRÉDIT PHOTOGRAPHIQUE

photos des auteurs, exceptées :

p. 47 : hg, J.-Cl. Révy/CNRI; hd, Pr Hauw/CNRI – **p. 78 :** Ludwig/Sipa Press – **p. 103 :** bg, CNRI; bd, P. Traissac/CNRI – **p. 106 :** h, Philip J. Deakin, « Histologie fonctionnelle », Mc Graw-Hill, DR – **p. 113 :** h, Philip J. Deakin, « Histologie fonctionnelle », McGraw-Hill, DR; b, Dr. Cabanis/CNRI – **p. 117 :** F. Jourdan, URA CNRS 180, Villeurbanne/M. Magnin, INSERM U94, Bron – **p. 125 :** Martine Heissat – **p. 126-127 :** « Atlas du Corps Humain », Nathan – **p. 128 :** hg, J.Cl. Révy/CNRI; hd, Nuridsany et Perenou; m et b, J. Amsellem, CMEABG, Université Lyon I – **p. 139 :** Labat/Lanceau – **p. 140 :** mg, Dr Cabanis/CNRI; md : Pr Orgogozo/CNRI – **p. 149 :** mg, CNRI; b : « Neuro-Physiologie », R.F. Schmidt, J. Dudel, W. Jänig, M. Zimmermann, Lib. Le François DR – **p. 150 :** hd, hg, mg, md, Pr Orgogozo/CNRI; b, P. Bories/CNRI – **p. 151 :** h, Drs Michael E. Phelps et John C. Mazziotta, UCLA School of Medecine, DR; b, P. Bories/CNRI – **p. 175 :** DR – **p. 182 :** h, Art Siegel, Université de Pennsylvanie, DR; b, Dr Poirier, Secchi Lecaque/Roussel Uclaf – **p. 183 :** h, SPL Cosmos/M. Dohrn – **p. 201 :** CNRI – **p. 215 :** Secchi Lecaque/Roussel Uclaf – **p. 277 :** Goivaux – **p. 281 :** Institut Pasteur – **p. 283 :** CNRI – **p. 285 :** Secchi Lecaque/Roussel Uclaf/CNRI – **p. 287 :** Dr Zagury, Laboratoire de Physiologie cellulaire, Paris VI – **p. 293 :** Institut Pasteur – **p. 313 :** Biologie Heute 76001, Schroedel schul buch verlag GNBH 1982, Seilen 55 und 58, DR – **p. 314 :** Pr Castano/CNRI – **p. 315 :** h, b, ARFN/CNRI – **p. 337 :** Y. Bie/Petit Format – **p. 351 :** md, bd : CNRI – **p. 365 :** d1, Dr Amar; d2, CNRI; d3, J.-Cl. Révy/CNRI; d4, CNRI; d5, CNRI; bg, CNRI, bd, CNRI – **p. 395 :** h, CNRI; b : CNRI– **p. 396 :** h, CNRI/phototake/Levi; bg : Rapho/Goivaux; bd : Naître, Hachette, Lennart Nibson; **p. 401 :** CNRI.

Édition : Isabelle Hannebicque
Coordination artistique : Danielle Capellazzi
Couverture : Danielle Capellazzi
Maquette : Daniel Arnaud
Mise en pages : Françoise Crozat
Illustrations : Gilles Alkan, Pierre-Yves Pavec,
Béatrice Couderc, Xavier Hüe, Nathalie Locoste, Dominique Roussel, Léonie Schlosser
Recherche iconographique : Brigitte Célérier
Relecture : Denise Keen-Varangot, Michel Pencreac'h

Composition/photogravure : Touraine Compo, Tours

N° d'Éditeur : 10029918 - 1 - (15) - CSBG - 90 - T.C. – Août 1995
Impression et reliure : Pollina s.a., 85400 Luçon - n° 68093